Gallery

光盘路径：第16章\16.4\complete\绘制唯美艺术插画.psd

光盘路径：第16章\16.4\complete\绘制卡通形象插画.psd

光盘路径：第16章\16.2\complete\制作艺术渐变文字.psd

光盘路径：第16章\16.2\complete\立体光影文字.psd

光盘路径：第10章\complete\使用填充路径和描边路径绘制简单插画.psd

光盘路径：第16章\16.6\complete\制作牛奶杂志广告.psd

光盘路径：第8章\complete\14.psd

光盘路径：第16章\16.2\complete\制作质感毛绒文字.psd

光盘路径：第16章\16.2\complete\合成创意植物文字.psd

光盘路径：
第14章\complete\03.psd

光盘路径：第16章\16.5\complete\
制作超现实合成图像.psd

光盘路径：
第14章\complete\02.psd

光盘路径：第16章\16.2\complete\
制作金属文字.psd

光盘路径：第16章\16.6\complete\
制作饮料标志.psd

光盘路径：第8章\complete\
制作梦幻雪景图.psd

光盘路径：第12章\complete\
制作彩铅画效果的照片.psd

光盘路径：第16章\16.1\complete\
制作图像金属质感.psd

光盘路径：第7章\complete\
栅格化文字图层.psd

光盘路径：第16章\16.1\complete\
添加梦幻光影效果.psd

光盘路径：
第9章\complete\04.psd

光盘路径：第16章\16.3\complete\
绘制喷溅牛奶质感.psd

光盘路径：
第11章\complete\06.psd

光盘路径：第8章\complete\
制作艺术特效海报.psd

光盘路径：第16章\16.2\complete\
合成质感文字.psd

光盘路径：第16章\16.4\complete\绘制抽象花卉插画.psd

光盘路径：第16章\16.4\complete\绘制拼贴艺术插画.psd

光盘路径：第16章\16.6\complete\饼干包装设计.psd

光盘路径：第16章\16.3\complete\制作冰块水花质感效果.psd

光盘路径：第16章\16.6\complete\制作游戏海报.psd

光盘路径：第16章\16.4\complete\绘制游戏角色插画.psd

光盘路径：第16章\16.5\complete\合成极速运动效果.psd

光盘路径：第16章\16.6\complete\制作电影海报.psd

光盘路径：第7章\complete\03.psd

光盘路径：
第13章\complete\创建时间轴动画.psd

光盘路径：
第4章\complete\12.psd

光盘路径：第6章\complete\
调整照片的色调对比度.psd

光盘路径：第4章\complete\
校正颜色灰暗的图片.psd

光盘路径：第8章\complete\
合成艺术特效画面.psd

光盘路径：
第12章\complete\01.psd

光盘路径：第12章\complete\
使用“高反差保留”滤镜磨皮.psd

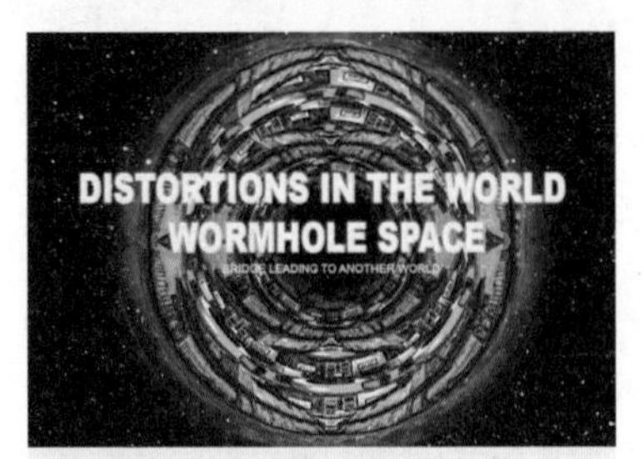

光盘路径：第12章\complete\
制作科幻效果海报.psd

光盘路径：
第12章\complete\04.psd

光盘路径：
第12章\complete\05.psd

光盘路径：
第5章\complete\06.psd

光盘路径：
第14章\complete\07.psd

光盘路径：第2章\complete\
艺术化合成图像的制作.psd

光盘路径：
第9章\complete\14.psd

光盘路径：
第5章\complete\03.psd

光盘路径：第16章\16.1\complete\添加图像彩色烟雾效果.psd

光盘路径：第3章\complete\06.psd

光盘路径：第3章\complete\制作促销海报设计.psd

光盘路径：第11章\complete\04.psd

光盘路径：第7章\complete\使用形状工具制作简单合成效果.psd

光盘路径：第7章\complete\用路径选择工具编辑路径.psd

光盘路径：第8章\complete\使用图层样式制作立体播放器.psd

光盘路径：第6章\complete\02.psd

光盘路径：第16章\16.6\Complete\制作音响造型设计.psd

光盘路径：
第1章\complete\05.psd

光盘路径：
第9章\complete\15.psd

光盘路径：
第9章\complete\10.psd

光盘路径：
第1章\complete\07.psd

光盘路径：第6章\complete\
绘制抽象艺术插画.psd

光盘路径：
第12章\complete\06.psd

光盘路径：
第14章\complete\05.psd

光盘路径：
第7章\complete\制作云彩文字.psd

光盘路径：
第9章\complete\11.psd

光盘路径：
第4章\complete\11.psd

光盘路径：
第8章\complete\04.psd

光盘路径：第6章\complete\
为黑白照片上色.psd

光盘路径：第6章\complete\
用画笔工具和铅笔工具绘制图像.psd

光盘路径：
第10章\complete\05.psd

光盘路径：
第2章\complete\04.psd

光盘路径：
第16章\16.1\complete\添加绚丽光影效果.psd

光盘路径：
第16章\16.1\complete\合成并添加光影效果.psd

光盘路径：
第16章\16.6\complete\制作饮料包装.psd

光盘路径：
第16章\16.1\complete\绘制可爱涂鸦效果.psd

光盘路径：
第10章\complete\07.psd

光盘路径：
第4章\complete\06.psd

1000种高清画笔效果

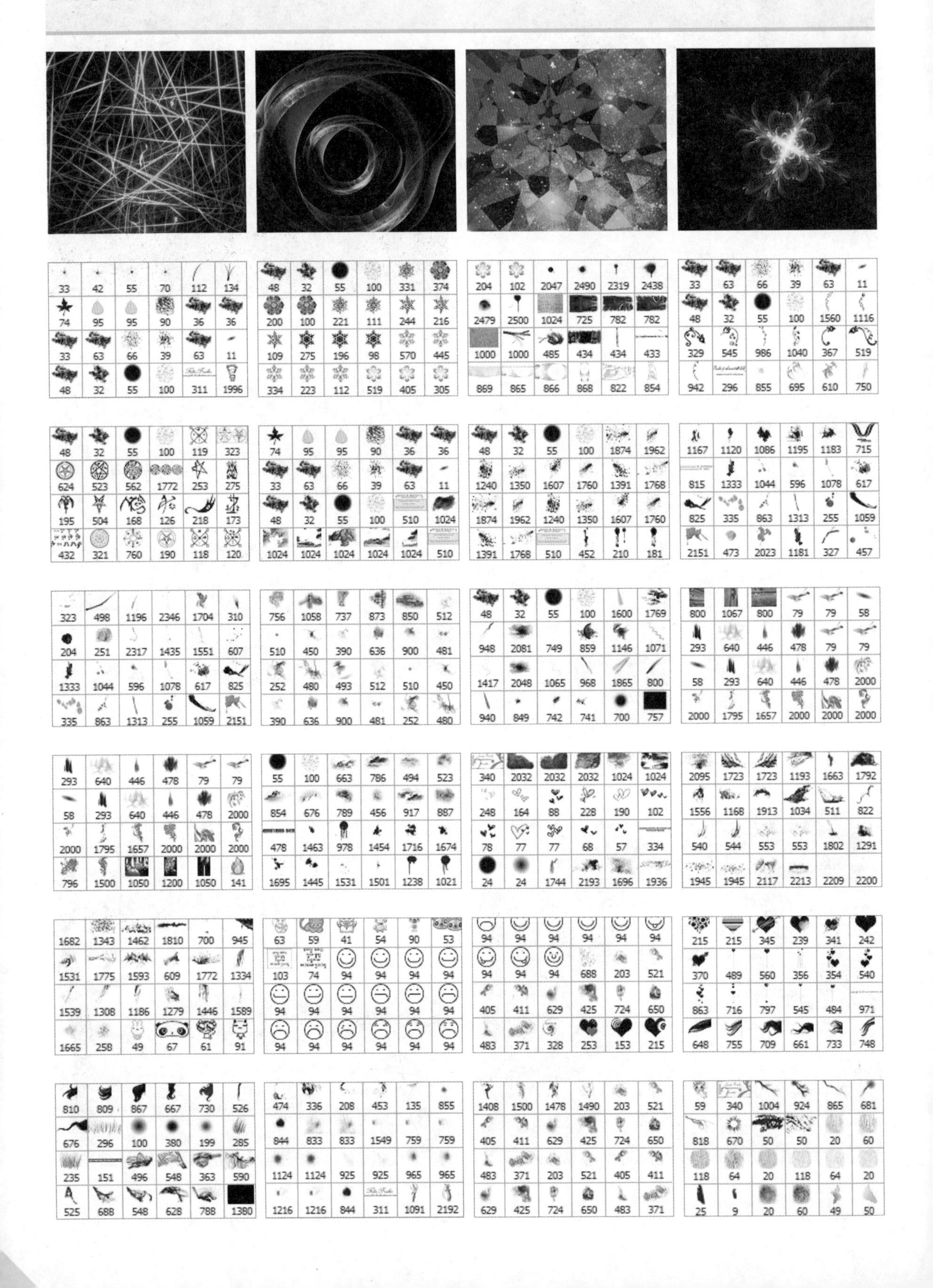

500多个动作素材

500多个动作素材中最亮眼的是照片处理动作库，照片处理动作库中提供了阿宝色效果、晨曦图片调色效果、淡暖色调色效果、淡紫色调色效果、反冲片调色效果、粉紫色调色效果、HDR风景调色效果、古铜色调色效果、红色调色效果以及自然明亮照片效果。以下是各种效果的展示。

阿宝色效果

晨曦图片调色效果

淡暖色调色效果

淡紫色调色效果

反冲片调色效果

粉紫色调色效果

HDR风景调色效果

古铜色调色效果

红色调色效果

自然明亮照片效果

130个墨迹喷溅和线条样式

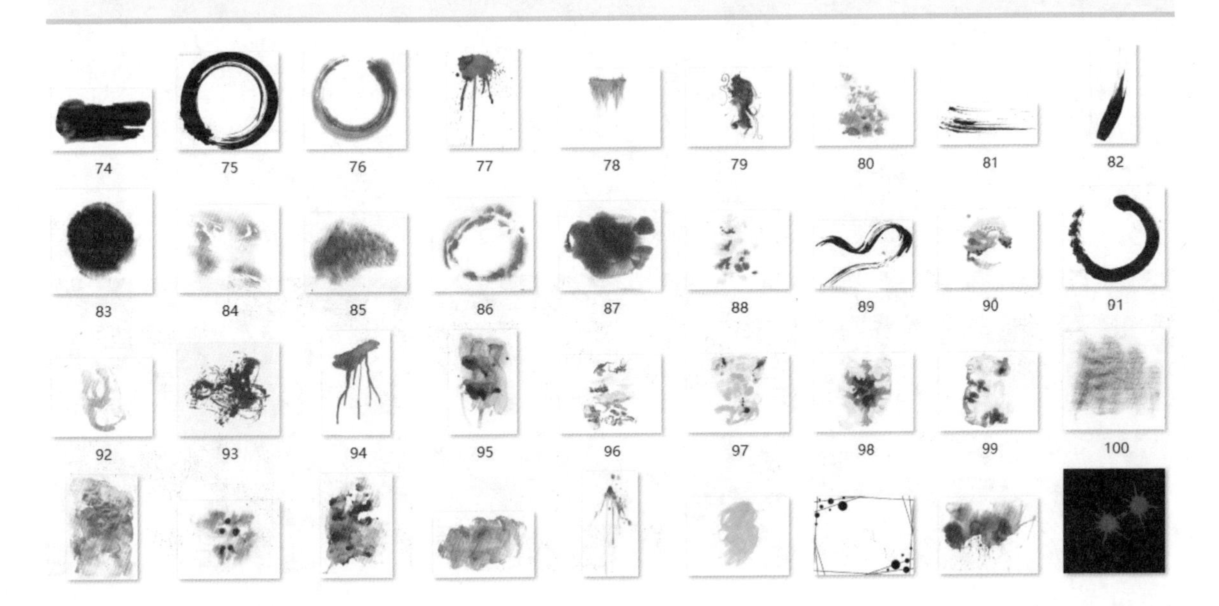

500 个高清材质纹理素材

包含金属、石材、木材、光影等多种质感和特效，可充分用于Photoshop图像处理与合成。

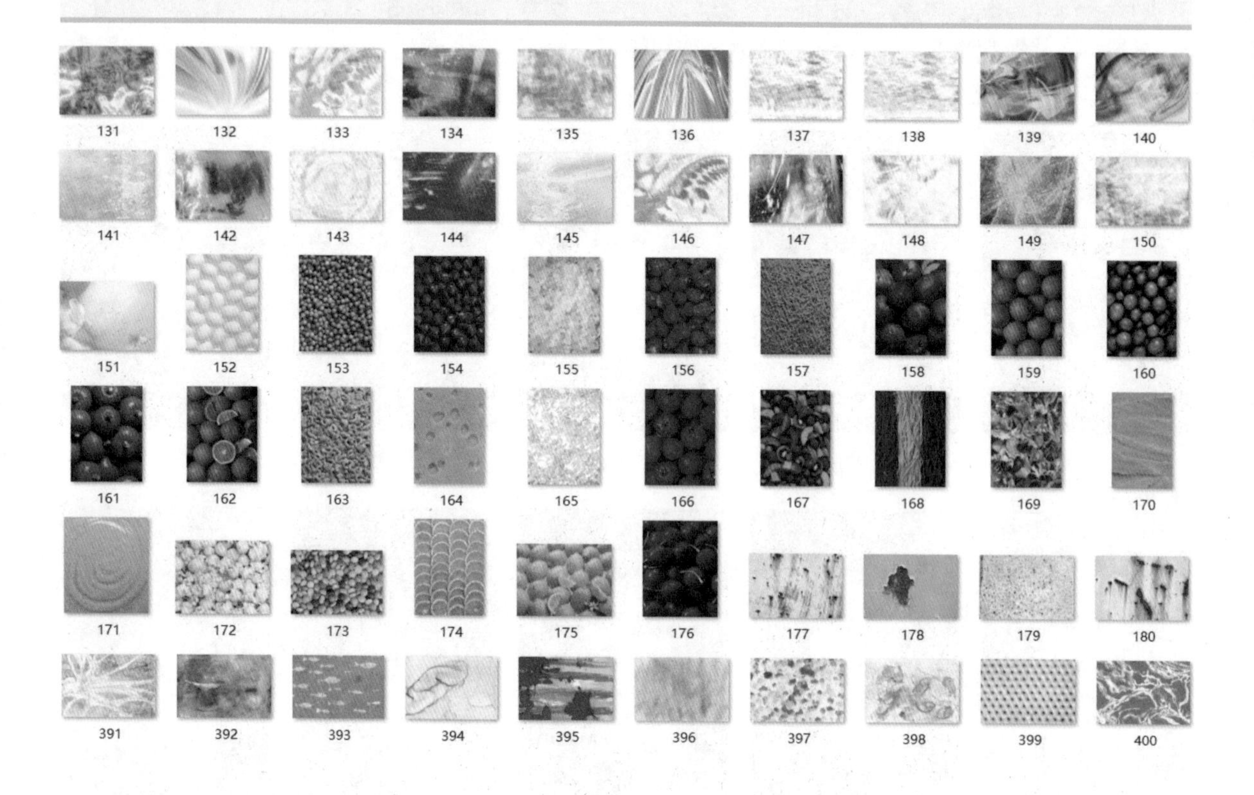

700多种超酷渐变样式

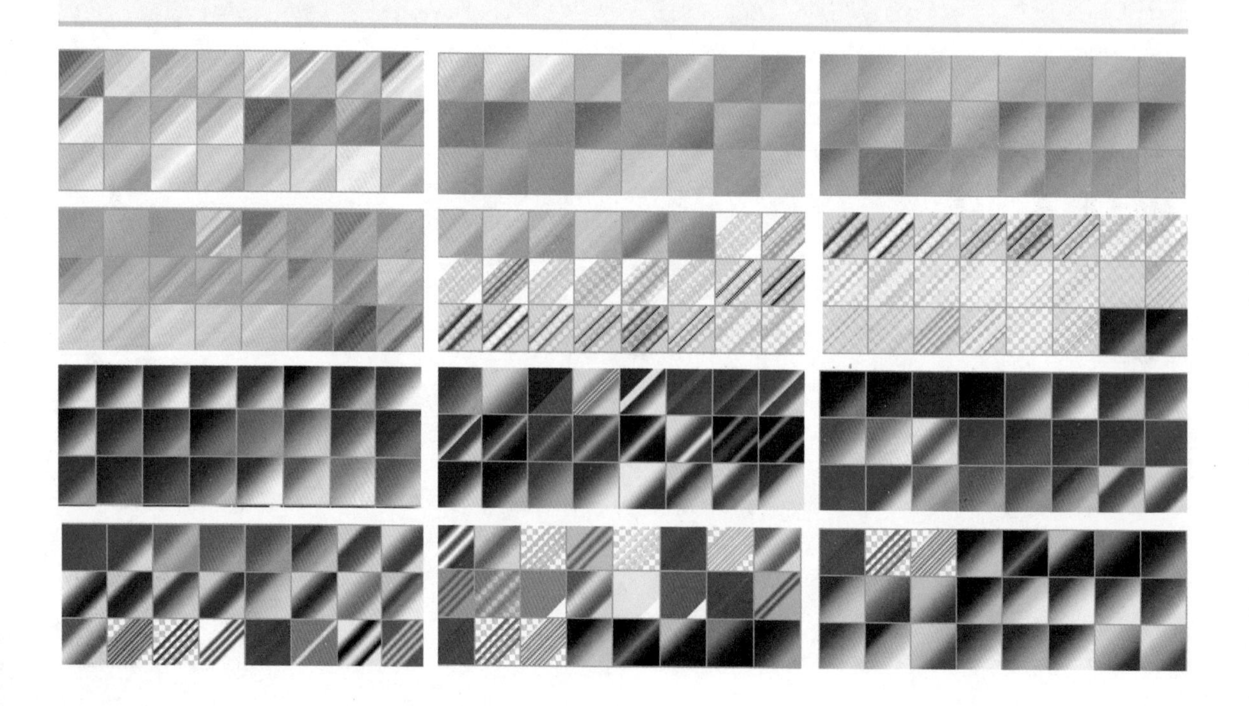

创客诚品 编著

Photoshop CS6 从入门到精通 中文版

北京希望电子出版社
Beijing Hope Electronic Press
www.bhp.com.cn

内 容 简 介

本书以 Photoshop CS6 为基础，主要针对初学者以实例的形式讲解使用 Photoshop 对图形图像进行调整与设计的方法，按照书中讲解操作，仅仅通过鼠标和键盘就可以表达各种创意。全书共 4 篇 16 章，基础篇中，重点介绍了 Photoshop CS6 的基础知识、选区、图层、色彩设置与管理、图像的修复与变形等；深入篇中，讲解了图像的绘制、文本和路径的创建与应用、选区与图层的应用、图像调整与修正；提高篇中，对文本路径、通道和蒙版、滤镜、视频动画和 3D 技术成像进行分析与讲解；应用篇中，通过实战案例练习各种功能的综合应用，设计出炫酷的作品。

本书既适合初学者参照书中案例自学 Photoshop CS6，也可以作为各培训机构、大中专院校相关专业的教材。

图书在版编目（CIP）数据

Photoshop CS6 中文版从入门到精通 ： 全新实例版 / 创客诚品编著. -- 北京 ： 北京希望电子出版社，2017.12

ISBN 978-7-83002-563-2

Ⅰ. ①P… Ⅱ. ①创… Ⅲ. ①图象处理软件 Ⅳ. ①TP391.41

中国版本图书馆 CIP 数据核字（2017）第 264785 号

出版：北京希望电子出版社

地址：北京市海淀区中关村大街 22 号 中科大厦 A 座 9 层

邮编：100190

网址：www.bhp.com.cn

电话：010-82620818（总机）转发行部

010-82702675（邮购）

传真：010-62543892

经销：各地新华书店

封面：多 多

编辑：全 卫

校对：王丽锋

开本：787mm×1092mm 1/16

印张：35

字数：830 千字

印刷：北京市雅迪彩色印刷有限公司

版次：2018 年 3 月 1 版 1 次印刷

定价：109.00 元（配 1DVD）

前言

Photoshop CS6带给我们哪些惊喜?

本书将以实例形式对Photoshop CS6的新增功能进行介绍，下面“抢鲜”预览一下这些新功能吧!

- 新增Mini Bridge面板，可以快速对电脑中的目标文件进行查找。
- 全新的画笔系统更加智能化、多样化，拓宽了Photoshop的绘画艺术台阶，使画面效果更真实。
- 新增内容识别填充功能，与光照、色调及杂色结合，能使删除的内容看上去似乎本来就不存在。
- 新增操控变形命令，使图像变形更细致，为交互式设计创建出独一无二的新外观。
- 新增3D菜单“凸纹”命令，可对选区图像进行3D模型创建，在“凸纹”对话框中可设置拉伸、膨胀等属性，使3D模型的创建与调整更便捷。

学习本书前，一定要阅读的重要内容

本书共16章，分为4篇，即基础篇、深入篇、提高篇和应用篇。用户可根据自身情况有选择地进行学习。

- 基础篇以专题讲解的方式对选区、图层、图像的颜色调整和修复等知识进行了详细讲解，并配合实际案例进行操作，即使初学者也能快速掌握。
- 深入篇对图像的绘制、文本和路径的应用、选区与图层的创建以及图像的修正等知识进行介绍，让用户在掌握了上一篇的基础知识后，对Photoshop CS6有进一步的认识。
- 提高篇深入探讨通道、蒙版、滤镜、视频动画和3D技术等Photoshop功能的精髓，在相应知识点后安排的高手训练营提供了完整的操作步骤，帮助用户迅速领会所学知识。
- 应用篇介绍了图像后期打印输出和文件发布相关知识，并通过36个综合案例利用Photoshop的多种功能制作完整的设计作品，展现实际工作的需要。

除了是一本制作精美的彩色书，更有超大容量DVD光盘帮助用户更好地进行学习

随书赠送多媒体教学视频、实例文件以及海量实用学习素材，为用户提供多方位教学辅助，使用户快速掌握操作要领。

本书在写作过程中力求严谨，但由于时间所限疏漏之处在所难免，恳请广大读者予以批评指正。

编　者

目录

Part 01 基础篇

Chapter 01 Photoshop CS6基础知识

1.1 Photoshop的适用范围 3
1. 平面设计 3
2. 修复照片 3
3. 艺术文字 4
4. 广告摄影 4
5. 创意图像 4
6. 网页制作 4
7. 绘画 4

1.2 Photoshop的常用术语 5
1. 位图和矢量图 5
2. 像素 5
3. 分辨率 6
4. 色相 6
5. 饱和度 7
6. 明度 7
7. 亮度 7
8. 对比度 7
9. 色阶 8
10. 色调 8
11. 颜色模式 8

1.3 Photoshop CS6的工作界面 9
知识点 认识Photoshop CS6的工作界面 9
如何做 组合与移动面板 10
专栏 Photoshop CS6的工具箱 12
高手训练营 工作区颜色和布局的更改 14

1.4 认识“首选项”对话框 15
知识点 “首选项”对话框的布局 15
1. “常规”选项面板 15
2. “界面”选项面板 16
3. “文件处理”选项面板 16
4. “性能”选项面板 17
5. “光标”选项面板 18
6. “透明度与色域”选项面板 18
7. “单位与标尺”选项面板 19
8. “参考线、网格和切片”选项面板 19
9. “增效工具”选项面板 20
10. “文字”选项面板 21
11. 3D选项面板 21
如何做 在“首选项”对话框中设置参数 23

1.5 学习设置快捷键 24
知识点 “键盘快捷键和菜单”对话框 24
如何做 自定义快捷键 25

1.6 认识“导航器”面板 26
知识点 “导航器”面板 26
如何做 在“导航器”面板中查看图像 27

1.7 选择屏幕模式并排列文档 28
知识点 屏幕模式类型与查看多个文档 28
1. 屏幕模式的类型 28
2. 同时查看多个文档 29
如何做 不同的方式切换屏幕模式 30
如何做 不同的方式排列图像 31

1.8 文件的基本操作 32
知识点 文件的新建和打开 32
如何做 文件的置入 33
专栏 “新建”和“打开”对话框 34
1. “新建”对话框 34
2. “打开”对话框 35

1.9 选取颜色有方法 36
知识点 前景色和背景色 36
如何做 使用吸管工具选取颜色 37
如何做 使用Adobe拾色器选取颜色 38

1.10 图像处理中的辅助工具 39
知识点 标尺、参考线、网格和标尺工具 39
如何做 运用辅助工具定位图像 40

高手训练营 校正图片角度……41

1.11 了解Adobe Bridge……43

知识点 Adobe Bridge的工作界面……43

如何做 Adobe Bridge的查看图片功能……44

1.12 Photoshop CS6的新增功能……45

知识点 掌握Photoshop CS6的新增功能……45

1. 工作界面的切换……45

2. Mini Bridge面板……46

3. 全新的画笔系统……46

4. 新增的内容感知移动工具……46

5. 更新的内容识别修补工具……47

6. 更新的裁剪工具……48

7. 色彩范围命令……48

8. 校正广角镜头滤镜……49

9. 照片模糊画廊……49

10. 油画滤镜……50

11. 脚本图案……51

Chapter 02 选区的创建编辑和修改

2.1 常用的选区工具……52

知识点 选区工具的特点……52

如何做 选择合适的选区工具……53

2.2 学习创建规则选区和不规则选区……55

知识点 不同工具的使用方法……55

如何做 制作网状的效果图像……56

专栏 选区工具的属性栏……57

2.3 基于色彩创建选区……60

知识点 魔棒工具与快速选择工具……60

如何做 使用“色彩范围”命令创建选区……62

专栏 认识“色彩范围”对话框……63

2.4 掌握选区的编辑和修改……65

知识点 选区的修改和变换……65

如何做 选区的编辑……66

高手训练营 艺术化合成图像的制作……67

Chapter 03 应用与管理图层

3.1 认识图层……70

知识点 图层的用途……70

如何做 创建不同类型的图层……71

3.2 “图层”面板……72

知识点 认识“图层”面板……72

如何做 图层缩览图大小的更改……75

3.3 “图层”面板的编辑……76

知识点 调整图层顺序并选择图层……76

1. 调整图层顺序……76

2. 选择图层……76

如何做 背景图层和普通图层的转换……77

如何做 图层的编组和链接……78

高手训练营 艺术画的简单合成……79

3.4 移动、堆栈和锁定图层……81

知识点 移动、堆栈和锁定图层的用途……81

如何做 图层的管理……82

3.5 图层的对齐与分布……83

知识点 对齐和分布图层的方法……83

如何做 对齐与分布不同图层上的对象……85

3.6 运用图层组管理图层……86

知识点 管理图层的意义……86

如何做 为图层或组设置颜色……87

如何做 图层或组的合并和盖印……89

3.7 图层不透明度的设置和填充……90

知识点 区别不透明度与填充不透明度……90

如何做 通过键盘设置不透明度……91

高手训练营 制作促销海报设计……92

Chapter 04 调整图像的颜色和色调

4.1 图像的颜色模式……96

知识点 颜色模式的查看……96

如何做 颜色模式的转换 97

4.2 “直方图”面板和颜色取样器工具 98

知识点 认识“直方图”面板 98
如何做 查看不同图层的“直方图”信息 99
如何做 使用颜色取样器工具调整图像颜色 100
专 栏 颜色取样器工具属性栏与“信息”面板 102

4.3 图像色阶和亮度的调整 104

知识点 “色阶”“曲线”“曝光度”对话框 104
1. “色阶”对话框 104
2. “曲线”对话框 106
3. “曝光度”对话框 107
如何做 调整图像色调和对比度 109
如何做 使用“色阶”命令调整图像 110
专 栏 “自动颜色校正选项”对话框 111
如何做 校正颜色灰暗的图片 113

4.4 了解特殊调整 115

知识点 “渐变映射”“可选颜色”对话框 115
1. “渐变映射”对话框 115
2. “可选颜色”对话框 116
如何做 使用“渐变映射”命令为图像添加颜色 118
如何做 使用“可选颜色”命令调整图像 120
高手训练营 调整风景照的神秘色调 121

4.5 “阴影/高光”与“变化”命令 122

知识点 “阴影/高光”与“变化”对话框 122
1. “阴影/高光”对话框 122
2. “变化”对话框 124
如何做 使用“变化”命令调整图像 126

4.6 “匹配颜色”与“替换颜色”命令 127

知识点 “匹配颜色”“替换颜色”对话框 127
1. “匹配颜色”对话框 127
2. “替换颜色”对话框 128
如何做 为图像匹配并替换颜色 130

Chapter 05 修复与修饰图像

5.1 “仿制源”面板 132

知识点 认识“仿制源”面板 132
如何做 使用仿制图章工具修饰图像 133

5.2 认识修复工具组 134

知识点 修复工具组的属性栏 134
如何做 使用修复工具修饰图像 137
高手训练营 人物水粉画的制作 138

5.3 认识颜色替换工具 141

知识点 颜色替换工具的属性栏 141
如何做 替换部分区域的颜色 143

5.4 修饰工具组 144

知识点 认识修饰工具 144
1. 模糊工具 144
2. 涂抹工具 144
3. 锐化工具 145
如何做 运用修饰工具修饰图像 145
专 栏 了解修饰工具组的属性栏 146

Part 02 深入篇

Chapter 06 绘制图像

6.1 绘图工具 149

知识点 绘图工具的属性栏 149
如何做 用画笔工具和铅笔工具绘制图像 150
高手训练营 为黑白照片上色 153

6.2 认识历史记录艺术画笔 157

知识点 历史记录艺术画笔工具的属性栏 157
如何做 制作水彩画 158

6.3 认识加深和减淡工具 159

知识点 加深和减淡工具的属性栏 159
如何做 对图像进行加深和减淡 160
如何做 添加自然过渡色效果 161
高手训练营 调整照片的色调对比度 163

6.4 画笔的预设 165
知识点 认识“画笔”面板 165
如何做 预设画笔显示方式的更改 167
如何做 预设画笔的载入、存储和管理 168
高手训练营 绘制抽象艺术插画 169

6.5 图案的创建和管理 171
知识点 将图案定义为画笔 171
知识点 使用预设图案制作图像 172

6.6 掌握填充渐变 174
知识点 了解渐变工具的属性栏 174
知识点 在选区中填充渐变 175

Chapter 07 文本和路径的应用

7.1 创建文本 177
知识点 文字和文字图层 177
如何做 创建文本 181
如何做 制作海报 182
专 栏 熟悉“字符”面板 184

7.2 了解文本编辑 187
知识点 “查找和替换文本”对话框 187
如何做 更改文字图层中文字的方向 188
如何做 栅格化文字图层 189

7.3 了解形状工具 192
知识点 常用的形状工具 192
1. 矩形工具 192
2. 圆角矩形工具 192
3. 椭圆工具 192
4. 多边形工具 193
5. 直线工具 193
6. 自定形状工具 193
如何做 用形状工具绘制形状 194
如何做 将形状或路径存储为自定形状 196
专 栏 了解形状工具的属性栏 197
高手训练营 使用形状工具制作简单合成效果 200

7.4 使用钢笔工具 203
知识点 钢笔工具属性栏 203
如何做 用钢笔工具绘制形状 203
如何做 用自由钢笔工具绘图 205
高手训练营 绘制剪影图像效果 206

7.5 路径的编辑 210
知识点 路径选择工具属性栏 210
如何做 用路径选择工具编辑路径 210
高手训练营 制作云彩文字 214

Chapter 08 选区与图层的应用

8.1 创建特殊选区 220
知识点 使用蒙版、通道创建选区 220
1. 蒙版 220
2. 通道 221
如何做 分离通道和合并通道 222
高手训练营 合成艺术特效画面 223

8.2 调整、存储和载入选区 227
知识点 各项选区调整功能 227
1. 色彩范围 227
2. 调整边缘 227
3. 修改 227
4. 扩大选取和选取相似 228
5. 变换选区 229
6. 在快速蒙版模式下编辑 229
7. 载入选区 229
8. 存储选区 230
如何做 使用通道存储选区 230
专 栏 “调整边缘”对话框 231

8.3 了解图层混合模式 233
知识点 图层混合模式 233
如何做 设置图层混合模式 233
专 栏 了解不同图层混合模式的效果 235
1. 正常 235
2. 溶解 235
3. 变暗 235
4. 正片叠底 235

5. 颜色加深……236
6. 线性加深……236
7. 深色……236
8. 变亮……236
9. 滤色……236
10. 颜色减淡……236
11. 线性减淡（添加）……236
12. 浅色……237
13. 叠加……237
14. 柔光……237
15. 强光……237
16. 亮光……237
17. 线性光……238
18. 点光……238
19. 实色混合……238
20. 差值……238
21. 排除……238
22. 色相……239
23. 减去……239
24. 划分……239
25. 饱和度……239
26. 颜色……239
27. 明度……239
高手训练营 制作艺术特效海报……240
8.4 熟悉图层样式……247
知识点 不同图层样式的效果……247
如何做 为图像添加多个图层样式……248
专栏 了解“图层样式”对话框中的参数……249
1.“混合选项”选项面板……249
2.“斜面和浮雕”选项面板……250
3.“描边”选项面板……251
4.“内阴影”选项面板……252
5.“内发光”选项面板……252
6.“光泽”选项面板……252
7.“颜色叠加”选项面板……253
8.“渐变叠加”选项面板……253
9.“图案叠加”选项面板……254
10.“外发光”选项面板……255
11.“投影”选项面板……255
高手训练营 使用图层样式制作立体播放器……256
8.5 认识“样式”面板……264
知识点 “样式”面板……264
如何做 缩放图层样式……265
8.6 了解调整图层和填充图层……266
知识点 调整图层和填充图层的特点……266
如何做 创建调整图层并进行编辑……267
高手训练营 制作梦幻雪景图……269
8.7 掌握智能对象和智能滤镜……273
知识点 智能对象和智能滤镜……273
如何做 创建并编辑智能对象的操作……274
如何做 结合智能滤镜与图层蒙版调整图像……275

Chapter 09 图像调整与修正的进阶应用

9.1 解析HDR拾色器……276
知识点 HDR拾色器……276
如何做 将图像转换为32位/通道的操作……277
如何做 将图像合并到HDR的操作……278
9.2 了解内容识别比例……279
知识点 内容识别比例……279
如何做 使用内容识别比例调整图像……280
9.3 认识“调整”面板……281
知识点 “调整”面板……281
如何做 通过调整面板设置图像……282
如何做 存储调整设置并再次应用……283
9.4 动手校正图像扭曲……284
知识点 镜头扭曲……284
如何做 校正镜头扭曲并调整图像透视效果……286
专栏 熟悉“镜头校正”对话框……287
9.5 让图像更锐化……289
知识点 锐化图像的方法……289
1. USM锐化……289
2. 锐化……289
3. 进一步锐化……290
4. 锐化边缘……290
5. 智能锐化……290
如何做 使用智能锐化进行锐化处理……291
如何做 使用USM锐化进行锐化处理……292
高手训练营 修复模糊的人物图像……293
9.6 变换一下对象……295
知识点 变换命令……295
如何做 应用缩放、旋转、扭曲、透视或变形……296
9.7 了解历史记录画笔工具……298
知识点 “历史记录”面板……298
如何做 使用历史记录画笔对图像应用设置过的操作效果……299

高手训练营 使用历史记录画笔工具为人物美容祛斑 300

9.8 应用“液化”滤镜 301

知识点 “液化”滤镜 301

如何做 扭曲图像的效果 302

专 栏 解析“液化”对话框 304

高手训练营 给照片中的人物美美容 306

9.9 应用“消失点”滤镜 308

知识点 “消失点”滤镜 308

如何做 使用“消失点”滤镜调整透视 309

9.10 创建高品质全景图 310

知识点 Photomerge 310

如何做 应用Photomerge创建合成图像 311

如何做 创建360°全景图的操作 312

Part 03 提高篇

Chapter 10 文本与路径的编辑与管理

10.1 了解文本编辑 315

知识点 文本编辑的相关知识 315

1. 选择文本 315
2. 更改文本的排列方式 316
3. 转换文字为选区 316

如何做 对文字进行旋转和变形 317

如何做 设置文字属性的操作 318

10.2 为文本设置段落格式 319

知识点 “段落”面板 319

如何做 设置段落文字对齐方式的方法 320

10.3 设置多样的文字效果 321

知识点 多样化的文字效果 321

1. 结合路径编辑文字 321
2. 对文字进行变形 321
3. 为文字添加投影 322
4. 为文字设置填充效果 322

如何做 沿着路径创建和编辑文字 323

如何做 根据文字创建工作路径 324

高手训练营 用图案填充文字 325

10.4 管理和编辑路径 327

知识点 “路径”面板 327

如何做 填充和描边路径的操作 329

专 栏 了解“填充路径”对话框和“描边路径”对话框 330

高手训练营 使用填充路径和描边路径绘制简单插画 332

Chapter 11 通道和蒙版应用全解析

11.1 了解通道和Alpha通道 336

知识点 通道 336

如何做 新建Alpha通道并载入Alpha通道选区 337

专 栏 熟悉“通道”面板 338

11.2 对通道进行编辑 339

知识点 显示或隐藏通道 339

如何做 选择和编辑通道的操作 340

如何做 调整图像通道的操作 341

高手训练营 为人物的发丝抠图 342

11.3 通道计算操作 344

知识点 “计算”对话框 344

如何做 使用“计算”命令混合通道 345

11.4 解析“蒙版”面板 347

知识点 “蒙版”面板的参数 347

如何做 创建蒙版合成图像 349

专 栏 常用的编辑蒙版的工具 350

1. 画笔工具 350
2. 铅笔工具 350
3. 油漆桶工具 350
4. 渐变工具 351
5. 橡皮擦工具 351
6. 仿制图章工具 351
7. 图案图章工具 351
8. 加深工具 352
9. 减淡工具 352
10. 海绵工具 352
11. 模糊工具 353
12. 锐化工具 353
13. 涂抹工具 353

Chapter 12 滤镜效果的深入探索

12.1 了解滤镜 354
知识点 滤镜的基础知识 354
如何做 再次应用上一次的滤镜效果 354
专栏 熟悉“滤镜库”对话框 356
12.2 独立滤镜的特殊效果 358
知识点 独立滤镜 358
1. 滤镜库 358
2. “镜头校正”滤镜 358
3. “液化”滤镜 359
4. “消失点”滤镜 359
如何做 通过“镜头校正”滤镜校正图像 359
专栏 了解“镜头校正”对话框 361
12.3 使用校正性滤镜校正图像 362
知识点 校正滤镜的类型 362
1. 杂色类滤镜 362
2. 模糊类滤镜 363
3. 锐化类滤镜 364
如何做 添加和减少图像的杂色 365
高手训练营 锐化模糊图像的操作 367
12.4 使用变形滤镜让图像“动”起来 369
知识点 “扭曲”滤镜 369
1. “波浪”滤镜 369
2. “波纹”滤镜 369
3. “玻璃”滤镜 369
4. “海洋波纹”滤镜 370
5. “极坐标”滤镜 370
6. “挤压”滤镜 371
7. “镜头校正”滤镜 371
8. “扩散亮光”滤镜 371
9. “切变”滤镜 371
10. “球面化”滤镜 372
11. “水波”滤镜 372
12. “旋转扭曲”滤镜 372
13. “置换”滤镜 373
如何做 使用“玻璃”滤镜为照片制作雨后玻璃水雾的效果 373
高手训练营 制作科幻海效果报 375
12.5 使用效果滤镜让图像更具艺术范儿 380
知识点 各种“效果”滤镜 380
1. “艺术效果”滤镜 380
2. “画笔描边”滤镜 381
3. “渲染”滤镜 381
4. “素描”滤镜 382
5. “像素化”滤镜 383
6. “风格化”滤镜 384
7. “纹理”滤镜 384
如何做 制作彩铅画效果的照片 385
专栏 了解“光照效果”对话框 387
12.6 其他滤镜效果 390
知识点 认识“其他”滤镜 390
1. “高反差保留”滤镜 390
2. “位移”滤镜 390
3. “自定”滤镜 390
4. “最大值”滤镜和“最小值”滤镜 391
如何做 使用“高反差保留”滤镜磨皮 391

Chapter 13 创建视频动画和3D技术成像

13.1 了解动画 393
知识点 创建视频中需要使用的图像 393
如何做 新建视频图层 394
13.2 解析帧动画和时间轴动画 395
知识点 了解帧动画和时间轴动画 395
如何做 新建帧动画 397
如何做 新建时间轴动画 398
专栏 运用“动画（时间轴）”面板编辑视频 400

1. 裁切位于图层开头或结尾的帧 400
2. 撤销工作区和抽出工作区 400
3. 拆分视频图层 400
高手训练营 打造蒙太奇效果的视频 401

13.3 熟悉3D工具 403
知识点 3D工具解析 403
1. 3D模式选项组 403
2. 3D材质吸管工具 405
3. 3D材质拖放工具 405
如何做 创建各种3D模型 406

13.4 动手编辑3D模型 407
知识点 创建和编辑3D模型纹理 407
1. 新建纹理 407
2. 编辑3D模型的纹理 408
如何做 由2D图像创建3D对象 408
如何做 合并3D图层和2D图层 410
专 栏 3D面板和"场景"面板的选项设置 411
高手训练营 制作3D动画 413

Chapter 14 让图像任务自动执行

14.1 了解动作 416
知识点 动作的基础知识 416
如何做 将动作应用到文件中 417
如何做 调整动作的回放速度 417
专 栏 解析"动作"面板 419

14.2 动作的基本操作 421
知识点 创建动作 421
如何做 记录动作和路径形状 422

14.3 动作的高级操作 425
知识点 在当前动作中添加动作 425
高手训练营 覆盖单个命令并重新排列动作中的命令 425

14.4 自动化命令解析 428
知识点 自动化命令 428
1."批处理"命令 428
2."创建快捷批处理"命令 428
3."裁剪并修齐照片"命令 429
4."条件模式更改"命令 429
5."限制图像"命令 430
如何做 批处理文件的操作 430

14.5 脚本的基础操作 432
知识点 脚本 432
1."图像处理器"命令 432
2."删除所有空图层"命令 432
3."拼合所有蒙版"和"拼合所有图层效果"命令 432
4."将图层复合导出到PDF"命令 432
5."图层复合导出到WPG"命令 432
6."图层复合导出到文件"命令 433
7."将图层导出到文件"命令 433
8."脚本事件管理器"命令 433
9."将文件载入堆栈"命令 433
10."统计"命令 434
11."载入多个DICOM文件"命令 434
12."浏览"命令 434

Part 04 应用篇

Chapter 15 图形文件的打印输出和发布

15.1 色彩管理的基础知识 437
知识点 色彩管理参数设置 437
如何做 在Photoshop中设置打印分色 438

15.2 了解打印设置 439
知识点 "打印设置"对话框 439
如何做 设置打印参数 440

15.3 打印双色调的操作 441

知识点 双色调 441

如何做 指定压印颜色 442

15.4 创建发布Web的优化图像 443

知识点 不同格式的优化选项 443

1. JPEG优化选项 443

2. GIF和PNG-8优化选项 444

专栏 “存储为Web所用格式”对话框解析 446

Chapter 16 Photoshop CS6实战解析

16.1 为照片添加艺术效果 448

① 添加梦幻光影效果 448

② 添加图像矢量元素 451

③ 制作图像金属质感 452

④ 添加动感色块元素 455

⑤ 添加绚丽光影效果 458

⑥ 合成并添加光影效果 460

⑦ 绘制可爱涂鸦效果 462

⑧ 添加图像彩色烟雾效果 463

16.2 艺术文字特效 466

① 制作艺术渐变文字 466

② 制作立体光影文字 469

③ 合成质感文字 472

④ 制作金属文字 474

⑤ 合成创意植物文字 476

⑥ 制作质感毛绒文字 478

16.3 艺术质感打造 481

① 制作冰块水花质感效果 481

② 制作麻布质感效果 483

③ 绘制喷溅牛奶质感 486

④ 绘制浴室一角质感效果 489

16.4 绘制个性插画 492

① 绘制游戏角色插画 492

② 绘制唯美艺术插画 496

③ 绘制矢量趣味插画 499

④ 绘制抽象花卉插画 502

⑤ 绘制拼贴艺术插画 504

⑥ 绘制卡通形象插画 506

16.5 艺术特效合成 508

① 制作超现实合成图像 508

② 合成极速运动效果 512

③ 合成趣味海报画面 514

④ 合成墙上天堂梦境 516

16.6 平面广告设计 517

① 制作饮料标志 517

② 制作牛奶杂志广告 519

③ 制作饮料包装 522

④ 制作游戏海报 526

⑤ 制作电影海报 528

⑥ 制作音响造型设计 531

⑦ 制作企业网页 534

⑧ 饼干包装设计 536

Part 01 基础篇

- Chapter 01 | Photoshop CS6基础知识
- Chapter 02 | 选区的创建编辑和修改
- Chapter 03 | 应用与管理图层
- Chapter 04 | 调整图像的颜色和色调
- Chapter 05 | 修复与修饰图像

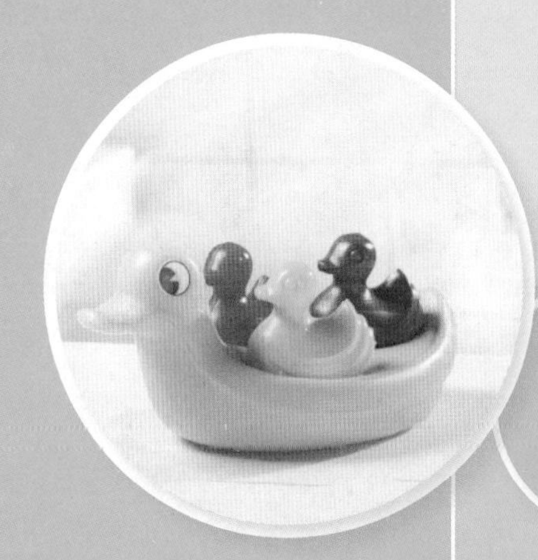

Chapter 01 Photoshop CS6基础知识

在开始阶段掌握Photoshop的基础知识可以更快速地熟悉软件的基本功能，用户还可以创建更适合自己的工作界面，按照自己的习惯轻松地处理图形图像文件。

1.1 Photoshop的适用范围

Photoshop是目前广泛使用的一款平面设计软件，其功能非常强大，可以对图像进行编辑、合成，以及校色、调色等多种操作。尤其是最新版本的Photoshop CS6，应用领域更加广泛，在图像、图形、文字、视频等各个领域都能大显身手。下面就对几个主要的应用领域进行介绍。

1. 平面设计

平面设计师是Photoshop最忠实的用户，不论是海报招贴、户外广告还是杂志广告，基本上都需要使用Photoshop来对图像进行处理。

航空公司广告　广告代理：麦肯，特拉维夫，以色列

吸尘器广告　广告代理：马塞尔，巴黎，法国

2. 修复照片

Photoshop作为专业的图像软件，具有强大的图像修饰功能。不论是对人物和背景中的瑕疵进行修复，还是通过调整色彩使照片更具艺术感，Photoshop都可以完美胜任。

原图1

美白后

原图2

调色后

3. 艺术文字

Photoshop可以使文字更具有艺术感。例如，可以利用Photoshop中的各种图层样式制作出具有质感的文字效果，或者在文字中添加其他元素，产生合成的文字效果。

4. 广告摄影

广告摄影对作品的要求非常严格，但有时由于拍摄条件或环境等因素的影响，照片会出现颜色或构图等方面的缺陷，这时可使用Photoshop来修正，以达到满意的效果。

艺术文字效果
机构：印度灵智
创意总监：Satbir辛格
拉维Raghavendra
艺术总监：塔伦 · 库马尔
文案：拉维Raghavendra
Sharik Khullar

古董珠宝广告摄影　广告代理：Rubecon，金奈，印度

5. 创意图像

Photoshop可以将毫无关联的对象随意地组合在一起，使图像发生巨大的变化，体现特殊效果，给人以强烈的视觉冲击。

食品网页　广告代理：1毫克，印度钦奈

儿童插画　Jane Hissey故事绘本

6. 网页制作

互联网时代的当下，人们对网页的审美要求逐渐提高，此时Photoshop的功能就显得尤为重要了，使用它可以处理、加工网页中的元素。

7. 绘画

Photoshop中提供了大量的绘画工具，许多设计者都会选择在使用铅笔绘制完草图后再用Photoshop来填色。此外，近年来非常流行的像素画也多为使用Photoshop创作的作品。

上面对主要应用Photoshop的一些领域进行了介绍，除此以外，它还有很多其他的用途，如处理三维贴图、设计婚纱照、制作图标等。

1.2 Photoshop的常用术语

在深入掌握Photoshop CS6之前，首先要了解Photoshop的一些常用术语，例如位图和矢量图的区别、像素和分辨率的概念、图像的颜色模式等，为后面的学习打下良好的基础。

1. 位图和矢量图

位图是由表现为小方点的多个图片元素所组成的，而这些图片元素又被称为像素。每个像素都分配有特定的位置和颜色值。在处理位图时，被编辑的是像素而不是整体对象。位图图像是连续色调图像最常用的电子媒介，因为它可以有效地表现阴影和颜色的细微层次。位图的清晰度与分辨率有关，一张图像包含固定数量的像素。当对该图像进行缩放操作时，将图像放大到一定程度，将会呈现为像素色块，因此在打印位图时，最好将图像的打印尺寸缩小到原始尺寸以下，以避免打印出由于分辨率过低而呈现为马赛克效果的图像。

位图

放大后的局部

矢量图是由被称作矢量的数字对象定义的线段和曲线所构成的图像，它根据图像的几何特征对其进行描述，编辑时定义的是描述图形形状的线和曲线的属性。矢量图不受设备的分辨率影响，当放大或缩小矢量图形时，图像的显示质量不会发生改变。

矢量图

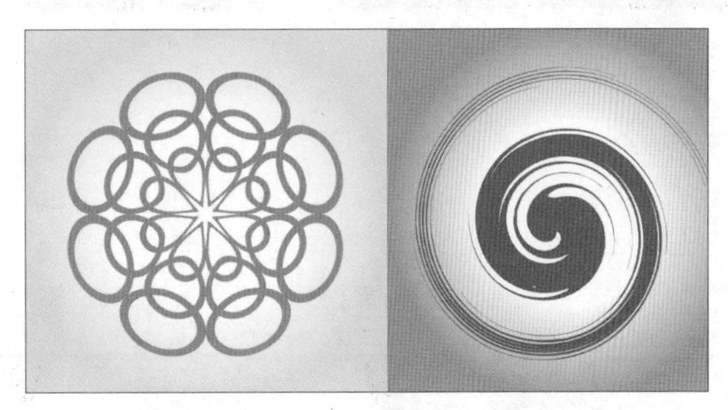

放大后的局部

2. 像素

在Photoshop中，位图图像是由无数个带有颜色的小方点组成的，这些点即被称作像素。像素（Pixel）在英文中是由Picture和Element这两个单词合成的，它作为位图图像最基本的单位，是一种计算数码影像的虚拟单位。

像素越高，图像文件越大。Photoshop支持的最大像素大小为每个图像300000像素×300000像素，这样就限制了图像可用的打印尺寸和分辨率。

文件大小为10.6MB的像素显示效果

文件大小为78.0KB的像素显示效果

3. 分辨率

分辨率是体现图像细节表现力的参数，它关系到图像的清晰度。分辨率的类型有很多种，如图像分辨率、显示器分辨率、打印机分辨率、扫描分辨率和数码相机分辨率等。

图像分辨率就是图像上每英寸包含的像素的数量，单位为像素/英寸（ppi）。图像的分辨率和尺寸一起决定文件的大小及输出质量。图像文件的大小与其分辨率的平方成正比。

显示器分辨率是指显示器上每单位面积包含的像素数量，单位为像素/英寸（ppi）。显示器分辨率取决于显示器的大小及其像素的设置。

打印机分辨率是指在打印输出时横向和纵向两个方向上每英寸最多能够打印的点数，通常以像素/英寸（ppi）为度量单位。

扫描分辨率是指在扫描一幅图像之前所设定的分辨率，它将影响生成图像的质量和使用性能，并决定图像将以何种方式显示或打印。

分辨率为300像素/英寸

分辨率为100像素/英寸

分辨率为50像素/英寸

4. 色相

色相是指色彩的颜色，通常以颜色名称标示，它是色彩的首要特征。调整图像的色相可更改图像的色彩，使它在多种颜色之间变化。

原图

色相为-100

色相为100

色相为180

5. 饱和度>>>

饱和度是指色彩的浓淡程度，也称为就是颜色的纯度。当饱和度降到很低时，图像会成为灰度图像，对灰度图像进行色相更改是没有任何作用的。当饱和度升到很高时，图像的颜色会变得特别鲜艳，甚至会很刺眼。

原图

饱和度为-50

饱和度为50

6. 明度>>>

明度是指色彩的明亮程度，不同的颜色具有不同的明度。如果将明度调至最低会得到黑色，调至最高则会得到白色。对黑色和白色进行色相或饱和度更改都不会发生任何变化。

原图

明度为-20

明度为20

7. 亮度>>>

亮度是指能够主观感知的画面明暗程度。亮度值越大，图像越亮；亮度值越小，图像越暗。

原图

亮度为-50

亮度为50

8. 对比度>>>

对比度是指不同颜色之间的比值，通常使用从黑色到白色的百分比来表示。对比度越大，两种颜色之间的差异就越大。

原图

对比度为-50

对比度为100

9. 色阶>>>

色阶是在色彩模式下图像亮度强弱的指数标准，对图像色阶的调整也就是对图像明暗的调整。在Photoshop中色阶的范围是0~255，总共包括256种色阶。

原图

输入色阶为0、1.56、255

输入色阶为0、0.6、255

10. 色调>>>

色调是指图像色彩的基本倾向。色相、饱和度和明度这3个要素都会影响色调。通过调整这3个要素，就可以改变图像的色调，使其颜色发生改变。

原图

颜色偏红

颜色偏蓝

11. 颜色模式>>>

颜色模式是指计算机记录图像颜色的不同方式。Photoshop中的颜色模式主要有8种，分别是位图模式、灰度模式、双色调模式、索引颜色模式、RGB颜色模式、CMYK颜色模式、Lab颜色模式和多通道模式。不同的模式有不同的特性，它们之间可以相互转换。

RGB颜色模式

位图灰度

双色调模式

1.3 Photoshop CS6的工作界面

在运行Photoshop CS6进行图像处理操作之前，为了能够熟练使用Photoshop CS6，需要先了解一下其工作界面。Photoshop CS6的工作界面由标题栏、菜单栏、属性栏、工具箱、控制面板、工作区和状态栏等组成。

知识点 认识Photoshop CS6的工作界面

Photoshop CS6的工作界面增加了很多新的选项和按钮，同之前的版本相比有很大的变化。对于一个图像处理软件来说，开阔的设计空间尤其重要，Photoshop CS6在这一方面进行了改进。另外，在最新的Photoshop CS6工作界面中，将一些常用的功能以按钮的形式罗列出来，方便用户对图像进行快速操作。

运行Photoshop CS6后，即可进入到该软件的界面，任意打开一幅图像，下面将对工作界面中的各组成部分进行详细介绍。

Photoshop CS6工作界面

❶ 菜单栏：Photoshop CS6的菜单栏中共包括11个菜单，分别是“文件”“编辑”“图像”“图层”“文字”“选择”“滤镜”“3D”“视图”“窗口”和“帮助”。

文件(F) 编辑(E) 图像(I) 图层(L) 文字(Y) 选择(S) 滤镜(T) 3D(D) 视图(V) 窗口(W) 帮助(H)

菜单栏

❷ 属性栏：当用户选择不同的工具时，属性栏中即可切换显示相应的属性选项，方便用户对其进行设置。

羽化: 0像素 消除锯齿 样式: 正常 宽度: 高度: 调整边缘...

矩形选框工具的属性栏

❸ 工具箱：工具箱中包含了Photoshop CS6中的常用工具，单击相应的按钮即可选择各工具。工具箱的工具按钮右下角有三角形标志的，表示此为一个工具组，只要在此按钮上单击鼠标右键或按住鼠标左键不放，即可显示该工具组中的所有工具。

❹ 控制面板：该面板位于工作界面的右侧和最下方，主要用于配合图像的编辑，对操作进行控制和参数设置。为了便于操作，用户可以将时间轴面板拖动到最小化，也可以根据需要将最下方的时间轴面板关闭。只要在右侧扩展按钮上单击，在弹出的快捷菜单中单击“关闭选项卡组”命令即可。

最小化“时间轴”面板

单击“关闭选项卡组”命令

Photoshop CS6工作界面

❺ 工作区：工作区用于对图像进行操作，位于Photoshop操作窗口的正中，也可以放置工具箱、控制面板等。

❻ 状态栏：状态栏位于工作界面的底部，在其中会显示图像的比例及相关信息，还可单击右侧的右三角按钮查看其他操作信息。

状态栏

如何做 组合与移动面板

Photoshop CS6中包含28个面板，在默认状态下，面板排放在工作窗口的右侧，在Photoshop中可以通过拖拽、移动等方法调整面板的位置和大小。下面就来详细介绍组合和移动面板的操作方法。

01 打开文件

启动Photoshop CS6软件，任意打开一张图像，在默认情况下，面板位于工作界面右侧位置。

02 关闭“时间轴”面板

单击“时间轴”面板右上角的扩展按钮，在弹出的快捷菜单中选择“关闭选项卡组”命令，将“时间轴”面板关闭。

03 移动“颜色”面板

在“颜色”面板标签上按住鼠标左键不放，并直接向工作区进行拖拽，使面板显示为浮动状态。

04 移动“色板”面板

使用相同的方法，在“色板”面板标签上按住鼠标左键不放，并将其拖拽到工作区中。

05 组合面板

在“色板”面板标签上按住鼠标左键不放，并将其拖拽到“颜色”面板的下边缘位置，当出现蓝色线条时，释放鼠标，即可将两个面板组合到一起。

06 移动组合面板

在组合面板最上方的灰色条上按住鼠标左键不放，然后直接拖拽，即可移动组合面板，拖拽至适当位置后释放鼠标，即可完成组合面板的移动。

07 组合为一个面板

在“色板”面板标签上按住鼠标左键不放，将其拖拽到“颜色”面板标签的右边位置，当出现蓝色线条时，释放鼠标，即可将两个面板组合在一起。

08 收缩面板

在组合面板最上端的灰色条上按住鼠标左键不放，将其拖拽到右边面板的下端，当出现蓝色线条时，释放鼠标即可将其移动到工作区右侧。

09 收缩“调整”面板

双击面板标签栏的最上方空白处，可使该面板收缩起来。

专栏 Photoshop CS6的工具箱

Photoshop CS6中的工具箱将多种常用功能以按钮的形式聚集在一起，从工具按钮的形态就可以了解该工具的功能。如对工具不熟悉，也可将鼠标指针移至工具箱中的工具按钮上并停留一会儿，此时会出现工具提示，显示工具的名称和快捷键。下面以图例的形式对工具箱中的工具进行介绍。

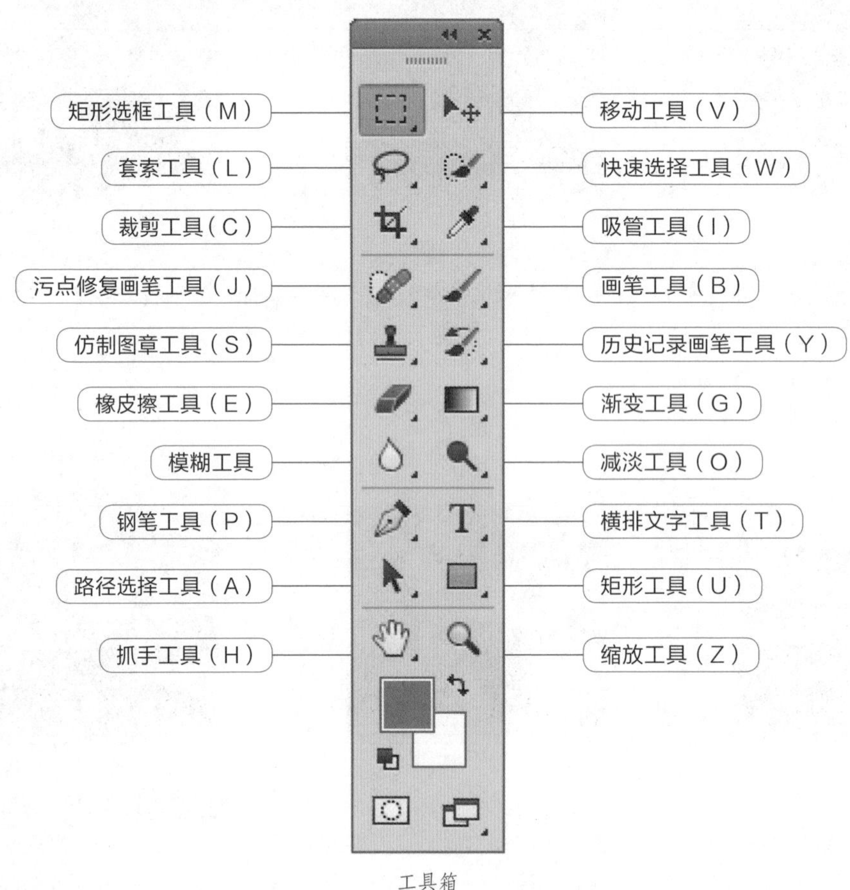

工具箱

矩形选框/椭圆选框/单行选框/单列选框工具：用于指定矩形或者椭圆选区。

矩形选框工具	M
椭圆选框工具	M
单行选框工具	
单列选框工具	

套索/多边形套索/磁性套索工具：多用于指定曲线、多边形或不规则形状的选区。

污点修复画笔/修复画笔/修补/内容感知移动工具/红眼工具：用于修复图像或者消除图像中的红眼现象。

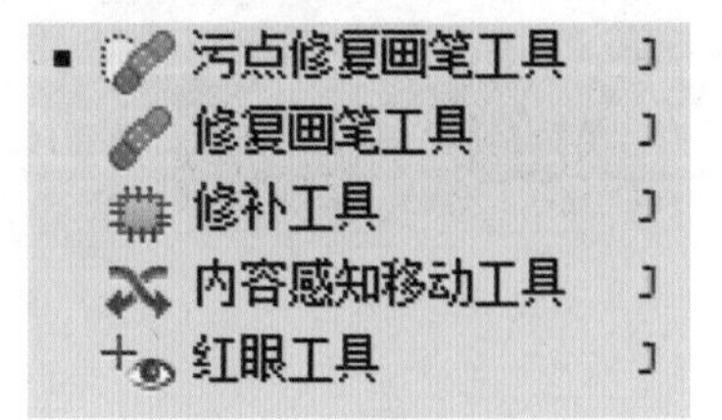

模糊/锐化/涂抹工具：用于模糊处理或鲜明化处理图像。

横排文字/直排文字/横排文字蒙版/直排文字蒙版工具：用于横向或纵向输入文字或文字蒙版。

横排文字工具	T
直排文字工具	T
横排文字蒙版工具	T
直排文字蒙版工具	T

橡皮擦/背景橡皮擦/魔术橡皮擦工具：用于擦除图像或用于将指定颜色的图像删除。

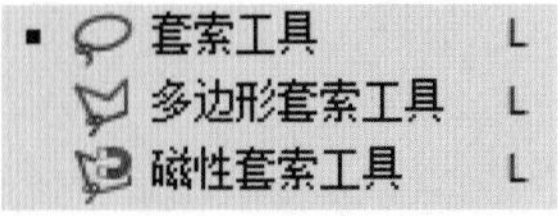

▪ 套索工具 L
多边形套索工具 L
磁性套索工具 L

仿制图章/图案图章工具：用于复制特定图像，并将其粘贴到其他位置。

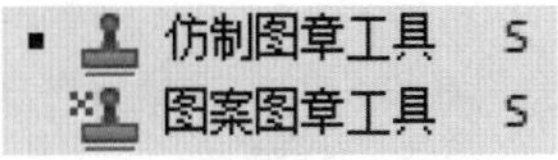

▪ 仿制图章工具 S
图案图章工具 S

快速选择/魔棒工具：以颜色为基准，创建图像选区。

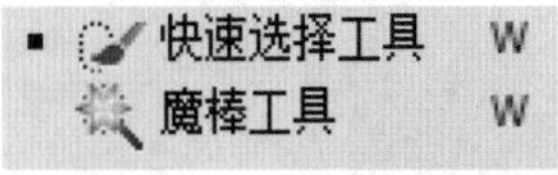

▪ 快速选择工具 W
魔棒工具 W

钢笔/自由钢笔/添加锚点/删除锚点/转换点工具：用于绘制、修改路径，或对矢量路径进行变形操作。

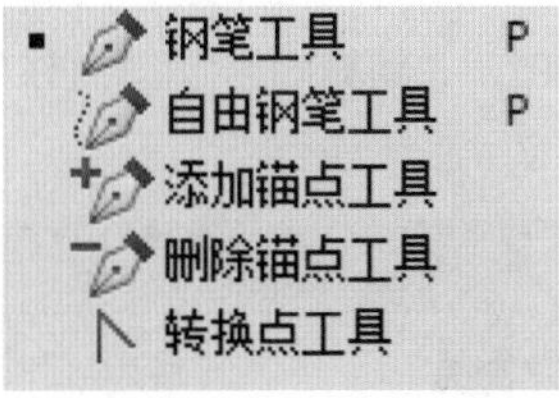

▪ 钢笔工具 P
自由钢笔工具 P
添加锚点工具
删除锚点工具
转换点工具

减淡/加深/海绵工具：用于调整图像的色相和饱和度。

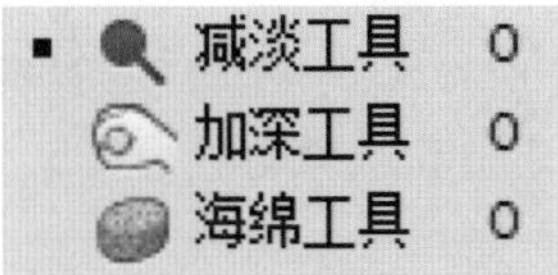

▪ 减淡工具 O
加深工具 O
海绵工具 O

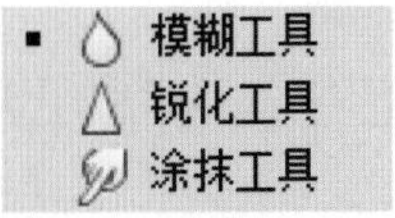

▪ 模糊工具
锐化工具
涂抹工具

路径选择/直接选择工具：用于选择图像或移动路径和形状。

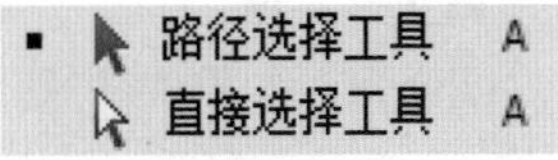

▪ 路径选择工具 A
直接选择工具 A

渐变/油漆桶工具：用特定的颜色或渐变色进行填充。

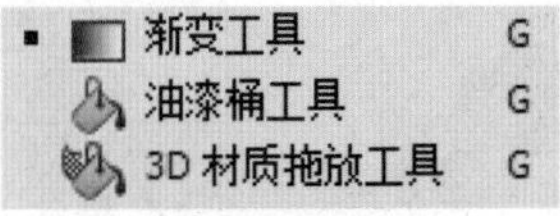

▪ 渐变工具 G
油漆桶工具 G
3D 材质拖放工具 G

吸管/3D材质吸管/颜色取样器/标尺/注释/计数工具：用于取出色样、度量图像的角度、插入文本或添加计数符号。

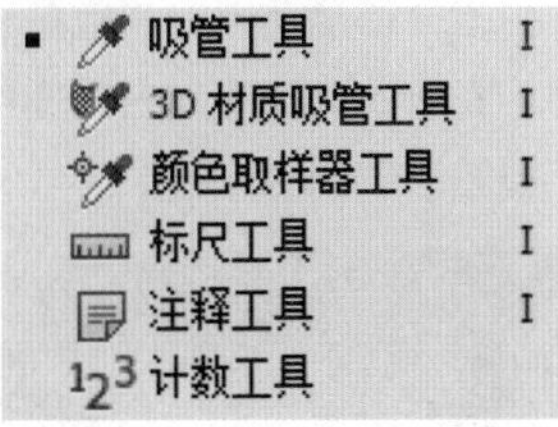

▪ 吸管工具 I
3D 材质吸管工具 I
颜色取样器工具 I
标尺工具 I
注释工具 I
计数工具

裁剪/透视裁剪/切片/切片选择工具：用于将图像裁切为所需尺寸或制作网页时切割图像。

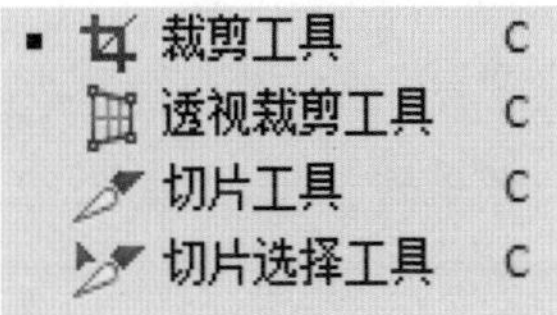

▪ 裁剪工具 C
透视裁剪工具 C
切片工具 C
切片选择工具 C

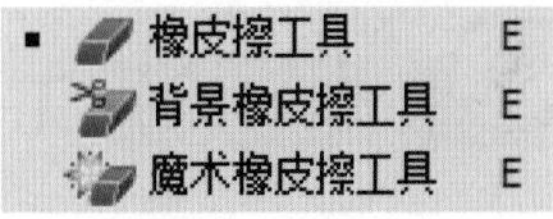

▪ 橡皮擦工具 E
背景橡皮擦工具 E
魔术橡皮擦工具 E

抓手/旋转视图工具：用于移动或旋转图像，从不同位置和不同角度观察图像效果。

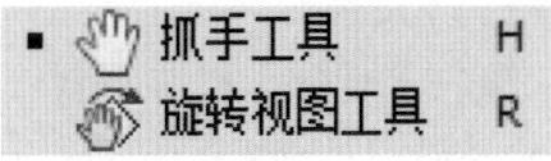

▪ 抓手工具 H
旋转视图工具 R

历史记录画笔/历史记录艺术画笔工具：利用画笔工具表现独特的毛笔质感或复原图像。

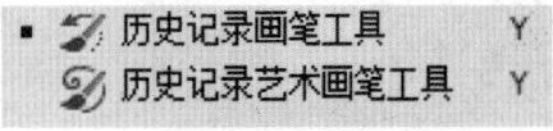

▪ 历史记录画笔工具 Y
历史记录艺术画笔工具 Y

画笔/铅笔/颜色替换/混合器画笔工具：表现毛笔或铅笔效果，替换图像中的某种颜色。

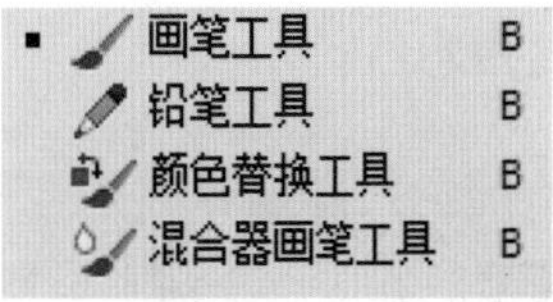

▪ 画笔工具 B
铅笔工具 B
颜色替换工具 B
混合器画笔工具 B

矩形/圆角矩形/椭圆/多边形/直线/自定形状工具：制作矩形、圆角矩形及各种样式的形状图像。

▪ 矩形工具 U
圆角矩形工具 U
椭圆工具 U
多边形工具 U
直线工具 U
自定形状工具 U

知识链接

工具组和工具组内工具

在一些工具按钮的右下角会有一个三角形标志，这表明此为一个工具组。同一工具组中的工具其性质相似，但作用略有不同。在本小节中对这些工具组一一进行了介绍。另外，单击移动工具后，在属性栏中会出现3D模式选项组，其中包括多个3D工具可供选择。

3D 模式：

3D模式选项组

高手训练营 工作区颜色和布局的更改

作为专业的图形图像处理软件，Photoshop在工作界面的设置上非常人性化，主要表现为可以根据需要任意调整面板、工具箱和工作区的位置，而且还可以根据个人喜好更改工作区的颜色，下面就来介绍更改工作区颜色和布局的具体操作方法。

01 打开文件

执行“文件→打开”命令，打开本书附书光盘\实例文件\第1章\Media\01.jpg文件。

02 设置工作区颜色

在图像外工作区的空白处单击鼠标右键，在弹出的快捷菜单中执行“选择自定颜色”命令，弹出“拾色器”对话框，设置颜色为R90、G150、B209。

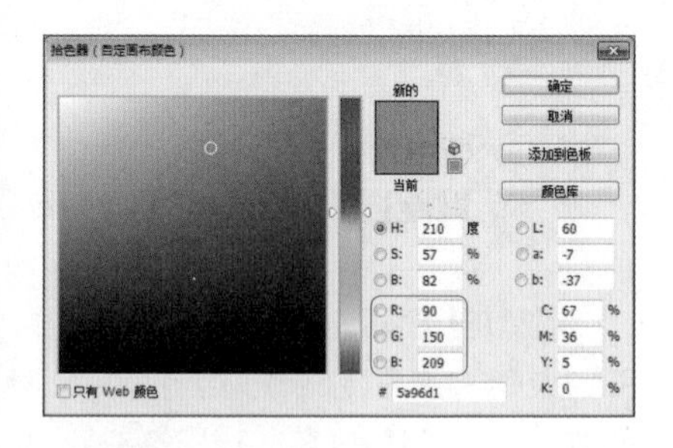

03 应用颜色设置

完成设置后，单击“确定”按钮，即可将该颜色应用到工作区中的空白处。

04 移动工具箱

在工具箱最上端的灰色条上按住鼠标左键，并直接向右边拖拽，将工具箱移动到工作区中。

05 移动面板

在“图层”面板标签上按住鼠标左键，并将其向工作区拖拽，即可将该面板移动到工作区中。

06 存储设置并返回到初始状态

执行“窗口→工作区→新建工作区”命令，在弹出的对话框中设置“名称”为02，勾选“菜单”复选框，单击“存储”按钮。执行“窗口→工作区→复位基本功能”命令，工作区布局即可恢复到初始状态。至此，本实例制作完成。

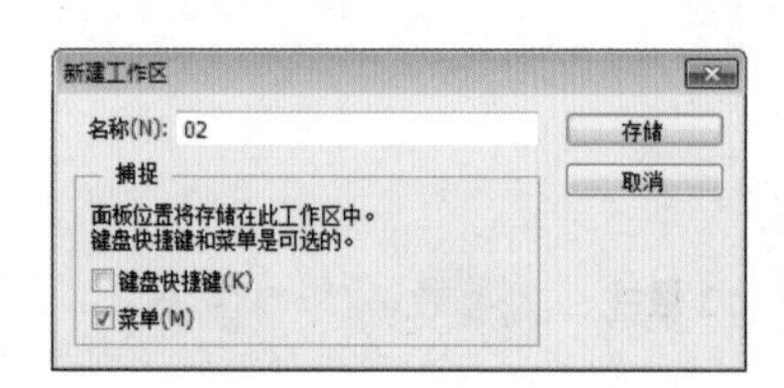

1.4 认识“首选项”对话框

用户除了可以对工作界面进行设置，还可以对在操作时使用到的文件处理、性能、光标、透明度与色域、单位与标尺等的相关参数或显示进行设置，从而在操作时更加方便。

知识链接

“缩放时调整窗口大小”复选框

为了查看图像的细节或整体效果，经常会将图像放大或缩小。默认情况下在进行放大或缩小操作时，只是图像大小改变，工作区的大小不会改变。如勾选“常规”选项面板中的“缩放时调整窗口大小”复选框，再进行放大或缩小操作时，工作区会配合图像的大小而发生变化。

原图像窗口效果

未勾选复选框缩小图像的效果

勾选复选框缩小图像的效果

知识点 “首选项”对话框的布局

执行“编辑→首选项→常规”命令，即可打开“首选项”对话框。在左侧的列表框中选择不同的选项，会切换到相应的选项面板。在“首选项”对话框中包括11个选项面板，下面详细介绍这些面板中的参数。

1.“常规”选项面板>>>

在此选项面板中可以对Photoshop中一些基本的面板显示、拾色器属性、图像插值以及操作方式等进行设置。

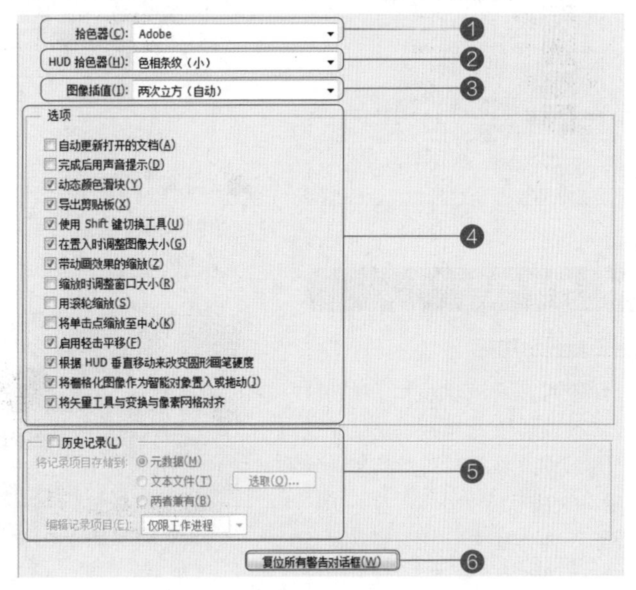

“常规”选项面板

❶ 拾色器：单击右侧的下拉按钮，在弹出的下拉列表中可选择一种拾色器方式。

❷ HUD拾色器：单击右侧的下拉按钮，在弹出的下拉列表中可选择一种色相形态。

❸ 图像插值：单击右侧的下拉按钮，在弹出的下拉列表中可选择一种图像差值计算方式。

❹“选项”选项组：设置常用操作的一些相关选项。

❺“历史记录”选项组：可设置存储及编辑历史记录的方式。

❻“复位所有警告对话框”按钮：单击此按钮，即可启用所有警告对话框。

知识链接

通道的灰度显示和彩色显示

在“首选项”对话框的“界面”选项面板中勾选“用彩色显示通道”复选框，可使“通道”面板中的各个通道由原来的灰度显示变为彩色显示。

以灰度方式显示通道

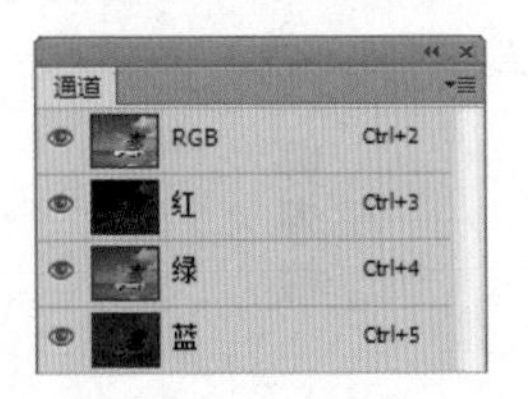

以彩色方式显示通道

专家技巧

启用工具提示功能

如果用户对Photoshop中的各种工具或选项的作用不是很了解，可以在“首选项”对话框的“界面”选项面板中勾选“显示工具提示”复选框来帮助了解当前对象的使用方法或作用。

应用“显示工具提示”设置后，将鼠标指针停放在工具箱中的工具上，或是其他选项上时，会自动显示该工具的工具提示，从而帮助用户轻松了解其功能。

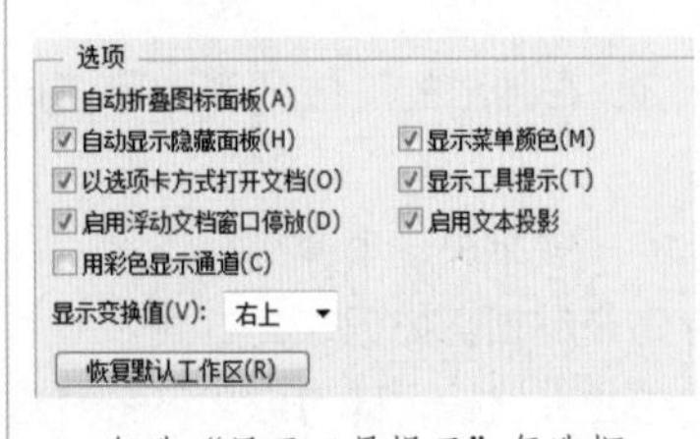

勾选“显示工具提示”复选框

2.“界面”选项面板

选择“首选项”对话框左侧列表框中的“界面”选项，即可切换到“界面”选项面板。在此面板中可以对Photoshop界面中一些项目的显示方式进行设置，方便用户在使用该软件时按照习惯的显示方式操作，从而提高工作效率。

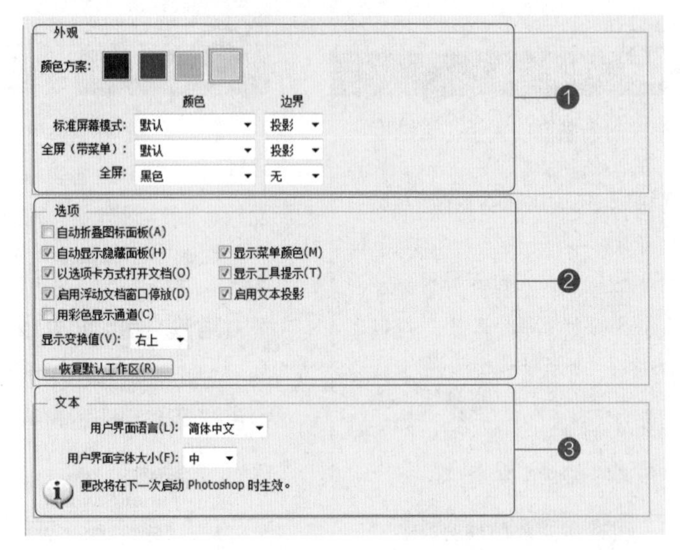

“界面”选项面板

❶“外观”选项组：在此选项组中，可对颜色方案、标准屏幕模式的显示、全屏（带菜单）模式的显示、全屏模式的显示等进行设置。

全屏（带菜单）模式

全屏模式

❷“选项”选项组：此选项组用于设置面板和文档的显示，其中包括设置图标面板的折叠方式、自动显示隐藏的面板、显示菜单颜色、打开文档的方式以及是否启动浮动文档窗口停放等。

❸“文本”选项组：在此选项组中可对用户界面的语言和用户界面的字体大小进行设置。

3.“文件处理”选项面板

选择“首选项”对话框左侧列表框中的“文件处理”选项，即可切换到“文件处理”选项面板。在此面板中可以对文件处理时会使用到的一些参数进行设置，包括文件的存储、文件的兼容性等。

专家技巧

设置历史记录状态的最佳次数

在“首选项”对话框的“性能”选项面板中，通过设置历史记录状态参数，可以设置其历史记录的次数。值越大，历史记录次数越多；值越小，历史记录次数越少。

另外，在此设置的参数最大值为1000，最小值为1，且数值越大，所占内存越多，软件运行速度越慢；数值越小，所占内存越少，软件运行速度越快。默认情况下，该选项数值为20，可以通过设置调整其记录次数，但建议用户除非有特殊需要否则不要调整该选项参数。

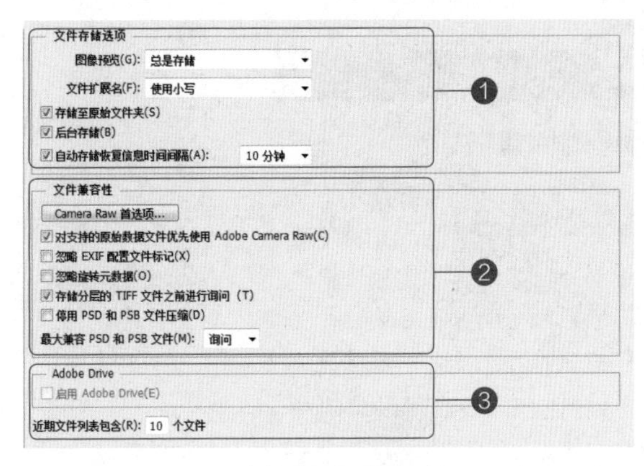

“文件处理”选项面板

❶“文件存储选项”选项组：设置图像在预览时文件的存储方法，以及文件扩展名的写法等。

❷“文件兼容性”选项组：设置兼容性的相关参数。

❸ Adobe Drive：简化工作组文件管理。勾选其中的复选框，可以使文件上传/下载的效率更高。

4.“性能”选项面板

选择“首选项”对话框左侧列表框中的“性能”选项，即可切换到“性能”选项面板。在该面板中可对软件在使用时的内存使用情况、历史记录与高速缓存等参数进行设置，这部分的参数设置直接关系到使用Photoshop CS6时所使用计算机空间的大小。

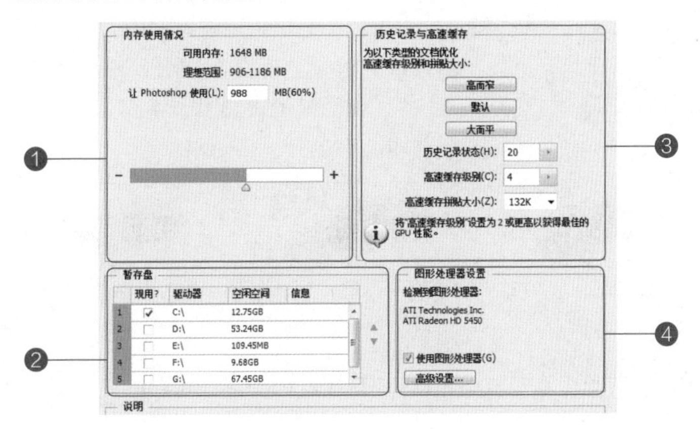

性能“首选项”对话框

❶“内存使用情况”选项组：通过拖拽下方的三角滑块或直接输入数值来设置内存使用情况。

❷“暂存盘”选项组：设置作为暂存盘的计算机驱动器。

专家技巧

合理选择暂存盘

暂存盘是软件在运行时文件暂存的空间。选择的暂存盘其可用空间越大，可以打开的文件大小就越大。但不是说暂存盘越大就越好，如果选择可用空间大的暂存盘，会占用电脑中的较大空间而使其他软件的使用空间变小，严重浪费资源。因此最好根据需要来选择大小适合的暂存盘。

知识链接

使用GPU设置

在Photoshop中当对图像预览效果有一定的要求时，可以勾选“图形处理器设置”选项组中的“使用图形处理器”复选框，在窗口中查看时即可显示三维投影效果，同时也可以使放大、缩小操作变得更流畅。此外，还可以对画布进行任意旋转。单击下方的高级设置按钮[高级设置...]，在弹出的“高级图形处理器设置”对话框中，还可以设置绘制模式、使用图形处理器加速计算、使用OpenGL、对参考线和路径应用消除锯齿以及30位显示等选项的参数。

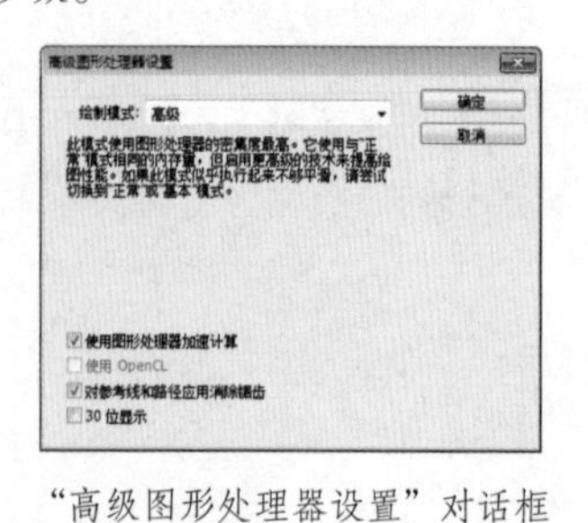

“高级图形处理器设置”对话框

❸“历史记录与高速缓存”选项组：设置历史记录的次数和高速缓存的级别。注意如果设置值过高，计算机的运行速度会减慢，因此通常保持默认值。

❹“图形处理器设置”选项组：通过勾选其中的复选框可以启用OpenGL绘图，从而应用一些新的显示功能。

5.“光标”选项面板

选择“首选项”对话框左侧列表框中的“光标”选项，即可切换到“光标”选项面板，在该面板中可设置一些与光标属性相关的参数。通过设置，可以将光标的显示和颜色设置为独有的状态，以方便用户进行操作。

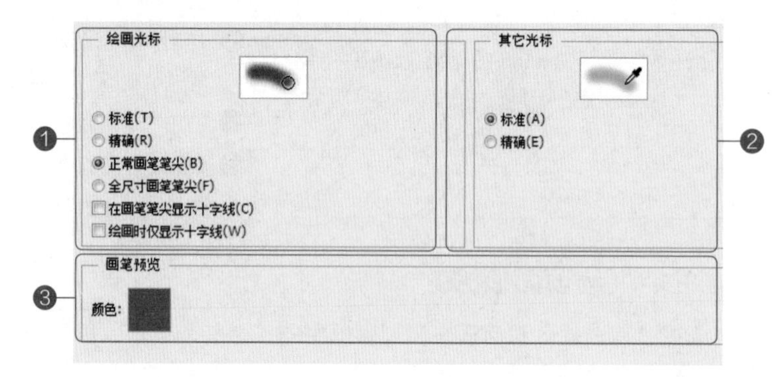

“光标”选项面板

❶“绘画光标”选项组：设置使用画笔工具和铅笔工具时光标的显示效果。包括“标准”“精确”“正常画笔笔尖”“全尺寸画笔笔尖”“在画笔笔尖显示十字线”和“绘画时仅显示十字线”6个选项。

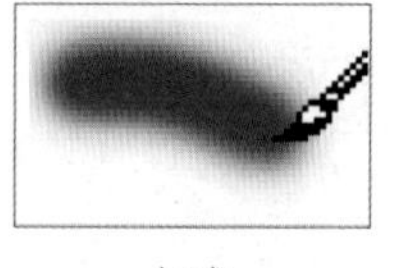

标准

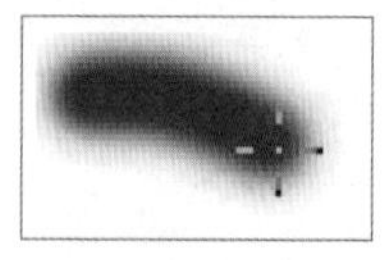

精确

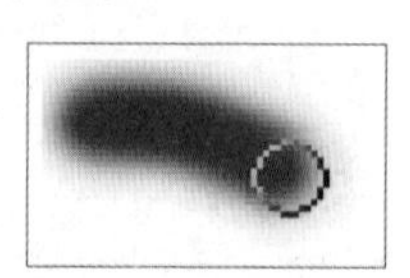

正常画笔笔尖

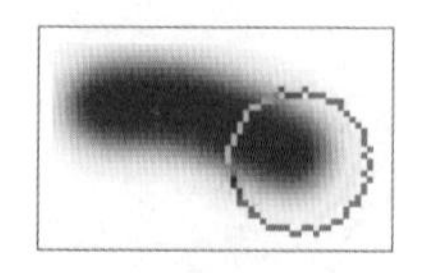

全尺寸画笔笔尖

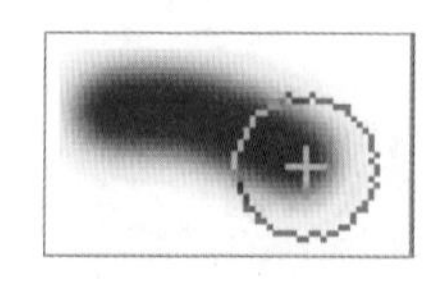

在画笔笔尖显示十字线

❷“其他光标”选项组：设置除画笔工具和铅笔工具外，其他工具的光标显示效果。

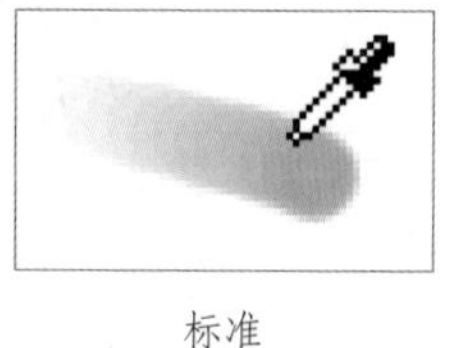

标准

精确

❸“画笔预览”选项组：单击颜色色块，通过弹出的对话框可以设置画笔预览时的颜色。

6.“透明度与色域”选项面板

选择“首选项”对话框左侧列表框中的“透明度与色域”选项，即可切换到“透明度与色域”选项面板，在该面板中可设置透明度和色域的相关参数。例如，可设置在Photoshop中进行操作时，当出现透明区域时图层的显示效果。

知识链接

设置透明区域的网格大小

进行图像处理操作，实际上就是将一个个透明的图层层叠起来，得到最终效果的过程。在“首选项”对话框的“透明度与色域”选项面板中，可以对透明区域的网格大小和网格颜色进行设置。设置的数值不同，最终图层的显示效果也不同，可根据需要进行选择。

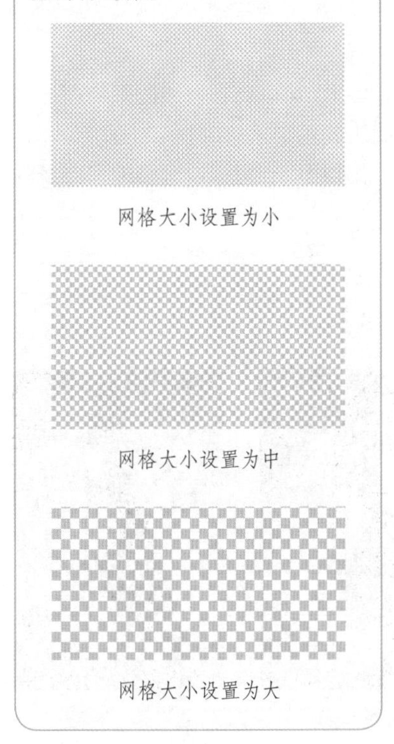

网格大小设置为小

网格大小设置为中

网格大小设置为大

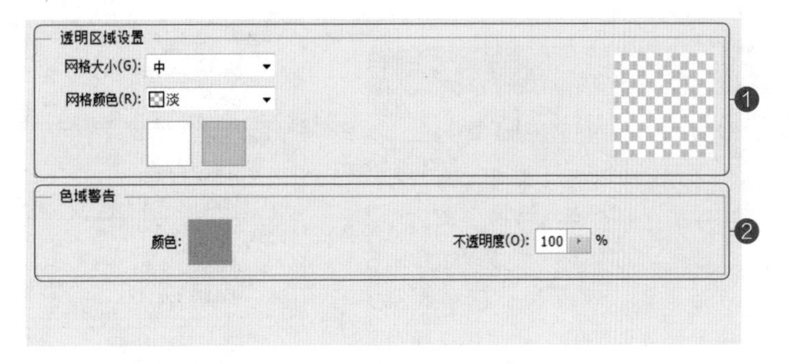

“透明度与色域”选项面板

❶“透明区域设置”选项组：在此选项组中可设置网格大小和网格颜色。当出现透明区域时，通过设置可以改变其显示效果。

❷“色域警告”选项组：设置色域的颜色和不透明度。

7.“单位与标尺”选项面板

选择“首选项”对话框左侧列表框中的“单位与标尺”选项，即可切换到“单位与标尺”选项面板，在该面板中可对页面中的单位、列尺寸、分辨率等参数进行设置。

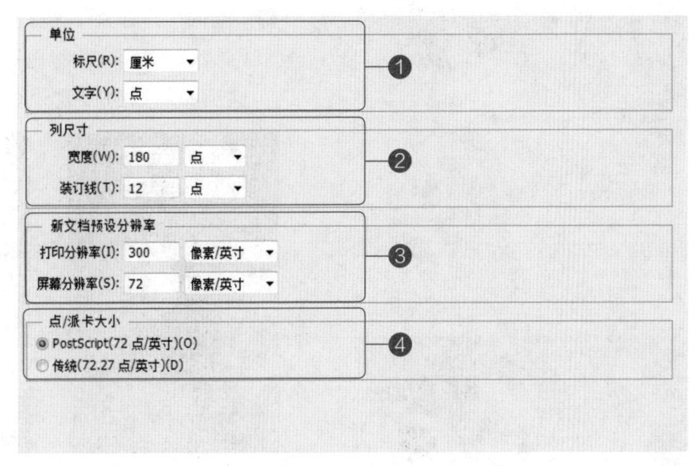

“单位与标尺”选项面板

❶“单位”选项组：设置默认状态下，Photoshop中出现的所有单位主要包括两种类型，即标尺的单位和文字的单位。

❷“列尺寸”选项组：设置默认状态下列尺寸的宽度和装订单位。

❸“新文档预设分辨率”选项组：设置新建文档时，默认的打印分辨率和屏幕分辨率。

❹“点/派卡大小”选项组：定义点/派卡大小。有“传统”和“PostScript”两个选项，“传统”状态下，1英寸为72.27点，而PostScript状态下1英寸为72点。

8.“参考线、网格和切片”选项面板

选择“首选项”对话框左侧列表框中的“参考线、网格和切片”选项，即可切换到“参考线、网格和切片”选项面板，在该面板中可设置参考线、智能参考线、网格和切片的颜色及样式等参数。在使用某些辅助工具时，参考线、网格或切片等的颜色有时会和其他对象的颜色混淆，或由于区分不明显而被遗漏。通过在该面板中进行设置，可避免这些情况。

知识链接

Photoshop中的辅助工具

为了使图像效果更精确，在实际工作中会使用辅助工具，如参考线、网格等。在“首选项”对话框的“参考线、网格和切片”选项面板中，可对这些辅助工具的相关属性进行设置。

参考线

网格

智能参考线

切片

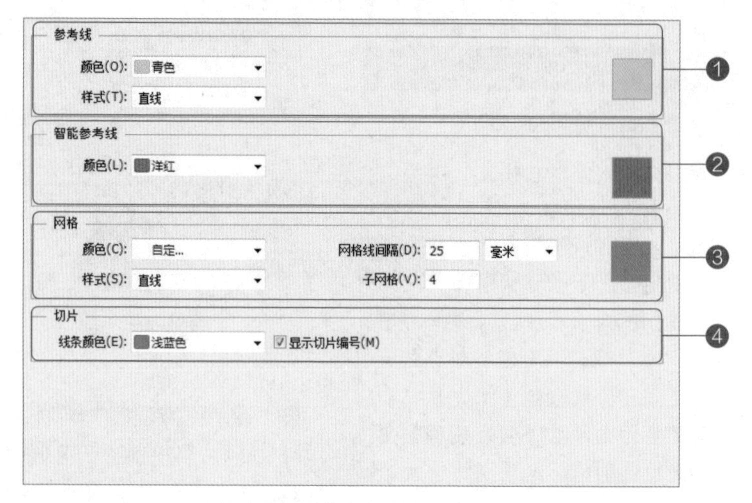

“参考线、网格和切片”选项面板

❶“参考线”选项组：在此选项组中，可以对参考线的颜色和样式进行设置，还可以通过单击右边的色块来选择参考线颜色。

❷“智能参考线”选项组：在此选项组中，可以设置智能参考线的颜色。

❸“网格”选项组：在此选项组中，可以设置网格的颜色、样式、网格线间隔和子网格等属性，从而产生独特的网格效果来与其他相似对象进行区分。

样式：直线

样式：虚线

样式：网点

❹“切片”选项组：在此选项组中，可设置切片的线条颜色。在使用切片工具进行切片操作时，勾选该选项组中的“显示切片编号”复选框可在切片的左上角位置显示以切片的产生顺序为依据的切片编号。

9.“增效工具”选项面板

选择“首选项”对话框左侧列表框中的“增效工具”选项，即可切换到“增效工具”选项面板。在该面板中可对从网站上下载的Photoshop增效工具应用到Photoshop中时的一些相关选项进行设置，其中包括扩展面板和附加的增效工具文件夹的设置。通过在该面板中进行设置，可以使Photoshop增效工具的使用更加方便、快捷。

知识链接

文字预览大小设置

在使用文本工具或对页面中的文字属性进行设置时，可根据需要在“字符”面板中对字体的样式、大小等进行设置。在“首选项”对话框“界面”选项面板中可对“文本”选项中用户界面的字体大小进行设置。设置较大的文字，在列表中同时显示的文字效果就少；设置较小的文字，则在列表中同时显示的文字效果就多。

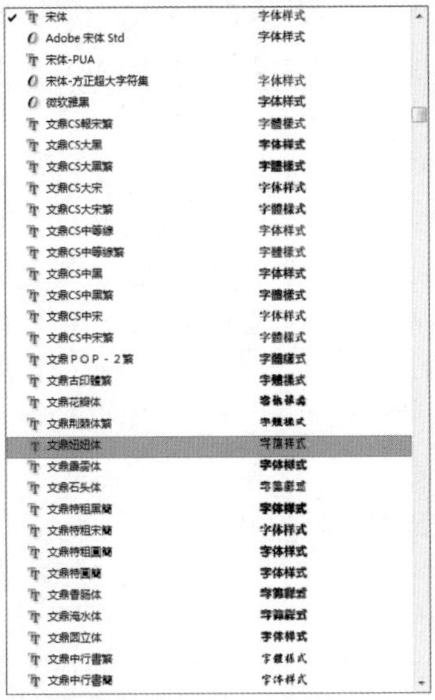

“用户界面字体大小”设置为“小”

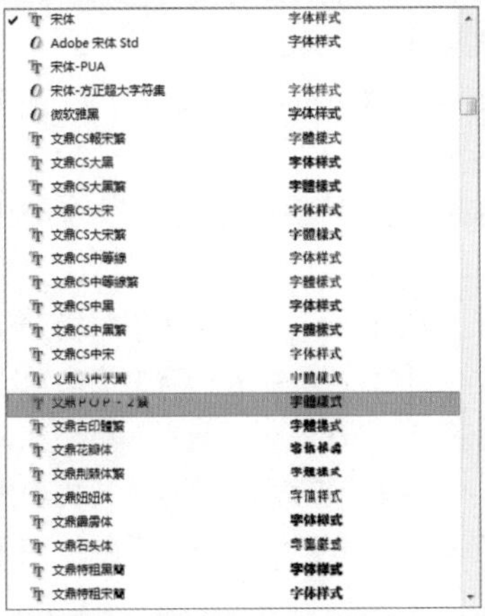

“用户界面字体大小”设置为“中”

“增效工具”选项面板

❶“附加的增效工具文件夹”复选框：通过该复选框，可设置是否将增效工具文件夹附加到Photoshop列表中。

❷“滤镜”选项组：单击其中的“显示滤镜库的所有组和名称”复选框，即可在滤镜菜单中显示所有滤镜库的所有组和名称。

❸“扩展面板”选项组：在此选项组中包含两个复选框，它们分别是“允许扩展连接到Internet”和“载入扩展面板”复选框，可根据需要进行设置。

10.“文字”选项面板

选择“首选项”对话框左侧列表框中的“文字”选项，即可切换到“文字”选项面板，在该面板中可以设置Photoshop中文字的显示效果，包括文字的预览效果、是否启用字形保护等，通过设置可使Photoshop中的文字操作更加高效、快速。

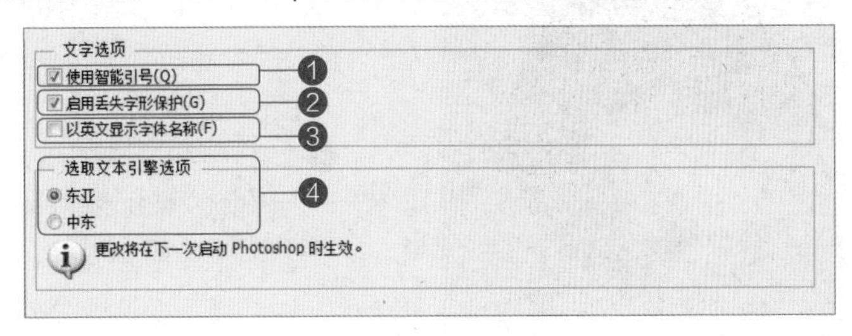

“文字”选项面板

❶“使用智能引号”复选框：通过该复选框，可以设置是否在Photoshop中使用智能引号。

❷“启用丢失字形保护”复选框：通过该复选框，可以设置是否启用丢失字形保护。如勾选该复选框，则当文本中出现没有的字形时，会弹出警告对话框。

❸“以英文显示字体名称”复选框：通过该复选框，可以设置在字体列表中以中文或英文显示字体名称。

❹“选取文本引擎选项”选项组：此选项组中包含两个复选框，分别是“东亚”和“中东”复选框，可根据需要进行设置。

11. 3D选项面板

选择“首选项”对话框左侧列表框中的3D选项，即可切换到3D选项面板，在该面板中可设置各项3D属性。

知识链接

3D参考线的颜色设置

在“3D叠加”选项组中，可以更改各个参考线的颜色，使其在实际操作中更加醒目地显示出参考线，从而提高工作效率。可以通过单击各个选项后的色块，在弹出的“拾取所选网格颜色”对话框中设置需要的颜色值。

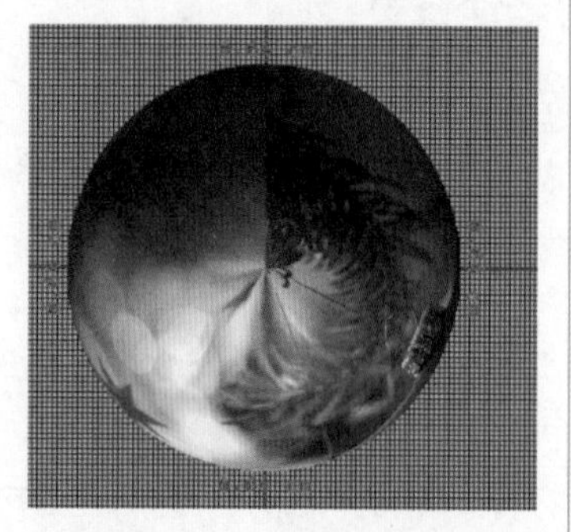

“光照颜色”设置为默认

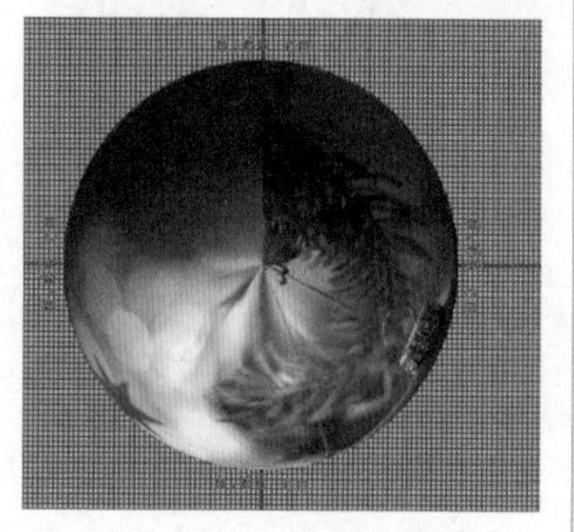

“光照颜色”设置为红色

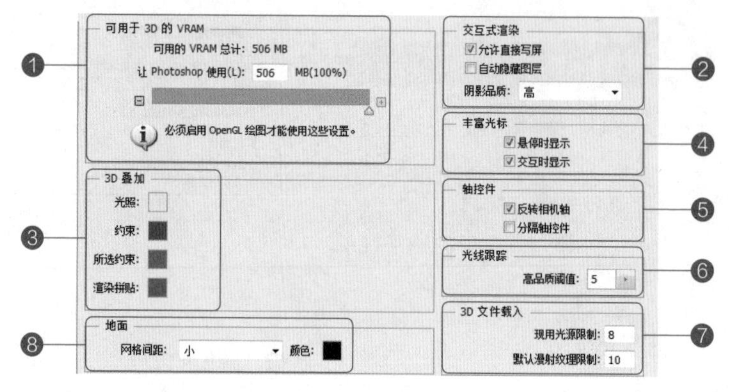

3D选项面板

❶“可用于3D的VRAM”选项组：Photoshop 3D Forge（3D引擎）可以使用的显存（VRAM）量。这不会影响操作系统和普通Photoshop VRAM分配，仅用于设置3D允许使用的最大VRAM。使用较大的VRAM有助于进行快速的3D交互，尤其是在处理高分辨率的网格和纹理时。但是，这可能会与其他启用GPU的应用程序竞争资源。

❷“交互式渲染”选项组：指定进行3D对象交互时Photoshop渲染选项的首选项。选中“允许直接写屏”单选按钮，将允许更快的3D交互，使3D交互能够利用3D管道内建的颜色管理功能。选中“自动隐藏图层”单选按钮，将自动隐藏除当前正在交互的3D图层以外的所有图层，从而提供最快的交互速度。在“阴影品质”下拉列表框中提供了“非常低”“中”“高”等多种阴影品质。

❸“3D叠加”选项组：通过单击各个选项后的色块，在弹出的“拾取所选网格颜色”对话框中选择颜色值。3D叠加主要指定各种参考线的颜色，以便进行3D操作时高亮显示可用的3D组件。要切换这些额外的内容可在“视图→显示”子菜单中选择相应的命令。

❹“丰富光标”选项组：呈现与光标和对象相关的实时信息。在此选项组中包含“悬停时显示”和“交互时显示”两个复选框，可根据需要进行设置。

❺“轴控件”选项组：指定轴交互和显示模式。在此选项组中包含“反转相机轴”和“分隔轴控件”两个复选框，可根据需要进行设置。

❻“光线跟踪”选项组：用于定义最终光线跟踪渲染的图像品质阈值。在下方的“高品质阈值”文本框中可以设置相应参数。

❼“3D文件载入”选项组：指定3D文件载入时的行为。其中“现用光源限制”设置现用光源的初始限制。如果即将载入的3D文件中的光源数量超过该限制，则某些光源在一开始会被关闭。用户仍然可以使用“场景”视图中光源对象旁边的眼睛图标在3D面板中打开这些光源。“默认漫射纹理限制”，当设置漫射纹理不存在时，Photoshop将在材质上自动生成漫射纹理的最大数值。如果3D文件具有的材质数超过此数量，则Photoshop将不会自动生成纹理。漫射纹理是在3D文件上进行绘图所必须的。如果在没有漫射纹理的材质上绘图，Photoshop将提示创建纹理。

❽“地面”选项组：进行3D操作时可用的地面参考线参数。要切换地面，可以执行“视图→显示→3D地面”命令。

如何做 在“首选项”对话框中设置参数

用户可以在“首选项”对话框中按照自己的需要和习惯对界面、文字等各部分的显示效果或相关选项进行设置，从而可以方便地进行操作，以提高工作效率。下面就来介绍在“首选项”对话框中设置并应用部分选项的具体操作方法。

01 打开“首选项”对话框

执行“编辑→首选项→常规”命令，或者按下快捷键Ctrl+K，即可弹出“首选项”对话框，并显示“常规”选项面板。确认常规设置。

02 设置界面颜色

在对话框左侧的列表框中选择“界面”选项，切换到“界面”选项面板。单击“标准屏幕模式”右侧的“颜色”下拉按钮，在下拉列表中选择“选择自定颜色”选项，弹出“拾色器”对话框，在该对话框中设置颜色值为R158、G179、B255。

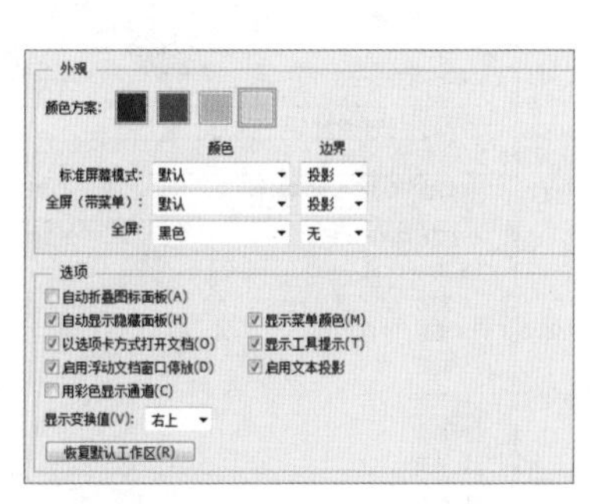

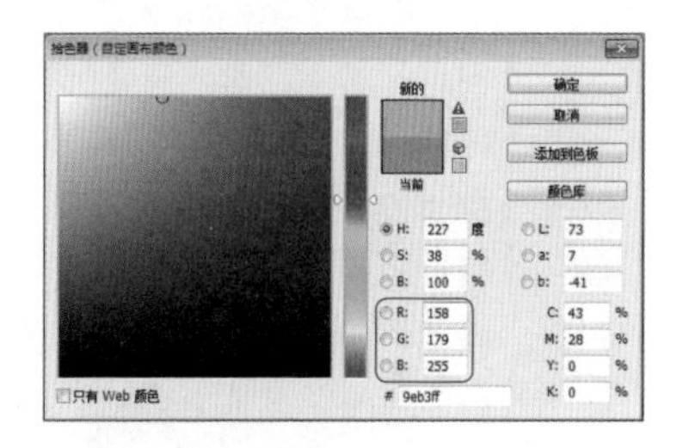

03 应用界面颜色

完成设置后单击“确定”按钮，返回“界面”选项面板，再次单击“确定”按钮退出对话框。执行“文件→打开”命令，或按下快捷键Ctrl+O，弹出“打开”对话框，随意打开一张图片文件，将会发现工作区的背景颜色变成了刚才所设置的颜色，再打开其他文件，工作区背景颜色保持不变。

04 设置参考线颜色

按下快捷键Ctrl+K，将弹出“首选项”对话框，在左侧的列表框中选择“参考线、网格和切片”选项，再在右侧的选项面板中设置参考线的颜色为“浅红色”，完成后单击“确定”按钮。

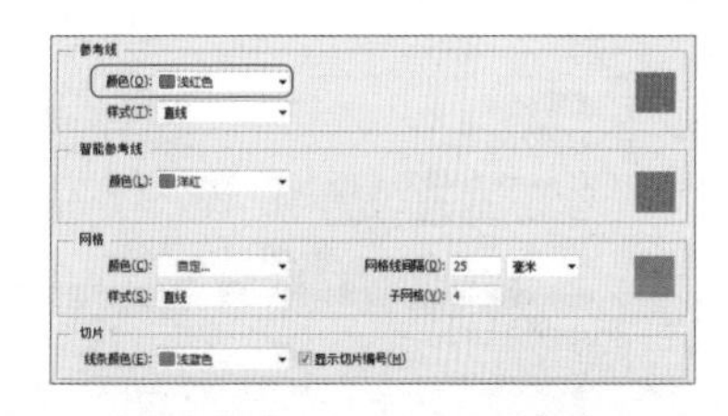

05 应用参考线颜色

按下快捷键Ctrl+R，工作界面中会显示水平标尺和垂直标尺，分别从水平标尺和垂直标尺上拖拽出参考线，可发现参考线为刚才所设置的颜色。

1.5 学习设置快捷键

使用软件时掌握软件中的快捷键功能，通过键盘来快速应用操作，是提高工作效率的有效办法。在Photoshop中也设有相当多的快捷键，如果觉得预设的快捷键不是很好记，还可以在Photoshop的“键盘快捷键和菜单”对话框中将常用命令设置为熟悉的快捷键，让操作更加简单快捷。

专家技巧

设置菜单的颜色

在“键盘快捷键和菜单”对话框中，除了可以对快捷键进行设置外，还可以设置菜单的可见性和颜色。

在“键盘快捷键和菜单”对话框中单击“菜单”标签，即可切换到该选项卡，在下面的列表框中选择一个菜单项，再单击其右边的颜色选项，在弹出的下拉列表中选择一个颜色，完成后单击“确定”按钮。此时，打开菜单，即可发现刚才所设置的菜单颜色已被应用。

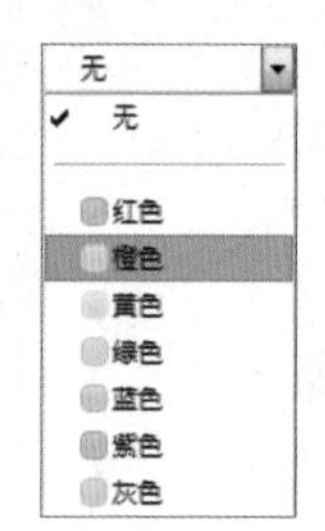

选择颜色

应用菜单颜色

知识点 “键盘快捷键和菜单”对话框

在“键盘快捷键和菜单”对话框中可查看并编辑所有的应用程序、面板命令及工具等的快捷键，并可以创建新快捷键。执行“编辑→键盘快捷键”命令，打开“键盘快捷键和菜单”对话框。

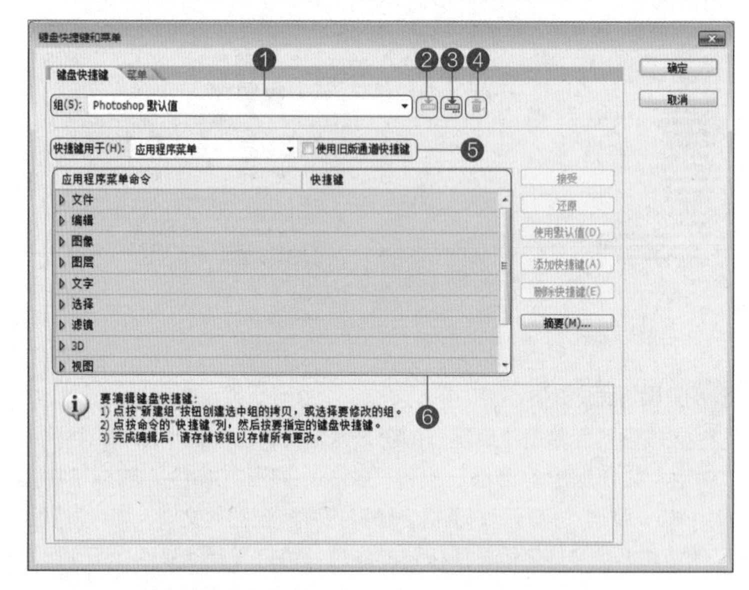

“键盘快捷键和菜单”对话框中的“键盘快捷键”选项卡

❶ 组：单击“组”下拉按钮，在下拉列表中可选择当前需要更改的快捷键组。

❷“存储对当前快捷键组的所有更改”按钮：单击该按钮，即可弹出“存储”对话框，可将设置的快捷键保存到相应位置，方便共享。

❸“根据当前的快捷键组创建一组新的快捷键”按钮：单击该按钮，弹出“存储”对话框，可对当前的快捷键组进行拷贝并暂存，然后再根据需要对这个新的快捷键组进行设置。

❹“删除当前的快捷键组合”按钮：单击该按钮，即可将当前的快捷键组合删除。

❺ 快捷键用于：单击其下拉按钮，可选择所设置的快捷键是用于应用程序菜单、面板菜单，还是工具菜单。

❻ 应用程序菜单命令和快捷键列表框：在该列表框中会根据“快捷键用于”选项显示相应的菜单命令及快捷键。

如何做 自定义快捷键

在软件中用户可以自定义快捷键，从而使快捷键的使用更加符合用户的习惯。下面来介绍自定义键盘快捷键的具体操作方法。

01 打开对话框

执行“编辑→键盘快捷键”命令，弹出“键盘快捷键和菜单”对话框，在列表框中单击“文件”前的三角形按钮打开隐藏菜单。

知识链接

设置快捷键时出现的提示符号

设置快捷键时，会在设置的快捷键右侧出现ⓘ或⊗符号。出现ⓘ符号时，说明该快捷键已被使用，若确认更改，它将从当前使用该快捷键的命令中删除而表现为无快捷键。出现⊗符号时，说明无法指定当前设置的快捷键到该命令中，因为操作系统正在使用它。总之，当出现ⓘ符号时，该快捷键可以被更改，而出现⊗符号时，该快捷键不能被更改。

知识链接

取消当前设置

如果对当前设置不满意，在没有存储所做更改前，单击“取消”按钮，即可扔掉所有更改并退出。也可以在更改后单击“使用默认值”按钮，恢复默认快捷键的设置。

02 更改快捷键

单击“新建”命令右侧的快捷键，出现有闪烁插入点的文本框，说明当前快捷键呈可编辑状态。此时，在键盘上同时按下要设置的快捷键组合，这里按下快捷键Alt+Shift+Ctrl+U，然后在该对话框中单击任意空白处，即可完成快捷键的更改。

03 添加快捷键

单击“新建”命令下方“打开”命令的快捷键，出现有闪烁插入点的文本框后，单击对话框右侧的“添加快捷键”按钮，即可在当前命令的快捷键下方添加一行并显示文本框。在键盘上按下快捷键Alt+Ctrl+O，单击任意空白处，设置“打开”命令为两个快捷键。

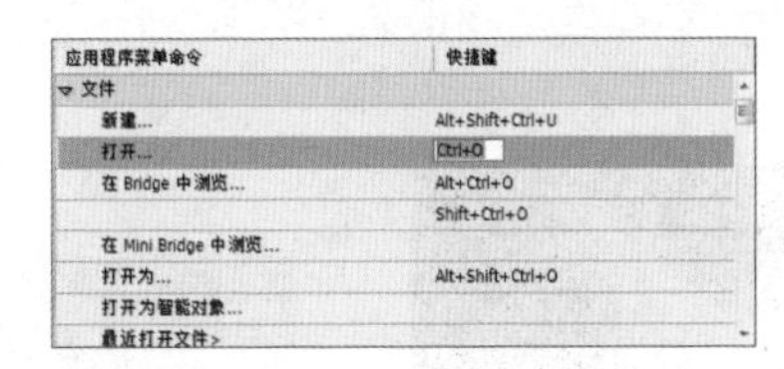

04 设置菜单颜色

单击“菜单”标签，切换到“菜单”选项卡。在列表框中单击“文件”应用程序菜单命令前的三角形按钮，打开隐藏命令，然后单击“新建”命令右侧相应的颜色选项。在弹出的下拉列表中选择“红色”，完成后单击“确定”按钮，即可应用该颜色效果到“新建”菜单中，并且快捷键也变成了刚才所设置的快捷键。

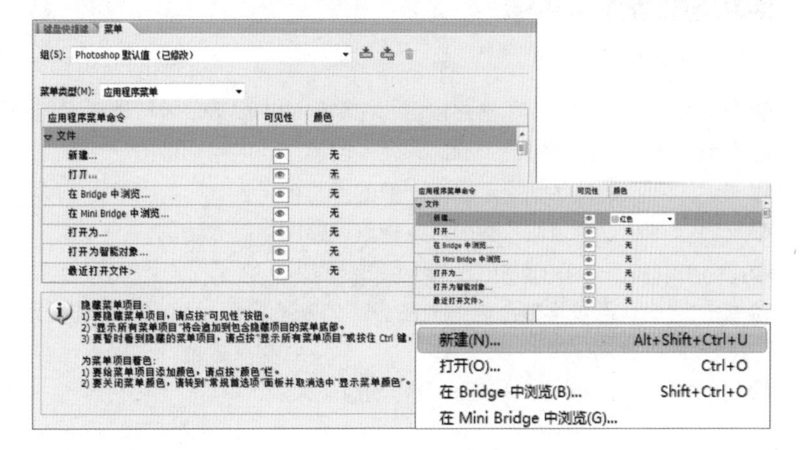

1.6 认识“导航器”面板

通过“导航器”面板可以更改图片的视图效果，作为一个图像查看的辅助功能，“导航器”面板在实际工作中起着重要作用，可以使操作更加方便。本节就来介绍“导航器”面板的相关知识。

知识点 “导航器”面板

“导航器”面板是Photoshop中查看图像时比较重要的辅助工具，其主要作用是利用缩览图像显示，快速更改图片的视图，方便对图像进行选择性区域预览及精确放大或缩小图像。执行“窗口→导航器”命令，即可打开“导航器”面板。

原图

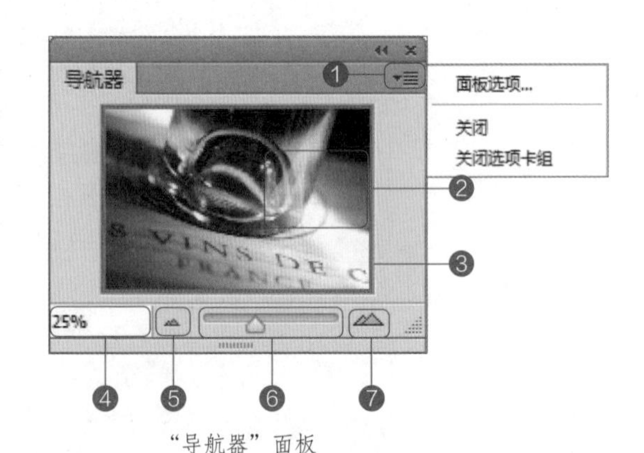

“导航器”面板

❶ 面板扩展菜单按钮：单击此按钮，在弹出的扩展菜单中可选择设置面板选项或进行关闭操作。

❷ 代理预览区域：预览框中的部分就是当前工作区中图像的显示区域。

❸ 图片的缩览图显示：显示当前图像的完整效果。

❹ 缩放文本框：通过输入数值可以精确调整图像缩放比例。

❺“缩小”按钮：单击此按钮，可将图像缩小。

❻ 缩放滑块：通过拖拽滑块缩放图像。向左拖拽即可缩小图像的显示区域，向右拖拽即可放大图像的显示区域。

❼“放大”按钮：单击此按钮，可将图像放大。

如何做 在“导航器”面板中查看图像

在“导航器”面板中可对图像的局部区域进行快速查看，方便对其进行进一步的操作处理。下面就介绍使用“导航器”面板精确查看图像的具体操作方法。

01 打开图像文件

执行“文件→打开”命令，打开本书附书光盘\实例文件\第1章\Media\02.jpg文件。然后执行“窗口→导航器”命令，即可打开“导航器”面板，在缩览图显示框中显示出当前图像。

02 直接输入数值调整图像大小

在“导航器”面板左下角的文本框中输入缩放大小为50%，然后按下Enter键确定输入，即可将当前图像调整到设置的比例大小。此时，在“导航器”面板中可以看到红框的范围变小，表示只显示部分图像。再在文本框中输入缩放大小为10%，按下Enter键确定输入，即可将当前图像调整到设置的比例大小。此时，在“导航器”面板中红框圈住整体区域，表示图像完整显示。

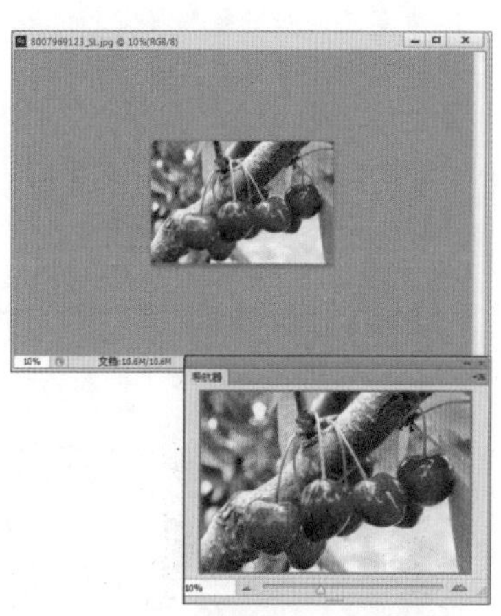

03 拖动滑块来调整图像大小

如果将“导航器”面板右下方的缩放滑块向左拖拽，即可将当前图像缩小。如果将“导航器”面板右下方的缩放滑块向右拖拽，即可将当前图像放大。

04 单击按钮来调整图像大小

单击“导航器”面板中的“缩小”按钮可以将图像缩小；而单击“放大”按钮可以将图像放大。

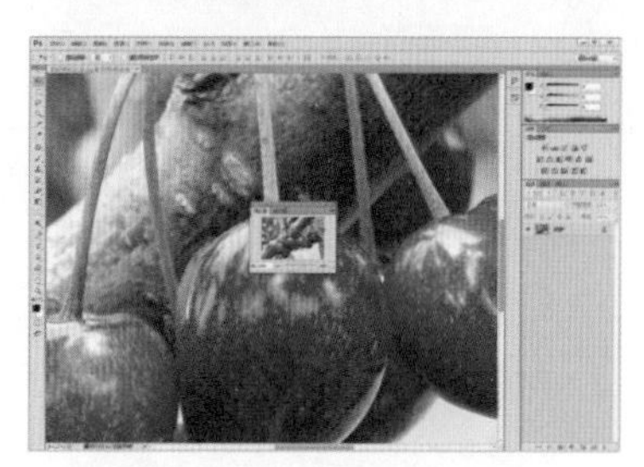

知识链接

调整图像预览区域

要调整图像的预览区域，可以在“导航器”面板中将图像放大后，直接拖拽到预览区域框。将区域框放置在需要的位置，释放鼠标后即可在页面中显示该区域内的图像。

1.7 选择屏幕模式并排列文档

在使用Photoshop进行工作时，有时需要将工具箱、面板等显示出来，有时需要将它们隐藏以显示更大的工作区域，有时还可能需要显示一部分内容，这时就需要通过调整屏幕模式来达到目的。此外，在对多个图像进行对比等操作时，可以通过排列文档功能将多个窗口同时显示，方便操作。下面就详细介绍调整屏幕模式和同时显示多个图像的操作方法。

专家技巧

使用快捷键迅速切换屏幕模式

除了可以使用快捷键F在各个屏幕模式之间进行切换外，在标准屏幕模式和带有菜单栏的全屏模式下，如果只隐藏属性栏、工具箱和面板，只需要按下Tab键即可。在隐藏状态下，再次按下Tab键，即可重新显示属性栏、工具箱和面板。

原屏幕显示效果

隐藏工具箱、属性栏和面板

知识点 屏幕模式类型与查看多个文档

如果需要以不同的方式查看单个或多个图像文件，可以通过设置屏幕模式来方便地进行查看，下面对相关内容进行详细介绍。

1. 屏幕模式的类型

屏幕模式的类型主要有3种，分别是标准屏幕模式、带有菜单栏的全屏模式和全屏模式。默认情况下，按下F键，即可在这几种模式间进行切换。其中，标准屏幕模式会显示所有的对象，包括面板、工具箱、属性栏，以及图像窗口等；带有菜单栏的全屏模式只显示基本的对象，而图像以全屏方式显示；全屏模式只显示出全屏效果的图像，其他对象均不显示。

标准屏幕模式

带有菜单栏的全屏模式

全屏模式

2. 同时查看多个文档

同时打开多个图像时，会出现多个文件窗口，一般情况下，在窗口标签栏处会显示这些图像的名称和格式，而不会将图像同时显示出来。其实可以根据需要将不同的图像按照要求排列，以同时显示，方便实际工作时进行对比操作。执行“窗口→排列”命令，再在其子菜单中选择需要的排列模式即可。

默认的排列方式

“全部垂直拼贴”

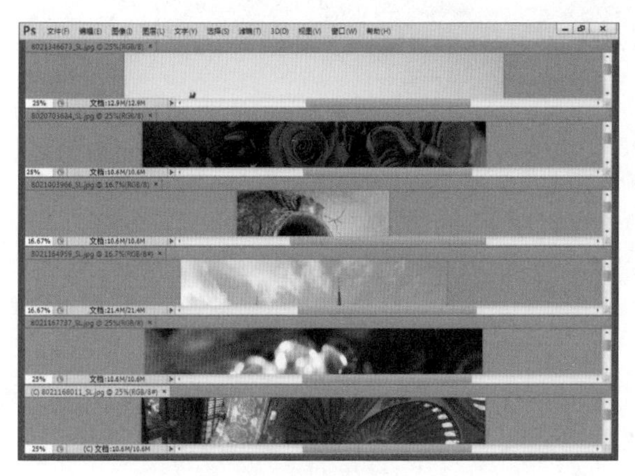

“全部水平拼贴”

“双联水平”

“三联垂直”

“三联堆积”

知识链接

复制当前文档

当需要复制当前图像并生成新的图像窗口时，可以执行“窗口→排列”命令，然后在弹出的子菜单中选择菜单最下方的“为‘01.jpg’新建窗口”命令，即可复制当前文件到新窗口中。

原图

复制文件到新窗口

“四联”

“六联”

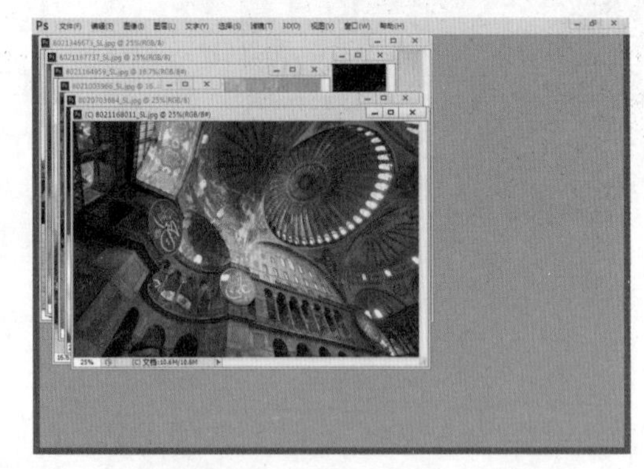

“使所有内容在窗口中浮动”

知识链接

使用快捷键切换多个图像窗口

在Photoshop中同时打开多个文件后，其名称及格式将以标签排布的方式显示，按下快捷键Shift+Ctrl+Tab，即可从当前文件向左依次切换。

如何做 不同的方式切换屏幕模式

用户不仅可以使用快捷键来切换屏幕模式，还可以通过单击“屏幕模式”按钮以及执行菜单命令来设置不同的屏幕模式，下面就来介绍使用不同的方式切换屏幕模式的具体方法。

01 打开文件

执行“文件→打开”命令，打开任意图像文件。

02 通过按钮切换

单击工具箱中的标准屏幕模式按钮，即可将屏幕切换到带有菜单栏的全屏模式。

03 通过菜单命令切换

再次单击该按钮，然后在弹出的“信息”对话框中单击“全屏”按钮，即可切换到全屏模式。

如何做 不同的方式排列图像

Photoshop CS6中含有对多个图像文件的查看功能，用户可以按照需要以不同的方式排列图像，从而减少操作时查找图像文件的时间。下面就介绍使用不同方式排列图像的具体操作方法。

01 打开文件

执行“文件→打开”命令，同时打开任意几张图像，这些图像的名称及格式会出现在同一标签栏中，并只显示一张图像。

02 通过菜单命令排列文档

执行“窗口→排列”命令，在弹出的子菜单中选择“平铺”选项，将会以网格状排列多个文件。

03 更改图像排列效果1

执行“窗口→排列→使所有内容在窗口中浮动”命令，图像将会以浮动窗口形式进行排列。

04 更改图像排列效果2

执行“窗口→排列”命令，在弹出的子菜单中选择“双联水平”选项，图像将会按双联形式排列。

05 调整图像显示效果1

执行“窗口→排列”命令，在弹出的子菜单中选择“三联堆积”选项，然后再执行“窗口→排列→匹配位置”命令，图像将会按三联堆积形式排列。

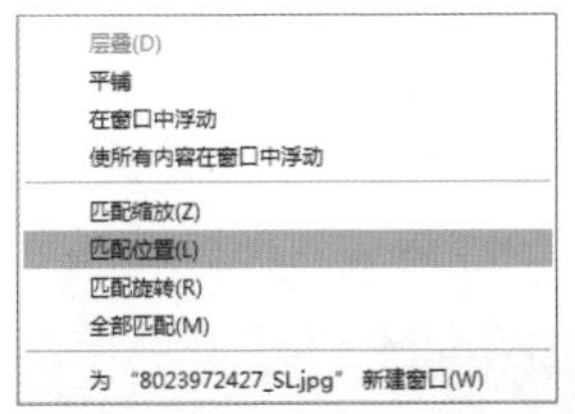

06 调整图像显示效果2

执行“窗口→排列”命令，在弹出的子菜单中选择“四联”选项，然后再执行“窗口→排列→全部匹配”命令，使所有图像文件以当前图像为标准进行匹配排列。

1.8 文件的基本操作

文件的基本操作主要包括新建、打开、关闭、存储和置入等，熟练掌握这些基本操作，对使用Photo-shop软件有很大的帮助。本节就对Photoshop中图像文件的基本操作进行介绍。

知识点 文件的新建和打开

在对软件有了初步了解后，用户需要对其进行更深入的学习，首先需要学习的就是图像文件的基本操作，首先是新建和打开文件的操作。

执行“文件→新建”命令，或者按下快捷键Ctrl+N，即可打开“新建”对话框，在此对话框中可以对所要创建的文件名称、宽度、高度、分辨率、颜色模式和背景内容进行设置，完成后单击“确定”按钮，即可创建出符合需要的空白文件。

此外，我们经常会使用Photoshop对图像进行处理，此时就需要先将图像打开，然后再进行编辑。执行“文件→打开”命令，或者按下快捷键Ctrl+O，即可打开“打开”对话框，在该对话框中，选择需要打开的图像文件，再单击“打开”按钮，即可将选中的图像文件在Photoshop中打开。

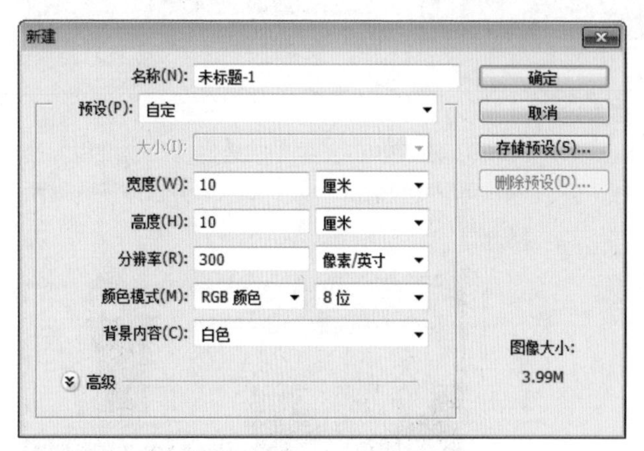

“新建”对话框

“打开”对话框

知识链接

常用的图像文件格式

在Photoshop中经常会用到的图像文件格式有：EPS、TIFF、JPEG、PSD。

EPS文件格式：EPS文件格式是专业出版与打印行业普遍使用的一种文件格式，该格式存储格式化和打印等信息可以用于Pagemaker、InDesign软件的排版和设计，方便文件在各软件间的交互使用。

TIFF文件格式：TIFF文件格式是一种比较灵活的图像格式，支持256色、24位色、48位色等多种色彩位，能够最大程度地存储图像文件的信息，主要用于图片的打印输出。

JPEG文件格式：JPEG文件格式是目前网络上最流行的图像格式，可以将文件压缩到最小并保证图像在该大小内的最好质量。

PSD文件格式：PSD文件格式是Adobe公司图形设计软件Photoshop的专用格式，可以存储为RGB或CMYK颜色模式，还能够自定义颜色并加以存储。此外，还可保留在Photoshop中所创建的所有文件信息，在大多数软件内部都可以通用。

如何做 文件的置入

通过执行“置入”命令，用户可以将不同格式的位图图像或矢量图形添加到当前图像文件页面中，从而达到简单合成的目的。下面就来介绍置入文件的具体操作方法。

01 打开文件

执行“文件→打开”命令，或者按下快捷键Ctrl+O，打开附书光盘\实例文件\第1章\Media\03.jpg文件。

02 置入图像

执行“文件→置入”命令，弹出“置入”对话框，设置“文件类型”为“所有格式”，选择附书光盘\实例文件\第1章\Media\04.psd文件，单击“置入”按钮，即可将选中文件置入到当前图像中。

03 调整置入图像大小及位置

置入图像后，图像四周显示出控制手柄，按住Shift键不放，通过拖拽控制点来将图像等比例放大，并移动到适当的位置。

04 确定置入图像

双击置入的图像，确定刚才设置的图像大小及位置。在这时如果要删除置入的对象，直接按下Delete键即可。

05 再次置入图像

使用相同的方法，再次置入附书光盘\实例文件\第1章\Media\05.png文件，将图像置于左上角位置，并调整图像大小。

06 另存图像

由于当前图像已经做了更改，为了保留原图像，这里对改后的图像文件执行“文件→存储为”命令，或者按下快捷键Shift+Ctrl+S，在弹出的“存储为”对话框中选择当前文件需要存储的位置，然后设置“文件名”为05，“格式”为Photoshop (*.PSD; *.PDD)，完成后单击“保存”按钮，即可将当前文件保存在其他位置。至此，本实例制作完成。

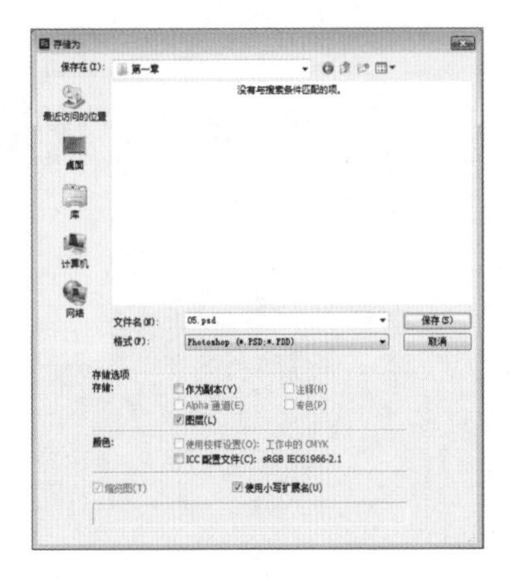

专栏 “新建”和“打开”对话框

了解与图像的基本操作有关的对话框参数，能够使各项操作更加快捷，节省时间，提高工作效率。下面就对“新建”“打开”和“置入”对话框中的参数进行介绍。

1.“新建”对话框

“新建”对话框是Photoshop中最常见，也是最基本的对话框，在该对话框中可以对要创建的文件的相关属性进行设置并新建文件。

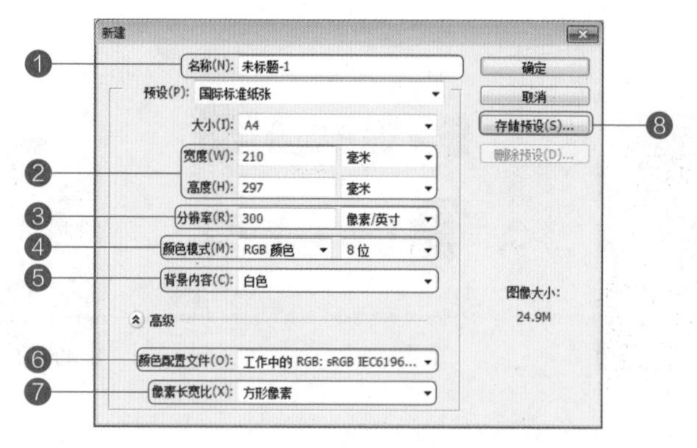

“新建”对话框

❶“名称”文本框：在该文本框中可设置新建文件的名称。

❷“宽度/高度”文本框：设置新建文件页面的长和宽，也可以对其单位进行设置。

❸“分辨率”文本框：设置新建文件的分辨率及其单位。

❹ 颜色模式：单击右侧的下拉按钮，在弹出的下拉列表中包含5种颜色模式，分别是位图、灰度、RGB颜色、CMYK颜色和Lab颜色，可根据需要进行选择。

RGB颜色模式

CMYK颜色模式

灰度模式

知识链接

在“新建”对话框中预设纸张大小

在Photoshop的“新建”对话框中可对新建图像文件的大小、长宽、分辨率、背景内容等参数进行详细设置。此外，如果需要创建的文件页面长宽是国际通用的尺寸大小，可以通过单击“预设”下拉按钮，在打开的下拉列表中选择需要的尺寸大小选项。Photoshop中自带了多种不同的尺寸长宽大小，如美国标准纸张、国际标准纸张、照片、Web、胶片和视频等，方便用户快速选择需要的尺寸来新建空白文档。

“预设”下拉列表

❺ 背景内容：设置背景内容的颜色状态，包括白色、背景色和透明3种类型。

❻ 颜色配置文件：单击右侧的下拉按钮，在弹出的下拉列表中可以选择配置到文件中的颜色类型。

❼ 像素长宽比：设置像素长宽比的类型。

❽“存储预设”按钮：单击该按钮，弹出“新建文档预设”对话框，在其中可设置预设相关参数。其中，在“预设名称”文本框中可对预设的名称进行设置，方便与其他预设效果区分开来。在“包含于存储设置中”选项组中勾选的复选框选项都将在存储文件时被保存到文档资料中。

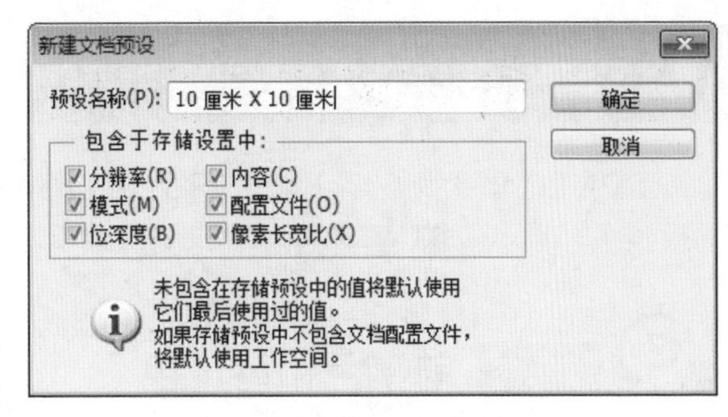

“新建文档预设”对话框

2.“打开”对话框

使用Photoshop对图像文件进行处理之前，首先需要通过“打开”对话框选择并打开需要处理的图像文件。下面对“打开”对话框的参数进行介绍。

“打开”对话框

❶ 查找范围：单击右侧的下拉按钮，在弹出的下拉列表中可选择需要打开文件的路径。

❷ 文件窗口：在该窗口中会显示出当前文件夹中可以打开的所有图像文件。

❸ 文件名：设置当前选中文件的名称和文件格式。

❹ 文件类型：单击右侧的下拉按钮，在弹出的下拉列表中可选择当前需要显示的文件格式。默认为显示所有格式的文件。

知识链接

“置入”对话框

执行“文件→置入”命令，打开“置入”对话框，此对话框中的选项和“打开”对话框中的选项设置非常相似，可以按照与打开文件类似的方法将其他图像元素置入到当前文件页面中。

1.9 选取颜色有方法

用户在Photoshop中可以通过不同的方法来选取颜色，主要有4种方法，包括使用吸管工具、“颜色”面板、“色板”面板，以及在Adobe拾色器中指定新的颜色。本节就对选取颜色的相关内容进行介绍。

知识点 前景色和背景色

首先用户需要先认识一下前景色和背景色，因为在Photoshop中所有要在图像中使用的颜色都会在前景色或背景色中表现出来。可以使用前景色来绘画、填充和描边选区，使用背景色来生成渐变填充和在空白区域中填充。此外，在应用一些具有特殊效果的滤镜时也会用到前景色和背景色。

设置前景色和背景色可以利用位于工具箱下方的两个色块，在默认情况下前景色为黑色，而背景色为白色。要设置不同的前景色或背景色，只需要直接单击前景色或背景色色块，即可弹出相应的“拾色器（前景色/背景色）”对话框，再通过拖拽滑块或设置颜色模式数值来确定颜色。

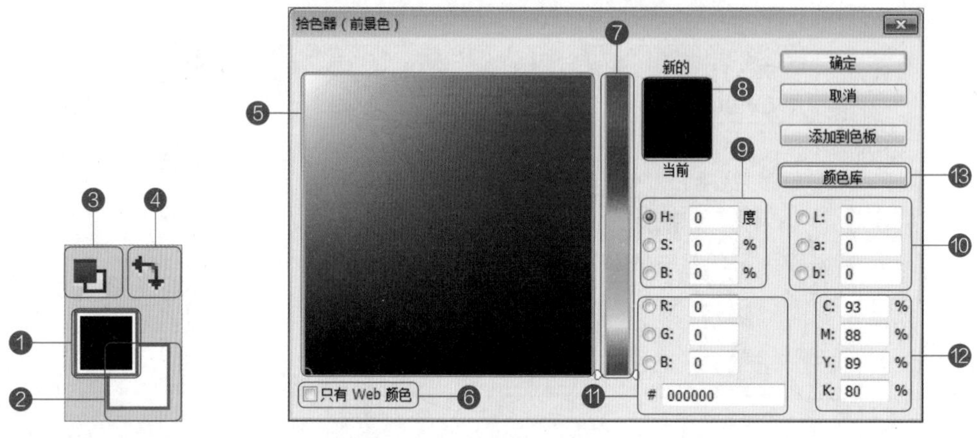

前景色和背景色色块

“拾色器（前景色）”对话框

❶“设置前景色”色块：该色块中显示的是当前所使用的前景颜色。单击该色块，即可弹出“拾色器（前景色）”对话框，在该对话框中可对前景色进行设置。

❷“设置背景色”色块：该色块中显示的是当前所使用的背景颜色。单击该色块，即可弹出“拾色器（背景色）”对话框，在该对话框中可对背景色进行设置。

❸“默认前景色和背景色”按钮：单击此按钮，即可将当前前景色和背景色调整到默认的前景色和背景色效果状态。

❹“切换前景色和背景色”按钮：单击此按钮，可使前景色和背景色互换。

❺ 颜色选择窗口：在此窗口中可通过单击或拖拽来选择颜色。

❻“只有Web颜色”复选框：勾选该复选框，则当前对话框中只显示Web颜色。

❼ 颜色选择滑块：通过拖拽该色条两侧的滑块，可设置颜色选择窗口中所显示的颜色。

❽ 颜色预览色块：该色块上半部分的颜色为当前所设置的颜色，下半部分的颜色为上一次所设置的颜色。

❾ HSB颜色模式值：通过在各文本框中输入HSB颜色模式数值来设置不同的颜色。

❿ Lab颜色模式值：通过在各文本框中输入Lab颜色模式数值来设置不同的颜色。

⓫ RGB颜色模式值：通过在各文本框中输入RGB颜色模式数值来设置不同的颜色。

⓬ CMYK颜色模式值：通过在各文本框中输入CMYK颜色模式数值来设置不同的颜色。

⓭“颜色库”按钮：单击该按钮，在弹出的“颜色库”对话框中可针对特殊颜色进行设置。

如何做 使用吸管工具选取颜色

通过吸管工具可以选取图像中任何区域的颜色，并将选取的颜色指定为新的前景色或背景色。下面就来介绍使用吸管工具选取颜色的具体操作方法。

知识链接

快速填充前景色或背景色

通过使用快捷键，能够最快速地使用当前的前景色或背景色对图层或当前选区进行填充。

如果要在当前选区中填充前景色，在已经创建了选区的状态下，按下快捷键Alt+Delete即可。

如果要在当前选区中填充背景色，在已经创建了选区的状态下，按下快捷键Ctrl+Delete即可。

创建选区

填充前景色

填充背景色

01 打开文件

执行“文件→打开”命令，或者按下快捷键Ctrl+O，打开附书光盘\实例文件\第1章\Media \06.jpg文件。

02 选取前景色

单击工具箱中的吸管工具，将光标移至图像中部的黄色位置，单击鼠标即可将前景色设置为吸管工具选取的颜色。

03 设置背景色

单击“设置背景色”色块，弹出“拾色器（背景色）”对话框，然后移动光标并在图像中的草绿色位置单击，此时，“拾色器（背景色）”对话框中的“新的”颜色色块即显示为刚才吸取的图像颜色，完成后单击“确定”按钮，即可将当前背景色设置为选中的颜色。

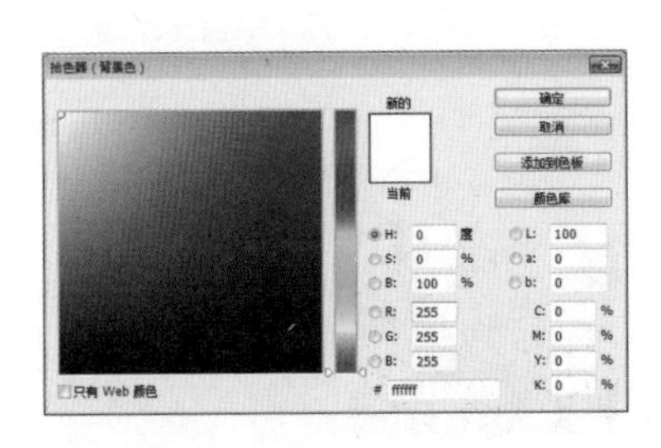

04 快速切换到吸管工具

使用画笔工具时，如按住Alt键不放，即可将当前工具暂时切换到吸管工具吸取颜色，释放Alt键即可返回到画笔工具。

如何做 使用Adobe拾色器选取颜色

在Adobe拾色器中，可以使用4种颜色模式来选取颜色，它们分别是HSB颜色模式、RGB颜色模式、Lab颜色模式和CMYK颜色模式。Adobe拾色器主要被用来设置前景色、背景色和文本颜色，另外也可以为不同的工具、命令和选项设置目标颜色。下面来介绍使用Adobe拾色器为不同对象选取颜色的操作方法。

01 打开图像文件

执行“文件→打开”命令，或者按下快捷键Ctrl+O，打开附书光盘\实例文件\第1章\Media \07.jpg文件。

02 添加文字

选择横排文字工具T，在页面右下角位置单击，当显示插入点后，输入两行文字。默认情况下，该文字颜色为前景色，即黑色。

03 设置文字颜色

选中第一行文字，然后单击属性栏中的“设置文本颜色”色块，在弹出的“拾色器”对话框中设置颜色为R204、G4、B4。

04 应用文字颜色

完成后单击“确定”按钮，即可将设置的文字颜色应用到选定的文字中。

05 设置其他文字的颜色

使用相同的方法，选中第二行文字，然后单击属性栏中的“设置文本颜色”色块，在弹出的“拾色器（前景色）”对话框中设置颜色为R243、G96、B1，单击“确定”按钮，应用到当前文字中。

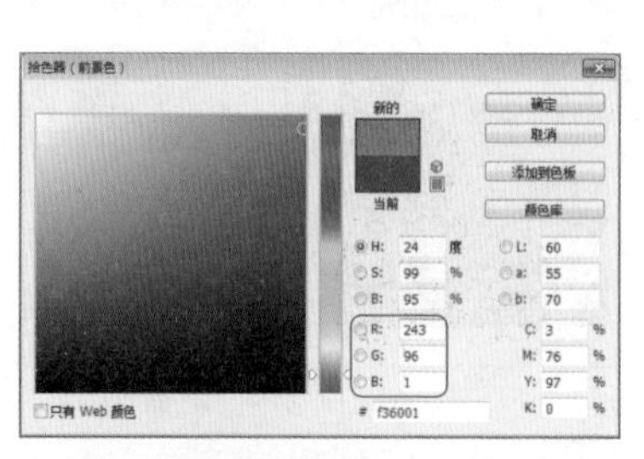

06 选择Web颜色

在工具箱中单击“设置前景色”色块，将会弹出“拾色器（前景色）”对话框，勾选“只有Web颜色”复选框，选择一种颜色，单击“确定”按钮，即可将指定的Web颜色设置为前景色。至此，本实例制作完成。

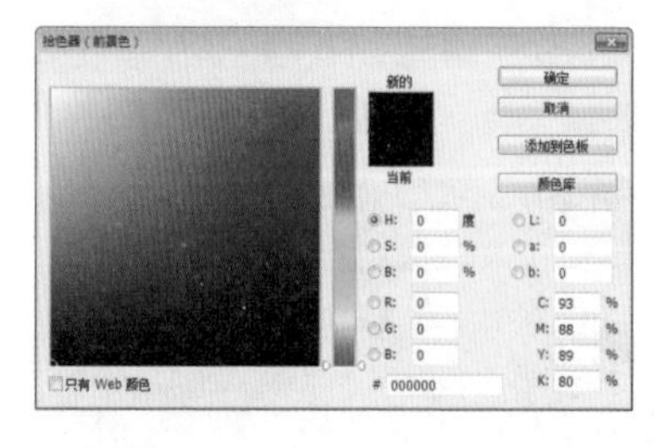

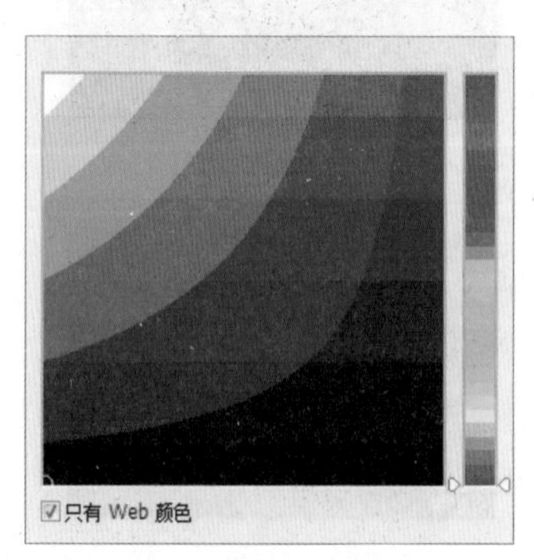

1.10 图像处理中的辅助工具

Photoshop中包含的辅助工具主要用于对目标进行精确定位，从而使图像效果更加完整、美观，主要包括标尺、参考线、标尺工具和网格。它们虽然都是辅助工具，但作用却各不相同，下面就对这些辅助工具的使用方法和特点进行介绍。

知识点 标尺、参考线、网格和标尺工具

使用辅助工具可以快速对齐、测量或排布对象。辅助工具主要包括标尺、参考线、网格和标尺工具，它们的作用和特点各不相同，下面就对它们进行详细介绍。

标尺用于测量页面中的对象，也可以测量页面长宽，方便平均添加参考线。

参考线和网格可以帮助用户精确定位图像或元素，并且由于网格呈网状，因此定位图像或元素时更方便。参考线显示为浮动状态，打印输出时，网格和参考线都不会被打印出来。

标尺工具可以帮助用户准确定位图像或元素。标尺工具的特点是可以计算工作区任意两点之间的距离，且标尺工具所绘制出来的距离直线不会被打印出来。当选择使用标尺工具后，会在属性栏和“信息”面板中显示出标尺的起始位置、在X和Y轴上移动的水平和垂直距离、相对于轴偏离的角度、移动的总长度，以及创建角度时的角度等。

标尺

参考线

网格

标尺工具

如何做 运用辅助工具定位图像

借助辅助工具用户可以按照需要对对象或元素准确定位，熟练使用这些辅助工具在制作作品时可更快实现需要的效果，提高工作效率。下面就介绍结合多种辅助工具进行图像定位的具体操作方法。

01 打开文件

执行“文件→打开”命令，或者按下快捷键Ctrl+O，打开附书光盘\实例文件\第1章\Media\08.jpg文件。

02 显示标尺

执行“视图→标尺”命令，或者按下快捷键Ctrl+R，在当前文件窗口的上方和左侧将会显示出标尺。

03 拖拽出参考线

从水平标尺处向下拖拽出一条水平参考线，使用同样的方法，在垂直标尺处向右拖拽出一条垂直参考线。

04 测量尺寸

创建新图层，在图像的左上角绘制雪花图像并填充为白色，在工具箱中选择“标尺工具”，按住Shift键单击雪花中线的上端，并按住鼠标向下拖拽至雪花中线的下端释放鼠标，即可测量出两点之间的距离。

05 显示网格

执行“视图→显示→网格”命令，或者按下快捷键Ctrl+'，即可在页面中显示出网格。

06 复制对象并进行设置

选择移动工具，按住Alt键的同时向下拖拽雪花图像进行复制，使两个图像处于一条垂直线上。执行“视图→显示→网格”命令，隐藏网格，按下快捷键Ctrl+H，隐藏参考线。

高手训练营 校正图片角度

Photoshop中的标尺工具可以帮助将倾斜的图片校正到合适的角度，其操作非常简单。下面就来介绍使用标尺工具校正图片角度的方法。

知识链接

精确旋转图像

执行“图像→图像旋转→任意角度”命令，在打开的“旋转画布”对话框中可以通过直接输入角度值来精确地旋转图像。

原图

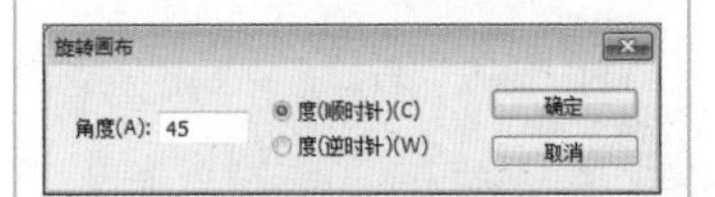

“旋转画布”对话框

直接应用旋转角度

水平翻转画布

01 打开文件

执行“文件→打开”命令，或者按下快捷键Ctrl+O，打开附书光盘\实例文件\第1章\Media\09.jpg文件。

02 使用标尺工具

单击工具箱中的标尺工具，然后在图像的左下角位置单击，根据地平线向右上方拖拽出一条具有一定角度的线段。

03 旋转对象

执行“图像→图像旋转→任意角度”命令，弹出“旋转画布”对话框，在该对话框中显示出当前角度为1.14，保持默认设置，然后单击“确定”按钮，即可以刚才标尺工具拖拽出的线段角度来旋转图像。

04 裁切图像

使用裁剪工具将图像的中间部分选中，然后按下Enter键确定，即可裁剪图像，使图像变为水平。

05 调整图像饱和度

执行“图像→调整→自然饱和度”命令，即可打开“自然饱和度”对话框，设置“自然饱和度”为+100，完成后单击“确定”按钮，增强图像的饱和度，使图像颜色更饱满。

自然饱和度
自然饱和度(V): +100
确定
取消
饱和度(S): 0
预览(P)

06 复制图层

在“图层”面板中拖拽“背景”图层到“创建新图层”按钮上，得到“背景 副本”图层。

07 调整图层

选择“背景 副本”图层，执行“图像→调整→去色”命令，将该图像调整为黑白效果，然后在“图层”面板中设置图层混合模式为“柔光”，设置图层“不透明度”为70%，加强图像对比效果。至此，本实例制作完成。

专家技巧

调整图像黑白效果

在Photoshop中将图像调整为黑白效果的方法有很多种，可以通过不同的方式对图像进行不同程度的调整。除了对图像执行“图像→调整→去色”命令以外，还可以通过调整“色相/饱和度”对话框中的“饱和度”参数值，将图像调整为黑白效果。

原图

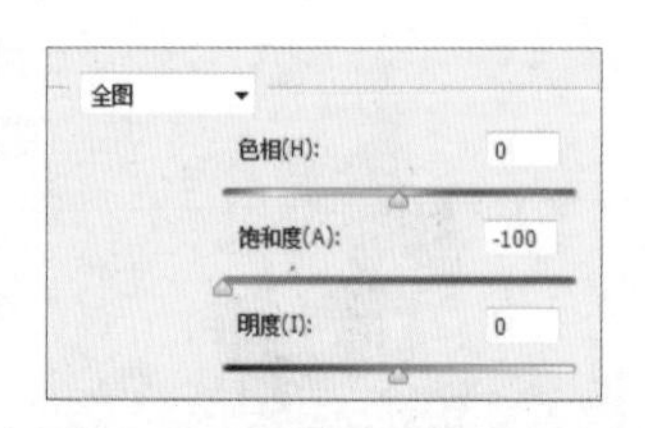

设置参数值

调整图像为黑白效果

1.11 了解Adobe Bridge

Adobe Bridge是Photoshop中包含的一个软件，该软件可以用来组织、浏览和寻找所需资源，创建供印刷、网站和移动设备使用的内容，下面就来学习Adobe Bridge的相关知识和使用方法。

知识点 Adobe Bridge的工作界面

使用Adobe Bridge可以快速地访问本地PSD、AI、INDD和PDF文件，以及其他Adobe和非Adobe应用程序文件，下面先来认识一下Adobe Bridge的工作界面。

Adobe Bridge工作界面

❶ 标题栏：在标题栏中会显示当前界面名称，以及界面放大、缩小、关闭等按钮。

❷ 菜单栏：菜单栏中包括8个菜单项，它们分别是“文件”“编辑”“视图”“堆栈”“标签”“工具”“窗口”和“帮助”。单击菜单项可打开菜单，选择执行相关命令。

❸ 工具栏：在工具栏中会显示一些经常使用的工具选项，单击相应按钮，可快速应用相应的操作到当前图像文件。

❹ 文件路径：显示当前打开的文件夹路径，也可以在此选择需要打开的文件路径。

❺ 控制面板框：在该控制面板框中主要包含了5个控制面板，即“收藏夹”“文件夹”“过滤器”“收藏集”和“导出”面板，单击任意标签，即可切换到相应面板，对图像文件的管理进行具体设置。

❻ 文件预览窗口：在该窗口中会显示当前打开文件夹中的所有图像文件。

❼“预览方式”选项组：在此选项组中包含4个项目，分别是“必要项”“胶片”“元数据”和“输出”，单击其中一个选项，可使预览窗口中的文件按照设置的方式显示。

❽“图像查看方式”选项组：在该选项组中可设置当前文件夹中的所有图像文件的排列方式，单击相应按

钮，即可按相应的方式排列文件。此外，也可以通过单击该选项组中的旋转按钮来旋转当前图像文件。

❾ 控制面板框：该控制面板框和左侧的控制面板框作用相似，主要包括“预览”“元数据”和“关键字”面板。在“预览”面板中可以预览选中的图像，“元数据”面板中会显示当前图像文件的相关属性，而在“关键字”面板中可以对图像搜索时的关键字进行设置。

如何做 Adobe Bridge的查看图片功能

Adobe Bridge可以实现不用打开文件夹，直接选择相应路径查看图片。下面来介绍在Adobe Bridge中查看图片的具体操作方法。

01 打开Adobe Bridge

运行Photoshop后，执行“文件→在Bridge中浏览”命令，即可打开Adobe Bridge，在文件路径区域单击选择路径的按钮，打开下拉列表。

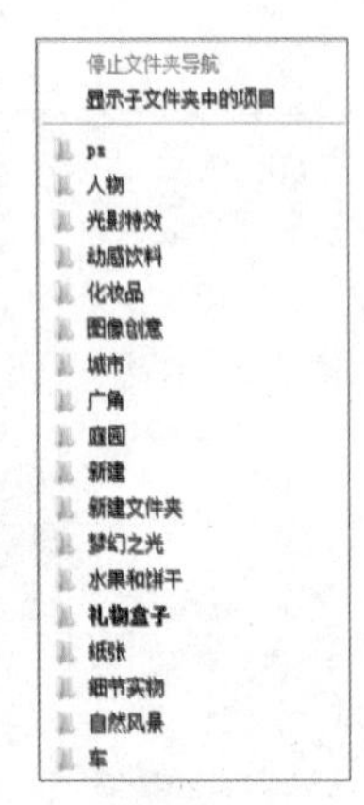

02 选择文件夹

选择下拉列表中需要的文件夹，即可在Adobe Bridge中打开该文件夹中的图像文件。

03 放大预览图像

单击选中一张图像，然后单击“预览方式”选项组中的按钮，即可将当前选中的图像以较大方式预览。

04 旋转对象

在“预览”面板上方单击“逆时针旋转90°”按钮，即可在“预览”面板中将图像向左旋转90°。至此，本实例制作完成。

1.12 Photoshop CS6的新增功能

与Photoshop的其他版本相比，Photoshop CS6拥有更强大的功能，这些新增功能使Photoshop CS6的操作更加智能化，也更方便快捷。下面就对Photoshop CS6中的一些新增功能进行介绍。

专家技巧

新增的工作区选项

打开Photoshop CS6后执行“窗口→工作区→CS6新增功能”命令，Photoshop CS6新增的工作区即可显示为蓝色。

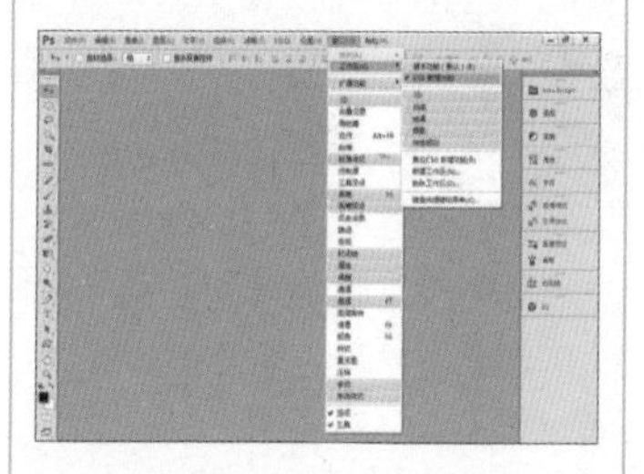

显示更多工作区和选项

知识点 掌握Photoshop CS6新增功能

Photoshop CS6中增加了许多新的功能，比如透视裁剪功能、内容感知移动功能等。同时在之前的Photoshop CS5版本的基础上改进强化了一些功能，其中包括全新的画笔系统、智能修复功能、裁剪功能和3D面板等。另外，在界面设计上一如既往地保持了简洁漂亮的外观。下面就来具体介绍Photoshop CS6中新增和强化的功能。

1. 工作界面的切换

Photoshop CS6标题栏将4个工作区选项的按钮整合在了窗口命令中，通过执行不同操作可以切换不同的工作环境，方便用户进行设计、排版以及绘画等操作。

运行Photoshop CS6，随意打开一张图片。通过执行“窗口→工作区”命令，在弹出的快捷菜单中选择不同的命令，即可切换不同的工作环境。

“基本功能”工作区

“绘画”工作区

“摄影”工作区

“排版规则”工作区

专家技巧

新建工作区

除了预设的各种工作区之外，还可以根据自己的习惯、爱好将面板等进行重组，然后对该工作区的状态进行保存，方便以后进行图片处理时调出使用。

执行“窗口→工作区→新建工作区”命令，即可保存目前的工作区。

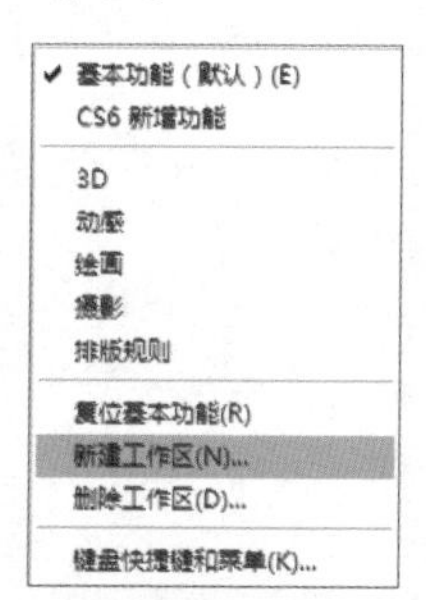

新建工作区

2. Mini Bridge面板

Photoshop CS6中改进和强化了快速查找图片的Mini Bridge面板，在Mini Bridge面板中用户可快速对电脑中的目标文件进行查找。

运行Photoshop CS6，执行“窗口→扩展功能→Mini Bridge”命令，即可在Photoshop CS6工作界面中打开Mini Bridge面板，在该面板中可直接打开需要编辑的图片，方便图像的查看与管理。

打开Mini Bridge面板并选中图片　　双击图片在Photoshop中打开

3. 全新的画笔系统

Photoshop CS6中的画笔系统同之前的版本相比更加智能、多样。在“画笔”面板中新增了许多逼真的笔刷样式，提高了Photoshop的绘画艺术水平，使画面效果更真实。单击画笔工具，在属性栏中单击“切换画笔面板”按钮，在弹出的“画笔”面板中可对画笔进行选择。

画笔工具属性栏

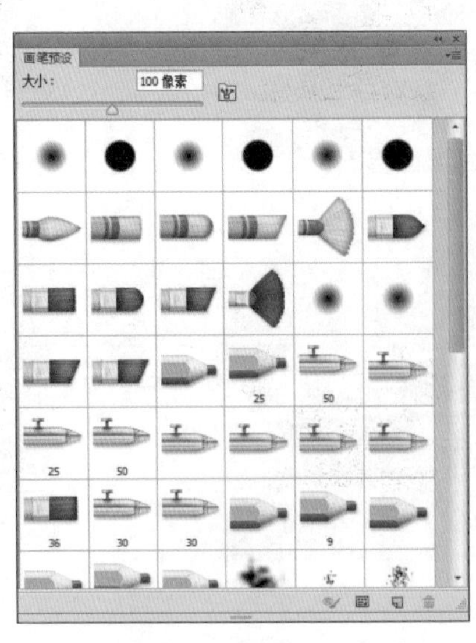

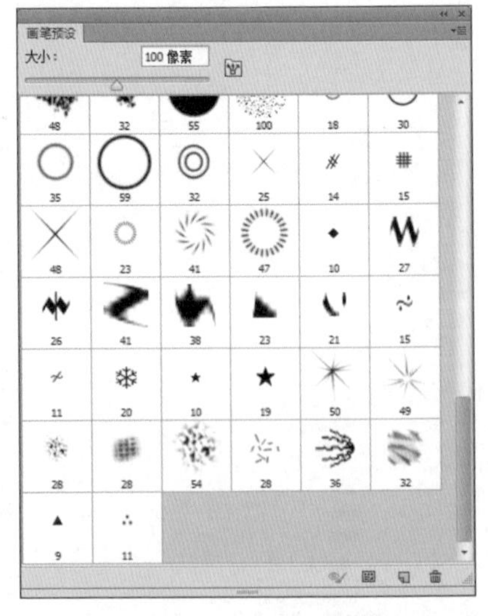

“画笔”面板　　“画笔预设”面板中的默认画笔　　“画笔预设”面板中的混合画笔

4. 新增的内容感知移动工具

内容感知移动工具是Photoshop CS6中新增添的选项。使用内容感知移动工具可在无需复杂图层或慢速精确地选择选区的情况下快速地重构图像。扩展模式可对头发、树或建筑等对象进行扩展或收缩，效果令人惊喜。移动模式支持用户将对象置于完全不同的位置中（在背景相似时最有效）。

在工具栏中，右键单击污点修复画笔工具，在展开列表中选择内容感知移动工具。在属性栏中，选择“模式”为“扩展”或“移动”，在“适应”选项中选择控制新区域反映现有图像模式的紧密程度。然后在图像中圈出要扩展或移动的对象，并将其拖动到新的位置。

原图

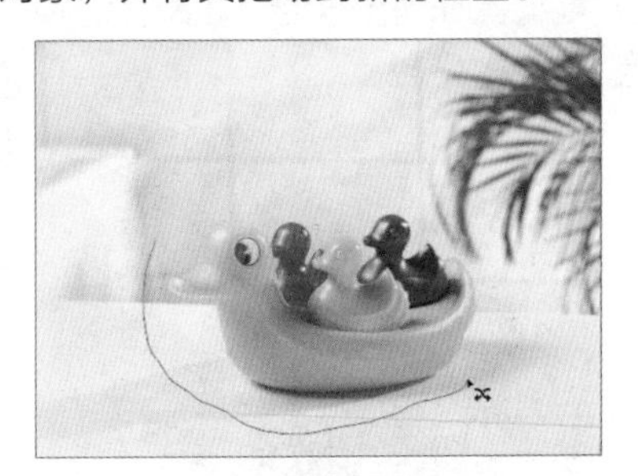
圈出要移动的对象

创建为选区

移动对象

智能感知对象

修复多余部分的图像

5. 更新的内容识别修补工具

在后期处理图像的时候，通常会用到各种修复工具对图像进行操作，Photoshop CS6中最重大的更新就是添加了智能化因素，使图像修改更真实。更新的修补工具包含“内容识别”选项，可通过合成邻近内容来无缝替换不需要的图像元素。自然的效果与“内容识别填充”类似，但是借助修补工具，用户可以选择绘制填充的区域。

在工具栏中，右键单击污点修复画笔，在展开的列表中选择修补工具。在属性栏中，选择“修补”为“内容识别”，然后在图像中圈出要替换的区域，并且将其拖动到希望生成填充的区域即可。

原图

使用修补工具修补图像

效果图

6. 更新的裁剪工具

Photoshop CS6改进了裁剪工具，为用户提供了交互式的预览，从而使图像获得更好的视觉效果。在属性栏中包含有用的拉直工具和长宽比控件（可在图像窗口中的裁剪处于活动状态时调整该控件）。新增的透视裁剪工具，可以快速校正图像透视。

在工具栏中，选择裁剪工具，拖动鼠标圈出需要校正图像透视的区域，然后选择透视裁剪工具，在图像中通过调整各节点来调整图像的透视效果。

原图

拉直图像

裁剪后的图像效果

原图

添加节点进行透视裁剪

透视裁剪后的图像效果

7. 色彩范围命令

利用色彩范围命令可以快速地对人物的皮肤创建选区。执行“选择→色彩范围”命令，然后在“色彩范围”对话框的“选择”下拉列表框中，选择“肤色”来轻松隔离色调。单击“检测人脸”按钮以减少图像中人脸的结果选区，或者在“选择”下拉列表框中选择“取样颜色”，然后选择“本地化颜色簇”和“检测人脸”，用户也可以结合吸管取样器来调整选区。

原图

“色彩范围”对话框

为人物皮肤创建选区

知识链接

使用“自适应广角”滤镜对话框中的选项对图像进行微调

在“自适应广角”滤镜对话框中，可以使用各选项对图像进行微调：

在对话框的左上角，单击约束工具或多边形约束工具。然后，在需要拉直或垂直/水平对齐的主要对象间拖动从而添加并编辑约束。也可以单击鼠标右键选择图像中的约束行，然后从弹出式菜单中选择方向。

在对话框右上角的“校正”下拉列表框中可以选择镜头类型，拖动下方滑块以调整图像的“缩放”“焦距”和“裁剪因子”，从而补偿滤镜造成的任何空白区域。单击右侧扩展按钮，可以将当前约束存储，并在日后载入以用于将来的图像。

“自适应广角”对话框

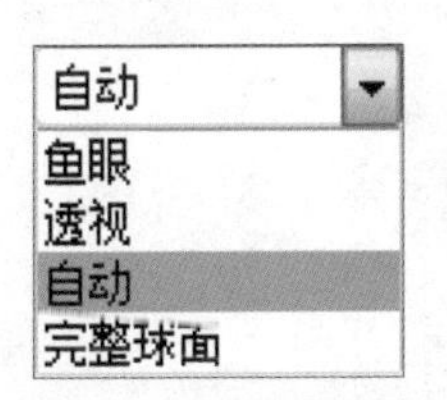

“校正”下拉列表框

扩展菜单

8. 校正广角镜头滤镜

“自适应广角”是Photoshop CS6的“滤镜”菜单中新增的选项，使用该滤镜可以将全景图或使用鱼眼和广角镜头拍摄的照片中的弯曲线条迅速拉直，它利用各种镜头的物理特性来自动校正图像。

通过对图像执行“滤镜→自适应广角”命令，可对失真、变形的图像进行精准的校正。

“自适应广角”对话框

原图

校正后的效果

9. 照片模糊画廊

Photoshop CS6“滤镜”菜单中的“模糊”滤镜增加了“场景模糊”“光圈模糊”和“倾斜偏移”3个命令，使用这些命令可以快速创建不同的照片模糊效果。

使用“光圈模糊”滤镜可将一个或多个焦点添加到当前图像中。然后移动图像控件，可以改变焦点的大小与形状、图像其余部分的模糊数量以及清晰区域与模糊区域之间的过渡效果。

使用“场景模糊”滤镜可以对不同的图像外观放置具有不同模糊程度的多个图钉，从而产生渐变模糊效果。

使用“倾斜偏移”滤镜能够使图像的模糊程度与一个或多个平面一致。模糊调整完成后，还可以在“模糊效果”选项组中设置“光源散景”“散景颜色”和“光照范围”的参数。

专家技巧

快速查看新增功能

除了在前面所讲到的这些新增功能外，Photoshop CS6在菜单栏内还分散地新增了许多方面的功能。如何快速查看与使用这些新增功能成为我们需要首先了解的知识。

打开Photoshop CS6后执行“窗口→工作区→CS6新增功能”命令，然后单击其他菜单项，在打开的下拉菜单中即可看到所有新增功能均以蓝色效果显示。

新建(N)...	Ctrl+N
打开(O)...	Ctrl+O
在 Bridge 中浏览(B)...	Shift+Ctrl+O
在 Mini Bridge 中浏览(G)...	
打开为...	Alt+Shift+Ctrl+O
打开为智能对象...	
最近打开文件(T)	▸
关闭(C)	Ctrl+W
关闭全部	Alt+Ctrl+W
关闭并转到 Bridge...	Shift+Ctrl+W
存储(S)	Ctrl+S
存储为(A)...	Shift+Ctrl+S
签入(I)...	
存储为 Web 所用格式...	Alt+Shift+Ctrl+S
恢复(V)	F12
置入(L)...	
导入(M)	▸
导出(E)	▸
自动(U)	▸
脚本(R)	▸
文件简介(F)...	Alt+Shift+Ctrl+I
打印(P)...	Ctrl+P
打印一份(Y)	Alt+Shift+Ctrl+P
退出(X)	Ctrl+Q

“文件”下拉菜单

模式(M)	▸
调整(J)	▸
自动色调(N)	Shift+Ctrl+L
自动对比度(U)	Alt+Shift+Ctrl+L
自动颜色(O)	Shift+Ctrl+B
图像大小(I)...	Alt+Ctrl+I
画布大小(S)...	Alt+Ctrl+C
图像旋转(G)	▸
裁剪(P)	
裁切(R)...	
显示全部(V)	
复制(D)...	
应用图像(Y)...	
计算(C)...	
变量(B)	▸
应用数据组(L)...	
陷印(T)...	
分析(A)	▸

“图像”下拉菜单

场景模糊

“场景模糊”效果

光圈模糊

“光圈模糊”效果

倾斜偏移

“倾斜偏移”效果

10. 油画滤镜

“油画”是Photoshop CS6在滤镜菜单中新增的命令，使用该滤镜可以快速创建油画效果。

通过对图像执行“滤镜→油画”命令，即可轻松创建经典的绘画效果。

“油画”对话框

原图

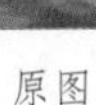

油画效果

11. 脚本图案

脚本图案是Photoshop CS6新增的功能，使用该功能可以轻松构建复杂的设计。

执行“编辑→填充”命令后，在弹出的“填充”对话框中从“使用”下拉列表中选择“图案”选项，然后选择“脚本图案”，再在“脚本”下拉列表中选择相应的几何体选项。最后在“混合”选区的“模式”下拉列表里选择相应模式构建相应的设计。

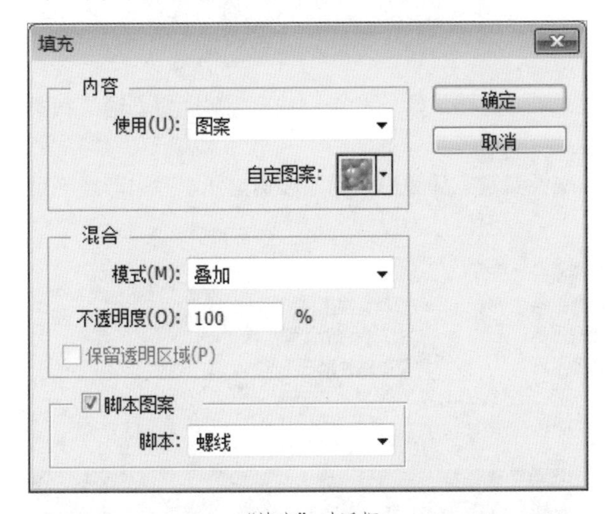

“填充”对话框

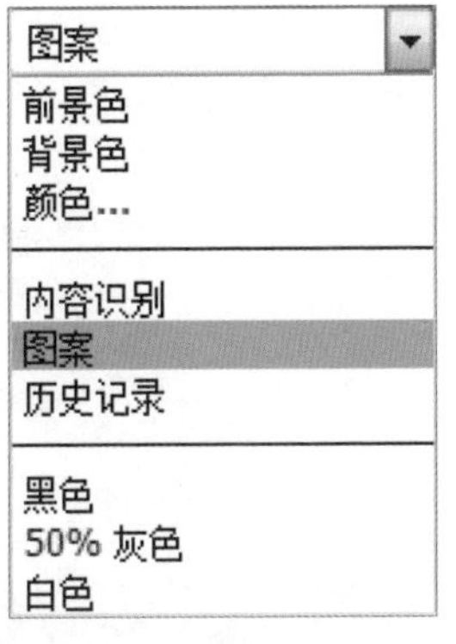

“使用”下拉列表框

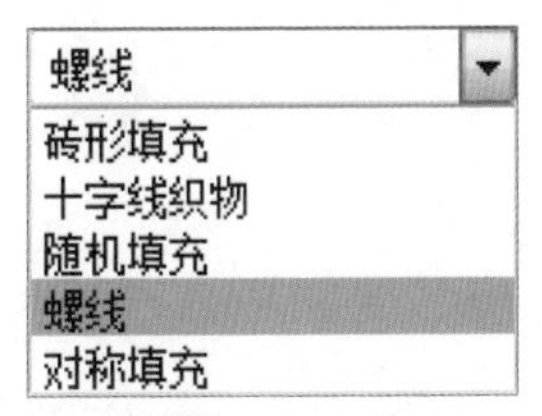

“脚本”下拉列表框

原图

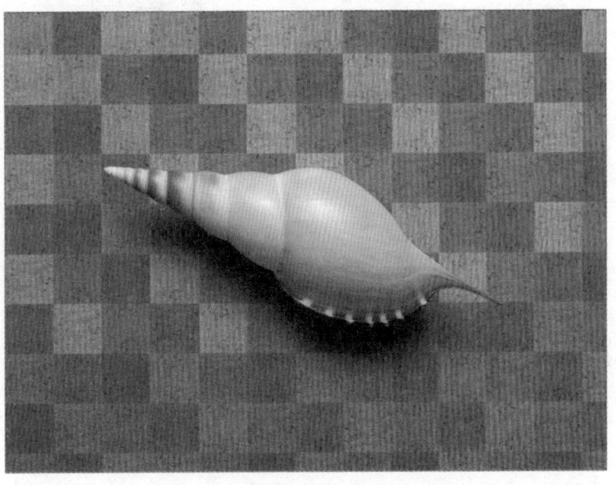

填充脚本图案

Chapter 02

选区的创建编辑和修改

选区的使用大大方便了对图像局部的操作，创建选区可以保护选区外图像不受其他操作影响，对选区内图像进行移动、填充或颜色调整，不会改变其他区域的图像信息。

2.1 常用的选区工具

选框套索工具组和魔棒工具组都是Photoshop中的选区工具，使用这些选区工具可以创建多种形状的选区，以便对当前选区中的对象进一步操作。下面就对这些工具进行介绍。

知识点 选区工具的特点

选区工具主要包括矩形选框工具、椭圆选框工具、单行选框工具、单列选框工具、套索工具、多边形套索工具、磁性套索工具、快速选择工具和魔棒工具，这9种工具可分为以下3大类，可根据情况的不同来选择使用。

选框工具组（矩形选框工具、椭圆选框工具、单行选框工具和单列选框工具）：通过在图像上拖曳，直接创建规则选区，如矩形选区和椭圆选区。

套索工具组（套索工具、多边形套索工具和磁性套索工具）：用于设置曲线、多边形或不规则形态的选区。

专家技巧

同时创建多个选区

使用选框工具组或套索工具组中的工具时，在创建选区之前或之后，通过在其属性栏中激活“添加到选区”按钮，可以创建两个或两个以上的选区。

同时创建两个选区

矩形选框工具 M
椭圆选框工具 M
单行选框工具
单列选框工具

选框工具组

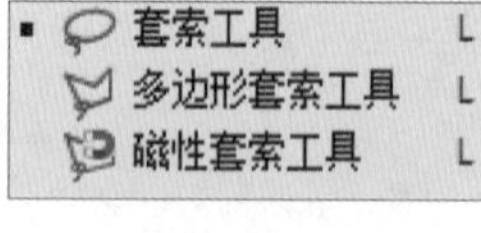

套索工具组

矩形选框工具

椭圆选框工具

单行选框工具和单列选框工具

套索工具

多边形套索工具

磁性套索工具

魔棒工具组（快速选择工具和魔棒工具）：通过在图像中进行拖曳或单击图像，可将单击部分周围颜色相近的区域指定为选区。

专家技巧

在工具箱中快速切换不同的选区工具

如果需要切换到套索工具组，可以按下L键，如果要在此工具组中的各工具间进行切换，选中该工具组中的任意一个套索工具，然后按下一次或多次快捷键Shift+L，即可对该工具组中的工具按顺序进行切换。需要切换到其他工具组中的工具，按照与此相似的方法操作即可。

如何做 选择合适的选区工具

根据文件情况的不同，用户可以选择不同的选区工具，如矩形选框工具用于创建矩形或正方形的选区；椭圆选框工具用于创建椭圆或正圆选区；单行选框工具用于创建一个像素宽度的水平矩形选区；单列选框工具用于创建一个像素宽度的垂直矩形选区；套索工具用于创建由任意曲线所组成的选区；多边形套索工具用于创建由直线段所组成的选区；磁性套索工具用于创建较精确的图像轮廓选区。下面就来详细介绍根据图片特点选择适合的选区工具创建选区的方法。

01 打开文件

按下快捷键Ctrl+O，打开附书光盘\实例文件\第2章\Media\01.jpg文件。

02 创建矩形选区

选择矩形选框工具，在图像右侧花瓶位置拖曳创建矩形选区。然后按下快捷键Ctrl+J拷贝选区得到“图层 1”。

03 创建不规则选区

选择磁性套索工具，在图像中沿着花瓶边缘单击并拖动鼠标。当光标移动到起始位置，光标变成时，单击鼠标，即可闭合起点和终点，创建出选区。

04 添加部分选区

单击魔棒工具，单击属性栏中的“添加到选区”按钮，设置“容差”为15，继续在花瓶上单击，创建出完整的选区。

专家技巧

复制选区中的对象

创建选区后，除可以使用移动工具▶+直接移动选区中的图像外，还可以对其进行复制操作。按住Alt键不放，当光标变成一黑一白两个箭头时，拖曳鼠标，即可复制该选区中的对象到新位置。

创建选区

复制对象

05 复制图像

按下快捷键Ctrl+J，将选区中的图像复制到新图层中，生成“图层 2”。

06 创建选区

单击快速选择工具，单击属性栏中的“添加到选区”按钮，在花朵部分单击并拖动鼠标创建选区。

07 再次复制图像

按下快捷键Ctrl+J，将选区中的图像复制到新图层中，生成“图层 3”。

08 调整图像色调

执行“图像→调整→色相/饱和度”命令，在弹出的对话框中设置“红色”选项的参数。

09 应用该命令

设置完成后单击“确定”按钮，以应用该命令，调整花朵部分图像的色调。

10 创建选区并调整图像色调

选择“图层 2”，单击魔棒工具，在红色图像部分创建选区，完成后将选区中的图像复制到新图层中，生成“图层 4”。执行“图像→调整→色相/饱和度”命令，调整图像色调。至此，本实例制作完成。

2.2 学习创建规则选区和不规则选区

规则选区工具可以帮助创建出矩形、椭圆等几何选区，并通过填充、描边、剪切等方法制作出不同的效果。创建规则选区的工具主要包括矩形选框工具、椭圆选框工具、单行选框工具和单列选框工具。使用不规则选区工具可以创建任意选区，创建不规则选区的工具包括套索工具、多边形套索工具和磁性套索工具。下面就来介绍Photoshop中的规则选区工具和不规则选区工具。

知识点 不同工具的使用方法

在使用时不同选区工具的操作方法各有不同，用户可以分别通过拖曳、单击或双击鼠标等方法创建选区，下面就来具体介绍使用不同选区工具的操作要点。

矩形选框工具和椭圆选框工具：在工具箱中选择选框工具后，在图像中直接单击后拖曳至合适位置，释放鼠标，即可创建出需要的选区效果。

单行选框工具和单列选框工具：在工具箱中选择选框工具后，在图像中单击，即可创建相应选区。

套索工具：在工具箱中选择该工具后，按住鼠标左键不放，在图像中直接拖曳，完成选区边缘的设置后，释放鼠标，即可创建出需要的选区。

多边形套索工具：在工具箱中选择该工具后，在图像中单击鼠标左键，可确定起点位置，再单击，可确定下一个拐点位置，要完成选区的创建，单击起点位置即可。

磁性套索工具：选择该工具后，在图像中单击后拖曳鼠标，该工具可自动吸附到对象边缘，在图像中单击可创建拐点，单击起点位置即可完成选区的创建。

拖曳鼠标创建矩形选区

单击鼠标创建单行选区

拖曳鼠标创建任意选区

多次单击鼠标创建多边形选区

专家技巧

闭合选区的方法

在Photoshop中使用选区工具闭合选区的方法很多，下面就来介绍使用多边形套索工具和磁性套索工具创建选区时，完成选区创建的几种方法。

①按下Enter键，即可将当前的终点和起点闭合创建一个选区。

②双击鼠标，即可将当前的终点和起点闭合创建出选区。

③将光标移动到起始位置，当多边形套索工具的光标变成时，单击鼠标，即可闭合起点和终点，创建出选区；当磁性套索工具的光标变成时，单击鼠标，即可闭合起点和终点，创建出选区。

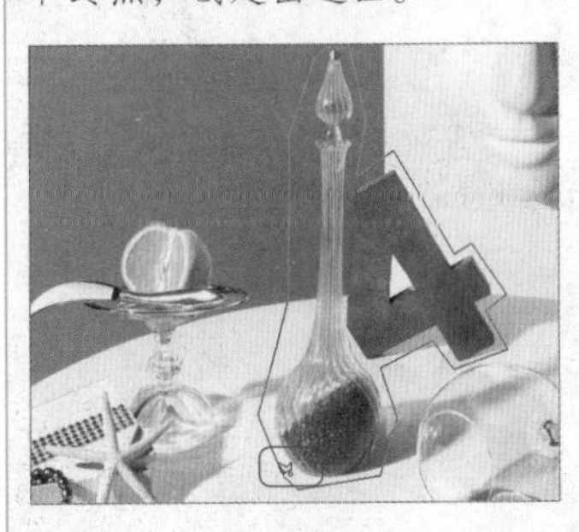

闭合选区

如何做 制作网状的效果图像

使用单行选框工具或单列选框工具，结合矩形选框工具，可以创建出具有网状效果的图像，使图像画面更具艺术感。下面就来介绍创建网状效果图像的操作方法。

01 打开文件

按下快捷键Ctrl+O，打开附书光盘\实例文件\第2章\Media\02. jpg文件。

02 创建连续选区

在工具箱中选择单行选框工具，在其属性栏中单击“添加到选区”按钮，然后在图像中多次单击，创建连续的选区。

03 创建网状选区并填充颜色

在工具箱中选择单列选框工具，在其属性栏中单击“添加到选区”按钮，继续在图像中多次单击，创建连续的选区，完成后新建“图层 1”，单击油漆桶工具，为选区填充黑色。

04 用矩形选框工具创建选区

新建“图层 2”，并单击矩形选框工具，在图像上创建矩形选区。

05 创建多个矩形选区并填充颜色

继续创建多个矩形选区，并填充选区颜色为白色，设置图层“不透明度”为40%，按下快捷键Ctrl+D取消选区。至此，本实例制作完成。

专栏 选区工具的属性栏

规则选区工具和不规则选区工具根据其应用情况的不同，其属性栏中的参数也各不相同，用户在创建选区时，通过在属性栏中进行设置，可以创建出更符合需要的选区，下面就来介绍不同选区工具的属性栏参数设置。

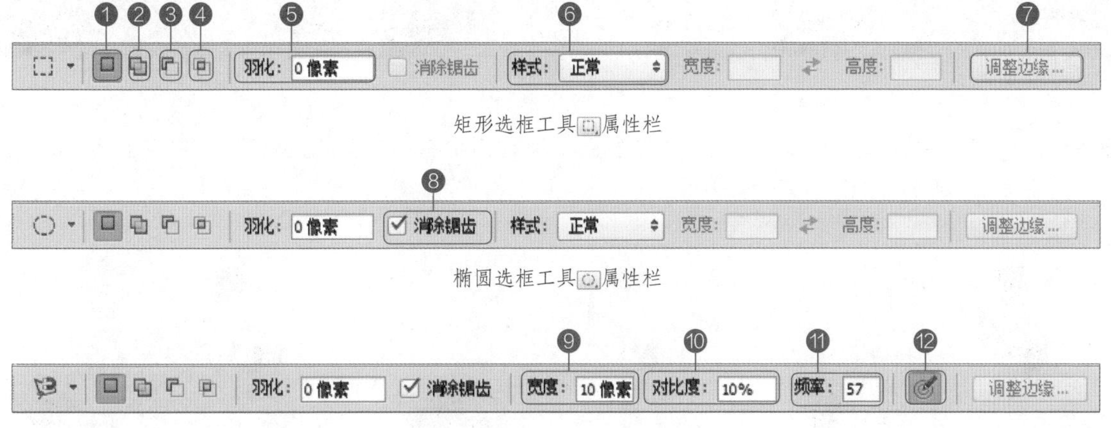

矩形选框工具属性栏

椭圆选框工具属性栏

磁性套索工具属性栏

❶“新选区”按钮：单击该按钮，在创建选区时只能创建一个规则或不规则选区，第二次创建选区时，之前创建的选区将被取消。

创建椭圆选区

第二次创建选区

❷“添加到选区”按钮：单击该按钮，可以分多次创建不同的选区。

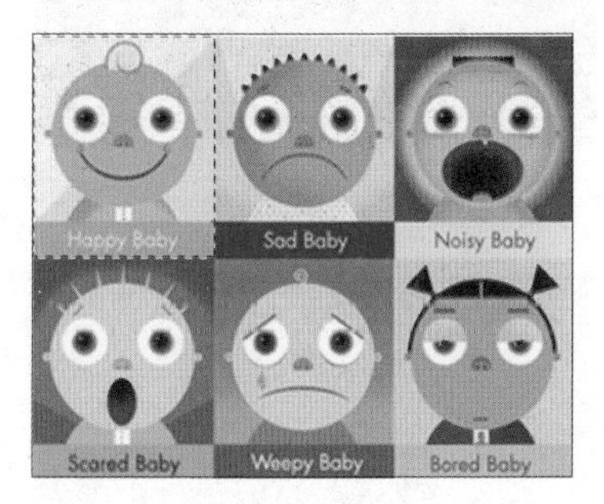

创建矩形选区

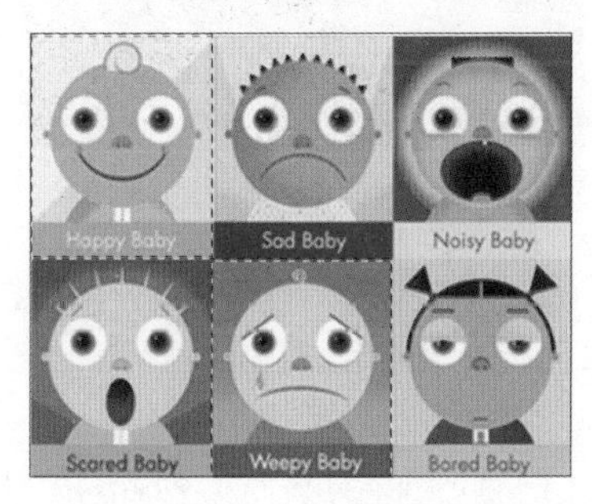

添加一个矩形选区

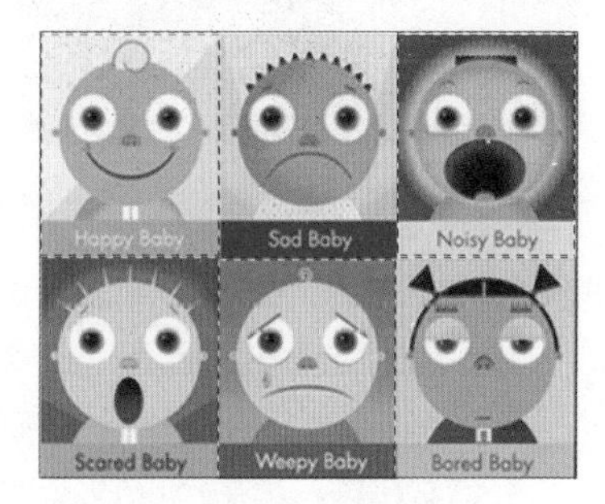

再次添加一个矩形选区

❸“从选区减去”按钮：单击该按钮，创建选区后，第二次创建选区时，第一次创建的选区和第二次创建的选区相交区域被减去。如果两个选区没有相交区域，则第一次创建的选区不发生改变。

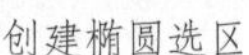

创建椭圆选区

减去矩形部分

减去椭圆部分

❹“与选区交叉”按钮▣：单击该按钮，创建选区后，第二次创建的选区如果和第一次创建的选区相交，则只保留相交部分。如果没有相交区域，则两个选区都将不可见。

创建矩形选区

继续创建选区

相交区域被保留

❺“羽化”文本框：主要用于设置创建选区的羽化程度，数值越大，其羽化程度越大，选区边缘填色后越模糊；数值越小，其羽化程度越小，选区边缘填色后越清晰。取值范围为0px～250px。

羽化值为20px

羽化值为50px

羽化值为100px

❻“样式”下拉列表框：用于设置创建选区的长宽比例和大小。单击右侧的下拉按钮，打开下拉列表，其中包含3个选项，分别是“正常”“固定比例”和“固定大小”。

- 正常：通过拖曳鼠标自由确定选区的长宽比例和大小。
- 固定比例：指定宽度和高度的比例后，通过拖曳鼠标就可以绘制出指定比例的选区。例如设置宽度值为1，高度值为2，然后拖曳鼠标即可创建出宽高比例为1:2的选区。
- 固定大小：输入宽度和高度的值后，通过单击鼠标可以创建指定大小的选区。如将宽度和高度的值均设置为100px后，通过单击鼠标就可以创建出宽度和高度均为100px的选区。

正常

固定比例

固定大小

❼“调整边缘”按钮：单击该按钮，可打开“调整边缘”对话框，在该对话框中可通过设置提高选区边缘的品质，并允许用户对照不同的背景查看选区以便轻松编辑，还可以调整图层蒙版。

❽“消除锯齿”复选框：勾选该复选框，可使创建的选区边缘平滑，方便填色、描边等操作。

未勾选“消除锯齿”复选框

勾选“消除锯齿”复选框

❾“宽度”文本框：在该文本框中输入数值，设置与边的距离，取值范围为1px~256px。

❿“对比度”文本框：在该文本框中输入数值，设置边缘对比度。

⓫“频率”文本框：通过在该文本框输入数值，设置锚点添加到路径中的密度。值越大，其锚点密度越大；值越小，其锚点密度越小。

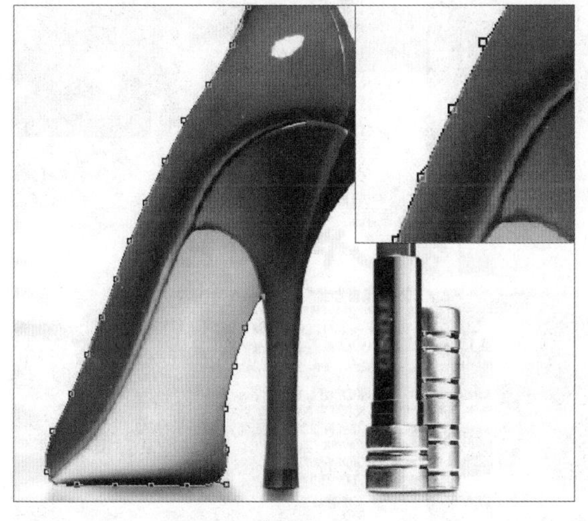
频率为1

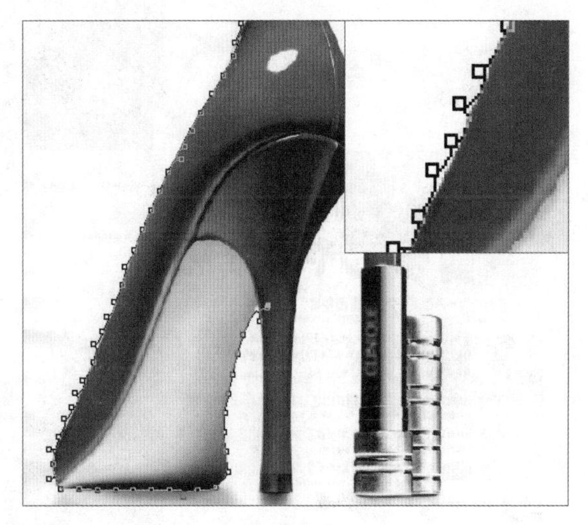
频率为100

⓬ ：使用绘图板压力以更改钢笔宽度。

2.3 基于色彩创建选区

基于色彩创建选区的工具有魔棒工具和快速选择工具，使用这两种工具在图像中单击，即可将图像中同样颜色的区域创建为选区。另外，通过“色彩范围”对话框也可以将同样颜色的区域创建为选区。下面就来介绍这些工具和对话框的使用方法。

知识链接

使用魔棒工具快速创建选区

选择了魔棒工具后，在图像中单击鼠标右键，在弹出的快捷菜单中包括“取样点”“3×3平均”“5×5平均”等9个选项，选择取样点或“3×3平均”等选项，可以快速设置取样大小；选择“选择全部”选项，即可为全图创建选区；选择“色彩范围”选项，即可弹出“色彩范围”对话框，在其中可以设置各项参数，从而创建所需选区。

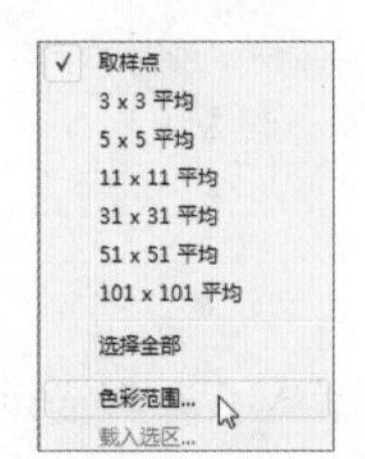

快捷菜单

“选择全部”创建选区

“色彩范围”创建选区

知识点 魔棒工具与快速选择工具

使用魔棒工具可以通过简单的操作创建选区。在工具箱中选择魔棒工具后，在其属性栏中设置容差值。容差值越大，选中的颜色越多；容差值越小，选中的颜色越精确。

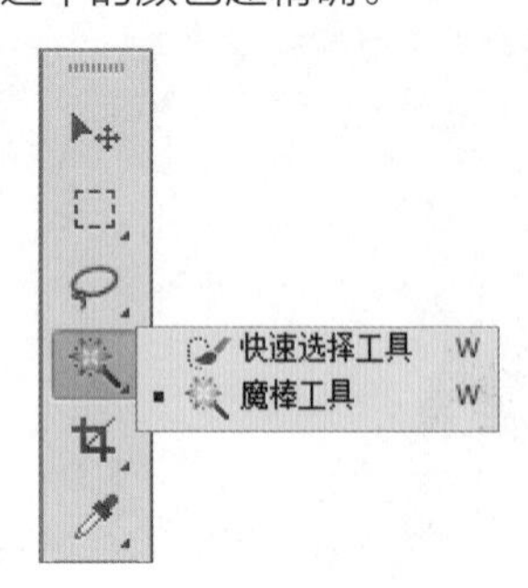

魔棒工具组

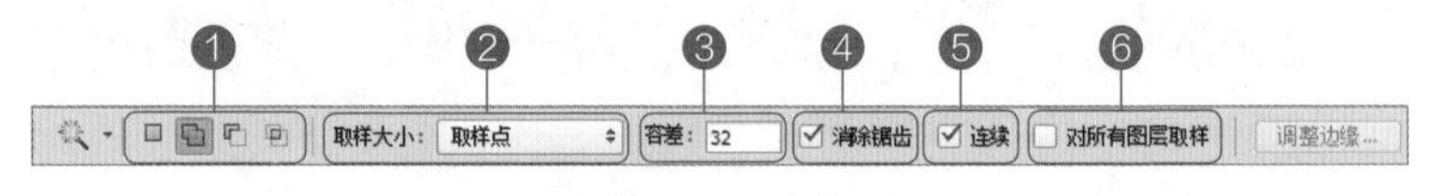

魔棒工具属性栏

❶ 选区选项：激活该选项组的不同按钮确定选区相加、相减情况。

单击创建新选区

添加选区

减去选区

保留选区中交叉部分

❷“取样大小”下拉列表框：用于更改魔棒单击区域内的取样大小。单击右侧下拉列表框，在弹出的快捷菜单中包括取样点等7个选项，用于读取单击区域内指定数量的像素的平均值。

❸“容差”文本框：用于指定选定像素的相似点差异，取值范围为0～255。值越小，则会选择与指定像素非常相似的少数几种颜色；值越大，则会选择范围更广的颜色。

❹“消除锯齿”复选框：勾选该复选框后，即可用来创建边缘较平滑的选区。

❺“连续”复选框：勾选该复选框后，只会选中相同颜色的相邻区域，取消该复选框的勾选，将会选中整个图像中相同颜色的所有区域。

未勾选“连续”复选框

勾选“连续”复选框

❻“对所有图层取样”复选框：勾选该复选框，魔棒工具将从所有可见图层中选择颜色。否则，魔棒工具将只从当前图层中选择颜色。

快速选择工具和魔棒工具的使用方法相同，在需要的区域拖曳鼠标即可在图像中迅速创建选区，使用此工具时可以通过设置画笔大小来确定选取范围。

快速选择工具属性栏

❶ 选区选项：通过激活该选项组中的不同按钮确定选区的相加、相减情况。

❷ 画笔：设置笔触大小和半径。

❸“对所有图层取样”复选框：勾选该复选框，基于所有图层创建一个选区。

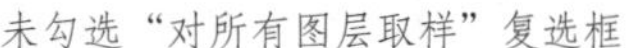

未勾选“对所有图层取样”复选框

勾选“对所有图层取样”复选框

❹“自动增强”复选框：勾选该复选框，减少选区边界的粗糙度和块效应。

专家技巧

在属性栏中设置容差的技巧

在创建选区之前，可以在属性栏中通过设置容差值来设置选区的选择范围。

容差值并不是越小越好，需要根据具体情况确定。如果要创建为选区的对象颜色杂乱，而其他部分图像颜色相差较大，可以将容差值设置为较大状态。而如果需要创建为选区的对象颜色比较单一，而其他部分颜色比较相近，这样就需将容差值设置为较小状态。

容差为0

容差为10

容差为50

如何做 使用“色彩范围”命令创建选区

使用“色彩范围”对话框，可以选择当前选区或整个图像中指定的颜色或色彩范围，下面就来介绍通过“色彩范围”对话框创建选区的详细操作方法。

01 打开文件

按下快捷键Ctrl+O，打开附书光盘\实例文件\第2章\Media\03.jpg文件。

02 创建选区

执行“选择→色彩范围”命令，打开“色彩范围”对话框，设置“颜色容差”为200，并在图像中吸取绿色，完成后单击“确定”按钮，即可将图像中的绿色区域选中。

03 调整图像饱和度

执行“图像→调整→色相/饱和度”命令，或者按下快捷键Ctrl+U，弹出“色相/饱和度”对话框，设置“色相”为-104，设置完成后单击“确定”按钮，即可调整图像中选区部分的饱和度。

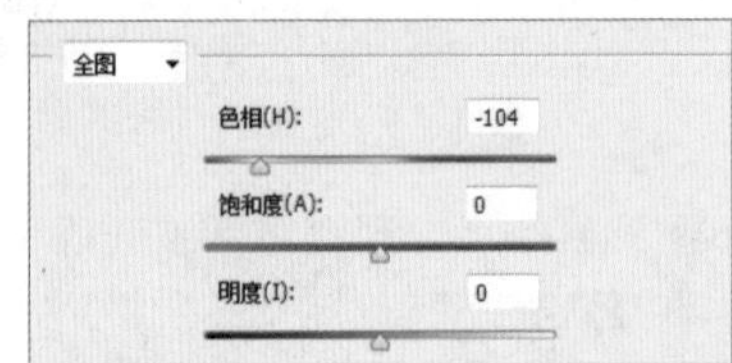

04 取消选区

执行“选择→取消选择”命令，即可取消选区。至此，本实例制作完成。

专家技巧

使用“色彩范围”对话框中的吸管工具创建选区

在“色彩范围”对话框中，除了可以通过独立选择图像中的颜色区域来创建选区外，还可以使用“色彩范围”对话框中的吸管工具来创建选区。单击“色彩范围”对话框中的吸管工具，在图像中需要创建选区的位置单击，完成后单击“确定”按钮即可创建选区。如果要增大选区范围，单击添加到取样工具，然后在图像中单击要添加为选区的区域；如果要减小选区范围，则单击从取样中减去工具，单击要减去的选区部分。

3+1 专栏 认识“色彩范围”对话框

在“色彩范围”对话框中可以将图像中相似的颜色指定为选区，从而方便用户进行下一步操作。执行“选择→色彩范围”命令，即可打开“色彩范围”对话框。

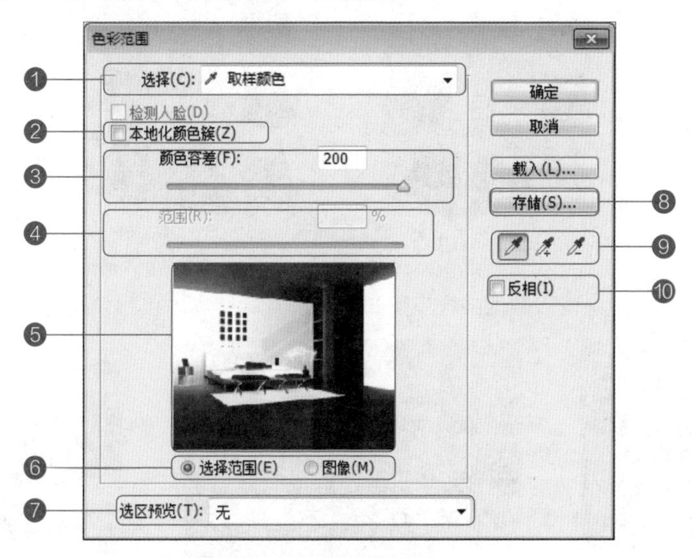

“色彩范围”对话框

❶“选择”下拉列表框：用于选择取样颜色。单击右侧的下拉按钮，打开颜色下拉列表框，在其中选择一种颜色，单击“确定”按钮后，在图像中指定的颜色区域将被创建为选区。如果选择“取样颜色”选项，可以通过在图像中单击创建选区。如果选择“肤色”选项，将激活下方的“检测人脸”复选框。

创建红色区域选区

创建高光区域选区

创建中间调区域选区

创建阴影区域选区

❷“本地化颜色簇”复选框：勾选该复选框后，可使当前选中色彩过渡更平滑。

原图

未勾选“本地化颜色簇”复选框

勾选“本地化颜色簇”复选框

❸"颜色容差"文本框：在文本框中输入数值或拖曳下方的滑块，设置要选择的颜色范围。数值越大，选择的颜色范围越大；数值越小，选择的颜色越精确。

颜色容差为10

颜色容差为40

颜色容差为100

颜色容差为200

❹"范围"文本框：在文本框中输入数值或拖曳下方的滑块，调整本地化颜色簇的选择范围。

原图

范围为90

范围为50

❺ 选区预览框：显示出应用当前设置所创建的选区。

❻"预览效果"选项：选中"选择范围"单选按钮，选区预览框中显示当前选区效果；选中"图像"单选按钮，选区预览框中显示出该图像的效果。

❼"选区预览"下拉列表框：单击下拉按钮，打开下拉列表框，设置在图像中选区的预览效果。

原图

灰度

黑色杂边

白色杂边

❽"存储"按钮：单击该按钮，弹出"存储"对话框。在该对话框中将对当前设置的"色彩范围"参数进行保存，以便以后应用到其他图像中。

❾ 吸管工具组：用于选择图像中的颜色，并可对颜色进行增加或减少的操作。

❿"反相"复选框：勾选该复选框，即可将当前选中的选区部分反相。

原图

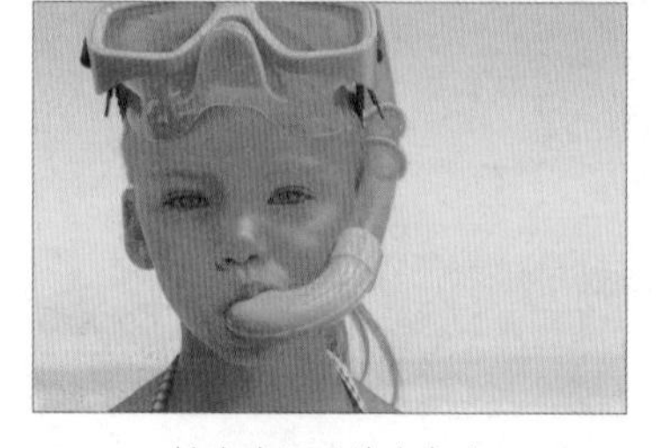
创建选区后填充颜色

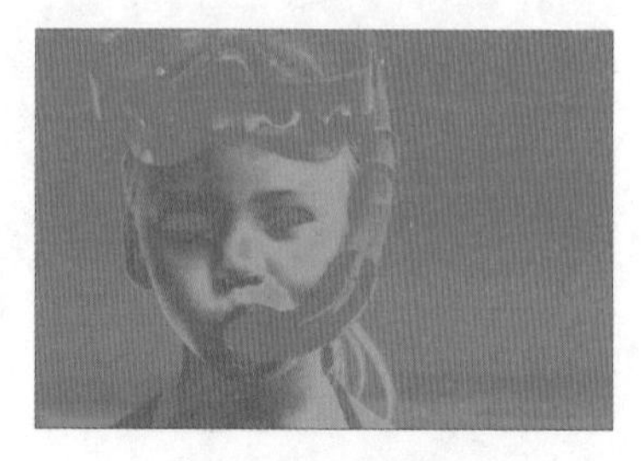
选区反相后填充颜色

2.4 掌握选区的编辑和修改

在图像中创建选区后，要得到所需的选区效果，还需要对选区进行编辑和修改。本小节将介绍使用选区工具和修改、变换等命令对选区进行编辑和修改的相关知识。

知识点 选区的修改和变换

用户在使用“修改”和“变换”命令组中的命令编辑和修改选区时，应用不同的命令可以得到不同的图像效果。在“修改”命令组中，包括“边界”“平滑”“扩展”“收缩”和“羽化”5个对选区进行修改的命令。在“变换”命令组中，包括“缩放”“旋转”“斜切”“扭曲”“透视”和“变形”等选区操作命令。

应用“边界”命令可以将选区向内或向外扩展，从而使选区内容成为边界，还可对选区进行填充、描边等操作；应用“平滑”命令可使选区中具有拐点的部分变得平滑，成为圆角效果；应用“扩展”命令可将当前选区向外扩展；应用“收缩”命令可将当前选区向内收缩；应用“羽化”命令可对选区边缘进行柔化处理，产生朦胧感；应用“变换选区”命令可只改变当前图像选区的大小和长宽。

专家技巧

柔化抠取图像

在Photoshop中进行抠图操作时，先创建选区，并对选区进行羽化，然后再对对象进行抠取。这样可以使图像边缘更柔和。

创建选区

羽化对象后拖曳到新图层中

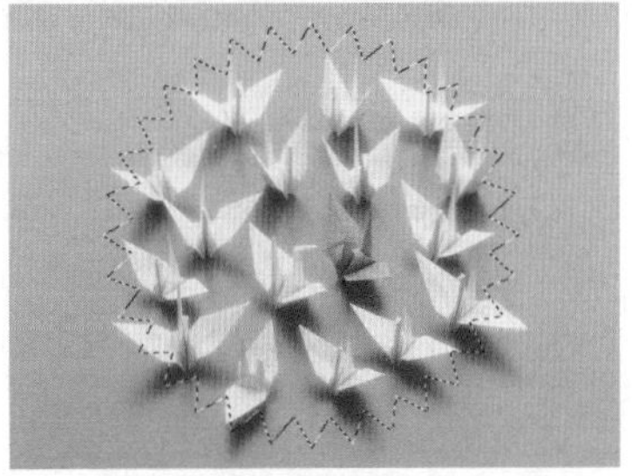

原图

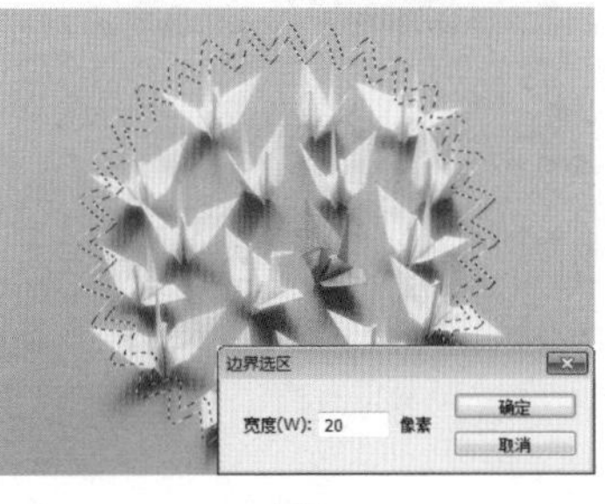

边界

平滑

扩展

收缩

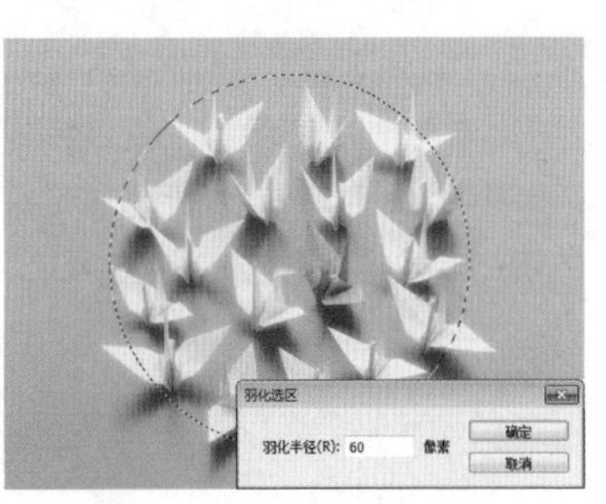

羽化

如何做 选区的编辑

在前面已经对选区的创建以及应用进行了简单介绍，在实际操作中还需要对选区进行进一步的编辑，使其更符合当前的需求，下面通过实际案例来介绍编辑选区的方法。

01 打开文件

按下快捷键Ctrl+O，打开附书光盘\案例文件\第2章\Media\04. psd文件。

02 创建选区

按住Ctrl键不放，单击“图层”面板中“图层 1”的缩览图，即可将该图层中的对象作为选区载入到当前页面中，然后按下快捷键Ctrl+Shift+Alt+N，生成新空白图层“图层 2”。

03 收缩选区

选中“图层 2”，执行“选择→修改→收缩”命令，弹出“收缩选区”对话框，在该对话框中设置“收缩量”为100像素。

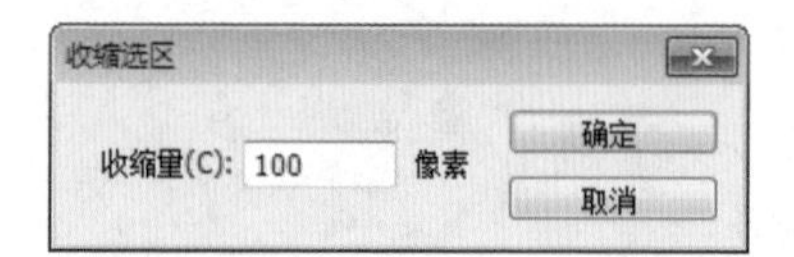

04 应用收缩设置

设置完成后单击“确定”按钮，即可将设置的收缩参数应用到当前选区中，此时可以看到与之前相比，选区缩小了。

05 平滑选区

执行“选择→修改→平滑”命令，弹出“平滑选区”对话框，设置“取样半径”为80像素，单击“确定”按钮。

06 羽化选区

执行“选择→修改→羽化”命令，或者按下快捷键Shift+F6，弹出“羽化选区”对话框，设置“羽化半径”为10像素。设置完成后单击“确定”按钮，即可将设置的羽化参数应用到当前选区中。

07 填充颜色

设置前景色为R225、G72、B116，按下快捷键Alt+Delete，填充前景色到当前选区中。按下快捷键Ctrl+D取消选区，设置“图层 2”图层混合模式为“颜色”，并适当调整新增的粉色气球的位置。至此，本实例制作完成。

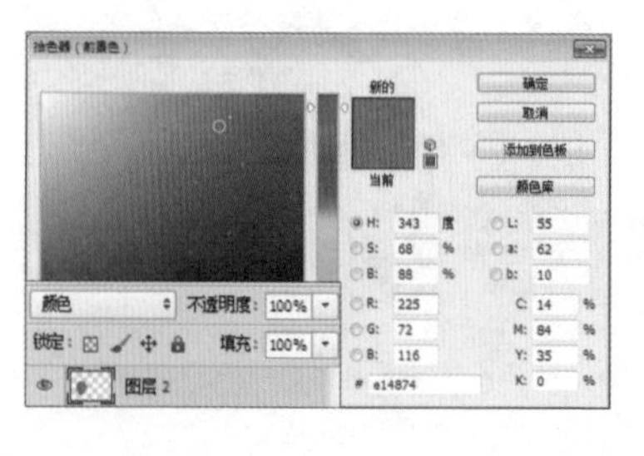

艺术化合成图像的制作

使用选区工具并结合编辑选区功能，用户可以对选区内的图像进行调整，添加素材图像使其产生艺术化的合成效果，下面就来介绍制作艺术化合成图像的具体操作方法。

01 创建并羽化选区

按下快捷键Ctrl+O，打开附书光盘\案例文件\第2章\Media\05.jpg文件，单击魔棒工具，在白色区域单击创建选区，按下快捷键Shift+F6弹出“羽化选区”对话框，设置参数为5像素，单击“确定”按钮。

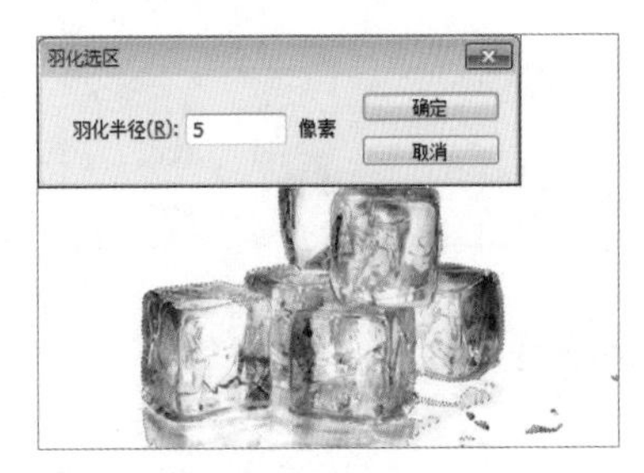

02 复制选区图像

按下快捷键Ctrl+Shift+I反选选区，完成后按下快捷键Ctrl+J复制选区图像，生成“图层 1”。

03 打开图像文件

按下快捷键Ctrl+O，打开附书光盘\案例文件\第2章\Media\苹果.jpg文件。

04 使用快速选择工具与橡皮擦工具抠取苹果图像

单击快速选择工具，在属性栏中单击“添加到选区”按钮，在苹果图像上单击拖动鼠标，创建苹果选区。完成后按下快捷键Ctrl+J复制选区图像，生成“图层 1”。隐藏“背景”图层，单击橡皮擦工具，设置画笔为尖角笔刷，擦除多余图像。

05 修饰苹果图像

按住Ctrl键单击“图层 1”创建苹果选区，执行“选择→修改→收缩”命令，在弹出的“收缩选区”对话框中设置“收缩量”为3像素，单击“确定”按钮。

收缩选区

收缩量(C): 3 像素

确定

取消

06 平滑选区

执行“选择→修改→平滑”命令，在弹出的对话框中设置参数为30像素，单击“确定”按钮。

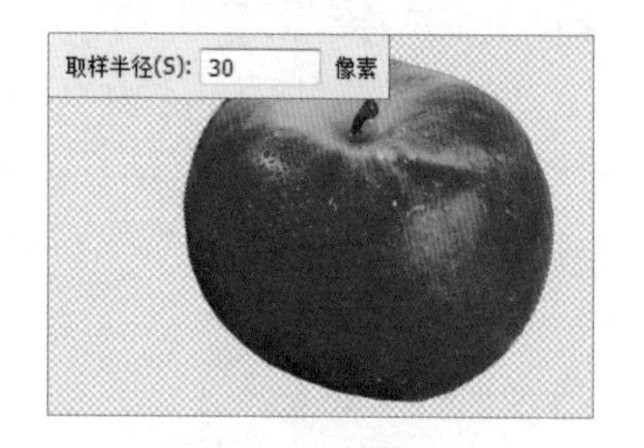

07 移动并调整苹果图像

单击移动工具，移动选区内图像至“冰块”图像文件中，生成“图层 2”，按下快捷键Ctrl+T弹出自由变换调整框，按住Shift键不放拖动鼠标调整苹果的大小与位置。

08 结合画笔工具编辑图像

单击“添加图层蒙版”按钮，为“图层 1”创建蒙版，设置前景色为黑色，单击画笔工具，选择柔角笔刷，在属性栏中设置画笔参数。

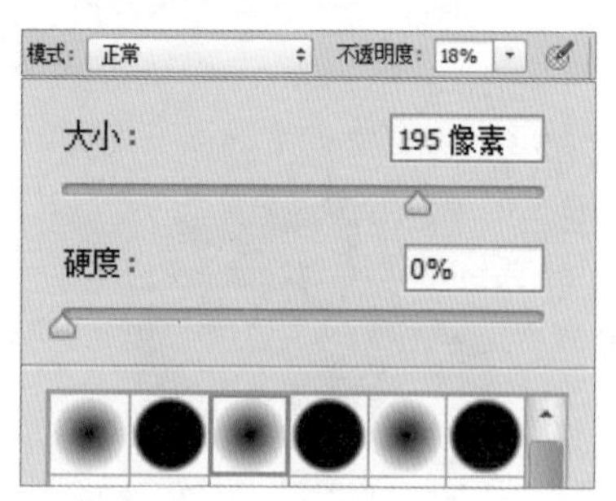

09 编辑图层蒙版

将“图层 2”移动至“图层 1”的下方，选择“图层 1”的图层蒙版，使用画笔工具在冰块上面进行涂抹，使其显示下层苹果图像，制作冰冻苹果效果。复制“图层 2”，采用相同的方式制作另一个冰冻苹果图像。打开“水花.psd”图像，将其移动到当前图像文件中。

10 打开素材文件

按下快捷键Ctrl+O，打开附书光盘\实例文件\第2章\Media\柠檬.jpg文件，单击移动工具，移动图像至当前图像文件中，生成“图层 3”，按下快捷键Ctrl+T弹出自由变换调整框，按住Shift键不放拖动鼠标调整柠檬的大小与位置。

11 编辑图层蒙版

单击画笔工具，选择柔角笔刷，在属性栏选择柔角画笔工具，在冰块的图层蒙版上进行涂抹，隐藏多余冰块图像，使柠檬显示出来。

12 创建调整图层

单击“创建新的填充或调整图层”按钮，为“图层 3”创建“色相/饱和度”调整图层，调整柠檬饱和度，并创建剪贴蒙版图层。

13 继续创建调整图层

继续采用相同的方法在图层最上方新建“照片滤镜”调整图层，调整画面色调。至此，本实例制作完成。

Chapter 03

应用与管理图层

图层就像一层层透明的玻璃纸，每个图层都保存着特定的图像信息，根据功能不同分成各种不同的图层。创建图层和管理图层是Photoshop中最基本的操作。

3.1 认识图层

在Photoshop中图层是将多个图像创建出具有工作流程效果的构建块，这就好比一张完整的图像，由层叠在一起的透明纸组成，可以透过图层的透明区域看到下面一层的图像，这样就组成了一个完整的图像效果了，在这里将对图层的相关知识进行介绍。

知识链接

智能对象图层的作用

单击选中需要转换为智能图层的图层，然后再执行“图层→智能对象→转换为智能对象”命令，即可将普通图层转换为智能对象图层。

智能对象是包含栅格或矢量图像中的图像数据的图层，保留图像的源内容及其所有原始特性，可对图层进行非破坏性编辑。

智能对象图层

知识点 图层的用途

图层在Photoshop中具有非常重要的作用，简单来说，其功能主要是管理当前文件中的图像，使不同对象更易于单独编辑。

有时在Photoshop中的图层中不会包含任何显而易见的内容，比如调整图层，其中包含的是会对其下面的图层产生影响的颜色或色调。用户可以通过编辑调整图层并保持下层像素不变，而不是直接编辑图像像素，当不需要调整时，将调整图层删除即可恢复到图像调整前的状态。

在“图层”面板中，可以对图层进行新建、删除、排列、编组等操作，从而使用户在调整效果时，能够轻易将其找到，并进行相应编辑。

最后，还可以使用视频图层向图像中添加视频，将视频剪辑作为视频图层导入到图像中之后，可以遮盖、变换、应用图层。

原图

调整后的效果

关于导入视频图层的操作

在Photoshop中导入视频对象，创建视频图层，首先需要安装QuickTime 7.1以上的版本，安装完成后才能将视频文件导入到Photoshop中，对其进行编辑。

添加调整图层

更改颜色

新建组

如何做 创建不同类型的图层

图层类型分为很多种，它们分别是背景图层、普通图层、文本图层、形状图层、调整图层、填充图层和蒙版图层等，只有掌握了不同类型图层之间的区别，才能在“图层”面板中对图层进行正确的操作，下面就来介绍创建各种类型的图层的操作方法。

01 创建普通图层

执行“文件→打开”命令，打开附书光盘\实例文件\第3章\Media\01.jpg文件。单击“图层”面板下方的“创建新图层”按钮，新建“图层1”。

02 创建文本图层与形状图层

单击横排文字工具，在页面中单击后输入文字Acrose，即可在“图层”面板中生成文字图层。单击自定形状工具，在属性栏的自定形状面板中选择一种形状类型，然后在图像上拖拽鼠标，即可绘制出该形状，并生成形状图层。

03 创建调整图层

单击“图层”面板下方的“创建新的填充或调整图层”按钮，在弹出的菜单中选择“色相/饱和度”选项，设置相应的参数，即可生成调整图层。

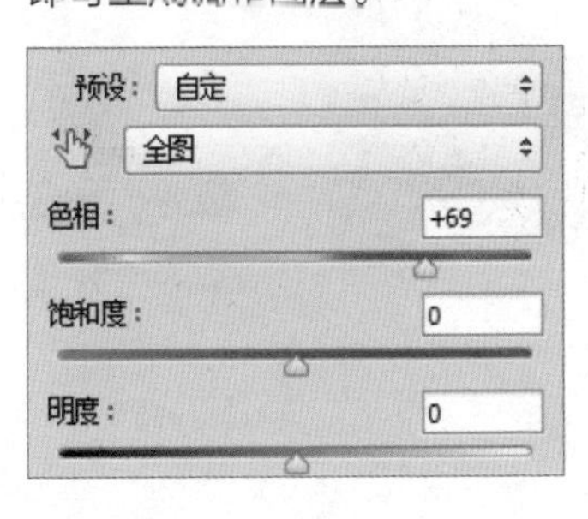

04 创建填充图层

单击“图层”面板下方的“创建新的填充或调整图层”按钮，在弹出的菜单中选择“渐变”选项，设置相应参数后，即可生成填充图层。

05 创建蒙版图层

单击选中文字图层，然后单击“图层”面板下方的“添加图层蒙版”按钮，即可为当前图层添加蒙版。结合画笔工具，将文字部分内容隐藏。

3.2 “图层”面板

用户在“图层”面板中可以查看当前图像的图层，为图层添加图层样式、图层蒙版，设置图层的混合模式、不透明度等属性。认识“图层”面板可以帮助用户高效管理图层，并对其进行其他相关操作，本小节将对“图层”面板和相关参数设置进行介绍。

专家技巧

快速选择图层

在“图层”面板中有一个“类型”下拉列表框，单击右侧下拉按钮，在弹出的快捷菜单中包括“类型”“名称”“效果”“模式”“属性”和“颜色”6个选项。

图层面板

在右侧的下拉列表框中选择相应选项，即可显示对应的图层。

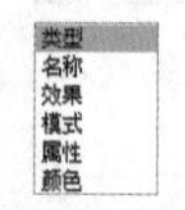

“类型”下拉列表框

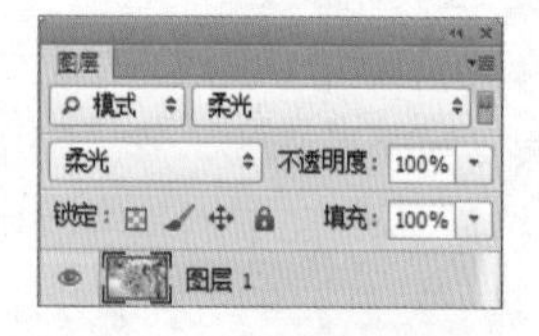

“模式”选项对应的图层

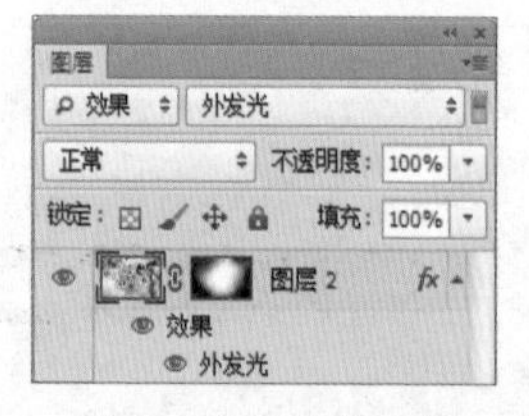

“效果”选项对应的图层

知识点 认识“图层”面板

在“图层”面板中，用户可以查看当前图像文件的所有图层以及排列效果、属性等，通过了解“图层”面板中各个选项和按钮的意义，能够更方便地控制图层，下面我们就来介绍“图层”面板的相关参数设置。

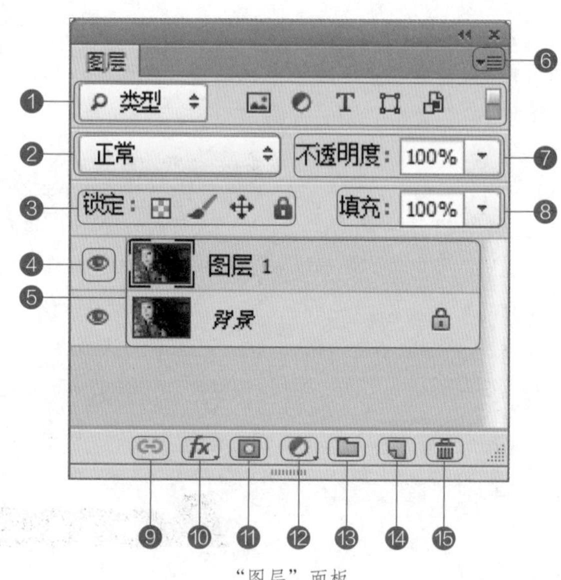

“图层”面板

❶“类型”下拉列表框：单击右侧的下拉按钮，在打开的下拉列表中，可以选择一种类型，方便用户查看图层，右侧还包括像素图层滤镜、调整图层滤镜等按钮，单击各按钮即可查看对应图层。

❷“图层混合模式”下拉列表框：单击右侧的下拉按钮，在打开的下拉列表中，可以选择一种图层混合模式，使当前图层作用于下方的图层，从而产生不同的效果。

原图

变暗

深色

差值

❸“锁定”选项组：在此选项组中，包含了“锁定透明像素”“锁定图像像素”“锁定位置”和“锁定全部”4个选项。单击相应的按钮，即可对当前图层进行锁定操作。

❹“指示图层可见性”按钮：当取消该按钮后，当前图层将不会在图像中显示出来。

原图

隐藏图层

❺ 图层列表：在该区域显示出当前图像文件中所有的图层和图层排列效果。

❻ 扩展按钮：单击该按钮，打开扩展菜单，通过执行扩展菜单命令可以对图层进行各种操作。

❼“不透明度”文本框：通过输入数值或拖拽滑块，设置当前图层的不透明度。

原图

不透明度为60%

❽“填充”文本框：通过输入数值或拖拽滑块，设置当前图层的填充程度。

❾“链接图层”按钮：同时选中两个或两个以上图层时，单击此按钮，即可将选中的图层链接。

专家技巧

锁定图像的不同属性

在“图层”面板中选中一个普通图层，通过单击“锁定”选项组中的“锁定透明像素”按钮、“锁定图像像素”按钮、“锁定位置”按钮或“锁定全部”按钮，可以对当前图层的相应属性进行锁定，当对该图层进行操作时，锁定的属性将不会发生任何变化。

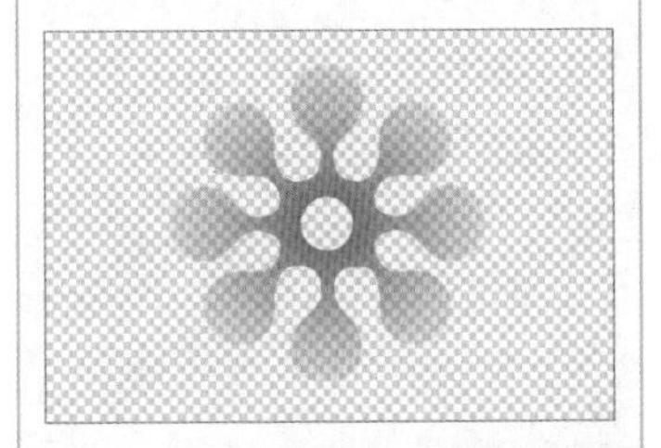

透明图层

锁定图层透明像素

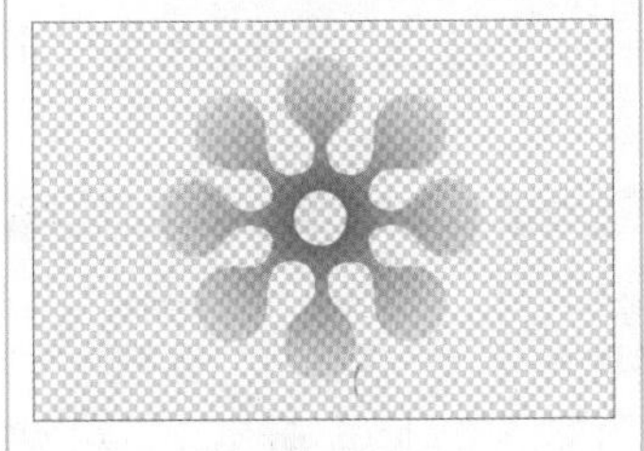

填充紫色，透明区域未发生改变

专家技巧

使用不同工具应用蒙版效果

在“图层”面板中选中一个图层，单击面板下方的“添加图层蒙版”按钮，即可为当前图层添加图层蒙版。使用画笔工具、橡皮擦工具和渐变工具为当前蒙版添加效果。其中，用画笔工具擦除图像蒙版时，设置前景色为黑色，用橡皮擦工具擦除蒙版时，设置背景色为黑色。

原图

添加蒙版后使用画笔工具或橡皮擦工具

使用渐变工具

⑩“添加图层样式”按钮：单击该按钮，在打开的菜单中可选择需要添加的图层样式，为当前图层添加图层样式。

原图　　添加图层样式

⑪“添加图层蒙版”按钮：单击该按钮，即可为当前选中的图层添加图层蒙版。

⑫“创建新的填充或调整图层”按钮：单击该按钮，在弹出的菜单中选择填充或调整图层选项，添加填充图层或调整图层。

原图

添加调整图层

⑬“创建新组”按钮：单击该按钮，即可在当前图层的上方创建一个新组。

“图层”面板

创建新组

将图层添加到组中

⑭“创建新图层”按钮：单击该按钮，即可在当前图层上方创建一个新图层。

⑮“删除图层”按钮：单击该按钮，即可将当前图层删除。

如何做 图层缩览图大小的更改

在Photoshop的“图层”面板中可显示出图像的图层缩览图，通过调整可以将缩览图设置为不同的大小，方便用户随时查看图像效果，下面来就介绍更改图层缩览图大小的具体操作方法。

01 打开图像文件

执行“文件→打开”命令，或者按下快捷键Ctrl+O，打开附书光盘\实例文件\第3章\Media\02.psd文件。按下F7键，打开“图层”面板，在该面板中显示出当前图像的所有图层效果和排列方式。

02 调整预览图大小

单击“图层”面板扩展按钮，选择“面板选项”选项，打开“图层面板选项”对话框设置参数。

03 应用设置

参数设置完成后单击“确定”按钮，即可将“图层”面板中缩览图的大小放大至最大状态。

04 设置预览图显示效果

按照与上面相同的方法，打开“图层面板选项”对话框，选中第3个预览状态图像。

05 应用调整

参数设置完成后单击“确定”按钮，即可将“图层”面板中缩览图的大小调整至较大状态。

专家技巧

设置填充图像时是否添加默认蒙版

在“图层面板选项”对话框中有一个“在填充图层上使用默认蒙版”复选框，勾选该复选框后，在图像中添加填充图层时，可自动生成一个默认蒙版效果，取消勾选该复选框后，在添加填充图层时，将不会自动生成默认蒙版。

未勾选“在填充图层上使用默认蒙版”复选框

勾选“在填充图层上使用默认蒙版”复选框

3.3 “图层”面板的编辑

前面已经介绍了“图层”面板的相关知识和操作方法，用户想要熟练使用“图层”面板调整图层，需要了解“图层”面板的操作方法，下面就来介绍编辑“图层”面板的相关方法。

知识点 调整图层顺序并选择图层

调整图层顺序和选择图层是在“图层”面板中对图层进行编辑的基本操作，下面就来分别介绍其具体操作方法。

1. 调整图层顺序

调整图层的顺序可以改变图层中的对象在当前图像中的位置，从而产生不同的视觉效果。通常情况下，可以通过在“图层”面板中直接拖拽图层来调整图层的顺序。

原图

调整图层顺序后

2. 选择图层

在“图层”面板中，选择图层通常有4种情况，即选择单个图层、选择连续图层、选择不连续图层和选择所有图层。选择连续图层时，单击起始图层，然后按住Shift键不放单击终止图层，即可将中间的所有图层选中；选择不连续图层时，先单击选中一个图层，然后按住Ctrl键不放分别单击要选择的其他图层，即可将单击后的图层选中；要选择所有图层，单击选中背景图层，然后按住Shift键不放单击最上层的图层，即可将所有图层同时选中。另外，右击图像，在弹出的快捷菜单中选择图层选项，也可选择相应图层。

选择一个图层

选择连续图层

专家技巧

使用快捷键移动变换图层顺序

单击选中“图层”面板中的任意图层，然后直接通过拖拽移动图层，可以改变图层的排列顺序。另外，还可以通过直接按下快捷键来更改图层顺序。按下快捷键Ctrl+[，下移一层；按下快捷键Ctrl+]，上移一层；按下快捷键Shift+Ctrl+]上移到顶层；按下快捷键Shift+Ctrl+[下移到底层。

专家技巧

单击直接选中当前图像图层

选择移动工具，在图像中单击鼠标右键，在弹出的快捷菜单中选择要编辑的图层选项，即可将选择的图层设置为当前图层。另外，选择移动工具后，在其属性栏中勾选“自动选择”复选框，单击图像中的任意一点，该点的最上层图层将被选中。

在移动工具属性栏中单击“自动选择”右侧的下拉按钮，下拉列表中有“组”和“图层”两个选项。当图像中有组图层时，选择“组”选项后，单击图像中包含的任意一个图层对象，选中的是整个组；选择“图层”选项后，单击图像中包含的任意一个图层对象，选中的是该图层。

自动选择： 组

勾选“自动选择”复选框

知识链接

显示当前对象的控件

当对图层对象进行调整时，通过勾选移动工具属性栏中的“显示变换控件”复选框，可使当前图层显示出变换控件，拖拽控制手柄可改变图层对象的长宽。

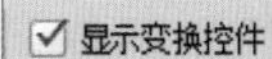

勾选“显示变换控件”复选框

显示出变换控件

选择不连续图层

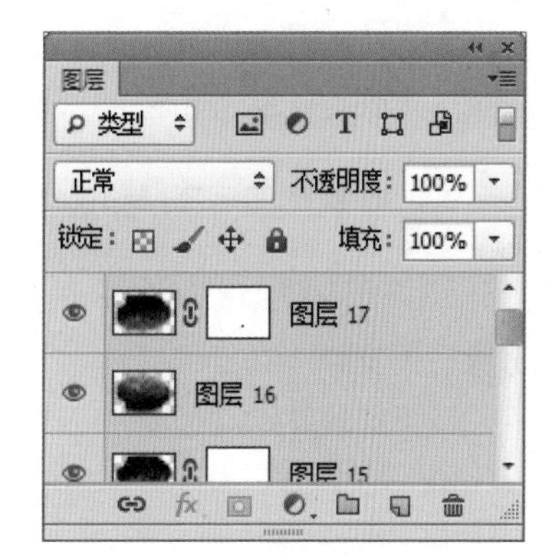

选择所有图层

在图像对象上单击鼠标右键选择图层

如何做 背景图层和普通图层的转换

在Photoshop中，通常情况下背景图层是不能被编辑的，需要将背景图层转换为普通图层后，才能对其进行进一步操作，下面就来介绍背景图层和普通图层之间相互转换的操作方法。

01 打开文件

执行“文件→打开”命令，或者按下快捷键Ctrl+O，打开附书光盘\实例文件\第3章\Media \03.psd文件。

02 背景图层转换为普通图层

双击“背景”图层，弹出“新建图层”对话框，采用默认设置，直接单击“确定”按钮，即可将背景图层转换为普通图层。

03 普通图层转换为背景图层

在“图层”面板中选中“图层0”，执行“图层→新建→图层背景”命令，即可将普通图层转换为背景图层。

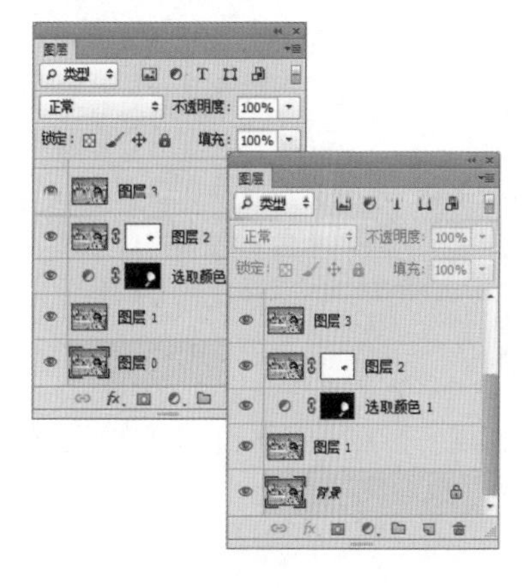

如何做 图层的编组和链接

掌握了调整图层顺序和选择图层的方法后，用户在管理图层时会更加方便。在这里将介绍图层的编组和链接操作，使用户能够对图层进行更进一步的管理。

01 打开文件

按下快捷键Ctrl+O，打开附书光盘\实例文件\第3章\Media\04. psd文件。

02 选择图层

执行“窗口→图层”命令，或者按下F7键，打开“图层”面板，选中“图层 1”，然后按住Ctrl键不放，单击要链接的“图层 3”图层，使其呈同时选中状态。

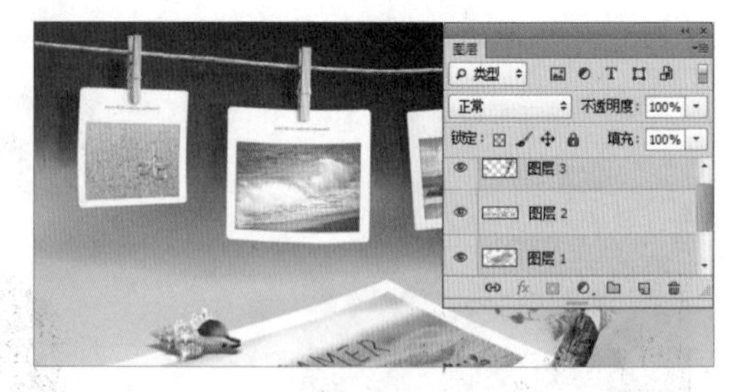

03 链接图层

在“图层”面板单击鼠标右键，在弹出的快捷菜单中执行“链接图层”命令，链接当前图层。

04 新建组

单击“图层”面板下方的“创建新组”按钮，即可在当前图层上方新建“组 1”。

05 添加到组中

按住Shift键不放，然后将除“背景”图层之外的其他图层同时选中，并将其直接拖拽到组中。

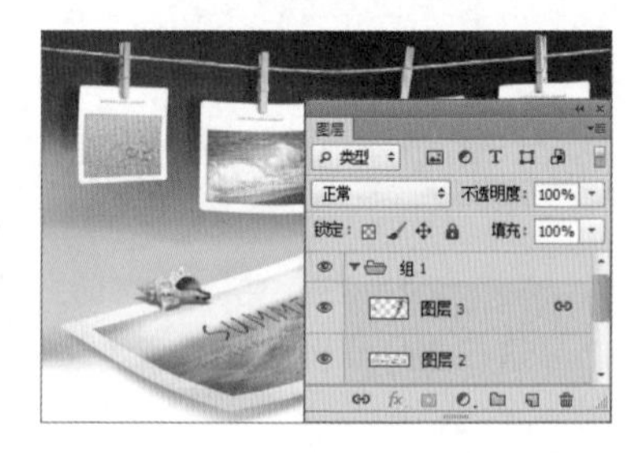

专家技巧

自动选择链接图层

在“图层”面板中有时会包含多个链接图层，如果一个一个选中非常麻烦。可以先选中其中一个链接图层，右击鼠标，在打开的快捷菜单中执行“选择链接图层”命令，即可将同当前图层链接的其他图层同时选中。也可先选中其中一个链接图层，然后单击“图层”面板扩展按钮，在打开的扩展菜单中执行“选择链接图层”命令，也可同时选中链接图层。

06 取消链接

按住Ctrl键不放，单击“图层 3”和“图层 1”，将其同时选中，然后单击“图层”面板右上角的扩展按钮，打开扩展菜单，选择“取消图层链接”选项，即可取消链接。也可以将“图层 1”和“图层 3”同时选中后，右击链接图层，在弹出的快捷菜单中执行“取消图层链接”命令取消链接。至此，本实例制作完成。

高手训练营 艺术画的简单合成

在掌握了“图层”面板的使用方法后，用户可以通过在图像中添加对象来合成简单艺术画效果。通常来说，合成艺术画的图层都比较复杂，使用图层的编组和链接操作可以更好地管理这些图层，下面就来介绍合成简单艺术画的具体操作方法。

01 新建图像文件

执行“文件→新建”命令，或者按下快捷键Ctrl+N，打开“新建”对话框，设置“名称”为合成简单艺术画，设置“宽度”为14.91厘米，“高度”为5.99厘米，设置完成后单击“确定”按钮，新建一个图像文件。设置前景色为R159、G216、B246，按下快捷键Alt+Delete，为背景图像填充前景色。

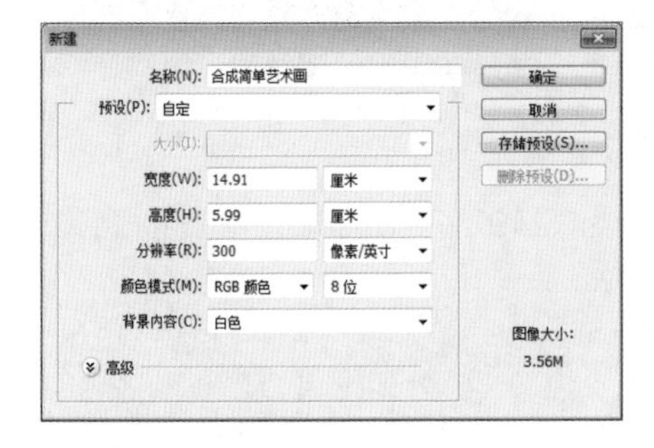

02 填充选区颜色

新建“图层 1”，单击钢笔工具，在画面下方绘制闭合路径，完成后按下快捷键Ctrl+Enter，将路径转换为选区，填充选区颜色为R4、G122、B72，然后按下快捷键Ctrl+D，取消选区。

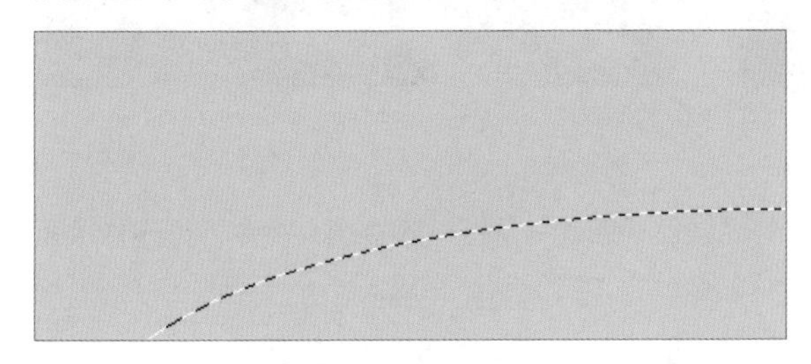

03 复制并调整图层1

复制一个“图层 1”，得到“图层 1 副本”图层，应用自由变换功能对该图像大小进行缩放，然后在“图层”面板的上方单击“锁定透明像素”按钮，填充图层颜色为R44、G180、B80。

04 复制并调整图层2

参照步骤3的操作再复制一个“图层 1”图层，得到“图层 1 副本 2”，对图层的大小与颜色进行调整，其中颜色参数为R147、G187、B61。

05 添加图像元素

按下快捷键Ctrl+O，打开附书光盘\实例文件\第3章\Media\05.psd文件。单击移动工具，分别将素材图像移动至当前图像文件中，调整其在画面中的位置。

06 调整图层顺序

选择“图层 5”图层，结合快捷键Ctrl+[向下移动图层至“图层1”的下方，使图像效果更自然。

07 输入文字

单击横排文字工具，打开“字符”面板，设置各项参数，设置颜色为R249、G91、B131。设置完成后在画面中输入文字信息，采用相同的方法在画面中输入更多的文字信息。

08 从图层建立组

按住Shift键选择除“背景”图层以外的所有图层，执行“图层→新建→从图层建立组”命令，打开“从图层新建组”对话框，单击“确定”按钮，新建图层组“组 1”。至此，本实例制作完成。

专家技巧

新建图层组的其他方法

在新建图层组时，可以直接单击“图层”面板下方的“创建新组”按钮，在“图层”面板中创建一个图层组。还可以单击“图层”面板右上角的扩展按钮，在弹出的扩展菜单中执行“新建组”命令，打开“新建组”对话框，设置各项参数后单击“确定”按钮，创建一个新的图层组。

3.4 移动、堆栈和锁定图层

移动、堆栈和锁定图层操作是对图层进行编辑时比较常见的操作，在这一小节，将对其相关操作和知识进行介绍。

知识点 移动、堆栈和锁定图层的用途

学习了移动、堆栈和锁定图层的方法后，用户可以在对图像进行编辑时对图层进行相对应的操作。移动图层的操作可以将图层中的对象放置于除背景图层外的其他任何一个图层的下方或上方，从而调整图像中对象的层叠效果；堆栈图层的操作可以将图层放置于组文件夹中，将同类图像的图层放置到相应组文件夹中，更容易对其进行统一性操作；锁定图层的操作可以将不需要移动的图层锁定，在执行其他操作时，被锁定的图层将不会被编辑。

原图

移动图层

知识链接

不同的锁定显示效果

在“图层”面板中，对图层进行锁定操作时，其显示效果各不相同。在普通图层中，单击“锁定全部”按钮后，显示为全部锁定按钮图标；而锁定组时，组中的普通图层的锁定按钮图标变成灰色状态。

锁定组图层

选中图层

堆栈到组文件夹中

锁定图层透明像素

锁定图层

如何做 图层的管理

前面介绍了在“图层”面板中管理图层的方法，包括移动、堆栈和锁定图层等操作。在实际操作中，经常将这些操作结合起来使用，以便更好地管理图层，下面就来介绍管理图层的相关操作方法。

01 打开文件

按下快捷键Ctrl+O，打开附书光盘\实例文件\第3章\Media\06.psd文件，按下F7键，打开“图层”面板。

02 新建组

按住Shift键选中除背景图层以外的所有图层，拖动至“图层”面板下方的“创建新组”按钮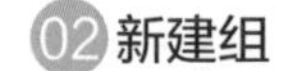，然后释放鼠标，新建“组 1”，即可将图层添加到组中。

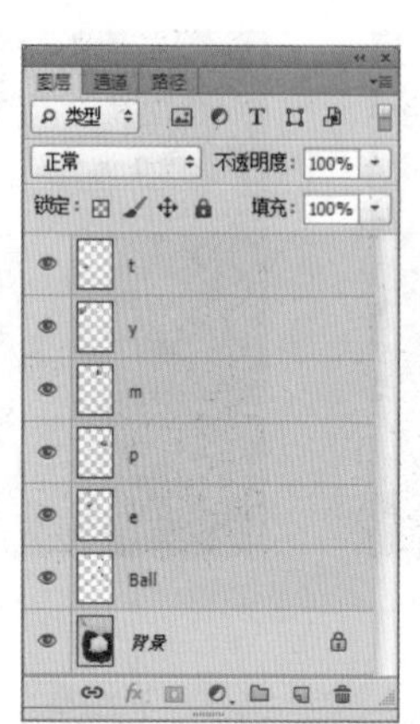

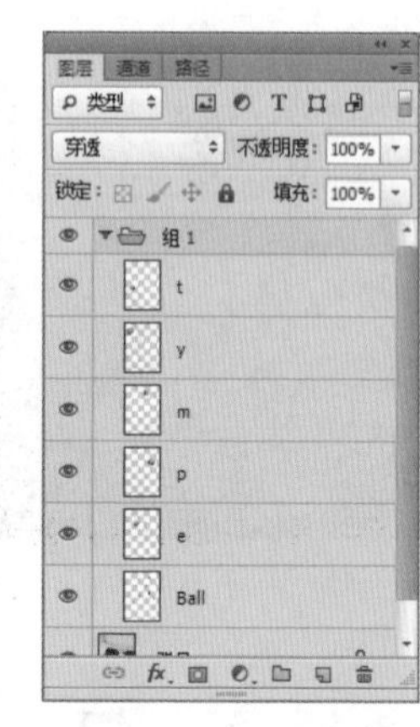

03 选中图层

单击移动工具，在圆形球体对象上右击，在弹出的快捷菜单中选择Ball，即可在“图层”面板中选中其所在的图层，按下快捷键Ctrl+J复制该图层。

04 移动图层对象

使用鼠标将当前图层对象向上拖拽，即可改变该对象的位置。

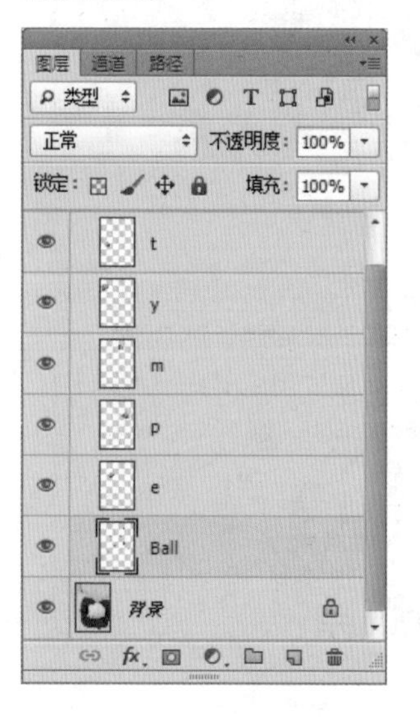

3.5 图层的对齐与分布

图层的对齐功能，可以使不同图层上的对象按照指定的对齐方式进行自动对齐，从而得到整齐的图像效果。图层的分布功能，可以均匀分布图层和组，使图层对象或组对象按照指定的分布方式进行自动分布，从而得到具有相同距离或相同对齐点的图像效果。

知识链接

在属性栏中对齐对象

单击移动工具，在其属性栏中会出现设置对齐方式和分布方式的图标。在“图层”面板中同时选中两个或两个以上的图层，单击相应的对齐按钮，即可对齐当前所选择的图层中的对象。

属性栏

原图

选中多个图层

单击“垂直居中对齐”按钮

知识点 对齐和分布图层的方法

图层的对齐和分布功能，即对齐不同图层上的对象及均匀分布图层和组。对图层进行对齐和分布操作前需要先指定一个图层作为参考图层，然后执行“图层→对齐”命令，就可以对图层进行顶边对齐、垂直居中对齐、底边对齐、左边对齐、水平居中对齐和右边对齐操作。同样地，执行“图层→分布”命令，就可以对图层进行顶边分布、垂直居中分布、底边分布、左边分布、水平居中分布和右边分布操作。

原图

顶对齐

垂直居中对齐

底对齐

左对齐

水平居中对齐

知识链接

对齐路径

使用路径工具在页面中绘制几条路径，在工具箱中单击路径选择工具[icon]，将刚刚绘制的几条路径全部选中，然后在其相应的属性栏中通过单击“水平居中对齐”“左对齐”和“右对齐”等对齐按钮设置相应的对齐方式，从而得到需要的对齐效果。

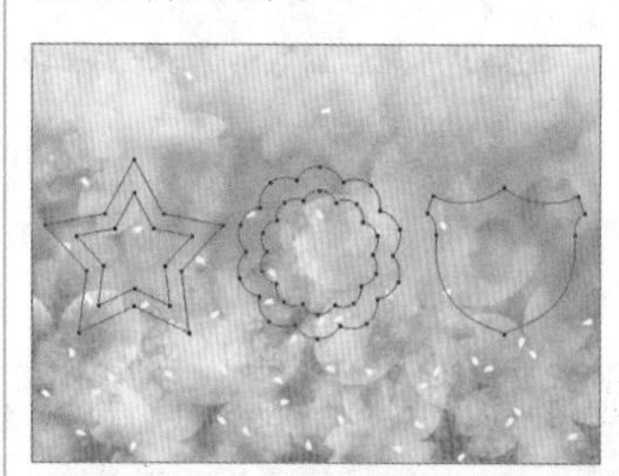

选中所有路径

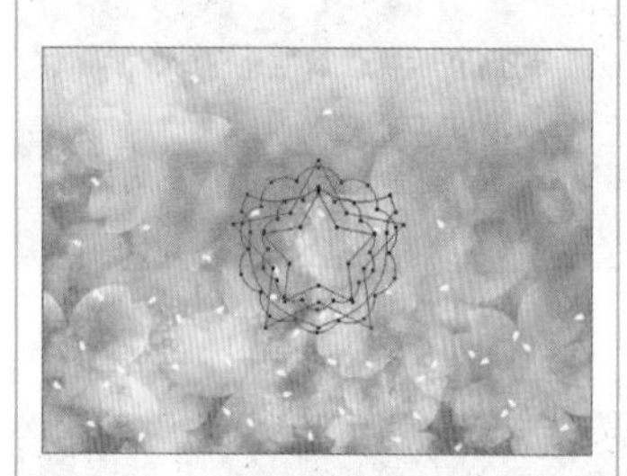

单击“水平居中对齐”按钮[icon]

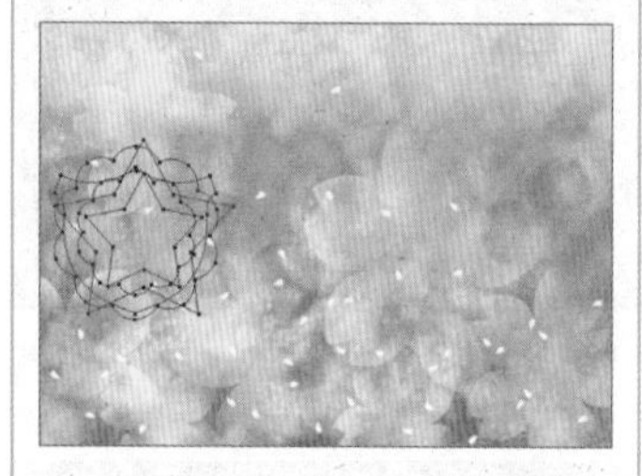

单击“左对齐”按钮[icon]

单击“右对齐”按钮[icon]

右对齐[icon]

原图

顶边分布[icon]

垂直居中分布[icon]

底边分布[icon]

左边分布[icon]

同时选中两个或两个以上的图层，执行“视图→对齐到”命令，拖拽对象即可自动对齐到相应辅助工具上。

同时选中三个图层

对齐到参考线

如何做 对齐与分布不同图层上的对象

使用对齐图层功能可以将不同图层上的对象对齐，用户可以更精确地制作出整齐的图像效果，下面就来介绍对齐不同图层上的对象的具体操作方法。

01 打开文件

执行“文件→打开”命令，打开附书光盘\实例文件\第3章\Media\07.psd文件。按下F7键，打开“图层”面板。

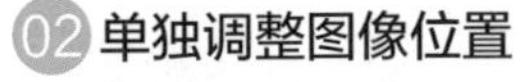

02 单独调整图像位置

单击移动工具，选择“图层 1”移动图像在画面中的位置。按住Ctrl键不放，继续选中“图层 2”，然后执行“图层→对齐→顶边”命令，即可将当前选中的所有图层对象以顶边对齐方式显示。

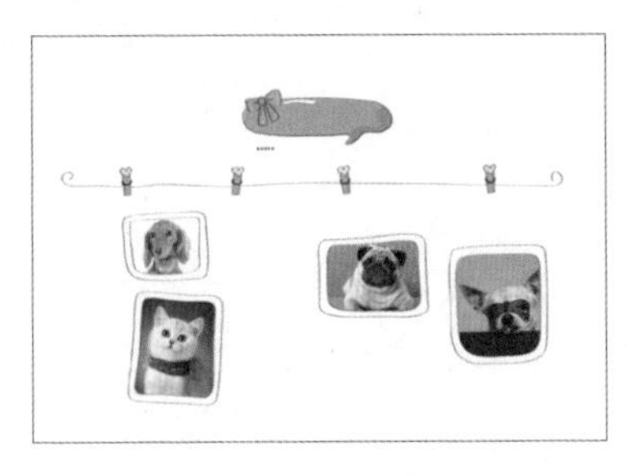

03 对齐显示图层对象

按住Ctrl键不放，将除“图层 5”与“图层 6”以外的其他图层对象选中，然后执行“图层→对齐→顶边”命令，即可将当前所选中的所有图层对象以顶边对齐方式显示。

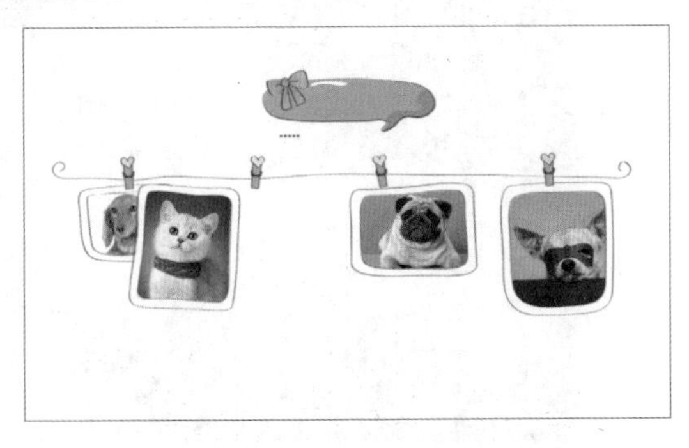

04 水平居中分布图层对象

保持选中所选图层，单击属性栏中的“水平居中分布”按钮，平均分布所选图像。

05 输入文字

单击文字工具，在图像上输入文字信息，并填充背景颜色为粉色。

专家技巧

结合多种对齐方式使对象对齐

对图像中的图层进行对齐操作时，只使用一种对齐方式很多时候不能达到需要的对齐效果，用户可以结合多种对齐方式进行操作。

原图

垂直居中对齐和水平居中对齐结合

3.6 运用图层组管理图层

使用图层组管理图层是十分有效的管理多层文件的方法。将图层划分为不同的组后，可以通过设置图层或组的颜色进行区分，也可以通过合并或盖印图层来减少图层的数量或改变图层的排列顺序。在本小节中，将对管理图层的相关知识和操作方法进行介绍。

专家技巧

关于盖印图层的方法

在Photoshop中没有关于盖印图层功能的相关命令，要盖印图层，可以通过快捷键的方式来实现。按下快捷键Ctrl+Alt+E，盖印当前图层；如果按下快捷键Shift+Ctrl+Alt+E，则盖印所有可见图层。

原“图层”面板

盖印当前图层

盖印所有图层

知识点 管理图层的意义

管理图层的目的是通过对含有较多图层的文件进行管理，使用户在查找时能够以最快的速度找到该图层。管理图层的方法有设置图层或组的颜色、合并图层、合并可见图层、拼合图像、盖印图层和盖印当前图层等。

设置图层或组的颜色能够将不同的图层或组区分开来，方便用户迅速查找到图层对象；合并图层是将当前文件中的所有图层合并为一个图层；合并可见图层是将当前文件中的所有可见图层合并为一个图层，而不可见的图层保持不变；拼合图层是将当前文件中的所有图层合并为一个图层；盖印图层是将当前文件中的所有图层添加到一个新的图层中，而原图层保持不变；盖印当前图层是将当前图层中的内容添加到一个新的图层中。

原图

“图层”面板

改变组颜色

合并可见图层

盖印当前图层

如何做 为图层或组设置颜色

对含有较多图层的文件进行操作时，将图层或组设置为不同的颜色，能够让用户在查找时一目了然，迅速查找到要处理的图层或组，下面就来介绍为图层或组设置颜色的具体操作方法。

01 打开文件

按下快捷键Ctrl+O，打开附书光盘\实例文件\第3章\Media\08.psd文件。按下F7键，打开“图层”面板。

02 新建组

单击“图层”面板底部的“创建新组”按钮，新建“组 1”，并将其拖拽到“图层 2”的上层位置。按住Ctrl键不放，分别单击“图层 1”和“图层 2”，同时选中这两个图层，然后将其拖拽到“组 1”图标上，释放鼠标即可将这两个图层放置到“组 1”中。

专家技巧

使用快捷菜单改变图层颜色

在Photoshop的“图层”面板中，可以通过直接在当前图层上单击鼠标右键，在弹出的快捷菜单中选择颜色，即可对当前图层的颜色进行设置。

03 改变组颜色

在“组 1”空白处单击鼠标右键，在弹出的快捷菜单中选择“橙色”，即可将刚才所设置的组颜色应用到当前组中。

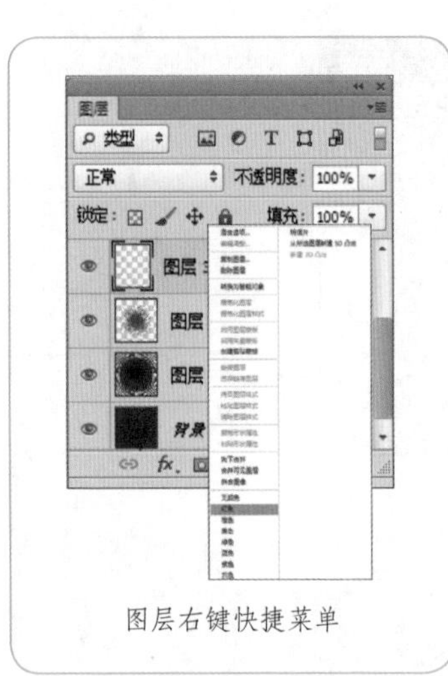
图层右键快捷菜单

专家技巧

快速显示/隐藏除当前图层外的其他图层

要显示/隐藏除当前图层外的其他图层，只需要在当前图层的“指示图层可见性”图标上单击鼠标右键，在打开的快捷菜单中选择“显示/隐藏所有其他图层”选项即可。

另外，也可以直接按住Alt键不放，单击“指示图层可见性”图标来完成该操作。

原“图层”面板

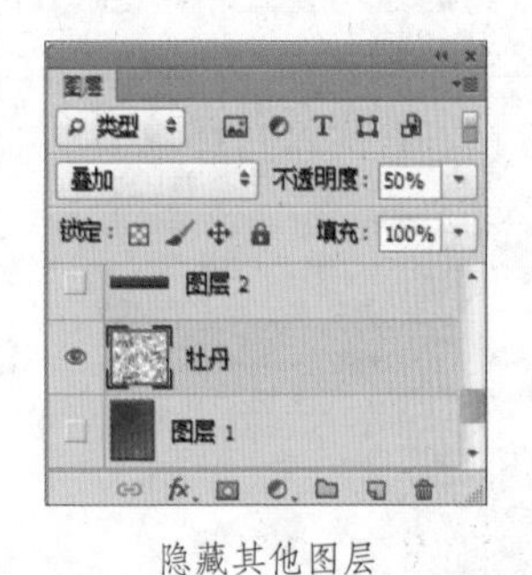

隐藏其他图层

04 合并组

单击“组 1”左侧的折叠按钮，收缩图层，然后执行“图层→合并组”命令，或者按下快捷键Ctrl+E，即可将当前组图层合并为一个普通图层，而其组颜色不发生改变。

05 改变图层颜色

单击“图层 4”，使其成为当前图层。在“图层 4”空白处单击鼠标右键，在弹出的快捷菜单中选择“蓝色”，即可将刚才所设置的颜色应用到当前图层中。

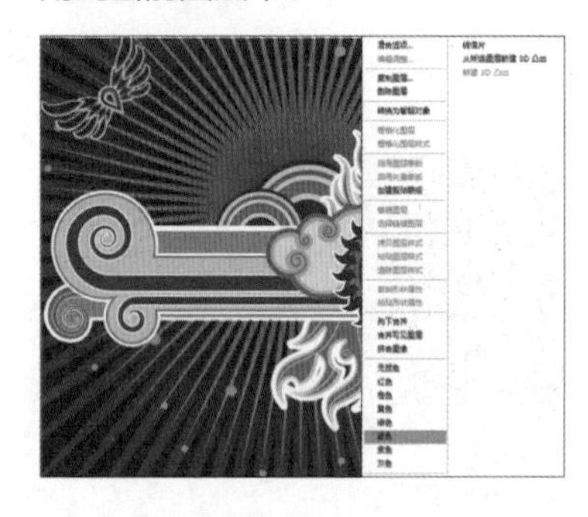

06 直接改变图层颜色

在“图层 5”的“指示图层可见性”图标上单击鼠标右键，在弹出的快捷菜单中选择颜色选项，即可将设置的颜色应用到当前图层中。这里选择“绿色”选项，则“图层 5”将以绿色显示。至此，本实例制作完成。

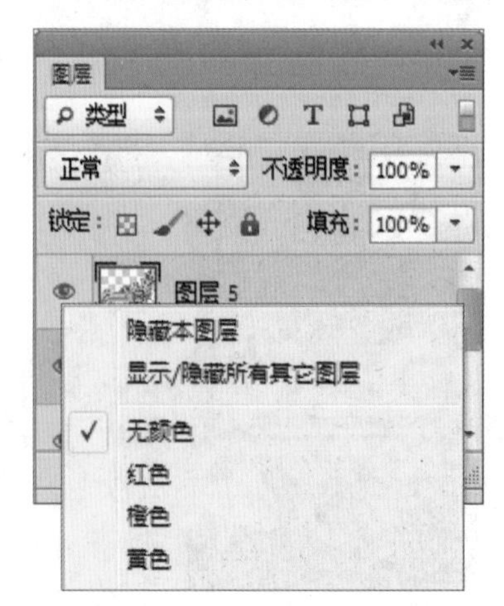

如何做 图层或组的合并和盖印

使用合并和盖印图层或组的方法，用户可以在不改变当前图层的情况下，将当前或所有图层中的对象添加到一个新的图层中，这样在返回图层组中的图层进行操作时，就可以在当前图层状态不变的情况下对下面的内容进行编辑，下面就来介绍合并和盖印图层或组的具体操作方法。

01 打开文件

按下快捷键Ctrl+O，打开附书光盘\实例文件\第3章\Media\09.psd文件。按下F7键，打开“图层”面板。

02 新建组

单击选中“图层 4”，然后单击“创建新组”按钮新建“组 1”，将除背景图层外的其他所有图层添加到该组中。

03 盖印当前组

单击“组 1”，然后按下快捷键Ctrl+Alt+E，即可在“组 1”的上层位置添加一个图层名称为“组 1（合并）”的图层。

04 盖印当前图层

按住Ctrl键不放，单击“图层 4”和“图层 3”，将它们同时选中，按下快捷键Ctrl+Alt+E，即可在当前图层最上层位置添加一个“图层 4（合并）”图层。

05 盖印所有图层

单击选中“图层”面板中的任意一个图层，然后按下快捷键Shift+Ctrl+Alt+E，即可将所有图层中的对象添加到当前图层的上层位置，生成“图层 5”。

06 拼合图层

单击选中“图层”面板中任意一个图层，执行“图层→拼合图像”命令，即可将当前所有的图层拼合为一个“背景”图层。至此，本实例制作完成。

专家技巧

盖印图层

在Photoshop中的“图层”面板中，包括了各种不同类型的图层。选择最上方的一个图层进行盖印图层，可以在保证原有图层不变的情况下，在“图层”面板的最上方盖印一个图层。在盖印的图层上进行画面效果的整体编辑，不会影响下层图像的效果。

3.7 图层不透明度与设置和填充

通过设置图层的不透明度，可以设置出透过当前图层看到下层图层中的对象的效果，从而产生新的视觉效果。设置图层的填充不透明度：将改变图层中绘制的像素或形状的效果。在本小节中，将对设置图层不透明度和填充不透明度的相关知识进行介绍。

知识链接

画笔工具中的不透明度设置

在Photoshop中，除了可以在“图层”面板中设置图层的不透明度外，在使用画笔工具绘制图像时，也可以在画笔工具的属性栏中先设置其不透明度，然后再在页面中绘制图像。此时，使用画笔工具在页面中绘制出的图像将具有透明度的效果。

原图

不透明度为100%

不透明度为30%

知识点 区别不透明度和填充不透明度

在“图层”面板中调整图层的不透明度，可以设置透过当前图层看到下层图层效果的清晰度，数值越大，其清晰度越高，数值越小，其清晰度越低。

除了设置不透明度以外，在“图层”面板中还可以为图层填充不透明度，填充不透明度影响图层中绘制的像素或图层上绘制的形状，但不影响已应用于图层的任何图层效果的不透明度。

原图和“图层”面板

设置填充不透明度为50%及效果

设置不透明度为60%及效果

如何做 通过键盘设置不透明度

用户可以根据需要为当前图层设置适当的不透明度或填充不透明度，其中设置不透明度的方法主要有两种。一种是通过拖拽“不透明度”下方的滑块进行任意调整；另一种是通过在“不透明度”文本框中输入数值，进行精确调整。下面就来介绍通过键盘输入数值设置不透明度参数的操作方法。

01 打开文件

按下快捷键Ctrl+O，打开附书光盘\实例文件\第3章\Media\10.jpg文件。按下F7键，打开“图层”面板，然后再次按下快捷键Ctrl+O，打开附书光盘\案例文件\第3章\Media\11.png文件，单击移动工具，将图层对象拖拽到10.jpg文件的页面正中位置，生成“图层 1”，并调整对象的大小。

02 设置图层对象不透明度

单击“图层”面板中的“图层 1”，在其“不透明度”文本框中输入50%，按下Enter键确定，即可将当前图层不透明度调整为50%。

03 载入选区

按住Ctrl键不放，在“图层”面板中单击“图层 1”缩览图，载入选区，然后单击“创建新图层”按钮，生成“图层 2”。

04 填充颜色

填充橙色到选区中，然后按下快捷键Ctrl+D，取消选区。

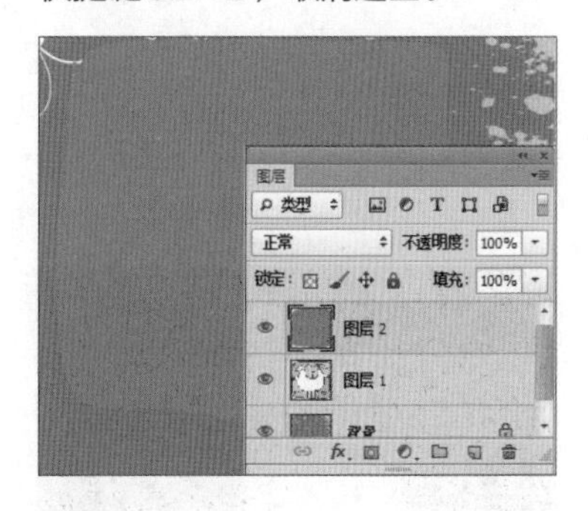

05 设置不透明度

在“图层”面板中设置“不透明度”为60%，图层混合模式为“饱和度”。至此，本实例制作完成。

高手训练营 制作促销海报设计

在制作具有合成效果的图像时，用户可以在“图层”面板中通过创建图层组或对图层进行编组来编辑文件中的图层，下面就来介绍制作富有层次感的促销海报，并对海报的图层组进行管理。

01 新建图像文件

执行“文件→新建”命令，打开“新建”对话框，设置“名称”为“制作促销海报设计”，“宽度”为15厘米，“高度”为22厘米，完成后单击“确定”按钮，新建一个空白的图像文件。单击矩形工具，设置属性栏颜色为R7、G2、B69，拖动鼠标绘制矩形。

02 绘制形状

单击圆角矩形工具，设置属性栏颜色为R245、G155、B26，设置“半径”为30像素，按住Shift键在图像上绘制圆角矩形。

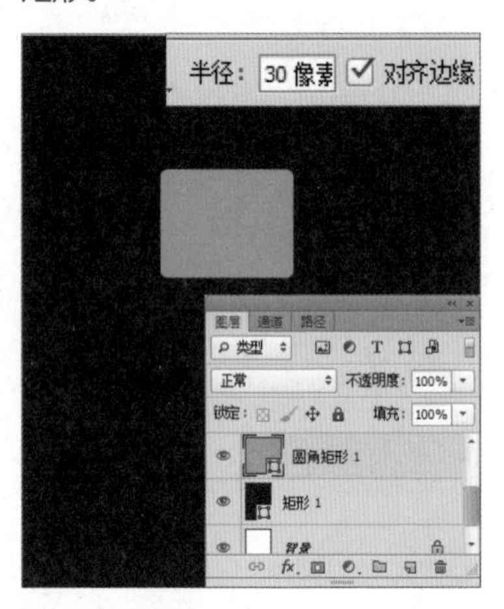

03 复制并调整图形大小

按下快捷键Ctrl+J复制一个“圆角矩形 1 副本”图层，更改图形颜色为R252、G255、B25，按下快捷键Ctrl+T，弹出自由变换调整框，按住Shift键，等比例缩小图形大小，调整完成后按下Enter键结束，结合移动工具移动图形位置。

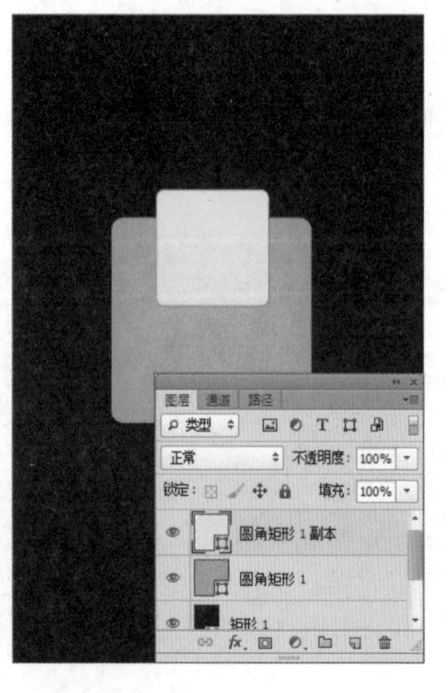

04 旋转图像

同时选中两个圆角矩形图像，按下快捷键Ctrl+T，弹出自由变换调整框，对图像进行旋转，完成后按Enter键结束变换。

05 绘制图像

新建“图层 1”，设置前景色为R250、G44、B90，使用钢笔工具，在画面相应位置绘制路径，按下快捷键Ctrl+Enter将路径转换为选区后，为选区填充前景色。

06 复制并更改图像颜色

复制“图层 1 副本”图层，按住Ctrl键同时单击“图层 1 副本”图层，载入图层选区，填充选区颜色为R0、G218、B245，完成后取消选区，移动图像位置。

07 绘制多彩图形

新建“组 1”图层组，在该图层组中新建“图层 2”，使用画笔工具，在画面中多次涂抹，绘制不同颜色的线条。

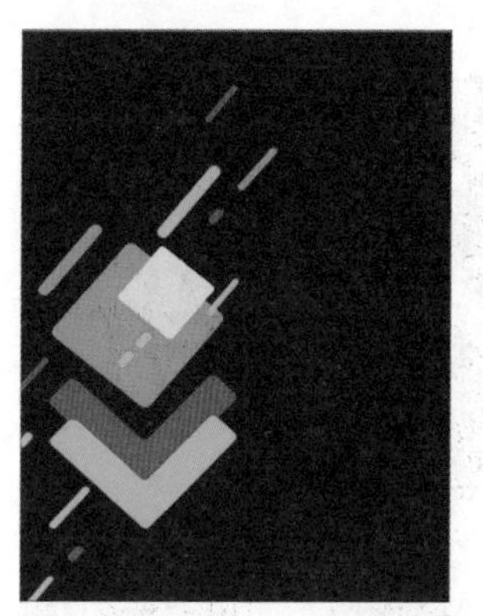

08 丰富画面图形

单击自定形状工具，在“形状”面板中选择不同的图形，在画面上绘制不同颜色的图形，并设置图层混合模式。

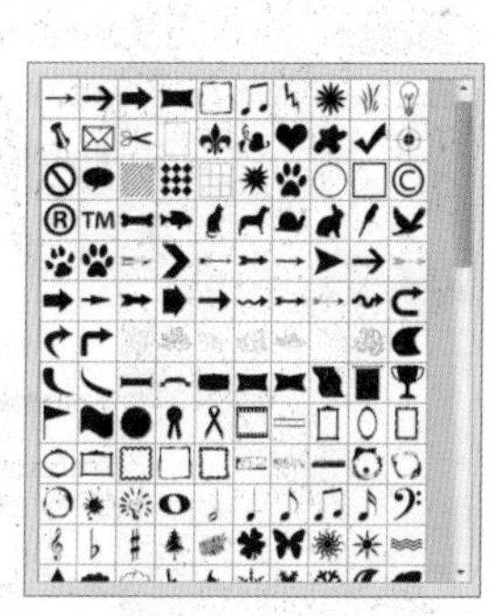

09 绘制图像

在“矩形 1”图层上方新建“图层 3”，设置前景色为R254、G155、B26，使用钢笔工具，在画面相应位置绘制路径，按下快捷键Ctrl+Enter将路径转换为选区后，为选区填充前景色。采用相同的方法绘制“图层 4”。

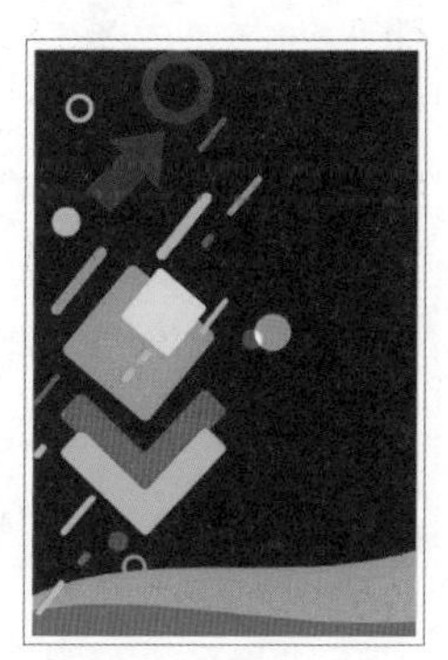

10 绘制矩形图像

同时选中“图层 3”与“图层 4”，按下快捷键Ctrl+Alt+G创建剪贴蒙版图层，单击矩形工具在图像上绘制蓝色矩形图像。

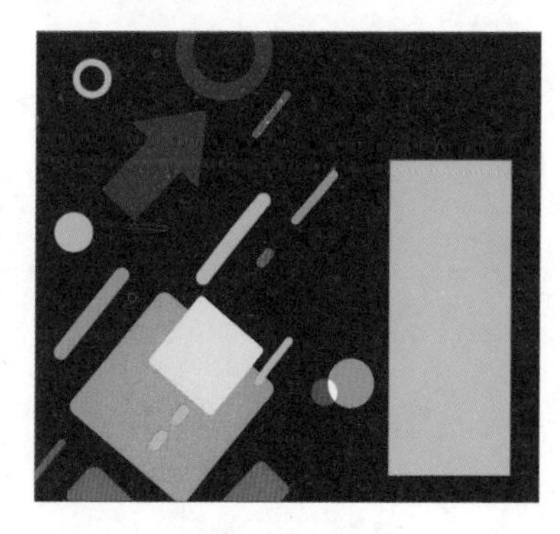

11 输入黑色文字

单击文字工具，在“字符”面板中设置各项参数，完成后在蓝色矩形上输入黑色文字，然后单击“字符”面板右上角的扩展按钮，在弹出的选项菜单中选择“更改文本方向”选项，调整文字为竖向文字。

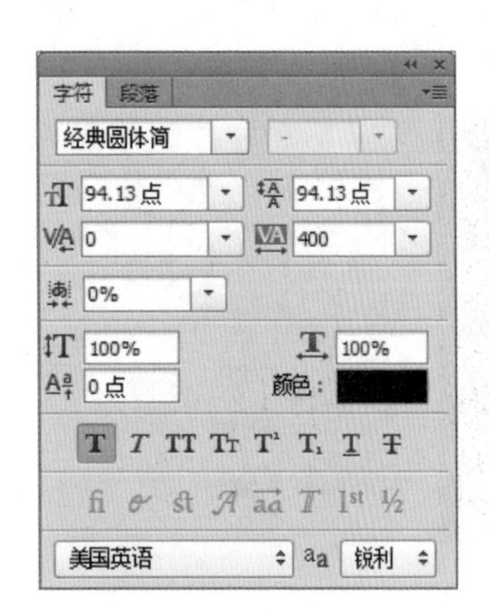

12 创建文字剪贴蒙版

选择文字图层，按下快捷键Ctrl+Alt+G创建图层剪贴蒙版，将文字作用于蓝色矩形图像中。

13 绘制黄色矩形

单击矩形工具，采用相同的方法在图像上绘制黄色矩形图像，并调整矩形位置。

14 输入黑色文字

采用相同的方法，在图像上输入黑色文字，并调整文字的方向与位置。

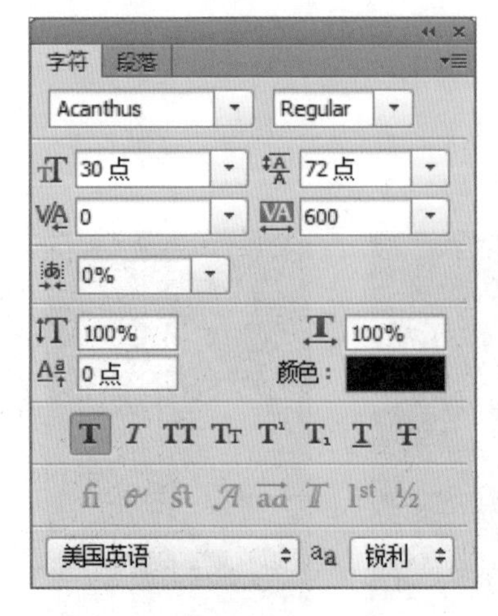

15 输入黄色文字

单击文字工具，在“字符”面板中设置各项参数，在图像上输入黄色文字。然后单击自定形状工具，在属性栏中设置形状颜色与波浪形状造型。

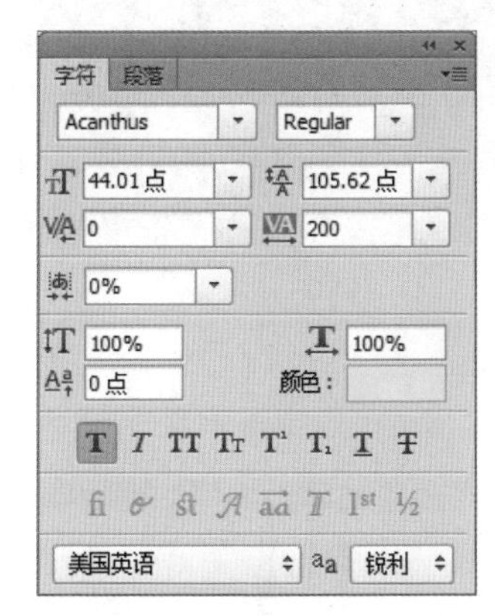

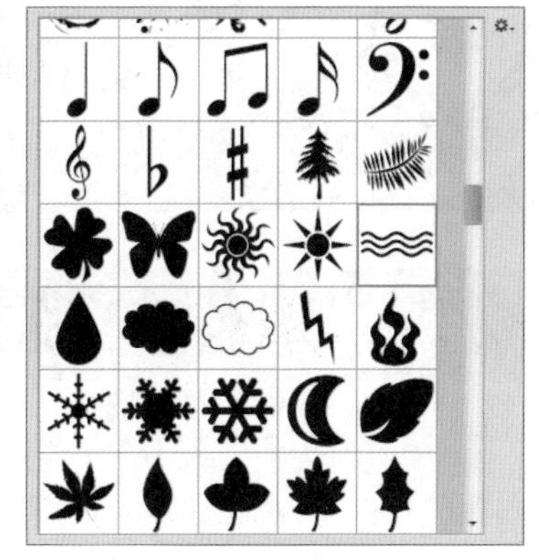

16 绘制波浪图形

然后在图像上绘制波浪图形，采用相同的方法在图像上输入文字。

17 调整文字

结合自由变换命令，分别对文字图像进行调整。

18 添加描边

双击文字图层打开图层样式对话框，设置“描边”面板参数值，并设置描边颜色，设置完成后单击“确定”按钮。继续采用相同的方法在画面中绘制矩形图像，并结合文字工具输入文字信息。至此，本实例制作完成。

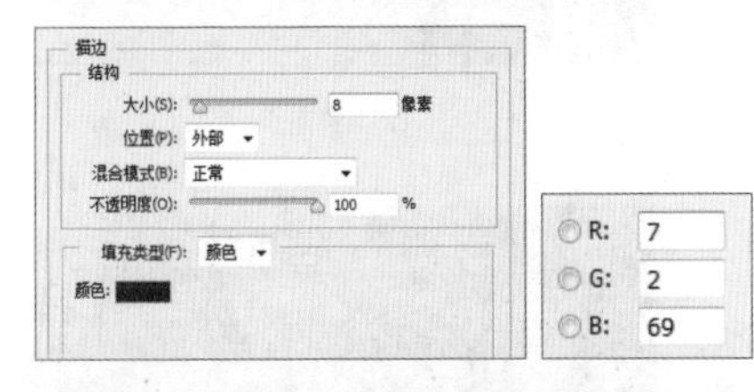

Chapter 04

调整图像的颜色和色调

在评价一幅图画是否漂亮时，我们对美的认知其实离不开科学的配色体系。本章将介绍色彩理论，以及如何使用恰当的Photoshop工具调出美丽和谐的色彩。

4.1 图像的颜色模式

颜色模式一般分为CMYK颜色模式、RGB颜色模式、Lab颜色模式和多通道模式等，不同的颜色模式有其不同的作用和优势。使用不同的颜色模式可以将颜色以一种特定的方式表现出来。在本小节，将对图像的颜色模式进行介绍。

知识链接

在“通道”面板中查看图像的颜色模式

除了在“图像→模式”子菜单中能查看到当前图像的颜色模式外，还可以通过执行“窗口→通道”命令打开“通道”面板，在该面板中对图像的通道进行查看，将显示为相应图像颜色模式的通道。

RGB颜色模式的“通道”面板

CMYK颜色模式的“通道”面板

知识点 颜色模式的查看

学会查看图像的颜色模式，掌握图像的属性，用户可以更快速地对图像进行各种操作。执行“图像→模式”命令，在打开的子菜单中被勾选的选项，即为当前图像的颜色模式。另外，在图像的标题栏中可直接查看图像的颜色模式。

(C) 02.jpg @ 25%(RGB/8)　　(C) 02.jpg @ 25%(CMYK/8) *　　(C) 02.jpg @ 25%(Lab/8) *

不同的颜色模式标题栏

RGB颜色模式

灰度模式

多通道模式

索引颜色模式

如何做 颜色模式的转换

颜色模式有其各自的应用领域和优势，因此在进行操作前，首先要了解当前图像的颜色模式，若需要改变图像颜色模式，可以在“图像→模式”子菜单中选择需要转换的颜色模式。

01 打开图像文件

打开附书光盘\实例文件\第4章\Media\01.jpg文件，由标题栏可知当前图像为RGB颜色模式。

02 转换为灰度模式

执行“图像→模式→灰度”命令，弹出“信息”对话框，提示是否要将图像中的颜色扔掉，单击“扔掉”按钮，即可将当前的RGB颜色模式的图像转换为灰度模式。

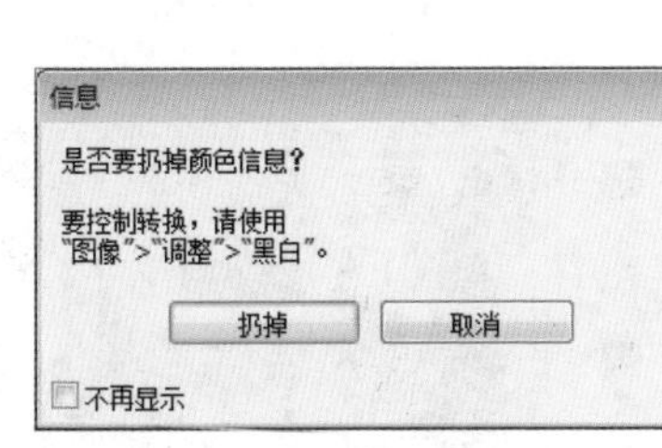

专家技巧

在“位图”对话框中设置不同的效果

在“位图”对话框中，可以用5种不同的方法设置图像的效果，分别是50%阈值、图案仿色、扩散仿色、半调网屏和自定图案。选择不同的选项会产生不同的图像效果，有些选项还要进行下一步设置，才可应用该效果。

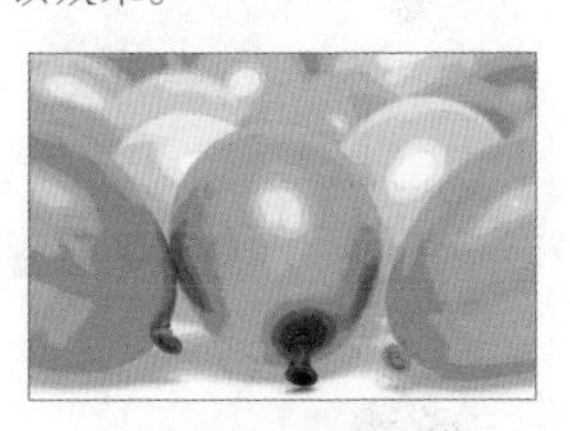

图案仿色

扩散仿色

03 设置“位图”对话框

执行“图像→模式→位图”命令，弹出“位图”对话框，在该对话框中设置“输出”为300像素/英寸，“使用”为50%阈值。

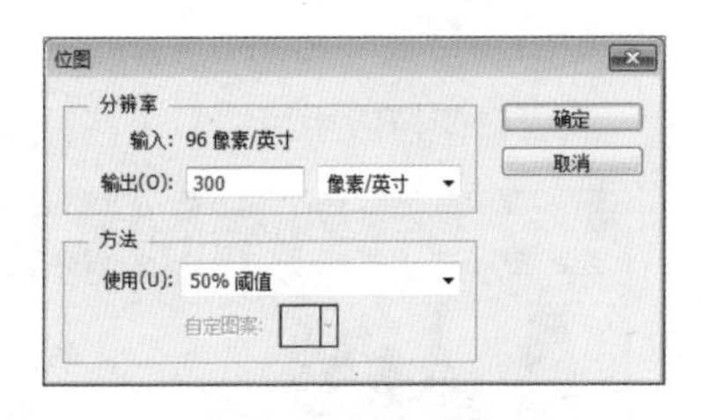

04 应用设置

参数设置完成后单击“确定”按钮，即可将灰度模式的图像转换为位图模式的图像。

05 重新设置其他位图效果

按下快捷键Ctrl+Z，恢复到上一步操作中，然后再次执行“图像→模式→位图”命令，在弹出的“位图”对话框中，单击“使用”右侧的下拉按钮，在打开的下拉列表中选择“半调网屏”选项，单击“确定”按钮，应用该效果到图像中。至此，本实例制作完成。

4.2 “直方图”面板和颜色取样器工具

“直方图”面板可以用于查看图像不同通道的色阶，方便用户对图像进行色调调整。颜色取样器工具主要用于对图像的颜色进行取样，并在“信息”面板中显示出相关参数，本小节将介绍“直方图”面板和颜色取样器工具的相关知识和操作。

知识点 认识“直方图”面板

在“直方图”面板中，用户可以清楚地观察到当前图像颜色的各种属性，方便用户对其进行图像颜色调整。执行“窗口→直方图”命令，即可打开“直方图”面板。

知识链接

“直方图”面板中的统计信息

在“直方图”面板中可以查看到图像的相关信息，这些信息能指导用户对图像进行相应调整。

平均值：标示了平均亮度值。

标准偏差：标示亮度值的变化范围。

中间值：显示亮度值范围内的中间值。

像素：标示用于计算直方图的像素总数。

色阶：显示光标下面的区域的亮度级别。

数量：标示相当于光标下面亮度级别的像素总数。

百分位：显示光标所指的级别或该级别以下的像素累计数。值以图像中所有像素的百分数的形式来表示，从最左侧的0%到最右侧的100%。

高速缓存级别：显示当前用于创建直方图的图像高速缓存，当高速缓存级别大于1时，会更加快速地显示直方图。

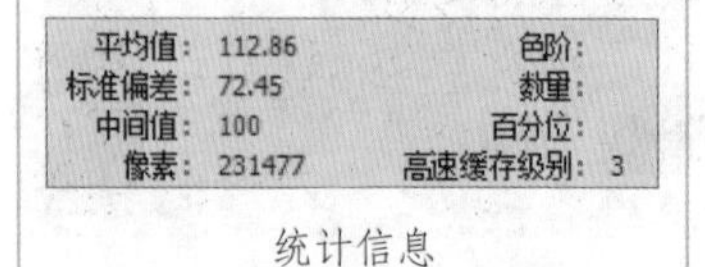

统计信息

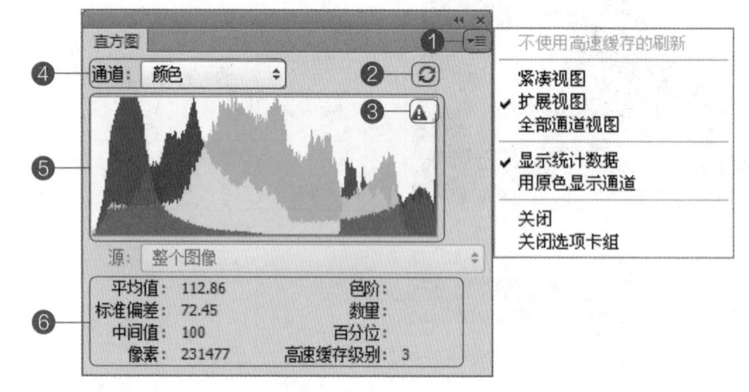

“直方图”面板

❶ 扩展按钮：单击该扩展按钮，打开相应的扩展菜单，在此扩展菜单中，包含了当前“直方图”面板中的一些功能操作，选择相应选项，即可应用相应命令，例如变换“直方图”面板视图模式。

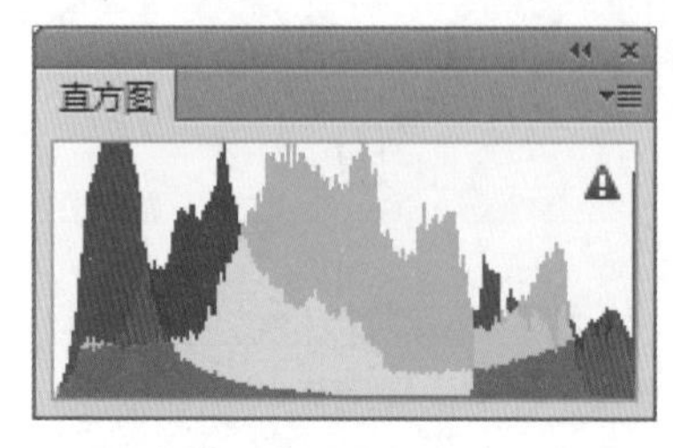

紧凑视图

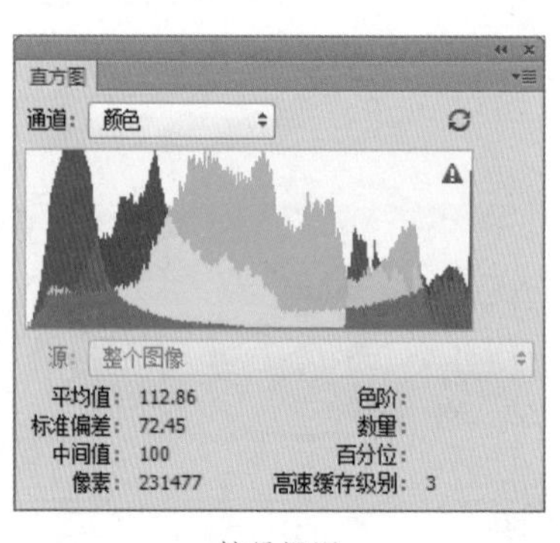

扩展视图

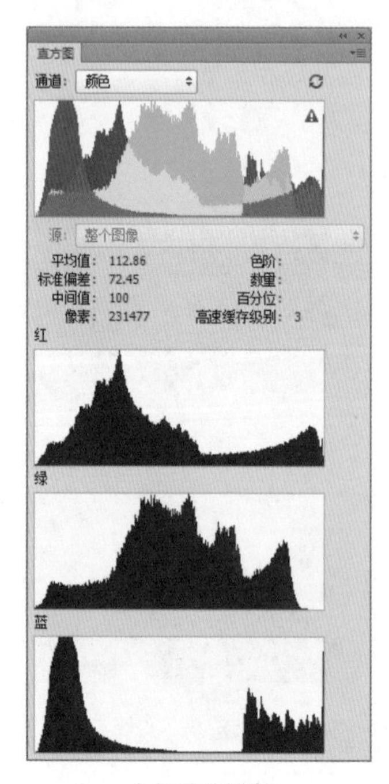

全部通道视图

知识链接

其他对话框中的“直方图”

图像的直方图除了可以在“直方图”面板中查看到外，还可以在“色阶”对话框、“曲线”对话框和“阈值”对话框中进行查看和调整。

在“阈值”对话框中，调整“阈值色阶”的值即可改变“直方图”的显示效果。

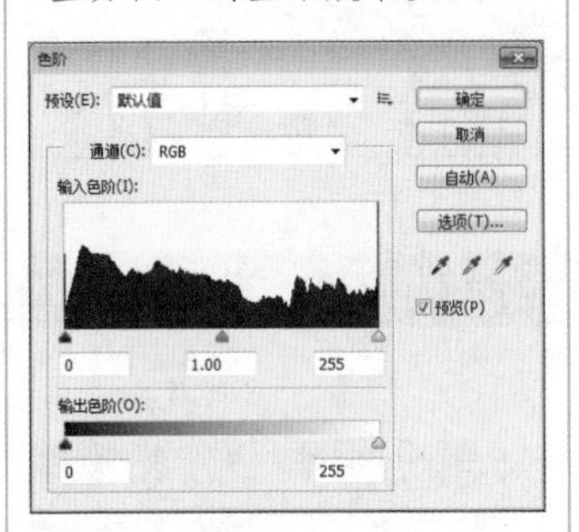

“色阶”对话框

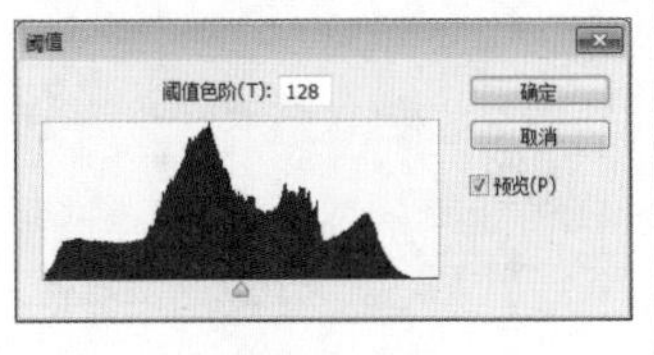

“阈值”对话框

❷“不使用高速缓存的刷新”按钮：单击该按钮，可使图像在操作时不进行高速缓存刷新。

❸“高速缓存的数据警告”图标：单击该图标，即可获得不带高速缓存数据的直方图。

❹“通道”下拉列表框：单击右侧的下拉按钮，在打开的下拉列表框中有6种颜色通道，选择不同的选项，在下方的窗口中将显示为不同的直方图效果。

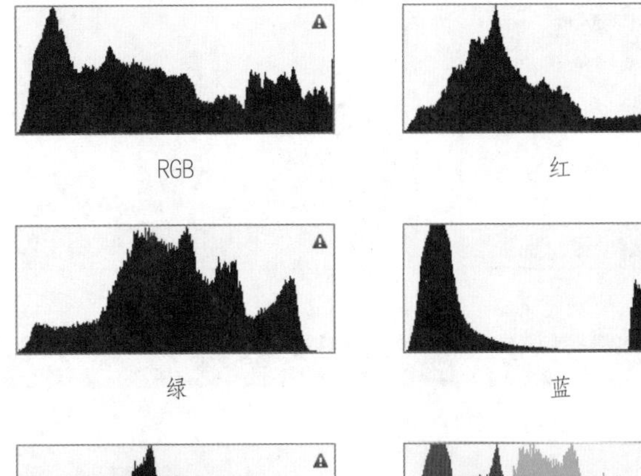

RGB　红

绿　蓝

明度

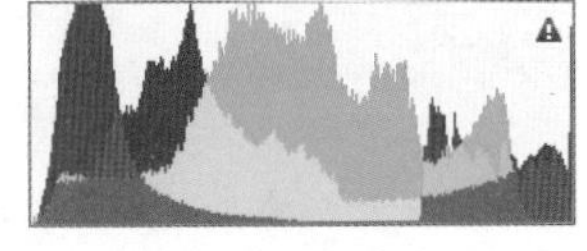

颜色

❺ 颜色查看窗口：单击“通道”右侧的下拉按钮，在打开的下拉列表框中选择需要显示的颜色选项，即可在该窗口区域查看到当前图像的颜色分布情况。

❻ 统计数据：在该区域中，显示出当前图像的相关参数，包括平均值、标准偏差、中间值和像素等。

如何做 查看不同图层的“直方图”信息

在“直方图”面板中，除了可以查看整个图像的颜色信息外，还可以通过设置查看不同图层的“直方图”信息，下面就来介绍查看单个图层“直方图”信息的具体操作方法。

01 打开文件

打开附书光盘\实例文件\第4章\Media \02.psd文件，按下F7键，打开“图层”面板。

02 打开“直方图”面板

执行“窗口→直方图”命令，在打开的“直方图”面板中显示出所有图层的颜色信息。

03 取消警告

单击“高速缓存的数据警告”图标，取消高速缓存的数据警告。

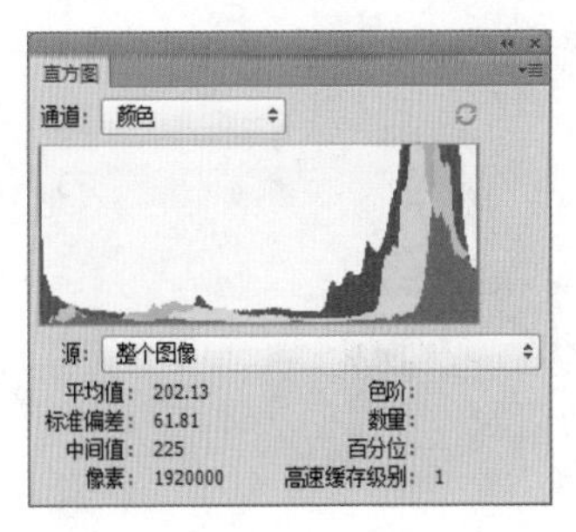

04 查看指定图层信息

单击选中“图层”面板中的“图层 9”，使其成为当前图层，然后在“直方图”面板中单击“源”右侧的下拉按钮，在打开的下拉列表中选择“选中的图层”选项，在“直方图”面板中将显示出当前图层的直方图信息。

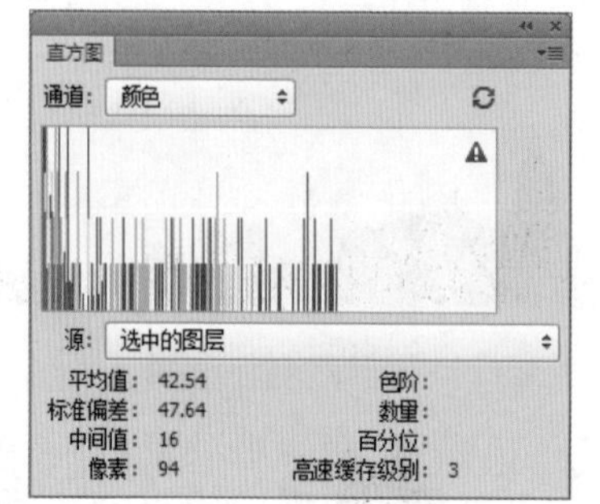

05 查看其他图层信息

此时，直接单击选中“图层”面板中的“背景”图层，即可在“直方图”面板中显示出背景图层的直方图效果。

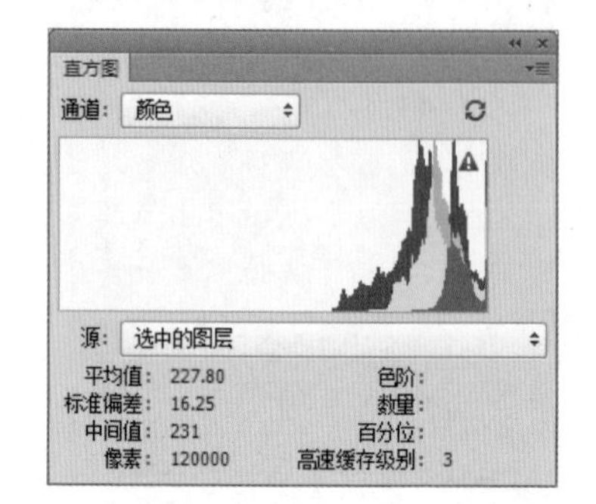

知识链接

关于查看图层组的“直方图”信息

当设置查看单独图层的“直方图”信息时，即“源”为“选中的图层”，这时选择组图层，在“直方图”面板中只显示像素和高速缓存级别信息，由于组并不是一个客观的图像信息，因此其像素值显示为0。只有选中组中任意一个图层后，才能查看其他信息。

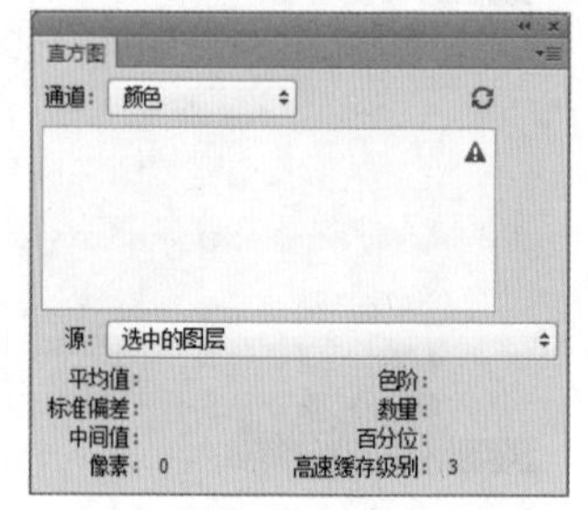

如何做 使用颜色取样器工具调整图像颜色

对颜色进行校正时，使用颜色取样器工具在图像中需要取样的位置单击，即可在“信息”面板中查看到该点的像素颜色值，下面就来介绍使用颜色取样器工具改变图像颜色的操作方法。

01 打开图像文件

打开附书光盘\实例文件\第4章\Media\03.jpg文件，按下F7键，打开“图层”面板。

02 取样颜色

单击颜色取样器工具，然后在人物的头部单击，添加一个取样点在单击点上，自动打开“信息”面板，在该面板中显示出当前取样点的RGB值和CMYK值，将该取样点的RGB值记录下来。

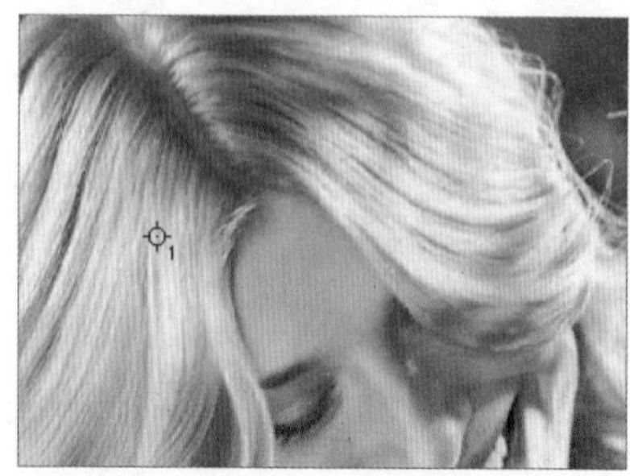

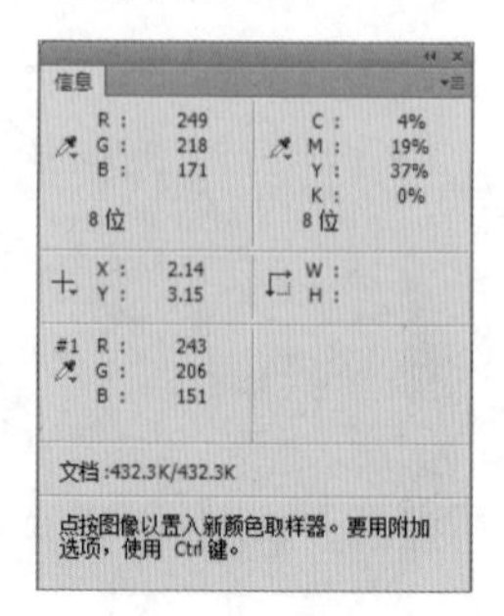

专家技巧

使用颜色取样器工具的技巧

在对图像中的区域颜色进行取样时，有时需要创建多个取样点，这时，分别单击需要取样的点即可自动添加多个取样点，但是取样点最多只能创建4个。

要删除取样点，只需要按住Alt键不放，将光标放置到要删除的取样点上，当光标变成剪刀符号✂时，单击鼠标左键即可将该取样点删除。

要移动取样点，只需要将光标放置到取样点上，按住鼠标左键不放，直接将取样点拖拽到图像指定区域即可。

原图

创建取样点

信息

R : 59	C : 80%
G : 110	M : 56%
B : 167	Y : 18%
	K : 0%
8位	8位
X : 7.37	W :
Y : 5.58	H :
#1 R : 58	
G : 110	
B : 168	

文档:21.5M/21.5M

点按并拖移以移动颜色取样器。要删除颜色取样器，使用 Alt 键。

"信息"面板

03 打开图像文件

按下快捷键Ctrl+O，打开附书光盘\案例文件\第4章\Media\04.jpg文件。

04 新建图层

按下快捷键Shift+Ctrl+Alt+N，新建一个空白的图层，在"图层"面板中生成"图层 1"。

05 填充并应用取样颜色

单击工具箱中的设置前景色图标，弹出"拾色器"对话框，设置"图层 1"的RGB值为刚才取样颜色的值R243、G206、B151，设置完成后单击"确定"按钮，然后在"图层"面板中设置"图层 1"的图层混合模式为"叠加"。单击工具箱中的画笔工具，在页面中人物的头部涂抹，应用取样颜色。在头发边缘部分进行涂抹时，注意画笔不要超出头发太多以免影响头发以外的图像效果。

06 新建图层

新建"图层 2"，设置图层的混合模式为"柔光"，"不透明度"为50%，设置前景色为白色，选择画笔工具在皮肤上涂抹。

07 涂抹人物皮肤

涂抹人物面部以及其他部分的皮肤，使人物皮肤更加白皙、柔和，完成图像颜色的调整。至此，本实例制作完成。

专栏 颜色取样器工具属性栏与“信息”面板

在使用颜色取样器工具对图像进行取样时，在“信息”面板中可查看取样点的颜色信息，X坐标和Y坐标值，以及文档大小等。另外，在其属性栏中还可对取样大小、取样点等属性进行设置。下面就来介绍在颜色取样器工具属性栏和“信息”面板中进行参数设置的方法及其相应选项的作用。

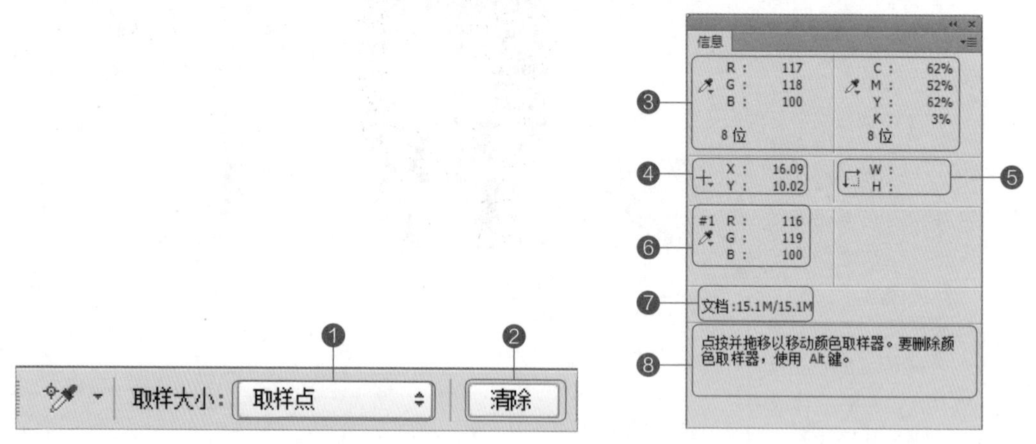

颜色取样器工具属性栏

“信息”面板

❶“取样大小”下拉列表框：单击“取样大小”右侧的下拉按钮，在打开的下拉列表框中可以选择取样的大小，取样要选择图像区域的平均颜色。选择的取样大小越大，其取样范围也就越大；选择的取样大小越小，其取样范围也就越小。当在同一个图像文件的同一位置进行取样时，不同的取样大小在“信息”面板中所显示的信息也不相同。

选择取样大小为3×3平均

选择取样大小为101×101平均

❷“清除”按钮：在图像上添加了取样点后，单击该按钮可将取样点删除。

添加取样点

删除取样点

❸ 光标RGB值和CMYK值：显示当前光标所在位置的RGB值和CMYK值。

移动鼠标位置

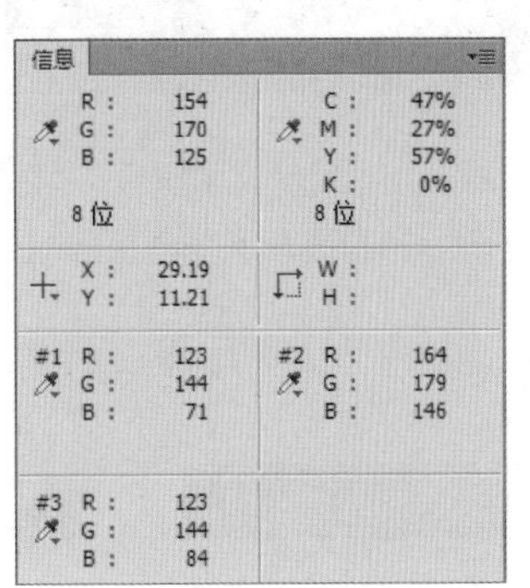

显示RGB值和CMYK值

❹ 位移：显示光标所在位置的X坐标和Y坐标值。

❺ 长宽：随着鼠标的拖拽显示选框或形状的宽度和高度，或显示当前选区的宽度和高度。

创建矩形选区

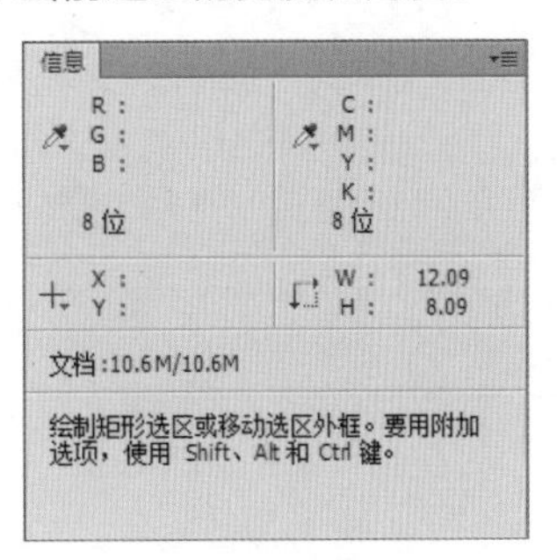

显示选区的宽度和高度

❻ RGB值：显示当前取样点的RGB值。

通过单击设置取样点

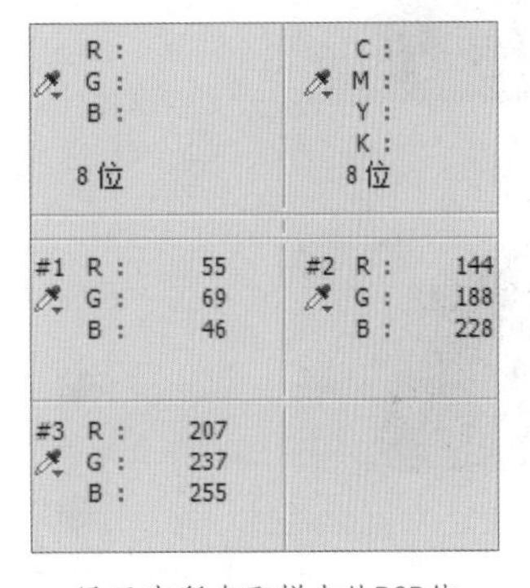

显示出所有取样点的RGB值

❼ 文档大小：显示当前文档的大小。

❽ 提示：提示用户下一步可进行的操作步骤。

点按并拖移以移动图层或选区。要用附加选项，使用 Shift 和 Alt 键。

单击移动工具

绘制椭圆形选区或移动选区外框。要用附加选项，使用 Shift、Alt 和 Ctrl 键。

单击椭圆选框工具

绘制任意选区或移动选区外框。要用附加选项，使用 Shift、Alt 和 Ctrl 键。

单击套索工具

点按以选择相似颜色的邻近像素或移动选区外框。要用附加选项，使用 Shift、Alt 和 Ctrl 键。

单击魔棒工具

点按并拖移以定义裁剪框。要用附加选项，使用 Shift、Alt 和 Ctrl 键。

单击裁剪工具

点按图像以选取新的前景色。要用附加选项，使用 Shift、Alt 和 Ctrl 键。

单击吸管工具

4.3 图像色阶和亮度的调整

在Photoshop中经常需要执行“色阶”“曲线”“曝光度”和“亮度/对比度”等命令，来为图像调整颜色，或调整图像的亮度和饱和度。在本小节中，主要对调整图像色阶和亮度的对话框和操作方法进行介绍。

专家技巧

使用预设选项快速调整图像色阶

在“色阶”对话框中使用预设选项，可快速调整图像色阶，得到不同的颜色效果。

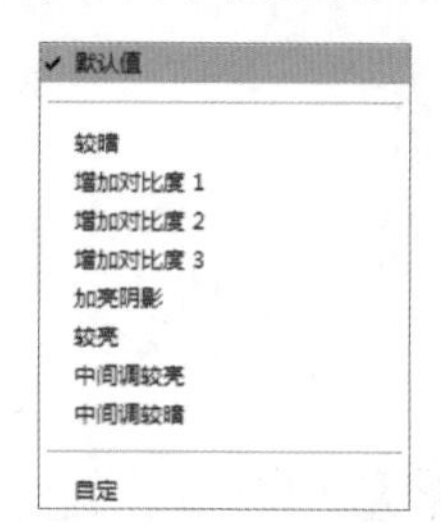

预设选项

原图

选择“中间调较亮”预设选项

专家技巧

调整色阶中黑场和白场的技巧

在“色阶”对话框中调整图像的黑场和白场时，将黑场和白场滑块内移，可增强图像的对比度；在保持黑色和白色的原状下对图像进行整体调亮或调暗，可移动灰点滑块。

知识点 “色阶”“曲线”“曝光度”对话框

对图像的色阶和亮度进行调整时，通常会使用到“色阶”对话框“曲线”对话框和“曝光度”对话框，了解这些对话框的参数设置，有利于用户更准确地调整图像颜色。

1.“色阶”对话框

“色阶”对话框，可以调整图像的阴影、中间调和高光的强度级别，从而校正图像的色调范围和色彩平衡。执行“图像→调整→色阶”命令，或按下快捷键Ctrl+L，即可打开该对话框。

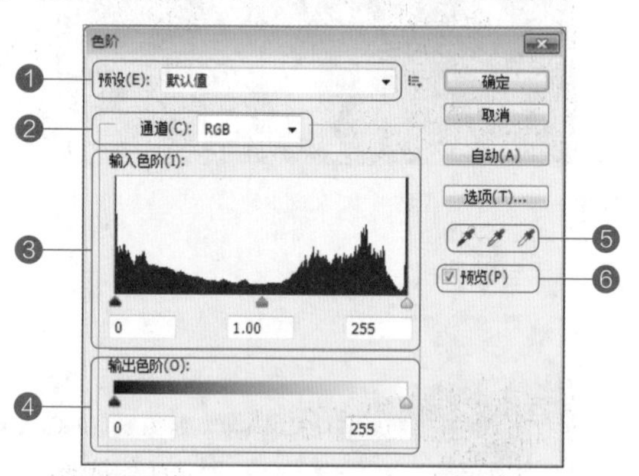

“色阶”对话框

❶“预设”下拉列表框：单击下拉按钮，在打开的下拉列表框中有8个预设，选择任意选项，即可将当前图像调整为预设效果。

❷“通道”下拉列表框：单击下拉按钮，在打开的下拉列表框中有4个选项，选择任意选项，表示当前调整的通道颜色。

原图

调整RGB通道色阶

专家技巧

结合调整图像不同通道的色阶

在“色阶”对话框中，可以分别选择不同的通道，对图像的单个通道分别进行调整，并将其应用到图像中，这样可以调整出丰富的图像颜色。

原图

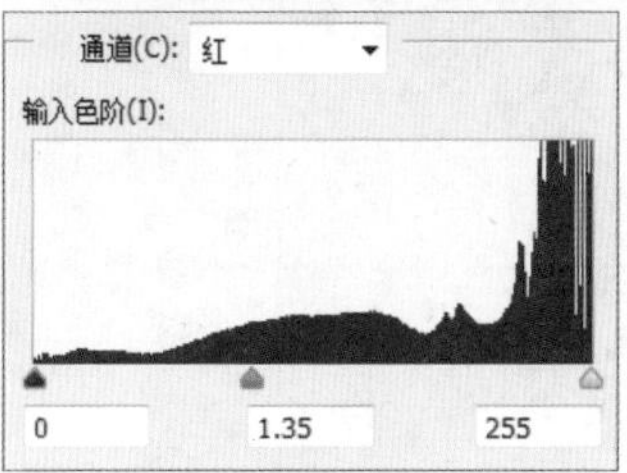

调整红通道色阶

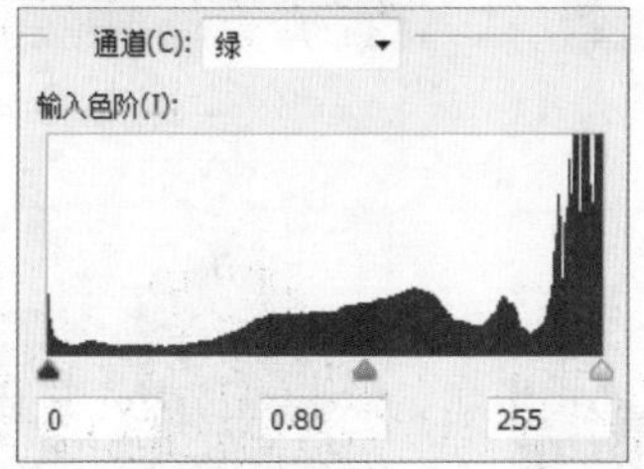

结合调整绿通道色阶

调整红通道色阶

调整绿通道色阶

调整蓝通道色阶

❸ 输入色阶：通过拖拽下方的滑块或在文本框中输入数值，可对当前通道的色阶进行调整。将右侧滑块向右侧拖拽，图像阴影部分增加；将左侧滑块向左侧拖拽，图像高光部分增加。

输入色阶(I):
31　0.68　255

向右拖拽滑块

输入色阶(I):
0　1.24　204

向左拖拽滑块

❹ 输出色阶：通过拖拽下方的滑块或在文本框中输入数值，设置图像的明度。将左侧滑块向右侧拖拽，其明度升高；将右侧滑块向左侧拖拽，其明度降低。

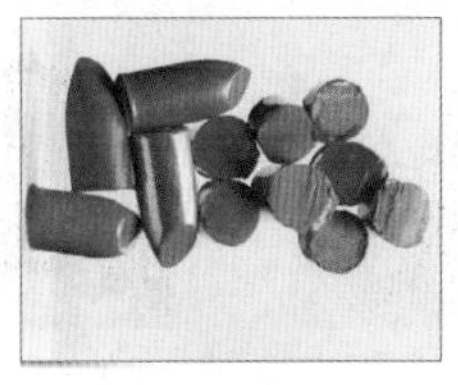

原图

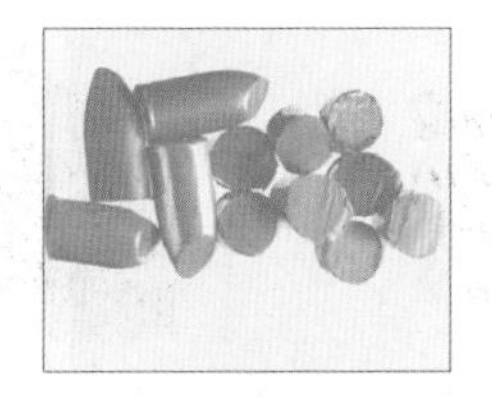

明度升高

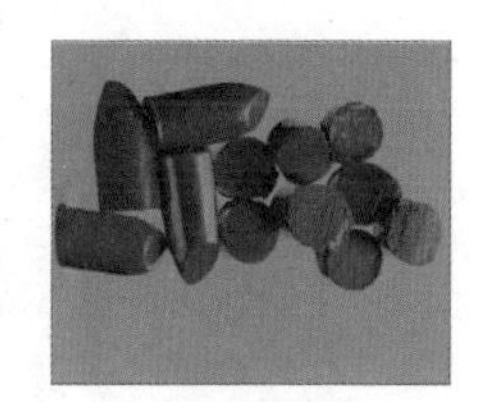

明度降低

❺ 吸管工具组：在此工具组中包含3个吸管工具，它们分别是“在图像中取样以设置黑场”工具“在图像中取样以设置灰场”工具和“在图像中取样以设置白场”工具。在图像上单击，即可调整同单击位置颜色相似的颜色区域，并对其进行阴影、中间调和高光颜色的调整。

原图

在图像中取样以设置黑场

在图像中取样以设置灰场

在图像中取样以设置白场

❻“预览”复选框：勾选该复选框，可以使图像随着参数的调整而改变，从而方便用户随时进行查看。

2.“曲线”对话框

使用“曲线”对话框，可以调整图像的整个色调范围，或对图像中的个别颜色通道进行精确调整。执行“图像→调整→曲线”命令，或按下快捷键Ctrl+M，即可打开“曲线”对话框。

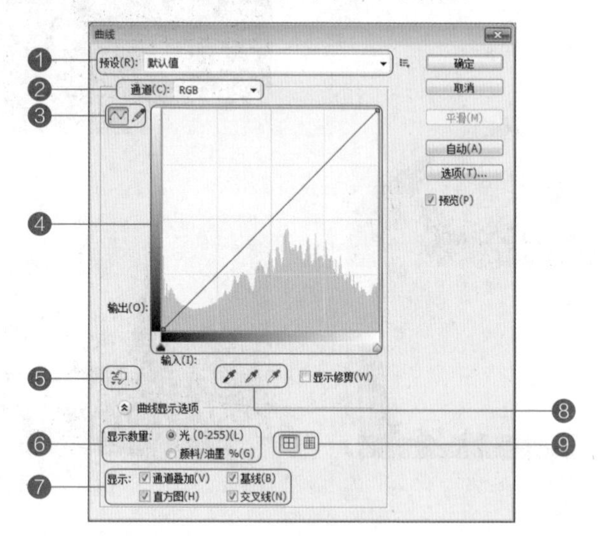

“曲线”对话框

❶“预设”下拉列表框：单击右侧的下拉按钮，在打开的下拉列表框中选择一种预设选项，即可在图像上应用该效果。

原图

“反冲”预设选项

“增加对比度”预设选项

“较暗”预设选项

“线性对比度”预设选项

“强对比度”预设选项

知识链接

存储和载入色阶效果

在“色阶”对话框中对图像进行色阶调整之后，如果需要对其他图像进行相同色阶参数的调整，可以将当前的设置存储为预设，然后在对其他图像进行相应设置时，直接载入该预设，就可以对图像应用相同参数设置了。

操作方法是在“色阶”对话框中对图像颜色进行调整后，单击“色阶”对话框右侧的“预设选项”按钮，在打开的快捷菜单中选择“存储预设”选项。打开“存储”对话框，选择存储预设的位置，设置完成后单击“保存”按钮。按照相似方法，单击“色阶”对话框右侧的“预设选项”按钮，在打开的快捷菜单中单击“载入预设”选项，载入刚才存储的预设。此时打开“预设”下拉列表即会显示该设置，应用到当前图像中即可。

原图

调整“色阶”后

应用预设到其他图像中

❷“通道”下拉列表框：单击右侧的下拉按钮，在下拉列表框中选择任意通道选项，在调整曲线的过程中，将只针对该通道颜色进行调整。

❸ 绘制方式按钮：左边的编辑点工具通过编辑点来修改曲线，右边的铅笔工具通过绘制来修改曲线。

❹ 曲线调整窗口：在该窗口中，通过拖拽、单击等操作编辑控制白场、灰场和黑场的曲线设置。

❺“调整点”按钮：单击该按钮，在图像上单击并拖动即可修改曲线。

❻“显示数量”选项组：在该选项组中包括两个选项，分别是“光（0-255）”和“颜料/油墨%”它们分别表示“显示光亮（加色）”和“显示颜料量（减色）”，选择该选项组中的任意一个选项可控制当前曲线调整窗口按照何种方式显示。

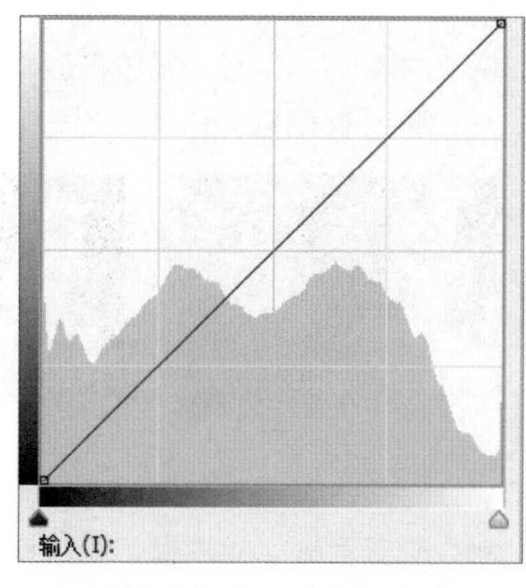

选择“光（0-255）”选项

选择“颜料/油墨%”选项

❼“显示”选项组：在该选项组中共包括4个复选框，分别是“通道叠加”复选框、“直方图”复选框、“基线”复选框和“交叉线”复选框，通过勾选该选项组中的复选框可控制曲线调整窗口的显示效果和显示项目。

❽ 吸管工具组：在图像中单击，用于设置黑场、灰场和白场。

❾ 网格显示按钮：单击按钮，使曲线调整窗口以四分之一色调增量方式显示简单网格；单击按钮，使曲线调整窗口以10%增量方式显示详细网格。

专家技巧

关于调整曲线的快捷键

在调整图像的曲线时，为了能够更快、更方便地调整图像效果，可结合使用快捷键。

打开“曲线”对话框后，需要切换调整窗口中的网格显示大小时，按住Alt键不放，在窗口中单击，即可使窗口网格的显示在“以四分之一色调增量显示简单网格”和“以10%增量显示详细网格”预览方式之间切换。

需要删除调整窗口中的节点时，按住Ctrl键不放，单击要删除的节点即可。

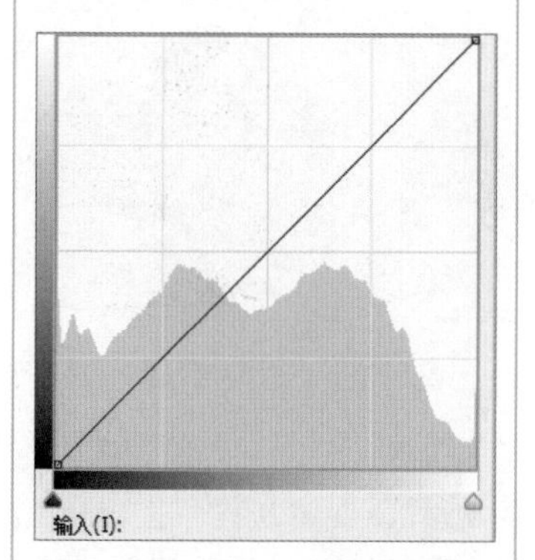

以四分之一色调增量显示简单网格

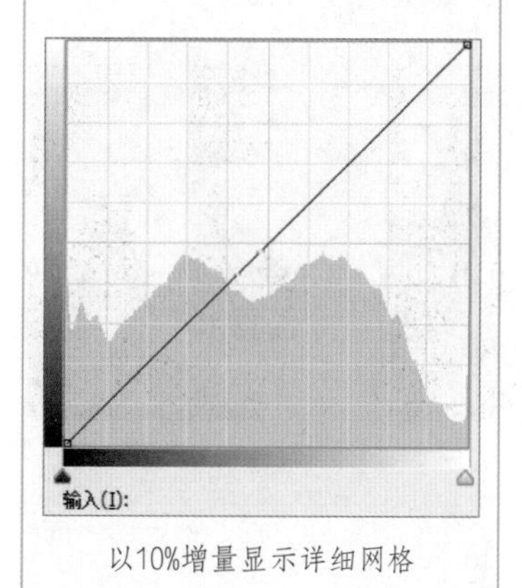

以10%增量显示详细网格

3.“曝光度”对话框

“曝光度”对话框主要用于调整HDR图像的色调，也可用于8位和16位图像。执行“图像→调整→曝光度”命令，即可打开“曝光度”对话框，对其参数进行调整。

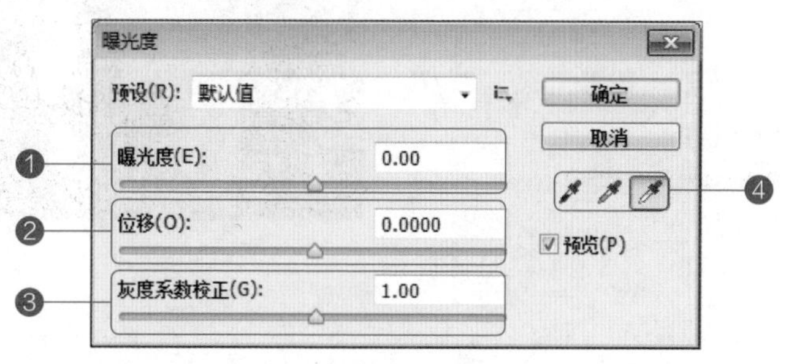

“曝光度”对话框

专家技巧

在“曝光度”对话框中取样颜色

在“曝光度”对话框中，除了能够对当前图像的颜色进行设置外，还可以在调整了曝光度的图像中，直接对其取样颜色，方便在“信息”面板中随时对该图像区域的颜色进行查看。

打开“曝光度”对话框，在该对话框中对图像曝光度效果进行设置，在设置为合适效果后，按住Shift键不放，当前光标即可暂时切换到颜色取样器工具状态，然后单击图像中需要取样的位置，即打开“信息”面板，并在其中显示出鼠标单击位置的颜色信息。

原图

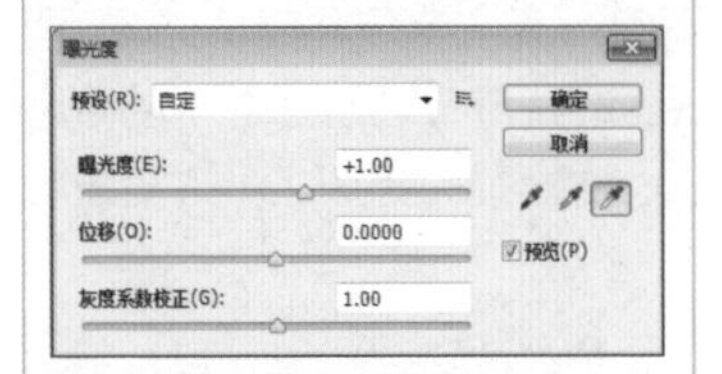

在“曝光度”对话框中取样颜色

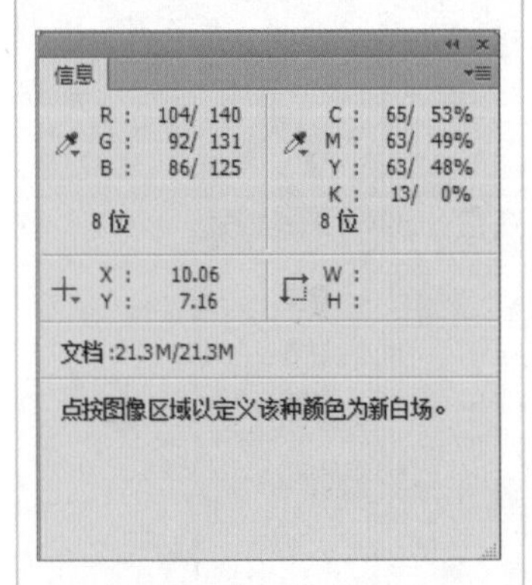

自动打开的“信息”面板

❶“曝光度”文本框：通过在后面的文本框中输入数值，或拖拽下方的滑块来调整色调范围的高光端，对极限阴影的影响很轻微。

原图

“曝光度”调整为正值

❷“位移”文本框：通过在后面的文本框中输入数值，或拖拽下方的滑块来使阴影和中间调变暗，对高光的影响很轻微。

原图

“位移”为负值

“位移”为正值

❸“灰度系数”文本框：通过在后面的文本框中输入数值，或拖拽下方的滑块使用简单的乘方函数调整图像灰度系数。

原图

“灰度系数”为1以上

“灰度系数”为1以下

❹吸管工具组：在此工具组中，包含3个工具，分别是“在图像中取样以设置黑场”工具、“在图像中取样以设置灰场”工具和“在图像中取样以设置白场”工具。选择任意一个吸管工具，在图像上单击，即可对图像的黑场、灰场和白场进行设置。

原图

建立白场

如何做 调整图像色调和对比度

在处理文件时结合使用多种调整命令对图像的色调或对比度进行调整，可以使图像颜色较亮、较暗、较深或较浅的情况有效改善。

01 复制图层

按下快捷键Ctrl+O，打开附书光盘\实例文件\第4章\Media\05.jpg文件。按下F7键，打开“图层”面板，然后按下快捷键Ctrl+J，将背景图层复制到新图层中，生成“图层 1”。

02 调整色阶

按下快捷键Ctrl+L，打开“色阶”对话框，设置输入色阶为10、1.06、212，并应用到原图像中。

03 调整曝光度

按下快捷键Ctrl+Shift+Alt+E合并可见图层，得到“图层 2”。执行“图像→调整→曝光度”命令，在弹出的对话框中设置参数为-0.37、-0.0278、1.30，完成后单击“确定”按钮，以调整图像的曝光度。

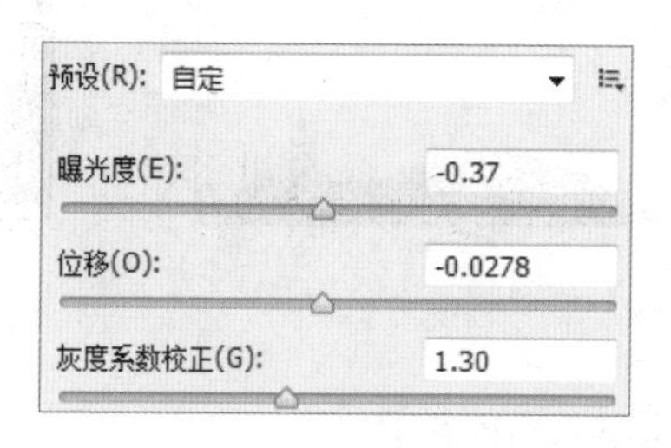

04 添加图层蒙版

为“图层 2”添加图层蒙版，并使用半透明的画笔工具在图像中涂抹，隐藏部分图像色调。

05 合并图层并调整图层混合模式

按下快捷键Ctrl+Shift+Alt+E合并可见图层，得到“图层 3”。然后设置该图层的“图层混合模式”为滤色，“不透明度”为40%。以提高画面中的亮部图像。至此，本实例制作完成。

如何做 使用“色阶”命令调整图像

执行“图像→调整→色阶”命令，可以打开“色阶”对话框。使用该对话框调整图像的颜色，不仅可以调整图像的明度，通过选择不同的通道，还可以对图像的色相进行调整，从而得到不同的图像效果。下面就来介绍使用“色阶”命令调整图像色调的方法。

01 打开图像文件

按下快捷键Ctrl+O，打开附书光盘\实例文件\第4章\Media\06.jpg文件。

02 调整色阶参数

执行“图像→调整→色阶”命令，打开“色阶”对话框，设置“输入色阶”为10、1.00、219。

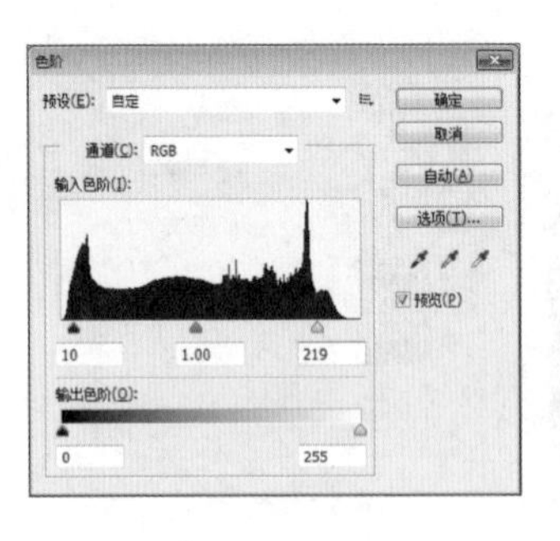

03 设置通道参数

继续设置其他通道参数，选择“红”通道，设置“输入色阶”为15、1.00、238；选择“绿”通道，设置输入色阶为6、1.00、234；选择“蓝”通道，设置“输入色阶”为7、1.00、246。

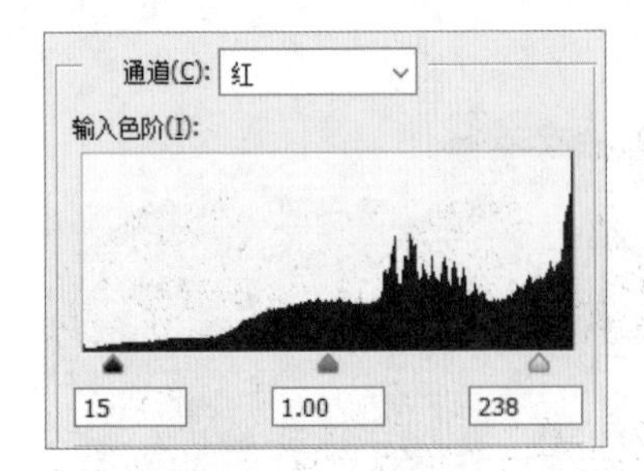

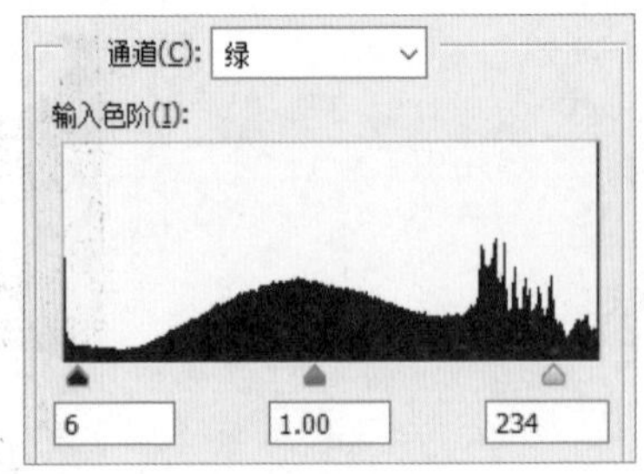

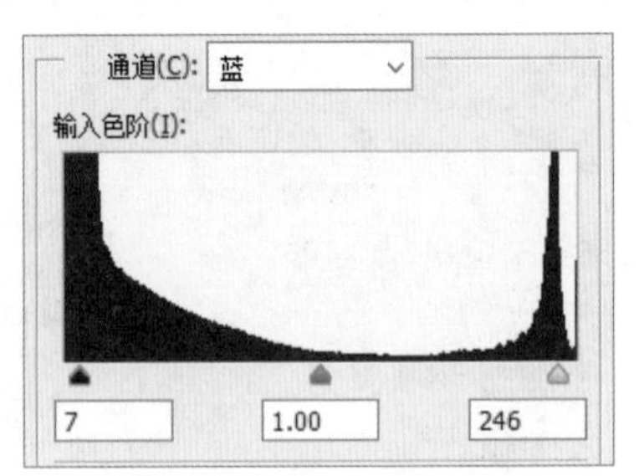

04 应用设置

设置完成后单击“确定”按钮，即可将刚才所设置的“色阶”效果应用到当前图像中。

05 调整画面饱和度

执行“图层→复制图层”命令，复制“背景”图层，生成“背景 副本”图层。选择该图层，执行“图像→调整→色相/饱和度”命令，在弹出的对话框中设置“饱和度”参数值为14，设置完成后单击“确定”按钮增加图像饱和度。至此，本实例制作完成。

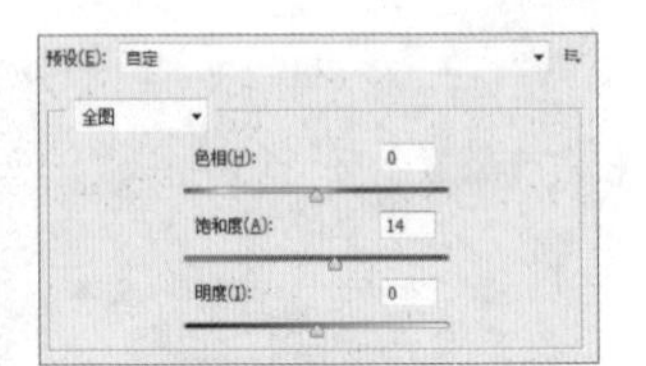

专栏 “自动颜色校正选项”对话框

在使用“色阶”或“曲线”对话框调整图像效果时，在对话框中单击“选项”按钮，即可打开“自动颜色校正选项”对话框，该对话框用于控制颜色校正，同时也可以控制“自动色调”“自动对比度”和“自动颜色”命令的设置。

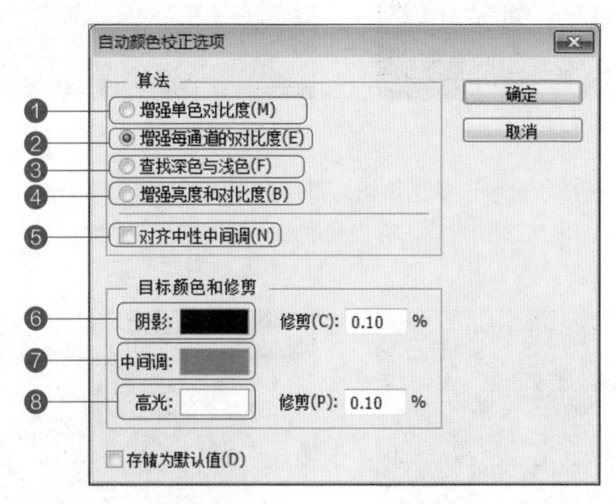

“自动颜色校正选项”对话框

❶“增强单色对比度”单选按钮：选中该单选按钮，将统一修剪所有通道，这样可以使高光显得更亮而阴影显得更暗的同时保留整体色调关系。

原图

选中“增强单色对比度”单选按钮

❷“增强每通道的对比度”单选按钮：选中该单选按钮，可使每个通道中的色调范围最大化，以产生更显著的校正效果。由于各通道是单独校正的，因此“增强每通道的对比度”可能会消除或引入色痕。

原图

选中“增强每通道的对比度”单选按钮

❸“查找深色与浅色”单选按钮：选中该单选按钮，可以查找图像中平均最亮和最暗的像素，并应用它们使对比度最大化，同时使修剪最小化。

原图

选中“查找深色与浅色”单选按钮

❹“增强亮度和对比度”单选按钮：选中该单选按钮，可增强图像的亮度和对比度。

❺“对齐中性中间调”复选框：勾选该复选框，可查找图像中平均接近的中性色，然后调整灰度系数值使颜色成为中性色。

原图

勾选“对齐中性中间调”复选框

❻“阴影”色块：单击该色块，将弹出“选择目标阴影颜色”对话框，在该对话框中，可以对图像中深色部分的颜色进行设置，从而改变阴影的颜色。

原图

设置“阴影”为红色

设置“阴影”为蓝色

❼“中间调”色块：单击该色块，将弹出“选择目标中间调颜色”对话框。在该对话框中选择一种颜色，然后应用到“自动颜色校正选项”对话框中，在使用“在图像中取样以设置灰场”工具时，所设置的图像灰场为相应的颜色。

原图

设置“中间调”为黄色

设置“中间调”为蓝色

❽“高光”色块：单击该色块，弹出“选择目标高光颜色”对话框，选择一种颜色应用到“自动颜色校正选项”对话框中，使用“在图像中取样以设置白场”工具设置的图像白场即为相应颜色。

如何做 校正颜色灰暗的图片

前面已经学习了调整色阶和亮度的操作方法，将调整色阶和亮度的命令结合起来，可将原本颜色效果不如意的图像调整为具有艺术效果的图像，下面就来介绍结合多种操作校正颜色灰暗照片的具体操作方法。

01 打开图像文件

按下快捷键Ctrl+O，打开附书光盘\实例文件\第4章\Media\07.jpg文件。按下F7键，打开“图层”面板，按下快捷键Ctrl+J，将背景图层复制到新图层中，生成“图层 1”。执行“图像→调整→曝光度”命令，弹出“曝光度”对话框，设置参数为0.48、-0.0516、1.14。

02 调整曝光度

设置完成后单击“确定”按钮，即可将调整的曝光度应用到该图像中。

03 添加图层蒙版

单击添加图层蒙版按钮，然后使用半透明的画笔工具，在图像的暗部涂抹，以隐藏部分色调。

04 合并可见图层并去色

按下快捷键Ctrl+Shift+Alt+E合并可见图层，得到“图层 2”。执行“图像→调整→去色”命令，将该图像去色。

05 设置图层混合模式

然后设置该图层的图层混合模式为“滤色”，设置“不透明度”为10%。

06 设置“色阶”

按下快捷键Ctrl+Shift+Alt+E合并可见图层，得到“图层 3”。执行“图像→调整→色阶”命令，在弹出的对话框中设置“RGB”和“红”通道的参数。

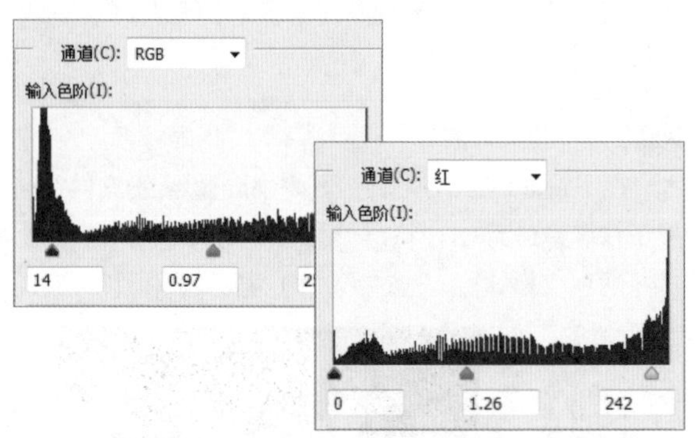

07 继续设置“色阶”参数

继续设置“绿”和“蓝”通道的参数，设置完成后单击“确定”按钮，即可将刚才所设置的色阶参数应用到当前图像中。

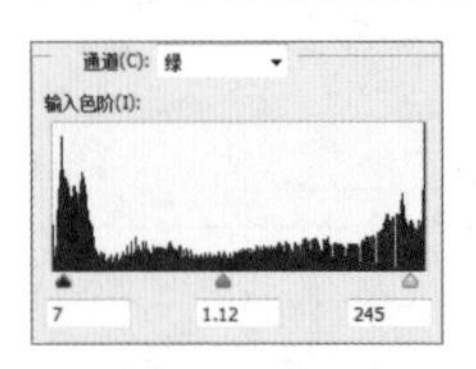

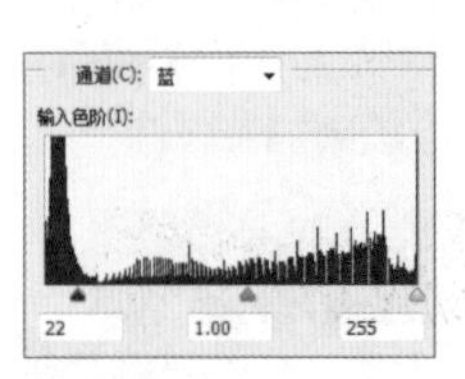

08 设置亮度/对比度

执行“图像→调整→亮度/对比度”命令，在弹出的对话框中设置参数。

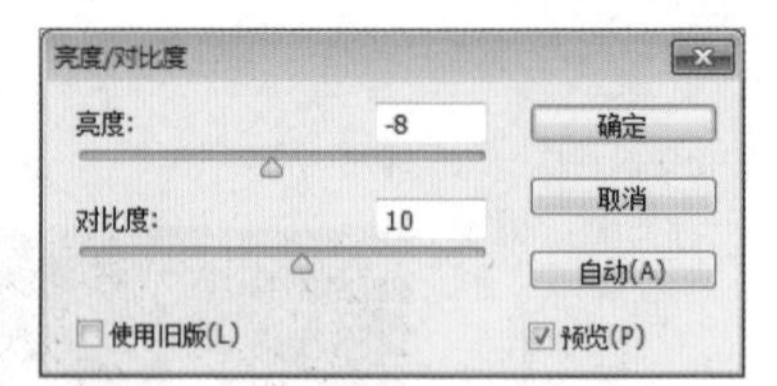

09 应用设置

设置完成后单击“确定”按钮，即可使当前图像应用亮度/对比度设置。

10 设置“曲线”参数

执行“图像→调整→曲线”命令，打开“曲线”对话框，在该对话框中依次设置“RGB”“红”和“绿”通道的参数，设置完成后单击“确定”按钮，使图像中明暗效果更突出。至此，本实例制作完成。

4.4 了解特殊调整

对图像进行特殊调整的操作主要包括“反相”“色调分离”“阈值”“渐变映射”和“可选颜色”等，使用这些命令可以对图像进行特殊颜色的调整，在本小节中，将对其中比较复杂的功能进行介绍。

知识链接

使用“反相”命令

使用“反相”命令，可以调整反转图像中的颜色，执行“图像→调整→反相”命令，或按下快捷键Ctrl+I，即可应用“反相”命令。

使用该命令除了可以创建一个负相的外形外，还可以将蒙版反相，使用这种方式，可对同一图像中不同部分的颜色进行调整。

原图

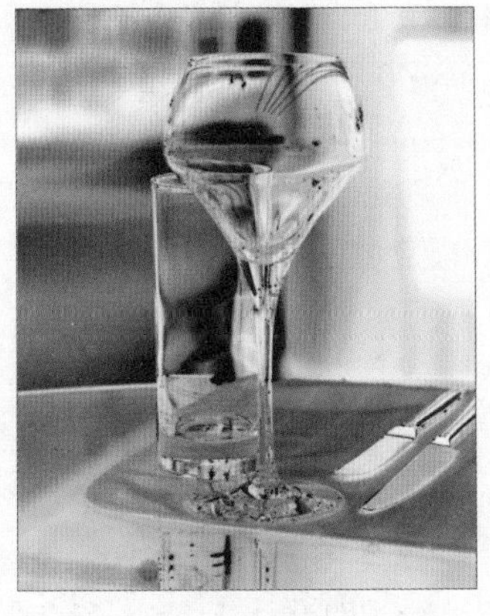

执行“反相”命令

知识点 “渐变映射”“可选颜色”对话框

“渐变映射”和“可选颜色”命令是对图像进行特殊调整时比较复杂的功能，使用这两个命令，均能调整出不同颜色效果的图像来，下面先对这两个命令的对话框进行介绍。

1.“渐变映射”对话框

“渐变映射”对话框中对图像进行调整是将相等的图像灰度范围映射到指定的渐变填充色。执行“图像→调整→渐变映射”命令，即可打开“渐变映射”对话框，单击“灰度映射所用的渐变”色块，打开“渐变编辑器”对话框，对渐变效果进行设置。

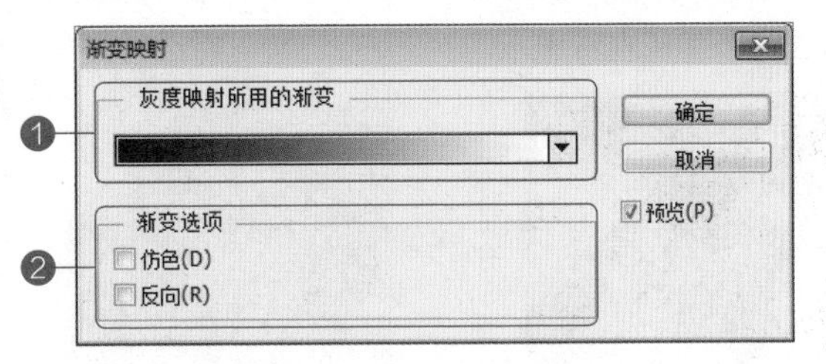

“渐变映射”对话框

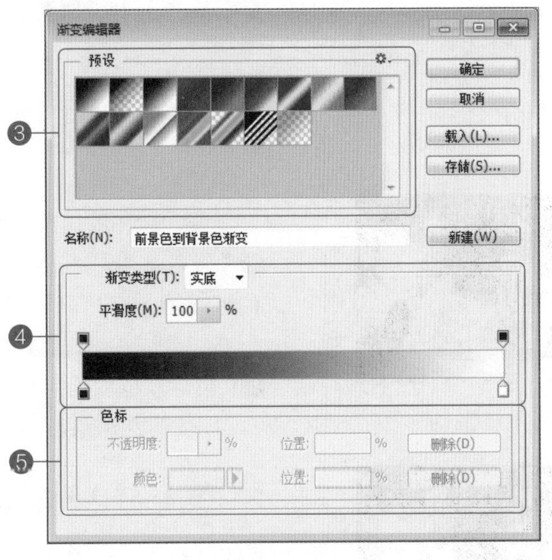

“渐变编辑器”对话框

❶ 灰度映射所用的渐变：单击渐变色块右侧的下拉按钮，打开下拉列表，在此下拉列表中，单击任意一个渐变效果，即可设置当前图像的渐变映射为该渐变效果。

知识链接

使用“色调分离”命令

用于对图像进行特殊调整的“色调分离”命令可以指定图像中每个通道的色调级数目（或亮度值），然后将像素映射到最接近的匹配级别。

在照片中创建特殊效果，如创建大的单调区域时，此调整非常有用。

执行“图像→调整→色调分离”命令，即可打开“色调分离”对话框，通过拖拽色阶滑块调整色彩分离色阶效果。

如果在进行色调分离前执行“滤镜→模糊→高斯模糊”等命令对图像进行轻度模糊，有时还可得到更小或更大色块。

原图

“色调分离”对话框

应用“色调分离”命令后

模糊后应用“色调分离”命令

渐变列表

原图

应用黑、白渐变

应用中等色谱渐变

应用红、紫、黄、绿渐变

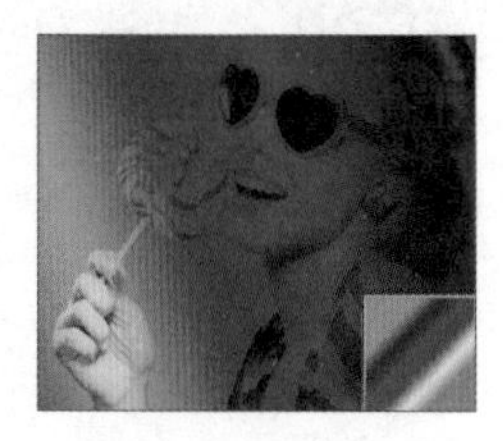

应用色谱渐变

❷“渐变选项”选项组：在该选项组中有两个复选框，分别是“仿色”和“反向”复选框。勾选“仿色”复选框后，将为图像添加随机杂色以平滑渐变填充的外观并减少带宽效应；勾选“反向”复选框后，将切换对图像进行渐变填充的方向，从而反向渐变映射。

原图

应用渐变映射后

勾选“反向”复选框后

❸ 预设列表：单击“渐变映射”对话框中的渐变色块，打开“渐变编辑器”对话框，该对话框中的预设渐变是Photoshop中的默认渐变，单击即可在当前图像中应用该效果。

❹“渐变类型”选项组：在该选项组中，单击“渐变类型”右侧的下拉按钮，在打开的下拉列表中可选择渐变类型，然后通过拖拽下方的滑块，可设置渐变位置。

❺“色标”选项组：在调整渐变色块时，即可激活该选项组，然后通过设置调整渐变的不透明度、颜色，以及位置。

2.“可选颜色”对话框

使用“可选颜色”命令，可以通过调整图像中单独颜色的饱和度来校正图像的颜色。另外，“可选颜色”也是高端扫描仪和分色程序使用的一种技术，等同于在图像的每个主要原色成分中更改印刷色的数量。执行“图像→调整→可选颜色”命令，即可打开“可选颜色”对话框，对其相应参数进行设置。

知识链接

使用“阈值”命令

用于对图像进行特殊调整的“阈值”命令可以将灰度或者彩色图像转换为高对比度的黑白图片，执行“图像→调整→阈值”命令，即可打开“阈值”对话框，通过拖拽预览窗口下方的滑块或直接在文本框中输入数值，设置相应的阈值色阶来调整应用阈值的效果。

将阈值色阶滑块向左拖拽，则高光部分区域增多，并以白色来表现；将阈值色阶滑块向右拖拽，则阴影部分区域增多，并以黑色来表现。

原图

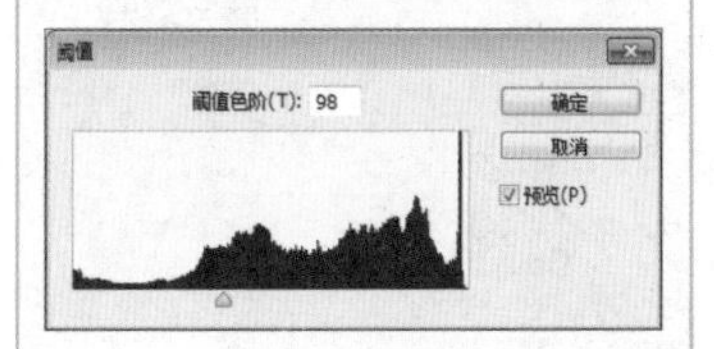

“阈值”对话框

应用“阈值”命令后

“可选颜色”对话框

❶“颜色”下拉列表框：单击右侧的下拉按钮，在打开的下拉列表框中共包括9种颜色，分别为红色、黄色、绿色、青色、蓝色、洋红、白色、中性色和黑色，可选择不同的颜色进行设置。

❷ 颜色滑块：在选择了颜色后，可通过拖拽下方的滑块或直接在文本框中输入数值来调整当前图像中该颜色的饱和度。

原图

调整“青色”饱和度后

❸“方法”选项组：该选项组中包括两个单选按钮，分别是“相对”和“绝对”。“相对”是按照总量的百分比更改现有的青色、洋红、黄色或黑色的量，而“绝对”是采用绝对值调整颜色。

原图

方法为“相对”

方法为“绝对”

如何做 使用“渐变映射”命令为图像添加颜色

执行“渐变映射”命令，用户可以在图像中为图像添加异色的效果，还可以结合其他功能，使图像画面局部应用“渐变映射”效果，得到不一样的图像效果。下面就来介绍使用“渐变映射”命令为图像添加颜色的具体方法。

01 创建选区

执行“文件→打开”命令，或按下快捷键Ctrl+O，打开附书光盘\实例文件\第4章\Media\08.jpg文件。按下快捷键Ctrl+J，将背景图层复制到新图层中，生成“图层 1”，单击快速选择工具，在页面下方桶的位置单击，将桶创建为选区。

02 复制图层

再次按下快捷键Ctrl+J，将选区中的对象复制到新图层中，在“图层”面板中生成“图层 2”，选区也将自动取消。

03 添加素材图像

打开附书光盘\实例文件\第4章\Media\09.jpg文件，单击移动工具，将图像直接拖拽到原文件中，生成“图层 3”。

04 设置图层混合模式

按下快捷键Ctrl+T，显示出控制手柄，然后通过拖拽节点，将图像等比例缩小，并将其旋转至45°左右位置。在“图层”面板中设置“图层 3”的图层混合模式为“柔光”，使当前图层和下面的图层呈柔光状态。

05 添加剪贴蒙版

按住Alt键不放，将光标放置在“图层”面板中的“图层 2”和“图层 3”之间并单击，即可为“图层 2”添加剪贴蒙版。

06 盖印图层

按住Ctrl键不放，将“图层2”和“图层 3”同时选中，然后按下快捷键Ctrl+Alt+E，将当前图层盖印到新图层中。

07 设置渐变映射

执行“图像→调整→渐变映射”命令，打开“渐变映射”对话框。单击渐变色块，弹出“渐变编辑器”对话框，设置渐变为0%：R0、G0、B0，37%：R153、G78、B155，100%：R255、G255、B255，完成后单击“确定”按钮，返回“渐变映射”对话框。

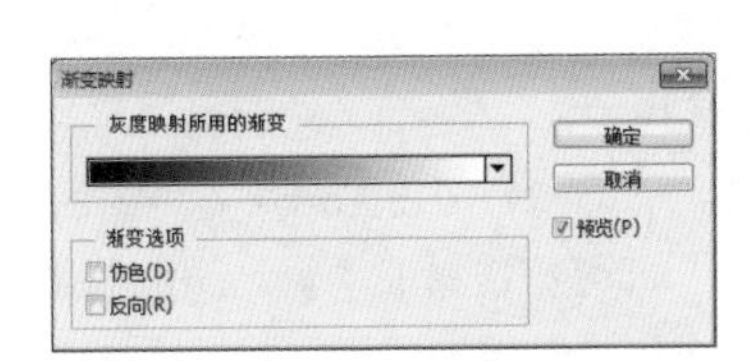

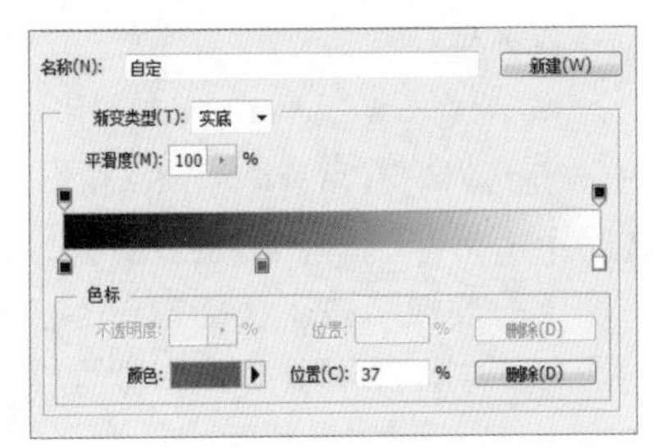

08 应用渐变映射

设置完成后单击“确定”按钮，即可将刚才所设置的参数应用到当前图层对象中。

09 复制选区中的对象

单击“图层”面板中的“图层 1”，使其成为当前图层，然后单击矩形选框工具，在页面右侧通过拖拽创建矩形选区，按下快捷键Ctrl+J，将选区中的对象复制到新图层中，生成“图层 4”。

10 设置渐变映射

执行“图像→调整→渐变映射”命令，打开“渐变映射”对话框。单击下拉按钮，打开渐变列表，然后单击预设列表中的第3个渐变色块，设置完成后单击“确定”按钮，返回到“渐变映射”对话框中，单击“确定”按钮。

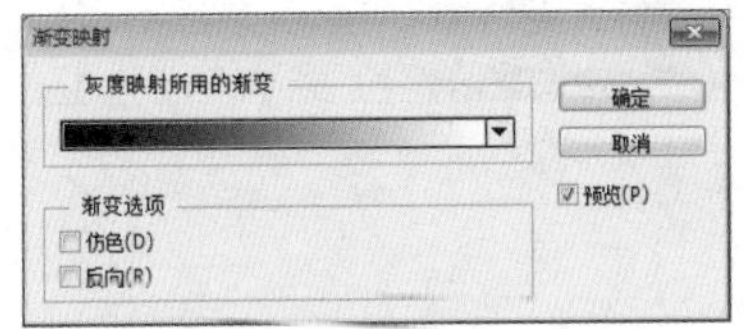

11 应用渐变映射

此时，即可看到图像中右侧部分的区域应用了渐变映射。至此，本实例制作完成。

知识链接

渐变映射原理

渐变映射可以将相等的图像灰度范围映射到指定的渐变填充色，其原理为将阴影映射到渐变填充的一个端点颜色，高光映射到另一个端点颜色，而中间调映射到两个端点颜色之间。

如何做 使用“可选颜色”命令调整图像

执行“可选颜色”命令，用户可以对图像进行单独的颜色校正或调整，在校正过程中，使用“可选颜色”命令可以自然改变图像的颜色，下面就来介绍使用“可选颜色”命令调整图像的操作方法。

01 复制图层

按下快捷键Ctrl+O，打开附书光盘\实例文件\第4章\Media\10.jpg文件。按下F7键，打开“图层”面板，按下快捷键Ctrl+J，将背景图层复制到新图层中，生成“图层1”。

02 应用“可选颜色”命令

执行“图像→调整→可选颜色”命令，弹出“可选颜色”对话框。在该对话框中，单击“颜色”右侧的下拉按钮，在打开的下拉列表中选择颜色为“黄色”，然后通过拖拽下方的滑块设置青色为+100%、洋红为-16%、黄色为+32%、黑色为+9%，完成设置后单击“确定”按钮，即可将设置的“可选颜色”参数应用到当前图层中，图像中的黄色部分区域都将被调整。

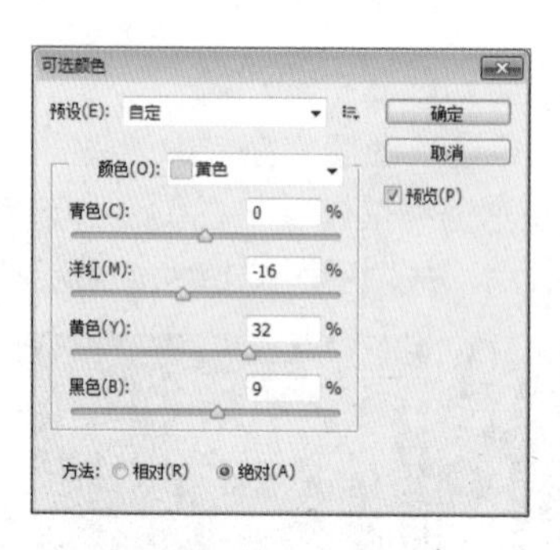

03 添加图层蒙版

单击“图层”面板中的“添加图层蒙版”按钮，为“图层 1”添加图层蒙版，然后单击画笔工具，设置前景色为“黑色”，在人物的脸部、手部和脚部涂抹，擦除该部分的颜色。

04 盖印图层

按下快捷键Shift+Ctrl+Alt+E，将所有图层盖印到新图层中，生成“图层2”。

05 应用“可选颜色”命令

执行“图像→调整→可选颜色”命令，在弹出的“可选颜色”对话框中，设置各颜色参数，完成后单击“确定”按钮，将设置的参数应用到当前图层图像中。至此，本实例制作完成。

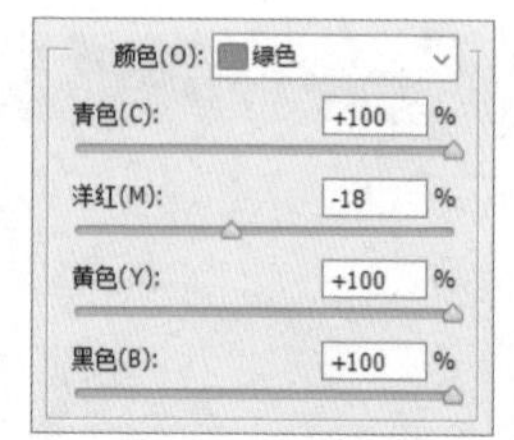

高手训练营 调整风景照的神秘色调

前面已经对“渐变映射”命令和“可选颜色”命令进行了详细介绍，下面将介绍使用这两个命令，并结合其他功能调整风景照色调的操作方法。

01 创建“可选颜色”调整图层

按下快捷键Ctrl+O，打开附书光盘\实例文件\第4章\Media\11.jpg文件。单击创建新的填充或调整图层按钮，在弹出的快捷菜单中选择“可选颜色”命令，并在弹出的调整面板中依次设置“绿色”“青色”的参数，调整风景色调。

02 创建“纯色”调整图层

单击创建新的填充或调整图层按钮，在弹出的快捷菜单中选择“纯色”命令，并在弹出的对话框中设置颜色参数为R84、G70、B253，单击“确定”按钮。然后设置该图层的图层混合模式为“饱和度”，设置“不透明度”为17%。

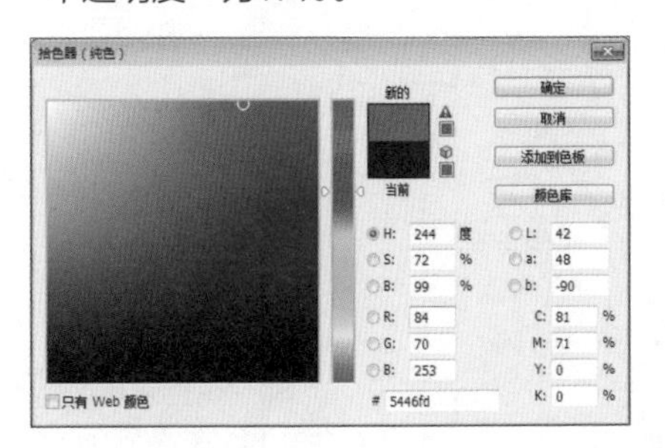

03 添加文字

单击文字工具，设置前景色为黑色，设置字体为“方正小篆体”，在图像上输入横向文字。单击“字符”面板右上角的扩展按钮，选择“更改文本方向”选项，将文字调整为竖向文字，并调整文字的位置。至此，本实例制作完成。

4.5 “阴影/高光”与“变化”命令

“阴影/高光”和“变化”命令主要用于对图像的色彩平衡、对比度和饱和度等进行调整，在本小节中，将对“阴影/高光”和“变化”命令的相关知识和操作方法进行介绍。

专家技巧

使用“阴影/高光”命令调整图像的技巧

在打开“阴影/高光”对话框时，其“色调宽度”文本框的默认设置为50%，在调整图像使其黑色主体变亮时，如果中间调或较亮的区域更改得太多，可以尝试减小阴影的“色调宽度”，使图像中只有最暗的区域变亮，但是如果需要既加亮阴影又加亮中间调，则需要将阴影的“色调宽度”增大到100%。

原图

加亮暗部颜色

加亮阴影和中间调

知识点 “阴影/高光”与“变化”对话框

在执行“阴影/亮光”和“变化”命令之前，用户需要先对其对话框的参数设置进行了解，熟练掌握参数设置的方法，从而快速得到需要的图像效果。

1. “阴影/高光”对话框

使用“阴影/高光”对话框，可以对图像的阴影和高光部分进行调整，从而得到不同的图像效果。执行“图像>调整>阴影/高光”命令，即可打开“阴影/高光”对话框，进行参数设置。

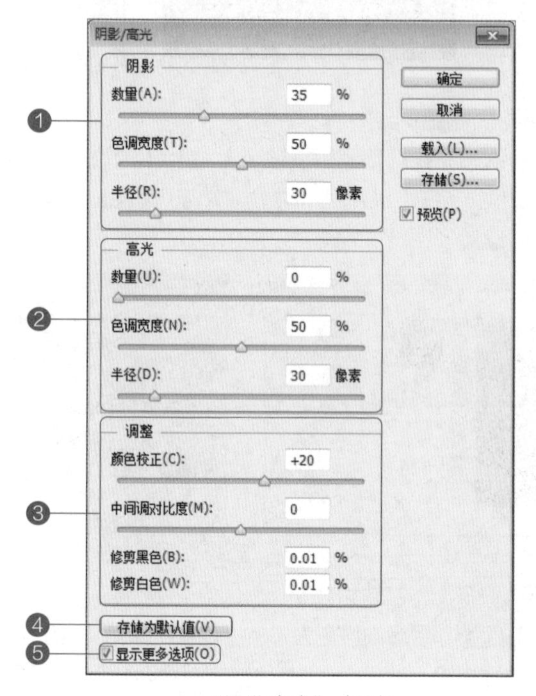

“阴影/高光”对话框

❶“阴影”选项组：在该选项组中，可对图像中阴影颜色的数量、色调宽度和半径进行设置。

原图

数量为100%

色调宽度为100%

专家技巧

关于修剪黑色和修剪白色

当需要修剪黑色和修剪白色时，指定在图像中会将多少阴影和高光剪切到新的极端阴影（色阶为0）和高光（色阶为255）颜色。值越大，生成图像的对比度越大。

在这里需要注意的是，剪切值不要太大，因为这样做会减少阴影或高光的细节（强度值会被作为纯黑或纯白色剪切并渲染）。

原图

修剪黑色为50%，修剪白色为0%

修剪白色为50%，修剪黑色为0%

❷“亮光”选项组：在该选项组中，可对图像中高光部分的数量、色调宽度和半径进行设置。

原图

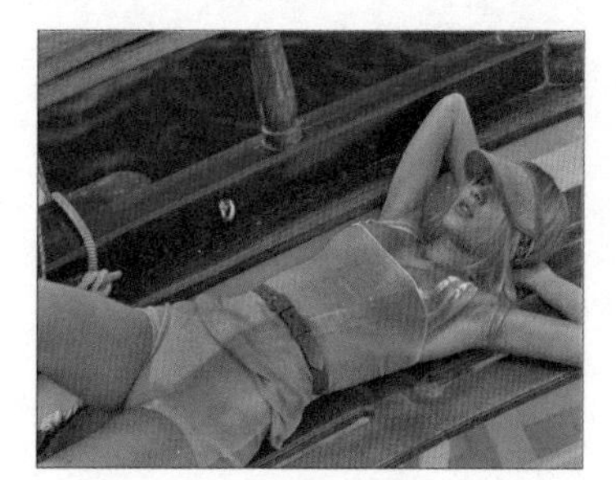

数量为100%

❸“调整”选项组：在该选项组中，可对图像的颜色校正、中间调对比度、修剪黑色和修剪白色等参数进行设置。

原图

颜色校正为+50

修剪黑色为50%

修剪白色为25%

❹“存储为默认值”按钮：单击该按钮，即可将当前的设置存储为默认值，当打开其他图像时，在该对话框中，将显示出同存储时设置相同的参数。

设置参数后的图片

应用相同参数设置后

❺“显示更多选项”复选框：勾选该复选框，可显示该对话框中的多个选项；取消勾选，将以简单方式显示该对话框。

2. “变化”对话框>>>

使用“变化”对话框用户可以对不需要进行精确颜色调整的平均色调图像进行调整，执行“图像→调整→变化”命令，即可打开“变化”对话框，下面就来介绍使用“变化”对话框的参数设置。

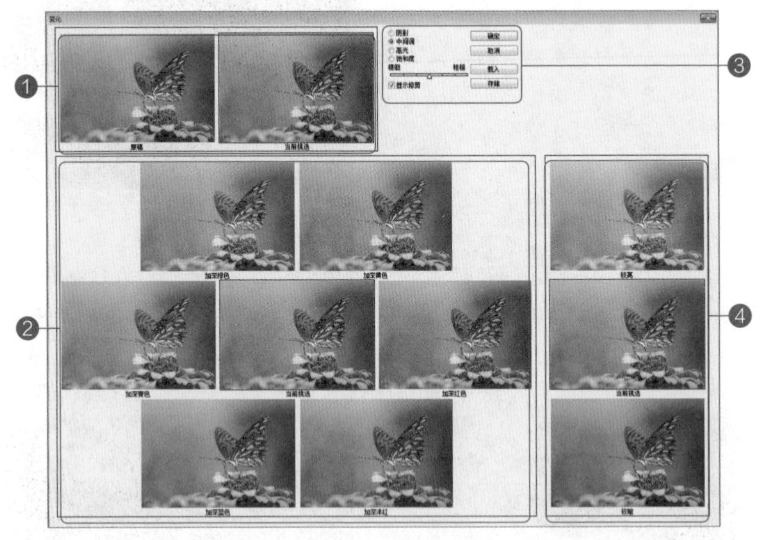

“变化”对话框

❶ 预览图：该区域共有两个图像，一个是原图，一个是当前挑选图像，方便用户在变化图像颜色时，随时观察到当前挑选图像的颜色变化。

❷ 颜色缩览图：在该区域共有7个缩览图，分别是“加深绿色”“加深黄色”“加深青色”“当前挑选”“加深红色”“加深蓝色”和“加深洋红”，通过单击不同的缩览图，可以在图像中添加不同的颜色。

原图

加深绿色

加深黄色

加深青色

当前挑选

加深红色

加深蓝色

加深洋红

专家技巧

使用“变化”对话框局部调整对象颜色

使用“变化”对话框对图像进行变化时，通常不直接改变整张图像的颜色效果，而是在图像中需要改变颜色的区域创建选区，然后执行“变化”命令，调整选区中区域颜色。

另外，还可以将选区中的图像复制到新图层中，然后改变该图层中对象的颜色效果，并设置该图层的图层混合模式，使该区域颜色自然过渡。

原图

创建选区

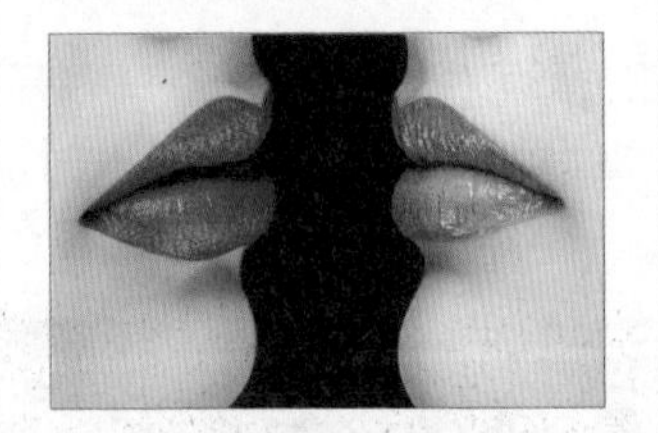
在“变化”对话框中改变颜色

设置图层混合模式为“变亮”

❸“选择图像调整区域”选项组：在该选项组中，可选择图像需要调整的颜色区域。其中，“阴影”“中间调”和“高光”单选按钮用于调整较暗区域、中间区域或较亮区域；“高光”单选按钮还可用于更改图像中的色相强度；“饱和度”单选按钮则是调整图像的饱和度效果；通过拖拽滑块，可以设置每次调整的量，将滑块移动一格可使调整量双倍增加。

原图

阴影加深蓝色

中间调加深蓝色

高光加深蓝色

减小饱和度

增大饱和度

❹ 亮度调整预览图：该区域共有3个缩览图，它们分别是较亮、当前挑选和较暗。单击较亮或较暗预览图，即可增大图像的亮度或减小图像的亮度。

原图

较亮

较暗

如何做 使用“变化”命令调整图像

执行“变化”命令，用户不仅可以调整整个图像画面的不同效果，还可以根据需要，调整局部图像的颜色，下面就来介绍使用“变化”命令调整图像颜色的操作方法。

01 复制选区中的对象执行“变化”命令

按下快捷键Ctrl+O，打开附书光盘\实例文件\第4章\Media\12.jpg文件。按下快捷键Ctrl+J，将选区中的对象直接复制到新图层中，生成“图层 1”。执行“图像→调整→变化”命令，弹出“变化”对话框，选中“中间调”单选按钮，然后单击“加深绿色”缩览图多次。

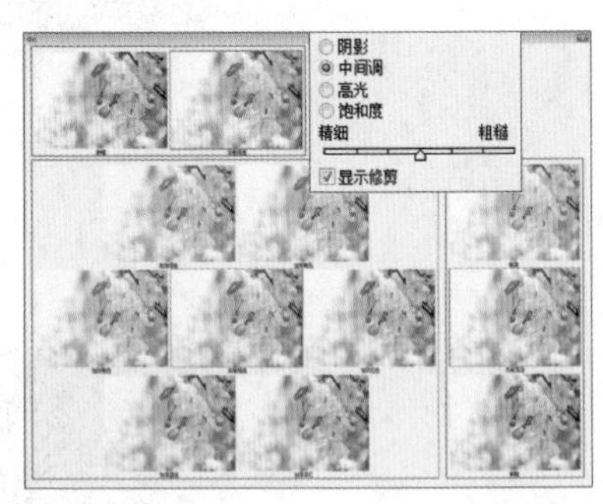

02 应用设置

参数设置完成后单击“确定”按钮，即可将刚才所设置的“变化”参数应用到当前图层中。

03 执行“变化”命令

复制“图层 1”，执行“图像→调整→变化”命令，弹出“变化”对话框，选中“中间调”单选按钮，然后单击“加深洋红”与“加深红色”缩览图多次。

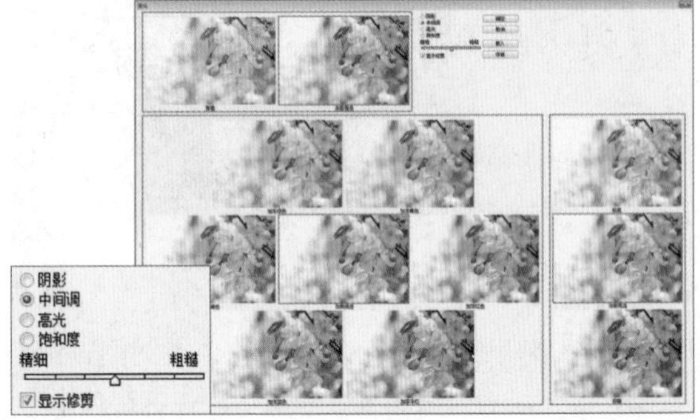

04 添加图层蒙版

设置完成后单击“确定”按钮，单击“图层 1 副本”图层，单击“添加蒙版”按钮，创建图层蒙版，然后单击画笔工具，设置前景色为“黑色”，擦除绿色部分的颜色。至此，本实例制作完成。

4.6 “匹配颜色”与“替换颜色”命令

在Photoshop中可以通过“匹配颜色”和“替换颜色”命令快速地为图像自然变换颜色，因此在改变图像颜色时会经常使用到这些功能，下面就来介绍这两个命令的相关知识和操作方法。

知识链接

使用“色调均化”命令

使用“色调均化”命令可以重新分布图像中像素的亮度值，以便使它们更均匀地呈现所有范围的亮度级。

另外，“色调均化”命令将重新映射复合图像中的像素值，使最亮的值呈现为白色，最暗的值呈现为黑色，而中间的值均匀分布在整个灰度中。将“色调均化”命令和“直方图”面板结合使用可以看到亮度的前后对比，执行“图像→调整→色调均化”命令，可对图像色调进行调整。

原图

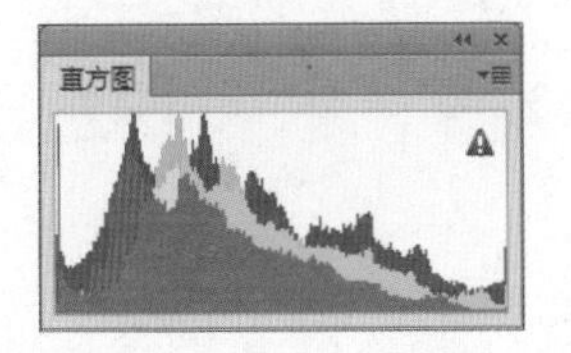

原图的“直方图”面板

应用“色调均化”命令后

知识点 “匹配颜色”“替换颜色”对话框

在学习使用“匹配颜色”和“替换颜色”命令之前，需要先对这两个命令的对话框进行了解，以便在制作图像效果时，能够快速并准确地应用这些参数设置。

1.“匹配颜色”对话框

执行“匹配颜色”命令，用户可以对图像的亮度、色彩饱和度和色彩平衡进行调整，另外还可使用高级算法使用户能够更好地控制图像的亮度和颜色成分。执行“图像→调整→匹配颜色”命令，即可打开“匹配颜色”对话框进行参数设置。

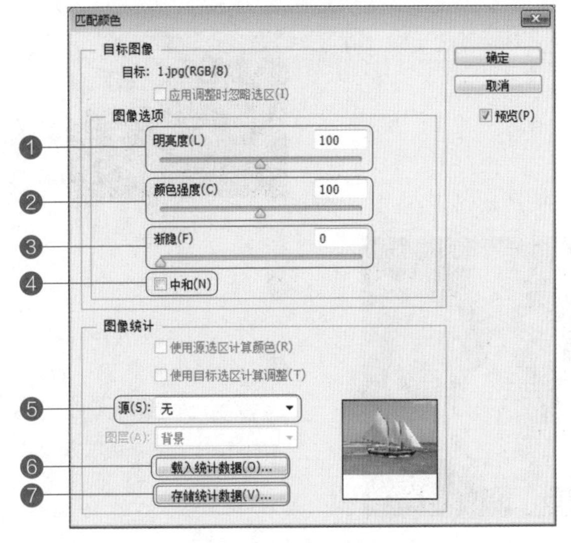

“匹配颜色”对话框

❶“明亮度”文本框：通过拖拽下方的滑块或直接在文本框中输入数值，可设置当前图像的明亮度。

原图

明亮度为200

❷“颜色强度”文本框：通过拖拽下方的滑块或直接在文本框中输入数值，可设置当前图像的颜色强度。该设置效果类似饱和度的设置，数值越大，颜色强度越大；数值越小，颜色强度越小。

颜色强度为1

颜色强度为200

❸“渐隐”文本框：通过拖拽下方的滑块或直接在文本框中输入数值，可调整当前图像应用明亮度和颜色强度的量。

❹“中和”复选框：勾选该复选框，可将图像中的色痕移去。

❺“源”下拉列表框：单击右侧的下拉按钮，在打开的下拉列表框中显示出当前打开的所有图像名称，选择任意一个图像，即可使当前图像应用该图像后产生匹配颜色。

原图

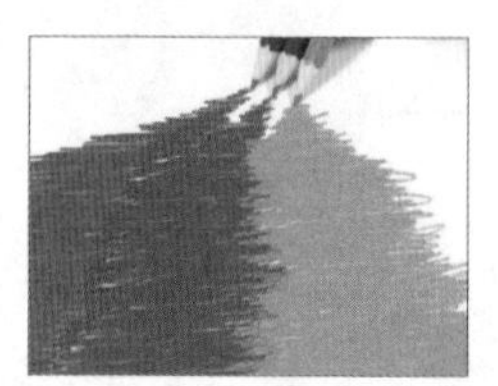

源图像

匹配颜色后

❻“载入统计数据”按钮：单击该按钮，将弹出“载入”对话框，可将之前存储的“匹配颜色”参数应用到当前设置中。

❼“存储统计数据”按钮：单击该按钮，将弹出“存储”对话框，可将当前设置的“匹配颜色”参数存储到相应的位置。

“载入”对话框

“存储”对话框

2.“替换颜色”对话框

在Photoshop中通过“替换颜色”命令可创建蒙版，用以选择图像中的特定颜色，然后替换那些颜色。用户也可以设置选定区域的色相、饱和度和亮度，或者使用拾色器来选择替换颜色，但“替换颜色”命令创建的蒙版是临时性的。

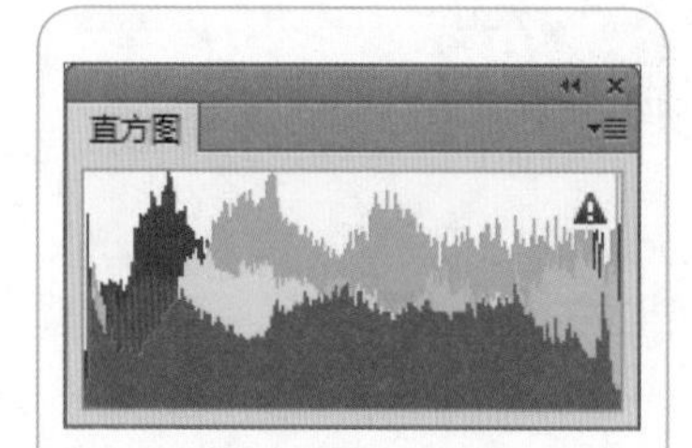

应用“色调均化”命令后的“直方图”面板

知识链接

使用“色调均化”命令柔和处理图像颜色

在处理图像效果时，因裁剪过近而使柔和边缘过于呆板的情形下，“色调均化”命令就显示出了极大的优势。此时，可以增大那些颜色相近的像素间的对比度，便于快速查找色斑或柔和边缘的位置，为了避免裁剪的柔和边缘与原边缘过近，应执行“图像→裁切”命令来完成该操作。

原图

使用色调均化后裁切图像

知识链接

使用“去色”命令

使用“去色”命令可将彩色图像转换为灰度图像，且图像的颜色模式保持不变，执行“图像→调整→去色”命令，可对当前图像应用去色效果。

如果正在处理多层图像，则“去色”命令仅可以转换所选图层。

“去色”命令经常被用于将彩色图像转换为黑白图像，对图像执行“图像→模式→灰度”命令，可以直接将图像转换为灰度效果。但当源图像的深浅对比度不大而颜色差异较大时，转换效果并不好。如果先将图像去色，然后再转换为灰度模式，则能够保留较多的图像细节。

原图

直接转换为灰度模式

去色后转换为灰度模式

替换颜色

选区

❶ 本地化颜色簇(Z)

❷

颜色: ❸

确定

取消

载入(L)...

存储(S)...

预览(P)

❹ 颜色容差(F): 200

❺

选区(C) 图像(M)

替换

❻

色相(H): 0

饱和度(A): 0

明度(G): 0

结果

“替换颜色”对话框

❶“本地化颜色簇”复选框：勾选该复选框，能够使选取的颜色范围更加精确。

❷ 吸管工具组：使用该工具组中的工具，通过在图像中单击，选择图像中的不同颜色。

❸“颜色”色块：在该色块中显示出当前吸管工具吸取的图像中的颜色，以及当前要调整的颜色。

❹“颜色容差”文本框：通过拖拽下方的滑块或直接在文本框中输入数值，可设置颜色的选择范围。

❺ 预览窗口：当选择了图像中的部分区域颜色后，在此窗口中，将会以“选区”或“图像”两种方式显示预览效果。

选中“选区”单选按钮

选中“图像”单选按钮

专家技巧

快速切换吸管工具

使用“替换颜色”对话框中的吸管工具吸取图像颜色时，如需要将吸管工具暂时切换到添加到取样工具时，按住Shift键不放即可。如果需要切换到从取样中减去工具时，按住Alt键不放即可。

❻“替换”选项组：通过使用该选项组中的各选项，可以精确调整当前图像的色相、饱和度和明度，并且将当前替换的颜色显示在其右侧的色块中。

原图

替换颜色后

如何做 为图像匹配并替换颜色

“匹配颜色”命令可以使图像的整体色调改变，从而制作出不同的图像风格。下面就来介绍使用“匹配颜色”和“替换颜色”命令匹配图像颜色的操作方法。

01 创建选区

按下快捷键Ctrl+O，打开附书光盘\实例文件\第4章\Media\13.jpg文件，单击快速选择工具，设置适当的笔触大小，然后在图像中右侧人物上，单击若干次，选中该对象。

02 羽化选区

执行“选择→修改→羽化”命令，弹出“羽化选区”对话框，设置“羽化半径”为10像素。

03 复制选区中的对象

单击“确定”按钮应用设置，按下快捷键Ctrl+J，将选区中的对象复制到新图层中。

04 添加素材

按下快捷键Ctrl+O，打开附书光盘\实例文件\第4章\Media\14.jpg文件，然后切换到之前的文件页面中，在“图层”面板中单击“背景”图层，将其选中。

05 应用“匹配颜色”命令

执行“图像→调整→匹配颜色”命令，弹出“匹配颜色”对话框，设置“明亮度”为100，“颜色强度”为100，“渐隐”为21，“源”为14.jpg文件，设置完成后单击“确定”按钮，即可将当前设置的参数应用到图像中，图像背景与14.jpg文件相匹配。

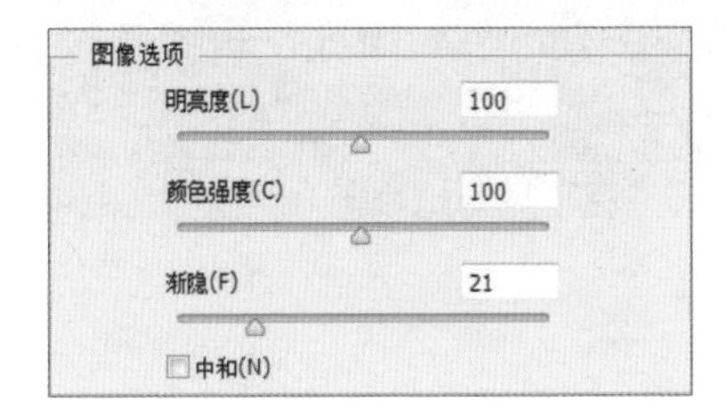

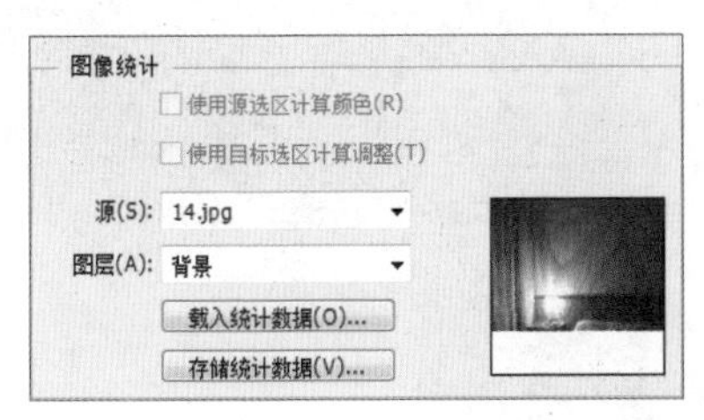

06 新建图层

将“图层 1”拖拽到“创建新图层”按钮上，生成“图层 1 副本”，单击“图层 1 副本”，使其成为当前图层。

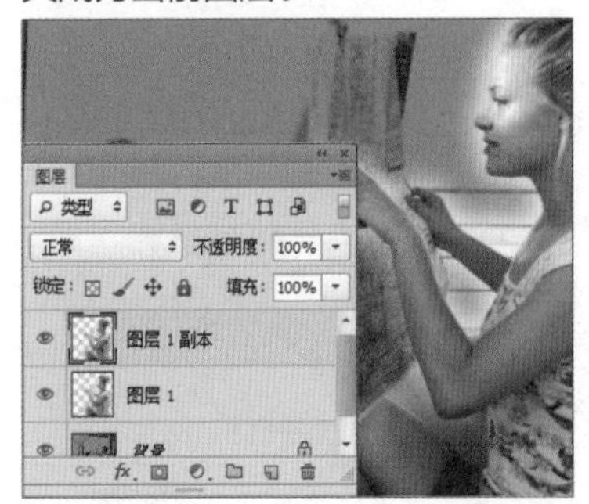

07 执行“替换颜色”命令

执行“图像→调整→替换颜色”命令，弹出“替换颜色”对话框，在图像中使用吸管工具将人物衣服部分单击选中，然后在“替换”选项组中设置“色相”为-51，“饱和度”为0，“明度”为0，设置完成后单击“确定”按钮，即可将设置的参数应用到当前图像中。

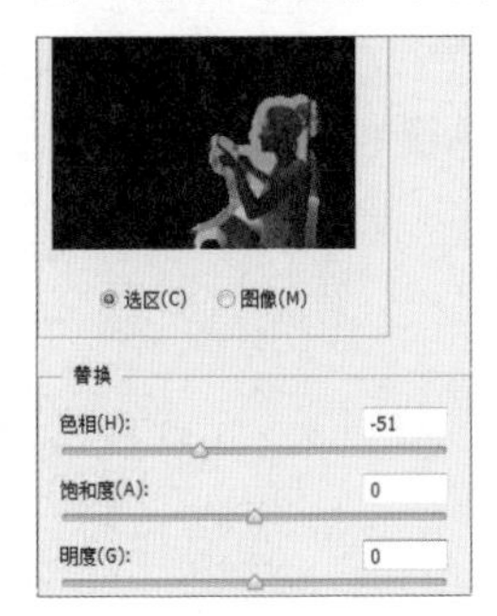

08 添加图层蒙版

在“图层”面板中单击“添加图层蒙版”按钮，为“图层 1 副本”添加图层蒙版。单击画笔工具，在右侧人物上除衣服外的部分涂抹，将其他部分擦除，为人物衣服换色。至此，本实例制作完成。

知识链接

图像显示情况说明

在“替换颜色”对话框中，单击“图像”单选按钮可以查看当前图像的效果，若单击“选区”单选按钮，则出现需替换颜色的选区效果，呈黑白图像显示，白色代表替换区域，黑色代表不需要替换的颜色。

Chapter 05

修复与修饰图像

想要制作出优秀的创意作品，掌握基本的修图技法是十分必要的，对不太满意的图像可以通过修图工具进行修复和修饰，这些工具包括修复工具、颜色替换工具和修饰工具。

5.1 “仿制源”面板

“仿制源”面板主要用于放置图章工具或修复画笔工具，使这些工具在使用起来更加方便、快捷。在本小节中，将对“仿制源”面板的相关知识，以及操作方法进行介绍。

知识点 认识“仿制源”面板

用户在对图像进行修饰时，如果需要确定多个仿制源，使用该面板进行设置，即可在多个仿制源中进行切换，执行“窗口→仿制源”命令，即可弹出“仿制源”面板。

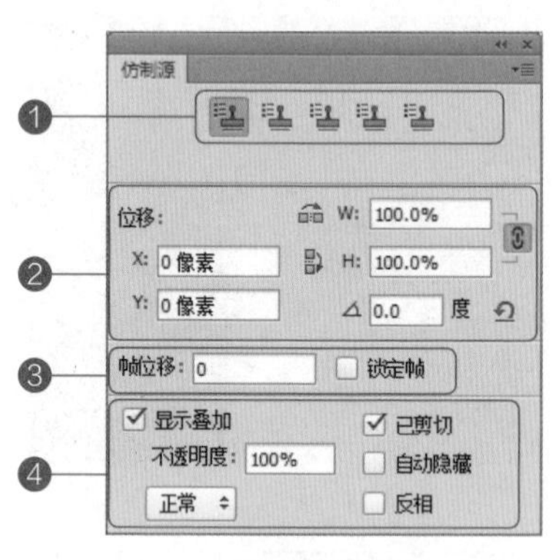

“仿制源”面板

❶ 仿制源按钮组：该按钮组分别代表不同的仿制源，单击任意一个仿制源按钮后，即可切换到相应的选项面板，在下面的选项组中可以设置相关参数。

❷“位移”选项组：在该选项组中，可以对取样后添加到其他位置的源的X轴、Y轴、长、宽和角度等参数进行设置。

原图

“位移”选项组为默认状态

角度为60°

长和宽均为50%

专家技巧

将当前图像仿制到其他图像中

在“仿制源”面板中，对图像设置了仿制源后，可以切换到其他图像，将刚才设置的仿制源应用到当前图像中。

❸“帧位移”选项组：主要用于在Photoshop中制作视频帧或动画帧仿制内容。

❹“仿制源效果”选项组：在该选项组中，可对仿制源对象的显示效果进行设置，包括显示叠加效果、不透明度、反相和自动隐藏等。

原图

显示叠加为“差值”

勾选“反相”复选框

如何做 使用仿制图章工具修饰图像

仿制图章工具可以将图像中任意区域的图像通过拖拽或涂抹添加到任意图像文件的其他区域，也可以将一个图层的一部分绘制到另一个图层，配合“仿制源”面板的使用，能让操作更得心应手，下面来介绍使用仿制图章工具修饰图像的具体操作方法。

01 打开“仿制源”面板

按下快捷键Ctrl+O，打开附书光盘\实例文件\第5章\Media\01.jpg文件，然后执行“窗口→仿制源”命令，打开“仿制源”面板。

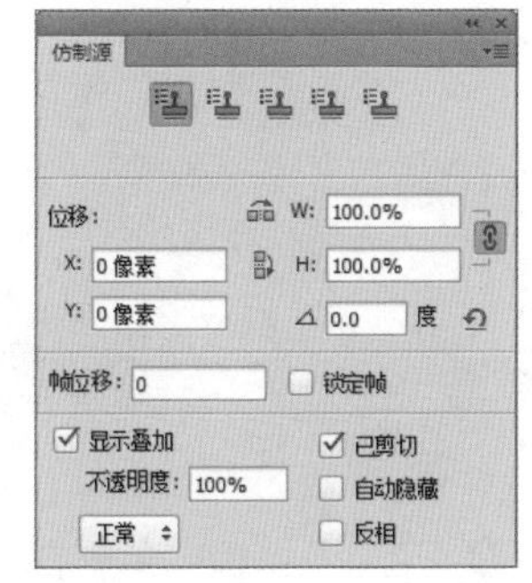

02 取样源

单击仿制图章工具，按住Alt键，在图像左边单击取样。

03 再次取样

在“仿制源”面板中单击第二个取样源按钮，然后按住Alt键不放，在页面右边位置单击，取样该点颜色。

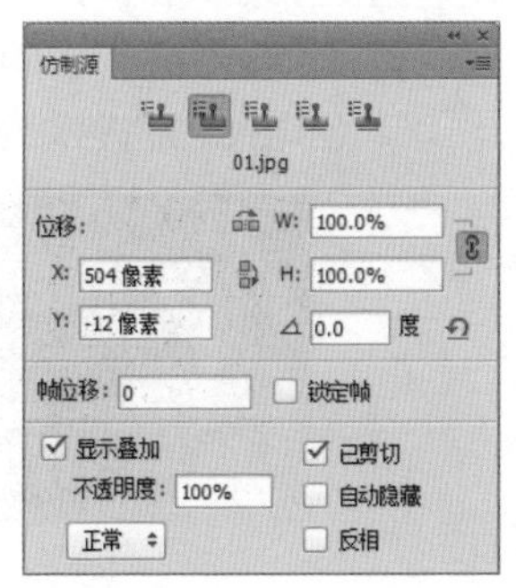

04 应用取样源

使用不同的取样点在文字处单击，将文字删除。至此，本实例制作完成。

5.2 认识修复工具组

修复工具组主要包括污点修复画笔工具、修复画笔工具、修补工具、内容感知移动工具和红眼工具，使用这些工具能够修复图像中的各种瑕疵，在处理图像时经常会使用到。在本小节中，将对修复工具组的使用方法进行详细介绍。

知识链接

在图像选区中填充图案

使用修复画笔工具，改变图像纹理效果时，可以通过创建选区，然后在属性栏中设置图像的图案效果，应用到选区中。

其操作方法是首先在图像中创建要改变图案的选区，然后在属性栏中设置相应的图案效果，最后直接通过拖拽将图案效果应用到选区中，并取消选区即可。

原图

创建选区

应用图案效果

知识点 修复工具组的属性栏

在使用修复工具组修复图像之前，需要先对其属性栏中的参数设置进行了解，这样有利于后面使用这些工具进行操作。

污点修复画笔工具的属性栏

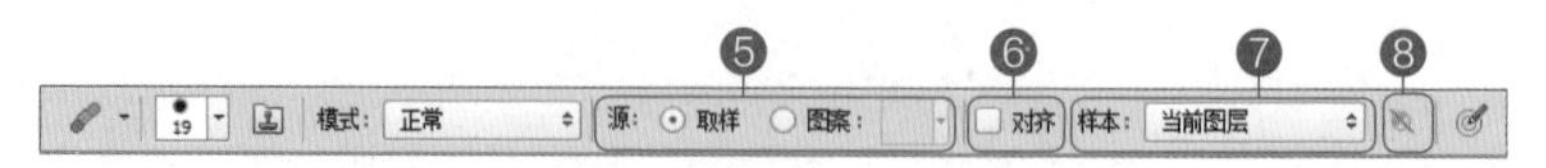

修复画笔工具的属性栏

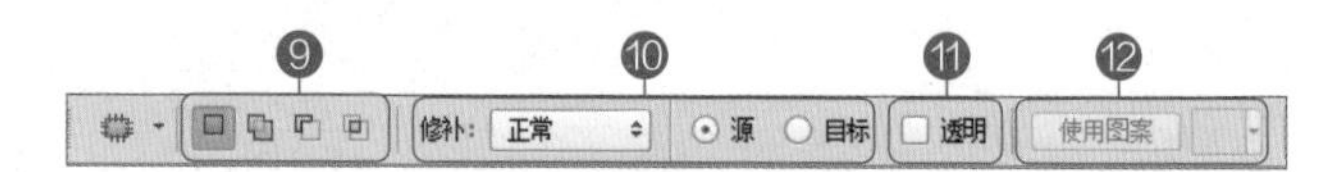

修补工具的属性栏

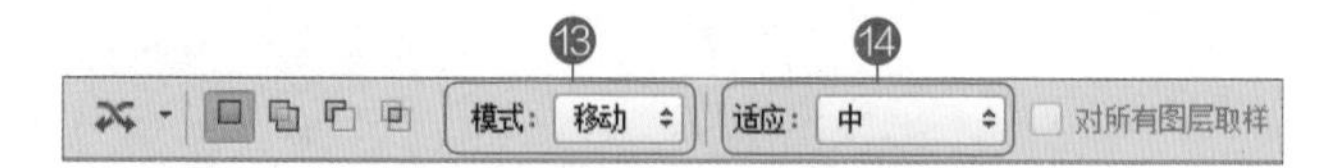

内容感知移动工具的属性栏

红眼工具的属性栏

❶“画笔”面板：单击右侧的下拉按钮，即可打开“画笔”面板，在该面板中可设置画笔的直径、硬度、角度等参数。

❷“模式”下拉列表框：单击右侧的下拉按钮，在打开的下拉列表框中选择任意一种模式效果，即可在使用污点修复画笔工具时，显示为该模式效果。

❸“类型”选项组：在此选项组中，共包含三个选项，分别是近似匹配、创建纹理和内容识别，可设置当前替换颜色的类型。

原图

要去掉的区域

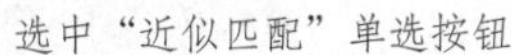
选中“近似匹配”单选按钮

选中“创建纹理”单选按钮

❹“对所有图层取样”复选框：当对多层文件进行修复操作时，未勾选“对所有图层取样”复选框时，当前的操作只对当前图层有效；勾选“对所有图层取样”复选框时，当前的操作对所有图层均有效。

❺“源”选项组：在使用修复画笔工具时，其相应属性栏中的“源”选项组包含了两个选项，分别是“取样”选项和“图案”选项。选中“取样”单选按钮，在对图像进行操作时，以取样四周颜色来修复图像。选中“图案”单选按钮，在对图像进行操作时，以图案纹理来修复图像。

原图

选中“取样”单选按钮

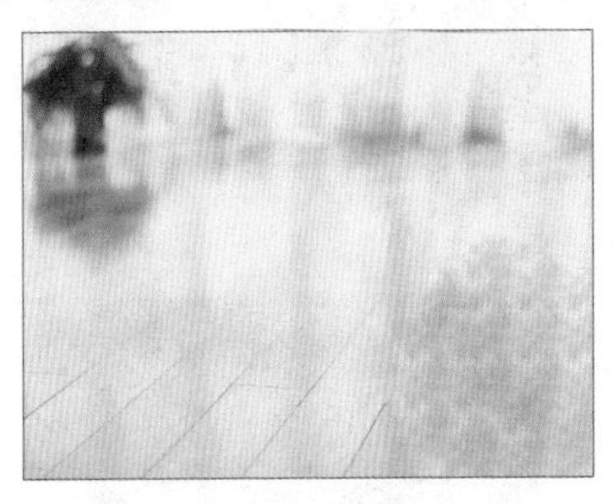

选中“图案”单选按钮

❻“对齐”复选框：勾选该复选框，即可对连续对象进行取样，即使释放鼠标，也不会丢失当前的取样点。如果取消“对齐”复选框的勾选，则会在每次停止并重新开始绘制时选择使用初始取样点中的样本像素。

❼“样本”下拉列表框：单击右侧的下拉按钮，在打开的下拉列表框中选择任意选项，从指定图层中进行数据取样。若从当前图层及其下方的可见图层中取样，选择“当前和下方图层”选项；若仅从现用图层中取样，选择“当前图层”选项；若从所有可见图层中取样，选择“所有图层”选项。

样本选项

❽“忽略调整图层”按钮：在图像中创建了调整图层后，单击该按钮，可在对图像进行修复时，忽略调整图层。

❾选区创建按钮组：在此按钮组中对当前所创建的选区区域进行新建、添加、减去或交叉设置。

❿“修补”选项组：在该选项组中包含两个选项，分别是“源”和“目标”。选中“源”单选按钮后，将选区边框拖动到需要从中进行取样的区域，释放鼠标，将使用样本像素修补原来选中的区域；选中“目标”单选按钮后，将选区边界拖动到要修补的区域，释放鼠标，将使用样本像素修补新选定的区域。

知识链接

修复动物眼睛的“电眼”现象

发生在猫、狗和其他一些动物身上的类似于红眼的现象叫做“电眼”现象，“电眼”现象是由于眼睛中特殊的反射膜造成的，消除电眼的第一步与修复红眼相同。先使用红眼工具将部分电眼颜色去除，然后在新图层中对部分颜色进行涂抹，使动物眼睛更明亮即可。

原图

去除“电眼”现象

知识链接

出现红眼的原因

红眼是由于相机闪光灯在主体视网膜上反光引起的。在光线暗淡的房间里照相时，由于主体的虹膜张开得很宽，将会更加频繁地看到红眼。为了避免红眼，可使用相机的红眼消除功能，或者最好使用可安装在相机上远离相机镜头位置的独立闪光装置。

原图

创建选区

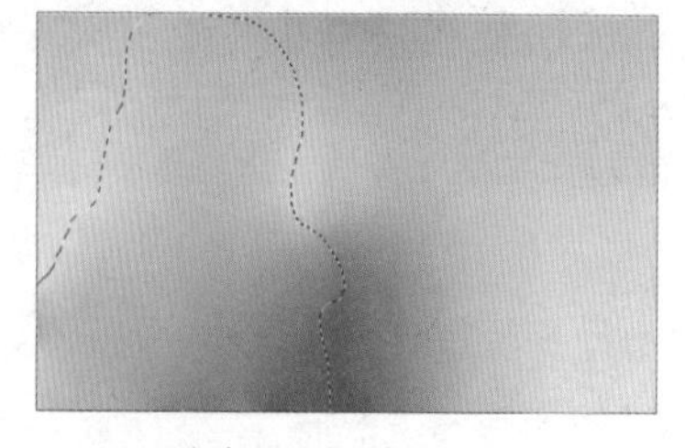

选中“源”单选按钮

选中“目标”单选按钮

⑪“透明”复选框：勾选该复选框，可设置相应修补行为。

⑫“使用图案”按钮：单击右侧的下拉按钮，打开图案面板，选择一种图案样式，然后单击左侧的“使用图案”按钮，即可应用该图案样式到选区中。

⑬“模式”下拉列表框：单击右侧下拉按钮，在打开的下拉列表框中选择任意选项，以选择图像移动后的的重新混合模式。

⑭“适应”下拉列表框：单击右侧下拉按钮，在打开的下拉列表框中选择任意选项，以控制新区域反映现有图像模式的紧密程度。

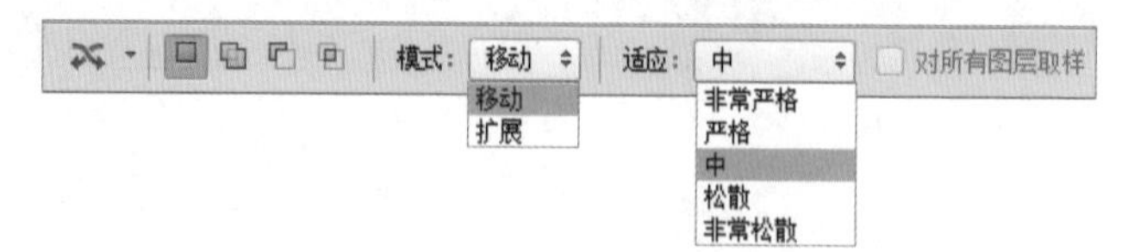

模式和适应选项

⑮“瞳孔大小”文本框：直接在文本框中输入数值或拖拽下方的滑块，增大或减小受红眼工具影响的区域。

⑯“变暗量”文本框：直接在文本框中输入数值或拖拽下方的滑块，调整校正的暗度。

原图

去除红眼后

如何做 使用修复工具修饰图像

在对图像进行修饰时，经常会使用到污点修复画笔工具，下面来介绍使用修复工具修饰图像的具体操作方法。

01 打开图像文件

按下快捷键Ctrl+O，打开附书光盘\实例文件\第5章\Media\02.jpg文件。

02 模糊图像

按下快捷键Ctrl+J复制图层，执行“滤镜→模糊→高斯模糊”命令，在弹出的对话框中设置“半径”为9.6像素，设置完成后单击“确定”按钮，模糊画面人物图像。

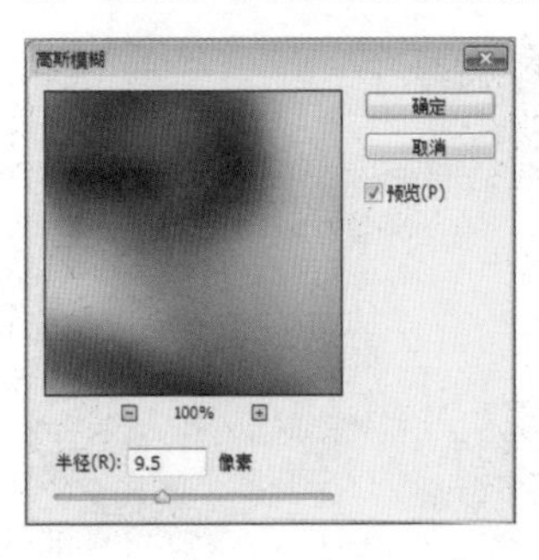

03 创建蒙版

为“图层 1”创建图层蒙版，结合柔角画笔工具，隐藏人物眼睛、嘴巴、头发等处，设置“不透明度”为65%

04 污点修复

按下快捷键Ctrl+Shift+Alt+E盖印图层，单击修复画笔工具，在属性栏中设置适当的笔触大小，然后在人物面部斑点处单击，即可去除人物面部斑点。

05 调整图像亮度

单击“图层”面板下方的“创建新的填充或调整图层”按钮，选择“亮度 / 对比度”选项，在弹出的调整面板中设置“亮度”参数值为16，增加图像亮度。

06 编辑蒙版图像

单击画笔工具，选择柔角笔刷，隐藏画面曝光过度的白色区域。至此，本实例制作完成。

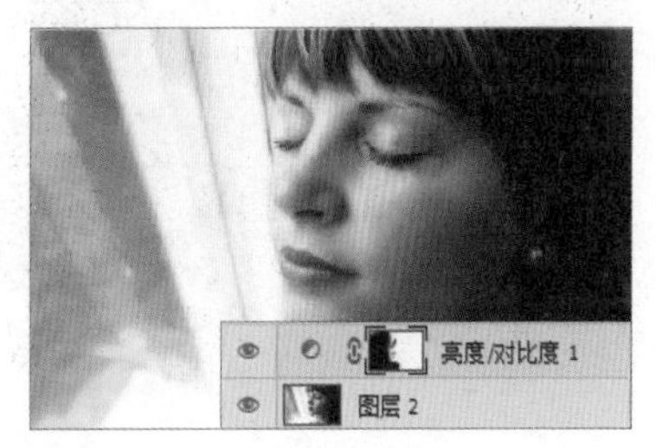

高手训练营 人物水粉画的制作

结合多种修复工具，可以对人物照片进行细致地修饰，使其更为美观。下面就来介绍使用修复工具，去除人物脸部的斑点并将其制作成水粉画效果的具体操作方法。

01 去除额头斑点

按下快捷键Ctrl+O，打开附书光盘\实例文件\第5章\Media\03.jpg文件，按下快捷键Ctrl+J，复制一个图层得到“图层 1”，将图像放大发现人物的脸部有很多雀斑，单击污点修复画笔工具，设置画笔大小为19像素，然后在人物额头斑点处单击鼠标，即可将人物斑点去除。

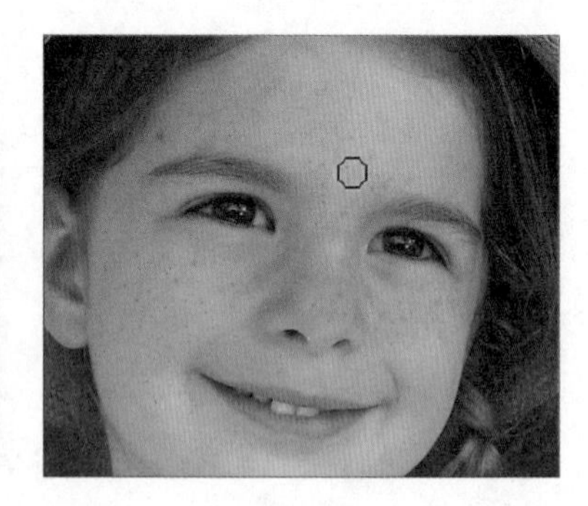

02 去除脸颊雀斑1

单击修补工具，在人物的脸颊部分通过拖拽创建一个选区，在其属性栏中选中“源”单选按钮，然后将该选区拖拽到人物皮肤干净的位置，即可消除部分雀斑，完成后取消选区。

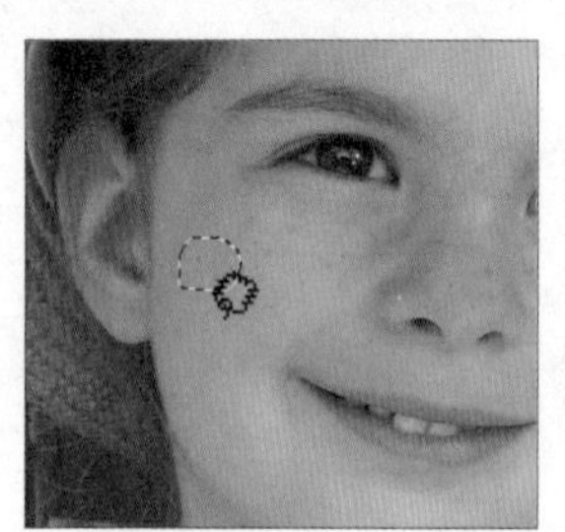

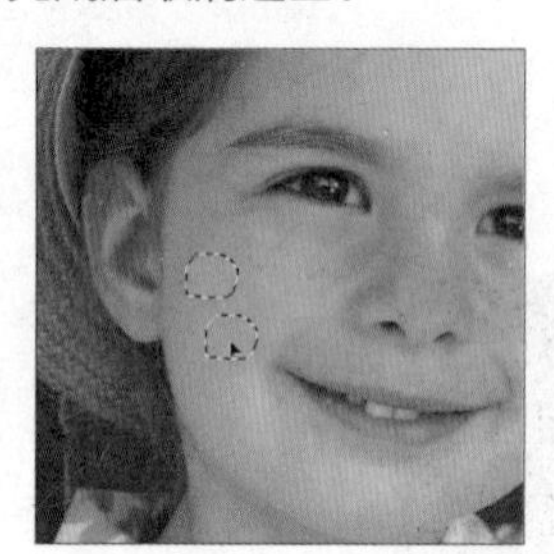

03 去除脸颊雀斑2

采用相同的方法将人物另外一边脸颊上的雀斑去除干净。

04 应用高斯模糊滤镜

按下快捷键Ctrl+J，复制背景图层为“图层 1 副本”，执行“滤镜→模糊→高斯模糊”命令，弹出“高斯模糊”对话框，设置“半径”为5像素，设置完成后单击“确定”按钮，应用设置到图像中。

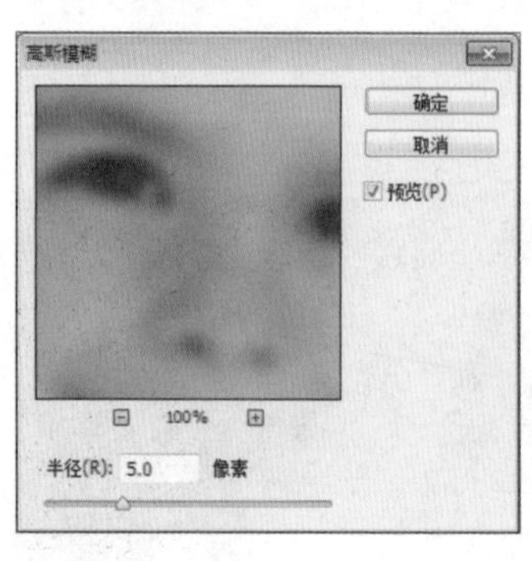

05 设置图层混合模式

在“图层”面板中，设置“图层 1 副本”的混合模式为“滤色”，设置“不透明度”为66%，制作照片柔美效果。

06 应用照亮边缘滤镜

复制“图层 1”，执行“滤镜→滤镜库→风格化→照亮边缘”命令，打开“照亮边缘”对话框，设置“边缘宽度”为1，“边缘亮度”为12，“平滑度”为15。按下快捷键Ctrl+I，将颜色反相。

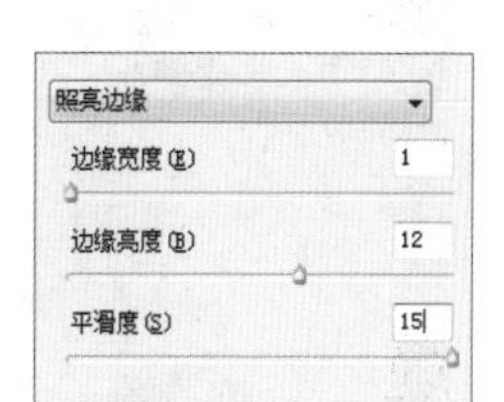

07 执行“去色”命令

执行“图像→调整→去色”命令，或者按下快捷键Shift+Ctrl+U，即可将该图像去色，然后在“图层”面板中设置其图层混合模式为“正片叠底”，“不透明度”为80%。

08 盖印图层

按下快捷键Ctrl+Shift+Alt+E盖印图层，设置混合模式为“叠加”，“不透明度”为75%。

09 调整局部效果1

单击套索工具，在属性栏上设置“羽化”为2像素，然后沿着人物的嘴唇进行选区创建，在属性栏上单击“从选区减去”按钮，减去人物牙齿部分的选区。单击“图层”面板下方的“创建新的填充或调整图层”按钮，在弹出的下拉菜单中选择“曲线”命令，打开“曲线”调整面板，调整曲线的位置，增强选区内图像明暗对比，完成后在“图层”面板中自动生成一个“曲线1”调整图层。

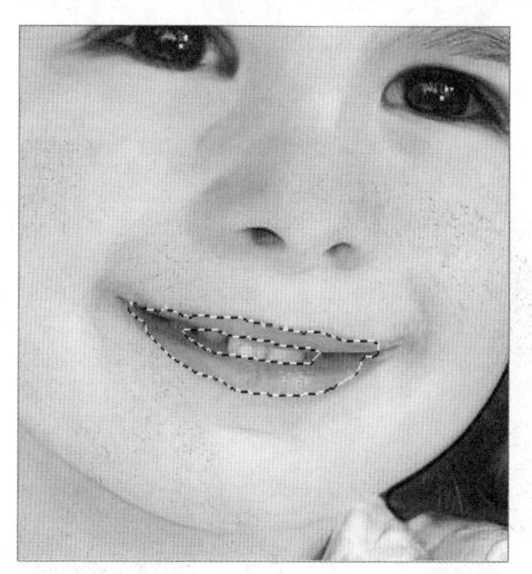

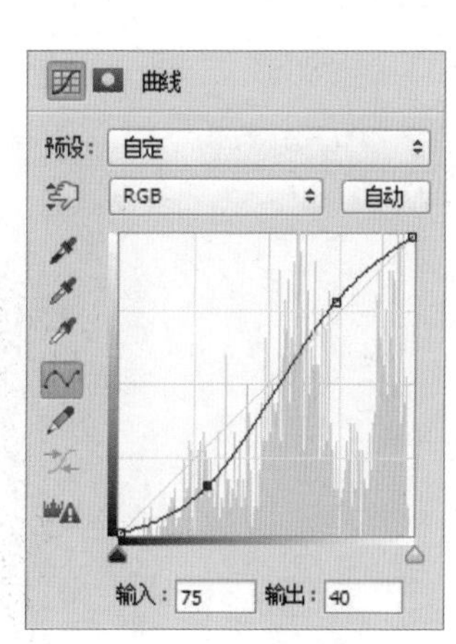

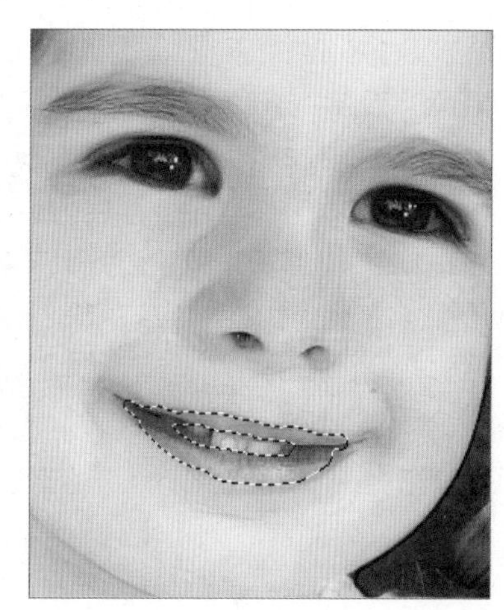

10 调整局部效果2

参照步骤9的操作，结合套索工具与“曲线”调整命令，调整人物眼睛的明暗对比效果。

11 盖印图层

选择“曲线 2”调整图层，然后按下快捷键Ctrl+Shift+Alt+E盖印图层，得到“图层 3”。

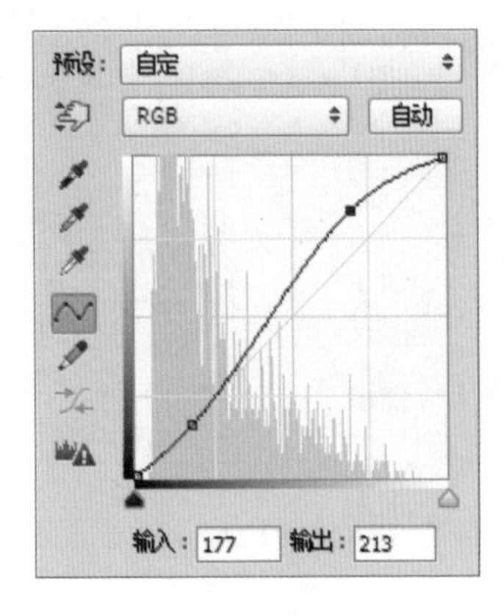

12 应用水彩滤镜

执行“滤镜→艺术效果→水彩”命令，弹出“水彩”对话框，设置“画笔细节”为12，“阴影强度”为0，“纹理”为3，设置完成后单击“确定”按钮，即可将该滤镜应用到当前图像中。在“图层”面板中，设置该图层的图层混合模式为“柔光”，“不透明度”为33%。至此，水彩画效果制作完成。

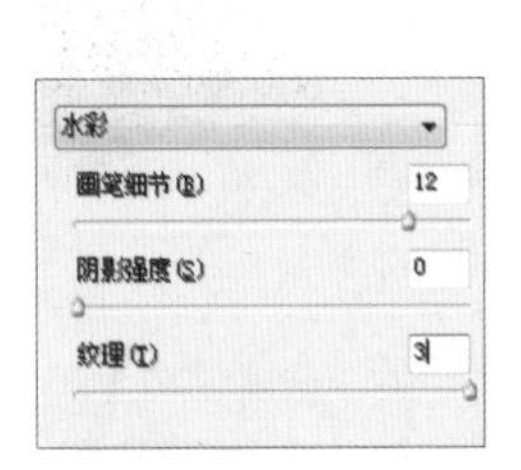

13 添加“色彩平衡”调整图层

单击“图层”面板下方的“创建新的填充或调整图层”按钮，在弹出的下拉菜单中选择“色彩平衡”命令，打开“色彩平衡”调整面板，分别调整“阴影”与“中间调”面板参数，调整图像颜色，调整完成后在“图层”面板中自动生成一个“色彩平衡1”调整图层。至此，本实例制作完成。

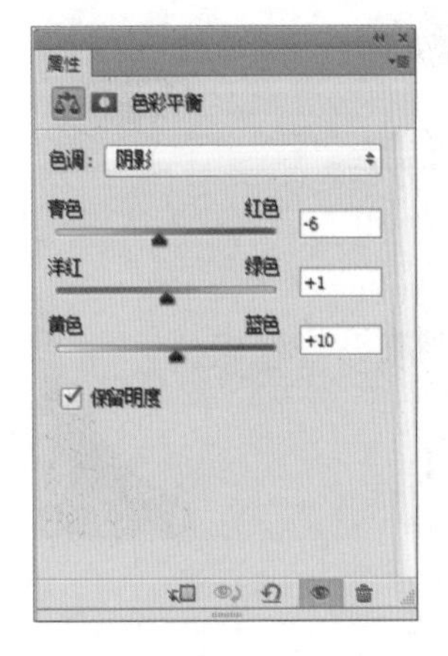

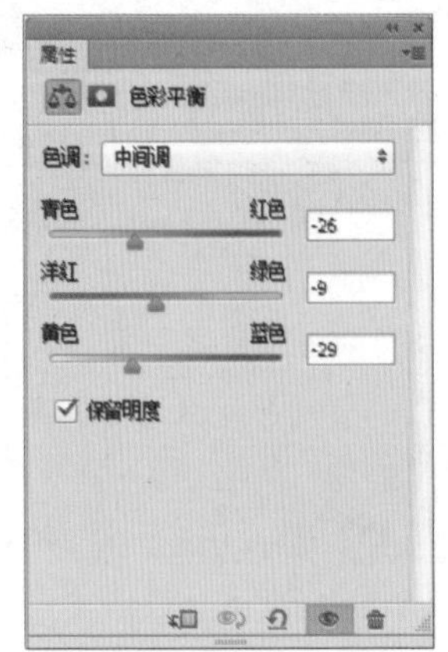

5.3 认识颜色替换工具

颜色替换工具能够简化图像中特定颜色的替换，常用于校正图像中较小区域的图像。在本小节中，将对颜色替换工具的操作方法和相关知识进行简单的介绍。

知识链接

使用其他方法制作出与颜色替换工具相同的颜色效果

在使用颜色替换工具，替换图像中对象的颜色时，可以通过在属性栏中设置相应的模式来调整其颜色叠加方式。另外，通过在“图层”面板中设置图层的图层混合模式，也可以得到相同的效果。

原图

使用颜色替换工具

设置图层混合模式为“颜色”

知识点 颜色替换工具的属性栏

在使用颜色替换工具时，首先需要了解颜色替换工具的属性栏。同其他工具一样，当单击该工具时，会显示出与之对应的属性栏，通过在该属性栏中进行设置，可以控制工具的操作。

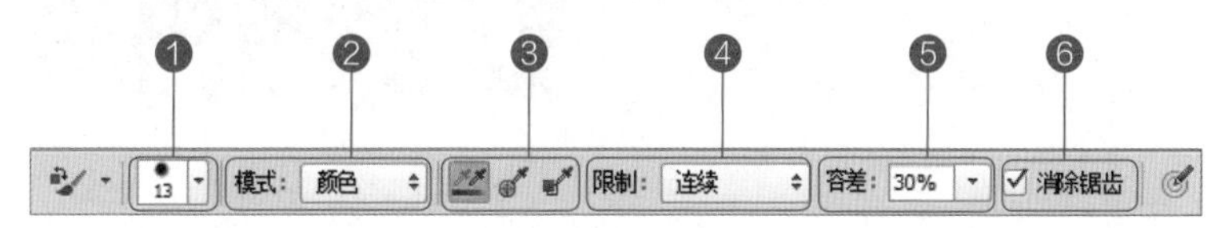

颜色替换工具的属性栏

❶“画笔”面板：单击右侧的下拉按钮，打开“画笔”面板，在该面板中，可对画笔的直径、硬度、间距、角度、圆度、大小和容差等参数进行设置。

原图

设置间距为100%

❷“模式”下拉列表框：单击右侧的下拉按钮，在打开的下拉列表框中包含4个选项，分别是色相、饱和度、颜色和明度。用于设置在使用颜色替换工具时设置替换的颜色同当前图层颜色以选择的方式层叠。

原图

模式为“色相”

模式为“颜色”

模式为“饱和度”

模式为“明度”

知识链接

使用颜色替换工具的图像模式

使用颜色替换工具替换图像颜色时，要注意不适用于“位图”“索引”或“多通道”颜色模式的图像。

专家技巧

快速将图像中其他区域的颜色替换到需要替换的位置

使用颜色替换工具替换图像中的颜色时，按住Alt键不放，可暂时切换到吸管工具，然后单击图像中任意区域，即可取样该点颜色，释放Alt键后，在图像中需要替换颜色的区域涂抹即可。

原图

围巾颜色替换为人物头发的颜色

❸ 取样工具组：在该工具组中，共包含三个工具，它们分别是连续取样工具、一次取样工具和背景色板取样工具。单击连续取样工具，可对所有颜色进行替换操作；单击一次取样工具，在图像中单击后，该点成为取样点，在图像上涂抹时，只对这一种颜色进行颜色替换；单击背景色板取样工具，以前景色替换同背景色相同的颜色。

原图

单击连续取样工具

单击一次取样工具

单击背景色板取样工具

❹“限制”下拉列表框：单击右侧的下拉按钮，在打开的下拉列表框中包含3个选项，分别是不连续、连续和查找边缘。选择“不连续”选项，可替换光标所在位置的样本颜色；选择“连续”选项，可替换与光标所在位置的颜色邻近的颜色；选择“查找边缘”选项，可替换包含样本颜色的链接区域，同时更好地保留形状边缘的锐化程度。

❺“容差”文本框：在该文本框中直接输入数值或拖拽下方的滑块，可设置替换颜色时，笔触的边缘效果。当设置较低的数值时可以替换与所单击像素非常相似的颜色，增大数值可以替换范围更广的颜色。

❻“消除锯齿”复选框：勾选该复选框，可为所校正的区域定义平滑的边缘。

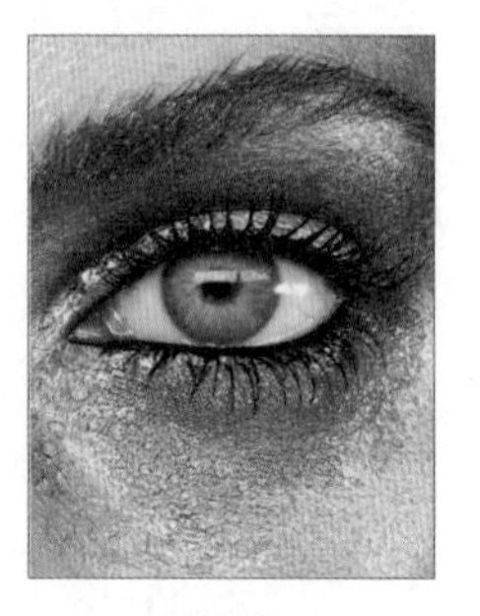

原图

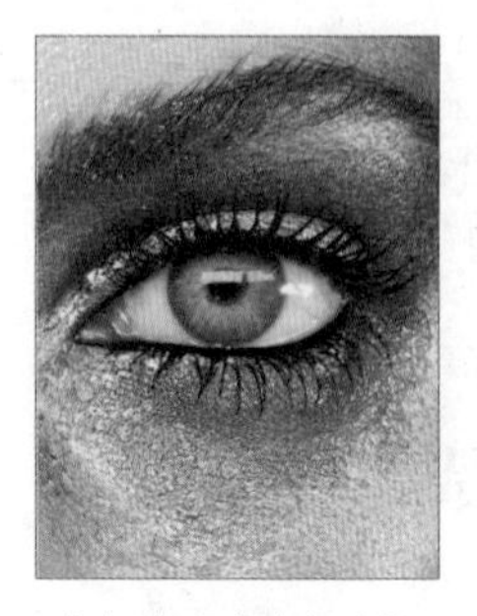

未勾选“消除锯齿”

勾选“消除锯齿”

如何做 替换部分区域的颜色

在处理图像时，根据图像效果用户可以使用颜色替换工具将图像中人物的配饰、衣服等颜色替换，制作出具有和谐颜色效果的图像，下面来介绍替换图像部分区域中的颜色的具体操作方法。

01 复制图层

执行“文件→打开”命令或按下快捷键Ctrl+O，打开附书光盘\实例文件\第5章\Media\04.jpg文件。按下快捷键Ctrl+J复制背景图层，生成“图层 1”。

02 替换人物衣服颜色

单击快速选择工具，通过单击人物衣服，将其创建为选区。在工具箱中单击“设置前景色”图标，打开“拾色器”对话框，在该对话框中设置前景色值为C0、M32、Y100、K0，然后单击颜色替换工具，在选区中进行涂抹，将该颜色替换到图像中，最后取消选区。此时，可以看到人物衣服被替换成了黄色。

03 替换枕头颜色

在工具箱中单击“设置前景色”图标，在打开的对话框中设置前景色为C18、M97、Y0、K0，然后单击颜色替换工具，在左侧的枕头部分涂抹，即可将枕头的颜色替换为当前设置的前景色颜色。

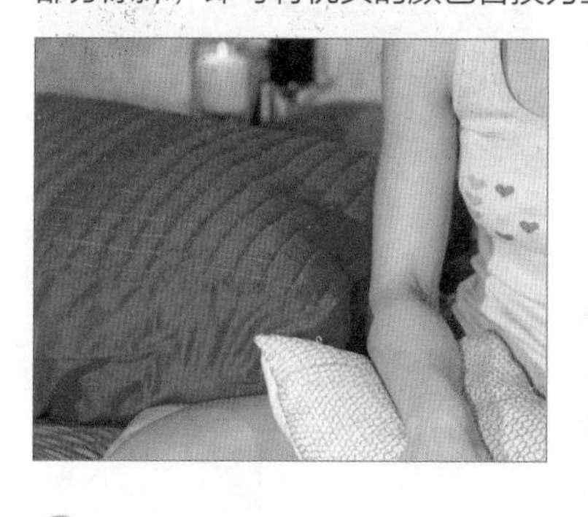

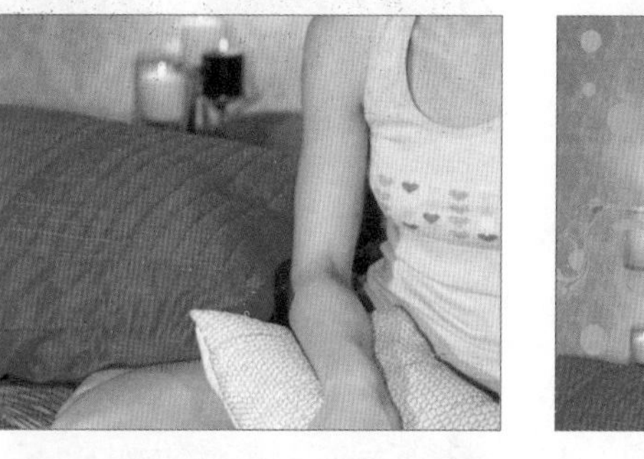

04 添加花纹

打开附书光盘\实例文件\第5章\Media\05.png文件，添加到原图像中，生成“图层 2”。

05 设置图层混合模式

在“图层”面板中，设置“图层 2”的图层混合模式为“线性加深”，使花纹图像和人物背景图像相叠加。至此，本实例制作完成。

5.4 修饰工具组

修饰工具组中的工具包括模糊工具、涂抹工具和锐化工具，它们的主要作用是在处理图像时对图像进行修饰。在本小节中，将对修饰工具的操作方法和相关知识进行介绍。

设置不同模糊模式的不同效果

在对部分区域进行模糊操作时，可通过在属性栏中设置不同的模糊模式得到不同的模糊效果，其中效果最为明显的是“变暗”“变亮”和“明度”效果。

原图

设置为“变暗”模式

设置为“变亮”模式

设置为“明度”模式

知识点 认识修饰工具

使用修饰工具可以对图像进行修饰，例如模糊杂点、液化图像、锐化图像的局部区域等，下面将介绍使用这些工具的效果。

1. 模糊工具

使用模糊工具可以对图像中的硬边缘进行模糊处理，从而使整个画面中的对象轮廓显得更柔和。单击该工具后，直接在需要修饰的部分涂抹即可。

原图

模糊背景图像突出主体人物

2. 涂抹工具

涂抹工具可以涂抹图像中的数据，使图像呈现出水彩画的效果。单击该工具后，设置适当的笔触大小，直接在图像中涂抹，即可在拖拽后的区域制作出水彩画效果。

原图

涂抹制作手绘效果

3. 锐化工具

锐化工具可以锐化图像中的柔边缘，使图像中模糊的区域锐化效果加强，图像边缘更清晰。单击该工具后，设置适当的笔触大小，直接在图像中涂抹，即可使涂抹的区域锐化。

原图

锐化图像部分模糊区域

如何做 运用修饰工具修饰图像

在修饰图像时，可以根据需要使用不同的修饰工具修饰图像的不同区域，使图像具有艺术效果，下面就来介绍使用修饰工具组中的工具修饰图像的操作方法。

01 复制图层

打开附书光盘\实例文件\第5章\ Media\06.jpg文件，然后按下快捷键Ctrl+J，复制背景图层到“图层 1”中。

02 调整图像亮度

执行“图像→调整→亮度/对比度”命令，在弹出的对话框中设置“亮度”参数为27，单击“确定”按钮，调整图像亮度。

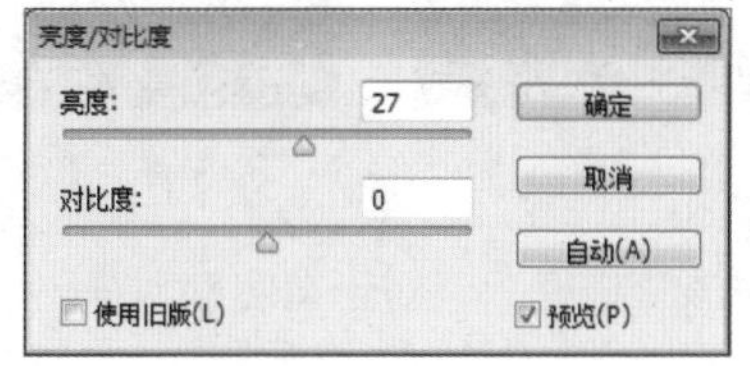

03 模糊与锐化图像

单击模糊工具，在其属性栏中设置“画笔大小”为810像素，然后在图像远景处涂抹，并随时调整笔触大小，制作出模糊的图像效果。单击锐化工具，设置属性栏参数，在切开的橘子上涂抹，使图像显示更突出。至此，本实例制作完成。

专栏 了解修饰工具组的属性栏

前面已经对修饰工具组的操作方法和相关知识有了一定的了解，要更加快速、方便地掌握这些工具的使用效果，需要进一步了解修饰工具组的属性栏。

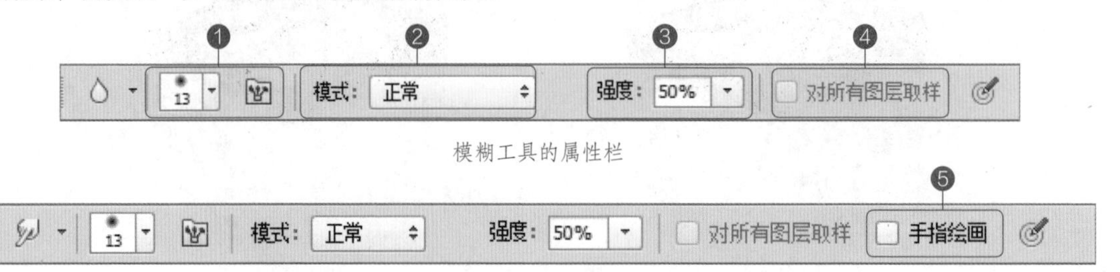

模糊工具的属性栏

涂抹工具的属性栏

❶“画笔”面板：单击右侧的切换画笔面板按钮，在打开的面板中，可设置画笔的直径、硬度、间距、角度和圆度等参数。

❷“模式”下拉列表框：单击右侧的下拉按钮，在打开的下拉列表框中可设置模糊工具在图像中应用时，与下层图像的显示效果，其中包括正常、变暗、变亮、色相、饱和度、颜色和明度。

❸“强度”文本框：通过在文本框中直接输入数值或拖拽下方的滑块，设置使用模糊工具时的笔触的强度大小。

原图

强度为30%

强度为50%

强度为100%

❹“对所有图层取样”复选框：勾选该复选框，可对所有图层取样；取消该复选框的勾选，只对当前图层进行取样。

❺“手指绘画”复选框：勾选“手指绘画”复选框，可在使用涂抹工具处理图像时，模拟出好像手指绘画的效果。

原图

勾选“手指绘画”复选框

未勾选“手指绘画”复选框

Part 02

深入篇 >>>

- Chapter 06 | 绘制图像
- Chapter 07 | 文本和路径的应用
- Chapter 08 | 选区与图层的应用
- Chapter 09 | 图像调整与修正的进阶应用

Chapter

06

绘制图像

本章主要介绍了绘制图像要用到的工具和一些操作命令，帮助用户理解绘制工具的使用方法，懂得在实际操作中如何更好地应用。

6.1 绘图工具

绘图工具是Photoshop中十分重要的工具，主要包括两种工具，画笔工具和铅笔工具，通过设置可以模拟出各种各样的笔触效果，从而绘制出各种图像效果。下面我们就来学习如何应用绘图工具绘制图像。

知识点 绘图工具的属性栏

绘图工具包括画笔工具和铅笔工具两种，在属性栏上可以根据需要设置不同的参数，以绘制出不同的效果。下面就来分别介绍这两个工具的属性栏。

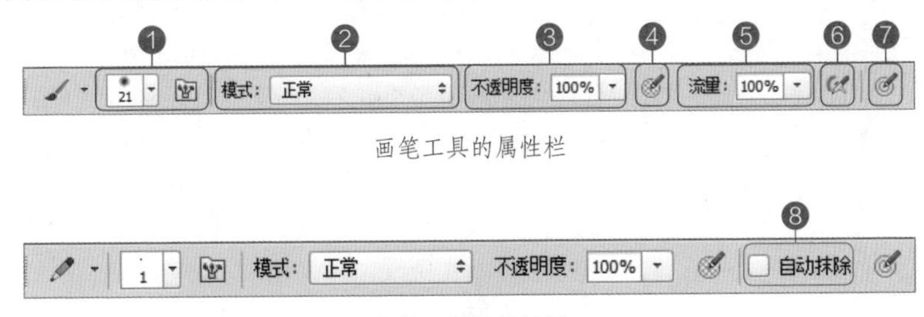

画笔工具的属性栏

铅笔工具的属性栏

❶“画笔”面板：单击右侧的切换画笔面板按钮，将会弹出“画笔”面板，在此面板中可以进行各项设置。

❷“模式”下拉列表框：单击右侧的下拉按钮，在打开的下拉列表框中可以选择在绘图时笔触与画面的混合模式，包括正片叠底、线性加深、柔光、点光和明度等模式。

❸“不透明度”文本框：拖动下方的滑块，可以对画笔的不透明度进行设置，其取值范围在1%~100%之间，设置的数值越低，画笔的透明度越高。也可以通过在文本框中直接输入数值来进行精确设置。

❹使用绘图板时，激活该按钮可以通过绘图板压力控制不透明度。

❺“流量”文本框：拖动下方的滑块，可以设置画笔在进行绘制时的压力大小，其取值范围在1%~100%之间。设置的流量值越小，画出的颜色越浅；设置的流量值越大，画出的颜色越深。也可以通过在文本框中直接输入数值来进行精确设置。

❻“喷枪”按钮：单击此按钮可以启用喷枪功能，在启用此功能的情况下进行绘制，线条会因光标在画面上停留的时间而变化，时间越长则线条越粗。

❼使用绘图板时，激活该按钮可以通过绘图板压力控制流量大小。

❽“自动抹除”复选框：在设置好需要的前景色和背景色的情况下，勾选此复选框，然后在图案上拖拽鼠标。如果涂抹的部分与前景色相同，则该区域会被抹为背景色；如果涂抹的部分与前景色不同，则以前景色进行绘制。

如何做 用画笔工具和铅笔工具绘制图像

画笔工具和铅笔工具都属于绘图工具，用户通过设置不同的参数可以绘制出不同的图像效果。下面就来介绍如何使用画笔工具和铅笔工具来绘制图像。

01 新建图像

按下快捷键Ctrl+N，在弹出的“新建”对话框中设置各项参数，完成后单击“确定”按钮。

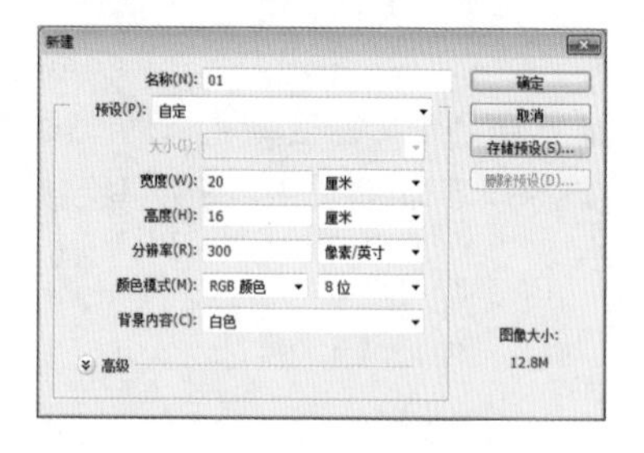

02 绘制雪人头部底色

新建“图层 1”，单击椭圆选框工具，在画面上创建椭圆选区，并设置前景色为R117、G167、B190，按下快捷键Alt+Delete，将选区填充为前景色。

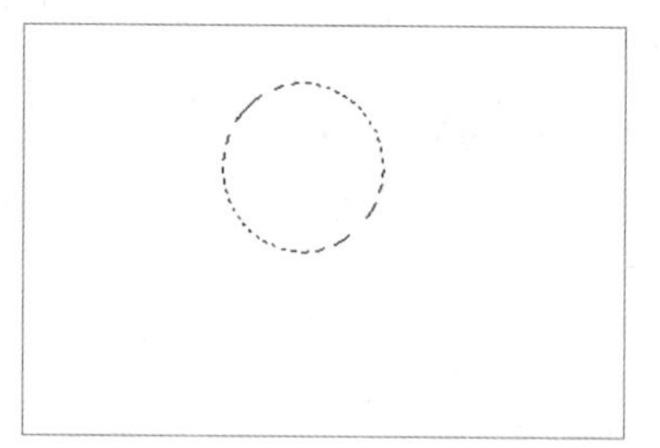

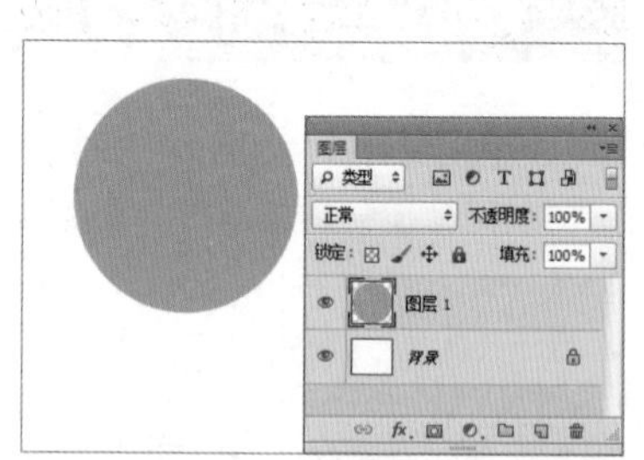

03 绘制头部高光和中间色

复制“图层 1”为“图层 1 副本”，单击画笔工具，设置画笔为“柔角300像素”，再设置前景色为白色，然后在画面中间位置进行涂抹。设置前景色为R156、G220、B253，然后使用画笔工具在圆形的左边进行绘制。

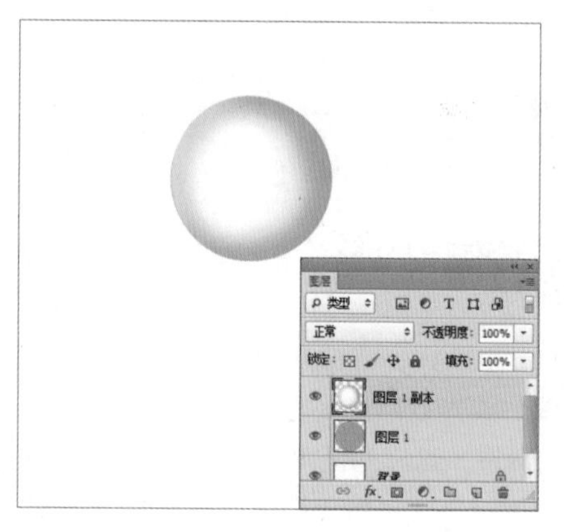

04 绘制雪人身体

复制“图层 1 副本”为“图层 1 副本 2”并将其调整至“图层 1 副本”之下，然后按下快捷键Ctrl+T适当调整其大小和位置。

05 绘制帽檐

新建“图层 2”，然后分别设置前景色为R239、G213、B38和R255、G250、B180，同样使用画笔工具绘制帽檐图像。继续新建“图层 3”，采用相同的方法绘制雪人帽冠。

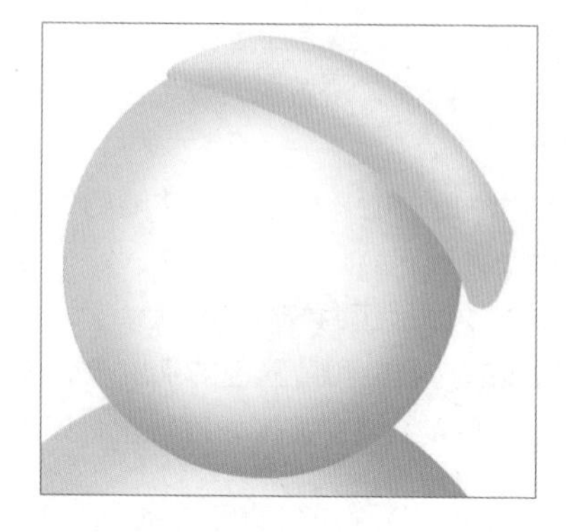

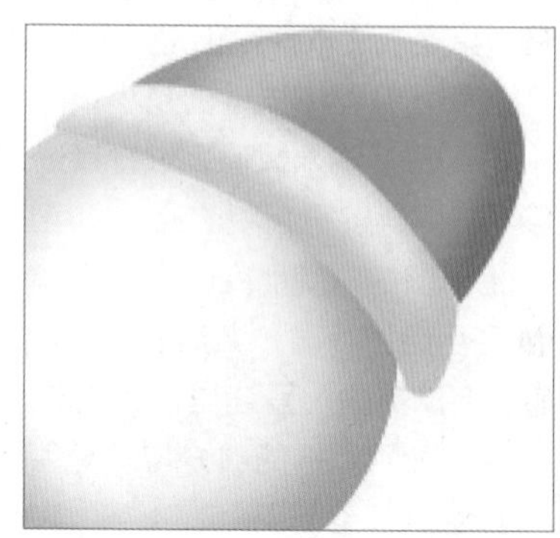

06 绘制条纹图案

新建“图层 4”，设置前景色为R190、G33、B160，使用铅笔工具在帽冠图像上绘制条纹图案。

07 绘制帽尾

使用同前面相同的方法，分别新建“图层 5”和“图层 6”，结合铅笔工具和画笔工具绘制帽尾部分的图像。

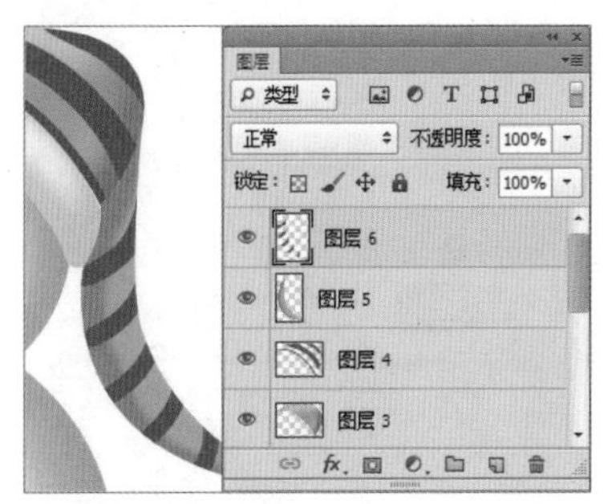

08 绘制绒球

新建“图层 7”，设置前景色为R225、G168、B214，单击画笔工具，设置画笔为“柔角300像素”，在帽尾后绘制绒球。

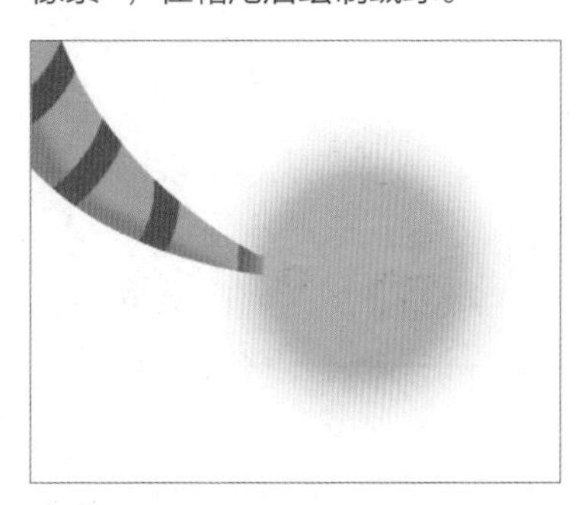

09 绘制绒球高光

设置前景色为R254、G228、B249，使用画笔工具在绒球中间单击绘制高光效果。

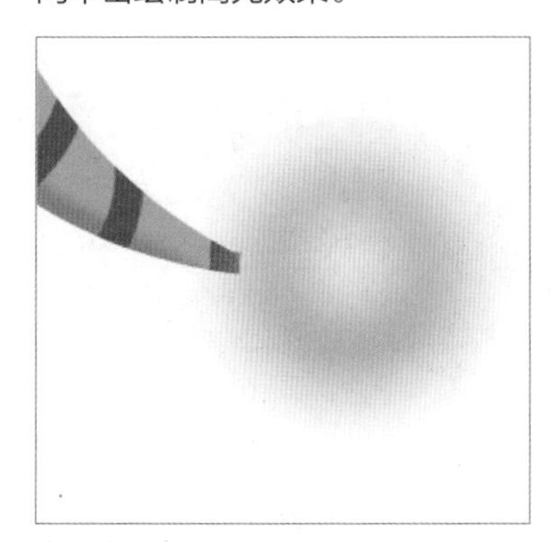

10 绘制雪人鼻子

使用同样的方法，新建“图层 8”，使用钢笔工具在图像上绘制路径，完成后按下快捷键Ctrl+Enter键，将路径转换为选区，填充选区颜色为深红色，绘制雪人鼻子图像效果。

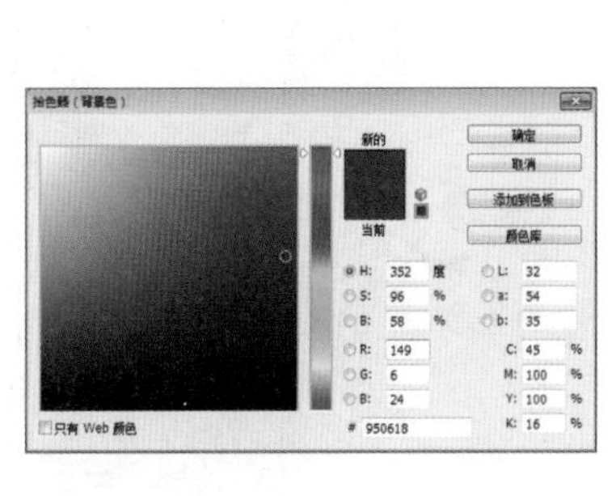

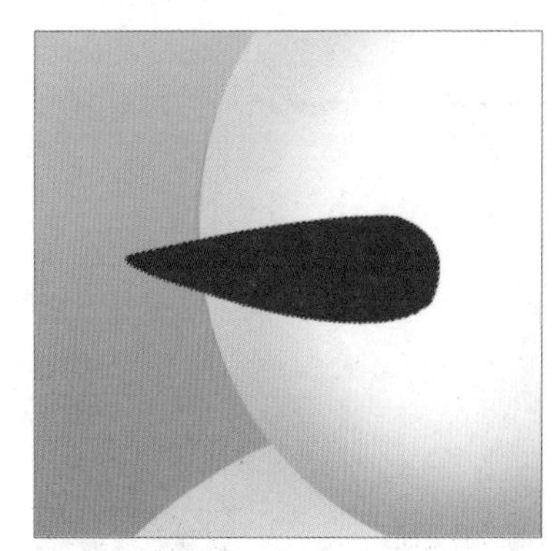

11 绘制鼻子高光

保持选区新建“图层 9”，设置前景色为R237、G82、B102，使用画笔工具在雪人鼻子图像的下方进行适当的涂抹，绘制高光效果。

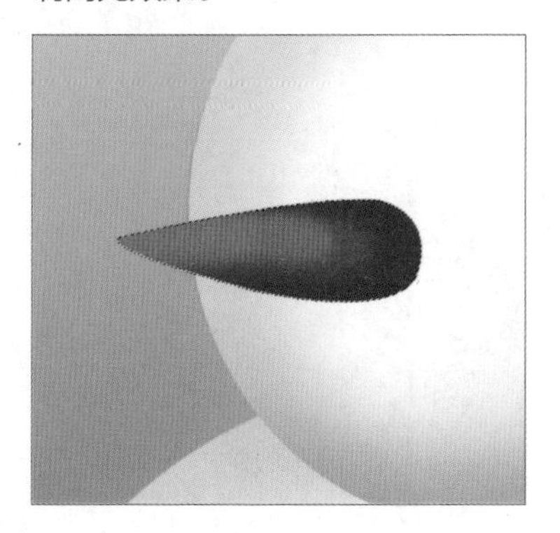

12 绘制雪人五官

保持选区新建“图层 10”，选择尖角笔刷在雪人鼻子上绘制红色线条，绘制雪人褶皱效果，完成后按下快捷键Ctrl+D取消选区。继续新建多个图层，结合画笔工具在图像上绘制雪人的眼睛与嘴巴。

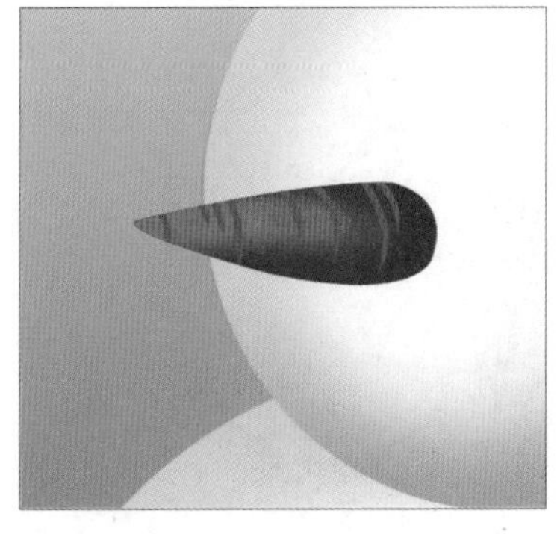

13 绘制蓝色围巾

新建“图层 12”，画笔工具绘制蓝色围巾图像，适当调整画笔的颜色绘制出高光立体效果。

14 绘制条纹图案

使用同前面相同的方法，分别新建“图层 13”结合铅笔工具和画笔工具绘制围巾条纹部分的图像。

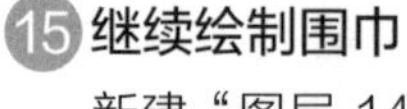

15 继续绘制围巾

新建“图层 14”“图层 15”采用相同的方法绘制围巾图像。

16 绘制围巾底部

新建“图层 16”，结合铅笔工具和画笔工具绘制围巾底部图像。

17 制作雪人主体图像

使用同样的方法，分别新建多个图层，结合铅笔工具和画笔工具绘制雪人的五官、围巾、手和纽扣等，完成雪人主体图像的绘制，并根据需要设置适当的图像效果。

18 绘制投影效果

在“背景”图层上面新建“图层 22”，设置前景色为R10、G45、B69，使用画笔工具在雪人图像的下方进行适当的涂抹，绘制投影效果。

19 制作渐变背景和雪花图像

新建“图层 23”并将其拖拽至“图层 22”下，单击渐变工具，在“渐变编辑器”对话框中从左到右设置颜色为R11、G77、B128和R141、G235、B255，进行从下到上的线性渐变填充。新建“图层 24”并置于顶层，设置前景色为白色，使用画笔工具并选择较软的笔刷，在画面上单击绘制雪花图像。至此，本实例制作完成。

高手训练营 为黑白照片上色

通过前面的学习，我们已经对绘图工具有了一定程度的了解，知道了如何使用绘图工具绘制图像，下面就来学习如何使用画笔工具来为黑白人物图像上色。在为黑白人物上色时，注意混合模式的调整，让颜色效果更自然。

01 打开图像文件

按下快捷键Ctrl+O，打开附书光盘\实例文件\第6章\Media\黑白人物.jpg文件，再新建“图层 1”。

02 选择画笔

单击画笔工具，并在“画笔”面板中设置参数。

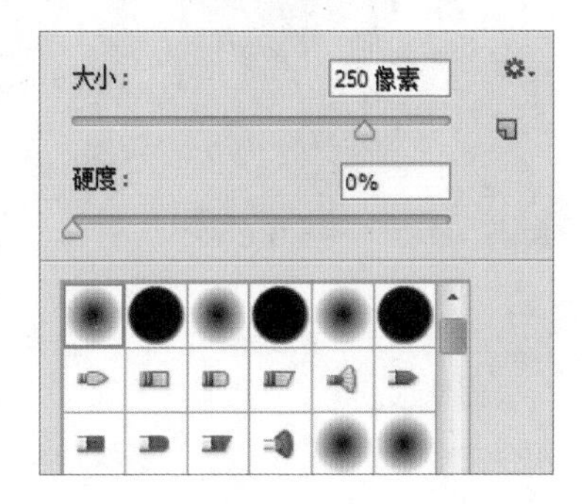

03 绘制人物头发颜色

设置前景色为R255、G228、B0，使用画笔工具在人物头发部分涂抹，绘制头发的颜色。结合图层蒙版，隐藏部分图像色调。

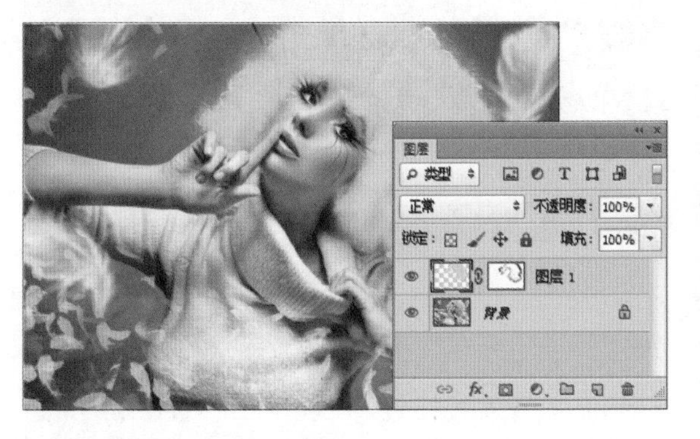

04 设置图层混合模式

设置“图层 1”的图层混合模式为“颜色”，设置“不透明度”为90%，使人物头发颜色过度自然。

05 绘制人物皮肤颜色

新建“图层 2”，设置前景色为R255、G218、B194，使用画笔工具在人物皮肤部分涂抹，绘制皮肤的颜色。结合图层蒙版，隐藏部分图像色调后，设置其图层混合模式为“颜色”。复制该图层，并设置其“图层混合模式”为叠加，“不透明度”为20%。

06 绘制人物唇部颜色

新建“图层 3”，设置前景色为R255、G38、B99，使用画笔工具然后在人物的唇部进行涂抹，为其上色。设置该图层的“图层混合模式”为柔光。

07 绘制人物腮红颜色

新建“图层 4”，设置前景色为R255、G89、B112，使用画笔工具在人物的面部进行涂抹，绘制人物腮红的颜色。

08 设置图层混合模式

设置该图层的“图层混合模式”为变亮，“不透明度”为60%，使人物腮红颜色过渡自然。

09 为人物的眉毛和眼睛上色

新建多个图层，设置前景色为黑色，使用画笔工具，在人物的眉毛和和眼睛周围进行涂抹，为其上色。

10 设置图层混合模式

设置“图层 5”和“图层 6”的图层混合模式为“柔光”，设置“图层 5”的“不透明度”为55%，使人物眼部颜色过渡自然。

11 添加调整图层

设置前景色为R0、G240、B255，单击“创建新的填充或调整图层”按钮，在弹出的快捷菜单中选择“纯色”命令。然后结合图层蒙版、画笔工具和“图层混合模式”调整图像色调，并创建剪贴蒙版。

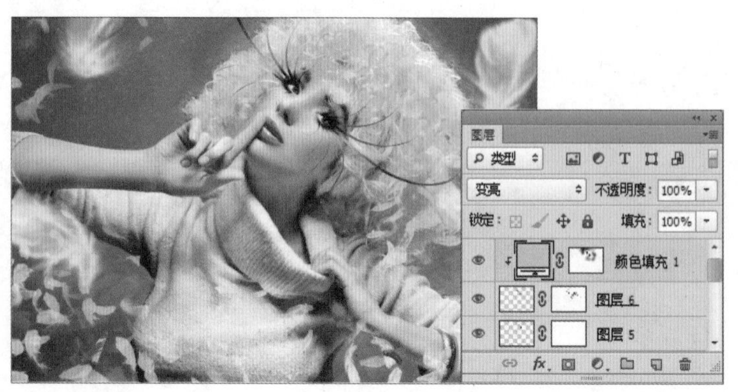

12 为人物眼皮上色

新建“图层 7”，结合Ctrl++放大人物图像，单击画笔工具，设置画笔大小为80像素。设置前景色为R0、G255、B246，然后在人物的眼皮部分进行涂抹。使用相同的方法，新建“图层 8”，并设置前景色为R255、G210、B0，继续在人物的眼皮部分涂抹。

13 设置图层混合模式

设置“图层 7”和“图层 8”的图层混合模式为“正片叠底”，使人物眼睛部分的颜色自然过渡。

14 为人物的指甲上色

设置前景色为R201、G11、B111，调整画笔大小为20像素，在人物的指甲部分涂抹，设置其图层混合模式为“叠加”，为人物指甲上色。

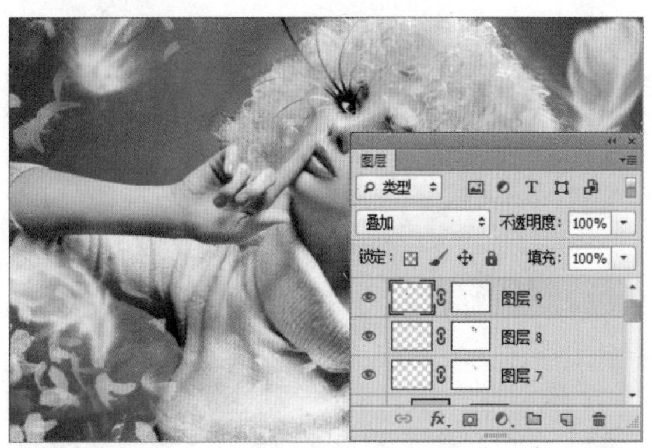

15 为人物衣服上色

新建“图层 10”，调整画笔大小为300像素，设置前景色为R73、G250、B241，在人物衣服部分涂抹。

16 设置图层混合模式

在“图层”面板中设置“图层 10”的图层混合模式为“线性加深”，设置“不透明度”为20%。使人物衣服颜色呈现自然效果。

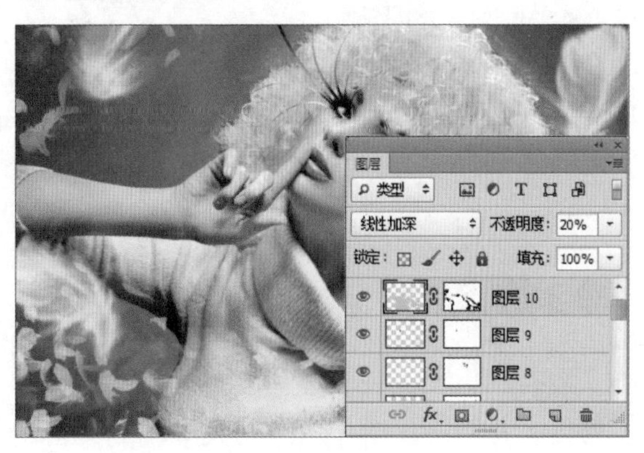

17 绘制人物背景图像

新建“图层 11”，调整画笔大小为800像素，设置前景色为R35、G197、B189，在人物背景图像上进行涂抹。

18 设置图层混合模式

设置“图层 11”的图层混合模式为“叠加”，设置“不透明度”为70%。使背景图像自然融合。

19 合并可见图层并调整

按下快捷键Ctrl+Shift+Alt+E合并可见图层，生成“图层 12”。打开“通道”面板，在其中选择“红”通道，然后按住Ctrl键单击该通道，将其载入选区。

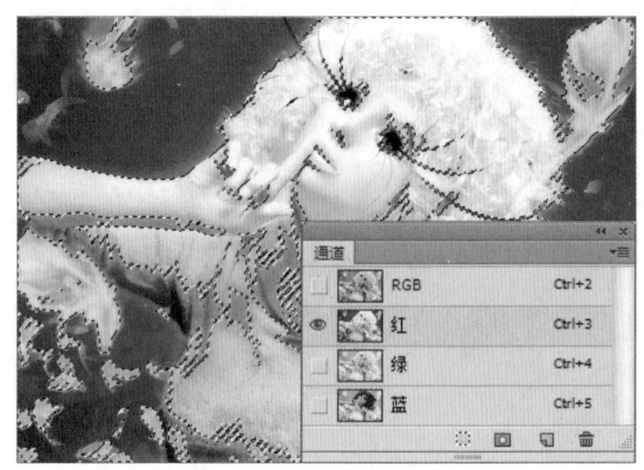

20 填充选区并调整

返回“图层”面板，新建“图层 13”，为选区填充白色。结合图层蒙版和画笔工具隐藏部分图像色调，设置图层混合模式为“滤色”，设置“不透明度”为35%，以提亮人物肤色。至此，本实例制作完成。

6.2 认识历史记录艺术画笔

历史记录艺术画笔工具可以用来对图像进行艺术化效果的处理，此工具可以将普通的图像处理为特殊笔触效果的图像。通过不同笔触的选择，可以模拟出水彩画、油画等效果，下面我们就来对此工具进行详细介绍。

知识点 历史记录艺术画笔工具属性栏

在历史记录艺术画笔工具属性栏上设置不同的参数，可以绘制出不同效果的图像，下面对此工具的属性栏进行详细介绍。

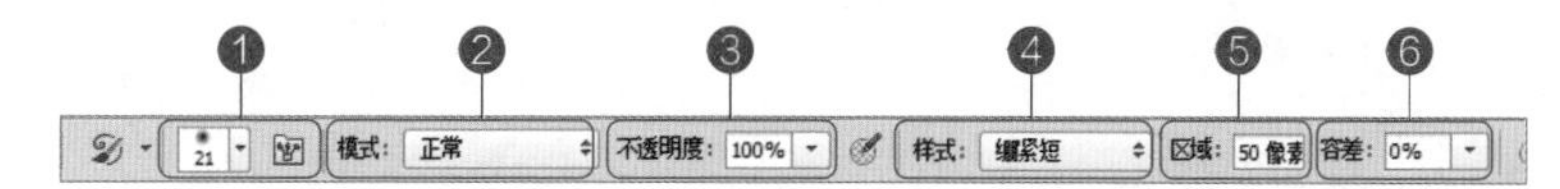

历史记录艺术画笔工具的属性栏

❶“画笔”面板：单击右侧的切换画笔面板按钮，将会弹出“画笔”面板，在此面板中可以进行“主直径”“硬度”的设置，并可以选择和载入各种需要的笔触。

❷“模式”下拉列表框：单击右侧的下拉按钮，在打开的下拉列表框中可以选择在绘制图像时笔触与画面的混合模式，共包括“正常”“变暗”“变亮”“色相”“饱和度”“颜色”和“明度”7个选项。

❸“不透明度”文本框：通过拖动下方的滑块，可以对画笔的不透明度进行调整，设置的数值越低，画笔的透明度就越高。也可以通过在文本框中直接输入数值来进行精确设置，其取值范围在1%~100%之间。

❹“样式”下拉列表框：根据图像绘制效果的需要，在此下拉列表框中选择不同的选项，可以产生不同的笔触效果，从而制作出不同风格的图像效果。

❺“区域”文本框：用于设置画笔的笔触区域，其取值范围在0px~500px之间。设置的数值越小，其笔触的应用范围越窄；设置的数值越大，则笔触的应用范围越广。

区域为0px

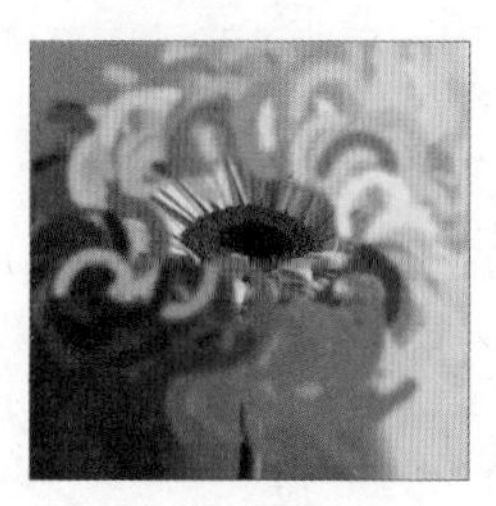

区域为200px

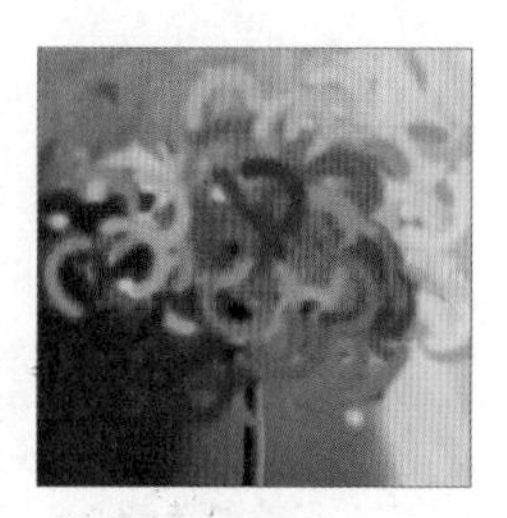

区域为500px

❻“容差”文本框：通过拖动下方的滑块或在文本框中直接输入数值调整笔触应用的间隔范围，其取值范围在0~100%之间。设置的数值越小，笔触就表现得越细腻。

知识链接

“样式”列表中的不同笔触效果

在历史记录艺术画笔工具属性栏上的“样式”下拉列表框中有10种样式可供选择，分别是“绷紧短”“绷紧中”“绷紧长”“松散中等”“松散长”“轻涂”“绷紧卷曲”“绷紧卷曲长”“松散卷曲”和“松散卷曲长”，选择不同的样式类型，可以绘制出不同笔触和风格的图像。

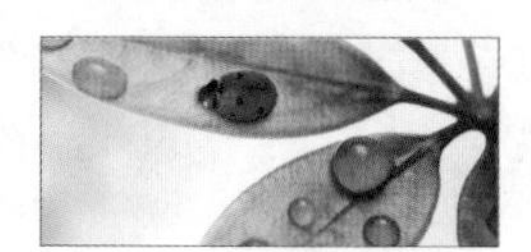

原图

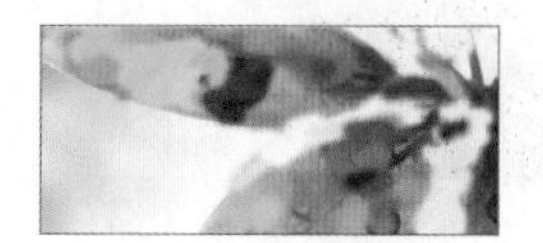

绷紧短

绷紧长

松散长

绷紧卷曲

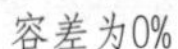

容差为0%

容差为40%

容差为80%

如何做 制作水彩画

前面已经介绍了历史记录艺术画笔工具的属性栏，使大家对此工具的作用有了简单的了解，下面来具体学习如何使用此工具为普通图像制作出水彩画的效果。

01 打开图像文件

按下快捷键Ctrl+O，打开附书光盘\实例文件\第6章\Media\01.jpg文件。按下F7键，打开“图层”面板。

02 设置画笔属性并绘制主体物

复制“背景”图层为“背景 副本”图层，然后单击历史记录艺术画笔工具，在属性栏上设置画笔为“柔角50像素”，设置“不透明度”为50%，“样式”为“绷紧短”，“区域”为0px，“容差”为50%，然后在画面上的马、人和跨栏上进行涂抹。

03 绘制天空和草地图像

按下快捷键Shift+Ctrl+Alt+E，盖印图层，生成“图层 1”，在属性栏上设置“样式”为“绷紧长”，“区域”为50px，然后在天空图像上进行涂抹。完成后再次盖印一个图层，生成“图层 2”，更改“样式”为“轻涂”，在草地图像上进行适当涂抹。

04 盖印图层并设置混合模式

盖印图层生成“图层 3”，设置图层混合模式为“正片叠底”“不透明度”为55%“填充”为64%。至此，本实例制作完成。

6.3 认识加深和减淡工具

加深工具和减淡工具都可以用来修饰图像，两者主要通过调节图像的曝光度使图像变亮或是变暗，也可以为平面图形制作出立体化效果，下面我们就来对这两个工具进行详细介绍。

知识链接

通过设置曝光度灵活掌握加深或减淡工具

在加深工具和减淡工具的属性栏上都可以设置“曝光度”选项。在对这两种工具不是特别熟悉的情况下建议先设置较低的曝光度。如果觉得加深或减淡的效果不够，可以进行多次涂抹或适当增大曝光度，就能避免加深或减淡过度的情况出现。

原图

减淡过度

减淡适当

知识点 加深和减淡工具的属性栏

用户可以在加深工具和减淡工具的属性栏上分别设置需要改变的图像的暗部区域、中间范围或是亮部区域，也可以通过设置不同的曝光度对图像进行修饰。在使用这两种工具时，涂抹的次数越多，加深或减淡的效果越明显。这两种工具属性栏上的选项都是相同的，下面介绍各个选项的具体作用。

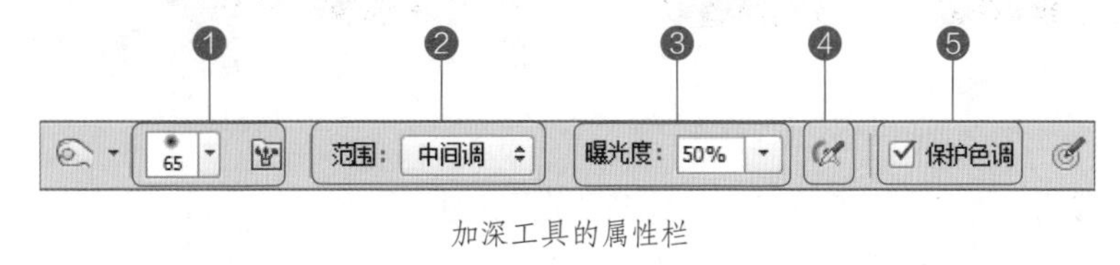

加深工具的属性栏

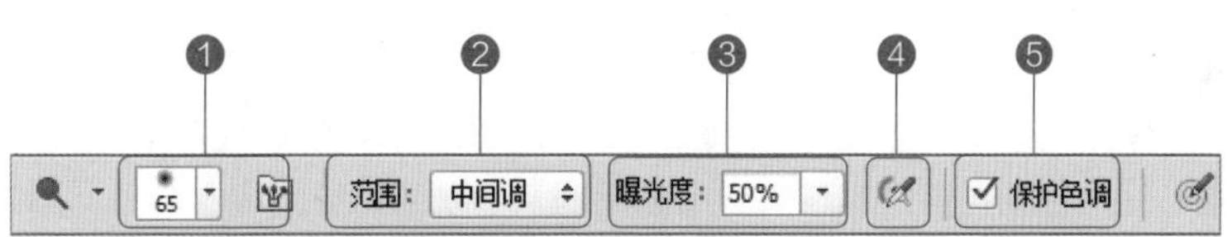

减淡工具的属性栏

❶“画笔”面板：此面板和前面介绍的画笔工具中的“画笔”面板相同，单击右侧的按钮，将会弹出“画笔”面板，在该面板中可以对“大小”“硬度”等进行设置，并可以选择和载入各种需要的笔触。

❷“范围”下拉列表框：在此下拉列表框中选择相应的选项，可以精确选择加深或减淡图像的具体范围，以便对图像进行比较细致的修饰。在此下拉列表中共包括3个选项，分别是“阴影”“中间调”和“高光”。选择“阴影”选项时，会对画面中暗部区域的像素进行更改；选择“中间调”选项时，会对画面中中间色调的像素进行更改；选择“高光”选项时，则会对画面中亮部区域的像素进行更改。

加深工具：阴影

减淡工具：阴影

加深过度

加深适当

加深工具：中间调

减淡工具：中间调

加深工具：高光

减淡工具：高光

❸“曝光度”文本框：在使用加深工具或减淡工具时可以调整曝光度的大小，其取值范围在1%~100%之间。设置的曝光度数值越大，其加深或减淡的效果越明显。

❹“喷枪”按钮：单击此按钮可以启用喷枪功能，同前面介绍的画笔工具的“喷枪”功能相似，在启用此功能的情况下光标在画面上停留的时间越长，则加深或减淡的效果越明显。

❺“保护色调”复选框：勾选此复选框，可以在保护图像原有色调和饱和度的同时加深或减淡图像。

如何做 对图像进行加深和减淡

在加深工具和减淡工具的属性栏上通过设置不同的参数，可以为图像设置合适的加深或减淡效果，下面就来介绍如何对图像进行加深和减淡的操作。

01 打开图像文件

执行“文件→打开”命令，打开附书光盘\实例文件\第6章\Media\02.jpg文件。按下F7键，打开“图层”面板。

02 减淡人物的皮肤

按下快捷键Ctrl+J，复制“背景”图层，生成“图层 1”。单击减淡工具，在属性栏上设置画笔为“柔角50像素”，设置“范围”为“中间调”，设置“曝光度”为39%，并勾选“保护色调”复选框，然后在画面上人物的皮肤处进行适当涂抹，使人物的皮肤看上去更自然。

03 加深人物的头发

按下快捷键Ctrl+J，复制“图层 1”，得到“图层 1 副本”。单击加深工具，在属性栏上设置画笔为“柔角100像素”“范围”为“中间调”“曝光度”为33%，并勾选“保护色调”复选框，然后在人物头发处进行适当的涂抹，加深图像。

04 加深背景边缘

复制“图层 1 副本”为“图层 1 副本 2”图层。继续使用加深工具，在属性栏上设置画笔为“柔角100像素”“范围”为“中间调”“曝光度”为33%，在画面周围涂抹，加深背景图像。至此，本实例制作完成。

如何做 添加自然过渡色效果

加深工具和减淡工具的属性栏上都有“保护色调”复选框，选择勾选此复选框，可以在保护图像原有色调和饱和度的同时加深或减淡图像，使图像色调在经过加深或减淡处理后不会损伤其原有色调。下面我们就来介绍使用保护色调功能的具体操作方法。

01 新建图像文件

按下快捷键Ctrl+N，在弹出的“新建”对话框中设置各项参数，完成后单击“确定”按钮，新建一个图像文件。

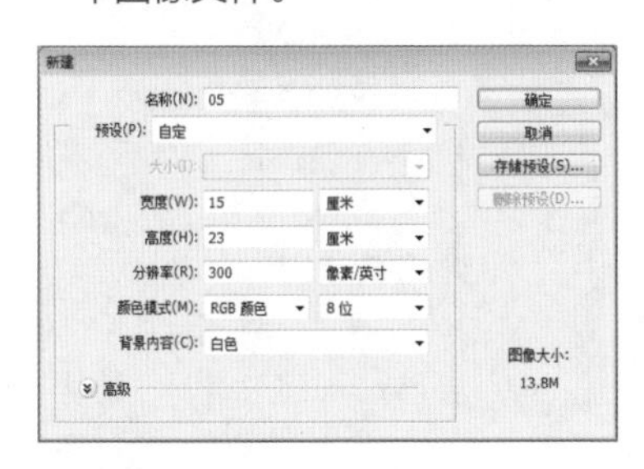

02 制作酒瓶外形

新建“图层 1”，单击钢笔工具，在画面上绘制酒瓶的轮廓路径，按下快捷键Ctrl+Enter将路径转换为选区，设置前景色为R216、G214、B226，按下快捷键Alt+Delete将选区填充为前景色。

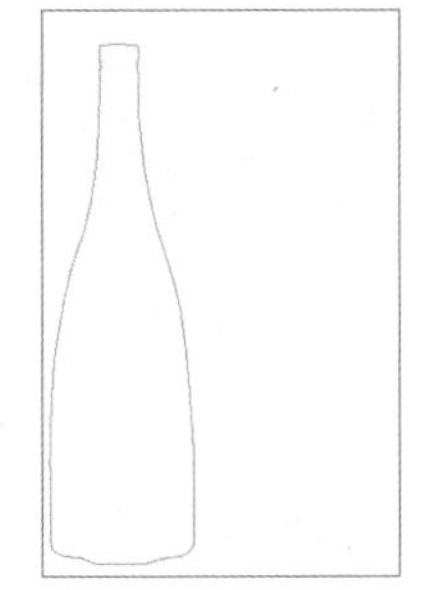

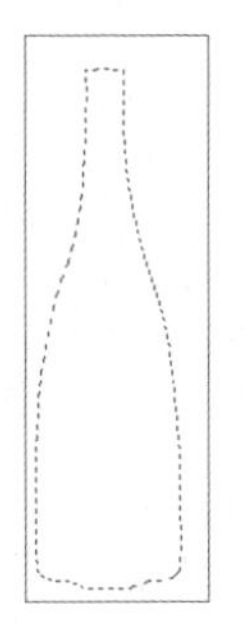

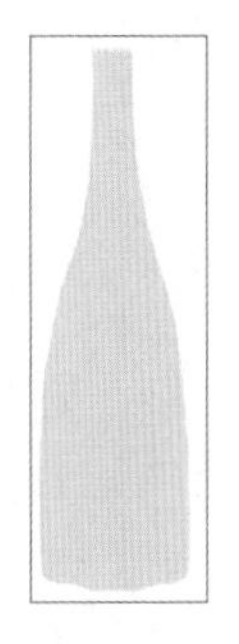

03 加深边缘

复制“图层 1”为“图层 1 副本”，单击加深工具，在属性栏上设置画笔为“柔角150像素”“范围”为“中间调”“曝光度”为50%，并勾选“保护色调”复选框，然后在酒瓶边缘部分进行适当的涂抹，适当加深图像。

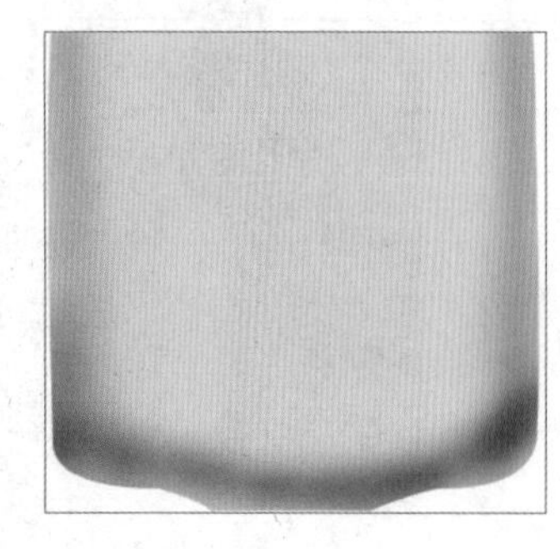

04 复制图层

选择“图层 1 副本”图层，然后将其拖拽至“创建新图层”按钮上进行复制，得到“图层 1 副本 2”图层。

05 减淡图像

单击减淡工具，设置画笔为“柔角300像素”，设置“范围”为“高光”“曝光度”为20%，并勾选“保护色调”复选框，在酒瓶中间进行涂抹，适当减淡图像，制作出瓶身的亮部效果。

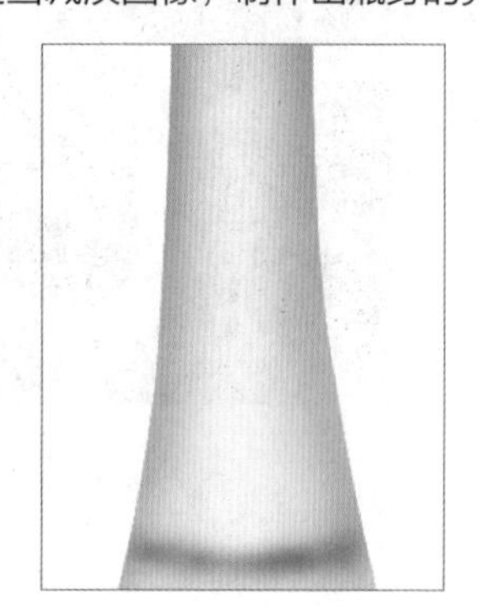

06 制作酒瓶剩余部分

使用同样的方法，使用加深工具或者减淡工具制作出酒 瓶剩余部分的图像效果。

07 绘制矩形选区

单击“创建新图层”按钮，新建“图层 6”，单击矩形选框工具，在画面右侧从上到下拖拽鼠标，创建一个矩形选区。

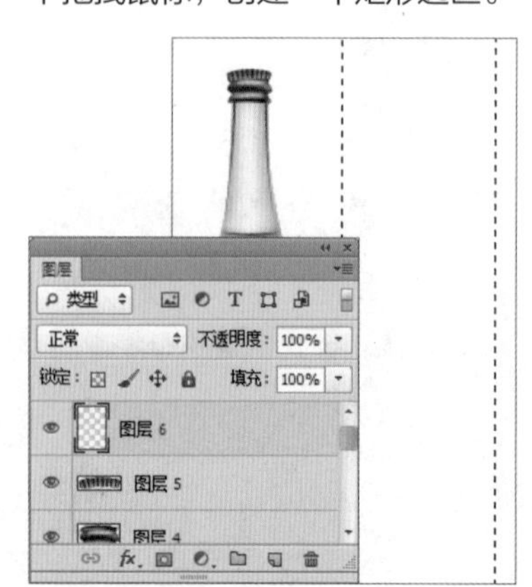

08 进行渐变填充

单击渐变工具，在“渐变编辑 器”对话框中设置合适的颜色，然后在选区内进行从上到下的线性渐变填充。

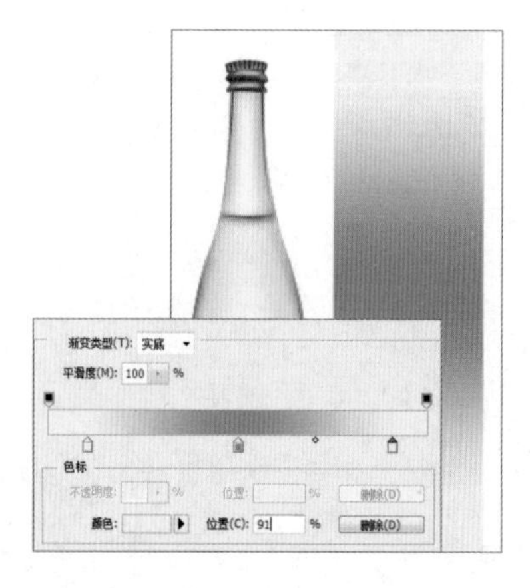

09 输入文字

单击横排文字工具，在画面右侧输入文字，将其复制得到副本图层，放到画面左侧的瓶身上。至此，本实例制作完成。

高手训练营 调整照片的色调对比度

前面已经介绍了加深工具和减淡工具的使用方法，用户通过在属性栏上设置不同的参数，可以调整出不同的效果对图像进行修饰。使用这两种工具，还可以制作出对比明显、质感强烈的图像，下面我们就来学习如何使用这两种工具来加强风景照片的色调对比度。

01 打开图像文件

执行“文件→打开”命令，打开附书光盘\实例文件\第6章\Media\风景照片.jpg文件。按下F7键，打开“图层”面板。按下快捷键Ctrl+J，复制“背景”图层，生成“图层 1”。

02 减淡云朵图像色调

单击减淡工具，在属性栏设置参数。然后在云朵部分进行适当涂抹，减淡图像色调。

03 减淡天空图像色调

按下快捷键Ctrl+J，复制“图层 1”，得到“图层 1 副本”。单击减淡工具，在属性栏上设置画笔为“柔角500像素”，“范围”为“中间调”，“曝光度”为10%，并勾选“保护色调”复选框，然后在天空处进行适当的涂抹，减淡图像色调。

04 合并可见图层

按下快捷键Ctrl+Shift+Alt+E合并可见图层，生成“图层 2”。

05 加深图像

单击加深工具，在属性栏上设置画笔为“柔角700像素”，“范围”为“中间调”，“曝光度”为75%，并勾选“保护色调”复选框，然后在天空边缘处进行适当的涂抹，加深图像。

06 减淡水面图像

按下快捷键Ctrl+J，复制“图层 2”，得到“图层 2 副本”。单击减淡工具，在属性栏上设置画笔为“柔角125像素”，“范围”为“中间调”，“曝光度”为20%，并勾选“保护色调”复选框，然后在水面处进行适当的涂抹，减淡图像。

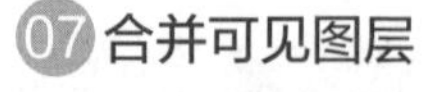

07 合并可见图层

按下快捷键Ctrl+Shift+Alt+E合并可见图层，生成“图层 3”。

08 减淡建筑图像

继续使用减淡工具，并在属性栏上设置画笔为“柔角300像素”，然后在建筑图像上进行适当的涂抹，以减淡图像色调。按下快捷键Ctrl+J，复制“图层 3”，得到“图层 3 副本”。

09 加深部分建筑图像

单击加深工具，在属性栏上设置画笔为“柔角90像素”“范围”为“中间调”“曝光度”为20%，并勾选“保护色调”复选框，然后在部分建筑图像上进行适当的涂抹，以加深其暗部色调。

10 调整花卉对比度

按下快捷键Ctrl+Shift+Alt+E合并可见图层，生成“图层 4”。使用相同的方法，结合减淡工具和加深工具调整图像中花卉的色调对比度。至此，本实例制作完成。

6.4 画笔的预设

在“画笔”面板中用户可以设置画笔、载入画笔和存储画笔，使同一种画笔表现出不同的状态，以满足更多的需要。另外，在“画笔”面板中还可以载入自定义画笔，使绘制的图像更加个性化。

知识链接

“画笔”面板中的复选框

在“画笔”面板左侧的“画笔预设”列表框中选择不同的选项均可以在相应选项面板中对画笔进行形状动态、散布、纹理等设置，下面就来进行简单介绍。

选择“形状动态”选项，可以设置画笔笔触流动效果。

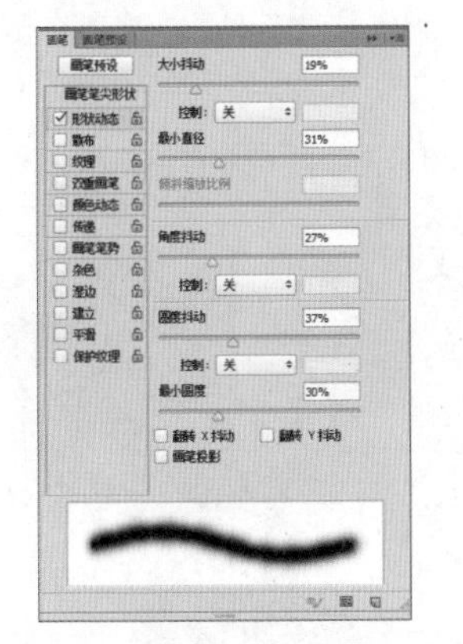

设置“形状动态”选项面板

选择“散布”选项，可以设置笔触数量和位置，产生笔触散射效果。

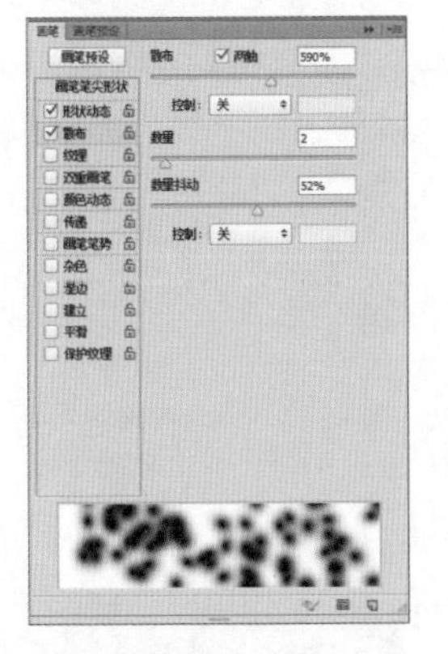

设置“散布”选项面板

知识点 认识“画笔”面板

选择画笔工具后，在其属性栏中单击“切换画笔面板”按钮，或者按下F5键，将会弹出“画笔”面板。在“画笔”面板中，可以根据需要调整出千变万化的笔触效果，下面就对“画笔”面板中的各项参数进行详细介绍。

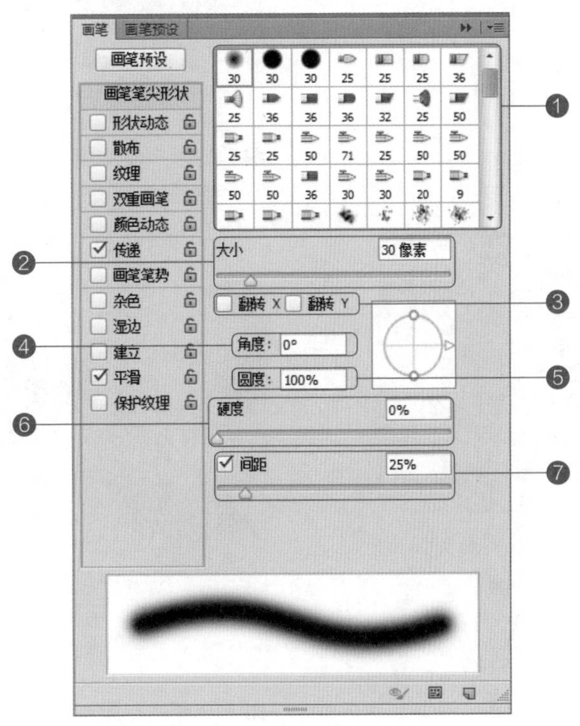

“画笔”面板

❶“画笔笔触样式”列表：在此列表中有各种“画笔笔触样式”可供选择，用户可以选择默认的笔触样式，也可以自己载入需要的画笔进行绘制。默认的笔触样式一般有尖角画笔、柔角画笔、喷枪硬边圆形画笔、喷枪柔边圆形画笔和滴溅画笔等。

❷“大小”文本框：此选项用于设置笔触的大小，设置范围在1像素~2500像素之间，用户可以通过拖拽下方的滑块进行设置，也可以在右侧的文本框中直接输入数值来设置。

❸“翻转X”和“翻转Y”复选框：勾选“翻转X”复选框可以改变画笔在X轴即水平方向上的方向，勾选“翻转Y”复选框则可以修改画笔在Y轴即垂直方向上的方向，同时勾选这两个复选框则可以同时更改画笔在X轴和Y轴的方向。

选择“纹理”选项，在该面板中可利用图案进行画笔描边，产生带纹理的笔触效果。

设置“纹理”选项面板

选择“双重画笔”选项，在该选项面板中可以同时使用两个画笔笔尖创建笔触。

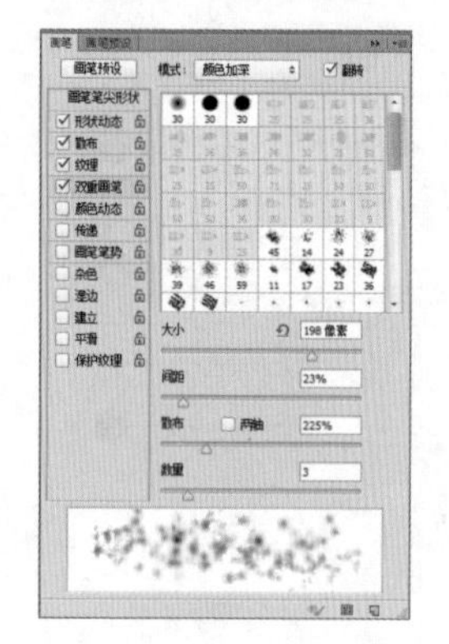

设置“双重画笔”选项面板

选择“颜色动态”选项，在该选项面板中可以对两种颜色进行不同程度的混合。

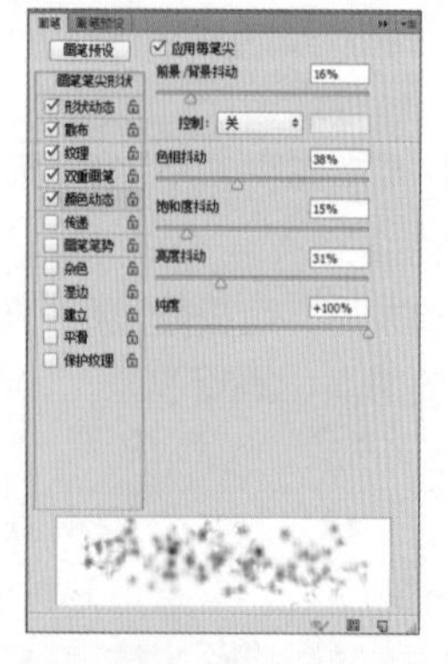

设置“颜色动态”选项面板

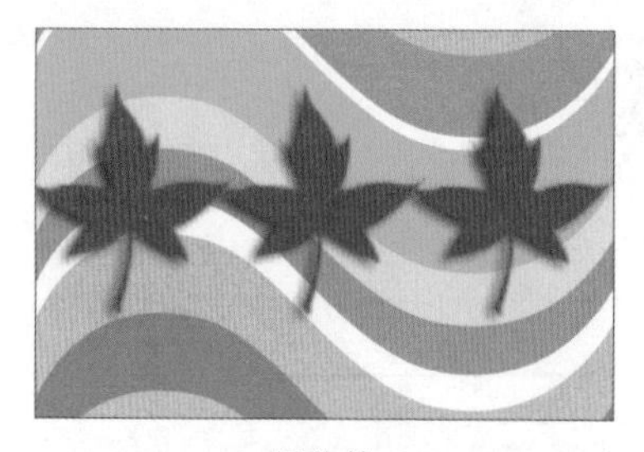

原笔触

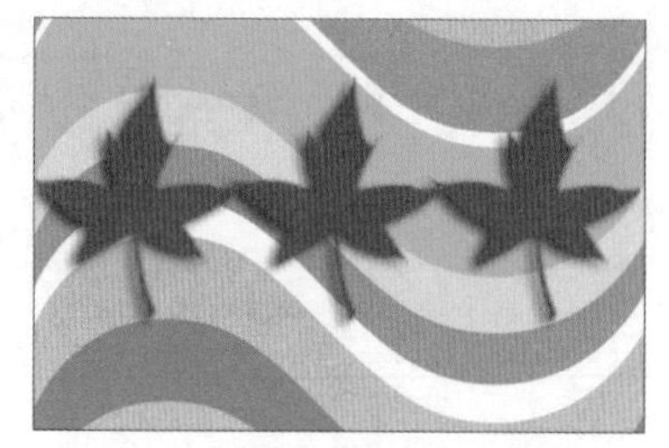

勾选“翻转X”复选框

勾选“翻转Y”复选框

同时勾选两个复选框

❹“角度”文本框：通过在此文本框中输入数值调整画笔在水平方向上的旋转角度，取值范围为-180°~180°。也可以通过在右侧的预览框中拖拽水平轴进行设置。

通过“角度”文本框设置不同的旋转方向

❺“圆度”文本框：在此文本框中直接输入数值，或者是在右侧的预览框中拖拽节点，都可以设置画笔短轴与长轴之间的比率，取值范围在0~100%之间。设置的数值越大，笔触越接近圆形；设置的数值越小，笔触越接近线性。

圆度为100%

圆度为50%

圆度为5%

选择“传递”选项，调整笔触的不透明度与流量等。

设置“传递”选项面板

❻“硬度”文本框：用于调整笔触边缘的虚化程度，通过在右侧文本框中直接输入数值，或通过拖拽下方的滑块，在0~100%之间的范围内调整笔触的硬度。设置的数值越高，笔触边缘越清晰；设置的数值越低，笔触边缘越模糊。

❼“间距”文本框：通过在右侧的文本框中直接输入数值或拖拽下方的滑块调整画笔每两笔之间的距离。当输入的数值为0%时，绘制出的是笔笔相连的直线；当设置的数值大于100%时，绘制出的则是有间隔的点。

间距为0%

间距为150%

如何做 预设画笔显示方式的更改

“画笔预设”面板中共含有6种预设画笔的显示方式，它们分别是纯文本、小缩览图、大缩览图、小列表、大列表和描边缩览图，下面我们就来介绍如何更改预设画笔的显示方式。

01 打开“画笔预设”面板

在“画笔”面板中单击“画笔预设”按钮打开“画笔预设”面板，此时面板中默认的画笔显示方式为“小缩览图”。

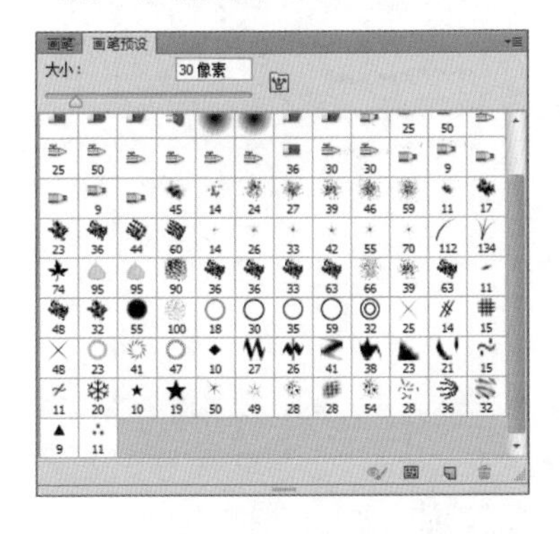

02 以纯文本和大缩览图的方式显示预设画笔

单击“画笔预设”面板右上角的扩展按钮，在弹出的扩展菜单中选择“仅文本”选项，使面板中的画笔显示方式为“仅文本”。再次单击扩展按钮，在弹出的扩展菜单中选择“大缩览图”选项，可以看到画笔的显示方式为“大缩览图”。

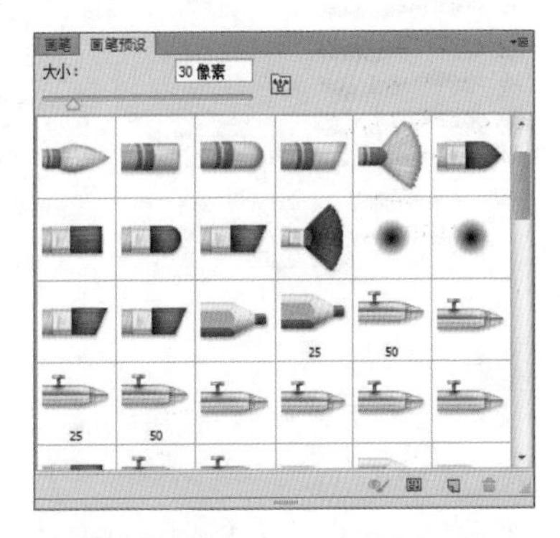

03 以小列表和大列表的方式显示预设画笔

单击“画笔预设”面板右上角的扩展按钮，在弹出的扩展菜单中选择“小列表”选项，使面板中的画笔显示方式为“小列表”。使用同样的方法，以“大列表”方式显示预设画笔。

04 以描边缩览图的方式显示预设画笔

单击“画笔预设”面板上的扩展按钮，在弹出的扩展菜单中选择“描边缩览图”选项，使面板中的画笔显示方式为“描边缩览图”。

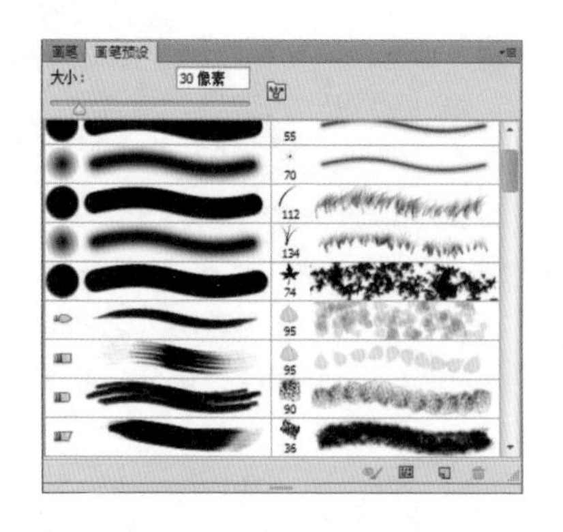

专家技巧

“画笔”与“画笔预设”的切换

在画笔工具的属性栏上单击“切换画笔面板”按钮，可打开“画笔”面板组。在该面板中单击“画笔预设”按钮，即可切换到“画笔预设”面板。

如何做 预设画笔的载入、存储和管理

在“画笔预设”面板中用户可以对画笔进行管理，通过在扩展菜单中选择相应的选项，可以十分方便地进行载入画笔、存储画笔、重命名画笔和替换画笔等操作，下面就来进行详细介绍。

01 载入画笔

单击画笔工具，在属性栏上单击“切换画笔面板”按钮，打开“画笔”面板组切换到“画笔预设”面板，单击扩展按钮在弹出的扩展菜单中选择“载入画笔”选项，载入附书光盘\案例文件\第6章\Media\云朵画笔.abr文件，将“云朵画笔”添加到面板中。

02 修改画笔

选择刚才载入的“云朵画笔”，然后在“画笔预设”面板中适当向左拖拽“大小”下方的滑块，将其设置为151px。

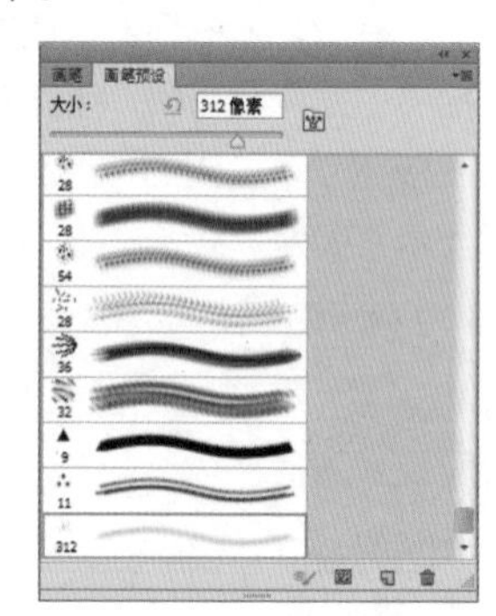

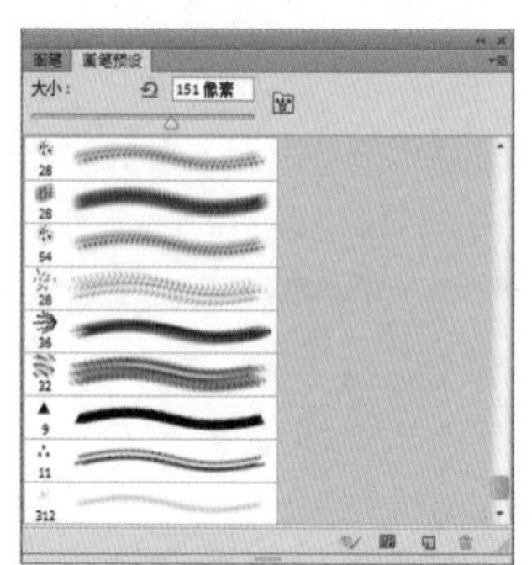

03 存储并复位画笔

单击“画笔预设”面板右上角的扩展按钮，在弹出的扩展菜单中选择“存储画笔”选项，在弹出的“存储”对话框中设置画笔名称为“云朵画笔2”，将其保存。再次单击扩展按钮，在弹出的扩展菜单中选择“复位画笔”选项，在弹出的提示框中单击“确定”按钮，即可使画笔恢复默认状态。至此，本实例制作完成。

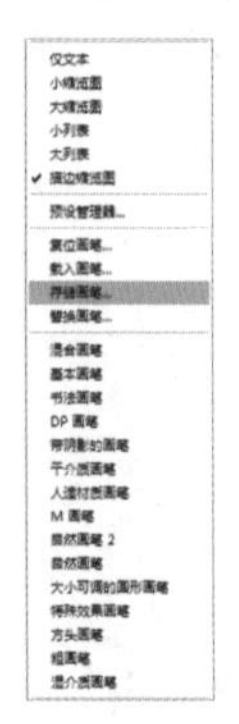

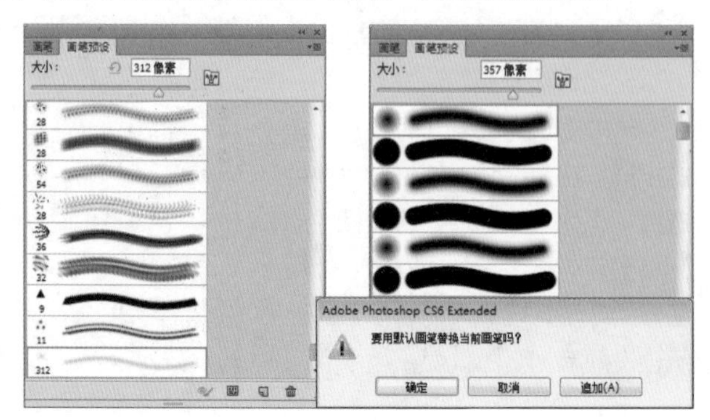

高手训练营 绘制抽象艺术插画

前面已经介绍了画笔工具的相关知识，了解了如何应用画笔工具进行各种设置来绘制不同的图像，下面我们就来学习如何使用画笔工具绘制抽象艺术插画。

01 打开图像文件

打开附书光盘\实例文件\第6章\Media\底色.jpg文件，按下快捷键Shift+Ctrl+N新建“图层 1”图层。

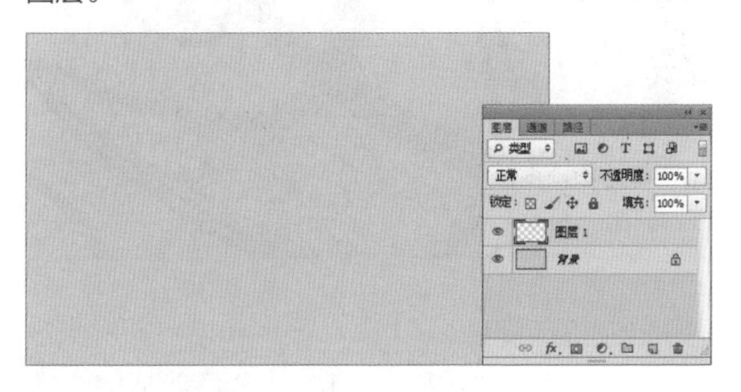

02 绘制螺旋状的曲线

设置前景色为深红色R58、G32、B17，单击画笔工具，在选项栏中设置画笔为硬边，大小值为10像素，从画面左上方向下绘制一条螺旋状曲线。

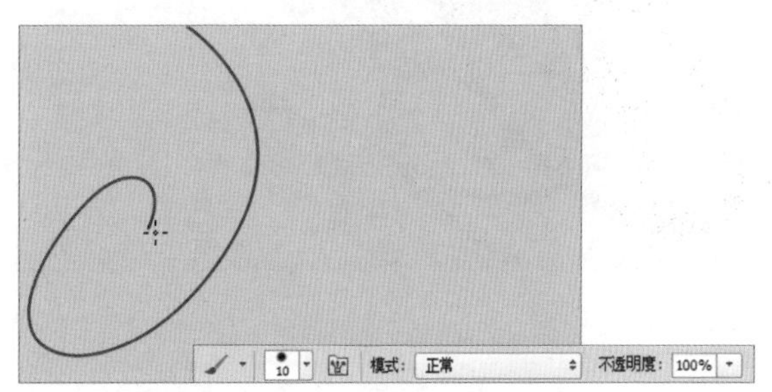

03 继续绘制螺旋状的曲线

使用画笔工具绘制曲线，确定大致的轮廓。完成后在曲线轮廓内重复绘制以填充颜色。

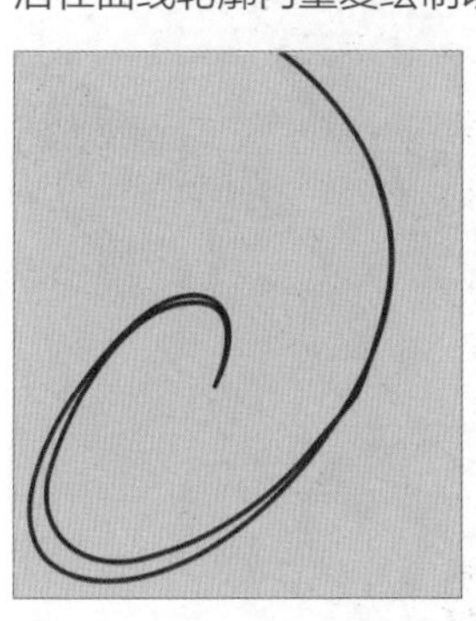

04 绘制较小的螺旋状曲线

按下[键将画笔主直径调小，然后绘制细小的螺旋状曲线，将其自然地衔接到原来绘制的图像上。

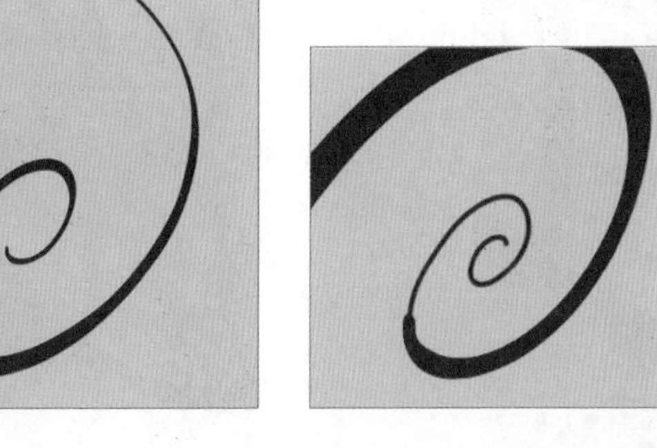

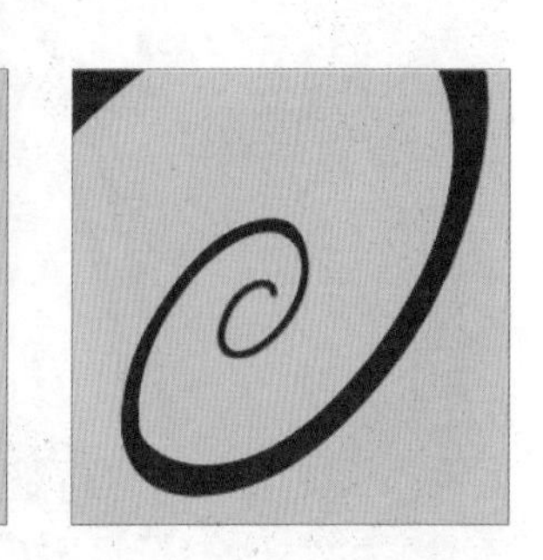

05 绘制其他螺旋状曲线

使用画笔工具绘制一些螺旋状的曲线，分割画面的构图。

06 绘制各种粗细的曲线

继续使用画笔工具绘制螺旋状的曲线，分割画面的构图。注意调整画笔的主直径，创建出粗细不一的曲线变化。

07 绘制直线

新建“图层 2”并将图层下移到“图层 1”的下面，然后设置前景色为红色R237、G55、B34，设置画笔的主直径为5像素，完成后按住Shift键的同时在画面的左下方绘制水平直线。

08 绘制斜线段

使用相同的方法，继续绘制平行的斜线段。

09 在直线和曲线之间绘制颜色

在“图层 2”上面新建“图层 3”，然后适当调大主直径并使用前景色沿直线和曲线区域绘制颜色。

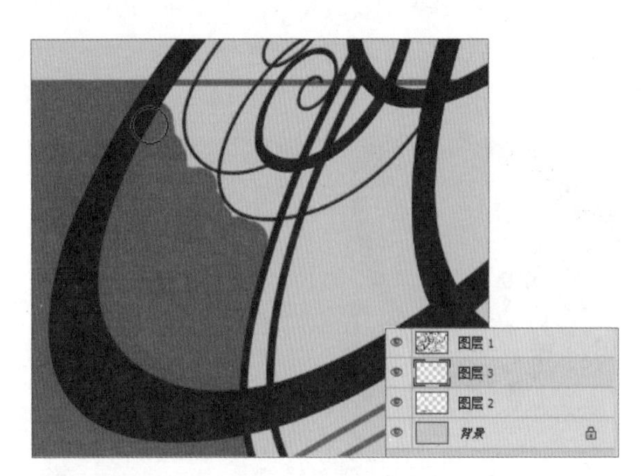

10 绘制红色图像

使用画笔工具在直线和曲线之间绘制红色，完成后再分别使用不同的颜色在图像中进行绘制。最后在“图层 2”中绘制一些描边效果。

11 绘制不同的颜色

继续使用画笔工具，分别使用不同的颜色在图像中进行绘制。最后在“图层 2”中绘制一些描边效果。至此，本实例制作完成。

6.5 图案的创建和管理

事实上，在Photoshop CS6中，任何图像都能作为图案定义为画笔。用户可以通过自己的创意灵活地制作出各种画笔效果来满足不同的设计需要，下面我们就来具体介绍将图案定义为画笔的操作方法。

知识链接

设置定义的图案制作各种效果

在Photoshop中，可以将任何图像定义为画笔，当然也包括文字，我们可以将输入的文字作为画笔进行定义，再结合“画笔”面板进行设置或添加相应的图层样式，制作出各种效果。

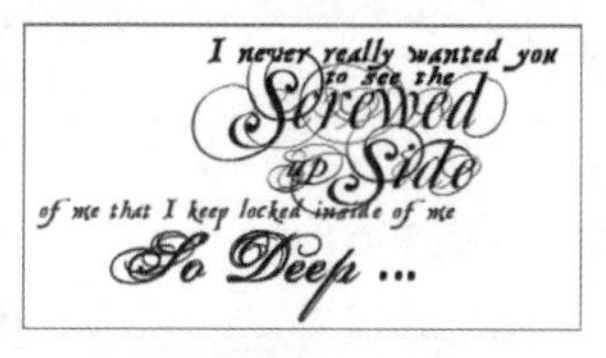

将输入的文字定义为画笔

将定义的画笔应用于图像

结合“画笔”面板进行设置

结合图层样式进行设置

知识点 将图案定义为画笔

执行“编辑→定义画笔预设”命令，即可将图案定义为画笔。可以将整幅图像或是选取图像的一部分定义为画笔，也可以将自己绘制的图案定义为画笔，下面就来介绍如何将图案定义为画笔。

将整幅图像定义为画笔：

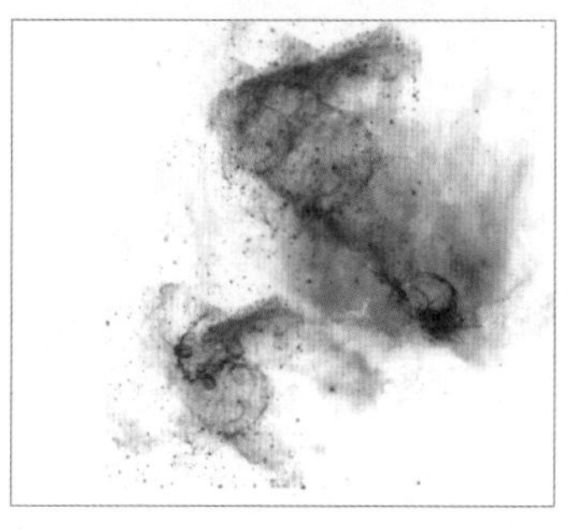

原图

绘制定义的图案1

选取部分图像定义为画笔：

选取部分图像

绘制定义的图案2

将自己绘制的图案定义为画笔：

自己绘制的图像

绘制定义的图案3

知识点 使用预设图案制作图像

通过前面的介绍我们已经对如何将图案定义为画笔有了一个基本的了解，执行“编辑→定义画笔预设”命令，即可将图案定义为画笔。下面就来进行详细介绍。

01 打开图像文件并创建选区

按下快捷键Ctrl+O，打开附书光盘\实例文件\第6章\Media\03.jpg文件，单击磁性套索工具，在属性栏上设置“宽度”为10px，“对比度”为10%，“频率”为100，选择蝴蝶图像将其创建为选区。

02 定义画笔

执行“编辑→定义画笔预设”命令，在弹出的对话框中设置“名称”为“蝴蝶”。

03 绘制定义的图案

新建“图层 1”，设置前景色为R232、G93、B46，单击画笔工具，在“画笔”面板中选择刚才定义的蝴蝶笔刷，并设置其“大小”为100px，然后在画面左上角单击绘制定义的图案。

04 绘制更多图案

使用刚才定义的蝴蝶笔刷，通过设置不同的主直径，在画面上绘制更多的蝴蝶图案。

05 添加图层样式

双击“图层 1”，在弹出的图层样式对话框中勾选“投影”复选框，然后在其选项面板中设置各项参数，为蝴蝶图像添加相应的投影效果。

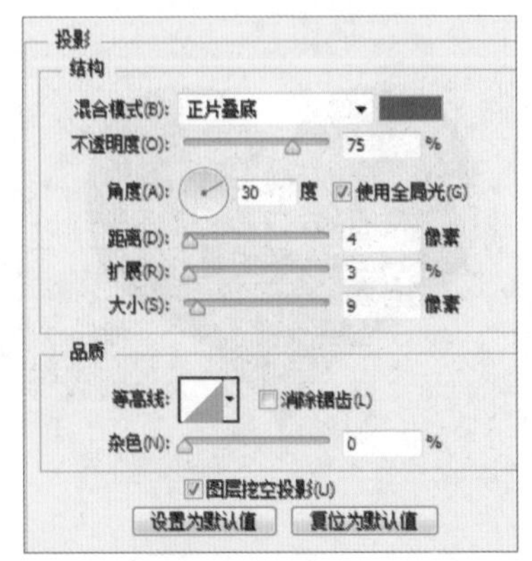

06 设置图层混合模式

在“图层”面板中单击选中“图层 1”，设置“图层 1”的图层混合模式为“颜色加深”，“不透明度”为90%，“填充”为4%，使绘制的蝴蝶图像很自然地叠加于画面中。

07 打开图像文件

按下快捷键Ctrl+O，打开附书光盘\实例文件\第6章\Media\04.jpg文件。

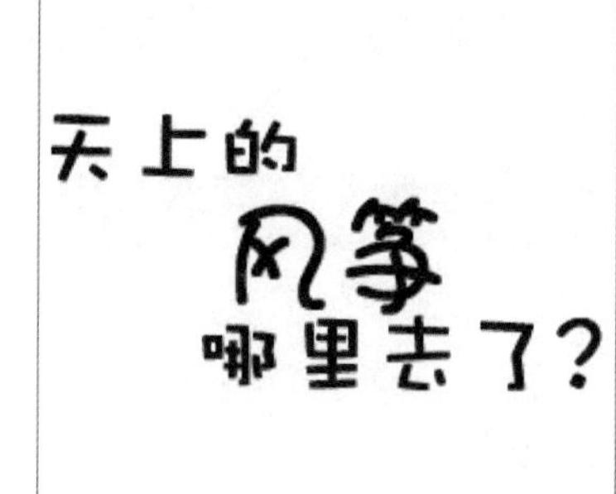

08 定义画笔

执行“编辑→定义画笔预设”命令，在弹出的对话框中设置“名称”为“文字”。

09 绘制定义的图案

新建“图层 2”，设置前景色为R177、G30、B56，单击画笔工具，在“画笔”面板中选择刚才定义的文字笔刷，然后在画面左侧位置单击，绘制定义的图案。

10 设置图层混合模式

双击“图层 2”，在弹出的图层样式对话框中分别勾选“光泽”和“渐变叠加”复选框，分别在相应的选项面板中设置各项参数，为文字图像添加相应的图层样式效果。在“图层”面板中设置该图层的图层混合模式为“亮光”。至此，本实例制作完成。

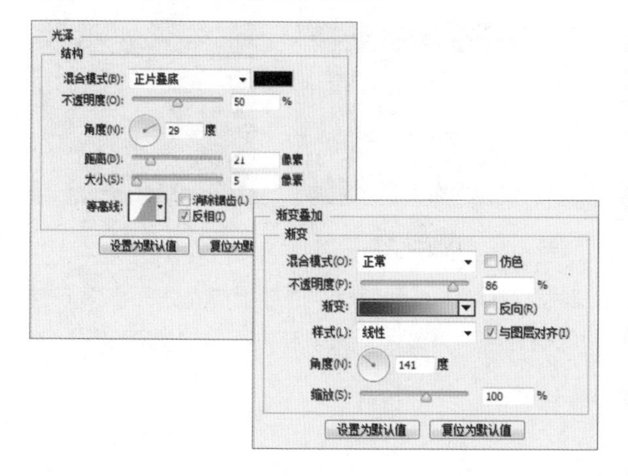

6.6 掌握填充渐变

渐变工具可以在图像中创建两种或两种以上颜色间逐渐过渡的效果，用户可以根据需要在“渐变编辑器”中设置渐变颜色，也可以选择系统自带的预设渐变应用于图像中。按下G键，即可选择工具箱中的渐变工具，下面我们就来学习如何对图像进行渐变填充。

知识链接

了解“渐变编辑器”对话框

在“渐变编辑器”对话框中可以根据需要编辑渐变颜色，也可以选择预设渐变或进一步编辑预设渐变，增加或减少颜色，下面对此对话框进行简单介绍。

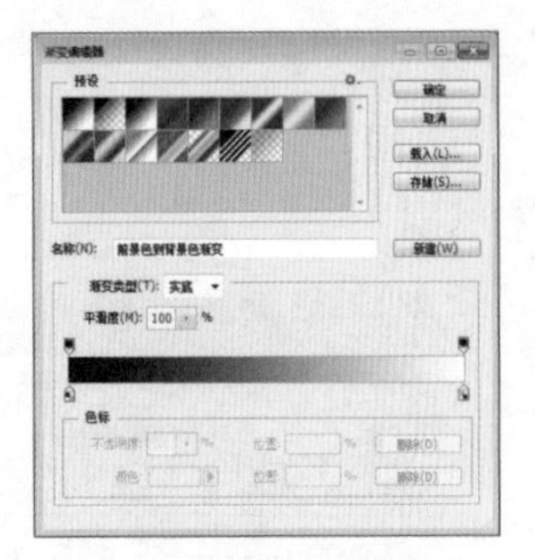

“渐变编辑器”对话框

在“渐变类型”下拉列表框中有两个选项“实底”和“杂色”，选择“实底”选项可以创建单色形态平滑过渡的演变颜色，选择“杂色”选项可以创建多种色带形态的粗糙渐变颜色。

实底渐变

杂色渐变

“渐变条”是用来编辑渐变颜色的，在其下方有“前景色”“背景色”和“用户颜色”3种色标，在“渐变条”下方单击即可创建新色标，而向下拖拽色标即可将其删除。

知识点 了解渐变工具的属性栏

选择渐变工具后，我们可以在其属性栏上进行各项设置，包括渐变颜色、渐变类型、渐变模式、不透明度等。通过设置不同的参数，可以调整出各种不同的渐变效果以满足图像绘制的需要，下面我们就来对渐变工具属性栏上的各个选项进行详细介绍。

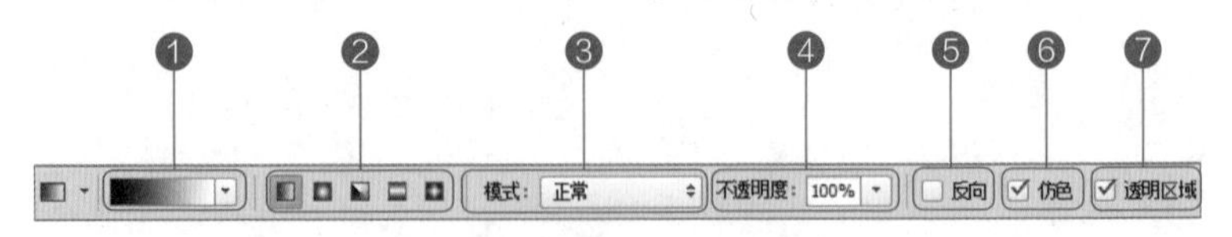

渐变工具的属性栏

❶ 渐变颜色条：单击渐变颜色条，即可打开“渐变编辑器”对话框，在此对话框中可以选择或自行设置渐变颜色。单击渐变颜色条右侧的下拉按钮，会弹出渐变样式列表，可以方便地选择需要的渐变颜色。

❷ 渐变类型：在属性栏上提供了5种渐变类型，分别是线性渐变、径向渐变、角度渐变、对称渐变和菱形渐变，选择不同的渐变类型，会产生不同的渐变效果。

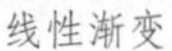

线性渐变

径向渐变

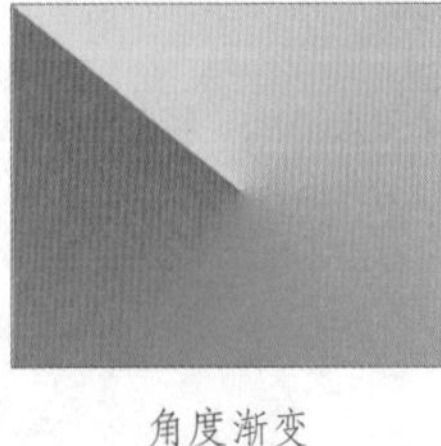

角度渐变

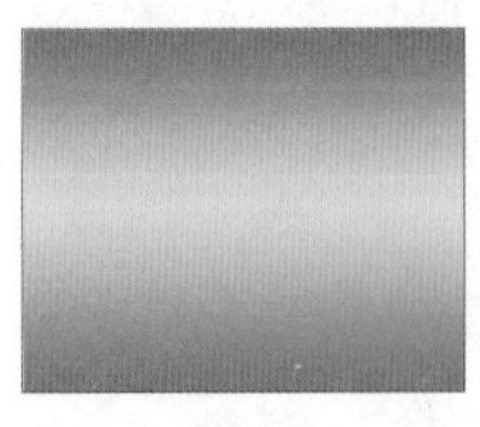

对称渐变

菱形渐变

❸“模式”下拉列表框：在此下拉列表框中选择相应模式，会使渐变填充颜色以选中的模式与背景颜色混合，产生不同的填充效果。

专家技巧

改变色标颜色值的3种方法

在“渐变编辑器”中更改色标颜色的方法有3种。

①将光标放置在“渐变条”上，光标会自动呈现状态，这时在需要的颜色上单击，则选中的色标将会更改为刚才选中的颜色。

②双击色标即可弹出“选择色标颜色”对话框，在此对话框中可以精确设置需要的颜色。

③单击“颜色”选项右侧的色块，在弹出的“选择色标颜色”对话框中可以设置需要的颜色。

❹“不透明度”文本框：设置渐变填充的透明度，数值越大，填充的透明度越高；数值越小，填充的透明度越低。

不透明度为80%

不透明度为40%

❺“反向”复选框：勾选此复选框可将渐变颜色的顺序反转。

❻“仿色”复选框：勾选此复选框可以使设置的渐变填充颜色更加柔和，过渡更为自然，不会出现色带效果。

❼“透明区域”复选框：勾选此复选框可以使用透明进行渐变填充，取消勾选此复选框则会使用前景色填充透明区域。

知识点 在选区中填充渐变

在实际应用中，我们不仅可以使用渐变工具填充整个图层，也可以先创建选区，在选区中进行渐变填充，并结合图层混合模式制作需要的效果，下面我们就来介绍如何在选区中进行渐变填充。

01 打开图像文件并创建选区

打开附书光盘\实例文件\第6章\Media\05.jpg文件。新建“图层1”，单击磁性套索工具，在属性栏上设置“宽度”为10px，“对比度”为10%，“频率”为100，选择最上面一朵荷花将其创建为选区。

02 填充渐变

打开“渐变编辑器”选择“橙，黄，橙渐变”，单击“径向渐变”按钮，然后在选区内进行渐变填充。

03 设置混合模式并创建选区

设置“图层 1”的图层混合模式为“叠加”，设置“不透明度”为56%，新建“图层 2”，单击磁性套索工具，使用同样的方法选择第二朵较小的荷花图像将其创建为选区。

04 填充渐变并创建选区

单击渐变工具，在“渐变编辑器”中选择“蓝，黄，蓝渐变”，然后在选区内进行径向渐变填充。设置“图层 2”的图层混合模式为“叠加”，设置“不透明度”为71%。新建“图层 3”，同样使用磁性套索工具选择最大的一朵荷花图像将其创建为选区，单击渐变工具，在“渐变编辑器”中从左到右设置颜色为R229、G6、B0和R253、G209、B0，然后在选区内拖拽鼠标，进行径向渐变填充。

05 设置图层混合模式并创建选区1

设置“图层 3”的图层混合模式为“颜色”，设置“不透明度”为65%。新建“图层 4”，同样使用磁性套索工具选择较小的荷花图像将其创建为选区，然后单击渐变工具，在“渐变编辑器”中选择“铜色渐变”，在选区内进行径向渐变填充。

06 设置混合模式并创建选区2

设置“图层 4”的图层混合模式为“颜色”，设置“不透明度”为72%。新建“图层 5”，为最后一朵荷花创建选区。

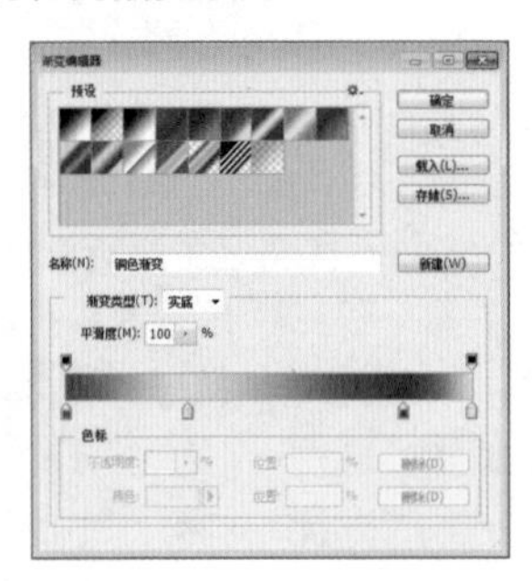

07 填充渐变并载入选区

单击渐变工具，在“渐变编辑器”中选择“黄，紫，橙，蓝渐变”，在选区内进行径向渐变填充，设置其混合模式为“柔光”，设置“不透明度”为63%。按住快捷键Shift+Ctrl将“图层 1”载入到“图层 5”图像选区，再反选选区。新建“图层 6”，在“渐变编辑器”中选择“紫，绿，橙渐变”，单击“线性渐变”按钮，在选区内进行渐变填充，设置其图层混合模式为“色相”。至此，本实例制作完成。

Chapter 07

文本和路径的创建与应用

在图像中加入文字，可以起到烘托主题丰富页面的作用，画面因为添加了恰当的文字显得富有情调，韵味悠长。本章将介绍如何在图像中加入文字。

7.1 创建文本

文字能够传递信息，在图像设计中有着不可替代的作用。在Photoshop中可以通过文字工具组中的工具来创建文本，该工具组中共有4种工具，分别是横排文字工具T、直排文字工具IT、横排文字蒙版工具T和直排文字蒙版工具IT。在本小节中，将对创建文字的工具以及一些相关的基础操作进行介绍。

文字在广告中的应用

文字在网页中的应用

知识点 文字和文字图层

使用文字工具创建文字时会自动创建文字图层，在文字图层中使用文字工具时，可以通过在属性栏中设置不同的参数来调整文字的各种不同效果，下面就来介绍文字工具的属性栏。

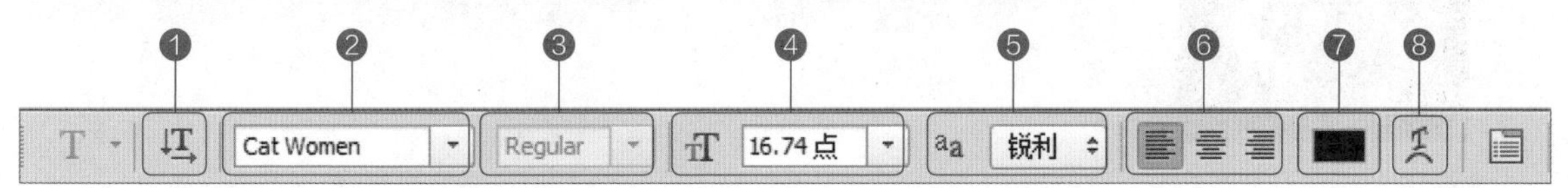

文字工具的属性栏

知识链接

不支持文字图层的颜色模式

文字图层不存在于多通道、位图或索引颜色模式的图像中，因为这些颜色模式不支持图层，在这些模式中输入的文字将以栅格化文本形式出现在背景上。

“多通道”模式

知识链接

将不同属性的文字应用到一个图像中

在Photoshop中，对图像添加文字效果时，为了使文字效果更加多样化，经常会对一段文字进行分别调整，从而使这段文字有不同的文字属性。

操作方法很简单，只需要分别选择要改变属性的文字，然后在“字符”面板中设置适当的文字属性，再将其他的文字选中，按照相同的方法，在“字符”面板中设置适当的文字属性即可。

电影海报中不同属性的文字

❶“切换文本取向”按钮：可以选择纵向或者横向的文本输入方向，每次单击都会在横向和纵向之间切换。

原图　　切换文本取向后

❷“设置字体系列”下拉列表：下拉列表中包括Windows系统默认提供的字体，以及用户自己安装的字体，用户可选择需要的字体。

❸“设置字体样式”下拉列表：用于设置字体的样式。有些字体不提供粗体和斜体效果，将选择的字体设置为Comic Sans MS，在下拉列表中可选择字体样式。

原图　　粗体

斜体

❹“设置字体大小”下拉列表：设置输入文字的大小。单击右侧的下拉按钮，在弹出的下拉列表中选择需要的字体大小。

❺“设置消除锯齿的方法”下拉列表：将文字的轮廓线和周围的颜色混合后，利用该选项可以使图像效果更自然。在下拉列表中可以选择需要的效果。

原图

无

锐利

犀利

浑厚

平滑

❻ 文字对齐图标按钮组：当输入的文本为横向时，设置文本左对齐，居中对齐或者右对齐；当输入的文本为纵向时，设置文本顶对齐、居中对齐或者底对齐。

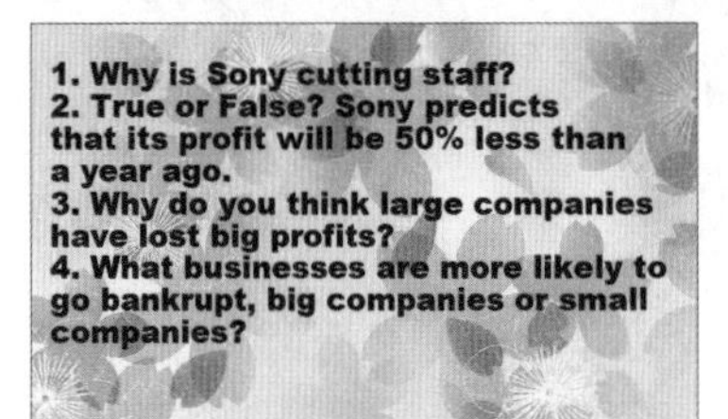

左对齐文本

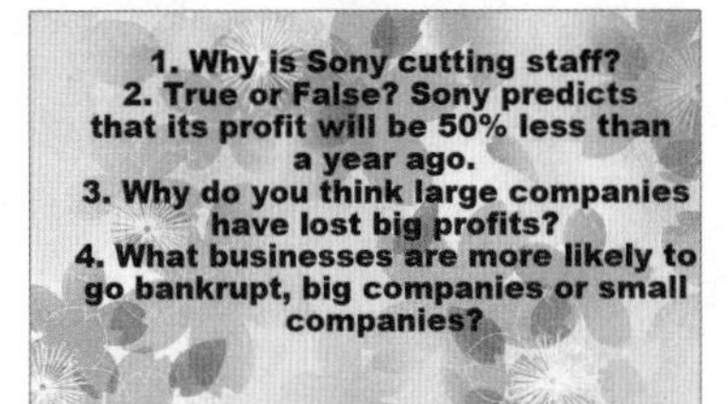

居中对齐文本

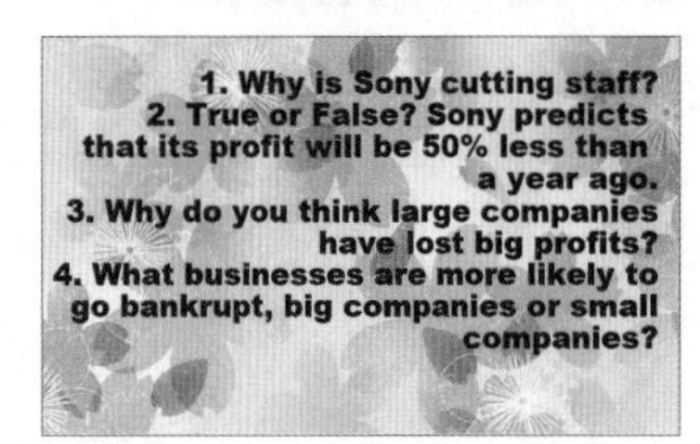

右对齐文本

❼“设置文本颜色”色块：单击该色块，会弹出“拾色器”对话框，在该对话框中可以直接设置需要的颜色。在选择用于网格的文字颜色时，勾选“只有Web颜色”复选框，将颜色面板更改为“Web颜色”面板。

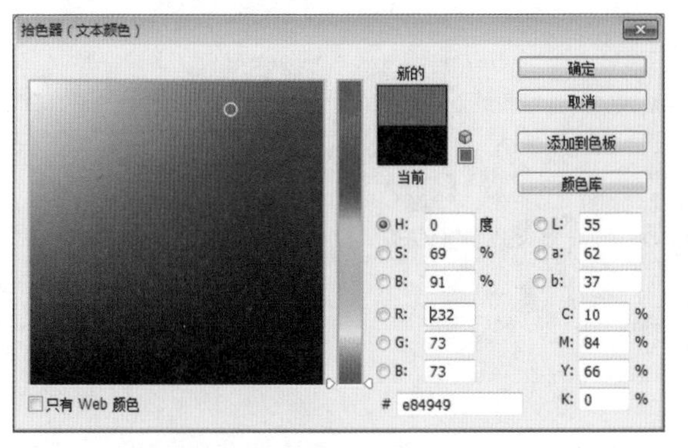

“拾色器（文本颜色）”对话框

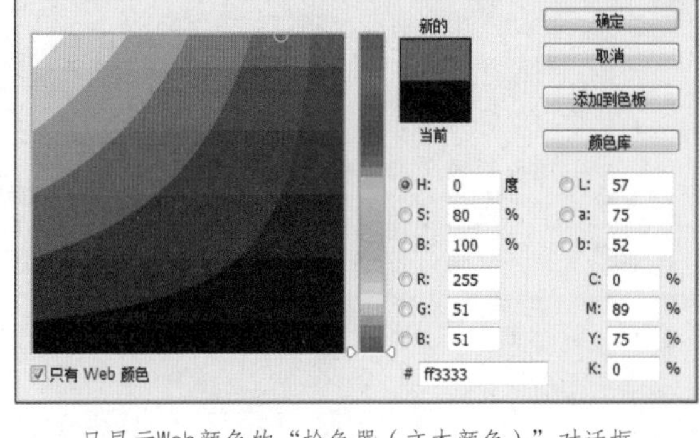

只显示Web颜色的“拾色器（文本颜色）”对话框

❽“创建文字变形”按钮：应用该功能可使文字的样式更加多样化。单击该按钮，将弹出“变形文字”对话框，在“样式”下拉列表中可以选择需要的样式。

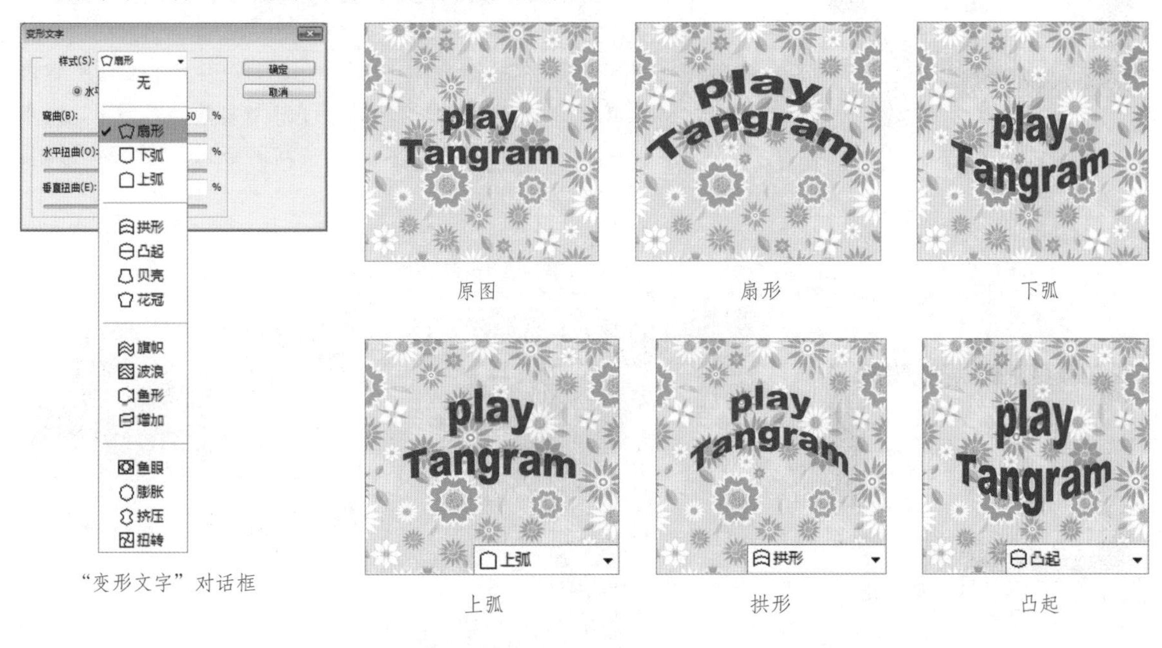

“变形文字”对话框

原图　扇形　下弧

上弧　拱形　凸起

贝壳

花冠

旗帜

波浪

鱼形

增加

鱼眼

膨胀

挤压

使用文字工具在图像中单击，将插入点置入图像页面中，同时会自动在“图层”面板中添加一个文字图层，该图层中保存着该图层文字的所有相关属性，以便用户随时对其文字属性进行设置。

如果文字效果已经确定，为了能让文字图层应用普通图层的功能效果，可以对文字图层进行栅格化，将文字图层转换为普通图层。对文字图层进行栅格化操作后，Photoshop将基于矢量的文字轮廓转换为像素图像，因此栅格化的文字不再具有矢量轮廓，并且不能再作为文字进行编辑。在后面的学习中，将会对这方面的内容进行详细介绍。

当创建了文字图层后，要同时选择该文字图层中的所有文字，双击该文字图层缩览图，即可将该文字图层中的所有文字选中。

“图层”面板中的文字图层

文字图层转换为了普通图层

知识链接

了解栅格化文字图层和未栅格化文字图层的特点

将文字图层栅格化之后，其文字属性将被删除。也就是说，不能再通过在“字符”面板中设置文字的字体、字号和粗细等参数来改变文字的显示效果，而且经过栅格化操作，将文字放大会出现像素化的锯齿。另外，某些命令和工具不可用于文字图层，例如滤镜效果和绘画工具。因此，若要使用这些功能，就需要将文字图层转换为栅格化文字图层，这样才能使用滤镜效果和绘画工具。当未栅格化文字图层时，如果选取了需要栅格化图层的命令和工具，会弹出警告提示框，询问用户是否进行栅格化，单击“确定”按钮，即可栅格化文字图层。

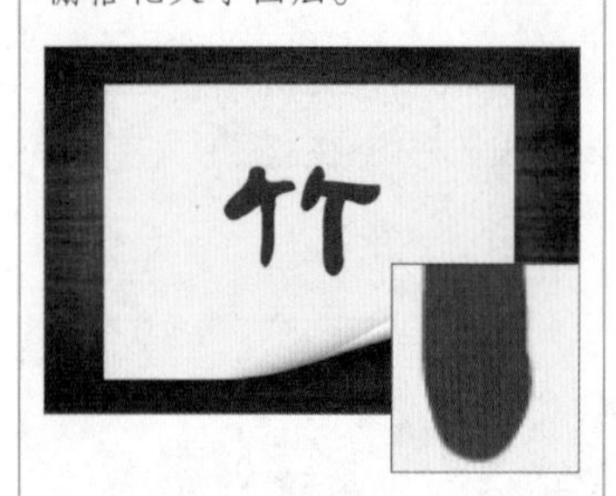
输入文字

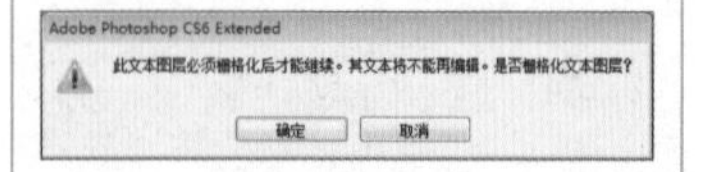

栅格化提示框

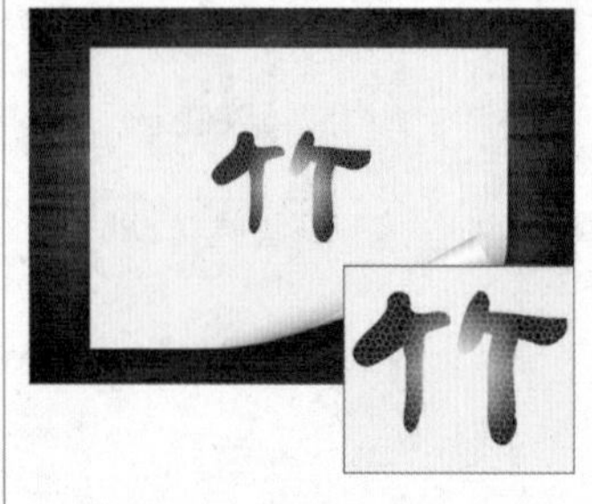
栅格化文字后应用滤镜效果

如何做 创建文本

创建文本的方法通常有3种，即在点上创建、在段落中创建和沿路径创建，不同的创建方法会产生不同的文字排列效果。这里主要介绍在页面中创建点文字的方法。

01 设置文字的输入位置

按下快捷键Ctrl+N，在弹出的“新建”对话框中新建一个15cm×10cm，分辨率为300dpi的空白文档，然后单击横排文字工具T，在页面中需要输入文字的位置单击，即可定位文字输入位置，当插入点开始闪动时，说明可以输入文字了。

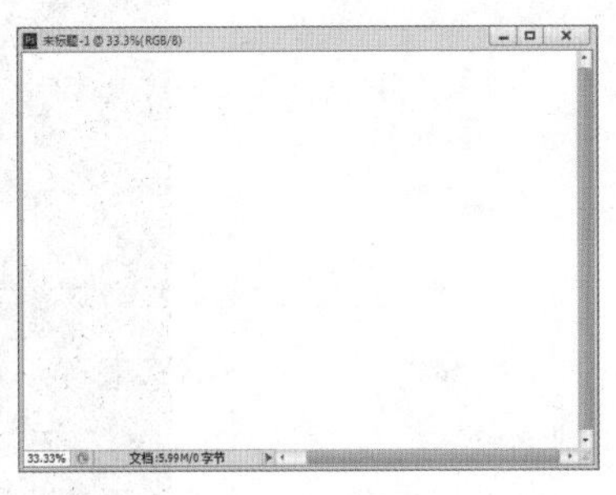

02 输入文字

在页面中输入文字，然后在“横排文字工具”属性栏中设置输入文字的字体为Arial Black，字体大小为58点。

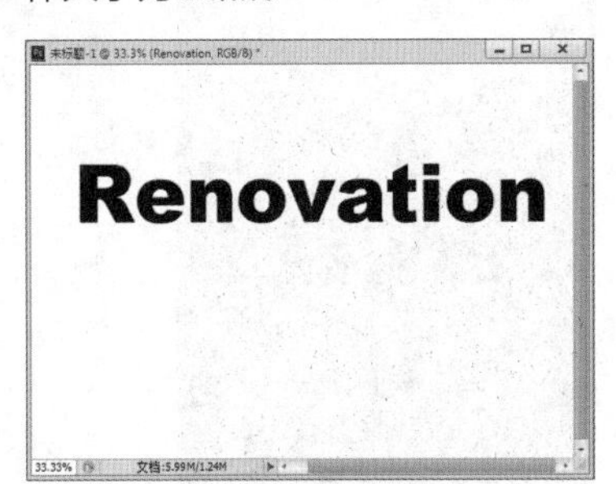

专家技巧

在文本框中翻转文字

要翻转文本框中的文字，在按住Ctrl键的同时，将右边的控制节点向左拖拽，或将左边的控制节点向右拖拽即可。如果要以中点为翻转点，按住Ctrl+Alt组合键不放，拖拽鼠标即可。

原图

翻转文字后

03 换行继续输入文字

如果需要换行继续输入文字，再次单击横排文字工具T，在输入的单词的最后一个字母后面单击，置入插入点后，按下Enter键，即可换行。最后按照同样的方法，完成文字输入即可。

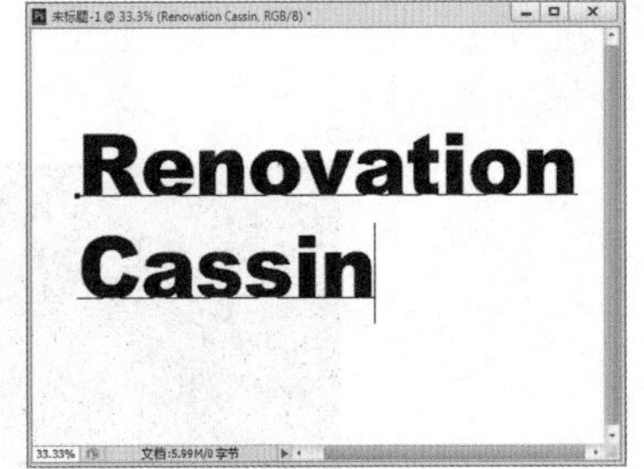

04 将文字添加到图像中

打开附书光盘\实例文件\第7章\Media\01.jpg文件，单击移动工具，将原图像中的文字直接拖拽到图像中，将其调整到正中位置，并设置文字的颜色和描边效果。至此，本实例制作完成。

如何做 制作海报

在编辑文字时，通过段落文字的外框手柄可对文字外框的大小进行调整或进行变形操作，下面就来介绍通过调整文字外框大小和变换文字外框制作海报的具体操作方法。

01 输入文字

执行“文件→打开”命令，或者按下快捷键Ctrl+O，打开附书光盘\实例文件\第7章\Media\02.jpg文件，单击横排文字工具，在“字符”面板中设置字体与颜色，在页面上方输入文字2，选中文字按下快捷键Ctrl+T，弹出自由变换命令，调整文字的大小。

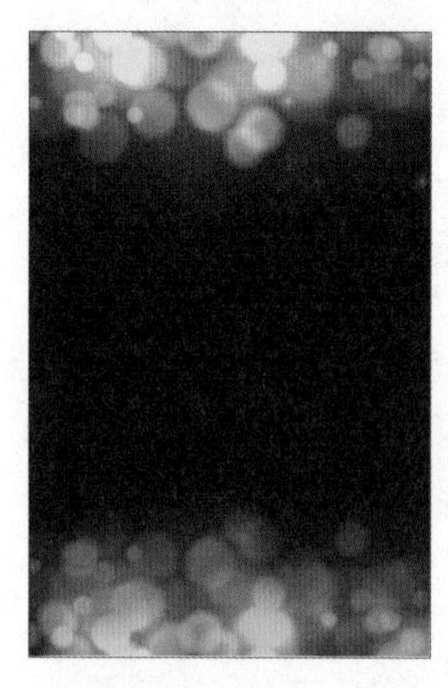

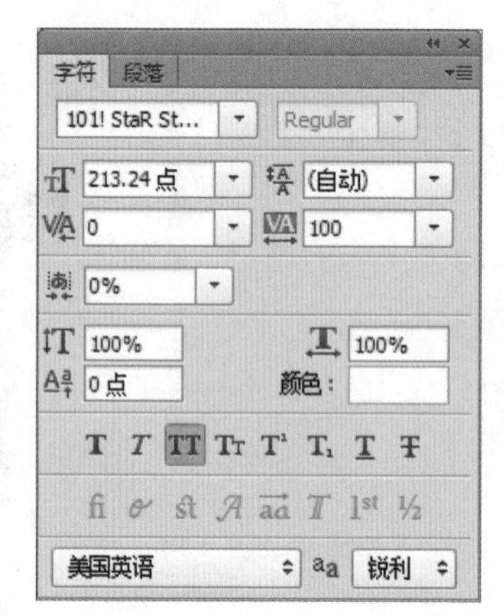

02 调整文字的颜色

复制文字图层，调整“2 副本”图层至白色文字2的下方，并调整文字的位置。设置“2 副本”图层的颜色为R122、G36、B16，制作文字叠加效果。

R: 122
G: 36
B: 16
7a2410

03 打开素材图像文件

按下快捷键Ctrl+O，打开附书光盘\实例文件\第7章\Media\斑点.jpg文件。

专家技巧

移动图像位置的方法

在Photoshop中可以使用移动工具对所选图像进行位置移动，还可以借助键盘上的方向键↑↓← →对图像进行细微调整，使移动图像更准确。

04 制作眩光效果文字

移动素材图像至当前图像文件中，按下快捷键Ctrl+Alt+G，创建剪贴蒙版图层，制作文字眩光效果。

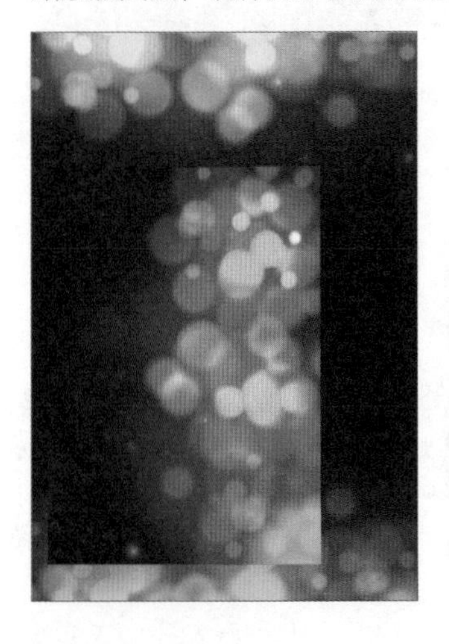

05 添加杂色

新建“图层 2”，填充颜色为黑色，然后执行“滤镜→杂色→添加杂色”命令，在弹出的对话框中设置参数值。

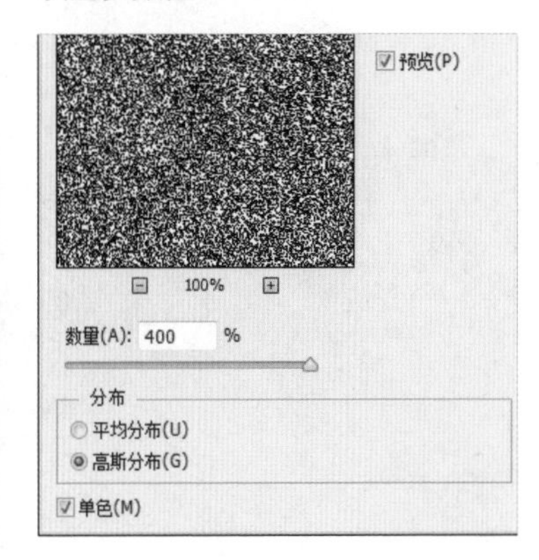

06 创建剪贴蒙版

设置完成后单击“确定”按钮，添加图像杂色。然后按下快捷键Ctrl+Alt+G创建剪贴蒙版图层，然后设置图层混合模式为“变亮”。

07 输入更多文字

新建“图层 3”，结合画笔工具在图像上绘制光影效果，并设置图层混合模式为“叠加”，单击横排文字工具T，在“字符”面板中设置字体与颜色，在画面中输入更多的文字。至此，本实例制作完成。

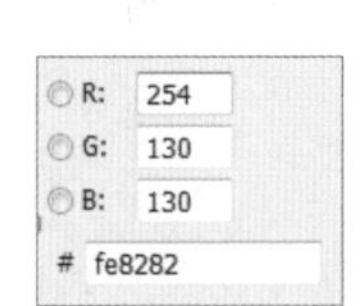

专栏 熟悉“字符”面板

“字符”面板中集合了几乎所有的调整字符属性的选项，下面将对“字符”面板中各个参数设置进行详细介绍。执行“窗口→字符”命令，即可打开“字符”面板。

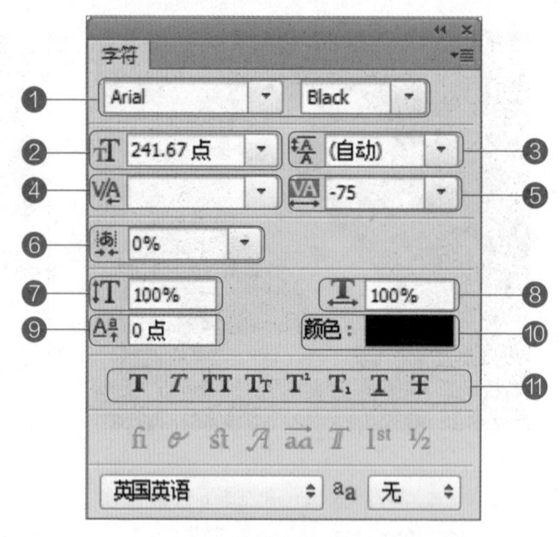

“字符”面板

❶“设置字体系列/设置字体样式”下拉列表：用于设置文字的字体和样式。单击右侧的下拉按钮，在打开的下拉列表中选择需要的字体和字体样式。需要注意的是有些字体不提供粗体和斜体效果。

字体为Arial

字体为Arial Black

字体为Agent Red

❷“设置字体大小”下拉列表：用于设置文字的字体大小。可以在下拉列表中选择字号选项进行设置，也可以直接输入数值进行精确设置。

字号为30点

字号为60点

字号为80点

❸“设置行距”下拉列表：在多行文字中设置行与行之间的距离。

行距为“自动”

行距为30点

❹“设置所选字符的字距调整”文本框：设置当前字符的宽度。

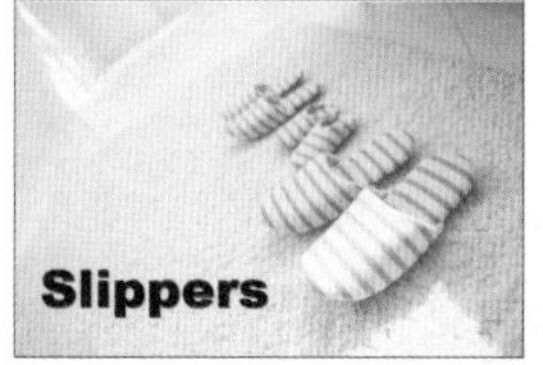

两字符间字距调整为0

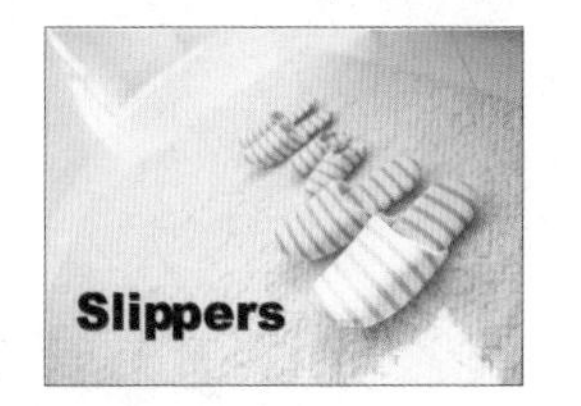

两字符间字距调整为-100

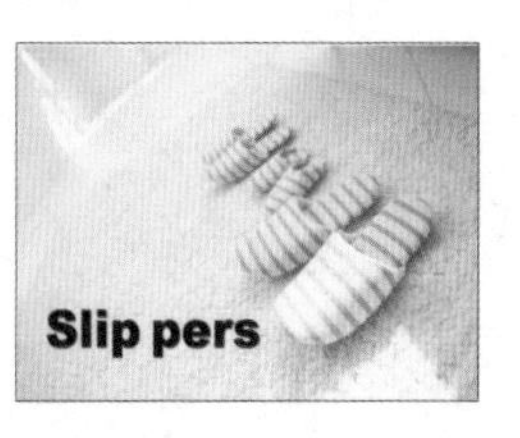

两字符间字距调整为200

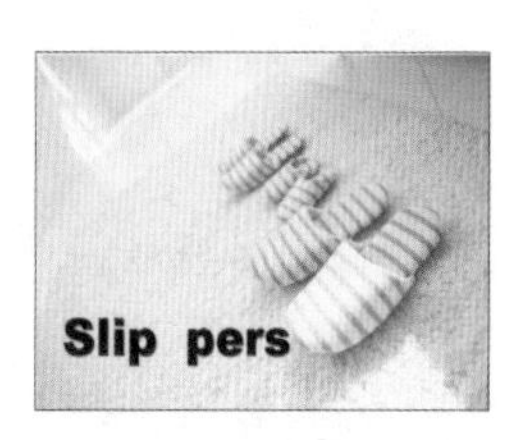

两字符间字距调整为600

❺“设置两个字符间的字距微调”下拉列表：对两个字符之间的距离进行微调。

❻“设置所选字符的比例间距”下拉列表：设置当前字符之间的比例间距。

字间距为0

字间距为200

字间距为-75

❼“垂直缩放”文本框：设置当前字符的长度。

字符长度为100%

字符长度为250%

❽“水平缩放”文本框：设置当前字符的宽度。

字符宽度为100%

字符宽度为50%

❾“设置基线偏移”文本框：设置文本间的基线位移大小。

基线偏移为0点

基线偏移为100点

❿“颜色”色块：对文字颜色进行设置。

颜色为C31、M89、Y21、K1

颜色为C56、M81、Y46、K36

⓫ 字型设置按钮组：单击该按钮组中的字型设置图标，可将当前文字设置为仿粗体、仿斜体、全部大写字母、小型大写字母、上标、下标、下划线和删除线。

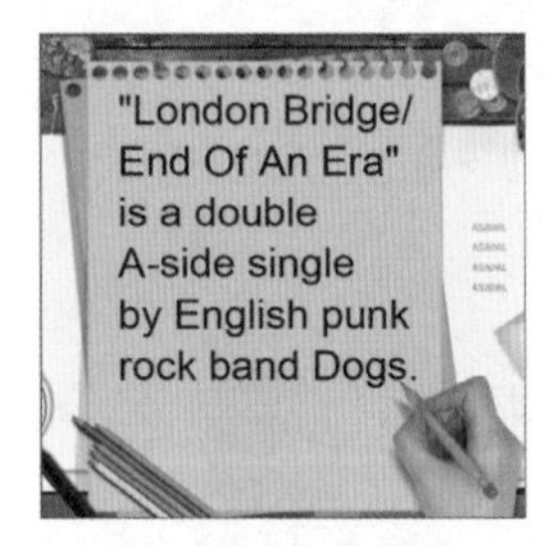

原图

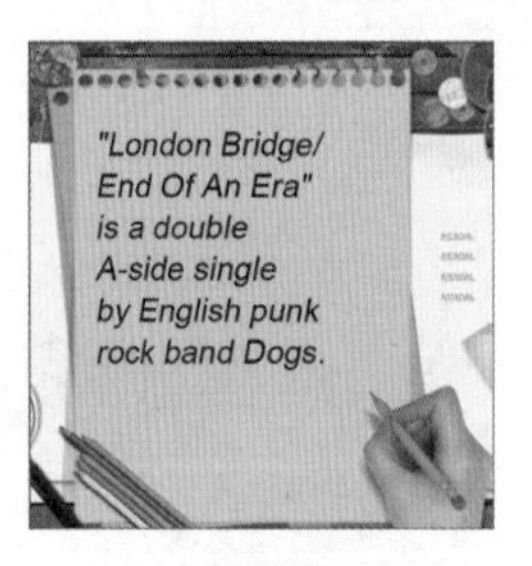

仿粗体

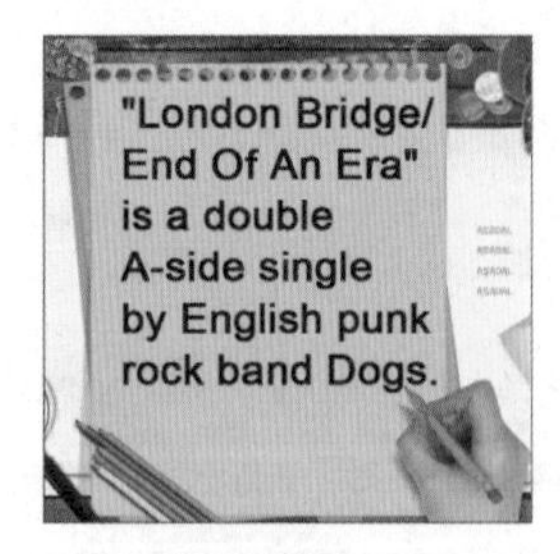

仿斜体

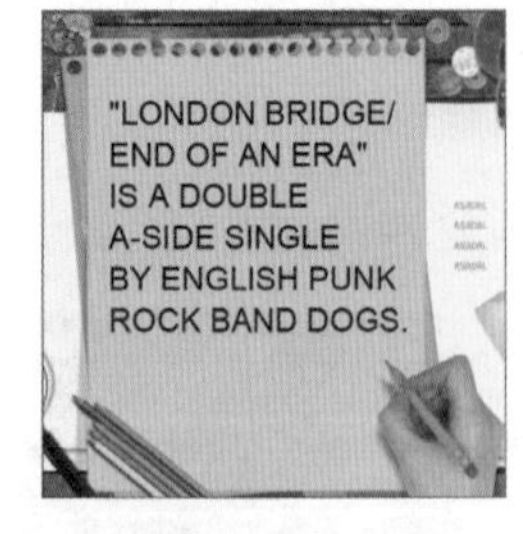

全部大写字母

小型大写字母

上标

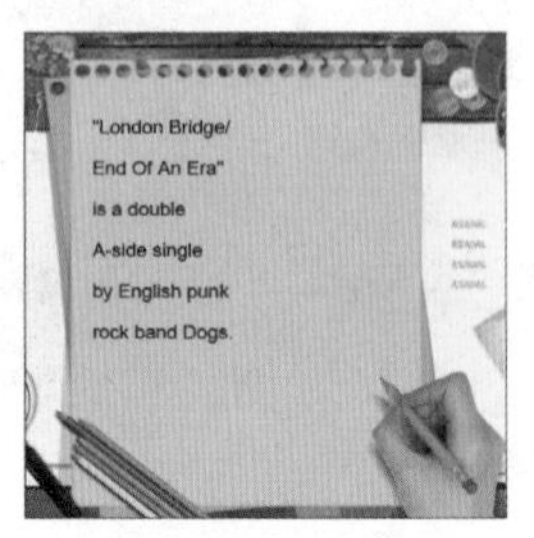

下标

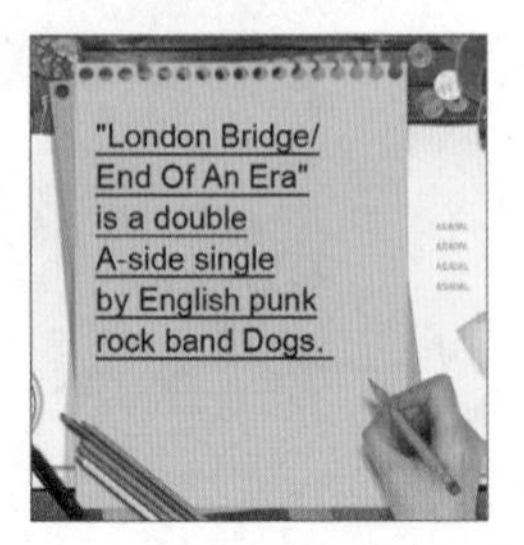

下划线

7.2 了解文本编辑

了解文本的创建之后，要灵活应用文字工具设置文本的各种属性，并将其调整到需要的效果，还必须了解编辑文本的方法。本小节将对编辑文本的相关知识和操作方法进行详细介绍。

“查找和替换文本”对话框

如果需要对输入文字中的部分内容进行查找，可以使用“查找和替换文本”对话框来执行该操作。下面介绍该对话框中的参数设置，以便更好地使用该对话框，执行“编辑→查找和替换文本”命令，即可弹出“查找和替换文本”对话框。

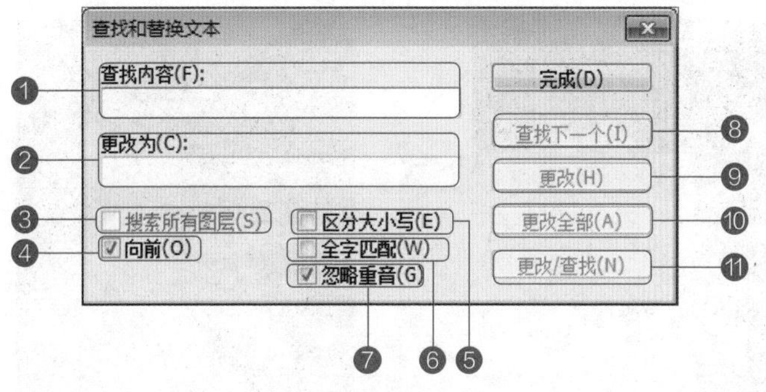

“查找和替换文本”对话框

❶“查找内容”文本框：在该文本框中，输入需要更改的文字。

❷“更改为”文本框：在该文本框中，输入更改后的文字。

❸“搜索所有图层”复选框：勾选该复选框后，搜索文档中的所有图层。在“图层”面板中选中非文字图层后，此复选框才可用。

❹“向前”复选框：勾选该复选框，从文本中的插入点位置向前搜索，取消此复选框的勾选可搜索图层中的所有文本，不管插入点放在何处。

❺“区分大小写”复选框：勾选该复选框，搜索与“查找内容”文本框中的文本大小写完全匹配的一个或多个字符。

❻“全字匹配”复选框：勾选该复选框，忽略嵌入在更长文本中的搜索文本。

❼“忽略重音”复选框：勾选该复选框，将忽略文字的重音以搜索文本。

❽“查找下一个”按钮：通过单击该按钮，可以对查找内容一个一个地进行查找。

❾“更改”按钮：当查找到一个匹配项后，单击该按钮，可将当前查找到的内容替换为设置的更改为内容。

❿“更改全部”按钮：单击该按钮后，将段落文本中所有的查找内容替换为设置的更改为内容。

⓫“更改/查找”按钮：单击该按钮后，用修改后的文本替换找到的文本，然后搜索下一个匹配项。

专家技巧

“查找和替换文本”对话框中不能替换文本文字的原因

使用“查找和替换文本”对话框替换当前页面中的文字，有时会出现不能执行该操作的情况，主要有两个原因，分别是图层隐藏和图层锁定。因为“查找和替换文本”命令不检查已隐藏或锁定图层中的拼写，只要显示出图层或取消锁定图层，即可执行“查找和替换文本”命令。

文字图层被隐藏

锁定文字图层

如何做 更改文字图层中文字的方向

在图像文件中输入文字后，为了使文字在图像上的排列方式更加多样化，经常会将文字以不同的方向排列。在Photoshop中通过更改文字图层的方向能够轻易更改文字的排列方向，使图像画面更具艺术感，下面介绍更改文字图层中文字方向的具体操作方法。

01 打开图像

按下快捷键Ctrl+O，打开附书光盘\实例文件\第7章\Media\03.jpg文件，然后按下F7键，打开“图层”面板。

02 输入文字内容

单击横排文字工具T，在页面左下方单击，置入插入点，输入文字Eur-ope and the United States's most attractive female，然后将该段文字调整为4行效果，并设置其文字颜色为“白色”，在“图层”面板中将自动生成一个文字图层。

03 设置文字属性

执行“窗口→字符”命令，打开“字符”面板。将第1行文字选中，设置字体为Arial Black，字号为24点，行间距为16.29点，字间距为-25；将第2行文字选中，设置字体为Arial Black，字号为48点，行间距为40点，字间距为-25；将第3行文字选中，设置字体为Arial Black，字号为16.5点，行间距为16.29点，字间距为-25；将第4行文字选中，设置字体为Arial，字号为12.45点，行间距为11.21点，字间距为-10。单击“全部大写字母”按钮，即可将设置的文字属性设置应用到当前文本中。

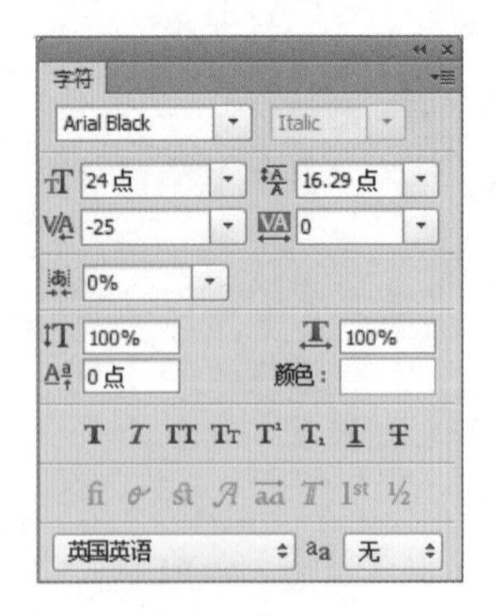

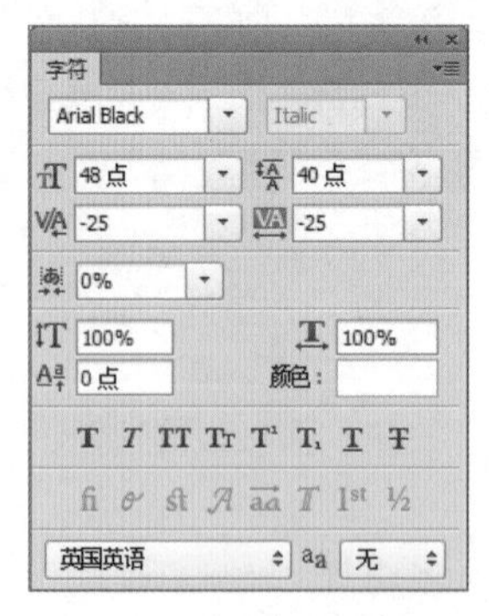

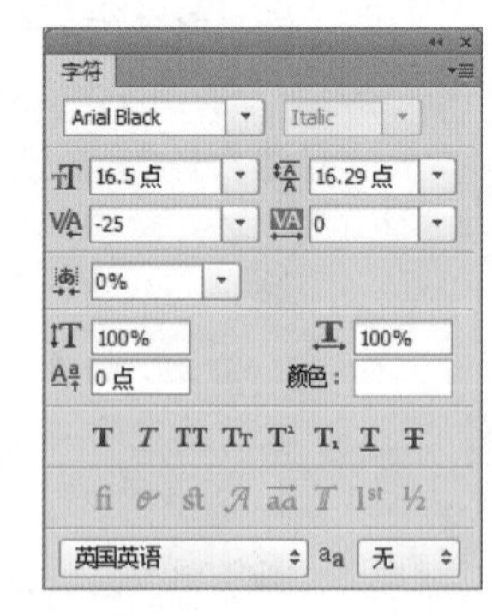

04 设置文字颜色

选中第2行文字，设置文字颜色值为R150、G120、B21，按照同样的方法，选中第4行文字，设置相同的文字颜色。

05 更改文本方向

选中文字图层，单击“字符”面板中右上角的扩展按钮，打开扩展菜单，选择“更改文本方向”选项，更改文字图层排列方向。单击移动工具，将文本移至页面左边。按下快捷键Ctrl+T，显示出控制手柄，调整文字在图像中的大小。至此，本实例制作完成。

 如何做 栅格化文字图层

与普通图层相比，文字图层中的文字能够在“字符”面板或“段落”面板中通过设置改变其属性，但是却不能使用普通图层能够应用的滤镜命令。因此在设置好文字内容的属性后，可以将文字图层栅格化，使其拥有普通图层的特点。

01 新建图像文件

按下快捷键Ctrl+N，新建“宽度”为14厘米，“高度”为10厘米，“分辨率”为300像素的空白文档。按下快捷键Ctrl+O，打开附书光盘\实例文件\第7章\Media\素材1.jpg文件，移动到当前图像文件中，然后按下F7键，打开“图层”面板。

02 添加图像

按下快捷键Ctrl+O，打开附书光盘\实例文件\第7章\Media\素材2.jpg文件，并移动到当前图像文件中。

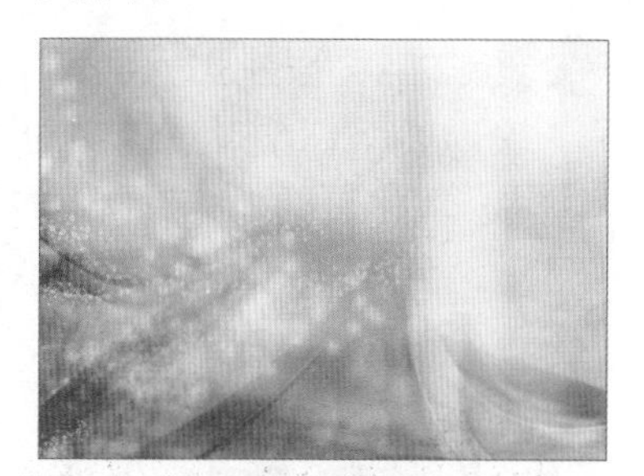

03 设置图层混合模式

设置“图层 2”的图层混合模式为“颜色加深”，使其与下层图像自然融合。

04 输入主题文字

单击横排文字工具T，在图像中心位置单击，置入插入点并输入文字CRYSTAL。在“字符”面板中设置字体为Keep on Truckin'FW，字号为76.38点，行间距为自动。设置完成后即可将文字属性应用到相应文字中，在“图层”面板中会自动生成文字图层。

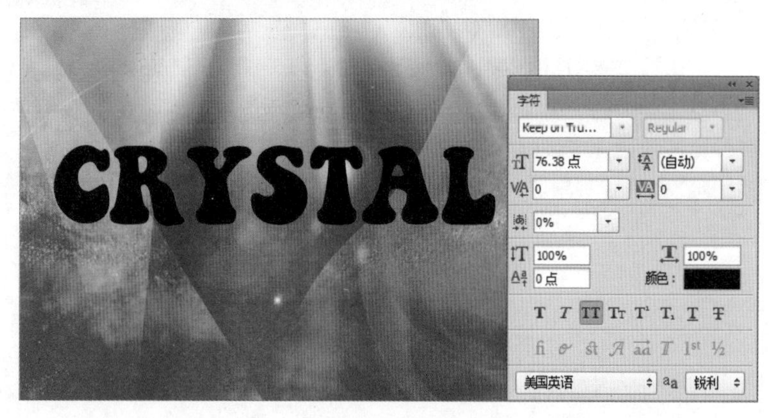

05 设置文字图层的图层样式

将文字的“填充”设置为0。单击添加图层样式按钮 fx ，在弹出的快捷菜单中选择“斜面和浮雕”命令，然后在弹出的对话框中设置相应的参数。使用相同的方法，依次设置“等高线”“内阴影”“内发光”“外发光”“光泽”和“投影”选项的参数。设置完成后，单击“确定”按钮，为文字添加立体效果。

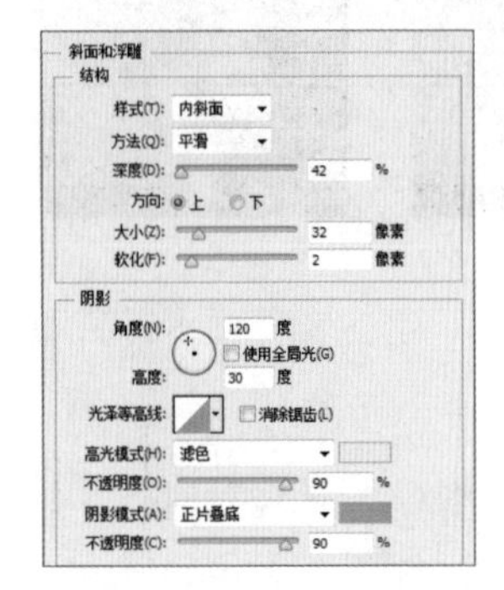
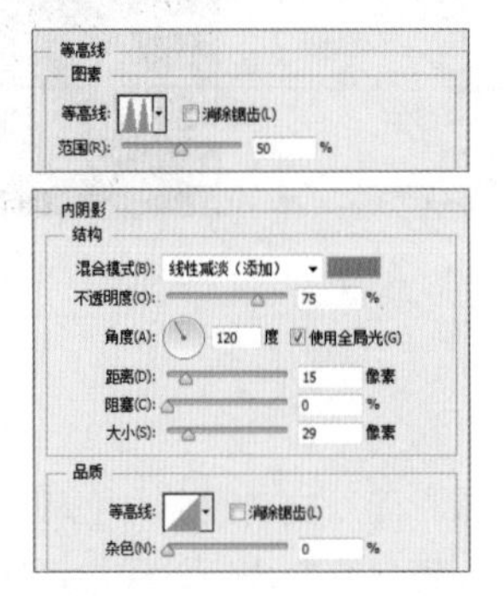
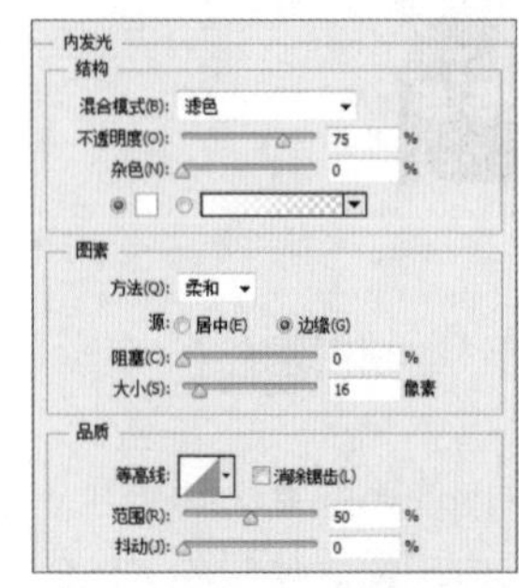
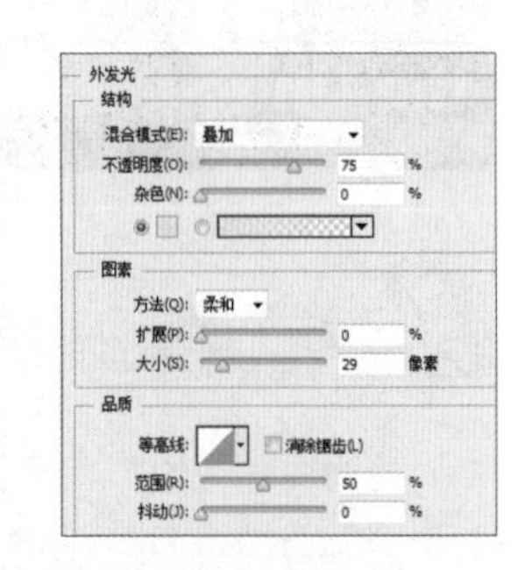
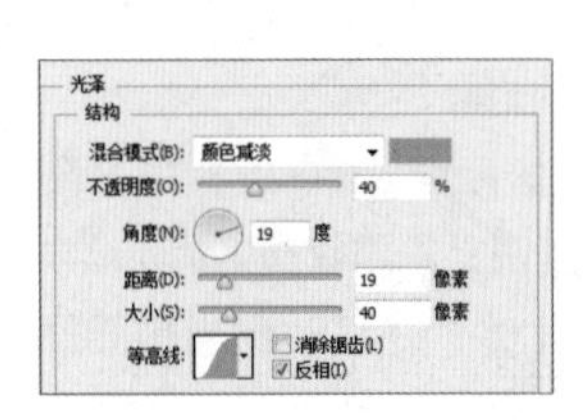

06 复制文字图层并设置图层混合模式

按下快捷键Ctrl+J复制文字图层，得到“CRYSTAL副本”，在“图层”面板中设置“填充”为100%，“图层混合模式”为柔光，“不透明度”为80%，调整文字叠加效果。

07 栅格化文字图层

执行“文字→栅格化文字图层”命令，将该文字图层栅格化。然后执行“滤镜→杂色→添加杂色”命令，在弹出的对话框中设置相应参数，为该图层添加杂色效果。

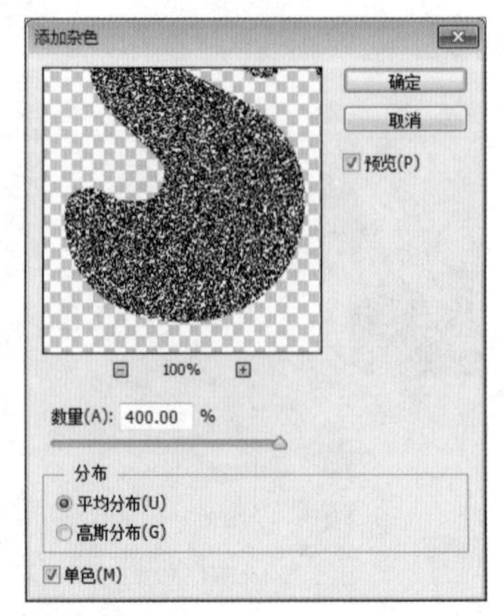

08 应用“添加杂色”滤镜

设置完成后单击“确定”按钮，以应用该滤镜效果。

09 绘制图像

新建“图层 3”，设置前景色为R241、G106、B164，单击画笔工具，在“画笔”面板中设置画笔笔尖形状选项的参数，并勾选“形状动态”和“散布”复选框，然后设置参数。在画面中多次单击以绘制图像。

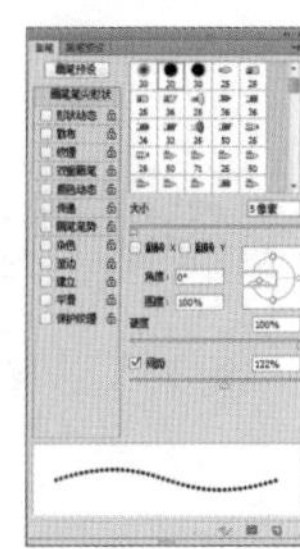
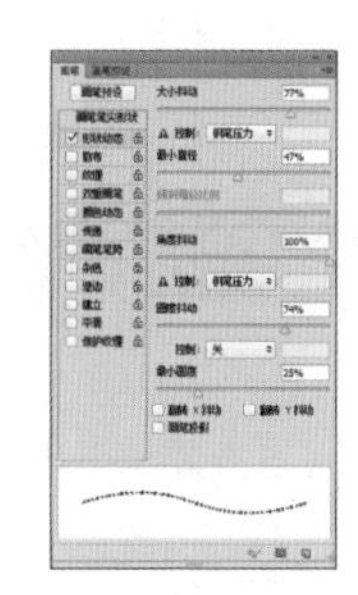
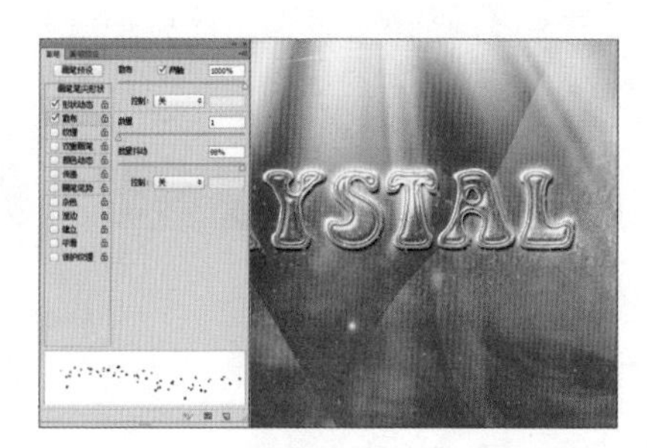

10 添加图层蒙版并设置图层混合模式

按住Ctrl键单击“CRYSTAL”图层将其载入选区，单击添加图层蒙版按钮，为“图层 3”添加图层蒙版，隐藏部分图像色调。设置其“图层混合模式”为线性加深，“不透明度”为80%。

11 继续绘制图像

新建“图层 4”，设置前景色为白色，单击画笔工具，并在属性栏设置相应参数，在画面中多次单击，绘制图像。

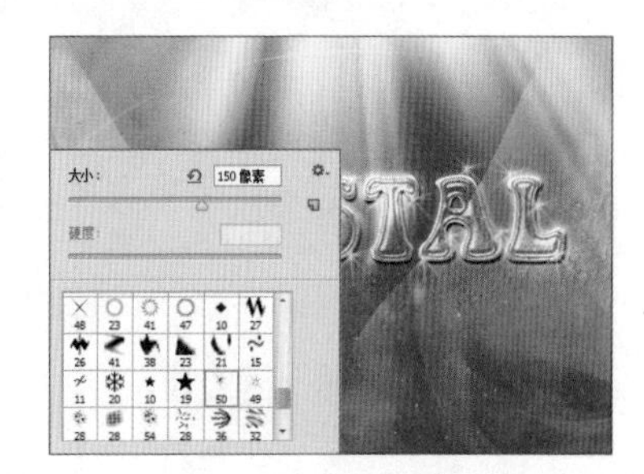

12 输入文字

单击横排文字工具，在“字符”面板中设置相应参数后，在画面中输入相应文字。并为部分文字图层添加“渐变叠加”图层样式。

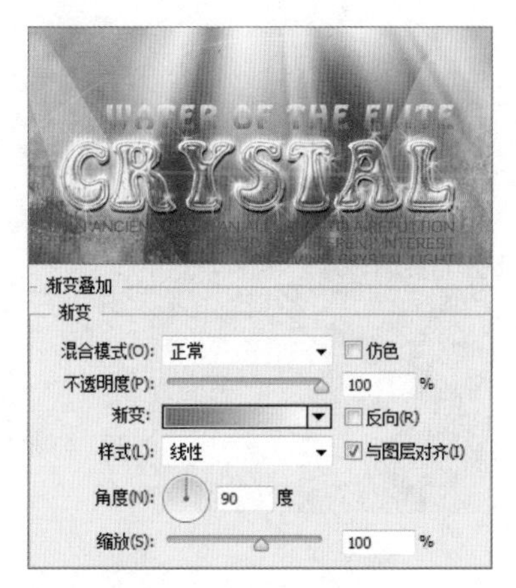

13 新建图层并调整图像色调

新建“图层 5”，单击矩形选框工具在画面相应位置创建一个矩形选区并填充为白色。单击添加图层蒙版按钮，继续使用矩形选框工具，在图像中创建选区并填充为黑色以隐藏部分图像色调。设置该图层的“不透明度”为40%，使其呈现通透效果。至此，本实例制作完成。

7.3 了解形状工具

Photoshop中共包含6个形状工具，分别是矩形工具、圆角矩形工具、椭圆工具、多边形工具、直线工具和自定形状工具，使用这些工具可以绘制出具有矢量属性的图形。在本小节中，将对这些工具的相关知识和基本操作进行介绍。

知识链接

用快捷键设置定义创建复合路径的方式

在创建形状时，使用快捷键设置定义创建复合路径的方式可以提高工作效率。

①在页面中通过拖拽绘制形状后，按住Shift键不放，可以暂时切换到“添加到路径区域”按钮。

②按住Alt键不放，可以暂时切换到“从路径区域减去”按钮。

③按住Shift+Alt组合键不放，可以暂时切换到“交叉路径区域”按钮。

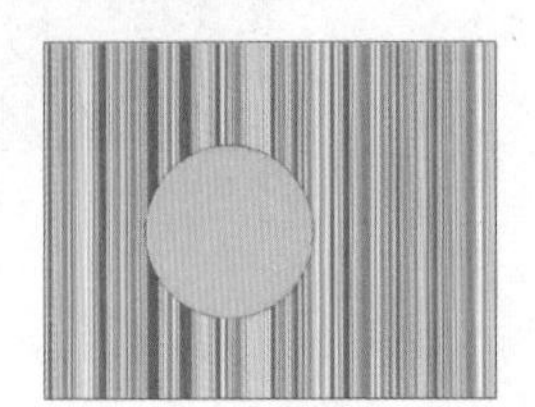

绘制形状

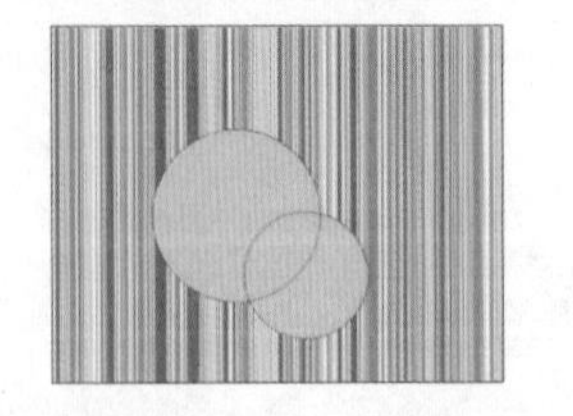

切换到“添加到路径区域”按钮

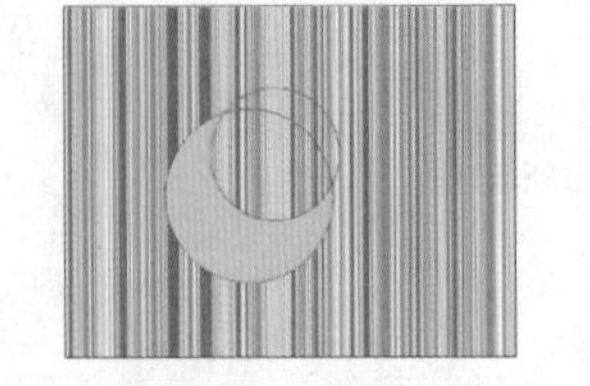

切换到“从路径区域减去”按钮

知识点 常用的形状工具

在Photoshop中经常使用形状工具绘制具有矢量属性的图形，将这些矢量图形放大时，图像不会因为放大而出现像素化效果。

1. 矩形工具

用于绘制矩形，单击该工具后，在页面中直接拖拽，即可绘制出矩形，在其属性栏中可对相应参数进行设置。

绘制矩形

绘制正方形

2. 圆角矩形工具

使用该工具可以绘制圆角矩形，另外，还可以在属性栏中对所绘制的圆角矩形的圆角半径进行设置。

半径为10px

半径为30px

半径为200px

3. 椭圆工具

使用该工具可以绘制椭圆，在页面中直接拖拽即可绘制出椭圆形状。按住Shift键不放，在页面中拖拽，即可绘制出正圆。

绘制椭圆

绘制正圆

4. 多边形工具

使用该工具可以绘制出多边形效果，并且在绘制多边形之前可以在相应的属性栏中设置需要的多边形边数，然后在页面中拖拽即可绘制出需要的多边形。

边数为5

边数为10

5. 直线工具

使用该工具，通过单击和拖拽，可以绘制出任意角度的直线，在相应的属性栏中，还可以设置线的粗细。

原图

添加直线形状和背景

6. 自定形状工具

使用自定形状工具可以通过在属性栏中的“形状”面板中选择相应的形状，然后在页面中拖拽，绘制出不同的形状。

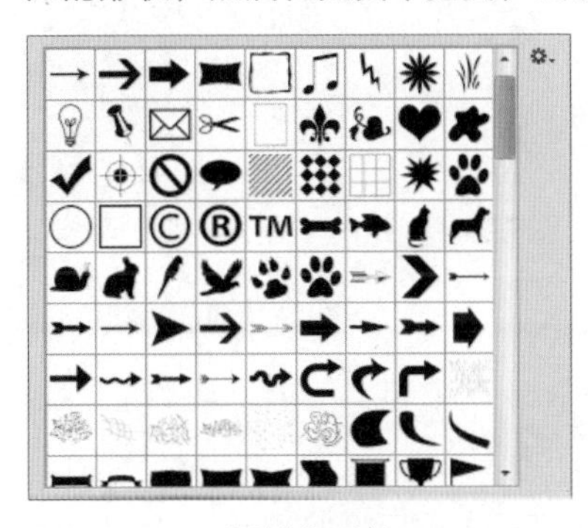

“形状”面板

绘制选择的形状

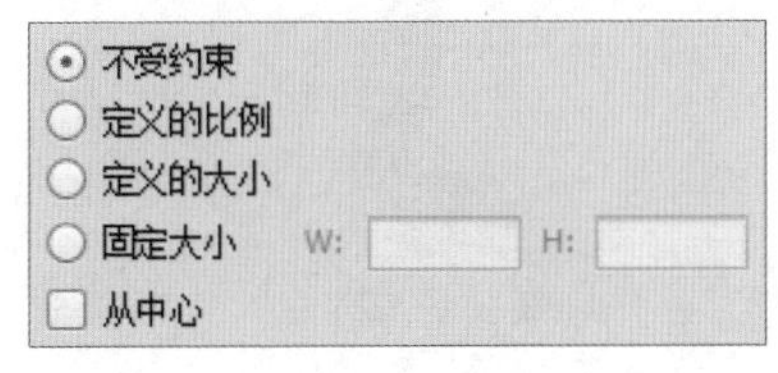

自定形状选项

选中“定义的比例”单选按钮

专家技巧

绘制水平直线和垂直直线

在使用直线工具绘制直线时，按住Shift键不放，然后在水平方向单击并拖拽鼠标，或者在垂直方向单击并拖拽鼠标，即可绘制水平直线或垂直直线。另外，还可以按住Shift键不放，在45°角的倍数位置拖拽鼠标，可绘制出45°角及其倍数的直线。

绘制出不同角度的直线

每条直线成为一个形状图层

如何做 用形状工具绘制形状

综合使用各种形状工具可以绘制出具有一定立体效果的图像，下面就来介绍使用形状工具绘制立体效果形状的操作方法。

01 新建图像文件

新建一个20×15厘米，“分辨率”为300像素的空白文件，按下快捷键Shift+Ctrl+Alt+N，生成“图层 1”。

02 为文件填充渐变

单击渐变工具，在属性栏中选择预设的“蜡笔”选项，选择其中的“黄色、绿色、蓝色”渐变颜色条，在页面中从左到右进行拖拽，应用线性渐变。单击直线工具，在属性栏中设置其粗细为3px，前景色为R255、G158、B78。按住Shift键，在页面正中从左到右拖拽鼠标，绘制一条水平直线，生成“形状 1”图层。

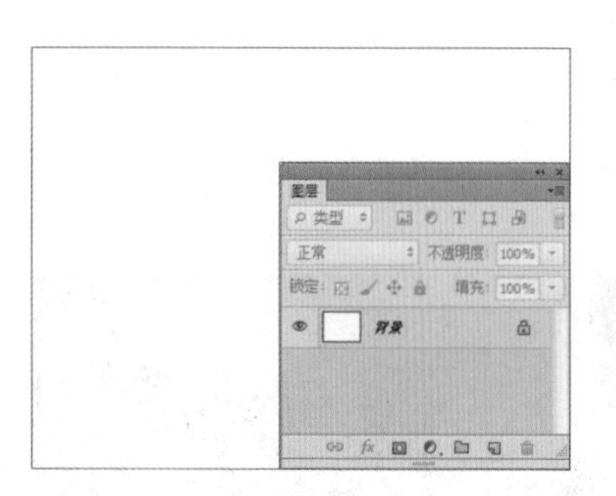

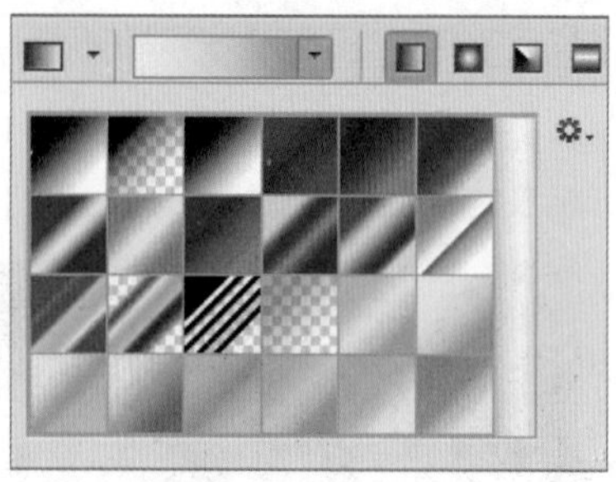

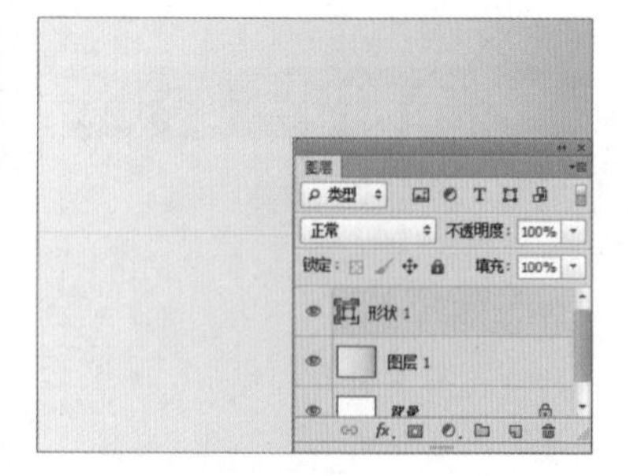

03 新建组

在“图层”面板中单击“创建新组”按钮，新建“组 1”，以后创建的图层默认情况下都将包含在该组中。

04 绘制矩形

单击矩形工具，设置填充色为R171、G167、B167，按住Shift键不放，在页面右侧拖拽鼠标，绘制一个正方形，在“图层”面板中生成“形状 2”图层。按照同样的方法，在刚才所绘制的正方形的左下方位置再绘制一个正方形，生成“形状 3”图层。

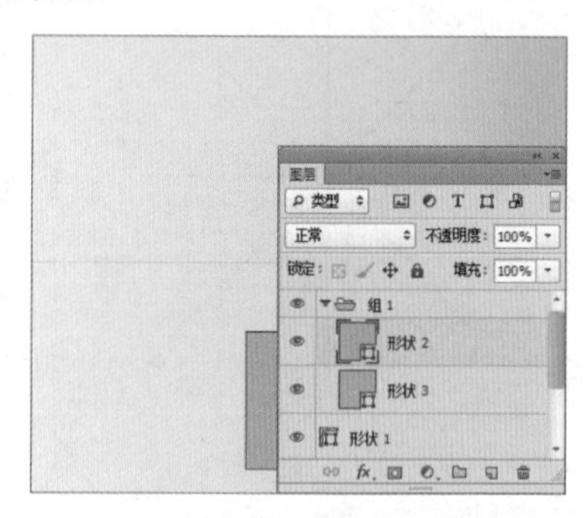

05 变形形状

再绘制一个矩形，然后设置其颜色为R111、G106、B106。按下快捷键Ctrl+T，显示控制手柄，按住Ctrl键不放，通过拖拽将对象变形，设置完成后按下Enter键确定变换，生成“形状 4”图层。

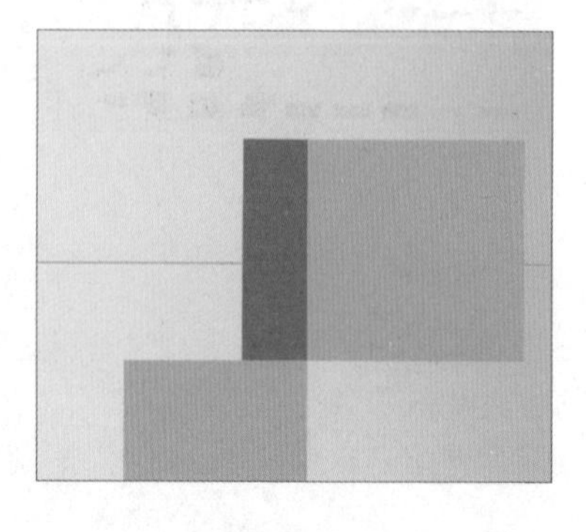

06 绘制底部

再次单击矩形工具，设置其颜色为R61、G58、B58，在正方形下方通过拖拽绘制一个矩形，生成“形状 5”图层，调整为矩形的底边。将“形状 4”和“形状 5”图层同时选中，并进行复制，生成 “形状 4 副本”和“形状 5 副本”，然后将它们调整到页面的下方位置，成为后一个正方形的底和侧边。

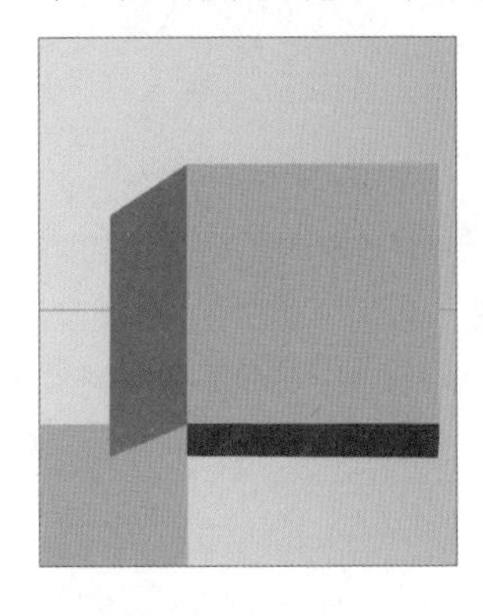

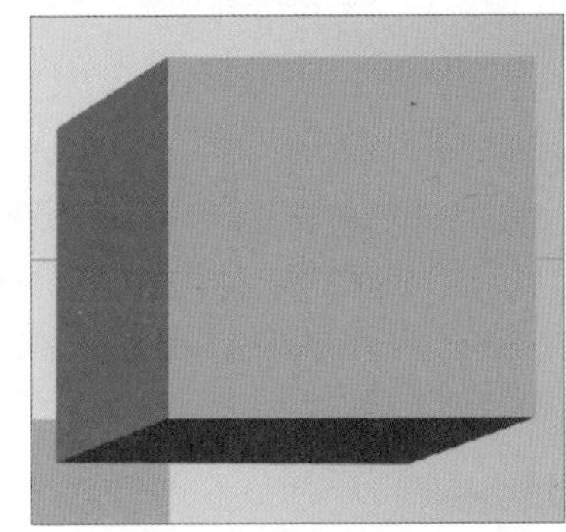

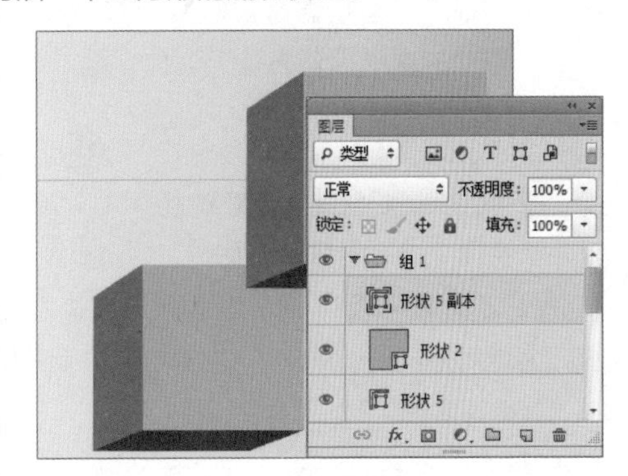

07 盖印图层

单击选中“组 1”，然后按下快捷键Ctrl+Alt+E，将当前图层盖印到新图层中，生成“组 1（合并）”的普通图层。

08 调整对象的大小

单击“组 1”前的”指示图层可见性图标，隐藏该组图层中的所有对象，单击移动工具，按下快捷键Ctrl+T，显示出控制手柄，然后按住Shift键不放，通过拖拽等比例调整对象的大小。将该对象调整到页面的右下角位置，设置完成后按下Enter键确定。

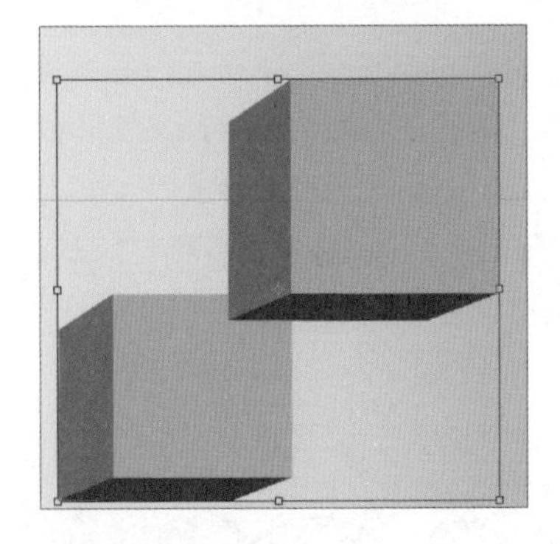

09 复制出多个对象

按住Alt键不放，在页面中拖拽鼠标，即可复制当前图层，生成“组 1（合并）副本”图层，然后调整其位置和大小。

10 改变对象的颜色

按照同样的方法，在图像中复制其他当前图层对象，并将其调整到页面右侧位置，然后执行“图像→调整→变化”命令，在弹出的“变化”对话框中调整单个对象的颜色，设置完成后在图像左侧位置添加文字效果。至此，本实例制作完成。

如何做 将形状或路径存储为自定形状

使用Photoshop中的形状工具绘制形状时，可以将当前绘制的形状或路径存储为自定义形状，以便在后面的操作中直接选择自定义形状，并通过拖拽在图像中应用该效果。下面就来介绍将形状或路径存储为自定形状的具体操作方法。

01 绘制矢量图像

按下快捷键Ctrl+N，任意新建一个空白文档，然后单击钢笔工具，在页面中绘制一个布满花纹的图像效果。

02 定义形状

单击路径选择工具，通过框选，将图像上所有的图像路径同时选中，然后执行“编辑→定义自定形状”命令，弹出“形状名称”对话框，设置“名称”为“花纹”，设置完成后单击“确定”按钮，即可将当前选中的路径定义为形状。

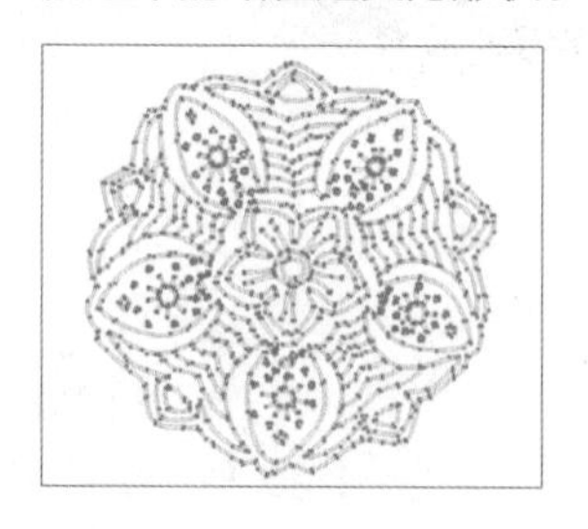

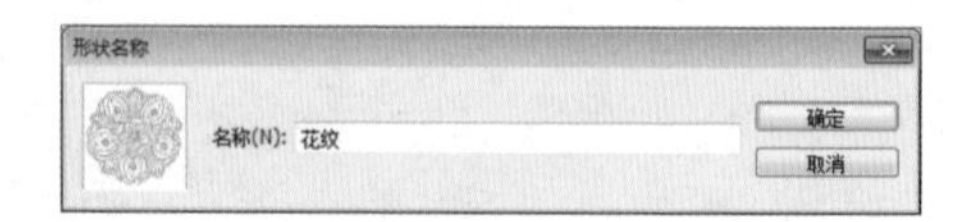

03 打开图像

按下快捷键Ctrl+O，打开附书光盘\实例文件\第7章\Media\04.jpg文件。

04 应用定义的形状

单击自定形状工具，在其属性栏中单击形状右侧的下拉按钮，在打开的面板中选中刚才定义的形状选项，然后按住Shift键在画面中拖动鼠标，绘制出选中的形状。

05 设置图层混合模式

单击“图层”面板中生成的“形状 1”图层，使其成为当前图层，然后设置其图层混合模式为“叠加”多次复制该图层并调整其大小和位置，制作出自然色调的背景图像效果。至此，本实例制作完成。

专栏 了解形状工具的属性栏

想要熟练使用形状工具，需要对其属性栏参数设置进行了解，从而使用户根据需要使用不同的形状工具绘制相应形状，单击任意工具即可切换到相应属性栏中。

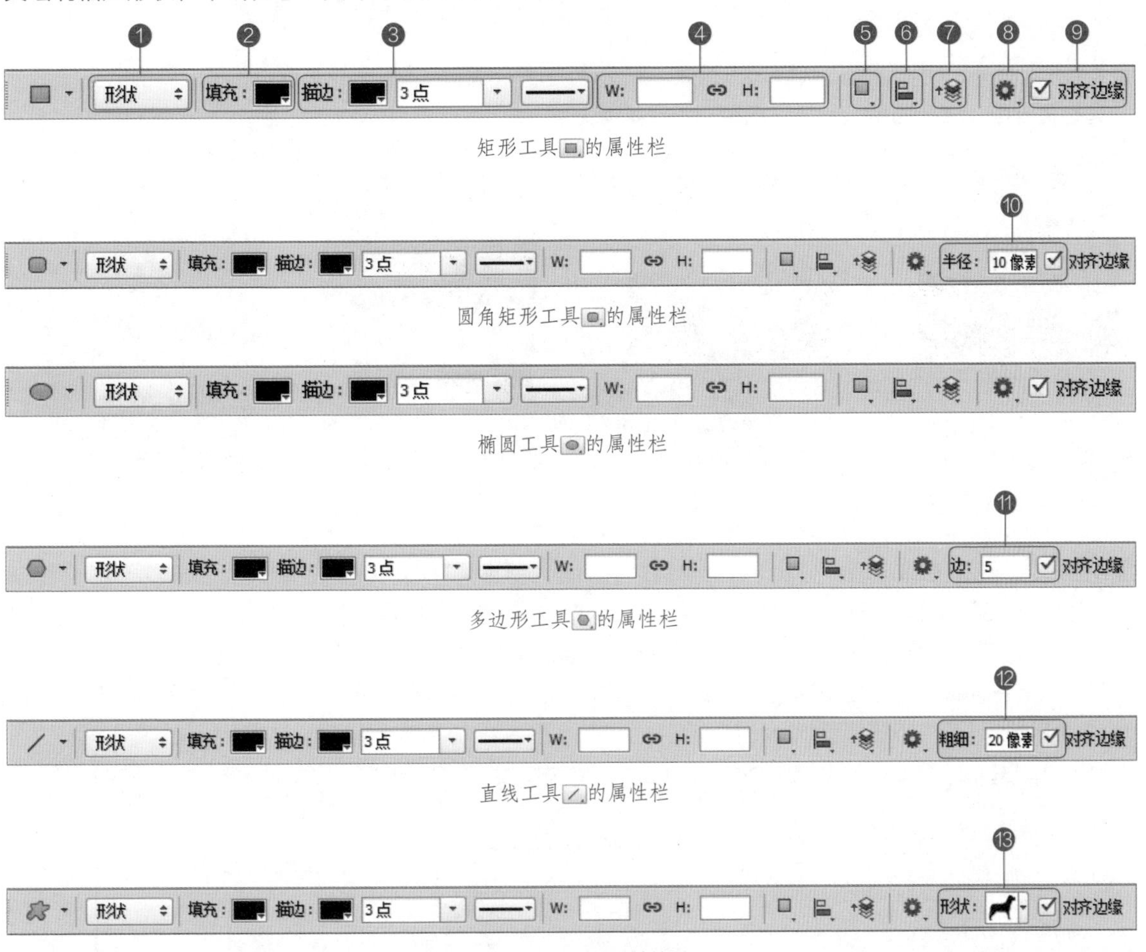

矩形工具的属性栏

圆角矩形工具的属性栏

椭圆工具的属性栏

多边形工具的属性栏

直线工具的属性栏

自定形状工具的属性栏

❶“形状”下拉列表：用于选择绘制形状的工具模式。单击右侧的下拉按钮，在弹出的下拉列表中有“形状”“路径”和“像素”3个选项，“形状”选项用于绘制矢量效果的形状；选择“路径”选项绘制的图形只有轮廓没有颜色填充；“像素”选项用于绘制位图图形。选择任意选项，即可出现对应的属性栏，通过设置不同的参数，绘制相应形状。

选择“形状”选项

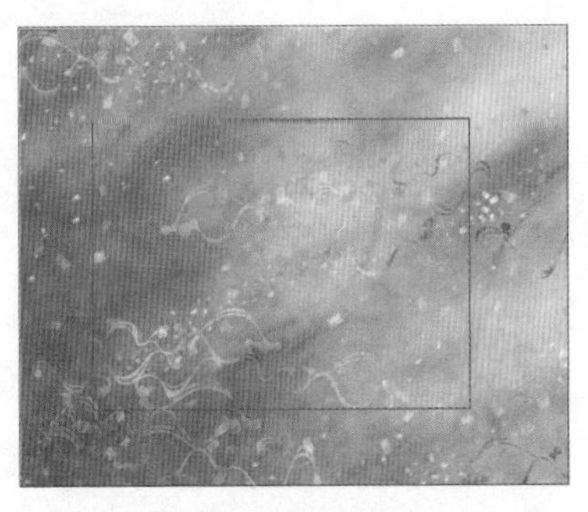

选择“路径”选项

选择“像素”选项

选择“路径”选项的属性栏

选择“像素”选项的属性栏

❷“填充”色块：用于设置形状填充的类型。单击色块，即可弹出“填充”面板，在其中单击相应按钮，调整各参数，即可为所绘制的形状填充所需类型。

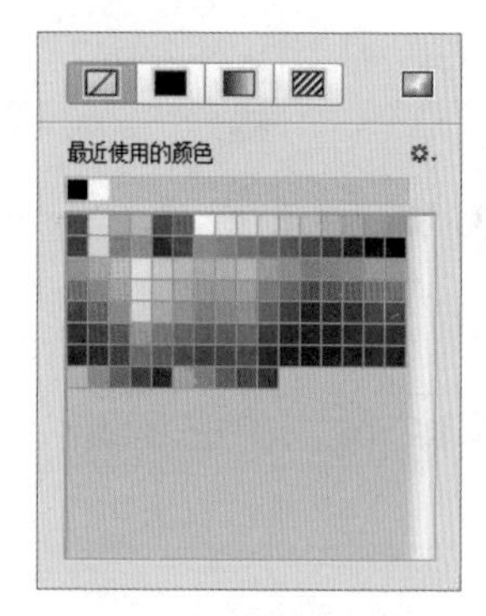

单击“无颜色”按钮

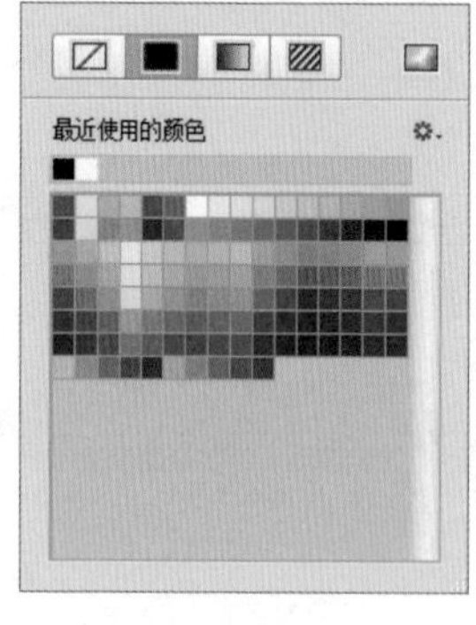

单击“纯色”按钮

单击“渐变”按钮

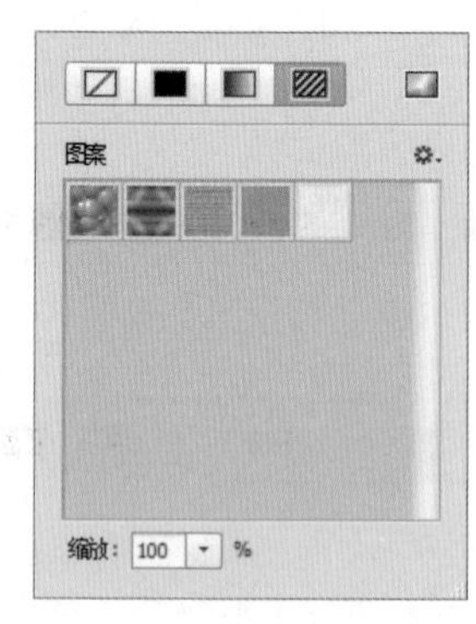

单击“图案”按钮

❸“描边”选项：在该选项中可以设置形状描边的类型和宽度。单击色块，在弹出的“描边”面板中可以设置形状描边的类型。在右侧文本框中输入数值或拖动下方滑块即可调整形状描边的宽度，取值范围在0~288点之间。单击右侧横线按钮，即可弹出“描边选项”面板，在其中可以设置形状描边为实线或虚线。单击面板中的“更多选项”按钮，在弹出的“描边”对话框中可以设置形状描边的更多参数，完成后单击“确定”按钮即可。

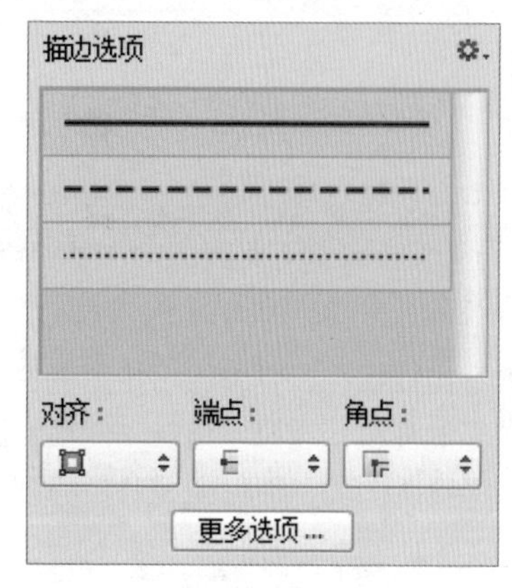

“描边选项”面板

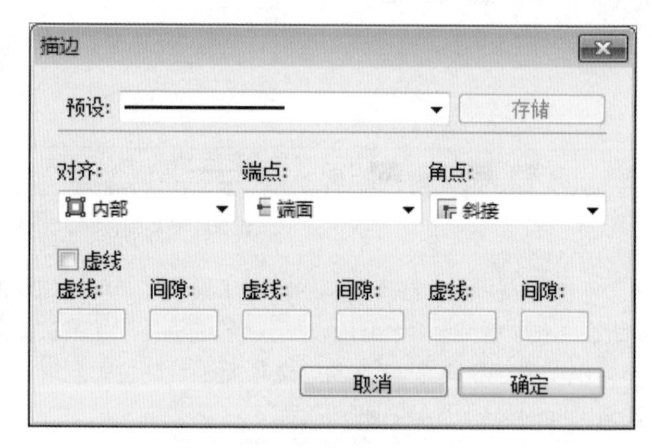

“描边”对话框

“填充”和“描边”为纯色

描边形状为圆点

“填充”和“描边”为图案

❹“W”和“H”文本框：分别用于设置形状的宽度和高度，在右侧文本框中输入数值或拖动下方滑块即可。单击链接按钮，即可将形状的宽度和高度链接。

❺ 路径操作按钮组：在该按钮组中包含“新建图层”按钮、“合并形状”按钮、“减去顶层形状”按钮、“与形状区域相交”按钮和“排除重叠形状”按钮等，单击任意按钮即可设置相应的形状创建方式。

❻ 路径对齐方式按钮组：在该按钮组中包含“左边”按钮、“水平居中”按钮、“右边”按钮、“垂直居中”按钮和“底边”按钮等，单击任意按钮即可设置相应的路径对齐方式。

❼ 路径排列方式按钮组：在该按钮组中包含“将形状置为顶层”按钮、“将形状前移一层”按钮、“将形状后移一层”按钮和“将形状置为底层”按钮，单击任意按钮即可设置相应的路径排列方式。

❽ 扩展按钮：单击该按钮，可弹出“扩展”面板，在其中包含“不受约束”单选按钮、“方形”单选按钮、“固定大小”单选按钮、“比例”单选按钮和“从中心”单选按钮，单击任意按钮即可绘制出不同的形状。

不受约束
方形
固定大小 W: H:
比例 W: H:
从中心

“扩展”面板

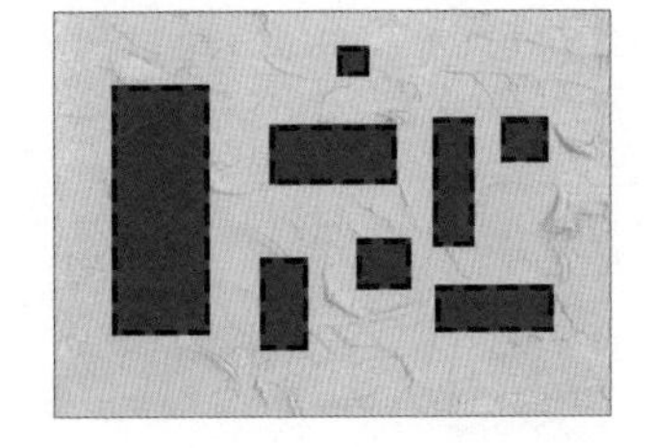

勾选“不受约束”单选按钮

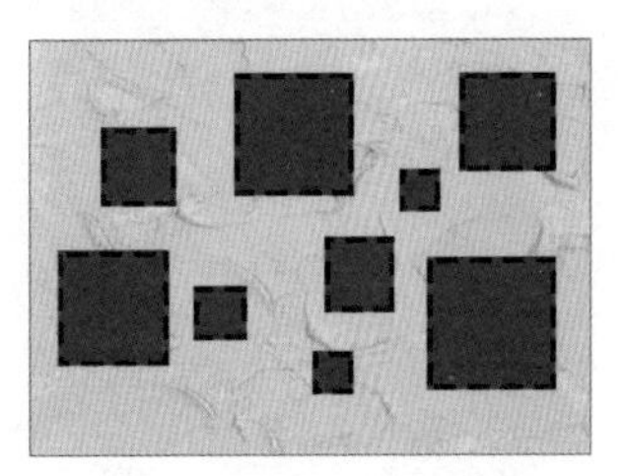

勾选“方形”单选按钮

❾“对其边缘”复选框：勾选该复选框，即可将矢量形状边缘与像素网格对齐。

❿“半径”文本框：通过直接输入数值，设置圆角矩形的圆角半径。值越大，其图像越趋于圆形；值越小，其图像越趋于直角矩形。

⓫“边”文本框：通过直接输入数值，设置多边形的边数，值越大，绘制的图像越趋于圆形。

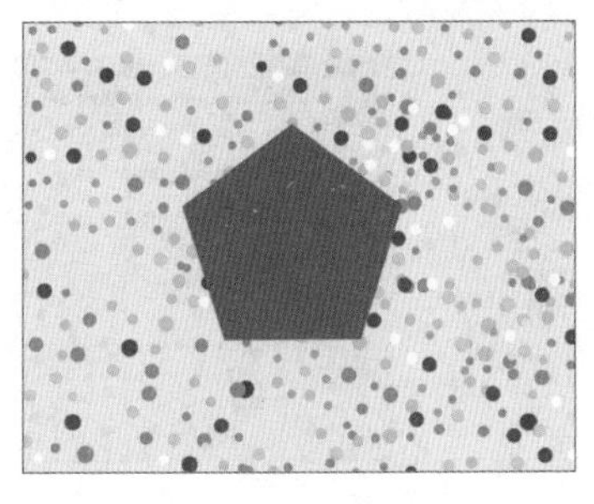

边数为5

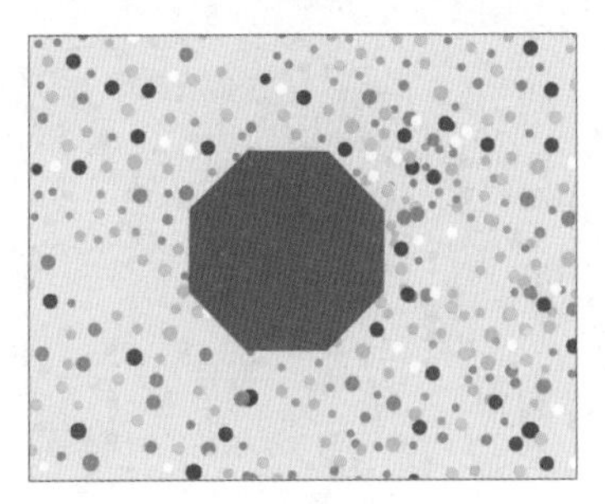

边数为8

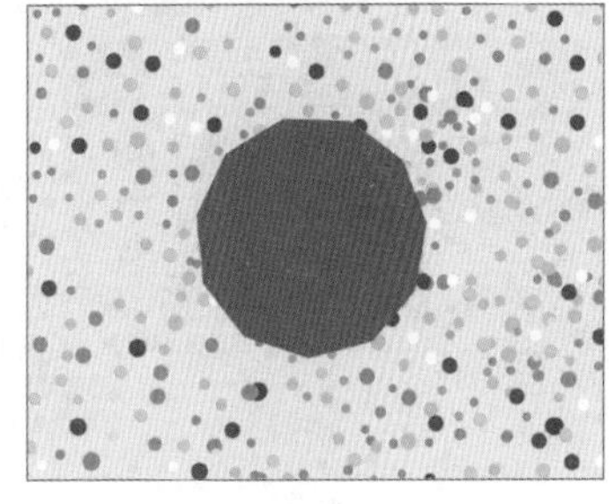

边数为11

⓬“粗细”文本框：通过直接输入数值，设置直线的粗细。

绘制直线粗细为1px

绘制直线粗细为10px

⓭“形状”面板：单击右侧的下拉按钮，即可打开相应的面板，在该面板中显示出当前可用的所有形状，任意单击一个形状选项，即可在图像页面中通过拖拽绘制出相应的形状。

高手训练营 使用形状工具制作简单合成效果

使用形状工具绘制的形状其优势在于在编辑过程中能够随意放大或缩小，其像素大小不变，在这里将介绍使用形状工具制作出简单合成效果的具体操作方法。

01 新建图像文件

按下快捷键Ctrl+N，新建“宽度”为20厘米，“高度”为15厘米，“分辨率”为300像素的空白文档。

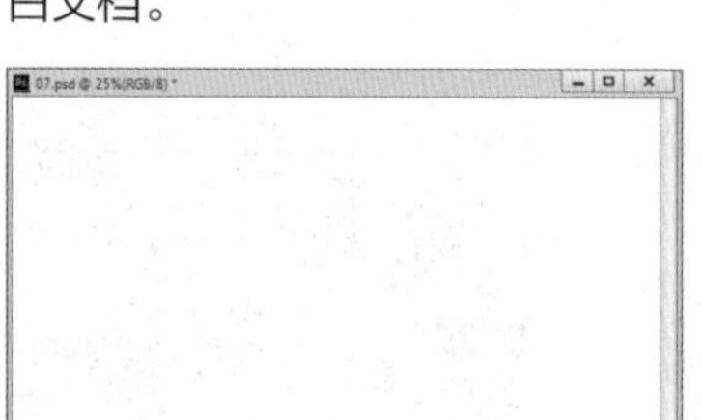

02 绘制矩形

单击矩形工具，设置前景色为R221、G221、B221，然后在页面左侧拖拽，创建一个矩形。按下快捷键Ctrl+T，显示出控制手柄，通过拖拽变换形状的倾斜度，最后按下Enter键确定变换。

03 复制形状

按住Alt键不放，将“形状 1”向右拖拽，即可复制该形状，并生成“形状 1 副本”图层，然后按下快捷Ctrl+T，显示出控制手柄，在图像上单击鼠标右键，在弹出的快捷菜单中执行“水平翻转”命令，即可翻转该对象，按下Enter键确定变换，并将其调整到页面的右侧位置。

04 盖印图层

按下快捷键Shift+Alt+Ctrl+E，将所有图层盖印到新图层中，在“图层”面板中生成“图层 1”，该图层为普通图层。

05 添加阴影

单击加深工具，设置“范围”为“中间调”，“曝光度”为24%，并勾选“保护色调”复选框，在图像的版块交界处涂抹，添加阴影部分效果。单击画笔工具，设置“不透明度”为9%，“流量”为37%，并设置填充色为“黑色”，在底部涂抹，添加阴影效果。

06 添加素材图像

按下快捷键Ctrl+O，打开附书光盘\实例文件\第7章\Media\05.png文件。将其拖拽到原图像中并调整位置。

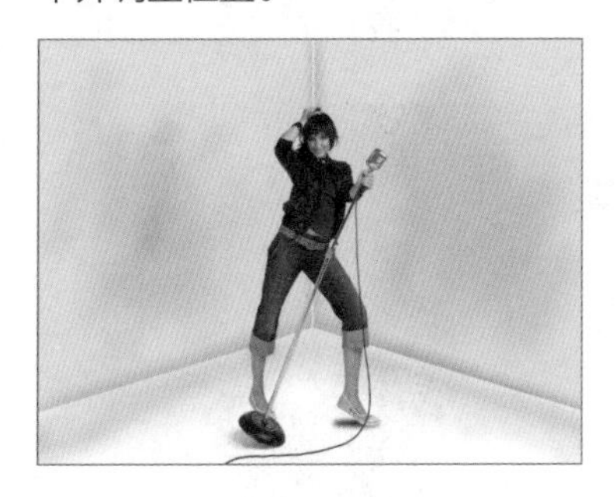

07 绘制三角形并变形

单击多边形工具，在属性栏中设置“边数”为3，“颜色”为R249、G175、B21，然后在页面中拖拽绘制一个三角形。按下快捷键Ctrl+T，显示出控制手柄，按住Ctrl键不放，拖拽节点，调整三角形的效果，使其呈倾斜效果。

08 制作镂空效果

使用钢笔工具，在变形三角形的中心部分绘制一个相似的三角形，即可制作出镂空效果。

09 绘制矩形并变形

使用矩形工具，绘制一个矩形。按下快捷键Ctrl+T，将该形状变形。

10 绘制其他形状并盖印图层

按照同上面相似的方法，绘制出其他部分的矩形，然后分别按下快捷键Ctrl+T，调整形状的倾斜效果，并将颜色更改为具有层次感的效果。将形状图层同时选中，按下快捷键Ctrl+Alt+E，盖印图层到新图层中，生成“形状 3（合并）”。

11 擦除部分形状区域

在“图层”面板中使所有形状图层不可见，然后单击“形状 3（合并）”，使其成为当前图层，单击橡皮擦工具，将人物中部的立体形状擦除。

12 减淡和加深图像

结合减淡工具和加深工具，在三角形上涂抹，增强其立体感。

13 添加椭圆立体效果

单击椭圆工具，设置其颜色为R179、G37、B121，在页面中绘制椭圆形状，然后按照前面步骤讲解的方法，在图像的下部位置添加立体化效果。将刚才生成的形状图层同时选中，按下快捷键Ctrl+Alt+E将其盖印到新图层中，隐藏形状图层，使用橡皮擦工具擦除图像中多余的部分。

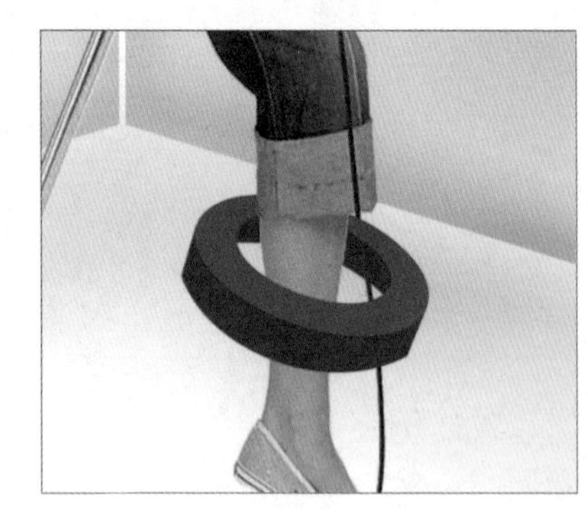

14 添加其他部分立体效果

按照同前面相似的方法，在图像人物的左右两侧分别制作出两个立体化形状并调整其立体效果。

15 创建选区

在“图层”面板中，新建“图层 3”，将该图层移动到右侧立体形状的下层位置。单击套索工具，在属性栏中设置“羽化”为30px，然后在立体化图像的下方位置创建选区。按下快捷键Alt+Delete，将选区填充为黑色，按下快捷键Ctrl+D，取消选区。

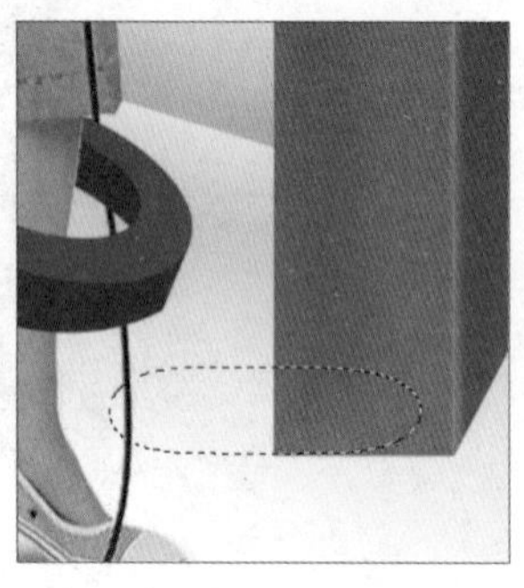

16 添加投影

按照同样的方法，新建“图层 4”，然后创建投影选区，并将选区填充为黑色。

17 绘制直线

单击直线工具，在属性栏中设置粗细为3px，然后在“图层 2”的下方拖拽，绘制直线。

18 添加文字

单击横排文字工具，在直线的左下方位置输入文字，然后将其分别选中，并设置适当的文字属性。至此，本实例制作完成。

7.4 使用钢笔工具

在Photoshop中，使用钢笔工具能够绘制出具有最高精度的图像。该工具组中共有5个工具，分别是钢笔工具、自由钢笔工具、添加锚点工具、删除锚点工具和转换点工具。在本小节中，将对钢笔工具组中各工具的使用方法进行介绍。

专家技巧

钢笔工具组中切换的快捷键

使用快捷键快速切换各种工具可以提高工作效率，下面就来介绍经常用的钢笔工具组中的快捷键。

①当前选中工具为钢笔工具时，按下快捷键Shift+P即可切换到自由钢笔工具。

②在绘制路径时，按住Alt键不放，即可暂时切换到转换点工具，释放鼠标后，即可恢复为当前所选择的工具。

③当前工具为添加锚点工具/删除锚点工具时，按住Alt键不放，暂时切换到删除锚点工具/添加锚点工具上。

知识点 钢笔工具属性栏

在使用钢笔工具勾勒图像之前，需要了解钢笔工具属性栏中的参数设置，单击任意钢笔工具即可切换到相应属性栏中。

钢笔工具的属性栏

自由钢笔工具的属性栏

❶“自动添加/删除”复选框：勾选该复选框绘制形状或路径时，当光标移动到锚点上单击，将自动删除该锚点；当光标移动到没有锚点的路径上单击，将自动添加锚点。

❷“磁性的”复选框：勾选该复选框后，使用自由钢笔工具绘制图形或形状时，所绘制的路径会随着相似颜色的边缘创建。

如何做 用钢笔工具绘制形状

绘制图形时，使用钢笔工具能够绘制出具有精确复杂图像效果的形状，下面将介绍使用钢笔工具绘制形状的操作方法。

01 打开图像

打开附书光盘\实例文件\第7章\Media\06.jpg文件，单击钢笔工具，在人物背部单击，再单击下一锚点，通过拖拽创建弯曲效果。

02 绘制封闭路径

按住Alt键不放，单击锚点，通过单击添加拐点，绘制路径。

03 转换为选区并填充颜色

路径绘制完成后，按下快捷键Ctrl+Enter，将路径转换为选区，然后新建“组 1”和“图层 1”，结合填充工具、画笔工具和图层蒙版调整图像效果，并设置其图层混合模式为“强光”。

04 绘制其他部分

按照同上面相似的方法，绘制出其他部分路径。

05 绘制图像

按下快捷键Ctrl+Enter，将路径转换为选区，并为选区填充颜色为R241、G238、B109，结合画笔工具和图层蒙版隐藏部分图像色调。使用相同的方法，继续绘制其他图像。

06 复制图层并调整

按下快捷键Ctrl+J复制“组 1”得到“组 1 副本”，结合画笔工具和图层蒙版隐藏该组中的部分图像色调。

07 盖印图层并调整

选择“组 1”和“组 1 副 本”图层，按下快捷键Ctrl+Alt+E盖印图层，得到“组 1 副本（合并）”图层。执行“滤镜→模糊→高斯模糊”命令，在弹出的对话框中进行设置。然后设置其图层混合模式为“强光”，使画面效果更自然。至此，本实例制作完成。

如何做 用自由钢笔工具绘图

使用自由钢笔工具绘制图像就像使用铅笔在纸上绘图一样来绘制路径，从而得到随意、自然的路径效果，下面来介绍使用自由钢笔工具绘图的操作方法。

01 打开图像

打开附书光盘\实例文件\第7章\ Media\07.jpg文件，按下快捷键Ctrl+J，复制背景图层，生成“图层 1”。

02 勾勒路径

单击钢笔工具，然后在人物边缘处单击，添加起始锚点，通过拖拽，在人物边缘绘制路径，按照相同的方法，对人物整体创建路径，当光标变成时，单击起点，即可绘制封闭路径。

03 减去多余部分

在属性栏中单击“排除重叠形状”按钮，按照相同的方法，在页面中人物镂空部分单击创建闭合路径，将该区域减去。

04 将路径转换为选区

按下快捷键Ctrl+Enter，将当前路径转换为选区。

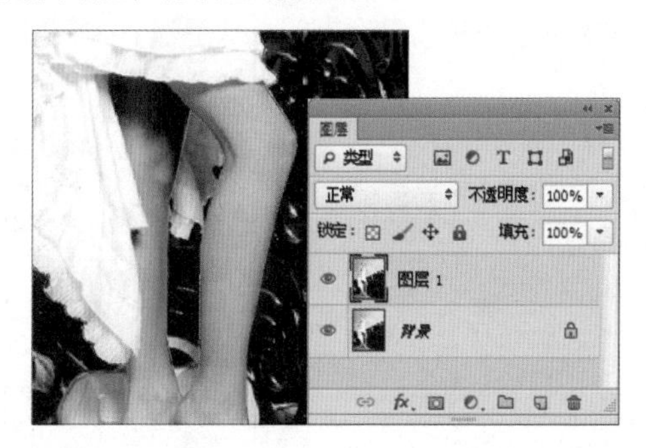

05 添加到其他图像中

按下快捷键Ctrl+J，复制人物为“图层 2”。打开附书光盘\实例文件\第7章\Media\08.jpg文件，将图像直接拖拽到07.jpg文件中，放在“图层 2”下方。按下快捷键Ctrl+T，对人物进行同比例放大并进行水平翻转，制造画面的层次感。至此，本实例制作完成。

高手训练营 绘制剪影图像效果

在Photoshop中经常使用钢笔工具绘制矢量化的图像效果，结合风景或人物照片可以制作出虚实结合的图像效果，下面来介绍绘制剪影图像的具体操作方法。

01 新建图像文件

按下快捷键Ctrl+N，打开“新建”对话框，设置各项参数值后单击“确定”按钮，新建一个空白图像文件。

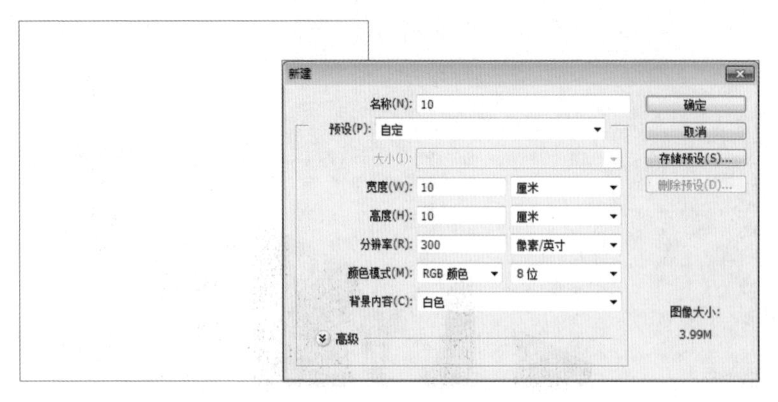

02 填充颜色

设置前景色为R117、G169、B180，按下快捷键Alt+Delete填充“背景”图层前景色。

03 填充渐变色

在“图层”面板中新建“图层 1”，单击渐变工具，在其属性栏上单击渐变颜色条，打开“渐变编辑器”对话框，设置渐变颜色从左到右为R237、G232、B189到透明色，设置完成后单击确定按钮。从下到上填充图像线性渐变效果。

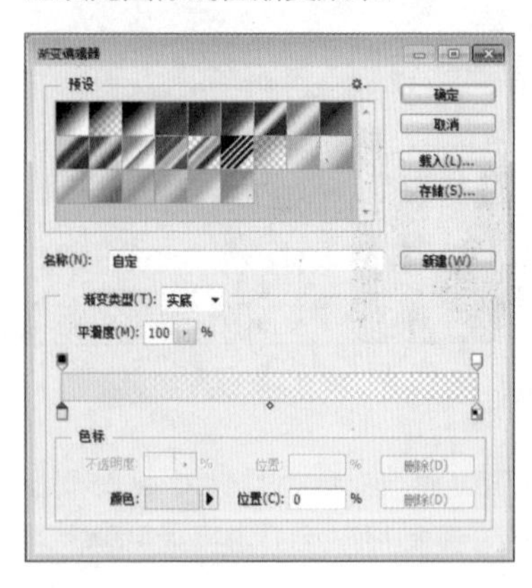

04 新建图层组

在“图层”面板中，单击“创建新组”按钮，新建一个图层组“组 1”。

05 添加素材图像

按下快捷键Ctrl+O，打开附书光盘\实例文件\第7章\Media\09.png文件，单击移动工具，将素材图像拖动到当前图像文件中，在“组 1”中生成“图层 2”，调整图像在画面中的位置。

06 填充选区颜色

在“图层”面板中新建“图层 3”，然后单击矩形选框工具，在画面的下侧创建矩形选区，设置前景色为R78、G78、B78，按下快捷键Alt+Delete，填充选区前景色，然后按下快捷键Ctrl+D，取消选区，绘制画面灰色效果。

07 添加素材图像

按下快捷键Ctrl+O，打开附书光盘\实例文件\第7章\Media\人物.png文件，单击移动工具，将素材图像拖动到当前图像文件中，在“组 1”中生成“图层 4”，调整图像在画面中的位置。

08 执行“阈值”命令

选择“图层 4”，执行“图像→调整→阈值”命令，在弹出的“阈值”对话框中，设置“阈值色阶”为170，完成后单击“确定”按钮，调整人物图像黑白对比效果。

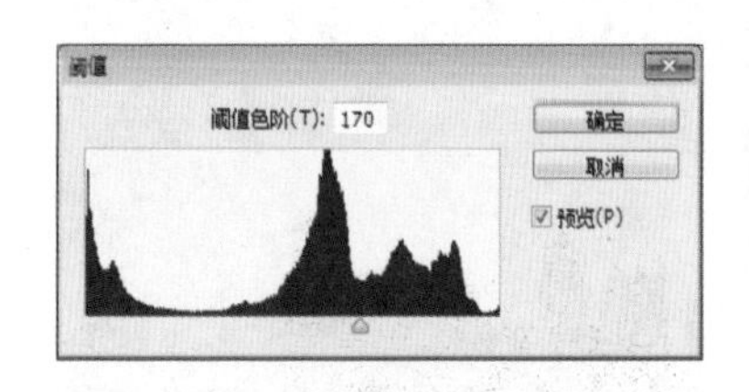

09 绘制阴影

在“图层 4”的下方新建一个图层并重命名为“阴影”，单击画笔工具，设置画笔大小为60px的柔角笔刷，设置前景色为黑色，在人物的下方绘制阴影效果。

10 设置图层混合模式

绘制完成后设置该图层的图层混合模式为“柔光”“不透明度”为80%，使阴影效果更自然。

11 复制图层组

复制一个“组 1”图层组，得到“组 1 副本”，然后按下快捷键Ctrl+E合并该图层组，隐藏图层“组 1”。

12 添加调整图层

按住Ctrl键在“图层”面板中单击“组 1 副本”图层缩览图，载入图层选区。单击“图层”面板下方的“创建新的填充或调整图层”按钮，在弹出的菜单中选择“纯色”选项，打开“拾取实色”对话框，设置颜色为R72、G37、B2，设置完成后单击“确定”按钮，在“图层”面板中生成“颜色填充 1”调整图层，设置图层“不透明度”为52%，然后按下快捷键Ctrl+D，取消选区。

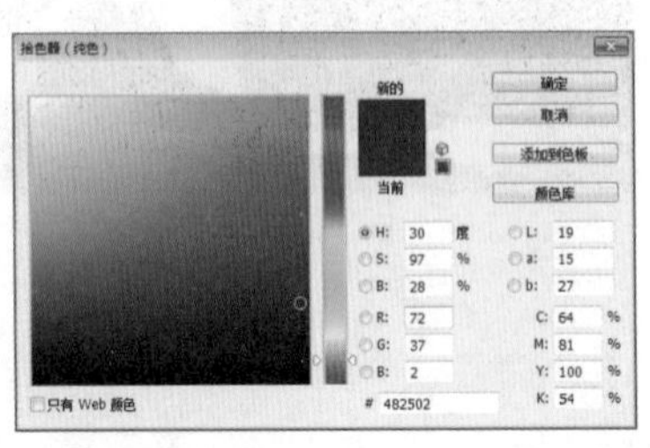

13 编辑蒙版

在“图层”面板中选择调整图层“颜色填充 1”的图层蒙版，结合快捷键Ctrl++适当放大图像。单击画笔工具，设置画笔大小为45px，设置前景色为黑色，然后对人物图像的白色部分进行涂抹，隐藏棕色效果。

14 绘制线条

新建“图层 5”，单击画笔工具，设置画笔大小为5px的尖角笔刷，设置前景色为白色，然后单击钢笔工具在画面上绘制曲线路径。完成后单击鼠标右键，在弹出的快捷菜单中执行“描边路径”命令，打开“描边路径”对话框，选择“画笔”选项，勾选“模拟压力”复选框后单击“确定”按钮，隐藏路径，绘制白色线条。采用相同的方法绘制画面中更多的白色线条。

15 添加素材图像

双击“图层 5”，打开“图层样式”对话框，在“外发光”选项面板中设置适当的参数，单击“确定”按钮。打开附书光盘\实例文件\第7章\Media\素材.psd文件，单击移动工具，分别将素材图像移动到当前图像文件中，根据画面效果适当对素材图像进行调整与编辑，丰富画面效果，最后为图像添加“曲线”调整图层，调整画面的明暗对比效果。至此，本实例制作完成。

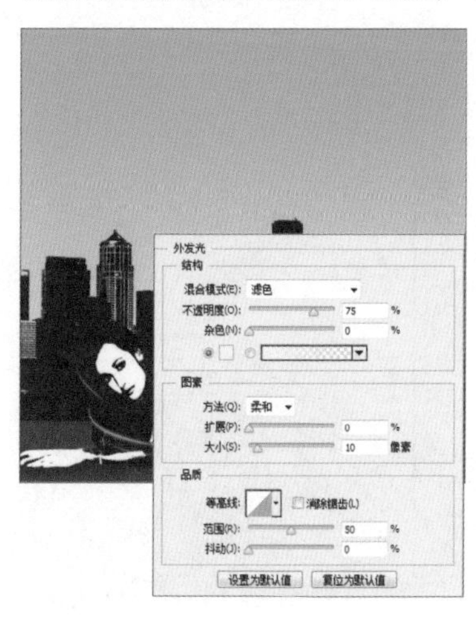

7.5 路径的编辑

通过前面的学习，我们已经对路径的创建有了初步的认识，并能够使用简单的方法绘制出需要的图像效果。在本小节中，将对路径的编辑方法进行详细介绍，通过学习使用户能够熟练地将路径编辑为需要的效果。

知识点 路径选择工具属性栏

编辑路径时主要使用的工具是路径选择工具和直接选择工具，使用这两种工具可以对路径进行位置和形状变形操作，从而得到需要的路径效果，在这里将首先对路径选择工具属性栏中的参数设置进行介绍。

路径选择工具的属性栏

❶“约束路径拖动”复选框：勾选该复选框后，将以旧路径段拖移。

如何做 用路径选择工具编辑路径

当创建了路径后，经常需要对路径进行调整路径位置、添加锚点或删除锚点的操作，熟练掌握这些操作方法，可以将路径编辑为需要的效果，下面介绍编辑路径的操作方法。

01 新建图像文件

按下快捷键Ctrl+N，弹出“新建”对话框，设置各项参数值后单击“确定”按钮，新建一个空白图像文件。

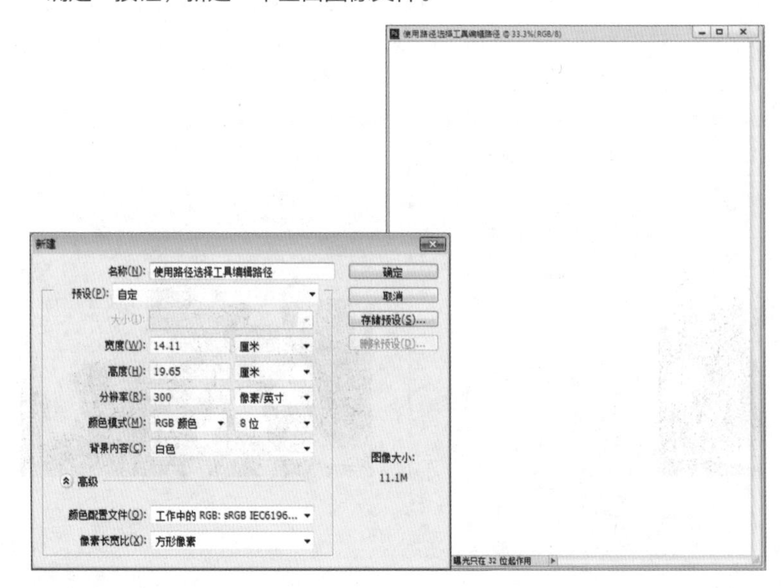

专家技巧

取消组合的路径

在页面中，如果绘制了两个或两个以上的路径，当这些路径属于同一个对象时，为了方便操作，可以将其组合，使其在移动和编辑时更方便。但是有时候还需要对组合对象中的单个部分的路径进行编辑，这就需要了解取消组合路径的方法。

单击工具箱中的直接选择工具将组合路径选中。通过框选或按住Shift键不放单击锚点，将需要单独调整的路径选中。按下快捷键Ctrl+X，剪切该路径，然后按下快捷键Ctrl+V，将剪切的路径粘贴到页面中，这样组合的路径就分开了。当对其中一个路径进行编辑时，另一个路径不会发生改变。

路径为组合状态

将部分路径选中

02 新建图层并添加图像纹理

新建“图层 1”，填充图像颜色为白色，双击该图层打开“图层样式”对话框，选择“图案叠加”选项，设置图案跟参数值后单击“确定”按钮，添加图像纹理图案。

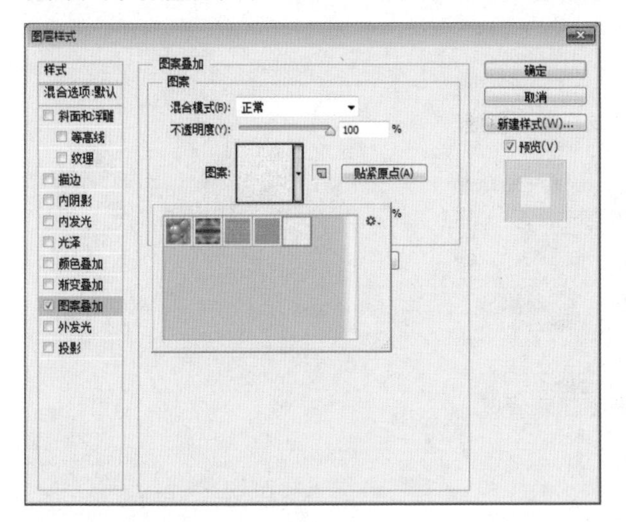

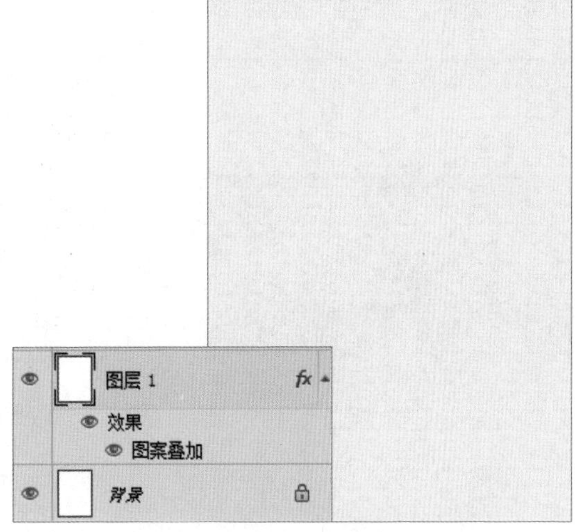

03 添加调整图层

在“图层”面板下方单击“创建新的填充或调整图层”按钮，在弹出的菜单中选择“照片滤镜”选项，并设置调整面板参数，增加纹理背景色调。

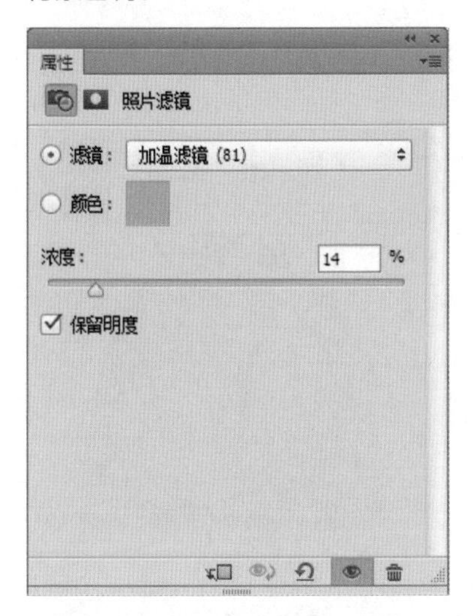

04 绘制矩形路径

新建“图层 2”，单击矩形工具，在图像上绘制矩形路径。

专家技巧

填充路径颜色

选择路径后，通过单击“路径”面板下方的“用前景色填充路径”按钮，可以对所选路径填充前景色。也可以通过将路径转换为选区的形式，对选区进行颜色填充。

填充路径颜色

05 填充颜色并添加阴影效果

按下快捷键Ctrl+Enter，将路径转换为选区，填充选区颜色为R226、G210、B198，完成后按下快捷键Ctrl+D取消选区。双击“图层 2”，打开图层样式对话框，设置“投影”面板并设置参数值，设置完成后单击“确定”按钮，制作图像阴影效果。

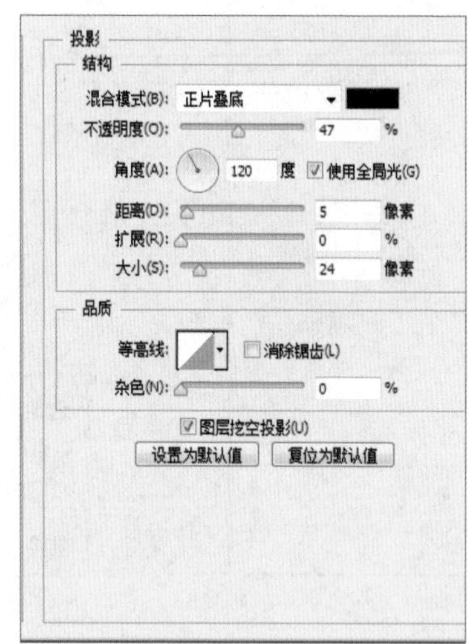

06 调整路径

新建“图层 3”，使用直接选择工具单击路径左上角的锚点，将其选中，然后通过拖拽调整路径形状。单击添加锚点工具，在路径上单击即可添加一个锚点，然后单击直接选择工具，使其成为如图形状。按下快捷键Ctrl+Enter，将路径转换为选区。新建“图层 3”，填充选区颜色为R170、G134、B105，完成后按下快捷键Ctrl+D取消选区。

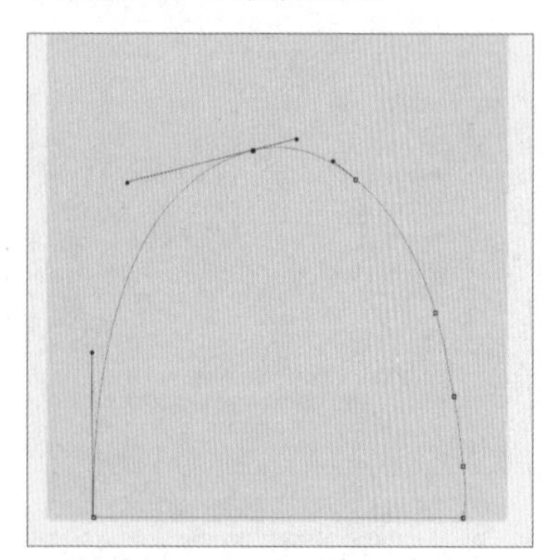

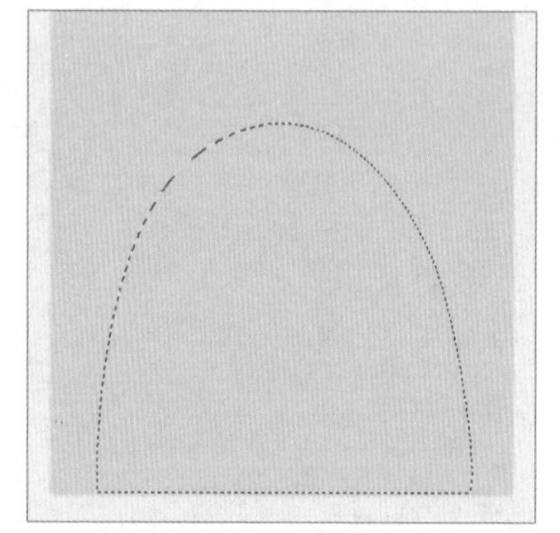

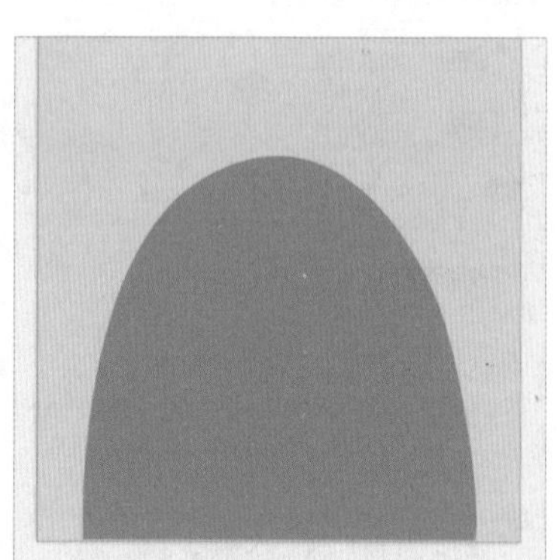

07 绘制更多形状图层

在“图层 3”的下方新建“图层 4”，采用相同的方法绘制两侧耳朵图像，绘制完成后复制“图层 4”，并结合自由变换命令调整图像的位置。

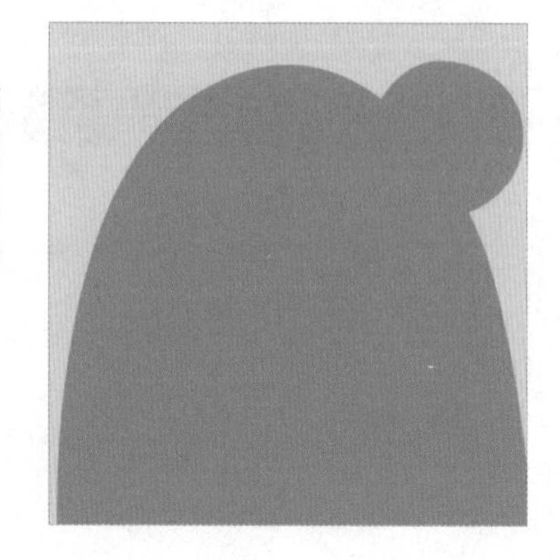

08 绘制白色耳朵图像

单击椭圆工具，设置前景色为白色，在画面中绘制白色圆形，采用相同的方法，在图像上绘制更多的圆形形状。

09 绘制小熊五官图像

继续使用相同的方法，结合矩形工具、钢笔工具在图像上绘制更多不同颜色的形状。完善小熊五官图形绘制。

10 添加图像纹理效果并输入文字

新建“组 1”图层组，将小熊图像的相关文件全部放入该图层组中，然后复制“组 1”得到“组 1 副本”，并按下快捷键Ctrl+E合并图层组，然后添加“图案叠加”图层样式，为小熊增加纹理效果。单击横排文字工具，在图像输入黑色文字。至此，本实例制作完成。

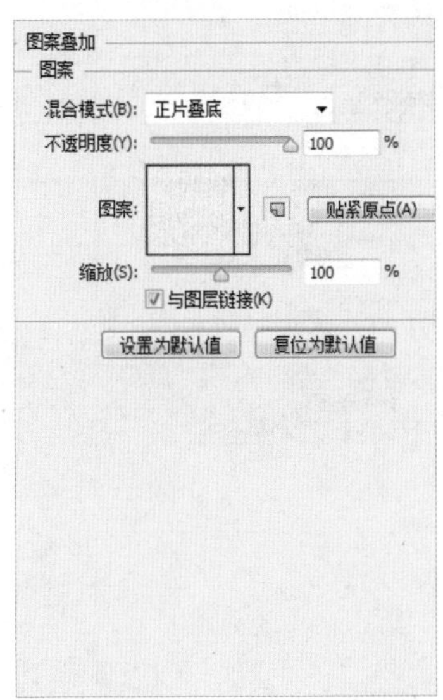

高手训练营 制作云彩文字

前面对文字工具与路径编辑的操作方式进行了介绍讲解，下面通过云彩文字的制作，具体讲解文字工具与钢笔工具的实际操作技巧。在本实例中通过添加图层蒙版制作文字倒影，将文字与云彩元素相结合，并对文字上方的白色图案进行绘制，丰富画面，打造云彩文字效果。在本实例中通过添加图层蒙版制作文字倒影，将文字与云彩元素相结合，并对文字上方的白色图案进行绘制，丰富画面，打造云彩文字效果。

01 新建图像文件

执行“文件→新建”命令，弹出“新建”对话框，设置各项参数，然后单击“确定”按钮，新建图像文件。

02 输入蓝色文字

新建“组 1”，在该组内新建图层，使用横排文字工具在画面上输入英文单词。

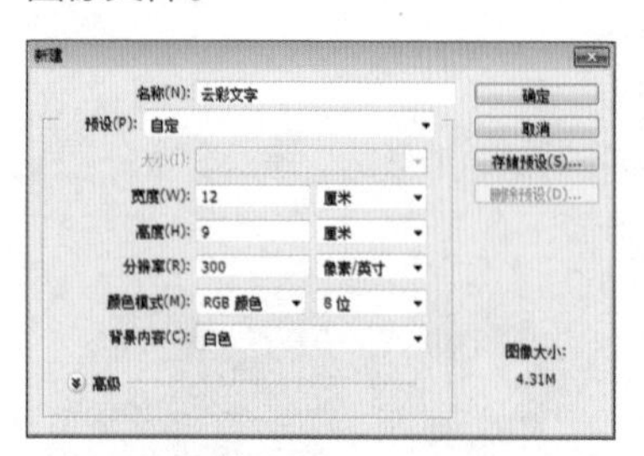

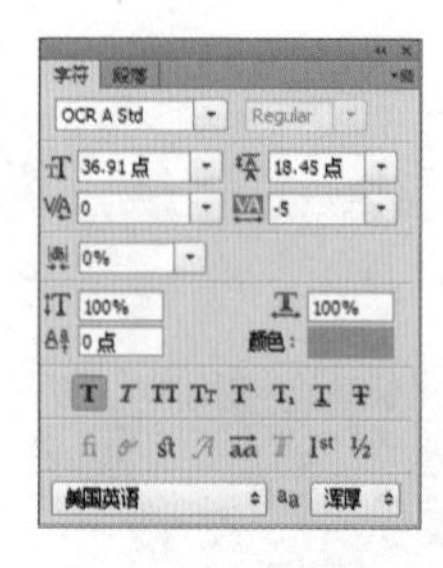

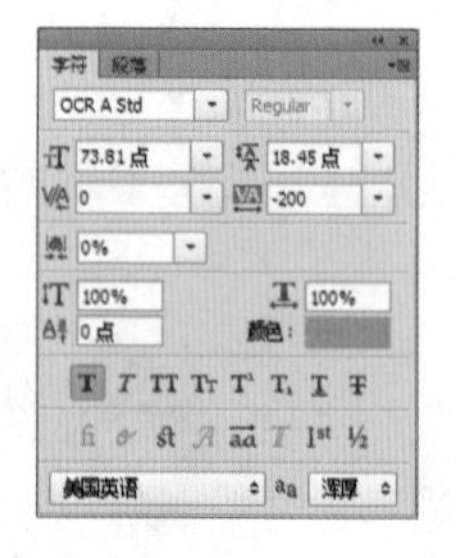

03 绘制白色绒毛

在文本图层上方新建“图层1”，单击画笔工具，选择合适笔刷绘制白色绒毛效果。

04 输入更多蓝色文字

继续使用横排文字工具输入英文单词。新建“图层 2”，单击画笔工具，在文字左上方绘制线条。

05 复制文字并栅格化图层

复制YEAR文本图层，对其进行栅格化后放在该组的最下层。结合自由变换命令将图像进行垂直翻转，按下Enter键后结束编辑。

06 制作文字倒影

将其进行翻转后，单击涂抹工具，对其进行调整，添加蒙版，使用画笔工具，设置前景色为黑色，选择柔角笔触，在文字阴影的下半部分进行涂抹，隐藏多余图像。

07 设置图层面板参数

完成后在图层面板中设置该图层的混合模式为“明度”“不透明度”为52%，制作文字倒影效果。

08 新建图层组

在图层面板中新建“组 2”，然后在该图层组中新建“图层 3”。

09 绘制路径

单击钢笔工具在图像上绘制云朵路径，绘制完成后按下快捷键Ctrl+Enter将路径转换为选区，单击渐变工具，打开“渐变编辑器”对话框，设置渐变颜色后单击“确定”按钮。

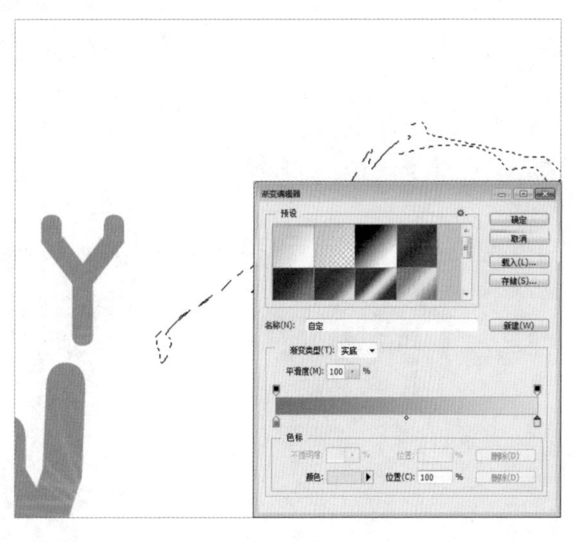

10 绘制云彩

设置完渐变色以后在选区上进行拖动，为云彩选区添加渐变色，完成后按下快捷键Ctrl+D取消选区。继续新建“图层 4”采用相同的方法在图像上绘制路径并转换路径为选区，结合渐变工具为选区填充渐变色，结合画笔工具对图像进行涂抹，添加云朵层次感。完成后更改云朵图像所在图层的“不透明度”为61%。

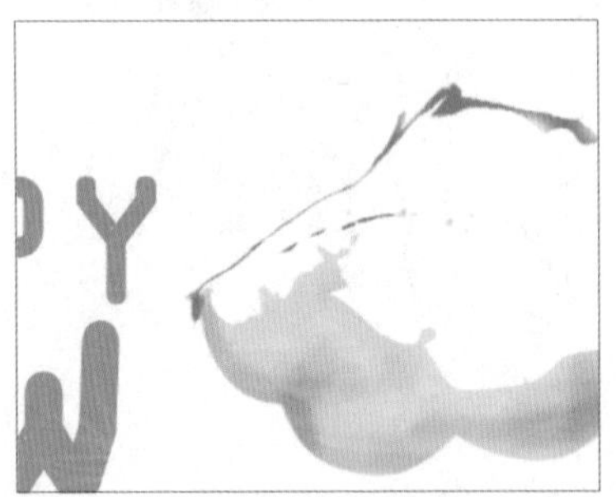

11 继续绘制云彩

重复之前的操作结合钢笔工具和渐变工具绘制文字左侧线条和云朵图像，更改云朵图像所在图层的“不透明度”为52%。

12 绘制斑点

在“组 1”下方新建“组3”，在该组内新建多个图层，使用画笔工具绘制文字周围的线条和圆点等。

13 输入文字

使用横排文字蒙版工具在下方输入文字，将其转换为选区后使用渐变工具填充渐变颜色。

14 绘制文字喷溅效果

重复操作在画面上方制作文字渐变颜色。使用画笔工具继续绘制画面中的线条等图像。

15 填充背景颜色

在“组 3”下方新建“组 4”，在图层组中新建“图层 11”，设置前景色为R215、G223、B225，按下快捷键Alt+Delete填充背景颜色，作为画面背景。

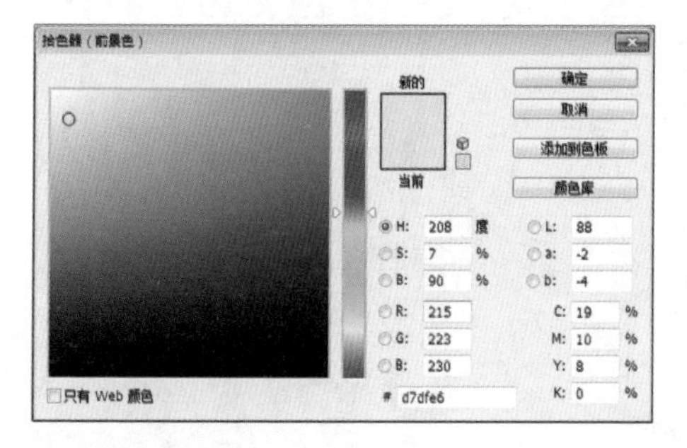

15 绘制阴影效果

继续新建“图层 12”，使用画笔工具在图像上绘制灰色阴影，完成后添加蒙版，继续使用柔角画笔工具在图像上进行涂抹，隐藏多余图像，调整画面效果。

17 打开素材文件

打开“云彩.png”文件，拖拽到当前文件中放置在合适位置。更改图层混合模式为“变亮”，结合蒙版涂抹画面，只保留云彩效果。

18 绘制白色光影

在画面中部绘制白色光晕，更改图层不透明度为“45%”。

19 绘制白色斑点

在“组 2”上方新建“组 5”，在该图层组中新建“图层 15”，使用画笔工具在文字上绘制白色图案，绘制字母N上的上半部分白色图像。继续新建图层，采用相同的方法绘制更多的白色斑点，并结合图层蒙版与画笔工具，隐藏多余图像。

20 创建文字选区

按住Ctrl键，单击HAPPY文字图层，创建选区，然后新建“图层 17”。

21 绘制灰色图像

单击画笔工具，设置前景色为浅灰色，然后选择尖角笔刷，在图像上进行涂抹，绘制灰色图像，绘制中调整画笔颜色为白色，绘制白色斑点，绘制完成后，按下快捷键Ctrl+D取消选区。

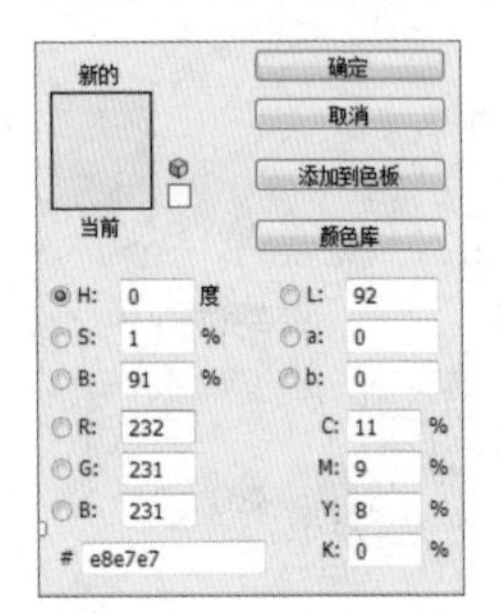

22 添加图层样式

双击“图层 17”在弹出的图层样式对话框中，分别设置“斜面和浮雕”“内阴影”“内发光”图层样式面板参数，设置完成后单击“确定”按钮，为图像添加立体效果。

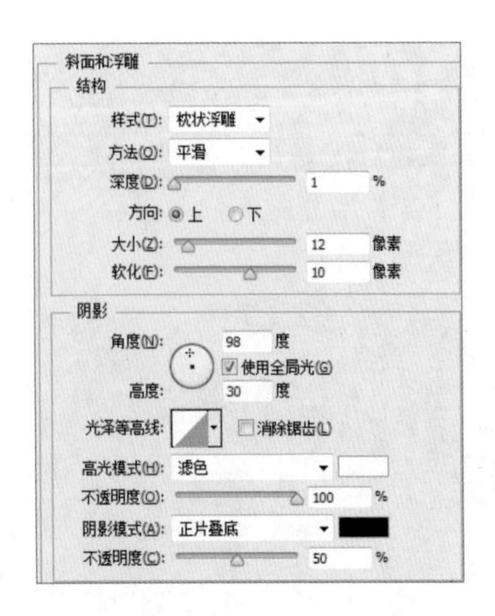

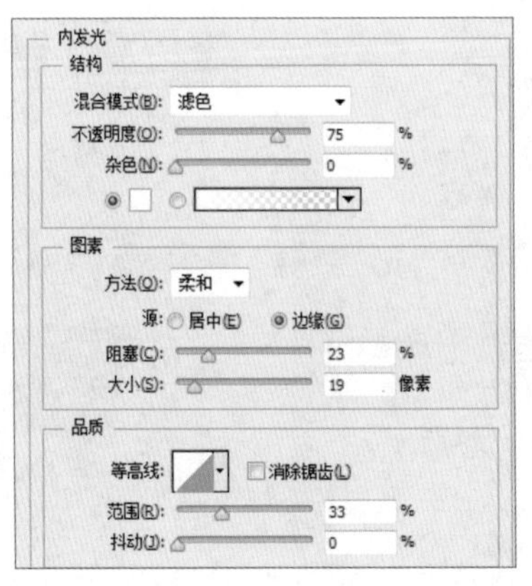

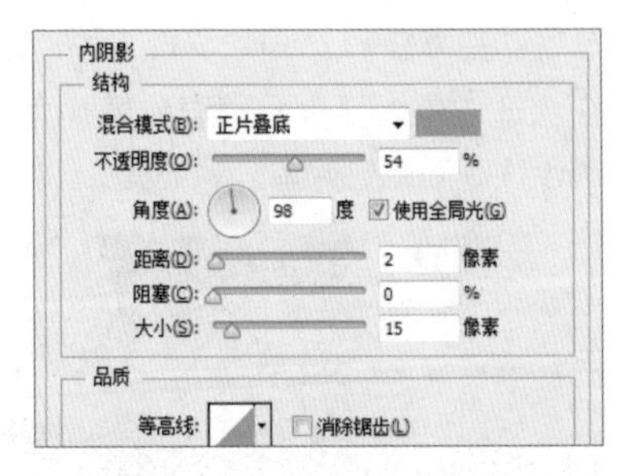

23 继续添加白色斑点效果

重复之前操作，为下方单词添加白色斑点效果，调整画面效果。

24 绘制白色圆形与线条

继续绘制下方单词上的白色斑点。完成后使用画笔工具在文字上添加白色圆形、线条等图案。

25 调整画面颜色

单击“创建新的填充或调整图层”按钮，在“组 5”上方创建“色彩平衡”调整图层，分别设置“青色-红色”“洋红-绿色”“黄色-蓝色”的参数值，调整画面色调。使用画笔工具，在蒙版中对中间部分进行涂抹，调整画面效果。

26 增加画面饱和度

继续在“图层”面板创建“自然饱和度”调整图层，设置参数，降低画面颜色饱和度，增强画面对比度。在“图层”面板创建“色阶”调整图层，设置参数，调整画面的明暗对比度。至此，本实例制作完成。

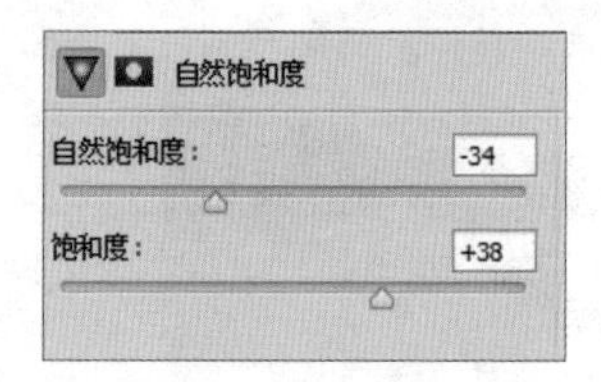

Chapter 08

选区与图层的应用

除了常见创建选区的方法外，Photoshop还有更好的方法可以精确地创建选区，从而达到完美的分离效果。本章将介绍选区的细节操作和高级技法，及图层的高级应用。

8.1 创建特殊选区

前面已经介绍了使用选区工具创建选区的方法和效果，在实际工作中，特别是在抠图时，经常需要使用蒙版和通道创建选区。在本小节中，将为大家介绍特殊的选区创建方法。

知识点 使用蒙版、通道创建选区

使用蒙版可以存储选区，并且可以通过载入选区来更改已经创建的蒙版选区。使用通道可以将图像中不同的颜色创建为选区，并对选区进行单独编辑。

1. 蒙版

蒙版包括图层蒙版和快速蒙版，使用图层蒙版可以使图像与图像自然地融合在一起，也可以使用蒙版在复杂的图像中抠取图像细节，另外还可以结合调整图层对图像局部进行细节调整，以及制作特殊效果。

蒙版只对当前图层有用，当创建了图层蒙版后，使用画笔工具或橡皮擦工具，即可使部分图像不可见，但事实上图像本身并没有被破坏。隐藏或删除蒙版，即可显示出所有的图像效果。

使用快速蒙版，可将不需要编辑的部分创建为快速蒙版，这样在操作时将只对没有创建为快速蒙版的区域应用操作，而应用快速蒙版的区域将被保护起来。

原图

添加图层蒙版显出下层图像

添加图层蒙版

使用快速蒙版

滤镜只应用到未使用快速蒙版的区域

专家技巧

利用通道调整图像的颜色

在“通道”面板中通过复制通道和粘贴通道操作可以快速调整整个图像的颜色。

打开“通道”面板，单击选中需要复制的通道，按下快捷键Ctrl+C复制该通道，然后切换到需要粘贴的通道位置，按下快捷键Ctrl+V粘贴通道。当显示出全部通道后，即可得到调整后的图像效果。

原图

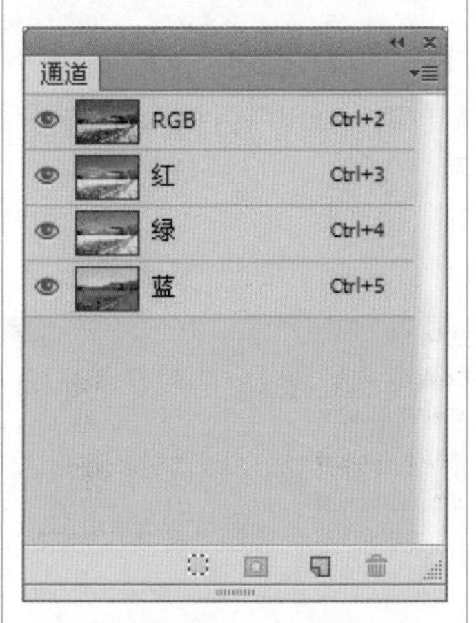

“通道”面板

将红色通道复制并粘贴到绿色通道中

2. 通道

通道是用来保护图层选区信息的一项特殊技术，主要用于存放图像中的不同颜色信息。在通道中进行绘图、编辑和滤镜等处理，既可以保存图像色彩的信息，也可以为保存选区和制作蒙版提供载体。

一幅图像的默认通道数取决于该图像的颜色模式，如CMYK颜色模式的图像有5个通道，分别用来存储图像中的C、M、Y、K颜色信息。不同的图像颜色模式有不同的通道，通常使用的颜色模式有CMYK、RGB和Lab等。执行“窗口→通道”命令，即可打开“通道”面板，在该面板中，可查看到当前图像的各个通道的图像效果。

RGB颜色模式图像和“通道”面板

CMYK颜色模式图像和“通道”面板

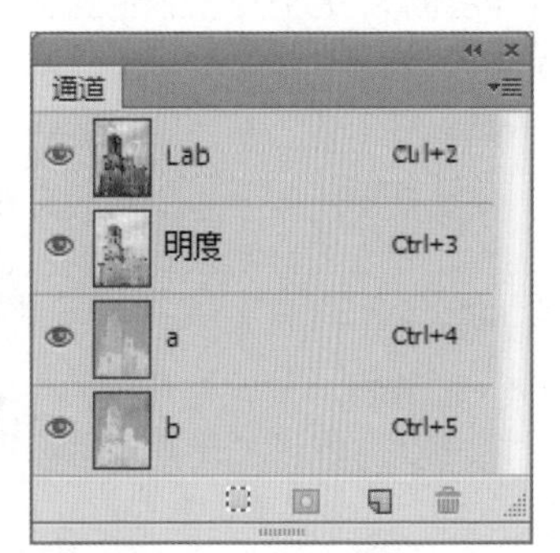

Lab颜色模式图像和“通道”面板

如何做 分离通道和合并通道

分离通道只能分离拼合图像的通道，在不能保留通道的文件格式中保留单个通道信息时，分离通道非常有用；而合并通道可以将多个灰度图像合并为一个图像的通道，要合并的图像必须是在灰度模式下，具有相同的像素尺寸并且处于打开状态，下面来介绍分离通道和合并通道的操作方法。

01 打开图像

按下快捷键Ctrl+O，打开附书光盘\实例文件\第8章\Media\01.jpg文件。执行“窗口→通道”命令，打开“通道”面板。

02 分离通道

单击“通道”面板右上角的扩展按钮，打开扩展菜单，执行“分离通道”命令，即可将图像分离为3个文件窗口。文件名分别为“01.jpg_红”“01.jpg_绿”和“01.jpg_蓝”，这3个图像窗口中的对象均为灰度图像。

03 设置合并选项

在“通道”面板中单击右上角的扩展按钮，打开扩展菜单，执行“合并通道”命令，弹出“合并通道”对话框。设置“模式”为“RGB颜色”，“通道”为3，设置完成后单击“确定”按钮，弹出“合并RGB通道”对话框，指定通道按照默认效果。

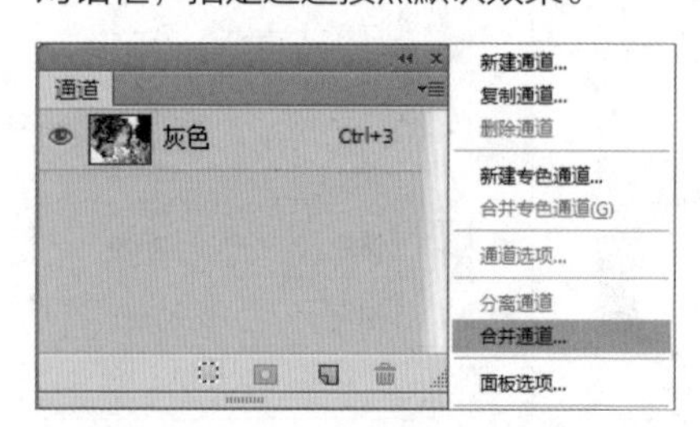

知识链接

将图像合并为不同的颜色通道

将图像分离通道后，如果再将其合并，在“合并通道”对话框中可以设置不同的合并模式，它们分别是RGB颜色、CMYK颜色、Lab颜色和多通道。在“模式”下拉列表框中选择任意一个选项，即可将该图像合并为需要的颜色模式。

04 应用合并通道

设置完成后单击“确定”按钮，即可将刚才所分离的通道合并到一个图像文件中，“通道”面板的效果与分离之前相同。至此，本实例制作完成。

高手训练营 合成艺术特效画面

在制作合成艺术特效画面，经常会将画面图像颜色进行调整，结合调整不同的通道可以对图像颜色进行调整，同时结合图层蒙版，可以调整或隐藏多余图像。

01 打开背景图像

执行“文件→打开”命令，或按下快捷键Ctrl+O，打开附书光盘\实例文件\第8章\Media\02.jpg文件。按下F7键，打开“图层”面板，按下快捷键Ctrl+J，复制背景图层，生成“图层 1”。

02 调整通道

执行“窗口→通道”命令，打开“通道”面板。单击选中“绿”通道，使其成为当前通道，按下快捷键Ctrl+L打开“色阶”对话框，设置参数后单击“确定”按钮。

03 调整色阶

分别选中“蓝”“红”通道，使其成为当前通道，按下快捷键Ctrl+L打开“色阶”对话框，设置参数后单击“确定”按钮。

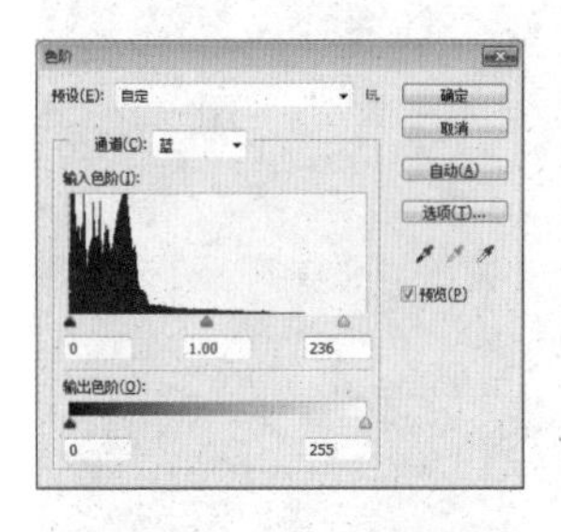

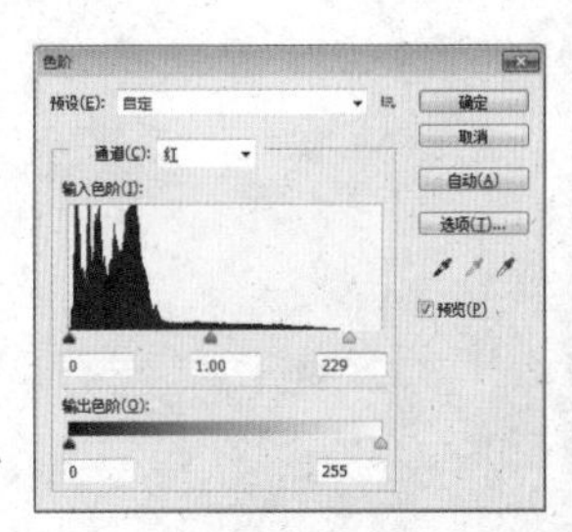

04 隐藏人物手部图像

按下快捷键Ctrl+J，将选区中的对象复制到新图层中，生成“图层 1 副本”。单击修补工具，创建手部选区。完成后向下拖动选区，隐藏手部图像。

05 继续修补图像

按下快捷键Ctrl+D取消选区，单击仿制图章工具，修补画面中不自然部分。

06 调整图像亮度与对比度

单击“创建或填充新的调整图层”按钮，选择“亮度/对比度”选项，在弹出的调整面板中设置参数，调整画面。

07 调整图像自然饱和度

单击“创建或填充新的调整图层”按钮，分别创建“自然饱和度”与“可选颜色”调整图层，在弹出的调整面板中设置参数，调整画面。

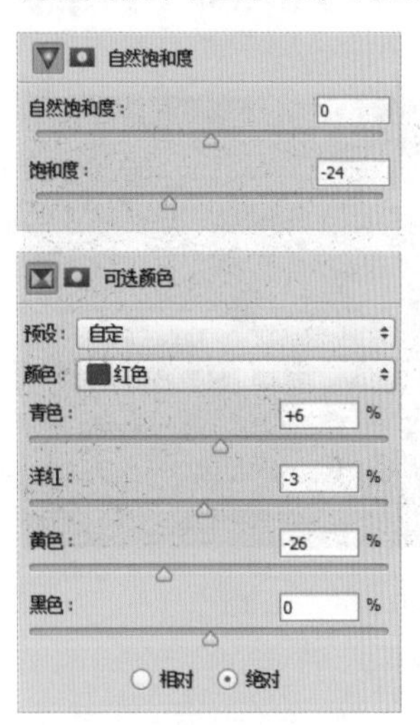

08 添加并编辑蒙版

按下快捷键Ctrl+Shift+Alt+E盖印一个图层，生成“图层2”。设置图层混合模式为“叠加”，设置不透明度为66%。单击“添加图层蒙版”按钮，选择柔角画笔画笔工具在图像上进行涂抹，隐藏人物部分颜色。

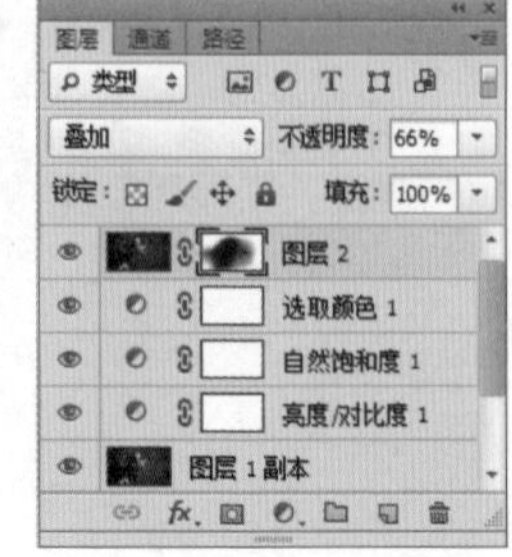

09 添加调整图层编辑图像

单击“创建或填充新的调整图层”按钮，选择“色阶”选项，在弹出的调整面板中设置参数，调整画面。选择柔角画笔在图像上进行涂抹，隐藏多余图像。

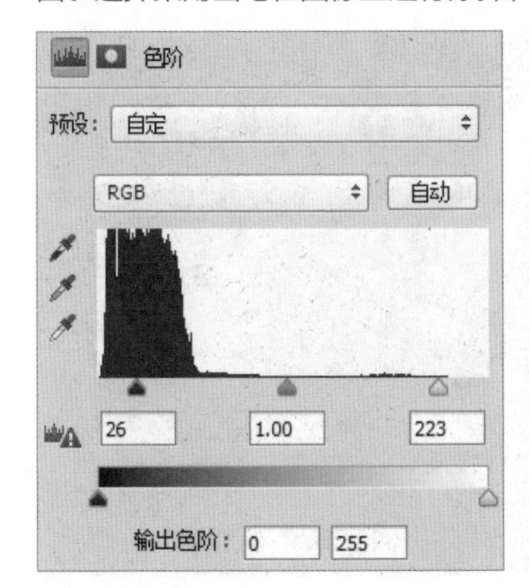

10 结合图层混合模式调整画面

新建“图层 3”，单击画笔工具，设置前景色为白色，并设置适当的笔触效果，在页面上涂抹。然后设置图层混合模式为“叠加”，设置不透明度为66%，增加人物高光效果。

11 添加素材文件

执行“文件→打开”命令，或按下快捷键Ctrl+O，打开附书光盘\案例文件\第8章\Media\烟雾.png文件。添加素材文件至当前文件夹中，生成“图层 4”。

12 设置烟雾颜色

单击“创建或填充新的调整图层”按钮，选择“渐变”选项，在弹出的“对话框”中设置参数与渐变颜色，完成后单击“确定”按钮，然后按下快捷键Ctrl+Alt+G创建剪贴蒙版图层，为烟雾图像添加颜色。

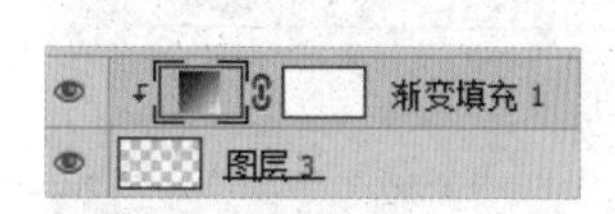

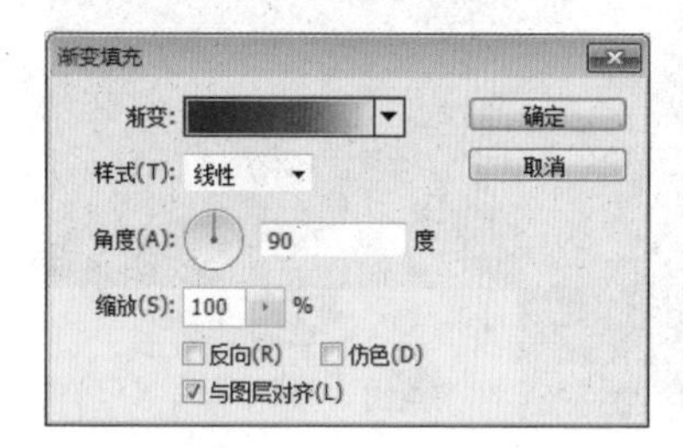

13 添加文字

单击文字工具，设置文字面板参数，设置文字颜色为R135、G21、B4，然后在画面中输入文字，至此，本实例制作完成。

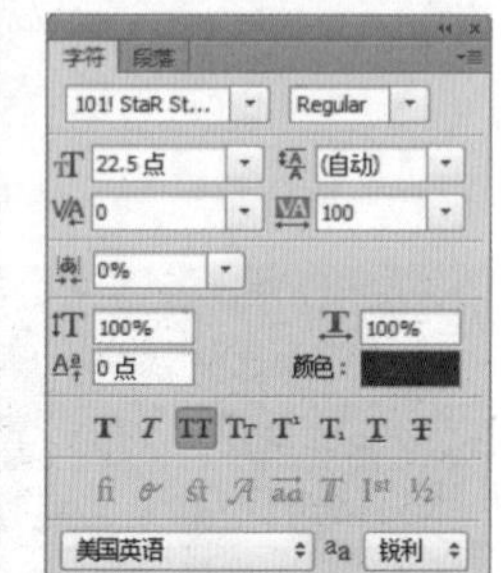

知识链接

了解“亮光”混合模式

在Photoshop中，“亮光”混合模式主要是通过增加或降低对比度来加深或减淡颜色，具体取决于混合色。如果混合色比50%灰度亮，则通过降低对比度使图像变亮；如果混合色比50%灰度暗，则通过增加对比度使图像变暗。

“亮光”模式是“叠加类”模式组中对颜色饱和度影响最大的一种混合模式。混合色图层上的像素色阶越接近高光和暗调，反映在混合后的图像上的对应区域反差就越大。利用“亮光”混合模式的这一特点，可以为图像的特定区域增加非常鲜艳的色彩。

原图1

原图2

设置混合模式后的效果

8.2 调整、存储和载入选区

调整、存储和载入选区是选区编辑中的重要操作，学习选区的编辑，可以在创建选区时以不同的方式创建出选区，以便在操作时得到需要的图像效果。在本小节中，将对选区的调整、存储和载入等方面的知识进行介绍。

知识点 各项选区调整功能

通过执行不同的调整选区命令，可以得到不同的选区效果，在这里将分别介绍应用色彩范围、调整边缘、修改和变换选区等命令得到不同的选区调整效果及其作用。

1. 色彩范围

执行“选择→色彩范围”命令，弹出“色彩范围”对话框，可以选择现有选区或整个图像中指定的颜色或色彩范围。

原图

创建中间调选区

2. 调整边缘

执行“选择→调整边缘”命令，弹出“调整边缘”对话框，在该对话框中，可对图像选区边缘的品质进行设置。

创建选区

羽化选区

3. 修改

执行“选择→修改”命令，打开下级子菜单，在子菜单中可对当前选区进行各种修改，以得到不同的选区效果，包括边界、平滑、扩展、收缩和羽化。选择任意修改选项后，即可弹出相应的对话框，可

知识链接

利用快速蒙版创建选区并调整颜色

在Photoshop中可以利用快速蒙版来创建选区，与其他创建选区的方式相比，该操作创建的选区更随意。

打开一张图像文件后，单击工具箱下方的“以快速蒙版模式编辑”按钮，即可切换到快捷蒙版状态下。将被蒙版区域设置为黑色（不透明），将所选区域设置为白色（透明），然后使用画笔工具在图像中涂抹。完成涂抹后，单击工具箱下方的“以标准模式编辑”按钮，即可创建出需要的选区。使用快速蒙版创建选区后，可对选区中的对象单独调整颜色。

原图

通过直接输入数值设置选区的修改效果。

创建选区

修改“边界选区”

修改“平滑选区”

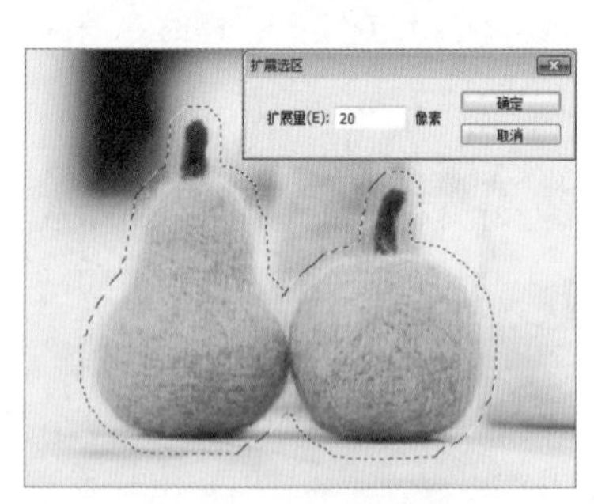

修改“扩展选区”

修改“收缩选区”

修改“羽化选区”

4. 扩大选取和选取相似

执行“选择→扩大选取”命令，即可将选区扩展，将包含具有相似颜色的区域与在容差范围内相邻的像素创建为选区。

将正中对象创建为选区

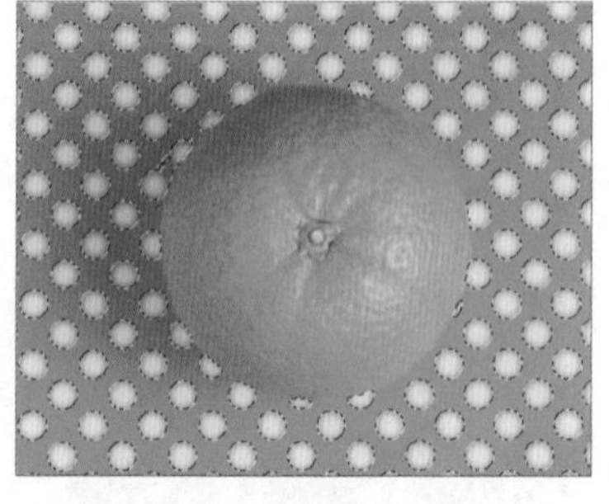

执行“扩大选取”命令

在快速蒙版状态下编辑

返回标准模式状态后创建选区

调整选区中对象的颜色

专家技巧

“扩大选取”和“选取相似”命令不可用的情况

不是所有图像的文件模式都可以使用“扩大选取”和“选取相似”命令，例如32位/通道的图像文件模式就不能使用“扩大选取”和“选取相似”命令。

知识链接

从通道中载入选区

在“通道”面板中，可以分别将不同的通道选区载入到当前图像中，然后对图像中不同的颜色区域进行调整。

先打开一个图像文件，执行“窗口→通道”命令，将会打开“通道”面板。按住Alt键不放，单击任意通道缩览图，即可将该通道选区载入到图像中。通过对选区中的图像颜色进行调整，可得到不一样的图像颜色。

原图

“通道”面板

载入“绿”通道选区

执行“选择→选取相似”命令，即可将具有相似颜色的图像区域包含到整个图像中位于容差范围内的像素，而不只是将相邻的像素创建为选区。如果要以增量扩大选区，多次执行“扩大选取”和“选取相似”命令即可。

创建唇部选区

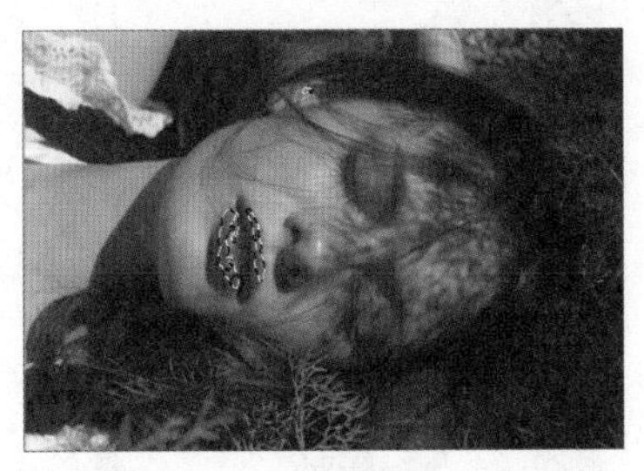

选取相似选区

5. 变换选区

执行“选择→变换选区”命令，将会弹出选区变换框，通过调节控制手柄即可对选区进行调整。与“变换”命令不同，“变换选区”命令仅仅是对图像中的选区进行调整，而不会影响图像效果。

创建选区

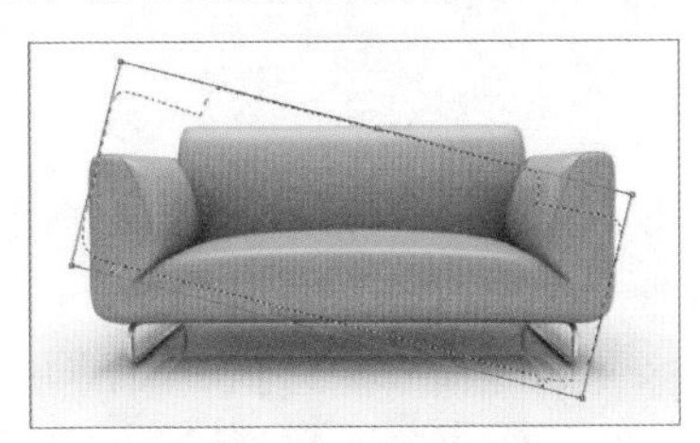

变换选区

6. 在快速蒙版模式下编辑

执行“选择→在快速蒙版模式下编辑”命令，即可在快速蒙版模式下编辑图像，可以通过使用画笔工具和铅笔工具为图像添加快速蒙版，然后再次执行“选择→在快速蒙版模式下编辑”命令，即可转换为选区。

在快速蒙版模式下将图像创建为快速蒙版

转换为选区

7. 载入选区

在图像中创建了图层后，通过执行“选择→载入选区”命令，在弹出的“载入选区”对话框中可以将当前图层中的对象载入选区到当前图像中，对其进行单独调整。

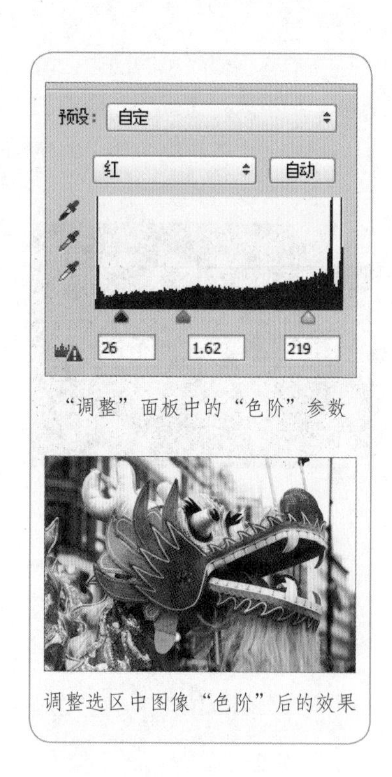

“调整”面板中的“色阶”参数

调整选区中图像“色阶”后的效果

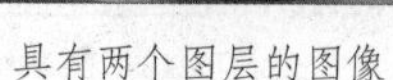

具有两个图层的图像

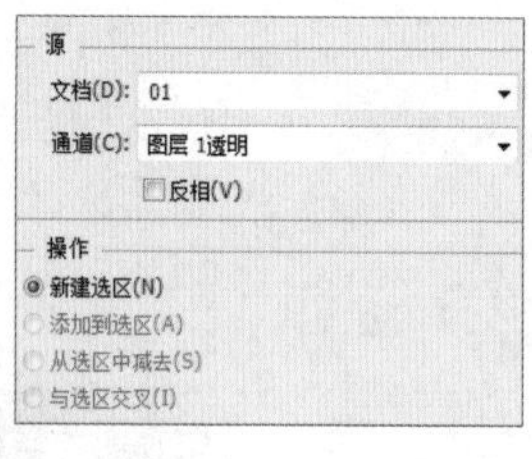

“载入选区”对话框

载入选区到图像中

8. 存储选区

在创建了选区后，执行“选择→存储选区”命令，弹出“存储选区”对话框，在该对话框中将该选区存储。当需要载入此选区时，只需要在“载入选区”对话框中选择存储的选区应用即可。

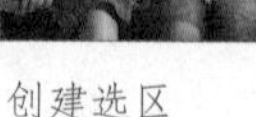

创建选区

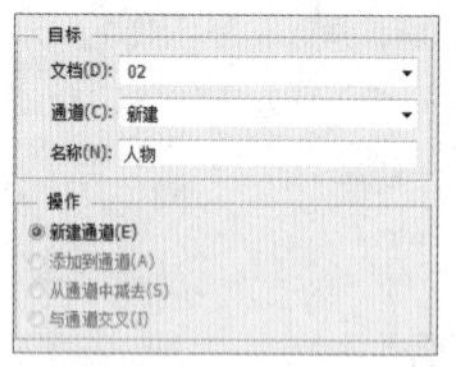

“存储选区”对话框

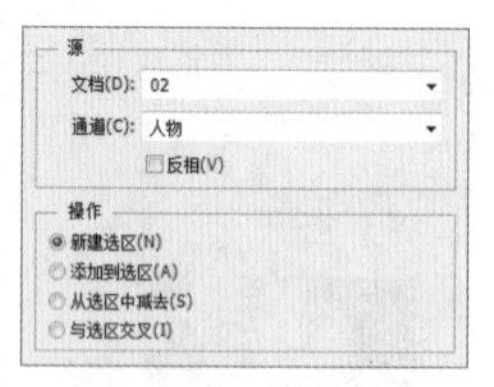

“载入选区”对话框

如何做 使用通道存储选区

通道的主要作用是存储不同类型的灰度图像信息，在“通道”面板中，可供用户查看当前图像的颜色信息通道、Alpha通道和专色通道。其中Alpha通道可将选区存储为灰度图像，因此可以使用通道来创建和存储蒙版，下面来介绍使用通道存储选区的操作方法。

01 打开图像

按下快捷键Ctrl+O，打开附书光盘\实例文件\第8章\Media\03.psd文件。按下F7键，打开“图层”面板，按住Ctrl键不放，单击“图层 1”缩览图，载入选区到图像中。执行“窗口→通道”命令，打开“通道”面板，单击“将选区存储为通道”按钮，生成Alpha1通道。

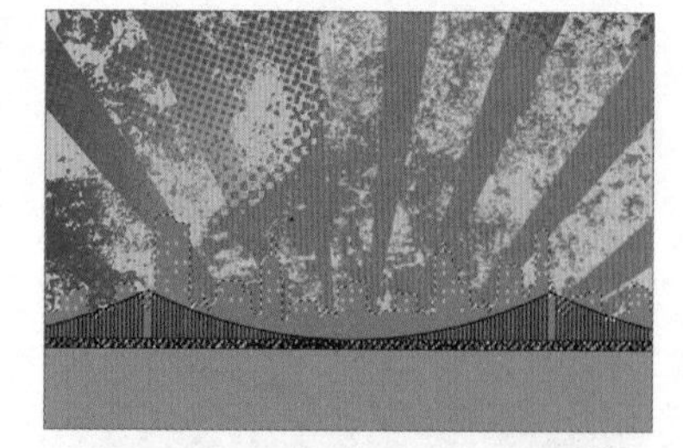

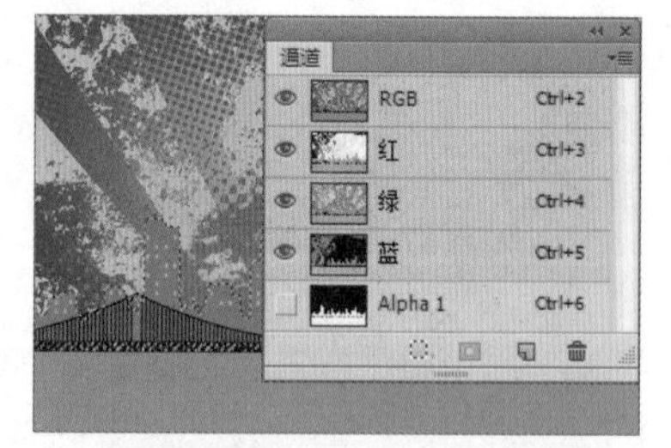

02 载入选区

在“通道”面板中隐藏其他通道，只显示Alpha1通道，然后按住Ctrl键不放，单击Alpha1通道缩览图，载入选区。

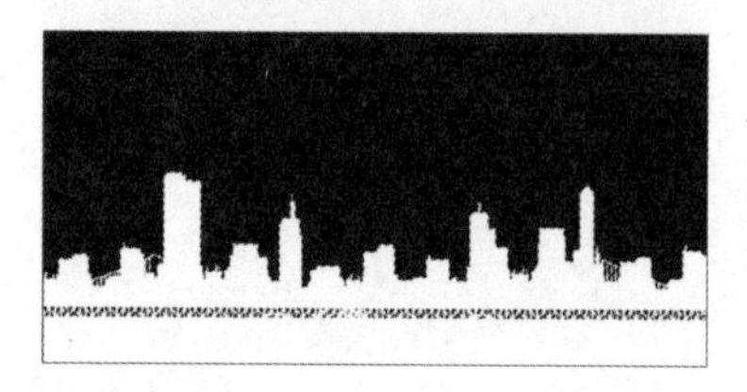

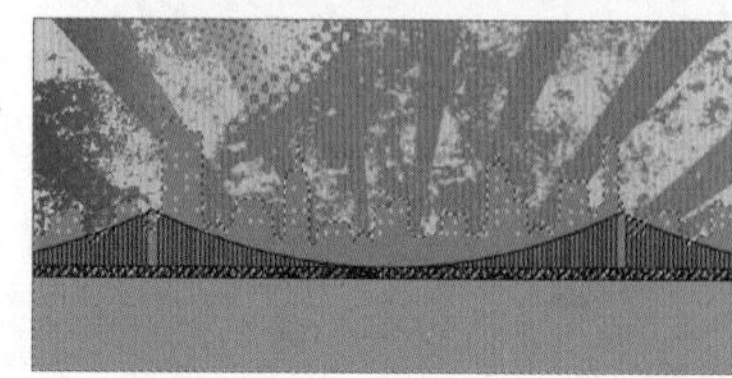

3+1 专栏 “调整边缘”对话框

在前面介绍了使用“调整边缘”命令调整选区的效果和作用，下面将介绍“调整边缘”对话框中各项参数的设置。通过设置不同的参数可提高选区边缘的品质，并允许用户以不同的背景查看选区以便轻松编辑，以及调整图层蒙版。

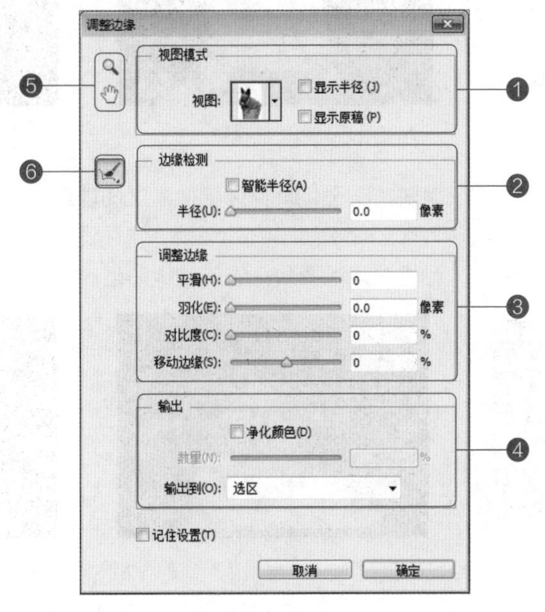

“调整边缘”对话框

❶“视图模式”选项组：在该选项组中，包含了7个模式，它们分别是闪烁虚线、叠加、黑底、白底、黑白、背景图层、显示图层，预览用于定义选区的蒙版。

标准选区边界的选区

快速蒙版预览

黑色背景下预览选区

白色背景下预览选区

预览用于定义选区的蒙版

❷“边缘检测”选项组：通过直接在文本框中输入数值或拖拽下方的滑块调整选区边界周围的区域大小，设置完成后在此区域中对边缘进行调整，增大半径可以在包含柔化过渡或细节的区域中创建更加精确的选区边界。

原图

在“调整边缘”对话框中查看选区中对象

将“半径”调整到最大状态

❸“调整边缘”选项组：通过下面几个选项调整选区的边缘。

- 平滑：在文本框中输入数值或拖拽下方的滑块，减少选区边界不规则区域，创建更平滑的轮廓。

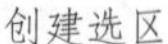

创建选区

在黑色背景下预览选区

将“平滑”调整到最大状态

- 羽化：通过直接输入数值或拖拽滑块，在选区及其周围像素之间创建柔化边缘过渡。
- 对比度：通过直接在文本框中输入数值或拖拽下方的滑块，锐化选区边缘并去除模糊的不自然感，增大对比度可以去除由于“半径”设置过高而导致在选区边缘附近产生的过多杂色。

原图

在“调整边缘”对话框中查看图像

将“对比度”调整到最大状态

- 移动边缘：通过在文本框中输入数值或拖拽下方的滑块，收缩或扩展选区边界。

原图

在“调整边缘”对话框中查看图像

将“移动边缘”调到最大值

❹“输出”：通过此选项组，可将选区以选区、图层蒙版、新建图层、新建文档等模式进行输出，使操作更加简便。

❺“缩放工具”和“抓手工具”按钮：这两个按钮的使用方法同工具箱中的缩放工具和抓手工具使用方法相同。单击“缩放工具”按钮后，单击图像，即可放大图像；单击“抓手工具”按钮后，通过拖拽鼠标可调整图像的预览位置。

❻“调整半径工具”按钮：在选区边缘涂抹扩展检测区域，对失去的选区进行修补、恢复等。

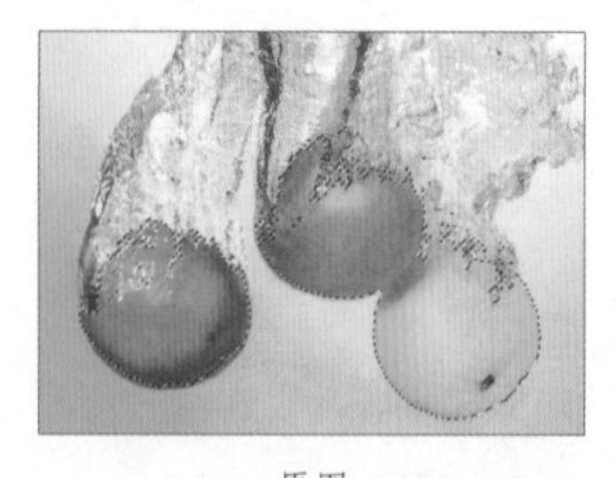

原图

运用调整半径工具调整边缘

调整后的效果

8.3 了解图层混合模式

使用图层混合模式可以使该图层按照指定的混合模式同图像下层图层进行混合，从而创建出各种特殊效果。在本小节中，将对图层混合模式的相关知识进行介绍。

知识链接

图层组默认的图层混合模式

默认情况下，图层组的混合模式是“穿透”，这表示组没有自己的混合属性，为组选取其他混合模式时，可以有效地更改图像各个组成部分的合成顺序。

将几个图层放在一个图层组后，这个复杂的组会被看作一个单独的图像，并利用所选择的混合模式与图像的其余部分混合。因此，如果为图层组选取的混合模式不是“穿透”，则组中的调整图层或者图层混合模式将都不会应用于组外部的图层。

默认图层组混合模式

知识点 图层混合模式

单击“图层”面板左上角的下拉按钮，在打开的下拉列表框中包含了27种图层混合模式选项，选择任意一种图层混合模式选项，即可将当前图层以选择的图层混合模式同下层图层混合。对图层应用混合模式效果，可以制作出具有真实或其他特殊效果的图像。

使用图层混合模式调整出具有丰富颜色的插画

使用图层混合模式制作海报招贴

如何做 设置图层混合模式

在学习图层混合模式效果之前，首先要对其操作方法进行了解，下面将对为图像设置图层混合模式的具体操作方法和相关技巧进行详细介绍。

01 打开图像

按下快捷键Ctrl+O，打开附书光盘\实例文件\第8章\Media\04.jpg文件。复制“背景”图层，得到“背景 副本”图层。

02 设置图层混合模式

设置“背景 副本”图层的混合模式为“叠加”，设置不透明度为56%，提高画面亮度和对比度效果。

03 新建图层并设置前景色

新建“图层 1”，单击画笔工具，设置前景色为R251、G80、B116，在人物脸颊上单击鼠标。

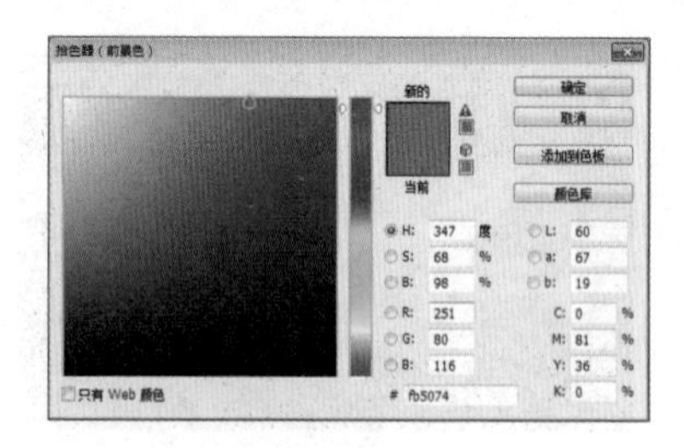

04 设置图层混合模式

设置其“图层 1”混合模式为“叠加”，设置不透明度为76%。单击“创建或填充新的调整图层”按钮，选择“色相／饱和度”选项，在弹出的调整面板中设置参数，调整画面饱和度。

05 编辑图层蒙版

选中图层蒙版，单击画笔工具，设置前景色为黑色，并选择柔角笔刷，在画面中进行涂抹，隐藏除嘴唇以外的所有颜色。至此，本实例制作完成。

专栏 了解不同图层混合模式的效果

前面对图层混合模式的基础知识和如何使用进行了介绍，在这部分内容中，将对图层混合模式的27种不同效果进行介绍。在学习之前，首先要了解基色、混合色和结果色的概念，基色是图像中的原稿颜色，混合色是通过绘画或编辑工具应用的颜色，结果色是混合后得到的颜色。

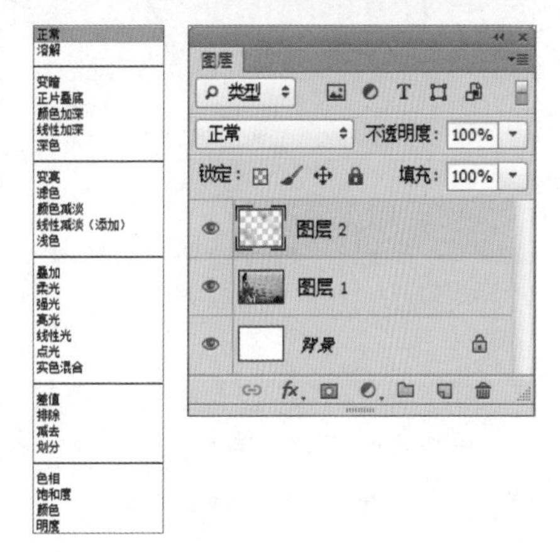

“图层”面板中的“图层混合模式”下拉列表

1. 正常

默认情况下图层的混合模式为“正常”，选中该模式，其图层叠加效果为正常状态，没有任何特殊效果。在处理位图图像或索引颜色图像时，“正常”模式也称为阈值。

2. 溶解

使用该图层混合模式，使图层对象区域四周产生好像溶解的杂色，根据不同像素位置的不透明度，结果色由基色或混合色的像素随机替换。

“正常”模式

“溶解”模式

3. 变暗

使用该图层混合模式，将自动查看每个通道中的颜色信息，并选择基色或混合色中较暗的颜色作为结果色，替换比混合色亮的像素，而比混合色暗的像素保持不变。

原图

“变暗”模式

4. 正片叠底

使用该图层混合模式，可自动查看每个通道中的颜色信息，并将基色与混合色进行正片叠底，结果色总是较暗的颜色。任何颜色与黑色正片叠底都将产生黑色，任何颜色与白色正片叠底保持不变。当使用黑色或白色以外的颜色绘图时，绘图工具绘制的连续描边产生逐渐变暗的颜色，这样的效果与使用多个标记笔在图像上绘图的效果相似。

5. 颜色加深

使用该图层混合模式，可自动查看每个通道中的颜色信息，并通过增大对比度使基色变暗以反映混合色。另外，使用该图层混合模式时，与白色混合后不产生变化。

原图

“正片叠底”模式

“颜色加深”模式

6. 线性加深

使用该图层混合模式，可自动查看每个通道中的颜色信息，并通过减小亮度使基色变暗以反映混合色。另外，使用该图层混合模式时，与白色混合后不产生变化。

7. 深色

使用该图层混合模式，通过比较混合色和基色的所有通道值的总和，显示值较小的颜色。

原图

“线性加深”模式

“深色”模式

8. 变亮

使用该图层混合模式，可查看每个通道中的颜色信息，并选择基色或混合色中较亮的颜色作为结果色，比混合色暗的像素将被替换，比混合色亮的像素保持不变。

9. 滤色

使用该图层混合模式，可查看每个通道的颜色信息，并将混合色的互补色与基色进行正片叠底，结果色总是较亮的颜色。用黑色过滤时颜色保持不变，用白色过滤将产生白色。

原图

“变亮”模式

“滤色”模式

10. 颜色减淡

使用该图层混合模式，可查看每个通道中的颜色信息，并通过减小对比度使基色变亮以反映混合色，与黑色混合则不发生变化。

11. 线性减淡（添加）

使用该图层混合模式，可查看每个通道的颜色信息，并通过增大亮度使基色变亮反映混合色，与黑色混合不发生变化。

原图

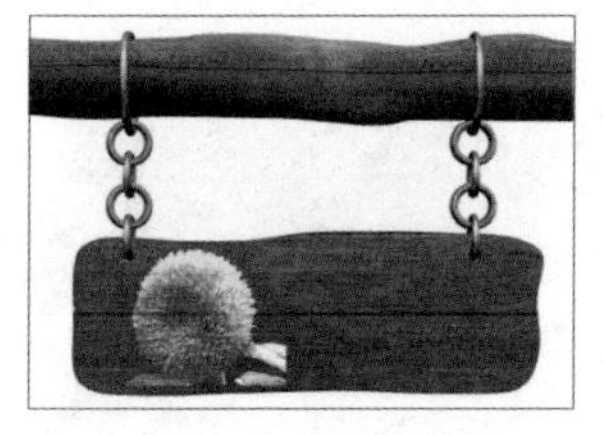

“颜色减淡”模式

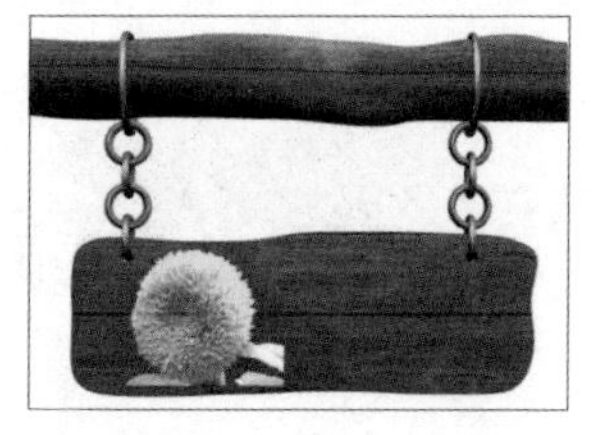

“线性减淡（添加）”模式

12. 浅色

使用该图层混合模式，通过比较混合色和基色的所有通道值的总和，显示值较大的颜色，但是“浅色”不会生成第三种颜色，因为它将从基色和混合色中选取最大的通道值来创建结果色。

原图

“浅色”模式

13. 叠加

使用该图层混合模式，可对颜色进行正片叠底或过滤，具体取决于基色。图案或颜色在现有像素上叠加，同时保留基色的明暗对比，不替换基色，但基色与混合色相混以反映原色的亮度或暗度。

14. 柔光

使用该图层混合模式可使颜色变暗或变亮，具体取决于混合色，此效果与发散的聚光灯照在图像上相似。如果混合色比50%灰色亮，则图像变亮；如果混合色比50%灰色暗，则图像变暗。在绘画时使用纯黑或纯白色会产生明显变暗或变亮的区域，但不会出现纯黑或纯白色。

原图

“叠加”模式

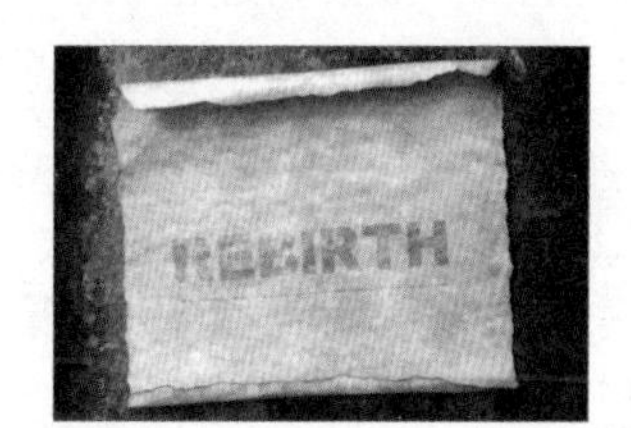

“柔光”模式

15. 强光

使用该图层混合模式，可对颜色进行正片叠底或过滤，具体取决于混合色。如果混合色比50%灰亮，图像变亮，类似过滤效果，这对于向图像中添加高光非常有用；如果混合色比50%灰暗，图像变暗，类似正片叠底效果，这对于向图像中添加阴影非常有用。绘画时使用纯黑或纯白则会出现纯黑或纯白色。

16. 亮光

使用该图层混合模式，通过增大或减小对比度来加深或减淡颜色，具体取决于混合色。如果混合色比50%灰色亮，则减小对比度使图像变亮；如果混合色比50%灰色暗，则增大对比度使图像变暗。

原图

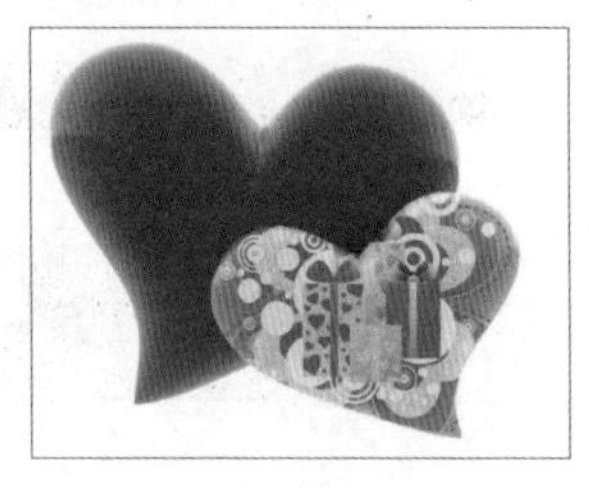

“强光”模式

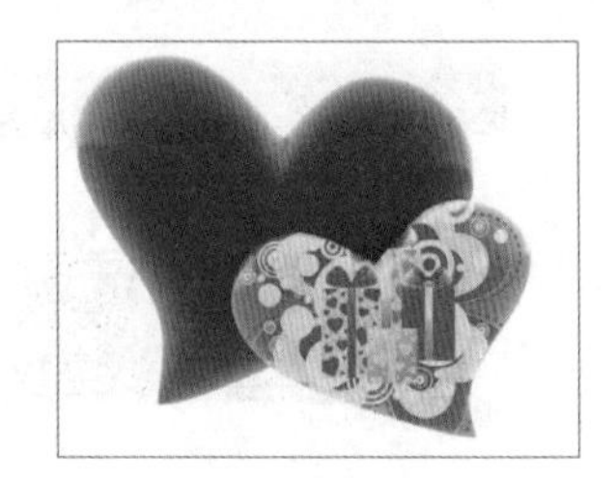

“亮光”模式

17. 线性光

使用该图层混合模式，通过减小或增大亮度来加深或减淡颜色，具体取决于混合色。如果混合色比50%灰色亮，则通过增大亮度使图像变亮；如果混合色比50%灰色暗，则通过减小亮度使图像变暗。

18. 点光

使用该图层混合模式，可根据混合色替换颜色。如果混合色比50%灰色亮，则替换比混合色暗的像素，而不改变比混合色亮的像素；如果混合色比50%灰色暗，则替换比混合色亮的像素，而比混合色暗的像素保持不变，这对于向图像添加特殊效果非常有用。

原图

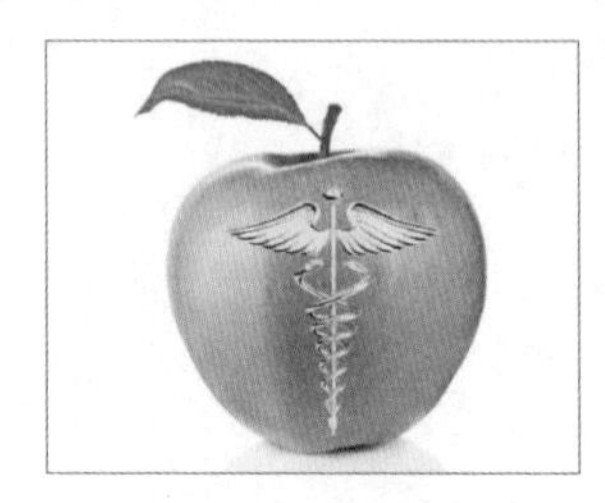

“线性光”模式

“点光”模式

19. 实色混合

使用该图层混合模式，可将混合颜色的红色、绿色和蓝色通道值添加到基色的RGB值中。若通道值的总和大于或者等于255，则值为255；若小于255，则值为0，因此所有混合像素的红色、绿色和蓝色通道值要么是0，要么是255，这会将所有像素更改为红色、绿色、蓝色、青色、黄色、洋红、白色或黑色。

20. 差值

使用该图层混合模式，可查看每个通道中的颜色信息，并从基色中减去混合色，或从混合色中减去基色，具体取决于哪个颜色亮度值大，与白色混合将反转基色值，与黑色混合则不产生变化。

原图

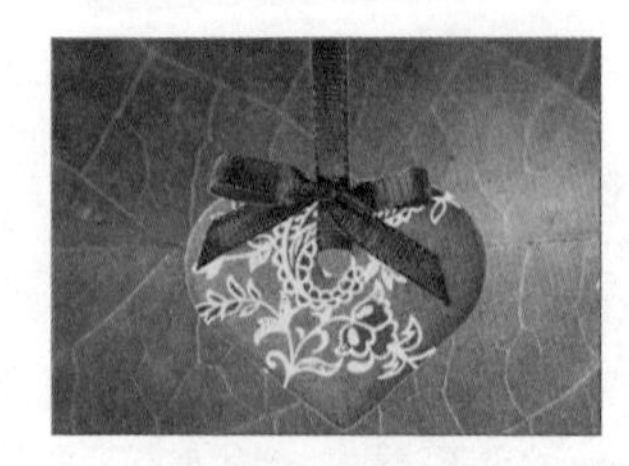

“实色混合”模式

“差值”模式

21. 排除

使用该图层混合模式，可创建一种与“差值”模式相似但对比度更低的效果，与白色混合将反转基色值，与黑色混合则不发生变化。

22. 色相>>>

使用该图层混合模式，可用基色的明亮度和饱和度，以及混合色的色相创建结果色。

原图

添加花纹图案

“排除”模式

“色相”模式

23. 减去>>>

使用该图层混合模式，直接应用较深的颜色创建结果色，对画面进行遮挡。

24. 划分>>>

使用该图层混合模式，可用基色的色相来创建互补色的结果色，应用混合模式的区域使用此模式可设置画面效果。

原图

“减去”模式

“划分”模式

25. 饱和度>>>

使用该图层混合模式，可用基色的明亮度和色相，以及混合色的饱和度创建结果色，绘画时在灰色的区域上使用此模式不会发生任何变化。

26. 颜色>>>

使用该图层混合模式，可用基色的明亮度，以及混合色的色相和饱和度创建结果色，这样可以保留图像中的灰阶，并对为单色图像上色和为彩色图像着色都非常有用。

27. 明度

使用该图层混合模式，可用基色的色相和饱和度，以及混合色的明亮度创建结果色，此模式创建出的效果与“颜色”模式相反。

原图

“饱和度”模式

“颜色”模式

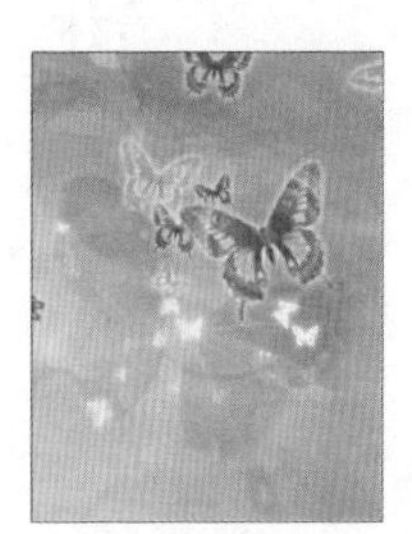
“明度”模式

高手训练营 制作艺术特效海报

在前面的内容中，介绍了使用图层混合模式的相关知识和操作技巧，通过使用图层混合模式还可以制作出具有特殊底纹效果的图像，下面介绍通过调整图层的图层混合模式并结合其他功能制作艺术海报。

01 打开图像

按下快捷键Ctrl+O，打开附书光盘\实例文件\第8章\Media\05.jpg文件。单击画笔工具，设置前景色为R161、G102、B0，在属性栏中设置笔触为柔角效果。设置了适当的笔触效果后，按下快捷键Shift+Ctrl+Alt+N，新建“图层1”，使用画笔工具在图像中涂抹。

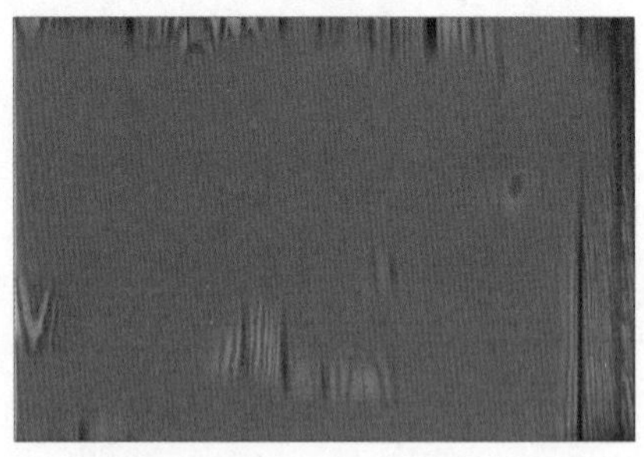

02 设置图层混合模式

在“图层”面板中设置“图层1”的图层混合模式为“点光”，使刚才所绘制的颜色自然叠加到下层图像中。

03 添加墨点

按下快捷键Ctrl+O，打开附书光盘\实例文件\第8章\Media\06.png~07.png文件。单击移动工具，直接将墨点依次拖拽到页面左上角和右下角位置，分别生成“图层 2”和“图层 3”，然后分别调整墨点的大小。

04 设置图层混合模式

在“图层”面板中，分别设置“图层 2”和“图层 3”的图层混合模式为“柔光”，使左边和右边的墨点自然叠加到下层图像上。

05 再次添加墨点

按下快捷键Ctrl+O，打开附书光盘\实例文件\第8章\Media\08.png文件。单击移动工具，将当前图像文件中的墨点直接拖拽到原图像的右侧位置，生成“图层 4”，然后调整墨点的大小，并设置该图层的图层混合模式为“柔光”。

06 打开花纹图像填充渐变

按下快捷键Ctrl+O，打开附书光盘\实例文件\第8章\Media\09.png文件。按住Ctrl键不放，单击“图层 0”缩览图，将该图层中的花纹图像的选区载入到原图像中。单击渐变工具，设置渐变从左到右依次为0%：R113、G17、B66，37%：R73、G42、B89，70%：R92、G21、B6，100%：R118、G27、B81。单击“线性渐变”按钮，从左上到右下拖拽鼠标，即可将选区填充为设置的渐变颜色。

07 添加花纹图像

单击移动工具，将花纹直接拖拽到原图像中，生成“图层 5”，然后调整花纹图像的位置和大小，并在“图层”面板中设置该图层的图层混合模式为“叠加”。

08 填充渐变

新建“图层 6”，单击“线性渐变”按钮，从左上到右下拖拽鼠标，应用刚才设置的渐变效果，然后设置“图层 6”的图层混合模式为“变亮”，“不透明度”为42%。

09 绘制拖鞋底

新建“图层 7”，单击钢笔工具，在页面中勾勒出拖鞋底部的封闭路径，然后按下快捷键Ctrl+Enter，将路径转换为选区，设置填充色为R36、G162、B56，最后取消选区。

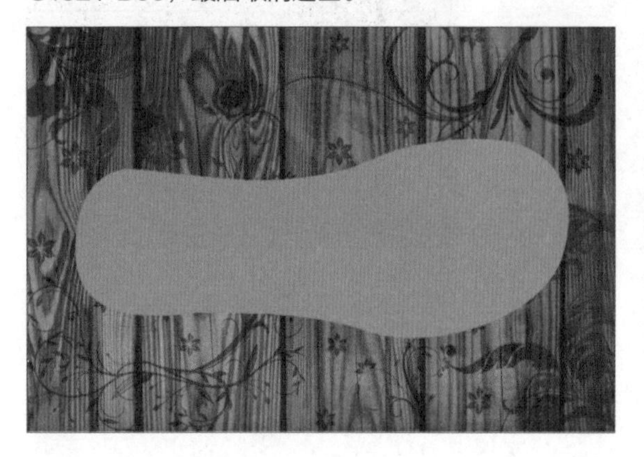

10 设置图层混合模式

单击选中“图层 7”，使其成为当前图层，然后在“图层”面板中设置其图层混合模式为“颜色减淡”，“不透明度”为44%，使刚才所绘制的拖鞋底形状和下面的图像自然叠加起来。

11 载入选区

在“图层”面板中，将除了“背景”图层外的其他图层隐藏，然后执行“窗口→通道”命令，打开“通道”面板，按住Ctrl键不放，单击“红”通道缩览图，将该通道的选区载入到当前图层中。

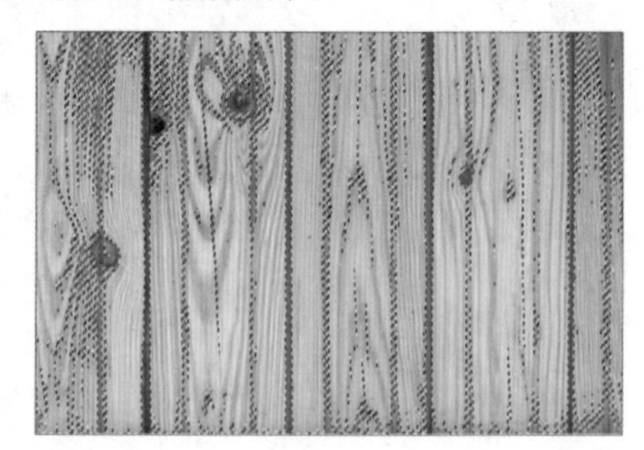

12 反选对象

在“通道”面板中单击RGB通道，切换到显示所有通道状态，执行“选择→反向”命令，或按下快捷键Shift+Ctrl+I，即可将选区反选。

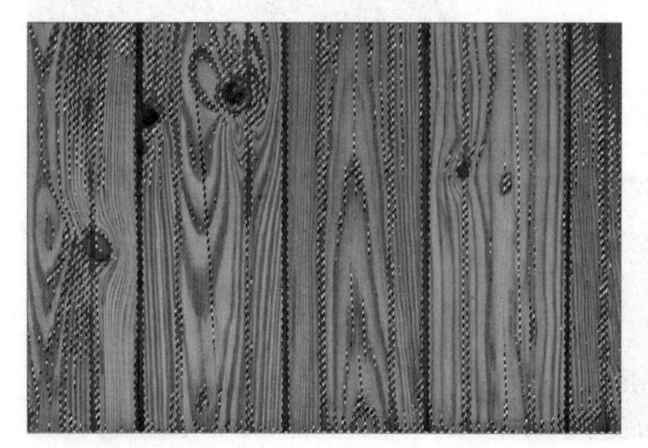

13 调整图层顺序

按下快捷键Ctrl+J，将 选区中图像复制到新图层中，生成“图层 8”。按下快捷键Shift+Ctrl+]，将“图层 8”移动到最上层位置，并显示所有图层。

14 设置图层混合模式

单击选中“图层 8”，使其成为当前图层，在“图层”面板中设置其图层混合模式为“柔光”，“不透明度”为50%，应用到当前图层中。

15 创建选区

单击钢笔工具，在拖鞋中间通过单击和拖拽绘制一个封闭路径，按下快捷键Ctrl+Enter，将路径转换为选区。

16 填充颜色

按下快捷键Shift+Ctrl+Alt+N，新建“图层 9”，然后设置其填充色为R159、G132、B44，按下快捷键Alt+Delete，将前景色填充到选区中。最后按下快捷键Ctrl+D，取消选区。

17 加深对象

单击加深工具，在属性栏中设置“范围”为“中间调”，“曝光度”为24%，在鞋带上涂抹。

18 添加并模糊对象

单击钢笔工具，分别在拖鞋的下方和上方鞋底交界处绘制出封闭路径，并将其转换为选区。分别新建“图层 10”和“图层 11”，并设置选区填充色为R1、G3、B6。按下快捷键Ctrl+D，取消选区。单击模糊工具，分别在绘制的两个对象的边缘处涂抹，使其产生模糊效果。

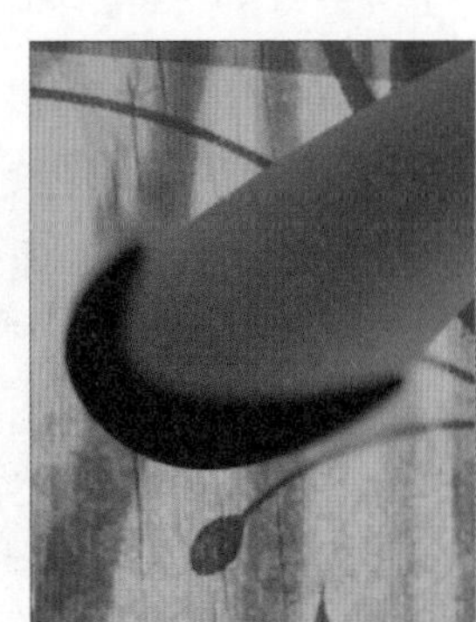

19 添加剪贴蒙版

单击“图层 10”，使其成为当前图层，然后执行“图层→创建剪贴蒙版”命令，或按下快捷键Alt+Ctrl+G，即可创建剪贴蒙版。然后按照同样的方法，将“图层 11”设置为剪贴蒙版。

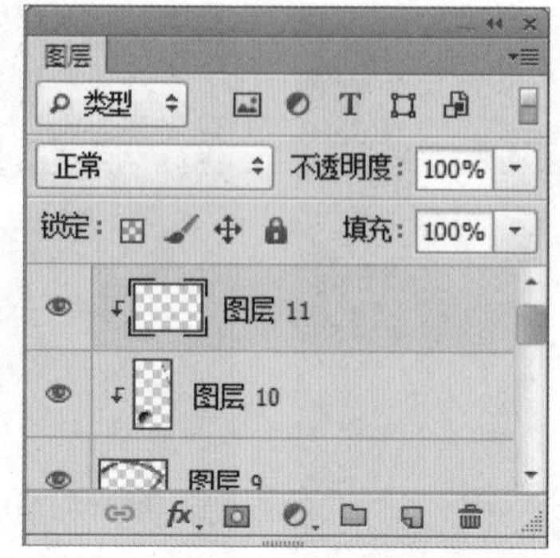

20 创建选区

单击钢笔工具，在拖鞋上边边缘绘制出一个轮廓封闭路径，然后将其转换为选区。

21 添加渐变色

执行“选择→修改→羽化”命令，或者按下快捷键Shift+F6，弹出“羽化选区”对话框，设置“羽化半径”为10像素，完成后单击“确定”按钮，应用设置的羽化效果。单击渐变工具，设置渐变从左到右依次为0%：R255、G255、B149，9%：R157、G107、B82，37%：R205、G176、B103，70%：R0、G0、B0，100%：R13、G47、B0，并将该渐变应用到选区中。按下快捷键Ctrl+D取消选区。

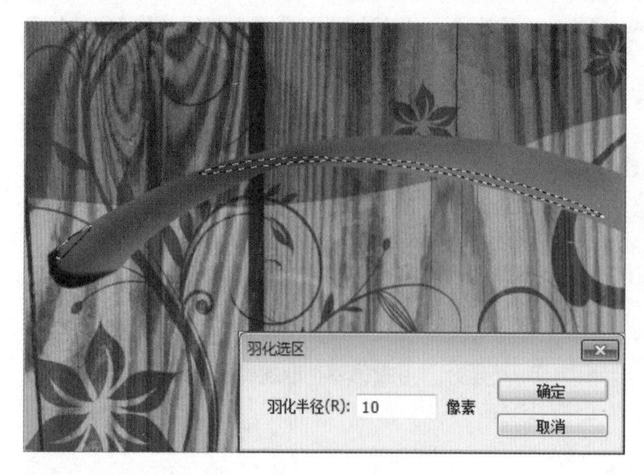

22 加深鞋带

按照同上面相似的方法，添加下层的高光，然后在“图层”面板中单击“图层 9”，使其成为当前图层，单击加深工具，在鞋带上细致涂抹，添加其阴影效果，使拖鞋上的纹理更丰富。

23 添加高光

新建“图层 14”，按照同上面相似的方法，在鞋带下方位置添加高光，使整个鞋带富有立体感。

24 添加标志

按下快捷键Ctrl+O，打开附书光盘\实例文件\第8章\Media\10.psd文件。单击移动工具，将“图层 1”中的对象直接拖拽到原图像中，生成“图层 15”。按下快捷键Ctrl+T，显示出控制手柄，将对象顺时针旋转90°，应用变换后，在“图层”面板中设置该图层的图层混合模式为“叠加”，将其放置在拖鞋的左侧位置。

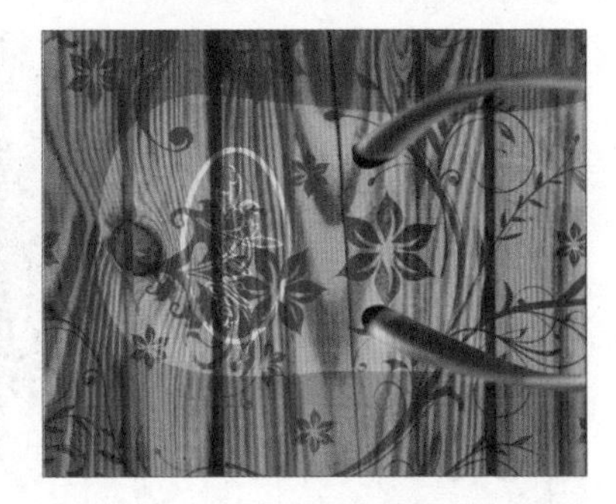

25 羽化选区

单击钢笔工具，在图像中绘制出鞋带阴影的封闭路径，然后按下快捷键Ctrl+Enter，将路径转换为选区。按下快捷键Shift+F6，弹出“羽化选区”对话框，设置“羽化半径”为20像素，设置完成后单击“确定”按钮，应用设置的羽化效果。

26 填充阴影

新建“图层 16”，单击选中该图层使其成为当前图层，设置前景色为黑色，并填充到选区中。操作完成后按下快捷键Ctrl+D，取消选区。在“图层”面板中将“图层 16”拖拽到“图层 8”的上层位置，制作的阴影效果就调整到了鞋带的下方。

27 添加文字

单击横排文字工具，分别在页面中输入3行文字，使其生成3个文字图层，然后设置适当的文字属性，将文字排成3行，排列在页面左下角位置。

28 变形文字

分别选中各个文字图层，然后单击属性栏中的“创建文字变形”按钮，在弹出的“变形文字”对话框中设置适当的文字变形效果。

29 添加标志

按下快捷键Ctrl+O，打开附书光盘\实例文件\第8章\Media\10.psd文件，然后将该文件中的“图层 1”直接拖拽到原图像文件的右下角位置，生成“图层 17”，并调整标志的大小。至此，拖鞋海报制作完成。

专家技巧

绘制路径并沿路径输入文字

在Photoshop中可以对输入的文字进行选择，然后单击“创建文字变形”按钮，在弹出的“变形文字”对话框中选择不同的变形样式，对文字进行变形。除此之外，还可以在画面上绘制路径，然后使用文字工具，沿着路径的边缘输入文字。

原图

绘制路径

输入文字

8.4 熟悉图层样式

Photoshop中的图层样式是图像制作中比较重要的功能之一，在图像中应用图层样式，可以让平面化的文字或图像带有立体纹理效果。另外，还可以为照片添加别致的样式。

专家技巧

复制图层样式到不同文件中

在Photoshop中对一个图层对象应用了图层样式后，可以将其样式通过复制粘贴应用到其他图层中，无论该图层是在相同的文件中，还是在其他已经打开的不同文件中。

在一个文件图层上应用图层样式后，在“图层”面板中的该图层上单击鼠标右键，在弹出的快捷菜单中，执行“拷贝图层样式”命令。切换到需要应用该图层样式的图层上单击鼠标右键，在弹出的快捷菜单中执行“粘贴图层样式”命令即可。

复制图层样式

粘贴图层样式

知识点 不同图层样式的效果

在Photoshop中可以通过“图层样式”对话框设置不同的图像效果。其中包括斜面和浮雕、等高线、纹理、描边、内阴影、内发光、光泽、颜色叠加、渐变叠加、图案叠加、外发光和投影等。通过同时勾选不同的选项，还可以对图像同时应用多个图层样式，下面来介绍几个较重要的图层样式效果。单击选中需要设置图层样式的图层，执行“图层→图层样式→混合选项”命令，即可弹出“图层样式”对话框，对其相应选项进行设置。

原图

斜面和浮雕

等高线

纹理

内阴影

内发光

光泽

颜色叠加

渐变叠加

图案叠加

外发光

投影

如何做 为图像添加多个图层样式

除了可以对图层对象应用单个图层样式外，还可以通过同时勾选多个复选框，为其添加多个图层样式，从而得到更加立体化的图像效果，下面来介绍添加多个图层样式的操作方法。

01 打开图像

按下快捷键Ctrl+O，打开附书光盘\实例文件\第8章\Media\11.psd文件。按下F7键，打开“图层”面板。

02 设置“斜面和浮雕”图层样式

双击“图层 1”，弹出“图层样式”对话框，切换到“斜面和浮雕”选项面板。设置“样式”为“内斜面”，设置“方法”为“平滑”，设置“深度”为327%，设置“方向”为“上”，设置“大小”为54像素，“软化”为3像素，“角度”为34°，“高度”为69°。

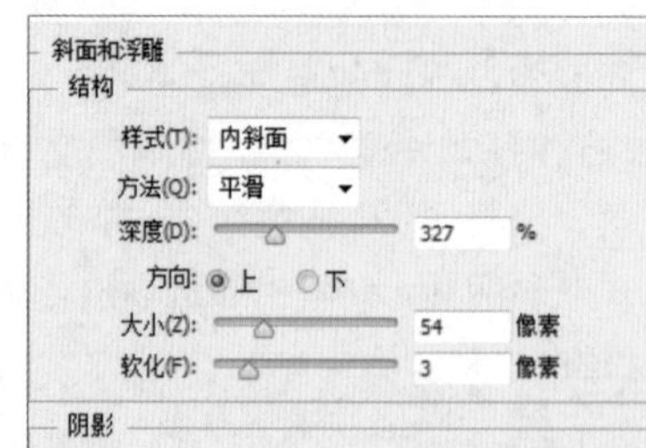

03 设置“描边”图层样式

勾选“描边”复选框，切换到相应选项面板中。设置“大小”为3像素，“位置”为“外部”，设置混合模式为“正常”，设置“不透明度”为100%，“填充类型”为“颜色”，设置“颜色”为R207、G124、B166，单击“确定”按钮。

04 复制图层样式

按住Alt键，将“图层 1”中的图层样式符号 fx 直接拖拽到“图层 2”中，即可复制该图层样式，并显示出来。

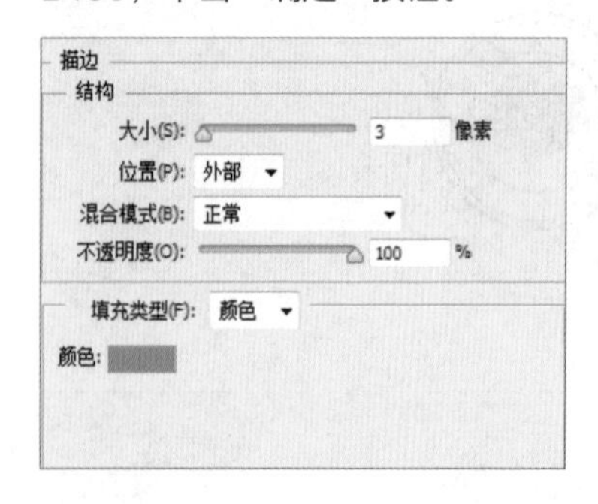

05 设置图层混合模式

单击选中“图层 2”，使其成为当前图层，然后设置该图层的图层混合模式为“颜色加深”。至此，本实例制作完成。

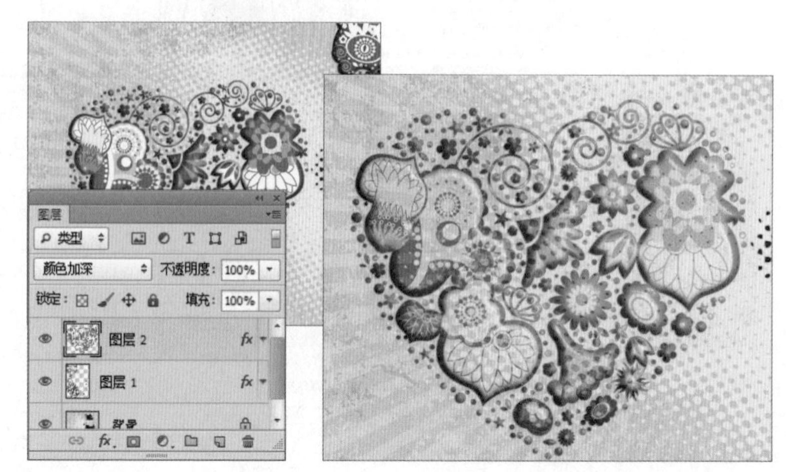

专栏 了解“图层样式”对话框中的参数

在Photoshop的“图层样式”对话框中可以根据需要创建不同的图层效果，通过本小节的学习熟练掌握在“图层样式”对话框中通过设置不同的参数，得到需要的图层效果的方法。

执行“图层→图层样式→混合选项” 命令，即可打开“图层样式”对话框，通过在左侧的样式列表中选择不同的选项，即可切换到相应选项面板中，对其相关参数进行设置。

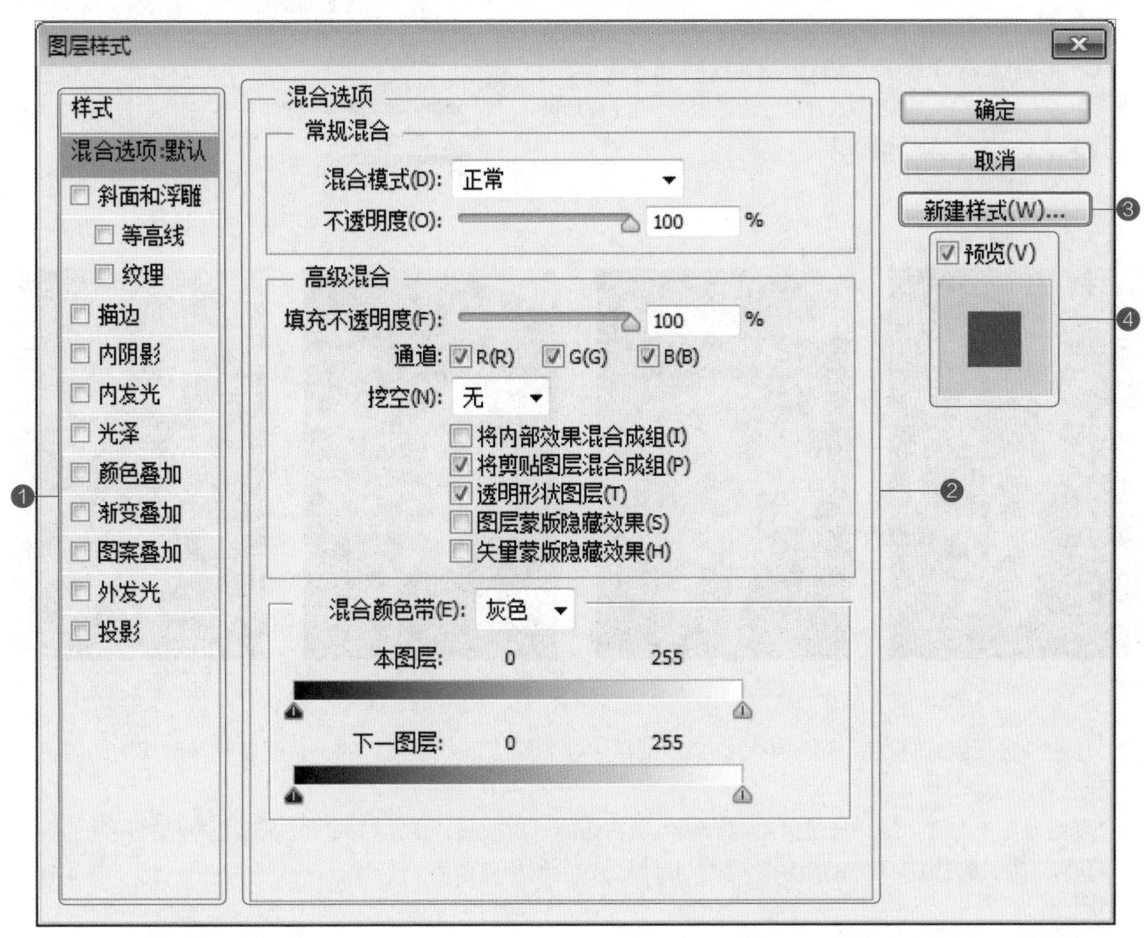

“图层样式”对话框

❶“样式”列表框：在该列表框中显示出在“图层样式”对话框中能设置的所有样式的名称，选择任意选项即可切换到相应的选项面板中。

❷ 相应选项面板：在该区域显示出当前选择的选项对应的参数设置面板。

❸“新建样式”按钮：单击该按钮，即可弹出“新建样式”对话框，在此对话框中可以将当前设置的参数新建为样式，在以后的操作中当需要使用相同的图层样式时，可直接通过单击应用该样式到需要的图层对象中。

❹“预览”复选框：通过勾选该复选框，即可在当前页面或预览区域预览到应用当前设置后的图像效果。

1. “混合选项”选项面板

默认情况下，在打开“图层样式”对话框后，都将切换到该选项面板中，主要可对一些相对常见的选项，例如混合模式、不透明度、混合颜色带等参数进行设置。

❶“混合模式”下拉列表框：单击右侧的下拉按钮，在打开的下拉列表框中选择任意一个选项，即可使当前图层按照选择的混合模式与图象下层图层叠加在一起。

❷“不透明度”文本框：通过拖拽滑块或直接在文本框中输入数值，设置当前图层的不透明度。

❸“填充不透明度”文本框：通过拖拽滑块或直接在文本框中输入数值，设置当前图层的填充不透明度。填充不透明度将影响图层中绘制的像素或图层中绘制的形状，但不影响已经应用于图层的任何图层效果的不透明度。

❹“通道”复选框：通过勾选不同通道的复选框，可选择当前显示出不同的通道效果。

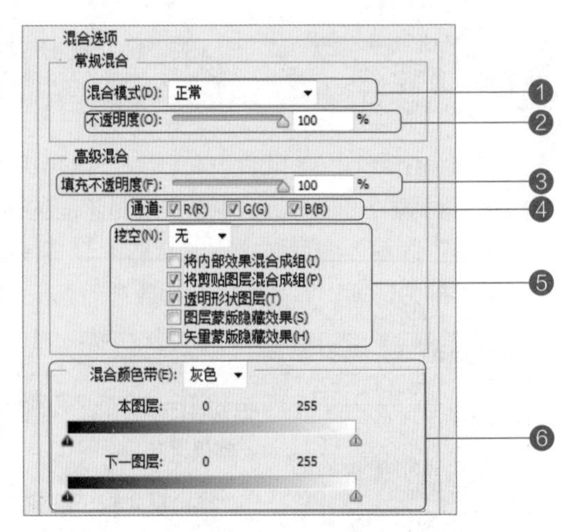

“混合选项”选项面板

原图

取消显示红通道

取消显示绿通道

取消显示蓝通道

❺“挖空”选项组：“挖空”选项组可以指定图层中哪些图层是“穿透”的，从而使其他图层中的内容显示出来。

❻“混合颜色带”选项组：通过单击混合颜色带右侧的下拉按钮，在打开的下拉列表框中选择不同的颜色选项，然后通过拖拽下方的滑块，调整当前图层对象的相应颜色。

2.“斜面和浮雕”选项面板

选择“图层样式”对话框左侧“样式”列表框中的“斜面和浮雕”选项，即可切换到“斜面和浮雕”选项面板。在该选项面板中，可以对图层添加高光与阴影的各种组合。

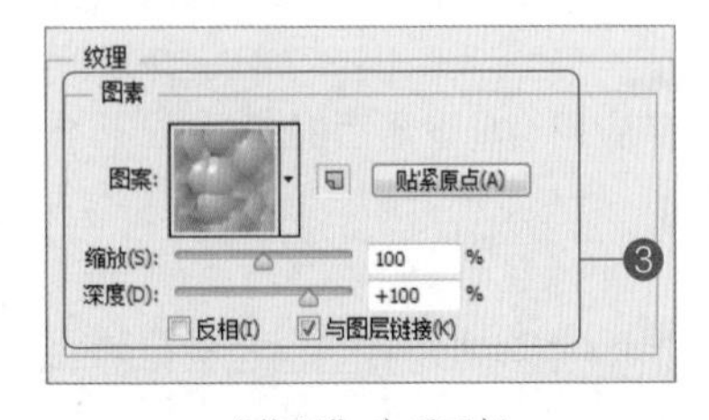

“纹理”选项面板

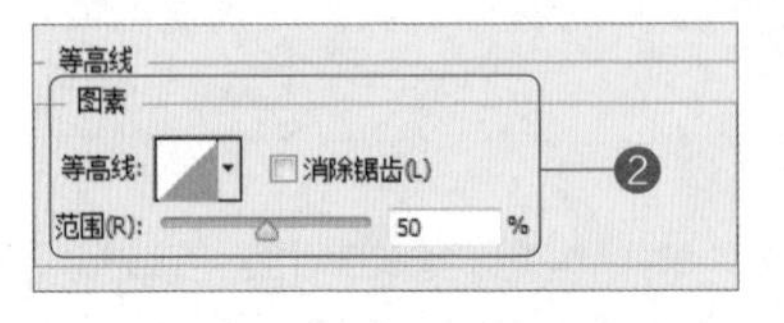

“等高线”选项面板

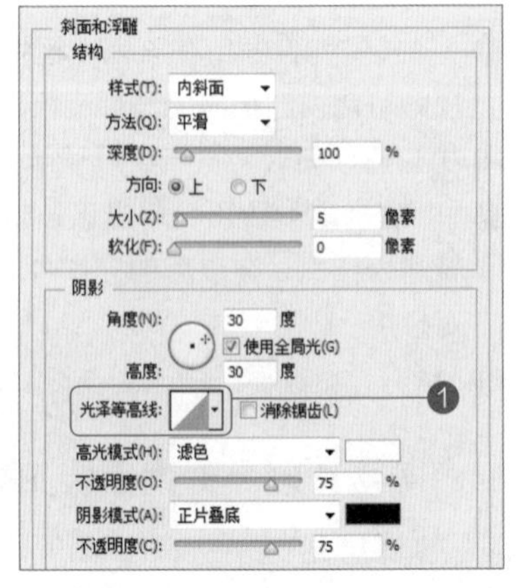

“斜面和浮雕”选项面板

❶“光泽等高线”面板：单击右侧的下拉按钮，在打开的面板中显示出所有软件自带的光泽等高线效果。通过单击该面板中的选项，可自动设置其光泽等高线效果。

❷ 等高线“图素”选项组：在该选项组中，可对当前图层对象中所应用的等高线效果进行设置，其中包括等高线类型、等高线范围等。

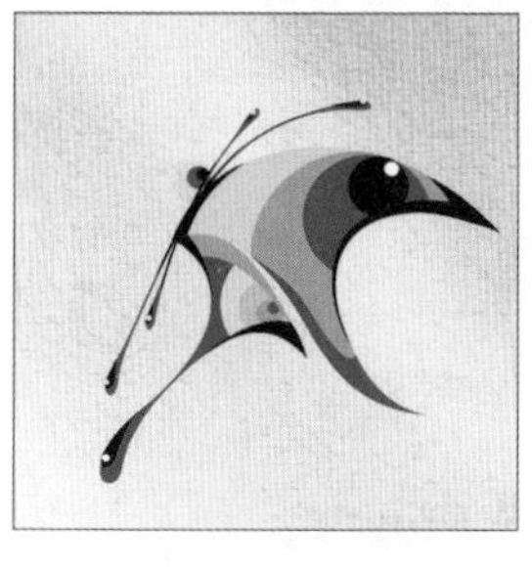

原图

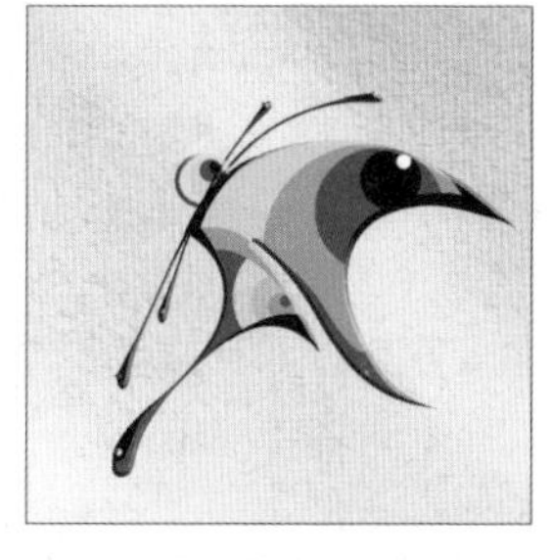

“线性”等高线效果

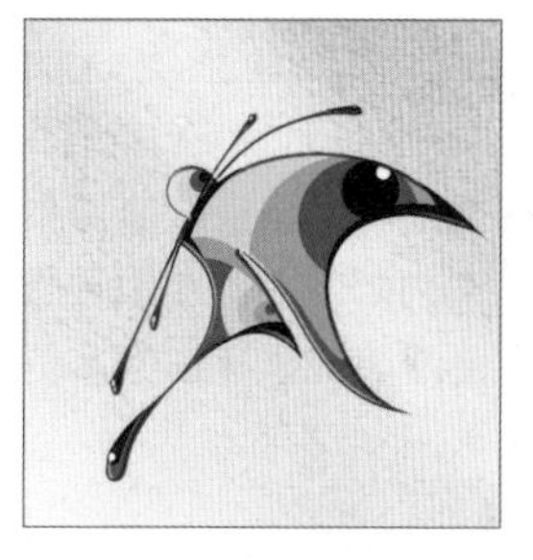

“锥形”等高线效果

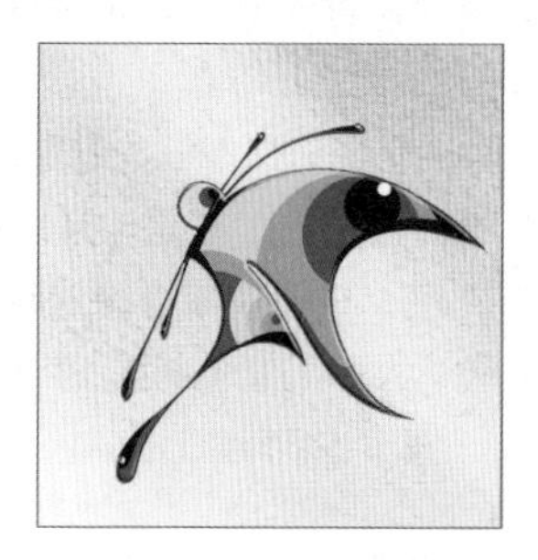

“锥形-反转”等高线效果

❸ 纹理“图素”选项组：在该选项组中，可对当前图层对象中所应用的图案效果进行设置，其中包括图案类型、图案大小和深度等效果。

3.“描边”选项面板

选择“图层样式”对话框左侧“样式”列表框中的“描边”选项，即可切换到“描边”选项面板。在该选项面板中，可使用颜色、渐变或图案在当前图层上对对象进行轮廓描画，该效果十分适于硬边形状。

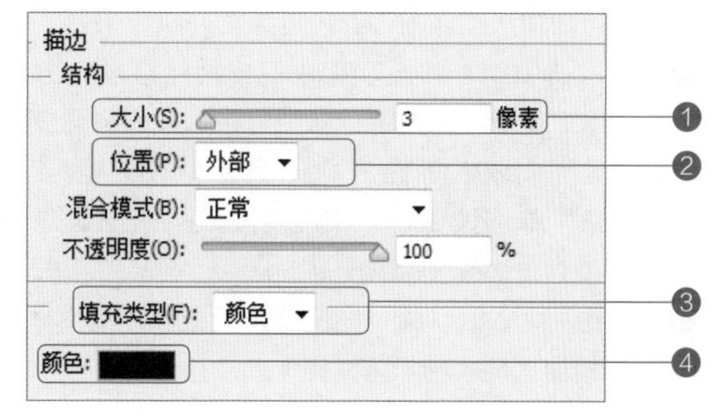

“描边”选项面板

❶“大小”文本框：通过拖拽滑块或直接在文本框中输入数值，设置描边的大小。

❷“位置”下拉列表框：单击右侧的下拉按钮，在下拉列表框中有3个选项，为“外部”“内部”和“居中”，分别表现出描边不同效果的位置。

❸“填充类型”下拉列表框：单击右侧的下拉按钮，在打开的下拉列表框中有3个选项，分别是“颜色”“渐变”和“图案”，通过不同的选项可以确定描边效果以何种方式显示。

❹“颜色”色块：单击该色块，可对描边的颜色进行设置。

原图

“纯色”描边效果

“渐变”描边效果

4.“内阴影”选项面板>>>

选择“图层样式”对话框左侧“样式”列表框中的“内阴影”选项，即可切换到“内阴影”选项面板。在该选项面板中，可在紧靠图层内容的边缘内添加阴影，使图层具有凹陷外观。

❶“距离”文本框：设置内阴影与当前图层对象边缘的距离。

❷“阻塞”文本框：通过拖拽滑块或直接在文本框中输入数值，进行模糊处理前收缩“内阴影”的杂边边界。

❸“大小”文本框：通过拖拽滑块或直接在文本框中输入数值，指定阴影大小。

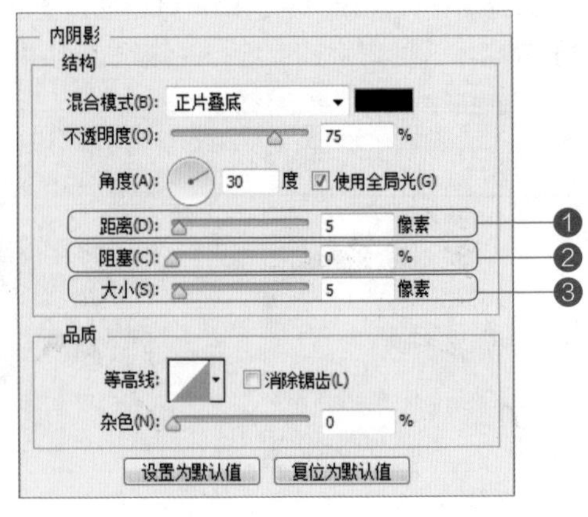

“内阴影”选项面板

5.“内发光”选项面板>>>

选择“图层样式”对话框左侧“样式”列表中框的“内发光”选项，即可切换到“内发光”选项面板。在该选项面板中，可添加从图层内容的内边缘发光的效果。

❶“源”选项组：该选项组中包含两个选项，分别是“居中”和“边缘”。选中“居中”单选按钮，可使内发光效果从图层对象中间部分开始，使整个对象内部变亮；选中“边缘”单选按钮，可使内发光效果从图层对象边缘开始，使对象边缘变亮。

❷“阻塞”文本框：通过拖拽滑块或直接在文本框中输入数值，模糊之前收缩“内发光”的杂边边界。

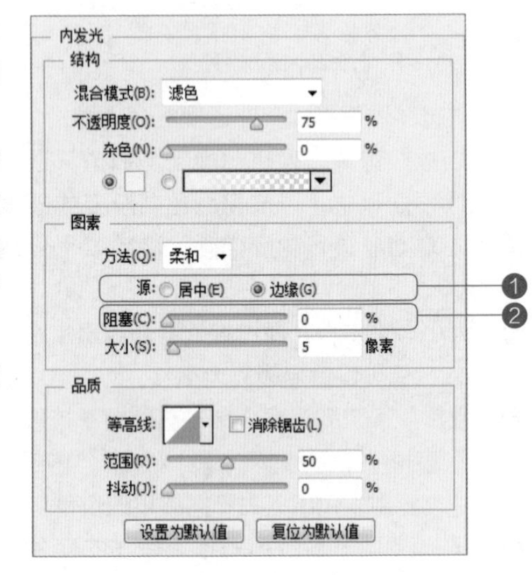

“内发光”选项面板

6.“光泽”选项面板>>>

选择“图层样式”对话框左侧“样式”列表框中的“光泽”选项，即可切换到“光泽”选项面板。在该选项面板中，对图层应用创建光滑光泽的内部阴影。

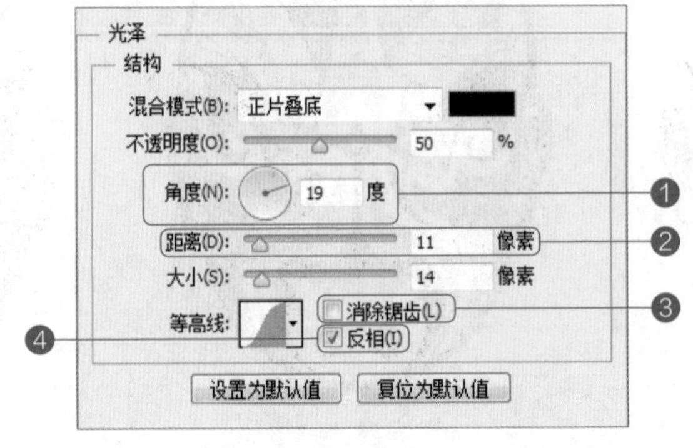

“光泽”选项面板

❸“角度”文本框：通过单击角度盘或直接在文本框中输入数值，设置效果应用于图层时所采用的光照角度，可以在文档窗口中拖动以调整“光泽”效果的角度。

❷“距离”文本框：通过拖拽滑块或直接在文本框中输入数值，混合等高线或光泽等高线的边缘像素。

❸“消除锯齿”复选框：勾选该复选框，可指定光泽效果的偏移距离，并且可以在文档窗口中拖动以调整偏移距离。

❹“反相”复选框：勾选该复选框，可使当前的光泽效果反相，从而得到颜色效果完全相反的效果。

7.“颜色叠加”选项面板>>>

选择“图层样式”对话框左侧“样式”列表框中的“颜色叠加”选项，即可切换到“颜色叠加”选项面板。在该选项面板中，对图层应用颜色填充内容效果。

“颜色叠加”选项面板

原图

图层混合模式为“叠加”

图层混合模式为“饱和度”

8.“渐变叠加”选项面板>>>

选择“图层样式”对话框左侧“样式”列表框中的“渐变叠加”选项，即可切换到“渐变叠加”选项面板。在该选项面板中，对图层应用渐变填充内容效果。

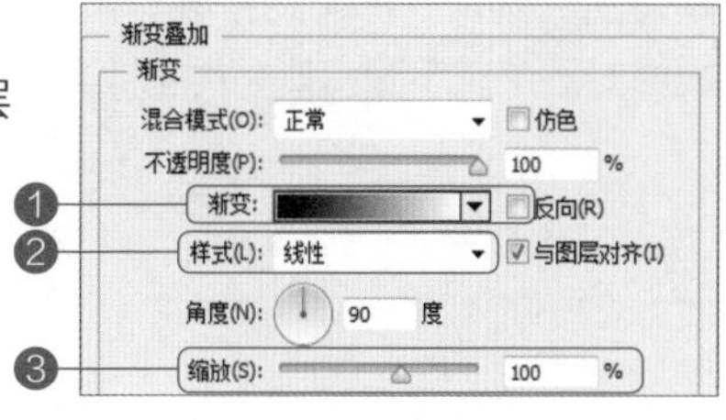

“渐变叠加”选项面板

❶“渐变”颜色条：单击该色块，弹出“渐变编辑器”对话框，可对需要应用的渐变效果进行设置。

原图

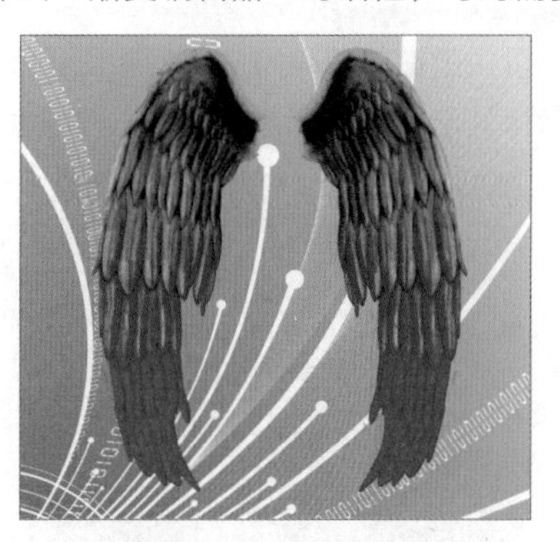

设置混合模式为“颜色加深”，渐变为“红，绿渐变”

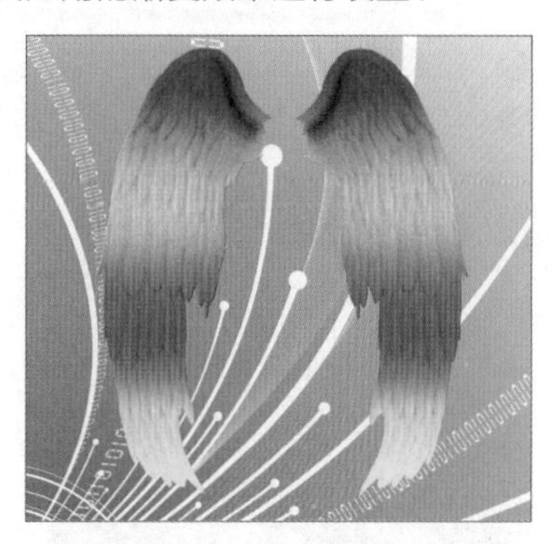

设置混合模式为“强光”，渐变为“黄，紫，橙，蓝渐变”

❷“样式”下拉列表框：单击下拉按钮，在打开的下拉列表框中可以选择当前应用渐变效果的方式。

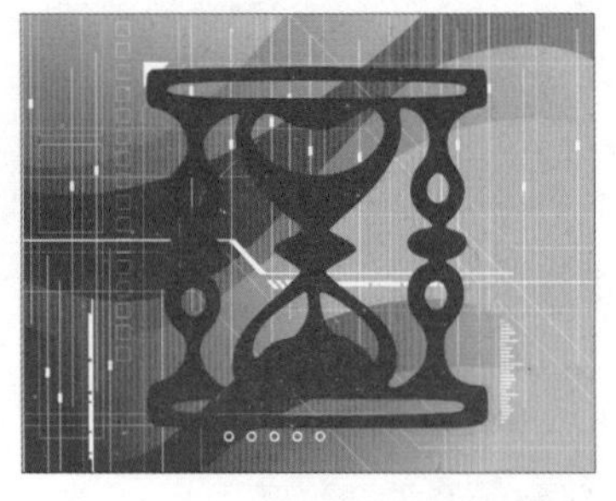
原图

样式为“线性”

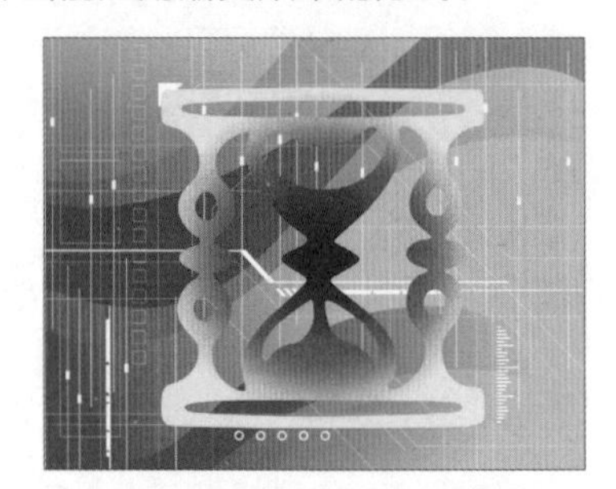
样式为“径向”

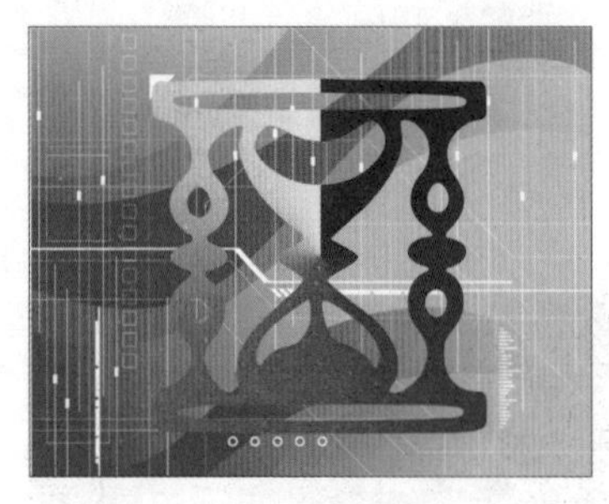
样式为“角度”

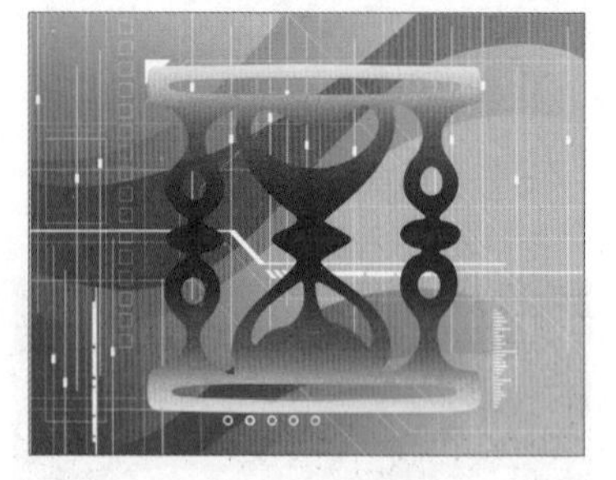
样式为“对称的”

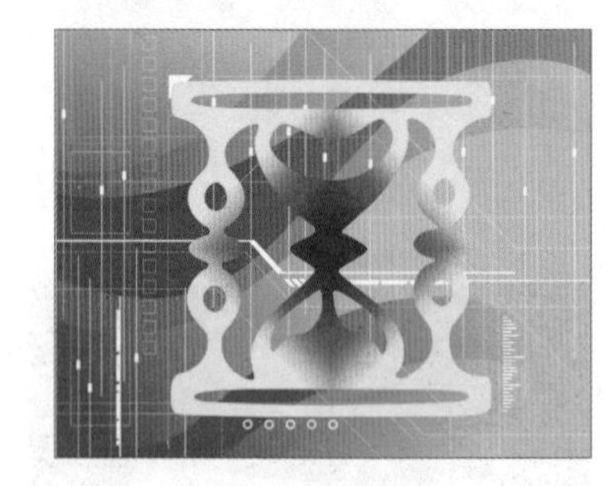
样式为“菱形”

❸“缩放”文本框：通过拖拽下方的滑块或直接在文本框中输入数值，设置渐变色中颜色与颜色之间的过渡融合程度。

9.“图案叠加”选项面板

选择“图层样式”对话框左侧“样式”列表框中的“图案叠加”选项，即可切换到“图案叠加”选项面板。在该面板中对图层应用图案填充内容效果。

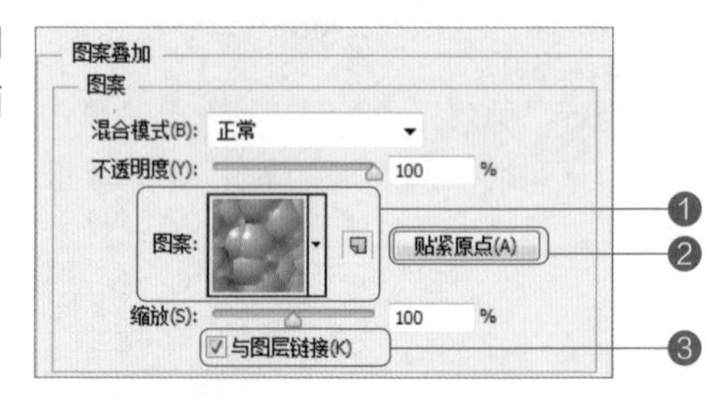

“图案叠加”选项面板

❶“图案”面板：单击右侧的下拉按钮，在打开的面板中，以图样的方式显示出所有图案效果，通过单击任意一个图案选项，即可在当前图层对象中应用该图案样式。
❷“贴紧原点”按钮：单击该按钮，可使图案的原点与文档的原点相同。
❸“与图层链接”复选框：通过勾选该复选框，可在移动图层时使图案随图层一起移动。

原图

设置混合模式为“线性加深”

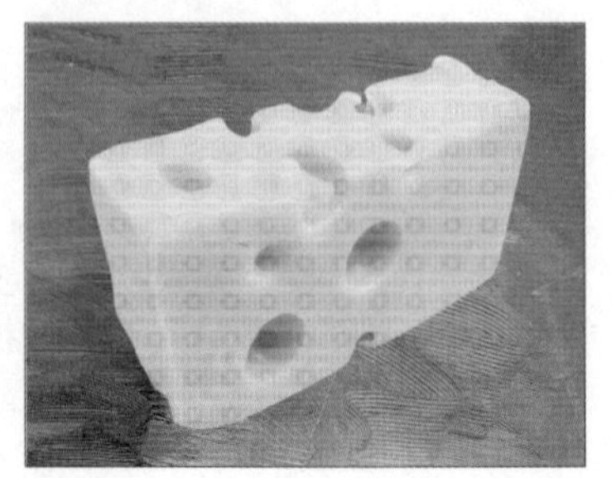
设置混合模式为“减去”

10. “外发光”选项面板>>>

选择“图层样式”对话框左侧“样式”列表框中的“外发光”选项，即可切换到“外发光”选项面板。在该选项面板中，可添加从图层内容的外边缘发光的效果。

❶“方法”下拉列表框：单击右侧的下拉按钮，在打开的下拉列表框中包含两个选项，分别是“柔和”和“精确”选项。其中“柔和”选项主要用于使所有类型的杂边变模糊；“精确”选项可创造发光效果，主要用于消除锯齿形状的硬边和杂边，在保留特写的能力上比“柔和”效果更好。

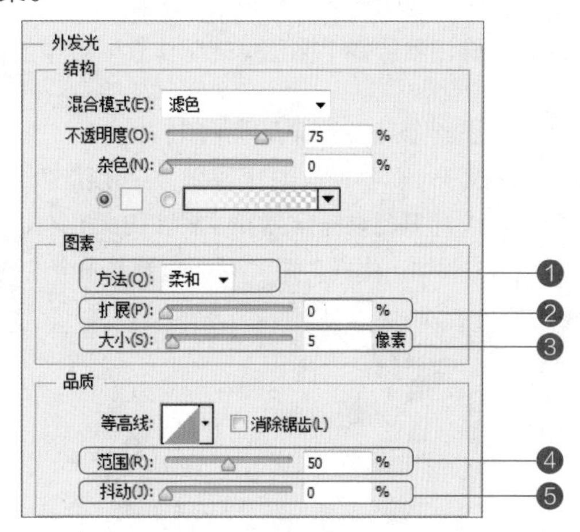

“外发光”选项对话框

❷“扩展”文本框：通过拖拽滑块或直接在文本框中输入数值，进行模糊之前扩大杂边边界。

❸“大小”文本框：通过拖拽滑块或直接在文本框中输入数值，指定模糊的半径和大小。

❹“范围”文本框：通过拖拽滑块或直接在文本框中输入数值，控制发光中作为等高线目标的部分或范围。

❺“抖动”文本框：通过拖拽滑块或直接在文本框中输入数值，改变渐变的颜色和不透明度的应用。

11. “投影”选项面板>>>

选择“图层样式”对话框左侧“样式”列表框中的“投影”选项，即可切换到“投影”选项面板。在该选项面板中可对当前图层中对象的投影效果进行设置。

❶“混合模式”下拉列表框：单击右侧的下拉按钮，在打开的下拉列表框中选择一种混合模式选项，即可使投影效果以设置的方式表现出来。

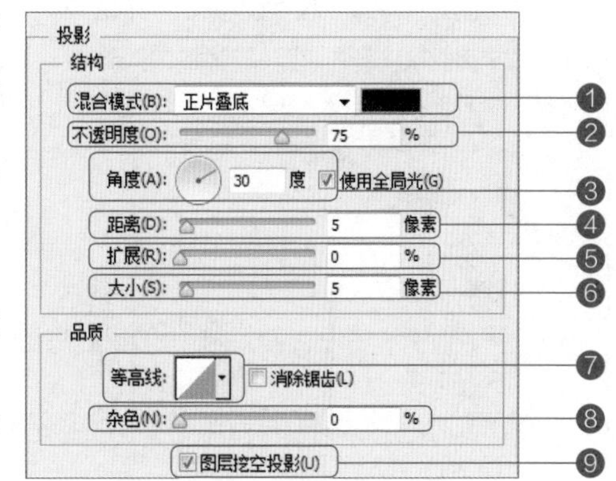

“投影”选项面板

❷“不透明度”文本框：通过拖拽滑块或直接在文本框中输入数值，设置投影的不透明度。

❸“角度”文本框：用于设置投影的角度。

❹“距离”文本框：通过拖拽滑块或直接在文本框中输入数值，调整图层对象与投影之间的距离。

❺“扩展”文本框：通过拖拽滑块或直接在文本框中输入数值，设置投影的羽化程度。

❻“大小”文本框：通过拖拽滑块或直接在文本框中输入数值，设置投影的大小。

❼“等高线”面板：通过在该面板中选择不同等高线选项，设置不同的投影效果。

❽“杂色”文本框：通过拖拽滑块或直接在文本框中输入数值，设置当前图层对象中的杂色数量。数值越大，杂色越多；数值越小，杂色越少。

❾“图层挖空投影”复选框：通过勾选或取消勾选该复选框，可以控制半透明图层中投影的可见或不可见效果。

使用图层样式制作立体播放器

通过同时勾选多个复选框，可以为图层对象添加多个图层样式，从而得到更加立体化的图像效果，下面就来介绍添加多个图层样式制作立体效果的播放器。

01 新建图像文件并添加树叶

新建一个“宽度”为15厘米，“高度”为20厘米，“分辨率”为300像素/英寸的空白文件。按下快捷键Ctrl+O，打开附书光盘\实例文件\第8章\Media\12.png文件。单击移动工具，将图层中的对象直接拖拽到原图像文件中，生成“图层 1”，复制若干个该图层对象，旋转或缩放排列成分散状态。

02 绘制路径

新建“图层 2”，单击钢笔工具在页面正下方位置通过单击和拖拽绘制封闭路径，按快捷键Ctrl+Enter将路径转换为选区。

03 填充渐变

单击渐变工具，然后设置渐变从左到右依次为0%：R212、G247、B40，31%：R171、G217、B31，50%：R144、G197、B26，76%：R180、G214、B113，82%：R180、G214、B113，100%：R180、G214、B113，从左到右拖拽鼠标填充颜色。

04 填充椭圆

新建“图层 3”，单击椭圆选框工具，在图形上方通过拖拽，创建椭圆选区。单击渐变工具，设置渐变颜色从左到右依次为0%：R226、G250、B166，55%：R198、G242、B71，100%：R198、G255、B29，最后通过拖拽将颜色填充到选区中。

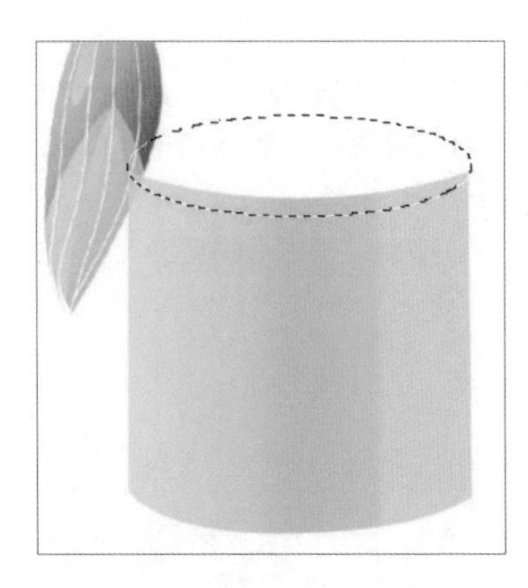

05 填充渐变

新建“图层 4”，单击椭圆选框工具，在刚才所创建的选区中间位置通过拖拽创建椭圆选区。单击渐变工具，设置渐变颜色从左到右依次为0%：R175、G220、B31，100%：R137、G192、B26，从上到下拖拽鼠标应用渐变。按下快捷键Ctrl+D，取消选区。

06 填充颜色

单击椭圆选框工具，在图像下部位置创建椭圆选区，新建“图层 5”，设置其填充色为R185、G215、B115。

07 添加多个图层样式

双击“图层 5”，弹出“图层样式”对话框，选择“投影”选项，切换到相应选项面板中。设置混合模式为“正片叠底”，设置“不透明度”为75%，设置“角度”为153度，设置“距离”为45像素，“扩展”为34%，“大小”为111像素；选择“外发光”选项，切换到相应选项面板中，设置混合模式为“正常”，设置“不透明度”为75%，“颜色”为R168、G209、B81，“方法”为“柔和”，设置“扩展”为21%，“大小”为250像素，单击“确定”按钮，即可将设置的参数应用到当前图层对象中。

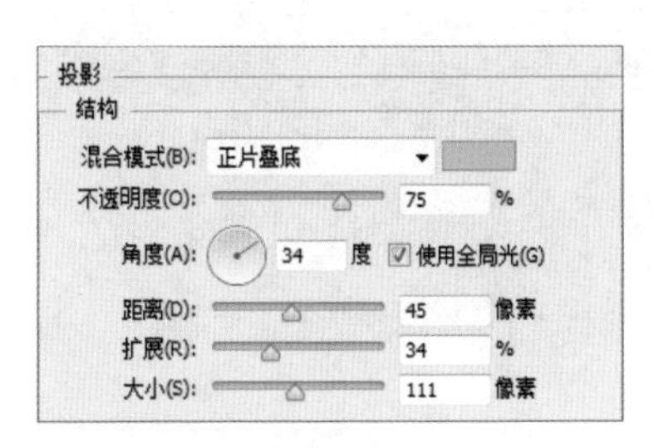

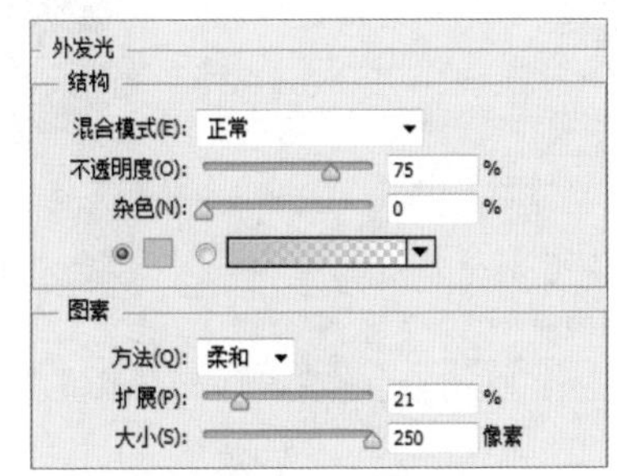

08 调整图层顺序

按下快捷键Ctrl+[若干次，将“图层 5”移动到“图层 2”的下层位置，使其成为阴影效果。

09 绘制形状

单击圆角矩形工具，设置前景色为R105、G143、B21，并在属性栏中设置半径为20px，在刚才绘制的一组对象的上部通过拖拽绘制圆角矩形，生成“形状 1”图层。执行“图层→栅格化→形状”命令，将形状图层转换为普通图层。

10 添加斜面和浮雕图层样式

双击“形状 1”图层，弹出“图层样式”对话框，选择“斜面和浮雕”选项，切换到相应选项面板中。设置“样式”为“枕状浮雕”，设置“方法”为“平滑”，“深度”为439%，“方向”为“上”，设置“大小”为27像素，“软化”为8像素，“角度”为34度，“高度”为69度，设置“阴影模式”为“正片叠底”，设置“颜色”为R92、G121、B7，单击“确定”按钮，即可将设置的参数应用到当前图层中。

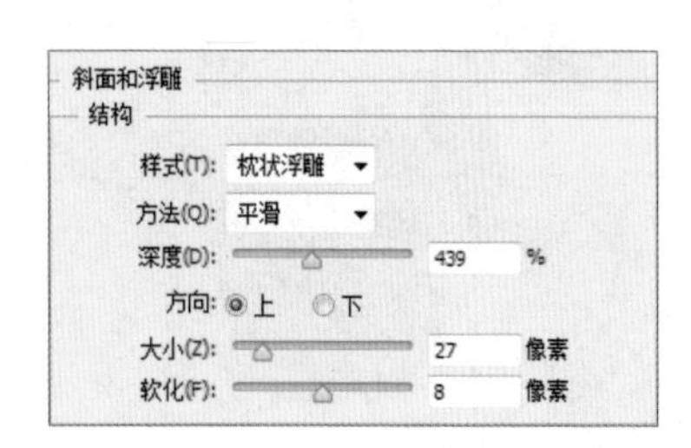

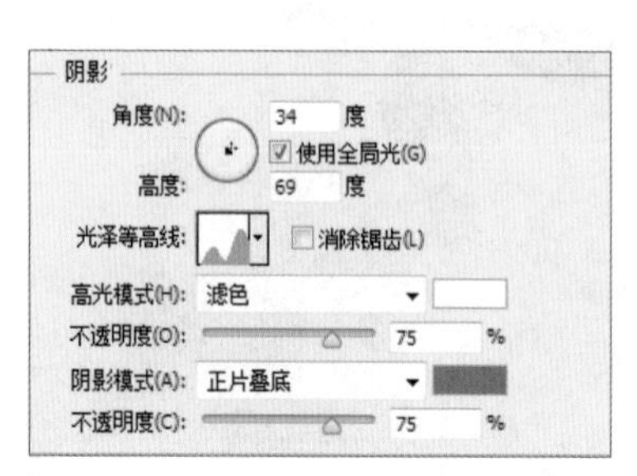

11 输入文字

单击横排文字工具[T]，在圆角矩形上单击，并输入音乐的曲目名称。将文字全部选中后，执行“窗口→字符”命令，弹出“字符”面板，设置字体为Arial，字号为7.23点，生成文字图层。在文字图层上单击鼠标右键，打开快捷菜单，执行“混合选项”命令，打开“图层样式”对话框，选择“外发光”选项，切换到相应选项面板中。设置混合模式为“滤色”，设置“不透明度”为75%，“颜色”为“白色”，设置“方法”为“柔和”，设置“扩展”为0%，“大小”为1像素，单击“确定”按钮应用设置。

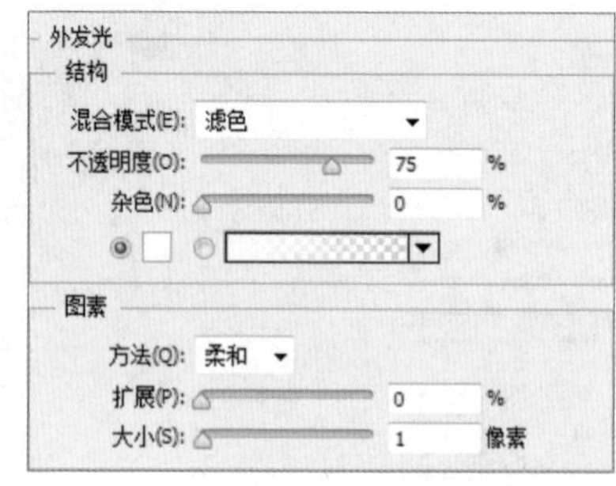

12 绘制直线

新建“图层 6”，单击铅笔工具[✎]，设置前景色为“白色”，笔触大小为2px，在刚才所绘制的圆角矩形下方通过拖拽绘制3条直线，使其相连。

13 添加斜面和浮雕图层样式

双击“图层 6”，在“斜面和浮雕”选项面板中设置“样式”为“枕状浮雕”，设置“方法”为“平滑”，设置“深度”为256%，“方向”为“上”，设置“大小”为5像素，“软化”为1像素，“角度”为34度，“高度”为69度，“高光模式”为“滤色”，设置“颜色”为“白色”，设置“不透明度”为75%，“阴影模式”为“正片叠底”，设置“颜色”为“黑色”，设置“不透明度”为75%。

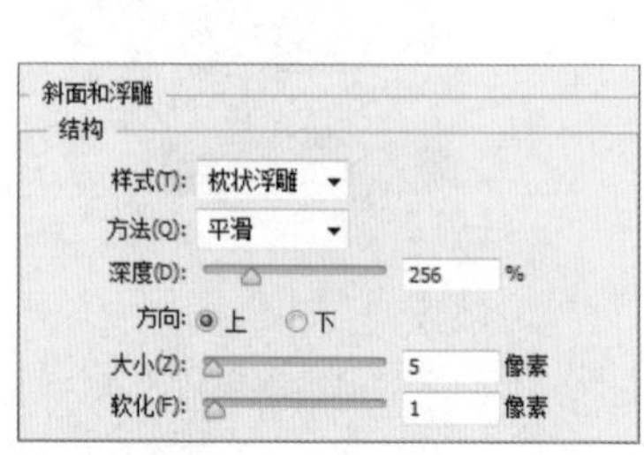

14 继续添加斜面和浮雕图层样式

单击椭圆选框工具，按住Shift键的同时，在直线上通过拖拽创建正圆选区。新建“图层 7”，设置前景色为R128、G159、B25，并填充到选区中。双击“图层 7”，弹出“图层样式”对话框，在“斜面和浮雕”选项面板中设置“样式”为“内斜面”，“方法”为“平滑”，“深度”为100%，“方向”为“上”，“大小”为5像素，“软化”为0像素，设置完成后单击“确定”按钮应用设置。

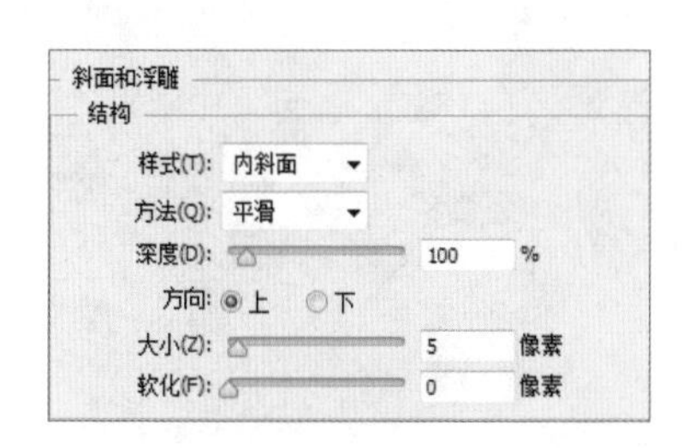

15 再次添加斜面和浮雕图层样式

单击圆角矩形工具，设置前景色为R170、G204、B54，在属性栏中设置半径为10px，在线条下方位置绘制图形，并将其转换为普通图层，生成“形状 2”图层，为该图层添加斜面和浮雕图层样式，并设置适当的参数应用到当前图层对象中。

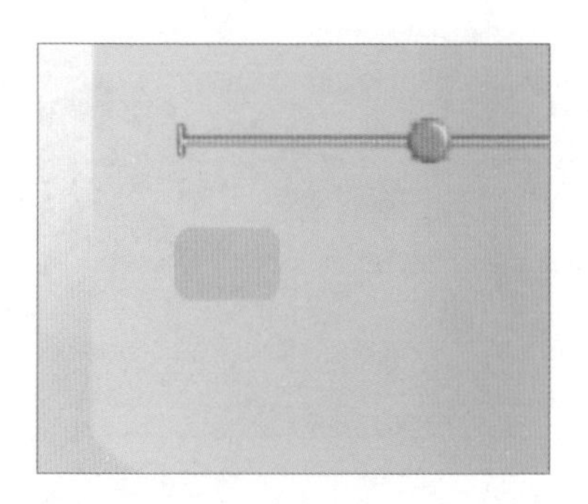

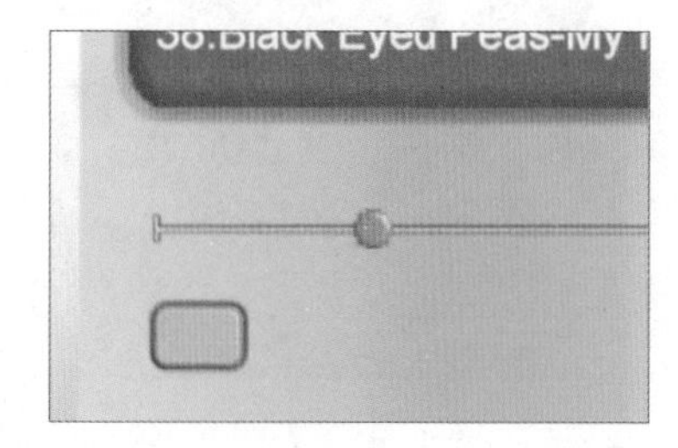

16 复制对象

复制“形状 2”图层，分别将形状移动到适当位置，使其成按钮效果。

17 添加符号

分别新建空白图层，单击钢笔工具，在各个按钮上单击并拖拽鼠标，绘制出封闭路径，然后将其转换为选区，并填充为“白色”。分别添加适当的图层样式到按钮符号上，使其具有立体感。

18 输入文字

单击横排文字工具，在直线右上角位置单击，输入时间文字，在“字符”面板中设置其字体为Arial，字号为8.85点。

19 添加音量符号

按下快捷键Ctrl+Shift+Alt+N，新建“图层 14”，单击铅笔工具，设置前景色为“白色”，在线条左上方绘制音量符号。

20 将路径转换为选区

新建“图层 15”，使用钢笔工具在图像正下方绘制一个封闭路径，按下快捷键Ctrl+ Enter，将路径转换为选区。

21 填充渐变

单击渐变工具，设置渐变颜色从左到右依次为0%：R199、G199、B199，10%：R52、G50、B51，29%：R153、G154、B158，将其填充到选区中。

22 描边图像

双击“图层 15”，弹出“图层样式”对话框，选择“描边”选项，切换到相应的选项面板中。设置“大小”为8像素，“位置”为“外部”，设置混合模式为“正常”，设置“不透明度”为100%，“填充类型”为“颜色”，设置“颜色”为“白色”，设置完成后单击“确定”按钮，即可应用描边效果到当前图层上。

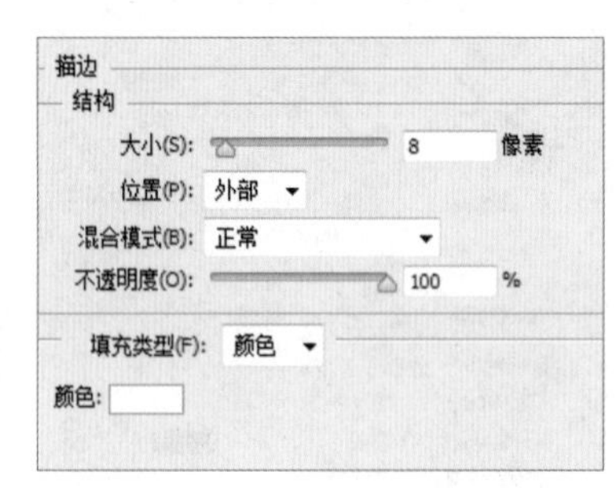

23 复制对象

单击移动工具，按住Alt键不放，通过在页面中拖拽，复制3个描边对象，并将其以纵向方式排列，生成“图层 15 副本”“图层 15 副本 2”和“图层 15 副本 3”图层。

24 调整对象大小

单击选中“图层 15 副本 3”图层，使其成为当前图层，按下快捷键Ctrl+T，显示出控制手柄，通过拖拽缩小对象长度，设置完成后按下Enter键确定变换操作。

25 创建灯泡选区

新建“图层 16”，单击钢笔工具，在页面上通过单击和拖拽，绘制一个灯泡的封闭路径，按下快捷键Ctrl+Enter将其转换为选区。

26 添加灯泡渐变效果

单击渐变工具，从左到右依次为50%：R125、G126、B128，76%：R254、G254、B254，100%：R85、G83、B84，应用该渐变。

27 绘制高光部分

单击椭圆选框工具，通过单击和拖拽在灯泡上创建椭圆选区。单击渐变工具，设置渐变从左到右依次为0%：R255、G255、B255，46%：R226、G253、B186，100%：R168、G249、B48，将渐变填充应用到选区后，按下快捷键Ctrl+D，取消选区。

28 添加描边图层样式

单击横排文字工具，在灯泡左上角位置单击并输入文字PLAYLIST，设置字体为Arial，字号为8.24点，文字颜色为“白色”。选中文字图层添加“描边”图层样式，设置“大小”为4像素，“位置”为“外部”，设置“颜色”为R130、G130、B130，并将其应用到当前文字图层中。

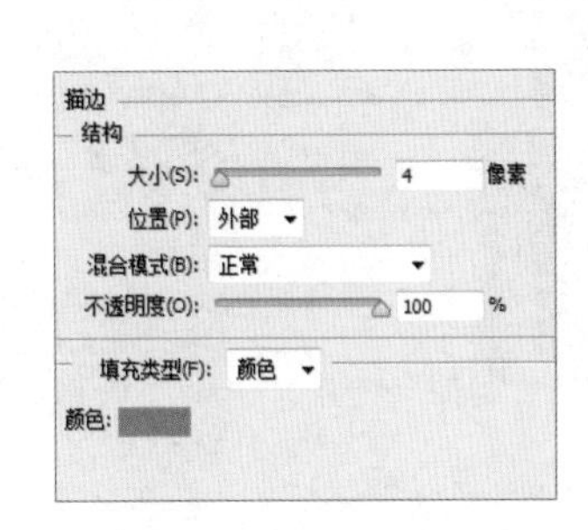

29 添加多种图层样式

在图像正中创建圆角选区，新建“图层 18”。单击渐变工具，设置渐变从左到右依次为0%：R255、G255、B255，49%：R226、G253、B186，100%：R255、G255、B255，并将其填充到选区中。双击该图层，弹出“图层样式”对话框，添加“斜面和浮雕”与“描边”图层样式，完成设置后单击“确定”按钮，应用设置到当前图层中。

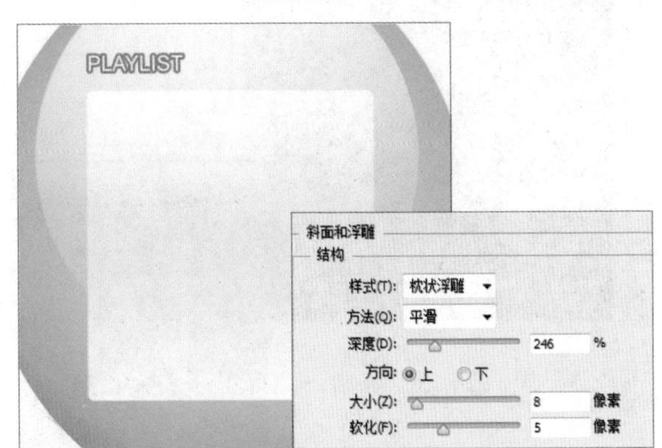

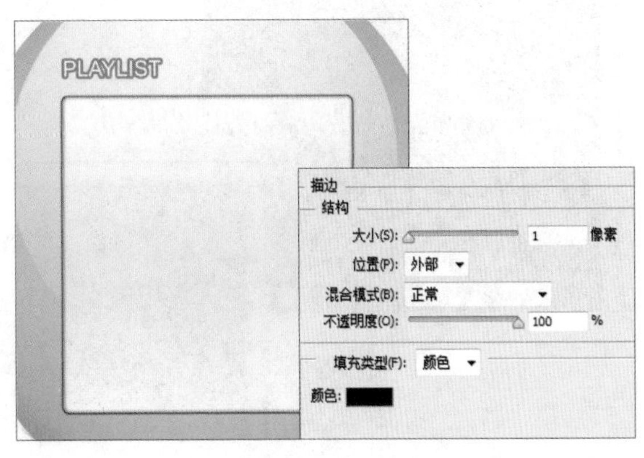

30 再次创建选区

按照同上面相似的方法，新建“图层 19”，在页面正中位置创建圆角矩形选区，设置填充颜色为R77、G112、B13。

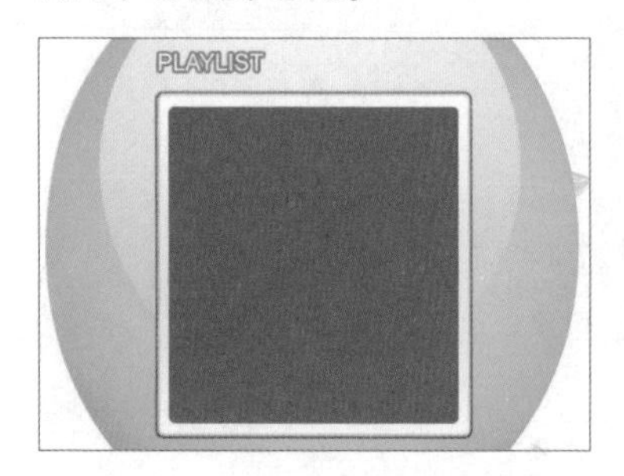

31 添加斜面和浮雕图层样式

双击“图层 19”，弹出“图层样式”对话框，在“斜面和浮雕”选项面板中设置“样式”为“枕状浮雕”，设置“方法”为“平滑”，设置“深度”为480%，“方向”为“上”，设置“大小”为18像素，“软化”为5像素，单击“确定”按钮应用该图层样式设置。

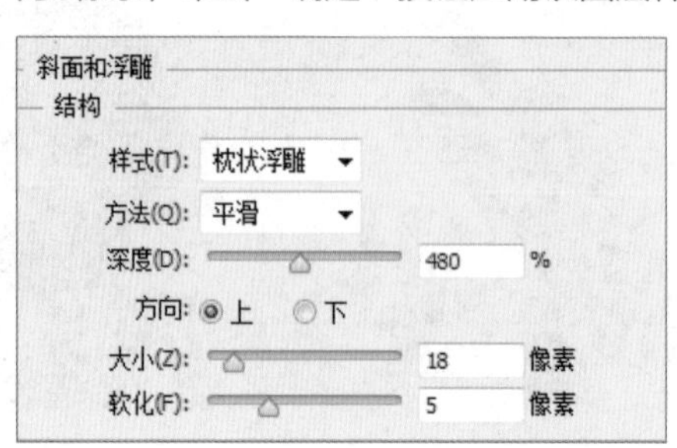

32 添加渐变效果

新建“图层 20”，单击矩形选框工具，在圆角矩形左侧位置通过拖拽创建矩形选区。单击渐变工具，设置渐变从左到右依次为0%：R77、G192、B123，51%：R77、G112、B13，100%：R77、G192、B123，从左向右拖拽鼠标，应用渐变效果。在该图层中添加“外发光”图层样式并设置适当参数，设置完成后单击“确定”按钮，在当前图层中应用该图层样式。

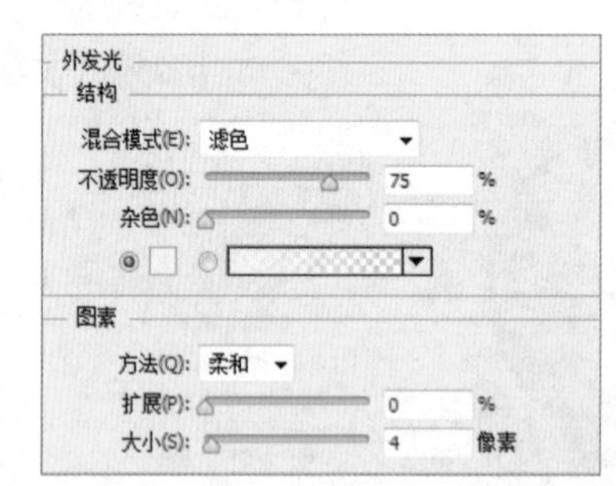

33 输入文字

单击横排文字工具，在左上角位置单击鼠标，并输入文字“[默认]”，设置字体为“宋体”，字号为6.87点，文字颜色为R17、G195、B203。

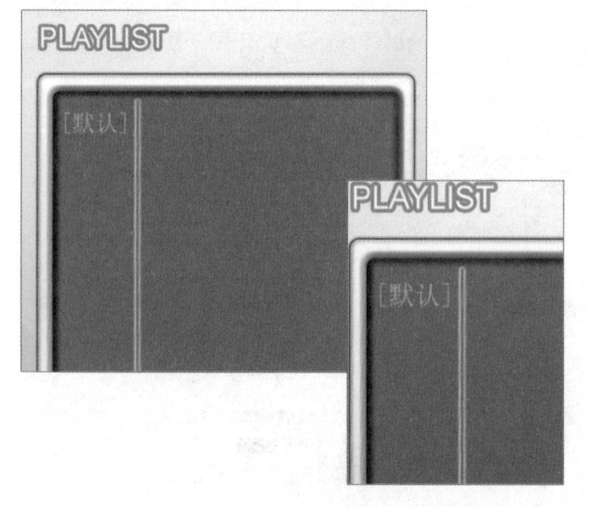

34 添加三角形

新建“图层 21”，单击钢笔工具，在圆角矩形中部绘制一个三角形，并将其转换为选区，设置填充色为R17、G195、B203。

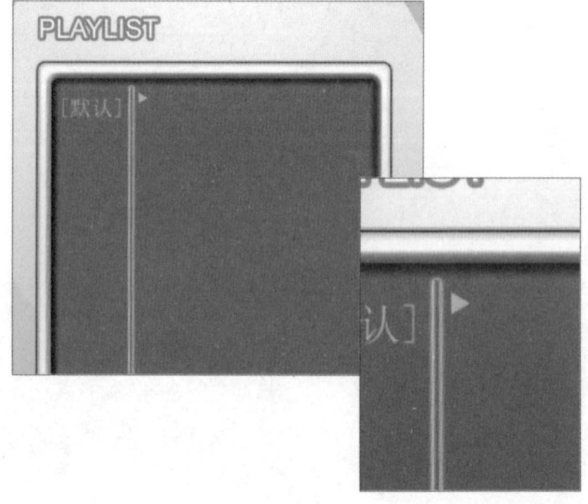

35 添加歌曲列表文字

单击横排文字工具[T]，在圆角矩形右侧位置单击后，输入歌曲列表文字。设置字体为Arial，字号为5.81点，行间距为6点，文字颜色为R17、G195、B203。

36 添加关闭按钮

单击钢笔工具，在播放器右上角位置通过单击和拖拽，添加关闭按钮轮廓。新建“图层 22”，设置前景色为“黑色”。单击铅笔工具，执行“窗口→路径”命令，打开“路径”面板。在该面板中将路径全部选中后，单击“用画笔描边路径”按钮，即可用画笔将当前路径描边，形成关闭按钮造型。

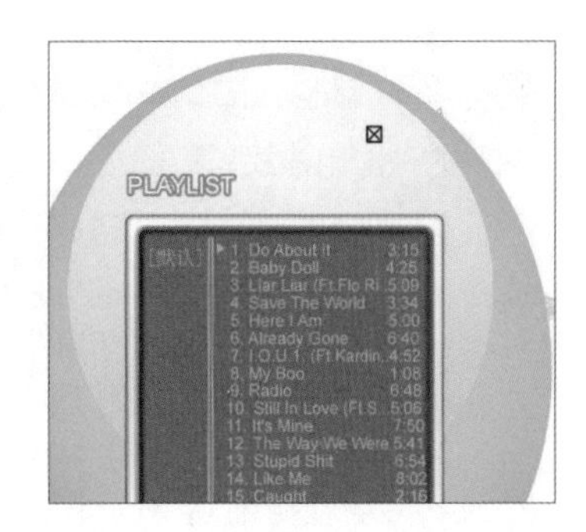

37 添加其他符号

新建“图层 23”，单击矩形选框工具，在关闭按钮右侧创建矩形选区，将其描边成“黑色”。按照同样的方法，在其右上方位置再次创建矩形选区，为选区描边，设置颜色为R150、G150、B150。按下快捷键Ctrl+D，取消选区。单击橡皮擦工具，将多余部分擦除。新建“图层 24”，设置前景色为“黑色”，在右上角位置使用铅笔工具绘制一条直线。

38 复制对象

单击选中“图层 1”，按下快捷键Ctrl+J，复制该图层，生成“图层 1 副本 5”图层，将其拖拽到图层最上层位置，然后按下快捷键Ctrl+T，显示出控制手柄，通过拖拽调整图层对象的位置和大小，使其将灯泡部分掩盖住，形成具有层次感的效果。至此，本实例制作完成。

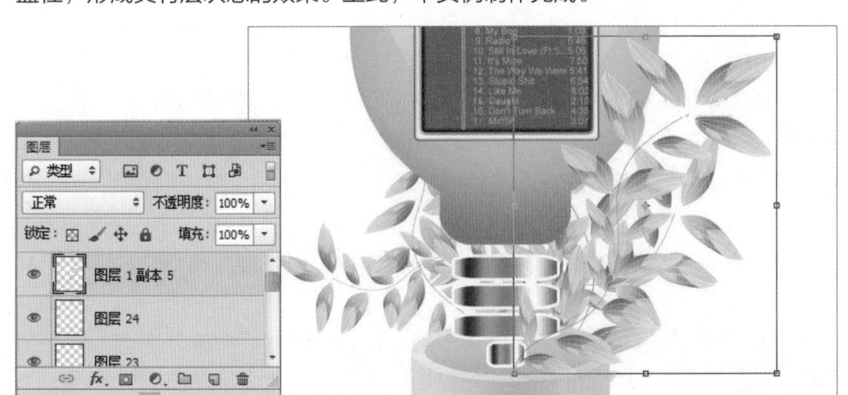

8.5 认识“样式”面板

在Photoshop中，可以在“样式”面板中通过单击样式图标来设置当前图层对象中的各种图层样式效果。在本小节中，将对“样式”面板的相关知识和操作方法进行介绍。

知识链接

多种方法应用样式

在应用样式时，除了可以在“样式”面板中通过单击选择相应样式外，还可以在“图层样式”面板中或在属性栏中应用样式。

双击需要应用样式的图层，在弹出的“图层样式”对话框中单击其左侧列表的“样式”选项，即可切换到样式选项面板，通过单击可设置相应的样式。

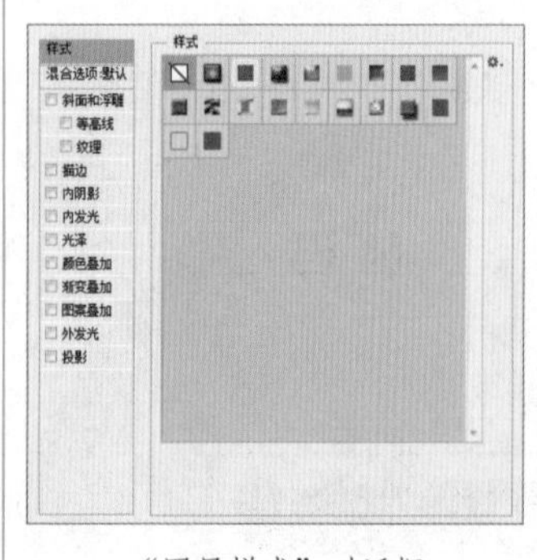
“图层样式”对话框

知识点 “样式”面板

执行“窗口→样式”命令，打开“样式”面板，显示出当前可应用的所有图层样式，单击即可将样式应用到当前图层中。

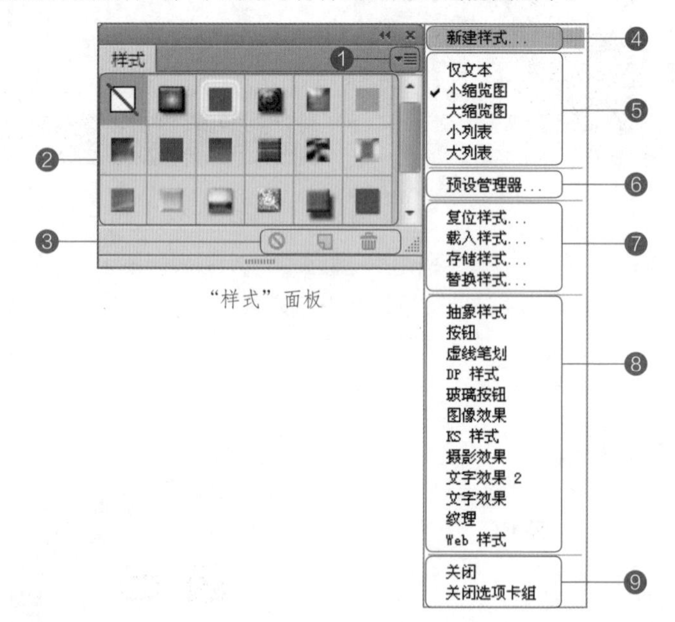

“样式”面板

❶ 扩展按钮：单击该扩展按钮，打开扩展菜单，通过选择不同的菜单选项，可对该面板进行新建、关闭、显示等方面的操作。

❷ 样式列表：在该区域，显示出所有当前可用的样式，通过单击，即可将其应用到当前图层对象中。

❸ 编辑样式按钮组：该区域中包括“清除样式”按钮、“创建新样式”按钮和“删除样式”按钮，可对当前对象或样式执行清除、新建和删除操作。

❹“新建样式”选项：选择该选项，弹出“新建样式”对话框，可将当前应用到图层对象中的样式创建为新样式。

❺“样式显示方式”选项组：选择不同的选项，可设置样式列表中的预览方式。

❻“预设管理器”选项：选择该选项，将会弹出“预设管理器”对话框，在该对话框中可对画笔、色板、渐变、样式和图案等样式进行设置，并可载入新的样式到列表中。

❼“样式编辑”选项组：该选项组中包括4个选项，分别是“复位样式”“载入样式”“存储样式”和“替换样式”。通过选择不同的选项，可执行相应的操作。

❽“样式显示列表”选项组：该选项组中包括以样式效果来划分的各种选项，通过选择不同的选项，可在样式列表中显示相应样式图标。

❾“关闭”选项组：该选项组中包括“关闭”选项和“关闭选项卡组”选项。选择“关闭”选项，只关闭“样式”面板；选择“关闭选项卡组”选项，可将组合面板全部关闭。

如何做 缩放图层样式

在使用Photoshop中的图层样式时，有时候需要对已指定目标分辨率和指定大小的样式进行微调，通过执行缩放图层样式操作，可缩放图层样式中的效果，而不会缩放应用了图层样式的对象。下面来介绍缩放图层样式的具体操作方法。

01 设置人物外发光效果

按下快捷键Ctrl+O，打开附书光盘\实例文件\第8章\Media\13.jpg文件。单击魔棒工具创建画面背景的选区，按下快捷键Shift+Ctrl+I反选选区，复制选区内人物图像为“图层 1”，双击该图层的缩览图，在弹出的“图层样式”对话框中设置“外发光”的参数，为人物添加黄色的发光效果。

02 创建文字选区

选择“背景”图层，单击魔棒工具创建文字选区，然后按下快捷键Ctrl+J复制选区内文字为“图层 2”。

03 添加渐变效果

执行“图层→图层样式→渐变叠加”命令，弹出“渐变叠加”对话框，设置适当的参数，为文字添加颜色渐变效果，设置完成后单击“确定”按钮，即可应用设置的参数到当前图层对象中。至此，本实例制作完成。

8.6 了解调整图层和填充图层

前面介绍了利用菜单命令调整图像颜色、饱和度等，在“图层”面板和“调整”面板中通过设置可创建出调整图层和填充图层，对图层进行设置可得到同执行菜单命令相同的图像效果。

知识链接

关于包含调整图层文件的大小

同执行菜单命令的文件相比，调整图层会增大图像的文件大小。尽管所增加的大小不会比其他图层多，但是如果要处理多个图层，用户可以通过将调整图层合并为像素内容图层来缩小文件大小。调整图层具有许多与普通图层相同的特性，用户可以调整其不透明度和混合模式，也可以将它们编组以便将调整应用于特定图层，还可以启用或禁用它们的可见性，以便应用效果或预览效果。

添加调整图层的“图层”面板

将调整后效果盖印到普通图层中

知识点 调整图层和填充图层的特点

调整图层和填充图层与执行菜单命令相比最主要的特点就是前者的操作是非破坏性编辑，而后者是破坏性编辑。当使用调整图层和填充图层时，在“图层”面板中将自动生成相应的调整图层和填充图层。在需要对其进行更改编辑时，双击相应图层，即可在“调整”面板中对其进行编辑，不需要该图层时，还可以将其直接删除，这样更便于后期的编辑操作。

原图

未添加调整图层

调整“色彩平衡”后的效果

添加调整图层

原图

未添加填充图层

删除调整图层减小文件大小

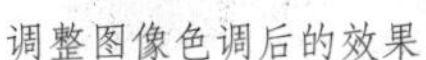
调整图像色调后的效果

添加照片滤镜

如何做 创建调整图层并进行编辑

在了解了调整图层和填充图层的相关知识后，如何使用调整图层和填充图层进行操作是用户需要了解并掌握的知识。在这部分内容中，将对如何创建并编辑图层以及相关操作进行介绍。

01 设置渐变填充

按下快捷键Ctrl+O，打开附书光盘\实例文件\第8章\Media\14.jpg文件，在“图层”面板中单击“创建新的填充或调整图层”按钮，在打开的下拉菜单中选择“渐变填充”选项，在弹出的对话框中设置“渐变”为“蜡笔”模式中的“绿色、黄色、橙色”。更改调整图层的混合模式为“叠加”，使用黑色柔角画笔在图层蒙版的人物上涂抹，使颜色效果只作用于背景。

02 创建填充图层

单击“图层”面板中的“创建新的填充或调整图层”按钮，选择“纯色”选项，选择填充色为R255、G239、B199，生成“颜色填充 1”填充图层。设置图层混合模式为“线性加深”，使用黑色柔角画笔在蒙版中除人物皮肤外的区域涂抹，将皮肤外的颜色隐藏。

03 填充围巾颜色

创建“颜色填充 2”填充图层，设置填充色为R0、G176、B250，更改图层混合模式为“柔光”，使用黑色柔角画笔在除围巾外的其他区域涂抹，隐藏多余颜色效果，只保留围巾的颜色。

04 继续创建调整图层

继续创建填充图层，设置填充色为R60、G160、B156，混合模式为“柔光”，保留衣服颜色。

05 填充皮包、腰带等颜色

创建“颜色填充 4”填充图层，设置填充色为R173、G122、B43，并设置其图层混合模式为“叠加”。使用黑色柔角画笔在蒙版中涂抹除腰带与皮包外的区域，隐藏多余颜色效果。

06 填充嘴唇颜色

创建“颜色填充 5”填充图层，填充色为R251、G15、B15，设置该填充图层的图层混合模式为“柔光”。选中图层蒙版，对其填充黑色，使用白色柔角画笔在蒙版中人物嘴唇位置涂抹，使颜色效果只作用于人物的嘴唇。添加颜色效果后，整体画面会更加具有感染力。至此，本实例制作完成。

高手训练营 制作梦幻雪景图

在前面的内容中，对调整图层和填充图层进行了介绍，使用调整图层和填充图层可以非破坏性编辑图像，将图像调整为需要的效果，并可对其参数随时进行编辑。在这里将介绍使用调整图层与画笔工具制作雪景画面效果的操作方法。

01 打开图像文件并调整图像

按下快捷键Ctrl+O，打开附书光盘\实例文件\第8章\Media\15.jpg文件，单击“创建新的填充或调整图层”按钮，在弹出的菜单中选择“色彩平衡”选项，设置各项参数值并结合画笔工具涂抹天空以外的背景，以调整天空色调。

02 调整图像色调

继续单击“创建新的填充或调整图层”按钮，在弹出的菜单中选择“色彩平衡”选项，设置各项参数值。继续创建“色彩平衡”调整图层，并结合画笔工具涂抹天空以外的背景，以调整天空色调。

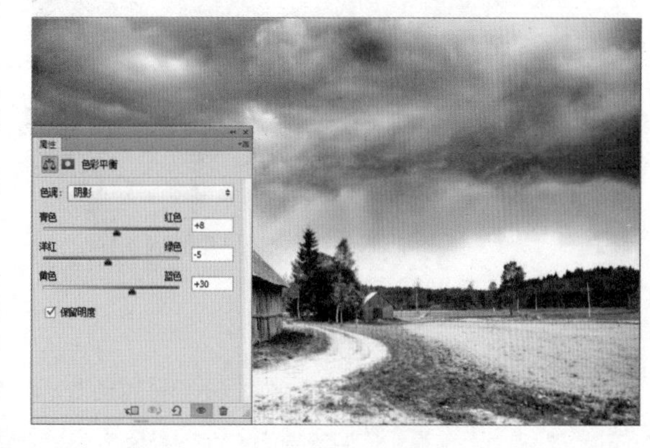

03 调整图像亮度

继续单击“创建新的填充或调整图层”按钮，在弹出的菜单中选择“色阶”选项，设置各项参数值，以调整图像亮度。

04 添加雪景效果

选择“背景”图层，执行“选择→色彩范围”命令，在弹出的对话框中设置相应的参数值，在图像上单击草地，完成后单击确定按钮。然后新建“图层 1”并填充选区为白色。打开附书光盘\实例文件\第8章\Media\16.jpg文件，将文件复制到当前文件中，得到“图层 2”，按下Ctrl+T 快捷键调整其大小和位置。

05 隐藏素材背景

单击磁性套索工具，沿着图像轮廓创建选区，单击“添加图层蒙版”按钮，以隐藏选区以外的背景图像。

06 调整图像色调

单击“创建新的填充或调整图层”按钮，在弹出的菜单中选择“色彩平衡”选项，设置各项参数值，以调整图像色调，并剪贴蒙版。

07 模糊图像

按下快捷键Ctrl+Shift+Alt+E盖印可见图层，生成“图层 3”，并执行“滤镜→模糊→高斯模糊”命令，在弹出的对话框中设置参数值后单击“确定”按钮。然后结合图层蒙版使用柔角画笔工具恢复主体图像。

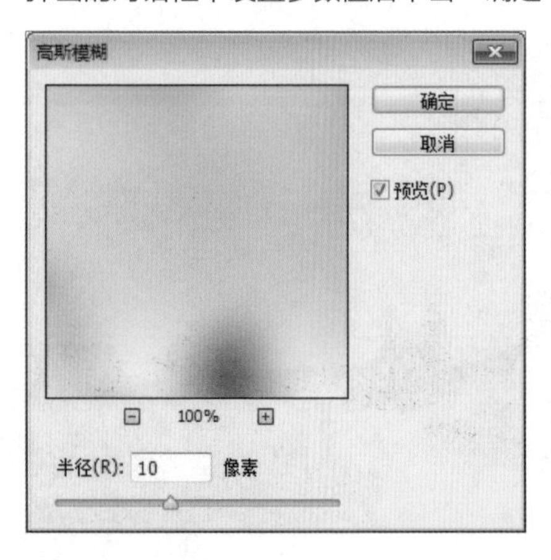

08 调整图像色调

单击“创建新的填充或调整图层”按钮，在弹出的菜单中选择“色阶”选项，设置各项参数值，以调整图像色调，并使用柔角画笔工具在蒙版上涂抹，以恢复图像细节。

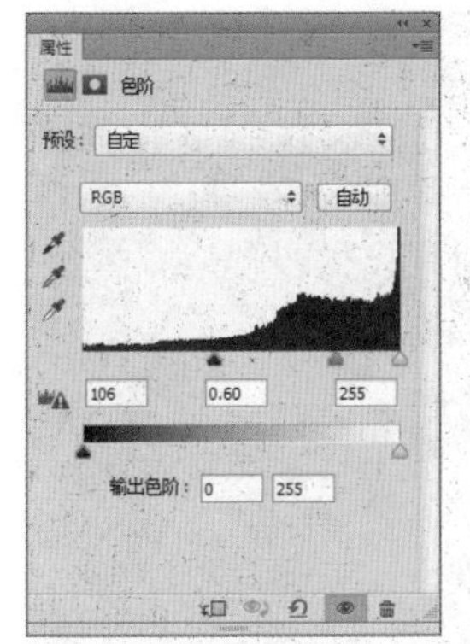

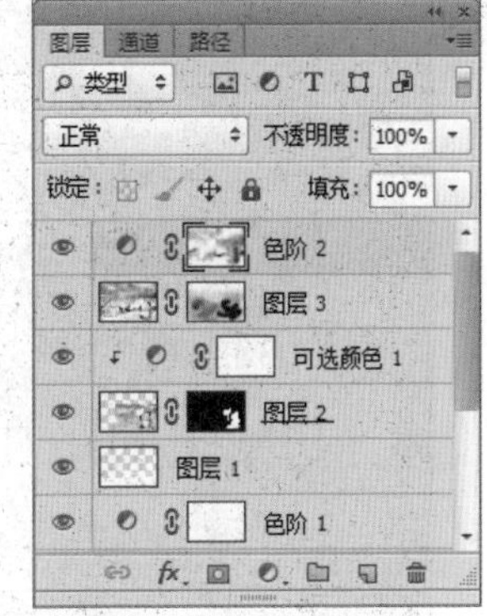

09 调整天空图像

单击“创建新的填充或调整图层”按钮，在弹出的菜单中选择“色彩平衡”选项，设置各项参数值，并结合画笔工具涂抹天空以外的背景，以调整天空色调。

10 制作雪花效果1

新建“图层 4”，填充为黑色，执行“滤镜→像素化→点状化”命令，在对话框中设置参数值。

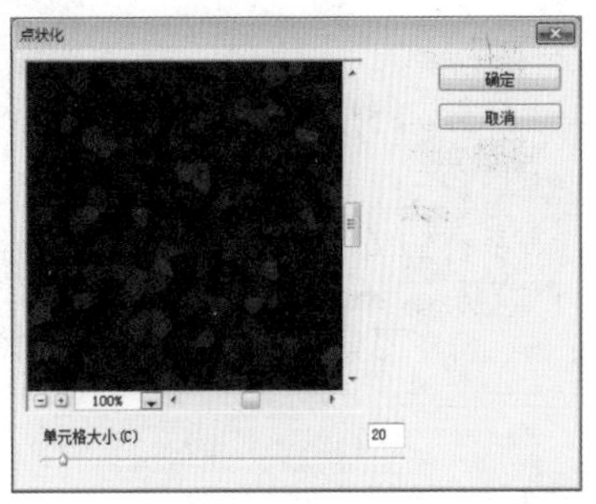

11 调整图像对比度

设置完成后单击“确定”按钮，单击“创建新的填充或调整图层”按钮，在弹出的菜单中选择“阈值”选项，设置参数值后盖印可见图层，生成“图层 5”。

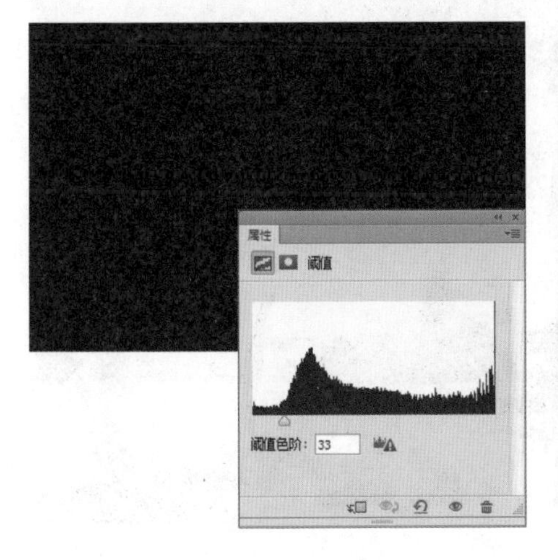

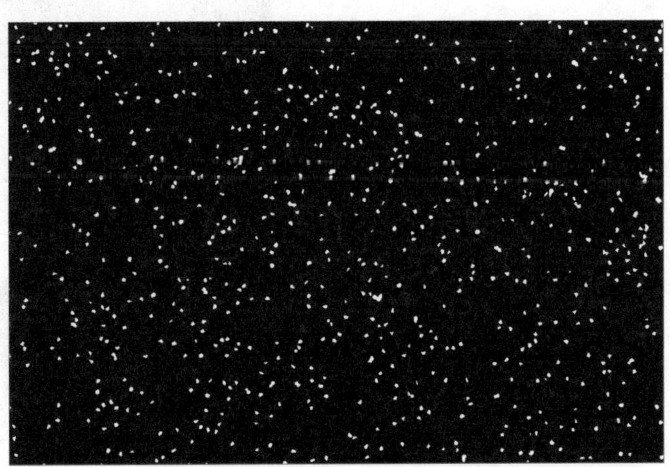

⑫设置动感模糊

按下快捷键Ctrl+Shift+Alt+E盖印可见图层，生成“图层 5”，完成后执行“滤镜→模糊→动感模糊”命令，在弹出的对话框中设置参数值，设置完成后单击“确定”按钮。

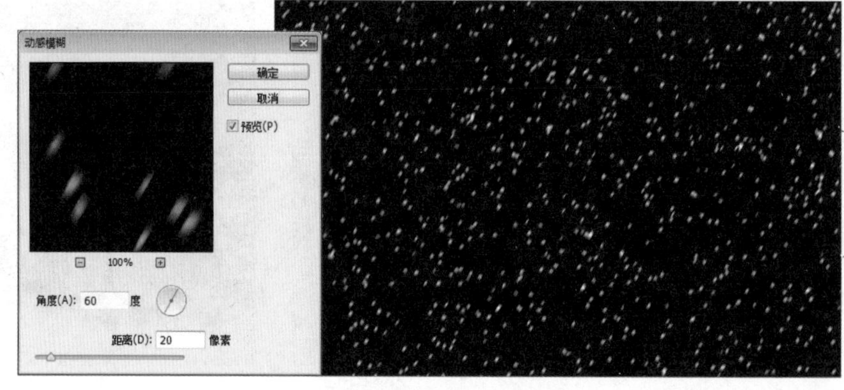

⑬制作雪花效果2

完成后隐藏“图层 4”和“阈值 1”调整图层，并设置“图层 5”混合模式为“滤色”，以保留白色图像并隐藏黑色图像。按下快捷键Ctrl+Shift+Alt+E盖印可见图层，生成“图层 6”。

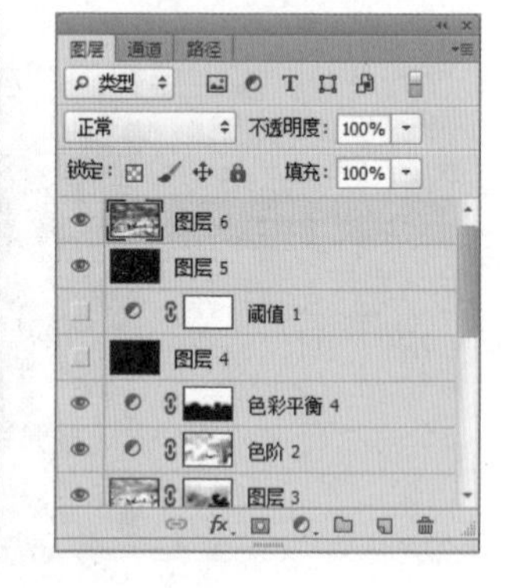

⑭执行高斯模糊命令

执行“滤镜→模糊→高斯模糊”命令，在弹出的对话框中设置参数后单击“确定”按钮，为图像添加模糊效果，并设置该图层混合模式为“柔光”、不透明度为60%，输入红色文字。至此，本实例制作完成。

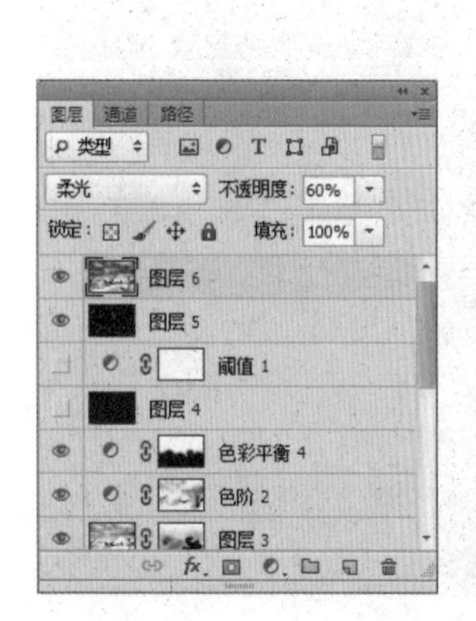

8.7 掌握智能对象和智能滤镜

智能对象是包含栅格或矢量图像数据的图层，而应用于智能对象的任何滤镜都是智能滤镜，除了“抽出”“液化”“图案生成器”和“消失点”滤镜外，其他滤镜均可应用到智能对象中。

知识链接

对智能对象应用除滤镜以外的其他操作

在对智能对象进行编辑操作时，除了“阴影/高光”和“变化”命令外，“调整”命令中的各选项均不可用。因此可以将这两种调整命令作为智能滤镜来使用。

原图

添加“阴影/高光”智能滤镜

添加“变化”智能滤镜

智能对象和智能滤镜

使用智能对象将保留图像的源内容及其所有原始特性，从而让用户能够对图层执行非破坏性编辑。当滤镜应用到智能对象上以后就成为了智能化滤镜，这些滤镜将出现在“图层”面板中应用这些智能滤镜的智能对象图层的下方。同智能对象相似，由于这些智能滤镜可以调整、移去和隐藏，因此它们也是非破坏性的。

原图　　添加智能对象的“图层”面板

添加智能滤镜后　　添加智能滤镜的“图层”面板

通过拖拽调整智能滤镜位置

如何做 创建并编辑智能对象的操作

了解了智能对象的相关知识后，在这里将主要介绍关于智能对象的相关操作，通过学习来掌握创建、复制和编辑智能对象的具体操作方法。

01 转换为智能对象

按下快捷键Ctrl+O，打开附书光盘\实例文件\第8章\Media\17.jpg文件。执行“图层→智能对象→转换为智能对象”命令，即可将当前图层转换为智能对象。

02 执行“变化”命令

执行“图像→调整→变化”命令，弹出“变化”对话框，可对图像颜色进行设置并应用。

03 导出并替换内容

执行“图层→智能对象→导出内容”命令，弹出“存储”对话框，选择一个路径用于存储智能对象文件，设置完成后单击“保存”按钮，即可保存该文件。执行“图层→智能对象→替换内容”命令，弹出“置入”对话框，选择置入附书光盘\实例文件\第8章\Media\18.jpg文件，设置完成后单击“置入”按钮，即可将该图片与原智能对象替换，被置入的图像也将继续应用设置的变化调整效果。

04 将智能对象转换为普通图层

单击选中“图层 0”智能对象图层，然后执行“图层→栅格化→智能对象”命令，即可将当前智能对象图层转换为普通图层，而应用到其中的智能滤镜也将合并到普通图层中。至此，本实例制作完成。

如何做 结合智能滤镜与图层蒙版调整图像

在对智能对象进行调整时，使用智能滤镜结合图层蒙版能够得到需要的图像效果，下面来介绍应用智能滤镜的操作方法。

01 打开图像文件

打开附书光盘\实例文件\第8章\Media\19.psd文件，按下F7键，打开“图层”面板。

02 复制图层

按下快捷键Ctrl+J，复制当前“图层 0”智能对象图层到新图层中，生成“图层 0 副本”。

03 应用“纹理化”滤镜

执行“滤镜→纹理→纹理化”命令，设置相应的参数，单击“确定”按钮应用到图像中。

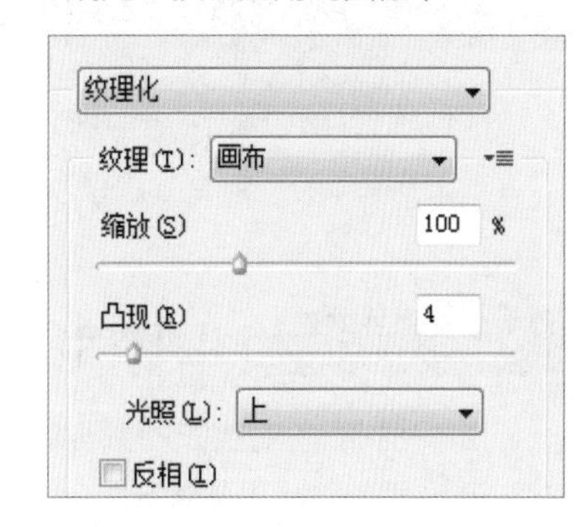

04 生成效果

完成后画面自动生成纹理化的效果，并在“图层”面板上生成智能滤镜列表。

05 应用“木刻”滤镜

执行“滤镜→艺术效果→木刻”命令，设置“色阶数”为6，“边缘简化度”为1，“边缘逼真度”为2，单击“确定”按钮，在“图层”面板中将自动生成智能滤镜列表。

06 添加矢量蒙版

在“图层”面板中选择“图层 0 副本”，单击下方的“添加矢量蒙版”按钮，在该图层上添加蒙版。使用黑色柔角画笔在蒙版中的人物面部涂抹，使面部轮廓清晰。至此，本实例制作完成。

Chapter 09 图像调整与修正的进阶应用

本章主要是对图像调整和修复的方法进行更深层次的讲解，涉及到“调整”面板、镜头校正、锐化、液化、消失点等专业的修图技法，下面对其进行一一介绍。

9.1 解析HDR拾色器

拾色器是Photoshop中最为常用的定义颜色的功能，通过单击色域并调整颜色滑块来定义颜色。除了常规的Adobe拾色器外，使用HDR拾色器可以准确查看和选择要在32位HDR图像中使用的颜色。

知识点 HDR拾色器

当32位/通道图像处于打开状态时，单击“前景色”或“背景色”色块，即可打开“拾色器”对话框，该对话框就是“HDR拾色器”。在HDR拾色器中，通过单击色域并拖动颜色滑块选择颜色，也可以直接输入HSB或RGB数值来选择颜色。

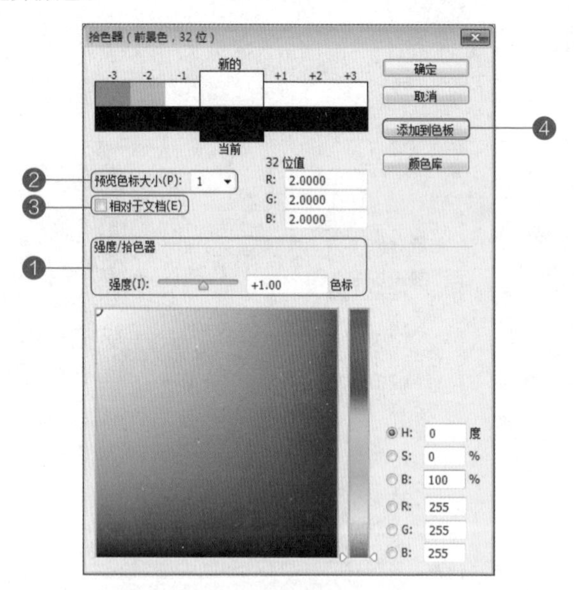

HDR拾色器

❶ 强度：通过拖动滑块或者在文本框中直接输入数值增加或降低颜色的亮度，使处理的HDR图像中的颜色强度匹配。强度色标与曝光度设置色标反向对应。如果将HDR图像的曝光度设置增大两个色标，则将强度减小两个色标可以保持相同的颜色外观。

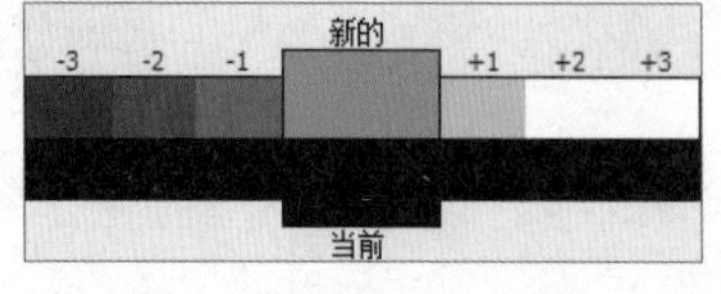

强度为-2

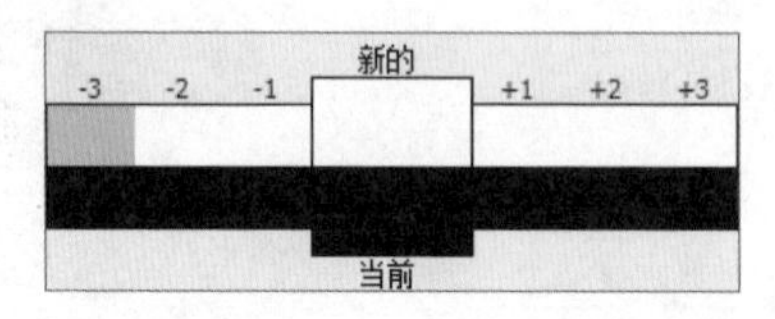

强度为+2

❷“预览色标大小”下拉列表框：设置每个预览色板的色标增量，以不同的曝光度设置预览选定颜色的外观。如设置为3得到-9、-6、-3、+3、+6和+9这6个色标。

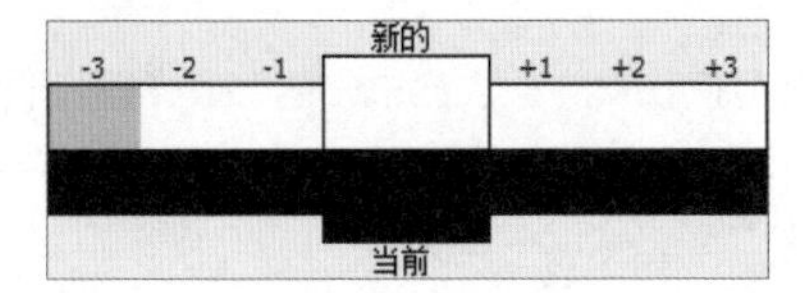

预览色标大小为1

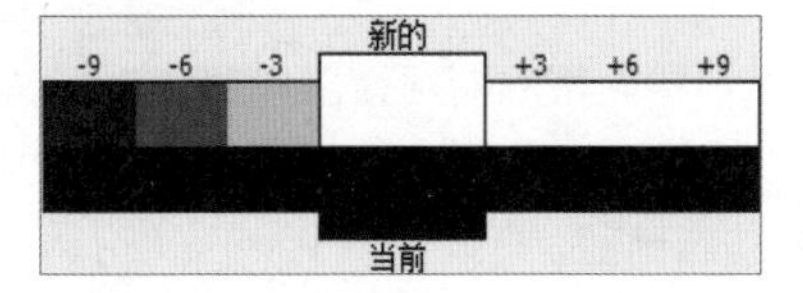

预览色标大小为3

❸“相对于文档”复选框：勾选此复选框可以调整预览色板以反映图像的当前曝光度设置。例如，如果将文档曝光度设置得较高，新的预览色板将比在拾色器色域中选定的颜色亮一些，以显示较高曝光度对选定颜色产生的效果；如果将当前曝光度设置为0（默认值），则勾选或取消勾选此复选框都将不会改变新色板。

❹“添加到色板”按钮：单击此按钮，将选定的颜色添加到色板。

如何做 将图像转换为32位/通道的操作

Photoshop提供了预览调整功能，使显示器显示的HDR图像的高光和阴影不会太暗或出现褪色现象。预览设置存储在HDR图像文件中，在Photoshop中打开该文件时应用这些设置。预览调整不会编辑HDR图像文件，所有HDR图像信息都保持不变。

01 将图像转换为32位/通道

按下快捷键Ctrl+O，打开附书光盘\实例文件\第9章\Media\01.jpg文件。执行“图像→模式→32位/通道”命令，将8位/通道的图像转换为32位/通道。

02 调整图像

执行“视图→32位预览选项”命令，弹出“32位预览选项”对话框，在“方法”下拉列表中选择“曝光度和灰度系数”选项，设置完成后单击“确定”按钮，调亮整个预览画面的亮度。

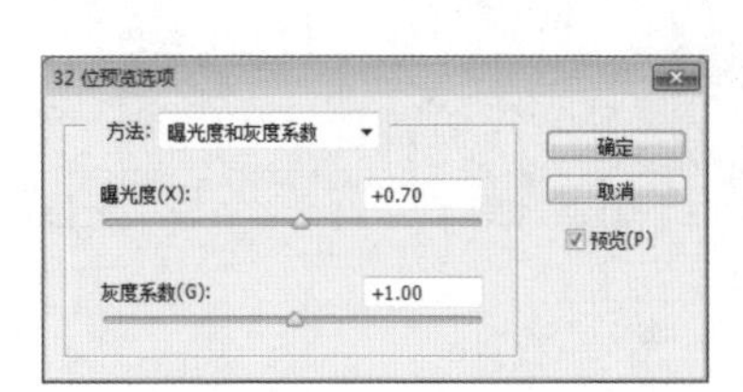

03 调整预览效果

单击文档窗口下方状态栏中的按钮▶，在弹出的菜单中选择“32位曝光”命令。向左拖动预览滑块，降低HDR图像的白场，预览图像效果。双击滑块返回到默认的曝光度设置。继续向右拖动预览滑块，增强HDR图像的白场，同样预览图像的效果。

如何做 将图像合并到HDR的操作

在Photoshop中，可以使用“合并到HDR”命令将拍摄同一人物或场景的曝光度不同的多幅图像合并在一起，在一幅HDR图像中捕捉场景的动态范围。合并后的图像通常存储为32位/通道的HDR图像，以保留图像的高动态范围。

01 载入要合并的文件

执行“文件→自动→合并到HDR Pro”命令，弹出“合并到HDR Pro”对话框，单击“浏览”按钮，打开附书光盘\实例文件\第9章\Media\02-1.jpg、02-2.jpg、02-3.jpg和02-4.jpg文件。

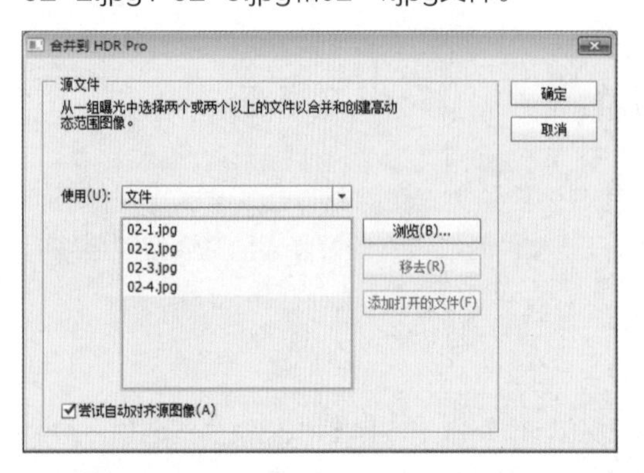

02 打开“手动设置曝光值”对话框

打开的文件将显示在“合并到HDR”对话框的预览框中，完成合并设置后，单击“确定”按钮，切换到“手动设置曝光值”对话框。

03 手动设置曝光值

选中EV单选按钮，然后为第1张图像设置EV值，完成后切换源图像的缩览图，为不同曝光量的图像分别设置EV值，越亮的图像曝光量越大，完成后单击“确定”按钮。

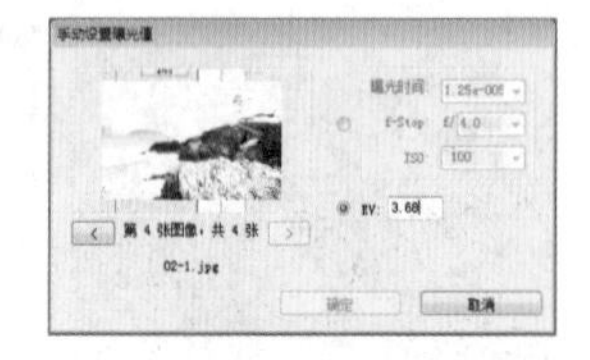

04 设置合并HDR的参数

弹出“合并到HDR Pro”对话框，在左侧的“源”列表框中显示了不同曝光度图像，通过选取源图像以获得最佳的HDR图像效果。完成各项设置后，单击“确定”按钮，创建HDR图像。

9.2 了解内容识别比例

Photoshop CS6中的“内容识别比例”命令，可以在缩放图片时感知图片中的重要部位，并保持这些部位不变而只缩放其余的部分。在本小节中，将对内容识别比例的相关知识进行介绍。

“内容识别比例”命令的工作原理是Photoshop先对图片进行分析，找出其中重要的部分。一般来说，图片的前景部分包括人物等重要内容会被保护，而背景内容被单独缩放。使用“内容识别比例”命令可以制作出完美的图像而无需高强度的裁剪与润饰。

使用自由变换

使用内容识别比例

执行“编辑→内容识别比例”命令，将会弹出内容识别比例编辑框。在其属性栏中通过设置参数，控制图片中需要保护的部分，被保护的部分会被保留，而未被保护的部分会参与缩放。

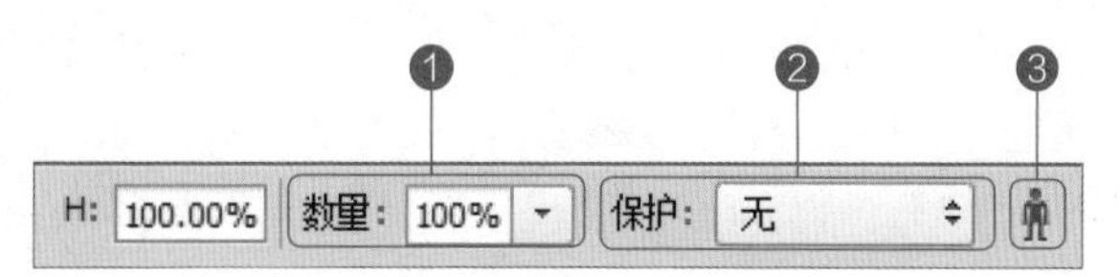

“内容识别比例”属性栏

❶“数量”文本框：为内容识别比例设置保护范围以减少失真。数值越大，失真程度越小，反之亦然。

数量为50%

数量为100%

❷“保护”文本框：指定创建的Alpha通道，说明Alpha通道区域被保护。

❸ ：单击该按钮保护皮肤颜色，即保护前景的图像。

知识链接

“保护肤色”按钮的功能

单击按钮即可启用保护肤色功能。启用时图像中的背景参与缩放；停用时图像中的前景也可能参与缩放，背景中的重要部分也会被保护而不参与缩放。

原图

启用功能

停用功能

如何做 使用内容识别比例调整图像

下面根据画面主要内容，结合通道的保护来对图像进行内容识别比例的变换，创建个性的图像效果。

01 打开图像

按下快捷键Ctrl+O，打开附书光盘\实例文件\第9章\Media\03.jpg文件并复制图层。

02 基于选区创建Alpha1通道

单击钢笔工具，沿人物的图像创建闭合路径，按快捷键Ctrl+Enter将其转换为选区，并羽化选区。打开“通道”面板，单击“将选区存储为通道”按钮，基于选区创建Alpha1通道。

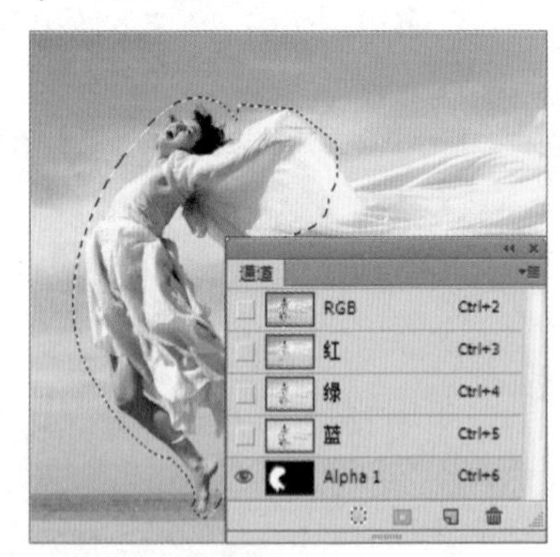

03 增宽画布

执行“图像→画布大小”命令，设置适当的参数增宽画布，完成后单击“确定”按钮。

04 选择Alpha 1通道

执行“编辑→内容识别比例”命令，在其属性栏的“保护”下拉列表中选择Alpha 1通道，然后按住编辑框的左侧节点向左拖动至画面边缘。

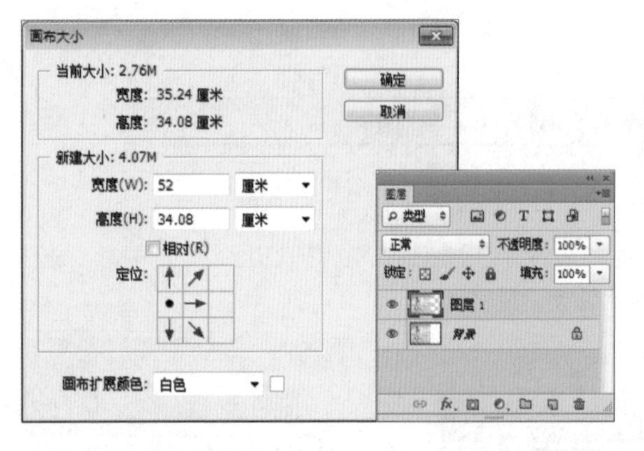

05 调整后的效果

拖至左侧画面边缘后，按下Enter键完成操作。查看处理后的图像，人物没有受到丝毫影响，画面整体效果自然、舒展。至此，本实例制作完成。

9.3 认识“调整”面板

Photoshop CS6的“调整”面板，将填充和调整命令集合在该面板中。在该面板中可对调整图层的颜色和色调进行设置。在本小节中将对“调整”面板的相关知识进行介绍。

知识链接

填充或调整图层影响的图层

默认情况下，在“调整”面板中显示的按钮表示新的调整影响到下面所有图层。单击该按钮变为，使调整图层创建到下方图层的剪贴蒙版中，仅影响下面一个图层。

创建调整图层

调整图层影响下面所有图层

基于选区创建调整图层

调整图层仅影响下面一个图层

知识点 “调整”面板

“调整”面板位于默认工作区右侧的组合面板中。也可以执行“窗口→调整”命令，打开“调整”面板。在该面板中单击调整图标即可打开对应的调整面板。下面以“色阶”调整面板为例介绍调整面板的参数设置。

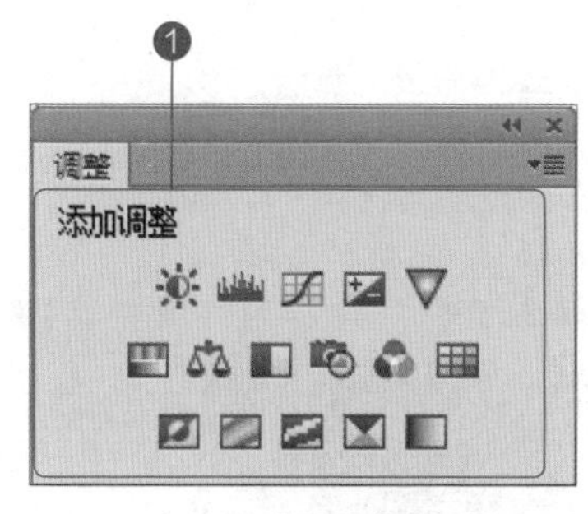

“调整”面板

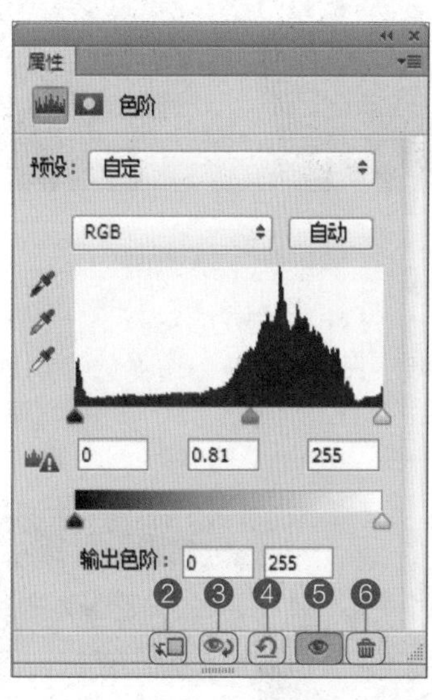

“色阶”调整面板

❶ 单击某个调整图标即可打开对应的调整命令面板。

❷ ：此调整影响下面的所有图层，单击该按钮，将此调整剪切到此图层。

未创建图层剪贴蒙版

创建剪贴蒙版

“图层”面板显示

❸ ：单击该按钮，显示创建调整图层之前的状态。

❹ ：单击该按钮，恢复为默认设置。

❺ ：切换图层可见性。单击该按钮，隐藏当前的调整图层，再次单击显示调整效果。

❻ ：单击该按钮，删除当前的调整图层。

如何做 通过调整面板设置图像

下面通过创建选区和调整图层，调整区域图像的效果，然后通过设置调整图层的混合模式，将普通照片调整为特殊色调效果。

01 打开图像

按下快捷键Ctrl+O，打开附书光盘\实例文件\第9章\Media\04.jpg文件。

02 创建选区

按下快捷键Ctrl+Shift+Alt+2创建图像高光部分选区，完成后设置前景色为R250、G244、B193，设置完成后单击“确定”按钮。

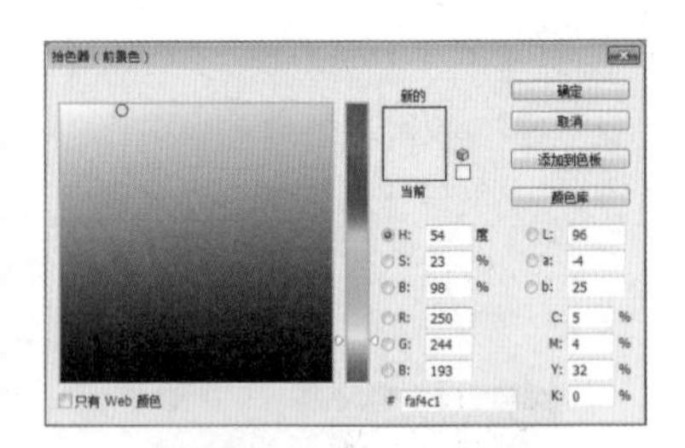

03 设置图层不透明度

新建“图层1”，按下快捷键Alt+Delete键，填充选区前景色，然后设置图层“不透明度”为39%，提高图像亮度。

04 添加纯色调整图层并设置图层

单击“创建新的填充或调整图层”按钮，在弹出的下拉菜单中选择“纯色”选项，在弹出的对话框中设置各项参数，完成后单击“确定”按钮。再设置图层混合模式为“滤色”“不透明度”为10%。

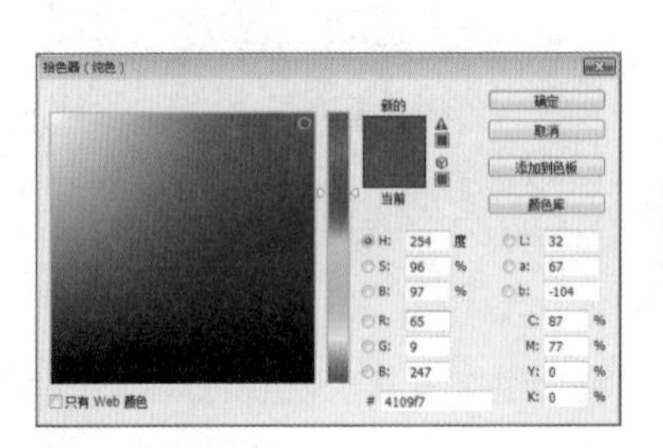

05 继续添加纯色调整图层并设置图层

继续单击“创建新的填充或调整图层”按钮，在弹出的下拉菜单中选择“纯色”选项，在弹出的对话框中设置各项参数，设置完成后单击“确定”按钮。设置图层混合模式为“强光”“不透明度”为5%。至此，本实例制作完成。

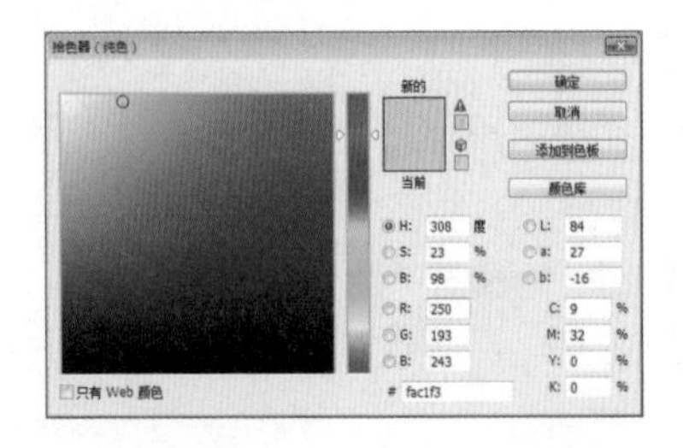

如何做 存储调整设置并再次应用

Photoshop提供了各种调整预设，通过载入预设可以快速对图像进行调整。另外，也可以将自定义调整设置进行存储，通过载入预设应用到其他图像的调整中。

01 打开图像

按下快捷键Ctrl+O，打开附书光盘\实例文件\第9章\Media\05.jpg文件。

02 创建调整图层

在“调整”面板中单击“创建新的色相/饱和度调整图层”按钮，切换到“色相/饱和度”调整面板，在该面板中勾选“着色”复选框，并设置各项参数。

03 存储预设

单击“调整”面板右上角的扩展按钮，在打开的扩展菜单中执行“存储色相/饱和度预设”命令，弹出“存储”对话框，将预设存储为“怀旧色调.ahu”，完成后单击“保存”按钮。

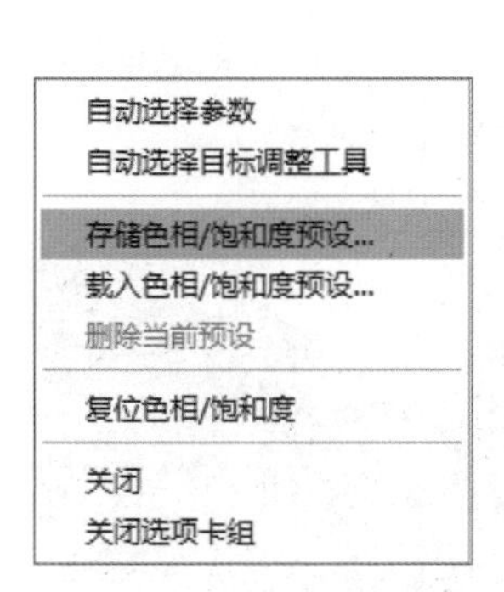

04 打开图像

按下快捷键Ctrl+O，打开附书光盘\实例文件\第9章\Media\06.jpg文件。

05 载入预设

使用同样的方法创建一个“色相/饱和度”调整图层，在“调整”面板的扩展菜单中执行“载入色相/饱和度预设”命令，载入刚才存储的预设，为当前图像应用预设调整。至此，本实例制作完成。

9.4 动手校正图像扭曲

在使用数码相机拍摄照片时，由于拍摄技巧等原因，可能会使照片产生透视、角度扭曲或色差与晕影等缺陷，在Photoshop中可以通过“镜头校正”滤镜修正这些缺陷。在本小节中，主要对如何使用该滤镜调整图像进行介绍。

知识点 镜头扭曲

执行“滤镜→扭曲→镜头校正”命令，即可对照片进行相关调节，改善照片中存在的与镜头相关的变形或扭曲，如桶状变形、枕状变形、水平透视扭曲、垂直透视扭曲、色差、晕影或角度倾斜等。

知识链接

校正图像中的杂色

拍照时由于曝光不足或者用较慢的快门速度在较暗的区域中拍摄，会使照片出现杂色，这些杂色不属于图像的一部分，而是显示为随机的无关像素。

执行“滤镜→杂色→减少杂色”命令，在弹出的“减少杂色”对话框中进行相应的设置，即可减少杂色，使图像更清晰，效果更自然。

原图

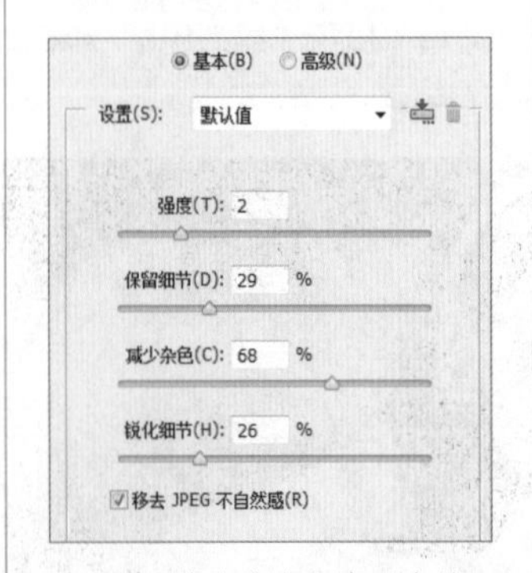

设置“减少杂色”各项参数

桶状变形是拍摄照片时常见的一种现象，尤其在广角照片中更容易出现这种情况，它会使照片中的直线向外弯曲到图像边缘，使照片中的图像有向外膨胀的感觉。

桶状变形的图像

修复后的图像

枕状变形的图像与桶状变形的图像效果刚好相反，它会使照片中的直线向内弯曲，使照片中的图像有向中间挤压的感觉。

枕状变形的图像

修复后的图像

在拍照时也很容易使照片产生透视的缺陷，使照片在水平或垂直方向上给人歪斜的感觉。

水平透视扭曲的图像

修复后的图像

调整后的效果

在“减少杂色”对话框中可以通过设置不同的参数对照片进行调整。

“强度”选项用于设置减少图像中杂点数量的多少。

“保留细节”选项用于保留边缘图像和细节，如人物头发、动物皮毛等。

保留细节为0%

保留细节为100%

“减少杂色”选项用于调整图像的颜色像素，设置的数值越大，减少的杂色越多。

“锐化细节”选项可以对图像进行锐化，因为对图像进行减少杂色的操作时会使图像丢失部分细节，降低图像的锐化程度。

勾选“移去JPEG不自然感”复选框，可以去除使用低JPEG品质设置存储图像时而导致的斑驳杂点。

垂直透视扭曲的图像

修复后的图像

色差现象是由于镜头对不同平面中不同颜色的光进行对焦而产生的，它会使照片中对象的边缘产生一圈色边。

出现青边色差的图像

修复后的图像

晕影现象是指图像边缘，尤其是四个角落会比图像的中心暗。

出现晕影现象的图像

修复后的图像

在拍摄照片时由于相机没有放平，会使照片出现角度的倾斜，造成图像的缺陷。

角度倾斜的图像

修复后的图像

如何做 校正镜头扭曲并调整图像透视效果

使用“镜头校正”命令，可以对由于拍摄技巧问题产生的镜头扭曲进行调整。在该对话框中，可以分别对变形、透视、色差和晕影等缺陷进行调整，使照片恢复正常，下面来介绍使用“镜头校正”命令调整图像的方法。

01 打开图像

按下快捷键Ctrl+O，打开附书光盘\实例文件\第9章\Media\07.jpg文件，然后复制“背景”图层为“背景 副本”图层。

02 设置“移去扭曲”选项参数

执行“滤镜→镜头校正”命令，即可弹出“镜头校正”对话框。在“镜头校正”对话框中设置“移去扭曲”为-7，校正图像的枕状变形。

03 去除图像蓝边

在对话框中的“修复蓝/黄边”文本框中设置参数为-100，去除图像中的蓝边。

04 修复照片晕影

在“晕影”选项组中的“数量”文本框中设置参数为76，适当提高图像四周的亮度，然后在“中点”文本框中设置参数为37，使图像中心的亮度适当提高，修正图像的晕影效果。

05 调整垂直透视

在“变换”选项组中的“垂直透视”文本框中设置参数为-20，使图像中的垂直线平行。

06 设置图像比例

在“比例”文本框中设置参数为85%，使图像在画面中完全显示。单击“确定”按钮。

07 裁剪图像

单击裁剪工具，裁剪掉图像中不需要的部分。至此，本实例制作完成。

专栏 熟悉“镜头校正”对话框

执行“滤镜→镜头校正”命令，将会弹出“镜头校正”对话框，在此对话框中进行相应的设置，即可调整照片中经常出现的桶状变形、枕状变形、透视扭曲、色差和晕影等缺陷，下面分别对该对话框中的各个工具及选项进行介绍。

“镜头校正”对话框

❶ 移去扭曲工具：使用该工具在图像中向中心拖拽，调整桶状变形；向外拖拽，调整枕状变形。

❷ 拉直工具：使用该工具可以在图像中绘制一条直线，沿着此线条可以校正图像的旋转角度。

❸ 移动网格工具：使用该工具可以在网格上拖拽鼠标，使用网格对齐图像。

❹“几何扭曲”选项组：用来调整枕状变形和桶状变形效果。向左拖拽下方的滑块可以使图像向外膨胀，调整照片的枕状变形；向右拖拽此滑块可以使图像向内收缩，调整照片的桶状变形。在文本框中输入负数可以调整照片的枕状变形，输入正数则可以调整照片的桶状变形。与移去扭曲工具的功能相同。

❺“色差”选项组：用来调整图像的偏色效果。

- 修复红/青边：拖拽滑块或在文本框中输入数值，可以去除图像中的红色或青色色痕。

有红边、青边缺陷的图像

修复后的图像

● 修复绿/洋红边：拖拽滑块或在文本框中输入数值，可去除图像中的绿色或洋红色色痕。

● 修复蓝/黄边：拖拽滑块或在文本框中输入数值，可去除图像中的蓝色或黄色色痕。

❻“晕影”选项组：用来调整图像的晕影效果。

● 数量：通过拖拽下方的滑块可以校正因镜头缺陷或镜头遮光处理不当而导致边缘较暗的图像，它可以比较准确地设置图像边缘变亮或变暗的程度。

原图

适当调整数量

过度调整数量

● 中点：通过拖拽下方的滑块或在文本框中直接输入数值，调整图像中晕影中心的大小。

原图

中点为+0

中点为+100

❼“变换”选项组：用来调整图像的透视效果。

● 垂直透视：通过拖拽下方的滑块或在文本框中直接输入数值，校正由于拍摄时相机没有放平而导致的图像倾斜，使图像中的垂直线平行。

● 水平透视：通过拖拽下方的滑块或在文本框中直接输入数值，对图像的水平透视进行调整，使图像中的水平线平行。

● 角度：此选项用于调整图像的旋转角度，其作用与使用拉直工具调整图像相同，而调节此选项能更加精确地进行设置。

原图

角度为+10

角度为+50

● 比例：通过拖拽下方的滑块可以移去由于枕状变形、旋转或透视校正而产生的空白区域，其作用相当于裁剪掉图像的多余部分，而图像像素和尺寸不变。

9.5 让图像更锐化

在进行图像处理时，有时会发现某些图像画面比较模糊，细节被柔化了，使图像整体显得平淡，失去了精彩的细节效果，这时可以对图像进行锐化，使图像显示出隐藏的细节效果，画面更具层次感。

知识链接

了解“USM锐化”对话框

执行“滤镜→锐化→USM锐化”命令，弹出“USM锐化”对话框，该对话框中包含“数量”“半径”和“阈值”3个选项，下面对这3个选项进行详细介绍。

数量(A): 273 %
半径(R): 2.5 像素
阈值(T): 3 色阶

“USM锐化”参数

“数量”选项用于设置图像锐化效果的强度，设置的数值越大，效果越强，其取值范围在1%~500%之间。

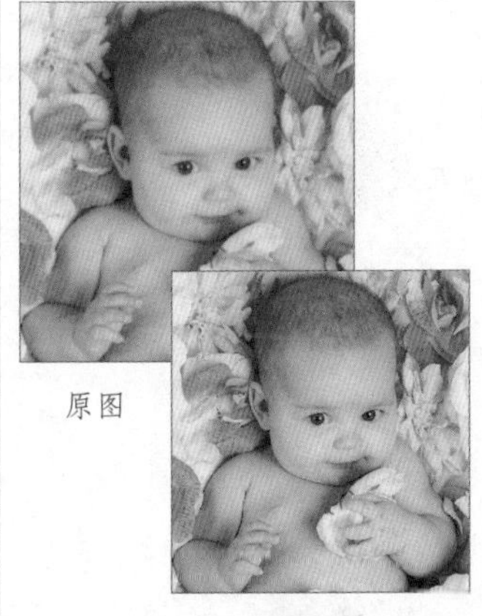

原图

数量为200%

“半径”选项用于调整锐化的半径，其取值范围为0.1~250之间。

“阈值”选项用于设置图像相邻像素之间的比较值，其取值范围在0~255之间。

知识点 锐化图像的方法

执行“滤镜→锐化”命令，打开下一级子菜单，在子菜单中包含5个命令，分别是“USM锐化”“进一步锐化”“锐化”“锐化边缘”和“智能锐化”。使用这些命令对图像进行调整，可以在图像中通过增大相邻像素的对比度来聚焦模糊的图像，使图像由模糊变清晰，下面对其分别进行介绍。

1. USM锐化

执行“滤镜→锐化→USM锐化”命令，弹出“USM锐化”对话框，进行相应的设置，即可调节图像边缘细节的对比度，并在图像边缘生成一条亮线和一条暗线，使图像边缘突出，细节明显。

原图

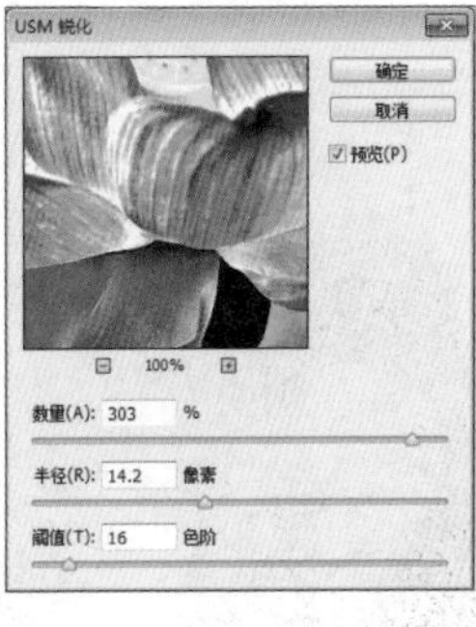

“USM锐化”对话框

调整后的图像

2. 锐化

执行“滤镜→锐化→锐化”命令，即可对图像进行锐化，它是通过增大像素之间的反差使模糊的图像变得清晰。

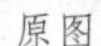

原图

调整后的图像

原图

“阈值”为60

3. 进一步锐化

执行“滤镜→锐化→进一步锐化”命令，同样可以对图像进行锐化，它的原理同前面介绍的“锐化”命令相同，都是通过增大图像像素之间的反差来达到使图像清晰的效果，而此滤镜相当于多次使用“锐化”滤镜的效果。

原图

调整后的图像

4. 锐化边缘

执行“滤镜→锐化→锐化边缘”命令，可以通过查找图像中颜色发生显著变化的区域，而将图像锐化。该滤镜只对图像的边缘进行锐化，而保留了图像整体的平滑度。

原图

调整后的图像

5. 智能锐化

执行“滤镜→锐化→智能锐化”命令，将会弹出“智能锐化”对话框，在该对话框中可以通过设置锐化算法来对图像进行锐化。

原图

调整后的图像

如何做 使用智能锐化进行锐化处理

使用“智能锐化”滤镜可以通过设置锐化算法对图像进行锐化，还可以通过对阴影和高光锐化量的控制来对图像进行锐化，下面对其进行详细介绍。

01 打开“智能锐化”对话框

按下快捷键Ctrl+O，打开附书光盘\实例文件\第9章\Media\08.jpg文件，然后复制“背景”图层为“背景 副本”图层。执行“滤镜→锐化→智能锐化”命令，即可弹出“智能锐化”对话框。

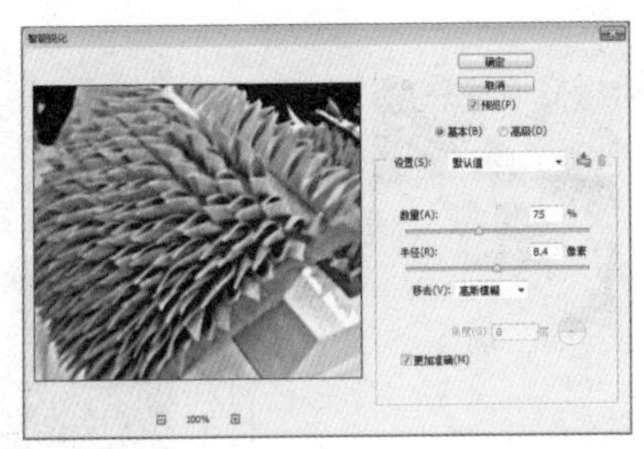

02 设置“数量”和“半径”

设置“数量”为500%，“半径”为2.3像素，图像被锐化，但效果比较生硬。

03 设置“阴影”参数

在该对话框中选中“高级”单选按钮，可以看到出现了“阴影”和“高光”标签，单击“阴影”标签，在其面板中设置“渐隐量”为40%，“色调宽度”为54%，“半径”为78像素。

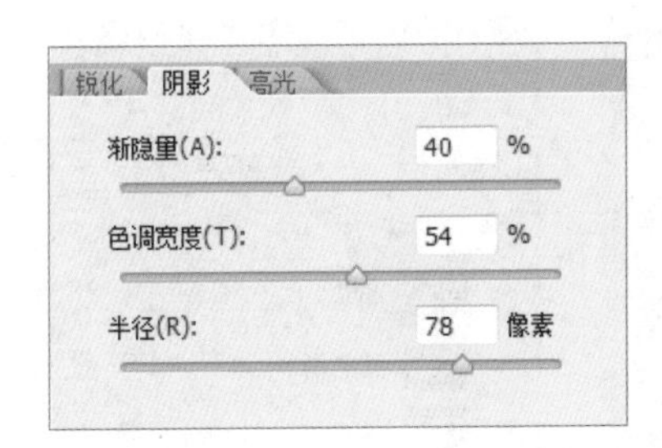

04 切换到“高光”面板

在该对话框中单击“高光”标签，即可切换到“高光”面板，对各项参数进行设置。

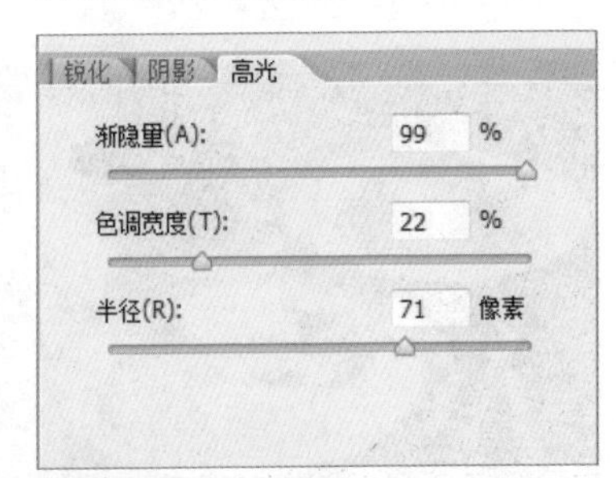

05 设置“高光”参数

在“高光”面板中分别设置“渐隐量”为0%，“色调宽度”为0%，“半径”为97像素，设置完成后单击“确定”按钮，可以看到画面已经被锐化，而且效果较为自然，突出了图像的细节。至此，本实例制作完成。

如何做 使用USM锐化进行锐化处理

使用“USM锐化”命令，可以通过查找图像中发生显著变化的颜色区域来进行锐化，下面介绍使用“USM锐化”命令锐化图像的具体操作方法。

01 打开图像

按下快捷键Ctrl+O，打开附书光盘\实例文件\第9章\Media\09.jpg文件，复制“背景”图层为“背景 副本”图层。

02 锐化图像

执行“滤镜→锐化→USM锐化”命令，弹出“USM锐化”对话框。在该对话框中设置“数量”为156%，“半径”为73.9像素，“阈值”为75色阶，设置完成后单击“确定”按钮，可以看到原本较为模糊的图像变得比较清晰了。

03 设置图层混合模式

选择“背景 副本”图层，在“图层”面板中设置其图层混合模式为“强光”，设置“不透明度”为48%，然后按下快捷键Shift+Ctrl+Alt+E盖印图层，生成“图层 1”。

04 再次锐化图像

再次执行“滤镜→锐化→USM锐化”命令，在弹出的“USM锐化”对话框中设置“数量”为124%，“半径”为8.9像素，“阈值”为50色阶，设置完成后单击“确定”按钮，可以看到图像变得清晰且效果自然。至此，本实例制作完成。

高手训练营 修复模糊的人物图像

在使用“锐化”命令对图像进行锐化时，可以结合多种命令，快速修复模糊的图像，从而使画面效果更加自然。下面就通过一个实例进行详细介绍。

01 打开图像文件应用“智能锐化”滤镜

按下快捷键Ctrl+O，打开附书光盘\实例文件\第9章\Media\10.jpg文件。按下快捷键Ctrl+J复制“背景”图层。

02 应用“高反差保留”滤镜

执行“滤镜→其他→高反差保留”命令，在弹出的对话框中设置“半径”为5.0像素。

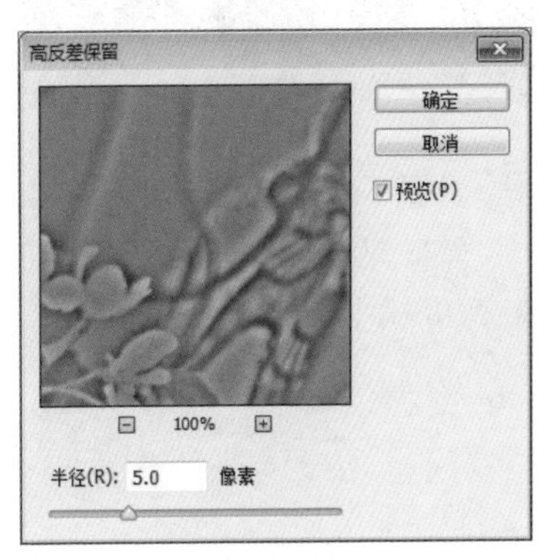

03 设置图层混合模式

完成后单击“确定”按钮，应用该滤镜。然后设置其图层混合模式为“叠加”，以增强人物轮廓。

04 合并可见图层

按下快捷键Ctrl+Shift+Alt+E合并可见图层，得到“图层2”。

05 锐化图像

执行“滤镜→锐化→USM锐化”命令，在弹出的对话框中设置各项参数，完成后单击“确定”按钮，使人物具有清晰的轮廓。

06 进一步锐化图像

执行“滤镜→锐化→进一步锐化”命令，使图像进一步锐化。

07 合并可见图层并设置图层混合模式

按下快捷键Shift+Ctrl+Alt+E合并可见图层，生成“图层3”。然后设置其图层混合模式为“柔光”“不透明度”为70%，增强画面的层次。

08 设置不透明度

单击“创建新的填充或调整图层”按钮，在弹出的快捷菜单中选择“色彩平衡”命令，在弹出的对话框中依次设置“阴影”“中间调”和“高光”选项的参数，以调整图像的色彩平衡。

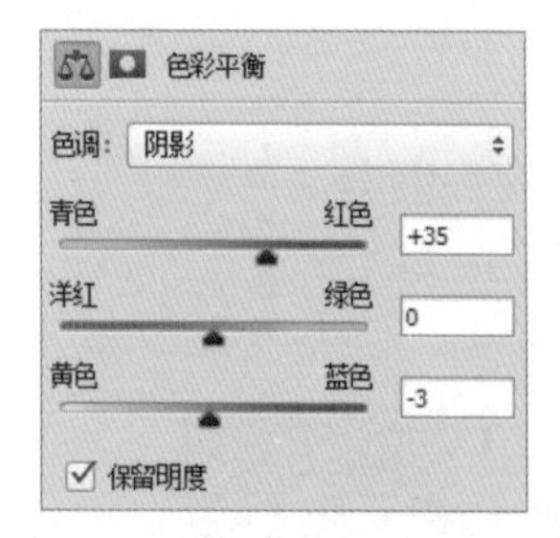

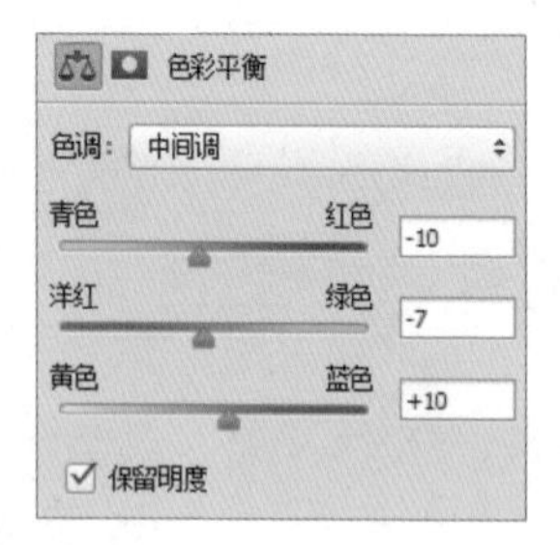

09 添加照片滤镜

使用相同的方法创建“照片滤镜”调整图层，并设置相应参数，为图像增添暖色调。

10 盖印图层并设置图层混合模式

按下快捷键Shift+Ctrl+Alt+E合并可见图层，生成“图层4”。然后设置其图层混合模式为“滤色”，设置“不透明度”为50%，以增强画面的亮度。至此，本实例制作完成。

9.6 变换一下对象

在调整图像时，经常会对图像进行大小、角度、透视等变换，以便使图像在画面中更加协调。使用变换命令可以很轻松地对图像进行上述变化，下面就来介绍如何使用变换命令对图像进行相应操作。

知识链接

应用“再次”命令进行变换

在使用过一次“变换”命令之后，使用“再次”命令可以重复上一次进行的变换操作，执行“编辑→变换→再次”命令，或按下快捷键Shift+Ctrl+T，即可应用“再次”命令。

原图

执行“编辑→变换→缩放”命令

执行“编辑→变换→再次”命令

知识点 变换命令

执行“编辑→变换”命令，在弹出的子菜单中可以选择缩放、旋转、斜切、扭曲、透视和变形等选项，从而对图像进行相应的操作，取得理想的效果，下面就来进行详细介绍。

执行“编辑→变换→缩放”命令，可以对图像的大小或高度、宽度的比例进行调整；执行“编辑→变换→旋转”命令，可以将图像进行任意角度的旋转；执行“编辑→变换→斜切”命令，在编辑框的节点处进行拖拽，图像就会以中心为基点进行倾斜的变化；执行“编辑→变换→扭曲”命令，可以拖拽编辑框的节点使图像进行扭曲变化；执行“编辑→变换→透视”命令，在编辑框的节点处拖拽鼠标，可以将编辑框调整为等腰梯形，使图像更具透视感；执行“编辑→变换→变形”命令，会弹出九宫格编辑框，拖拽编辑框即可使图像进行相应的变形，也可以在其属性栏中的“变形样式”下拉列表中选择合适的形状对图像进行变形。

原图

执行“缩放”命令

执行“旋转”命令

执行“斜切”命令

专家技巧

按照固定角度旋转图像

执行“编辑→变换→旋转”命令后，会弹出变换编辑框，将光标移动到编辑框外，随意拖拽鼠标即可对图像进行旋转。此时按住Shift键拖拽鼠标，可以使图像按照15°角的增量进行旋转，使用户能更好地控制旋转角度。

按住Shift键旋转花朵图像

执行“扭曲”命令

执行“透视”命令

执行“变形”命令

“变形”命令中的“拱形”变形

如何做 应用缩放、旋转、扭曲、透视或变形

在处理图像时，可以根据需要使用“变换”命令中的各个选项对图像进行不同的变换，下面就来详细讲解如何对图像进行相应的缩放、旋转等变换。

01 打开图像

按下快捷键Ctrl+O，打开附书光盘\实例文件\第9章\Media\11.jpg文件。

02 输入文字并栅格化文字图层

单击横排文字工具，在属性栏中单击“切换字符和段落面板”按钮，在弹出的“字符”面板中进行设置，在画面上输入文字，再右击文字图层，在弹出的快捷菜单中执行“栅格化文字”命令。

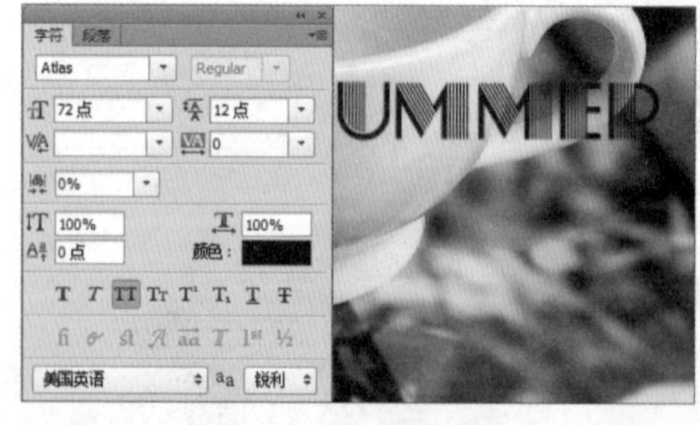

03 缩放、变形文字

执行“编辑→变换→缩放”命令，将文字适当放大，拖拽至咖啡杯的中间位置。执行“编辑→变换→变形”命令，在属性栏中选择“扇形”并适当调整。

04 扭曲文字并设置图层混合模式

执行“编辑→变换→扭曲”命令，弹出变换编辑框，拖拽节点对图像进行调整，将文字沿着杯子的弧度进行调整，完成后按下Enter键确认变换操作，将此图层的图层混合模式设置为“正片叠底”。新建“图层1”，设置前景色为R74、G21、B16。

05 绘制图形

单击自定形状工具，在属性栏的“形状”面板中选择“波浪”形状，然后在画面上拖拽鼠标，绘制此形状。

06 复制图形并进行旋转

复制“图层1”为“图层1副本”图层，然后单击移动工具，将其向下拖拽，完成后按下快捷键Ctrl+E合并这两个图层。执行“编辑→变换→旋转”命令，对图像进行适当的旋转，在“图层”面板中设置该图层的图层混合模式为“叠加”。

07 添加图层蒙版并对其进行透视调整

单击“添加图层蒙版”按钮，为“图层1”添加一个图层蒙版，再单击画笔工具，设置前景色为黑色，在蒙版中进行适当的涂抹，隐藏部分图像，完成后复制“图层1”为“图层1副本”，加强图像的效果。按住Ctrl键的同时选中“图层1”和“图层1副本”，执行“编辑→变换→透视”命令，拖拽编辑框的节点，为图像调整出透视效果。至此，本实例制作完成。

9.7 了解历史记录画笔工具

使用“历史记录画笔工具”并结合“历史记录”面板，可以很容易地将图像的部分区域恢复到某一步的图像操作中，从而制作出需要的图像效果。在本小节中，将介绍“历史记录”面板和“历史记录画笔工具”的相关知识。

知识链接

熟悉“图层复合”面板

在“历史记录”面板中可以为图像创建快照，而图层复合则是图层面板状态的快照。在制作图像时，通常会创建多个图层复合效果图，以便展示不同的效果进行选择。执行“窗口→图层复合”命令，会弹出“图层复合”面板，下面对此面板进行介绍。

“图层复合”面板

❶“应用选中的上一图层复合”按钮和“应用选中的下一图层复合”按钮：单击这两个按钮，可以向上或者向下选择应用已经创建的图层复合。

❷“更新图层复合”按钮：单击此按钮可以更新当前所选择的图层复合。

❸“创建新的图层复合”按钮：单击此按钮可以创建一个新的图层复合。

❹“删除图层复合”按钮：单击此按钮可以删除当前选择的图层复合。

知识点

“历史记录”面板

默认状态下，在“历史记录”面板中可以存储20个操作步骤，单击选择其中的某个步骤，即可使图像返回到所选步骤的状态，在对图像进行每一次操作时，图像的新状态都会自动添加到此面板中。执行“窗口→历史记录”命令，即可打开“历史记录”面板。

“历史记录”面板

❶“从当前状态创建新文档”按钮：在“历史记录”面板中选择任意一个操作步骤，再单击此按钮，即可将当前状态的图像文件进行复制，生成一个以当前步骤名称命名的文件。

选择任意操作步骤

生成的新文件

❷“创建新快照”按钮：单击此按钮，可以为当前步骤创建一个新的快照图像。

❸“删除当前状态”按钮：选中任意一个操作步骤，单击此按钮，在弹出的提示框中单击“是”按钮，即可删除历史状态。

删除提示框

如何做 使用历史记录画笔对图像应用设置过的操作效果

使用“历史记录画笔工具”可以将图像的部分或全部区域恢复到某一步骤的图像效果，下面就来介绍具体操作。

01 打开图像并进行纹理化

按下快捷键Ctrl+O，打开附书光盘\实例文件\第9章\Media\12.jpg文件。执行“滤镜→纹理→纹理化”命令，在弹出的对话框中设置各项参数，完成后单击“确定”按钮，为图像添加纹理化效果。

02 复制图层

将“背景”图层拖拽至“创建新图层”按钮上，将其复制，得到“背景 副本”图层。

03 应用“霓虹灯光”滤镜

执行“滤镜→艺术效果→霓虹灯光”命令，在弹出的对话框中设置“发光大小”为5，“发光亮度”为15，“发光颜色”为R0、G0、B255，完成后单击“确定”按钮，为图像添加霓虹灯光效果。

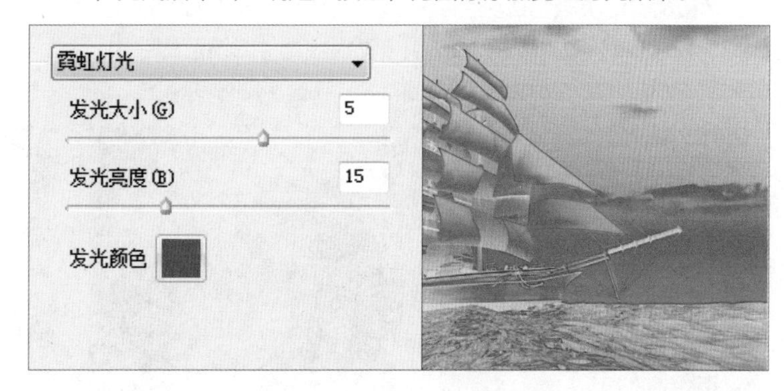

04 设置图层混合模式

设置“背景 副本”图层的图层混合模式为“色相”，设置其“不透明度”为34%。

05 恢复部分图像区域效果

单击历史记录画笔工具，然后在画面背景处进行涂抹，恢复背景区域效果。至此，本实例制作完成。

高手训练营 使用历史记录画笔工具为人物美容祛斑

为人物祛斑有很多种方法，当人物脸上的斑点较少时，可以选择修复工具对单个斑点进行修复，而当人物脸上的斑点面积较大时，使用历史记录画笔工具则可以快速、方便地进行祛斑，下面就来介绍详细的操作步骤。

01 打开图像并应用“智能锐化”滤镜

按下快捷键Ctrl+O，打开附书光盘\实例文件\第9章\Media\13.jpg文件。复制“背景”图层为“背景 副本”图层，然后执行“滤镜→模糊→高斯模糊”命令，打开“高斯模糊”对话框，在该对话框中设置“半径”为4.2像素，完成后单击“确定”按钮，可以看到图像变得模糊了。

02 使用历史记录画笔工具恢复部分效果

单击历史记录画笔工具，在属性栏中选择一个较软的笔刷，在人物的眉毛、眼睛、鼻子和嘴巴部分进行涂抹，被涂抹的部分将显示为应用“高斯模糊”滤镜前的效果，然后沿着人物的头发和脸部边缘进行涂抹，使其显示为清晰状态，再将画笔适当调大，在整个图像的背景上进行涂抹，还原图像。

03 调整色彩平衡和混合模式

单击“创建新的填充或调整图层”按钮，在弹出的下拉列表中选择“色彩平衡”选项，在弹出的“调整”面板中设置参数，完成后设置图层混合模式为“柔光”“不透明度”为74%，至此，本实例制作完成。

9.8 应用“液化”滤镜

在Photoshop中可以使用“液化”命令对图像进行推、拉、旋转、膨胀等变形操作，它可以对图像进行细节部分的扭曲调整，也可以对图像进行整体大幅度的调整，下面来介绍这个命令的相关知识。

知识点 “液化”滤镜

“液化”命令是修饰图像和创建图像艺术效果时经常用到的命令。执行“滤镜→液化”命令，即可在打开的“液化”对话框中选择各种工具，为图像创建需要的效果。

使用向前变形工具在预览框中按住并拖拽鼠标，可以向前拖动像素，使图像产生扭曲变形效果。

原图

变形图像效果

使用顺时针旋转扭曲工具在预览框中按住并拖拽鼠标，可以使画笔区域的像素进行顺时针旋转，使图像产生旋转扭曲效果。

原图

旋转扭曲图像效果

使用褶皱工具在预览框中按住并拖拽鼠标，能以画笔区域的中心移动像素，使图像产生褶皱的感觉。

原图

褶皱图像效果

知识链接

恢复扭曲过度的图像区域

在“液化”对话框中包含可以进行各种扭曲变形的工具，然而在进行各种变形时，有时会遇到扭曲变形过度或将不需要变形的地方也进行了变形的情况，所以可以结合重建工具、冻结蒙版工具和解冻蒙版工具对图像进行编辑，以便在对图像进行扭曲变形时更加轻松。

使用重建工具在变化扭曲的图像上涂抹，被涂抹的区域将会恢复为原来的样子。

原图

进行变形后的图像

恢复部分原图像效果

知识链接

冻结和解冻图像

在“液化”对话框中，使用冻结蒙版工具在图像上拖拽鼠标，在不需要进行变形的地方进行涂抹，被涂抹区域就会被冻结，使用任何变形工具都不能对冻结区域起作用。在对图像进行变形后使用解冻蒙版工具在冻结区域进行涂抹，即可使冻结区域解冻。

原图

冻结人物区域

对图像进行变形

解冻人物区域

使用膨胀工具在预览框中按住并拖拽鼠标，能以画笔区域的中心向外移动像素，使图像产生膨胀效果。

原图

膨胀图像效果

使用左推工具在预览框中垂直向上拖拽鼠标时，像素向左移动；垂直向下拖拽鼠标时，像素向右移动。

原图

左推图像效果

如何做 扭曲图像的效果

使用“液化”对话框中的各种工具，可以为图像添加推、拉、旋转等不同的扭曲效果，合理运用这些工具可以对图像进行有趣的扭曲变形操作，下面介绍详细的操作方法。

01 打开图像并对花瓣进行变形

按下快捷键Ctrl+O，打开附书光盘\实例文件\第9章\Media\14.jpg文件。复制“背景”图层为“背景 副本”图层，执行“滤镜→液化”命令，在弹出的对话框中选择向前变形工具，设置“画笔大小”为30，在部分花瓣图像上拖拽鼠标，使其扭曲变形。

02 对花芯进行旋转扭曲

单击顺时针旋转扭曲工具，设置“画笔大小”为166像素，然后在左边的花芯处按住并拖拽鼠标，对图像进行旋转扭曲变形。使用同样的方法再对右边的花芯进行旋转扭曲变形。

03 对花茎进行扭曲变形

继续使用向前变形工具设置“画笔大小”为60像素，在左边花朵的花茎处按住并拖拽鼠标进行变形。

04 对其他花茎进行扭曲变形

采用同样的方法，使用向前变形工具，在右边的花茎处按住并拖拽鼠标，对其进行扭曲变形。完成后单击“确定”按钮。

05 合并可见图层并对花朵进行扭曲变形

按下快捷键Ctrl+Shift+Alt+E合并可见图层，生成“图层1”。再次执行“滤镜→液化”命令，在弹出的对话框中选择膨胀工具，并调整工具选项的参数，在左侧花瓣图像上拖拽鼠标，使其膨胀变形。

06 对其他花朵进行扭曲变形

采用同样的方法，使用膨胀工具，在右边的花瓣处按住并拖拽鼠标，对其进行扭曲变形。完成后单击“确定”按钮。

07 复制图层并设置图层混合模式

将“背景 副本”图层拖拽至“创建新图层”按钮上，复制此图层得到“背景 副本2”图层，设置此图层的图层混合模式为“强光”，“不透明度”为60%。至此，本实例制作完成。

专栏 解析“液化”对话框

执行“滤镜→液化”命令，弹出“液化”对话框，前面已经介绍了此对话框中各种工具的使用方法和对图像产生的不同变形效果，下面对此对话框中右边的各个选项进行详细介绍。

“液化”对话框

❶“工具选项”选项组：在此选项组中包含“画笔大小”“画笔密度”“画笔压力”“画笔速率”“湍流抖动”和“重建模式”6个选项，对这些选项进行设置后可使画笔以不同的效果对画面进行处理。

- “画笔大小”选项：此选项用于设置所选工具画笔的宽度，可以设置1~1500之间的数值。通过在文本框中直接输入数值或拖拽下方的滑块进行设置。
- “画笔密度”选项：调整此选项可以对画笔边缘的软硬程度进行设置，使画笔产生羽化效果，设置的数值越小，则羽化效果越明显，可以设置0~100之间的数值。
- “画笔压力”选项：通过此选项的设置可以改变画笔在图像中进行拖拽时的扭曲速度，设置的画笔压力越低，其扭曲速度越慢，也能更加容易地在合适的时候停止绘制，可以设置1~100之间的数值。
- “画笔速率”选项：在选择顺时针旋转扭曲工具、褶皱工具、膨胀工具和重建工具的情况下，此选项被激活。用于设置使用上述工具在预览图像中按住鼠标保持静止状态时扭曲的速度，可以设置0~100之间的数值。设置的数值越大，则应用扭曲的速度越快；反之，设置的数值越小，则应用扭曲的速度越慢。

❷“重建选项”选项组：此选项组中包括“重建”按钮和“恢复全部”按钮，使用此选项组中的选项可以对重建图像进行设置。

- “重建”按钮：单击此按钮，系统将根据设置的“数量”参数对图像进行重建。多次单击该按钮，可以修正扭曲过度的图像效果，“数量”设置为100时将恢复到最初未应用变形效果的状态。
- “恢复全部”按钮：单击此按钮，图像将恢复到使用任何工具对其进行扭曲变形之前的状态。

❸“蒙版选项”选项组：此选项组中包括“替换选区”按钮、“添加到选区”按钮、“从选区中减去”按钮、“与选区交叉”按钮、“反相选区”按钮、“无”按钮无、“全部蒙住”按钮全部蒙住和“全部反相”按钮全部反相，使用这些选项可以对图像的蒙版进行调整。

- “替换选区”按钮：单击此按钮可以显示原图像中的选区、蒙版或透明度效果。
- “添加到选区”按钮：单击此按钮可以显示原图像中的蒙版，可以使用冻结蒙版工具添加到选区，在当前的冻结蒙版区域中添加通道中选定的像素。
- “从选区中减去”按钮：单击此按钮可以将通道中的像素从当前冻结区域中减去。
- “与选区交叉”按钮：单击此按钮则只能使用当前处于冻结状态的像素。
- “反相选区”按钮：单击此按钮可以使用当前选定的像素使当前冻结区域反相。
- “无”按钮无：单击此按钮可以移去图像中所有冻结区域。
- “全部蒙住”按钮全部蒙住：单击此按钮可以使全部图像处于冻结状态。
- “全部反相”按钮全部反相：单击此按钮可以全部反相冻结区域。

❹“视图选项”选项组：在此选项组中包括“显示图像”复选框、“显示网格”复选框、“显示蒙版”复选框和“显示背景”复选框，通过对这些选项进行设置，可以在预览框中以各种效果显示图像。

- “显示图像”复选框：勾选此复选框可以显示图像的预览效果。
- “显示网格”复选框：勾选此复选框可以激活“网格大小”和“网格颜色”下拉列表框，在预览图中即可显示网格。

“网格大小”为小

“网格大小”为中

“网格大小”为大

- “显示蒙版”复选框：勾选此复选框可以激活“蒙版颜色”下拉列表框，可以选择相应的颜色在图像中显示冻结区域。
- “显示背景”复选框：勾选此复选框可以激活“使用”下拉列表框、“模式”下拉列表框和“不透明度”选项。勾选此复选框可以看到在预览图像中会以半透明形式显示图像中的其他图层，设置“不透明度”参数可以调节其他图层的不透明度程度。

高手训练营 给照片中的人物美美容

在进行人物照片处理时，经常会发现人物的五官或身材存在各种缺陷，使用“液化”滤镜可以轻松地修饰人物，使其呈现出完美的状态，下面就来详细介绍其操作方法。

01 打开图像

按下快捷键Ctrl+O，打开附书光盘\实例文件\第9章\Media\15.jpg文件。复制“背景”图层为“背景 副本”图层，然后执行“滤镜→液化”命令，打开“液化”对话框。

02 冻结头发

单击冻结蒙版工具，勾选“显示蒙版”复选框，再设置“画笔大小”为151，在人物的头发处进行涂抹，涂抹的区域被冻结。

03 缩小脸颊

单击向前变形工具，设置“画笔大小”为279，“画笔密度”为50，“画笔压力”为100，在人物的脸颊四周向内推移，为人物瘦脸。

04 修饰鼻子

完成后对图像进行解冻，单击冻结蒙版工具，设置“画笔大小”为120，然后在人物的鼻子处进行涂抹，冻结被涂抹的部分。单击向前变形工具，设置“画笔大小”便于细节液化，然后在人物鼻尖部分向上拖拽鼠标，对人物的鼻子进行修饰，使其更加完美。

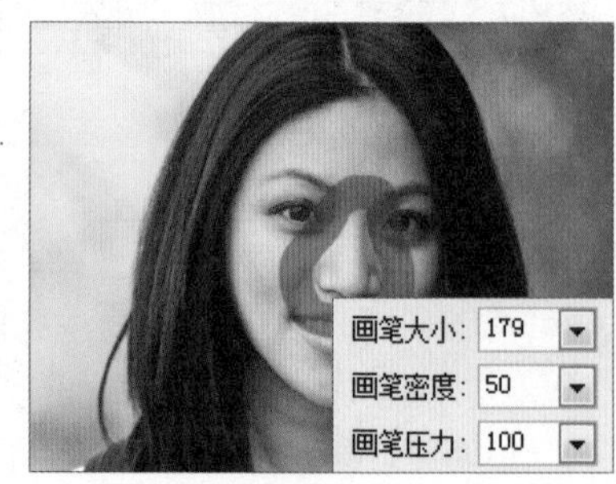

05 解冻图像

单击解冻蒙版工具，将画面中的红色冻结处擦除，查看液化效果。

06 冻结眼睛

设置“画笔大小”为241，然后在人物的眼睛处进行涂抹，冻结被涂抹的部分。

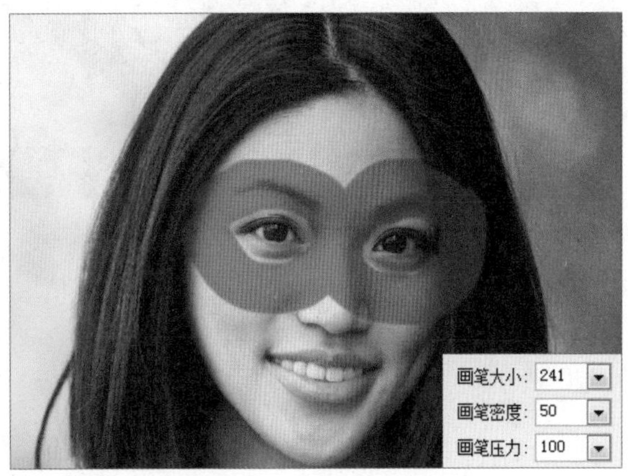

07 修饰眼睛

单击膨胀工具，设置“画笔大小”为121，在人物眼睛位置单击鼠标，对人物眼睛进行放大，完成后对图像进行解冻，采用相同的方法对人物的头发、嘴巴等细节进行微调，单击“确定”按钮。

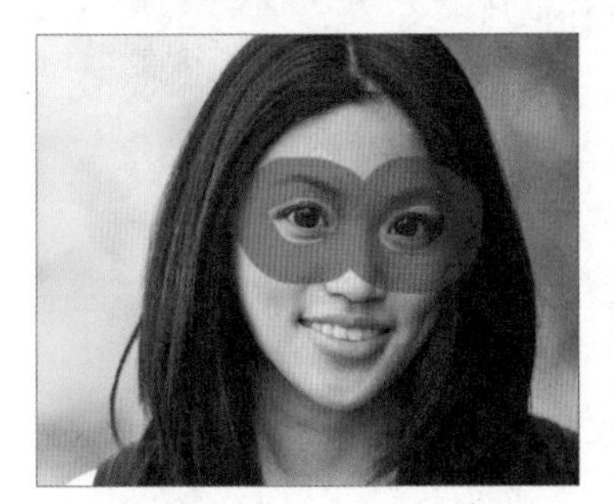

08 调整图像亮度

复制一个“背景 副本”图层，得到“背景 副本2”图层，选择该图层，按下快捷键Shift+Ctrl+U，对图像进行去色，然后设置图层混合模式为“柔光”“不透明度”为20%。至此，本实例制作完成。

9.9 应用“消失点”滤镜

“消失点”滤镜是众多独立滤镜中的一种，可以自动应用透视原理在编辑包含透视平面（例如建筑物的侧面或者任何矩形对象）的图像时保留正确的透视。下面来介绍这个命令的相关知识。

知识链接

在“消失点”对话框编辑图像

在“消失点”对话框中，如果想要对贴入的图像大小进行编辑，可以按下快捷键Ctrl+T，即可调出调整编辑框，拖动调整编辑框的锚点可以变换图像。

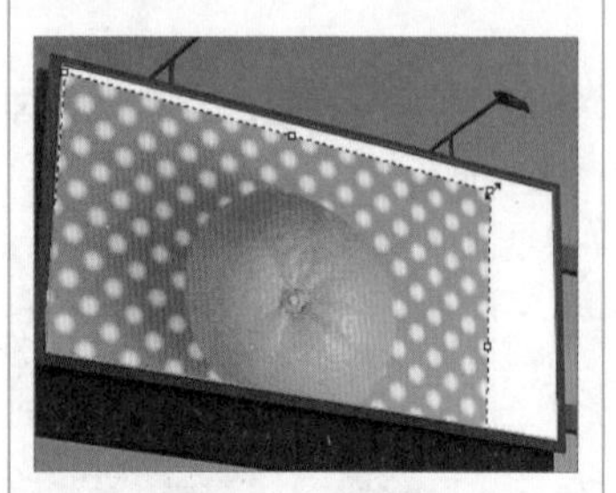

拖动锚点以变换图像

等比例放大图像

使用图章工具可在网格中仿制出相同的透视图像。

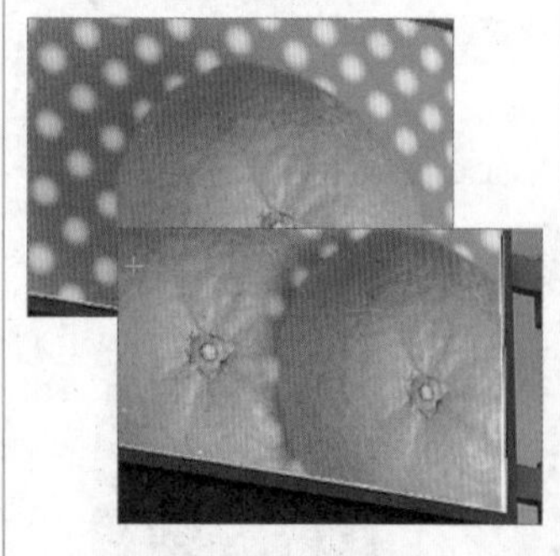

仿制出相同的透视图像

知识点 “消失点”滤镜

“消失点”滤镜在透视平面的图像选区内，通过克隆、喷绘、粘贴等操作，依据透视的角度和比例来适应图像的调整。执行“滤镜→消失点”命令，即可打开“消失点”对话框。

“消失点”对话框

❶ 包括创建和编辑透视网格的各种工具。

- 编辑平面工具：用于调整已创建的透视网格。
- 创建平面工具：通过在图像中单击添加节点的方式创建具有透视效果的网格。
- 选框工具：在创建的网格中创建选区。
- 图章工具：在创建的透视网格中仿制出具有相同透视效果的图像。
- 变换工具：可以对复制的图像进行缩放、移动和旋转。

❷ 设置网格在平面的大小，设置网格角度。

❸ 扩展按钮：单击扩展按钮弹出扩展菜单，定义消失点显示的内容，以及渲染和导出的方式。其中“渲染网格至Photoshop”命令将默认不可见的网格渲染至Photoshop中，得到栅格化的网格。

如何做 使用“消失点”滤镜调整透视

下面将介绍如何应用消失点滤镜的各项功能，通过将图像的透视效果调整到与广告牌的透视效果一致，制作出逼真的户外广告立体效果。

01 打开图像

按下快捷键Ctrl+O，打开附书光盘\实例文件\第9章\Media\16-1.jpg和16-2.jpg文件。

02 复制图像

切换到16-1.jpg文件，依次按下快捷键Ctrl+A、Ctrl+C全选并复制图像。

03 创建消失点的平面网格

切换到16-2.jpg文件，执行“滤镜→消失点”命令，在弹出的“消失点”对话框中单击创建平面工具，然后沿户外广告牌的边缘依次单击，创建平面网格。

04 编辑平面

单击编辑平面工具，拖动各个网格锚点，将其对齐到广告牌的边缘。

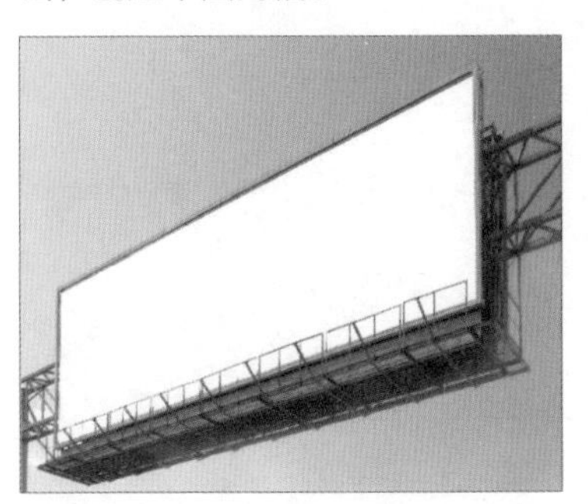

05 粘贴图像并创建透视效果

按下快捷键Ctrl+V粘贴刚才全选并复制的图像，将图像拖到蓝色边框内，图像自动形成透视效果，将边缘对齐后单击“确定”按钮，创建图像和广告牌具有一致的透视效果。至此，本实例制作完成。

9.10 创建高品质全景图

全景图是虚拟实景的一种表现形式，它会让人产生进入照片中场景的感觉，而且能全面地展示360°球形范围内的所有景观效果。通过Photoshop中的Photomerge功能可以创建高质量的全景图。

知识链接

将文件载入堆栈以对齐图像

“将文件载入堆栈”命令可以将相同尺寸的图像与组中的其他图像套准或对齐，同样可以制作全景图。执行“文件→脚本→将文件载入堆栈”命令，弹出“载入图层”对话框，单击“浏览”按钮以载入图层。

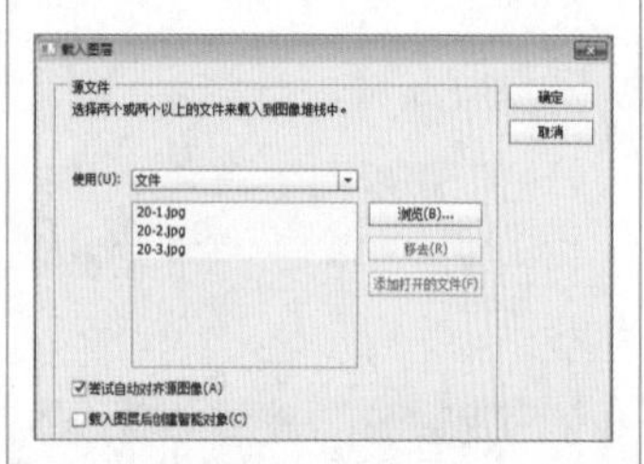

“载入图层”对话框

如果勾选“尝试自动对齐源图像”复选框，Photoshop将自动识别图像边缘的像素并实现源图像边缘的对齐。

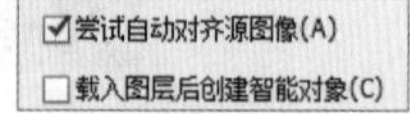

启用选项

自动对齐源图像以创建全景图

载入并对齐的图层

知识点 Photomerge

通过Photomerge功能可以将同一个取景位置拍摄的多张水平或垂直平铺的照片合成到一张图像中，制作出全景照片。执行“文件→自动→Photomerge”命令，即可打开Photomerge对话框。

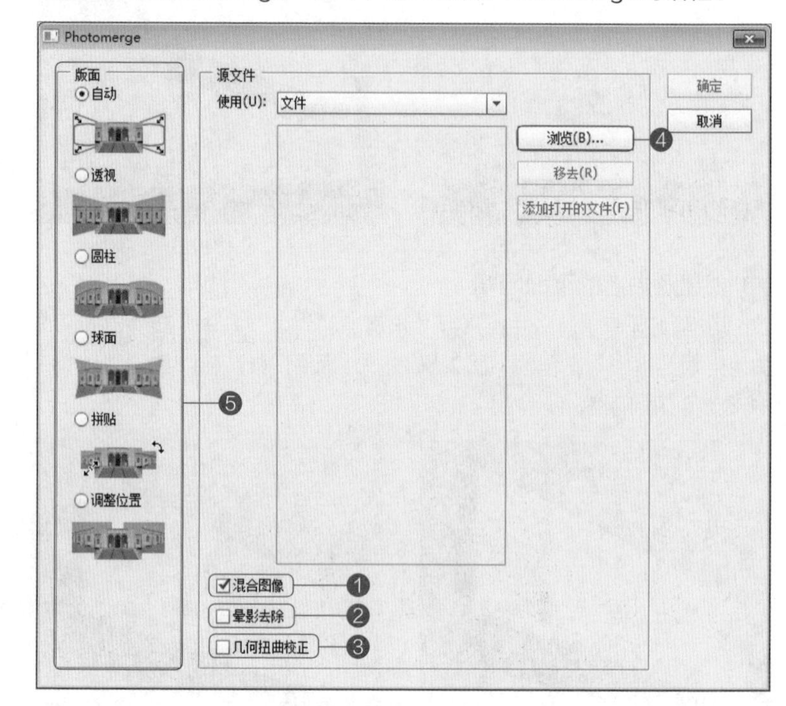

Photomerge对话框

❶“混合图像”复选框：勾选此复选框，将找出图像间的最佳边界并根据这些边界创建接缝，使图像的颜色相匹配。取消勾选此复选框将执行简单的矩形混合，适用于手动修饰混合蒙版。

❷“晕影去除”复选框：勾选此复选框，将去除由于镜头瑕疵或镜头遮光处理不当而导致边缘较暗的图像中的晕影并执行曝光度补偿。

❸“几何扭曲校正”复选框：勾选此复选框，将补偿桶形、枕形或鱼眼失真。

❹“浏览”按钮：单击该按钮，在弹出的对话框中载入PMG格式的Photomerge合成图像。

❺“版面”列表框：用来指定照片合并的版面样式。其中包括“自动”“透视”“圆柱”“球面”等6个选项。

如何做 应用Photomerge创建合成图像

下面具体介绍应用Photomerge功能将不同角度拍摄的全景图分段素材合成为完整的全景图。

01 打开图像

按下快捷键Ctrl+O，打开附书光盘\实例文件\第9章\Media\17-1.jpg、17-2.jpg和17-3.jpg文件，显示全景图的3张分段图像的素材。

02 载入照片

执行“文件→自动→Photomerge”命令，弹出Photomerge对话框。单击“浏览”按钮，载入打开的图像文件。

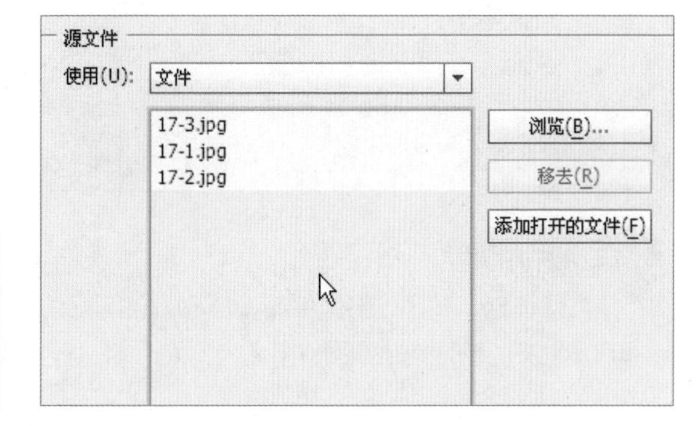

03 创建全景图

勾选Photomerge对话框下方的“混合图像”复选框，然后单击“确定”按钮，将载入的全景图分段素材合成为完整的全景图。

04 调整画面颜色

单击“创建新的填充或调整图层”按钮，在弹出的下拉列表中选择“可选颜色”选项，在弹出的“调整”面板中设置各项参数。

05 裁剪图像

单击裁剪工具，沿全景图边缘裁剪。至此本例制作完成。

知识链接

关于“自动调整”命令

在Photoshop中提供了3种自动调整命令，分别是“自动色调”命令、“自动对比度”命令和“自动颜色”命令，使用这些自动调整命令可以快速完成对图像的调整，但这些命令只能微调图像效果。

如何做 创建360° 全景图的操作

应用Photomerge命令创建全景图后，还可以执行3D菜单中的“球面全景”命令，将二维全景图像创建为360° 的球面全景效果。

01 打开图像

执行“文件→脚本→将文件载入堆栈”命令，弹出“载入图层”对话框，载入附书光盘\实例文件\第9章\Media \18-1.jpg、18-2.jpg和18-3.jpg文件，并勾选“尝试自动对齐源图像”复选框。

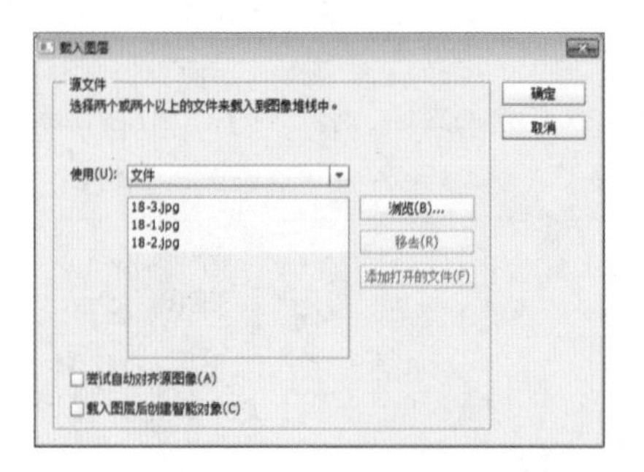

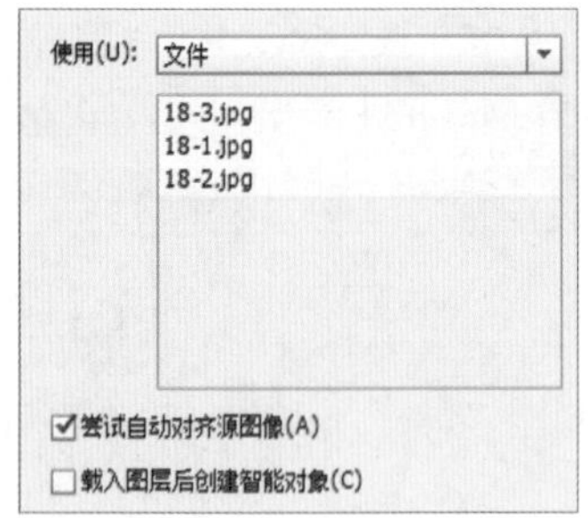

02 自动对齐图层

单击“确定”按钮，将文件载入堆栈，各图层的边缘自动对齐，创建出全景图效果。

03 拼合全景图并裁剪多余图像

执行“图层→拼合图像”命令，将载入图层拼合到“背景”图层，使用裁剪工具裁剪掉多余的透明像素，得到全景图。

04 创建360° 球面全景

在3D面板中选中“从预设新建网格”单选按钮，在下拉列表中选择“球面全景”，单击“创建”按钮，将二维全景图像创建为3D的360° 球面全景。完成后使用旋转3D对象工具，通过向上拖动拉远3D相机的镜头，呈现全景效果。

05 实现3D环绕

使用旋转3D对象工具，左右、上下拖动画面，预览360° 球面环绕效果。至此，本实例制作完成。

Part 03 提高篇

- Chapter 10 | 文本与路径的编辑与管理
- Chapter 11 | 通道和蒙版应用全解析
- Chapter 12 | 滤镜效果的深入探索
- Chapter 13 | 创建视频动画和3D技术成像
- Chapter 14 | 让图像任务自动执行

Chapter 10

文本与路径的编辑与管理

为了使添加的文字更符合图像所要表现的效果，可以对文字进行特殊设置，也可以制作各种艺术字效果。本章将深入讲解文本和路径的应用技法，引导读者进行高级应用。

10.1 了解文本编辑

前面基础篇中已经对文字工具进行了简单的介绍，了解了使用文字工具的基本方法，在文本编辑方面，还需要学习更多的相关知识，例如如何选中文本、更改文本的排列方式，以及怎样将文本图层转换为形状图层等，这样才能在对文本进行编辑时更加得心应手。

知识点 文本编辑的相关知识

在Photoshop中可以对输入的文本进行多种编辑操作，在实际应用中，了解更多相关的文本编辑知识，能在制作文字效果时更加方便，下面进行详细介绍。

1. 选择文本

当需要对输入的文本进行编辑时，可以先选中要编辑的文本，然后再进行相应的编辑。下面介绍选中文本的4种方式。

在文字工具组中选择任意一种文字工具，在图像中单击置入插入点，即可进入文字编辑状态，输入相应的文字，然后在输入的文字中双击鼠标即可选中输入的文字。

在编辑状态双击鼠标

选中文字

双击“图层”面板中的文字图层缩览图，同样也可以选中此图层中的所有文字。

知识链接

将文字图层转换为形状图层

在Photoshop中可以非常方便地将文字图层转换为形状图层，在文字图层空白处单击鼠标右键，在弹出的快捷菜单中选择“转换为形状”命令，文字图层即可转换为具有矢量蒙版的图层，可以通过编辑矢量蒙版对文字进行调整，但注意不能再编辑文字属性。

文字图层

原图

转换为形状图层

通过矢量蒙版填充文字

双击文字图层缩览图

选中文字

在文字编辑状态下拖拽鼠标，即可选中全部或部分文字。

选中部分文字

选中全部文字

在文字编辑状态下，按住Shift键的同时按下键盘上的向右方向键（→），即可逐个选中需要的文字；按下向左方向键（←），可以逐个取消选中的文字；按下向下方向键（↓），可以选中所有文字；按下向上方向键（↑），可以取消选中的所有文字。

2. 更改文本的排列方式>>>

在Photoshop中文字的排列方式有两种：水平排列方式和垂直排列方式，在输入文字后可以很容易地进行相互转换。执行“图层→文字→水平”命令，可以将原本垂直排列的文字转换为水平排列；执行“图层→文字→垂直”命令，可以将原本水平排列的文字转换为垂直排列。

水平排列文字

垂直排列文字

3. 转换文字为选区>>>

输入文字后在“图层”面板中会自动生成一个文字图层，按住Ctrl键单击文字图层缩览图，文字选区就会被载入到图像中。

如何做 对文字进行旋转和变形

文字和其他图像一样，也可以对其进行旋转调整。通过对文字的旋转、变形等操作，可以使文字与图像之间的联系更紧密，排列也更为合理，下面就来进行详细介绍。

01 打开图像

按下快捷键Ctrl+O，打开附书光盘\实例文件\第10章\Media\01.jpg文件。按下F7键，打开“图层”面板。

02 输入文字并进行旋转

单击直排文字工具，在属性栏中单击“切换字符和段落面板”按钮，在弹出的“字符”面板中进行参数设置，然后在画面上单击，输入相应的文字。完成后按住快捷键Ctrl+T，对文字进行适当的旋转，并放置在画面左下角位置。

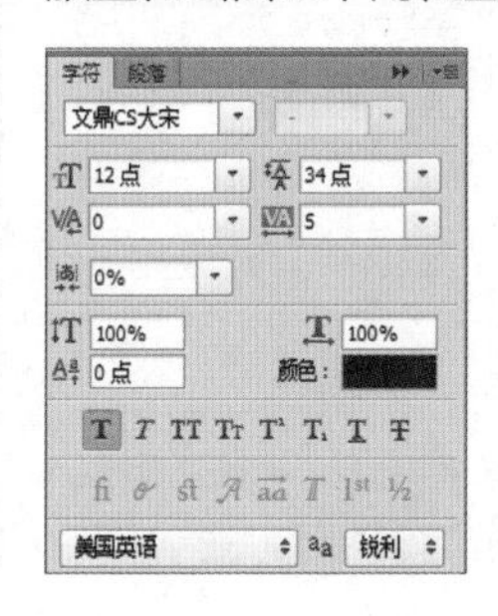

03 栅格化文字并进行设置

复制此文字图层并隐藏原图层，然后在副本图层上右击鼠标，在弹出的快捷菜单中执行“栅格化文字”命令。执行“编辑→变换→透视”命令，对文字进行适当的透视调整，使图像和文字更加贴合，然后设置其图层混合模式为“叠加”。双击此图层，在弹出的“图层样式”对话框中勾选“内阴影”复选框，在该选项面板中设置各项参数，完成后单击“确定”按钮。

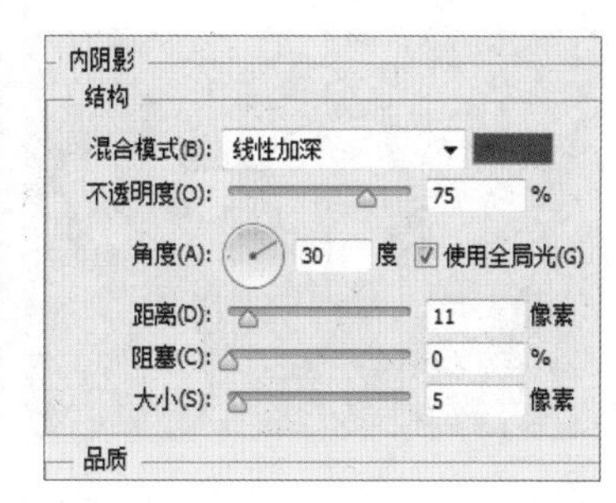

04 同样的方法制作第二行文字

使用同样的方法，再输入第二行文字，对其进行旋转、透视等调整，并设置相应的图层样式。

05 输入文字并进行旋转

单击直排文字工具，在“字符”面板中进行各项参数设置，然后在画面上单击，输入第三行文字。完成后按下快捷键Ctrl+T，对文字进行适当的旋转，并放置在画面差不多中间的位置。

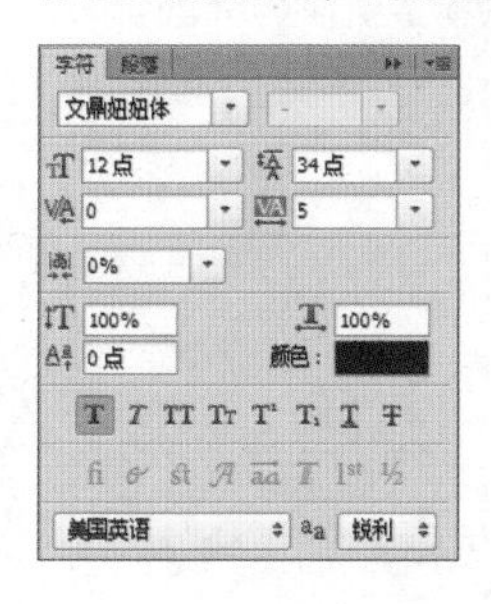

06 栅格化文字并进行设置

复制此文字图层并隐藏原图层，在副本图层上右击鼠标，在弹出的快捷菜单中执行“栅格化文字”命令。执行“编辑→变换→透视”命令，对文字进行透视调整，设置图层混合模式为“点光”。右击第一行文字所在图层，在弹出的快捷菜单中执行“拷贝图层样式”命令，右击第三行文字所在的图层，在弹出的快捷菜单中执行“粘贴图层样式”命令，添加相应的图层样式。至此，本实例制作完成。

如何做 设置文字属性的操作

通过前面的学习，了解了如何设置文字属性。选择相应的字符后，可以对其进行进一步编辑。下面介绍通过字符编辑操作设置文字属性的方法。

01 打开图像

按下快捷键Ctrl+O，打开附书光盘\实例文件\第10章\Media\02.jpg文件。

02 设置文字属性并输入文字

单击横排文字工具T，在属性栏中单击“切换字符和段落面板”按钮，在弹出的“字符”面板中对各参数进行设置，然后在画面下方单击置入插入点，输入相应的文字。

03 选择相应的文字并进行调整

使用横排文字工具T，在文字“草”上拖拽鼠标，将其选中使其呈高亮状态，在“字符”面板中设置其大小为182.49点，并设置颜色为R254、G240、B124，可以看到对选中的文字进行了调整。使用同样的方法在文字“哪”上拖拽鼠标，将其选中使其呈高亮状态，然后在“字符”面板中设置字体为“文鼎香肠体”，大小为109.49点，即可看到调整后的文字效果。至此，本实例制作完成。

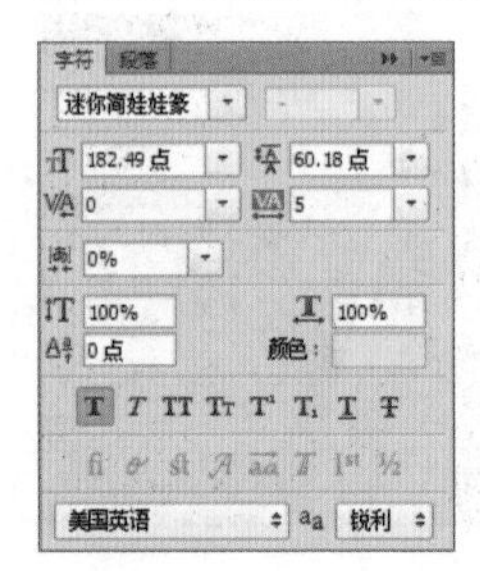

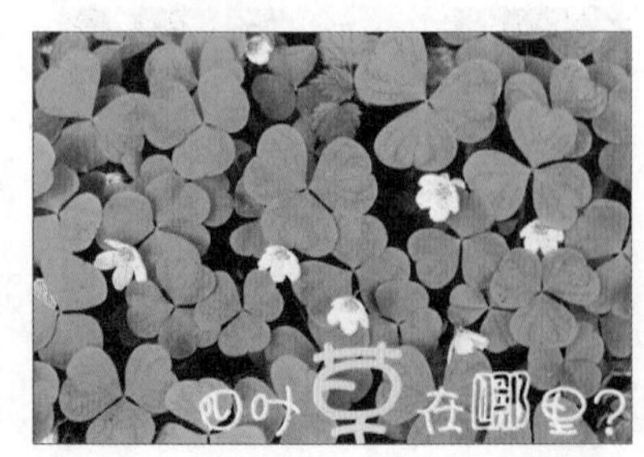

10.2 为文本设置段落格式

在Photoshop中，段落文本的格式可以通过“段落”面板进行设置，在此面板中可以详细设置段落的对齐、缩进和行间距等属性，下面具体来介绍设置段落格式的相关操作。

专家技巧

对段落中的部分文字进行设置

在“图层”面板中选中相应的文字图层，然后在“段落”面板中进行各项设置，即可使设置的段落格式应用于所选文字图层中的所有文字。

对于点文字而言，每一行即是一个单独的段落，而对于段落文字而言，根据定界框大小而定，一段可以是若干行。

如果只需要对段落中的部分文字设置段落格式，有以下两种操作方法。

- 如果需要将段落格式应用于单个段落，在需要进行设置的段落中单击即可。

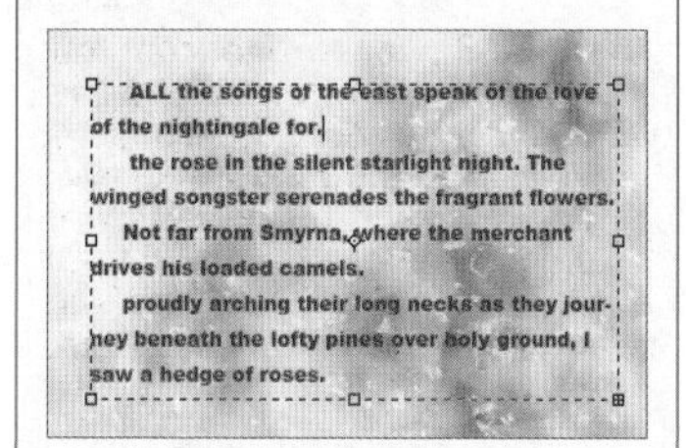

段落格式应用于单个段落

- 如果需要为多个段落设置段落格式，则可以在需要设置的段落文字上拖拽鼠标将其选中，使其呈高亮状态，即可为选中的段落更改格式。

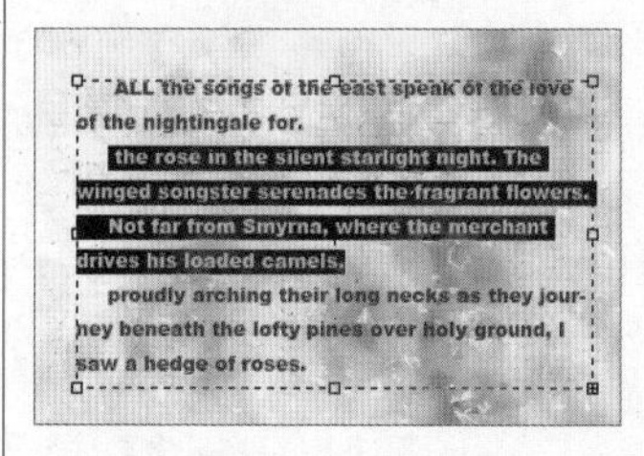

段落格式应用于多个段落

知识点 “段落”面板

执行“窗口→段落”命令，或单击文字工具组中的任意一个文字工具，在属性栏中单击“切换字符和段落面板”按钮，即可打开“段落”面板。下面我们就来对此面板进行详细介绍。

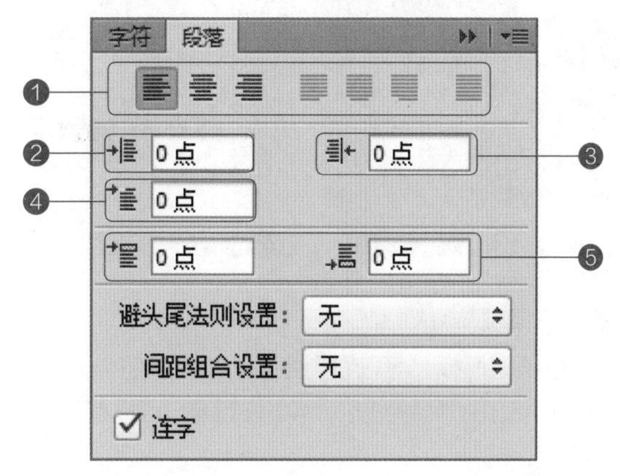

“段落”面板

❶ 文本对齐方式：此选项组中包括7个按钮，选择其中任意一个按钮，即可按照选中的文本对齐方式来排列段落文字。单击选择横排文字工具或横排文字蒙版工具时，按钮从左到右依次显示为“左对齐文本”按钮、“居中对齐文本”按钮、“右对齐文本”按钮、“最后一行左对齐”按钮、“最后一行居中对齐”按钮、“最后一行右对齐”按钮和“全部对齐”按钮。单击选择直排文字工具或直排文字蒙版工具时，按钮从左到右依次显示为“顶对齐文本”按钮、“居中对齐文本”按钮、“底对齐文本”按钮、“最后一行顶对齐”按钮、“最后一行居中对齐”按钮、“最后一行底对齐”按钮和“全部对齐”按钮。

❷“左缩进”文本框：在此文本框中，可以设置从左边缩进段落，如果是直排文字，则可以设置从文字顶端缩进段落。

❸“右缩进”文本框：在此文本框中，可以设置从右边缩进段落，如果是直排文字，则可以设置从文字底部缩进段落。

❹“首行缩进”文本框：可以设置缩进段落中的首行文字。

❺“段前添加空格”和“段后添加空格”文本框：在这两个文本框中可以设置段落上下之间的距离。

如何做 设置段落文字对齐方式的方法

在“段落”面板中可以设置各种文本的对齐方式，通过单击该面板中的对齐按钮可以设置相应的文本对齐方式，下面就来介绍设置段落文字对齐方式的操作方法。

01 打开图像

按下快捷键Ctrl+O，打开附书光盘\实例文件\第10章\Media\03.jpg文件。

02 设置并输入文字

单击横排文字工具，在属性栏中单击“切换字符和段落面板”按钮，在弹出的“字符”面板中对参数进行设置，然后在画面上拖拽鼠标，出现段落文字文本框，在此文本框中输入段落文字。

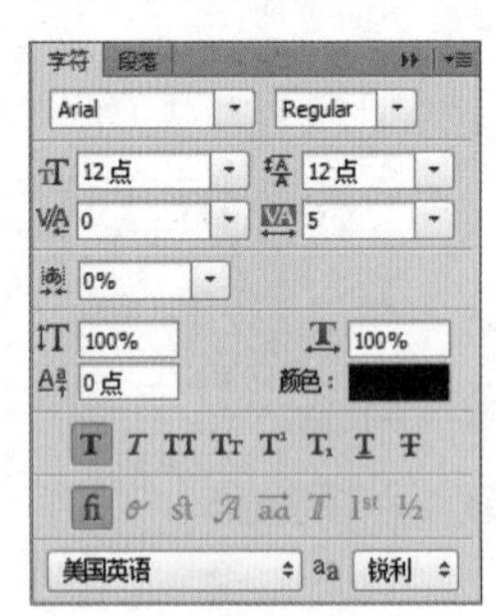

03 居中排列段落文字

切换到“段落”面板，可以看到当前的文本对齐方式为“左对齐文本”，在该面板中单击“居中对齐文本”按钮，可以看到改变了段落文字的对齐方式。

04 右对齐排列段落文字

采用同样的方法，单击“右对齐文本”按钮，即可看到段落文字的排列方式变成右对齐。

05 改变文字方向和对齐方式

在属性栏中单击“更改文本方向”按钮，使文字呈垂直方向显示，此时段落文字排列的方式为底对齐。单击“顶对齐文本”按钮，使段落文字排列方式为顶对齐，再单击“居中对齐文本”按钮，使段落文字排列方式为居中对齐。

10.3 设置多样的文字效果

使用文字工具不仅可以方便地创建各种文字，对文字的形态以及排版样式进行调整，还能结合其他工具或操作创建各种不同的文字效果，使文字效果更加生动有趣，下面就来具体介绍创建多样化文字效果的操作方法。

知识点 多样化的文字效果

使用文字工具输入文字后，可以结合各种方法为文字创建多种效果，例如结合路径编辑文字、对文字进行适当变形、为文字添加投影效果或对文字进行图案填充。下面就来进行详细介绍。

1. 结合路径编辑文字

使用钢笔工具或形状工具组中的任意工具在图像上绘制需要的路径，可以是闭合路径，也可以是开放路径，然后在路径上需要输入文字的位置单击，出现闪烁的插入点后，即可沿着路径输入文字。

知识链接

在闭合路径中输入文字

在图像上创建开放或闭合的路径，沿着路径输入文字，文字即会按照路径的形状进行排列。当路径为闭合路径，在路径内输入文字时，文字在路径内部进行排列，可以排出生动形象的图形化文字效果。

绘制闭合路径

在路径内输入文字

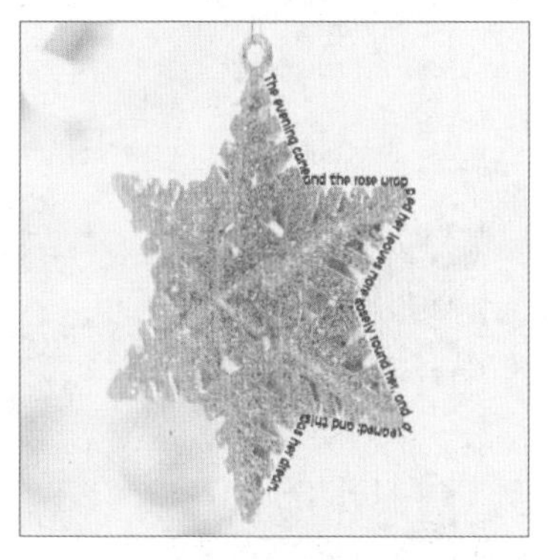

沿着开放路径输入文字

沿着闭合路径输入文字

2. 对文字进行变形

在Photoshop中可以对输入的文字进行各种形式的变形处理，通过这一功能，可以制作出多种多样的扭曲变形效果，使文字更加生动富有趣味。执行“图层→文字→文字变形”命令，或者在文字工具属性栏中单击“创建文字变形”按钮，即可打开“变形文字”对话框，通过设置不同的参数即可创建不同的文字扭曲变形效果。

下弧变形

鱼形变形

3. 为文字添加投影>>>

为了使文字在画面中更加醒目和突出，可以为文字添加合适的投影效果。双击文字图层，在弹出的“图层样式”对话框中选择“投影”选项，然后在选项面板中进行设置，即可为文字添加投影效果；单击“图层”面板下方的“添加图层样式”按钮fx，在弹出的下拉列表中选择“投影”选项，同样可以为文字添加投影效果；执行“图层→图层样式→投影”命令，同样可以制作相同的效果。

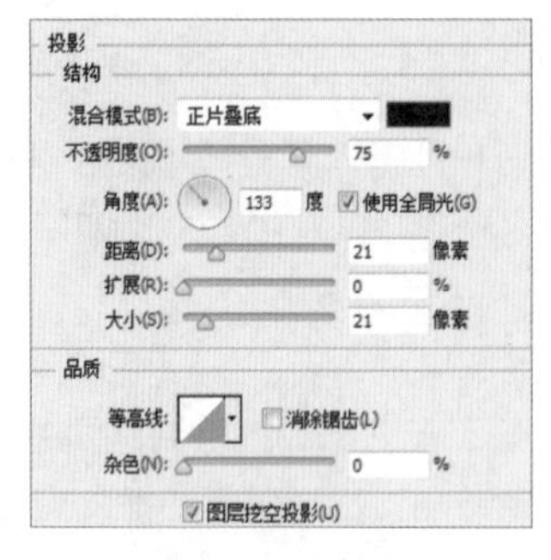

设置投影混合模式为“正片叠底”

制作出自然的投影效果

设置投影混合模式为“线性加深”

制作出具有层次感的投影效果

4. 为文字设置填充效果>>>

输入文字后，如果觉得文字效果比较单调，也可以为其填充图案，使文字效果更加丰富多彩。双击文字图层，在弹出的“图层样式”对话框中选择“图案填充”选项，然后在选项面板中进行相应的设置，即可为文字填充相应的图案。

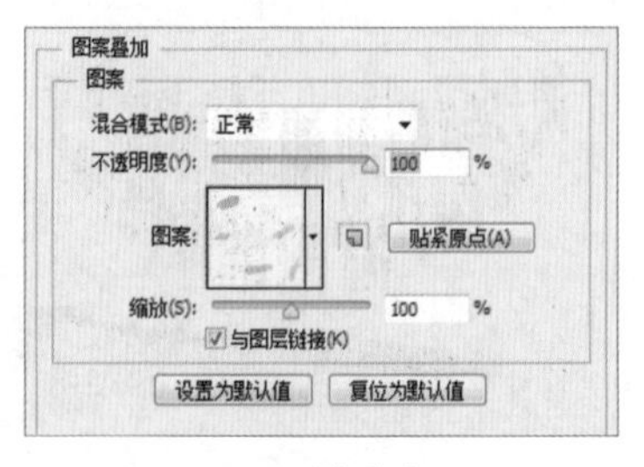

设置图案填充

图案填充的效果

知识链接

对文字进行渐变填充和描边

对于文字的填充，不仅可以为其填充图案，也可以对其进行渐变填充，还可以沿着文字的外轮廓对其进行描边处理，使文字效果更加丰富。

如果需要对文字进行渐变填充，则双击文字图层，在弹出的“图层样式”对话框中选择“渐变叠加”选项，然后在选项面板中进行相应的设置，即可渐变填充文字。也可以执行“图层→栅格化→文字”命令，将文字图层转换为普通图层，再执行“选择→载入选区”命令，将其载入选区，然后使用渐变工具在选区内进行渐变填充。

渐变填充文字

如果要沿着文字的外轮廓对其进行描边处理，双击文字图层，在弹出的“图层样式”对话框中选择“描边”选项，然后在其选项面板中进行相应的设置，即可对文字进行描边处理。

描边文字

如何做 沿着路径创建和编辑文字

创建路径后可以使用文字工具沿着路径输入文字，使文字呈现各种不规则的排列效果。对于沿着路径输入的文字，同样可以选中全部或部分文字更改其字体、大小、颜色或是添加投影等效果。下面就来介绍在路径上编辑文字的操作方法。

01 打开图像并绘制路径

按下快捷键Ctrl+O，打开附书光盘\实例文件\第10章\Media\04.jpg文件，然后单击钢笔工具，在画面上绘制路径。单击横排文字工具，在属性栏中单击“切换字符和段落面板”按钮，在弹出的“字符”面板中对参数进行设置，然后在路径的起始点单击并输入相应的文字。

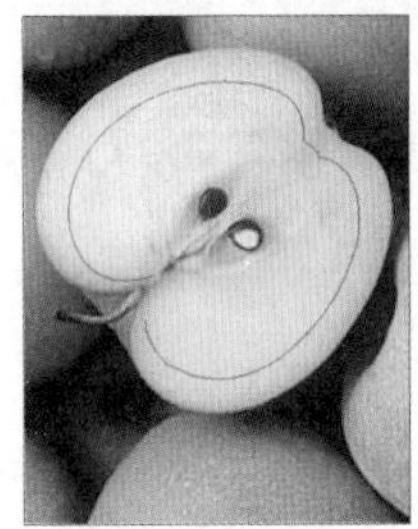

02 选择文字并设置属性

使用横排文字工具在文字上拖拽鼠标，选中文字使其呈高亮状态，然后在“字符”面板中设置其字体为KraftUndStil，颜色为R236、G22、B73，可以看到选中的文字进行了相应的调整。

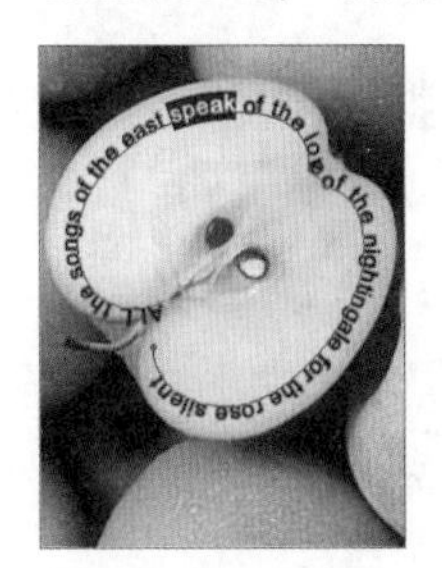

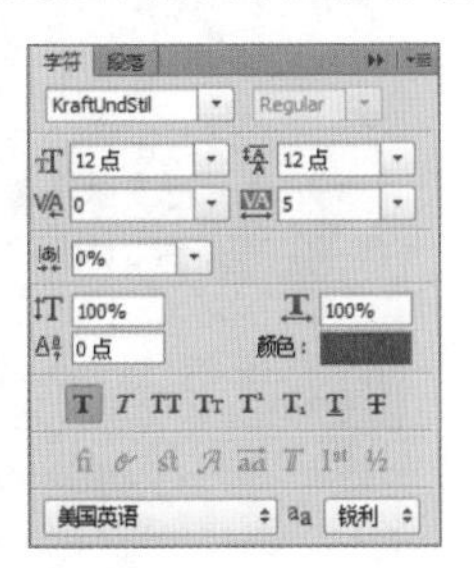

03 继续设置文字属性

继续使用横排文字工具选中文字，并在“字符”面板中设置颜色为R255、G84、B0。

04 添加投影图层样式

双击文字图层，在弹出的“图层样式”对话框中勾选“投影”复选框，然后在其选项面板中设置各项参数，完成后单击“确定”按钮，为文字添加投影效果。至此，本实例制作完成。

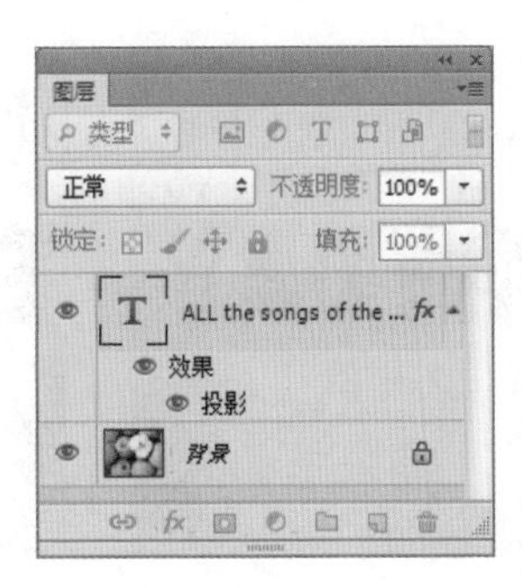

如何做 根据文字创建工作路径

在图像中输入文字后，可以通过执行“图层→文字→创建工作路径”命令，沿着文字的边缘创建工作路径，然后可以对路径进行填充或描边等操作，下面就来进行详细介绍。

01 打开图像并输入文字

按下快捷键Ctrl+O，打开附书光盘\实例文件\第10章\Media\05.jpg文件。单击横排文字工具T，在属性栏中单击“切换字符和段落面板”按钮，在弹出的“字符”面板中设置参数并输入文字。

02 创建路径

执行“图层→文字→创建工作路径”命令，沿着文字边缘生成工作路径，然后隐藏文字图层。

03 填充路径并模糊图像

新建“图层1”，设置前景色为R54、G27、B134，在“路径”面板中单击“用前景色填充路径”按钮，填充路径为前景色。执行“滤镜→模糊→高斯模糊”命令，在弹出的对话框中设置“半径”为4.0像素，完成后单击“确定”按钮，对文字进行模糊处理。

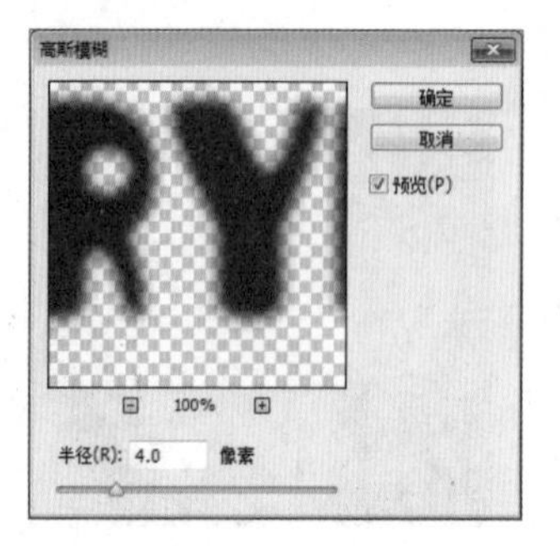

04 移动路径并描边

新建“图层2”，在“路径”面板中选择工作路径，然后按下快捷键Ctrl+T，将路径适当向右移动，设置前景色为R255、G237、B40，设置“画笔”为“尖角7像素”，单击“用画笔描边路径”按钮，对路径进行描边。

05 设置图层混合模式

在“路径”面板的空白区域单击隐藏路径，设置“图层2”的图层混合模式为“滤色”。至此，本实例制作完成。

高手训练营 用图案填充文字

前面学习了使用文字工具可以创建不同的文字效果，包括结合路径编辑文字、对文字进行变形、添加投影和进行填充等，使文字呈现丰富多彩的效果。在使用图案填充文字时，图案的大小、花纹样式的选择都很重要，要根据实际情况进行选择，下面分步介绍具体操作方法。

01 新建图像文件

按下快捷键Ctrl+N，在弹出的“新建”对话框中设置各项参数，单击“确定”按钮新建一个图像文件。设置前景色为R239、G239、B237，按下快捷键Alt+Delete为“背景”图层填充前景色。

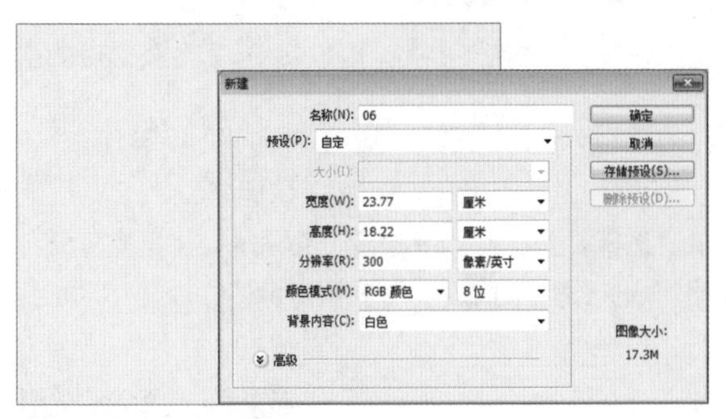

02 设置文字属性并输入文字

单击横排文字工具，在属性栏中单击“切换字符和段落面板”按钮，在弹出的“字符”面板中进行相应的设置，然后在画面中顶部位置单击置入插入点，并输入相应的文字。

03 输入第二行文字

再次在属性栏中单击“切换字符和段落面板”按钮，在弹出的“字符”面板中适当更改文字的大小，然后在下面继续输入文字。

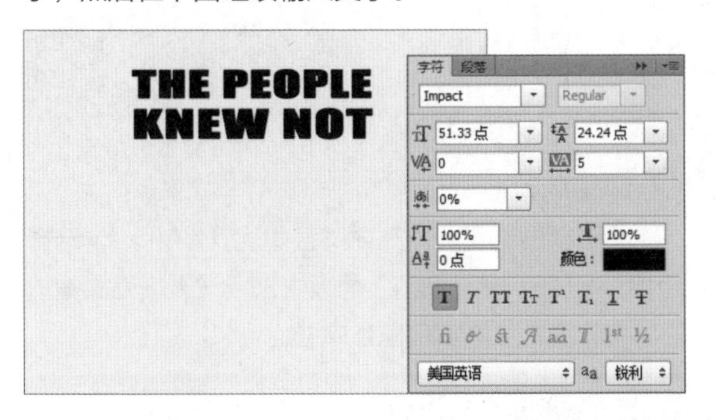

04 输入其他文字

同样的方法，分别在“字符”面板中设置不同的文字大小，在画面中依次输入相应的文字，注意文字的大小、排列方式等要错落有致层次分明。

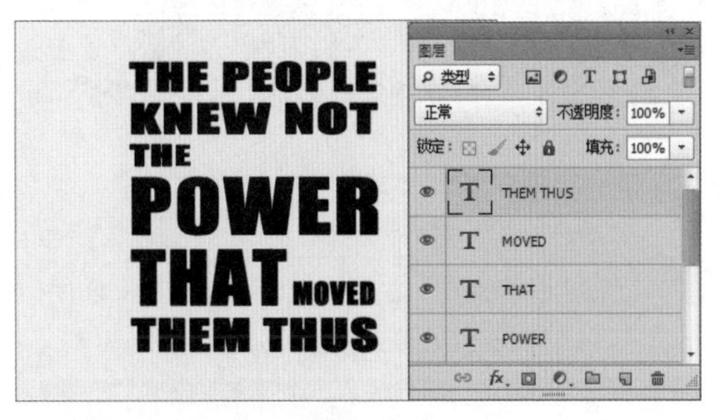

05 定义图案

按下快捷键Ctrl+O，打开附书光盘\实例文件\第10章\Media\文字\花纹01.jpg文件，执行“编辑→定义图案”命令，在弹出的“图案名称”对话框中单击“确定”按钮，将其定义为图案。

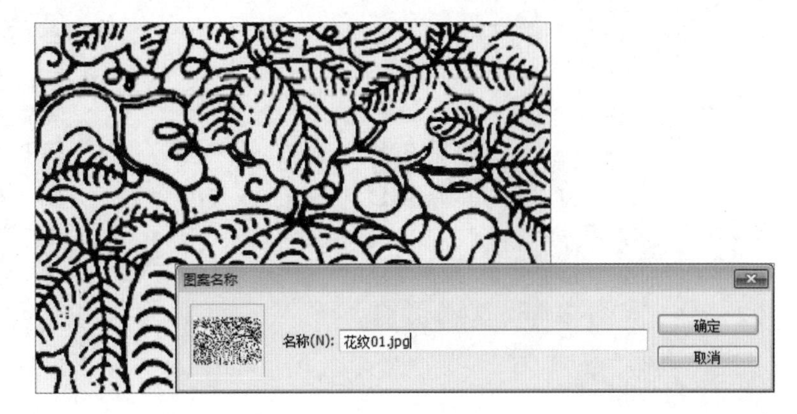

06 为第一行文字填充图案

选择第一行文字所在的图层，双击此图层，在弹出的“图层样式”对话框中勾选“图案叠加”复选框，然后在其选项面板中选择刚才定义的图案，完成后单击“确定”按钮，为文字填充图案。

07 为所有文字填充图案

使用同样的方法，分别打开同路径的素材文件“花纹02.jpg”~“花纹06.jpg”，将其定义为图案后，在“图层样式”对话框中分别选择相应的图案对文字进行填充。

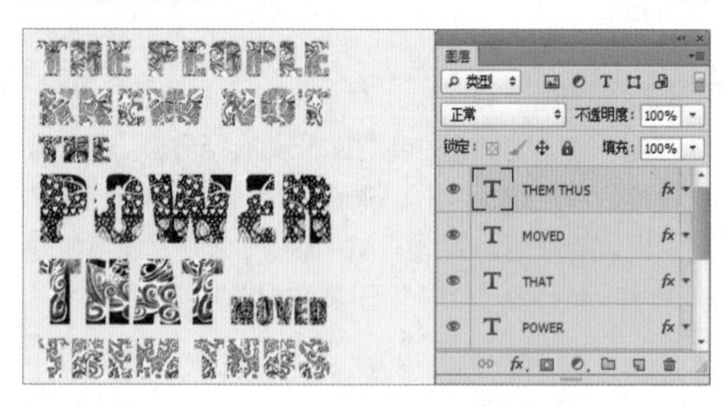

08 设置不透明度并添加花纹

分别选择POWER图层和THAT图层，并设置其“不透明度”为85%和90%。按下快捷键Ctrl+O，打开附书光盘\实例文件\第10章\Media\文字\花纹组合.psd文件。选择“图层1”，单击移动工具，将其拖拽至当前图像文件中，生成“图层1”，然后按下快捷键Ctrl+T对图像进行适当的调整，并放置在合适的位置，完成后设置“图层1”的“不透明度”为80%。

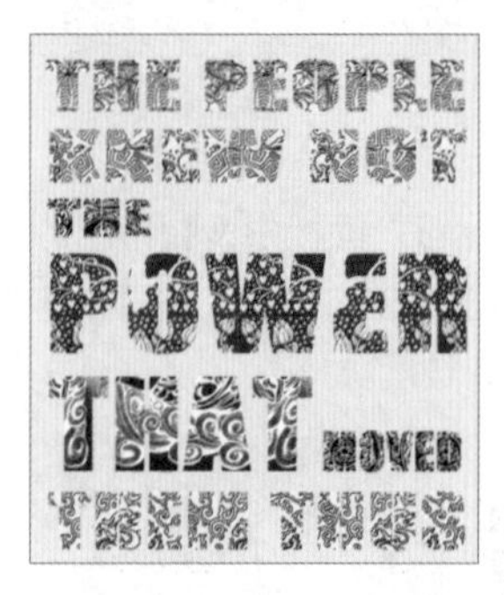

09 添加其他花纹和文字

分别选择相应的花纹图像添加至06.psd图像文件中，复制需要的图层，设置相应的不透明度。使用横排文字工具在画面下方输入文字。

10 调整色阶

单击“创建新的填充或调整图层”按钮，选择“色阶”选项，在“调整”面板中进行设置增强图像的对比度。至此，本实例制作完成。

10.4 管理和编辑路径

路径是使用钢笔工具或形状工具绘制出的开放或闭合图形，由于是矢量图形，所以无论放大或缩小图形都不会影响其分辨率和平滑度而使边缘保持清晰的效果。路径可以非常容易地进行转换为选区、填充颜色或图案、描边等操作，也是在抠图中常用到的方法，在实际应用中的使用频率非常高，使用也相当简单快捷。下面就来进一步介绍如何对路径进行有效管理和编辑。

知识链接

路径的类型

在“路径”面板中可生成3种类型的路径，分别是工作路径、新建路径和矢量蒙版。

使用钢笔工具或形状工具在画面上绘制路径后，在“路径”面板中会自动生成一个临时的工作路径，用于定义路径的轮廓。一个图像中只能存在一个工作路径，如果没有对其进行保存，那么再一次使用钢笔工具或形状工具绘制路径时，之前绘制的路径会消失，被新绘制的路径取代。

创建新路径的方法很多，单击“路径”面板下方的“创建新路径”按钮，可以新建一个路径；单击“路径”面板右上角的扩展按钮，在弹出的扩展菜单中执行“新建路径”命令，在弹出的“新建路径”对话框中可以设置路径的名称，设置完成后单击“确定”按钮，即可新建路径。

“新建路径”对话框

选择钢笔工具或形状工具，然后在属性栏中单击“形状图层”按钮，在图像上绘制路径，在“路径”面板中则会显示该形状图层的矢量蒙版。

知识点 “路径”面板

在图像中绘制出需要的路径后，执行“窗口→路径”命令，可以看到在打开的“路径”面板中会自动生成一个临时的工作路径，可以对其进行新建、填充、描边和转换为选区等各种编辑。下面就对“路径”面板进行详细介绍。

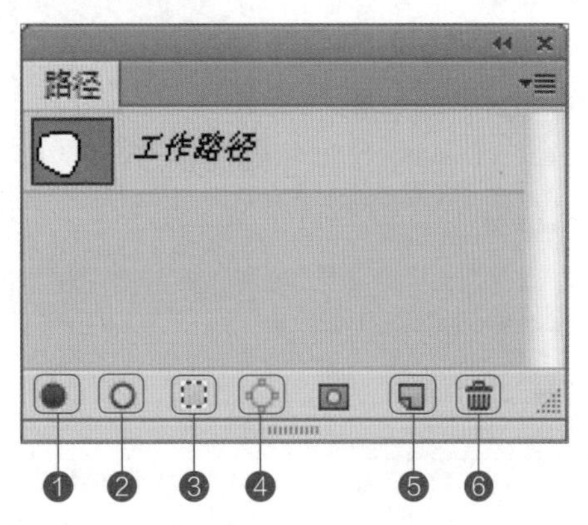

“路径”面板

❶“用前景色填充路径”按钮：在图像中绘制一个路径后，单击此按钮，可以使用前景色填充于路径中。如果是开放的路径，系统将自动使用最短的直线距离填充至未闭合的一边。

绘制闭合路径

填充闭合路径

绘制开放路径

填充开放路径

专家技巧

如何对路径进行快速编辑

在“路径”面板中使用“用前景色填充路径”按钮●、“用画笔描边路径”按钮○、“将路径作为选区载入”按钮⬚或“从选区生成工作路径”按钮◇等对路径进行编辑时，要先对其进行设置，然后才能对路径或选区进行编辑。

按住Alt键的同时单击以上按钮，可以弹出相应的对话框，在弹出的对话框中进行设置后单击“确定”按钮，可对路径进行快速、精确的编辑。

“填充路径”对话框

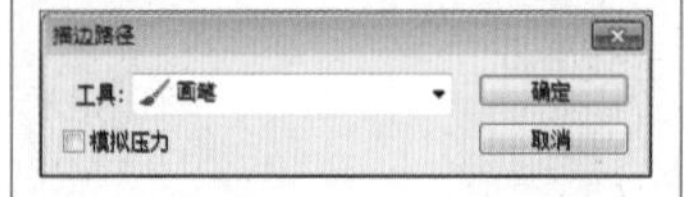

“描边路径”对话框

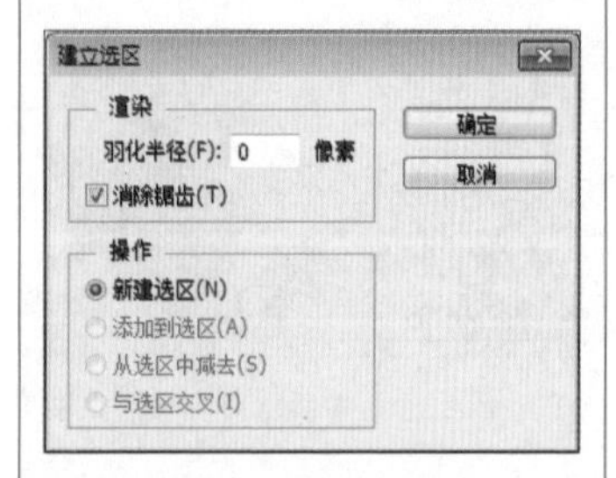

“建立选区”对话框

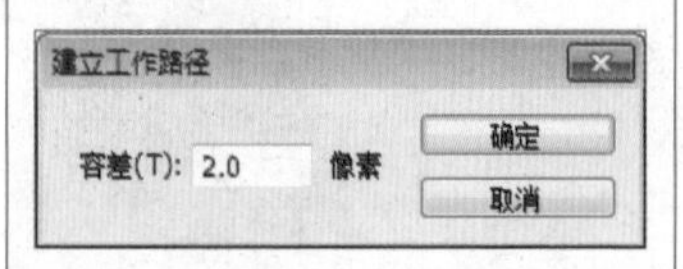

“建立工作路径”对话框

❷“用画笔描边路径”按钮：绘制完路径后单击此按钮，系统将使用设定的绘图工具和前景色按照一定的宽度对路径进行描边。

绘制路径

描边路径

❸“将路径作为选区载入”按钮：单击此按钮，可以将绘制好的路径转换为选区，从而进行对选区的相关编辑。

绘制路径

转换为选区

❹“从选区生成工作路径”按钮：单击此按钮，可以将创建的选区转换为工作路径。

创建选区

转换为工作路径

❸“创建新路径”按钮：单击此按钮，可以在“路径”面板中生成“路径1”；将“工作路径”拖拽至“创建新路径”按钮上，则可以对其进行存储，生成新路径；将任意新建路径拖拽至“创建新路径”按钮上，则可复制此路径；将矢量蒙版拖拽至“创建新路径”按钮上，系统会将该蒙版的副本以新建路径的方式生成于“路径”面板中，而保持原矢量蒙版不变。

❻“删除当前路径”按钮：选择任意一个路径并单击“删除当前路径”按钮，在弹出的提示框中单击“是”按钮，则可删除选中的路径；或者将路径拖拽至此按钮上，同样可以删除选中的路径。

如何做 填充和描边路径的操作

在前面的内容中，讲解了如何对“路径”面板进行有效管理，其中填充和描边路径是常用的对路径进行编辑的方法，下面就来介绍如何对路径进行填充和描边。

01 打开图像

按下快捷键Ctrl+O，打开附书光盘\实例文件\第10章\Media\07.jpg文件。

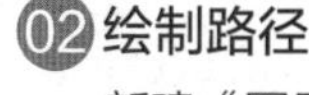

02 绘制路径

新建“图层1”，设置前景色为R246、G218、B149。单击椭圆工具，按住Shift键在图像上绘制一个圆形路径。

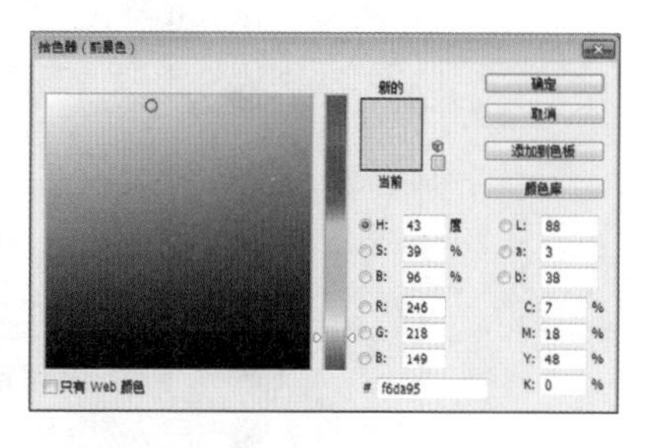

03 填充路径

右击路径，在弹出的快捷菜单中选择“填充路径”选项，打开“填充路径”对话框，设置各项参数。

04 设置图层的不透明度

设置“图层1”的“不透明度”为80%。新建“图层2”，采用相同的方法绘制圆形路径。

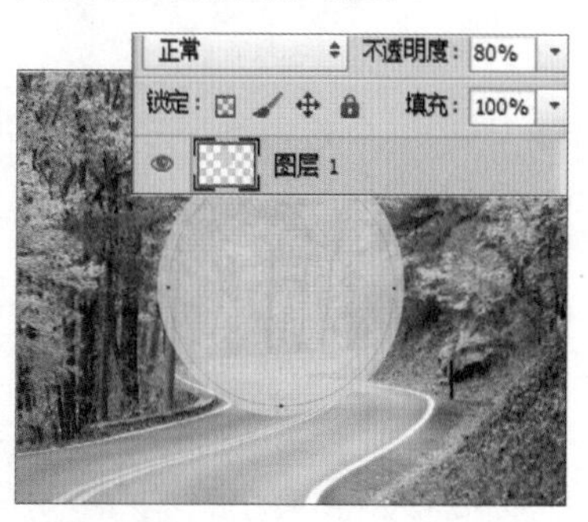

05 描边路径

设置前景色为白色，选择画笔工具，在属性栏中设置参数。然后单击椭圆工具，在路径上右击，在弹出的快捷菜单中执行“描边路径”命令，为小圆描边。结合文字工具在图像上输入文字信息，并使用圆角矩形工具与自定形状工具在图像上绘制形状。至此，本实例制作完成。

3+1 专栏 了解“填充路径”对话框和“描边路径”对话框

在画面上绘制一条路径，然后使用钢笔工具或路径选择工具在路径中右击鼠标，在弹出的快捷菜单中执行“填充路径”命令，即可弹出“填充路径”对话框；在“路径”面板中选择一个路径，激活面板中的各个按钮，然后按住Alt键的同时单击“用前景色填充路径”按钮，同样可以弹出“填充路径”对话框；在“路径”面板中单击右上角的扩展按钮，在弹出的扩展菜单中执行“填充路径”命令，同样可以弹出“填充路径”对话框，在此对话框中可以设置不同的填充路径效果。

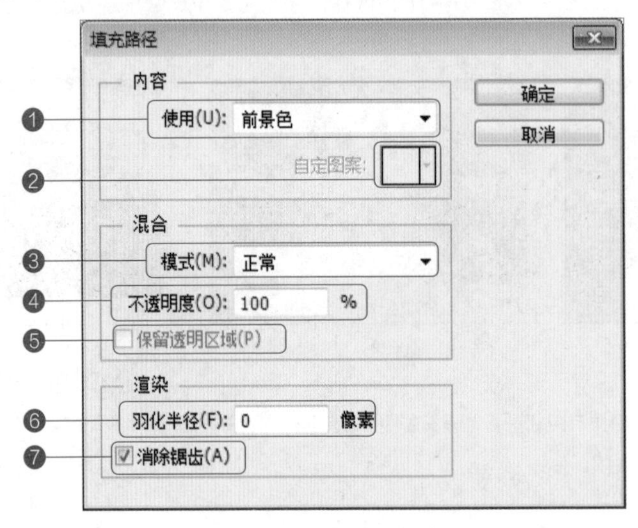

“填充路径”对话框

❶“使用”下拉列表：在此下拉列表中可以选择使用不同的方式对路径进行填充，包括“前景色”“背景色”“颜色”“图案”“历史记录”“黑色”“50%灰色”和“白色”8个选项。选择“颜色”选项后，会弹出“选取一种颜色”对话框，在该对话框中设置相应的参数，即可使用设置的颜色填充路径。

❷“自定图案”面板：在“使用”下拉列表中选择“图案”选项，即可激活“自定图案”面板，在此面板中可以选择系统自带的图案或载入自定图案对路径进行填充。

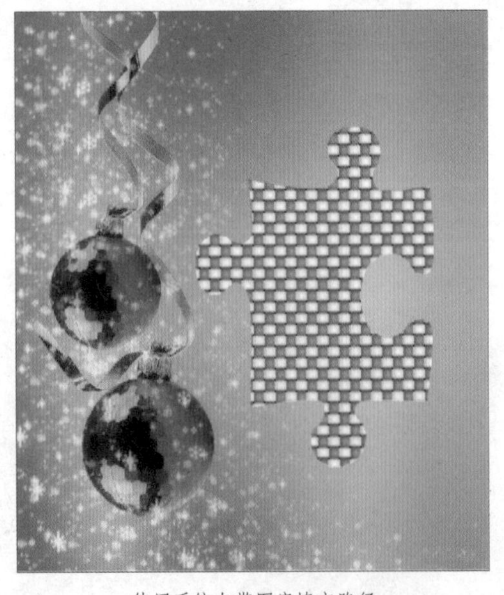

使用系统自带图案填充路径

使用自定图案填充路径

❸“模式”下拉列表：在此下拉列表中可以设置填充路径的图案或颜色的混合模式。

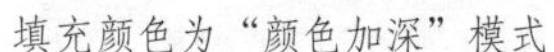

填充颜色为“颜色加深”模式　　　　填充图案为“差值”模式

❹“不透明度”文本框：此文本框用于设置填充的颜色或图案的不透明度。

❺“保留透明区域”复选框：勾选此复选框，可以使图像中的透明区域得以保留而不被填充。此复选框只针对普通图层进行使用。

❻“羽化半径”文本框：此文本框用于设置羽化边缘在选区边界内外的延展距离。

填充颜色并设置“羽化半径”为50像素　　　　填充图案并设置“羽化半径”为80像素

❼“消除锯齿”复选框：勾选此复选框可以通过部分填充选区的边缘像素，在选区的像素和周围像素之间创建精确的过渡效果。

在画面上绘制一条路径，然后使用钢笔工具或路径选择工具在路径中右击鼠标，在弹出的快捷菜单中执行“描边路径”命令，即可弹出“描边路径”对话框。在该对话框中可以进行各项参数设置，完成后单击“确定”按钮，即可对路径进行描边。

“描边路径”对话框

❶“工具”下拉列表：在此下拉列表中可以选择不同的工具对路径进行描边。

❷“模拟压力”复选框：勾选此复选框，可以使描边效果形成两头尖中间粗的效果。

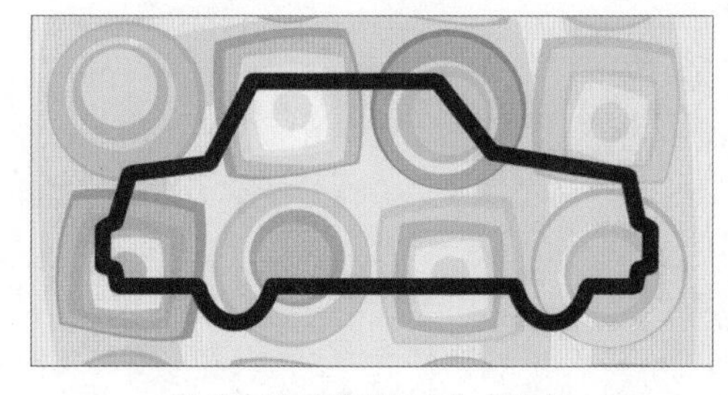

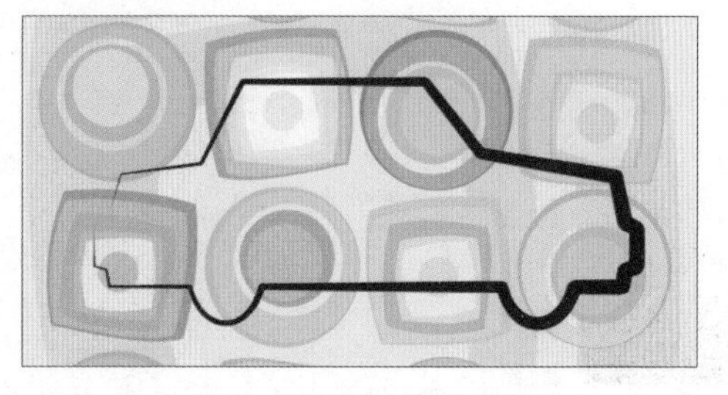

取消勾选“模拟压力”复选框　　　　勾选“模拟压力”复选框

高手训练营 使用填充路径和描边路径绘制简单插画

通过前面的讲解，使用户对填充路径和描边路径有了比较细致的了解，在绘制插画时也经常使用这两种方法，其优点是使用方便、制作快捷。下面就结合这两种方法制作简单插画图像。

01 新建图像文件并绘制路径

按下快捷键Ctrl+N，在弹出的“新建”对话框中设置各项参数，单击“确定”按钮，新建一个图像文件。设置前景色为R158、G210、B224，设置完成后按下快捷键Alt+Delete填充图像前景色。

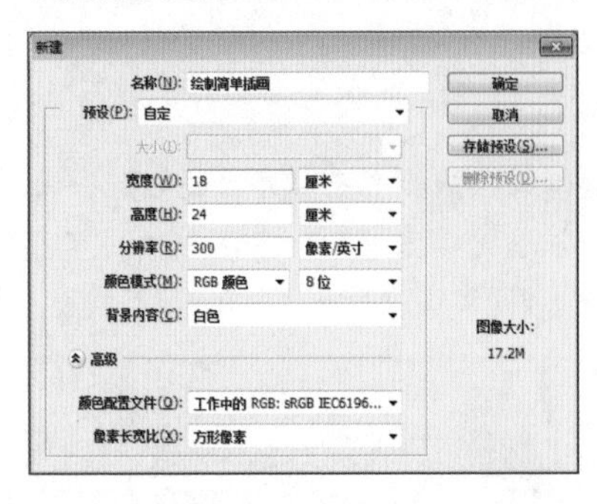

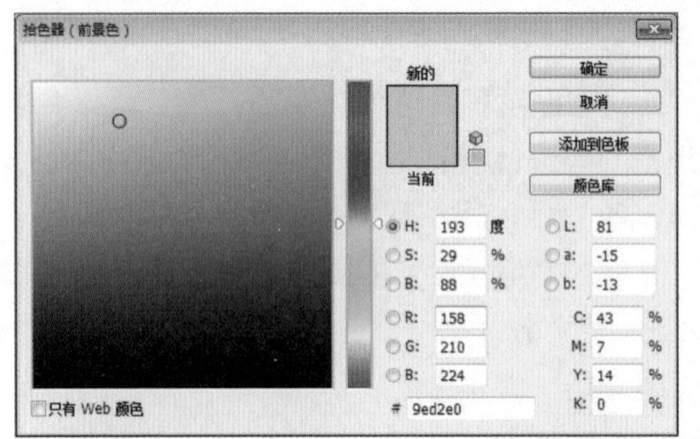

02 填充路径

新建“图层1”，设置前景色为R197、G233、B242，单击钢笔工具，在图像上绘制路径并在路径中右击鼠标，在弹出的快捷菜单中执行“填充路径”命令，在弹出的对话框中进行设置。

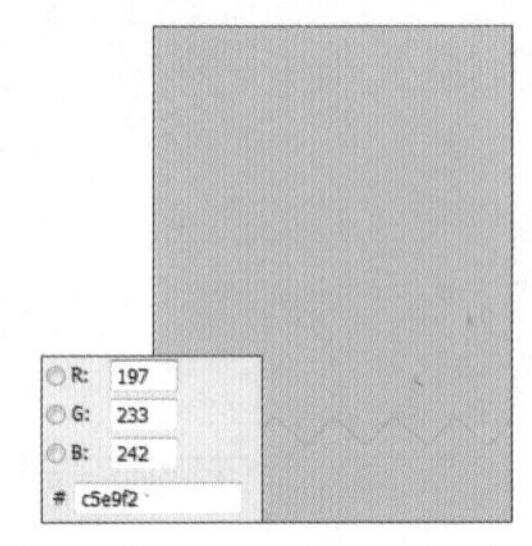

03 制作波浪背景

完成后单击“确定”按钮，对路径进行填充。

04 绘制小狗轮廓

新建“图层2”，使用钢笔工具绘制小狗路径，设置前景色为R230、G209、B170，在“路径”面板中单击“用前景色填充路径”按钮，填充路径为前景色。

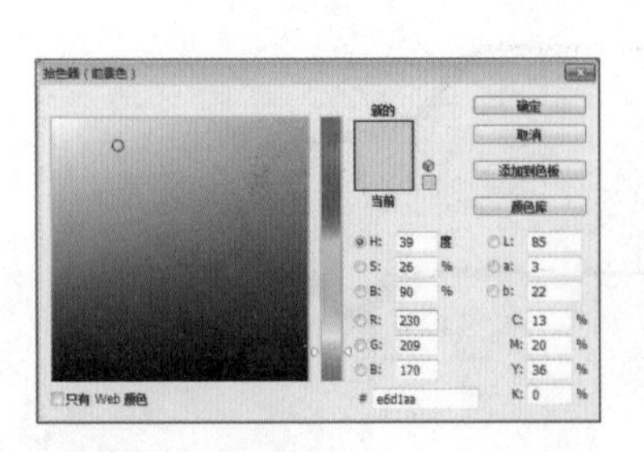

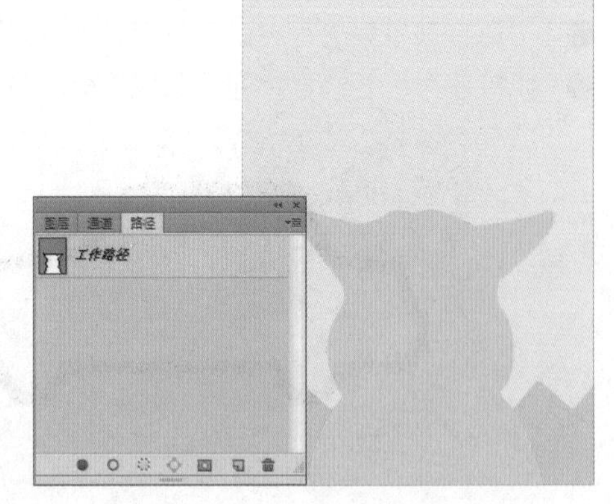

05 绘制小狗项圈

新建“图层3”，使用钢笔工具绘制路径并设置相应的前景色为R233、G120、B60，在图像上绘制路径，完成后将路径转换为选区并填充选区前景色，按下快捷键Ctrl+D取消选区，然后按下快捷键Ctrl+Alt+G创建项圈图像的剪贴蒙版图层。

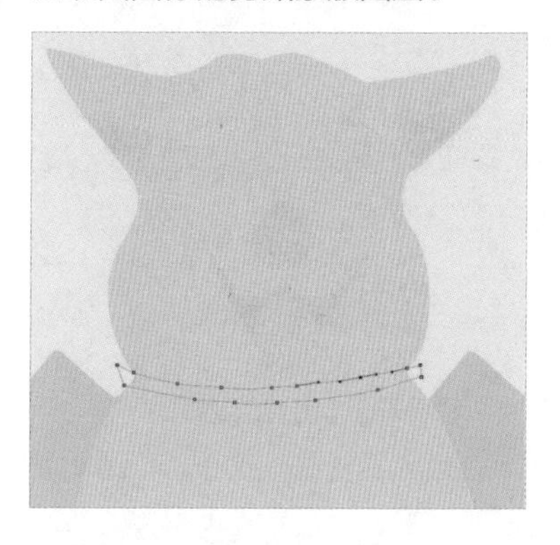

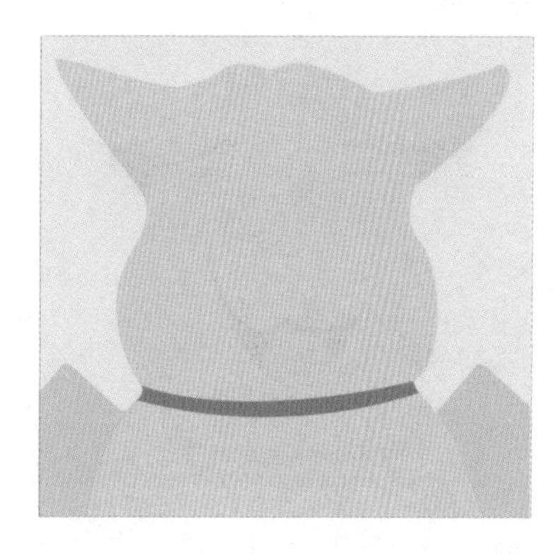

06 绘制小狗嘴巴

新建“图层4”，使用钢笔工具绘制路径并设置相应的前景色为黑色，在图像上绘制路径，完成后将路径转换为选区并填充选区前景色，按下快捷键Ctrl+D取消选区。

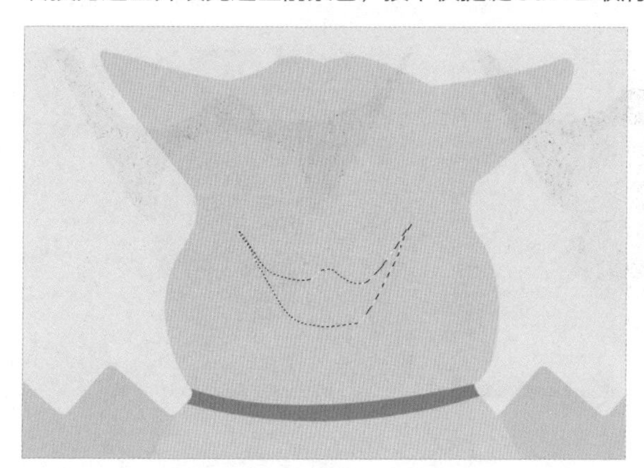

07 绘制小狗舌头和耳朵

新建“图层5”，使用钢笔工具绘制路径并设置相应的前景色为R233、G120、B60，在图像上绘制路径，完成后将路径转换为选区并填充选区前景色，按下快捷键Ctrl+D取消选区。然后新建“图层6”和“图层7”，结合钢笔工具绘制小狗的耳朵。

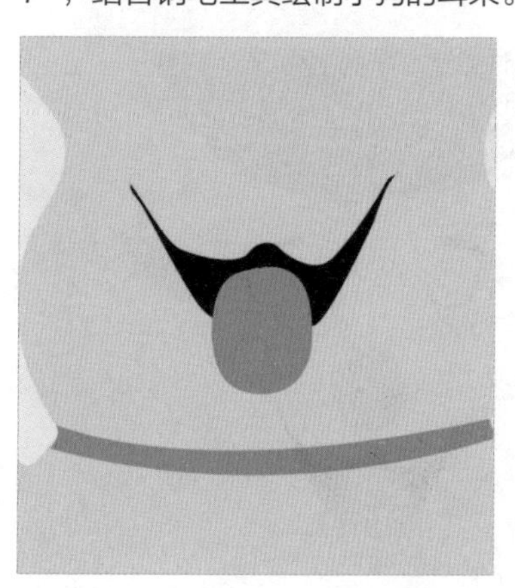

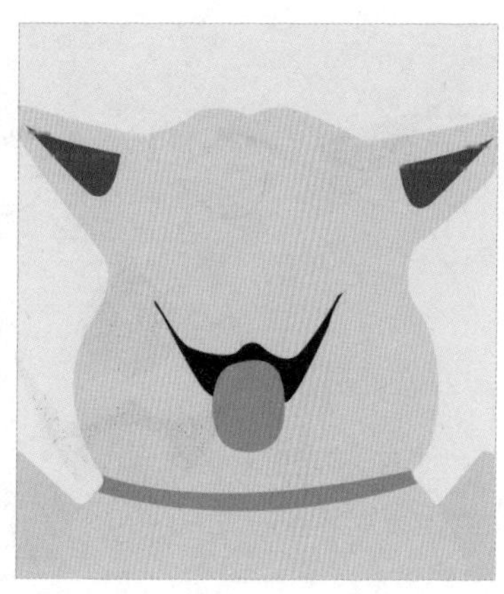

08 绘制小狗形象

使用同样的方法，绘制鼻子、眉毛等不同部分，分别新建图层，使用钢笔工具绘制路径并设置相应的前景色，再对路径进行填充，绘制完小狗的大体形象。

09 绘制鼻孔与项圈

使用椭圆工具在圆形图像上绘制几个圆形路径，采用相同的方法填充路径颜色为黑色。

10 描边路径

在“图层5”的上方新建“图层14”，使用钢笔工具在画面上绘制小狗的舌头中线路径，单击画笔工具，设置“画笔”为“尖角3像素”，设置前景色为R208、G48、B13，单击“用画笔描边路径”按钮，对路径进行描边，完成后创建图层剪贴蒙版。

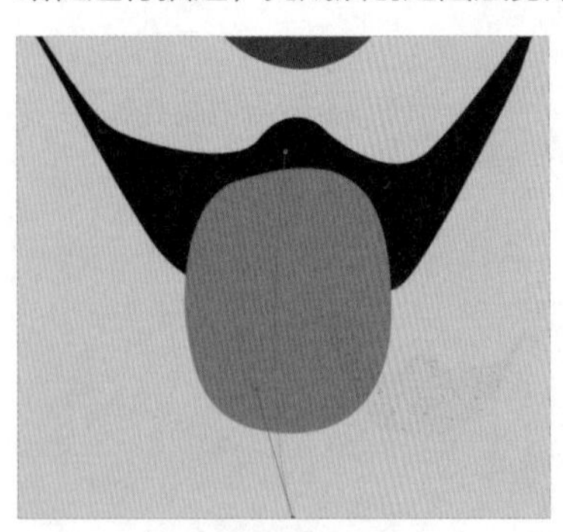

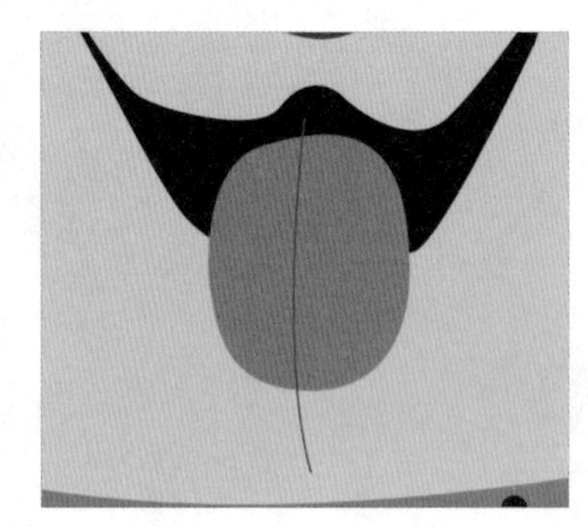

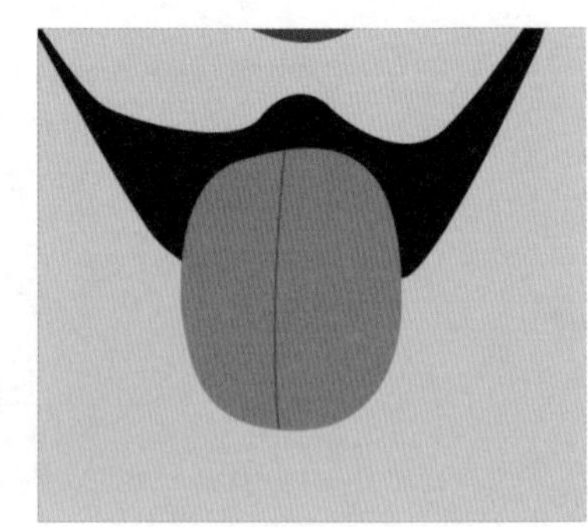

11 绘制眼睛与西瓜皮

新建图层，继续使用钢笔工具与画笔工具绘制小狗的眼睛。新建“组1”，新建图层并采用相同的方法在图像上绘制西瓜图形，绘制完成后将路径转换为选区，填充选区颜色为R94、G146、B55，按下快捷键Ctrl+D取消选区。

⑫ 绘制西瓜层次

使用同样的方法，分别新建图层，使用钢笔工具绘制路径并设置相应的前景色，再对路径进行填充，绘制西瓜层次效果。

⑬ 绘制西瓜子

新建“图层20”，设置前景色为R93、G35、B29，单击画笔工具，绘制西瓜子。

⑭ 绘制更多西瓜子

继续新建多个图层，设置前景色为黑色，继续使用画笔工具，绘制更多西瓜子。

⑮ 描边路径

选中“组1”，单击“图层”面板下方的“添加图层蒙版”按钮，添加图层蒙版，结合尖角画笔工具，设置前景色为黑色，在图层蒙版上进行涂抹，隐藏多余图像，绘制缺口西瓜效果。

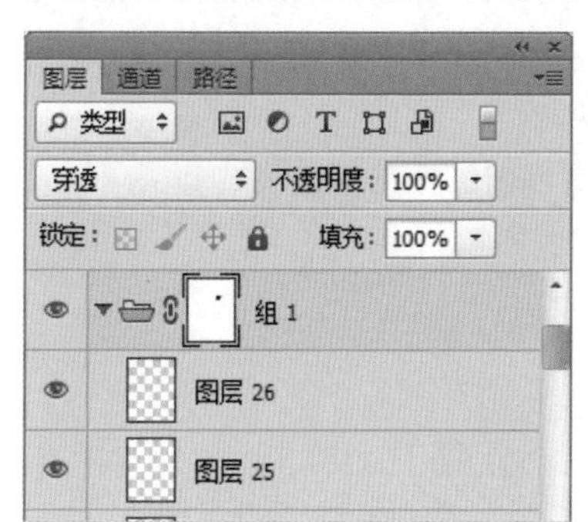

⑯ 添加文字

单击文字工具，在“字符”面板中设置文字字体与颜色，然后在画面中输入相应的文字。至此，本实例制作完成。

Chapter 11

通道和蒙版应用全解析

通道和蒙版是Photoshop的核心技术。通道是通过灰度图像保存颜色信息及选区信息的载体。在蒙版中对图像进行处理，能迅速地还原图像，避免在处理过程中丢失图像信息。

11.1 了解通道和Alpha通道

通道是Photoshop中的重要功能之一，它以灰度图像的形式存储不同类型的信息。通道主要包括三种类型，它们分别是颜色信息通道、Alpha通道和专色通道。在本小节中，主要对通道中的颜色信息通道以及Alpha通道的相关知识进行介绍。

知识点 通道

通道是存储不同类型信息的灰度图像，在通常情况下，打开一个图像文件后，在其“通道”面板中，会自动创建出颜色信息通道，图像的颜色模式决定了所创建的颜色通道的数目。

通道的用处很多，不仅可以查看当前图像的颜色模式，还可以使用通道去除图像杂质、改变图像整体色调等。

“通道”面板

原图

在通道中去除杂色后效果

如何做 新建Alpha通道并载入Alpha通道选区

Alpha通道可以将选区存储为灰度图像，在Photoshop中，经常使用Alpha通道来创建和存储蒙版，这些蒙版用于处理或保护图像的某些部分，下面来介绍创建Alpha通道和载入Alpha通道选区的操作方法。

01 绘制封闭路径

按下快捷键Ctrl+O，打开附书光盘\实例文件\第11章\Media\01.jpg文件，单击钢笔工具，沿对象轮廓绘制封闭路径。

02 将路径转换为选区

按下快捷键Ctrl+Enter，将路径转换为选区。

03 新建Alpha通道

执行“窗口→通道”命令，打开“通道”面板，单击该面板下方的“将选区存储为通道”按钮，新建Alpha1通道。

04 载入选区

单击Alpha1通道，使其成为当前通道，在图像中将显示出通道存储的对象图像，白色为非保护区域，黑色为保护区域。按住Ctrl键不放，在“通道”面板中单击Alpha1通道，即可将该通道中的选区载入到图像中。

05 变换背景颜色

单击RGB通道，在页面中显示出所有通道的效果。按下快捷键Ctrl+J，将选区中对象复制到新图层中，生成“图层1”，然后单击“背景”图层，在背景图层上填充渐变颜色。至此，本实例制作完成。

专栏 熟悉“通道”面板

在Photoshop中的“通道”面板中会显示出图像中的所有通道，对于RGB、CMYK和Lab颜色模式的图像，将复合通道排列在最上层位置。通道内容的缩览图显示在通道名称的左侧，在编辑通道时会自动更新缩览图。执行“窗口→通道”命令，打开“通道”面板，下面来认识“通道”面板。

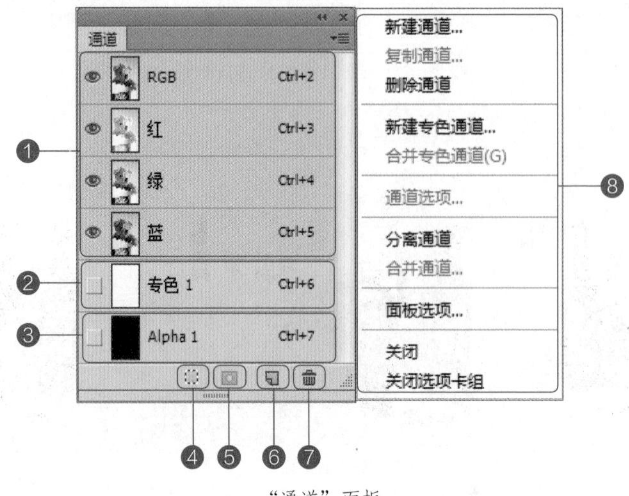

“通道”面板

❶ 颜色通道：在该区域显示出颜色通道，根据不同的颜色模式，有不同的颜色通道，颜色模式包括位图、灰度、双色调、索引颜色、RGB颜色、CMYK颜色、Lab颜色和多通道等。要转换不同的颜色模式，执行“图像→模式”命令，在级联菜单中选择相应的模式选项即可。

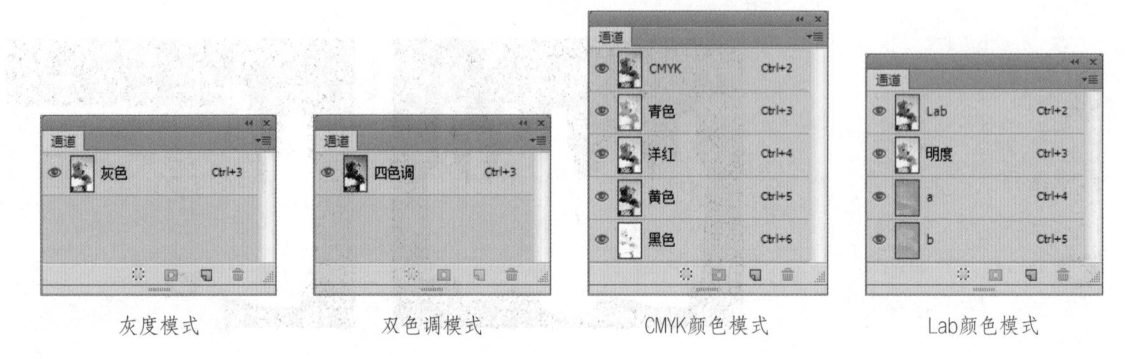

灰度模式　　双色调模式　　CMYK颜色模式　　Lab颜色模式

❷ 专色通道：创建的专色通道背景为白色，而涂抹的区域为黑色。

❸ Alpha通道：创建的Alpha通道背景为黑色，而涂抹的区域为白色。

❹“将通道作为选区载入”按钮：单击该按钮，可将当前选中的通道作为选区载入到图像中，方便用户对当前选区中的对象进行操作。

❺“将选区存储为通道”按钮：单击该按钮，可将当前的选区存储为通道，方便用户在后面的操作中将存储的通道随时作为选区载入。

❻“创建新通道”按钮：单击该按钮，在“通道”面板中新建一个Alpha通道。

❼“删除当前通道”按钮：单击该按钮，将当前选中的通道删除。

❽ 扩展菜单：单击“通道”面板右上角的扩展按钮，即可打开扩展菜单，该菜单中包括与“通道”面板相关的操作选项，其中包括新建通道、复制通道、删除通道、新建专色通道、合并专色通道、通道选项、分离通道和合并通道等选项。

11.2 对通道进行编辑

通过前面的学习，已经对通道的知识有了一定的了解。在本小节中，将介绍编辑通道的相关知识，其中包括显示/隐藏通道、选择通道、重新排列通道，以及重命名通道。

专家技巧

设置对应颜色显示通道

在Photoshop中，默认情况下“通道”面板中的通道在显示时是以无彩色方式显示的，通过在“首选项”对话框中进行设置可以使通道颜色显示为彩色。

执行“编辑→首选项→界面”命令，即可弹出“首选项”对话框，在“界面”选项面板中勾选“用彩色显示通道”复选框，设置完成后单击“确定”按钮，即可以相应颜色显示通道。

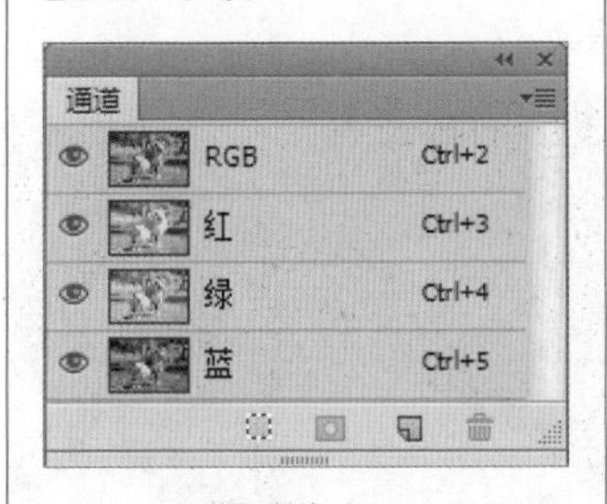

原通道显示

选项
- 自动折叠图标面板(A)
- 自动显示隐藏面板(H)
- 以选项卡方式打开文档(O)
- 启用浮动文档窗口停放(D)
- 用彩色显示通道(C)
- 显示菜单颜色(M)
- 显示工具提示(T)
- 启用文本投影

勾选“用彩色显示通道”复选框

显示通道颜色

知识点 显示或隐藏通道

在Photoshop中，可以通过“通道”面板来查看文档窗口中的任何通道组合。

将不需要查看的通道前面的“指示通道可见性”图标取消，将需要查看的通道前面的“指示通道可见性”图标显示即可。

原图

通道全部显示

红通道+蓝通道

隐藏绿通道

红通道+绿通道

隐藏蓝通道

绿通道+蓝通道

隐藏红通道

如何做 选择和编辑通道的操作

与“图层”面板相似，在“通道”面板中可以选择一个或多个通道，然后对其进行单独调整或编辑，下面来介绍选择和编辑通道的操作方法。

01 调整亮度/对比度

按下快捷键Ctrl+O，打开附书光盘\实例文件\第11章\Media\02.jpg文件。执行“窗口→通道”命令，打开“通道”面板，按住Shift键不放，通过单击绿通道和蓝通道将其同时选中。执行“图像→调整→亮度/对比度”命令，打开“亮度/对比度”对话框，设置“亮度”为-48，“对比度”为100，设置完成后单击“确定”按钮，将设置的参数应用到当前两个通道中。

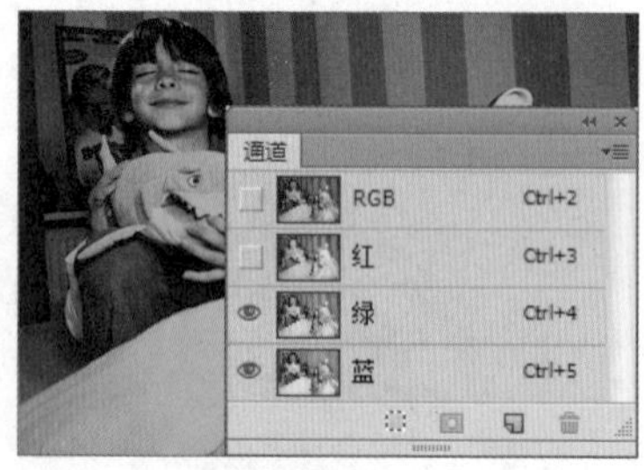

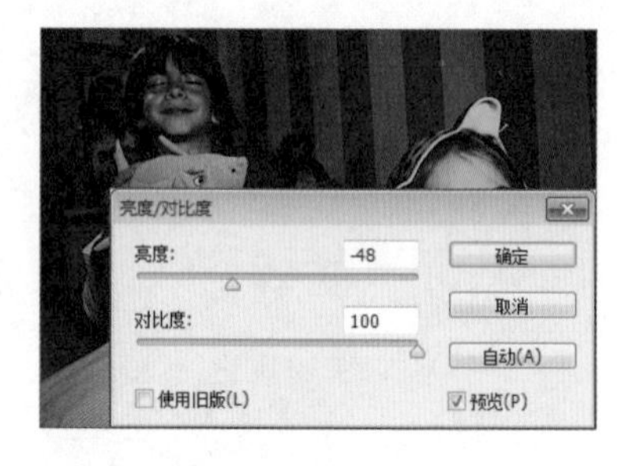

02 载入选区

在“通道”面板中单击选中RGB通道，切换到通道全部显示状态，然后按住Ctrl键不放，在“通道”面板中单击红通道，将该通道中的选区载入到图像中。

03 减去选区

按住快捷键Ctrl+Alt不放，单击蓝通道，将蓝通道中的选区从当前选区中减去。

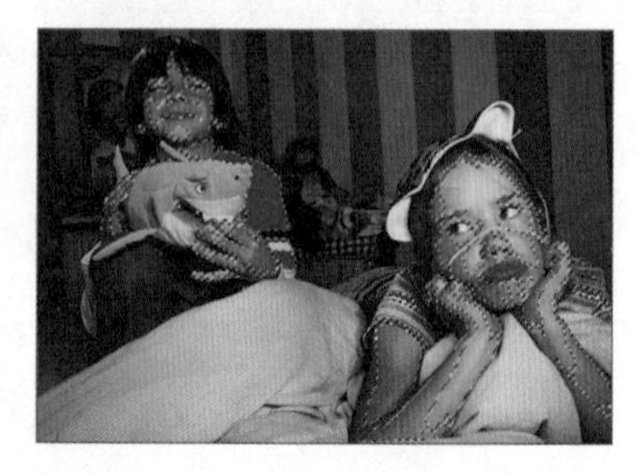

04 通过通道调整颜色

在“通道”面板中单击选中红通道，使其成为当前通道，然后按下快捷键Ctrl+C，复制通道中的对象。切换到蓝通道中，按下快捷键Ctrl+V，将其粘贴到当前通道中。最后单击RGB通道，黄色区域变成了红色。至此，本实例制作完成。

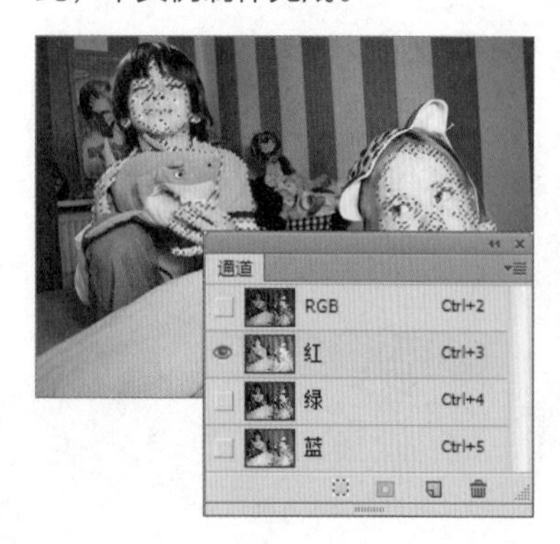

如何做 调整图像通道的操作

在对图像文件中的通道进行调整时，若要将Alpha通道或专色通道移动到默认颜色通道的上面，需要将图像文件先转换为多通道颜色模式，然后再对图像的通道进行调整。在这里将介绍重新排列、重命名Alpha通道和专色通道的操作方法。

01 转换图像颜色模式

按下快捷键Ctrl+O，打开附书光盘\实例文件\第11章\Media\03.jpg文件。执行“窗口→通道”命令，打开“通道”面板，执行“图像→模式→多通道”命令，将图像转换为多通道颜色模式。

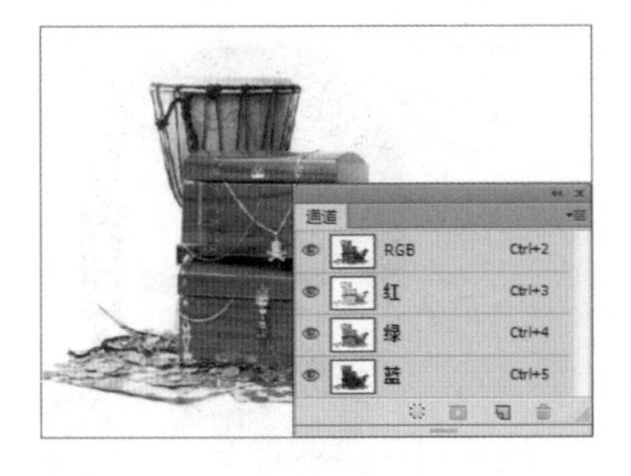

02 调整通道排列顺序

单击选中洋红通道，并将其直接拖拽到最上层，即可改变其位置，而其快捷键也跟着改变。

03 调整通道颜色

单击选中洋红通道，执行“图像→调整→色阶”命令，通过拖拽滑块改变该通道的颜色效果，设置完成后单击“确定”按钮，将设置的参数应用到当前通道中，再对青色通道进行调整。

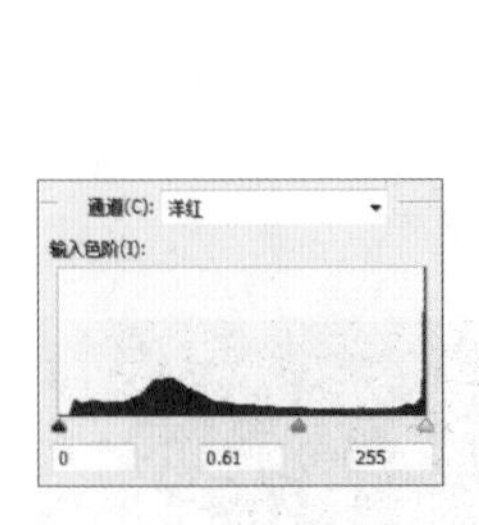

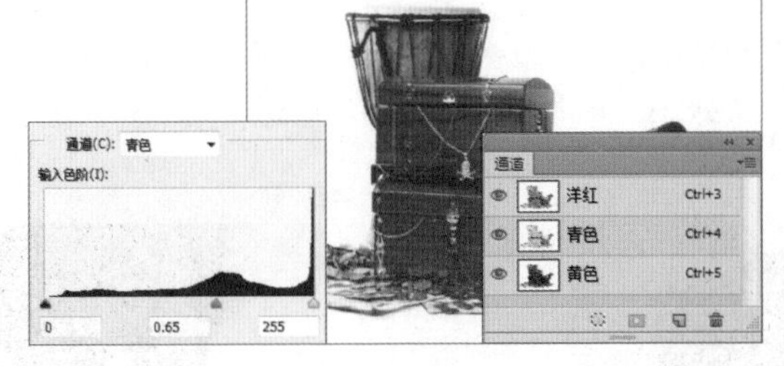

04 编辑通道名称

双击洋红通道的通道名称，出现文本框，插入点闪烁，说明可对其名称进行编辑。

05 重命名通道

输入通道名为“更改过颜色通道1”，完成输入后单击“通道”面板空白处即可。按照同样的方法，将其他两个通道分别重命名为“更改过颜色通道2”和“更改过颜色通道3”。

06 转换图像模式

执行“图像→模式→RGB颜色”命令，即可将当前的颜色模式转换为RGB颜色模式。

高手训练营 为人物的发丝抠图

在前面的学习中，介绍了通道的相关知识，并了解了一些常用的编辑通道的方法，下面将介绍在通道中调整抠取人物发丝的方法。

01 打开图像文件

按下快捷键Ctrl+O，打开附书光盘\实例文件\第11章\Media\04.jpg文件。在“通道”面板中选择对比度最强烈的“蓝”通道，复制为“蓝副本”通道。

02 设置通道混合模式

按下快捷键Ctrl+L弹出“色阶”对话框，通过拖动黑白滑块增强图像中人物和背景的对比度，完成后单击“确定”按钮。

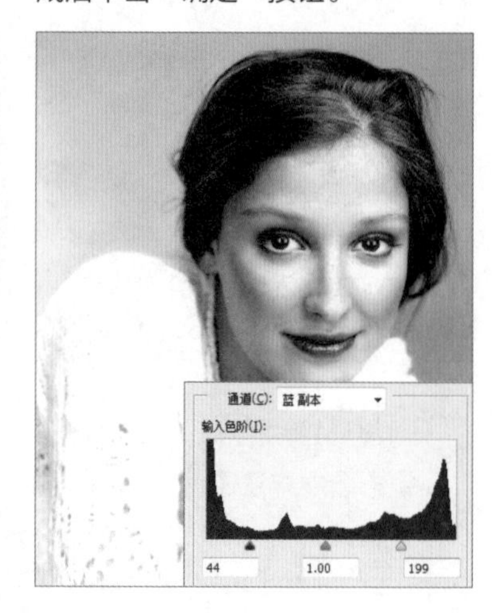

03 调整人物通道颜色为黑色

按下D键，设置前景色为黑色，然后使用画笔工具在头发内部和面部进行绘制，不要接近头发的外边缘。使用套索工具选取画面中的衣服边缘，使用“色阶”命令增强衣服和背景的对比度，完成后单击“确定”按钮。

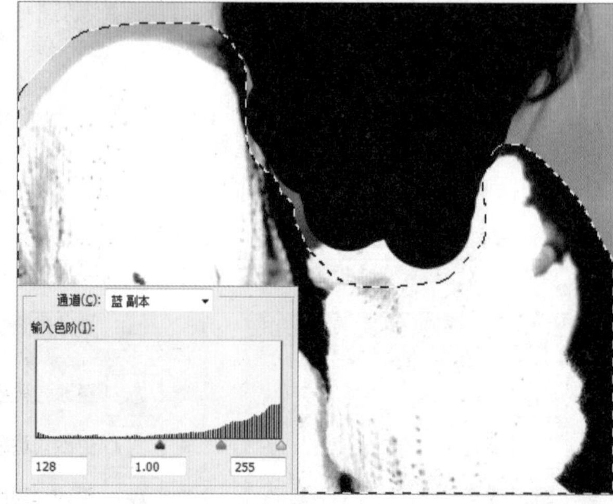

04 创建人物选区

按下快捷键Ctrl+I反相选区，将白色的毛衣转换为黑色，完成后按下快捷键Ctrl+D取消选区，然后将人物图像中的白色杂点绘制为黑色。单击画笔工具，在选项栏中设置“模式”为“叠加”，然后使用白色在肩膀的毛衣边缘进行绘制，将背景绘制为白色的同时保留黑色毛衣的细节。

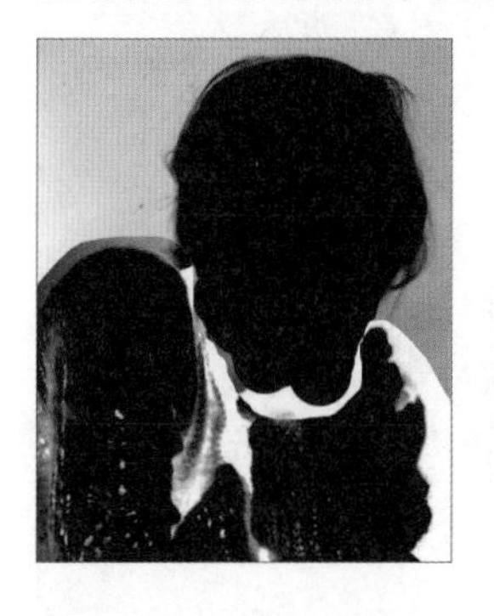

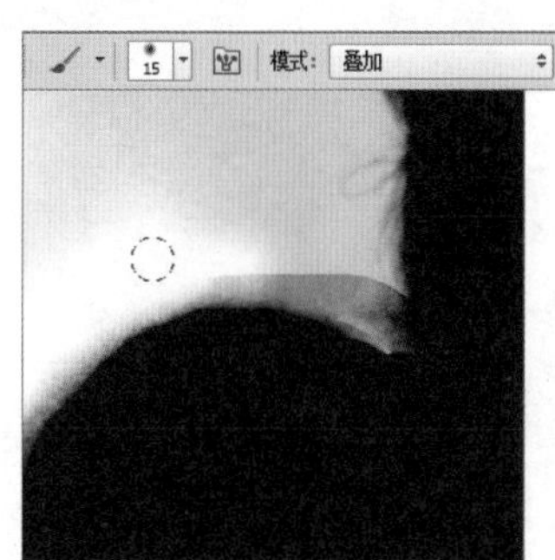

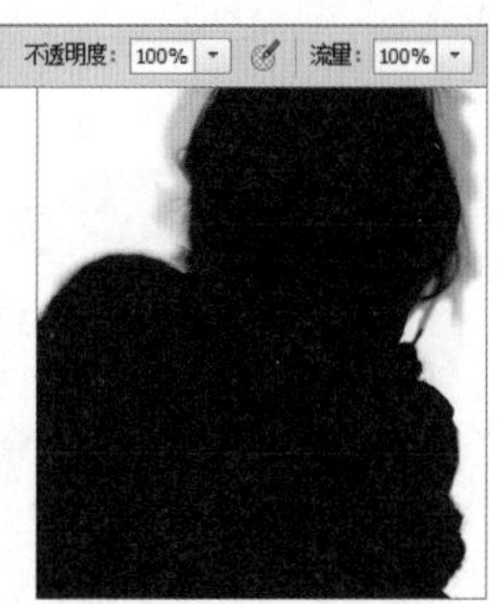

05 绘制发丝处背景

在画面右上方的头发边缘创建选区，按下快捷键Ctrl+M弹出“曲线”对话框，在该对话框中通过拖动曲线增强色阶的对比度。设置画笔工具的“模式”为“柔光”模式，在发丝的背景位置绘制白色，同时保留黑色的发丝细节。

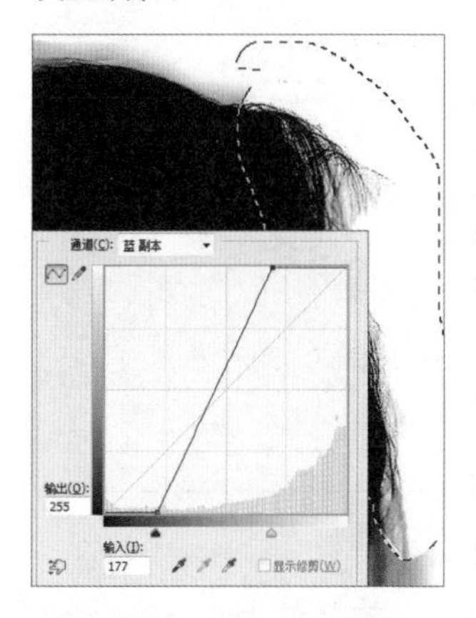

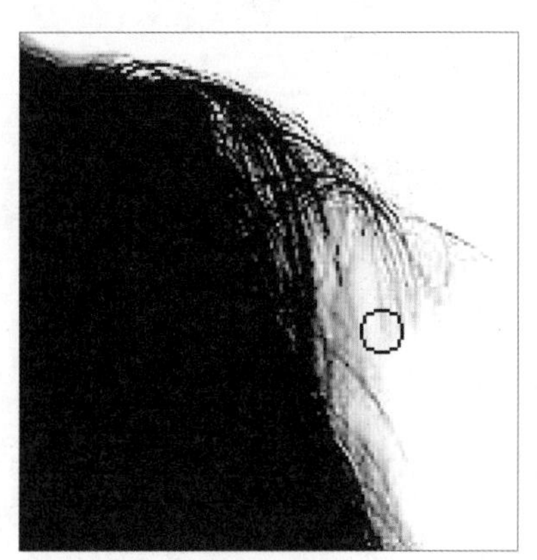

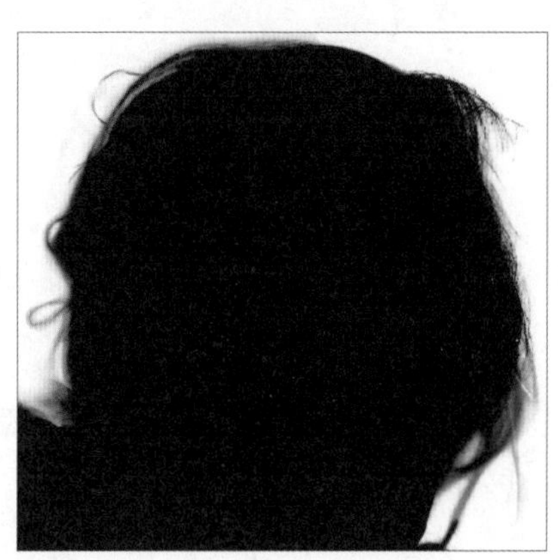

06 抠取人物添加背景

继续采用相同的方法增加人物与背景的黑白对比效果。按下快捷键Ctrl+I对通道反相，背景转换为黑色而人物转换为需要载入的白色部分。然后按住Ctrl键单击“蓝 副本”载入通道选区，再单击RGB复合通道显示所有颜色通道，切换回“图层”面板，按下快捷键Ctrl＋J复制选区到新图层，得到“图层1”。打开“背景.jpg”文件，放置于人物的下方，至此，本实例制作完成。

11.3 通道计算操作

通道的计算主要依靠在“计算”对话框中进行设置来完成，“计算”命令可以在两个通道相应像素上执行数学运算，然后在单个通道中组合运算。在本小节中，主要介绍通道计算的相关操作方法。

知识链接

通过“应用图像”对话框对图像不完全去色

打开图像文件，执行“图像→应用图像”命令，弹出“应用图像”对话框。在“通道”面板中选择任意一个通道，然后设置其混合模式为“变亮”，应用设置后，刚才所设置的通道颜色在当前图像中将会被去色，而其他颜色则保持不变。

原图

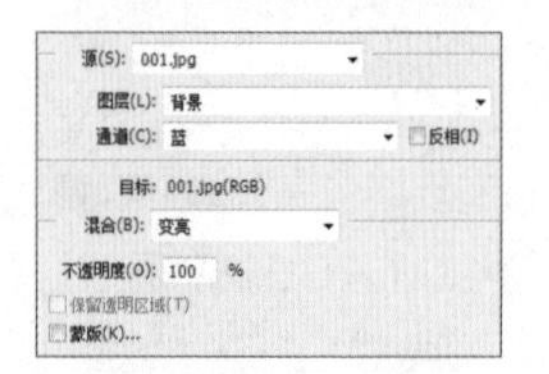

“应用图像”对话框

蓝色被去色

知识点 “计算”对话框

使用“计算”对话框可以将细节效果最多的两个通道组合，进行黑白转换，从而得到需要的通道效果或新文件。下面先认识“计算”对话框，执行“图像→计算”命令，即可弹出“计算”对话框。

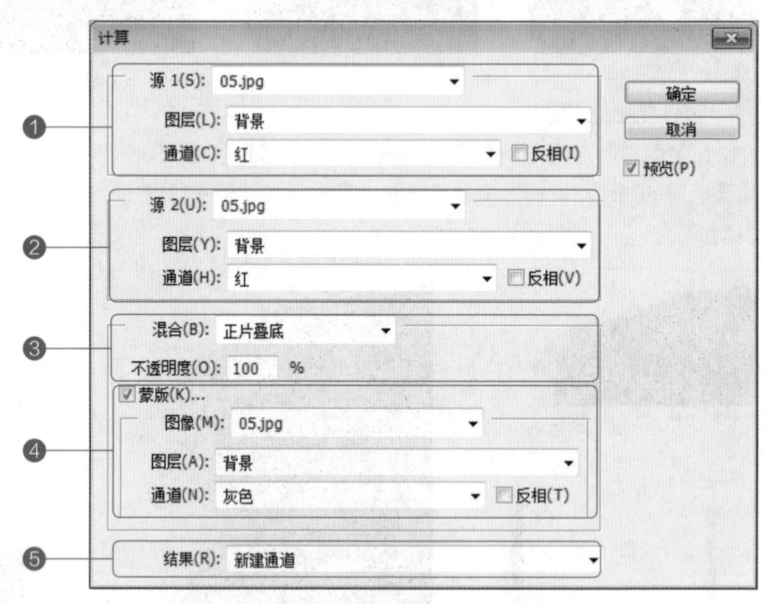

“计算”对话框

1 “源 1”选项组：通过在该选项组中设置，可选择图像中的第一个通道，并对选择该通道的图层以及何种通道进行选择。

2 “源 2”选项组：通过在该选项组中设置，可选择图像中的第二个通道，并对选择该通道的图层以及何种通道进行选择。

3 通道属性选项组：通过在该选项组中设置，可设置计算通道所使用的混合模式和不透明度。

4 “蒙版”选项组：勾选“蒙版”复选框，即可激活下面的选项组，通过设置可对生成的蒙版的图层和通道参数进行设置。

5 “结果”下拉列表：单击右侧的下拉按钮，在打开的下拉列表中包含3个选项，分别是“新建文档”“新建通道”和“选区”。选择“新建文档”选项，在完成设置后将自动新建一个以计算后结果为图像的图像窗口；选择“新建通道”选项，在完成设置后将新建一个Alpha通道；选择“选区”选项，在完成设置后设置的计算结果将创建为选区在图像中出现。

原图

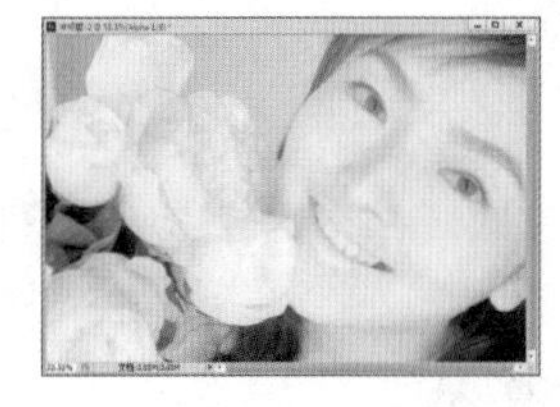

新建文档

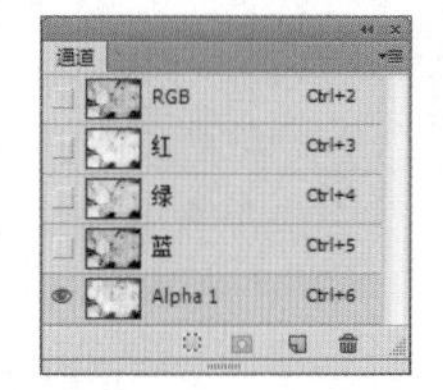

新建通道

创建的选区

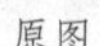

如何做 使用“计算”命令混合通道

在前面的内容中，对“计算”对话框的参数设置进行了比较详细的介绍，下面通过介绍使用“计算”命令混合通道来加深对该对话框的认识。

01 打开图像

按下快捷键Ctrl+O，打开附书光盘\实例文件\第11章\Media\05.jpg文件。执行“窗口→通道”命令，打开“通道”面板。

02 执行“计算”命令

执行“图像→计算”命令，将弹出“计算”对话框。设置“源1”为05.jpg，“图层”为“背景”“通道”为“绿”“源2”的设置与“源1”相同。继续设置“混合”为“变暗”“不透明度”为100%，“结果”为“新建通道”，单击“确定”按钮，新建Alpha1通道。

03 载入选区

按下快捷键Ctrl+J，复制背景图层到新图层中，生成“图层1”。按住Ctrl键不放，在“通道”面板中单击Alpha1通道，将选区载入到图像中。按下快捷键Ctrl+Shift+I，将选区反相。

04 调整图像局部颜色

执行“图像→调整→色阶”命令，弹出“色阶”对话框。在该对话框中设置“输入色阶”从左到右依次为0、1.16、231，设置完成后单击“确定”按钮，即可将调整的参数应用到当前图像中。按下快捷键Ctrl+D，取消选区。

05 调整亮度/对比度

执行“图像→调整→亮度/对比度”命令，弹出“亮度/对比度”对话框，设置“亮度”为33，“对比度”为39，单击“确定”按钮。

06 执行“计算”命令

执行“图像→计算”命令，将弹出“计算”对话框。设置“源1”为05.jpg，“图层”为“图层1”“通道”为“红”“源2”的设置与“源1”相同。继续设置“混合”为“变暗”“不透明度”为100%，“结果”为“新建通道”，单击“确定”按钮，新建Alpha 2通道。

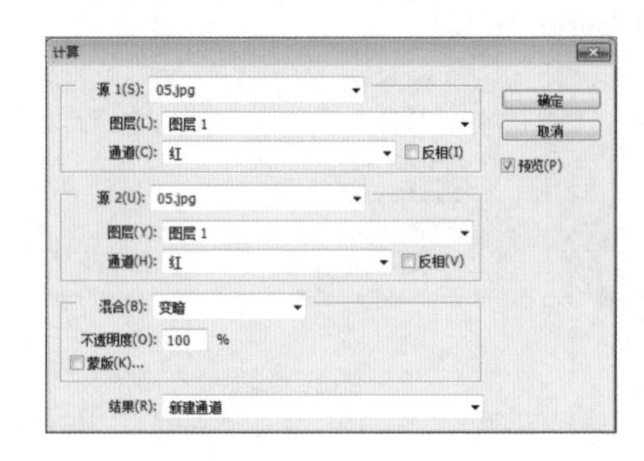

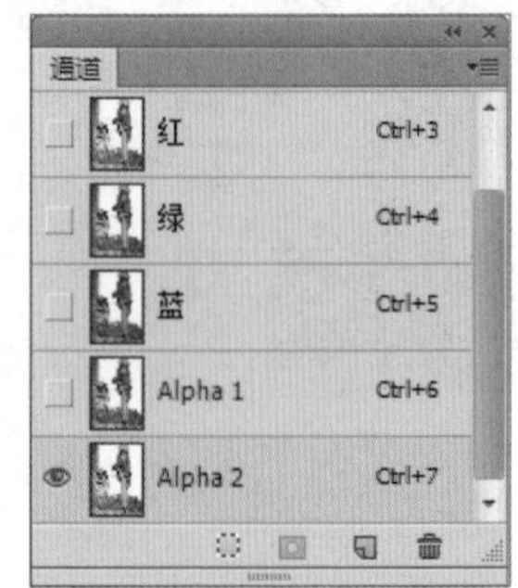

07 调整选区颜色

按住Ctrl键不放，单击Alpha2通道载入选区。执行“图像→调整→色相/饱和度”命令，在弹出的对话框中设置参数，提高画面色彩度。最后按下快捷键Ctrl+D，取消选区。至此，本实例制作完成。

11.4 解析“蒙版”面板

在Photoshop CS6的“蒙版”面板中，可更加人性化地对蒙版的创建效果进行调整。在本小节中，将对“蒙版”面板的相关知识进行介绍。

知识链接

用蒙版与选区交叉创建新选区

在图像中创建蒙版和选区之后，要将蒙版和选区交叉的部分创建为选区，可直接单击“蒙版”面板右上角的扩展按钮，在弹出的扩展菜单中执行“蒙版与选区交叉”命令，即可只保存蒙版与选区交叉部分的选区。

原图

创建蒙版

创建具有交叉区域的选区

只保留交叉部分选区

知识点 “蒙版”面板的参数

在Photoshop CS6中，使用“蒙版”面板可以快速创建精确的蒙版图层，在“蒙版”面板中主要可以创建基于像素和矢量的可编辑蒙版、调整蒙版浓度并进行羽化，以及选择不连续的对象等。当为一个图层添加了图层蒙版后，在“属性”面板中可设置各项参数，下面来介绍该面板的参数设置。

未创建蒙版的“蒙版”面板

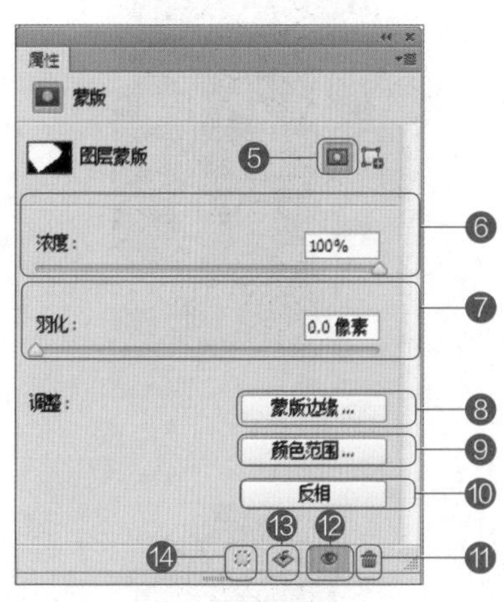

创建蒙版的“蒙版”面板

❶ 蒙版预览区域：在该区域中，可以查看到当前图像中所创建的蒙版效果。如果没有创建蒙版，在右侧的文字部分将标示出“未选择蒙版”字样，并显示出当前图像的完成图像。

❷ 扩展按钮：单击该按钮，打开扩展菜单，在该菜单中，可对所创建的蒙版属性、添加蒙版到选区、从选区中减去蒙版等操作进行设置。

❸“添加像素蒙版”按钮：单击该按钮，可在当前图像中创建像素蒙版。

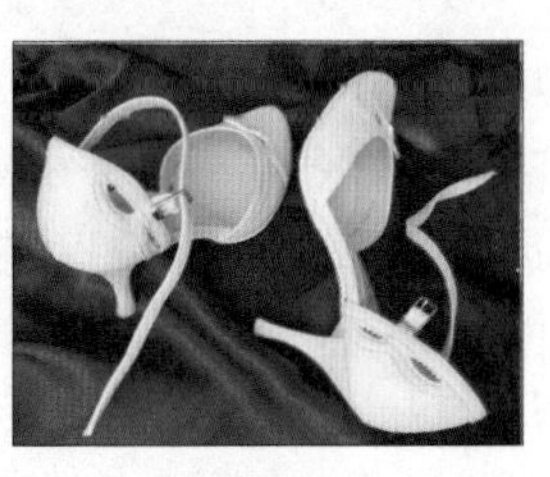

原图

添加像素蒙版

专家技巧

快速调整蒙版边缘效果

当在图像中创建了图层蒙版后，可在“蒙版”面板中对当前蒙版的边缘直接进行调整，达到需要的蒙版效果。在“蒙版”面板中单击“蒙版边缘”按钮，打开“调整蒙版”对话框，分别设置“羽化”和“对比度”选项，可设置不同的蒙版边缘效果。

原图

设置“羽化”参数

适调“羽化”和“对比度”参数

❹“添加矢量蒙版”按钮：单击该按钮，可在当前图像中创建矢量蒙版，并在其中使用钢笔工具或形状工具创建出各种形状。

原图　　添加矢量蒙版

❺“选择像素蒙版”按钮：单击该按钮，可将图像文件中的像素蒙版选中。

❻“浓度”文本框：通过在文本框中直接输入数值或拖拽下方的滑块，调整蒙版的不透明度。

原图

浓度为100%

浓度为45%

❼“羽化”文本框：通过在文本框中直接输入数值或拖拽下方的滑块，调整蒙版边缘的羽化程度。

原图

添加像素蒙版

羽化像素蒙版

❽“蒙版边缘”按钮：单击该按钮，弹出“调整蒙版”对话框，在该对话框中通过设置各项参数可修改蒙版边缘，并针对不同的背景查看蒙版。

❾“颜色范围”按钮：单击该按钮，弹出“色彩范围”对话框，在该对话框中，可对当前选择的蒙版执行选择现有选区或颜色，以此来指定图像颜色或色彩范围的操作。

❿“反相”按钮：单击该按钮，可将当前的蒙版反相。

⓫“删除蒙版”按钮：单击该按钮，可删除当前蒙版。

⓬“停用/启用蒙版”按钮：单击该按钮，停用/启用当前蒙版。

⓭“应用蒙版”按钮：单击该按钮，可应用当前的蒙版到图层中，并将其合并为一个普通图层。

⓮“从蒙版中载入选区”按钮：单击该按钮，可将当前蒙版载入为选区到图像中。

如何做 创建蒙版合成图像

在Photoshop中可以创建出4种不同类型的蒙版，它们分别是图层蒙版、矢量蒙版、剪贴蒙版和快速蒙版。通过创建不同类型的蒙版，可对其进行不同的编辑，得到需要的效果。图层蒙版用于遮盖或隐藏图层的某些部分；矢量蒙版与分辨率无关，可创建出非破坏性的矢量形状；剪贴蒙版可以以某个图层的内容来遮盖其上方的图层，遮盖效果由底部图层或基底图层决定。下面通过制作图像合成效果的实例来介绍不同蒙版的创建方式。

01 打开并调整图像文件

打开附书光盘\实例文件\第11章\Media\06.jpg文件。单击“创建新的填充或调整图层”按钮，在弹出的列表中选择“曲线”命令，在弹出的调整面板调整曲线位置，调整照片对比度。

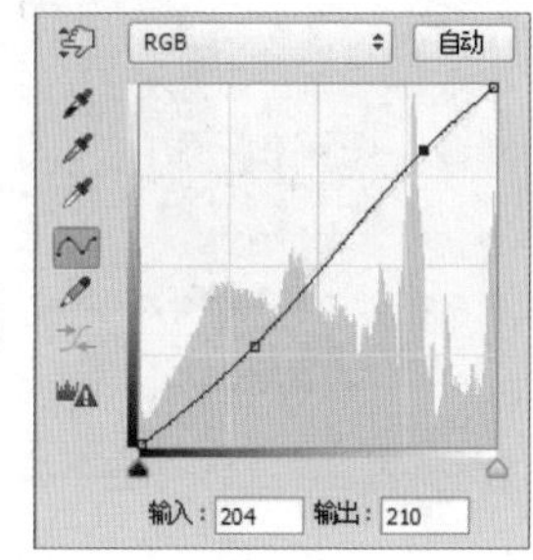

02 创建快速蒙版

按下快捷键Ctrl+O，打开附书光盘\实例文件\第11章\Media\07.jpg文件，将该文件直接拖拽到原图像中，生成“图层1”。单击工具箱下方的“以标准模式编辑”按钮，将其切换到快速蒙版状态。单击画笔工具，设置前景色和背景色均为默认状态，在图像中涂抹，将除吹泡器以外的对象都填充上颜色。单击工具箱下方的“以快速蒙版模式编辑”按钮，创建选区。

03 创建图层蒙版与剪贴蒙版

按下快捷键Shift+Ctrl+I，将选区反相，将图像正中的海鸥部分选中。单击“添加蒙版”按钮，隐藏海鸥图像以外的背景。然后在图层上创建曲线调整图层，并按下快捷键Alt+Ctrl+G，创建剪贴蒙版，调整海鸥亮度。至此，本实例制作完成。

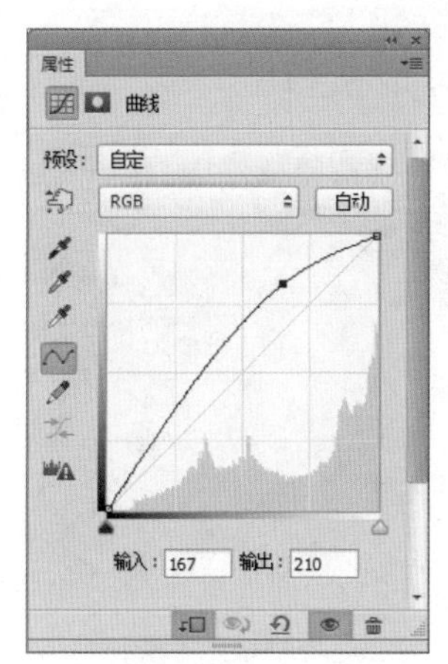

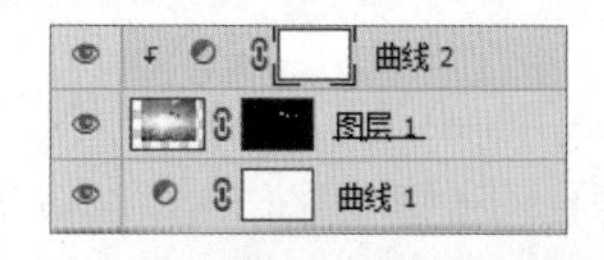

专栏 常用的编辑蒙版的工具

在对蒙版进行编辑时，常用的工具有画笔工具、铅笔工具、油漆桶工具、渐变工具、橡皮擦工具、仿制图章工具、图案图章工具、加深工具、减淡工具、海绵工具、模糊工具、锐化工具和涂抹工具，通过使用不同的工具，可以在创建的蒙版中表现不同的图像效果。

1. 画笔工具

使用画笔工具在蒙版上涂抹，可以先在其属性栏中进行设置，选择具有柔边效果的笔触涂抹，得到的图像轮廓也同样具有边缘柔化效果。

背景素材1

素材2

使用画笔工具填充蒙版后的效果

2. 铅笔工具

使用铅笔工具在蒙版上涂抹，由于铅笔工具的笔触效果为硬边，因此可以绘制出硬边缘的效果，合成图像的边缘也较清晰。

背景素材1

素材2

使用铅笔工具填充蒙版后的效果

3. 油漆桶工具

在图像中使用油漆桶工具可对大面积的图像进行统一填充，但是需要注意的是当设置的颜色不是白色或黑色时，都将按照其颜色的亮度，将其转换为灰色应用到蒙版中。

背景素材1

素材2

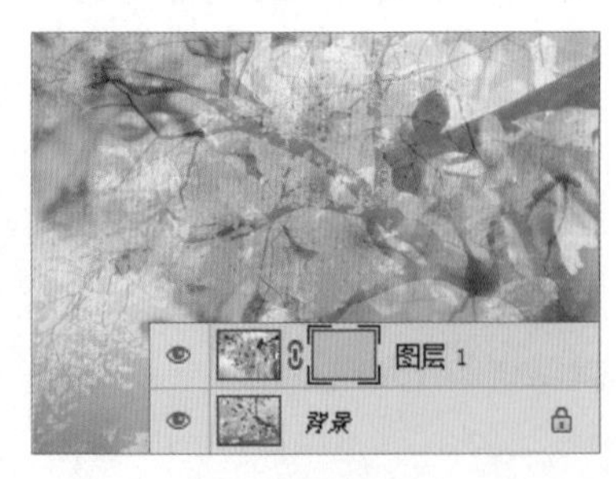

使用油漆桶工具填充蒙版后的效果

4. 渐变工具》》

使用渐变工具可以绘制出渐隐的蒙版效果，同油漆桶工具一样，如果选择的渐变色彩是彩色的，那么其渐变色会以黑、白、灰的无彩色来表现，黑色部分为透明区域，白色部分为不透明区域。

原图　　　　使用渐变工具填充蒙版后的效果

5. 橡皮擦工具》》

使用橡皮擦工具在蒙版上涂抹的效果同使用画笔工具在蒙版上涂抹的效果差不多，都可以在相应的属性栏中设置需要的柔边笔触效果。不同的是，使用画笔工具时，使用黑色涂抹，隐藏涂抹部分图像；使用白色涂抹，则显示涂抹部分图像。橡皮擦工具正好相反，使用黑色涂抹，显示涂抹部分图像；使用白色涂抹，隐藏涂抹部分图像。

6. 仿制图章工具》》

在添加了蒙版后，首先需使用仿制图章工具对原图区域取样，然后切换到蒙版中，即可将取样部分图像轮廓仿制到蒙版中，通过将蒙版载入选区，可对其进行进一步调整。

原图　　　　使用仿制图章工具涂抹蒙版后的效果

7. 图案图章工具》》

使用图案图章工具在蒙版上涂抹，可以将当前设置的图像填充到选区中，使原图像按照填充的图案蒙版效果显示。

原图　　　　在蒙版中填充图案

8. 加深工具>>>

使用加深工具在蒙版中涂抹，可对当前蒙版中的半透明区域进行蒙版加深操作，完成后图像颜色明度降低。

原图

添加半透明蒙版

加深蒙版颜色

9. 减淡工具>>>

使用减淡工具在蒙版中涂抹，可对当前蒙版中的半透明区域进行蒙版减淡操作，完成后图像颜色明度趋于原图像颜色。

原图

添加半透明的图层蒙版

减淡蒙版颜色

10. 海绵工具>>>

使用海绵工具可精确更改区域的色彩饱和度，使用该工具在蒙版中涂抹，同样能让处于不透明和半透明蒙版状态的图像恢复到图像原始颜色状态。

原图

添加半透明的图层蒙版

使用海绵工具涂抹蒙版部分区域后

11. 模糊工具>>>

在蒙版中使用模糊工具涂抹蒙版图像边缘，可柔化硬边缘或减少蒙版的细节，使用此工具在某个区域绘制的次数越多，该区域就越模糊。

原图

使用模糊工具涂抹蒙版后的效果

12. 锐化工具>>>

在蒙版上使用锐化工具，可增大蒙版的边缘对比度，使对象的外轮廓锐化程度增强，使用此工具在某个区域绘制的次数越多，增强的锐化效果就越明显。

原图

添加半透明的图层蒙版

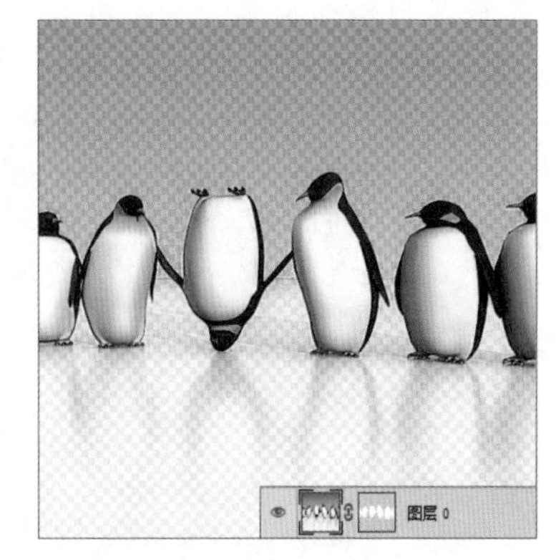

使用锐化工具涂抹蒙版部分边缘

13. 涂抹工具>>>

在蒙版中使用涂抹工具，可以将当前不透明蒙版中的图像模拟出手指拖过湿油漆所看到的效果，将蒙版载入选区后，在蒙版中涂抹，由于涂抹的程度、方法不同，可得到不同的图像效果。

原图

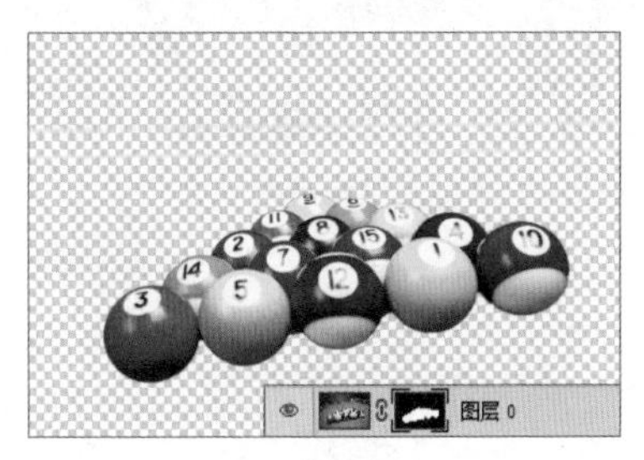

添加图层蒙版

使用涂抹工具改变蒙版形状

Chapter 12

滤镜效果的深入探索

在Photoshop中根据滤镜产生的效果不同，可以分为独立滤镜、校正性滤镜、变形滤镜、效果滤镜和其他滤镜。通过应用不同的滤镜，可以制作出风格各异的图像效果。

12.1 了解滤镜

在Photoshop中使用滤镜，可以制作出特殊的图像效果或快速执行常见的图像编辑任务，例如抽出局部图像、制作消失点等。在本小节中，将对滤镜的基础知识进行介绍。

知识链接

应用“滤镜”命令的注意事项

要使用滤镜，直接执行“滤镜”命令即可。在“滤镜”菜单中选择相应的子菜单命令，即可打开相应的滤镜对话框，设置参数，完成后单击“确定”按钮即可。在对图层应用“滤镜”命令时，需要注意以下几点。

❶ 应用滤镜效果的图层必须是当前可见图层。

❷ 位图模式和索引模式的图像不能应用滤镜操作，另外，部分滤镜只对RGB图像起作用。

❸ 所有滤镜效果均可以应用到8位图像中，但只有部分滤镜效果能应用到16位图像和32位图像中。

❹ 若在处理滤镜效果时内存不够，有的滤镜会弹出一条错误消息。

知识点 滤镜的基础知识

使用滤镜可以对照片进行修饰和修复，为图像提供素描或印象派绘画外观的特殊艺术效果，还可以使用扭曲和光照效果创建独特的变化效果。单击菜单栏中的“滤镜”选项，打开滤镜菜单，在其子菜单中选择需要执行的滤镜命令，即可弹出相应的对话框，对参数进行设置即可。

原图

应用“成角的线条”滤镜

应用“木刻”滤镜

应用“镜头光晕”滤镜

如何做 再次应用上一次的滤镜效果

在图像中应用了一次滤镜效果后，如果需要再次执行与上一次相同的设置，可以通过执行菜单命令完成。如果要将当前滤镜转换为智能滤镜，也可以通过执行相应的菜单命令完成，下面来介绍这些基本的菜单命令。

01 应用“半调图案”滤镜

按下快捷键Ctrl+O，打开附书光盘\实例文件\第12章\Media\01.jpg文件。按下快捷键Ctrl+J，复制背景图层到新图层中，生成“图层1”。执行“滤镜→素描→半调图案”命令，在弹出的对话框中设置相应参数并应用到图层中。

02 重复应用上一次滤镜

执行“滤镜→半调图案”命令，再次应用上一次的滤镜设置。按照同样的方法，多次执行该操作，多次应用上一次滤镜。

03 设置图层混合模式

在“图层”面板中单击选中“图层1”，使其成为当前图层，设置其图层混合模式为“柔光”。

04 盖印图层

按下快捷键Shift+Ctrl+Alt+E，将所有图层盖印到新图层中，生成“图层2”。按下快捷键Ctrl+O，打开附书光盘\实例文件\第12章\Media\02.jpg文件。将刚才所盖印的图层直接拖拽到02.jpg文件中，生成“图层1”，并调整盖印图层的大小和位置。

05 添加图层蒙版

在“图层”面板中单击“添加图层蒙版”按钮，为当前图层添加图层蒙版。单击橡皮擦工具，将边缘部分擦除，使其具有破损感，并设置当前图层的图层混合模式为“叠加”。至此，本实例制作完成。

专栏 熟悉“滤镜库”对话框

滤镜库中提供了多种特殊效果滤镜的预览，在该对话框中可以应用多个滤镜、打开或关闭滤镜的效果、复位滤镜的选项，以及更改应用滤镜的顺序。如果对设置的图像效果满意，单击“确定”按钮即可将设置的效果应用到当前图像中。但“滤镜库”中只包含“滤镜”菜单中的部分滤镜。执行“滤镜→滤镜库”命令，即可弹出“滤镜库”对话框。

“滤镜库”对话框

❶ 预览区域：在此区域中可以对图像进行预览，通过单击下方的按钮，可设置预览的大小。

- 缩小按钮⊟：单击此按钮，可以将预览窗口中的图像缩小。
- 放大按钮⊞：单击此按钮，可以将预览窗口中的图像放大。
- 缩放列表▾：单击下拉按钮，在打开的下拉列表中可以选择需要放大的百分比大小。另外，也可以选择在预览窗口中以“实际像素”“符合视图大小”和“按屏幕大小缩放”方式预览图像。

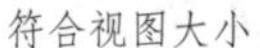

符合视图大小

缩小预览图像

放大预览图像

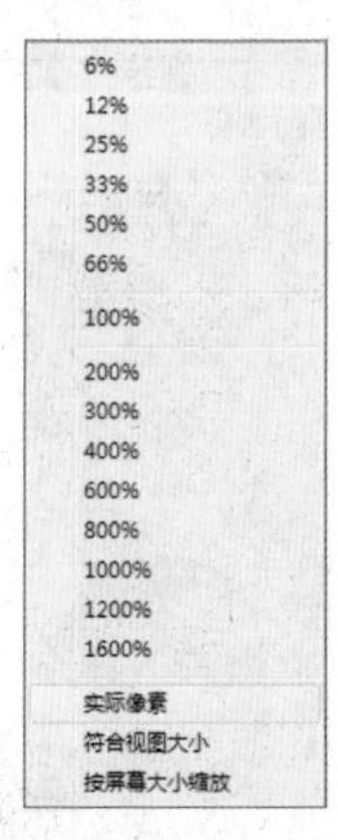

缩放列表

❷ 滤镜列表：单击需要应用的滤镜图标，可预览使用滤镜的效果。

应用“照亮边缘”滤镜

应用“成角的线条”滤镜

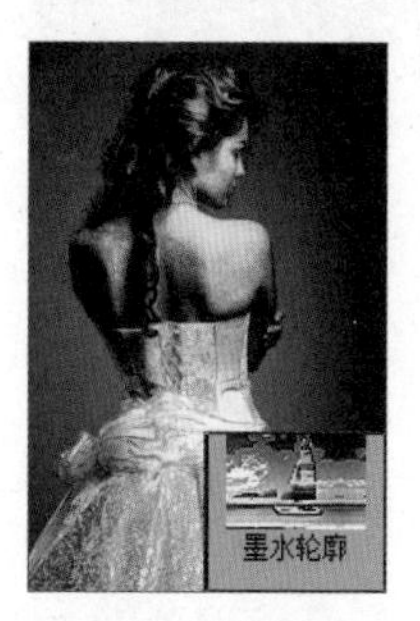

应用“墨水轮廓”滤镜

应用“喷溅”滤镜

应用“喷色描边”滤镜

应用“强化的边缘”滤镜

应用“深色线条”滤镜

应用“烟灰墨”滤镜

应用“阴影线”滤镜

应用“玻璃”滤镜

❸ 滤镜参数选项组：应用不同的滤镜，在该区域中将显示出不同的选项组，通过设置不同的参数可以得到各种各样的图像效果。

“壁画”滤镜选项组

“便条纸”滤镜选项组

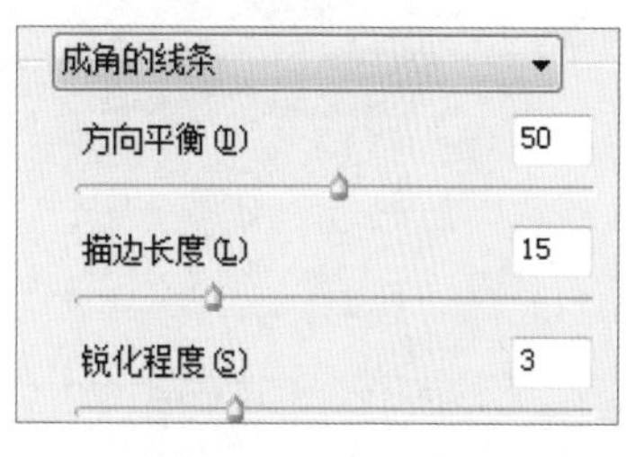

“成角的线条”滤镜选项组

❹ 滤镜效果图层列表：在此效果图层列表中，对当前图像应用多个相同或不同的滤镜命令，可以将这些滤镜命令效果叠加起来以得到更丰富的效果。

● 滤镜列表：在此列表中显示当前应用的滤镜效果以及应用顺序。

扩散亮光
阴影线
强化的边缘
半调图案
海洋波纹
网状

创建多个滤镜效果图层

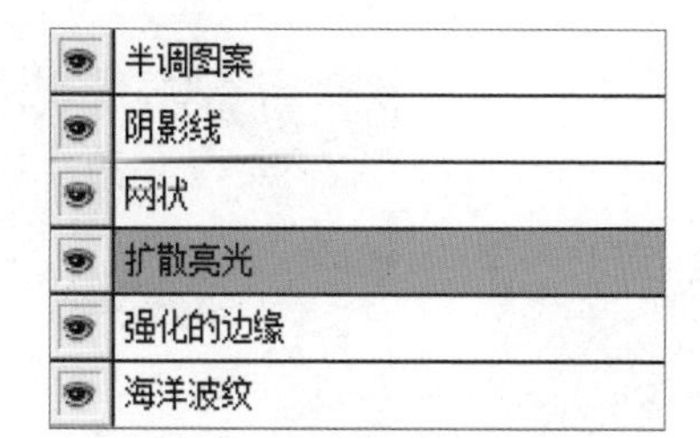

调整效果图层排列顺序

● “新建效果图层”按钮：单击此按钮，可新建当前所使用的滤镜效果到滤镜图层中。

● “删除效果图层”按钮：单击此按钮，将当前滤镜图层列表中的滤镜删除。

12.2 独立滤镜的特殊效果

在Photoshop中除了普通滤镜外，还有独立滤镜，这些独立滤镜都拥有特殊功能，包括“滤镜库”“镜头校正”滤镜、“液化”滤镜和“消失点”滤镜。本节将对独立滤镜的相关知识进行介绍。

知识点 独立滤镜

执行“滤镜”命令，打开“滤镜”菜单，在该菜单的上部显示出全部的独立滤镜选项。其中“滤镜库”已经在前面介绍过了，在这里将主要介绍其他几种独立滤镜的功能和相应效果。

1. 滤镜库

“滤镜库”对话框可以通过设置累积应用多个滤镜，也可以应用单个滤镜多次。用户可以查看每个滤镜效果的缩览图示例，也可以重新排列滤镜并更改已应用的每个滤镜的设置，以便实现所需要的效果。

原图

“滤镜库”对话框

应用滤镜后的效果

2.“镜头校正”滤镜

“镜头校正”滤镜在Photoshop CS6中以独立滤镜的形式呈现在滤镜菜单中，使用“镜头校正”滤镜，可对变形失真的图像进行校正。“镜头校正”滤镜可以修复常见的镜头瑕疵，如桶形和枕形失真、晕影和色差等。桶形失真是一种镜头缺陷，它会导致直线向外凸出到图像的外缘。枕形失真的效果相反，直线会向内凹陷。出现晕影现象时图像的边缘会比图像中心暗。出现色差现象时则显示为对象边缘的一圈色边，它是由于镜头对不同平面中不同颜色的光进行对焦导致的。

原图

“镜头校正”对话框

校正后的效果

3. “液化”滤镜

使用“液化”滤镜，可以将图像进行推、拉、旋转、反射、折叠和膨胀的扭曲操作，并且可应用于8位/通道或16位/通道图像中。

原图

膨胀液化

顺时针旋转扭曲液化

4. “消失点”滤镜

使用“消失点”滤镜，可简化在包含透视平面的图像中进行的透视校正编辑过程。在消失点中，用户可以在图像中指定平面，然后应用绘画、仿制、拷贝及粘贴，以及变换等编辑操作，所有编辑操作都将采用用户指定平面的透视。

原图

添加沙发材质

专家技巧

“液化”滤镜的不同效果

在“液化”对话框中通过不同的工具按钮，可以对图像设置不同程度的扭曲效果。

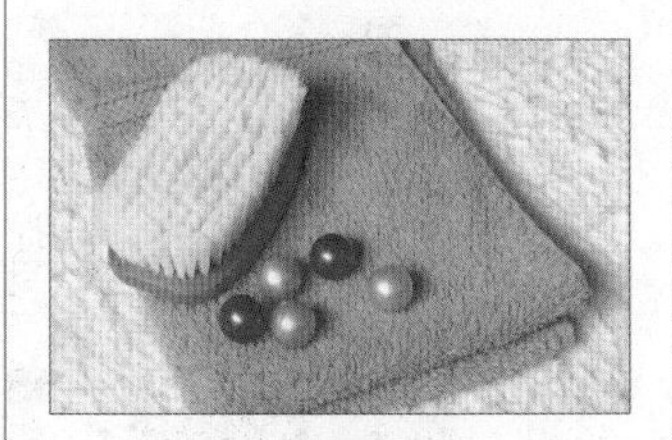
原图

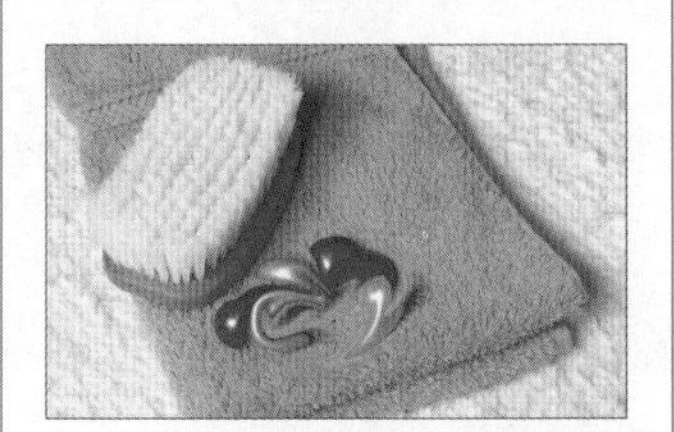
液化变形

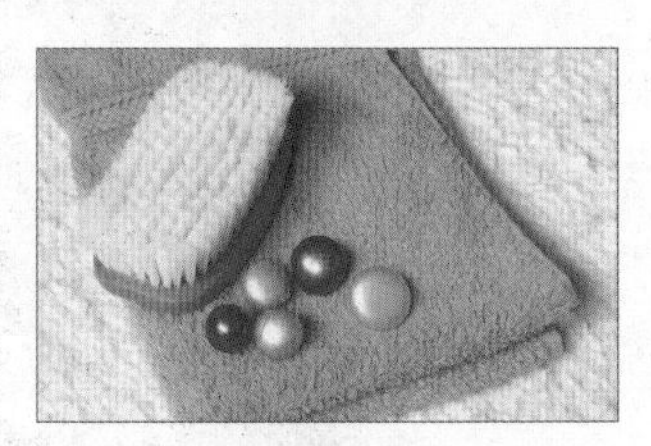
膨胀图像

如何做 通过“镜头校正”滤镜校正图像

使用“镜头校正”滤镜可以快速对图像的颜色以及失真的图像进行校正，下面就来介绍使用“镜头校正”滤镜校正图像的具体操作方法。

01 打开图像文件

按下快捷键Ctrl+O，打开附书光盘\实例文件\第12章\Media\03.jpg文件。按下F7键，打开“图层”面板。按下快捷键Ctrl+J，将背景图层复制到新图层中，生成“图层1”。

02 应用“镜头校正”滤镜

执行“滤镜→镜头校正”命令，弹出“镜头校正”对话框。单击右侧的“自定”标签，切换到“自定”选项卡。设置“移去扭曲”选项参数值为6，设置“水平透视”和“垂直透视”选项参数值分别为-20和20，单击“确定”按钮，完成对图像的校正。

03 调整图像的色彩平衡

单击创建新的填充或调整图层按钮，在弹出的快捷菜单中选择“色彩平衡”命令，然后在弹出的对话框中设置“高光”“中间调”和“阴影”选项的参数，以调整图像的色彩平衡。

04 调整图像颜色

运用相同的方法创建“曝光度”调整图层，并设置相应参数。按下快捷键Ctrl+Shift+Alt+E盖印可见图层，生成“图层2”。至此，本实例制作完成。

3+1 专栏 了解“镜头校正”对话框

下面对“镜头校正”对话框的参数设置和参数使用方法进行介绍。执行“滤镜→镜头校正”命令，即可弹出“镜头校正”对话框。

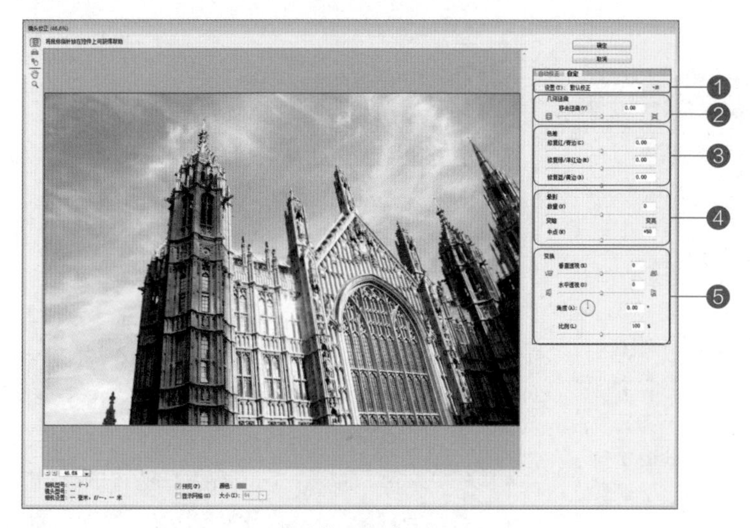

“镜头校正”对话框

❶“设置”下拉列表：在该下拉列表中可以选择预设的镜头校正调整参数。

❷“几何扭曲”选项组：通过设置“移动扭曲”参数校正镜头的桶形或枕形失真，在该文本框中输入数值或拖拽下方的滑块即可校正图像的凸起或凹陷状态。

❸“色差”选项组：设置修复不同的颜色效果。

- 修复红/青边：在文本框中输入数值或拖拽下方的滑块，可以去除图像中的红色或青色色痕。
- 修复绿/洋红：在文本框中输入数值或拖拽下方的滑块，可以去除图像中的绿色或洋红色痕。
- 修复蓝/黄色：在文本框中输入数值或拖拽下方的滑块，可以去除图像中的蓝色或黄色色痕。

❹“晕影”选项组：该选项组用来校正由于镜头缺陷或镜头遮光处理不正确而导致边缘较暗的图像。其中“数量”选项用来设置沿图像边缘变亮或变暗的程度，“中点”选项用来设置控制晕影中心的大小。

原图

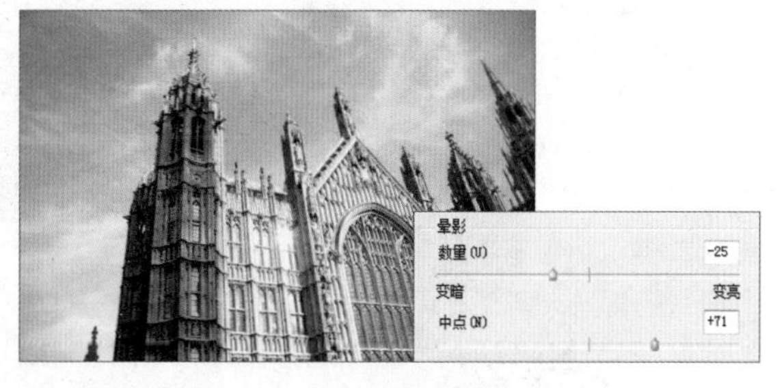

校正后的图像

❺“变换”选项组：该选项组用于校正图像的变换角度、透视方式等参数。

- 垂直透视：该选项用来校正由于相机向上或向下倾斜而导致的图像透视，使图像中的垂直线平行。
- 水平透视：该选项用来校正图像的水平透视，使水平线平行。
- 角度：该选项用来校正图像的旋转角度。
- 比例：向上或向下调整图像缩放，图像像素尺寸不会改变，主要用于移去由于枕形失真、旋转或透视校正而产生的图像空白区域。放大将导致裁剪图像。

12.3 使用校正性滤镜校正图像

校正性滤镜主要用于对图像中的杂点、瑕疵和模糊效果进行校正，其中包括杂色类滤镜、模糊类滤镜和锐化类滤镜等。在本小节中，将对校正性滤镜的相关知识和使用效果进行介绍。

专家技巧

应用“蒙尘与划痕”滤镜

在使用“蒙尘与划痕”滤镜去除图像中的瑕疵时，主要可以分为以下几个步骤进行设置。

1. 执行“滤镜→杂色→蒙尘与划痕”命令，弹出“蒙尘与划痕”对话框。
2. 在该对话框中，可以调整预览缩放比例，直到包含杂色的区域可见。
3. 将“阈值”下方的滑块向左拖拽到0，或者在文本框中直接输入0以关闭此值，这样就可以检查选区或图像中的所有像素了。在后面的操作中，通过“阈值”确定像素具有多大差异后才将其消除。
4. 向左或向右拖拽“半径”下方的滑块，或者在文本框中直接输入1~16之间的像素值。“半径”值确定搜索不同像素的区域大小，若增大半径，将使图像变得模糊。
5. 通过在文本框中直接输入数值来增大阈值，或通过拖动滑块到消除瑕疵的可能的最高值区域来逐渐增大阈值。

原图

知识点 校正滤镜的类型

校正滤镜的类型从其滤镜组来分类，可以分为3大类，分别是杂色类滤镜、模糊类滤镜和锐化类滤镜。

1. 杂色类滤镜

杂色类滤镜共有5种，它们分别是减少杂色、蒙尘与划痕、去斑、添加杂色和中间值。使用该类滤镜可以添加或去除杂色或带有随机分布色阶的像素。这有助于让选区与周围的环境自然过渡，另外使用杂色类滤镜可以创建与众不同的纹理或去除有问题的区域。

- “减少杂色”滤镜：可以在保留边缘的同时减少杂色。
- “蒙尘与划痕”滤镜：通过更改相异的像素减少杂色，调整图像的锐化效果并隐藏瑕疵。
- “去斑”滤镜：可自动检测到图像的边缘，并模糊除边缘外的所有选区，该模糊操作会去除杂色，并保留细节。
- “添加杂色”滤镜：可以将随机像素应用于图像中，模拟在高速胶片上拍照的效果。也可以使用“添加杂色”滤镜来减少羽化选区使照片看起来更真实。
- “中间值”滤镜：通过混合选区中像素的亮度来减少图像中的杂色，该滤镜在消除或减少图像的动感效果时非常有用。

原图

应用“减少杂色”滤镜

原图

应用“蒙尘与划痕”滤镜

应用“蒙尘与划痕”滤镜

知识链接

应用渐变“镜头模糊”滤镜

在Photoshop中可以通过创建通道添加渐变的“镜头模糊”滤镜。首先需要创建一个新的Alpha通道，并对其应用渐变，使图像的顶部为黑色，底部为白色，然后执行“滤镜→模糊→镜头模糊”命令，并在弹出的“镜头模糊”对话框中，设置“源”为“Alpha”通道，若要更改渐变方向，可勾选“反相”复选框，设置完成后单击“确定”按钮，即可为图像应用“镜头模糊”效果。

原图

应用渐变“镜头模糊”滤镜

原图

应用“去斑”滤镜

原图

应用“添加杂色”滤镜

原图

应用“中间值”滤镜

2. 模糊类滤镜

使用模糊类滤镜可柔化选区或整个图像，通过平衡图像中已定义的线条和遮蔽清晰边缘旁边的像素使变化显得柔和。该类滤镜共有11种，具体介绍如下。

- “表面模糊”滤镜：可在保留边缘的同时模糊图像，此滤镜用于创建特殊效果并消除杂色颗粒。
- “动感模糊”滤镜：可制作出类似以固定的曝光时间为一个移动的对象拍照的效果。
- “方框模糊”滤镜：是以相邻像素的平均颜色值来模糊图像。
- “高斯模糊”滤镜：可通过调整参数快速模糊选区，产生一种朦胧的效果。
- “径向模糊”滤镜：可模拟缩放或旋转的相机所产生的模糊，形成一种柔化的模糊效果。
- “镜头模糊”滤镜：可向图像中添加模糊以产生更窄的景深效果，以便使图像中的一些对象在焦点内，而使另一些区域变模糊。
- “模糊”和“进一步模糊”滤镜：可在图像中有显著颜色变化的地方消除杂色。
- “平均”滤镜：可找出图像或选区的平均颜色，然后用该颜色填充

专家技巧

制作自然的模糊效果

当“高斯模糊”滤镜、“方框模糊”滤镜、“动感模糊”滤镜或“形状模糊”滤镜应用于选定的图像区域时，有时会在选区的边缘附近产生生硬的边缘效果。原因是这些模糊滤镜都是使用选定区域之外的图像数据在选定区域内部创建新的模糊像素。此时若想将选区在保持前景清晰的情况下进行模糊处理，则模糊的背景区域边缘会沾染上前景中的颜色，从而在前景周围产生模糊、浑浊的轮廓，为了避免产生这种效果，可以使用“特殊模糊”滤镜或者“镜头模糊”滤镜进行设置。

原图

“动感模糊”滤镜的效果

“特殊模糊”滤镜的效果

图像或选区以创建平滑的外观。

- “特殊模糊”滤镜：可精确地模糊图像。
- “形状模糊”滤镜：可使用指定的内核来创建模糊。

原图

“表面模糊”滤镜

“动感模糊”滤镜

“方框模糊”滤镜

“高斯模糊”滤镜

“径向模糊”滤镜

“镜头模糊”滤镜

“模糊和进一步模糊”滤镜

“特殊模糊”滤镜

3. 锐化类滤镜

使用锐化类滤镜，可以通过增大相邻像素的对比度来聚焦模糊的图像，该类滤镜共有5种，分别是“USM锐化”滤镜、“进一步锐化”滤镜、“锐化”滤镜、“锐化边缘”滤镜和“智能锐化”滤镜。

- “USM锐化”滤镜和“锐化边缘”滤镜：可查找图像中颜色发生显著变化的区域，然后将其锐化。其中“锐化边缘”滤镜只锐化图像的边缘，同时保留总体的平滑度。使用“USM锐化”滤镜调整边缘细节的对比度，可使边缘突出，造成图像更加锐化的视觉效果。

- “进一步锐化”滤镜和“锐化”滤镜：可以聚焦选区并提高图像的清晰度，其中“进一步锐化”滤镜比“锐化”滤镜应用的锐化效果更强。
- “智能锐化”滤镜：通过设置锐化算法或者控制阴影和高光中的锐化量来锐化图像。

原图

应用“USM锐化”滤镜

原图

应用“智能锐化”滤镜

知识链接

应用“USM锐化”滤镜在打印输出时应注意的问题

“USM锐化”滤镜是通过增大图像边缘的对比度来锐化图像的，“USM锐化”滤镜不检测图像中的边缘，它会按照用户指定的阈值找到与周围像素不同的像素，然后将按照指定的量增强邻近像素的对比度。因此，对于邻近像素，较亮的像素将会变得更亮，而较暗的像素将会变得更暗。“USM锐化”滤镜效果在屏幕上也要比在高分辨率输出时显著得多，若最终的目的是打印，需要经过试验确定最适合图像的设置。

对于高分辨率的图像，建议使用1~2之间的半径值，较低的数值仅锐化边缘像素，较高的数值则锐化范围更宽的像素，这种效果在打印时没有在屏幕上明显，因为两像素的半径在高分辨率输出图像中表示更小的区域。

如何做 添加和减少图像的杂色

在Photoshop中处理照片时，对照片添加杂色可以产生颗粒效果，减少杂色会使照片质量更佳，下面将对添加杂色和减少杂色的操作进行详细介绍。

01 打开图像

按下快捷键Ctrl+O，打开附书光盘\实例文件\第12章\Media\04.jpg文件。按下快捷键Ctrl+J，复制“背景”图层为“图层1”。执行“滤镜→杂色→减少杂色”命令，在弹出的对话框中设置参数，设置完成后单击“确定”按钮，减少图像中的噪点。

02 输入文字

使用文字工具在图像上输入白色文字“MUSIC”。

03 增加杂色

新建“图层2”，填充图像为黑色，执行“滤镜→杂色→增加杂色”命令，在弹出的对话框中设置各项参数，设置完成后单击“确定”按钮，将设置应用到图像中。

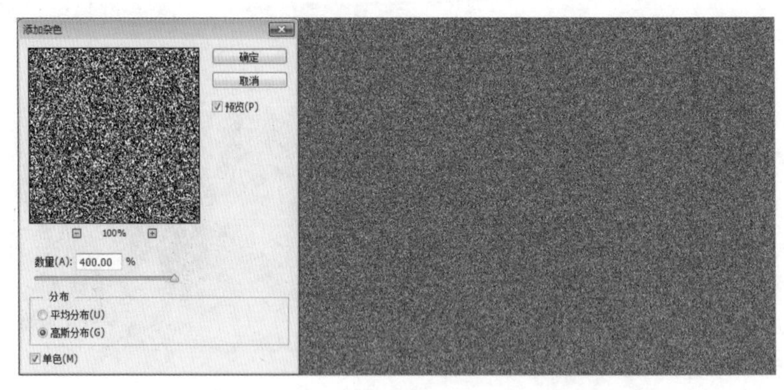

04 添加图像颜色

单击“创建新的填充或调整图层”按钮，选择“纯色”选项，在弹出的“拾色器”对话框中设置参数，单击“确定”按钮，并设置“颜色填充 1”调整图层的图层混合模式为“正片叠底”，为杂色图层添加颜色。

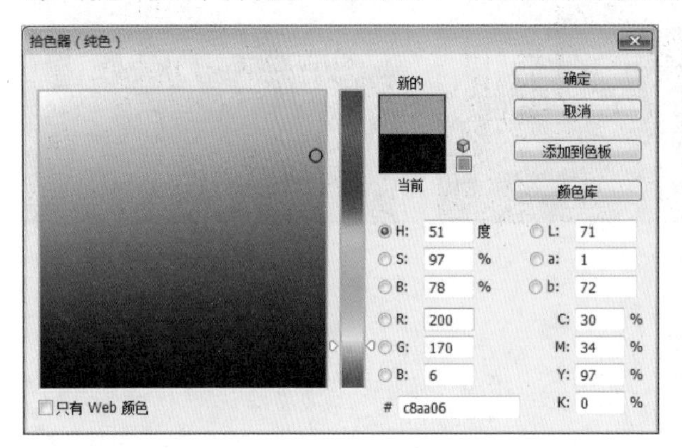

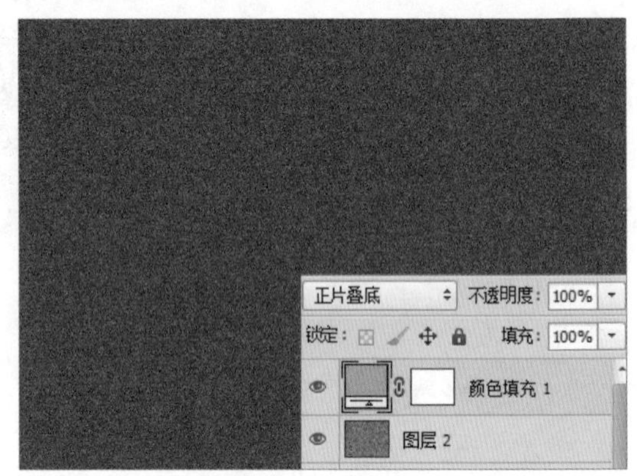

05 创建剪贴蒙版

按住Ctrl键同时选中“图层2”与“颜色填充1”调整图层，按下快捷键Ctrl+Alt+G，创建剪贴蒙版图层，制作绚丽文字效果，然后添加“亮度/对比度”调整图层，调整文字亮度。至此，本实例制作完成。

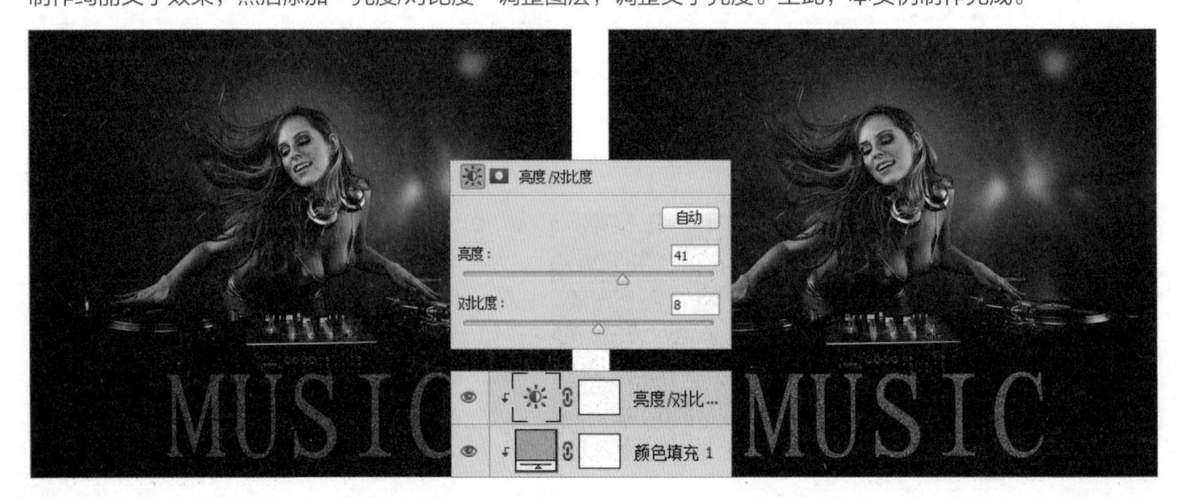

高手训练营 锐化模糊图像的操作

在使用Photoshop处理照片时，经常需要将图片处理得更清晰，避免杂色、色晕等，以及使锐化效果加倍的情况，下面来介绍非常实用的锐化模糊图像的方法。

01 调整色彩平衡

按下快捷键Ctrl+O，打开附书光盘\实例文件\第12章\Media\05.jpg文件。单击“图层”面板下方的“创建新的填充或调整图层”按钮，在打开的列表中选择“色彩平衡”选项，弹出“色彩平衡”调整面板，在该面板的“色调”选项组中选中“中间调”单选按钮，然后设置调整颜色依次为-69、-15、-30，即可将该设置应用到当前图像中。

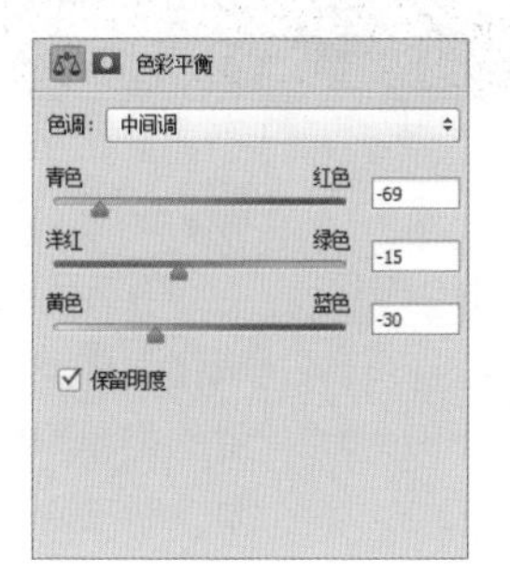

02 调整饱和度

按照与上一步相似的方法，单击“图层”面板下方的“创建新的填充或调整图层”按钮，在打开的列表中选择“自然饱和度”选项，设置“自然饱和度”为+88，将设置应用到当前图像中。

03 盖印图层

按下快捷键Shift+Ctrl+Alt+E，在当前图层上盖印一个新图层，生成“图层 1”。

04 减少杂色

执行“滤镜→杂色→减少杂色”命令，将弹出“减少杂色”对话框。设置“强度”为9，“保留细节”为61%，“减少杂色”为62%，“锐化细节”为100%，并勾选“移去JPEG不自然感”复选框，单击“确定”按钮。

05 载入选区

执行“图像→模式→Lab颜色”命令，将当前图像转换为Lab颜色模式。执行“窗口→通道”命令，打开“通道”面板，然后按住Ctrl键不放，单击“明度”通道，将该通道中的选区载入到图像中。

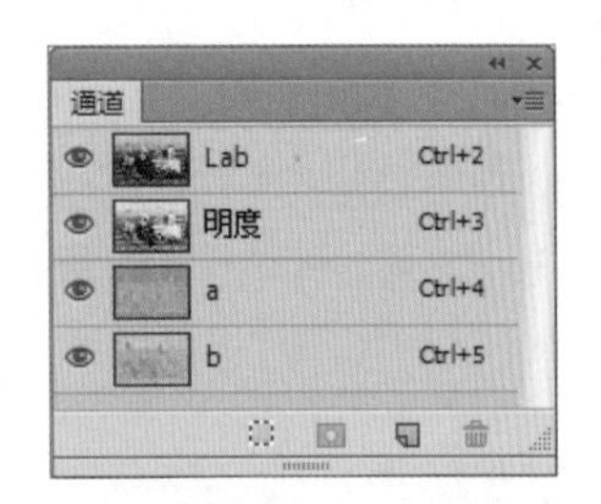

06 反相选区

按下快捷键Shift+Ctrl+I，将当前选区反相，然后按下快捷键Ctrl+H，将选区隐藏。

07 应用“USM锐化”滤镜

单击“明度”通道，执行“滤镜→锐化→USM锐化”命令，弹出“USM锐化”对话框。设置“数量”为500%，“半径”为1.0像素，“阈值”为2色阶，单击“确定”按钮，应用设置到图像中。

08 再次应用“USM锐化”滤镜

再次执行“滤镜→锐化→USM锐化”命令，弹出“USM锐化”对话框。设置“数量”为51%，“半径”为20.0像素，“阈值”为2色阶，设置完成后单击“确定”按钮，将设置的参数应用到当前通道图像中。按下快捷键Ctrl+D，取消选区。单击Lab通道，显示出彩色效果，图像中的人物更清晰了。至此，本实例制作完成。

12.4 使用变形滤镜让图像“动”起来

变形类滤镜主要包括“扭曲”滤镜、“消失点”滤镜和“液化”滤镜，这些滤镜都能对对象进行不同方式和不同程度的变形操作。在前面的内容中已经对“消失点”滤镜和“液化”滤镜进行了较为详细的介绍，在本小节中，将对“扭曲”滤镜进行详细介绍。

知识链接

用“波浪”滤镜模拟波浪效果

使用“扭曲”滤镜组中的“波浪”滤镜可以模拟出波浪效果。要制作出比较真实的波浪效果，需要单击“波浪”对话框中的“随机化”按钮，使波浪效果不规则，并将“生成器数”设置为1，“最小波长”“最大波长”和“波幅”参数均设置为相同的数值。

原图

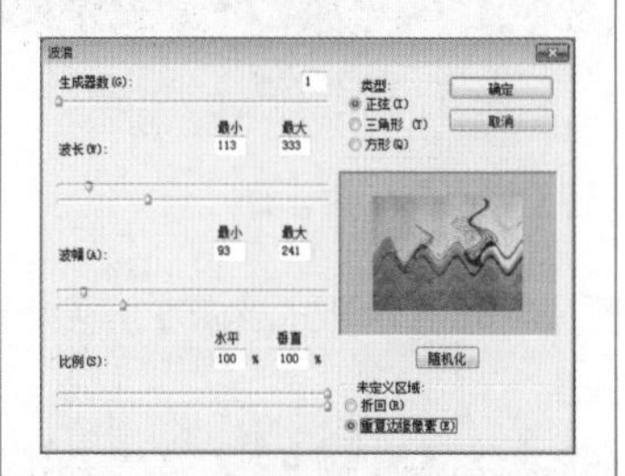

“波浪”对话框

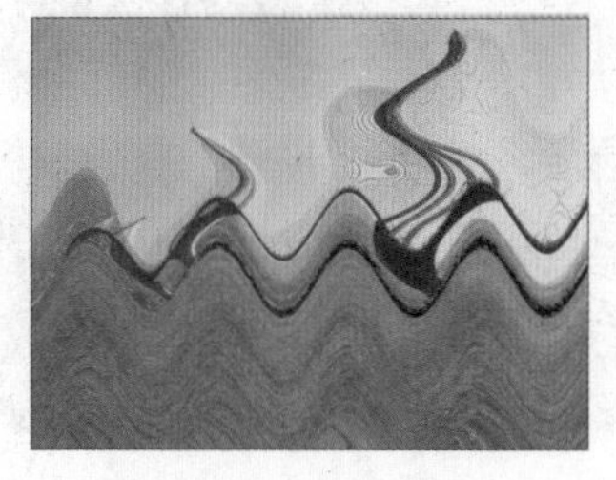

应用“波浪”滤镜

知识点 “扭曲”滤镜

使用“扭曲”滤镜可以将图像进行几何扭曲，创建3D或其他图形效果。其中，有3个滤镜可以通过“滤镜库”来应用，它们分别是“扩散亮光”滤镜、“玻璃”滤镜和“海洋波纹”滤镜。执行“滤镜→扭曲”命令，在打开的下一级子菜单中，选择任意扭曲类滤镜选项，即可打开相应的对话框对其参数进行设置。

1.“波浪”滤镜

“波浪”滤镜可以通过设置波浪生成器的数量、波长、波浪高度和波浪类型等选项创建出具有波浪的纹理效果。

原图

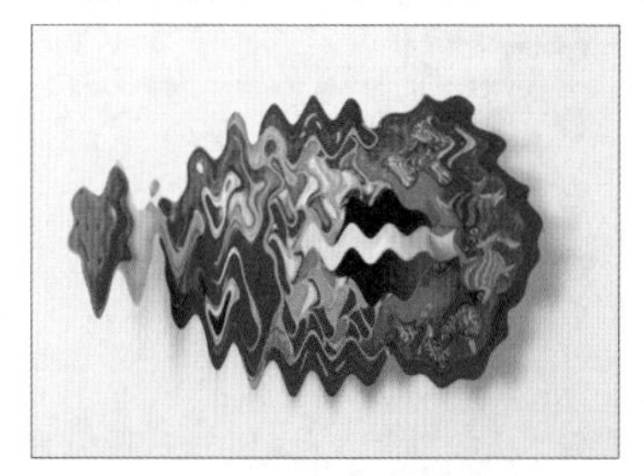

应用“波浪”滤镜

2.“波纹”滤镜

“波纹”滤镜可以在选区上创建出波状起伏的图案，就像水池表面的波纹一样，如果想要在图像中设置出更多的波纹效果，可以使用“波浪”滤镜。

原图

“波纹”滤镜为小

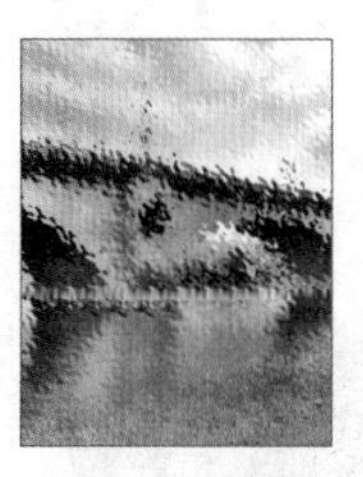

“波纹”滤镜为中

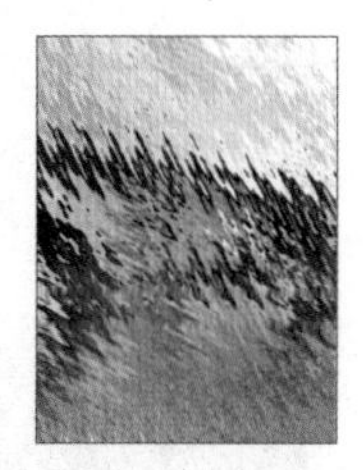

“波纹”滤镜为大

3.“玻璃”滤镜

“玻璃”滤镜可以使图像看起来像是透过不同类型的玻璃来观看的效果。

知识链接

用“玻璃”滤镜模拟玻璃效果

使用“玻璃”滤镜可以使图像表现出玻璃的效果，通过在“玻璃”对话框中进行参数设置，可以调整玻璃的大小和纹理类型，下面来介绍“玻璃”对话框中的参数设置。

执行“滤镜→扭曲→玻璃”命令，即可打开“玻璃”对话框，然后可以选择一种纹理效果，即可在预览窗口中显示出应用设置的效果。勾选“反相”复选框，可以反转纹理中的阴影和高光。

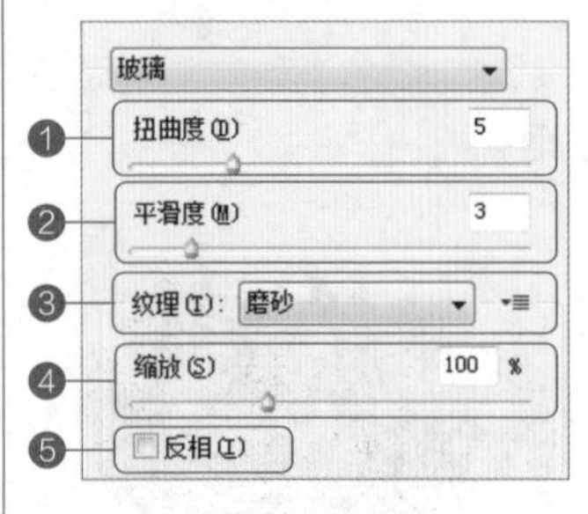

“玻璃”对话框

❶“扭曲度”文本框：设置玻璃效果的扭曲程度。

❷“平滑度”文本框：设置玻璃效果扭曲边缘的平滑程度。

❸“纹理”列表：设置玻璃的质感效果，其中包括4个选项，块状、画布、磨砂和小镜头。

原图

原图

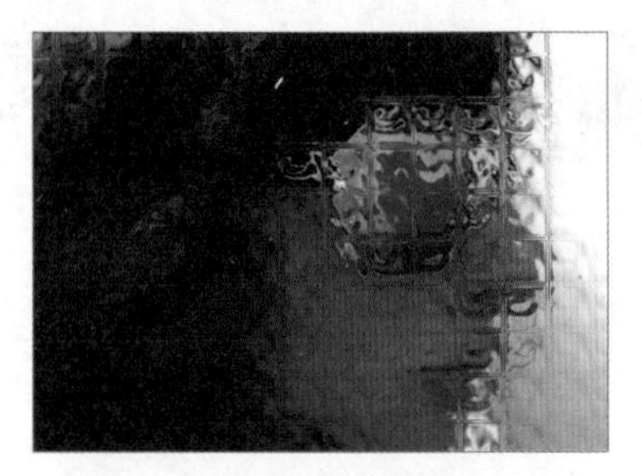

“玻璃”滤镜纹理为“块状”

“玻璃”滤镜纹理为“画布”

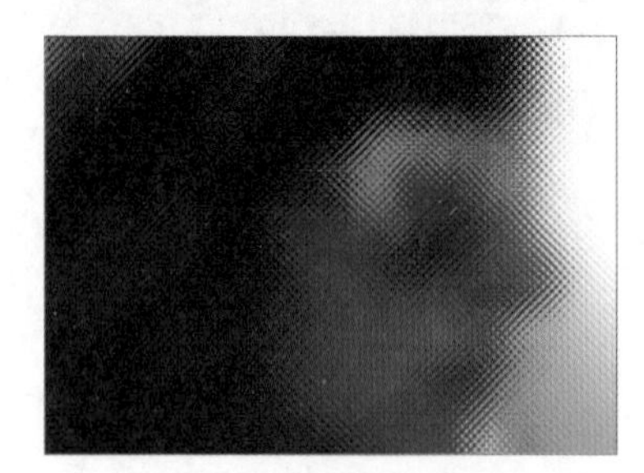

“玻璃”滤镜纹理为“小镜头”

4.“海洋波纹”滤镜

“海洋波纹”滤镜可以将随机分隔的波纹添加到图像表面，使图像看上去像是在水中一样。

原图

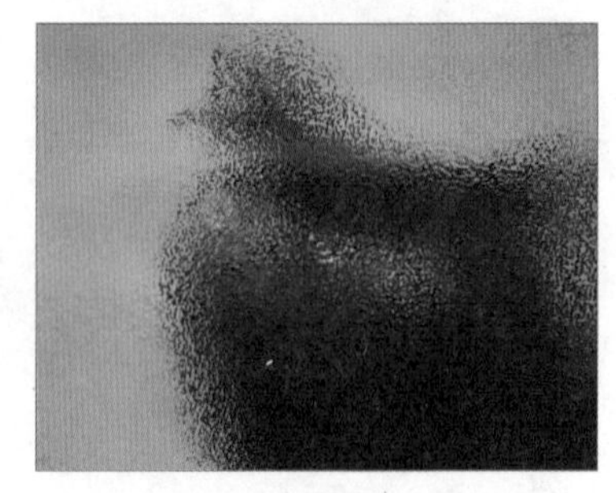

应用“海洋波纹”滤镜

5.“极坐标”滤镜

“极坐标”滤镜可根据选择的选项，将选区从平面坐标转换到极坐标，或者将选区从极坐标转换到平面坐标。

原图

“块状”纹理

“画布”纹理

“磨砂”纹理

“小镜头”纹理

❹“缩放”文本框：用来增大或减小纹理图案的大小。

❺“反相”复选框：反转纹理中的阴影和高光。

勾选“反相”复选框

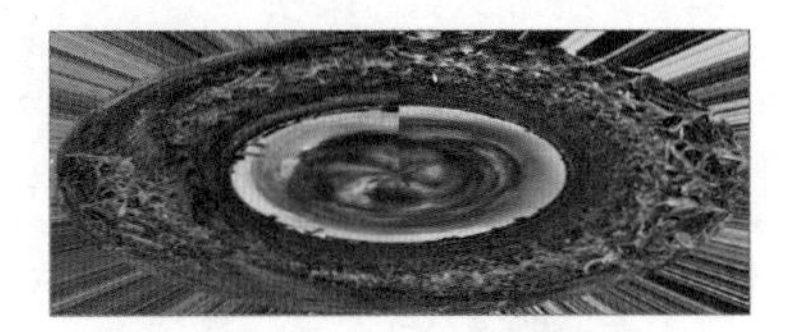

极坐标到平面坐标

平面坐标到极坐标

6.“挤压”滤镜

“挤压”滤镜可以挤压选区，设置为正值将选区向中心移动，设置为负值将选区向外移动。

原图

“挤压”滤镜数量为-100%

“挤压”滤镜数量为100%

7.“镜头校正”滤镜

“镜头校正”滤镜可以修复常见的镜头瑕疵，如桶形和枕形失真、晕影和色差等。

原图

应用“镜头校正”滤镜

8.“扩散亮光”滤镜

“扩散亮光”滤镜可将图像渲染成好像是透过一个柔和的扩散滤镜来观看的效果。

原图

应用“扩散亮光”滤镜

9.“切变”滤镜

“切变”滤镜可沿一条曲线扭曲图像，通过拖动框中的线条来指定曲线，可调整曲线上的任何一点。

知识链接

调整图像局部切变效果

使用“切变”滤镜可以将图像沿着一条曲线进行扭曲，但是很多时候不需要将整个图像变换，如果需要对图像中的局部区域进行变换，可以将需要变换的区域创建为选区，然后执行“切变”命令，在弹出的“切变”对话框中，调整切变效果，完成后单击“确定”按钮，应用切变设置到当前选区即可。

创建选区

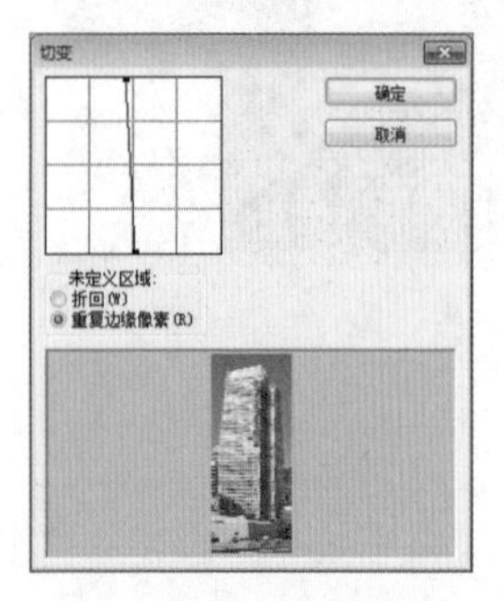

“切变”对话框

应用“切变”滤镜

原图

应用“切变”滤镜

10.“球面化”滤镜

“球面化”滤镜可通过将选区折成球形、扭曲图像，以及伸展图像以适合选中的曲线，使对象具有3D效果。

原图

应用“球面化”滤镜瘦脸

11.“水波”滤镜

“水波”滤镜可根据选区中像素的半径将选区径向扭曲，在该滤镜的对话框中通过设置“起伏”参数，来控制水波方向从选区的中心到其边缘的反转次数。

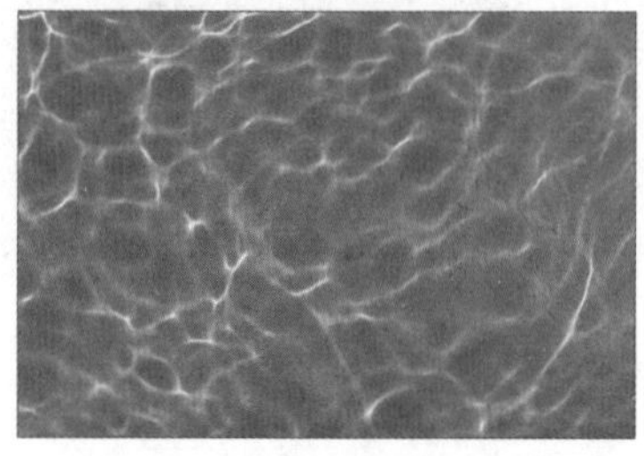

原图

应用“水波”滤镜

12.“旋转扭曲”滤镜

“旋转扭曲”滤镜可对选区进行旋转，且中心的旋转程度比边缘的旋转程度大。另外，指定角度时可生成旋转扭曲图案。

原图

应用“旋转扭曲”滤镜

"切变"滤镜不仅可以对图像进行直线型变形，同时也可以进行曲线型变形。在调整曲线上单击添加调整锚点，再拖动锚点对图像进行扭曲，可在下方的预览窗口中预览调整后的效果。

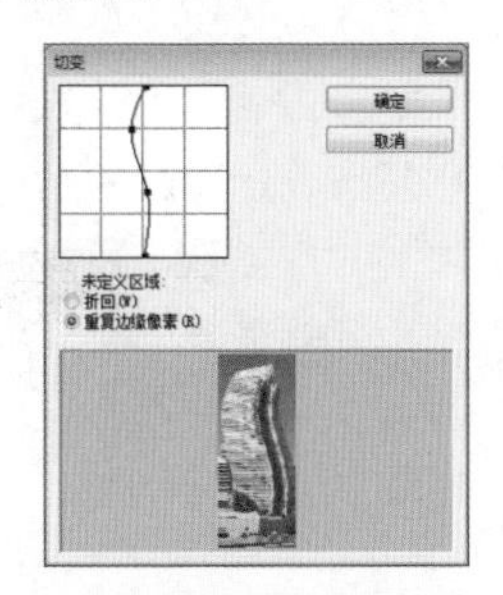

"切变"对话框

应用"切变"滤镜

13. "置换"滤镜

"置换"滤镜可对置换图的图像确定如何扭曲选区，使用抛物线形的置换图创建的图像看上去像是印在一块两角固定悬垂的布上的效果。如果置换图的大小与选区的大小不同，则选择置换图适合图像的方式。选择"伸展以适合"可以调整置换图大小，选择"拼贴"可以通过在图案中重复置换图案填充选区。

原图

置换图

应用"置换"滤镜

如何做 使用"玻璃"滤镜为照片制作雨后玻璃水雾的效果

在Photoshop中，使用"扭曲"滤镜组中的"玻璃"滤镜，并结合其他滤镜命令可以制作出具有一定质感的图像效果，下面介绍使用"玻璃"滤镜制作出雨后玻璃的效果。

01 打开图像文件

按下快捷键Ctrl+O，打开附书光盘\实例文件\第12章\Media\06.jpg文件。按下快捷键Ctrl+J复制背景图层生成"图层1"。然后设置图层混合模式为"滤色""不透明度"为20%。

02 调整图像饱和度

创建"色相/饱和度"调整图层，并设置"饱和度"为10，以增强图像的饱和度。

03 合并可见图层并执行“玻璃”滤镜命令

按下快捷键Ctrl+Shift+Alt+E盖印可见图层，生成“图层2”。执行“滤镜→扭曲→玻璃”命令，在弹出的对话框中设置“扭曲度”为7、“平滑度”为3、“纹理”为磨砂、“缩放”为100%，完成后单击“确定”按钮，制作出玻璃效果。

04 设置“字符”面板

单击文字工具T，在“字符”面板中设置字体、字号与颜色。

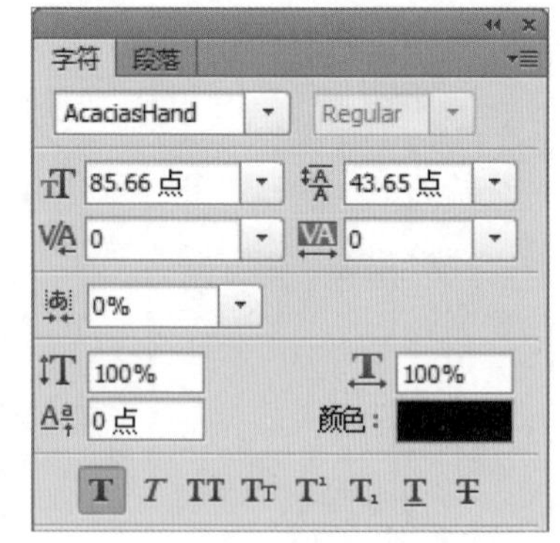

05 输入黑色文字

参数设置完以后在图像上输入黑色文字。

06 设置文字透明度

设置文字图层“不透明度”为19%，制作玻璃上的手写文字效果。

07 填充选区并添加图层样式

单击画笔工具，设置画笔大小为40像素，在图像上绘制黑色笑脸图像，并设置图层“不透明度”为19%。

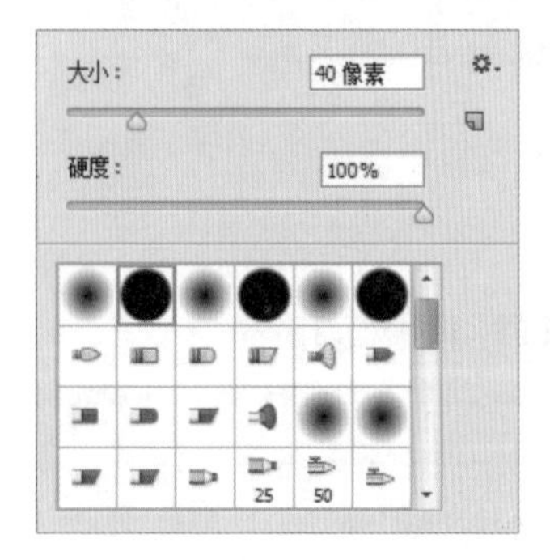

08 添加照片滤镜

单击“创建新的填充或调整图层”按钮，为图像添加“照片滤镜”调整图层，设置各项参数。至此，本实例制作完成。

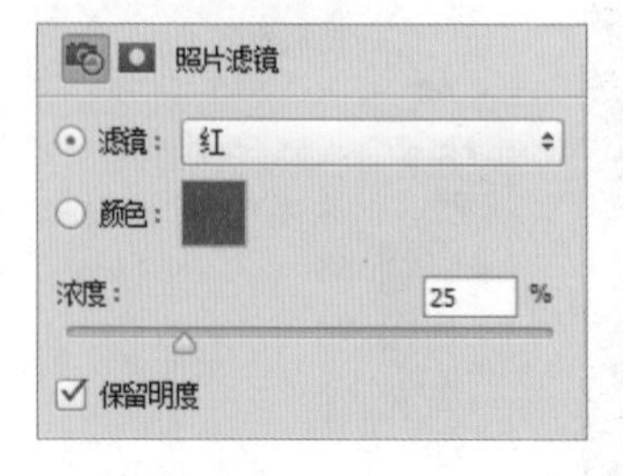

高手训练营 制作科幻效果海报

在前面的内容中，详细介绍了扭曲类滤镜的相关知识和操作，在这里将把该滤镜组中的几个滤镜结合起来使用，制作出科幻效果的海报。

01 打开图像文件

按下快捷键Ctrl+O，打开附书光盘\实例文件\第12章\Media\07.jpg文件。单击快速选择工具，在图片天空部分单击，将其创建为选区，然后按下快捷键Shift+Ctrl+I，将选区反相。按下快捷键Ctrl+J，将选区中的对象复制到新图层中，生成“图层1”。在“图层”面板中单击“背景”图层前的“指示图层可见性”图标，使该图层不可见。

02 设置画布大小

执行“图像→画布大小”命令，或按下快捷键Alt+Ctrl+C，弹出“画布大小”对话框。设置“宽度”为70厘米，“高度”为60厘米，并单击“定位”右上角的方框，单击“确定”按钮。

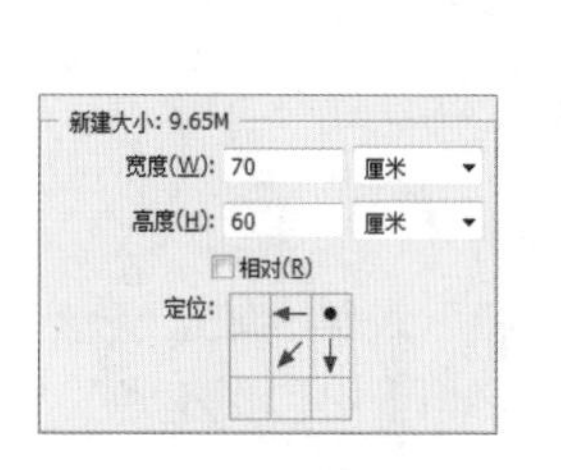

03 复制对象

将图像缩小并拖拽到右下角位置，按住Alt键不放，拖拽鼠标，复制一个图像，并放置到原图像的左边位置，然后将其水平翻转，并调整位置，使两个图像对齐拼合。

04 复制其他对象

按照与上面相似的方法，再复制多个该对象，并调整其中4个复制对象呈垂直翻转状态。

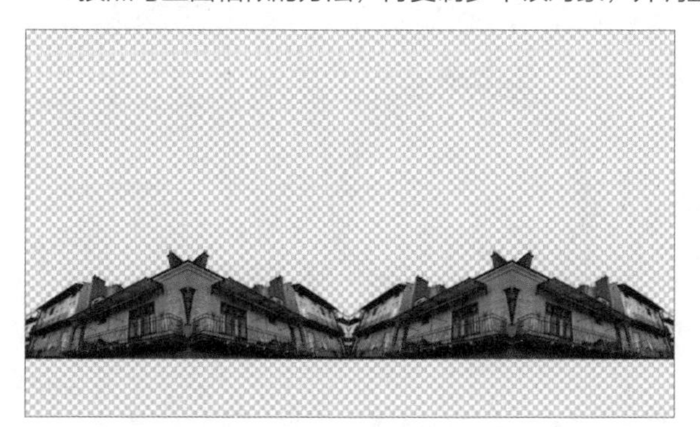

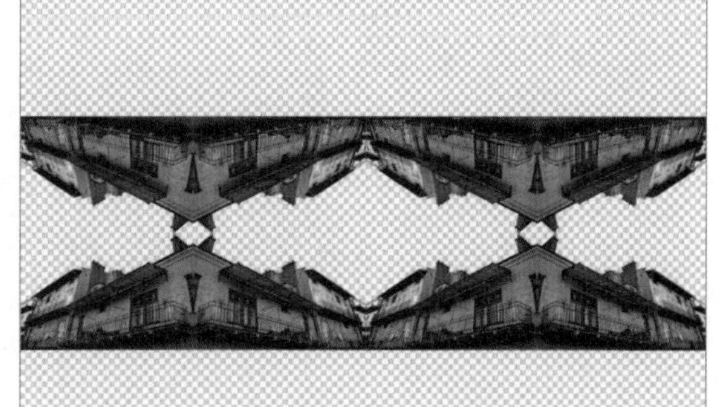

05 应用“极坐标”滤镜

按住Shift键不放，将除“背景”图层外的其他图层全部选中，按下快捷键Ctrl+E，将当前选中图层合并。执行“滤镜→扭曲→极坐标”命令，弹出“极坐标”对话框，选中“平面坐标到极坐标”单选按钮，设置完成后单击“确定”按钮，应用该滤镜到当前图层对象中。

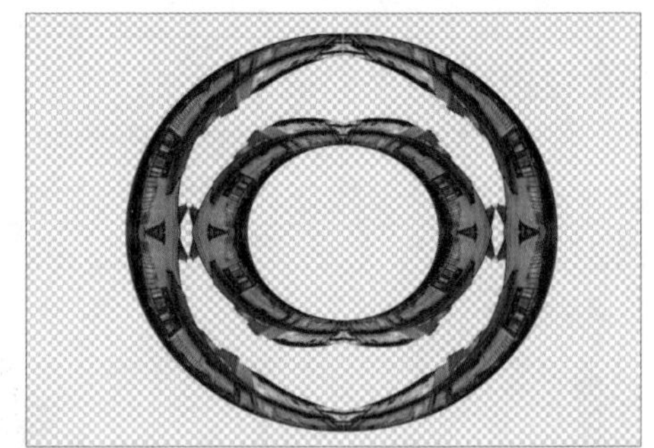

06 添加素材图像

按下快捷键Ctrl+O，打开附书光盘\实例文件\第12章\Media\08.jpg文件。按下快捷键Ctrl+J，将背景图层复制到新图层中，生成“图层1”。单击“背景”图层，按下快捷键Alt+Ctrl+C，弹出“画布大小”对话框，设置“宽度”为60厘米，“高度”为60厘米，设置完成后单击“确定”按钮。在“图层”面板中单击“背景”图层前的“指示图层可见性”图标，使其不可见。

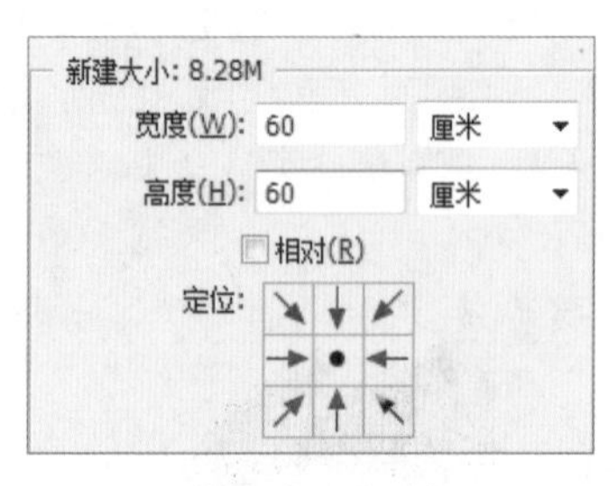

07 复制对象

按住Alt键不放，通过拖拽复制几个图像，并将其排列成一整排，然后将除“背景”图层外的其他图层同时选中，并按下快捷键Ctrl+E，将选中的图层合并。

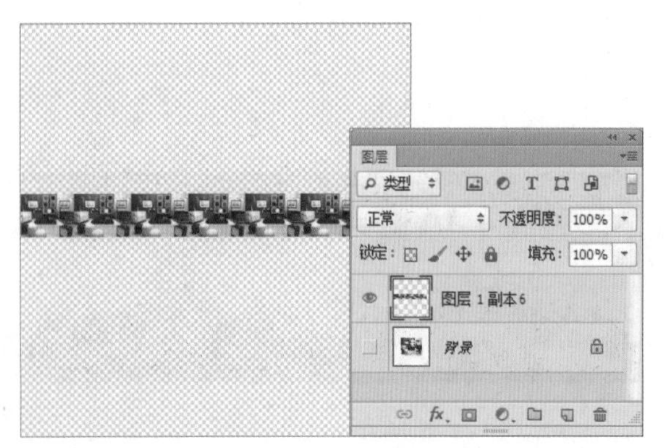

08 再次应用“极坐标”滤镜

执行“滤镜→扭曲→极坐标”命令，弹出“极坐标”对话框，选中“平面坐标到极坐标”单选按钮，设置完成后单击“确定”按钮，应用该滤镜到当前图层对象中。

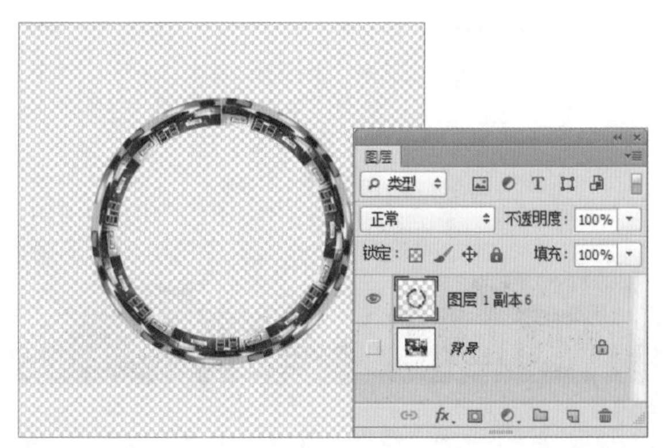

09 复制对象

按下快捷键Ctrl+J，将圆形对象复制到新图层中。按下快捷键Ctrl+T，弹出变换编辑框，按住Shift+Alt组合键，拖拽鼠标，将其等比例缩小，完成变换后按下Enter键确认变换。按照同样的方法，复制其他对象，并将其等比例缩小，使其成为同心圆效果。

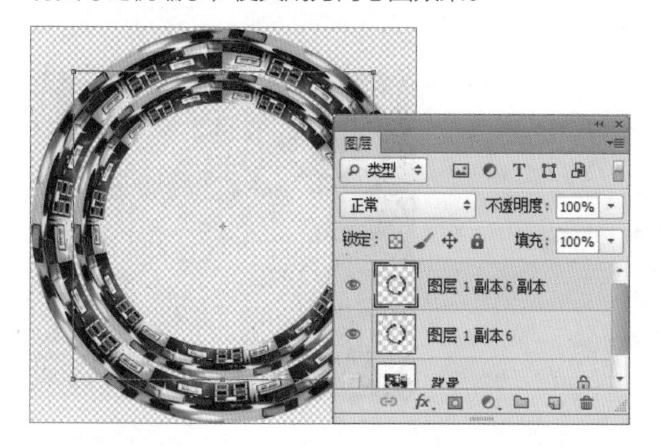

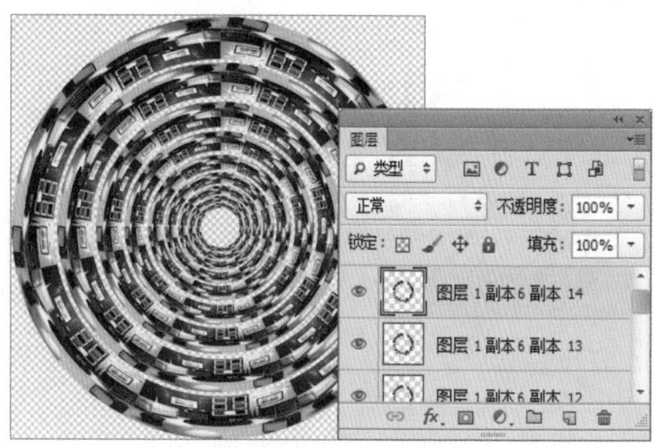

10 调整对象

按住Shift键不放，将除“背景”图层外的其他图层同时选中，然后按下快捷键Ctrl+E，将当前图层合并，将该对象拖拽到07.jpg文件中，并将其对齐，通过调整使两个圆大小相同。

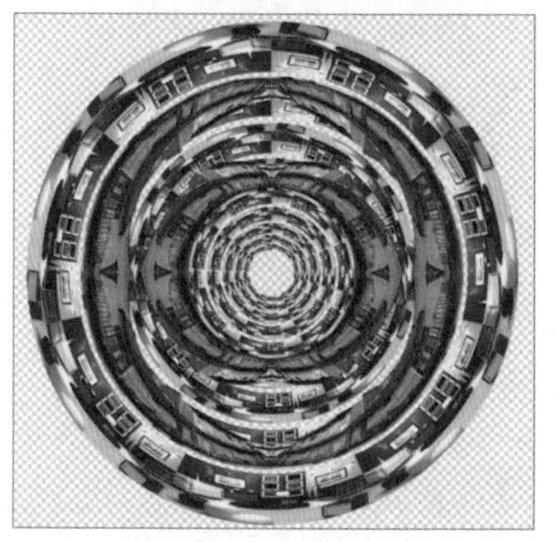

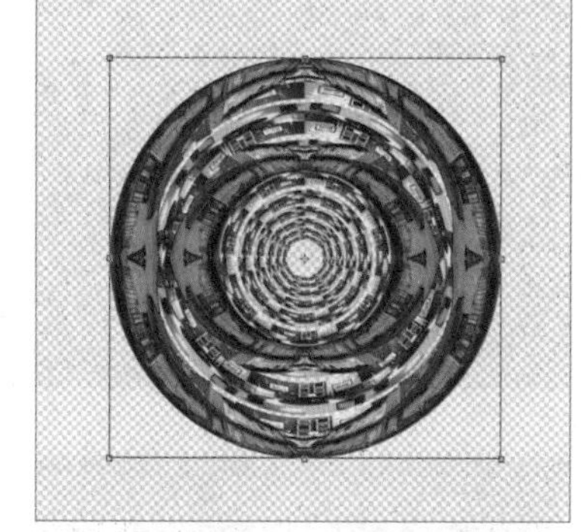

11 填充背景色

新建空白图层，生成“图层2”，填充颜色为黑色，并将其放置在“背景”图层的上层位置。

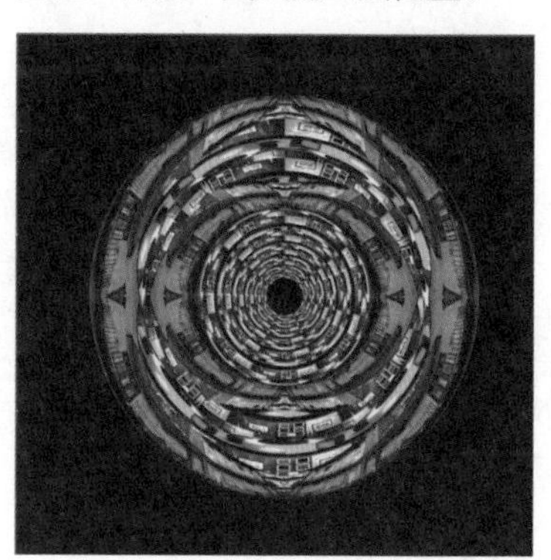

12 添加渐变映射

单击当前最上层图层，使其成为当前图层，然后单击“图层”面板中的“创建新的填充或调整图层”按钮 ，在展开的列表中选择“渐变映射”选项，打开“渐变映射”调整面板，设置渐变效果依次为0%：R0、G0、B0，53%：R86、G208、B38，100%：R255、G255、B255，设置完成后即可将设置应用到当前图像中。

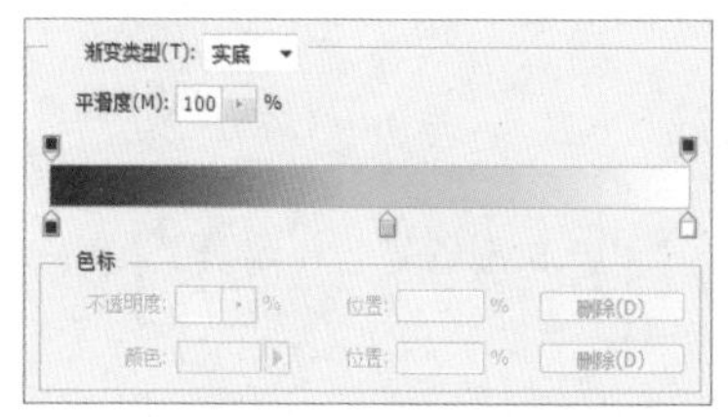

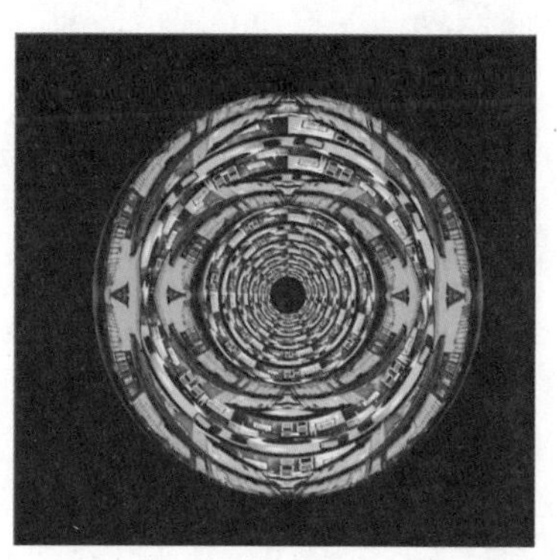

13 盖印图层

按住Shift键不放，将“图层2”以下的图层全部选中，按下快捷键Ctrl+Alt+E，将当前图层盖印到新图层中，生成“渐变映射1（合并）”图层。

14 添加图层样式

在“图层”面板中双击“渐变映射1（合并）”图层，弹出“图层样式”对话框，勾选“外发光”选项，切换到相应的选项面板中，设置“颜色”为R27、G128、B4，“扩展”为7%，“大小”为158像素，单击“确定”按钮，即可将设置的图层样式应用到当前图层对象中。

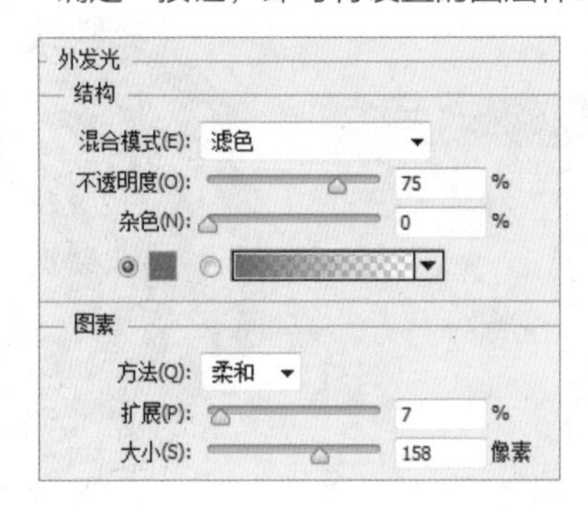

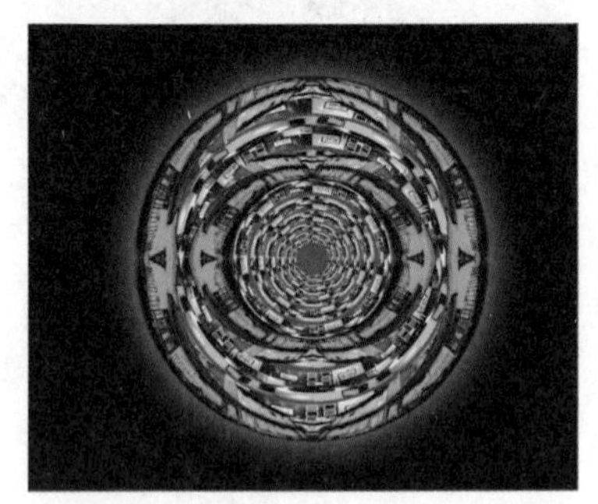

15 添加渐变映射

单击“图层”面板中的“创建新的填充或调整图层”按钮，在展开的列表中选择“渐变”选项，弹出“渐变填充”对话框，设置渐变为从黑色到透明，设置完成后单击“确定”按钮，应用渐变到图像中，并生成调整图层。在“图层”面板中，设置该调整图层的图层混合模式为“叠加”。

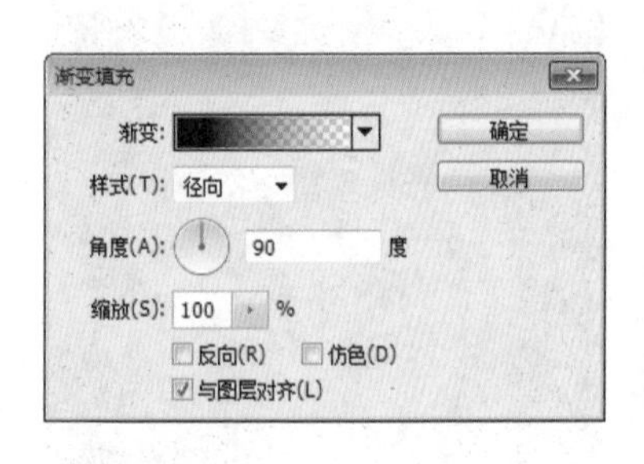

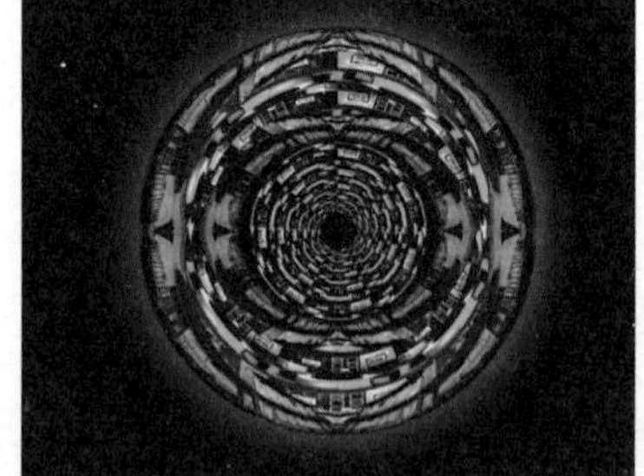

16 填充对象

按快捷键Shift+Ctrl+Alt+N，新建“图层3”，单击椭圆选框工具，在页面正中创建正圆选区。按下快捷键Shift+F6，设置羽化参数，应用到选区中，设置填充色为“黑色”。按下快捷键Ctrl+D，取消选区。

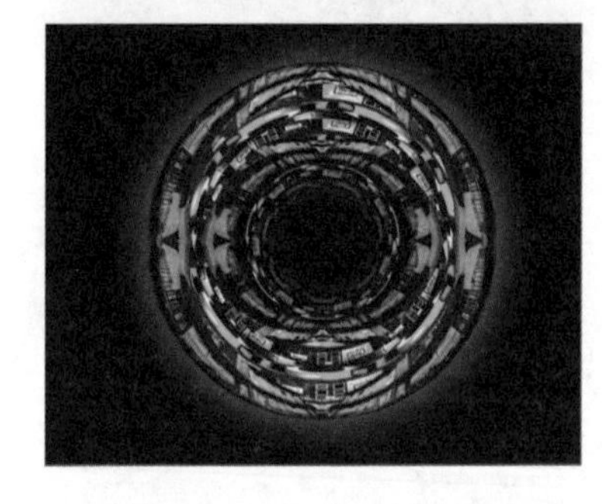

知识链接

“外发光”滤镜深度应用

“外发光”图层样式是“滤色”图层混合模式结合图像边缘轮廓来为其添加外发光效果，可以根据这一特性调整其混合模式和发光颜色为图像添加外轮廓效果，通常被用于制作超写实效果和网页界面制作等。同理，还可以调整其渐变色和等高线，制作出自己需要的轮廓效果。“内发光”图层样式除了可以制作内发光的效果外，还可以为图像添加内轮廓效果。

17 盖印图层

按住Shift键，将“图层2”以上的图层同时选中，按下快捷键Ctrl+Alt+E，盖印当前图层到新图层中，生成“图层 3（合并）”。

18 应用“铬黄”滤镜

执行“滤镜→素描→铬黄”命令，弹出“铬黄渐变”对话框，在该对话框中设置“细节”为0，“平滑度”为10，设置完成后单击“确定”按钮，即可将刚才所设置的滤镜参数应用到当前图层对象中，图层中的复制对象变成了黑色。

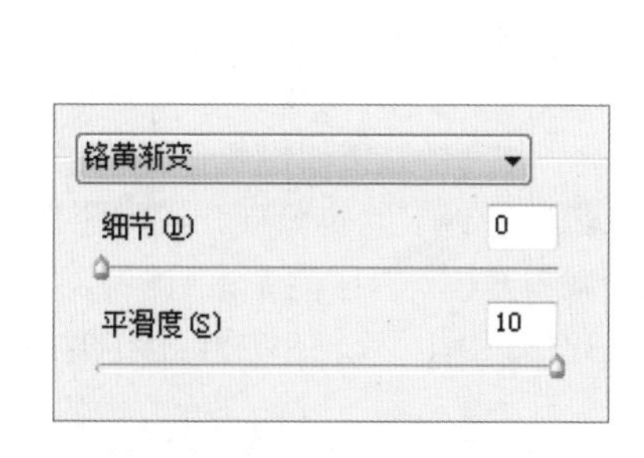

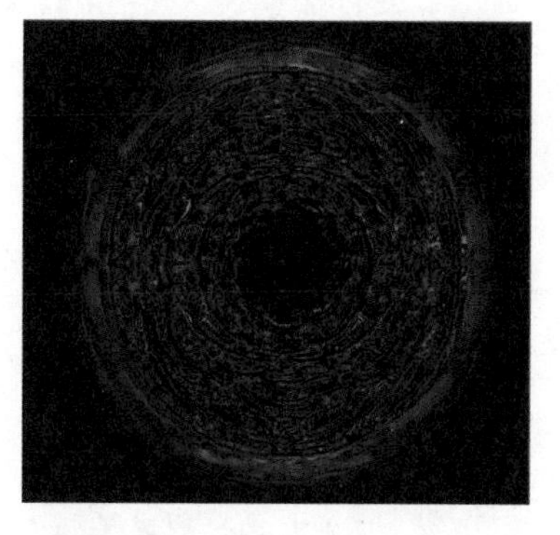

19 设置图层混合模式

在“图层”面板中，单击“图层 3（合并）”图层，使其成为当前图层，然后设置其图层混合模式为“线性减淡（添加）”。

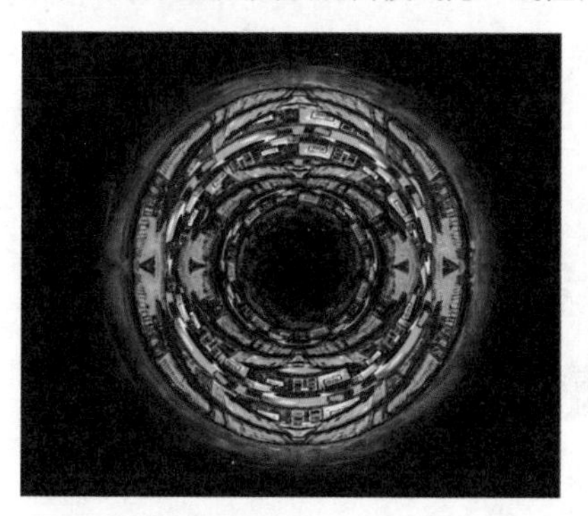

20 添加文字

使用横排文字工具T在图像中输入文字，并设置为“白色”。

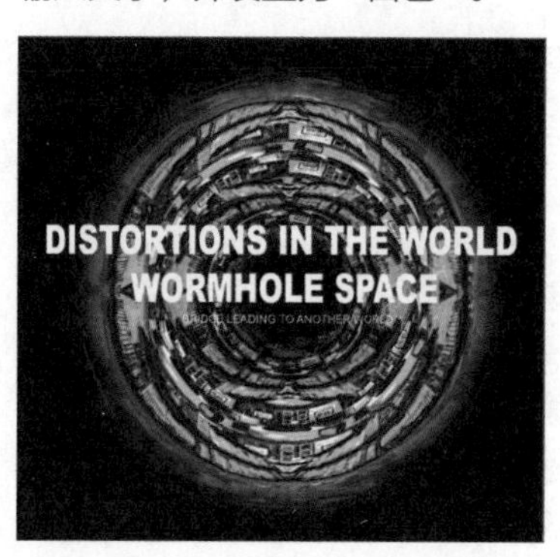

21 添加图层样式

在文字图层上单击鼠标右键，在弹出的快捷菜单中执行“混合选项”命令，在弹出的对话框中设置适当的“外发光”图层样式。

22 添加素材图像

打开附书光盘\实例文件\第12章\Media\09.jpg文件，将其添加到原图像中，并调整到“图层2”的上层位置。至此，本实例制作完成。

12.5 使用效果滤镜让图像更具艺术范儿

效果类滤镜主要包括8种滤镜，它们分别是“图案生成器”滤镜、“艺术效果”滤镜、“画笔描边”滤镜、“渲染”滤镜、“素描”滤镜、“像素化”滤镜、“风格化”滤镜和“纹理”滤镜，使用这些滤镜可以制作出特殊的图像效果。在本小节中，将对这些滤镜的相关知识和效果进行介绍。

知识链接

了解“艺术效果”滤镜组滤镜

“艺术效果”滤镜组中包括了多种滤镜，使用这些滤镜能制作出不同的图像效果。

- 壁画：该滤镜可使用短而圆的小块颜料，通过涂抹以一种粗糙的风格绘制图像。
- 粗糙蜡笔：该滤镜可在纹理背景上应用粉笔描边效果。
- 底纹效果：该滤镜可在带纹理的背景上绘制图像，然后将最终图像绘制在图像上。
- 调色刀：该滤镜可减少图像细节生成很淡的画布效果。
- 干画笔：该滤镜可绘制出介于油彩和水彩之间的效果。
- 海报边缘：该滤镜可根据设置的海报化选项减少图像中的颜色数量，进行色调分离。
- 海绵：该滤镜可制作出海绵绘画的效果。
- 绘画涂抹：该滤镜可选取各种画笔创建绘画效果。
- 胶片颗粒：该滤镜可将平滑图案应用于阴影和中间色调，将一种更平滑、饱和度更高的图案添加到亮区。
- 木刻：该滤镜可将图像制作成像是从彩纸上剪下的边缘粗糙的剪纸组成的效果。
- 霓虹灯光：该滤镜可将各种类型的灯光添加到对象上。
- 水彩：该滤镜可以以水彩风格绘制图像，使用蘸了水和颜料的中号画笔绘制以便简

知识点 各种“效果”滤镜

在8种效果滤镜中，“图案生成器”滤镜在前面的内容中已经介绍过了，下面将分别介绍其他7种效果滤镜，它们分别是“艺术效果”滤镜、“画笔描边”滤镜、“渲染”滤镜、“素描”滤镜、“像素化”滤镜、“风格化”滤镜和“纹理”滤镜。

1.“艺术效果”滤镜

使用“艺术效果”滤镜子菜单中的滤镜，可以为图像制作绘画效果或艺术效果。包括“壁画”滤镜、“彩色铅笔”滤镜、“粗糙蜡笔”滤镜、“底纹效果”滤镜、“调色刀”滤镜、“干画笔”滤镜、“海报边缘”滤镜、“海绵”滤镜、“绘画涂抹”滤镜、“胶片颗粒”滤镜、“木刻”滤镜、“霓虹灯光”滤镜、“水彩”滤镜、“塑料包装”滤镜和“涂抹棒”滤镜。

原图

应用“壁画”滤镜

应用“彩色铅笔”滤镜

应用“粗糙蜡笔”滤镜

应用“底纹效果”滤镜

应用“调色刀”滤镜

应用“干画笔”滤镜

应用“海报边缘”滤镜

应用“海绵”滤镜

应用“绘画涂抹”滤镜

应用“胶片颗粒”滤镜

应用“木刻”滤镜

化细节。

- 塑料包装：使用该滤镜可以为图像涂上光亮塑料，以强调表面细节。
- 涂抹棒：该滤镜可使用短对角描边涂抹暗区柔化图像。

知识链接

“画笔描边”滤镜组各滤镜用途

“画笔描边”滤镜组中共包含8个滤镜，能制作出不同的画笔和油墨描边效果。

- 成角的线条：可使用对角描边重新绘制图像，用相反方向的线条绘制亮区和暗区。
- 墨水轮廓：该滤镜可以为图像赋予钢笔画风格，用纤细的线条在原细节上重绘图像。
- 喷溅：使用该滤镜，可以模拟喷溅喷枪的效果。
- 喷色描边：使用该滤镜，可将图像的主导色以成角、喷溅的颜色线条重新绘画。
- 强化的边缘：使用该滤镜，可强化图像边缘，设置高的边缘亮度控制值时，强化效果类似白色粉笔；设置低的边缘亮度控制值时，强化效果类似黑色油墨。
- 深色线条：使用该滤镜，可以用短且紧绷的深色线条绘制暗区，用长的白色线条绘制亮区。
- 烟灰墨：使用该滤镜，可以使图像展现日本画的风格绘画，看起来像是用蘸满油墨的画笔在宣纸上绘画一样。
- 阴影线：该滤镜可保留原始图像的细节和特征，同时使用模拟的铅笔阴影添加纹理，并使彩色区域的边缘变粗糙。

应用“霓虹灯光”滤镜

应用“水彩”滤镜

应用“塑料包装”滤镜

2.“画笔描边”滤镜

与“艺术效果”滤镜组一样，“画笔描边”滤镜组也使用不同的画笔和油墨描边效果创造出绘画效果的外观。该滤镜组包括8个滤镜，分别是“成角的线条”滤镜、“墨水轮廓”滤镜、“喷溅”滤镜、“喷色描边”滤镜、“强化的边缘”滤镜、“深色线条”滤镜、“烟灰墨”滤镜和“阴影线”滤镜。

原图

应用“成角的线条”滤镜

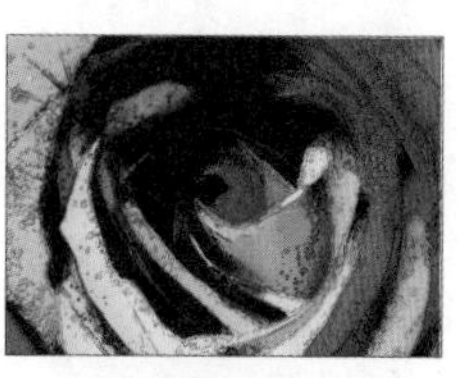

应用“墨水轮廓”滤镜

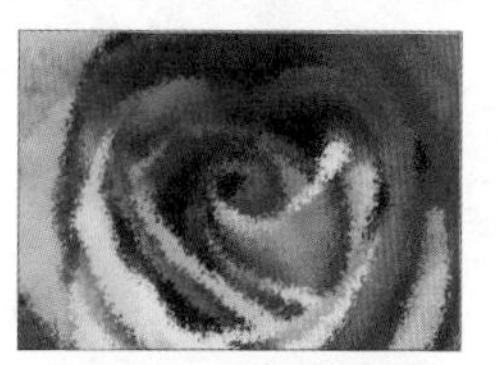

应用“喷溅”滤镜

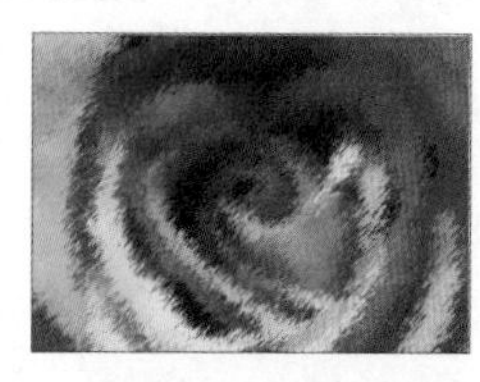

应用“喷色描边”滤镜

应用“强化的边缘”滤镜

应用“深色线条”滤镜

应用“烟灰墨”滤镜

应用“阴影线”滤镜

3.“渲染”滤镜

使用“渲染”滤镜组中的滤镜可在图像中创建3D形状、云彩图案、折射图案和模仿的光反射，也可以在3D空间中操纵对象，创建3D对象（立方体、球面和圆柱），还可以从灰度文件创建纹理填充以产生类似3D的光照效果。该滤镜组中共包括5个滤镜命令，它们分别是“分层云彩”滤镜、“光照效果”滤镜、“镜头光晕”滤镜、“纤维”滤镜和“云彩”滤镜。执行“滤镜→渲染”命令，在打开的子菜单中，选择需要执行的滤镜命令，在弹出的对话框中设置适当的参数，设置完成后单击“确定”按钮，即可将设置的滤镜效果应用到当前图像中。

知识链接

"渲染"滤镜组中各滤镜用途

Photoshop的"渲染"滤镜组中共包括5个滤镜，这些滤镜通过设置能在图像中制作3D形状、云彩图案、折射图案和模仿的光反射效果。

- 分层云彩：该滤镜可以使用随机生成的介于前景色与背景色之间的颜色值生成云彩图案。
- 光照效果：使用该滤镜，可通过改变17种光照样式、3种光照类型和4种光照属性，在RGB图像上产生无数种光照效果。
- 镜头光晕：使用该滤镜，可以模拟亮光照射到相机镜头所产生的折射效果。
- 纤维：使用该滤镜，可使用前景色和背景色创建编织纤维的外观。
- 云彩：该滤镜可使用介于前景色与背景色之间的随机色值，生成柔和的云彩图案。

原图

应用"分层云彩"滤镜

应用"镜头光晕"滤镜

原图

应用"分层云彩"滤镜

应用"光照效果"滤镜

应用"镜头光晕"滤镜

应用"纤维"滤镜

应用"云彩"滤镜

4."素描"滤镜

使用"素描"滤镜组中的滤镜将纹理添加到图像上，可获得3D效果，或创建出美术或手绘外观。"素描"滤镜组中共包含14个滤镜效果，它们分别是"半调图案"滤镜、"便条纸"滤镜、"粉笔和炭笔"滤镜、"铬黄"滤镜、"绘图笔"滤镜、"基底凸现"滤镜、"水彩画纸"滤镜、"撕边"滤镜、"塑料效果"滤镜、"炭笔"滤镜、"炭精笔"滤镜、"图章"滤镜、"网状"滤镜和"影印"滤镜。执行"滤镜→素描"命令，在打开的子菜单中，选择需要执行的滤镜命令，在弹出的对话框中设置适当的参数，设置完成后单击"确定"按钮，即可将设置的滤镜参数应用到当前图像中。

原图

应用"半调图案"滤镜

应用"便条纸"滤镜

应用"粉笔和炭笔"滤镜

应用"铬黄"滤镜

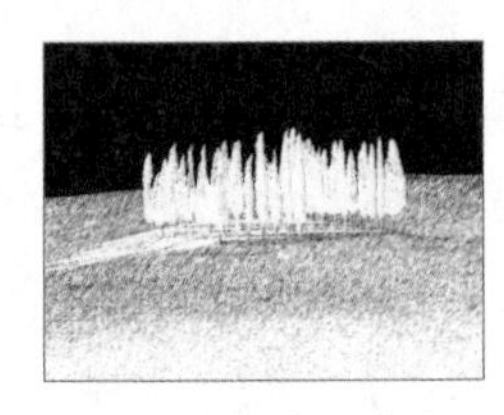

应用"绘图笔"滤镜

知识链接

"素描"滤镜组中各滤镜用途

Photoshop中的"素描"滤镜组中包含多个滤镜，这些滤镜通过设置能制作出美术或手绘外观效果。

- 半调图案：使用该滤镜，可在保持连续的色调范围的同时，模拟半调网屏的效果。
- 便条纸：使用该滤镜，可创建出类似用手工制作的纸张构建的图像。
- 粉笔和炭笔：使用该滤镜，可对图像重绘高光和中间调，并使用粗糙粉笔绘制纯中间调的灰色背景。
- 铬黄：使用该滤镜，可对图像进行渲染，使其产生像是具有擦亮的铬黄表面。
- 绘图笔：使用该滤镜，可对图像使用细的、线状的油墨描边以捕捉原图像中的细节。
- 基底凸现：该滤镜可使图像呈现浮雕的雕刻形状和突出光照下变化各异的表面。
- 水彩画纸：使用该滤镜，可利用有污点的、像画在潮湿的纤维纸上的笔触，使图像颜色流动并混合。
- 撕边：使用该滤镜，可重建图像，使其像是由粗糙、撕碎的纸片组成，并使用前景色与背景色为图像着色。
- 炭笔：使用该滤镜，可使图像产生类似色调分离的涂抹效果。
- 炭精笔：使用该滤镜，可在图像上模拟浓黑和纯白的炭精笔纹理。
- 图章：使用该滤镜，可将图像效果简化，使其看起来就像是用橡皮或木制图章创建的一样。

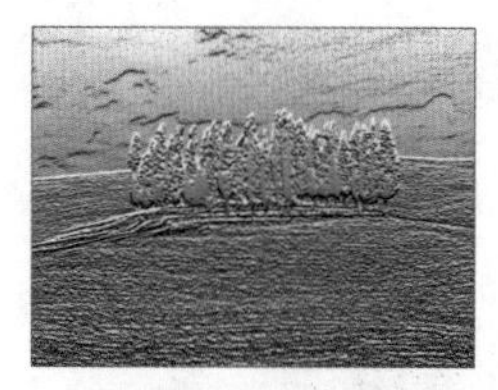
应用"基底凸现"滤镜

应用"水彩画纸"滤镜

应用"撕边"滤镜

应用"塑料效果"滤镜

应用"炭笔"滤镜

应用"炭精笔"滤镜

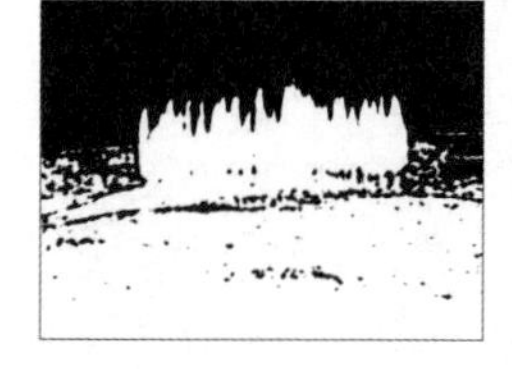
应用"图章"滤镜

应用"网状"滤镜

应用"影印"滤镜

5."像素化"滤镜

使用"像素化"滤镜组中的滤镜可以使单元格中颜色值相近的像素结成块来清晰地定义一个选区。"像素化"滤镜组中共包含7种滤镜，它们分别是"彩块化"滤镜、"彩色半调"滤镜、"点状化"滤镜、"晶格化"滤镜、"马赛克"滤镜、"碎片"滤镜和"铜版雕刻"滤镜。

原图

应用"彩块化"滤镜

应用"彩色半调"滤镜

应用"点状化"滤镜

应用"晶格化"滤镜

应用"马赛克"滤镜

知识链接

“风格化”滤镜组中各滤镜用途

在Photoshop中的“风格化”滤镜组中共包含9种滤镜，这些滤镜通过设置可制作出绘画或印象派的效果。

- 查找边缘：使用该滤镜，可用显著的转换标识图像的区域突出边缘。
- 等高线：使用该滤镜，可以在图像中查找主要亮度区域的转换，并为每个颜色通道淡淡地勾勒主要亮度区域的转换，以获得与等高线图中的线条类似的效果。
- 风：使用该滤镜，可在图像中制作出风吹的效果。
- 浮雕效果：使用该滤镜，可将选区的填充色转换为灰色，用原填充色描画边缘，使选区显得凸起或压低。
- 扩散：使用该滤镜，可通过设置参数虚化图像焦点。
- 拼贴：使用该滤镜，可将图像分解为系列拼贴，使选区偏离原来位置。
- 曝光过度：该滤镜可将图像的负片和正片混合，制作出显影时照片短暂曝光的效果。
- 凸出：该滤镜可在图像中制作出一种3D纹理效果。
- 照亮边缘：使用该滤镜，可标识颜色边缘，向其添加类似霓虹灯的光亮。

原图

应用“查找边缘”滤镜

应用“碎片”滤镜

应用“铜版雕刻”滤镜

6.“风格化”滤镜

使用“风格化”滤镜组中的滤镜，可以通过置换像素和查找来增大图像的对比度，在选区中生成绘画或印象派的效果。“风格化”滤镜组中共包含9种滤镜，它们分别是“查找边缘”滤镜、“等高线”滤镜、“风”滤镜、“浮雕效果”滤镜、“扩散”滤镜、“拼贴”滤镜、“曝光过度”滤镜、“凸出”滤镜和“照亮边缘”滤镜。执行“滤镜→风格化”命令，在打开的子菜单中选择任意选项，即可通过参数设置应用滤镜效果。

原图

应用“查找边缘”滤镜

应用“等高线”滤镜

应用“风”滤镜

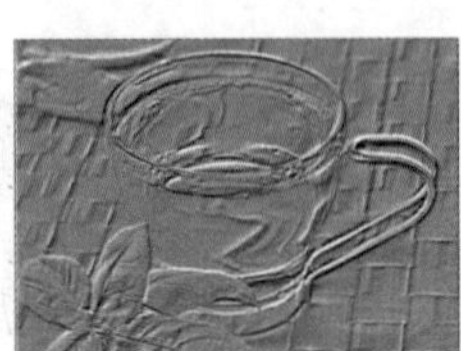

应用“浮雕效果”滤镜

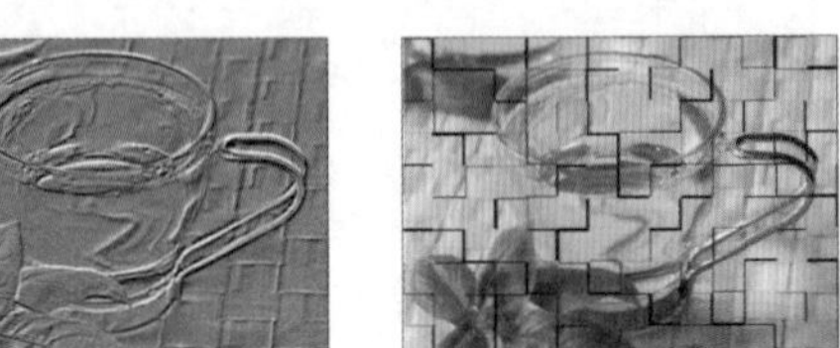

应用“拼贴”滤镜

应用“曝光过度”滤镜

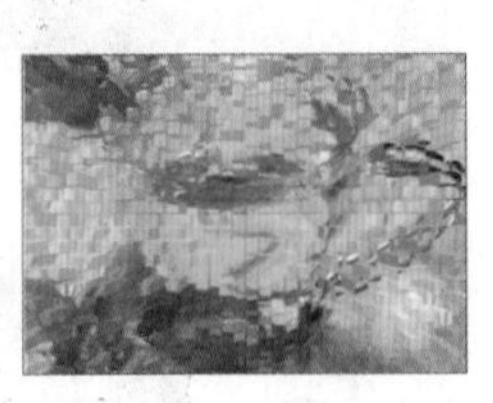

应用“凸出”滤镜

应用“照亮边缘”滤镜

7.“纹理”滤镜

使用“纹理”滤镜组中的滤镜可模拟出具有深度感或物质感的外观，或者添加一种器质外观。“纹理”滤镜组中共包含6种滤镜，它们分别是“龟裂缝”滤镜、“颗粒”滤镜、“马赛克拼贴”滤镜、“拼缀图”滤镜、“染色玻璃”滤镜和“纹理化”滤镜。

知识链接

“纹理”滤镜组中各滤镜的用途

在Photoshop中的“纹理”滤镜组中共包含6种滤镜，这些滤镜通过设置可模拟出具有深度感或物质感的外观效果。

- 龟裂缝：将图像绘制在高凸现的石膏表面上，以循着图像等高线生成精细网状裂缝。
- 颗粒：通过模拟不同种类的颗粒在图像中添加纹理。
- 马赛克拼贴：使用该滤镜，可对图像进行渲染，形成类似小碎片或拼贴组成的效果，并在拼贴之间灌浆。
- 拼缀图：使用该滤镜，可将图像分解为用图像中该区域的主色填充的正方形。
- 染色玻璃：使用该滤镜，可将图像重新绘制为用前景色勾勒的单色的相邻单元格。
- 纹理化：该滤镜将选择或创建的纹理应用于图像。

原图

应用“纹理化”滤镜

应用“拼缀图”滤镜

原图

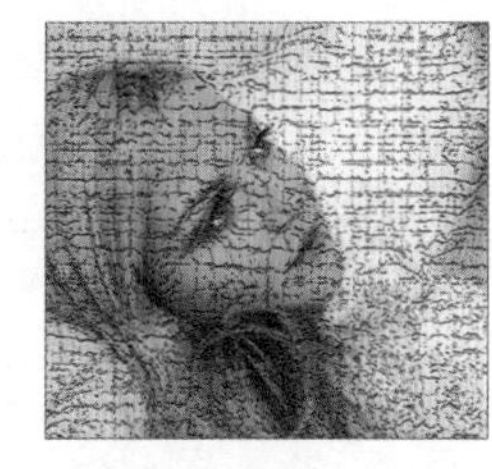

应用“龟裂缝”滤镜

应用“颗粒”滤镜

应用“马赛克拼贴”滤镜

应用“拼缀图”滤镜

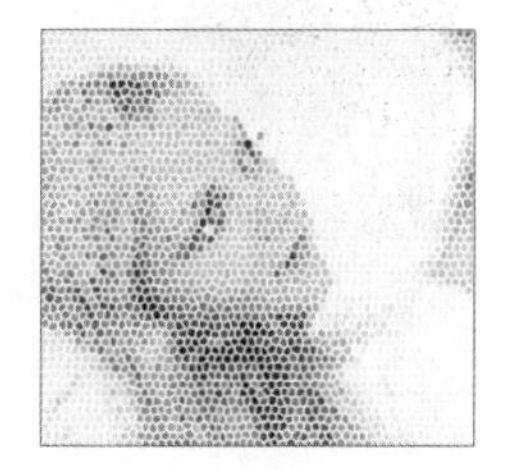

应用“染色玻璃”滤镜

如何做 制作彩铅画效果的照片

在前面的内容中，对效果滤镜的相关知识进行了详细介绍，这里将介绍结合素描滤镜制作出彩铅画效果照片的操作。

01 打开图像文件并执行去色、反相命令

按下快捷键Ctrl+O，打开附书光盘\实例文件\第12章\Media\10.jpg文件。按下快捷键Ctrl+J，生成“图层1”。选择“图层1”，执行“图像→调整→去色”命令，将图像去色。复制“图层1”得到“图层1副本”，执行“图像→调整→反相”命令，对图像进行反相操作。

02 执行“最小值”滤镜命令并设置图层混合模式

执行“滤镜→其他→最小值”命令，在弹出的对话框中设置“半径”为2像素，完成后单击“确定”按钮。然后设置其图层混合模式为“颜色减淡”，提取画面线条效果。

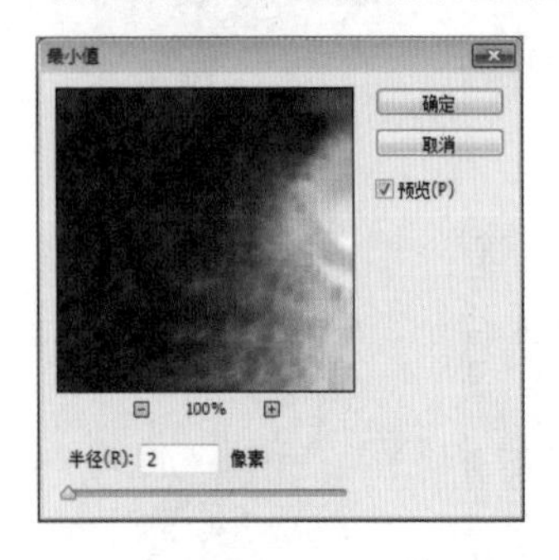

03 盖印可见图层并调整

盖印可见图层生成“图层2”。设置图层混合模式为“线性减淡（添加）”“不透明度”为30%。

04 创建“色阶”调整图层

创建“色阶”调整图层并设置相应参数，以调整图像的明暗对比。

05 复制背景图层并调整

复制“背景”图层并将其置为顶层，执行“图像→调整→色调均化”命令。执行“滤镜→模糊→高斯模糊”命令，并设置相应参数，然后单击“确定”按钮。最后设置图层混合模式为“强光”“不透明度”为15%。

06 复制图层并调整

再次复制背景图层，并将其置为顶层。然后设置其图层混合模式为“叠加”。

07 调整图像色调

依次创建“通道混合器”和“色阶”调整图层，并分别设置相应参数，以增强图像的色彩和明暗对比，并结合画笔工具，调整图像蒙版，使画面更加饱满。至此，本实例制作完成。

专栏 了解“光照效果”对话框

使用“光照效果”滤镜可以在RGB图像上产生无数种光照效果，也可以使用灰度文件的纹理，使图像产生类似3D效果，并将设置的参数保存，在其他图像中应用相似样式。执行“滤镜→渲染→光照效果”命令，即可弹出“光照效果”对话框，对其参数进行相应设置。

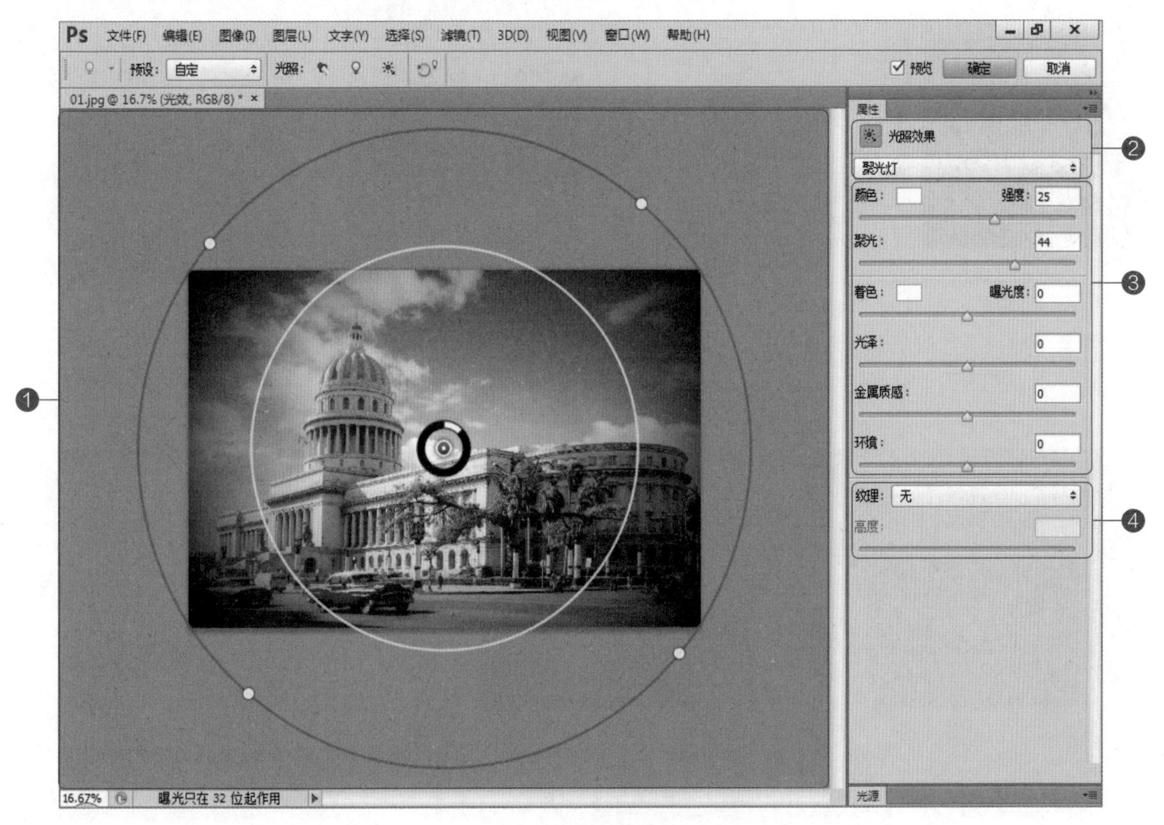

“光照效果”对话框

❶ 预览窗口：在该区域中可通过拖拽图标在预览窗口中添加光照，并调整光圈的大小和位置。

❷“光照效果”选项组：单击下方右侧的下拉按钮，在展开的下拉列表中包含了3个选项，分别是点光、聚光灯和无限光，单击选择任何一个选项，即可在对话框中设置相应参数。选择“点光”选项，可投射一束椭圆形的光柱，预览窗口中的线条定义光照方向和角度，而手柄定义椭圆边缘；选择“聚光灯”选项，可使光在图像的正上方各个方向照射，就像一张纸上方的灯泡一样；选择“无限光”选项，可远处照射光，这样光照角度不会发生变化，就像太阳光一样。

原图

点光

无限光

❸“属性”选项组：在该选项组中，可对光照的相关属性进行设置，其中包含“光泽”“材料”“曝光度”和“环境”。

- 颜色：单击颜色色块，在弹出的“拾色器（光照颜色）”对话框中即可设置光照颜色。在右侧“强度”文本框中直接输入数值或拖拽下方的滑块，可调整表面光照颜色的强度变化，取值范围在-100~100之间。

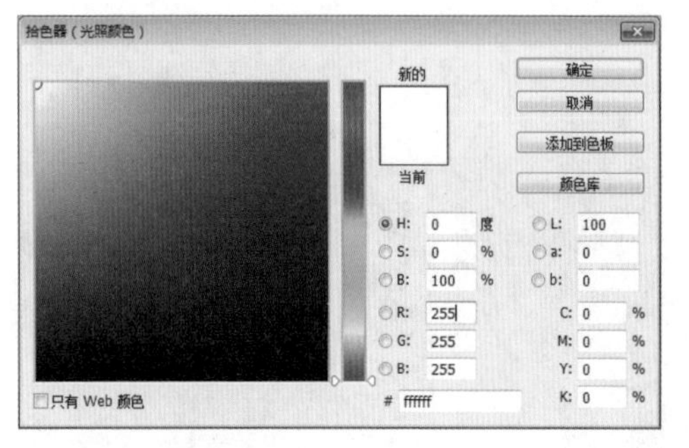

“拾色器（光照颜色）”对话框

光照颜色为黄色，强度为15

光照颜色为黄色，强度为40

- 聚光：通过在文本框中直接输入数值或拖拽下方的滑块，可调整表面聚光的变化，取值范围在-100~100之间。

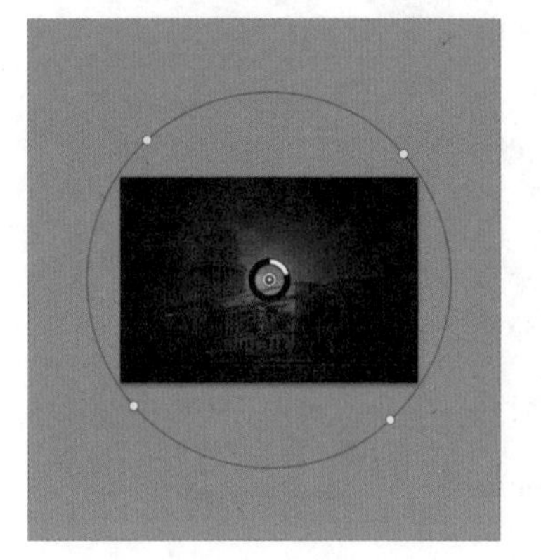
光照颜色为蓝色，聚光为-100

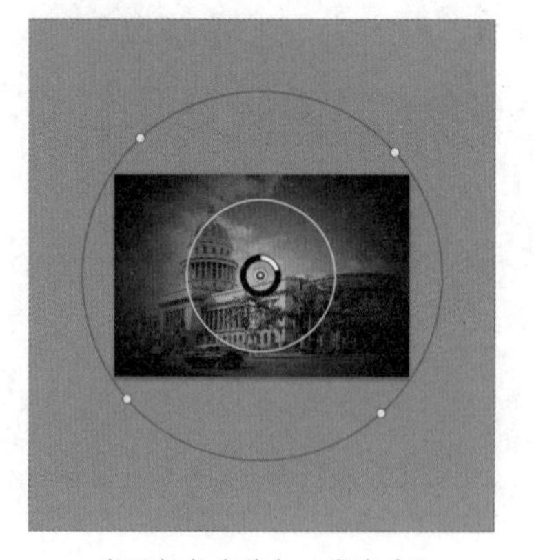
光照颜色为蓝色，聚光为0

光照颜色为蓝色，聚光为100

- 着色：单击颜色色块，在弹出的“拾色器（环境色）”对话框中即可设置光照的环境色。在右侧“曝光度”文本框中直接输入数值或拖拽下方的滑块，可增大光照（正值）或减小光照（负值），取值范围在-100~100之间。

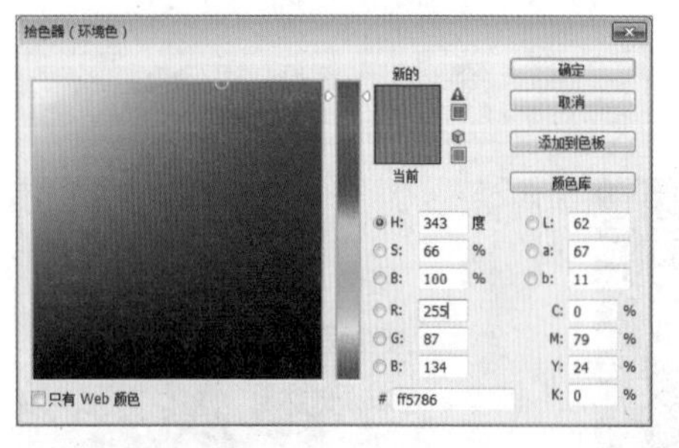

“拾色器（环境色）”对话框

原图

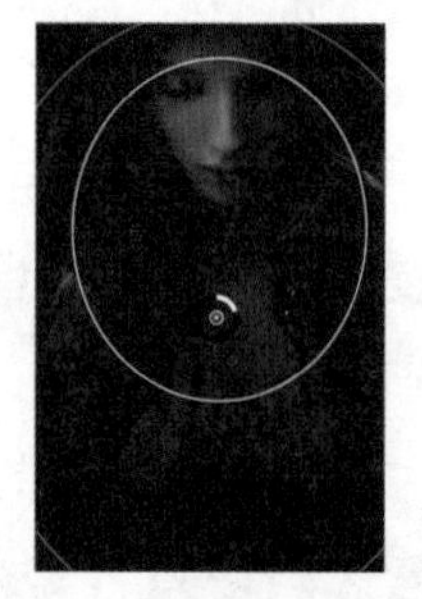
曝光度为-50

曝光度为50

- 光泽：通过在文本框中直接输入数值或拖拽下方的滑块，可调整表面反射光的变化，范围从“杂边”到“发光”。

设置3处点光

光泽为-100

光泽为100

● 金属质感：表示反射对象的颜色。在右侧“曝光度”文本框中直接输入数值或拖拽下方的滑块，可调整反射对象的颜色，取值范围在-100~100之间。

原图

金属质感为-100

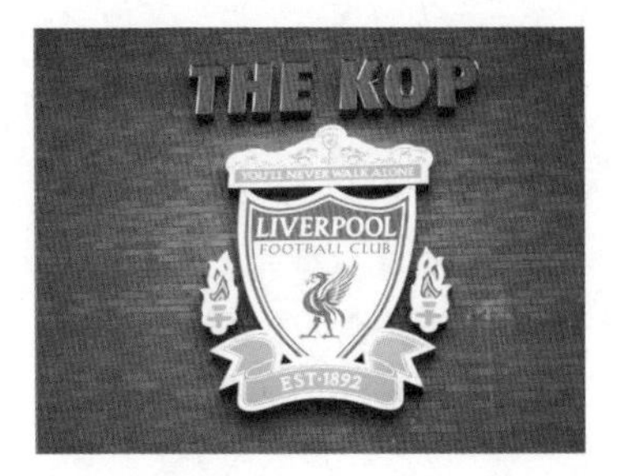

金属质感为100

● 环境：漫射光，使该光照如同与室内的其他光照（如日光或荧光）相结合一样。设置为100表示只使用此光源，设置为-100将移去此光源。要更改环境光的颜色，请单击颜色框，然后在弹出的拾色器中选择想要的颜色即可。

原图

环境为-80

环境为80

❹ 纹理选项组：单击下方右侧的下拉按钮，在展开的下拉列表中包含了4个选项，分别是无、红、绿和蓝，若选择红、绿和蓝选项，即可在下方的“高度”选项中设置相应参数。该选项可让用户使用作为Alpha通道添加到图像中的灰度图像，以此来控制光照效果。可以将任何灰度图像作为Alpha通道添加到图像中，也可创建新的Alpha通道并向其中添加纹理。

原图

“纹理通道”为“红”

“纹理通道”为“蓝”

12.6 其他滤镜效果

使用“其他”滤镜组中的滤镜效果，可以创建自己的滤镜、使用滤镜修改蒙版、在图像中使选区发生位移和快速调整颜色，其中包括“高反差保留”滤镜、“位移”滤镜、“自定”滤镜、“最大值”滤镜和“最小值”滤镜。

知识链接

安装外挂滤镜到Photoshop

在Photoshop中可以使用外挂滤镜制作出更为丰富的图像效果。

与Photoshop内部滤镜不同的是，外挂滤镜需要用户自己动手安装。外挂滤镜主要有两种，一种是可直接安装的封装的外挂滤镜，另一种是直接放在目录下的滤镜文件。

安装滤镜文件的方法非常简单，直接将该滤镜文件及其附属的一些文件拷贝到Photoshop程序的安装文件中的PlugIns目录下即可。

安装封装的滤镜只需安装时选择Photoshop的滤镜目录即可，下次启动Photoshop后便可以直接使用了。

原图

应用Topaz Sharpen外挂滤镜

知识点 认识“其他”滤镜

要熟练使用“其他”滤镜组中的滤镜效果，首先要对这些滤镜的不同效果有所了解。执行“滤镜→其他”命令，在打开的子菜单中选择需要应用的滤镜，即可弹出相应的对话框进行设置。

1.“高反差保留”滤镜

使用该滤镜，在有强烈颜色转变的地方按指定的半径保留边缘细节，并且不显示图像其余部分。此滤镜移去图像中的低频细节，与“高斯模糊”滤镜的效果恰好相反。

原图

应用“高反差保留”滤镜

2.“位移”滤镜

使用该滤镜可将选区移动到指定的水平量或垂直量，而选区的原位置变成空白区域，用户可以用当前背景色、图像的另一部分填充这块区域，另外也可以使选区靠近图像边缘等。

原图

应用“位移”滤镜

3.“自定”滤镜

使用该滤镜用户可以设计自己的滤镜效果，根据预定的数学运算（称为卷积），可以更改图像中每个像素的亮度值，根据周围像素值为每个像素重新指定一个值，此滤镜操作与通道加、减计算类似。

原图

应用“自定”滤镜

4.“最大值”滤镜和“最小值”滤镜

这两个滤镜对于修改蒙版非常有用，使用“最大值”滤镜能够产生阻塞的效果，可将白色区域展开，黑色区域阻塞。“最小值”滤镜有应用伸展的效果，可将黑色区域展开，白色区域阻塞。与“中间值”滤镜相似，“最大值”和“最小值”滤镜都针对选区中的单个像素，在指定半径内，“最大值”和“最小值”滤镜用周围像素的最高或最低亮度值替换当前像素的亮度值。

原图

应用“最大值”滤镜

应用“最小值”滤镜

如何做 使用“高反差保留”滤镜磨皮

在前面的内容中，介绍了“其他”滤镜组中各种滤镜的应用效果，下面以“高反差保留”滤镜磨皮的操作为例看一下具体应用。

01 打开图像文件

按下快捷键Ctrl+O，打开附书光盘\实例文件\第12章\Media\11.jpg文件。按下快捷键Ctrl+J，生成“图层1”。

02 复制通道

执行“窗口→通道”命令，打开“通道”面板。将“绿”通道直接拖拽到“创建新通道”按钮上，生成“绿 副本”通道。执行“滤镜→其他→高反差保留”滤镜，弹出“高反差保留”对话框，设置“半径”为10像素。

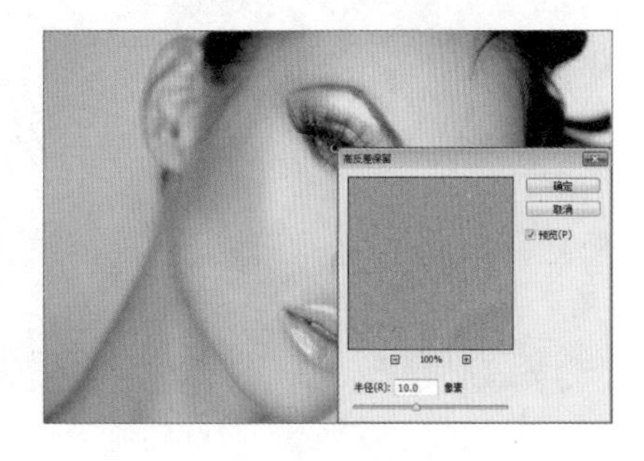

03 多次执行“计算”命令

设置完成后单击“确定”按钮，应用滤镜效果。执行“图像→计算”命令，弹出“计算”对话框，设置“混合”为“强光”，设置完成后单击“确定”按钮，应用设置到当前图像文件中。按照相同的方法，应用“计算”命令两次，设置与前面相同的参数并应用到图像中。

04 载入选区

按住Ctrl键不放，在“通道”面板中单击选中“绿 副本”通道，将选区载入到当前图像中，然后单击RGB通道，切换到显示所有通道效果状态。按下快捷键Shift+Ctrl+I，将选区反相。在“图层”面板中添加“曲线”调整图层，在“曲线”调整面板中通过向上拖拽曲线，将选区中图像的颜色调亮。

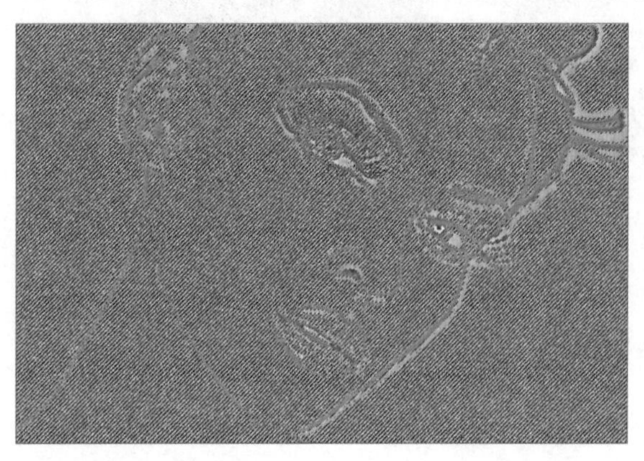

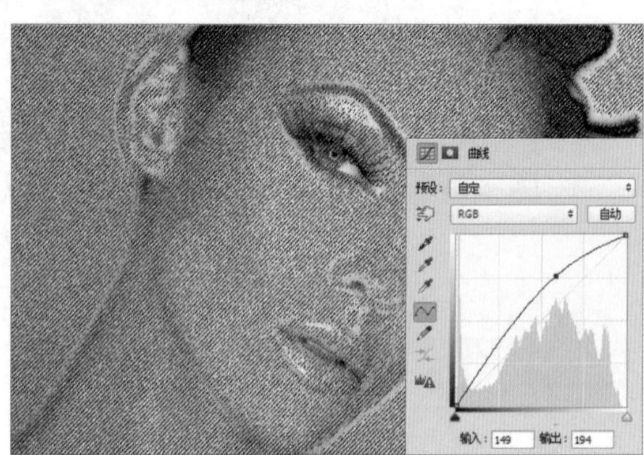

05 修饰图像

单击橡皮擦工具，在调整图层蒙版处涂抹，将人物五官擦除，使其更清晰，然后盖印图层。添加调整图层，生成“色阶1”，调整画面对比度。至此，本实例制作完成。

Chapter 13

创建视频动画和3D技术成像

随着功能的不断完善，Photoshop CS6拥有了平面功能以外更为强大的功能，运用它可以创建视频图像、帧动画和时间轴动画。另外，其新增的3D功能还可以创建和合成富有立体感的图像。

13.1 了解动画

在创建动画前首先来了解动画的含义。动画是指在一段时间内显示的一系列图像或帧。每一帧较前一帧都有轻微的变化，当连续、快速地显示这些帧时，就会产生运动或其他变化的错觉。使用Photoshop中的任意工具都可以编辑视频的各个帧和图像序列文件，即编辑视频和动画文件。另外，还可以在视频上应用滤镜、蒙版、变换、图层样式和混合模式等。

知识点 创建视频中需要使用的图像

运用Photoshop可以创建各种长宽比的在视频显示器等设备上正确显示的图像。在“新建”对话框“预设”下拉列表中选择“胶片和视频”选项，然后选择适合显示图像的视频系统的大小，最后在“高级”选项组中指定颜色配置文件和特定的像素长宽比。

“胶片和视频”预设会创建带有非打印参考线的文档，参考线标出图像的动作安全区域和标题安全区域。在“新建”对话框中选择“大小”下拉列表中提供的选项，可以生成用于NTSC、PAL或HDTV等特定视频系统的图像。

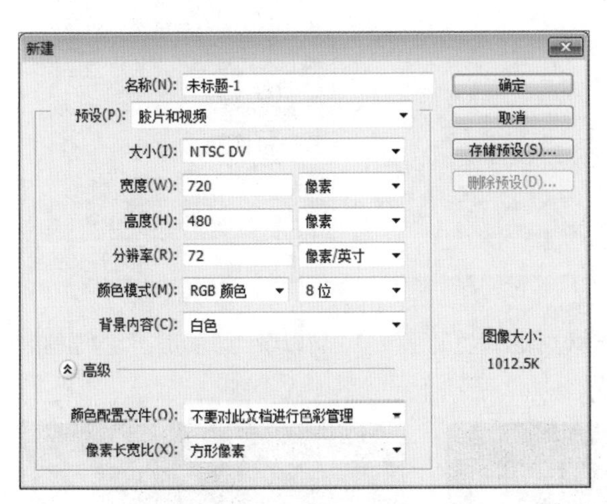

“新建”对话框的“预设”和“高级”选项

视频预设文件的大小和参考线

如何做 新建视频图层

通过将视频文件添加到新图层中，或者创建空白图层来创建新的视频图层。“替换素材”命令将视频图层中的视频或图像序列帧替换为不同的视频或图像序列源中的帧。

01 新建文档

执行“文件→新建”命令，弹出“新建”对话框，在“预设”下拉列表中选择“胶片和视频”选项，设置“宽度”和“高度”分别为720像素和480像素，“分辨率”为72像素/英寸，单击“确定”按钮，新建一个视频显示文档。

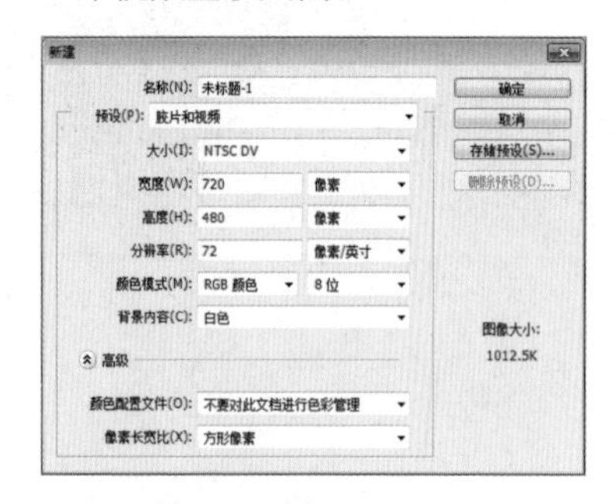

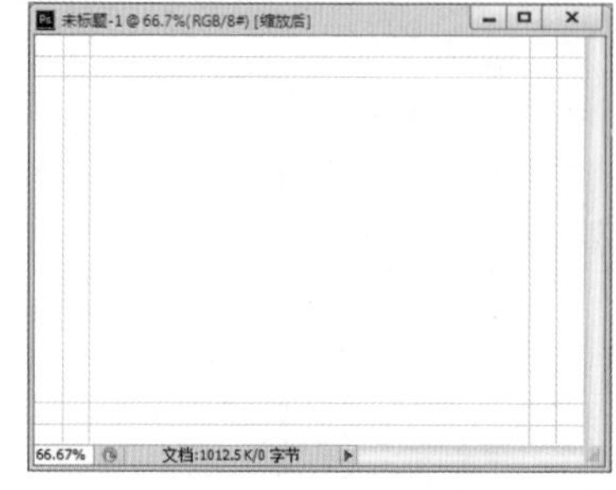

02 从文件新建视频图层

执行“图层→视频图层→从文件新建视频图层”命令，打开附书光盘\实例文件\第13章\Media\01.mov文件。

03 新建空白视频图层

执行“图层→视频图层→新建空白视频图层”命令，为当前文档新建一个空白的视频图层。

04 在视频图层中替换素材

在“图层”面板中单击选中空白的视频图层“图层2”，执行“图层→视频图层→替换素材”命令，在“打开”对话框中载入视频，替换选定视频。完成后更改“图层2”的图层混合模式为“强光”。

05 播放视频文档

在“动画（时间轴）”面板中单击“播放”按钮▶，通过播放预览动画效果，可以看到“图层2”的动画效果与“图层1”的动画效果混合叠加。至此，本实例制作完成。

13.2 解析帧动画和时间轴动画

Photoshop创建动画的方式有帧模式和时间轴模式两种。帧模式通过指定每秒钟动画播放的帧数（帧速率），编辑每一帧的内容来创建动画。时间轴模式为每个图层的不同属性添加关键帧，并指定关键帧出现的时间和该图层内容的持续时间来创建动画。

知识点 了解帧动画和时间轴动画

对“动画（帧）”面板和“图层”面板的动画选项进行设置即可创建帧动画。“动画（帧）”面板显示每个帧的缩览图，可以应用相关选项浏览各个帧、设置循环选项、添加和删除帧以及预览动画。

专家技巧

调整动画帧的播放顺序

在“动画（帧）”面板中选择动画帧，水平拖动帧缩览图调整帧位置。如果拖动多个不连续的帧，将会连续地放置到新位置。

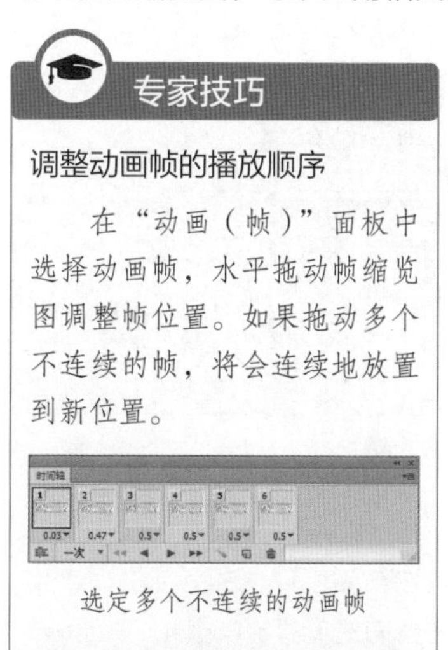

选定多个不连续的动画帧

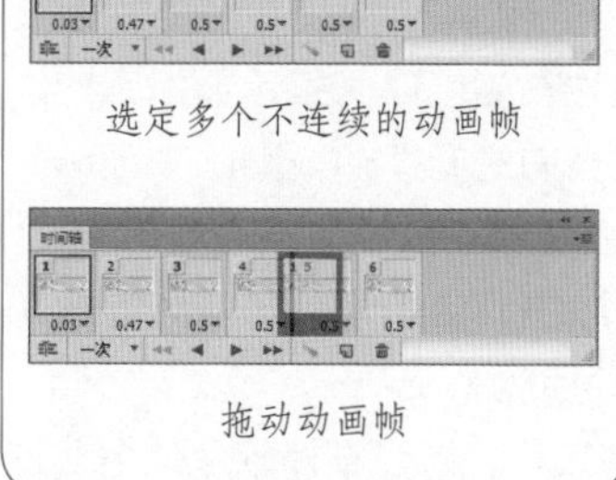

拖动动画帧

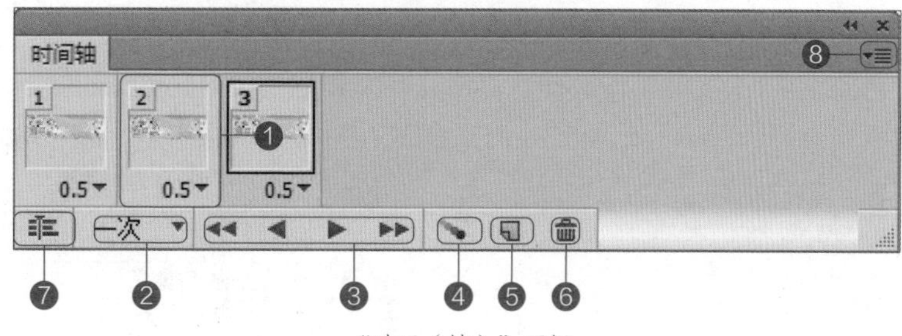

“动画（帧）”面板

❶ 显示每帧的缩览图，单击缩览图下方的下拉按钮，在展开的下拉列表中可以指定每帧的播放速率。

❷“选择循环选项”列表：在下拉列表中指定帧播放形式。选择“其他”选项，弹出“设置循环次数”对话框，在该对话框中可以设置播放的“次数”。

❸ 通过单击各项按钮控制动画的播放和停止等。依次为选择第一帧◀◀、选择上一帧◀、播放动画▶、选择下一帧▶▶。

❹“过渡动画帧”按钮：在指定帧之间添加过渡动画帧。通过在“过渡”对话框中设置过渡方式，指定添加帧的位置；“参数”选项组设置创建过渡动画帧时是否保留原来关键帧的位置等。

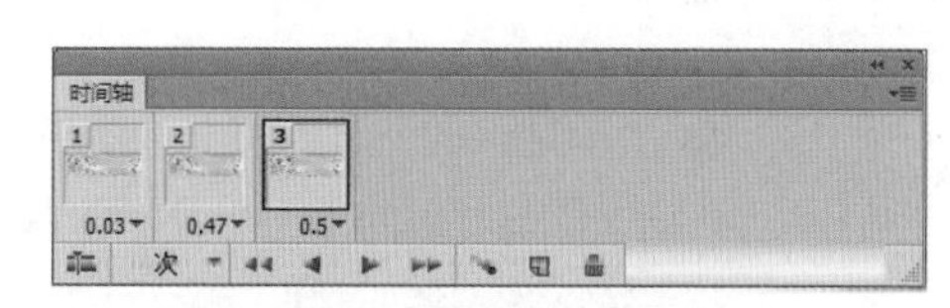

选定要创建过渡动画的帧

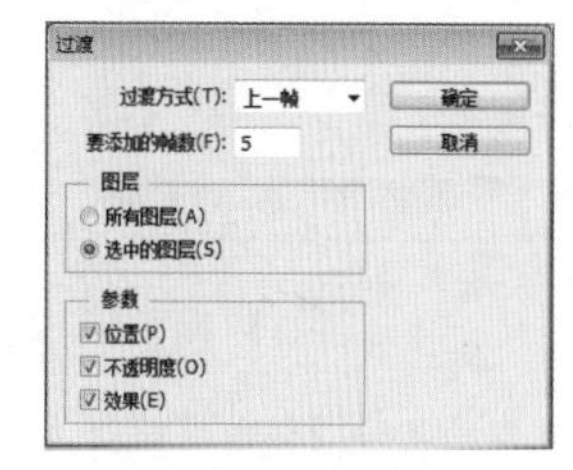

“过渡”对话框

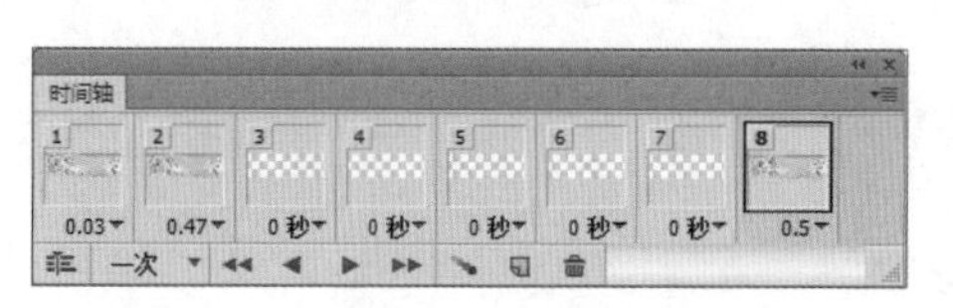

创建过渡动画帧

过渡动画的效果

知识链接

支持的视频格式和图像序列格式

- QuickTime视频格式

  MPEG-1、MPEG-4、MOV、AVI；安装Adobe Flash 8则支持QuickTime的FLV格式；已安装MPEG-2编码器，支持MPEG-2。

- 图像序列格式

  BMP、DICOM、JPEG、OpenEXR、PNG、PSD、Targa、TIFF；已安装增效工具，则支持Cineon和JPEG 2000。

专家技巧

指定时间轴持续时间和出现时间

Photoshop提供了多种方法，用于指定图层在视频或动画中出现的时间。

- 更改入点和出点以调整持续时间

视频或动画中第一个出现的帧叫作“入点”，最后一个结束的帧叫作“出点”。通过拖动时间栏的开头和结尾来更改指定视频或动画中图层的入点和出点。

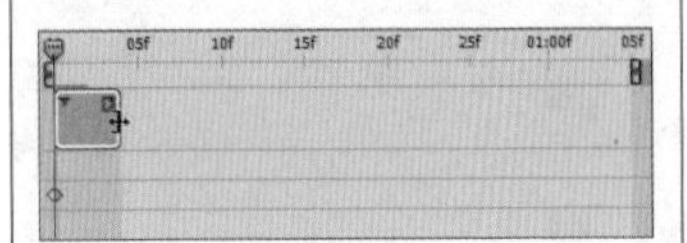

拖动时间栏指定入点

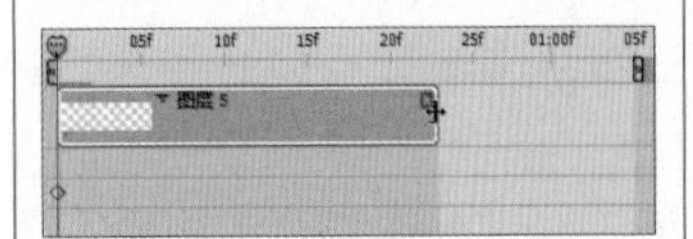

拖动时间栏指定出点

或者在播放头处裁切结尾，在“动画（时间轴）”面板的扩展菜单中执行“移动和裁切”命令，在弹出的快捷菜单中选择“在播放头处裁切结尾”命令即可。

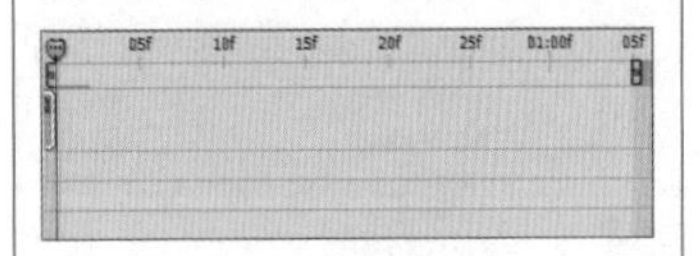

在播放头处裁切结尾

- 调整时间轴的具体位置

将图层持续时间栏向左或向右拖到指定出现时间轴位置。

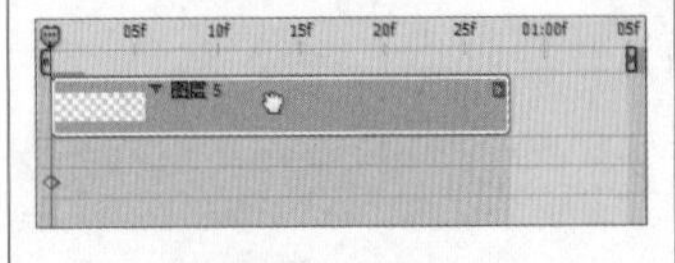

拖动图层持续时间栏

❺“复制所选帧”按钮：单击该按钮，复制选定的帧，通过编辑这个帧创建新的帧动画。

❻“删除所选帧”按钮：单击该按钮，删除当前选定的帧。

❼“转换为时间轴动画”按钮：单击该按纽可切换到“动画（时间轴）”面板。

❽扩展按钮：单击该按钮，打开扩展菜单，其中包含各项用于编辑帧或时间轴持续时间，以及配置面板外观的命令。

“动画（时间轴）”面板显示文档各个图层的帧持续时间和动画属性。通过在时间轴中添加关键帧的方式设置各个图层在不同时间的变化情况，从而创建动画效果。

通过使用时间轴控件可以直观地调整图层的帧持续时间，或者设置图层属性的关键帧，并将视频的某一部分指定为工作区域。

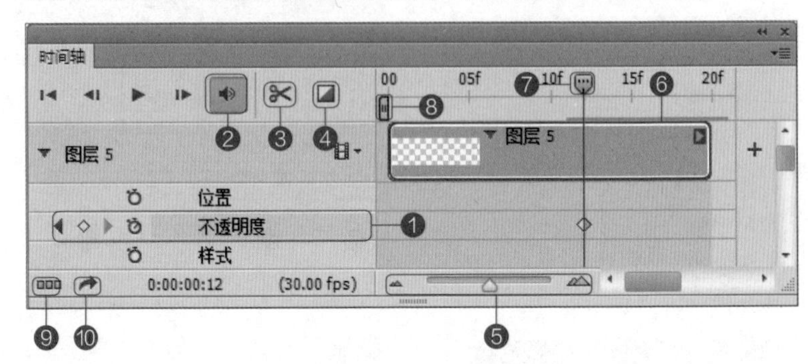

“动画（时间轴）”面板

❶显示当前图层中的某个属性，该属性在当前时间指示器指定的时间帧添加了一个关键帧。单击“在当前时间添加或删除关键帧”按钮添加一个关键帧，编辑该关键帧创建相应属性的动画。

❷“启用音频播放”按钮：单击该按钮，启用视频的音频播放功能；再次单击该按钮，启用静音音频播放。

❸“在播放头处拆分”按钮：单击该按钮，即可在播放头处拆分视频，按下快捷键Ctrl+Z即可撤销拆分。

❹“拖动以应用”按钮：单击该按钮，即可弹出快捷菜单，在菜单中可以选择任意过渡效果并拖动以应用该效果。

❺拖动滑块放大和缩小时间显示。向右拖动放大时间显示，向左拖动缩小时间显示。

❻图层持续时间条：指定图层在视频或动画中的时间位置。拖动任意一端对图层进行裁切，即调整图层的持续时间。拖动绿条将图层移动到其他时间位置。

❼当前时间指示器：拖动该指示器即可浏览帧或者更改当前时间或帧。

❽“工作区开始”滑块和“工作区结束”滑块：分别指定视频工作区的开始和结束位置。

❾“转换为帧动画”按钮：切换到“动画（帧）”面板。

❿“渲染视频”按钮：单击该按钮，即可弹出“渲染视频”对话框，可在其中设置各项参数，从而渲染当前视频。

如何做 新建帧动画

帧动画主要针对的是图层内容的变化，下面结合Photoshop中的图层知识来创建GIF帧动画，并通过“动画（帧）”面板编辑帧动画效果。

01 打开图像文件

按下快捷键Ctrl+O，打开附书光盘\实例文件\第13章\Media\03.psd文件。在“图层”面板中显示出了动画选项，复制花朵所在的“图层1”为“图层 1 副本”。

02 自由变换图像

按下快捷键Ctrl+T，旋转副本花朵的角度，注意对齐根部的位置，按下Enter键应用变换。

03 复制其他的花朵

使用相同的方法分别复制“图层 2”和“图层 3”的副本，适当旋转副本图像的角度，同样注意对齐根部的位置。

04 复制花瓣

复制一个“图层 4 副本”，对副本进行自由变换并缩小花瓣。

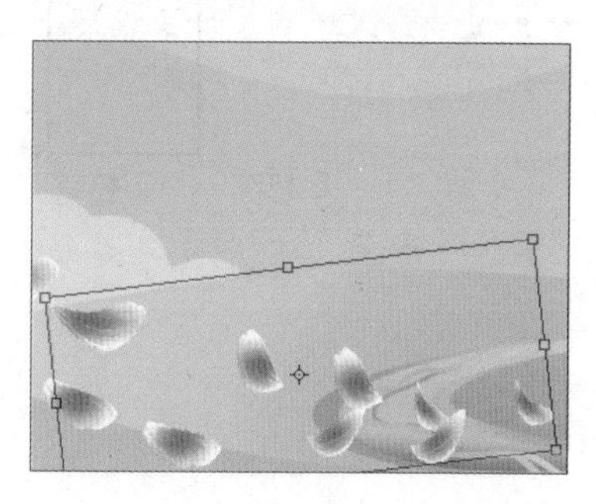

05 继续复制花瓣

完成后继续复制一个“图层4副本2”，然后进一步旋转副本花瓣的角度并适当缩小花瓣，按下Enter键应用变换。

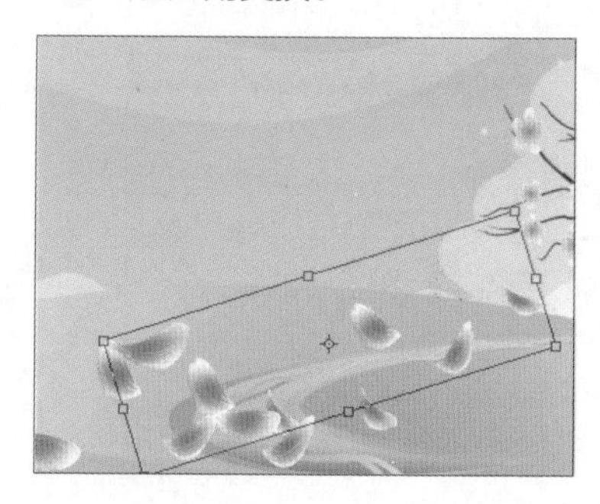

06 创建帧动画

在“图层”面板中隐藏所有副本图层，然后执行“窗口→动画”命令，切换到“动画（帧）”面板，第1帧显示当前图层的内容。单击“复制所选帧”按钮，复制当前选定的帧，得到第2帧。将应用复制的帧创建帧动画。

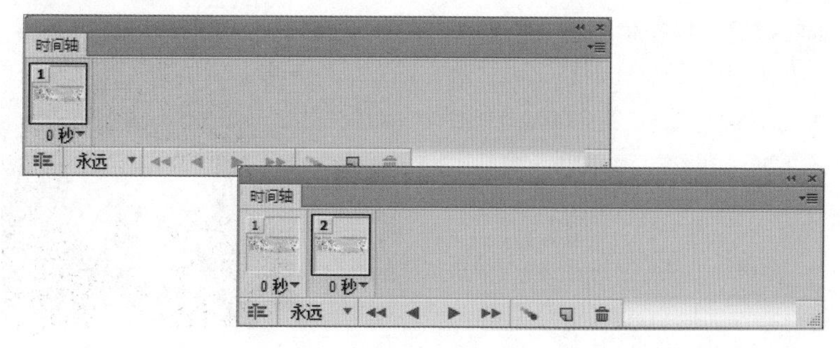

07 显示和隐藏图层

在“图层”面板中显示副本图层 隐藏对应的原图层，画面中的花 朵和花瓣出现变换的效果。

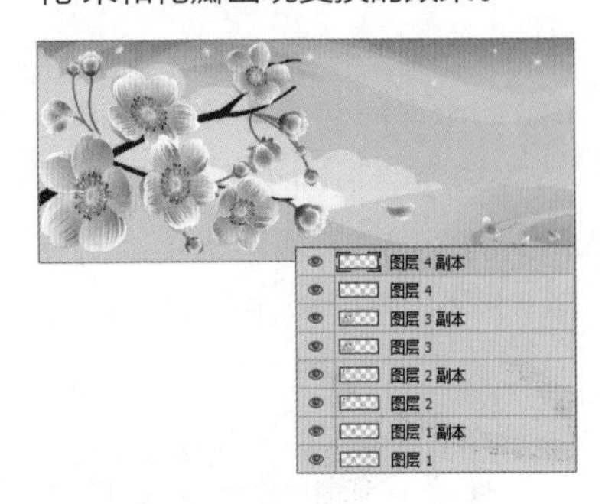

08 复制帧

第2帧根据图层的变化更新了内容。将第1帧缩览图拖动至“复制所选帧”按钮上，复制一个显示内容相同的帧，得到新的第2帧。完成后在“图层”面板中隐藏“图层 4”，显示“图层 4 副本 2”。

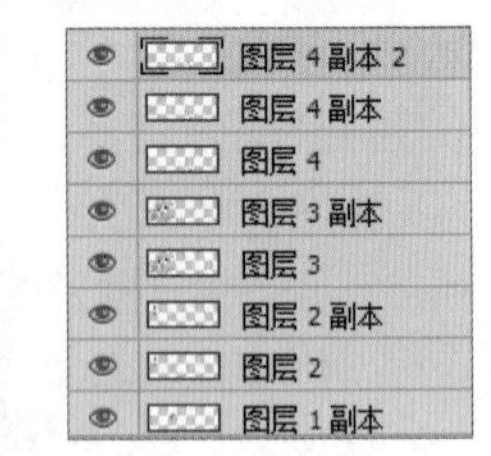

09 调整帧的顺序

将第2帧向右拖动到第3帧后，调整第2帧和第3帧播放顺序。完成后选择第2帧，在“图层”面板中隐藏“图层 5”。

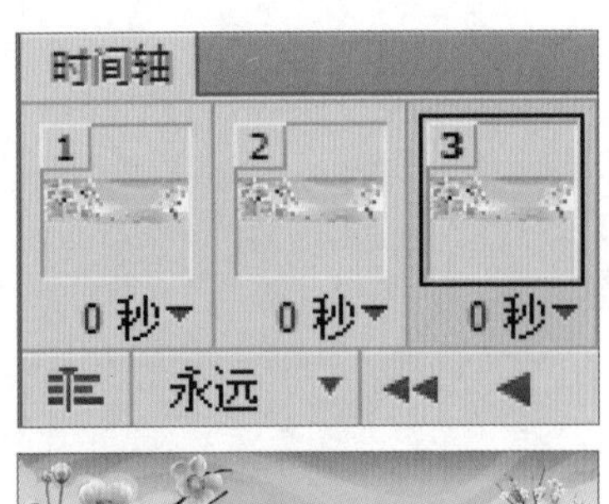

10 设置帧播放速率并播放动画

单击第1帧缩览图下方的下拉按钮，在弹出的列表中选择0.5帧播放速率。完成后为其他帧设置相同的播放速率。单击面板下方的“播放动画”按钮，预览GIF动画效果。至此，本实例制作完成。

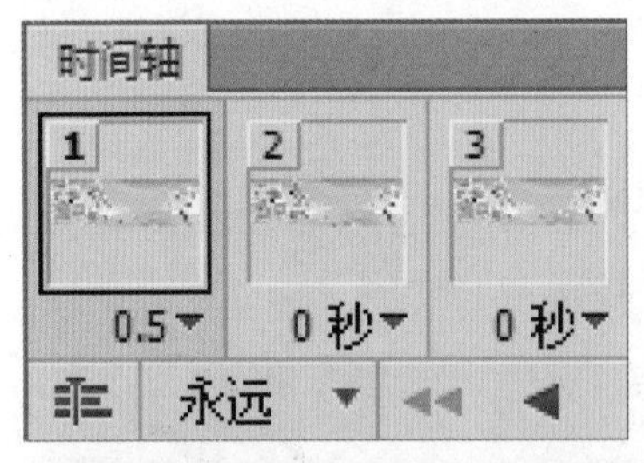

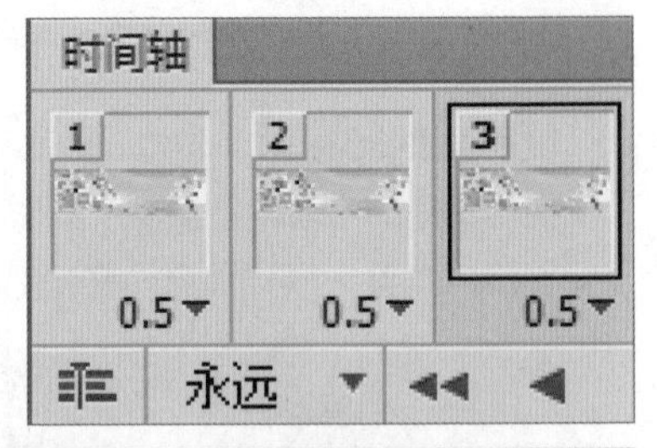

如何做 新建时间轴动画

使用Photoshop可以在各个视频帧中进行绘制或编辑，以创建动画、添加内容，以及清除不必要的细节。也可以通过创建关键帧调整图层的透明度与位置，设置动画效果。

01 打开图像文件

按下快捷键Ctrl+O，打开附书光盘\实例文件\第13章\Media\创建时间轴动画.jpg文件。

02 创建关键帧

按下快捷键Ctrl+O打开“气泡.psd”文件，移动气泡至当前图像文件中。执行“窗口→动画”命令，弹出“动画（时间轴）”面板。在“动画（时间轴）”面板中单击“组1”前的三角形按钮，选择“不透明度”，在00处单击“在当前时间添加或删除关键帧”按钮添加一个关键帧，并在“图层”面板中设置“组1”的“不透明度”为0%。拖动当前时间指示器至20f处，单击“在当前时间添加或删除关键帧”按钮添加一个关键帧，设置“组1”的“不透明度”为100%。

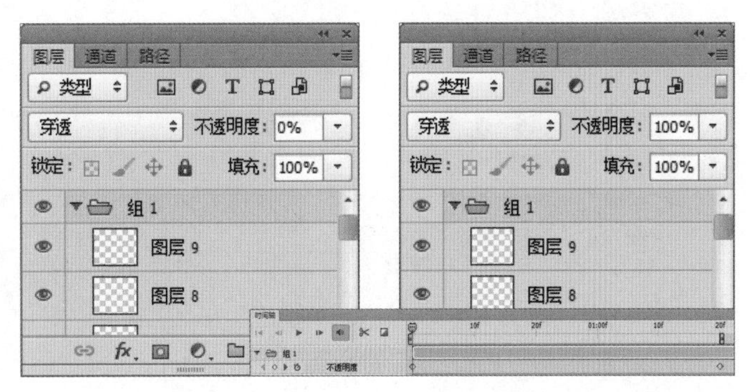

03 调整气泡位置

在“时间轴”面板中选择“图层9”，选择“位置”选项，在00处单击“在当前时间添加或删除关键帧”按钮添加一个关键帧，拖动当前时间指示器至20f处，单击“在当前时间添加或删除关键帧”按钮添加一个关键帧，使用移动工具移动气泡图像在画面中的位置。

04 完成动画的制作

采用相同的方法，创建其他气泡的位置动画。将当前时间指示器拖动到工作区开始滑块处，然后单击“播放”按钮，预览视频效果。执行“文件→导出→渲染视频”命令，在弹出的“渲染视频”对话框中设置适当的参数，完成后单击“渲染”按钮，在存储路径的文件夹中显示MOV格式的视频文件。至此，本实例制作完成。

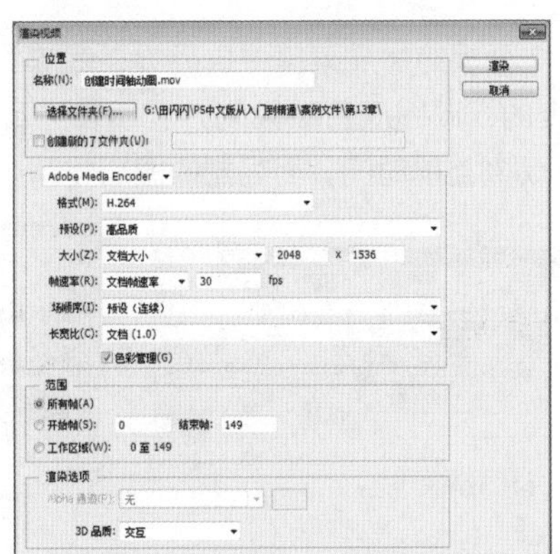

3+1 专栏 运用“动画（时间轴）”面板编辑视频

前面已经介绍了创建视频图层和仿制视频图层的基本编辑操作。下面将进一步介绍如何在“动画（时间轴）”面板中进行裁切、移动视频以及栅格化视频的操作。

1. 裁切位于图层开头或结尾的帧

要裁切掉指定图层的时间轴开头或结尾多余的帧，将当前时间指示器拖动到要作为图层新开头或结尾的帧，并在“动画（时间轴）”面板的扩展菜单中执行“移动和裁切”命令，在弹出的快捷菜单中选择“在播放头处裁切开头”或“在播放头处裁切结尾”命令。

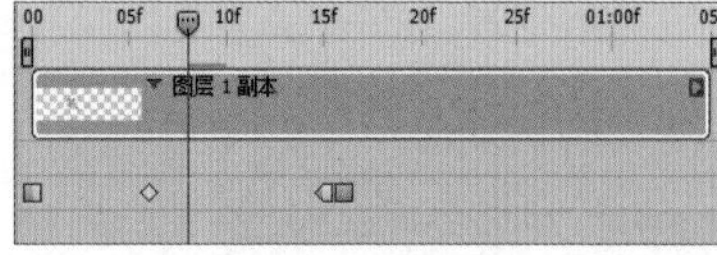

拖动时间指示器

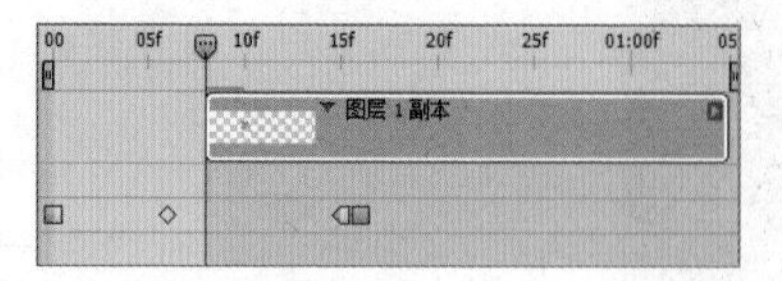

将图层开头裁切为当前时间

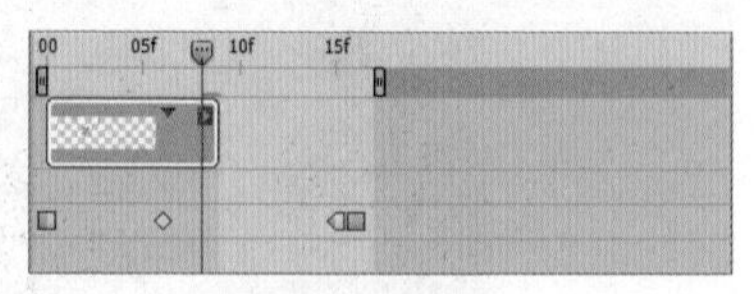

将图层结尾裁切为当前时间

2. 撤销工作区和抽出工作区

在“动画（时间轴）”面板的扩展菜单中执行“工作区域”命令，在弹出的快捷菜单中选择“撤销工作区域”命令，删除选定图层中素材的某个部分，而将同一持续时间的间隙保留为已移去的部分。

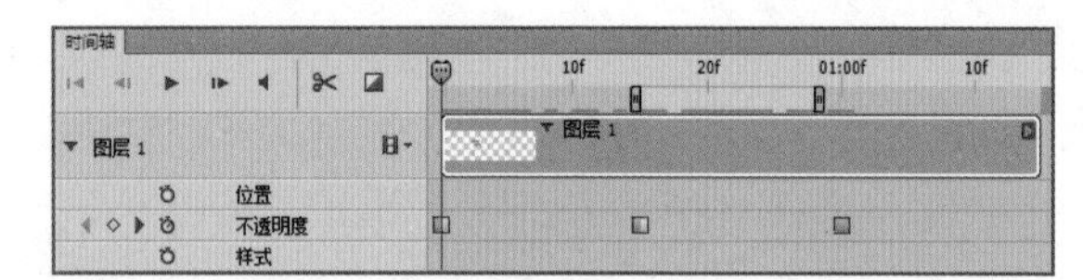

设置工作区域以指定要撤销的选定图层的持续时间

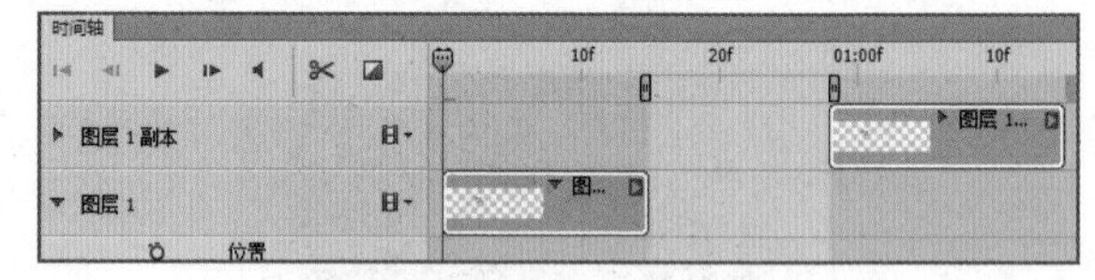

撤销工作区域后的图层

选择“抽出工作区域”命令，从所有视频或动画图层中删除部分视频并自动移去时间间隔。其余内容将拷贝到新的视频图层中。

设置工作区域以指定要省略的视频或动画的持续时间

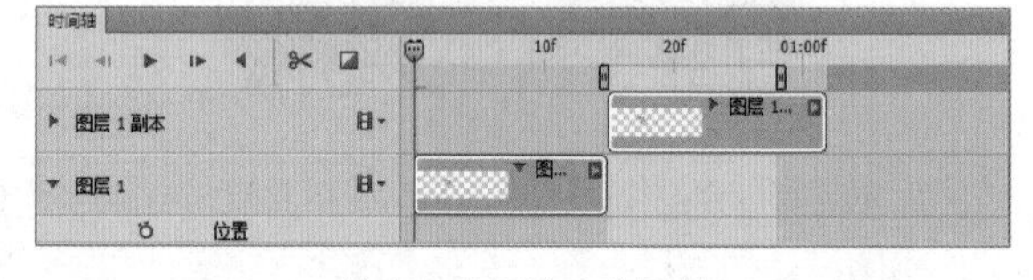

抽出工作区域后的图层

3. 拆分视频图层

在“动画（时间轴）”面板的扩展菜单中执行“在播放头处拆分”命令，在指定帧将视频图层拆分为两个新的视频图层。选定的视频图层将被复制并显示在“动画（时间轴）”面板中的原始视频图层的上方，原始图层将从开头裁切到当前时间，而复制的图层将从结尾裁切到当前时间。

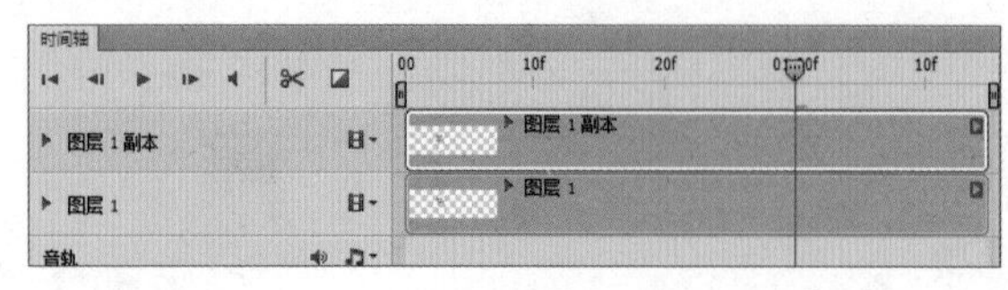

拖动时间指示器

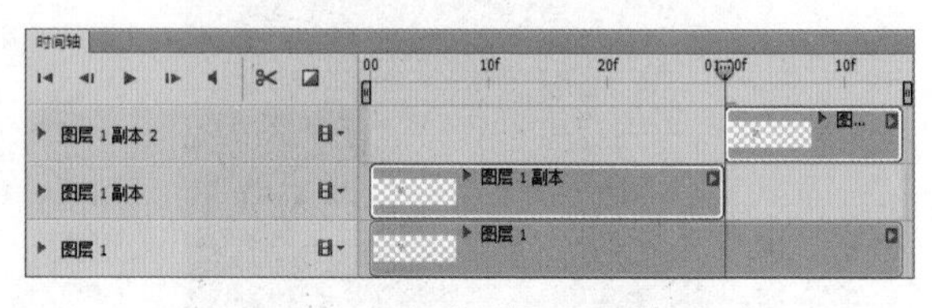

拆分图层

高手训练营 打造蒙太奇效果的视频

通过载入视频动画，并在“动画（时间轴）”面板中编辑各图层的视频素材，可以打造出蒙太奇镜头剪辑手法的视频。

01 打开视频文件

按下快捷键Ctrl+O，打开附书光盘\实列文件\第13章\Media\视频\m01.mov文件。在“图层”面板中显示视频图层“图层1”。

02 从文件新建视频图层

执行“图层→视频图层→从文件新建视频图层”命令，在“添加视频图层”对话框中依次打开附书光盘中的m02.mov~m05.mov文件，导入视频。

03 移动“图层2”的入点

在“动画（时间轴）”面板中选择“图层2”，将时间指示器拖动到00:04处，将“图层2”的时间轴向右拖动，与时间指示器左对齐。

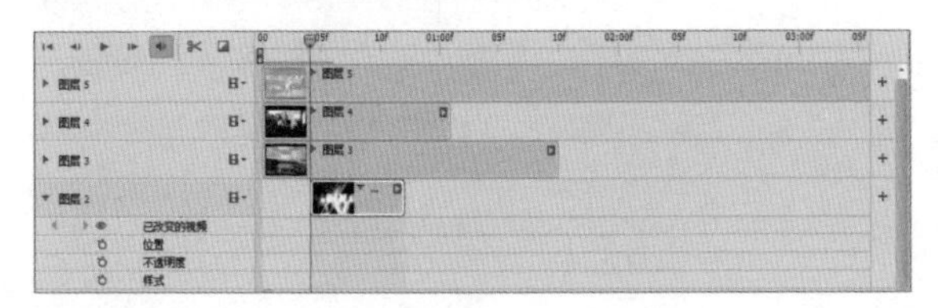

04 移动“图层3”的入点

在“动画（时间轴）”面板中选择“图层3”，然后使用相同的方法，将该图层的入点向右拖动到00:08处。

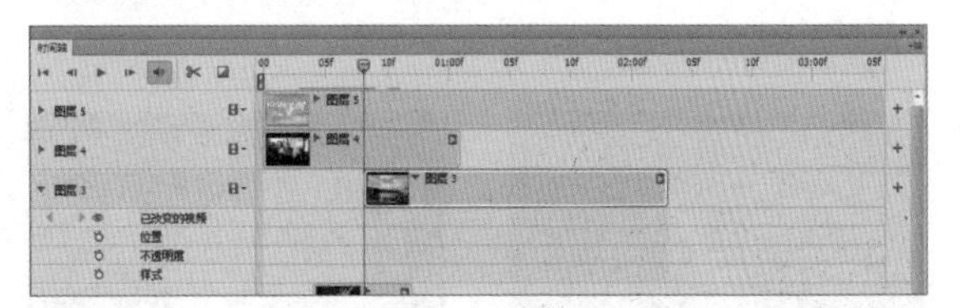

05 创建不透明度的关键帧

展开“图层5”，将时间指示器拖动到00:03处，在展开组中单击“不透明度”选项前面的秒表按钮，在该位置创建一个不透明度的关键帧。

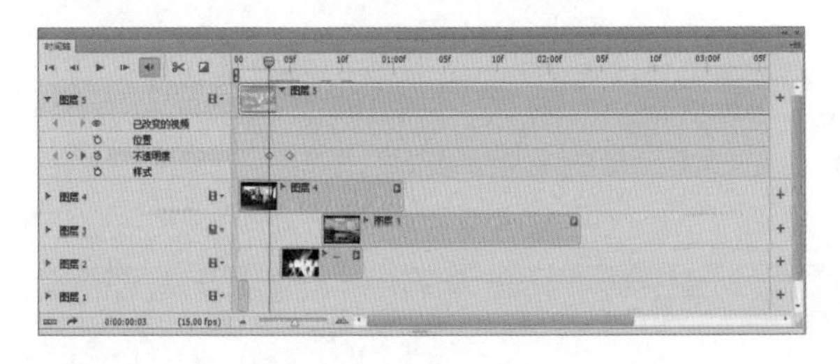

06 继续创建不透明度的关键帧

使用相同的方法，将时间指示器拖动到00:05处，然后同样创建一个不透明度的关键帧。

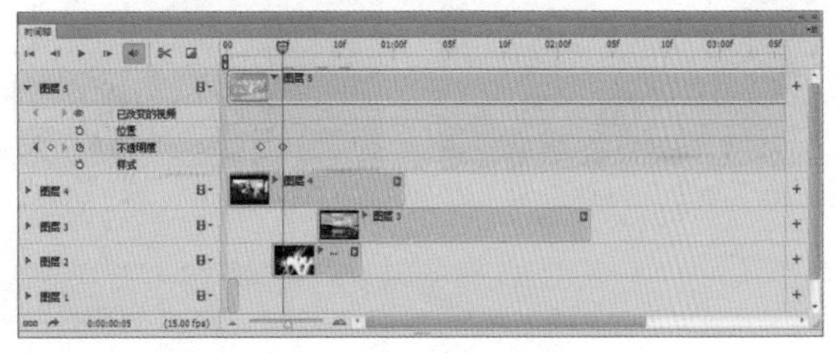

07 设置关键帧的不透明度

设置“图层5”的“不透明度”为0%，即设置00:05处关键帧的“不透明度”为0%。视频效果中隐藏了“图层5”的效果，显示其他图层的效果。

08 创建关键帧

选择“图层4”，使用与前面相同的方法，将时间指示器拖动到00:08处，然后结合“图层”面板创建一个“不透明度”为0%的关键帧。

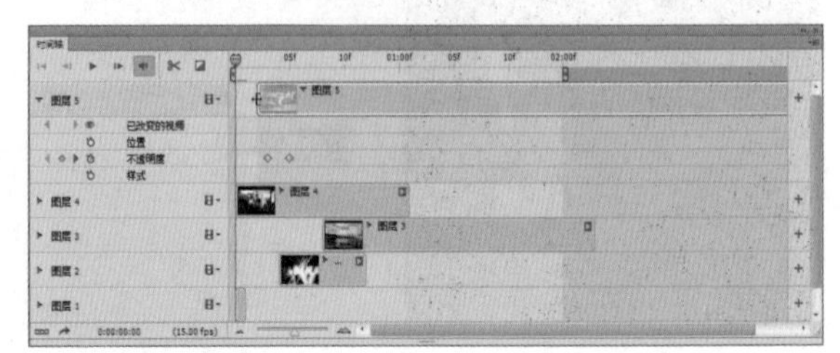

09 继续创建关键帧

使用相同的方法，继续在00:10处创建一个不透明度的关键帧，在“图层”面板中设置“不透明度”为100%。

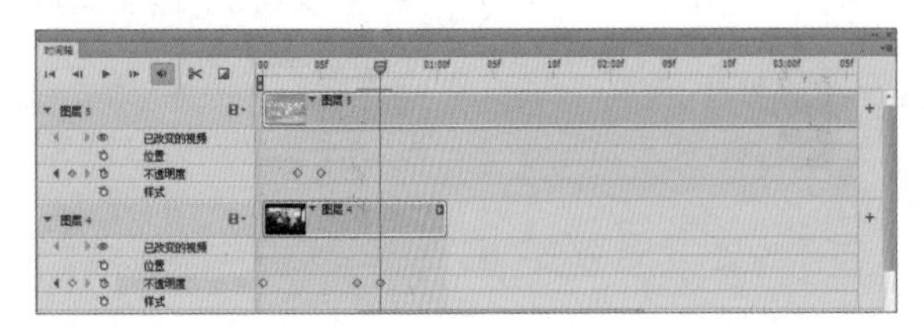

10 设置图层的入点

选择“图层5”，将时间轴的开头向右拖动到00:02处，重新设置图层的入点。

11 预览动画

单击“动画（时间轴）”面板下方的“播放动画”按钮，预览视频动画的效果。可以看到视频分别在00:02、00:04、00:08处产生了切换、渐隐效果的蒙太奇镜头剪辑。

12 渲染输出视频

在“动画（时间轴）”面板扩展菜单中执行“设置时间轴帧速率”命令，设置持续时间。执行“文件→导出→渲染视频”命令，在弹出的“渲染视频”对话框中设置各项参数，单击“渲染”按钮输出视频。

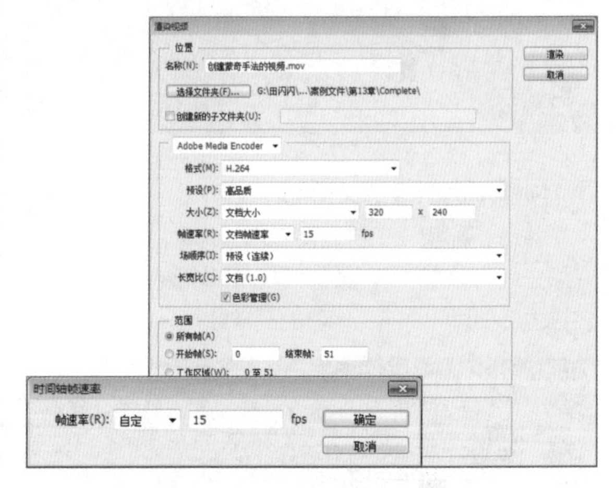

知识链接

拆分选定视频图层

执行“拆分图层”命令，在指定的帧处将视频图层拆分为两个新的视频图层。选定的视频图层将被复制并显示在“动画（时间轴）”面板中的原始视频图层的上方。原始图层从开头裁切到当前时间，复制的图层从结尾裁切到当前时间。

13.3 熟悉3D工具

在Photoshop CS6中，3D方面的技术有了长足的进步和革新。现在用户可以将二维图像轻松地转换为三维对象，或者直接应用绘画工具在3D模型中绘图。还可以应用图像素材为3D模型添加纹理，以及应用新增的3D工具和3D面板编辑3D对象。

专家技巧

3D操纵杆

3D操纵杆中红色代表X轴、蓝色代表Y轴、绿色代表Z轴，分别对3D对象进行水平、垂直和纵向的移动或旋转。单击并拖动灰色条的中间，可移动3D操纵杆在视图中的位置。

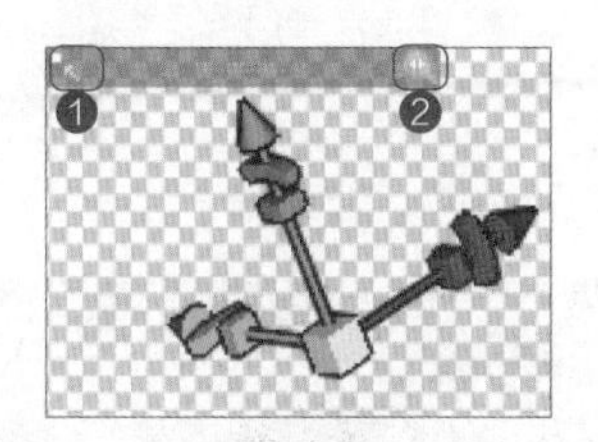

3D操纵杆

❶ ：单击该按钮切换到3D操纵杆的简略视图。

❷ ：在该按钮处水平拖动以缩放3D操纵杆的大小。向左拖动缩小，向右拖动放大。

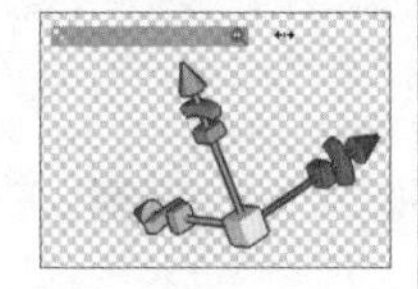

简略视图　　缩放3D操纵杆

借助3D操纵杆可以轻松地旋转、移动和缩放3D模型。在3D操纵杆的箭头结构中，每个组成部分都代表了不同的操作命令。

❶ 移动对象

按住某个轴起始端的三角箭头使其变为激活状的黄色，此时通过拖动鼠标可进行该轴向的对象移动。

知识点 3D工具解析

Photoshop CS6的工具箱中新增加了用于编辑3D对象的几组工具。单击移动工具，在属性栏中会出现3D模式选项，其中包含了常用的几种工具按钮。右键单击吸管工具，在快捷菜单中新增了一个3D材质吸管工具，用于吸取3D对象的材质。右键单击油漆桶工具，在快捷菜单中新增了一个3D材质拖放工具，用于对3D对象进行拖放。这些工具极大地方便了对3D对象的编辑和调整。

3D 模式：

3D模式选项组

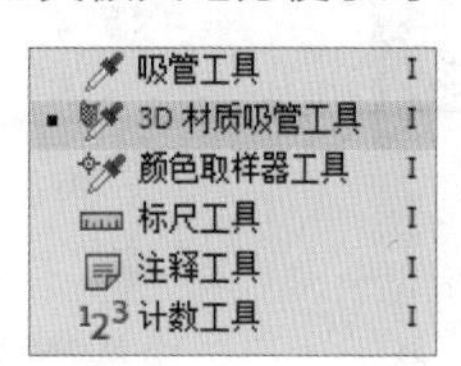

3D材质吸管工具

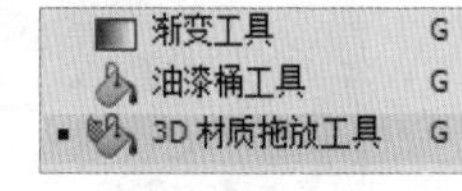

3D材质拖放工具

1. 3D模式选项组

在Photoshop CS6中可以对3D对象进行移动、旋转和缩放的变换操作。单击移动工具，在其属性栏中新增了3D模式选项组，下面对这几个工具按钮分别进行介绍。

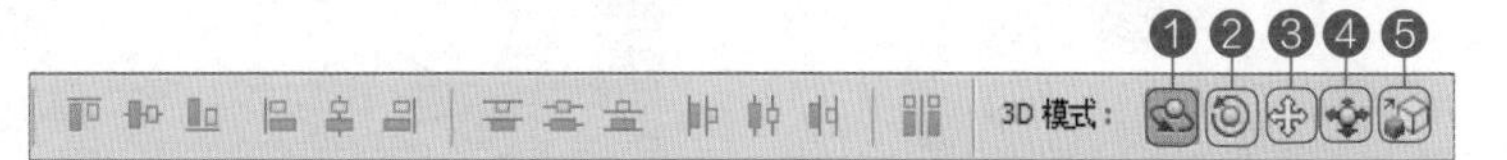

3D对象比例工具的属性栏

❶ 3D对象旋转工具：通过任意拖动3D对象，分别进行X、Y、Z轴的空间旋转。

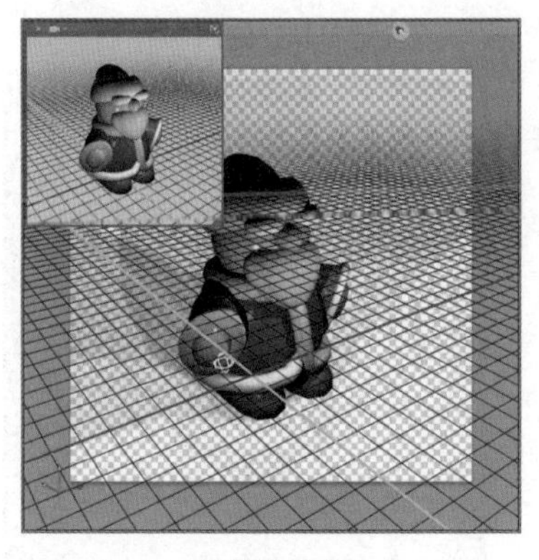

原始3D对象

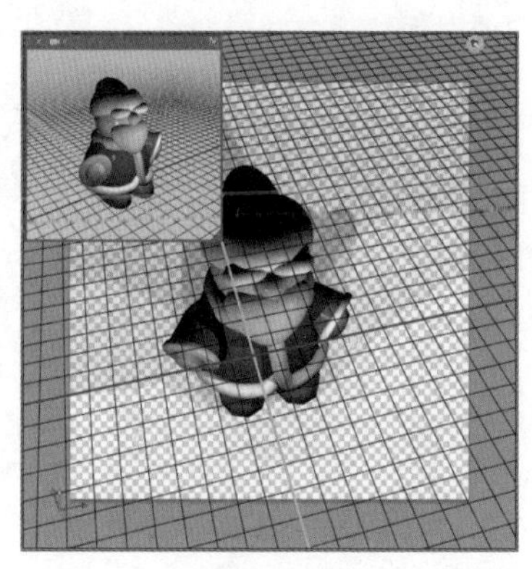

旋转3D对象

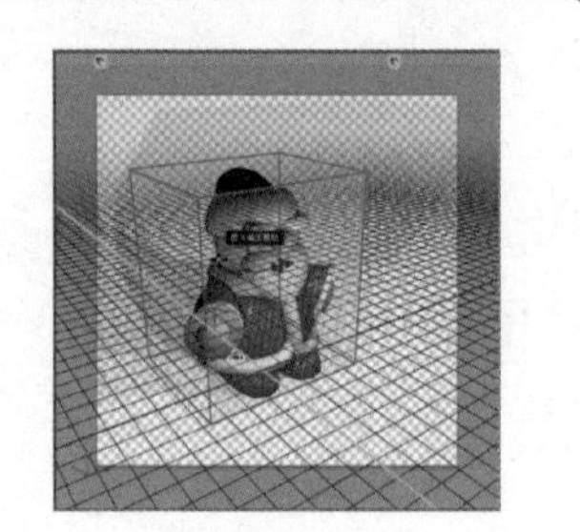

在Y轴上移动对象

❷ 旋转对象

按住某个轴位于箭头中间的部分使其变为激活状的黄色，此时通过拖动鼠标可进行该轴向的对象旋转。

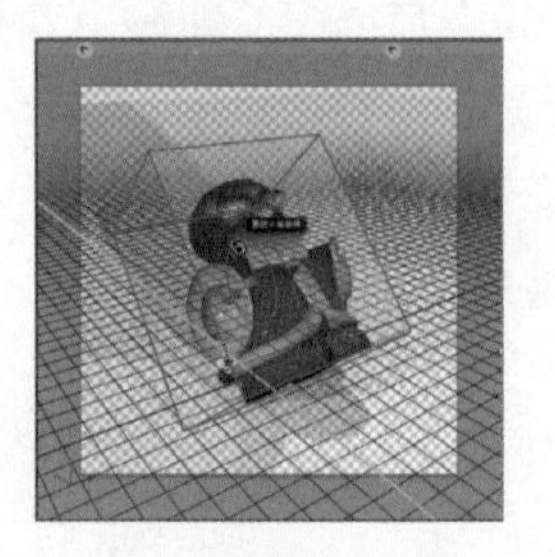

围绕X轴旋转

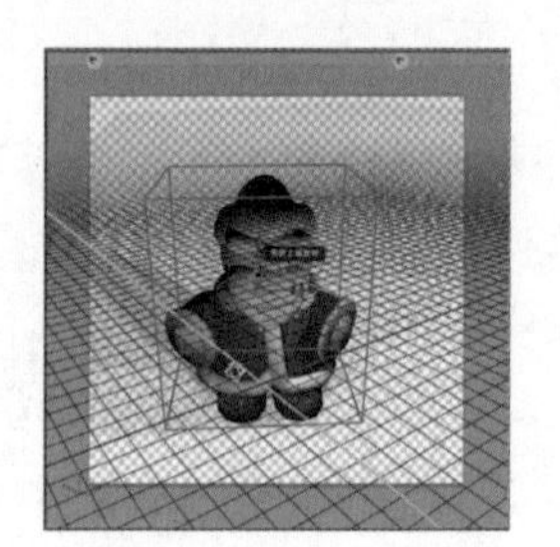

围绕Z轴旋转

❸ 缩放对象

按住某个轴位于箭头末端的部分，使其变为激活状的黄色，此时通过拖动鼠标可进行该轴向的对象缩放。

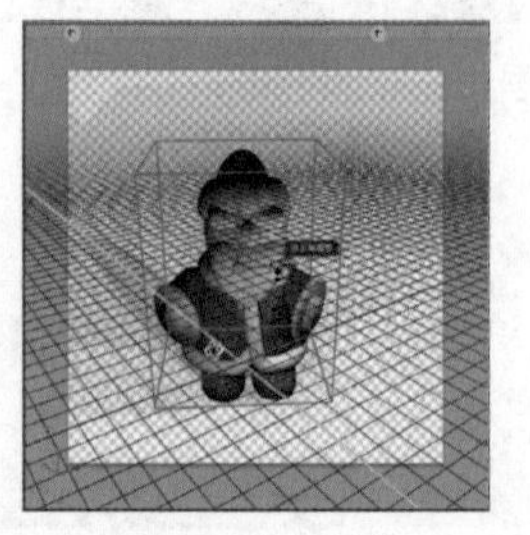

以X轴缩放对象

❷ 3D对象滚动工具：将旋转约束在X、Y轴，X、Z轴或Y、Z轴之间，启用轴之间出现橙色的标注。

❸ 3D对象平移工具：在画面中任意拖动，对3D对象进行X、Y、Z轴的空间移动。

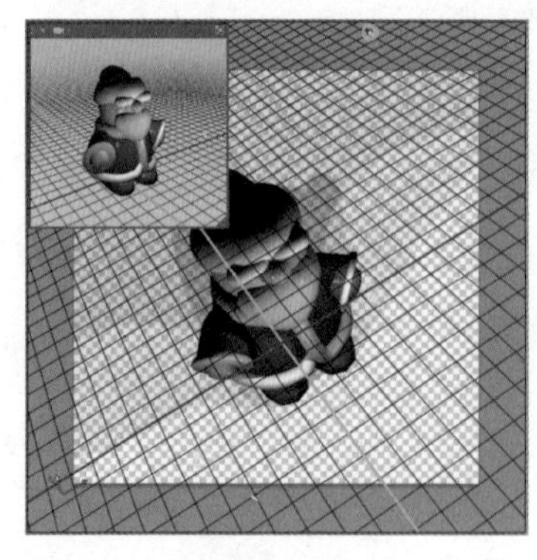

滚动3D对象　　平移3D对象

❹ 3D对象滑动工具：使用该工具可对3D对象进行X、Z轴的任意滑动。左右拖动以进行X轴的水平滑动，上下拖动以进行Z轴的纵向滑动。

❺ 3D对象比例工具：在画面中拖动以进行3D对象的缩放。

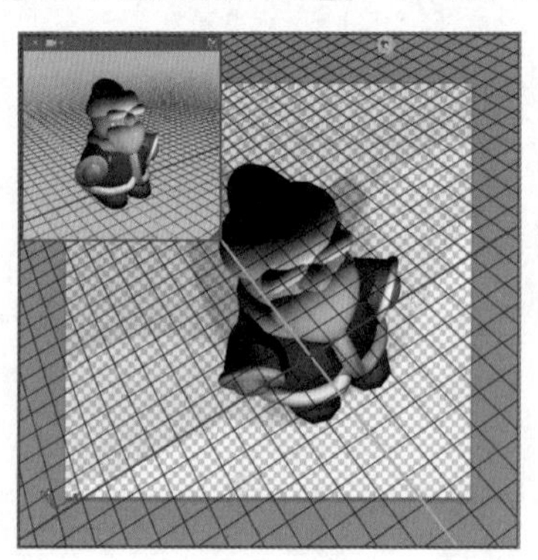

滑动3D对象

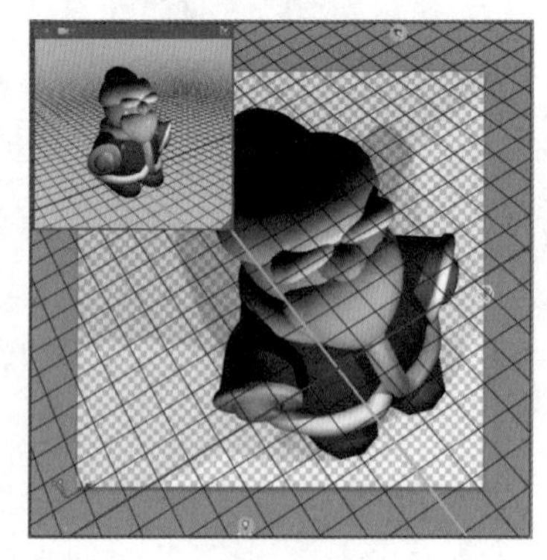

缩放3D对象

在3D俯视图中单击选择“相机/视图”按钮，在弹出的快捷菜单中包括“默认视图”“左视图”“右视图”等9种视图显示方式，用户可以根据需要选择相应的视图显示方式。

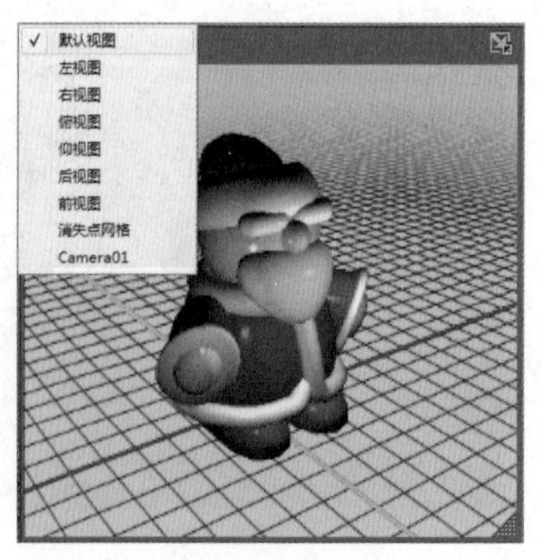

默认视图

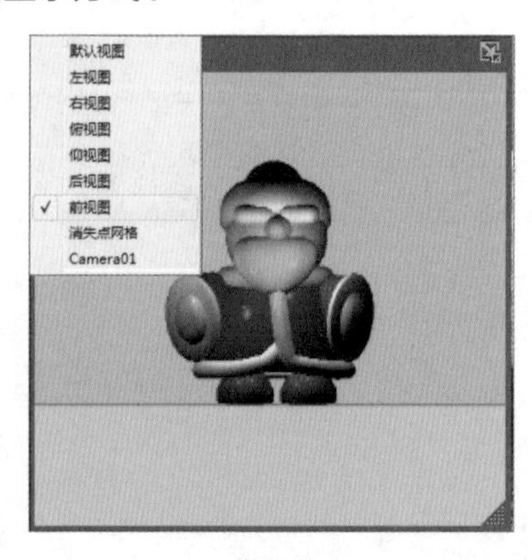

前视图

知识链接

载入和存储材质

打开一个3D对象后，在使用3D材质吸管工具或3D材质拖放工具编辑和调整其材质时，可以单击“材质”拾色器面板右上角的扩展按钮，在弹出的扩展菜单中选择“载入材质”命令，然后在弹出的警告对话框中单击“确定”按钮，即可弹出“载入”对话框，选择所需要的材质，完成后单击“确定”按钮即可将其载入。

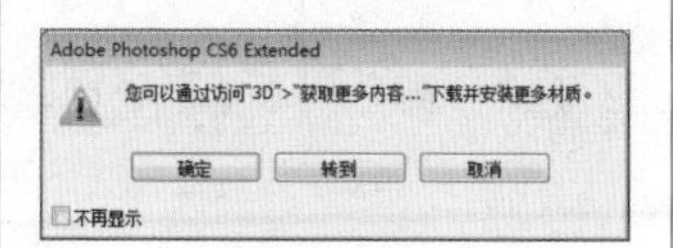

设置前图像窗口

“载入”对话框

还可以使用相同的方法将当前材质存储，便于之后对其进行载入。

“存储”对话框

2. 3D材质吸管工具

打开一个3D对象后，可以使用3D材质吸管工具对3D对象的材质进行编辑和调整。下面对3D材质吸管工具的属性栏的相关选项参数设置进行介绍。

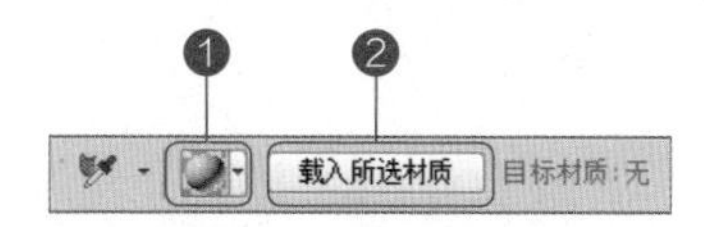

3D材质吸管工具的属性栏

❶ 3D材质按钮：单击该按钮，即可打开“材质”拾色器面板，其中包含了多种材质，用户还可以在该面板中单击右上角的扩展按钮，在弹出的扩展菜单中根据需要载入或替换相应材质。

“材质”拾色器面板

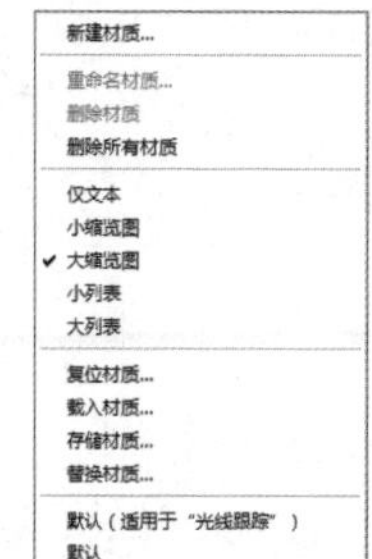

扩展菜单

❷ 载入所选材质按钮：单击该按钮，即可将当前所选材料载入到材料油漆桶。

3. 3D材质拖放工具

打开一个3D对象后，还可以使用3D材质拖放工具对3D对象的材质进行编辑和调整。3D材质拖放工具的属性栏与3D材质吸管工具相似，使用3D材质拖放工具为3D对象添加材质时，只需在属性栏中选择相应材质，然后在3D对象上单击即可将该材质应用在3D对象上。

3D材质吸管工具属性栏

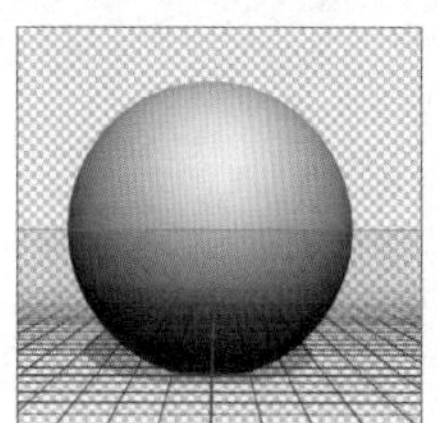
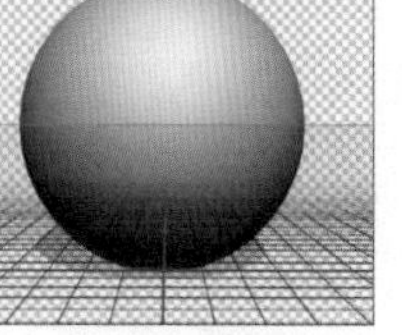

向上拖动创建俯角

选择材质

拖放材质

选择其他材质

拖放材质

如何做 创建各种3D模型

应用Photoshop 3D菜单中的“从文件新建3D图层”“从图层新建网格”等命令，可以分别创建不同的3D明信片、3D模型和3D网格等。下面介绍从新建的空白图层来快速创建3D模型。

01 创建酒瓶模型

按下快捷键Ctrl+N，弹出“新建”对话框，新建一个名为“创建3D模型”的文档，完成后单击“确定”按钮。选择“背景”图层，执行“3D→从图层新建网格→网格预设→酒瓶”命令，快速创建一个酒瓶。

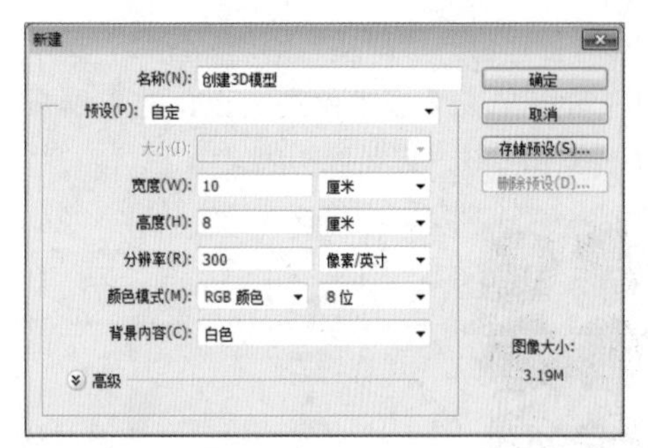

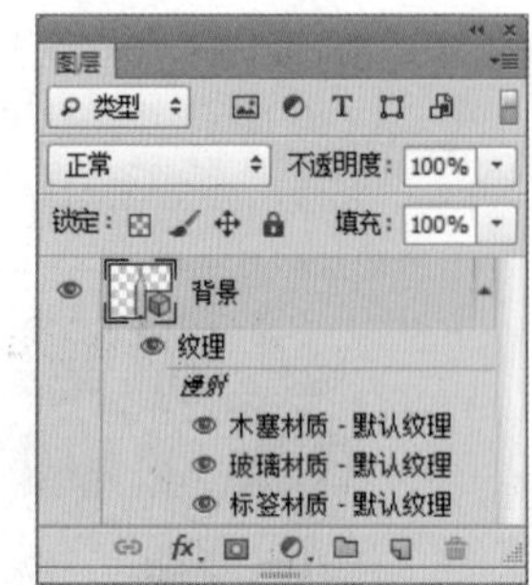

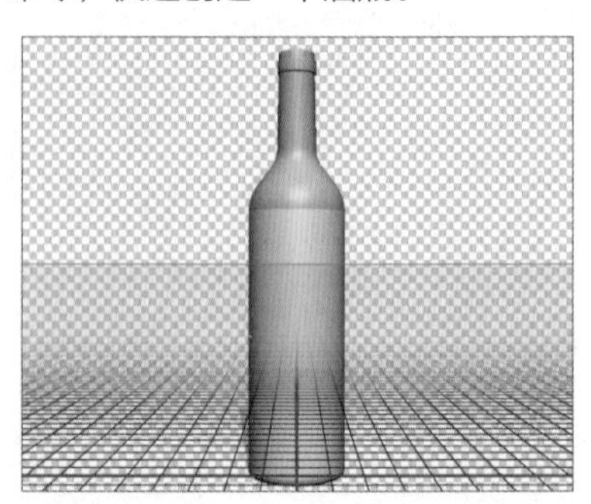

02 创建帽子模型

单击“图层”面板中的“创建新图层”按钮，在“背景”图层上面新建“图层1”。执行“3D→从图层新建网格→网格预设→帽子”命令，创建一个帽子模型。单击移动工具，然后在其属性栏结合3D选项组中的工具按钮对帽子进行移动和旋转。

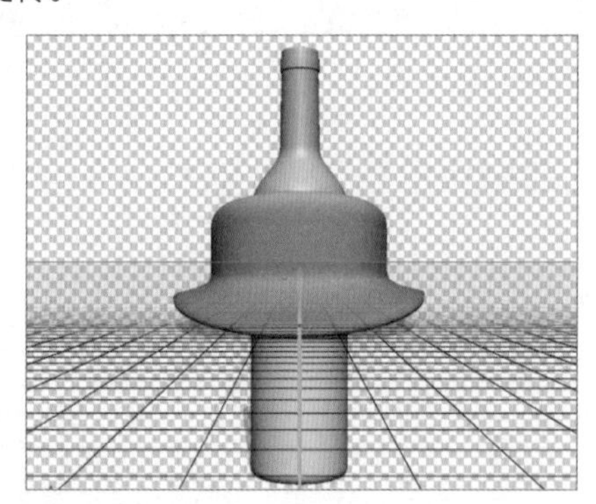

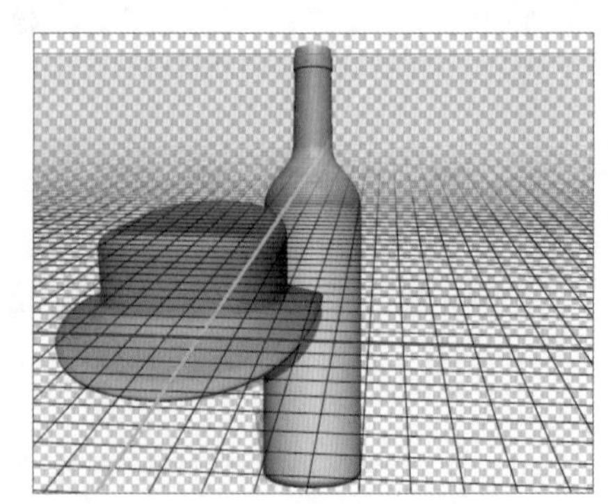

03 移动并旋转帽子模型

单击3D对象平移工具，将酒瓶和帽子模型分别移动到画面左右两侧。继续单击3D对象旋转工具，将帽子旋转至贴住瓶身。至此，本实例制作完成。

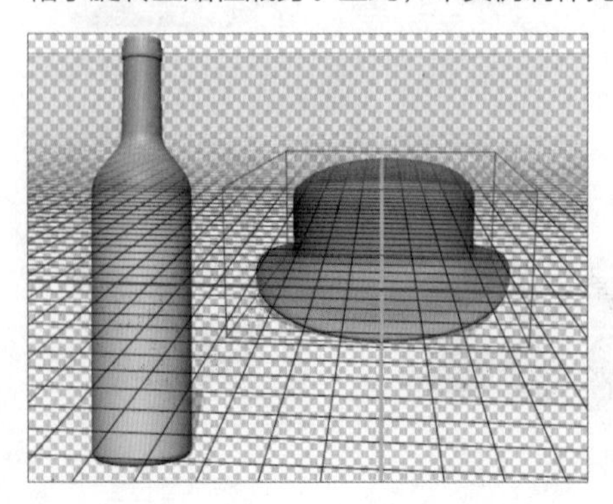

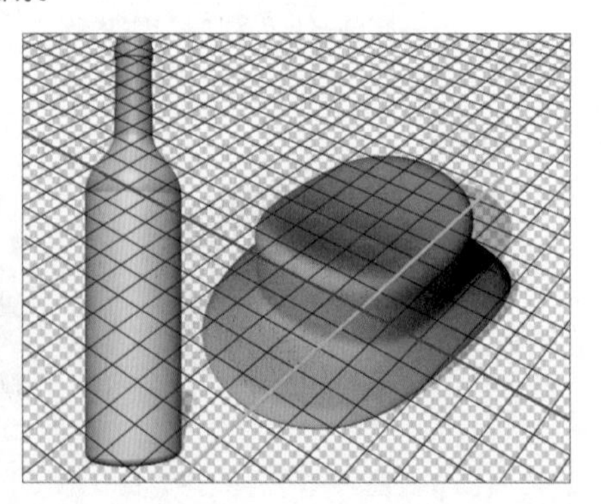

13.4 动手编辑3D模型

通常一个3D模型都是由多种纹理组合的效果，丰富的纹理类型可以表现逼真的材质效果。在本小节中，将介绍创建和编辑3D模型的纹理、从2D图像创建3D对象、将2D图像创建为3D对象的纹理等相关知识。

知识点 创建和编辑3D模型纹理

在Photoshop中处理的是“网格”3D模型，而纹理根据网格进行空间和透视中的材质与质感的表现。执行“窗口→3D”命令，在弹出的3D面板中创建3D对象后，在属性面板中可以创建和编辑各种纹理，也可以从2D图像创建3D对象，将2D图像创建为3D对象的纹理。创建和编辑纹理主要有以下几种方法。

1. 新建纹理

在“3D材质”选项面板中单击“漫射”选项后的编辑漫射纹理按钮，在弹出的下拉列表中选择“新建纹理”选项，弹出“新建”对话框。在该对话框中设置适当的参数，创建空白的纹理文档。

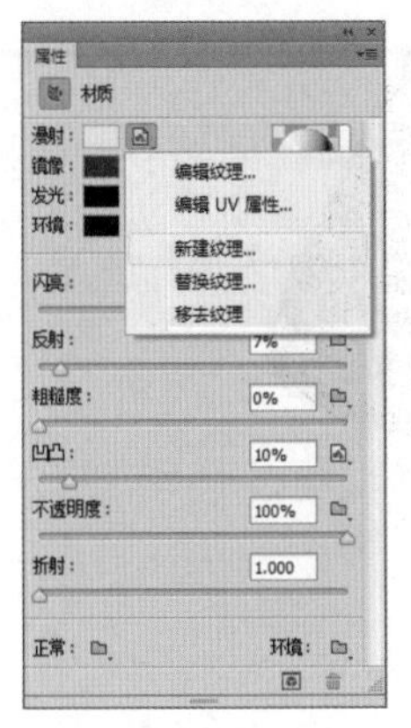

单击“新建纹理”命令

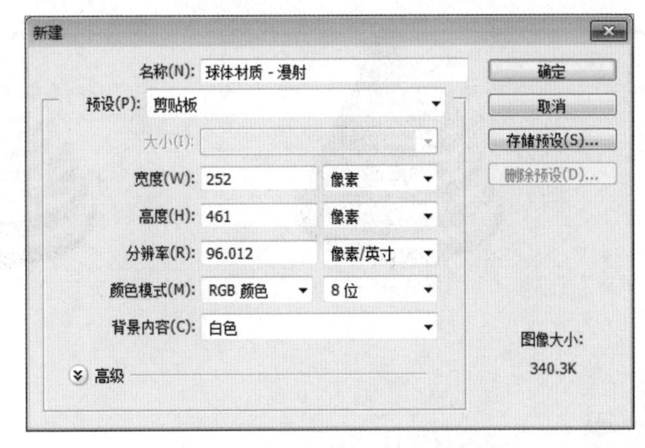

通过“新建”对话框创建新纹理

选择“替换纹理”选项，弹出“打开”对话框，在该对话框中选择纹理素材，替换指定的纹理素材。在“材质”选项面板中，纹理的效果在预览框内可见。

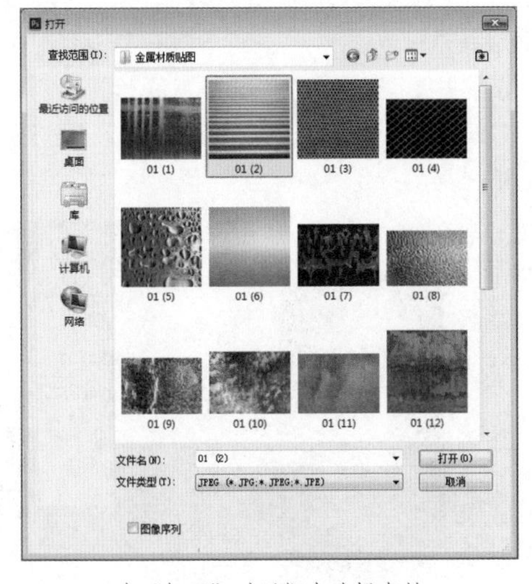

在“打开”对话框中选择素材

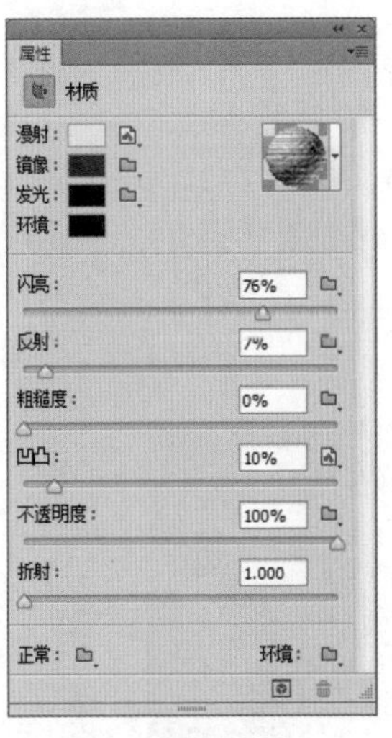

替换指定的纹理素材

2. 编辑3D模型的纹理>>>

3D模型的纹理主要通过设置“3D材质”选项面板的各选项进行编辑，或者在该选项面板的菜单中选择“编辑纹理”选项，将当前纹理在新图像窗口中打开并进行编辑。

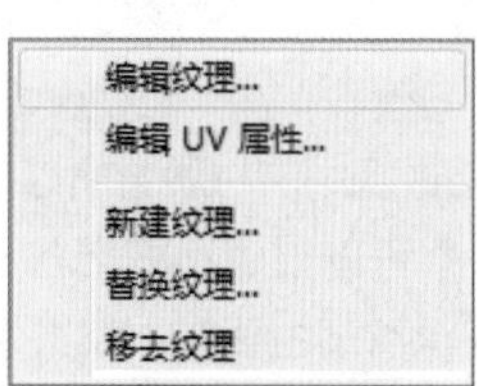

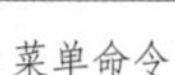
菜单命令

在新窗口打开纹理

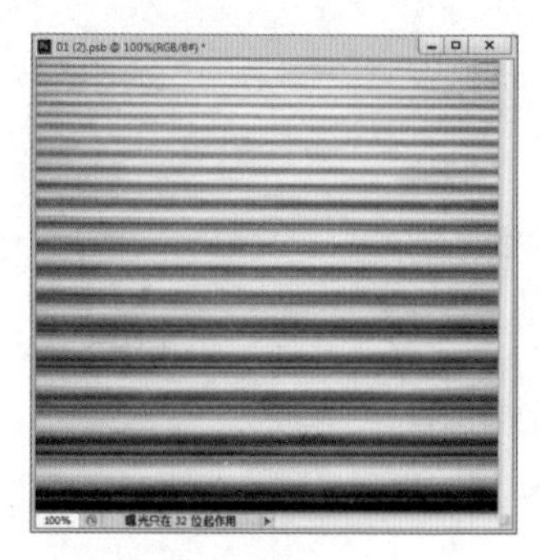
编辑纹理

存储修改后的PSD格式的纹理文档，原3D模型中将显示更新后的新纹理效果。

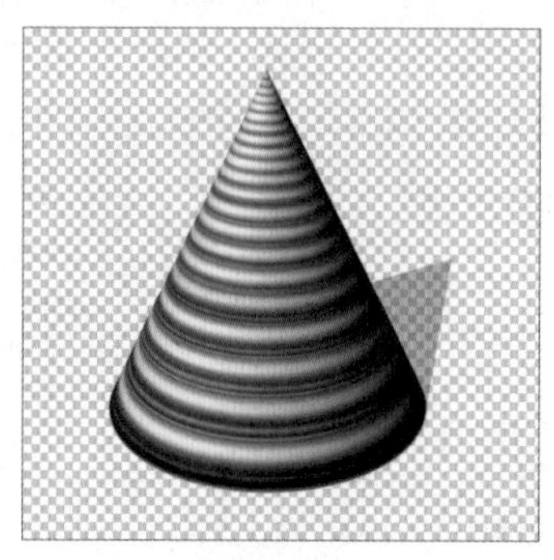
原纹理效果

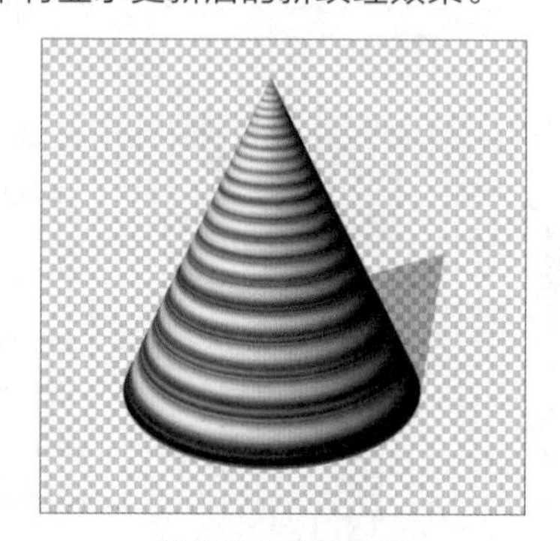
编辑纹理后的效果

如何做 由2D图像创建3D对象

Photoshop CS6可以使用二维材质对三维对象添加各种类型的纹理，还可以直接将2D图像创建为3D对象，并将2D图像创建为3D对象的纹理。

01 打开图像文件

执行“文件→打开”命令，或按下快捷键Ctrl+O，打开附书光盘\实例文件\第13章\Media\04.jpg文件。

02 创建3D易拉罐

选中“背景”图层，执行“3D→从图层新建网格→网格预设→汽水”命令，将素材图像快速创建为3D易拉罐，“图层”面板中“背景”图层转换为3D图层。

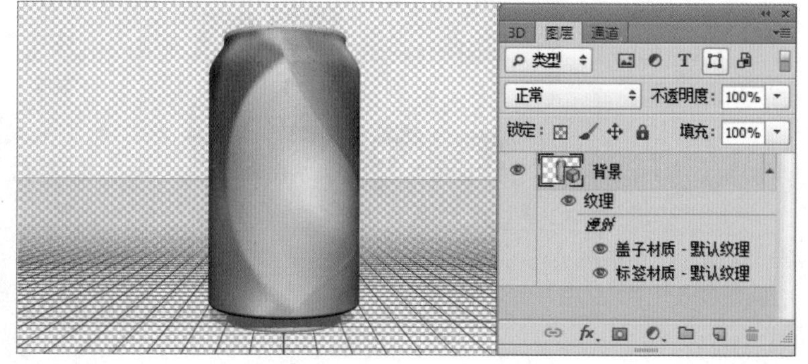

03 编辑纹理

在“3D材质”选项面板中选择“标签材料”，然后在面板的下方设置各项参数，适当增强易拉罐的对比度。

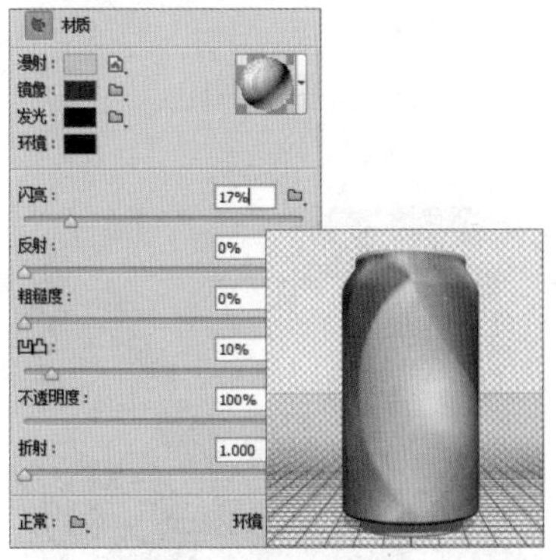

04 设置灯光

切换到“3D光源”选项面板，在树状列表中选择“无限光1”，显示默认添加的灯光。完成后在“属性”面板中设置预设为“晨曦”，增强易拉罐的色调。最后拖动3D操纵杆围绕Y轴旋转，旋转易拉罐将其调整到合适的角度。

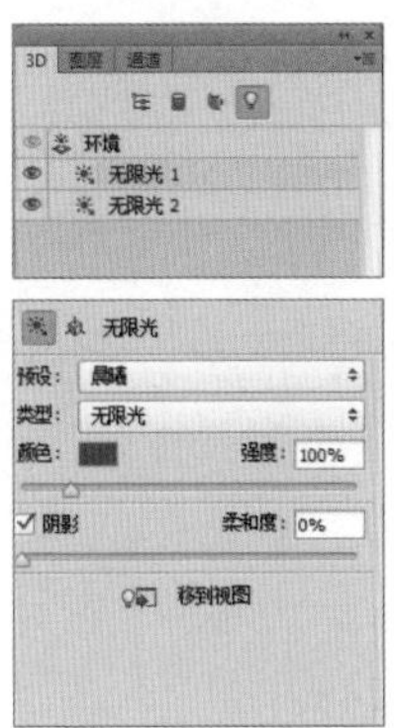

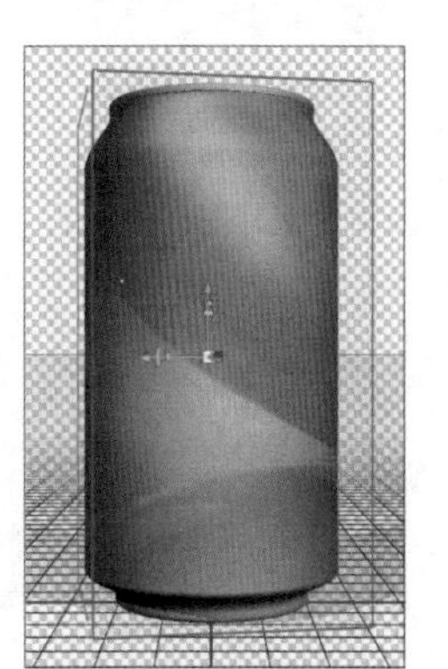

05 继续编辑纹理

返回到“3D场景”选项面板中，根据3D模型的具体效果设置“镜像”颜色参数值。最后将文档存储为PSD格式并关闭。

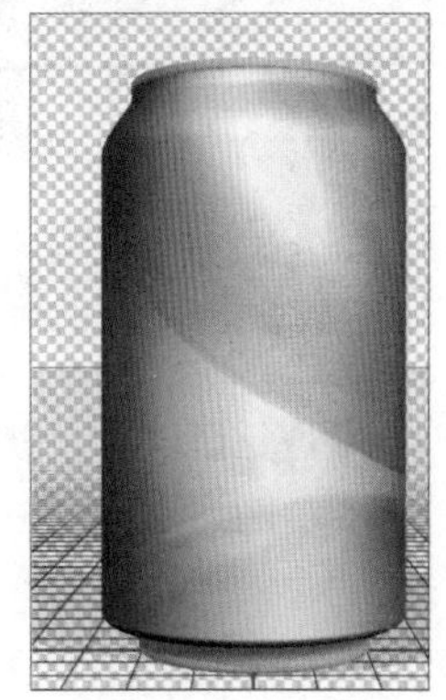

06 创建3D帽形

按下快捷键Ctrl+O，打开附书光盘\实例文件\第13章\Media\04.jpg文件，使用相同的方法将2D素材创建为3D帽形。

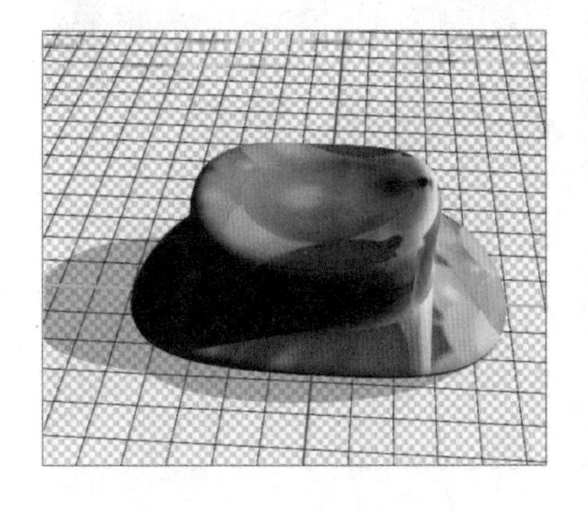

07 编辑纹理

使用相同的方法，在属性面板中分别设置“材质”和“无限光”选项的各项参数，编辑添加的纹理并调整灯光效果，制作出质感强烈的3D帽形。将文档存储为PSD格式并关闭。至此，本实例制作完成。

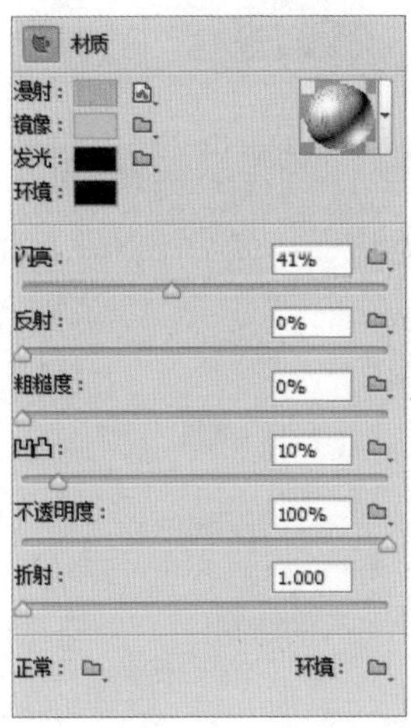

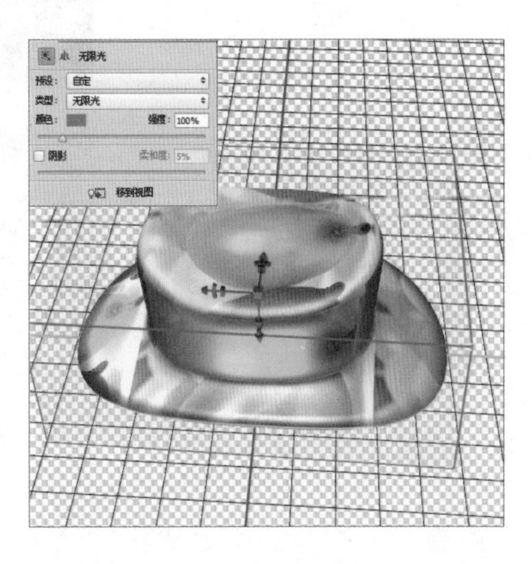

如何做 合并3D图层和2D图层

下面对3D图层和一个2D图层进行合并，通过更改3D对象的位置、角度等与背景图像进行匹配。

01 打开图像文件

按下快捷键Ctrl+O，打开附书光盘\实例文件\第13章\Media\05.jpg文件。

02 新建3D图层

执行“3D→从文件新建3D图层”命令，在弹出的“打开”对话框中选择光盘文件中的“蜜蜂.3ds”文件，然后单击“打开”按钮。

03 调整3D对象的位置

单击移动工具，在属性栏中单击3D对象比例工具，在画面中缩放3D对象。单击3D对象平移工具，将该对象的位置进行移动。

04 调整3D对象的光源

在3D面板中单击“3D光源”按钮，然后在该面板选项中设置“预设”为白光，以调整3D对象的光照效果。至此，本实例制作完成。

3+1 专栏 3D面板和“场景”面板的选项设置

在3D面板中，通过不同的选项设置能够创建不同效果的3D对象，通过不同渲染设置可以决定如何绘制3D模型。Photoshop为默认设置提供了丰富的常用设置。单击“场景”选项面板“预设”选项右侧下拉按钮，在弹出的快捷菜单中可以指定3D对象的渲染方式。需要注意的是，渲染设置是图层特定的，当文档中包含多个3D图层时，需要对每个图层分别指定渲染设置。

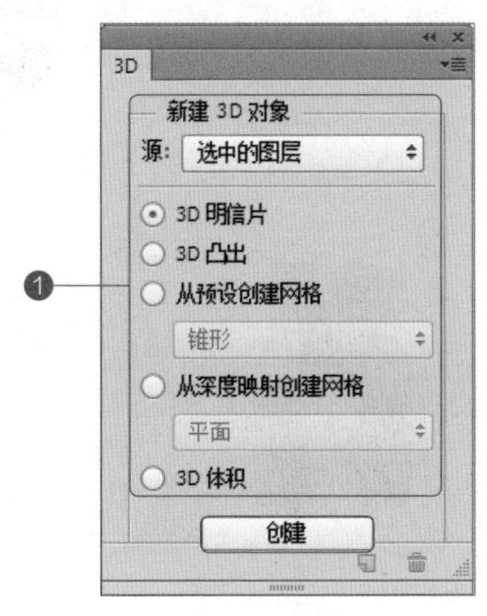

“3D”面板

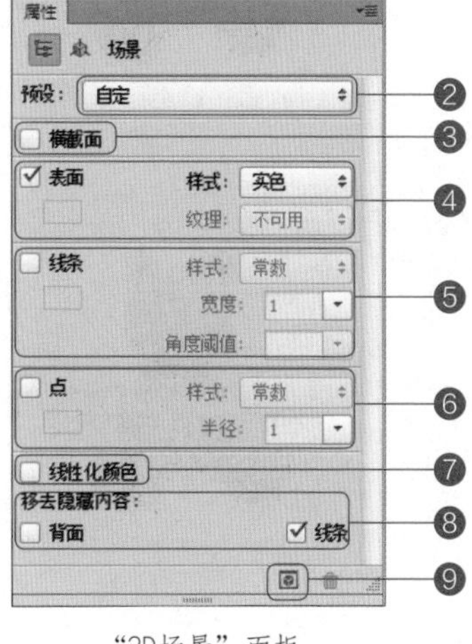

“3D场景”面板

❶“新建3D对象”选项组：在该选项组中包括多个工具选项和单选按钮，其中包括“源”选项、“3D明信片”单选按钮、“3D凸出”单选按钮、“从预设创建网格”单选按钮、“从深度映射创建网格”单选按钮、“3D体积”单选按钮和“创建”按钮。

- “源”选项：主要对需要创建3D模型的图像文件进行设置。单击右侧下拉按钮，在弹出的快捷菜单中包含有“选中的图层”“工作路径”“当前选区”和“文件”四个选项。
- “3D明信片”单选按钮：单击该按钮，即可快速将2D图像转换为3D明信片效果。
- “3D凸出”单选按钮：单击该单选按钮，即可快速为2D图像创建凸出效果。
- “从预设创建网格”单选按钮：单击该按钮，即可激活下方列表，可以将2D图像通过系统默认的预设来创建3D对象。在下方的下拉列表中包括“锥形”“立体环绕”“圆柱体”“圆环”“帽子”“金字塔”“环形”“汽水”“球体”“球面全景”以及“酒瓶”这11种3D形状，单击相应选项即可创建。
- “从深度映射创建网格”单选按钮：单击该按钮，即可激活下方列表，可以将2D图像通过系统默认的深度映射来创建3D对象。在下方的下拉列表中包括“平面”“双向平面”“圆柱体”以及“球体”这4种3D形状，单击相应选项即可创建。
- “3D体积”单选按钮：单击该单选按钮，可以快速为2D图像创建立体效果。
- “创建”按钮：选择相应的创建类型后，单击该按钮，即可创建3D对象。

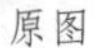
原图

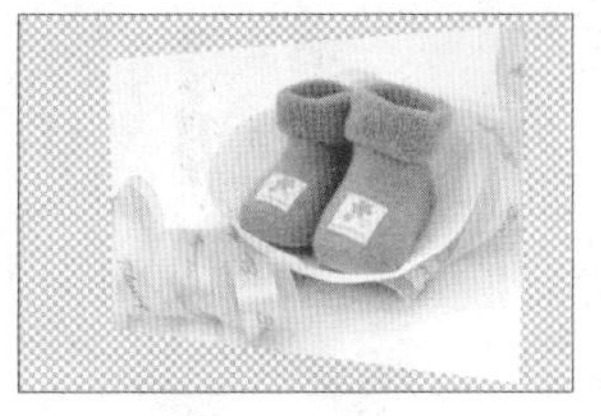
3D明信片

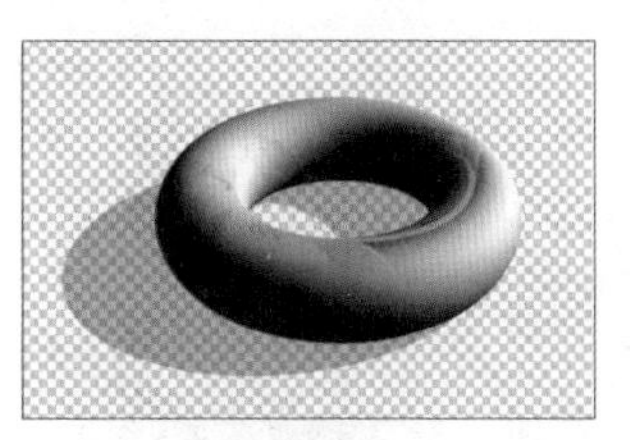
圆环

球体

❷“预设”下拉列表：在下拉列表中提供了丰富的渲染预设，包括默认、深度映射、顶点、线条插图、实色线框和绘画蒙版等。其中“实色”显示模型的可见表面，“线框”和“顶点”显示底层结构，“实色线框”合并实色和线框进行渲染，“外框”是可以反映模型最外侧尺寸的简单框。

默认

深度映射

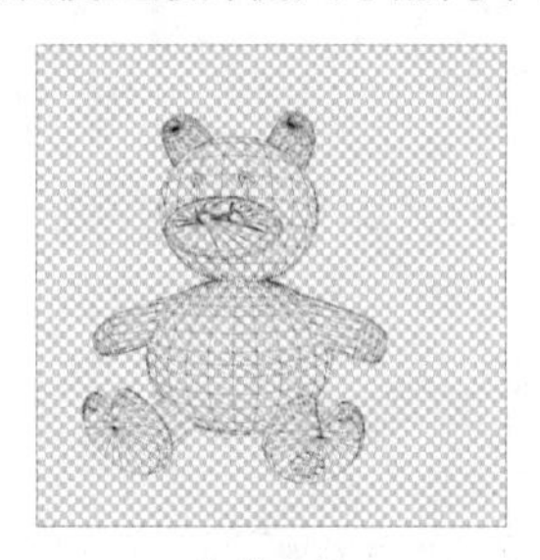
隐藏线框

线条插图

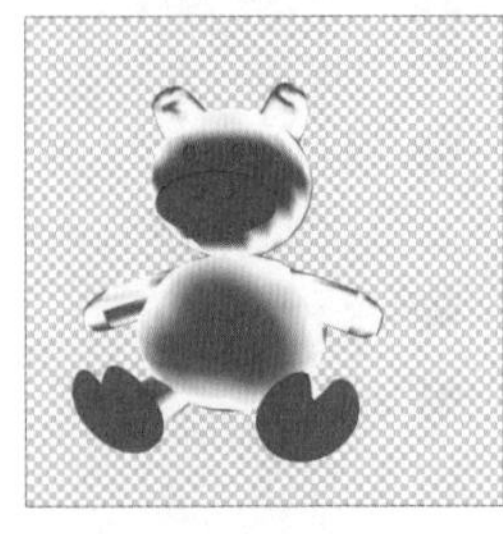
绘画蒙版

着色插图

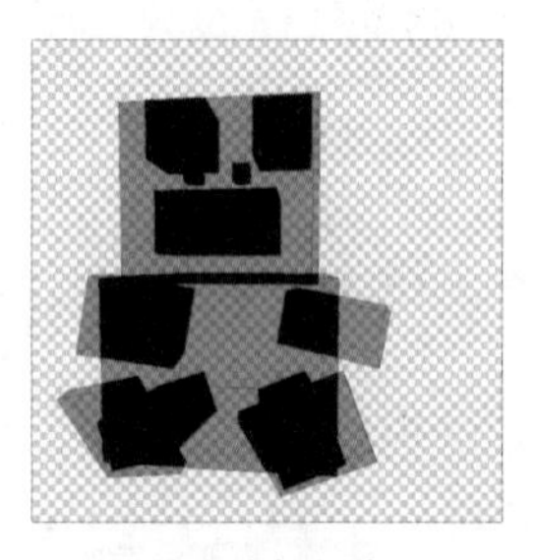
透明外框轮廓

顶点

❸“横截面”复选框：勾选该复选框，就可以激活下方的面板，在其中可以设置切片、倾斜和位移等选项的参数。

❹“表面”复选框：勾选该复选框，即可激活该选项的面板，在其中可以对3D对象的表面样式和纹理进行设置。

❺“线条”复选框：勾选该复选框，即可激活该选项对应的面板，在其中可以设置3D对象的样式、宽度、角度、阈值等选项的参数。

❻“点”复选框：勾选该复选框，即可激活该选项对应的面板，在其中可以对3D对象的样式和半径进行相应的设置。

❼“线性化颜色”复选框：勾选该复选框，即可为当前3D对象增加或降低亮度，从而加深或减淡对象的颜色。

❽“移去隐藏内容”选项：主要包括“背面”和“线条”复选框，勾选相应复选框，即可移去相应的隐藏内容。

❾“渲染”按钮：在设置完成3D对象的相应参数后，单击该按钮，即可渲染该文件。

在Photoshop中可以将3D文件最终渲染为用于Web、打印或动画的最高品质输出。最终渲染使用光线跟踪和更高的取样速率以捕捉更逼真的光照和阴影效果。渲染需要的时间由3D场景中的模型、光照和映射决定。

原图

渲染对象

渲染对象

渲染后的效果

高手训练营 制作3D动画

结合创建视频操作和3D模型的相关知识，可以制作出带有3D效果的动画。

01 打开图像文件

按下快捷键Ctrl+O，打开附书光盘\实例文件\第13章\Media\制作3D动画.jpg文件。

02 添加“色相/饱和度”调整图层

单击“图层”面板下方的“创建新的填充或调整图层”按钮，在弹出的菜单中选择“色相/饱和度”选项，并设置相应的参数，调整背景图像色调。

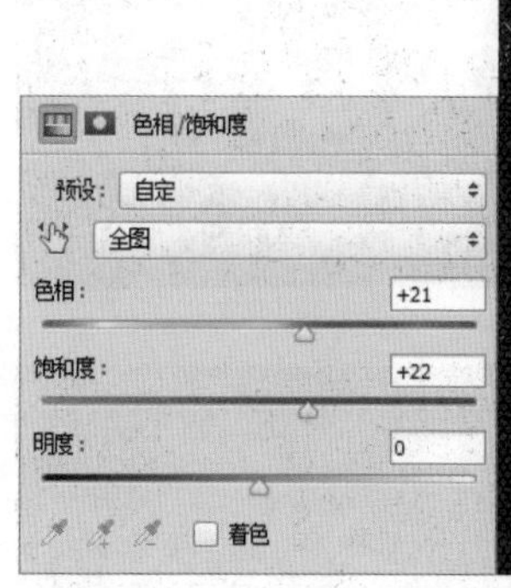

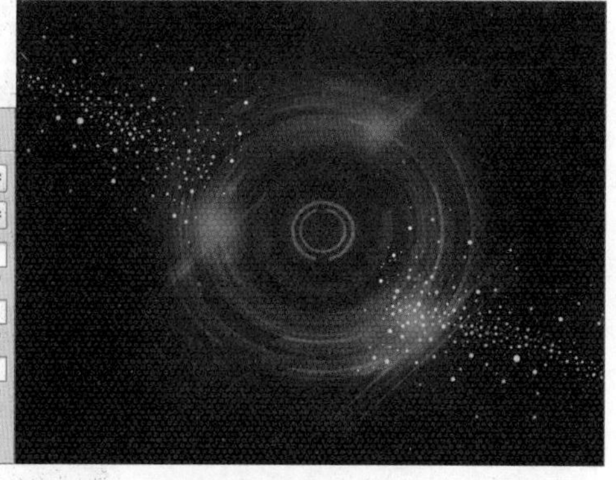

03 调整图像亮度

继续采用相同的方法，添加“亮度/对比度”调整面板，并设置面板参数，增加图像对比效果。

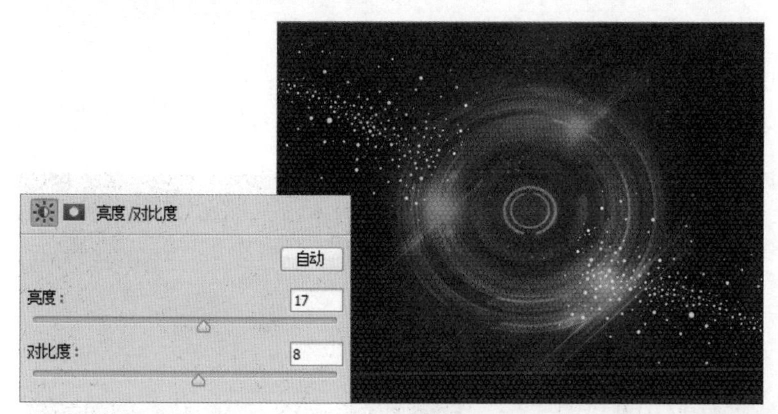

04 设置面板参数

单击文字工具，在“字符”面板中设置各项参数。

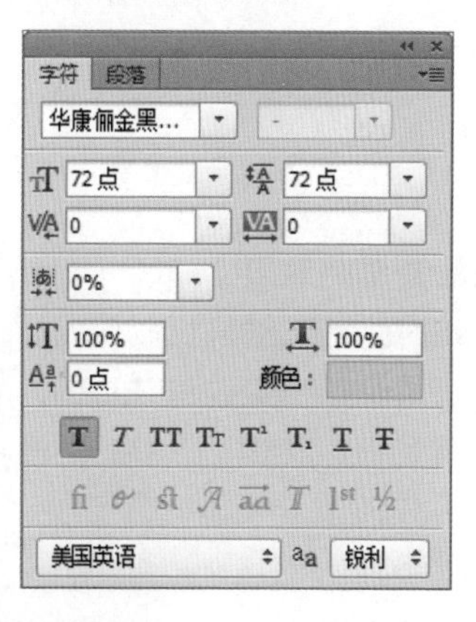

05 输入文字

设置完成后，在图像上输入黄色文字。执行“3D→从所选图层新建3D凸出”命令。

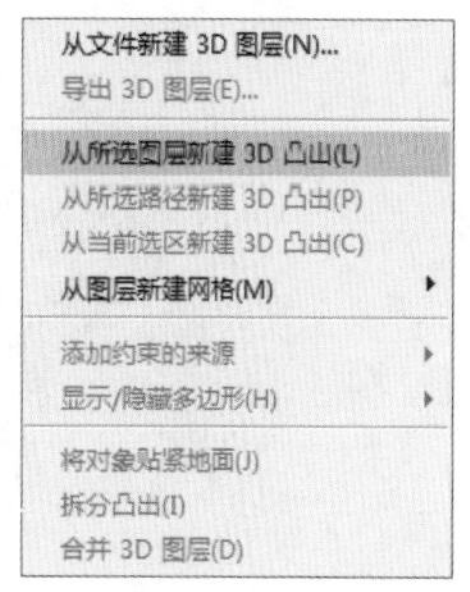

06 创建3D文字

创建3D文字后，打开“时间轴”面板，设置动画时间为02:00f。

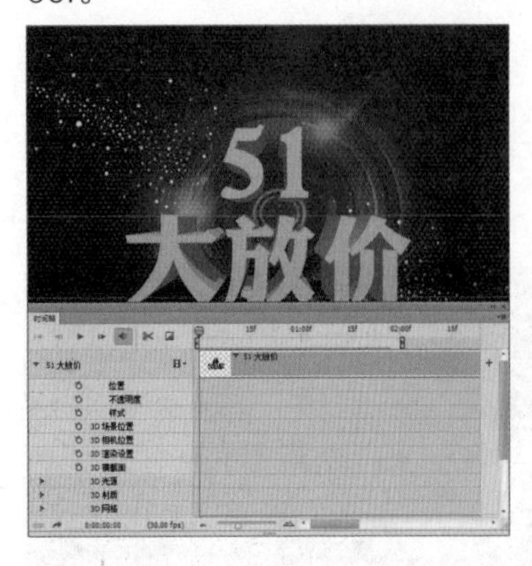

07 在02:00处创建关键帧

将时间指示器拖动到00f处，选择“3D场景位置”选项，并创建关键帧。然后将时间指示器拖动到01:00f处，创建关键帧，使用3D对象旋转工具，对3D对象进行旋转。

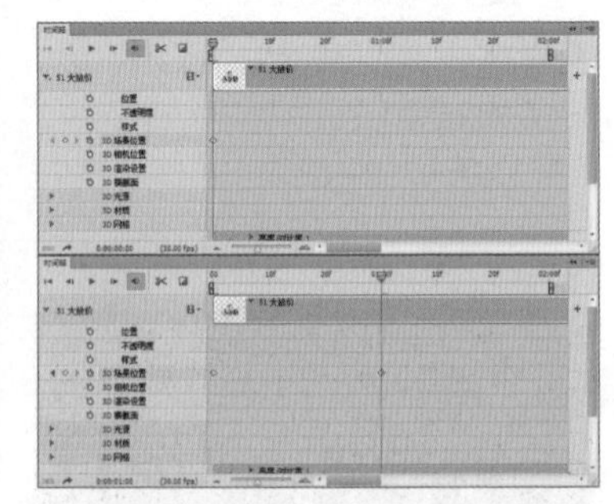

08 创建3D渲染关键帧

将时间指示器拖动到02:00f处，创建关键帧，使用滑动3D对象工具，对3D对象进行放大。

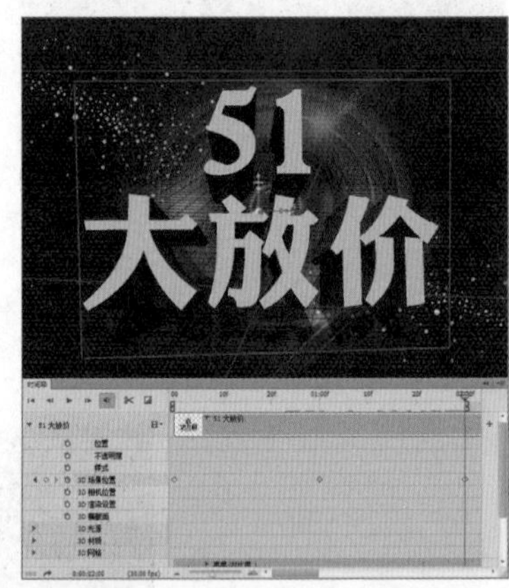

09 设置透明效果

将时间指示器拖动到20f处，在“不透明度”选项处单击鼠标，创建关键帧，设置3D文字“不透明度”为50%，隐藏3D文字为半透明状态。

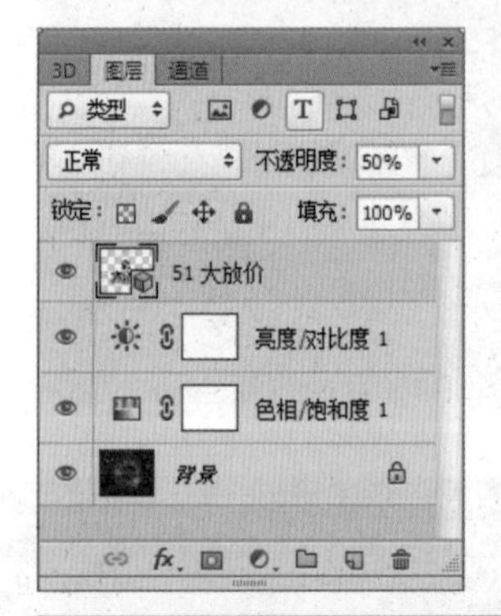

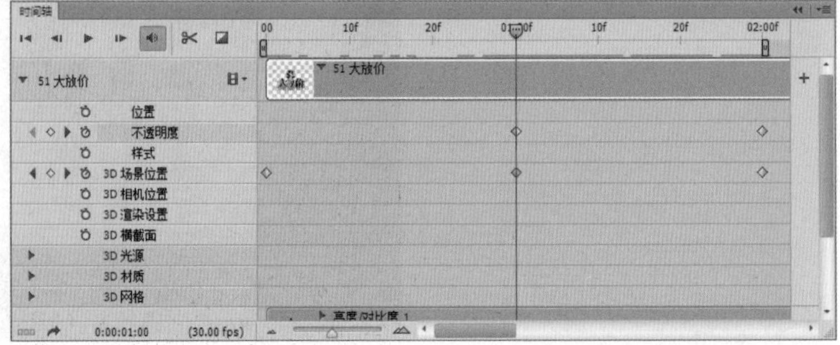

⑩ 显示3D图层效果

将时间指示器拖动到02:00f处，设置3D文字图层“不透明度”为100%，显示3D效果，从而在该位置创建一个关键帧。

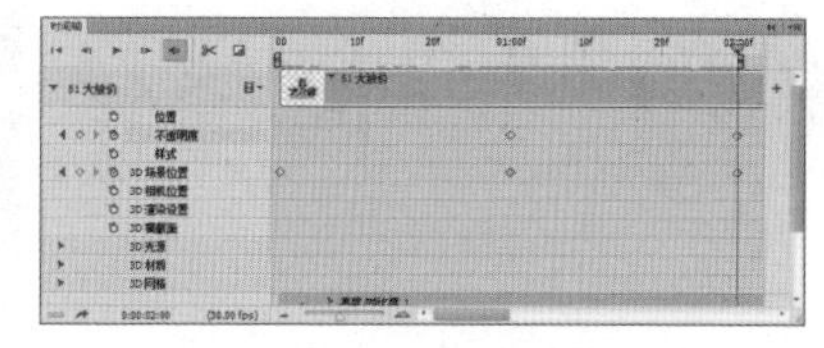

⑪ 创建3D对比度关键帧

将时间指示器拖到02:00f处，在“图层”面板中创建“亮度/对比度”调整图层，并创建图层剪贴蒙版，增强3D文字对比效果。然后在“时间轴”面板上的“亮度/对比度”选项的左侧单击，在该位置创建一个关键帧。

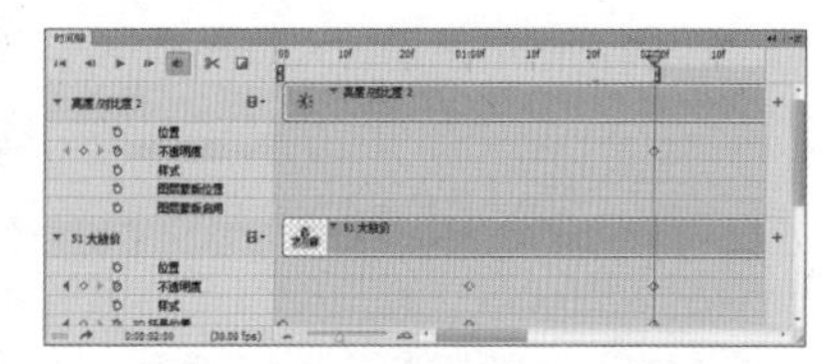

⑫ 输出动画

将时间指示器拖到20f处，创建关键帧并设置“亮度/对比度”调整图层的“不透明度”为0%。执行“3D→渲染”命令，对最终效果进行输出渲染。完成后单击“动画（时间轴）”面板下方的“播放动画”按钮▶，预览3D动画的效果。可以看到视频动画中3D对象实现了旋转、隐藏到显示、亮度增加的动画效果，且分别在01:00f、20f、02:00f时间处产生了渲染变化。至此，本实例制作完成。

Chapter 14

让图像任务自动执行

Photoshop提供了图像任务自动化处理功能，可以节省时间，提高工作效率，并确保操作结果一致，其中包括使用动作、快捷批处理、“批处理”命令、脚本、模板、变量以及数据组。

14.1 了解动作

动作是指在单个文件或一批文件上播放一系列的任务集合，它将执行过的操作、命令和参数记录下来，通过播放动作可以自动执行操作，获得相同的效果。在Photoshop中，使用动作可以精确且高效地完成重复性的图像处理工作。在本小节中，将对动作的基础知识和相关操作进行介绍。

知识点 动作的基础知识

动作是指Photoshop在单个文件或一批文件上执行的一系列任务，例如菜单命令、面板选项、具体动作等。比如可以创建一个这样的动作：首先更改图像大小，然后对图像应用效果，最后按照所需要的格式存储文件。

在Photoshop中，动作是快捷批处理的基础，利用“动作”面板，可以记录、编辑、自定和批处理动作，也可以使用动作组来管理各组动作。

Photoshop和Illustrator都提供了预定义的动作，可以帮助用户执行常见的任务，用户可以使用这些预定义的动作，并根据自己的需要对这些动作进行设置，或者创建新动作。另外，动作可以以组的形式进行存储，方便用户使用和管理。

原图

调整图像并存储为动作

如何做 将动作应用到文件中

播放动作时，可以在活动文档中执行动作记录命令，一些动作需要进行选择才可以播放，而另一些动作则可以对整个文件执行。对图像使用动作时，可以排除动作中的特定命令，或者只播放单个命令，如果动作包括模态控制，可以在对话框中指定值或在动作暂停时使用模态工具。下面来介绍对文件播放动作的具体操作方法。

01 打开图像文件

按下快捷键Ctrl+O，打开附书光盘\实例文件\第14章\Media\01.jpg文件。执行“窗口→动作”命令，或者直接按下快捷键Alt+F9，打开“动作”面板。

02 选择动作

在“动作”面板中展开折叠按钮▶，打开需要应用到图像中的动作，并将其选中。

03 播放动作

在“动作”面板中单击“播放选定的动作”按钮▶，即可依次将该动作中的设置应用到当前图像中，在“图层”面板中也将显示出应用动作后的图层效果。至此，本实例制作完成。

如何做 调整动作的回放速度

执行“回放选项”命令，可以调整动作的回放速度或将其暂停，以便对动作进行调试。下面来介绍指定回放速度的操作方法。

01 打开图像文件

按下快捷键Ctrl+O，打开附书光盘\实例文件\第14章\Media\02.jpg文件。执行“窗口→动作”命令，打开“动作”面板。

02 选择指定回放速度

单击“动作”面板右上角的扩展按钮，打开扩展菜单，单击“回放选项”命令，弹出“回放选项”对话框，选中“逐步”单选按钮，完成后单击“确定”按钮。

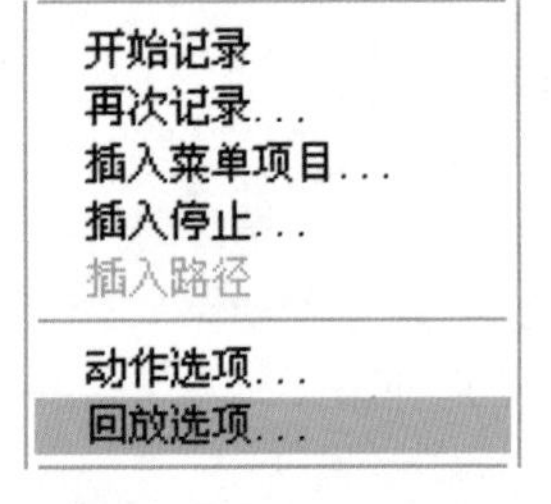

03 显示选中动作

单击“动作”面板右上角的扩展按钮，打开扩展菜单，单击“画框”命令，即可打开“画框”动作组显示出所有的画框动作。

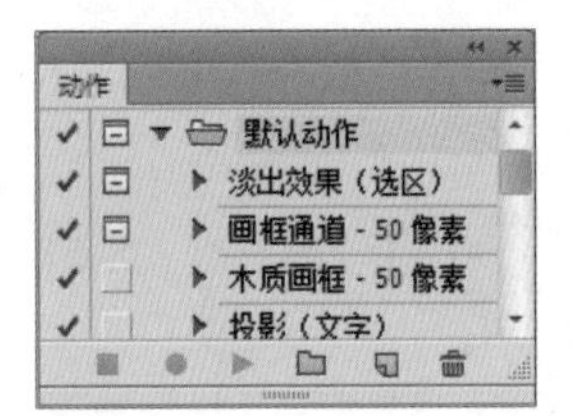

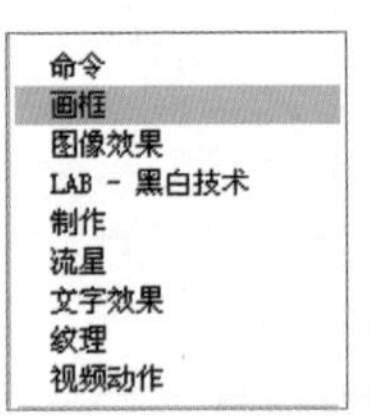

04 应用“画框”动作

选择“照片卡角”选项，然后单击“动作”面板中的“播放选定的动作”按钮▶，即可应用该动作到当前图像中，在“图层”面板中将显示出相应的图层效果。

05 再次应用动作

按下快捷键Shift+Ctrl+Alt+E，将所有图层盖印到新图层中，生成“图层1”。在“动作”面板中，单击右上角的扩展按钮，在展开的扩展菜单中选择“纹理”选项，在“纹理”动作组中选择“砂纸”选项，单击“播放选定的动作”按钮▶应用动作，生成“图层2”，设置该图层的图层混合模式为“柔光”，在图像中出现底纹效果。至此，本实例制作完成。

专栏 解析“动作”面板

在使用Photoshop编辑图像的过程中，经常会用到重复的操作步骤，使用“动作”面板，可以将可能使用到的重复操作组合成一个动作，这样在后面的操作中便可以将这个动作的操作使用到其他图像上。下面对“动作”面板中的参数设置进行介绍。

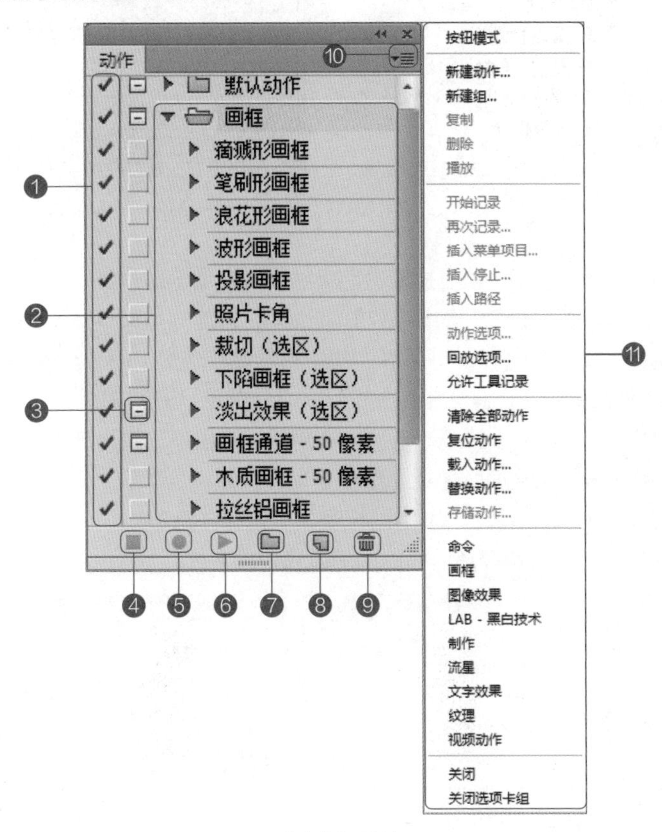

“动作”面板

❶ 切换项目开/关：通过勾选和取消勾选来设置动作或动作中的命令是否被跳过。当在动作中某一个命令的左侧显示✔标识时，表示此命令正常运行；若显示□标识时，表示此命令被跳过。若在某一个动作组的左侧显示✔标识时，表示此组动作中有命令被跳过；若动作组的左侧显示✔标识时，表示此组动作中没有命令被跳过；若动作组的左侧显示□标识时，表示此组动作中所有命令均被跳过。

❷ 默认动作：在该区域显示出动作组中的所有独立动作名称。

❸ 切换对话框开/关：通过勾选和取消勾选来设置动作在运行的过程中是否显示有参数对话框的命令，若在动作的左侧显示□标识，则表示在该动作运行时所有的命令中具有对话框的命令；若在动作中的某一个命令的左侧显示□标识，则表示该命令运行时显示对话框命令。

❹“停止播放/记录”按钮：单击该按钮，可以停止当前的动作录制。此按钮只有在录制动作时才被激活。

❺“开始记录”按钮：单击该按钮，可以录制一个新的动作，处于录制动作的过程中此按钮为红色。

❻“播放选定的动作”按钮：单击该按钮，可执行当前选定的动作。

❼“创建新组”按钮：单击该按钮，可以创建一个新的动作文件夹。

❽“创建新动作”按钮：单击该按钮，可以创建一个新的动作，新建动作将出现在选定的组文件夹中。

❾“删除”按钮：单击该按钮，可将当前选定的动作或动作文件夹删除。

❿ 扩展按钮：单击该按钮，可打开扩展菜单，进行下一步的操作。

⓫ 扩展菜单：单击扩展按钮，打开扩展菜单，在该菜单中共包含29个选项，囊括了几乎所有的“动作”面板的相关操作。

- “按钮模式”选项：勾选和取消该选项，可以使“动作”面板中的动作以不同的模式显示。

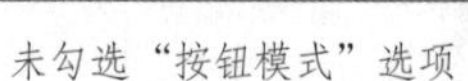
未勾选“按钮模式”选项

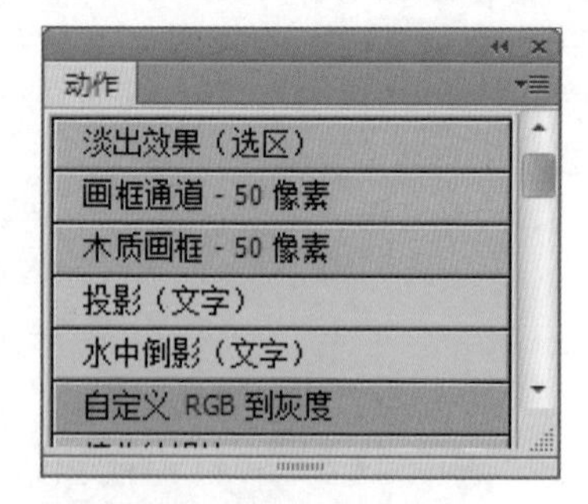

勾选“按钮模式”选项

- “新建动作”和“新建组”选项：通过选择这两个选项，可新建动作或新建组。
- “复制”“删除”和“播放”选项：选择“复制”选项，可复制当前动作；选择“删除”选项，可将当前动作删除；选择“播放”选项，可从当前动作开始播放动作。
- 记录编辑命令：在该命令组中，包含5个选项，它们分别是“开始记录”“再次记录”“插入菜单项目”“插入停止”和“插入路径”选项。这些选项均用于将操作记录为动作时的一些相关操作。
- “动作选项”和“回放选项”选项：选择“动作选项”选项，会弹出“动作选项”对话框，在该对话框中可对当前动作的名称、功能键和颜色进行设置；选择“回放选项”选项，会弹出“回放选项”对话框，在该对话框中可以设置播放动作时的速度和切换方式。

“动作选项”对话框

“回放选项”对话框

- “编辑动作”选项：在该命令组中，包含5个选项，分别是“清除全部动作”“复位动作”“载入动作”“替换动作”和“存储动作”选项，使用任意选项，可对动作进行基本编辑。
- “选择显示动作”选项：在该命令组中，通过单击，可直接在动作列表中打开该动作组中的动作。

“命令”选项

“画框”选项

“图像效果”选项

“制作”选项

- “关闭”和“关闭选项卡组”选项：选择“关闭”选项，可将“动作”面板关闭，而处在同一个标签栏的其他面板不会被关闭；选择“关闭选项卡组”选项，可将当前处于同一个标签栏的所有面板都关闭。

14.2 动作的基本操作

善用"动作"面板中的各种选项和设置，即可批处理文件，提高工作效率。动作的基本操作包括新建动作、新建组、复制、删除和播放等，在本小节中将对动作的基本操作进行简单介绍。

专家技巧

动作组基本操作

为了方便管理动作，可以在"动作"面板中创建动作组，并将动作存储到动作组中。可以将动作分类放到动作组中，并将这些组传送到其他计算机中。

单击"动作"面板中的"创建新组"按钮，或者在面板扩展菜单中单击"新建组"命令，在弹出的对话框中设置组的名称，单击"确定"按钮。将需要添加到组中的动作通过直接拖拽添加到组中。

如果需要重命名动作组，在"动作"面板中双击该组的名称直接输入，或在"动作"面板扩展菜单中单击"组选项"命令，在弹出的对话框中输入新名称，单击"确定"按钮。

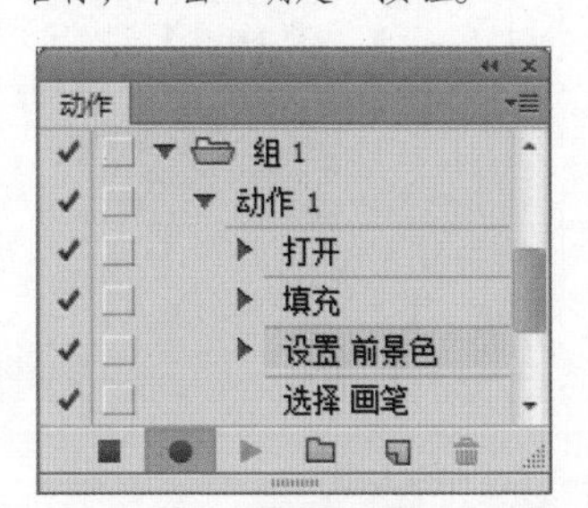

原"动作"面板

将动作移动到新建组中

知识点 创建动作

在将操作创建为动作之前，首先需要了解如何创建动作，创建动作实际上同创建新图层的操作类似，其原理也相似，只是在图层上存储的是图像，而动作层上存储的是动作以及相关设置。

创建动作的方法有两种，分别是执行扩展菜单命令和单击新建按钮。单击"动作"面板右上角的扩展按钮，在打开的扩展菜单中单击"新建动作"命令，即可弹出"新建动作"对话框，可对新建动作的名称、组、功能键以及颜色进行设置。单击"动作"面板下方的"创建新动作"按钮，也可以弹出"新建动作"对话框，从而对相关参数进行设置。

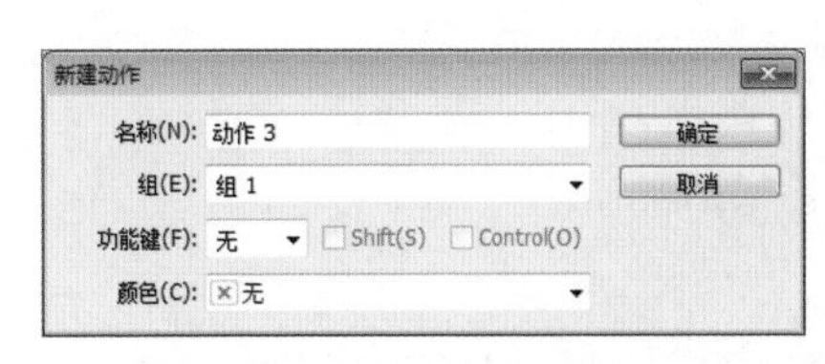

"新建动作"对话框

新建一个动作

记录动作时，有几个方面需要注意，也是用户在记录动作时经常会遇到的问题。

- 可以在动作中记录多数命令，但不是所有命令都能被记录。
- 用户可以记录使用选框工具组、移动工具、多边形工具、套索工具组、魔棒工具、裁剪工具、切片工具、魔术橡皮擦工具、渐变工具、油漆桶工具、横排文字工具、注释工具等执行的操作，也可以记录在"历史记录"面板、"色板"面板、"颜色"面板、"路径"面板、"通道"面板、"图层"面板、"样式"面板和"动作"面板中执行的操作。
- 播放后的效果取决于程序设置的变量，例如记录了"色彩平衡"命令，但是当前图像文件为灰度，则当前动作不可用。
- 如果记录的动作包括在对话框和面板中指定的设置，则动作将反映在记录时有效的设置，若在记录动作的同时更改对话框或面板中的设置，则会记录更改的值。
- 模态工具以及记录位置的工具都使用当前为标尺指定的单位，应用模态操作后按下Enter键才可以应用其效果。

如何做 记录动作和路径形状

在创建动作时，使用过的所有命令和工具都将添加到动作中，直到停止记录。“插入路径”命令可以结合一些路径形状工具，作为动作的一部分记录在其中，播放动作时，工作路径被设置为所记录的路径，在记录动作时或动作记录完毕后可以插入路径。

01 新建动作

按下快捷键Ctrl+O，打开附书光盘\实例文件\第14章\Media\03.jpg文件。按下快捷键Alt+F9，打开“动作”面板，单击该面板下方的“创建新动作”按钮，弹出“新建动作”对话框，设置“名称”为“调色”，设置完成后单击“记录”按钮，即可新建名为“调色”的动作。

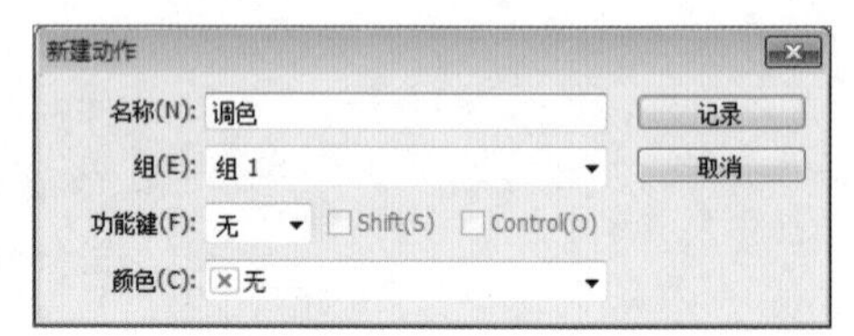

02 调整图像颜色

单击“图层”面板下方的“创建新的填充或调整图层”按钮，打开下拉列表，选择“色相/饱和度”选项，切换到“调整”面板中的相应选项面板中，设置“饱和度”为+15，增加图像饱和度，同时会在“动作”面板中自动生成一个动作记录。

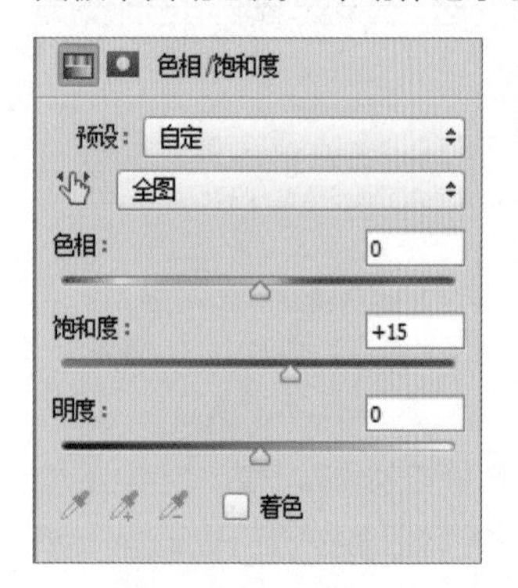

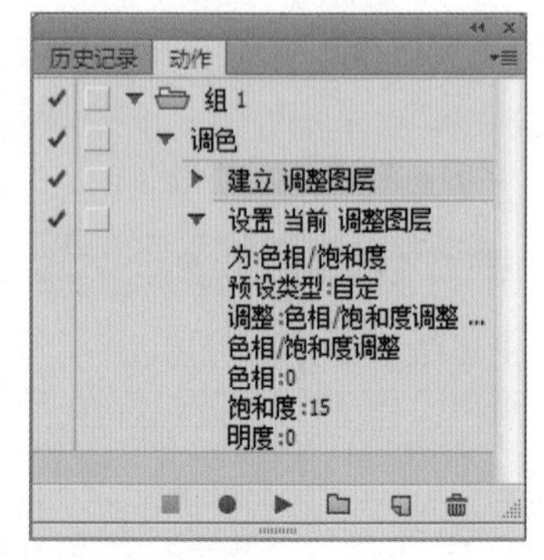

03 继续记录动作

按照同上面相同的方法，新建“亮度/对比度”调整图层，并调整其面板参数值，改变图像亮度，即可将设置的效果应用到当前图像中。

04 继续记录照片滤镜动作

按照同上面相同的方法，新建“照片滤镜”调整图层，并调整其面板参数值，即可将设置的效果应用到当前图像中。

05 停止记录

在“动作”面板中，单击“停止播放/记录”按钮■，停止记录当前动作。

06 应用动作到其他图像中

按下快捷键Ctrl+O，打开附书光盘\实例文件\第14章\Media\04.jpg文件。在“动作”面板中单击“播放选定的动作”按钮▶，即可将选定的动作应用到当前图像中。

07 插入路径

单击椭圆工具，按住Shift键不放，通过拖拽在页面正中绘制一个白色正圆，然后单击“动作”面板右上角的扩展按钮，在打开的扩展菜单中单击“插入路径”命令，即可在动作列表中插入路径。

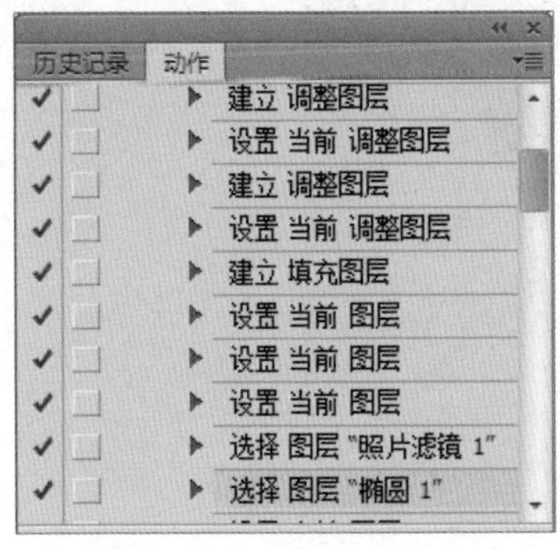

08 记录动作

在“动作”面板中单击“开始记录”按钮●，即可继续记录动作。

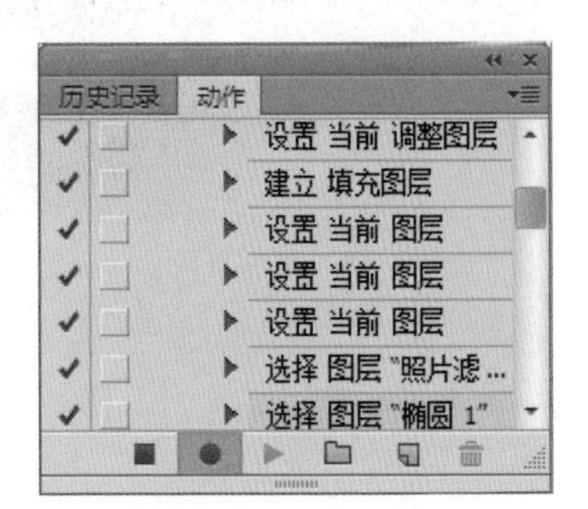

09 设置白色椭圆形状

在“图层”面板中设置“椭圆 1”形状图层的“不透明度”为25%，调整图像透明度。继续绘制多个白色圆形形状，并调整透明度。

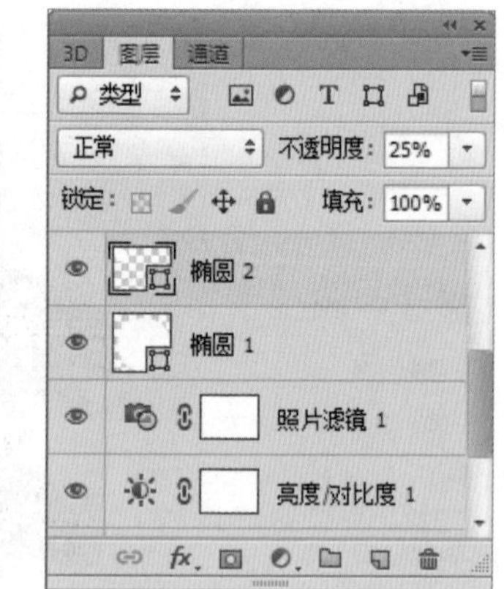

10 播放新的动作

采用相同的方法在图像上绘制更多的白色圆形，并分别调整其在画面中的透明效果。在“动作”面板中单击“停止播放/记录”按钮■，停止记录动作。

11 继续播放动作

在“动作”面板中选中“椭圆1”的相应动作，然后回到“04.jpg”素材文件界面，单击“播放选定的动作”按钮▶，即可将选定的动作应用到当前图像中。至此，本实例制作完成。

14.3 动作的高级操作

Photoshop动作的高级操作包括再次记录动作、覆盖单个命令、重新排列动作中的命令，以及向动作添加命令等。在本小节中，将对动作高级操作进行简单介绍，使用户对动作的操作有更深入的了解。

专家技巧

编辑和重新记录动作

在“动作”面板中可以轻松编辑和自定义动作，用户可以调整动作中任何特定命令的设置，或者将现有动作的设置全部修改。当需要覆盖单个动作时，在“动作”面板中双击需要覆盖的单个命令，在弹出的对话框中设置参数，单击“确定”按钮即可。

若要向动作中添加命令，可直接将动作选中，在动作的最后插入新命令，然后单击“开始记录”按钮，或在“动作”面板扩展菜单中单击“开始记录”命令开始记录，完成记录后，单击“动作”面板中的“停止播放/记录”按钮即可。

要再次记录动作，选中动作后，从“动作”面板的扩展菜单中单击“再次记录”命令，即可再次记录动作。

知识点 在当前动作中添加动作

在Photoshop将操作记录为动作后，有时需要在当前动作中添加动作满足后面的操作，此时，可以对图像执行再次记录动作操作。

选择动作，在“动作”面板中单击右上角的扩展按钮，打开扩展菜单，单击“再次记录”命令，在弹出对话框中可创建不同的效果，单击“确定”按钮，即可应用设置。另外，如果动作中包括模态控制，只要在设置后按下Enter键即可创建不同的效果，也可以直接按下Enter键以保留相同设置。

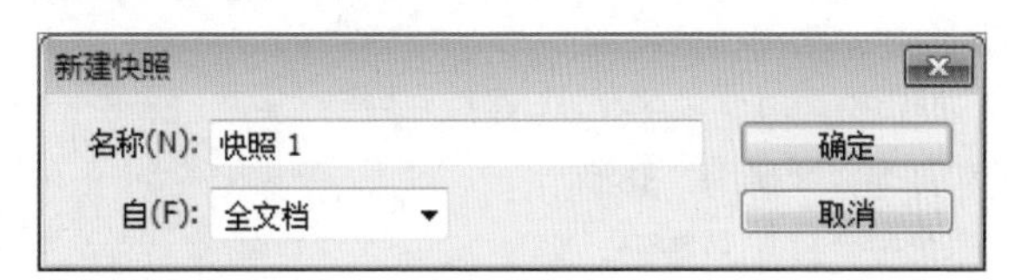

“新建快照”对话框

“动作”面板

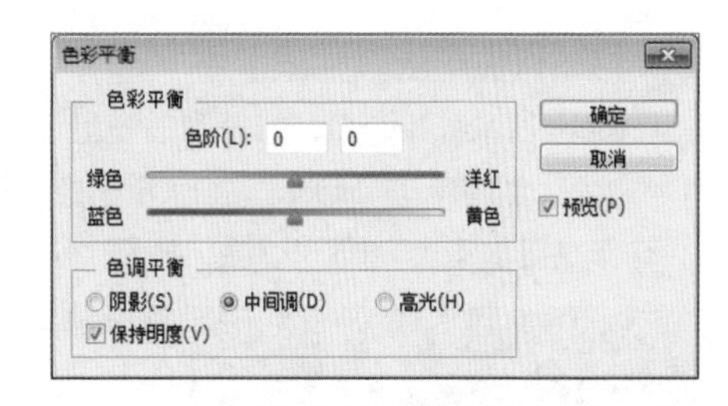

“色彩平衡”对话框

高手训练营 覆盖单个命令并重新排列动作中的命令

如果需要对单个命令进行更改，可以在“动作”面板中使用将单个命令覆盖的操作，下面介绍具体操作方法。

01 新建动作

按下快捷键Ctrl+O，打开附书光盘\实例文件\第14章\Media\05.jpg文件。打开“动作”面板，依次“创建新组”和“创建新动作”，然后单击“确定”按钮，开始记录动作。

02 记录动作

对图像多次执行各种操作，将操作记录在“动作”面板中的新建动作中，最后单击“动作”面板中的“停止播放/记录”按钮■，停止动作的记录。

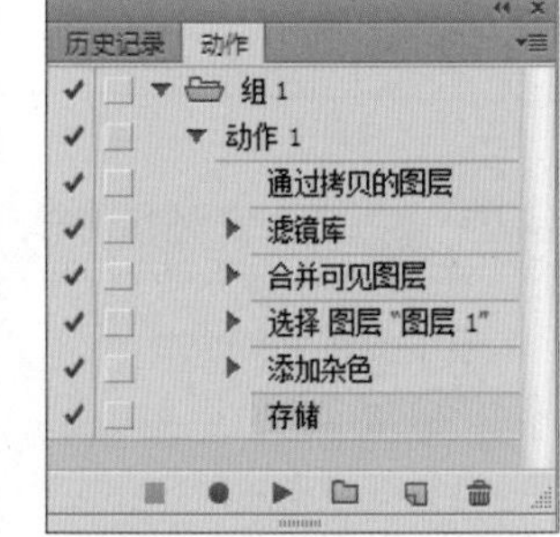

03 覆盖单个命令

单击“图层1”，使其成为当前图层，然后双击“动作”面板中的“滤镜库”命令，弹出“滤镜库”的相应选项面板，将之前的“喷溅”滤镜更改为“拼缀图”滤镜，设置完成后单击“确定”按钮，覆盖该命令。

04 将动作应用到其他图像中

按下快捷键Ctrl+O，打开附书光盘\实例文件\第14章\Media\06.jpg文件。单击“动作”面板中的“动作1”命令，然后单击“动作”面板下方的“播放选定的动作”按钮▶，播放覆盖单个命令后的动作，设置完成后动作将自动停止。按下F7键，打开“图层”面板，在该面板中显示出执行了动作后所产生的图层效果。

05 记录动作

通过拖拽，将当前“图层”面板中除“背景”图层外的所有图层全部删除，然后再次新建动作，并对图像进行多次调整，将操作记录到动作中。

06 调整命令的排列顺序

在“动作”面板中，将刚才记录为动作的操作通过直接拖拽，改变其排列顺序。

07 应用变换排列后的动作

在“动作”面板中单击“播放选定的动作”按钮▶，将更改后的动作应用到当前图像中，会发现图像有了一定的变化。

08 存储动作

单击要存储的动作“组1”，然后单击“动作”面板右上角的扩展按钮，在扩展菜单中单击“存储动作”命令，弹出“存储”对话框，选择存储的路径，单击“保存”按钮存储该动作组。

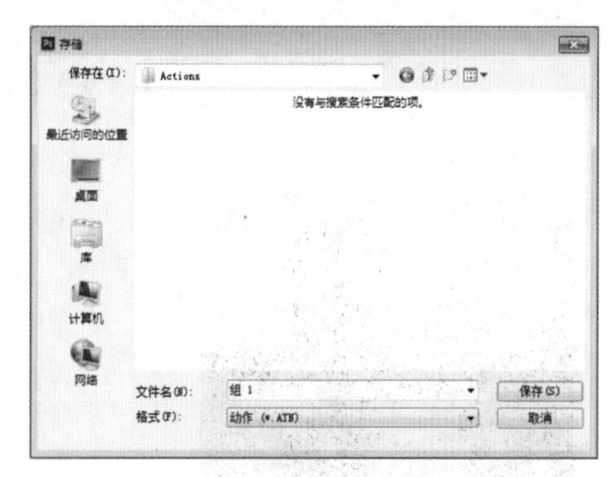

09 载入和复位动作

单击“动作”面板右上角的扩展按钮，打开扩展菜单，单击“载入动作”命令，弹出“载入”对话框，单击选中需要载入的动作，设置完成后单击“载入”按钮，即可将动作载入到“动作”面板中。在“动作”面板中单击右上角的扩展按钮，打开扩展菜单，单击“复位动作”命令，弹出Adobe Photoshop询问提示框，单击“确定”按钮，将“动作”面板中的动作复位到只有默认动作的状态。至此，本实例制作完成。

专家技巧

编辑已记录的动作

在“动作”面板中选择需要进行编辑的动作，单击该动作前的扩展按钮，选择相应的动作操作。单击“删除”按钮，在弹出的对话框中单击“确定”按钮即可删除相应的步骤。此时若为图像执行该动作，将自动跳过删除的操作步骤进行下一步的操作。

14.4 自动化命令解析

使用Photoshop中的自动化命令，可以极大地节约操作时间，提高工作效率。自动化命令包括“批处理”“限制图像”“创建快捷批处理”和“裁剪并修齐照片”命令等。在本小节中，将对应用自动化命令的相关知识和操作进行介绍。

知识点 自动化命令

自动化命令可以快速将需要进行统一操作的文件一次性处理，避免了多次执行同样操作的繁琐，但是自动化命令组中的各个命令的用途并不相同，执行“文件→自动”命令，即可打开下一级子菜单，子菜单中包含所有自动化命令。

1.“批处理”命令

“批处理”命令可以对一个文件夹中的文件运行动作。若有带文档输入器的数码相机或扫描仪，也可以用单个动作导入和处理多个图像，扫描仪或数码相机可能需要支持动作的取入增效工具模块。执行“文件→自动→批处理”命令，即可弹出“批处理”对话框。

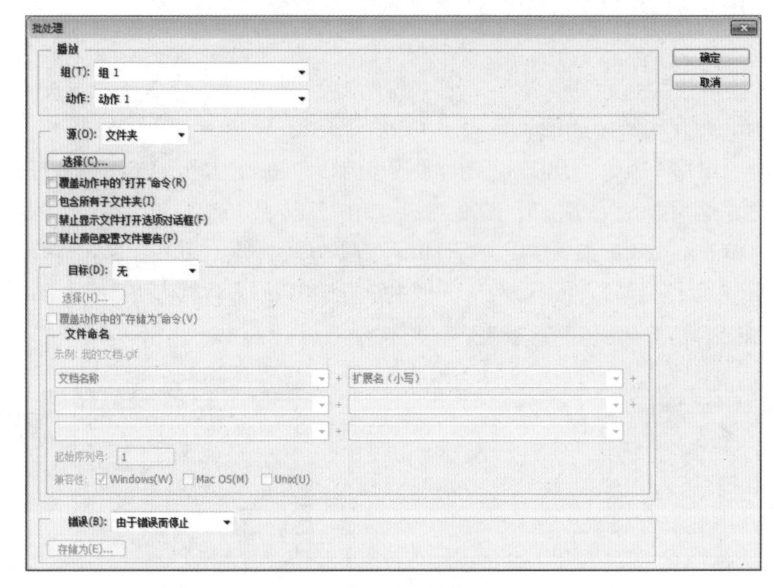

“批处理”对话框

2.“创建快捷批处理”命令

“创建快捷批处理”命令是一个小应用程序，可以为一个批处理的操作创建一个快捷方式，若要对其他的文件应用此批处理，只需要将其拖拽到生成的快捷图标上即可。用户可以将快捷批处理存储在桌面上或磁盘中另一个位置。

专家技巧

Photomerge命令

执行Photomerge命令可以将多幅照片组合成一个连续的图像，也就是将多幅照片拼合成一个连续的全景图，该命令能够组合水平平铺和垂直平铺的照片。

图像1

图像2

图像3

拼合为全景图后的效果

专家技巧

“合并到HDR”命令

使用“自动”命令中的“合并到HDR”命令，可将拍摄同一人物或场景的多幅图像（曝光度不同）合并到一起，在一幅HDR图像中捕捉场景的动态范围。可以将合并后的图像存储为32位/通道的HDR图像。

图像1

图像2

执行“合并到HDR”命令后

专家技巧

使用“裁剪并修齐照片”命令的图片要求

使用“裁剪并修齐照片”命令对照片进行修齐操作时，要注意扫描的多个图像之间应该保持1/8英寸的间距，背景应该是均匀的单色，并且要同照片边缘颜色有一定差异。

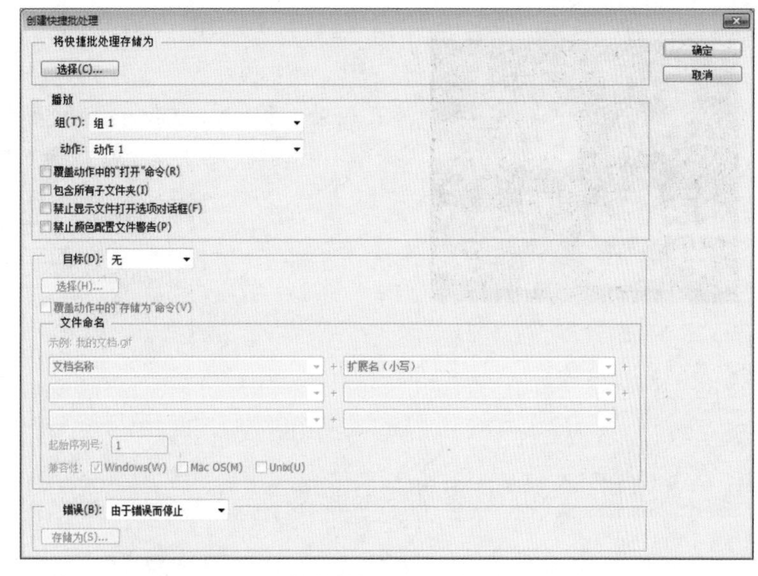

“创建快捷批处理”对话框

3.“裁剪并修齐照片”命令

执行“裁剪并修齐照片”命令可以将一次扫描的多个图像分成多个单独的图像文件。

原图

执行“裁剪并修齐照片”命令后

4.“条件模式更改”命令

执行“条件模式更改”命令可以将当前文件由任意一种模式转换为设置的另一种模式。

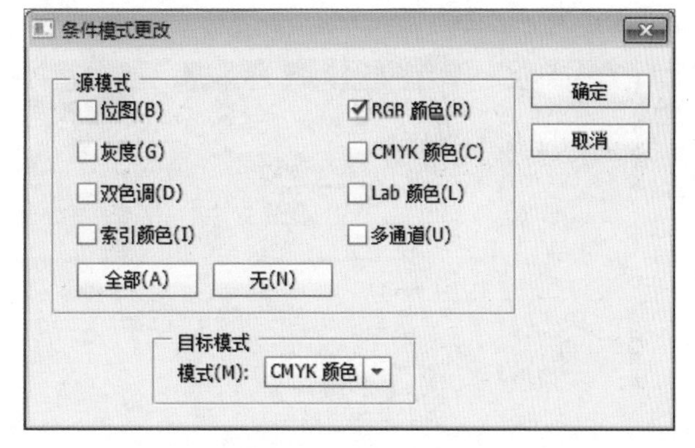

“条件模式更改”对话框

背景颜色同照片边缘颜色相近，不能执行该命令

5.“限制图像”命令

执行该命令会弹出“限制图像”对话框，在该对话框中设置限制尺寸，可以放大或缩小当前图像的尺寸。

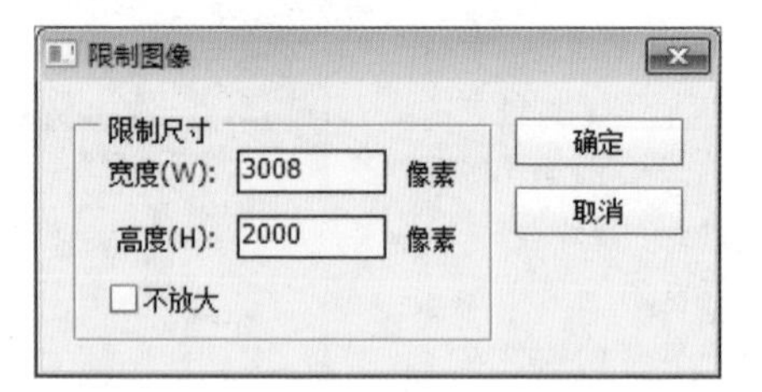

“限制图像”对话框

如何做 批处理文件的操作

“批处理”命令可以一次性快速将图像处理为需要的状态，在工作中能大大提高工作效率。下面来介绍批处理文件的具体操作方法。

01 新建动作

按下快捷键Ctrl+O，打开附书光盘\实例文件\第14章\Media\07.jpg文件。按下快捷键Ctrl+F9，打开“动作”面板，单击面板右上角的扩展按钮，在打开的扩展菜单中单击“新建组”命令，弹出“新建组”对话框，单击“确定”按钮，新建“组1”，然后新建名为“动作1”的动作。

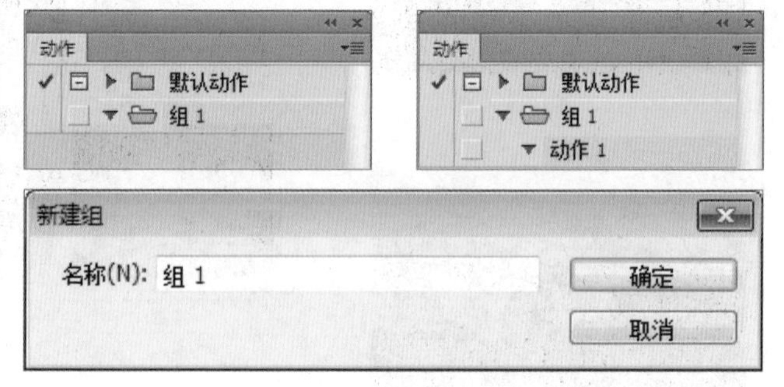

02 记录动作

单击“图层”面板下方的“创建新的填充或调整图层”按钮，在打开的下拉列表中选择“自然饱和度”选项，在“调整”面板中设置适当参数。按照同样的方法，调整“色彩平衡”。单击“动作”面板中的“停止播放/记录”按钮，停止动作的记录。

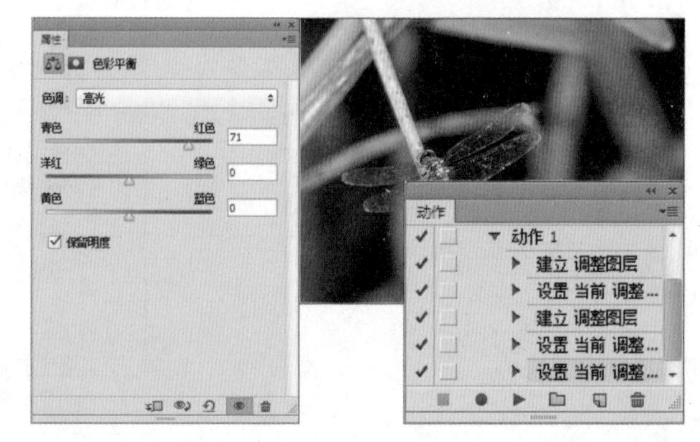

03 设置“批处理”参数

执行“文件→自动→批处理”命令，弹出“批处理”对话框，设置“组”为“组1”“动作”为“动作1”“源”为“文件夹”，单击“选择”按钮，选择附书光盘\实例文件\第14章\Media\08文件夹，设置“目标”为“文件夹”，文件命名为“2位数序号+扩展名（小写）”，并且指定一个目标路径。

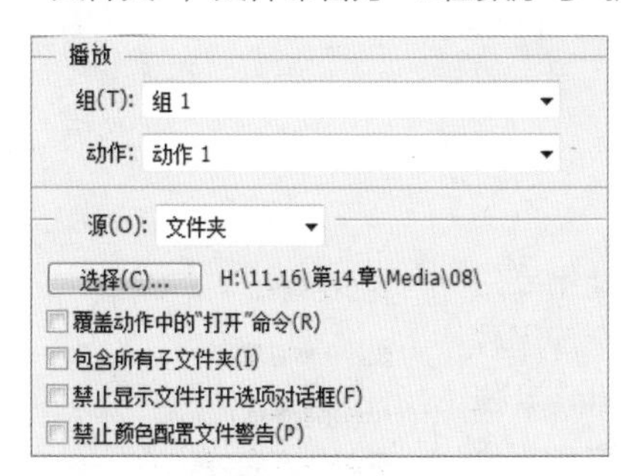

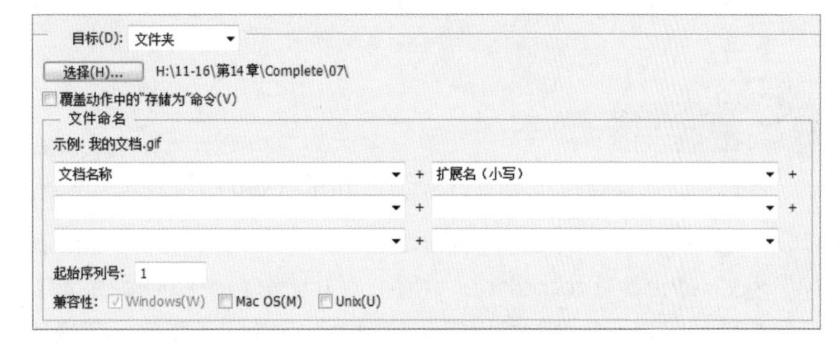

04 应用设置到图像中

单击“确定”按钮，即可将源文件夹中的图像以刚才所记录的动作批处理，并保存到指定文件夹。

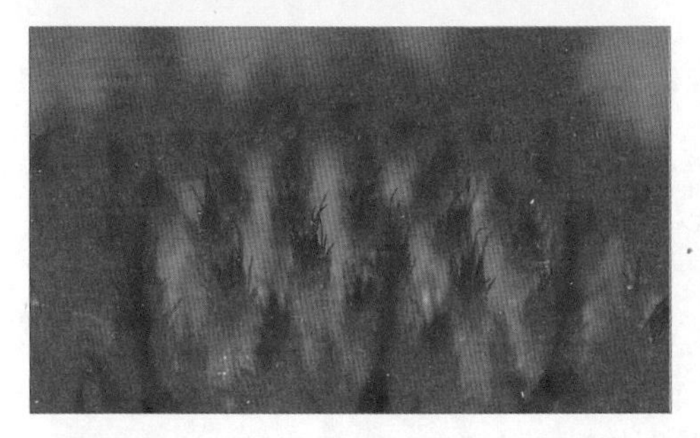

05 新建动作

新建动作，单击横排文字工具 T，在图像的右下角位置添加网址文字，记录到当前动作中。

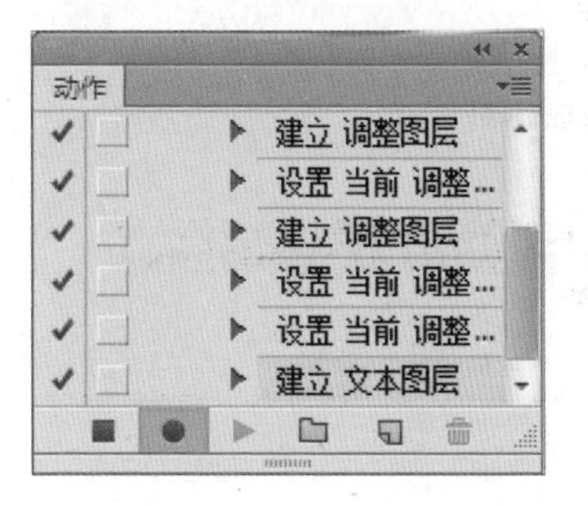

06 批处理图像

打开“批处理”对话框，设置“组”为“组1”“动作”为“动作2”，设置好源文件夹路径和目标文件夹后，单击“确定”按钮，即可将该文件夹中的所有图像统一添加网址文字。

14.5 脚本的基本操作

在Photoshop中使用“脚本”命令可以自动执行脚本所定义的操作，操作范围既可以是单个对象，也可以是多个文档。在本小节中，将对Photoshop中脚本方面的知识进行介绍。

脚本

Photoshop通过脚本支持外部自动化，在Windows中，可以使用支持COM自动化的脚本语言。这些语言不是跨平台的，但是可以控制多个应用程序，例如Adobe Photoshop、Adobe Illustrator和Microsoft Office。执行“文件→脚本”命令，即可打开“脚本”命令的子菜单，在该子菜单中提供了12个脚本命令，使用这些命令可以对脚本的相关功能进行设置。

“脚本”命令子菜单

1.“图像处理器”命令

执行“文件→脚本→图像处理器”命令，可以转换和处理多个文件。此命令与“批处理”命令不同，不必先创建动作就可以使用图像处理器来处理文件。执行“文件→脚本→图像处理器”命令，即可弹出“图像处理器”对话框，对相关参数进行设置即可。

2.“删除所有空图层”命令

执行“文件→脚本→删除所有空图层”命令，可将当前图像文件中的所有空图层全部删除。

3.“拼合所有蒙版”和“拼合所有图层效果”命令

执行“文件→脚本→拼合所有蒙版”命令，可将当前图像中带有蒙版的图层拼合成为普通图层，使蒙版中不可见的部分从图层中减去，而可见部分保持不变。执行“拼合所有图层效果”命令，可将当前图像中的所有图层效果拼合到一个图层中。

4.“将图层复合导出到PDF”命令

执行“文件→脚本→将图层复合导出到PDF”命令，将弹出“将图层复合导出到PDF”对话框，在该对话框中设置相关参数，可将图层复合导出到PDF文件。

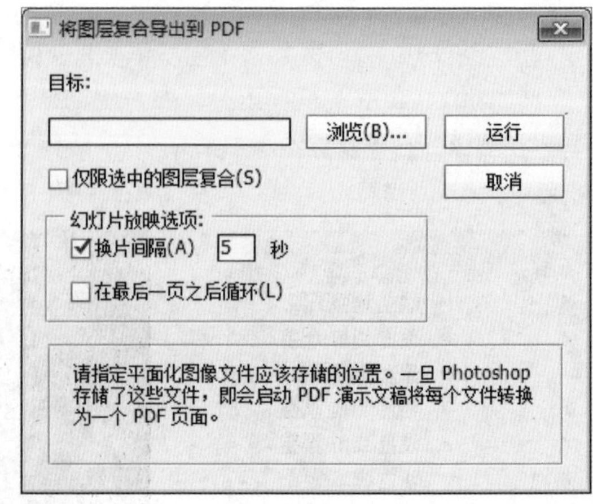

“将图层复合导出到PDF”对话框

5.“图层复合导出到WPG”命令

执行“文件→脚本→图层复合导出到WPG”命令，可将图层复合导出到Web照片画廊。在Photoshop CS6中，Web照片画廊已被Adobe输出模块取代，可以在Bridge中找到Adobe输出模块。

6. “图层复合导出到文件”命令

执行“文件→脚本→图层复合导出到文件”命令，弹出“将图层复合导出到文件”对话框，在该对话框中设置相关参数，可将所有的图层复合导出到单独的文件中，每个图层对应一个文件。

7. “将图层导出到文件”命令

在Photoshop中，可以使用多种格式（包括PSD、BMP、JPEG、PDF、Targa和TIFF等）将图层作为单个文件导出和存储。可以将不同的格式设置应用于单个图层，也可以将一种格式应用于所有导出的图层，存储时系统将为图层自动命名。可以设置选项以控制名称的生成。所有的格式设置都将与Photoshop文档一起存储，以便再次使用此功能。执行“文件→脚本→将图层导出到文件”命令，弹出“将图层导出到文件”对话框，设置相应参数即可。

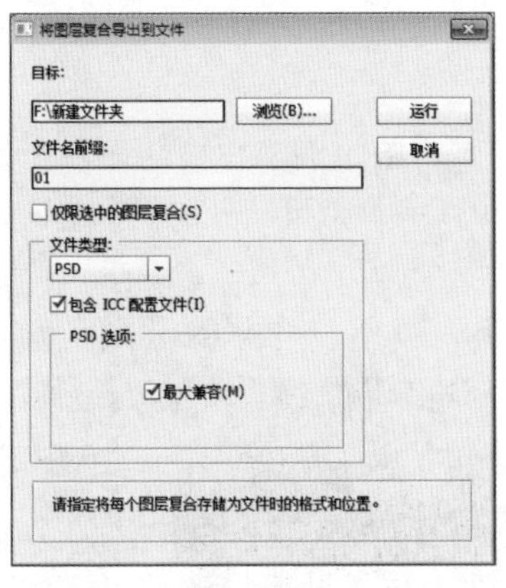

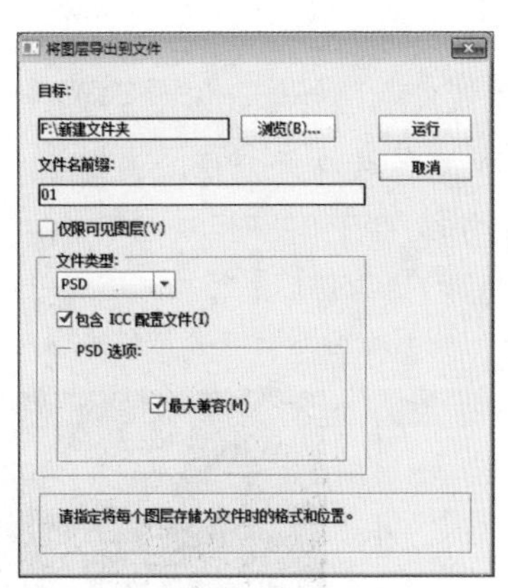

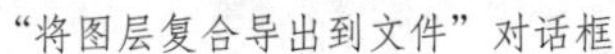
“将图层复合导出到文件”对话框　　“将图层导出到文件”对话框

8. “脚本事件管理器”命令

执行“文件→脚本→脚本事件管理器”命令，可以使用事件来触发JavaScript或Photoshop动作，例如在Photoshop中打开、存储或导出文件。执行“文件→脚本→脚本事件管理器”命令，可以打开“脚本事件管理器”对话框，进行参数设置即可。

9. “将文件载入堆栈”命令

执行“文件→脚本→将文件载入堆栈”命令，弹出“载入图层”对话框，可将多个图像载入图层，方便用户进行图层对齐、制作360°全景图等操作。

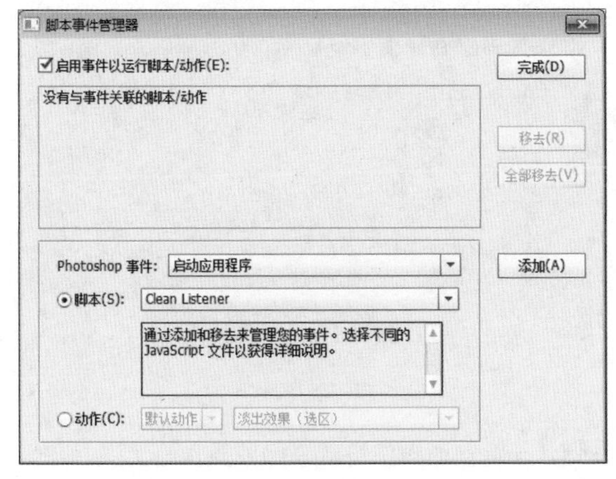

“脚本事件管理器”对话框

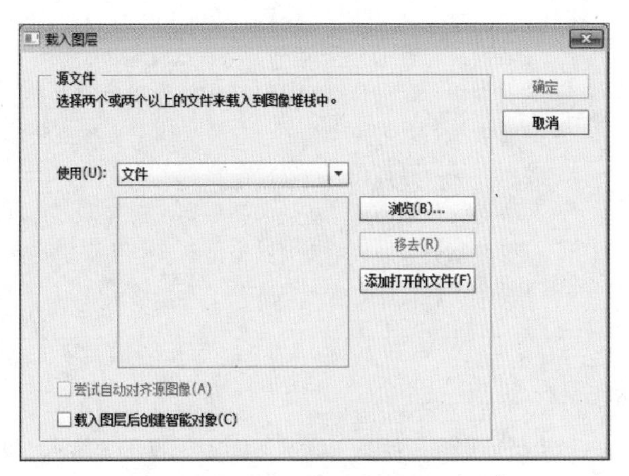

“载入图层”对话框

10. “统计”命令

执行“文件→脚本→统计”命令，弹出“图像统计”对话框，在该对话框中，可自动创建和渲染图形堆栈。其堆栈方法是将多个图像组合到单个多图层的图像中，并将图层转换为智能对象，然后应用选定的堆栈模式。

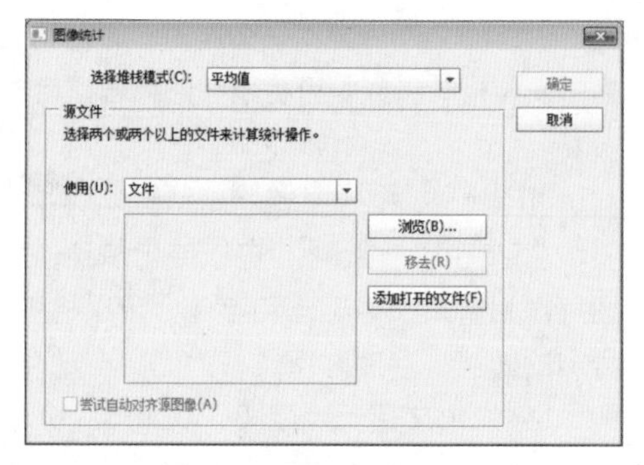

“图像统计”对话框

11. “载入多个DICOM文件”命令

DICOM（医学数字成像和通信的首字母缩写）是接收医学扫描的最常用的标准。可以使用Photoshop Extended打开和处理DICOM文件，DICOM文件可以包含多个“切片”或帧来表示扫描的不同层。DICOM文件的文件扩展名有.dc3、.dcm、.dic或无扩展名。执行“文件→脚本→载入多个DICOM文件”命令，打开“选择文件夹”对话框，选择多个DICOM文件，单击“确定”按钮载入文件。

“选择文件夹”对话框

载入多个DICOM文件

“图层”面板

知识链接

DICOM元数据

DICOM是接收医学扫描的最常用标准。可使用Photoshop Extended打开和处理DICOM文件。DICOM文件可以包含多个切片或帧来表示扫描的不同层。

多种类别的DICOM元数据可在Photoshop的“文件简介”对话框中查看和编辑，包含以下数据。

病人数据：包括病人姓名、代码、性别和出生日期。

检查数据：包括检查代码、转诊医生、检查日期和时间，以及检查说明。

序列数据：包括序列号、设备类型、序列日期和时间，以及序列说明。

设备数据：包括设备机构和制造商。

图像数据：包括传输语法、光度解释、图像宽度和高度、位/像素和帧。

需要说明的是，这些数据都是不可编辑的。

12. “浏览”命令

执行“文件→脚本→浏览”命令，弹出“载入”对话框，在该对话框中可选择需要载入的文件，并在Photoshop中进行浏览。

Part 04 应用篇

- Chapter 15 | 图形文件的打印输出和发布
- Chapter 16 | Photoshop CS6实战解析

Chapter 15

图形文件的打印输出和发布

本章将介绍在图像后期打印输出时，如何进行正确的设置以保障理想的打印质量，及如何创建发布Web的优化图像，这是使用Photoshop处理图像后的最后一道环节。

15.1 色彩管理的基础知识

色彩管理对于图像的打印输出尤为关键，正确选择色彩有利于使显示器颜色和打印颜色达到最大程度上的统一。在本小节中，将对色彩管理的相关知识和操作进行介绍。

知识点 色彩管理参数设置

打印输出时首先需要为图像配置颜色文件，如果没有针对打印机和纸张类型的自定配置文件，可以让打印机驱动程序来处理颜色转换，这种方法转换的颜色在打印输出以后有时会出现失真的情况，通过色彩管理可以最大限度地避免这种情况。

色彩管理选项位于“Photoshop打印设置”对话框中，通过对该选项组进行设置，可以有针对性地为图像文件配置颜色文件。执行“文件→打印”命令，弹出“Photoshop打印设置”对话框，单击“色彩管理”，展开“色彩管理”选项，即可进行相关设置了。

“Photoshop打印设置”对话框

❶“颜色处理”下拉列表：单击右侧的下拉按钮，在打开的下拉列表中显示出当前颜色处理的方式选项，共有3个选项，分别是“打印机管理颜色”“Photoshop管理颜色”和“分色”。

❷“打印机配置文件”下拉列表：单击右侧的下拉按钮，在打开的下拉列表中选择一种打印机配置文件，在后面的处理中，将按照选择的配置进行处理。

❸“正常打印”下拉列表：单击右侧的下拉按钮，在打开的下拉列表中选择一种打印方式，包括2种类型“正常打印”和“印刷校样”。

❹“渲染方法”下拉列表：单击右侧的下拉按钮，在打开的下拉列表中可对打印输出时打印机对图像使用的渲染方法进行设置，包括4种类型“可感知”“饱和度”“相对比色”和“绝对比色”。

❺“黑场补偿”复选框：勾选该复选框，可确保图像中的阴影详细信息通过模拟输出设备的完整动态范围得以保留。

❻“位置和大小”选项：单击三角按钮，即可打开该选项，其中包括“位置”“缩放后的打印尺寸”等选项，用于设置打印大小及其在页面上的位置。

❼“打印标记”选项：单击三角按钮，即可打开该选项，其中包括“角裁剪标志”“说明”和“中心裁剪标志”等选项，用于控制与图像一起在页面上显示的打印机标记。

❽“函数”选项：单击三角按钮，即可打开该选项，其中包括“药膜朝下”“负片”等选项，用于控制打印图像外观的其他选项。

如何做 在Photoshop中设置打印分色

对图像进行预印刷和处理CMYK图像或带专色的图像时，可以将每个颜色通道作为单独一页打印。这样有利于检查不同通道的颜色情况，避免出现不必要的麻烦，下面来介绍从Photoshop打印分色的操作方法。

01 转换颜色通道

按下快捷键Ctrl+O，打开附书光盘\实例文件\第15章\Media\01.jpg文件。执行“图像→模式→CMYK颜色”命令，弹出提示框，单击“确定”按钮，即可将当前图像的颜色模式转换为CMYK颜色模式。执行“窗口→通道”命令，打开“通道”面板，在该面板中显示出CMYK颜色模式的通道。

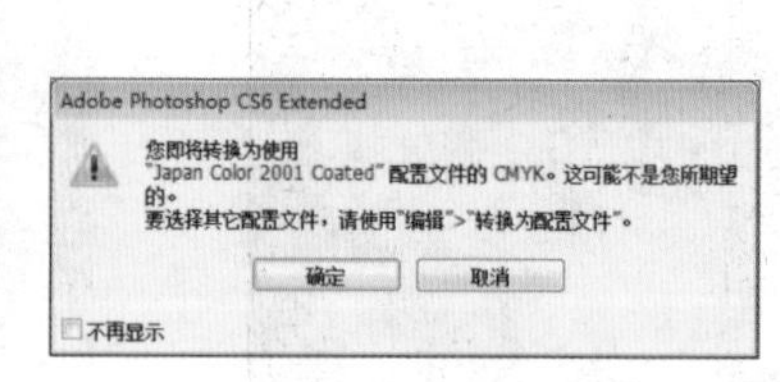

02 分色

执行“文件→打印”命令，弹出“Photoshop打印设置”对话框，单击“颜色处理”右侧的下拉按钮，在打开的列表中选择“分色”选项，单击“打印”按钮，将图像分色打印。至此，本实例制作完成。

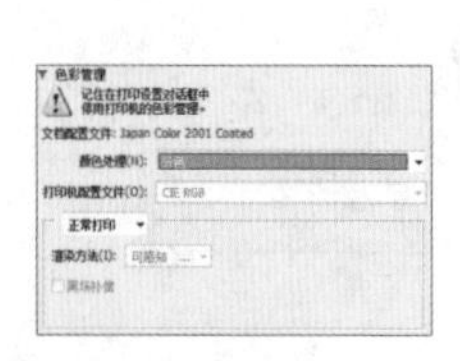

15.2 了解打印设置

在打印输出前需要对图像页面进行设置，通过设置可以使图像在打印输出时按照用户的需要进行输出。在本小节中，将对打印设置的相关知识和基本操作进行介绍。

知识点 “打印设置”对话框

“打印设置”对话框中显示特定于打印机、打印机驱动程序和操作系统的选项，了解“打印设置”对话框的相关选项设置，可以更轻松地完成打印输出的要求。执行“文件→打印”命令，在弹出的“Photoshop打印设置”对话框中单击“打印设置”按钮，在弹出的对话框中对各选项进行设置。

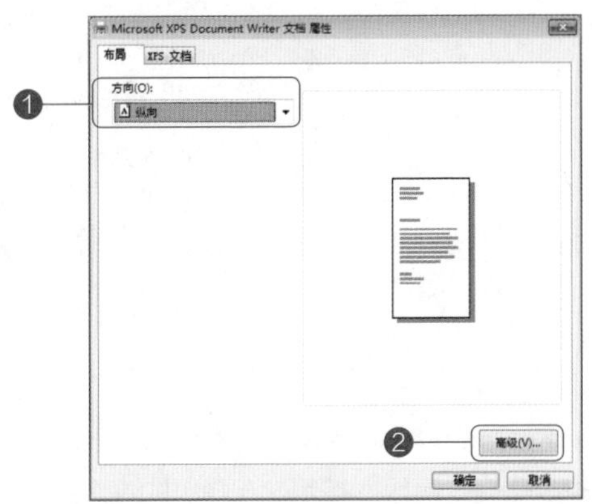

“布局”选项卡

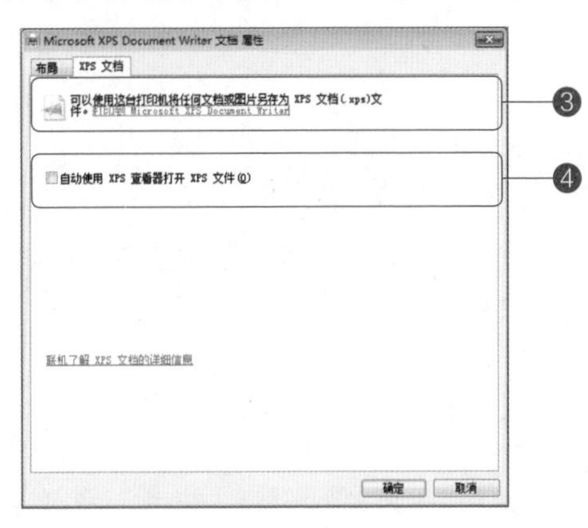

“XPS文档”选项卡

专家技巧

输出文件的缩放操作

当需要缩放要打印的图像时，执行“文件→打印”命令，在弹出的“Photoshop打印设置”对话框中对缩放选项进行设置即可。

这里需要说明的是对打印图像的缩放操作不是在“页面设置”对话框中进行设置，而是在“Photoshop打印设置”对话框中设置，其中会显示缩放图像的预览，因此它更有用。另外，如果用户在“页面设置”对话框和“Photoshop打印设置”对话框中都设置缩放选项，将应用两次缩放，因此生成的图像可能不是按预期的大小打印的。

❶“方向”选项组：该选项组中有两个选项，分别是“纵向”和“横向”，通过选择任意一个选项设置当前文档输出的方向。在对话框上方的预览区域也可以观察到页面方向的预览效果。

❷“高级”按钮：单击该按钮，即可打开“高级选项”对话框，在该对话框中可以对“纸张/输出”和“文档选项”两个选项的参数进行设置。

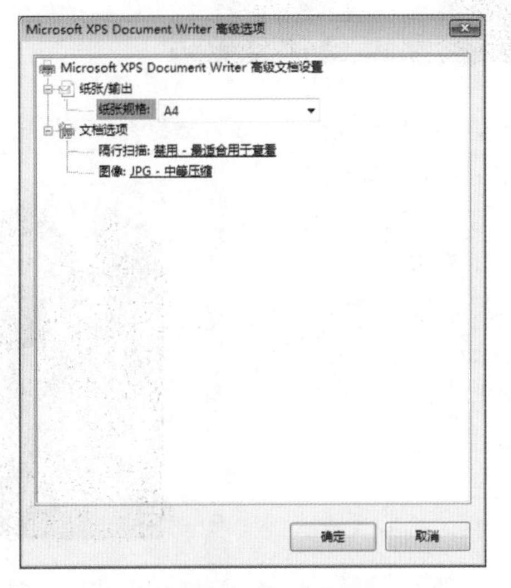

“高级选项”对话框

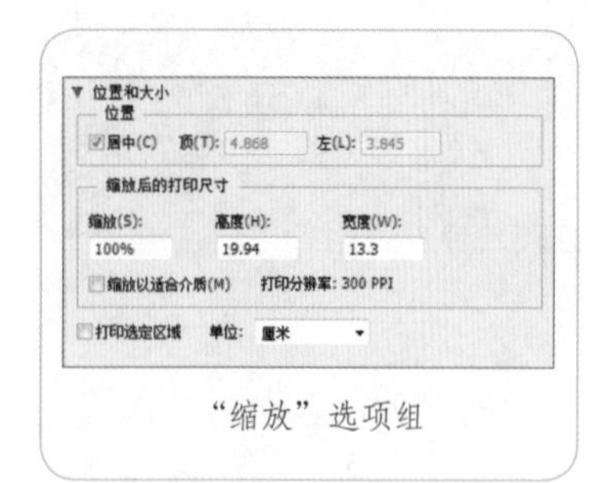

“缩放”选项组

❸“输出格式”选项组：可设定文档输出的格式类型。

❹“自动使用”复选框：勾选该复选框，即可自动使用XPS查看器打开XPS文件。

在“Photoshop打印设置”对话框中，在“位置和大小”选项组中，可以对图像的位置进行调整。

“位置”选项组

❺“位置”选项组：在该选项组中，可对版心到页边的距离进行设置，也可直接勾选“图像居中”复选框使其自动对齐。

如何做 设置打印参数

在“打印设置”对话框中对相关参数进行设置后，即可按照需要输出图像，下面来介绍对图像进行打印设置的具体操作方法。

01 在“打印设置”对话框中设置

随意打开一个图像文件，然后执行“文件→打印”命令，在弹出的“Photoshop打印设置”对话框中单击“打印设置”按钮，在弹出的对话框中设置方向为“横向”，单击“高级”按钮，在弹出的对话框中设置纸张规格为A4，设置完成后单击“确定”按钮，即可设置需要的打印页面尺寸。

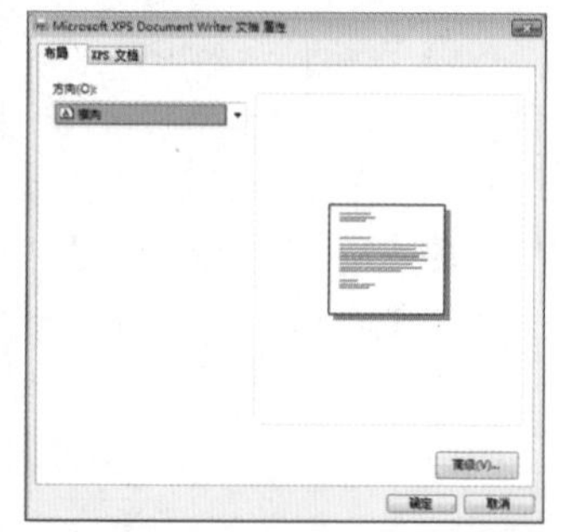

02 设置位置及打印尺寸

在“Photoshop打印设置”对话框的“位置”选项组中勾选“居中”复选框，并设置需要的缩放、高度和宽度参数，最后选中“文档”单选按钮，设置完成后单击“完成”按钮，即可按照设置的参数打印图像文件。

15.3 打印双色调的操作

在Photoshop中打印输出图像时，为了节约打印成本，可以打印双色调图像，通过设置，可以将任意两种颜色设置为双色调图案的选用色。在本小节中，将介绍打印双色调的相关知识。

专家技巧

访问不同的模式通道

双色调使用彩色油墨表现不同灰阶，在Photoshop中，双色调被视为单通道、8位的灰度图像。在双色调模式中，不能直接访问个别的图像通道，而是通过“双色调选项”对话框中的曲线操纵通道。而其他的模式文件，如RGB、CMYK和Lab模式文件则可以直接访问通道。

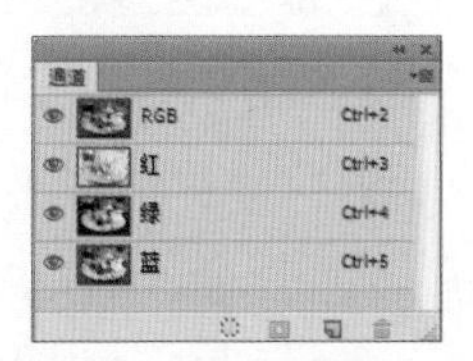

RGB模式图像“通道”面板

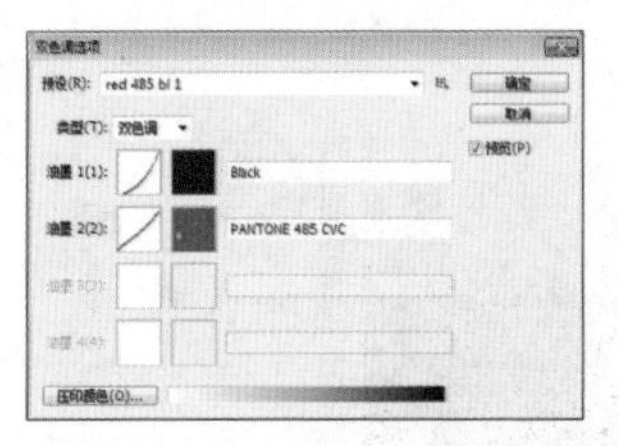

“双色调选项”对话框

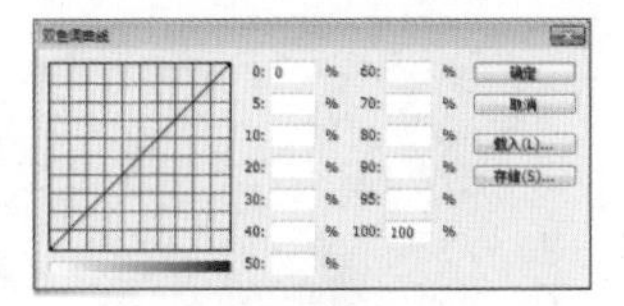

“双色调曲线”对话框

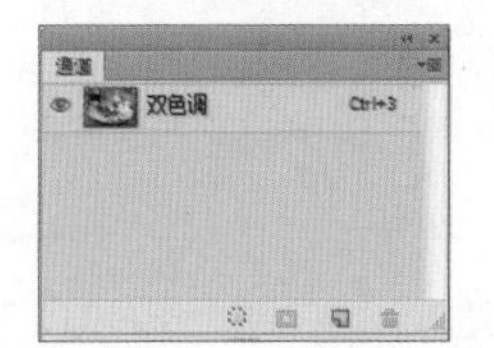

双色调图像“通道”面板

知识点 双色调

在打印输出图像时，可以在Photoshop中创建单色调、双色调、三色调和四色调。单色调是用非黑色的单一油墨打印的灰度图像；双色调、三色调和四色调分别是用两种、三种和四种油墨打印的灰度图像。在这些图像中，将使用彩色油墨来重现带色彩的灰度图像。

双色调增大了灰度图像的色调范围。虽然灰度重现可以显示多达256种灰阶，但印刷机上每种油墨只能重现约50种灰阶。由于这个原因，与使用两种、三种或四种油墨打印并且每种油墨都能重现多达50种灰阶的灰度图像相比，仅用黑色油墨打印的同一图像看起来明显粗糙得多。

在打印图像文件时，有时用黑色油墨和灰色油墨打印双色调，更多情况下，双色调用彩色油墨打印高光颜色。此技术将使用淡色调生成图像，并明显增大图像的动态范围。双色调非常适合使用强调专色的双色打印作业。

RGB颜色模式

灰度图像

单色调图像

双色调图像

如何做 指定压印颜色

压印颜色是相互打印在对方上面的两种无网屏油墨，为了预测颜色打印后的外观，需要使用压印油墨的打印色样来相应调整网屏显示。此调整只影响压印颜色在屏幕上的外观，而并不影响打印出来的外观。下面来介绍指定压印颜色的操作方法。

01 转换为灰度图像

按下快捷键Ctrl+O，打开附书光盘\实例文件\第15章\Media\02.jpg文件。执行“图像→模式→灰度”命令，弹出“信息”提示框，单击“扔掉”按钮，将当前图像转换为灰度图像。

02 设置压印颜色

执行“图像→模式→双色调”命令，弹出“双色调选项”对话框。单击该对话框左下角的“压印颜色”按钮，弹出 “压印颜色”对话框。单击1+2右侧的色块，弹出“拾色器（压印颜色）”对话框，设置颜色为R236、G16、B140，设置完成后单击“确定”按钮，返回到“压印颜色”对话框中。

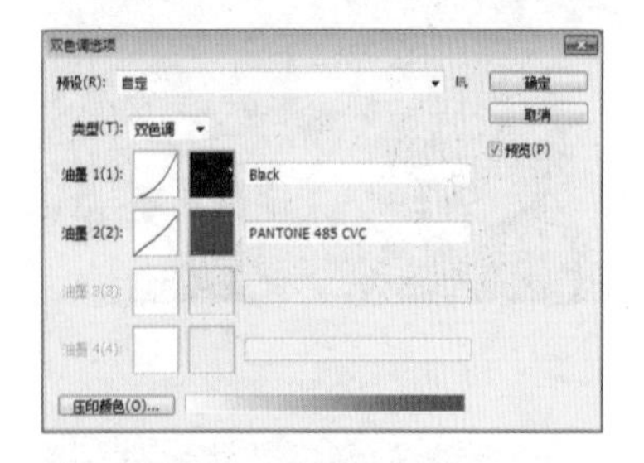

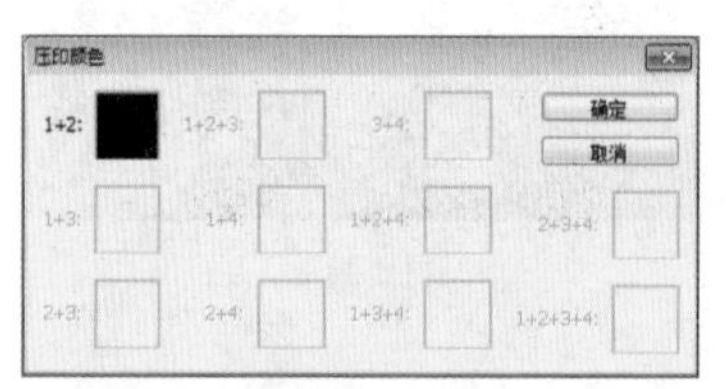

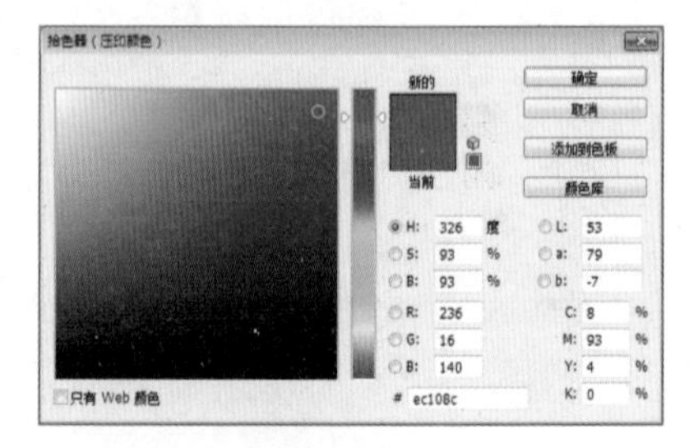

03 应用压印颜色

在“压印颜色”对话框中单击“确定”按钮，返回到“双色调选项”对话框中，可以看到压印颜色发生了变化，设置完成后单击“确定”按钮，即可将刚才所设置的压印颜色应用到当前图像中。至此，本实例制作完成。

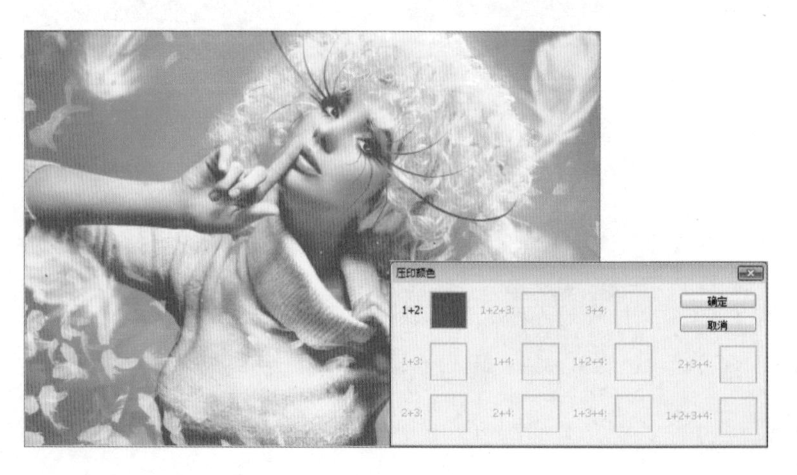

15.4 创建发布Web的优化图像

在针对Web和其他联机介质准备图像时，用户通常需要在图像显示品质和图像文件大小之间进行取舍。在本小节中，主要介绍创建发布Web的优化图像的相关知识。

知识点 不同格式的优化选项

Web图形格式可以是位图和矢量图，位图格式与分辨率有关，这意味着位图图像的尺寸随显示器分辨率的不同会有所变化，图像品质也可能会发生变化，如GIF、JPEG、PNG和WBMP格式等。矢量格式图像与分辨率无关，用户可以对图像进行放大或缩小，而不会降低图像的品质，如SVG和SWF格式等。矢量格式也可以包含栅格数据，可以通过“存储为Web所用格式”对话框将图像导出为SVG和SWF格式。

1. JPEG优化选项

JPEG格式是用于压缩连续色调图像的标准格式，将图像优化为JPEG格式的过程依赖于有损压缩，它将有选择地扔掉数据。在“存储为Web所用格式”对话框中，设置预设为“JPEG 高”，即可切换到相应选项组中。

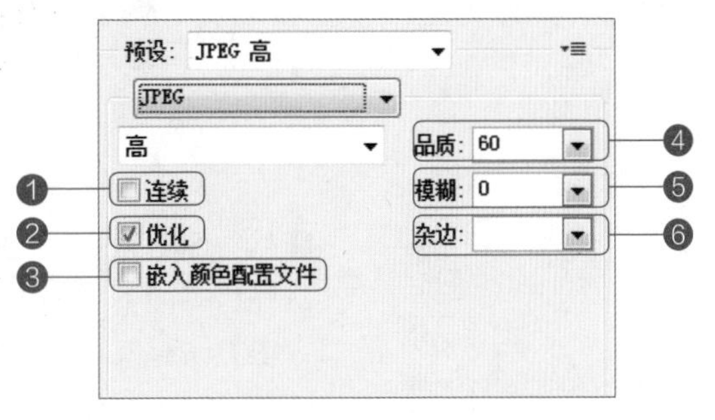

“JPEG 高”选项组

❶“连续”复选框：勾选该复选框，可在Web浏览器中以渐进方式显示图像，图像将显示为一系列叠加图形，从而使浏览者能够在图像完全下载前查看它的低分辨率版本。

❷“优化”复选框：勾选该复选框，可创建文件大小稍强的JPEG。

❸“嵌入颜色配置文件”复选框：勾选该复选框，可在优化文件中保存颜色配置文件，某些浏览器使用颜色配置文件进行颜色校正。

❹“品质”文本框：设置参数确定压缩程度，“品质”设置得越高，压缩算法保留的细节越多，但是所生成的文件越大。

❺“模糊”文本框：在该文本框中，可指定应用于图像的模糊量，“模糊”选项应用效果同“高斯模糊”滤镜相同。另外，设置了模糊后，可以获得更小的文件大小。

❻“杂边”下拉列表框：在该下拉列表中，可为在原图像中透明的像素指定一个填充颜色。选择“其他”选项可以在弹出的“拾色器”对话框中选择一种颜色作为杂边颜色。

> **专家技巧**
>
> **保护图像数据**
>
> 当用户需要多次编辑图像文件时，由于以JPEG格式存储文件时会丢失图像数据，因此，当准备对文件进行进一步的编辑或创建额外的JPEG版本时，最好以原始格式存储源文件，例如PSD格式文件。

原文件效果

经过多次存储后JPEG图像品质降低

2. GIF和PNG-8优化选项

GIF是用于压缩具有单调颜色和清晰细节图像的标准格式。与GIF格式一样，PNG-8格式可有效压缩纯色区域，同时保留清晰的细节。在“存储为Web所用格式”对话框中，设置预设为“GIF 128仿色”或“PNG-8 128仿色”，即可切换到相应选项组中。

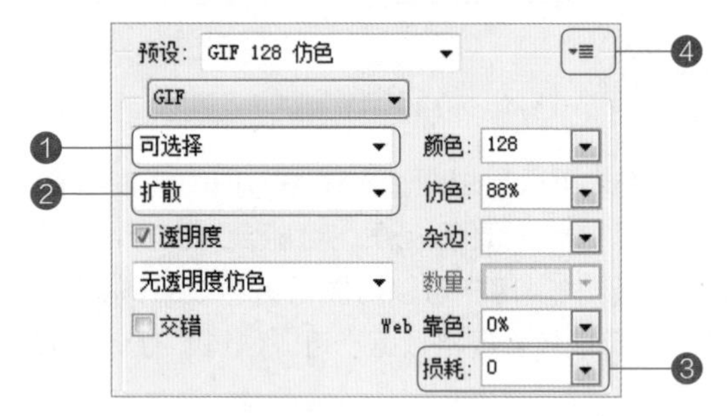

“GIF 128 仿色”选项组

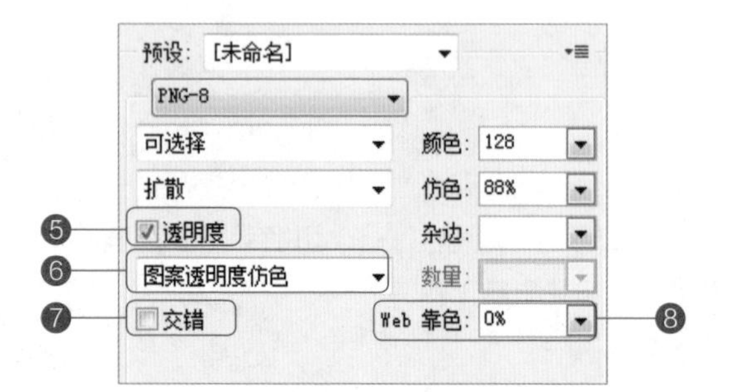

“PNG-8”选项组

❶“减低颜色深度算法与颜色”下拉列表框：通过单击该下拉按钮，在打开的下拉列表中选择需要的选项，指定用于生成颜色查找表的方法，及想要在颜色查找表中使用的颜色数量。在该下拉列表中包含9个选项。选择“可感知”选项，可通过为人眼比较灵敏的颜色赋予优先权来创建自定颜色表；选择“随样性”选项，可通过从图像的主要色谱中提取色样来创建自定颜色表；选择“受限”选项，可使用调整通用的标准216色颜色表来显示图像，只有当避免浏览器仿色是优先考虑的因素时，才建议使用该选项；选择“自定”选项，可使用用户创建或修改的调色板显示图像；选择“黑-白”“灰度”“Mac OS”和“Windows”选项时，使用一组调色板显示图像。

原图

选择“黑-白”选项

专家技巧

图像中的透明区域

在优化图像时，当图像中有透明区域时，如果文件为psd格式，那么会有“前景色”和“背景色”选项，可对透明区域颜色进行设置，原图像中完全透明的像素由所选的颜色填充，原图像中部分透明的像素与所选的颜色相混合。

专家技巧

“仿色”选项

在优化图像时，“仿色”是指模拟计算机的颜色显示系统中未提供的颜色的方法。较高的仿色百分比使图像中出现更多的颜色和更多的细节，但同时也会增大文件大小。为了获得最佳压缩比，用户需要使用可提供所需颜色细节的最低百分比的仿色。如果图像包含的颜色是纯色，则不应用仿色也能正常显示。

包含连续色调，尤其是颜色渐变的图像，经常需使用仿色以防止出现颜色条带现象。

原图

使用仿色

专家技巧

优化包含切片的图像

在优化图像时，有时候图像会包含多个切片，用户必须指定要优化的切片，并可以通过链接切片对其他切片应用优化设置。

GIF和PNG-8格式的链接切片共享一个调色板和仿色图案，防止切片之间出现接缝。

要显示或者隐藏所有切片，单击“切换切片可见性”按钮即可。

要在“存储为Web所用格式”对话框中选择切片，可以单击工具箱中的“切片工具”，然后单击切片将其选中。

隐藏切片

显示出切片

❷“指定仿色算法”下拉列表框：确定应用程序仿色的方法和数量。单击右侧的下拉按钮，在打开的下拉列表中包括4个选项，选择“无仿色”选项，不应用任何仿色方法；选择“扩散”选项，应用与“图案”仿色相比通常不太明显的随机图案，仿色效果在相邻像素间扩散；选择“图案”选项，使用类似半调的方形图案模拟颜色表中没有的任何颜色；选择“杂色”选项，应用与“扩散”仿色方法相似的随机图案，但不在相邻像素间扩散图案。

❸“损耗”文本框：通过直接在文本框中输入数值或拖拽下方的滑块可设置扔掉数据来减小文件大小，较高的“损耗”设置会导致更多的数据被扔掉，通常用户可设置5~10的损耗值。

原图　　选择“杂色”选项

❹ 扩展按钮：单击扩展按钮，可打开扩展菜单，在该菜单中显示出当前对话框的部分编辑选项，方便用户操作。

❺“透明度”复选框：勾选该复选框后，可选择对部分透明度像素应用仿色的方法。

❻“指定透明度仿色算法”下拉列表框：在勾选了“透明度”复选框后，可激活该下拉列表框，在该下拉列表框中包含有4个选项。选择“无透明度仿色”选项，不对图像中部分透明的像素应用仿色；选择“扩散透明度仿色”选项，应用与“图案”仿色相比通常不太明显的随机图案；选择“图案透明度仿色”选项，对部分透明的像素应用类似半调的方块图案；选择“杂色透明度仿色”选项，应用与“扩散”算法相似的随机图案，但不在相邻像素间扩散图案。

❼“交错”复选框：勾选该复选框，当完整图像文件正在下载时，在浏览器中显示图像的低分辨率版本。

❽“Web靠色”文本框：在该文本框中，可指定将颜色转换为最接近Web调板等效颜色的容差级别，值越大，转换的颜色越多。

原图

“Web靠色”为100%

专栏 “存储为Web所用格式”对话框解析

在使用Photoshop优化图像之前，首先要将图像存储为Web和设备所用格式。执行“文件→存储为Web所用格式”命令，或者直接按下快捷键Alt+Shift+Ctrl+S，即可弹出“存储为Web所用格式”对话框，在该对话框中，可对Web所使用的图像格式的相关参数进行设置。

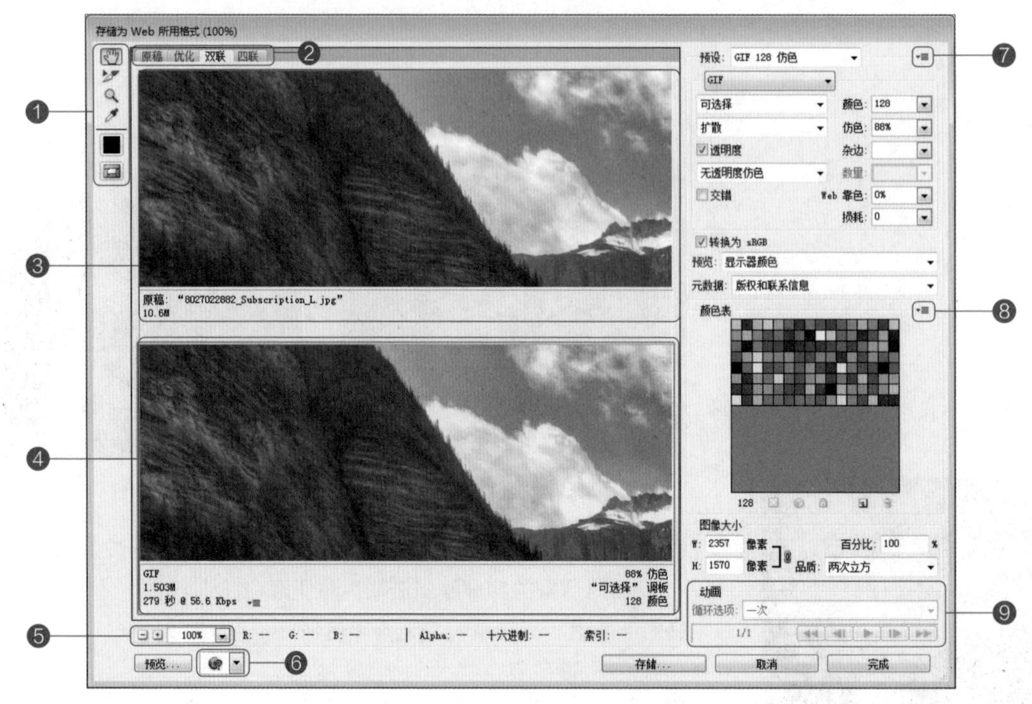

“存储为Web和设备所用格式 ”对话框

❶ 工具箱：在该工具箱中，包含6个工具，它们分别是抓手工具、切片选择工具、缩放工具、吸管工具、“吸管颜色”按钮和“切换切片可见性”按钮。使用这些工具可对预览框中的图像进行移动、切片、放大（缩小）、吸取颜色等操作。

❷ 显示选项：在该区域，显示出四个标签，分别是“原稿”“优化”“双联”和“四联”。单击“原稿”标签，显示没有优化的图像；单击“优化”标签，显示应用了当前优化设置的图像；单击“双联”标签，并排显示图像的两个版本；单击“四联”标签，并排显示图像的四个版本。

❸ 原稿图像：该区域所显示的图像为原稿图像，在调整优化参数时，可以根据原稿图像的具体情况有对比地设置参数。

❹ 优化的图像：该区域所显示的图像为优化后的图像。

❺“缩放”下拉列表：单击右侧的下拉按钮，在打开的下拉列表中选择不同的图像缩放百分比，即可按照所设置的选项显示。

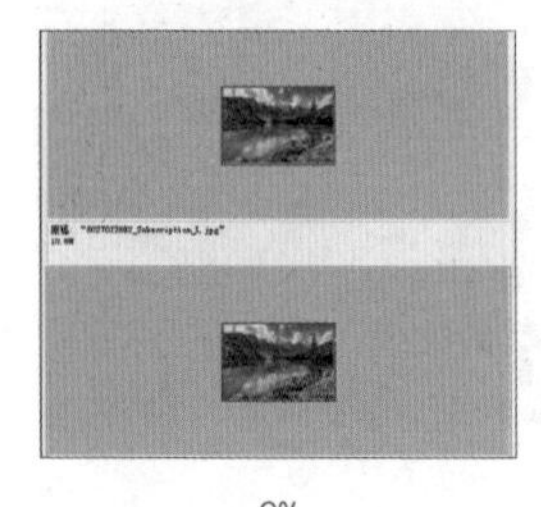

6%

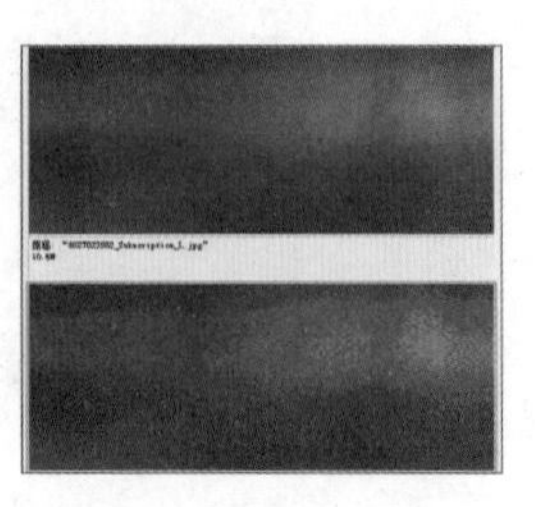

50%

400%

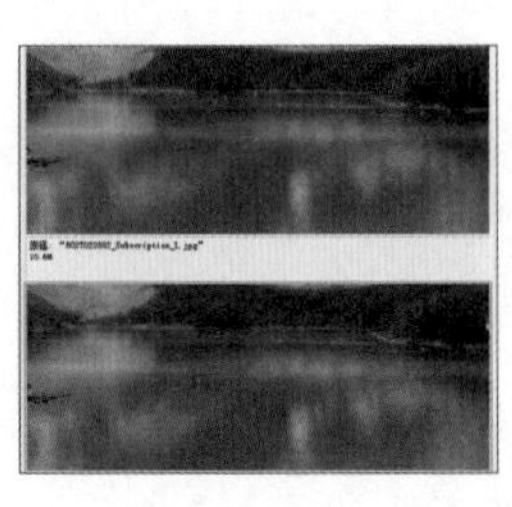

实际像素

❻“在浏览器中预览的图像”下拉列表：单击右侧的下拉按钮，可在当前浏览器中预览当前图像优化后的效果。若需要在其他浏览器中预览图像，可以单击该下拉按钮，在打开的下拉列表中选择“其他”选项，弹出“在其它浏览器中预览”对话框，选择需要在其中浏览的浏览器，单击“打开”按钮即可。若要编辑当前所设置的浏览器，单击该下拉按钮，在打开的下拉列表中选择“编辑列表”选项，弹出“浏览器”对话框，即可在“浏览器”对话框中对列表进行编辑。

“在其他浏览器中预览”对话框

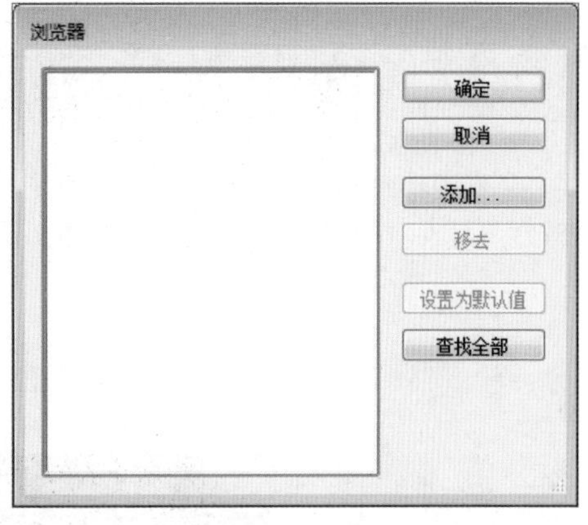

“浏览器”对话框

❼“优化”扩展按钮：单击该扩展按钮，打开“优化”扩展菜单，在该菜单中可对当前设置进行“存储设置”“删除设置”“优化文件大小”“重组视图”“链接切片”“取消切片链接”“取消全部切片链接”和“编辑输出设置”操作。

❽“颜色表”扩展按钮：单击该扩展按钮，可打开“颜色表”扩展菜单，在该菜单中，可对当前颜色进行“新建颜色”和“删除颜色”的操作，并可以将颜色按照需要的方式排列等。

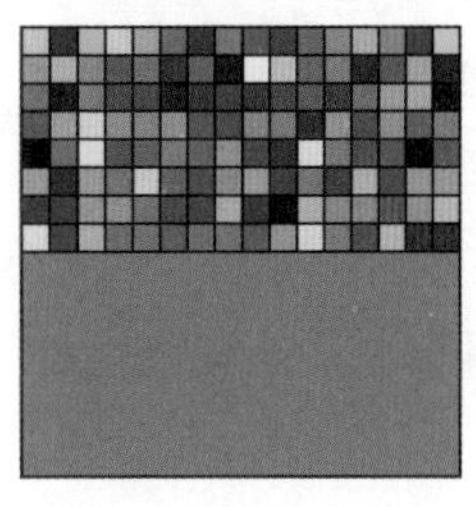

颜色表

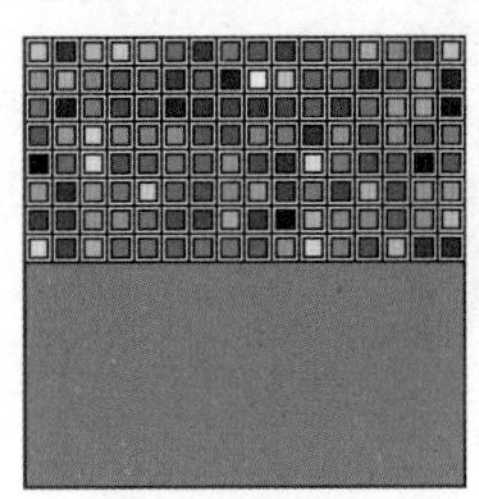

选择全部非Web安全颜色

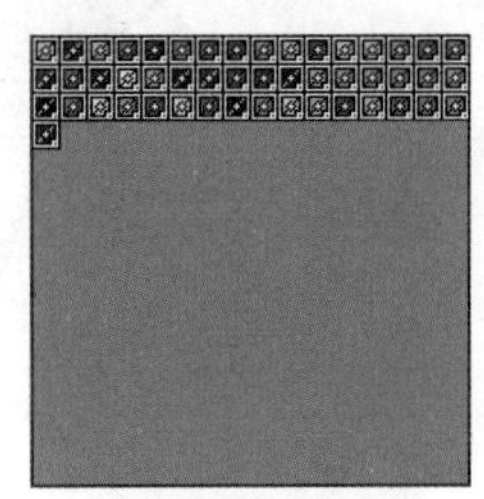

将选中的颜色转换为Web调色板

最终效果

❾动画控件：此功能只在Photoshop中可以使用，当需要优化的图像是动态的，可以在该选项组中对动画的效果进行编辑。

原图像

优化

双联

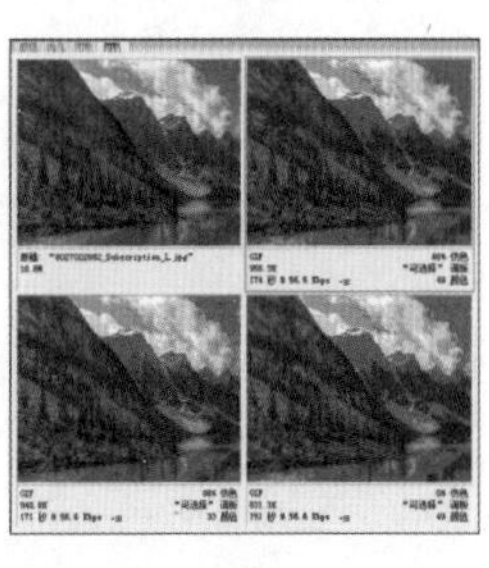

四联

Chapter 16

Photoshop CS6实战解析

本章提供了丰富的特色综合案例，全面展示了使用Photoshop CS6进行平面创意设计的实际操作。读者可以通过这些案例的学习，发挥自己的想象力，举一反三，独立设计一些独特的设计效果。

16.1 为照片添加艺术效果

平面设计中离不开图像的处理，无论是照片艺术处理还是平面广告画面设计，都需要设计师熟练掌握照片的处理技巧，通过后期的处理赋予照片各种艺术色调，从而更为准确完善地表达宣传的主题。

1 添加梦幻光影效果

实例门类	制作难度
数码照片艺术效果	★★☆☆☆

光盘路径

第 16 章 \16.1\Complete\添加梦幻光影效果.psd

视频路径

第 16 章 \16.1\添加梦幻光影效果.swf

设计思路分析

本实例通过添加图像元素并混合背景颜色调整画面色调和细节，然后通过滤镜调整人物质感。

Photoshop技法点拨

1 打开图像文件，并结合“选取颜色”“曲线”图层蒙版调整图像的色调。

2 结合使用“水彩画纸”“喷溅”滤镜及图层蒙版等调整人物的细节质感。

3 最后使用文字工具设置需要的字体，完成画面制作。

01 执行“文件→打开”命令，打开“背景.jpg”文件，生成“背景”图层。按下快捷键Ctrl+J复制得到“背景拷贝”图层，单击“创建新的填充或调整图层”按钮，在弹出的列表中选择“可选颜色”选项，设置参数，调整画面的色调，将照片调亮。

02 使用快速蒙版工具和画笔工具绘制出人物面部皮肤的选区，按下快捷键Ctrl+J复制得到“图层1”，设置图层混合模式为“柔光”，将人物面部调亮。载入“图层1”选区，单击“创建新的填充或调整图层”按钮，在弹出的列表中选择“曲线”选项，设置参数，调整除人物脸部以外的色调，并设置“不透明度”为72%。

03 单击钢笔工具，在属性栏中设置其属性为“形状”“填充”为红色，勾出人物嘴唇的形状，得到“形状1”图层，设置图层混合模式为“颜色”。提亮人物嘴唇的颜色。

04 选择“形状1”图层，按下快捷键Ctrl+J复制得到“形状1拷贝”图层，设置图层混合模式为“柔光”“不透明度”为36%。新建“图层2”“图层3”，设置合适的前景色，单击画笔工具，选择柔角画笔，并适当调整大小及透明度，在图层上涂抹。调整人物脸上的腮红效果。

05 设置不同的图层混合模式和“不透明度”。然后创建“曲线2”和“色相/饱和度1”调整图层，并适当添加蒙版涂抹不需要的部分，以调整画面中人物眼部的眼影效果。

06 按快捷键Shift+Ctrl+Alt+E盖印图层得到“图层4”，添加蒙版适当涂抹。单击鼠标右键，选择“转化为智能对象”选项，转换为智能对象图层。依次执行“滤镜→滤镜库→素描→水彩画纸”命令，执行“滤镜→滤镜库→画笔描边→喷溅”命令，在弹出的对话框中设置参数，完成后单击“确定”按钮。制作照片虚幻艺术效果。打开“梦幻光影.png”文件，拖拽到当前文件图像中，生成“图层5”，使用快捷键Ctrl+T变换图像大小，并将其放在画面合适的位置。

07 单击“创建新的填充或调整图层”按钮，在弹出的列表中选择依次“曲线”“照片滤镜”“渐变填充”选项并设置参数，整画面的色调。使用画笔工具，选择柔角画笔并适当调整大小及透明度，在蒙版上适当涂抹，并调整图层混合模式。

08 使用矩形工具，在属性栏中设置“填充”为黑色，“描边”为无，在画面左下角绘制矩形条，得到“形状2”图层，按下快捷键Ctrl+J复制得到“形状2拷贝”图层，适当缩短矩形条，并将其放置于上方合适的位置。

09 单击横排文字工具，设置前景色为黑色，在属性栏中设置字体样式及大小，输入所需文字。

10 继续单击横排文字工具，设置前景色为黑色，在属性栏中设置文字的字体样式及大小，输入所需文字，并将其放置于画面左下角合适的位置。

11 继续使用相同的方法，单击横排文字工具，设置前景色为黑色，在属性栏中设置文字的字体样式及大小并输入所需文字，放置于画面左下角合适的位置，至此，本实例制作完成。

2 添加图像矢量元素

实例门类	制作难度
数码照片艺术效果	★★☆☆☆

光盘路径

第 16 章 \16.1\Complete\添加图像矢量元素.psd

视频路径

第 16 章 \16.1\添加图像矢量元素.swf

设计思路分析

本实例通过钢笔工具和渐变工具结合绘制飞扬飘动的头发，使画面充满动感；再通过添加花朵等细节使画面更加丰富。

Photoshop技法点拨

1 结合钢笔工具和渐变工具绘制发片。
2 添加调整图层和图层样式调整花朵色调。
3 使用文字工具添加黑色主题文字信息。

01 执行“文件→新建”命令，新建图像文件。打开“人物.jpg”文件，将其拖拽到图像文件中，并调整其大小及摆放位置。

02 新建“图层2”，用钢笔工具绘制发片路径，并将路径转换为选区。用渐变工具填充咖啡色到褐色的径向渐变，添加图层蒙版隐藏不需要的图像部分。用同样的方法绘制所有发片。打开“花朵.psd”文件，将其拖拽到图像文件中，结合画笔工具和调整图层，使花朵色调与背景融合。

03 调整花朵颜色后，为图像中的花朵添加“投影”图层样式，设置各项参数，制作投影效果，使花朵与人物头发衔接得更自然。

04 结合椭圆选框工具和渐变工具绘制头发上的小圆球，再运用步骤02的方法绘制细节，穿插在花朵之间，为图像增加细节，最后为图像添加品牌标志和文字，本实例制作完成。

3 制作图像金属质感

实例门类	制作难度
数码照片艺术效果	★★★☆☆

光盘路径

第 16 章 \16.1\Complete\制作图像金属质感.psd

视频路径

第 16 章 \16.1\制作图像金属质感.swf

设计思路分析

本实例通过添加图像制作画面中的主体物，并使用“叠加”图层样式制作车体上的光泽质感，通过“描边路径”制作车上的高光，使用文字工具创建文字并制作文字样式。

Photoshop技法点拨

1 制作画面背景并添加画面中的主体物。

2 使用“叠加”图层样式制作车体上的光泽质感，通过“描边路径”制作车上的高光。

3 创建文字并制作文字样式。

01 新建一个图像文件，使用渐变工具在画面中填充从灰蓝色R94、G129、B153到浅灰色R222、G223、B225的线性渐变颜色。

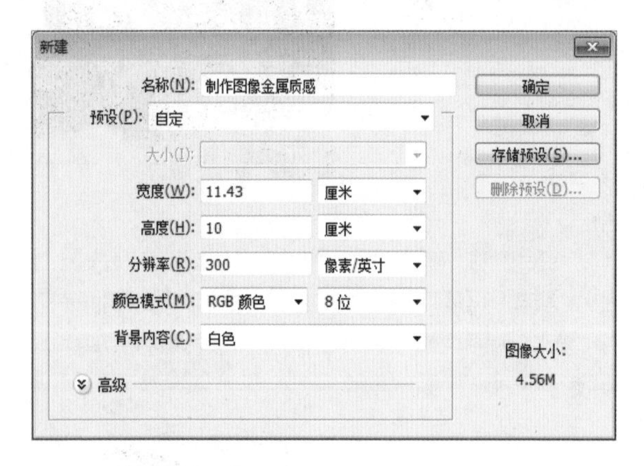

02 将背景色填充为黑色，打开“汽车.png”文件，并将其拖拽到当前文件图像中，生成“图层1”，使用快捷键Ctrl+T变换图像大小，并将其放至在画面中合适的位置。在其下方新建“图层2”，使用柔角画笔工具绘制阴影效果。

03 新建“图层3”，单击画笔工具，选择尖角笔刷，设置“大小”为5像素，前景色为亮黄色。然后单击钢笔工具在图像上绘制曲线路径，绘制完成后单击鼠标右键，在弹出的菜单中选择“描边路径”选项，制作车子上的光感。

04 打开“机械.png”文件，并将其拖拽到当前文件图像中，生成“图层4”，使用快捷键Ctrl+T变换图像大小，并将其放在画面中合适的位置。

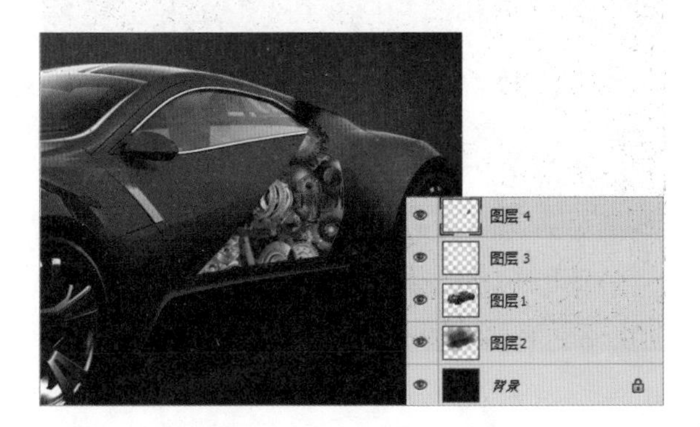

05 打开“机械2.png”文件，并将其拖拽到当前文件图像中，生成“图层4”，使用快捷键Ctrl+T变换图像大小，并将其放在画面中合适的位置。

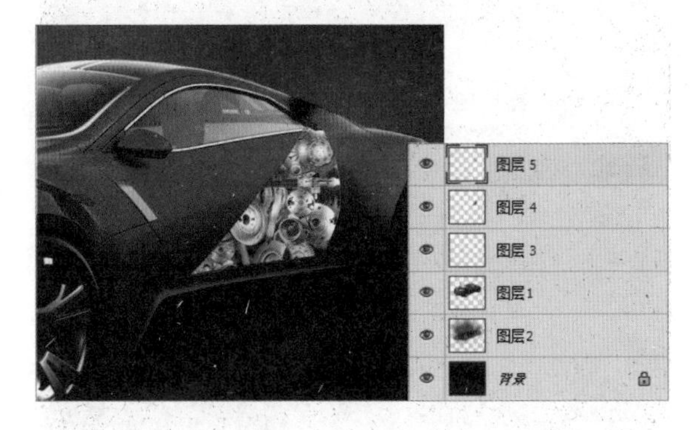

06 新建图层，选择机械部分图层选区，并将其填充为蓝色，设置图层混合模式为“叠加”，制作蓝色光感的效果。

07 继续新建图层，选择机械部分图层选区，使用黑色柔角画笔工具，在选区边缘涂抹，制作向内HDR的图像效果。

08 打开“红带.png”文件，并将其拖拽到当前文件图像中，生成“图层8”，使用快捷键Ctrl+T变换图像大小，并将其放在画面中合适的位置。制作带子飘飞的效果。

09 继续打开“红带2.png”文件，将其拖拽到当前文件图像中，生成“图层8”，使用快捷键Ctrl+T变换图像大小，并将其放在画面中合适的位置。制作带子飘飞的效果。

10 新建“图层10”，单击画笔工具，选择尖角笔刷，“大小”为5像素，设置前景色为黑色。然后单击钢笔工具在图像上绘制曲线路径，绘制完成后单击鼠标右键，在弹出的菜单中选择“描边路径”选项，弹出“描边路径”对话框，制作车子上的亮光。

11 使用钢笔工具，绘制需要的选区并创建选区，将其填充为蓝色，按快捷键Ctrl+D取消选区。设置图层混合模式为“叠加”，制作其质感效果。

12 继续新建“图层12”“图层13”，在每个图层上绘制需要的选区并创建选区，将其填充为合适的颜色并设置需要的图层样式。

13 继续新建图层，使用和前面制作车体上的高光一样的方法制作车体上更多的光感。

14 单击横排文字工具，设置需要的前景色，输入所需文字。双击文字图层，在属性栏中设置文字的字体样式及大小，并将其放在画面中合适的位置。

15 打开“标志.png”文件，并将其拖拽到当前文件图像中，生成“图层18”，使用快捷键Ctrl+T变换图像大小，并将其放在画面中合适的位置。至此，本实例制作完成。

4 添加动感色块元素

实例门类	制作难度
数码照片艺术效果	★★★☆☆

光盘路径

第 16 章 \16.1\Complete\添加动感色块元素.psd

视频路径

第 16 章 \16.1\添加动感色块元素.swf

设计思路分析

本实例运用了大量的DIY素材进行合成，结合使用图层蒙版、图层混合模式使画面融为一体。“色彩平衡”命令的运用让画面色彩更显绚丽，最终制作出视觉效果极其强烈的创意合成图像。

Photoshop技法点拨

1 在调整天空的颜色时，需要注意光晕与白云的层次感，表现出天空的透气感。
2 制作彩虹图像时需要适当运用蒙版效果，把边缘虚化，增加图像的梦幻色彩。
3 草地与天空、地面的合成一定要注意边缘的真实过渡，结合使用画笔工具和蒙版来处理，选择柔边的画笔样式。
4 合成汽车图像并制作汽车底部的阴影，使合成效果更真实。
5 合成大树和矢量的装饰图案时，要注意颜色的层次和立体效果。

01 执行“文件→新建”命令，弹出“新建”对话框，设置各项参数，然后单击“确定”按钮，新建图像文件。打开“天空.psd”图像文件，单击移动工具，将素材拖拽到新建的图像文件中，放置在如图所示的位置，生成“图层 1”。

02 新建“图层2”，单击矩形选框工具，创建一个与天空一样大小的选区，然后单击渐变工具，在属性栏中单击渐变颜色条，在弹出的“渐变编辑器”对话框中设置渐变颜色为（R159、G255、B243）到透明，并将图层混合模式设置为“颜色”。

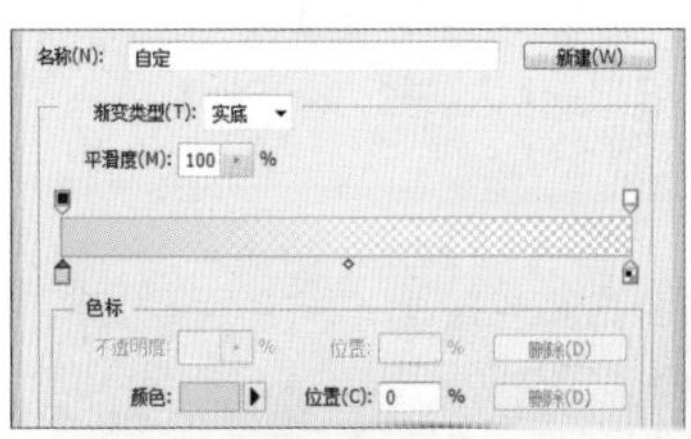

03 单击“创建新的填充或调整图层”按钮，在弹出的列表中选择“亮度/对比度”命令，在其“调整”面板中设置各项参数，调整天空的亮度。

04 单击“创建新的填充或调整图层”按钮，在弹出的列表中选择“色相/饱和度”命令，然后设置各项参数，增强天空的饱和度。再次单击“创建新的填充或调整图层”按钮，选择“渐变映射”命令，在弹出的“属性”面板中设置渐变颜色。

05 打开“草坪.jpg”图像文件，单击移动工具，将素材拖拽到图像文件中，生成“图层 3”。为“图层3”添加蒙版，设置前景色为黑色，单击画笔工具，在属性栏中设置“不透明度”为60%，在草坪边缘进行涂抹，使草地边缘与背景更自然地结合。新建“图层4”，单击矩形选框工具，创建一个与草坪同样大小的选区，单击渐变工具，设置渐变颜色为（R186，G177、B161）至透明，完成后单击“确定”按钮，拖动鼠标对选区进行渐变填充，并将该图层置于“图层3”的下方。

06 打开“路.psd”图像文件，并将其拖拽到图像文件中，生成“图层5”。按下快捷键Ctrl+B，弹出“色彩平衡”对话框，设置“色阶”值为-44、29、-45，调整路的颜色。单击“添加图层蒙版”按钮，为“图层5”添加蒙版，设置前景色为黑色，单击画笔工具，在属性栏中设置“不透明度”为49%，然后在路两边涂抹，使其与草坪自然结合。

07 打开“车.psd”图像文件，单击移动工具，将素材拖拽到图像文件中，生成“图层6”，并适当调整汽车的位置。选择“图层6”，按下快捷键Ctrl+B，在弹出的“色彩平衡”对话框中设置“色阶”值为-17、-25、-39，调整汽车的颜色。

08 新建“图层7”，单击画笔工具，在属性栏中设置“不透明度”为85%，在汽车底部绘制黑色的阴影，将图层的“不透明度”设置为89%并将其移动至“图层6”的下方。

09 打开“树.psd”图像文件，单击移动工具，将图像拖拽到图像文件中，生成“图层8”，并将其调整到画面左侧草坪上的合适位置。单击“添加图层蒙版”按钮，为“图层8”添加图层蒙版，设置前景色为黑色，单击画笔工具，在属性栏中设置“不透明度”为37%，然后在树根部涂抹，使树根与草地融合得更自然。

10 新建“图层9”，单击钢笔工具，在天空中如图所示绘制路径，将路径转化为选区并分别对其填充赤橙黄绿青蓝紫等颜色，绘制一道彩虹。执行“滤镜→模糊→高斯模糊”命令，设置相关参数，对彩虹进行模糊处理，使彩虹更自然地显现于天空中。

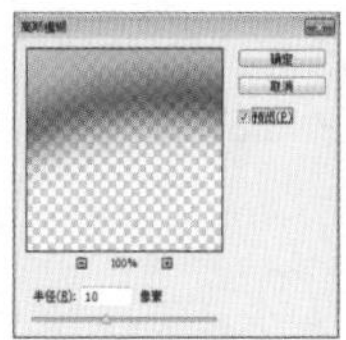

11 选择“图层9”，将该图层的图层混合模式更改为“变亮”，设置“不透明度”为88%，使其自动叠加到天空中。新建“图层10”，单击画笔工具，在“画笔预设选取器”中单击扩展按钮，在弹出的扩展菜单中选择“载入画笔”命令，载入“星空背景”画笔，然后使用该画笔在彩虹上绘制星空梦幻效果。新建图层组“组1”，在“组1”中新建“图层11”，然后单击多边形套索工具，绘制一个平行四边形选区，并填充颜色。使用同样的方法绘制正方体的另外两个面，并分别为其填充颜色。

12 新建“图层14”，设置前景色为黑色，单击画笔工具，在属性栏中设置“不透明度”为70%，在树根及正方体下方绘制阴影，并将该图层“不透明度”改为81%，置于“组1”下方。新建“图层15”，单击钢笔工具，在树冠处绘制路径，将其转化为选区后填充颜色（R215、G196、B66）。继续在该图层上绘制阴影选区，并填充为黑色。

13 使用钢笔工具、加深工具、减淡工具及渐变工具在树冠处绘制其他不同形状的装饰物件。打开“装饰物.psd”图像文件，将图像拖拽到图像文件中如图所示的位置，生成“图层25”。新建“图层26”，为树木制作炫彩效果。复制“图层26”，生成“图层26拷贝”，将该图层图像放于草地上。

14 单击文字工具，在画面左上方输入文字，然后栅格化文字，按住Ctrl键的同时单击文字图层，载入图层选区，单击渐变工具，在“渐变编辑器”对话框中设置渐变颜色，拖动鼠标对选区进行渐变填充。选择文字图层，按住Alt键的同时重复按下左方向键复制多个图层，然后合并这些图层并将其填充为黑色。完成后在“图层”面板中将合并的图层移至文字图层下方，为文字制作出立体效果。使用相同的方法，继续制作一组立体文字。至此，本实例制作完成。

5 添加绚丽光影效果

实例门类	制作难度
数码照片艺术效果	★★☆☆☆

光盘路径

第 16 章 \16.1\Complete\添加绚丽光影效果.psd

视频路径

第 16 章 \16.1\添加绚丽光影效果.swf

设计思路分析

本例通过使用画笔工具绘制出具有魔法效果的图像，并结合运用图层蒙版为图像制作丰富的变化效果。同时，借助图层的混合模式和图层样式将所绘制的图像和背景很好地融合在一起，使整个作品富有质感和层次变化。

Photoshop技法点拨

1 使用图层混合模式使渐变颜色与眼睛背景融合得更加紧密。
2 使用画笔工具为眼睛制作色彩效果，设置恰当的图层混合模式将其与眼睛融合。
3 使用椭圆选框工具绘制高光效果，并结合图层混合模式使其效果更加明显。
4 使用画笔工具绘制魔法效果，并结合图层混合模式增加更多梦幻效果。
5 输入文字，设置字符样式和颜色，使其在红色的背景中突出显示。

01 执行“文件→新建”命令，弹出“新建”对话框，设置各项参数，然后单击“确定”按钮，新建图像文件。打开“眼睛.jpg”图像文件，然后单击移动工具，将素材拖拽到新建图像文件中如图所示的位置，生成“图层 1”。

02 单击套索工具，在“图层1”中创建选区。然后按下快捷键Ctrl+J复制选区，生成“图层2”。单击“添加图层蒙版”按钮，为图层添加图层蒙版。使用画笔工具，在蒙版中涂抹，隐藏部分图像效果。

03 新建“图层 4”，单击渐变工具，并设置彩虹渐变颜色，然后在画面中自左下角至右上角单击并拖动鼠标，绘制渐变效果。设置图层混合模式为“叠加”，单击“添加图层蒙版”按钮，为图层添加图层蒙版，并使用画笔工具在蒙版中涂抹，隐藏部分图像效果。

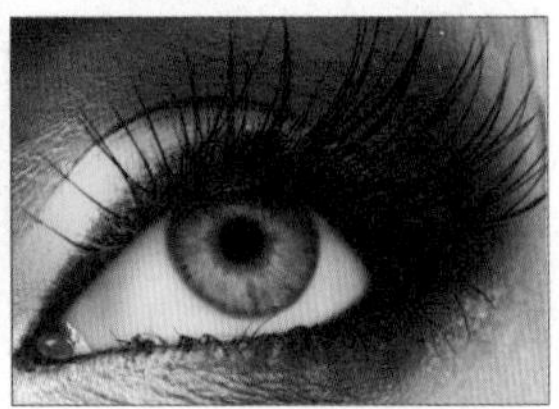

04 新建“图层 5”，单击画笔工具，并在属性栏中设置相应参数。分别使用浅紫色和深绿色在眼珠处适当涂抹，为眼睛添加色彩，然后设置图层混合模式为“叠加”。新建多个图层，并分别设置相应的前景色，使用画笔工具在图像中涂抹，继续为眼睛添加色彩效果。分别设置图层混合模式为“线性减淡（添加）”“叠加”“实色混合”和“叠加”，设置“图层6”的“不透明度”为68%。

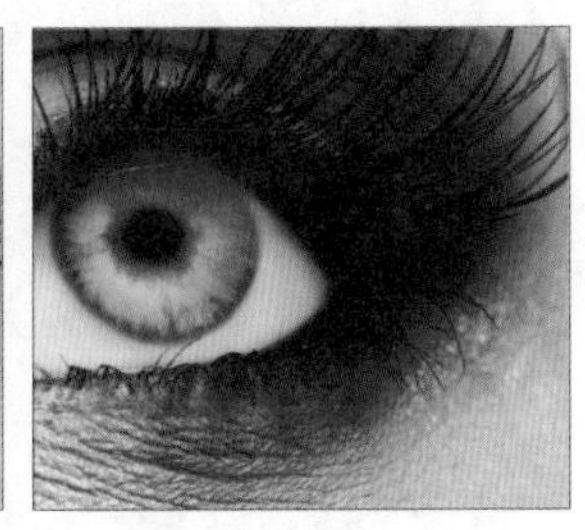

05 新建“图层 10”，单击椭圆选框工具，创建一个椭圆选区，然后为其填充白色。单击“添加图层蒙版”按钮，并使用画笔工具在蒙版中涂抹，隐藏部分图像效果。然后设置图层混合模式为“叠加”，形成高光效果。

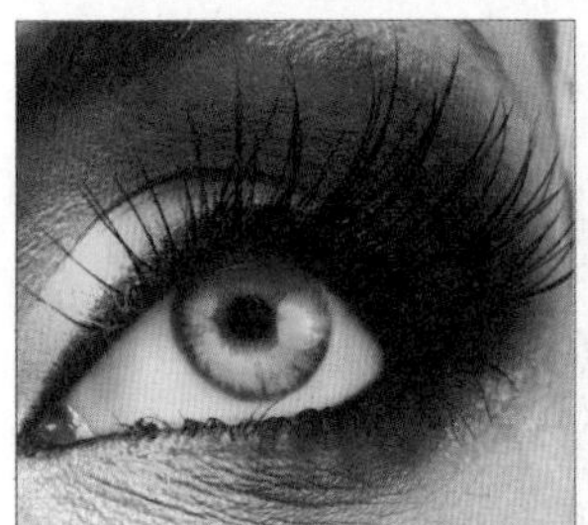

06 新建多个图层，使用钢笔工具绘制多个高光路径并分别将其转换为选区，并为选区填充白色。分别为图层添加图层蒙版，并使用画笔工具分别在蒙版中涂抹，隐藏部分高光效果。然后设置图层混合模式为“叠加”。

07 新建“图层14”，设置前景色为白色，单击画笔工具，并在属性栏中设置相应参数。在画面中多次单击并结合[键和]键调整画笔大小。在“图层”面版中双击该图层，在弹出的“图层样式”对话框中选择“外发光”选项，并设置相应的参数，然后单击“确定”按钮。

08 复制“图层 14”生成“图层14 拷贝”图层，单击画笔工具，在属性栏中设置较大的画笔，在画面中多次单击并结合[键和]键调整画笔大小。绘制出更多的发光效果。

09 新建多个图层，继续使用画笔工具在图像中多次单击以绘制图像。为图层分别添加“外发光”图层样式并设置相应的参数，然后单击“确定”按钮。单击横排文字工具，在画面相应位置输入文字，并设置文字图层的图层混合模式为“线性光”。至此，本实例制作完成。

6 合成并添加光影效果

实例门类	制作难度
数码照片艺术效果	★★★★☆

光盘路径

第16章\16.1\Complete\合成并添加光影效果.psd

视频路径

第16章\16.1\合成并添加光影效果.swf

设计思路分析

本实例通过调整图层调整画面的背景，通过添加图像文件制作画面中的图像合成，制作画面中的光感效果并添加各种调整图层调整画面。

Photoshop技法点拨

1 添加图像纹理，并添加“曲线”调整图层制作画面背景。

2 添加各种需要的素材文案，制作画面中的图像合成。

3 制作画面中的光感效果并添加各种调整图层调整画面。

01 执行“文件→新建”命令，在弹出的“新建”对话框中设置各项参数，单击“确定”按钮，新建图像文件。

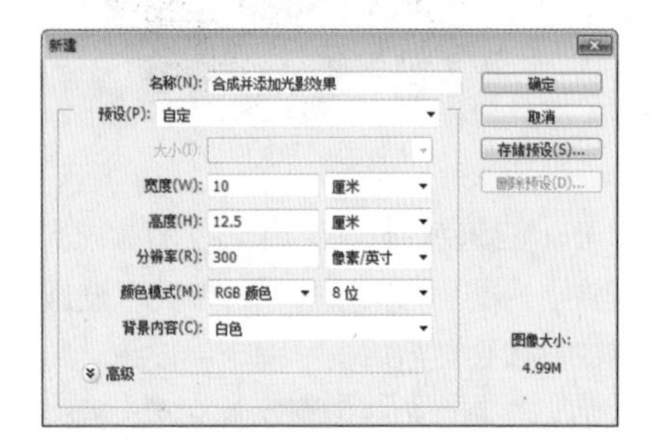

02 打开“纹理.png”文件，并将其拖拽到当前图像文件中，生成“图层1”。

03 添加“色相/饱和度”和“曲线”调整图层，设置各项参数调整画面背景颜色，使用画笔工具适当调整大小及透明度，在其蒙版上适当涂抹。

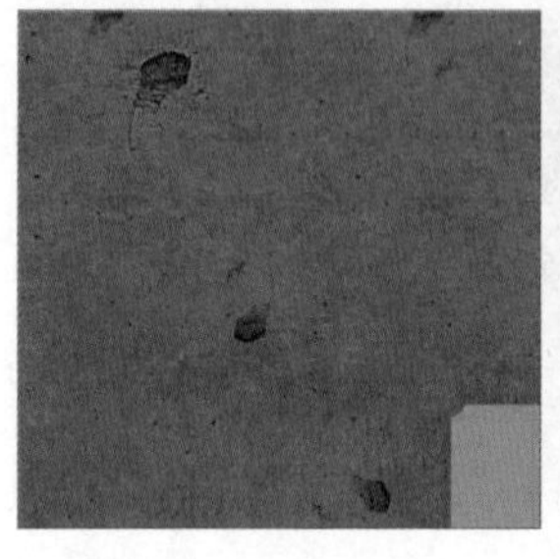

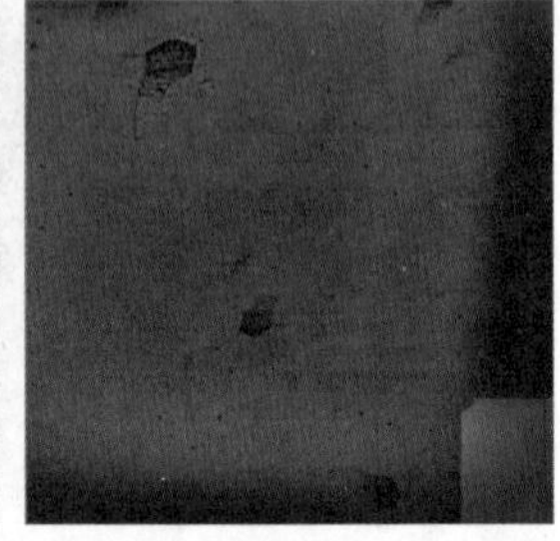

04 打开“木板.png”文件，将其拖拽到当前文件图像中，生成“图层2”，将其放在画面下方合适的位置。添加“曲线”调整图层，设置各项参数，并结合图层蒙版调整地板的色调。

05 继续添加“曲线”调整图层，设置各项参数调整画面的整体色调。打开“草.png”图像文件，并将其拖拽到当前文件图像中，生成“图层3”，放置在画面中合适的位置。

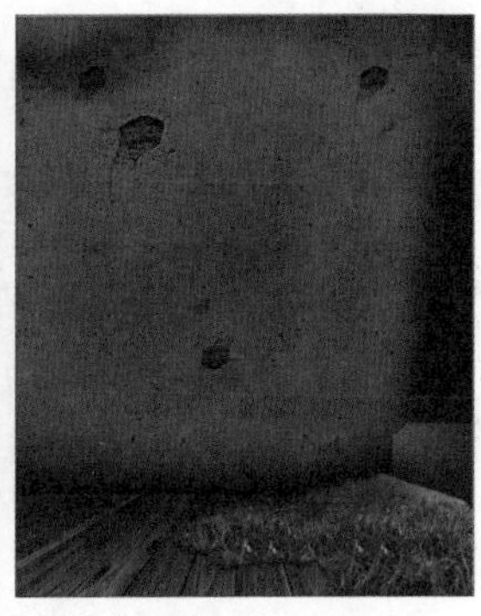

06 打开“树干.png”和“树.png”图像文件，并拖拽到当前文件图像中，生成“图层4”和“图层5”，使用快捷键Ctrl+T变换图像大小，放置在画面中合适的位置，合成画面中的元素。

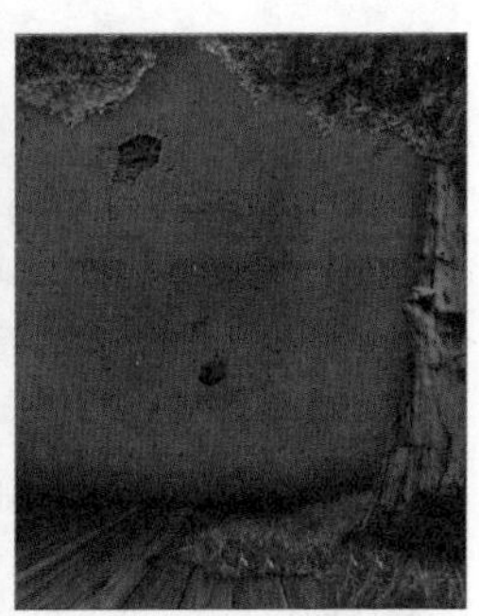

07 打开“藤.png”图像文件，并将其拖拽到当前文件图像中，生成“图层6”，放置在画面下方合适的位置。

08 打开“箱子.png”图像文件，并将其拖拽到当前文件图像中，生成“图层7”，放置在画面下方合适的位置，制作画面中物体的合成。

09 打开“蝴蝶花.png”和“人物.png”图像文件，拖拽到当前文件图像中，生成“图层8”和“图层9”，使用快捷键Ctrl+T变换图像大小，放置在画面中合适的位置，合成画面中的元素。

10 新建图层，使用画笔工具在图像上绘制光感，并设置不同的混合模式，制作画面的光感效果。添加“色阶”“渐变填充”“照片滤镜”“曝光度”调整图层，设置各项参数调整画面的整体色调。至此，本实例制作完成。

7 绘制可爱涂鸦效果

实例门类	制作难度
数码照片艺术效果	★★☆☆☆

光盘路径

第 16 章 \16.1\Complete\绘制可爱涂鸦效果.psd

视频路径

第 16 章 \16.1\绘制可爱涂鸦效果.swf

设计思路分析

本实例运用各种调整图层来调整图像的色调，并通过添加素材制作出猫咪狂想曲的图像效果。

Photoshop技法点拨

1 运用“渐变映射”“曲线”等命令调整图像色调。运用“高斯模糊”滤镜调整图像的效果。

2 运用图层蒙版和画笔工具隐藏不需要的图像部分。运用“曲线”“照片滤镜”和“色阶”命令提升画面的饱和度，使画面色调更加鲜明。

3 运用图层蒙版、画笔工具和铅笔工具制作手绘的卡通图像，从而使整个画面更富有层次感和趣味性。

4 运用矩形选框工具、图层蒙版和文字工具使文字呈现镂空效果，调整图像的不透明度，从而呈现叠加效果。

01 新建图像文件。新建组并命名为“背景”，打开“建筑.jpg”图像文件，将素材拖拽到当前图像文件中，生成“图层 1”。创建“渐变映射”和“曲线”调整图层，并设置各项参数，调整图像色调。

02 按下快捷键Ctrl+Alt+E盖印这几个图层，得到“曲线1（合并）”图层。执行“滤镜→模糊→高斯模糊”命令，在弹出的对话框中设置参数，使图像呈现模糊效果。

03 创建“色相/饱和度”调整图层，并设置各项参数。新建组并命名为“猫咪”，打开“猫咪.jpg”图像文件并拖拽到当前文件中，生成“图层 2”。结合图层蒙版、钢笔工具和画笔工具抠取猫咪图像。

04 创建“曲线”“照片滤镜”和“色阶”调整图层，设置各项参数。结合画笔工具和“色阶 1”调整图层的蒙版。打开图像文件，新建多个图层，设置前景色为白色，结合不同工具和图层蒙版适当调整图像效果。至此，本实例制作完成。

8 添加图像彩色烟雾效果

实例门类	制作难度
数码照片艺术效果	★★★★☆

光盘路径

第 16 章 \16.1\Complete\添加图像彩色烟雾效果.psd

视频路径

第 16 章 \16.1\添加图像彩色烟雾效果.swf

设计思路分析

本实例主要结合画笔工具和图层样式绘制层次丰富的光晕效果，通过添加素材并结合画笔工具与涂抹工具绘制烟雾。

Photoshop技法点拨

1 变换图层混合模式增加人物局部亮度。

2 运用涂抹工具使烟雾效果更加自然生动。

3 结合画笔工具和图层样式制作各种效果的光晕。

01 执行“文件→新建”命令，新建图像文件。

新建
名称(N): 添加图像彩色烟雾效果
预设(P): 自定
大小(I):
宽度(W): 10.5 厘米
高度(H): 15 厘米
分辨率(R): 300 像素/英寸
颜色模式(M): RGB 颜色 8 位
背景内容(C): 白色
高级
确定
取消
存储预设(S)...
删除预设(D)...
图像大小:
6.29M

02 新建“图层1”，使用渐变工具从上到下填充绿色（R0、G116、B150），蓝色（R66、G74、B243），紫色（R128、G1、B241），深蓝色（R40、G54、B149）渐变。设置前景色为黑色，使用黑色柔角画笔在边缘涂抹。

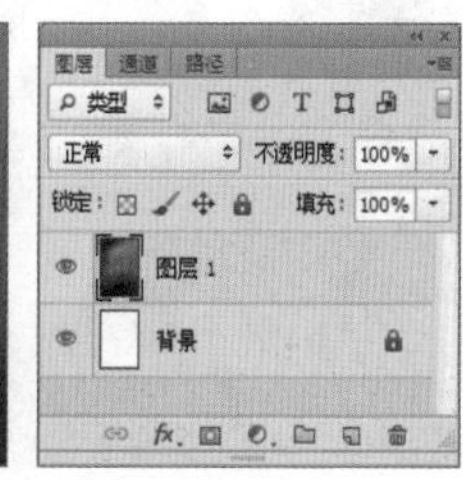

03 打开“人物.png”图像文件，将其拖拽到图像文件中的合适位置，设置前景色为黑色，单击“添加图层蒙版”按钮，添加图层蒙版，运用柔角画笔在人物背部涂抹，使之隐藏。复制“图层2”，设置“图层2拷贝”的图层混合模式为“颜色减淡”，运用柔角画笔在人物头和肩部以外的区域涂抹，制作出头部受强光照射的效果。

04 按住Ctrl键的同时单击“图层2”图层缩览图标载入选区，右击鼠标，在弹出的菜单中选择“羽化”选项，在弹出对话框中设置“羽化值”为10px。在“图层2”下方新建“图层3”，设置前景色为蓝色（R0、G245、B253），按下快捷键Alt+Delete填充选区。

05 双击“图层3”缩览图打开“图层样式”对话框，在“外发光”面板中设置相关参数，完成后单击“确定”按钮，为蓝色图像添加外发光效果。

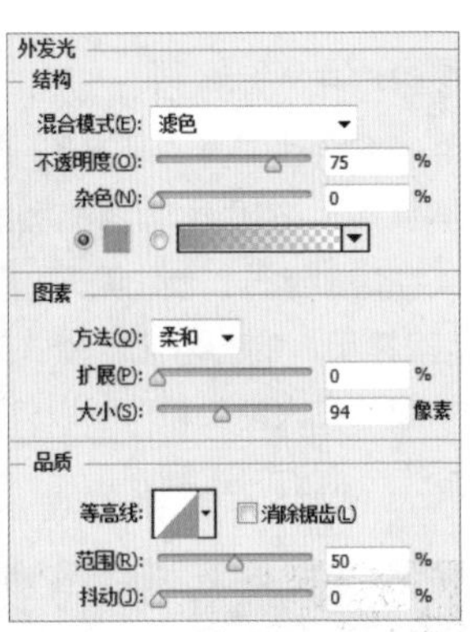

06 新建图层并重命名为“线1”，设置前景色为白色，画笔大小为1px。运用钢笔工具绘制交叉的线条路径，然后右击鼠标，在弹出的菜单中选择“描边路径”命令，在弹出的对话框中设置各项参数，单击“确定”按钮为路径描边。按照上述方法绘制其他线条。

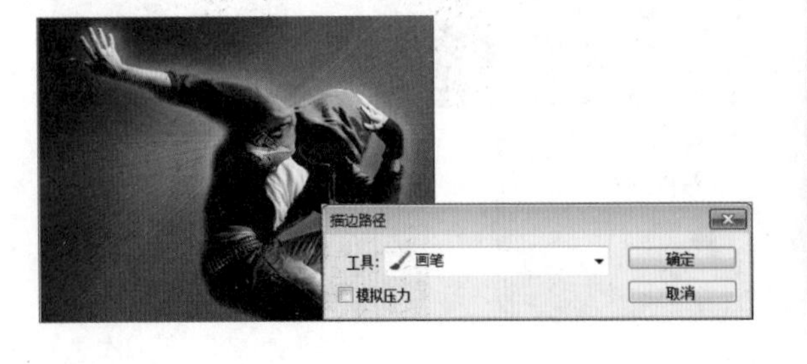

07 打开“花纹.png”文件，将其拖拽到图像文件中，适当调整其大小及摆放位置，设置合适的不透明度，添加图层蒙版隐藏不需要显示的部分，形成花纹与人物穿插的效果。

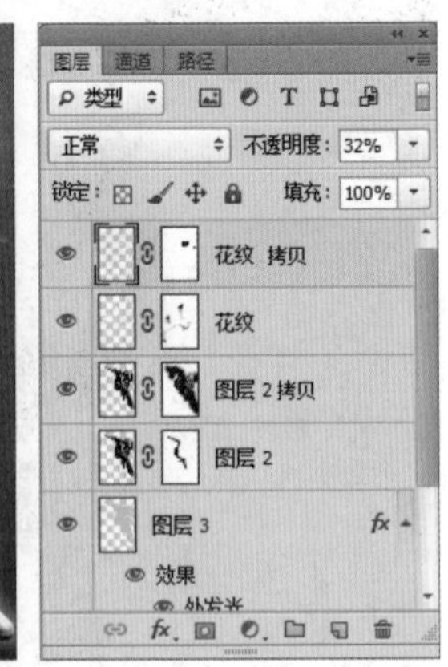

08 打开“烟雾.psd”文件，将其拖拽到图像文件中，添加图层蒙版，隐藏不需要显示的部分。打开“鸽子.png”文件，将其拖拽到图像文件中，放置在烟雾的边缘，设置图层混合模式为“强光”。

09 新建图层并重命名为“烟”，设置前景色为白色，运用尖角画笔绘制大致的形状。执行“滤镜→模糊→动感模糊”命令，设置各项参数，单击“确定”按钮，应用动感模糊滤镜。使用涂抹工具进行绘制，使烟雾效果更自然。

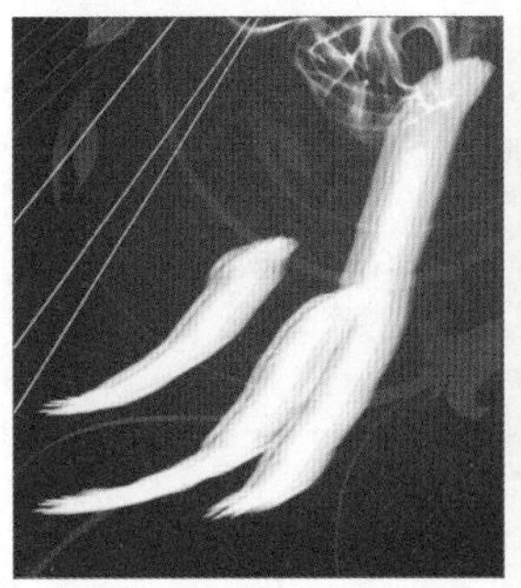

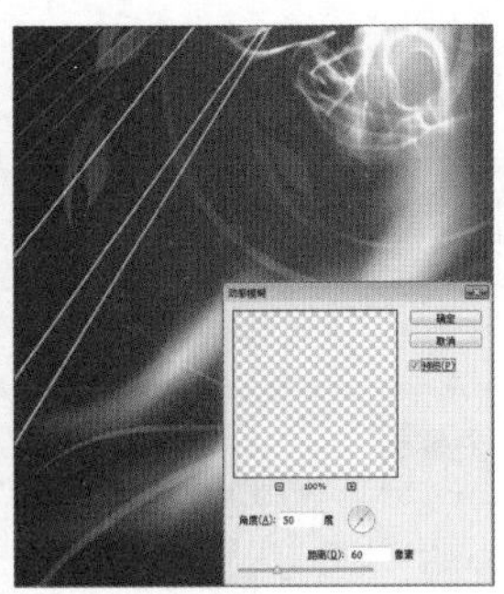

10 打开“球.png”文件，将其拖拽到图像文件中并放置在右上角，设置图层混合模式为“颜色减淡”，设置“不透明度”为90%。

11 设置前景色为蓝色（R0、G160、B210），运用柔角画笔绘制光晕，绘制时不断变换画笔大小，使光晕具有节奏感。按照上述方法，绘制其他光晕，可调整画笔硬度、不透明度和颜色制作出各种不同效果的光晕。

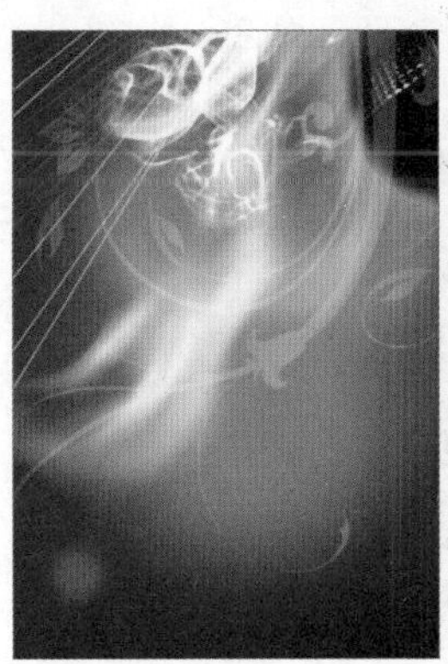

12 新建组并重命名为“亮点”，使用多边形工具绘制亮点路径，然后右击鼠标，在弹出的菜单中选择“建立选区”命令，在弹出的对话框中设置“羽化半径”为5px，单击“确定”按钮。按下快捷键Alt+Delete填充选区，添加“外发光”图层样式，增强发光效果。

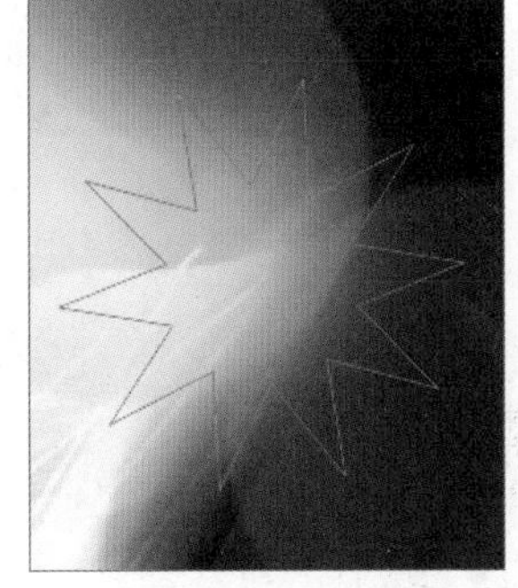

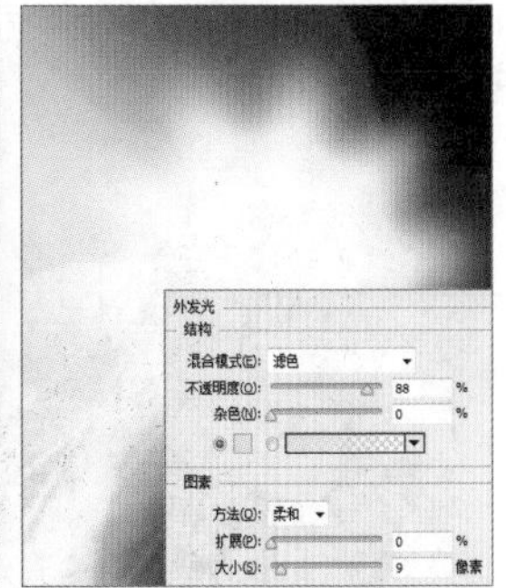

13 打开“城市.png”和“月球.png”文件，并拖拽到图像文件中放置在右下角。设置前景色为黑色，添加图层蒙版，隐藏不需要显示的部分，设置图层混合模式为“叠加”，使图像融入到背景中，添加各种细节和文字，丰富画面。至此，本实例制作完成。

16.2 艺术文字特效

文字作为传播信息的媒介，在人与人之间的交流中起着十分重要的作用。特效文字除了可以传播一定的信息外，还可以让受众获得一定的视觉享受。

1 制作艺术渐变文字

实例门类	制作难度
艺术文字	★★☆☆☆

光盘路径

第 16 章 \16.2\Complete\制作艺术渐变文字.psd

视频路径

第 16 章 \16.2\制作艺术渐变文字.swf

设计思路分析

本实例以文字为主体对象，在主体文字周围以花朵和怀旧的纸纹进行装饰和点缀，以突出主体文字。

Photoshop技法点拨

1 结合图层混合模式调整花朵颜色。

2 使用文字工具输入文字并设置文字样式。

01 按下快捷键Ctrl+N，新建一个宽和高均为14厘米×18厘米、分辨率为300像素/英寸的空白文件，然后设置前景色为R253、G250、B209，按下快捷键Alt+Delete，将前景色填充到背景图层中。

02 按下快捷键Ctrl+O，打开附书光盘\实例文件\第16章\16.2\Media\制作艺术渐变文字\01.png~03.png文件。分别将文件中的图像拖拽到空白文件中，并调整其位置，生成“图层1”~“图层3”。

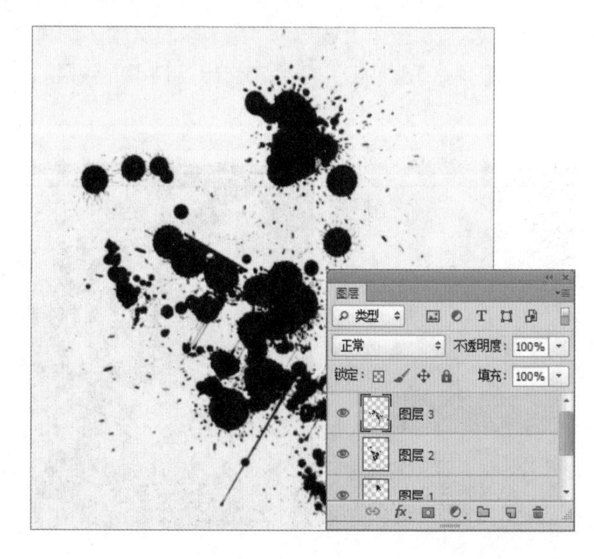

03 按住Ctrl键不放，分别单击“图层1”~“图层3”缩览图，将其全部选中，按下快捷键Ctrl+Alt+E，将图层合并到新图层中，生成“图层3（合并）”。将“图层1”~“图层3”隐藏，然后按住Ctrl键不放，单击“图层3（合并）”缩览图，将该图层中的选区载入到当前图像中。

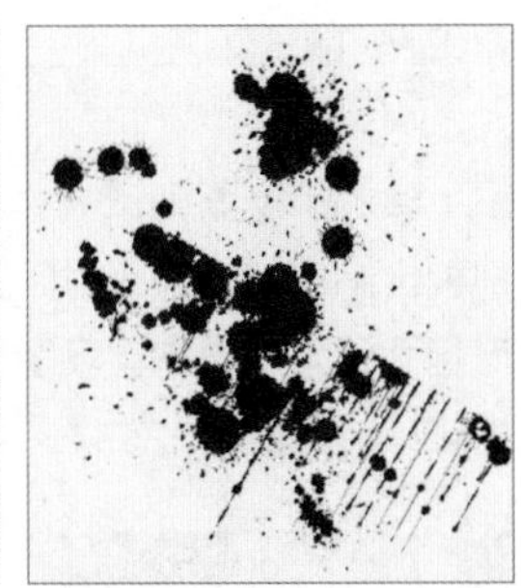

04 单击渐变工具，从上往下拖拽鼠标，填充图像颜色。新建“图层4”，单击画笔工具，设置前景色为R170、G29、B85，在属性栏中设置“流量”为10%，在页面正中涂抹应用该效果。

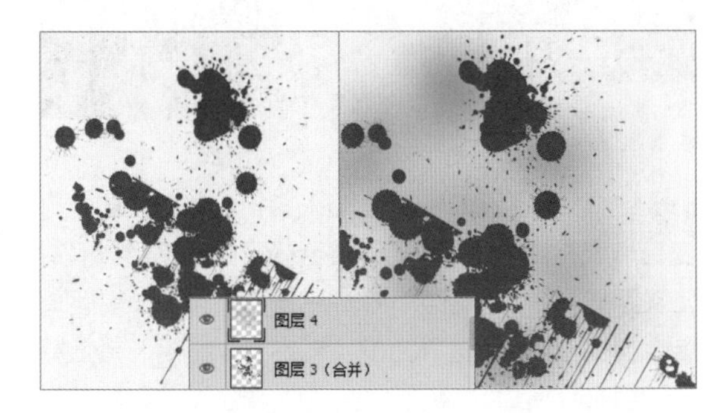

05 按下快捷键Ctrl+O打开本书配套光盘中的04.jpg文件。选择圆角矩形工具，通过单击并拖动鼠标在纸纹上添加圆角矩形形状。

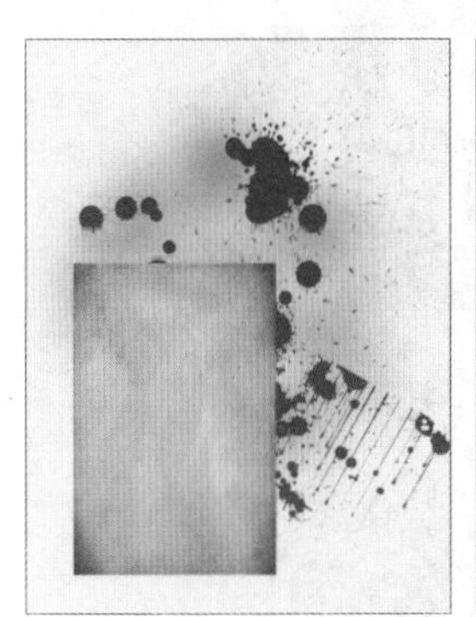

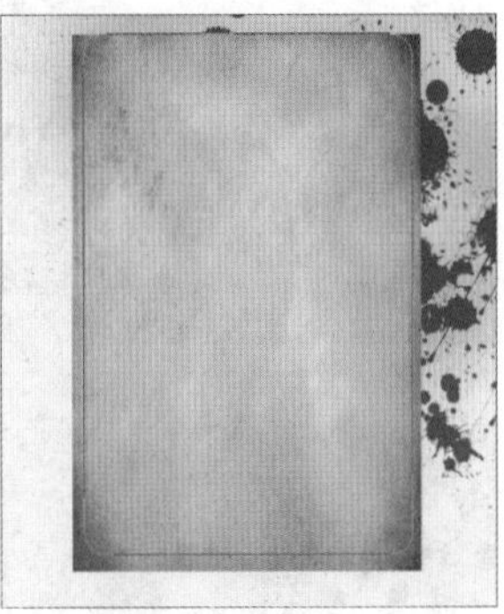

06 结合使用图层蒙版，隐藏边缘尖角图像。使用画笔工具在图像上绘制更多色块，并调整图层的混合模式与上下位置。

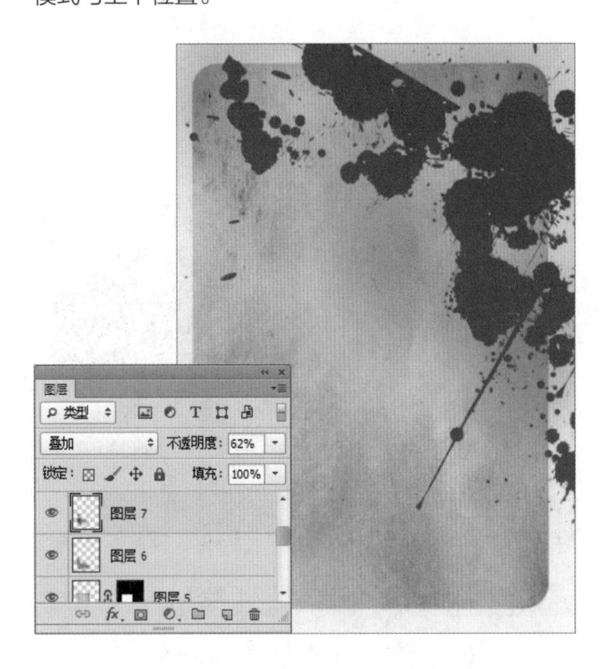

07 按下快捷键Ctrl+O，打开05.png文件。添加“黑白”调整图层调整花朵为黑白效果。然后新建“图层2”并填充图层颜色为R253、G250、B209，结合图层混合模式与剪贴蒙版改变花朵颜色。调整完成后盖印图层生成“图层3”。

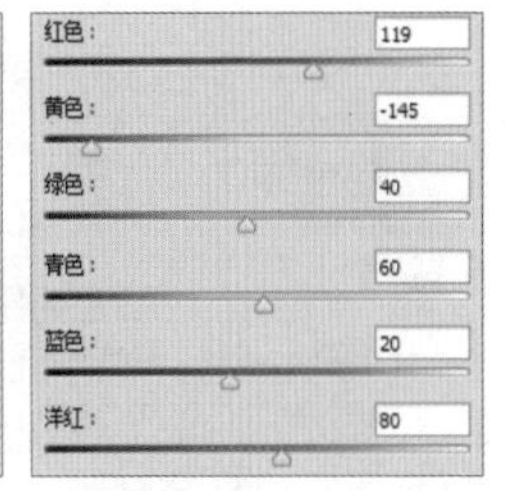

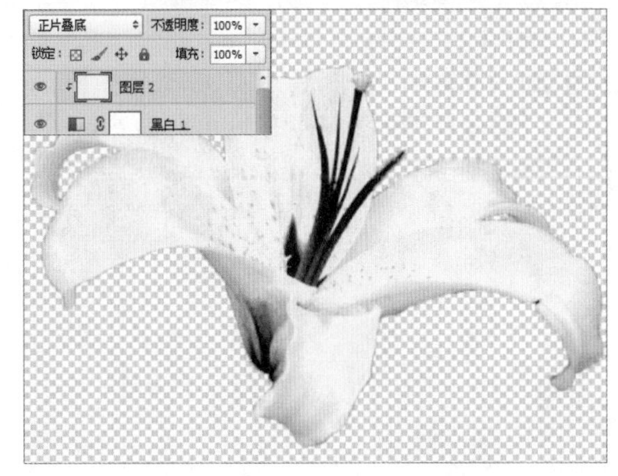

08 单击移动工具，将盖印图层直接拖拽到步骤01新建的图像中，生成“图层8”，按下快捷键Ctrl+T，将花朵调整到图像右下角位置。打开06.png文件，按照与上面相似的方法调整花朵效果，并设置填充颜色为R180、G31、B89，盖印图层，并添加到步骤01新建的图像中，生成“图层9”。

09 双击“图层8”，打开“图层样式”对话框，设置“投影”样式的角度为-68，距离为51像素，扩展为9%，大小为117像素，单击“确定”按钮。

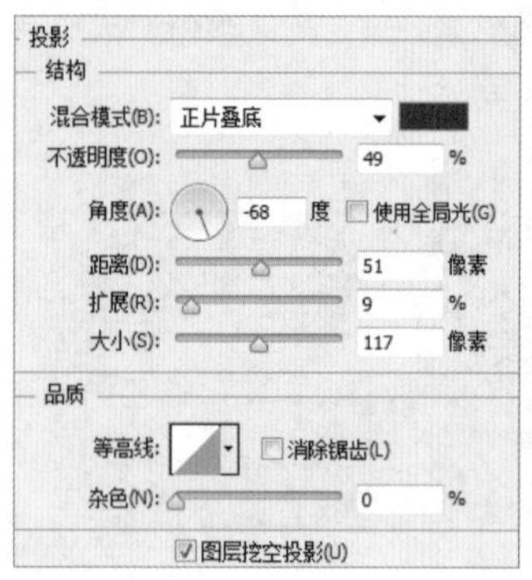

10 按照同上面相似的方法，打开07.png~10.png文件，然后改变其颜色，并添加到当前图像中。复制“图层9”，调整到页面不同位置，并结合图层样式添加花朵阴影效果。

11 单击钢笔工具，在下部的花朵位置通过单击和拖拽绘制出花蕊部分封闭路径，然后新建图层，并采用相同的方法绘制更多图像。结合加深与减淡工具涂抹花朵，增强对比效果。

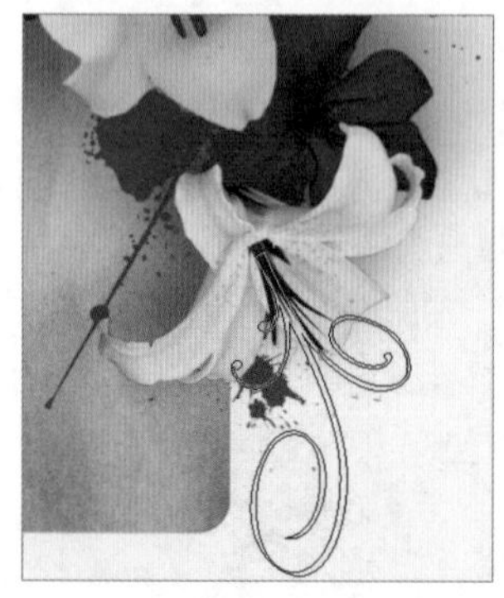

12 结合文字工具在图像上输入文字信息，并结合渐变工具填充文字渐变颜色。结合使用画笔工具与钢笔工具添加画面更多图像，完成后选中文字形象图层，结合自由变换命令，调整文字倾斜度，使用画笔工具与图层混合模式，制作画面光影效果。至此，本实例制作完成。

2 制作立体光影文字

实例门类	制作难度
艺术文字	★★☆☆☆

光盘路径

第 16 章 \16.2\Complete\制作立体光影文字.psd

视频路径

第 16 章 \16.2\制作立体光影文字.swf

设计思路分析

本实例主要运用 3D 工具制作出质感强烈、风格诙谐的立体光影文字。结合“颜色填充”和“可选颜色”调整图层调整文字的颜色效果，使其与背景图像色调统一协调。

Photoshop技法点拨

1 使用画笔工具、钢笔工具和填充工具绘制背景朦胧的图像效果。

2 结合图层蒙版和画笔工具绘制出主体图像的倒影，使其更具立体感。

3 使用“色相 / 饱和度”调整图层调整图像的色调，使其与汽车的色调统一。

4 使用 3D 工具调整文字的立体效果，并结合“颜色填充”和“可选颜色”调整图层调整文字的色调。

01 执行“文件→新建”命令，弹出“新建”对话框，设置各项参数，单击“确定”按钮，新建图像文件。新建“组1”，新建多个图层，设置前景色为深玫红色，使用半透明的柔角画笔工具，在图像中多次涂抹，绘制出朦胧的背景图像。

02 新建“图层 3”，结合钢笔工具和渐变工具绘制一个不规则矩形图像，结合图层蒙版和画笔工具隐藏部分图像色调。设置图层混合模式为“线性减淡（添加）”“不透明度”为20%。复制该图层，并调整其位置，结合画笔工具在蒙版上涂抹，并设置“不透明度”为10%。

03 新建多个图层，继续结合使用钢笔工具和渐变工具绘制多个不规则的矩形图像。分别设置各图层相应的图层混合模式和“不透明度”，使背景呈现光影效果。

04 新建“图层7”，使用钢笔工具在画面相应位置绘制出一个不规则路径。按下快捷键Ctrl+Enter将路径转换为选区，为选区填充黑色。设置该图层的“不透明度”为40%，形成建筑的剪影图像效果。

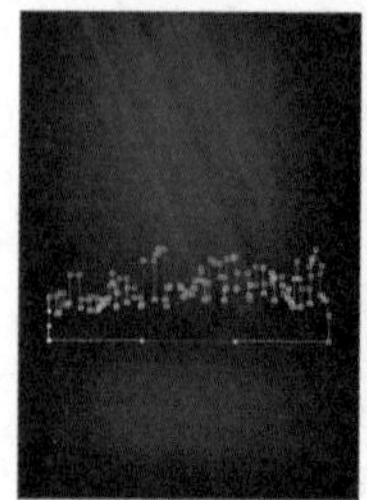
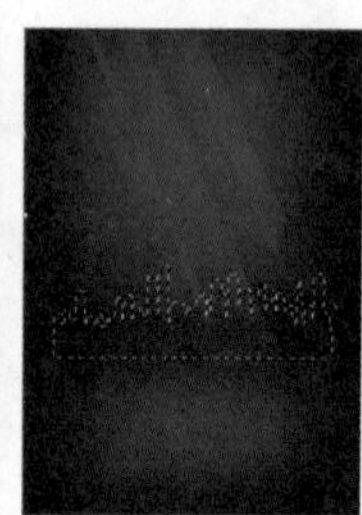
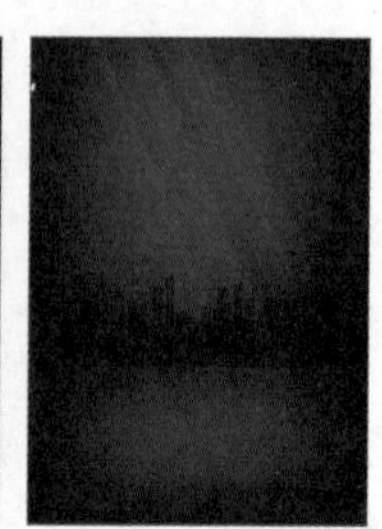

05 新建“组2”，打开本书配套光盘中的“汽车.psd”文件，并将其拖拽到当前图像文件中。复制图层并调整图像的位置，结合图层蒙版和画笔工具隐藏部分图像色调，并设置“不透明度”为30%。新建“图层8”，设置前景色为黑色，使用画笔工具绘制投影图像，复制该图层并结合橡皮擦工具调整图像效果。

06 依次打开“云朵.psd”和“飞机.psd”文件，并将其拖拽到当前图像文件中。多次复制“云朵”图层并调整各图像的大小和位置。为“飞机”图层创建“色相/饱和度”调整图层，设置相应参数并创建剪贴蒙版，以调整图像色调。

07 按下快捷键Ctrl+Alt+E盖印“飞机”和“色相/饱和度 1”图层，得到“色相/饱和度 1（合并）”图层，复制该图层并调整图像的大小和位置。新建“组3”，单击横排文字工具，并在“字符”面板中设置相应参数，在画面中输入文字。

08 选择C图层，选择3D面板，在其中设置“源”为“选中的图层”，并选择“3D模型”单选按钮，然后单击“创建”按钮，在弹出的警告对话框中单击“是”按钮。在图像中单击并拖动鼠标，调整文字的3D效果，使其具有立体感。

09 完成设置后单击任一工具，即可退出3D窗口。C字母呈现3D立体效果。使用相同的方法，继续调整其他文字图层，使文字呈现不同角度、不同方向的立体效果。

10 结合“自由变换”命令分别调整各图像的大小和位置，使文字呈现透视效果。新建图层组并命名为“文字”，按下快捷键Ctrl+Alt+E盖印“组3”得到“组 3（合并）”图层，并将该图层移动到“文字”图层组中。单击“组3”前的“指示图层可见性”图标隐藏该组。

11 单击“创建新的填充或调整图层”按钮，在弹出的列表中选择“纯色”命令，在弹出的“拾色器（纯色）”对话框中设置相应颜色，完成后单击“确定”按钮，并创建剪贴蒙版。设置图层混合模式为“线性加深”，为文字添加色彩。

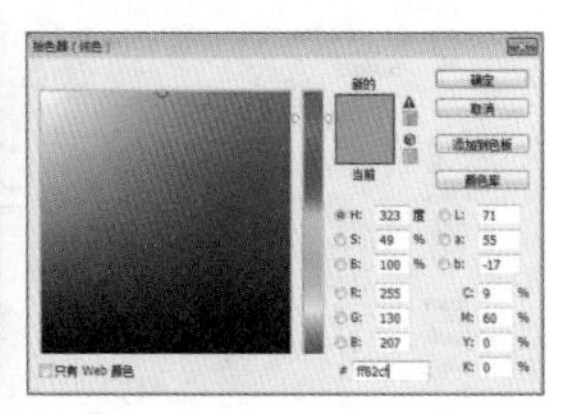

12 运用相同的方法，继续创建“颜色填充”调整图层，并结合图层蒙版和画笔工具调整蒙版效果。创建“可选颜色”调整图层，并设置“红色”和“洋红”的参数，使其与背景色调相一致。

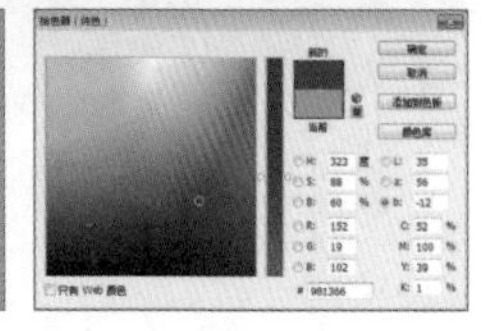

13 新建多个图层，结合钢笔工具、矩形选框工具和图层蒙版绘制文字的高光等图像。单击横排文字工具，在画面中输入辅助文字，并调整各文字的大小、位置和颜色。至此，本实例制作完成。

3 合成质感文字

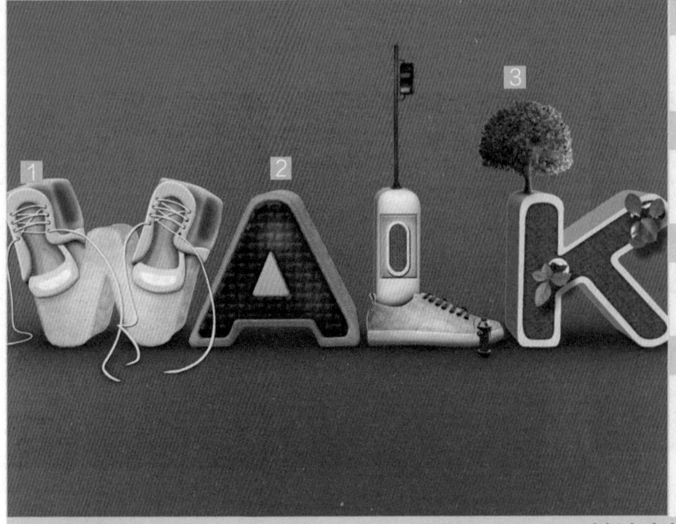

实例门类	制作难度
艺术文字	★★☆☆☆

光盘路径

第 16 章 \16.2\Complete\合成质感文字.psd

视频路径

第 16 章 \16.2\合成质感文字.swf

设计思路分析

在本实例中使用 3D 命令制作出文字的立体效果，并结合钢笔工具和“斜面和浮雕”等图层样式制作合成文字效果。

Photoshop技法点拨

1 使用 3D 命令制作文字的立体效果。
2 使用钢笔工具绘制文字上的图形。
3 使用图层样式制作文字上图形的样式，并结合素材文件完成画面制作。

01 新建图像文件。设置前景色为玫红色填充背景。单击横排文字工具，在画面中合适的位置添加文字，执行“3D→从文字中新建3D填充”命令，并在弹出的对话框中设置参数，制作文字的立体效果。

02 新建图层，设置前景色为白色，使用画笔工具在文字上涂抹，设置图层混合模式为“强光”“不透明度”为70%。单击鼠标右键，选择“转化为智能对象”命令，转换为智能对象图层。执行“滤镜→滤镜库→扭曲→扩散亮光”命令，在弹出的对话框中设置参数，单击“确定”按钮，制作文字的光感。

03 使用钢笔工具，设置其属性为“形状”，设置合适的“填充”颜色，在字母上方绘制需要的形状，并单击“添加图层样式”按钮，在展开的列表中选择“斜面和浮雕”“内阴影”“内发光”和“投影”命令并设置参数，制作图案样式。

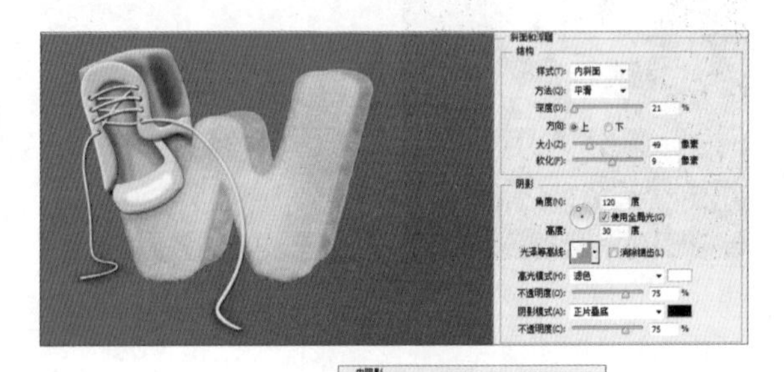

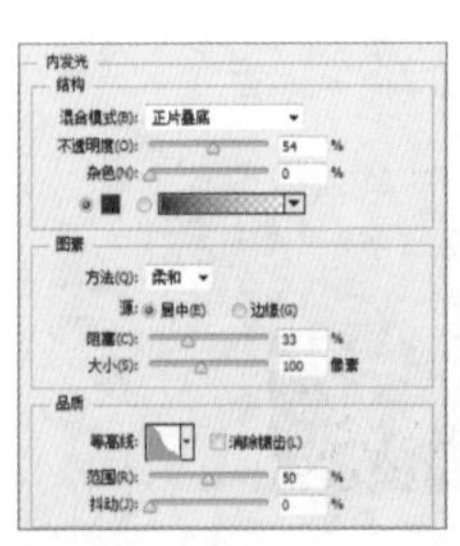

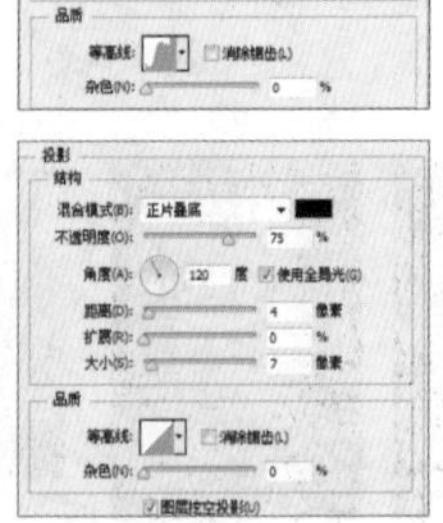

04 将刚才绘制好的鞋子的形状进行编组，并重命名为“鞋”，按下快捷键Ctrl+J复制得到“鞋副本”组，并将其移至另一侧，使用快捷键Ctrl+T变换图像方向，将其置于画面合适的位置。

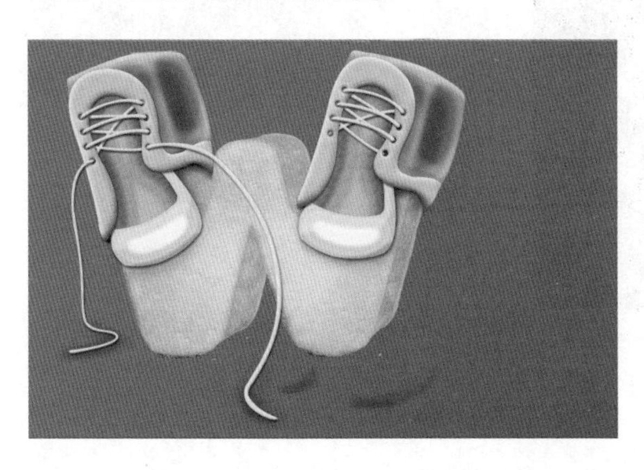

05 继续使用横排文字工具T在画面中合适位置添加文字，执行“3D→从文字中新建3D填充”命令，并在弹出的对话框中设置参数，制作文字立体效果。

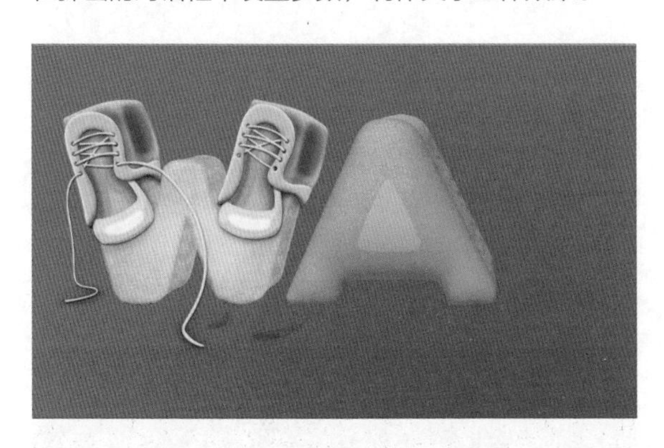

06 继续使用横排文字工具T输入相同的文字，并将其栅格化，将其重命名为“A2”，单击“添加图层样式”按钮fx，选择“斜面和浮雕”“内阴影”命令并设置参数，制作图案样式。

07 继续使用横排文字工具T在画面中合适位置添加文字，执行“3D→从文字中新建3D填充”命令，并在弹出的对话框中设置参数，制作文字立体效果。

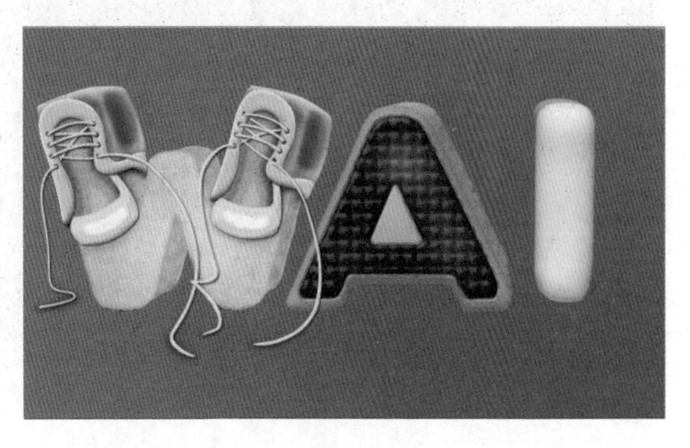

08 打开素材文件，并将其拖拽到当前文件图像中，使用快捷键Ctrl+T变换图像大小，并将其放置到文字上合适的位置。在需要的位置新建图层并适当涂抹，制作文字的效果。

09 使用和上面制作文字相同的方法制作文字的立体效果并添加文字的图层样式。打开其他素材文件，拖拽到当前文件图像中，使用快捷键Ctrl+T变换图像大小，并将其放到文字上合适的位置，制作文字效果。至此，本实例制作完成。

4 制作金属文字

实例门类	制作难度
艺术文字	★★★☆☆

光盘路径

第 16 章 \16.2\Complete\制作金属文字.psd

视频路径

第 16 章 \16.2\制作金属文字.swf

设计思路分析

在本实例中调整文字立体边框，添加金属图片结合蒙版制作文字金属效果，添加需要的图层样式调整金属文字立体效果。结合调整图层对文字颜色进行调整，使画面效果更加协调。

Photoshop技法点拨

1. 添加调整图层调整背景色调。
2. 添加金属质感的图片结合图层蒙版制作文字效果。
3. 调整文字边框立体效果和色调。

01 执行“文件→新建”命令，新建图像文件。

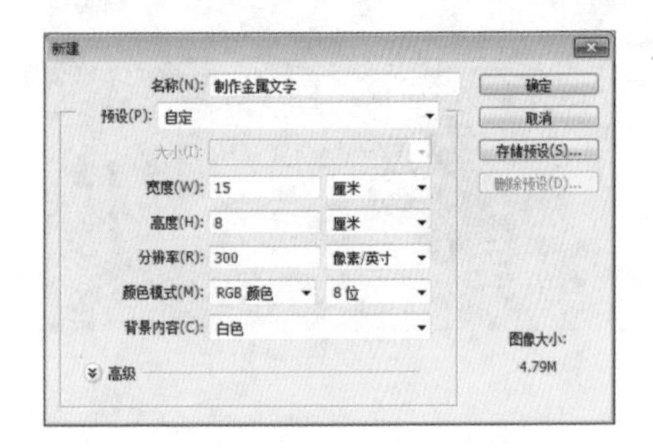

02 设置前景色为黑色，填充背景。打开01.jpg文件，并将其拖拽到当前文件图像中，生成“图层1”，使用快捷键Ctrl+T变换图像大小，并将其放在画面中合适的位置，设置 “不透明度”为25%，制作画面背景。

03 新建“图层2”，填充黑色，单击鼠标右键选择“转化为智能对象”选项，转换为智能对象图层。执行“滤镜→杂色→添加杂色”命令，并在弹出的对话框中设置参数，完成后单击“确定”按钮。设置图层混合模式为“滤色”，制作画面背景噪点效果。

04 单击“创建新的填充或调整图层”按钮，在列表中选择“曲线”并设置参数，调整画面色调。

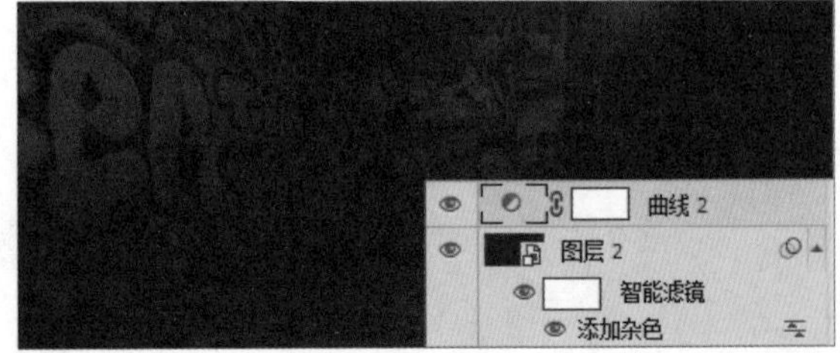

05 单击横排文字工具T，设置前景色为黄色，输入所需文字，双击文字图层，在其属性栏中设置文字的字体样式及字号，单击“添加图层样式”按钮fx，在展开的列表中选择“斜面和浮雕”选项并设置参数，制作文字图案样式。

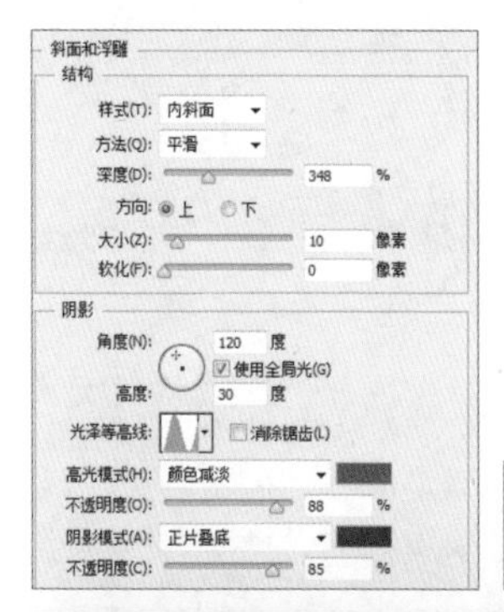

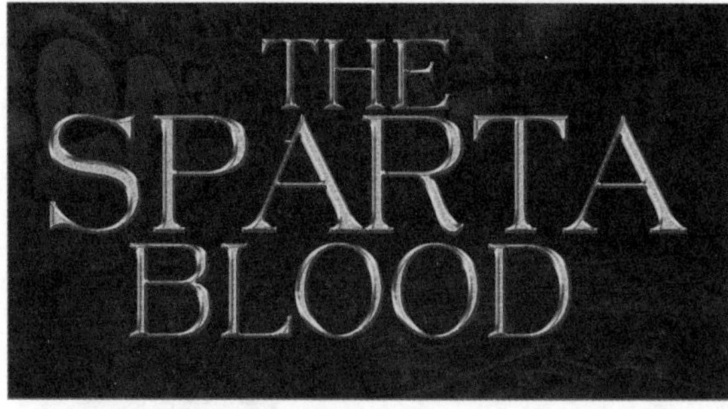

06 继续在文字图层上单击“添加图层样式”按钮fx，选择“投影”选项并设置参数，制作文字图案样式，将文字制作出具有立体感的视觉效果。

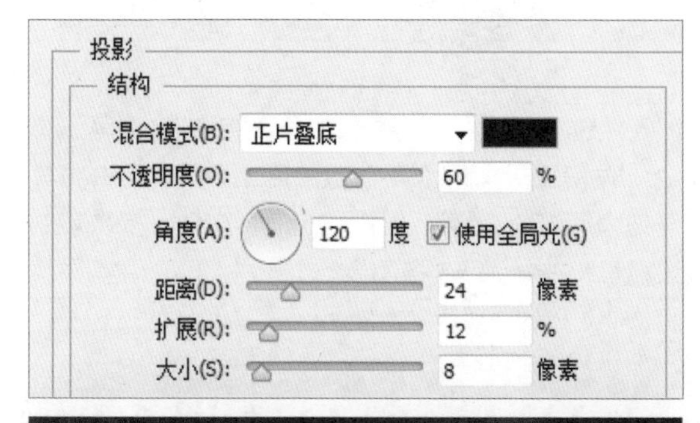

07 单击“创建新的填充或调整图层”按钮，在弹出的列表中选择“色相/饱和度”选项并设置参数。单击“调整剪贴到此图层”按钮创建图层剪贴蒙版，调整整体画面色调。

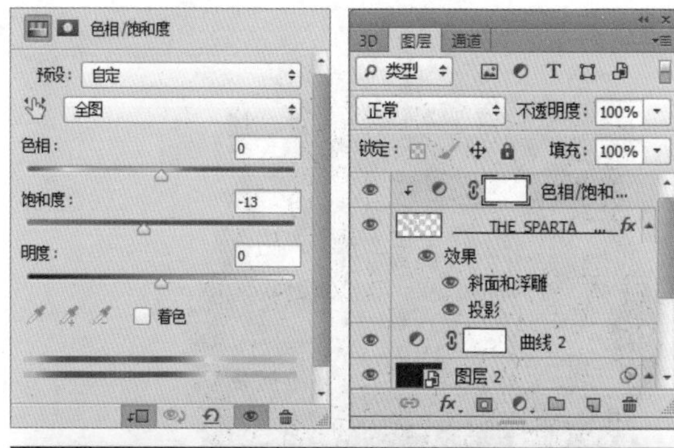

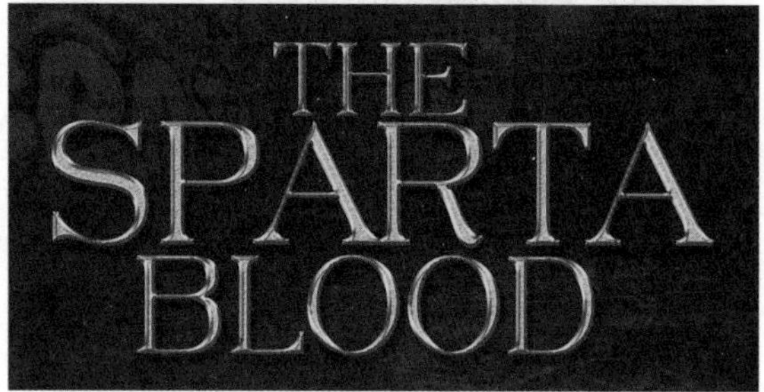

08 再次单击“创建新的填充或调整图层”按钮，在弹出的列表中选择“曲线”选项并设置参数。单击“调整剪贴到此图层”按钮创建图层剪贴蒙版，调整整体画面色调。至此，本实例制作完成。

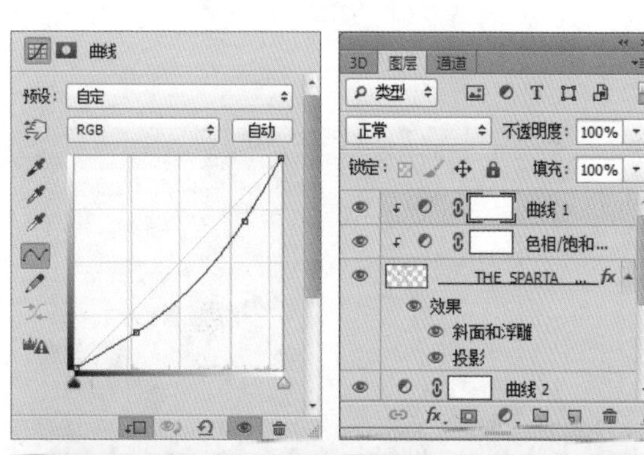

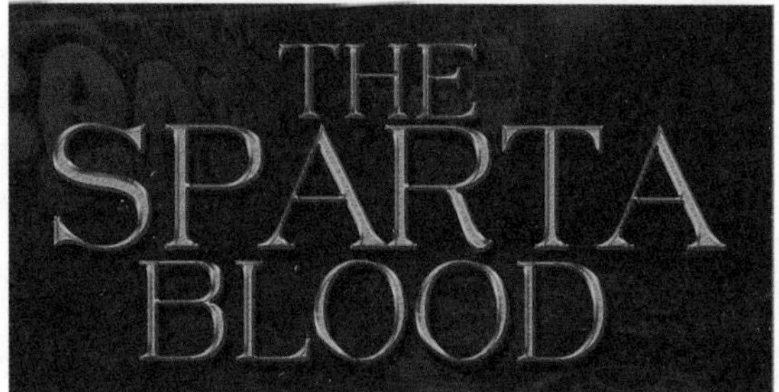

5 合成创意植物文字

实例门类	制作难度
艺术文字	★★★☆☆

光盘路径

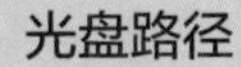

第 16 章 \16.2\Complete\合成创意植物文字.psd

视频路径

第 16 章 \16.2\合成创意植物文字.swf

设计思路分析

本实例中结合画笔工具、填充工具和图层蒙版绘制出淡色调的背景图像。通过添加素材文件并结合多个调整图层调整图像色调，形成创意植物文字效果。

Photoshop技法点拨

1 结合填充工具、画笔工具和图层蒙版绘制出淡雅的背景图像效果。

2 结合钢笔工具、填充工具和图层蒙版绘制土壤图像，并结合“颜色填充”和“色阶”调整图层形成土壤图像效果。

3 通过调整素材图像的色调和外形，形成创意的植物文字效果。

4 通过添加素材图像，形成具有层次感和对比感的画面效果。

01 新建图像文件。新建“组 1”，新建多个图层，结合填充工具、画笔工具和图层蒙版绘制背景图像，设置“图层 2”的“不透明度”为76%。

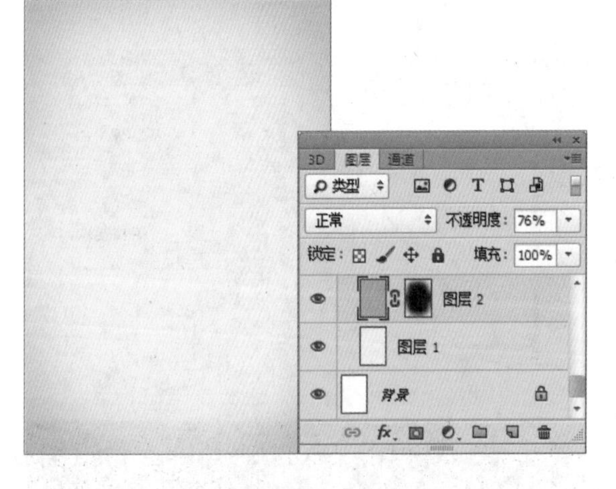

02 新建“图层 3”，设置前景色为淡蓝色，使用半透明的画笔工具，在画面相应位置绘制出天空图像，并设置该图层“不透明度”为82%。打开本书配套光盘中的“云朵.psd”文件，并拖拽到当前图像文件中，选定这两个图层，并创建剪贴蒙版。

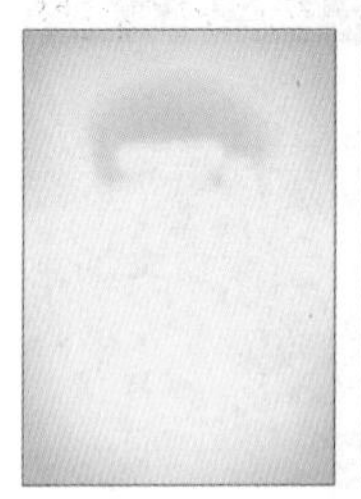

03 新建“组 2”，新建“图层 4”，结合钢笔工具、画笔工具和图层蒙版绘制土壤图像，并将其填充为深褐色。打开“泥土.psd”文件，多次复制该图层，并分别调整各图像的位置关系，创建剪贴蒙版，使土壤的效果更加真实。

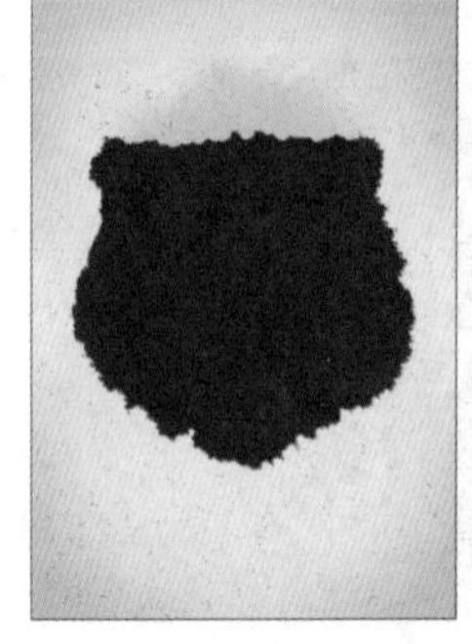

04 单击“创建新的填充或调整图层”按钮，在弹出的列表中选择“色相/饱和度”命令，设置相关参数并创建剪贴蒙版。运用相同的方法，创建多个“曲线”调整图层，设置相关参数后创建剪贴蒙版，并结合图层蒙版和画笔工具调整图像效果，使土壤形成明暗效果。

05 新建“组 3”，新建“图层 5”，结合钢笔工具、画笔工具和图层蒙版绘制图像并将其填充为白色。按下快捷键Ctrl+Alt+E盖印“组 2”图层得到“组 2（合并）”，然后在“图层 5”上方创建剪贴蒙版，形成土壤的细节图像。

06 依次打开“人参1.psd”和“草地.psd”文件，并拖拽到当前图像文件中。结合图层蒙版和画笔工具隐藏部分图像。为“人参1”图层添加“颜色填充”“色相/饱和度”和“色阶”调整图层，并创建剪贴蒙版，调整图像色调。

07 依次打开“植物.psd”和“人参.psd”文件，并拖拽到当前图像文件中。结合图层蒙版和画笔工具调整部分图像效果。多次复制各图层，并调整各图像的大小和位置。结合图层蒙版和画笔工具调整部分图像效果。

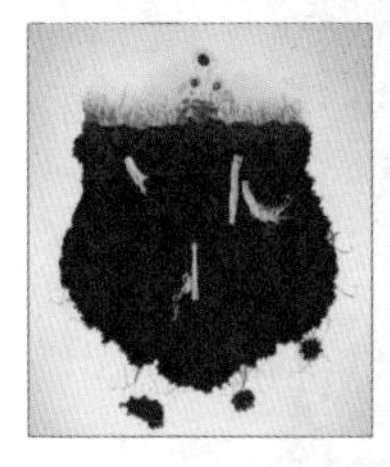

08 新建“组 4”，按下快捷键Ctrl+Alt+E盖印“人参”组得到“人参（合并）”，移动到该组中，并隐藏“人参”组。结合图层蒙版和画笔工具隐藏部分图像效果。为该图层添加“投影”图层样式，并设置相应参数。新建“图层 6”，结合钢笔工具、填充工具、图层混合模式和不透明度绘制图像，并创建剪贴蒙版，调整图像色调。

09 依次创建“色阶”“色相/饱和度”和“曝光度”调整图层，分别设置相应参数，创建剪贴蒙版，调整图像色调。新建“组 5”，选择“组 3”中“人参1”到“色阶1”之间的图层，按下快捷键Ctrl+Alt+E盖印图层得到“色阶 1（合并）”，并移动到“组 5”中。多次复制该图层，并结合画笔工具、橡皮擦工具和图层蒙版调整各图像效果。打开“水壶.psd”文件，拖拽到当前图像文件中。新建“图层 7”，结合画笔工具和图层蒙版绘制水壶的投影图像。

6 制作质感毛绒文字

实例门类	制作难度
艺术文字	★★★☆☆

光盘路径

第 16 章 \16.2\Complete\制作质感毛绒文字.psd

视频路径

第 16 章 \16.2\制作质感毛绒文字.swf

设计思路分析

在本案例中将结合毛绒纹理和画笔工具制作一款毛绒效果文字的字体，突出文字的趣味性。

Photoshop技法点拨

1 使用渐变工具绘制文字渐变效果。
2 结合文字工具和画笔工具绘制具有毛发效果的文字。
3 使用调色命令调整画面的色调。

01 执行“文件→新建”命令，新建图像文件。

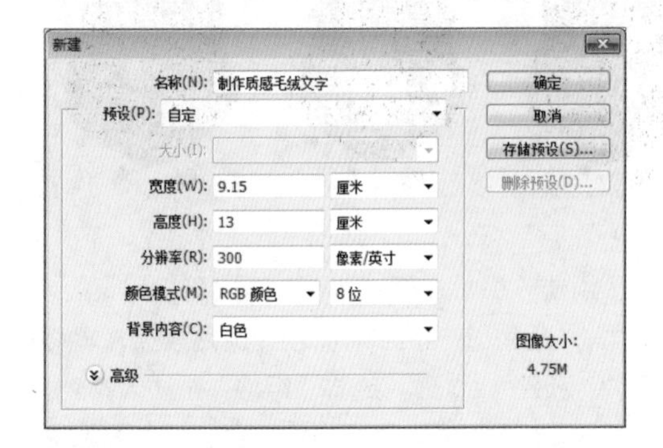

02 新建“图层1”，单击渐变工具从上往下填充深蓝色（R0、G33、B67）到蓝色（R0、G129、B197）的线性渐变。

03 新建“图层2”，单击渐变工具从下往上填充蓝色到深蓝色的线性渐变。单击“添加图层蒙版”按钮，结合柔角画笔工具隐藏部分图像。按住Shift键单击“图层1”和“图层2”，按快捷键Ctrl+T将图像缩小，空出白边部分。单击横排文字工具添加文字。

04 复制文字图层，执行“滤镜→模糊→高斯模糊”命令。继续复制文字图层得到拷贝2，单击鼠标右键，在弹出的快捷菜单中选择“栅格化文字”选项，添加“斜面和浮雕”“内发光”图层样式，设置相应参数应用图层样式效果。打开“熊.jpg”文件，拖到当前文件中，生成“图层3”并拖到文字图层上方，按下快捷键Ctrl+Alt+G创建剪贴蒙版。完成后复制并移动“图层3”，复制移动毛绒丰富纹理。

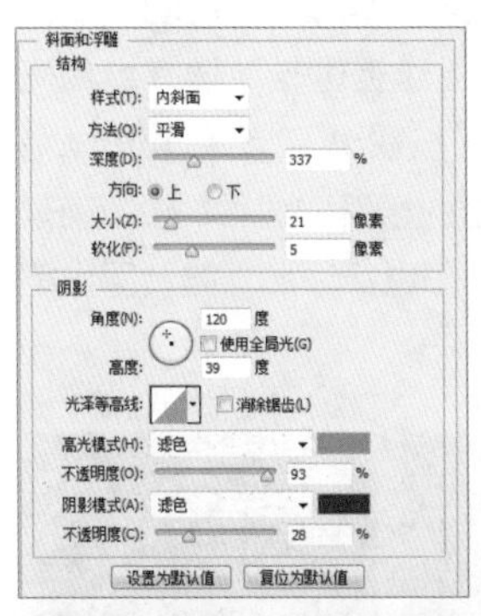

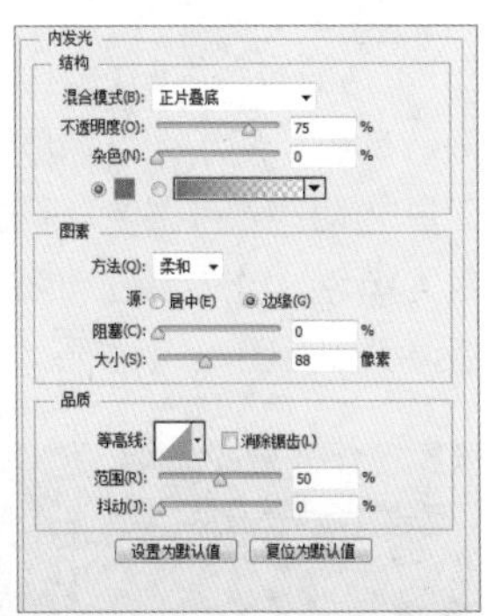

05 在图层最上方新建“图层4”，载入“毛绒笔刷.abr”，单击画笔工具，设置前景色为黄褐色（R139、G71、B23），打开画笔面板设置画笔参数。绘制更多的毛绒，设置图层“不透明度”为83%。复制“文字拷贝2”并重命名为“图层5”，移至图层最上方，执行“滤镜→模糊→高斯模糊”命令。

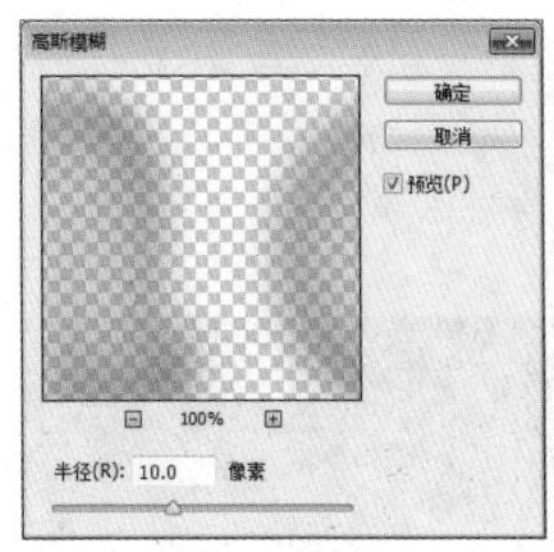

06 新建“图层6”，选择画笔工具，设置前景色为黄色（R224、G145、B67），绘制更多毛绒。单击“创建新组”按钮创建组并重命名为“文字”，把图层放入该组，并隐藏“文字拷贝2”图层。复制“文字”组得到“文字拷贝”组，按下快捷键Ctrl+E合并组。执行“滤镜→锐化→USM锐化”命令，让图像更加清楚。

07 单击“创建新的填充或调整图层”按钮，在展开的列表中选择“曲线”命令，在调整面板中设置各自的参数，调整图像亮度。再次单击“创建新的填充或调整图层”按钮，在展开的列表中选择“色彩平衡”命令，在调整面板中设置各自的参数，继续调整图像颜色。

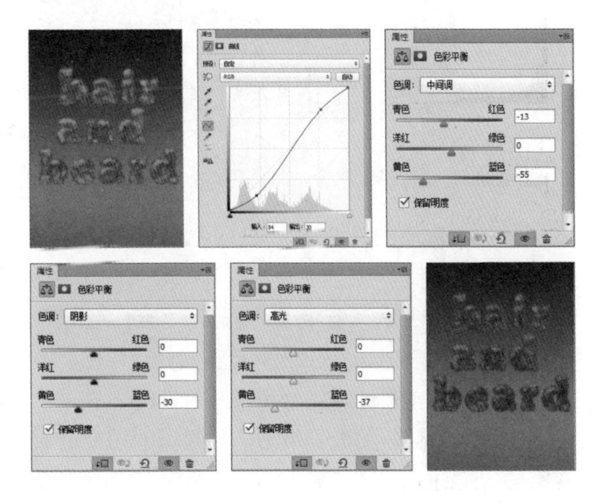

08 单击“创建新的填充或调整图层”按钮◐，在展开的列表中选择“色相/饱和度”命令，在调整面板中设置各自的参数，调整图像颜色。

09 再次打开“熊.jpg”文件， 拖到当前文件中，生成“图层7”，单击“通道”面板，复制“蓝”通道，得到“蓝 拷贝”，按下快捷键Ctrl+L调整图像色阶，再结合画笔工具进行涂抹，增强明暗对比。

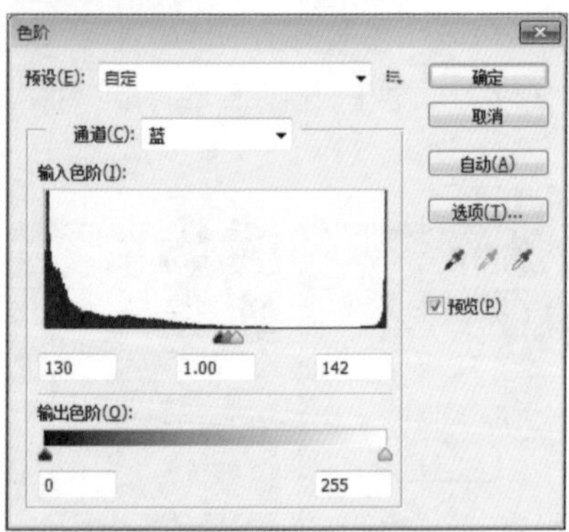

10 按住Ctrl键载入“蓝 拷贝”选区。回到“图层”面板，按下快捷键Ctrl+Shift+I反选图像。单击“添加图层蒙版”按钮◘，结合柔角画笔工具在图像中涂抹，隐藏部分图像。单击“创建新的填充或调整图层”按钮◐，在列表中选择“色相/饱和度”命令，在调整面板中设置参数，调整图像颜色。

11 在“文字”组下方新建“图层8”，单击柔角画笔工具，在属性栏中设置画笔的“不透明度”为20%，前景色为白色，在图像上进行涂抹，增加光效。单击“添加图层蒙版”按钮◘，结合柔角画笔工具隐藏部分图像。同理继续新建图层并设置前景色为黑色，对文字和熊的阴影进行涂抹，结合图层蒙版隐藏部分图像。

12 单击横排文字工具T创建文字，设置文字大小为“16点”，输入白色文字。单击“创建文字变形”按钮将文字变形。同理结合文字工具继续添加文字，适当设置文字大小和间距。至此，本实例制作完成。

16.3 艺术质感打造

艺术质感表现是Photoshop图像处理技巧中一项重要操作，本小节通过滤镜、图层混合模式、图层样式与通道制作并讲解了多种不同质感的艺术画面。

1 制作冰块水花质感效果

实例门类	制作难度
质感表现	★★★☆☆

光盘路径

第 16 章 \16.3\Complete\制作冰块水花质感效果.psd

视频路径

第 16 章 \16.3\制作冰块水花质感效果.swf

设计思路分析

本实例制作的是汽水周围的冰块与水花质感效果。水质感的柠檬结合飞溅的水花，让画面清爽而动感，柠檬黄的汽水与图像右下角淡蓝色的水面相呼应，增强色彩效果。

Photoshop技法点拨

1. 使用“玻璃”“铬黄”等滤镜制作水质感的柠檬。
2. 结合“滤色”图层混合模式制作汽水在柠檬片里的效果。
3. 使用画笔工具结合橡皮擦工具制作飞溅的水花。

01 执行“文件→新建”命令，在弹出的“新建”对话框中设置各项参数，然后单击“确定”按钮，新建图像文件。单击“创建新的填充或调整图层”按钮，添加“渐变填充1”调整图层。打开“水面.jpg”文件，拖拽到当前图像并作适当调整，然后添加图层蒙版，隐藏部分图像，调整图层混合模式为“叠加”。

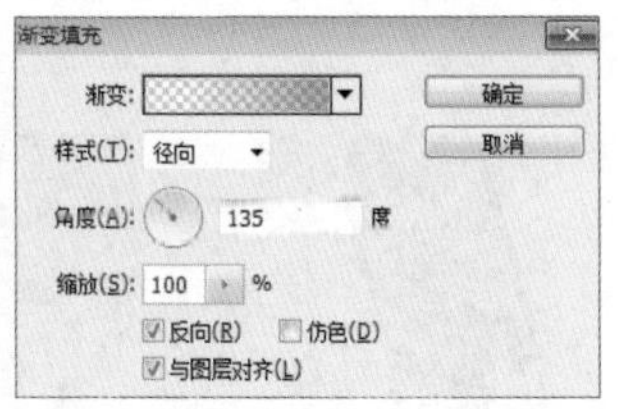

02 单击“创建新的填充或调整图层”按钮，添加“曲线1”“色相/饱和度”调整图层，并按下快捷键Ctrl+Alt+G创建剪贴蒙版，仅调整水面色调。

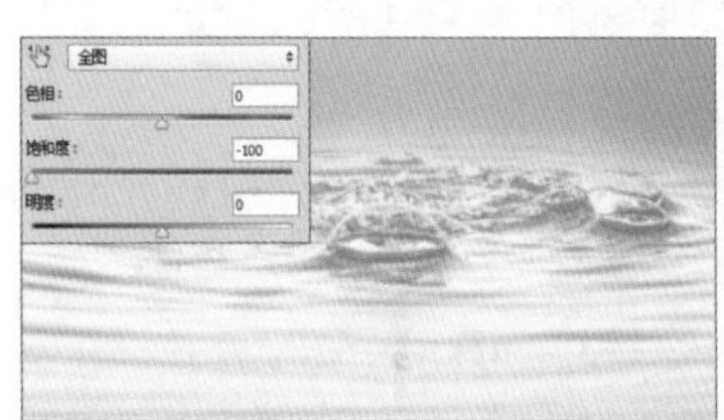

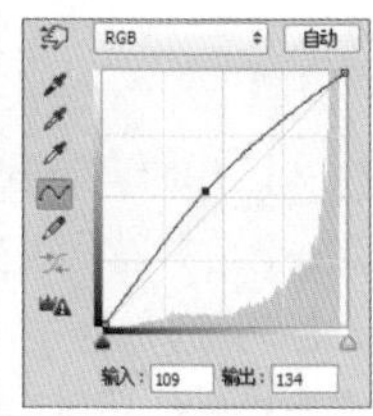

03 打开“柠檬.png”文件，拖拽到当前图像中。按下快捷键Ctrl+J两次，复制图像并隐藏图层可见性。复制“柠檬”图层，执行“滤镜→滤镜库”命令并应用“玻璃”滤镜效果，制作出结冰质感的柠檬片。

04 单击“创建新的填充或调整图层”按钮，添加“黑白1”调整图层，再创建剪贴蒙版以调整柠檬片的色调。设置调整图层的“不透明度”为90%，稍微减淡调整颜色。复制调整后的柠檬图层并将其合并，使用减淡工具在柠檬纹理上涂抹，增强纹理质感。

05 复制柠檬片图层并置于顶层，执行“滤镜→滤镜库”命令并应用“照亮边缘”滤镜，然后设置图层混合模式为“叠加”“不透明度”为45%，添加图层蒙版，隐藏部分图像。继续复制并合并调整后的柠檬片图层，然后分别使用加深工具和减淡工具涂抹柠檬暗部和高光，增强质感。

06 选择所有柠檬片图层并复制，按下快捷键Ctrl+Alt+E合并图层，并调整图层“不透明度”为80%，然后隐藏其他柠檬片图层。新建两个图层，并分别填充黄色和柠檬黄到蓝色的渐变，添加图层蒙版隐藏部分图像。添加“曝光度1”调整图层，调整图层“不透明度”为20%，然后添加图层蒙版调整画面色调。

07 打开“汽水.png”文件并进行复制，然后适当调整图层顺序。新建图层，用黄色柔角画笔沿着汽水瓶涂抹，绘制出环境色。调整“汽水拷贝”图层顺序至柠檬片图层上方，并适当调整图层混合模式和图层“不透明度”，然后添加图层蒙版，制作汽水在柠檬片里的效果。

08 打开“水珠.png”文件，拖拽到当前图像并调整大小，摆放在汽水瓶上，使用橡皮擦工具擦除多余的水珠，然后调整图层混合模式为“叠加”。

09 新建多个图层，载入“水花.abr”笔刷，结合画笔工具和橡皮擦工具绘制柠檬上飞溅的水花，增加画面动感。新建图层，使用画笔工具绘制柠檬片的投影和汽水上的雾气，完善画面效果。至此，本实例制作完成。

2 制作麻布质感效果

实例门类	制作难度
质感表现	★★★☆☆

光盘路径

第 16 章 \16.3\Complete\制作麻布质感效果.psd

视频路径

第 16 章 \16.3\制作麻布质感效果.swf

设计思路分析

本实例主要运用添加的图像结合滤镜制作画面中的绘画效果，新建图层，使用画笔工具在画面上涂抹出晕染的效果，将画面中的麻布质感制作出来。

Photoshop技法点拨

1 运用添加的图像结合滤镜制作画面中的绘画效果。
2 新建图层，使用画笔工具选择需要的画笔，在画面上涂抹出晕染的效果。
3 使用文字工具，设置需要的文字颜色，制作画面上需要的文字效果。

01 新建图像文件。打开“人物.jpg”文件，得到“图层1”，在其下方新建图层，使用柔角画笔并适当调整大小及透明度和颜色，在图层上适当涂抹。打开“风景.jpg”文件，得到“图层3”，使用滤镜制作其绘画效果，添加蒙版适当涂抹。

02 选中“图层1”，单击“创建新的填充或调整图层”按钮，在弹出的列表中选择“可选颜色”命令并设置参数，单击图框中“此调整影响下面的所有图层”按钮，创建其图层剪贴蒙版，调整图层的色调。

03 新建“图层4”，设置需要的前景色，使用画笔工具，选择柔角画笔并适当调整大小及透明度，在图像上人物下方适当涂抹出晕染的效果。设置图层混合模式为“正片叠底”。

04 按住Shift键并选择“图层1”和“选取颜色1”，按下快捷键Ctrl+J复制得到其拷贝，按下快捷键Ctrl+E将其合并，并移至图层上方，使用滤镜制作其绘画效果，选择其高光区域并添加蒙版，按住Alt键并单击鼠标左键，创建图层剪贴蒙版。

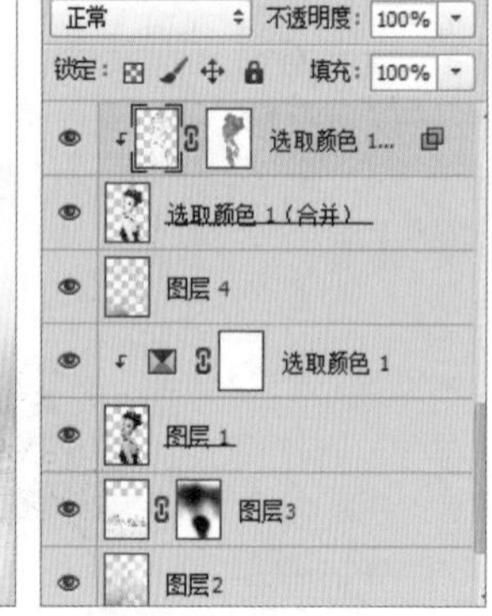

05 新建“图层5”“图层6”，设置需要的前景色，使用画笔工具，选择柔角画笔并适当调整大小及透明度，在图层上人物四周的位置适当涂抹，并设置需要的图层混合模式。

06 新建“图层7”，设置需要的前景色，使用画笔工具，选择柔角画笔并适当调整大小及透明度，在图层上人物四周合适的位置适当涂抹，并设置需要的图层混合模式。打开“水彩纹理.jpg”，添加蒙版并适当涂抹，设置混合模式为“柔光”。

07 新建“图层9”，单击画笔工具，选择尖角笔刷，设置“大小”为8像素，设置前景色为白色。然后单击钢笔工具在图像中人物的脸上绘制曲线路径，绘制完成后单击鼠标右键，在弹出的菜单中选择“描边路径”命令，弹出“描边路径”对话框，设置“工具”为“画笔”，单击“确定”按钮，为路径添加黑色描边，然后按下快捷键Ctrl+H隐藏路径。继续使用画笔工具，选择需要的画笔样式在人物的身上适当涂抹。

08 单击横排文字工具[T]，设置前景色为酒红色，输入所需文字，双击文字图层，在其属性栏中设置文字的字体样式及大小，并将其放置在画面的中间位置，制作标题文字。

09 继续使用横排文字工具[T]，设置前景色为白色，输入所需文字，双击文字图层，在其属性栏中设置文字的字体样式及大小，并将其放置在大标题文字的上下制作附标题文字。

10 继续使用横排文字工具[T]，设置前景色为白色，输入所需文字，双击文字图层，在其属性栏中设置文字的字体样式及大小，并将其放置在画面的下方制作说明文字。

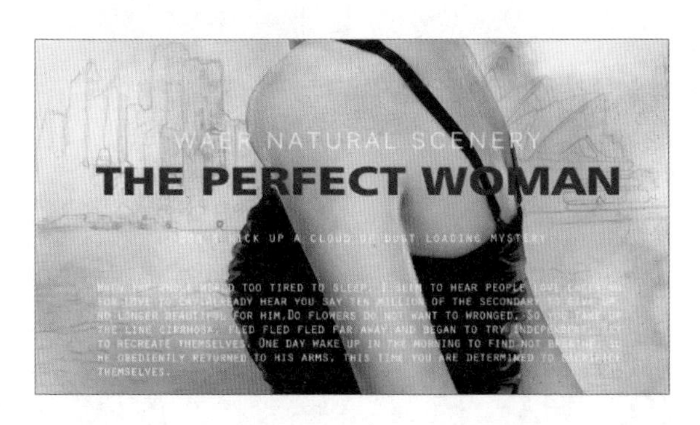

11 继续使用横排文字工具[T]，设置前景色为酒红色，输入所需文字，双击文字图层，在其属性栏中设置文字的字体样式及大小，并将其放置在画面的上方装饰画面。

12 按快捷键Shift+Ctrl+Alt+E盖印图层得到“图层10”，单击“添加图层样式”按钮[fx]，选择“图案叠加”选项并设置参数，制作图案样式。至此，本实例制作完成。

3 绘制喷溅牛奶质感

实例门类	制作难度
质感表现	★★☆☆☆

光盘路径

第 16 章 \16.3\Complete\ 绘制喷溅牛奶质感 .psd

设计思路分析

结合钢笔工具与图层样式绘制牛奶效果，层层堆叠的牛奶和双层巧克力让画面充满了诱人的香甜。

Photoshop技法点拨

1 使用钢笔工具结合“填充路径”“投影”“内阴影”等图层样式制作具有层次的牛奶。

2 使用钢笔工具结合“内阴影”“斜面和浮雕”“光泽”等图层样式制作牛奶杯子。

3 结合“色阶”和“黑白”命令，以及图层蒙版制作双层巧克力的效果。

01 执行“文件→新建”命令，弹出“新建”对话框，新建图像文件。

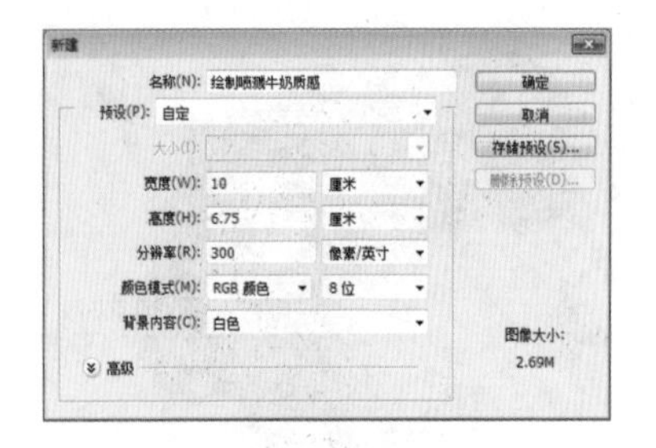

02 设置前景色为暗紫色（R55、G35、B97），单击“创建新的填充或调整图层”按钮，添加“颜色填充1”调整图层。然后添加“渐变填充1”调整图层，制作具有纵深感的背景。

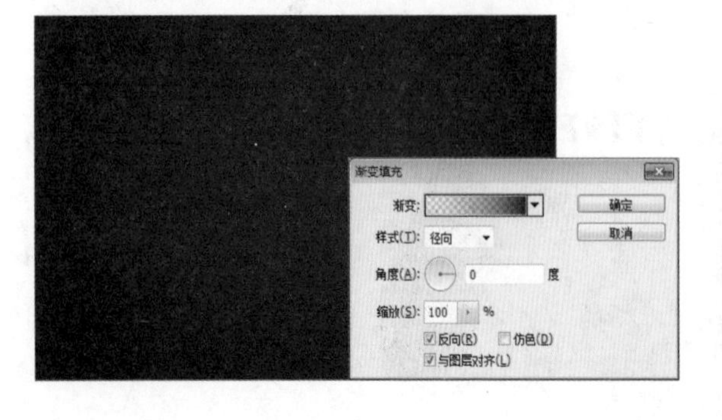

03 新建图层，结合多边形套索工具和渐变工具制作墙面。使用同样的方法制作墙的侧面。

04 结合钢笔工具和“填充路径”制作出一滩牛奶的形状，然后添加“投影”“内阴影”“图案叠加”“光泽”等图层样式，让图像具有液体的质感。

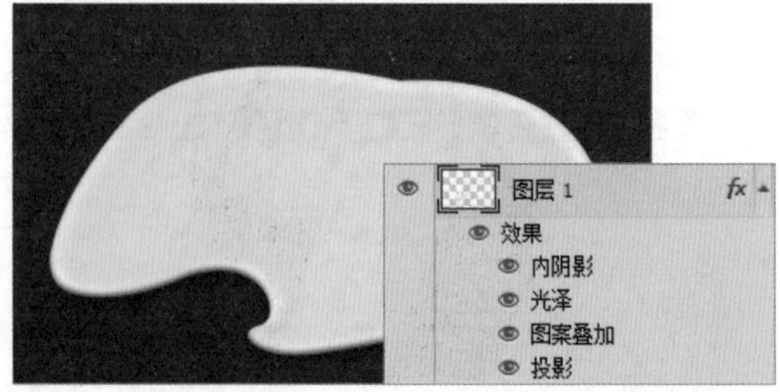

05 新建多个图层，使用同样的方法绘制更多层的牛奶，丰富画面。

06 新建图层，使用钢笔工具结合画笔工具绘制牛奶表面溅起的液柱，然后添加“光泽”图层样式，让溅起的液柱更有立体感，增强其质感。

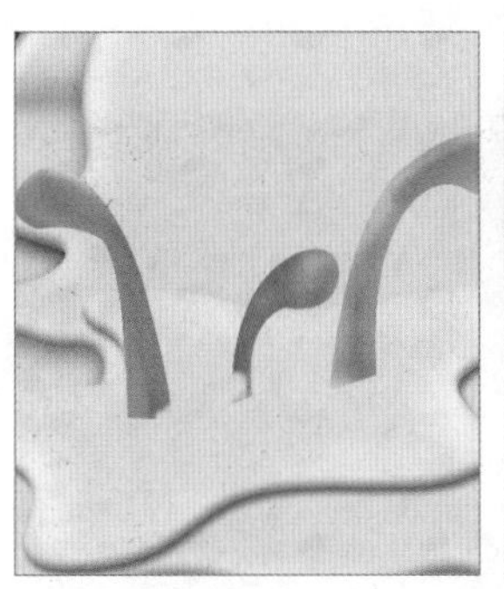

07 新建多个图层，用同样的方法绘制分散在画面中溅起的球状小液珠，并添加“光泽”图层样式，增强画面效果。

08 按住Shift键的同时选择所有在地面上的球状液体图层，然后按下快捷键Ctrl+Alt+E合并图层。按下快捷键Ctrl+T调整液滴的大小和位置，并适当调整图层顺序。完成后新建图层，使用黑色画笔绘制液滴和倒影间的阴影，让倒影更真实。

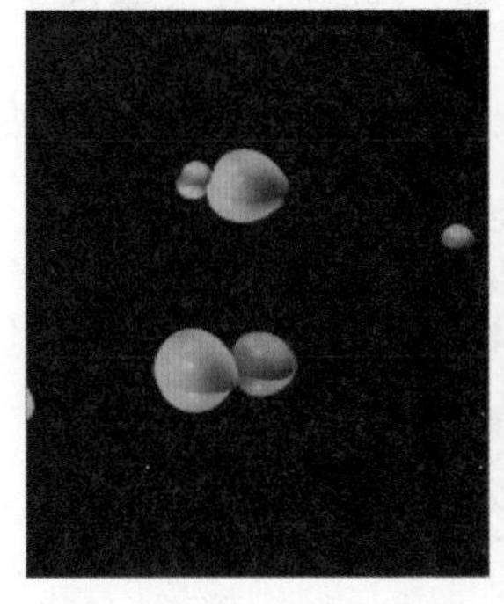

09 按住Shift键的同时选择所有牛奶图层，按下快捷键Ctrl+Alt+E合并图层。执行“滤镜→滤镜库”命令，应用“素描”滤镜组中的“铬黄渐变”滤镜。设置图层混合模式为“柔光”“不透明度”为20%。

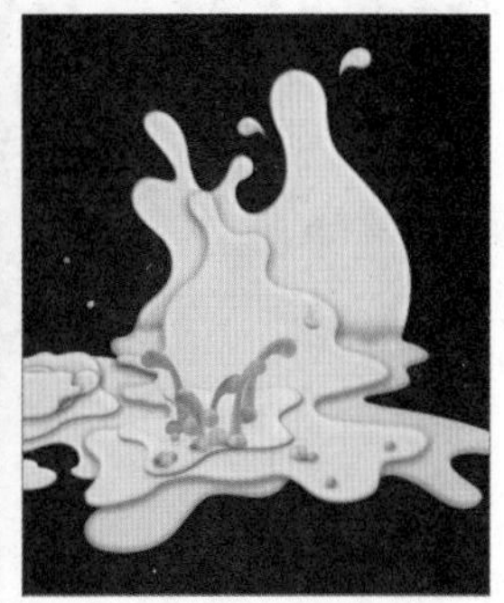

10 新建图层，使用白色画笔在牛奶连接部分涂抹，让牛奶连接得更自然。

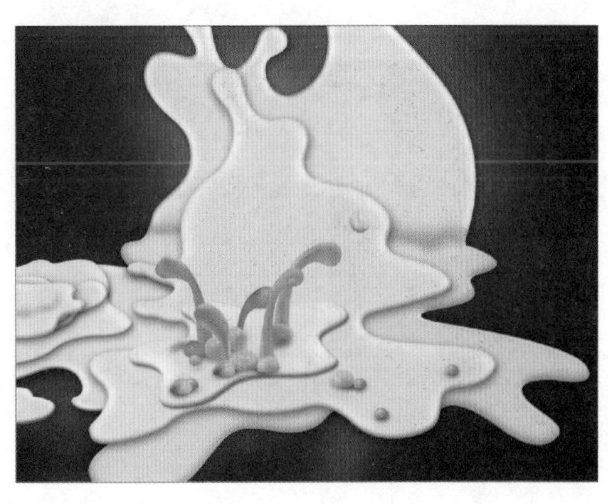

11 新建图层，使用钢笔工具绘制杯子的形状，然后添加“内阴影”“斜面和浮雕”“光泽”等图层样式让杯子立体。新建图层，使用钢笔工具绘制杯子里的牛奶和杯子上的部分阴影，加深杯子立体感。

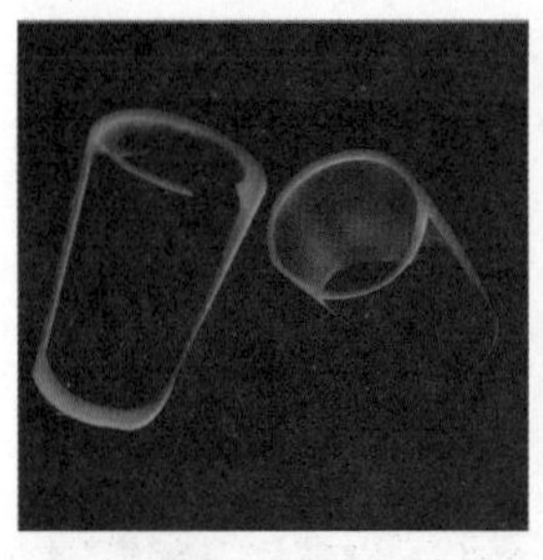

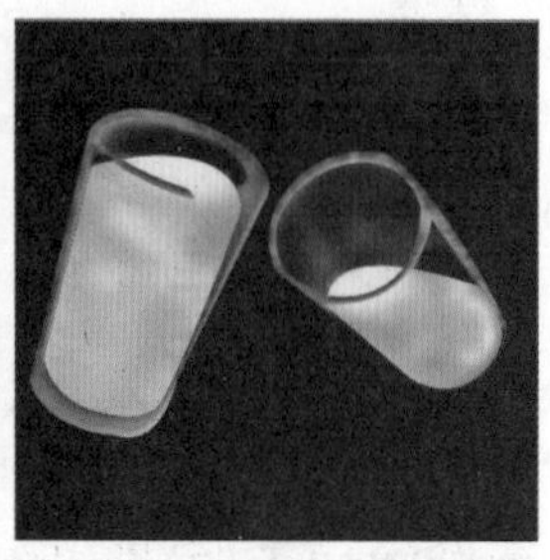

12 新建图层，结合钢笔工具和画笔工具绘制具有动感的牛奶。再使用加深工具和减淡工具让牛奶更立体。

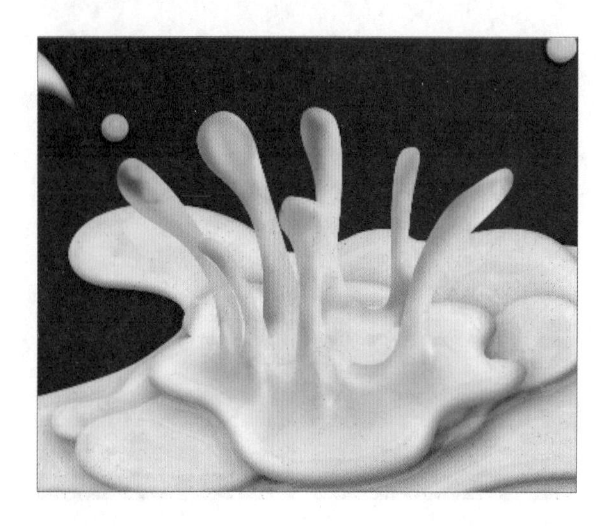

13 新建图层，使用钢笔工具勾绘出倒出来牛奶的路径，将路径转换为选区，并用画笔绘制牛奶。新建图层，使用画笔绘制投影，让画面效果更真实。

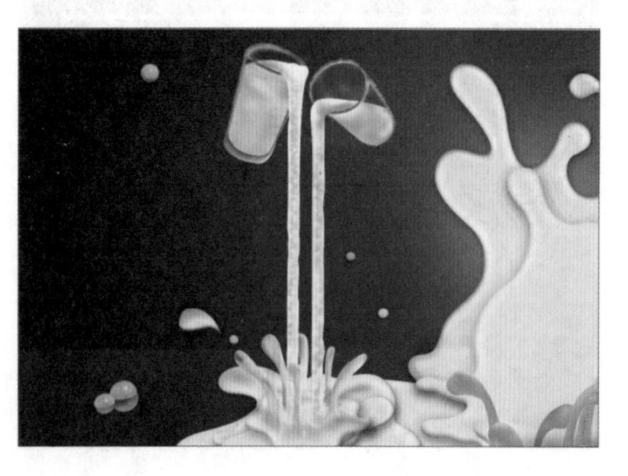

14 打开“巧克力.psd”文件，将其拖拽到当前图像中并进行适当调整。复制“巧克力1”图层，结合“图像→调整→色阶”和“图像→调整→黑白”命令，以及图层蒙版制作双层巧克力的效果。使用同样的方法将巧克力都制作成双层效果，并新建图层，绘制巧克力在牛奶上的投影。

15 新建多个图层，使用画笔工具绘制背景的发光部分，并适当调整图层的混合模式和图层“不透明度”以及图层顺序，让画面更有层次感。

16 单击横排文字工具，输入文字。新建图层，使用钢笔工具绘制标志。至此，本实例制作完成。

4 绘制浴室一角质感效果

实例门类	制作难度
质感表现	★★★☆☆

光盘路径

第 16 章 \16.3\Complete\绘制浴室一角质感效果.psd

视频路径

第 16 章 \16.3\绘制浴室一角质感效果.swf

设计思路分析

本实例主要运用钢笔工具与图层样式制作背景网格和地漏图像。运用横排文字工具、“自由变换”命令、图层样式制作文字效果。运用钢笔工具、渐变工具制作气泡效果，画面色彩鲜艳、效果真实、气泡纹理丰富。

Photoshop技法点拨

1 运用渐变工具、钢笔工具与图层样式制作背景。
2 运用钢笔工具、图层样式、渐变工具制作地漏。
3 添加泡泡素材，应用图层蒙版、画笔工具与图层混合模式制作泡泡效果。
4 对文字进行变形处理并添加图层样式，制作出真实的文字效果。

01 新建图像文件。单击“创建新图层”按钮，得到“图层 1”。然后单击渐变工具，对“图层 1”填充由浅蓝色到深蓝色的径向渐变，制作图像背景。

02 单击椭圆选框工具，在图像中创建一个椭圆选区，按下快捷键Shift+F6弹出“羽化选区”对话框，设置“羽化半径”为50像素。为选区填充浅蓝色，制作更为丰富的背景效果。新建图层并命名为“地板”，单击钢笔工具，绘制背景网格路径。按下快捷键Ctrl+Enter将路径转换为选区，并填充蓝色。单击“添加图层样式”按钮，在弹出的列表中选择“斜面和浮雕”命令，设置各项参数，为网格增加立体效果，使网格显得更加真实。

专家技巧

使用径向渐变制作背景

制作背景的渐变样式时，可以使用径向渐变工具，通过设置颜色来制作需要的渐变样式。单击椭圆选框工具，在图像中创建一个椭圆选区，按下快捷键Shift+F6弹出“羽化选区”对话框，设置“羽化半径”，为选区填充需要的颜色，即可制作需要的画面中的径向渐变。

03 新建“图层 2”，单击椭圆选框工具，创建椭圆选区并填充深蓝色，为该图层添加“斜面和浮雕”图层样式，增强图像立体感。新建“图层 3”，使用椭圆选框工具在图像中创建选区。然后单击渐变工具，为选区填充由深蓝色到浅蓝色的线性渐变。

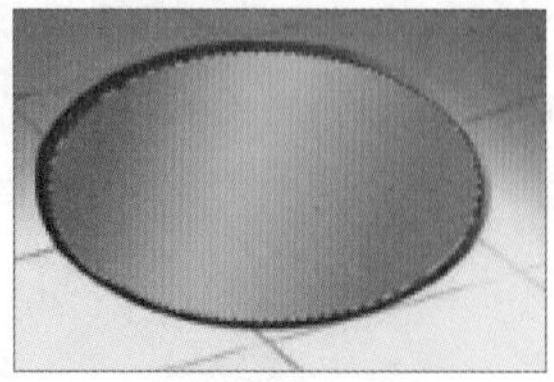

04 新建“图层 4”，使用钢笔工具勾画出漏孔，然后将其转换为选区并填充深蓝色，添加“内发光”图层样式，设置发光颜色为浅蓝色。新建“图层 5”，单击钢笔工具，在漏孔边缘处绘制如图所示路径，然后将其转换为选区，使用渐变工具为选区填充由深蓝色到浅蓝色的径向渐变，制作出漏孔的厚度感，使地漏显得更加真实。

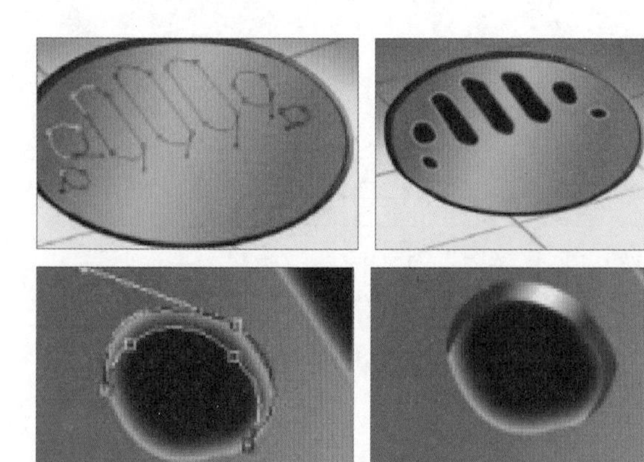

05 选中“图层 2”至“图层 5”并右击，在弹出的快捷菜单中选择“合并图层”选项，将合并后的图层重命名为“地漏”。按下快捷键Ctrl+T，然后按住Ctrl键不放，拖动控制点，调整整体的透视感，按下Ente键确认变换操作。按下快捷键Ctrl+U，弹出“色相/饱和度”对话框，设置各项参数，调整图像色调。执行“滤镜→模糊→高斯模糊”命令，设置“半径”为2.5像素，完成后单击“确定”按钮。

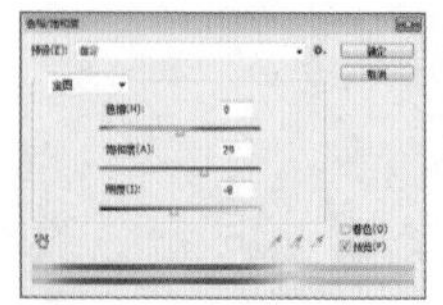
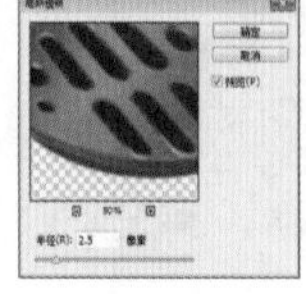
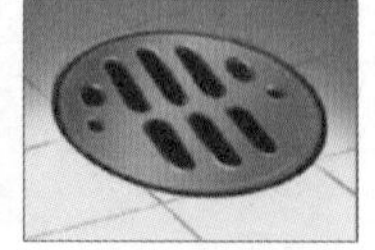

06 为“地漏”图层添加“斜面和浮雕”图层样式，设置参数，制作地漏的立体感。打开“肥皂.png”文件，将其拖拽到图像中合适位置，生成“图层 2”。

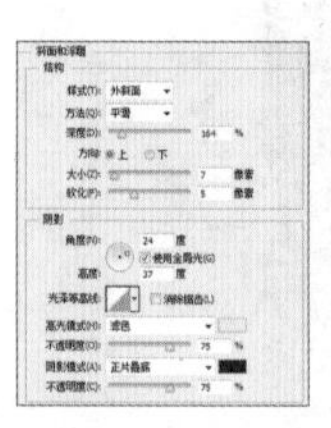

07 单击横排文字工具，在图像中输入文字。然后使用“自由变换”命令对文字进行调整，再为文字添加“斜面和浮雕”“内阴影”“渐变叠加”等图层样式，制作文字的立体感。栅格化文字图层，再结合“自由变换”命令对文字进行透视调整，使文字效果更加真实。

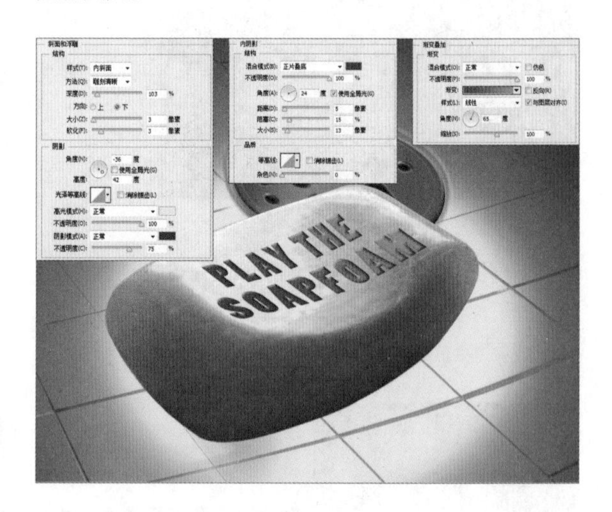

08 新建图层，将其重命名为“投影”，并移至“图层 2”下方，单击画笔工具，使用合适的画笔在肥皂下方绘制，制作出肥皂的阴影。打开素材“泡泡01.png”和“泡泡02.png”文件，并将其拖拽到当前图像文件中，生成“图层 3”和“图层 4”。

09 为“图层 3”添加图层蒙版，使用合适的画笔在图层蒙版上涂抹，隐藏生硬的边缘和肥皂上的部分图像。参照上述步骤，为“图层 4”添加图层蒙版，结合画笔工具隐藏生硬的边缘，设置图层混合模式为“强光”，使图像色调更加鲜明。

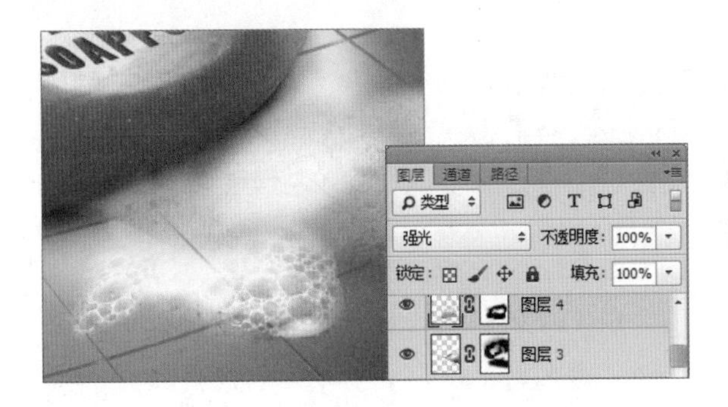

10 多次复制图层，采用同样的方法，运用“自由变换”命令调整图像，运用图层蒙版进行叠加和遮盖，制作出更多的气泡效果，使画面更加丰富。

11 打开“泡泡03.png”素材文件，并将其拖拽到图像中，生成“图层 5”，参照上述步骤添加图层蒙版，结合画笔工具隐藏虚化气泡边缘，设置图层混合模式为“强光”，制作漂亮的泡泡效果。

12 新建“图层 6”，使用椭圆选框工具绘制选区，并填充由白色到透明的径向渐变。再运用钢笔工具绘制如图所示路径，然后将其转换为选区，再次运用渐变工具反方向填充由黑色到透明的径向渐变，制作泡泡效果。

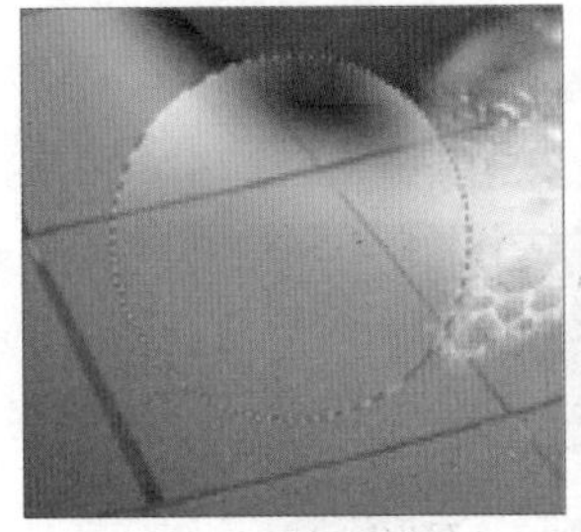

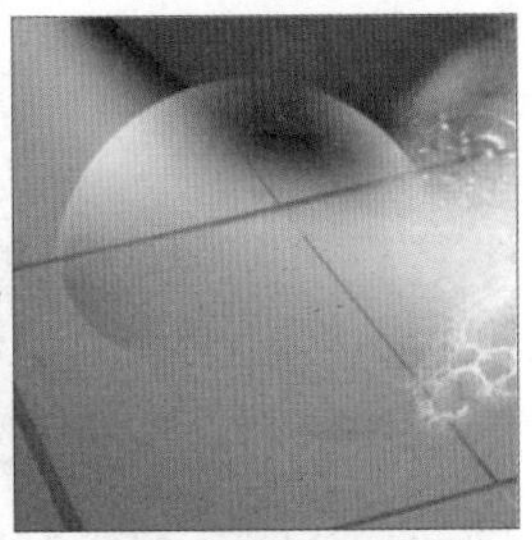

13 更进一步刻画泡泡，制作出泡泡的高光和边缘线，使泡泡更加真实。参照步骤10至步骤12，复制图层，再运用“自由变换”命令结合图层蒙版和图层混合模式制作更多的气泡效果，使画面更加丰富。

14 在图层“地漏”上新建图层并命名为“水滴投影”，运用画笔工具绘制气泡阴影，使气泡更加真实，最后运用横排文字工具，在图像中输入文字。至此，本实例制作完成。

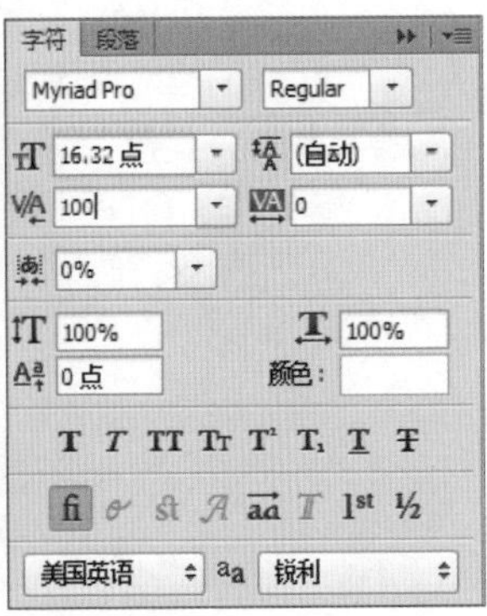

16.4 绘制个性插画

Photoshop具有强大的图像绘制与调色功能，使用画笔工具，通过调整透明度和混合模式，可以使绘画过程更为顺畅。再通过添加不同材质的素材，还可以表现不同质感的艺术插画效果。

1 绘制游戏角色插画

实例门类	制作难度
个性插画	★★★★★

光盘路径

第 16 章 \16.4\Complete\绘制游戏角色插画.psd

视频路径

第 16 章 \16.4\绘制游戏角色插画.swf

设计思路分析

在本实例中使用钢笔工具绘制人物线稿，对阴影、高光部分进行细致涂抹。创建剪贴蒙版，对背景的各图像元素进行颜色调整，使背景画面更逼真。

Photoshop技法点拨

1 使用钢笔工具绘制头发上的白色高光线条。
2 使用画笔工具绘制月亮的阴影效果。
3 添加"照片滤镜"调整图层调整画面色调。

01 执行"文件→新建"命令，弹出"新建"对话框，设置"宽度"和"高度"，然后单击"确定"按钮，新建图像文件。新建"组1"，在该组内新建图层，绘制人物线稿。在线稿图层下方新建多个图层，对人物肤色、头发颜色进行涂抹。

02 结合钢笔工具和画笔工具绘制人物深紫色的裙子，对阴影部分细心绘制。使用相同方法绘制人物的手套、靴子的颜色和光影等。完成之后，在线稿所在图层上方新建图层，结合钢笔工具和"描边路径"命令绘制头发上的白色高光线条。

03 在“组1”下方新建“组2”，在“组2”内新建图层，并填充背景颜色为土黄色。单击画笔工具，绘制十字架。

04 绘制深浅不一的紫色色块，然后按下快捷键Ctrl+Alt+G创建剪贴蒙版，使颜色作用于十字架上。

05 重复上面的操作继续绘制不同颜色的色块，按下快捷键Ctrl+Alt+G创建剪贴蒙版。

06 绘制画面下方的深褐色图像，使用画笔工具绘制人物的投影。

07 绘制下方紫色圆点，按下快捷键Ctrl+Alt+G创建剪贴蒙版，更改其混合模式为“正片叠底”。

08 使用画笔工具绘制云彩，并适当添加阴影。

09 按下快捷键Ctrl+Alt+G创建剪贴蒙版，调整云彩阴影效果。继续绘制云彩旁边的白色图像，按下快捷键Ctrl+Alt+G创建剪贴蒙版，制作云彩高光效果。

10 选择较低透明度的笔刷绘制画面阴影效果，对右上角的阴影进行加深涂抹。

11 绘制红色月亮与光晕效果，更改图层混合模式为“线性减淡”“不透明度”为63%。

12 使用椭圆工具绘制白色的月亮。用画笔工具绘制月亮中的黄色光影，按下快捷键Ctrl+Alt+G创建剪贴蒙版，重复此操作绘制月亮阴影。

13 创建“照片滤镜”调整图层，设置相关参数，调整画面色调。在“组1”上方新建“组3”，绘制人物边缘的红色线条，更改其混合模式为“线性减淡（添加）”“不透明度”为12%。

14 使用钢笔工具绘制花瓣图像，在上方新建图层涂抹深红色，更改图层混合模式为“正片叠底”，按下快捷键Ctrl+Alt+G创建剪贴蒙版。

15 继续绘制地平线位置的云彩图像，更改其“不透明度”为26%。

16 继续绘制画面的红色晕影效果，更改其混合模式为“强光”“不透明度”为18%。

17 单击渐变工具，在属性栏上设置较低的透明度，在画面上绘制出渐变颜色效果。更改图层混合模式为“叠加”“不透明度”为9%。

18 单击画笔工具，绘制大小不一的白色圆点。创建“曲线”调整图层，设置相关参数，加强画面的明暗对比。

2 绘制唯美艺术插画

实例门类	制作难度
个性插画	

光盘路径

第 16 章 \16.4\Complete\ 绘制唯美艺术插画.psd

视频路径

第 16 章 \16.4\ 绘制唯美艺术插画.swf

设计思路分析

在本实例中使用画笔工具绘制人物细节及鱼尾等部分，通过添加素材并调整色调来制作海底世界效果，以展现梦幻般的童话世界。

Photoshop技法点拨

1 调整人物形态及皮肤质感，再绘制头发及五官区域以美化人物。
2 添加海底图像、海水图像及海鱼图像并混合颜色以制作背景。
3 使用画笔工具绘制鱼尾部分制作美人鱼。

01 打开“女子.jpg”文件，使用裁剪工具对画布进行扩展，扩展为竖画幅效果。单击“创建新的填充或调整图层”按钮，应用“曲线”和“亮度/对比度”命令，设置参数调亮图像。

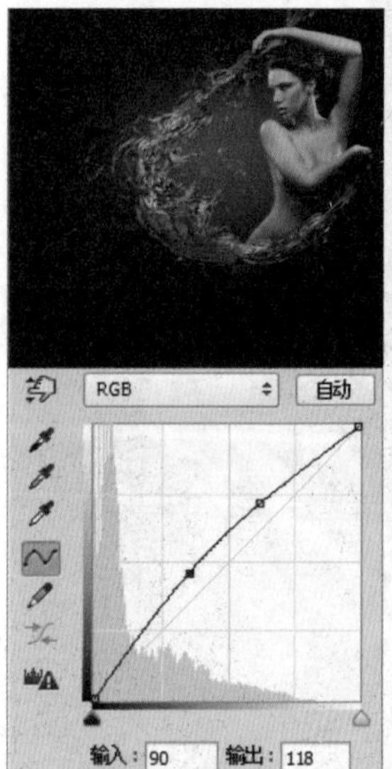

02 单击“创建新的填充或调整图层”按钮，分别应用“照片滤镜”和“色彩平衡”命令，设置各项参数将图像调整为冷色调。

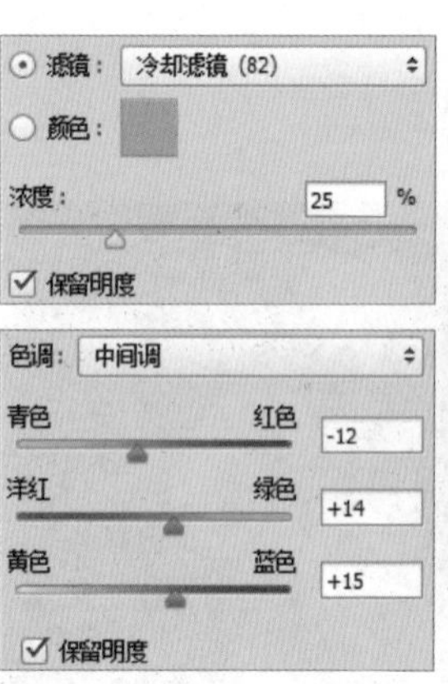

03 盖印图层并擦除人物图像以外的区域，结合“液化”滤镜对人物身体进行液化处理，美化其形态。

04 新建图层并使用画笔工具绘制皮肤光泽部分。将“磨皮滤镜”放置到Photoshop安装文件中的滤镜文件夹中，应用该滤镜使人物皮肤更细腻，再添加图层蒙版并使用画笔工具恢复水流部分的细节。

05 新建“头发”图层组，再新建图层，使用画笔工具在人物的头发处绘制更细腻的头发颜色，以增强头发顺滑的质感。

06 新建“五官”图层组，再新建图层，使用画笔工具绘制人物的眼影、眼珠、眉毛、嘴唇等区域颜色，以增强人物神态表情。

07 新建“鱼尾”图层组，并新建图层，使用画笔工具绘制蓝色（R49、G124、B172）的鱼尾，并进一步刻画其暗部效果。

08 进一步刻画鱼尾的暗部以增强鱼尾的纹理质感。绘制鱼尾上的鱼鳞部分，以增强鱼尾基本质感。

09 在鱼尾的鳞片上绘制一些不同色调的蓝色斑点，结合剪贴蒙版及混合模式混合其颜色，以增强鱼鳞部分的光泽质感。

10 新建“鱼鳍”图层组，并按照同样方法在美人鱼的双手手腕部分绘制鱼鳍图像部分，增强图像效果。

11 在“人物”图层组上方新建图层，使用画笔工具在人物照片边缘生硬的部分及画面底端涂抹与背景相融合的颜色，以使其更自然。为底端添加“海底.jpg”图像并调整混合颜色。

12 打开“海鱼.png”图像文件，并将其拖拽到当前图像文件中，为画面添加海鱼。通过添加“曲线”“照片滤镜”调整图层等方法调整海鱼的颜色。

13 添加“气泡.psd”图像丰富画面效果，添加“海水.jpg”图像文件并结合图层蒙版及混合模式等方法将其混合到背景中。

14 添加“曲线”调整图层以增强画面色调，完善画面效果。至此，本实例制作完成。

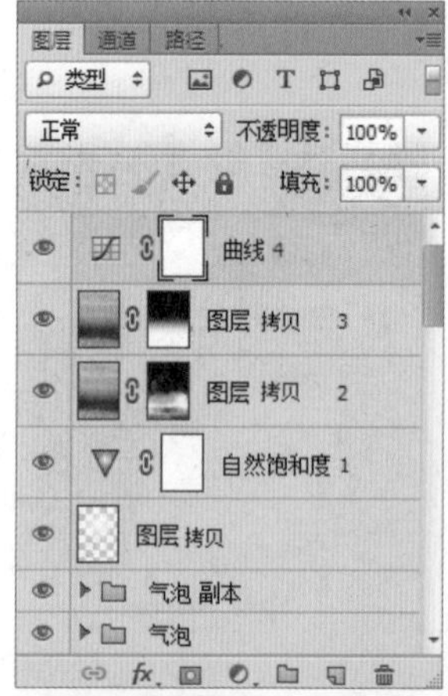

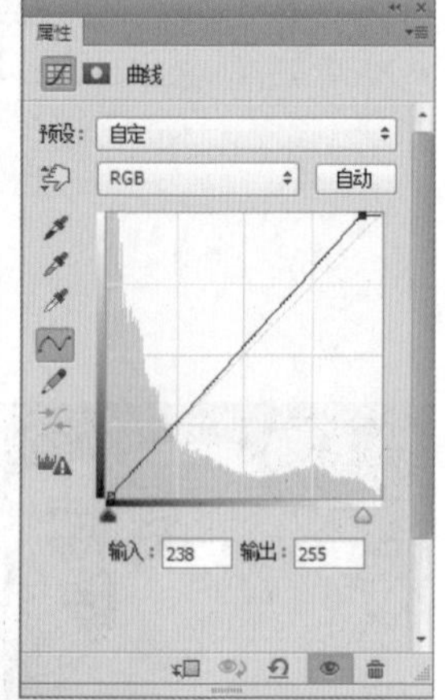

3 绘制矢量趣味插画

实例门类	制作难度
个性插画	★★★★☆

光盘路径

第 16 章 \16.4\Complete\绘制矢量趣味插画.psd

视频路径

第 16 章 \16.4\绘制矢量趣味插画.swf

设计思路分析

本实例运用钢笔工具绘制图形路径，然后对路径进行编辑、填充，并设置图层样式。作品主要利用路径进行绘制，制作各种效果。绘制过程中运用了大量的图层样式效果，使画面中平面与立体效果完美融合。

Photoshop技法点拨

1 运用“自由变换”命令调整条形图像的大小与位置。
2 添加“图层样式”效果，增强图像立体感。
3 使用钢笔工具绘制人物图像的轮廓路径，然后填充颜色。
4 添加素材图像，调整图层混合模式，丰富画面效果。

01 新建一个图像文件。新建“图层 1”，单击渐变工具，从内向外填充蓝白色到蓝色的径向渐变。新建“图层 2”，单击钢笔工具，在图像左侧绘制曲线路径，将路径转换为选区，填充选区为浅蓝色到蓝色再到深蓝色的径向渐变。

02 按下快捷键Ctrl+D，取消选区。按下快捷键Ctrl+N，在弹出的“新建”对话框中设置相关参数，完成后单击“确定”按钮，创建“图案.psd”文件。执行“视图→显示→网格”命令，显示出网格。单击矩形选框工具，在“图案.psd”文件中创建一个矩形选区，选区会自动对齐网格，并填充选区颜色为黑色。单击移动工具，按住Alt键的同时向右移动复制矩形，对齐网格。完成后按下快捷键Ctrl+E合并图层。执行“编辑→定义图案”命令，设置“图案名称”为“条纹”。在“矢量风格的趣味插画.psd” 文件中创建“图层 3”。执行“编辑→填充”命令，在弹出的“填充”对话框中选择自定义图案，并设置其他参数，完成后单击“确定”按钮。

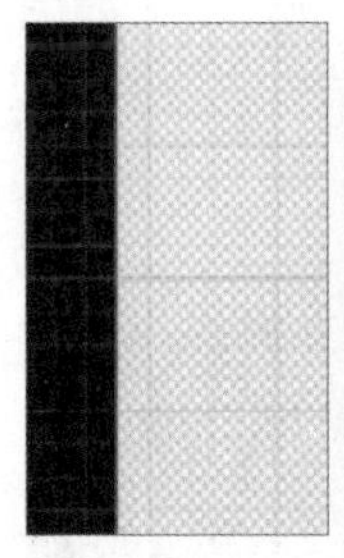 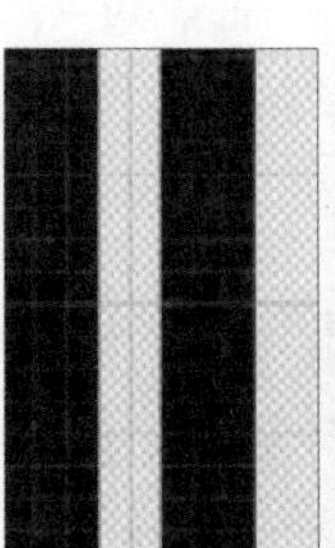 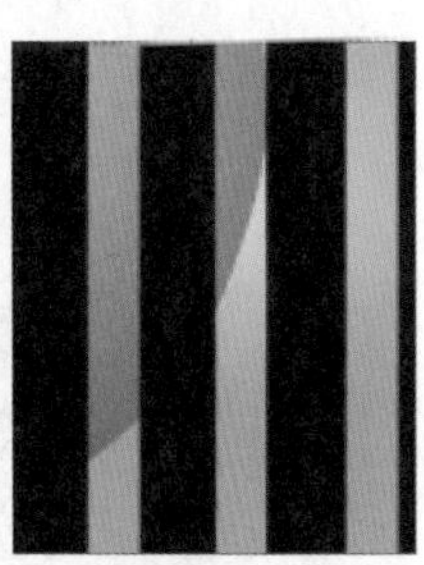

03 通过“自由变换”命令调整黑色条纹图像的位置，单击属性栏中的“在自由变换和变形模式之间切换”按钮，切换到变形模式。拖动变形控制手柄，调节图像，完成后按下Enter键确认操作。按住Ctrl键的同时单击“图层 3”图层缩览图，载入图层选区，然后从上到下填充选区颜色为灰蓝色到蓝黑色的径向渐变。

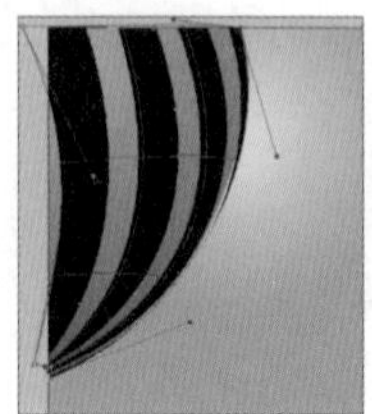

04 双击“图层 3”，打开“图层样式”对话框，设置“外发光”与“光泽”图层样式的参数值，完成后单击“确定”按钮。选择“图层 2”与“图层 3”，按下快捷键Ctrl+Alt+E盖印图层，自动生成“图层 3（合并）”，通过“自由变换”命令调整图像的位置。打开“图层 3（合并）”的“图层样式”对话框，设置“光泽”图层样式的参数值，设置完成后单击“确定”按钮。新建图层组并重命名为“人物 1”，在该图层组中新建“图层 4”，单击钢笔工具，在图像上绘制路径，将路径转换为选区，从中心向外填充选区颜色为土黄色到朱红色的径向渐变。

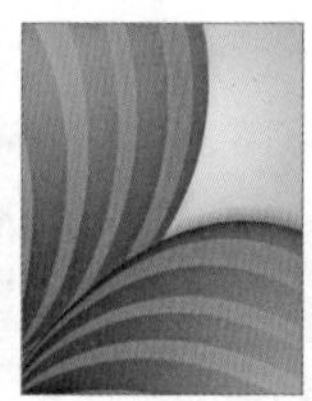

05 取消选区，双击“图层 4”，打开“图层样式”对话框，设置“斜面和浮雕”“等高线”“纹理”“光泽”与“图案叠加”图层样式的参数值，设置完成后单击“确定”按钮，应用图层样式。然后新建“图层 5”与“图层 6”，结合钢笔工具与渐变工具绘制人物头发。

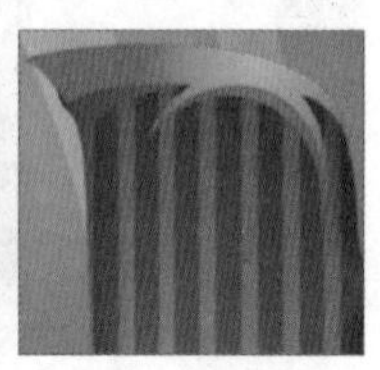

06 双击“图层 6”，打开“图层样式”对话框，设置“投影”“斜面和浮雕”“光泽”“图案叠加”图层样式的参数值，其中“投影”选项面板中的颜色设为朱红色，“斜面和浮雕”选项面板中“高光模式”颜色设为黄色，“阴影模式”颜色设为褐色，“光泽”选项面板中的颜色设为橘红色。再设置“描边”图层样式的参数值，设置渐变颜色从左到右依次为橘红色、中黄、土黄色。设置完成后单击“确定”按钮。复制一个“图层 6”，通过“自由变换”命令调整“图层 6 拷贝”图像的位置。

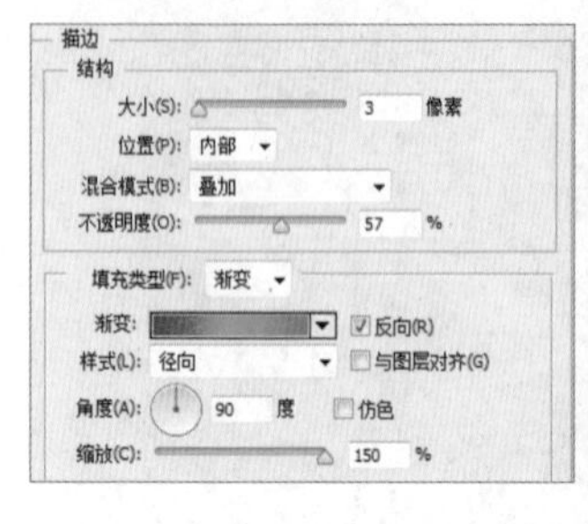

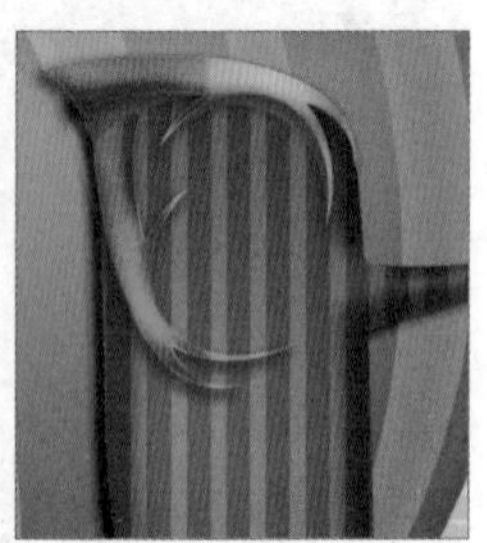

07 在“图层 6”上方创建图层组并命名为“眼睛”，在组内创建“图层 7”。单击椭圆选框工具，创建一个椭圆选区，从中心向外填充选区为土黄色到褐色的径向渐变，取消选区。

08 双击“图层 7”，在弹出的“图层样式”对话框中设置“投影”“斜面和浮雕”以及“纹理”图层样式参数值，其中“投影”选项面板中的颜色设为朱红色，“斜面和浮雕”选项面板中“高光模式”颜色设为褐色。设置完成后单击“确定”按钮。

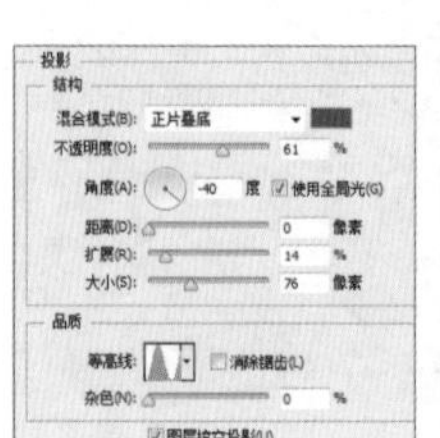
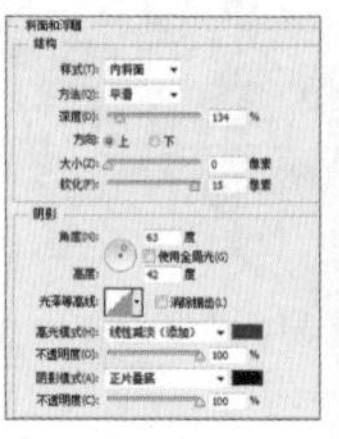

09 复制“图层 7”，通过“自由变换”命令调整图像大小，隐藏图层样式。按住Ctrl键的同时单击“图层7 拷贝”图层缩览图，载入图层选区，单击渐变工具，从中心向外为选区填充土黄色到朱红色的径向渐变。取消选区，打开“图层样式”对话框，设置“投影”“斜面和浮雕”与“等高线”图层样式的参数值，调整颜色变换，单击“确定”按钮。

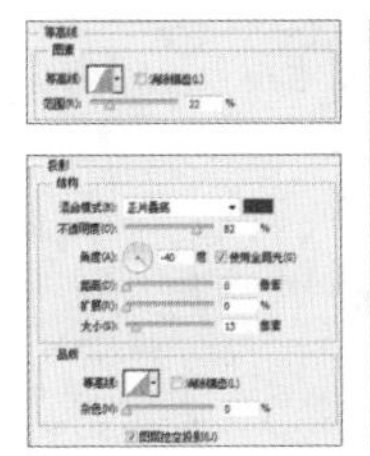
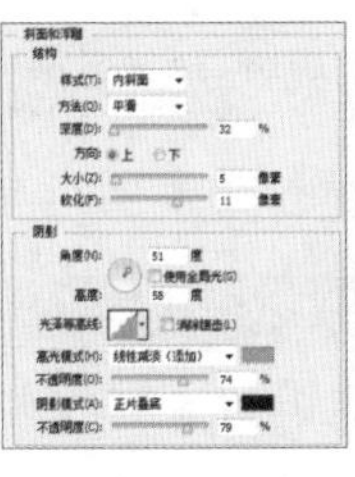
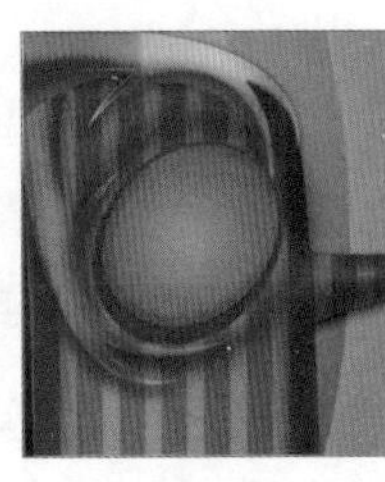

10 再次复制“图层 7”，并将其移至“图层 7拷贝”上方。通过“自由变换”命令缩小图像。调整“阴影”图层样式的参数值，完成后单击“确定”按钮。多次复制“图层 7”图像，适当调整图层样式。新建“图层 8”，绘制黄色到白色的渐变图像。

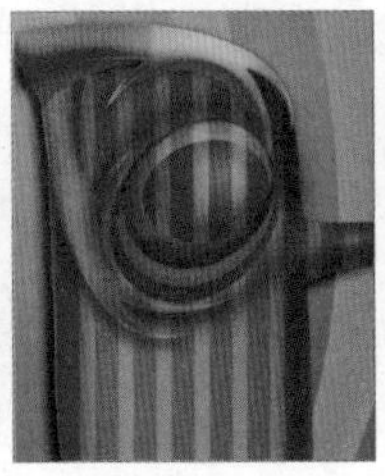
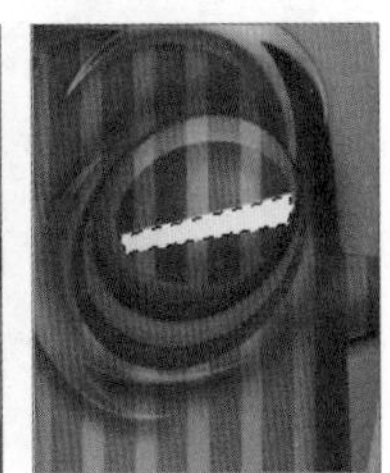

11 打开“图层 8”的“图层样式”对话框，分别设置“投影”“内阴影”“描边”图层样式参数，适当调整面板中的颜色值，使图像光影效果过渡自然。设置完成后单击“确定”按钮，为眼睛图像添加光影效果。

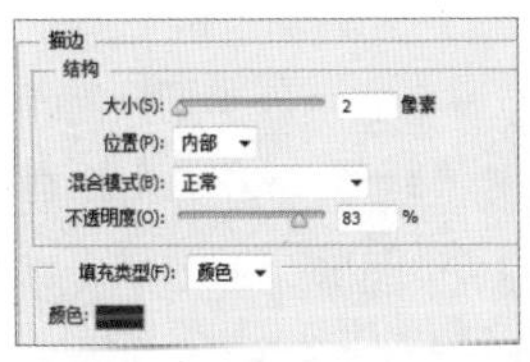

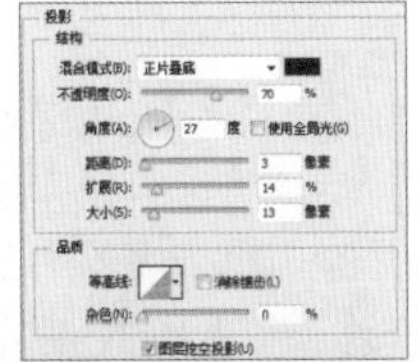
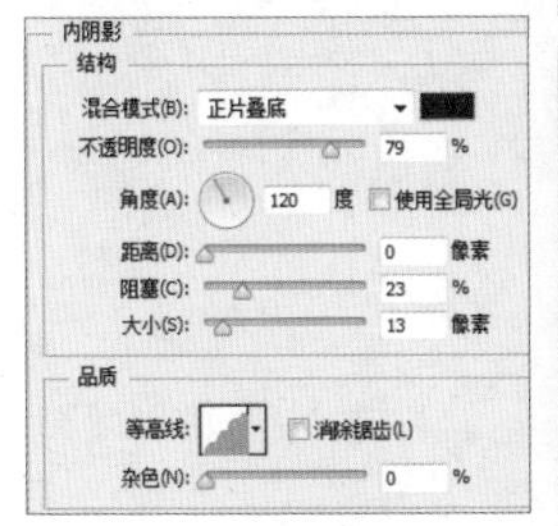

12 新建“图层 9”，用椭圆选框工具创建椭圆选区，填充为黑色，绘制人物的眼珠，建立该图层的剪贴蒙版，使眼珠图像位于下层图层的方框中。新建“图层 10”，绘制人物黑色眉毛。新建“图层 11”，单击钢笔工具，创建下巴选区，填充选区颜色为褐色。

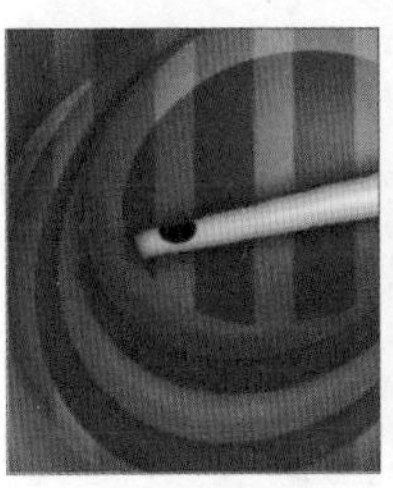

13 采用相同的方法绘制人物下巴图像。新建图层组及图层，绘制人物的嘴巴以及耳朵图像，添加图层样式，使图像效果更真实。然后绘制“人物 2”图像。新建图层组并命名为“衣服”，采用钢笔工具与渐变工具，结合图层样式，绘制人物衣服图像。

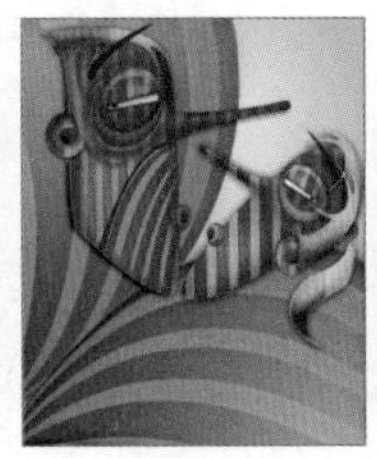
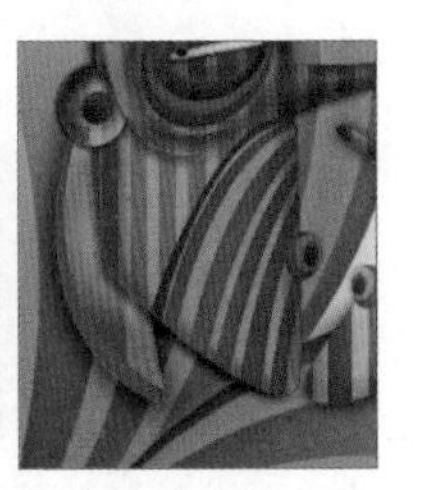

14 新建图层，采用相同的方法绘制完整的人物效果。打开本书配套光盘中的“01.psd”“02.psd”“03.psd”文件，单击移动工具，将素材图像拖拽到当前图像文件中，并调整其在画面中的位置，适当复制图像并作出调整，丰富整个画面效果。最后复制“图层 3（合并）”，生成“图层 3（合并）拷贝”，调整花纹图像到画面的左下角，设置图层混合模式为“线性减淡（添加）”，丰富画面效果。至此，本实例制作完成。

4 绘制抽象花卉插画

实例门类	制作难度
个性插画	★★★☆☆

光盘路径

第 16 章 \16.4\Complete\绘制抽象花卉插画.psd

视频路径

第 16 章 \16.4\绘制抽象花卉插画.swf

设计思路分析

在本实例中运用画笔工具和钢笔工具表现抽象花卉插画。用不同程度的细节绘画和虚实对比刻画具有较高“真实度”的抽象花卉图像。

Photoshop技法点拨

1 使用画笔绘制抽象花卉的大体形状。

2 继续使用画笔绘制抽象花卉的细节。

01 新建图像文件。新建“图层1”“图层2”，单击钢笔工具，在属性栏中设置属性为“路径”，设置需要的“填充”，绘制云雾缭绕的路径，并将其创建选区填充需要的颜色，再使用画笔工具绘制叶子图形。

02 新建“图层3”“图层4”，选择尖角画笔并适当调整大小及透明度，设置其需要的前景色，在画面上绘制需要的图形图案，表现抽象花卉的大体图形。

03 新建“图层5”，选择尖角画笔并适当调整大小及透明度，设置需要的前景色，结合钢笔工具，绘制需要的图形图案，表现抽象花卉的大体图形。

04 新建图层，选择尖角画笔并适当调整大小及透明度，设置需要的前景色，结合钢笔工具，绘制需要的图形图案，表现抽象花卉的大体图形。

05 新建图层，选择尖角画笔并适当调整大小及透明度，设置需要的前景色，在画面上绘制需要的图形图案，绘制抽象花卉里面的细节图形。

06 新建图层，选择尖角画笔并适当调整大小及透明度，设置需要的前景色，在画面上绘制需要的图形图案，表现抽象花卉里面的细节图形。

07 新建图层，继续选择尖角画笔并适当调整大小及透明度，设置需要的前景色，在画面上绘制需要的图形图案，表现抽象花卉的附加颜色花卉图形。

08 新建图层，使用画笔工具，选择尖角画笔并适当调整大小及透明度，设置需要的前景色，在画面上绘制需要的图形图案，表现抽象花卉里面的不同颜色的斑点样式图形。

09 新建图层，继续使用画笔工具，选择尖角画笔并适当调整大小及透明度，设置需要的前景色，在画面上绘制需要的图形图案，表现抽象花卉里面的不同颜色的斑点样式图形。完善画面的细节，至此本实例制作完成。

5 绘制拼贴艺术插画

实例门类	制作难度
个性插画	★★☆☆☆

光盘路径

第 16 章 \16.4\Complete\绘制拼贴艺术插画.psd

视频路径

第 16 章 \16.4\绘制拼贴艺术插画.swf

设计思路分析

在本实例中运用钢笔工具绘制画面上需要的图形，再结合需要的纹理图案，使用图层样式和图层蒙版将画面制作完成。

Photoshop技法点拨

1 制作画面的背景。
2 使用钢笔工具绘制画面上需要的图形。
3 打开需要的纹理图案，结合图层样式和图层蒙版设置效果。

01 打开“背景.jpg”文件，将其拖拽到当前文件图像中，生成“背景”图层。新建“图层1”，适当涂抹将背景调亮，并设置图层混合模式为“线性光”“不透明度”为42%。

02 使用钢笔工具，在其属性栏中设置属性为“形状”，并设置需要的“填色”，在画面上绘制热气球上面的形状。继续使用钢笔工具绘制热气球上面的图形，按住Alt键并单击鼠标左键，创建其图层剪贴蒙版。

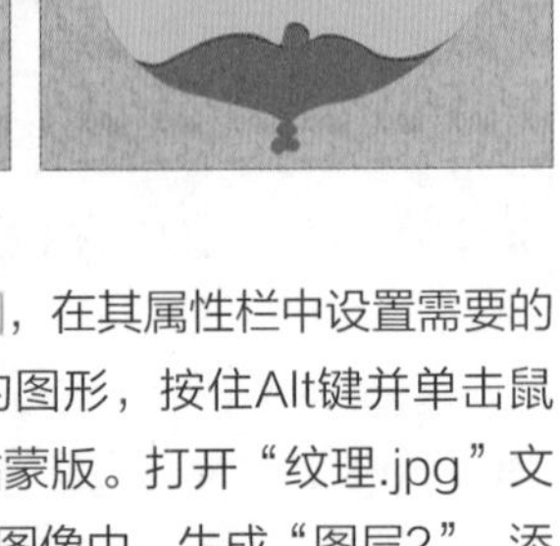

03 继续使用钢笔工具，在其属性栏中设置需要的属性，绘制热气球上面的图形，按住Alt键并单击鼠标左键，创建其图层剪贴蒙版。打开“纹理.jpg”文件，将其拖拽到当前文件图像中，生成“图层2”，添加蒙版适当涂抹，设置混合模式为“叠加”，并继续制作其纹理效果。使用钢笔工具绘制上面的数字并添加纹理，将其建组命名为“气球”。

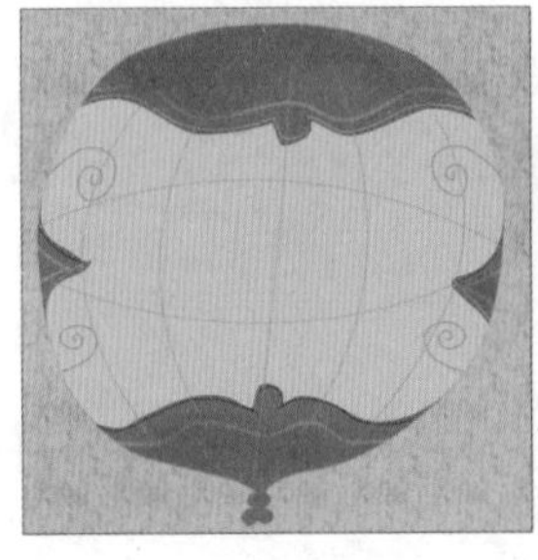

04 新建图层，使用黑色柔角画笔工具绘制需要的HDR效果，创建“色阶1”，单击图框中“此调整影响到下面的所有图层”按钮，创建其图层剪贴蒙版，调整其色调。

05 继续使用钢笔工具，在其属性栏中设置需要的属性，绘制热气球下面的图形，制作画面中热气球图形下面的部分。

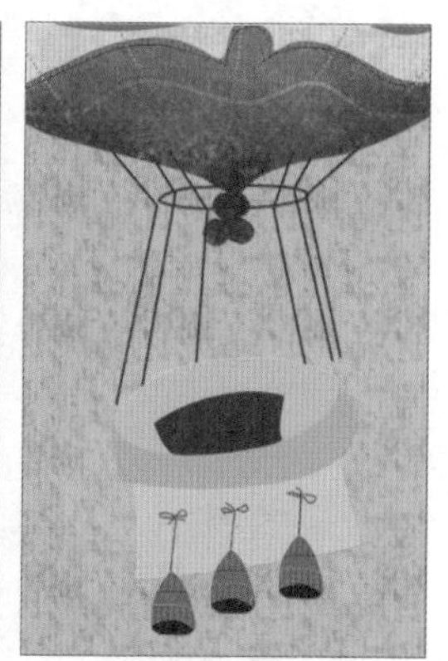

06 继续复制打开的纹理，并将其移至图层上方，添加蒙版适当涂抹，按住Alt键并单击鼠标左键，创建其图层剪贴蒙版，制作统一的画面纹理。

07 采用与前面相同的方法，使用钢笔工具绘制热气球上面的人物。复制打开的纹理，制作统一的画面纹理。

08 采用相同方法，使用钢笔工具绘制热气球下方左右两侧的图形，复制打开的纹理，制作统一的画面纹理。

09 继续使用相同的方法结合多种调整图层色调的命令完善画面细节。至此，本实例制作完成。

6 绘制卡通形象插画

实例门类	制作难度
个性插画	★★★☆☆

光盘路径

第 16 章 \16.4\Complete\绘制卡通形象插画.psd

视频路径

第 16 章 \16.4\绘制卡通形象插画.swf

设计思路分析

在本实例中运用画笔工具绘制动物身上的毛发，让画面丰富起来，最后结合文字工具将画面制作完整。

Photoshop技法点拨

1 通过添加素材图像，制作画面中的背景。
2 用画笔工具绘制动物身上的毛发。
3 使用文字工具输入文字并设置文字样式。

01 新建图像文件。打开“背景.jpg”文件，得到“图层1”，新建“图层2”，拖拽至新建文件中。使用柔角画笔并适当调整大小及透明度和颜色，在图层上适当涂抹，绘制出窗户的大体颜色。

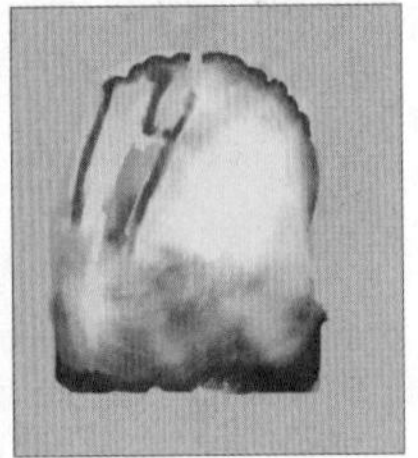

02 新建“图层3”“图层4”，使用画笔工具，选择需要的画笔并适当调整大小及透明度，设置需要的前景色，在画面上绘制窗户的图形和斑点。

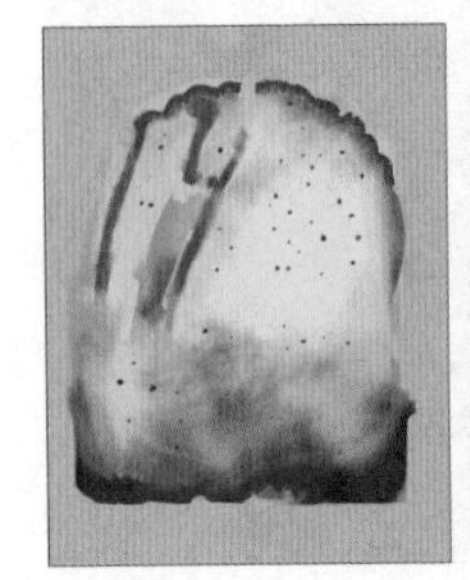

03 新建“图层5”，继续使用画笔工具，选择需要的画笔并适当调整大小及透明度，设置需要的前景色，在画面中绘制需要的图形图案，表现动物的大体图形。

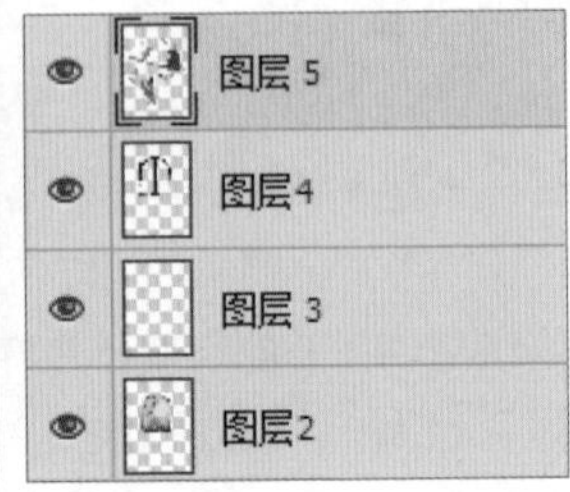

04 新建“图层6”，继续使用画笔工具，选择尖角画笔并适当调整大小及透明度，设置需要的前景色，在画面中绘制需要的图形图案，表现动物的阴影，绘制出动物的立体感。

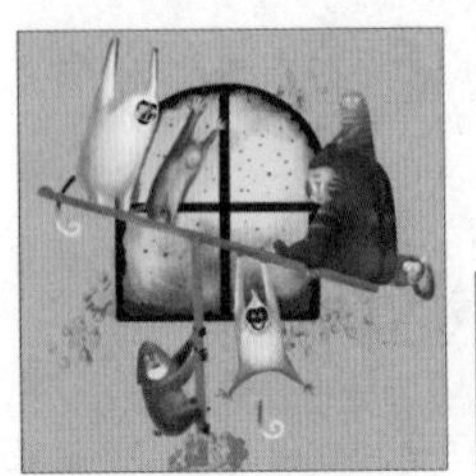

图层 6
图层 5

05 继续新建图层，选择尖角画笔并适当调整大小及透明度，设置需要的前景色，绘制需要的图形图案，表现动物的毛发质感，丰富画面上的动物图像。

06 继续新建图层，使用画笔工具，选择尖角画笔并适当调整大小及透明度，设置需要的前景色，在画面中绘制需要的图形图案，表现卡通的叶子和根茎，丰富画面。

07 继续新建图层，使用画笔工具，选择尖角画笔并适当调整大小及透明度，设置需要的前景色，在画面中绘制叶子上的图案。

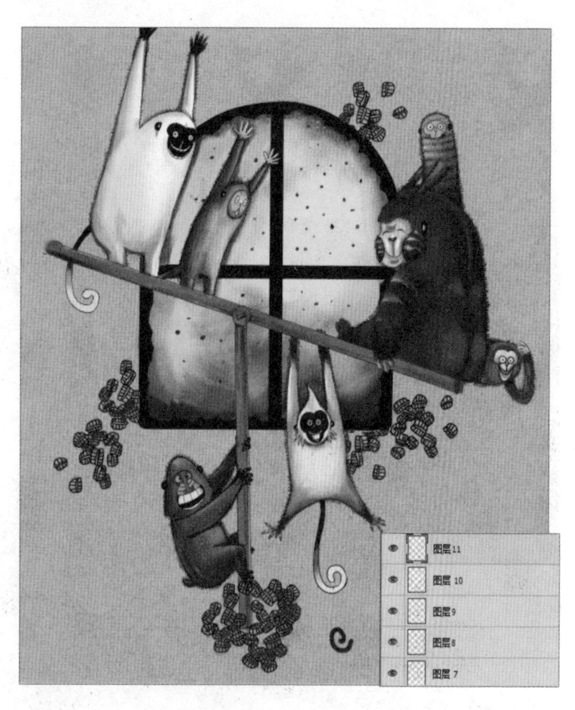

08 单击横排文字工具，设置需要的前景色，输入所需文字。双击文字图层，在其属性栏中设置文字的字体样式及大小，并将其放置于画面上方合适的位置，制作画面中的文字。至此，本实例制作完成。

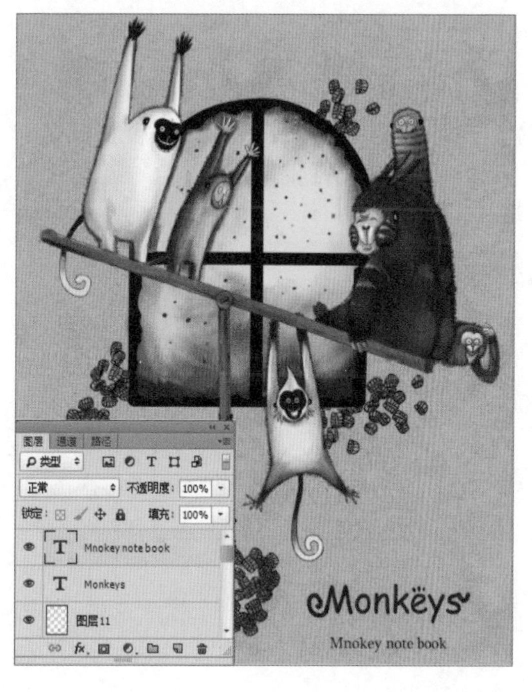

16.5 艺术特效合成

使用合成功能能够将毫无关系的几张图像自然地组合到一张图像中，制作出具有特殊视觉效果的图像。图像合成是各种特效的综合表现，也是通过简单的素材叠加搭配精致的文字排版进行不同的意境传递。

1 制作超现实合成图像

实例门类	制作难度
艺术合成	★★★☆☆

光盘路径

第 16 章 \16.5\Complete\制作超现实合成图像.psd

视频路径

第 16 章 \16.5\制作超现实合成图像.swf

设计思路分析

本实例将制作一款汽车超现实意境合成图像，让汽车置于水浪的街道中，充满迷幻的色彩。

Photoshop技法点拨

1 使用套索工具与图层蒙版隐藏多余海水效果。
2 结合“应用图像”调整命令调整画面颜色。
3 使用钢笔工具与画笔工具，结合图层蒙版，抠取汽车图像。
4 使用画笔工具与自由变换命令编辑画面文字。

01 按下快捷键Ctrl+N，打开“新建”对话框，设置“宽度”和“高度”为13.95厘米和10厘米，“分辨率”为300像素/英寸，然后单击“确定”按钮，新建一个空白图像文件。

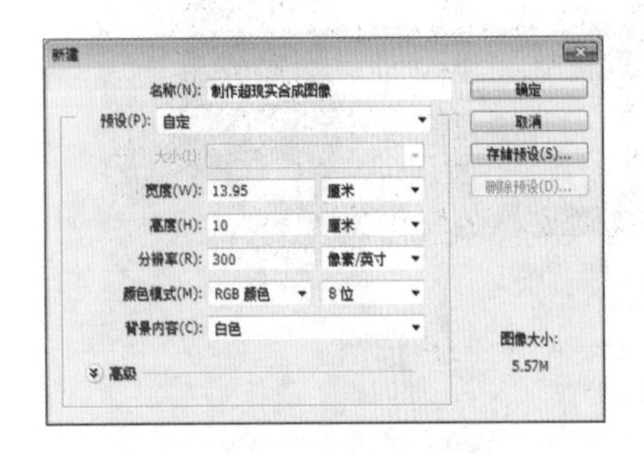

02 按下快捷键Ctrl+O，打开“11.jpg”文件。双击“背景”图层，将其转换为普通图层，得到“图层0”。

03 单击套索工具，沿着街道的边缘创建街道选区。单击鼠标右键，在弹出的快捷菜单中执行“储存选区”命令，打开“存储选区”对话框，设置“名称”为001，单击“确定”按钮，在“通道”面板中生成一个001通道。按下快捷键Ctrl+D，取消选区。

04 选区存储后执行“编辑→内容识别比例”命令，显示内容识别比例调整框，对街道图像进行水平缩放，调整完成后按下Enter键退出“内容识别比例”操作。

05 单击裁剪工具，沿着街道图像的边缘拖动鼠标创建裁剪框，完成后按下Enter键确认，对图像进行裁剪操作。

06 单击移动工具，将街道素材图像移动到当前图像文件中，在“图层”面板中生成“图层1”，调整其在画面中的位置。按下快捷键Ctrl+J，复制一个图层，得到“图层1 副本”。执行“图像→模式→ Lab颜色”命令，在弹出的对话框中单击“不拼合”按钮，转换图像颜色模式，在“通道”面板中选择“明度”通道。

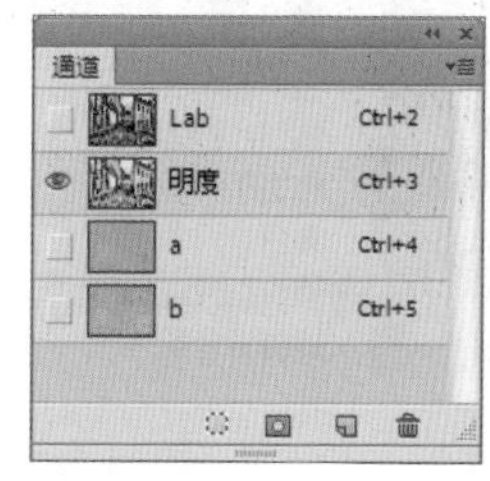

07 执行“图像→应用图像”命令，在弹出的“应用图像”对话框中设置各选项参数，调整图像明暗对比度，完成后单击“确定”按钮。再次打开“应用图像”对话框，设置各项参数，设置完成后单击“确定”按钮，加强图像明暗对比效果。执行“图像→模式→RGB颜色”命令，在弹出的对话框中单击“不拼合”按钮，将图像模式转换为RGB颜色模式。

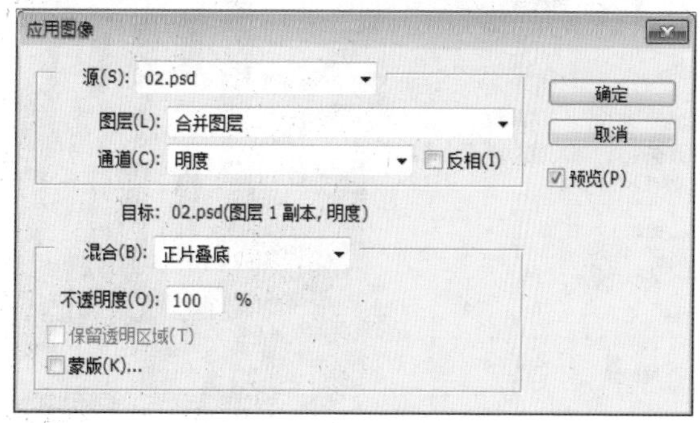

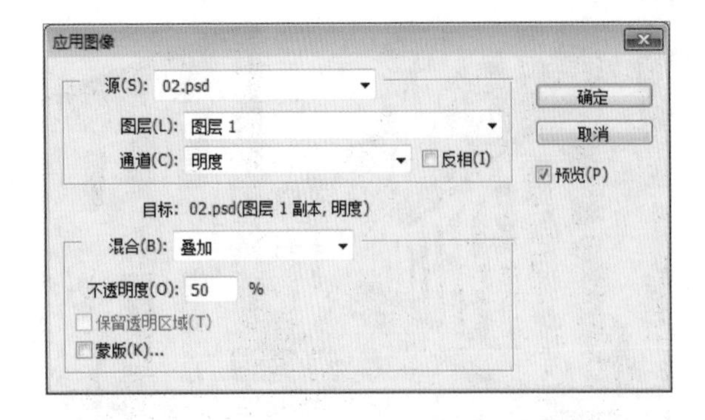

08 设置“图层1副本”的图层混合模式为“柔光”“不透明度”为38%，调整图像对比效果。单击“图层”面板下方的“创建新的填充或调整图层”按钮，在弹出的列表中选择“照片滤镜”选项。

09 在弹出的“照片滤镜”调整面板中，选中“颜色”单选按钮，单击颜色后的色块，打开“选择滤镜颜色”对话框，设置颜色为R172、G122、B51，单击“确定”按钮，然后在“照片滤镜”调整面板中设置“浓度”为41%。设置图层混合模式为“变暗”，调整照片滤镜的颜色效果。

10 按下快捷键Ctrl+O，打开“海水.jpg”文件，并将其移动到当前图像文件中，得到“图层2”，调整其在画面中的位置。添加图层蒙版，结合柔角画笔工具对图层蒙版进行涂抹，隐藏街道以外的海水图像。

11 按住Shift键单击“图层2副本”图层的图层蒙版，启用图层蒙版。单击画笔工具，设置前景色为黑色，对图层蒙版进行涂抹，使海水图像与街道衔接更自然。完成后添加“色相/饱和度”调整图层，分别设置“全图”“青色”“蓝色”面板的参数值，调整海水的颜色。

12 调整完成后关闭调整面板，在“图层”面板中生成一个“色相/饱和度1”调整图层。采用相同的方法打开“可选颜色”调整面板，设置“青色”面板参数值，调整海水颜色，使其效果更自然。然后在“图层”面板中生成一个“选取颜色1”调整图层，设置该图层的图层混合模式为“柔光”，设置“不透明度”为41%，调整海水效果。

13 将与海水相关的所有图层选中，创建“组1”复制图层组并隐藏“组1”图层组，单击修补工具，在海水中的石头部分创建选区，在属性栏上选中“源”单选按钮，然后拖动选区内图像至左下方的海水部分，释放鼠标替换选区内的图像，完成后按下快捷键Ctrl+D取消选区。

14 打开附书光盘中的“悍马.jpg”文件。移动素材图像至当前图像文件中，得到“图层3”，调整其在画面中的位置。为“图层3”添加图层蒙版。单击钢笔工具，沿着汽车的边缘绘制路径，完成后将路径转换为选区，反选选区后填充黑色，隐藏汽车背景图像。单击画笔工具，选择柔角笔刷，设置前景色为黑色，对图层蒙版进行涂抹，隐藏汽车顶部与底部的背景图像，使其更自然。

15 单击横排文字工具，打开“字符”面板，设置文字的字体与大小，设置颜色为白色，然后在画面中输入白色文字。按下快捷键Ctrl+T，显示自由变换编辑框，对文字进行旋转，完成后按下Enter键结束自由变换操作。添加文字图层蒙版，结合画笔工具隐藏多余效果。继续采用相同的方法在图像上输入更多文字，并结合调整图层调整画面颜色与对比度。至此，本实例制作完成。

2 合成极速运动效果

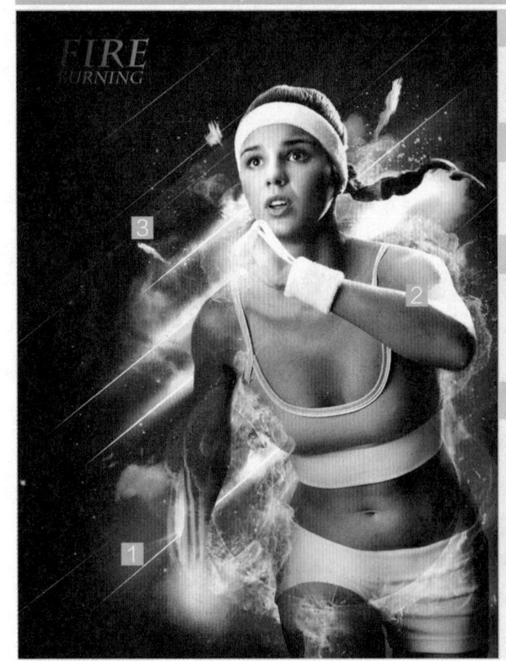

实例门类	制作难度
艺术合成	★★★☆☆

光盘路径

第 16 章 \16.5\Complete\合成极速运动效果.psd

设计思路分析

在本实例中通过添加火焰图像并结合图层蒙版和混合模式营造科幻氛围。添加主体人像并调整其色调以使其融合于背景效果。

Photoshop技法点拨

1 置入不同的火焰图像，结合图层蒙版及混合模式添加背景火焰。
2 为人物图像调整光照，添加调整图层调整人物色调。
3 描边路径并添加图层样式，增强画面光效质感。

01 新建图像文件并填充为黑色。新建图层，使用画笔工具分别在画面中涂抹不同的颜色，制作背景。

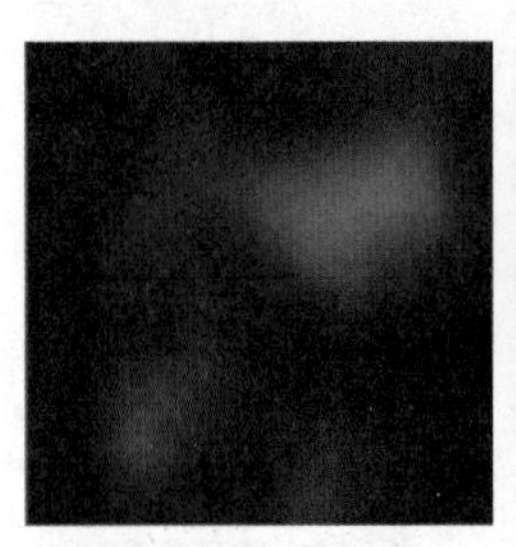
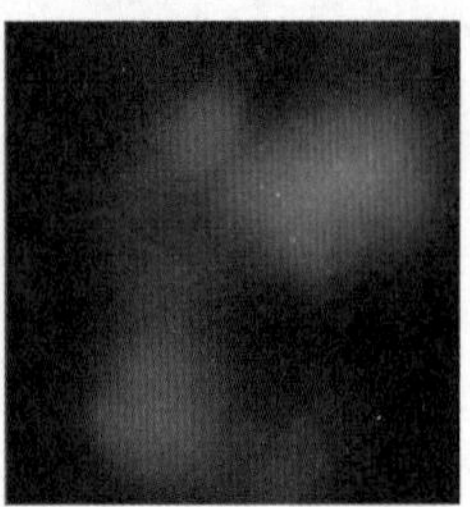

02 新建"人物"图层组，置入"人物.png"图像。执行"滤镜→渲染→光照效果"命令，调整人物的光效质感，完成后按下Enter键。选择智能蒙版，用画笔工具涂抹人物下半部分等区域，恢复局部色调。

03 单击"创建新的填充或调整图层"按钮，分别添加"照片滤镜""可选颜色""曲线"调整图层并创建剪贴蒙版以调整人物色调。

04 新建"火焰"图层组，置入"火吉他.jpg"文件。设置图层混合模式为"叠加"，单击"添加图层蒙版"按钮，使用画笔工具涂抹人物拳头以外的区域，添加拳头部分的火焰。

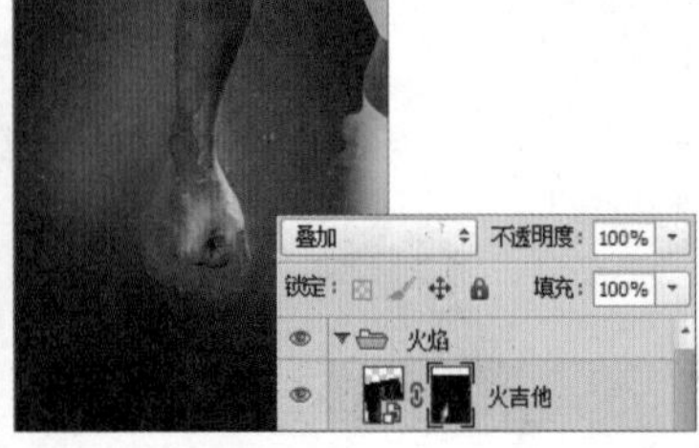

05 复制“火吉他”图层并分别调整其大小、位置和角度，结合图层蒙版为其他区域添加火焰效果。置入“火球.jpg”“足球.jpg”图像文件，并按照同样的方法添加背景火焰效果。

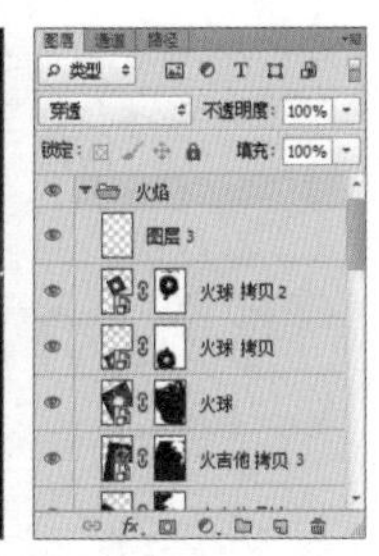

06 在“人物”图层组中新建两个图层并为其重命名。单击画笔工具，分别载入“云朵.abr”和“熔岩火花.abr”画笔，选择云朵和烟雾画笔在画面中绘制白色的云朵和烟雾效果。

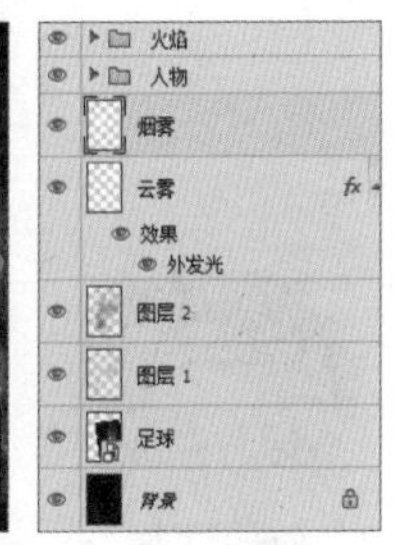

07 在“人物”图层组下方新建“光线”图层组，使用钢笔工具绘制一个倾斜的橙色图形，设置混合模式并结合图层蒙版调整色调和边缘，制作光线效果。

08 复制橙色的形状图层，分别调整图形的位置，结合图层蒙版及混合模式丰富画面的光效质感。新建图层并使用钢笔工具绘制一些倾斜的路径，结合画笔工具及描边方式添加白色光线。

09 单击“添加图层样式”按钮，在弹出的列表中选择“外发光”命令，并在弹出的对话框中设置各项参数，完成后单击“确定”按钮，增强背景的光效质感。

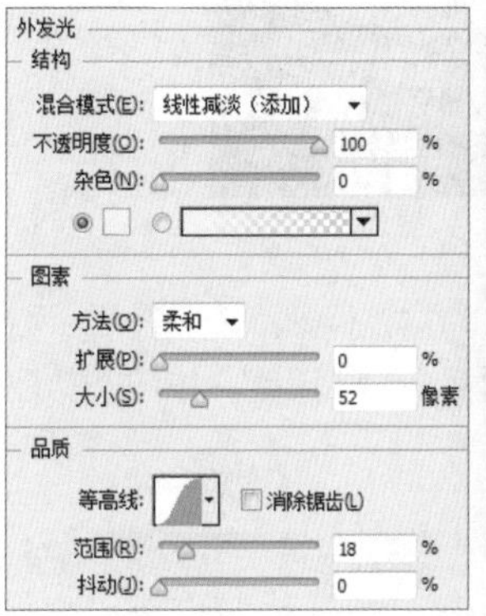

10 单击横排文字工具，在画面左上角创建橘黄色的文字。分别添加图层蒙版，并结合渐变工具对其进行渐隐处理，以使其色调与画面背景融合。至此，本实例制作完成。

3 合成趣味海报画面

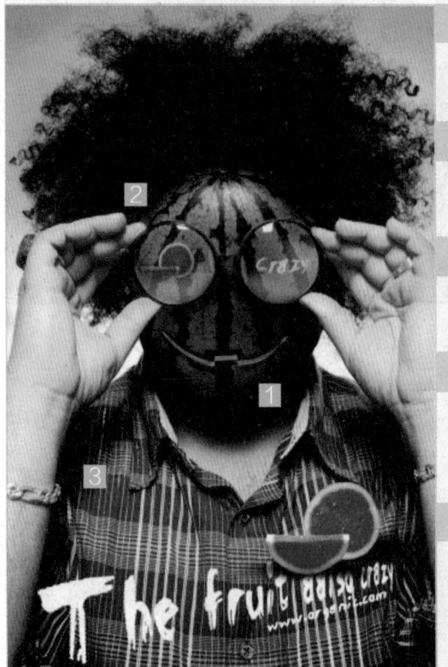

实例门类	制作难度
艺术合成	★★★☆☆

光盘路径

第 16 章 \16.5\Complete\合成趣味海报画面.psd

视频路径

第 16 章 \16.5\合成趣味海报画面.swf

设计思路分析

在本实例中结合图层蒙版和调整图层，运用涂抹工具和加深工具制作人像合成效果，运用红绿色彩对比和俏皮的文字突出趣味感。

Photoshop技法点拨

1 使用加深工具制作脸部的阴影。
2 运用涂抹工具让人物头发和西瓜交界处合成得更真实。
3 应用“色阶”“色彩平衡”等调整图层制作暗黄诡异的色调。

01 执行“文件→新建”命令，在弹出的“新建”对话框中设置各项参数，然后单击“确定”按钮，新建图像文件。

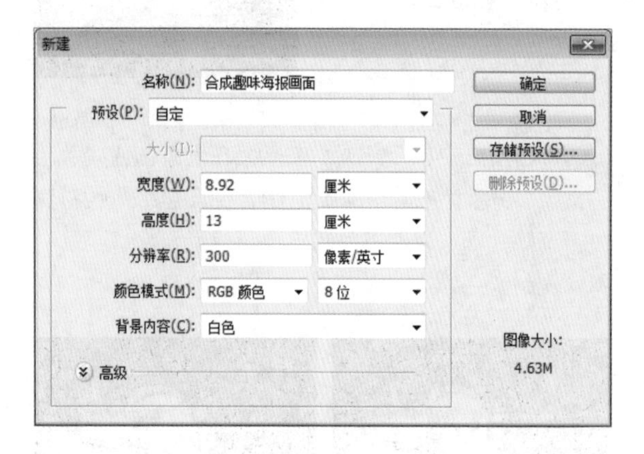

02 打开“人物.jpg”“西瓜1.jpg”文件，拖拽到当前图像文件中，调整好大小及摆放位置。单击“添加图层蒙版”按钮，为“西瓜”添加图层蒙版，用黑色画笔在蒙版上涂抹，隐藏部分图像。

03 按下快捷键Ctrl+Alt+Shift+E，盖印可见图层。使用涂抹工具从人物发根处向发梢涂抹，让人物和西瓜合成得更真实。使用加深工具在西瓜下部涂抹制作出阴影效果。

04 新建图层并重命名为“嘴”，用钢笔工具勾绘嘴巴路径，单击右键执行“建立选区”命令。单击渐变工具，设置渐变颜色为土黄色到黄色，对选区进行线性渐变填充。

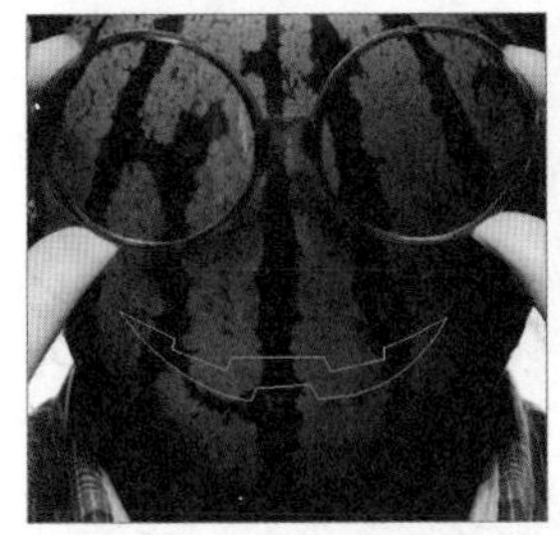

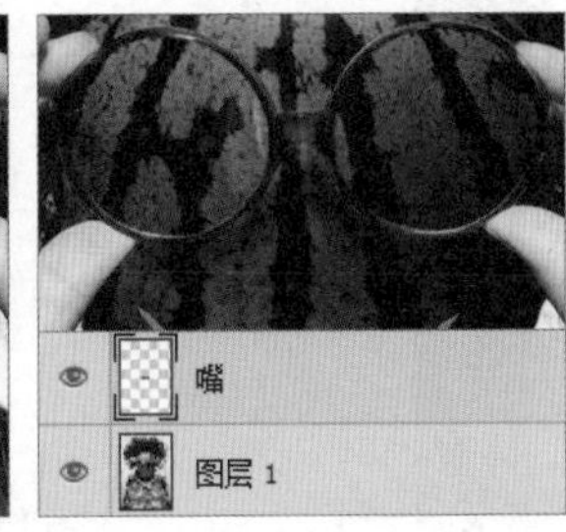

05 新建“图层2”，用钢笔工具根据眼镜的形状建立路径，设置前景色为白色，并执行“填充路径”命令。添加图层蒙版，用黑色画笔在蒙版上涂抹，隐藏部分图像，设置图层“不透明度”为60%。

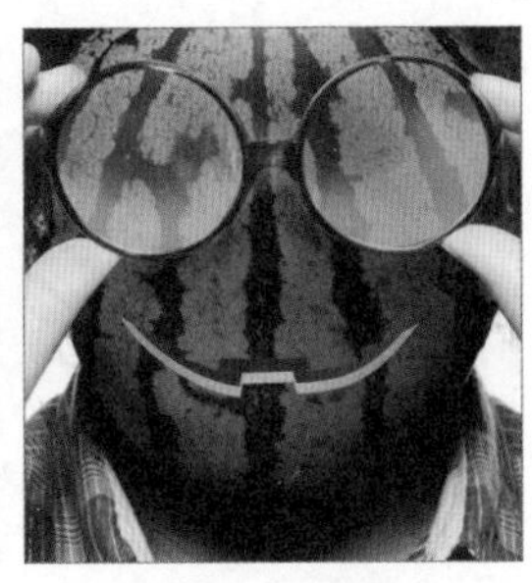

06 新建“图层3”，用钢笔工具绘制镜片高光形状，设置前景色为白色，单击右键执行“填充路径”命令，制作镜片上的反光，设置图层“不透明度”为80%。

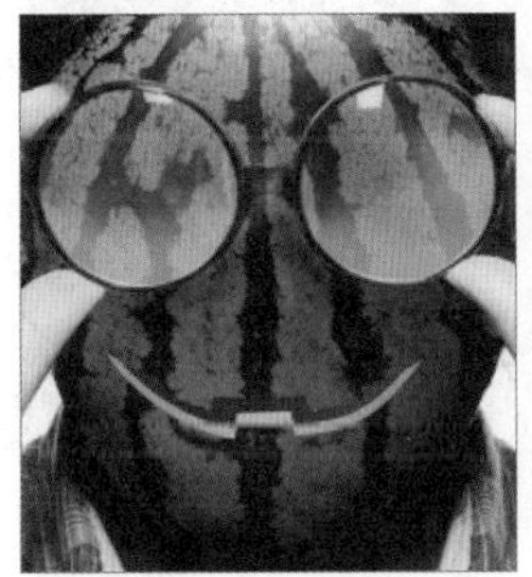

07 单击按钮，分别新建“色阶”“自然饱和度”“色彩平衡”调整图层，并设置各项参数。选择“色阶1”图层，用黑色画笔在该图层蒙版上涂抹，使人物头发部分细节不会被掩盖。

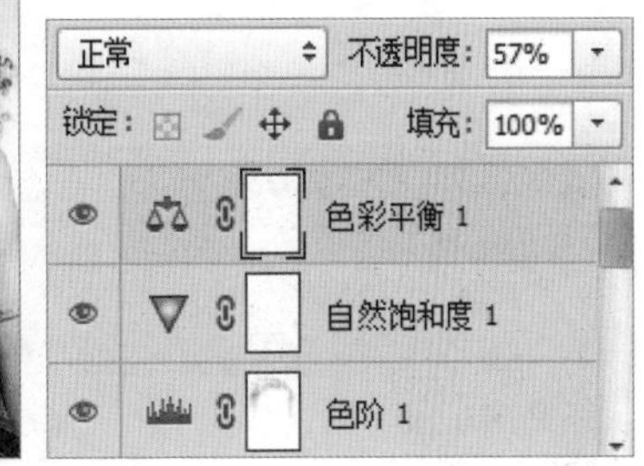

08 新建“图层4”，用黑色画笔绘制眼镜阴影和画面上方的光影。新建“图层5”，用黑色画笔绘制西瓜与头发交界处的阴影，让西瓜光影过渡自然，设置图层混合模式为“叠加”。

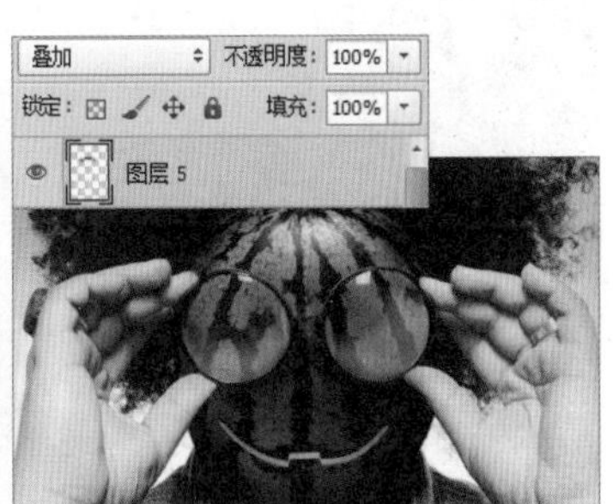

09 打开“西瓜2.jpg”文件，拖拽到当前图像文件中，调整好大小及摆放位置并用钢笔工具进行抠像。复制“西瓜2”图层，调整大小并移至镜片上方，添加图层蒙版，用黑色画笔在蒙版上涂抹，隐藏部分图像。单击横排文字工具，输入文字，填充颜色为白色。调整大小并移至镜片右上方，栅格化文字图层并添加图层蒙版进行图像修饰。将投影图层的“不透明度”设置为60%。新建“图层6”绘制西瓜投影，输入文字并调整图层顺序，添加“曲线”调整图层。至此，本实例制作完成。

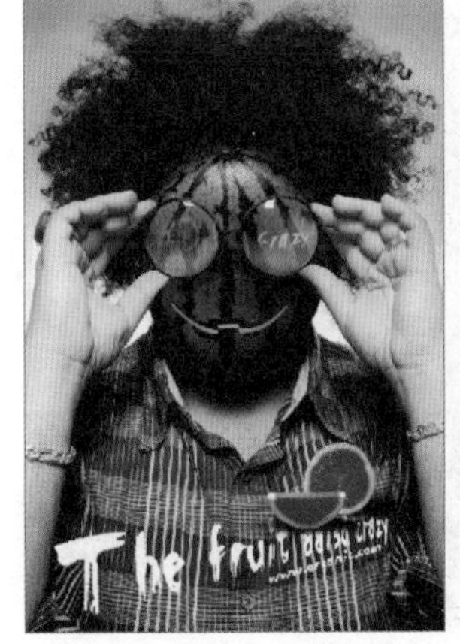

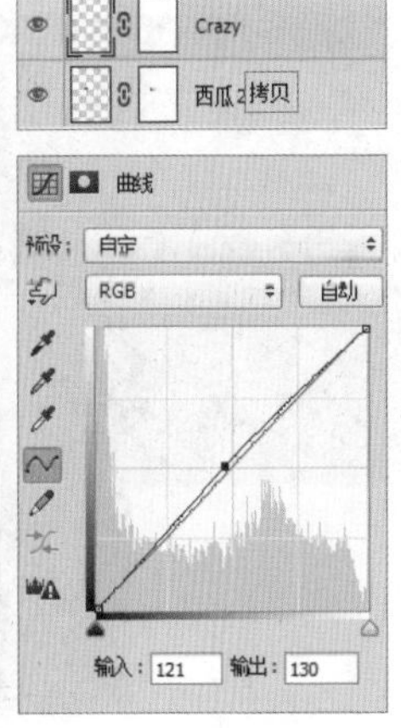

4 合成墙上天堂梦境

实例门类	制作难度
艺术合成	★★★☆☆

光盘路径

第 16 章 \16.5\Complete\合成墙上天堂梦境.psd

视频路径

第 16 章 \16.5\合成墙上天堂梦境.swf

设计思路分析

在本实例中运用“填充”命令填充背景的图案效果，使用“纹理化”滤镜制作质感效果。然后运用画笔等多种工具和图层混合模式制作出梦幻的画面效果。

Photoshop技法点拨

1 使用素材文件结合图层混合模式为背景填充图案效果，使用“纹理化”滤镜制作出具有质感的背景效果。
2 结合图层蒙版、画笔工具和填充工具绘制出相框内的天堂梦境效果。
3 添加多个素材文件，并结合画笔工具和图层混合模式调整图像的色彩效果。
4 添加云朵素材文件，结合图层蒙版表现出若隐若现的视觉效果。

01 新建图像文件。新建“图层 1”，使用渐变工具■为其填充渐变颜色，并结合图层蒙版和画笔工具✓调整图像效果。执行“滤镜→纹理→纹理化”命令，使图像形成纹理质感。打开“图案.psd”素材文件，执行“编辑→定义图案”命令，并单击“确定”按钮，将其定义为图案。新建图层，执行“编辑→填充”命令，在弹出的对话框中设置相应参数后单击“确定”按钮，为该图层填充图案。结合图层蒙版、画笔工具✓和图层混合模式调整图像效果。

02 打开“相框.psd”“风景.jpg”“主体物.psd”“云朵.psd”素材文件，结合图层蒙版、画笔工具✓、填充工具等绘制图像。适当调整图层混合模式等绘制图像。载入“瀑布1.abr”和“瀑布2.abr”笔刷，设置前景色为白色，新建多个图层，然后选择合适的画笔，在画面中单击以绘制出流水效果。

16.6 平面广告设计

Photoshop可以通过对图像的艺术化处理，结合文字工具的编排，制作平面广告设计。无论是包装设计，还是海报、网页等设计，都可以通过该软件轻松完成。

1 制作饮料标志

实例门类	制作难度
平面广告设计	★★☆☆☆

光盘路径

第 16 章 \16.6\Complete\制作饮料标志.psd

视频路径

第 16 章 \16.6\制作饮料标志.swf

设计思路分析

在本实例中通过使用圆角矩形工具、钢笔工具绘制图形，为图形添加图层样式效果，从而增强图形的光泽质感，使其富有活力感和亲切感。

Photoshop技法点拨

1 使用圆角矩形工具绘制圆角矩形并调整其颜色。

2 结合使用钢笔工具和路径选择工具绘制果肉图形，添加图层样式以增强果肉效果。

3 使用文字工具创建文字，使用钢笔工具绘制图形，并结合剪贴蒙版及图层样式增强文字效果。

01 执行“文件→新建”命令，在“新建”对话框中设置各项参数，单击“确定”按钮，新建图像文件。单击圆角矩形工具，设置参数后绘制一个黄色（R240、G234、B56）圆角矩形。复制该图层并按下快捷键Ctrl+T，再按住Shift+Alt组合键缩小圆角矩形，完成后按下Enter键确定，并更改颜色为浅黄色（R247、G245、B173）。

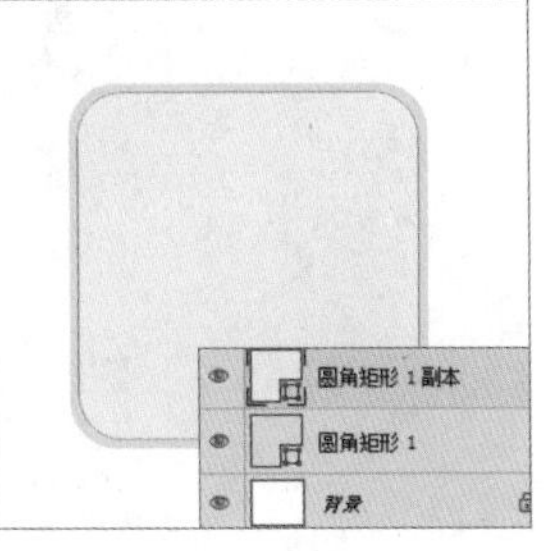

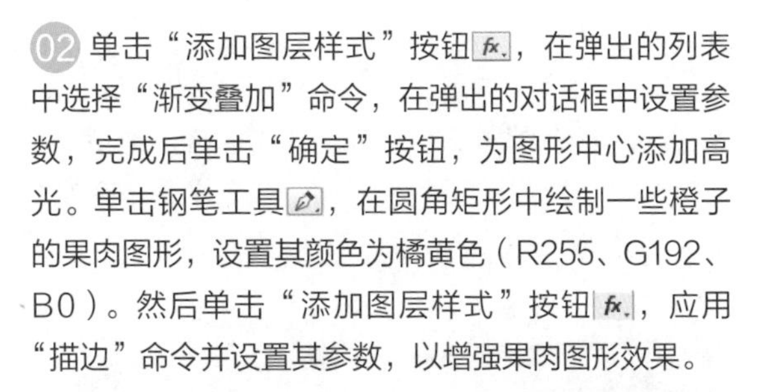

02 单击“添加图层样式”按钮，在弹出的列表中选择“渐变叠加”命令，在弹出的对话框中设置参数，完成后单击“确定”按钮，为图形中心添加高光。单击钢笔工具，在圆角矩形中绘制一些橙子的果肉图形，设置其颜色为橘黄色（R255、G192、B0）。然后单击“添加图层样式”按钮，应用“描边”命令并设置其参数，以增强果肉图形效果。

03 继续在对话框中选择“渐变叠加”图层样式并设置各项参数，完成后单击“确定”按钮，增强果肉图形的色调效果。

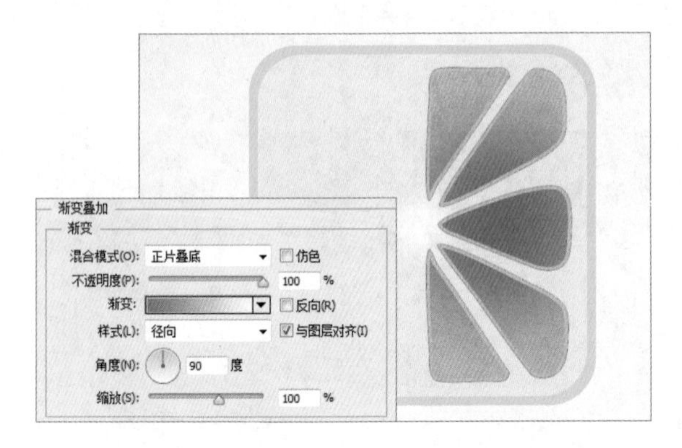

04 使用钢笔工具绘制一个较小的浅黄色果肉图形，按住Alt键使用路径选择工具复制并作自由变换，以制作更多的果肉。

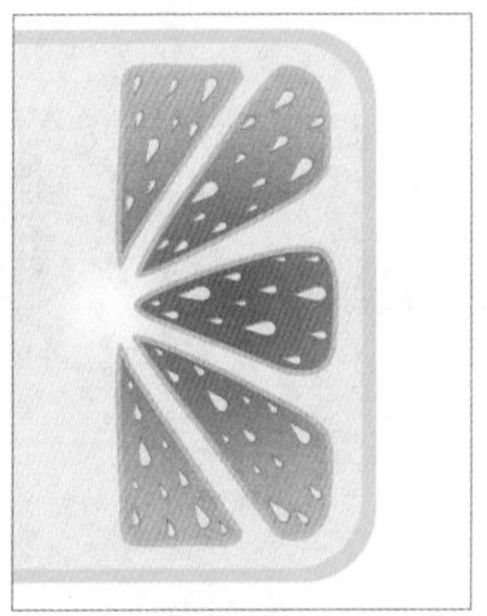

05 选择刚才绘制的果肉图层，按下快捷键Ctrl+J复制图层，按下快捷键Ctrl+T进行水平翻转，放置在圆角矩形的左端，按下Enter键确定并更改果肉轮廓图形颜色为黄绿色（R232、G231、B60）。

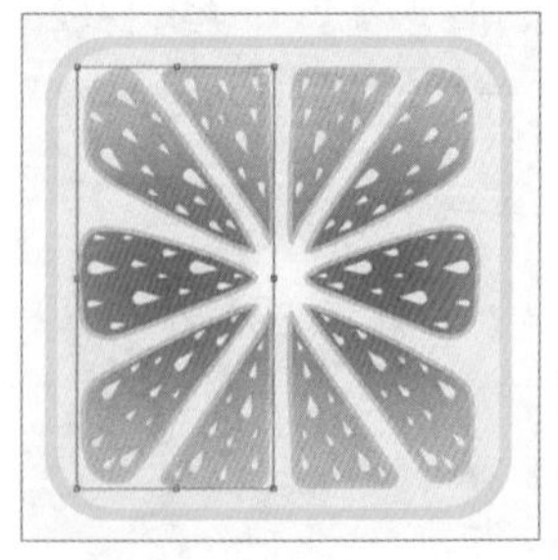

06 双击左端果肉图层的图层样式，在弹出的对话框中更改“描边”及“渐变叠加”图层样式选项，完成后单击“确定”按钮，以调整左端果肉图形的色调。

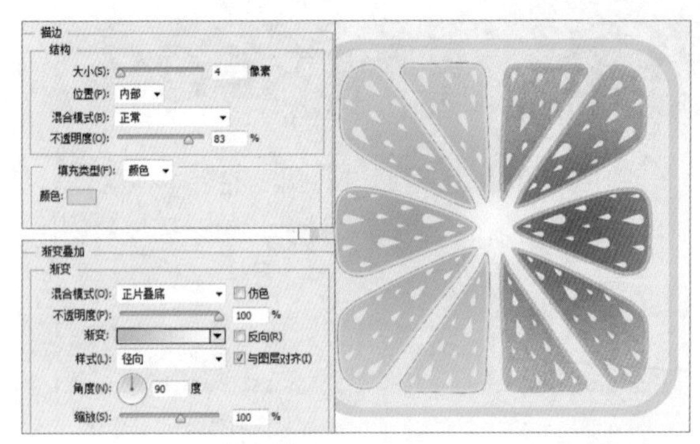

07 单击横排文字工具，在标志图形的下方输入相应的文字，设置其颜色为苹果绿（R144、G197、B25），然后使用钢笔工具在文字上方绘制一个橘色（R255、G117、B0）波浪图形，创建剪贴蒙版以增强文字效果。

08 单击“添加图层样式”按钮，在弹出的列表中选择“渐变叠加”选项，并在弹出的对话框中设置其参数，完成后单击“确定”按钮，以增强文字的色调层次和质感。然后继续输入其他文字，选择“背景”图层并结合使用渐变工具填充背景颜色，以完善效果。至此，本实例制作完成。

2 制作牛奶杂志广告

实例门类	制作难度
平面广告设计	★★★☆☆

光盘路径

第 16 章 \16.6\Complete\制作牛奶杂志广告.psd

视频路径

第 16 章 \16.6\制作牛奶杂志广告.swf

设计思路分析

本实例制作的是牛奶杂志广告，运用从盒子里飞溅的牛奶营造画面动感，而舞动的人是点睛之笔，在细节处理上让人物质感更接近牛奶，让画面更有趣。

Photoshop技法点拨

1 运用牛奶素材结合图层蒙版制作飞溅的牛奶。
2 运用“色相 / 饱和度”和模糊工具制作牛奶质感的人。
3 运用调整图层结合图层混合模式调整牛奶质感。

01 执行“文件→新建”命令，在弹出的“新建”对话框中设置各项参数，然后单击“确定”按钮，新建图像文件。

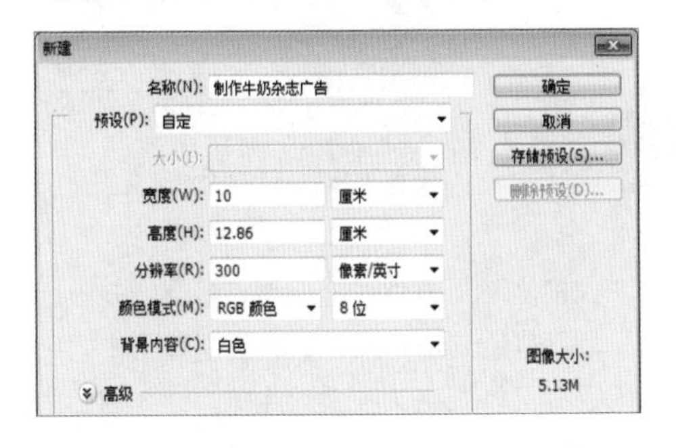

02 单击“创建新的填充或调整图层”按钮，添加“颜色填充1”“渐变填充1”调整图层，并适当调整“渐变填充1”图层混合模式和不透明度。

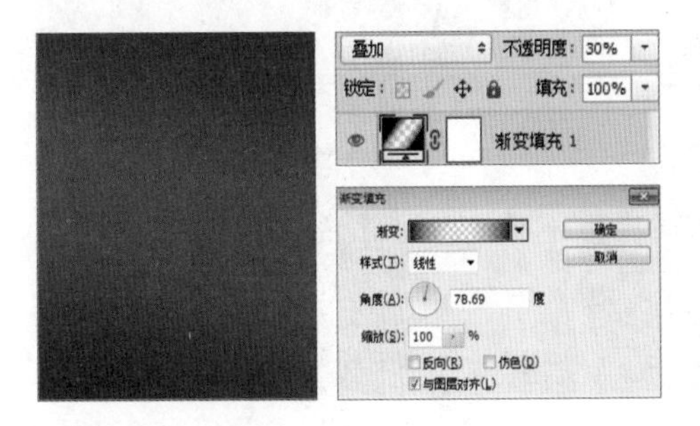

03 新建“图层1”，使用画笔工具在上方绘制白色圆形。然后执行“滤镜→模糊→高斯模糊”命令，并应用滤镜效果。完成后设置图层的“不透明度”为35%。

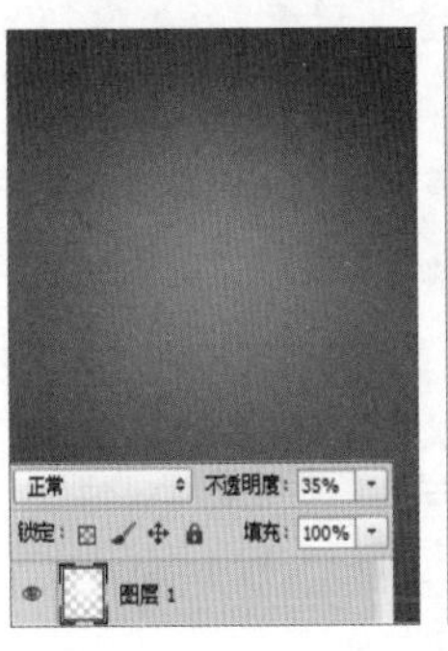

04 打开“牛奶瓶.png”文件，拖拽到当前图像中并作适当调整。添加“色阶1”调整图层，并按下快捷键Ctrl+Alt+G创建剪贴蒙版，添加“自然饱和度1”调整图层。

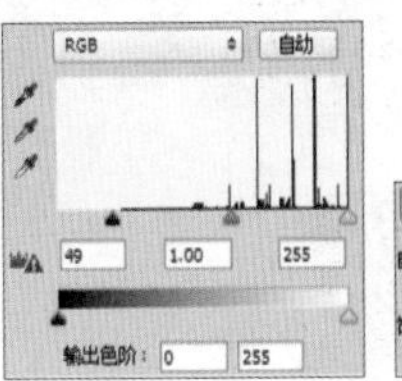

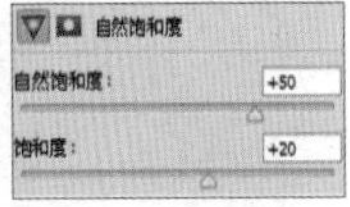

05 新建“图层2”，使用钢笔工具绘制瓶盖的形状路径，并转换为选区，结合“渐变叠加”图层样式作瓶口的锥形。新建“图层3”，运用椭圆选框工具，结合“渐变叠加”图层样式制作瓶口。

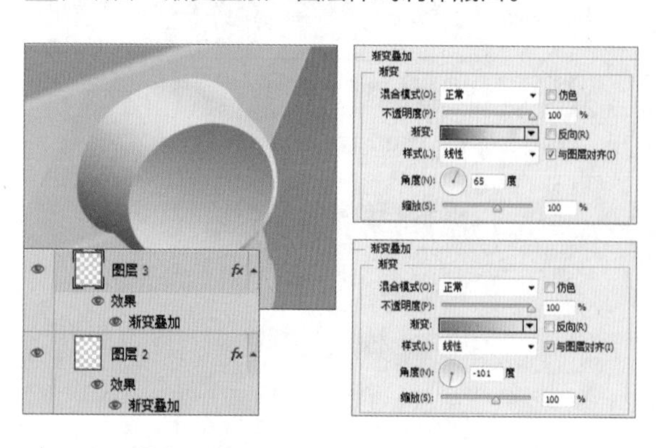

06 运用同样的办法为瓶口添加细节，在制作瓶口螺旋时，适当运用“高斯模糊”滤镜来达到真实过渡的效果。按住Shift键的同时选择绘制瓶盖的所有图层，按下快捷键Ctrl+G将图层进行群组。

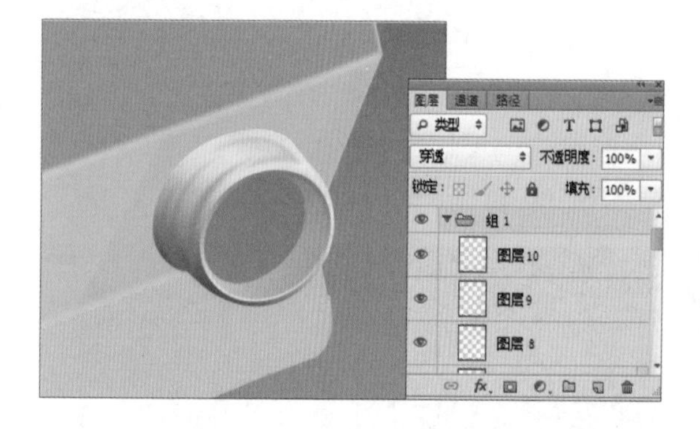

07 分别打开“瓶子.png”“牛奶.psd”文件，拖拽到当前图像并作适当调整。然后分别为“牛奶1”“牛奶2”图层添加图层蒙版，隐藏部分图像，制作牛奶从瓶子里飞溅出来的效果。

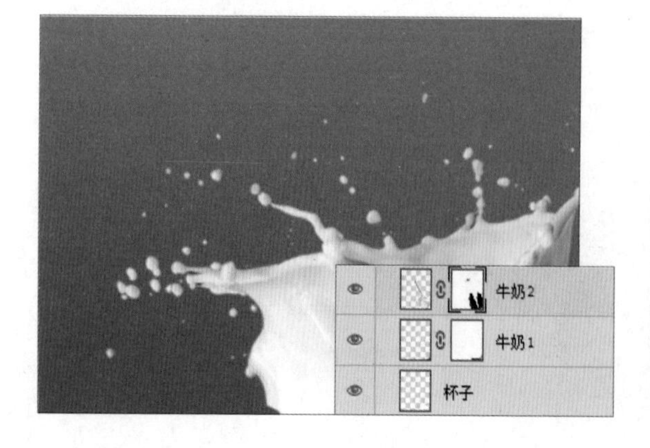

08 运用同样的方法制作飞溅的牛奶，在运用图层蒙版隐藏图像时，尽量仔细，使合成效果更真实。

09 打开“桃心.png”文件，拖拽到当前图像并按下快捷键Ctrl+U，在弹出的“色相/饱和度”对话框中设置其参数并单击“确定”按钮，调整桃心颜色。再使用橡皮擦工具擦除多余部分以融入牛奶。然后使用减淡工具绘制桃心的高光，以增强质感，再复制桃心并调整至其他位置。

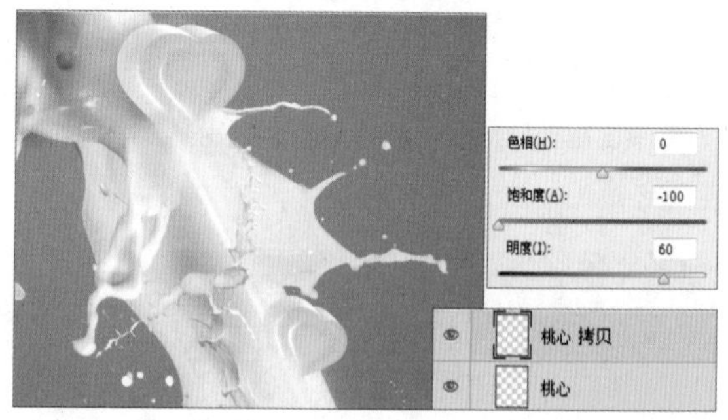

10 打开“人物.png”文件，拖拽到当前图像并进行适当调整，用同样的方法将人物的颜色调整至牛奶色泽，并使用模糊工具在人物头部涂抹，让人物五官和头发质感更接近牛奶。

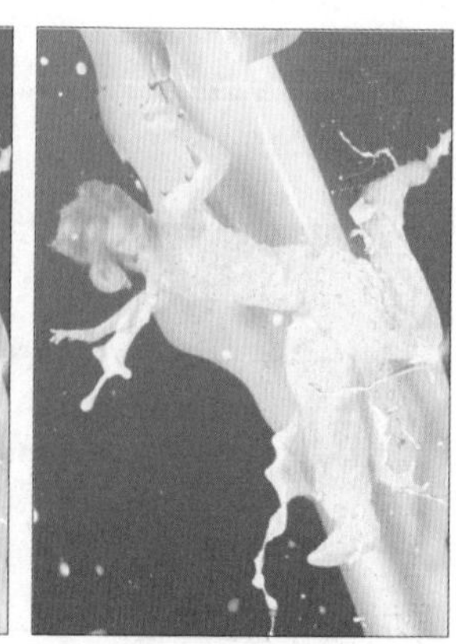

11 复制“人物”图层，并将图层混合模式设置为“线性加深”。完成后添加图层蒙版，使用黑色画笔在蒙版上沿着人物头部涂抹，强调人物细节。

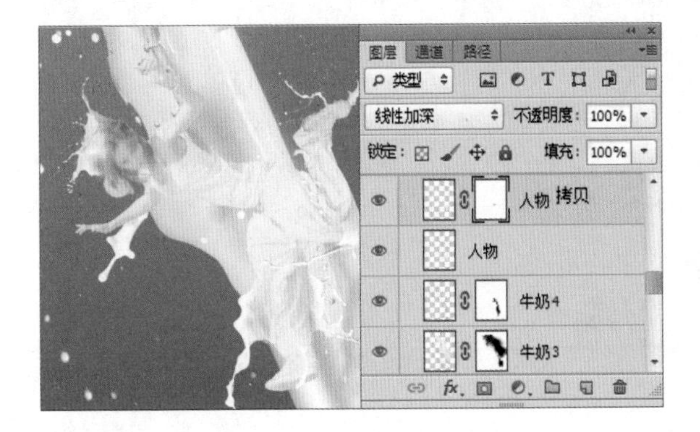

12 将所有牛奶质感图层进行群组，然后按下快捷键Ctrl+Alt+E合并图层。执行“滤镜→艺术效果→塑料包装”命令，设置好相关参数后应用滤镜效果，制作牛奶的质感，完成后添加图层蒙版隐藏部分图像。

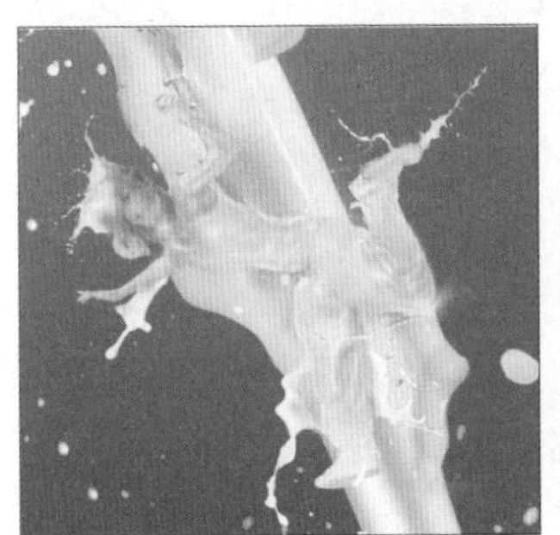

13 合并“组1”“组2”“组2（合并）”图层。然后添加调整图层，并按下快捷键Ctrl+Alt+G，仅调整牛奶和瓶口色调，并调整图层混合模式和不透明度。然后新建图层，使用黑色画笔绘制瓶盖部分的投影。

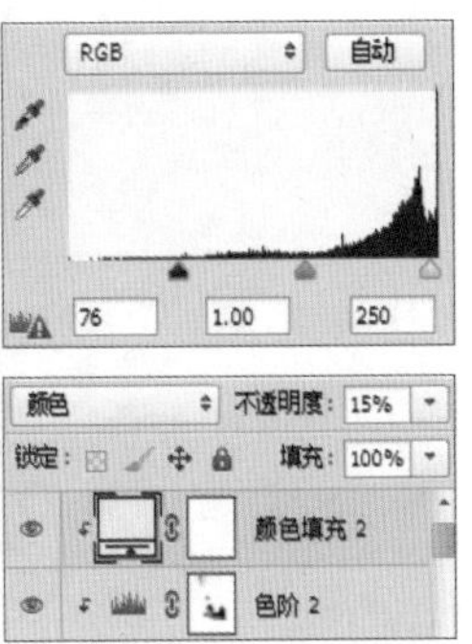

14 新建图层，使用钢笔工具结合文字工具制作标志部分。然后选择所有标志图层，按下快捷键Ctrl+Alt+E合并图层，并按下快捷键Ctrl+T调整侧面标志的形状大小和摆放位置。完成后新建图层并填充黑色，将图层混合模式设置为“叠加”“不透明度”为50%。然后按下快捷键Ctrl+Alt+G，仅调整侧面标志的色调。

15 单击“创建新的填充或调整图层”按钮，添加“渐变填充2”调整图层。然后设置图层混合模式为“叠加”“不透明度”为75%，加深画面的层次感。

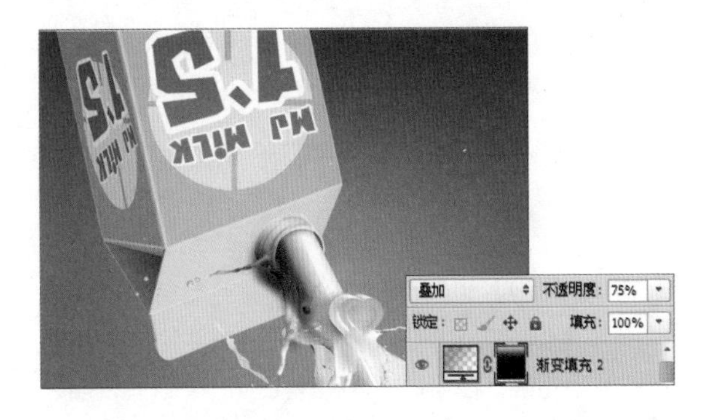

16 单击横排文字工具，输入文字。完成后按下快捷键Ctrl+Alt+Shift+E盖印可见图层，并设置图层混合模式为“叠加”“不透明度”为60%，增强画面的色调层次。至此，本实例制作完成。

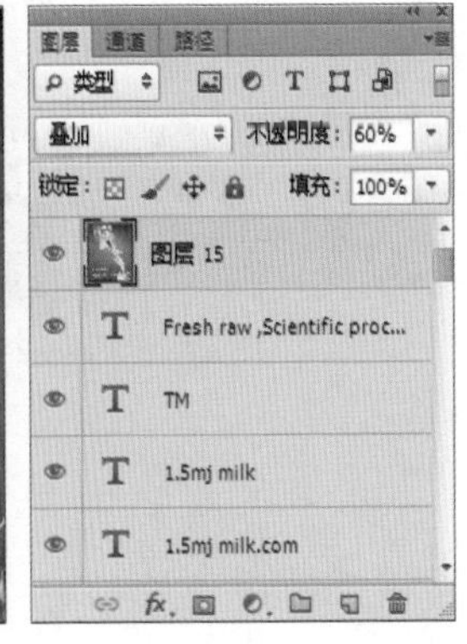

3 制作饮料包装

实例门类	制作难度
平面广告设计	★★★☆☆

光盘路径

第 16 章 \16.6\Complete\制作饮料包装.psd

视频路径

第 16 章 \16.6\制作饮料包装.swf

设计思路分析

商家在设计饮料包装时，都会将包装尽量设计得显眼，让人一眼就能够发现。本实例制作的是一款橙汁饮料的包装，主要以暖色调为主，表现饮料的美味、自然。

Photoshop技法点拨

1 通过渐变工具填充背景渐变颜色。
2 结合钢笔工具与画笔工具绘制饮料瓶立体效果。
3 添加素材文件，并结合移动工具移动素材图像。

01 按下快捷键Ctrl+N，新建空白文件，设置“宽度”为25厘米，“高度”为20厘米，“分辨率”为300像素/英寸。新建“组1”并重命名为“饮料瓶”，在该组中新建组并重命名为“盖子”，然后新建“图层1”，单击钢笔工具，通过单击和拖拽绘制瓶身轮廓的封闭路径，按下快捷键Ctrl+Enter将路径转换为选区，并为选区填充颜色（R251、G94、B27），按下快捷键Ctrl+D取消选区。

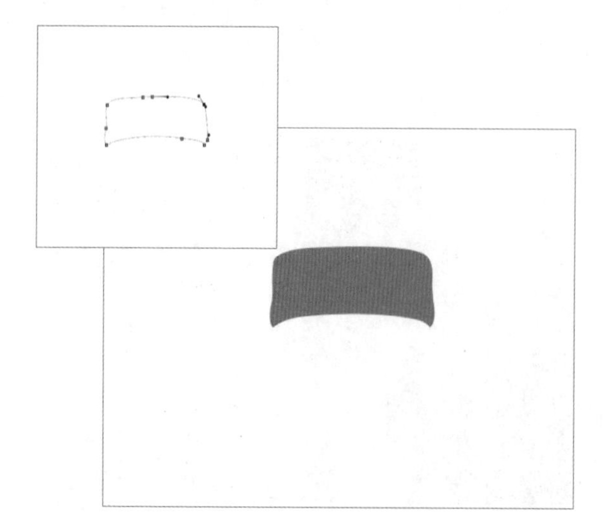

02 新建“图层2”，使用钢笔工具绘制路径后，将路径转换为选区，填充颜色为白色。结合画笔工具和图层蒙版隐藏部分图像色调，设置图层混合模式为“柔光”“不透明度”为60%。按下快捷键Ctrl+J复制“图层2”得到“图层2副本”图层，然后调整该图层的位置。

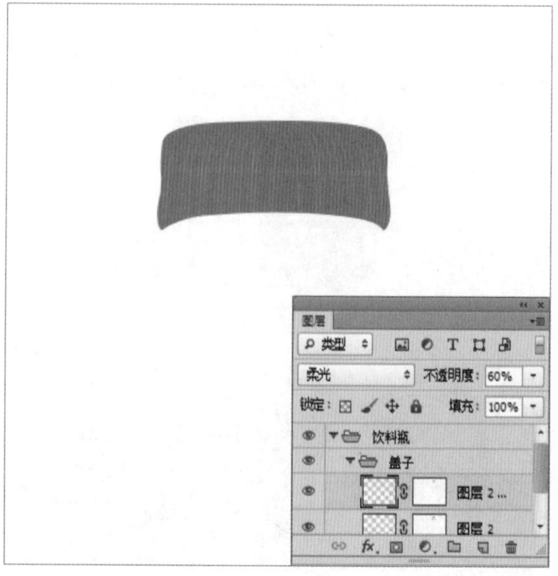

03 新建“图层3”，按住Ctrl键单击“图层1”将其载入选区，使用黑色的柔角画笔在选区中多次涂抹，绘制出盖子的暗部图像。

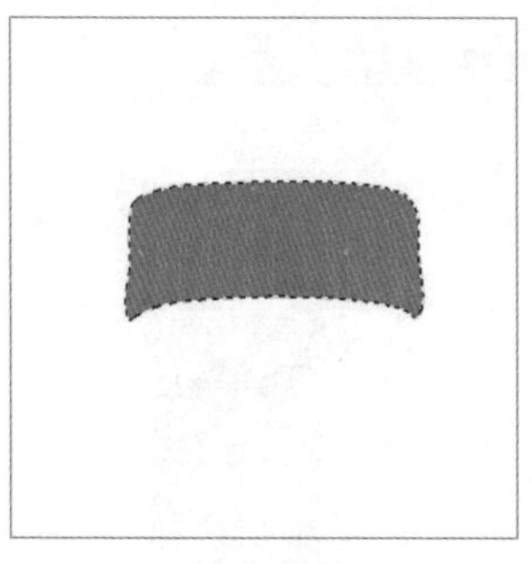
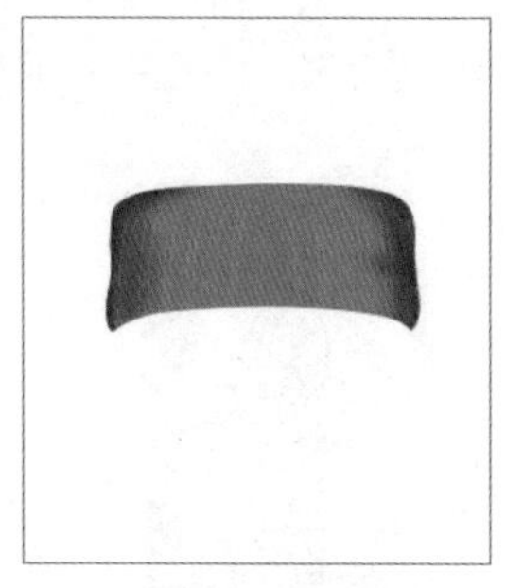

04 新建“图层4”，使用钢笔工具绘制路径后，将路径转换为选区，并结合渐变工具为选区填充渐变颜色。单击“图层”面板下方的“添加图层蒙版”按钮，使用柔角画笔工具在图像中涂抹，隐藏部分图像色调。然后设置该图层的图层混合模式为“正片叠底”。

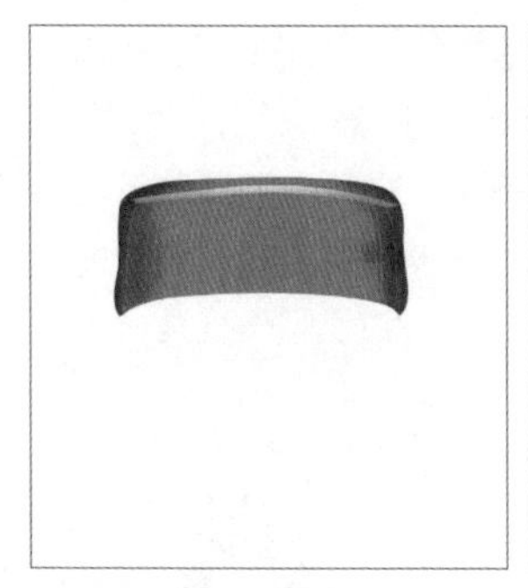
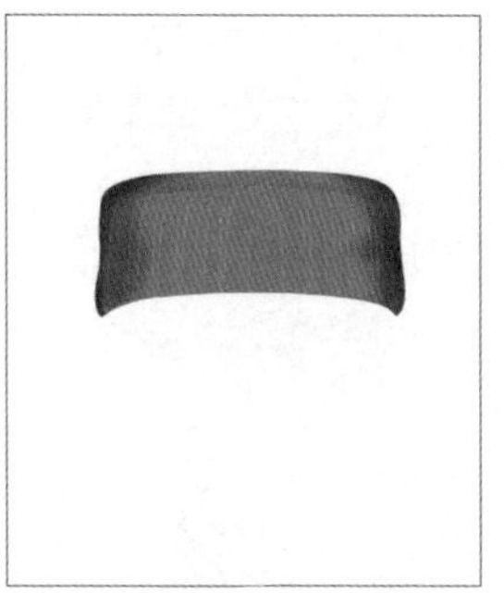

05 多次按下快捷键Ctrl+J复制“图层4”，并分别调整各图层的图层混合模式和不透明度，从而形成深浅变化。新建“图层5”，单击画笔工具，并替换不同的前景色，在图像中绘制出盖子的亮部图像，然后设置其图层混合模式为“强光”“不透明度”为80%。

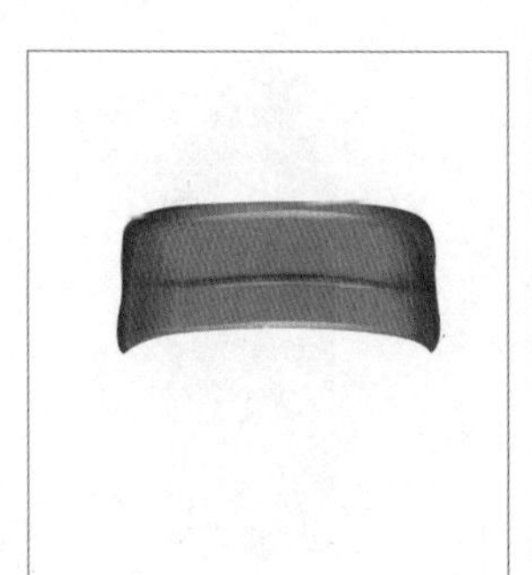
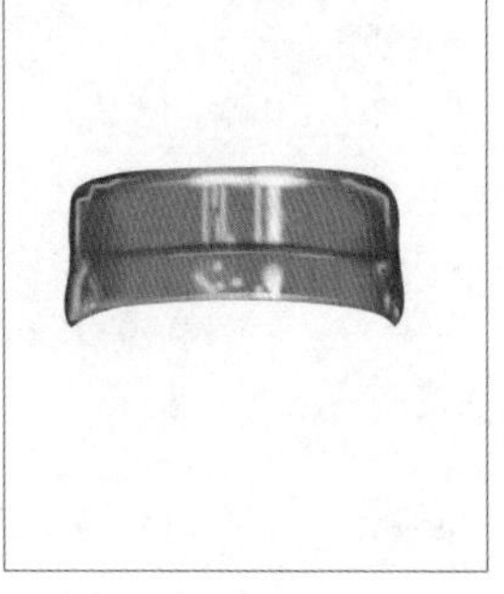

06 新建多个图层，继续使用画笔工具，在图像上绘制增加瓶盖细节效果，并调整图层混合模式。

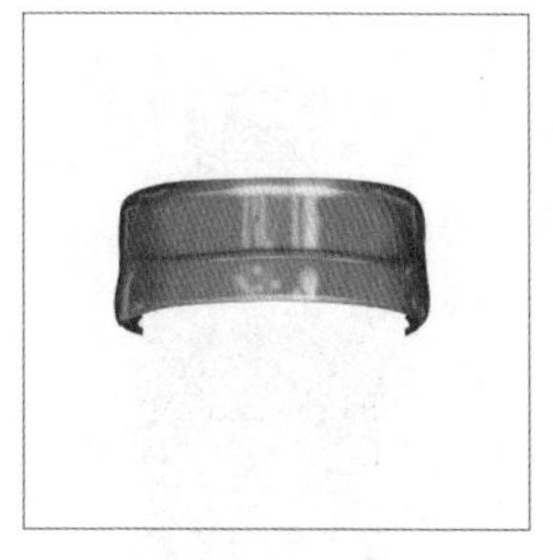

07 在“盖子”组下方新建组并重命名为“瓶身”。新建“图层9”，单击钢笔工具，在画面相应位置绘制出瓶身路径。按下快捷键Ctrl+Enter，将路径转换为选区，并为选区填充颜色。

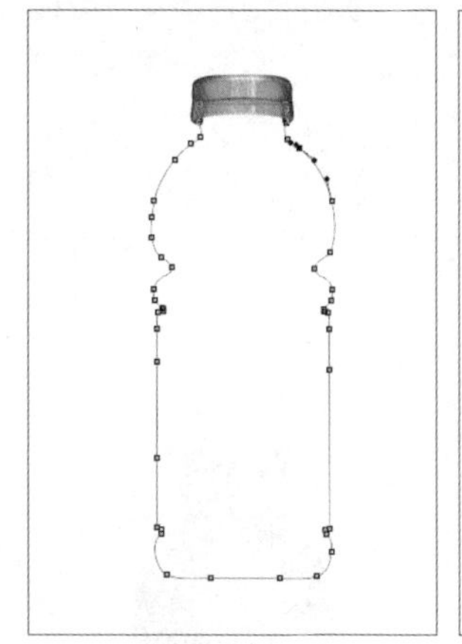
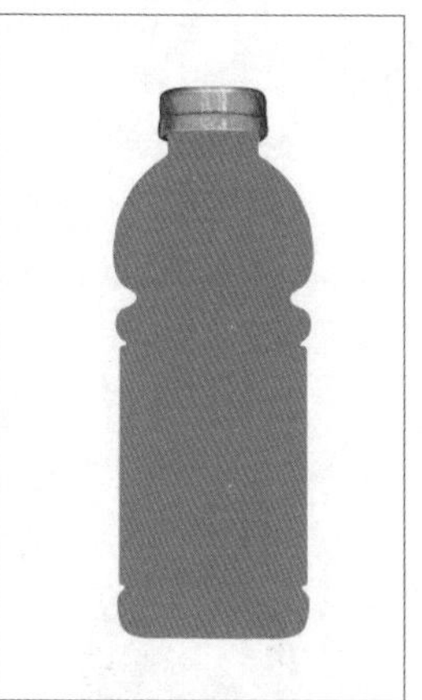

08 新建“图层10”，设置前景色（R240、G147、B71），使用画笔工具在图像中多次涂抹以绘制图像，然后设置其图层混合模式为“强光”。

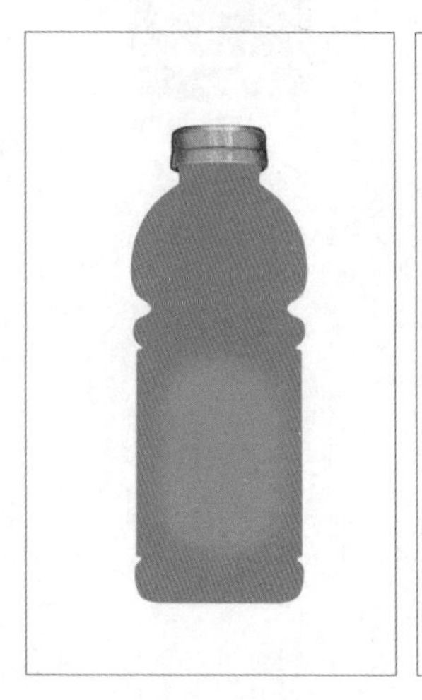

09 新建多个图层，结合钢笔工具与画笔工具绘制瓶身立体效果，并适当调整图层混合模式与透明度。

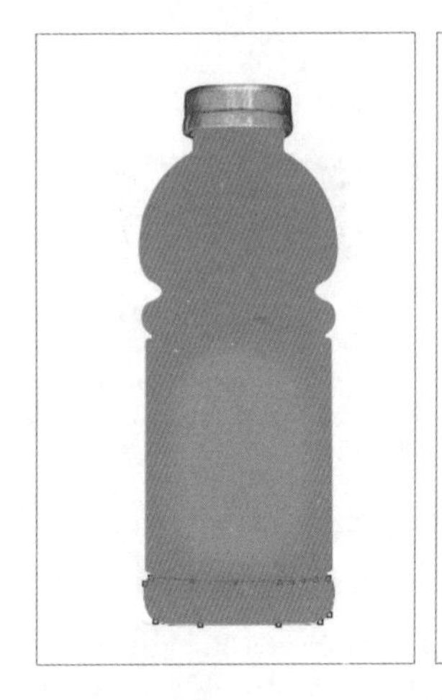

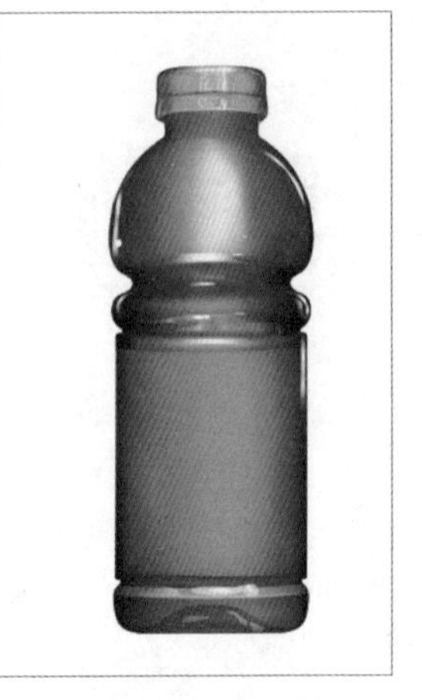

10 打开“果汁.png”文件，通过拖拽直接将该图像添加到瓶身位置，生成“图层62”。调整好图像的位置后，结合图层蒙版和画笔工具隐藏部分图像色调，并设置其图层混合模式为“叠加”“不透明度”为40%。复制该图层，并调整其大小和位置，然后设置“不透明度”为100%。

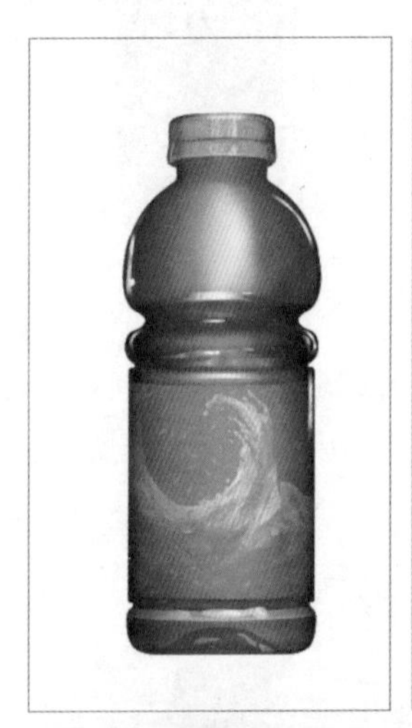

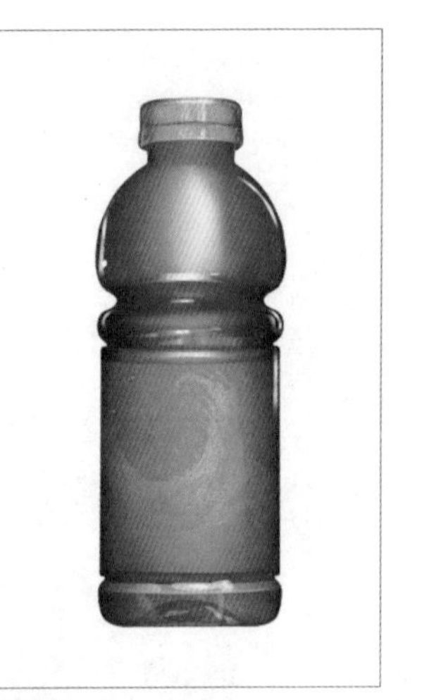

11 在“盖子”组上方新建图层组并重命名为“瓶颈”，在其中新建多个图层，使用相同的方法，结合多种工具绘制出瓶颈图像。选择“饮料瓶”图层组，按下快捷键Ctrl+Alt+E盖印该组，得到“饮料瓶（合并）”图层。然后新建组并重命名为“瓶贴”。

12 新建“图层67”，使用钢笔工具绘制一个不规则的矩形路径，将其转换为选区后，填充颜色为R255、G219、B0，形成瓶贴图像。新建多个图层，使用相同的方法，结合橡皮擦工具绘制出瓶贴的暗部图像，设置“图层69”的图层混合模式为“柔光”“不透明度”为80%。打开“橙汁.psd”素材文件，并将其移动到当前图像文件中，继续新建图层，结合钢笔工具与画笔工具绘制高光图像，完成后在画面中输入文字。

13 设置“奇饮鲜果乐”图层的图层混合模式为“正片叠底”，并为该文字添加描边图层样式，使其更加醒目和突出。

14 新建“图层74”，按住Ctrl键单击“图层67”的图层缩览图，将其载入选区。使用渐变工具为选区填充渐变颜色后，设置其图层混合模式为“叠加”“不透明度”为31%。

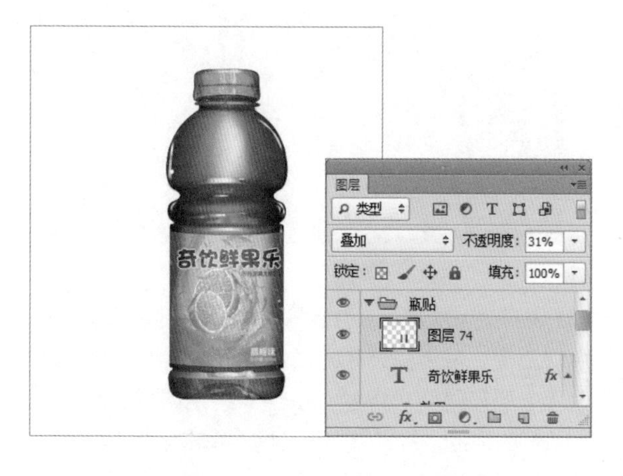

15 选择“背景”图层，设置前景色为R14、G130、B157，使用油漆桶工具为该图层填充前景色。然后设置前景色为白色，单击画笔工具，并在“画笔”面板中设置画笔参数，在图像中多次涂抹，绘制出背景的渐变效果。

16 按下快捷键Ctrl+Alt+E盖印“瓶贴”组，得到“瓶贴（合并）”图层。按下快捷键Gtrl+T，单击鼠标右键，在弹出的快捷菜单中选择“垂直翻转”命令，调整该图像的位置。结合图层蒙版和画笔工具隐藏该图像的部分色调，然后设置其图层混合模式为“叠加”“不透明度”为60%。

17 按下快捷键Ctrl+O，打开“水果.psd”与“水花.png”文件，并移动到当前图像文件中，生成“图层75”和“图层76”。然后分别调整各图像的位置，再结合图层蒙版和画笔工具隐藏部分图像色调。

18 按下快捷键Ctrl+O，打开“绿叶.png”与“飘带.png”文件，并移动到当前图像文件中。然后调整该图像的位置和与其他图层的上下关系，以丰富画面效果。至此，本实例制作完成。

4 制作游戏海报

实例门类	制作难度
平面广告设计	★★★☆☆

光盘路径

第 16 章 \16.6\Complete\制作游戏海报.psd

视频路径

第 16 章 \16.6\制作游戏海报.swf

设计思路分析

在本实例中主要结合钢笔工具和渐变工具绘制游戏海报，通过鲜艳的颜色和卡通造型制作俏皮的效果，通过字体大小对比来增强海报的叙事能力。

Photoshop技法点拨

1 使用钢笔工具与渐变工具绘制图像底纹。
2 运用自由变换命令调整图形大小与位置。
3 使用钢笔工具和渐变工具制作出可爱的卡通造型。

01 执行“文件→新建”命令，在弹出的“新建”对话框中设置各项参数，然后单击“确定”按钮，新建图像文件。新建“图层1”，单击渐变工具，从右下到左上填充绿色（R73、G178、B50）到浅黄色（R188、G214、B79）的线性渐变。新建“图层2”，单击钢笔工具，在上方绘制海浪路径，将路径转换为选区，填充选区为黄色（R247、G238、B19）到绿色（R150、G199、B59）的线性渐变。新建“图层3”“图层4”，运用相同的方法再绘制两层波浪，丰富背景画面的层次感。

02 新建“图层5”，使用钢笔工具绘制黄色水母的头部路径，将路径转换为选区，单击渐变工具，填充选区为黄色到橘色到黄色的线性渐变，注意调整渐变滑块的位置。新建“图层6”，在原选区填充橘色到黄色到透明色的线性渐变。

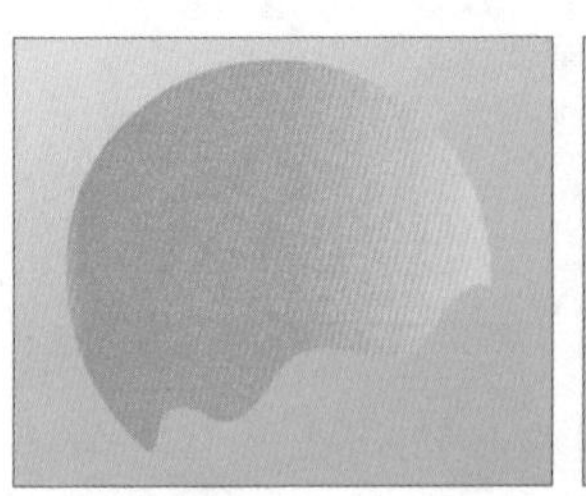
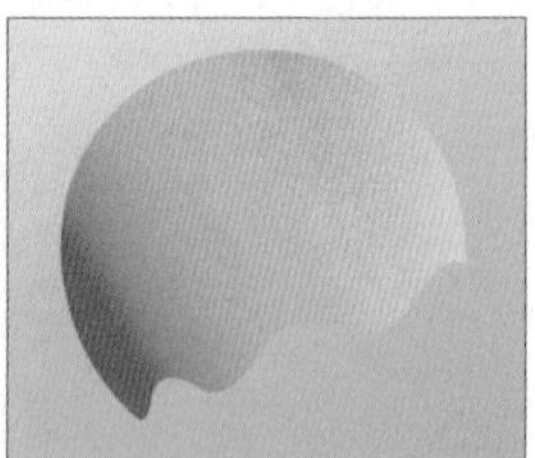

03 新建“图层7”，用钢笔工具绘制水母头部的色块路径，设置前景色为浅黄色（R248、G229、B76）填充路径。新建“图层8”，用钢笔工具绘制头部的路径，将其转换为选区，单击渐变工具，填充选区为橘红（R254、G213、B8）到透明色，设置“不透明度”为50%。新建“图层9”，继续建立渐变填充选区，丰富纹路的立体感。

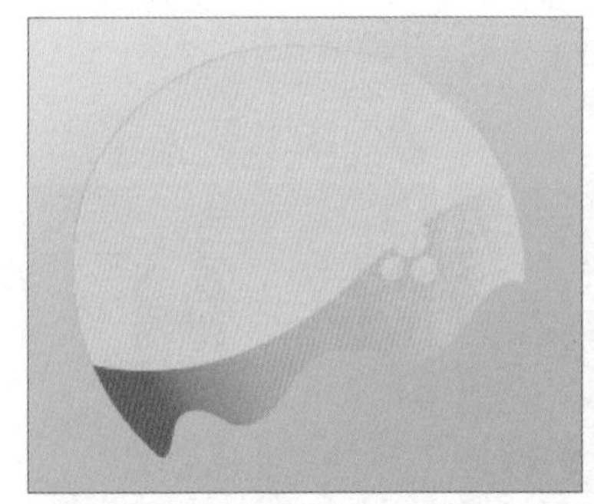
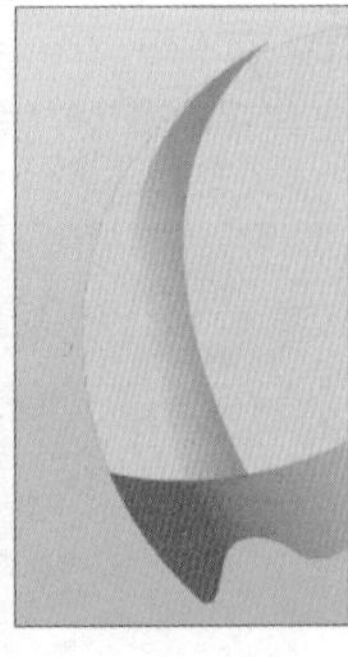

04 运用同样的方法制作其他颜色条。通过绘制不同大小的圆圈，制作水母的眼睛和嘴巴。为了方便管理将上面制作的卡通形象图层合并为一层。运用钢笔工具结合渐变工具制作水母的触手。将所有绘制卡通形象的图层合并，并复制两层。按下快捷键Ctrl+T执行“自由变换”命令，设置好水母的大小和位置后按下Enter键结束自由变换。

05 运用钢笔工具结合渐变工具制作绿色水母，制作完成后合并绘制绿色水母的图层，并复制两层，按下快捷键Ctrl+T执行“自由变换”命令，设置好水母的大小和位置后按下Enter键结束自由变换。

06 新建图层，使用钢笔工具绘制标志。新建图层，单击椭圆选框工具，按住Shift+Alt键建立圆形选区，设置前景色为橘红色（R248、G86、B0），对选区进行填充。执行“滤镜→模糊→高斯模糊”命令，设置“半径”为30像素，图层“不透明度”为30%，并对图层位置进行调整。

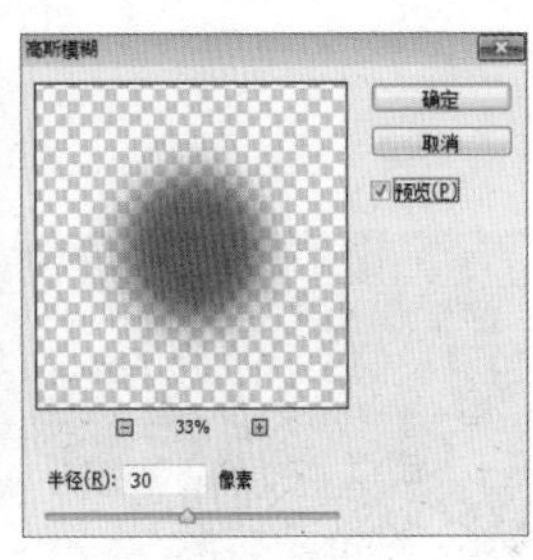

07 新建图层，单击圆角矩形工具，绘制圆角矩形路径，设置前景色为浅黄色（R244、G242、B155）填充路径。制作略小于圆角矩形的矩形，设置前景色为橘红色（R234、G84、B19）填充路径。运用同样的方法制作另一个矩形，填充黄色（R248、G182、B43）。使用钢笔工具绘制五角星路径，并填充为白色。在五角星内绘制蓝色（R23、G162、B222）圆形，使用钢笔工具绘制水滴形高光。

08 单击横排文字工具，输入文字，分别填充橘红色、橘色、黄色和白色。按下快捷键Ctrl+Alt+Shift+E盖印可见图层，设置图层混合模式为“柔光”“不透明度”为50%。至此，本实例制作完成。

5 制作电影海报

实例门类	制作难度
平面广告设计	★★★☆☆

光盘路径

第 16 章 \16.6\Complete\制作电影海报.psd

视频路径

第 16 章 \16.6\制作电影海报.swf

设计思路分析

电影海报是为一部即将上映的电影而制作发布的，它以营利为目的，通过某种观念的传达，向人们诉说电影的内容等信息，是不可或缺的广告类型。

Photoshop技法点拨

1 结合纹理素材与图层混合模式制作画面特殊质感效果。

2 结合“可选颜色”“色相/饱和度”“色阶”“亮度/对比度”等调整图层命令，调整主体画面艺术效果。

3 使用文字工具，设置需要的文字颜色，添加海报文字效果。

01 按下快捷键Ctrl+N，新建“宽度”为17厘米、“高度”为22.67厘米，“分辨率”为300像素/英寸的空白文件。打开附书光盘中的“人物.jpg”文件，将该文件拖拽到新建图像中，生成“图层1”。单击“图层”面板下方的“创建新的填充或调整图层”按钮，在弹出的列表中选择“可选颜色”与“色相/饱和度”调整图层，降低图像的饱和度。完成后按下快捷键Ctrl+Alt+G分别创建剪贴蒙版。

02 使用相同的方法，创建“色阶”调整图层，并设置相应参数，以调整图像的对比度。完成后按下快捷键Ctrl+Alt+G创建剪贴蒙版。然后结合图层蒙版和画笔工具隐藏部分图像色调。使用相同的方法，创建“亮度/对比度”调整图层，增强图像的亮度和对比度。

03 打开“纹理.jpg”文件，将其移动至当前图像文件中，单击添加图层蒙版按钮，使用画笔工具在图像中涂抹以隐藏部分图像色调。设置该图层的图层混合模式为“点光”，使其与下层图像呈现融合效果。多次复制“图层2”，并依次调整各图像的大小、位置和图层混合模式。

04 在“图层2”下方新建“图层3”，单击画笔工具，并设置不同的前景色，在图像中绘制出裂痕效果。设置该图层的图层混合模式为“叠加”“不透明度”为40%。添加“斜面和浮雕”图层样式，并在弹出的对话框中设置相应的参数，使该图像呈现更加逼真的立体效果。

05 按下快捷键Ctrl+O，打开“纹理1.jpg”文件，并移到当前图像中，结合图层蒙版和画笔工具隐藏部分图像色调。设置其图层混合模式为“划分”。按下快捷键Ctrl+J复制该图层，并调整其大小和位置。

06 新建“图层5”，使用矩形选框工具创建一个矩形选区并填充为黑色。执行“滤镜→渲染→镜头光晕”命令，在弹出的对话框中设置相应参数，完成后单击“确定”按钮。然后设置其图层混合模式为“滤色”，制作出光晕图像效果。

07 新建“组1”并重命名为“血”，新建“图层6”，结合钢笔工具和填充工具绘制出血滴的基本外形，并设置其图层混合模式为“正片叠底”。复制该图层并设置图层混合模式为“柔光”，然后调整图层之间的上下关系。新建多个图层，使用相同的方法继续深入绘制血滴图像，并创建剪贴蒙版，使其具有真实的质感。

08 新建“图层10”，设置前景色为白色，使用半透明的柔角画笔绘制血滴的高光图像。新建“图层11”，使用相同的方法绘制血滴的暗部图像。结合图层蒙版和画笔工具隐藏部分图像后，设置其图层混合模式为“正片叠底”“不透明度”为80%。

09 按下快捷键Ctrl+Alt+E盖印“血”组，得到“血（合并）”图层，结合图层蒙版和画笔工具隐藏部分图像后，设置其“不透明度”为80%。按下快捷键Ctrl+J复制该图层，并设置其图层混合模式为“正片叠底”“不透明度”为40%。

10 新建“图层12”，使用画笔工具为人物的眼部上色，并设置其图层混合模式为“柔光”。打开“纹理0.jpg”文件，并移动到当前图像文件中，结合图层蒙版和画笔工具隐藏部分图像色调。

11 设置该图层的图层混合模式为“叠加”，使其与下层图像自然融合。创建“色彩平衡”调整图层，并设置“中间调”选项的参数为-16、29、-3，以调整图像的色调。

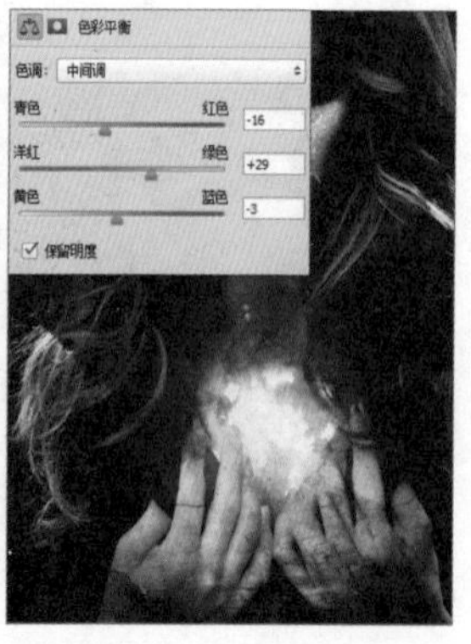

12 新建“图层14”，使用合适的柔角画笔，在图像中多次涂抹以绘制图像。绘制完成后，设置该图层的图层混合模式为“叠加”，使其与人物面部的色调更加协调统一。

13 按下快捷键Ctrl+Shift+Alt+E合并可见图层，生成“图层15”。使用加深工具和减淡工具在人物面部分别涂抹，以增强人物面部色调的对比度。

14 然后结合横排文字工具和图层样式，在画面中添加文字，使画面更丰富。至此，本实例制作完成。

6 制作音响造型设计

实例门类	制作难度
平面广告设计	★★★☆☆

光盘路径

第 16 章 \16.6\Complete\制作音响造型设计.psd

视频路径

第 16 章 \16.6\制作音响造型设计.swf

设计思路分析

在本实例中主要通过绘制形状路径并制作丰富的光影色调以表现富有立体感的音箱造型。在处理音箱光影时，以不同的颜色和羽化对比来展现光泽质感。

Photoshop技法点拨

1 绘制椭圆基本形状并设置其颜色层次。
2 使用钢笔工具绘制音箱基本特征区域并添加音箱网纹。
3 绘制底座图形，并绘制羽化的光泽图形，增强质感。

01 执行“文件→新建”命令，在“新建”对话框中设置各项参数，单击“确定”按钮，新建图像文件。

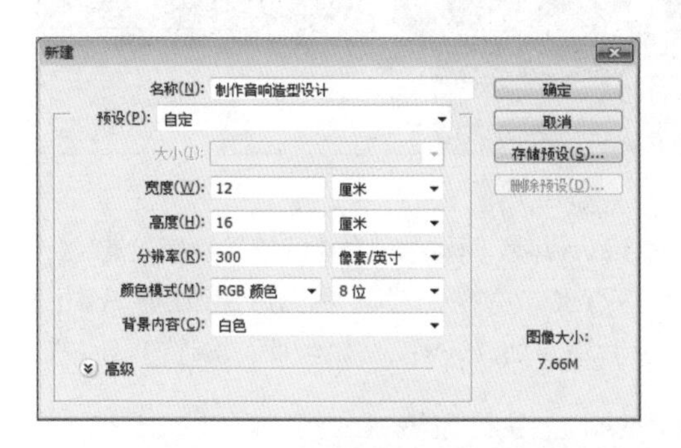

02 使用渐变工具填充背景颜色，新建“音箱”图层组。使用椭圆工具绘制橙色（R248、G120、B23）椭圆，使用直接选择工具调整锚点更改形态。

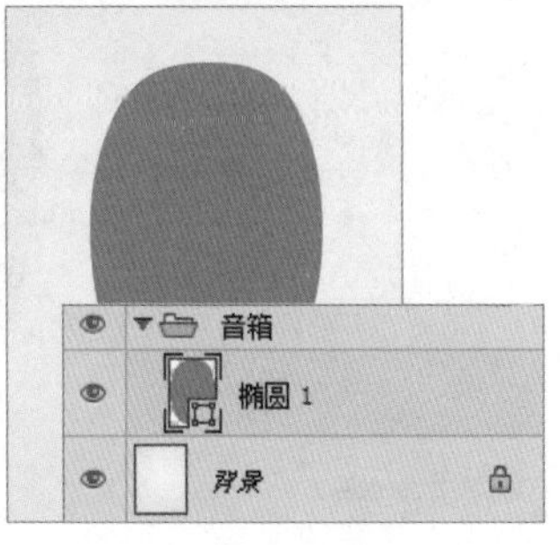

03 单击“添加图层样式”按钮，添加“渐变叠加”图层样式并设置各属性参数，以增强椭圆形的色调效果。

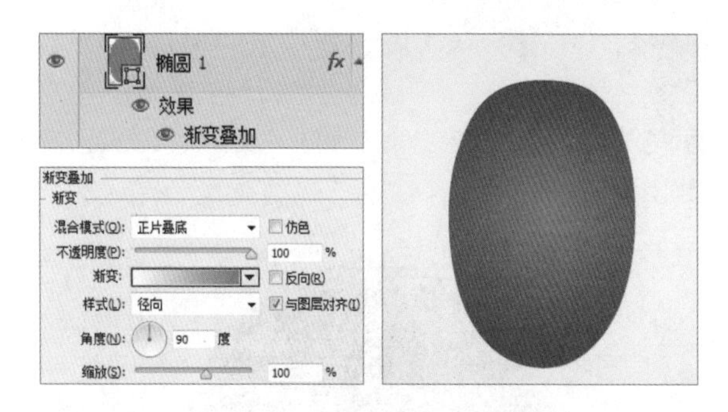

04 使用钢笔工具在椭圆上绘制一个橙色（R246、G130、B5）图形。在图形两侧绘制其厚度，并设置其颜色为较淡的橙色（R255、G156、B0）。

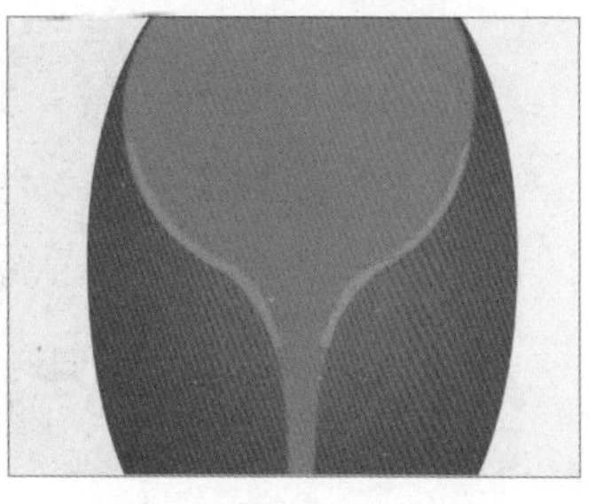

05 创建剪贴蒙版并添加图层蒙版，结合使用画笔工具在所绘制的厚度图形两端稍作涂抹，使其呈现渐隐的效果。

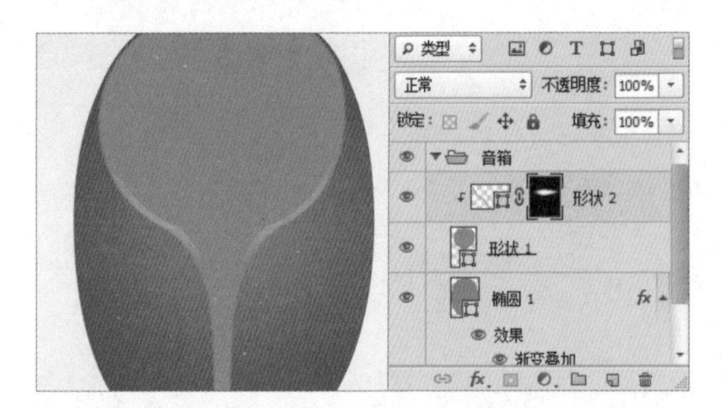

06 继续按照同样的方法在椭圆下端绘制较暗的厚度图形。继续使用钢笔工具在椭圆中绘制黑色图形。

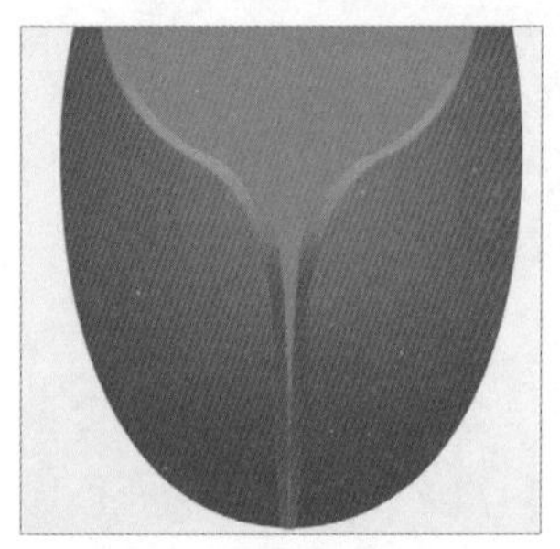

07 置入“网纹.png”图像文件。创建剪贴蒙版以隐藏多余部分，单击“添加图层蒙版”按钮，使用画笔工具在边缘部分稍作涂抹，以使其融入椭圆音箱图形。

08 继续按照同样的方法绘制音箱造型的其他区域，并分别调整其颜色等细节，增强音箱造型的效果。

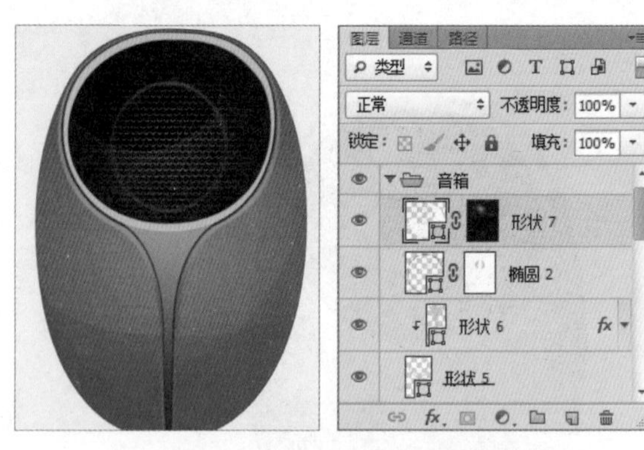

09 新建一个图层，在音箱的顶端流线处绘制一条路径，完成后设置较小的画笔，并应用“描边路径”命令，应用“模拟压力”描边效果以制作白色高光线条效果。

10 继续使用钢笔工具在音箱底端的相应位置绘制橘红色（R230、G96、B14）的图形，完成后分别设置混合模式以添加该区域的光影纹理，增强音箱质感。

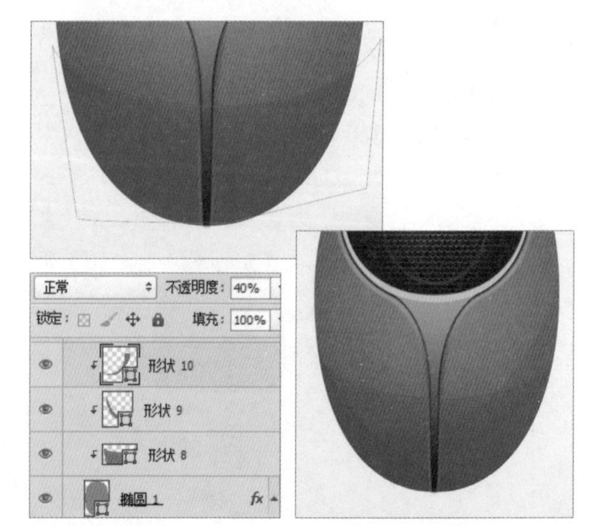

11 新建“底座”图层组，使用椭圆工具在音箱下方绘制橙色椭圆。使用直接选择工具和钢笔工具调整椭圆轮廓。双击该图层，在弹出的对话框中添加“渐变叠加”和“光泽”图层样式，设置各项参数后单击“确定”按钮，增强椭圆光泽。

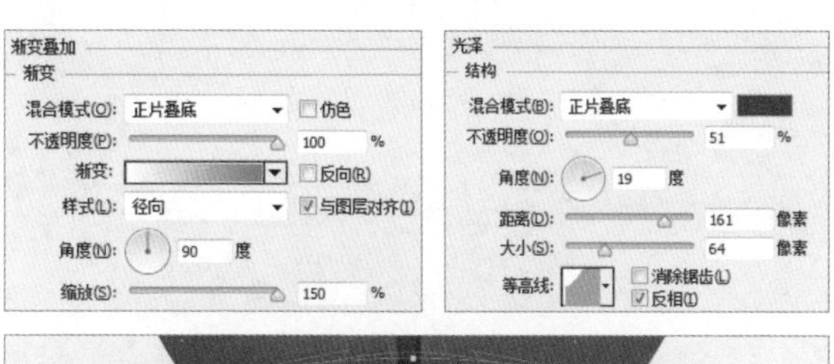

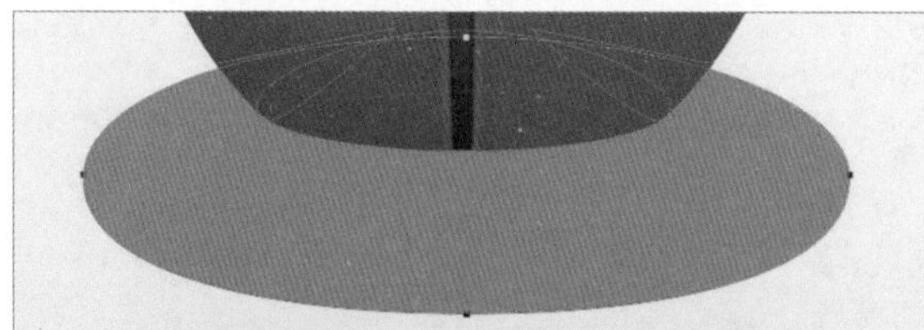

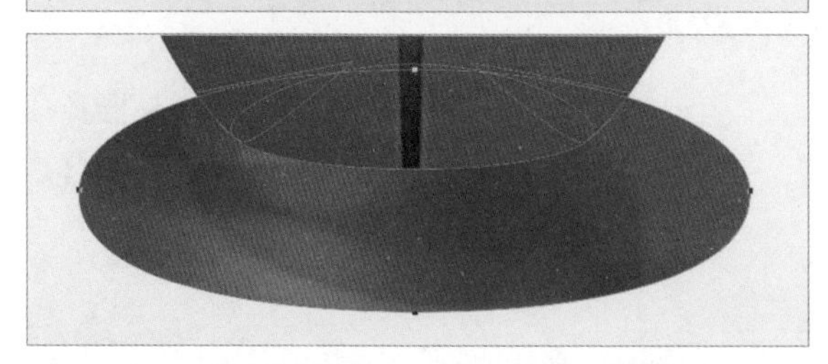

12 使用椭圆工具在底座图形上绘制一个橙色（R248、G120、B23）的弧形，完成后设置“羽化”值为20像素，以添加该区域的光效质感。按照同样的方法添加底座图形的其他光泽效果，以增强质感。

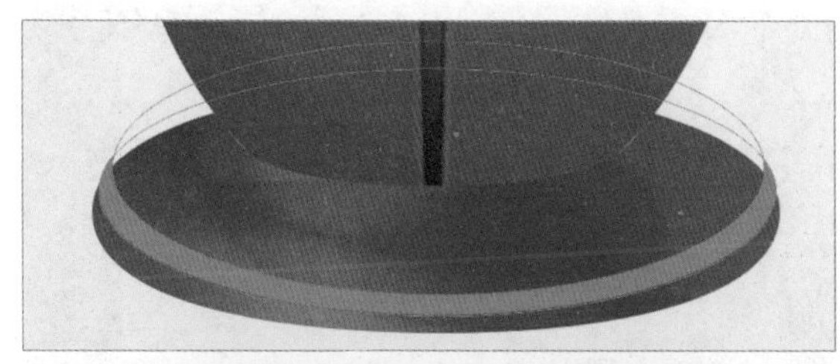

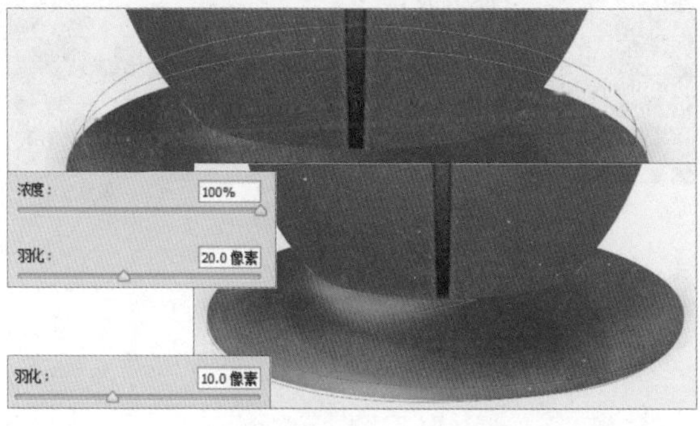

13 制作底座图形的其他光泽感效果后，复制底座椭圆图形，并通过添加图层样式和设置羽化值的方式制作厚度效果和音箱阴影效果，以增强底座区域的光影效果。

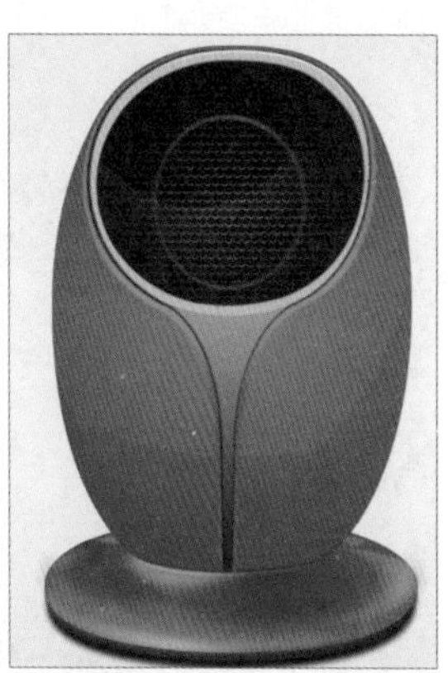

14 新建“按钮”图层组，使用椭圆工具绘制椭圆按钮并添加图层样式，制作按钮质感。使用自定形状工具在按钮上绘制相应的箭头，使用钢笔工具在音箱上绘制曲线路径，使用横排文字工具创建路径文字，完善效果。至此，本实例制作完成。

7 制作企业网页

实例门类	制作难度
平面广告设计	★★★☆☆

光盘路径

第 16 章 \16.6\Complete\制作企业网页.psd

视频路径

第 16 章 \16.6\制作企业网页.swf

设计思路分析

本实例主要是通过多种形状工具结合钢笔工具和创建“渐变填充”等调整图像的色调，制作出具有一定艺术效果的企业网页设计作品。

Photoshop技法点拨

1 制作电脑屏幕的背景模型，在屏幕上绘制需要的形状并填充需要的颜色。

2 采用钢笔工具继续绘制电脑屏幕上的模型。

3 使用自定形状工具绘制需要的形状，调整各图层的色调使其和谐一致，最后使用横排文字工具为图案制作需要的文字，将画面制作完整。

01 新建一个图像文件，打开“01.png”文件，并将其拖拽到当前图像文件中，生成“图层1”，将其放置于画面中间合适的位置。新建“图层2”，填充颜色为灰色，设置图层混合模式为“正片叠底”“不透明度”为97%。

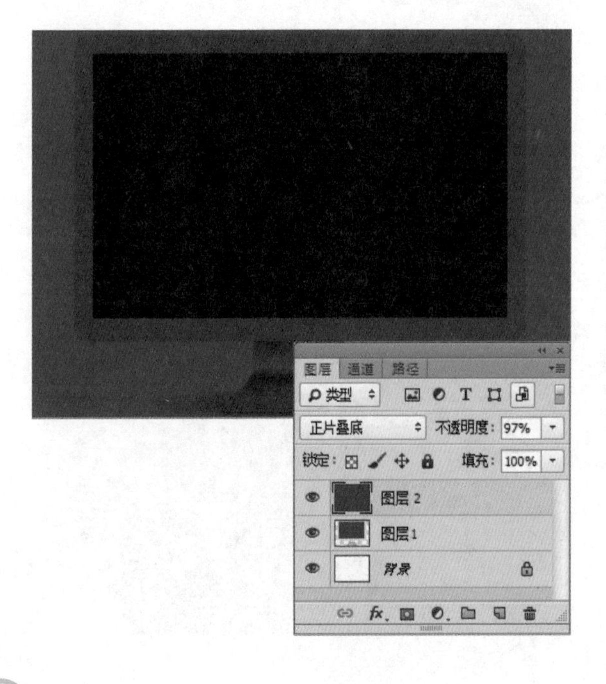

02 继续新建图层，使用矩形选框工具和多边形套索工具在画面上绘制需要的矩形，并设置填充需要的前景色，再结合剪贴蒙版作用于“图层3”。结合“渐变填充1”调整图层，设置图层混合模式，制作其光感。新建“图层5”，使用尖角画笔工具绘制屏幕上方的线条。采用相同的方法创建剪贴蒙版。

03 单击钢笔工具，在属性栏中设置其属性为“形状”，设置需要的“填充”，在电脑屏幕上依次绘制需要的形状，并将其编组，重命名为“菱形”和“菱形2”，选择“渐变填充1”复制得到其拷贝，将其移至图层的上方。

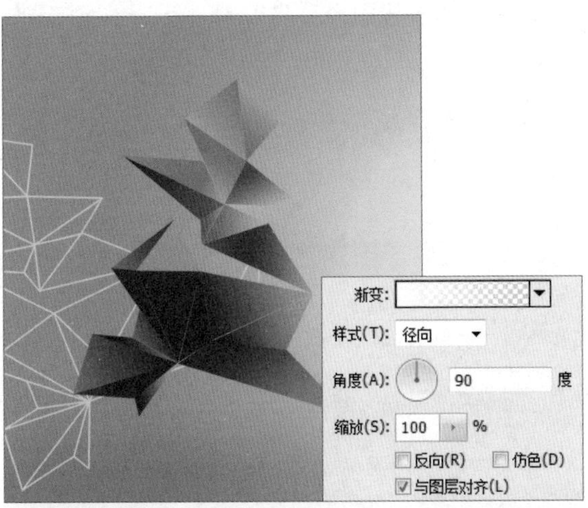

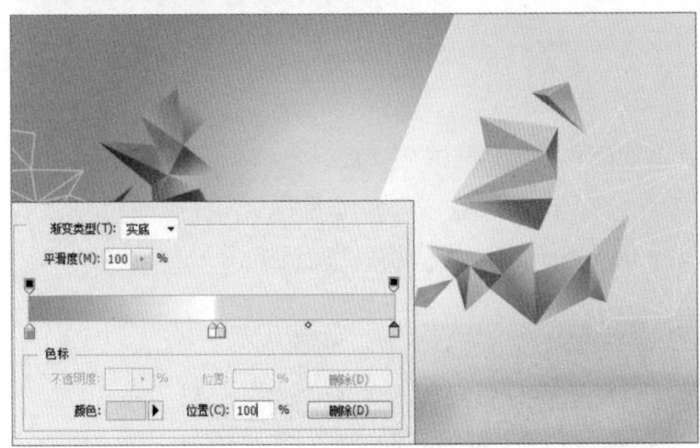

04 继续使用形状工具，依次新建图层，使用钢笔工具在画面上绘制需要的形状路径，并创建其选区，将其填充为需要的颜色，然后按下快捷键Ctrl+D取消选区。适当调整图层的透明度，制作屏幕上需要的图形。

05 打开“02.png”文件并拖至当前图像文件中，设置图层混合模式为“滤色”。继续新建图层，使用钢笔工具在画面上绘制需要的形状路径，并创建其选区，填充需要的颜色，制作屏幕上需要图形。

06 打开“03.png”素材文件，结合调整图层与调整命令调整人物颜色，依次调整图像的色调。新建图层，结合画笔工具与形状工具绘制阴影与图形效果，并适当调整图层混合模式与“不透明度”。使用钢笔工具和自定形状工具在画面上绘制需要的形状。最后单击横排文字工具，设置需要的前景色，输入所需文字。双击文字图层，在其属性栏中设置文字的字体样式及大小，将其放置在画面中合适的位置。至此，本实例制作完成。

8 饼干包装设计

实例门类	制作难度
平面广告设计	★★★☆☆

光盘路径

第 16 章 \16.6\Complete\饼干包装设计.psd

视频路径

第 16 章 \16.6\饼干包装设计.swf

设计思路分析

在本实例中通过绘制包装图形并制作纹理和质感的方式增强包装的真实感。通过绘制丰富的图形并添加文字效果以完善包装效果。

Photoshop技法点拨

1 使用钢笔工具绘制包装轮廓，并结合自定形状工具等添加纹理。

2 使用文字工具和钢笔工具创建文字轮廓并添加阴影效果。

3 绘制包装上不同的图形并添加文字，以完善包装效果。

01 执行“文件→新建”命令，在“新建”对话框中设置各项参数，单击“确定”按钮，新建图像文件。

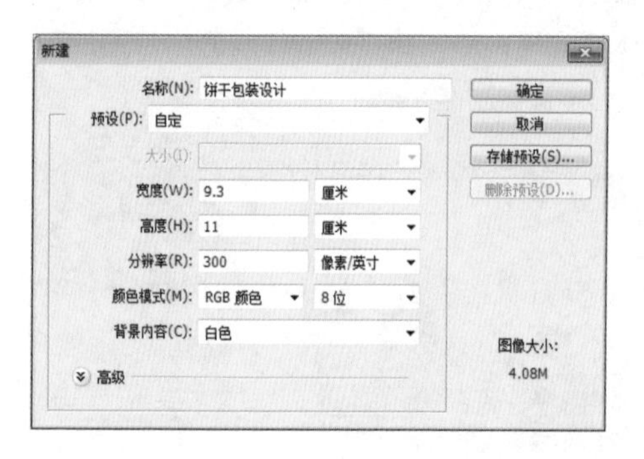

02 使用渐变工具填充背景色，新建“口袋”图层组，使用钢笔工具绘制一个红色（R225、G47、B57）包装造型的轮廓。

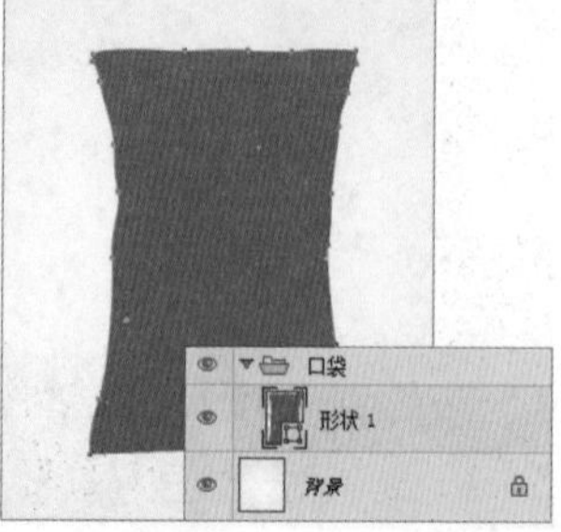

03 使用钢笔工具在包装轮廓的底端绘制一个深红色（R194、G32、B41）图形，完成后设置其“羽化”值为5像素，以模糊图形。

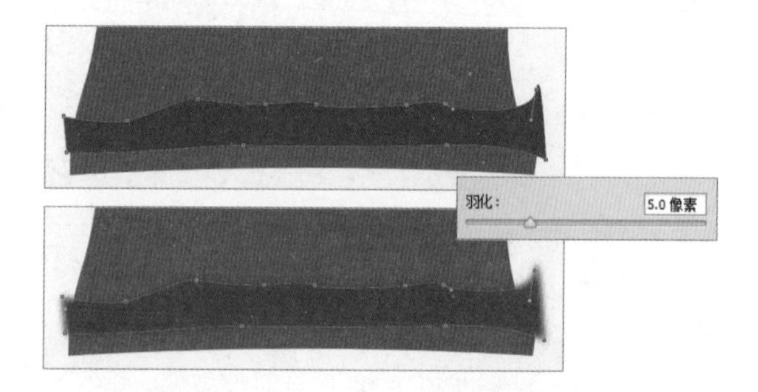

04 按下快捷键Ctrl+Alt+G创建剪贴蒙版，添加图层蒙版，使用画笔工具渐隐上端边缘，制作阴影区域。然后按照同样的方法制作包装顶端的阴影效果。

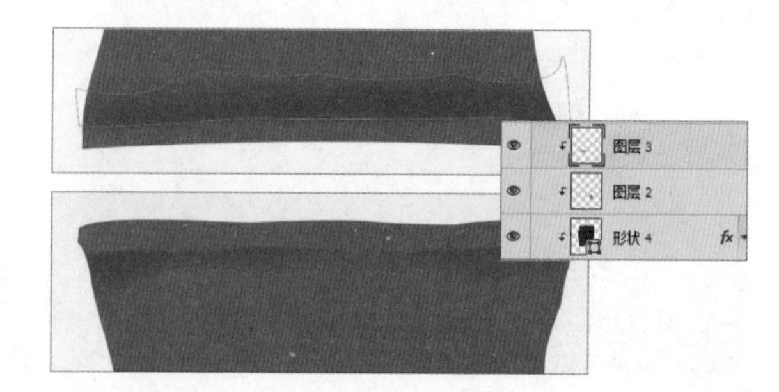

05 使用钢笔工具在包装图形中绘制一个深红色（R108、G1、B7）图形，完成后双击该图层，在弹出的对话框中设置“内发光”图层样式，完成后单击“确定”按钮，以增强图形色调和纹理。

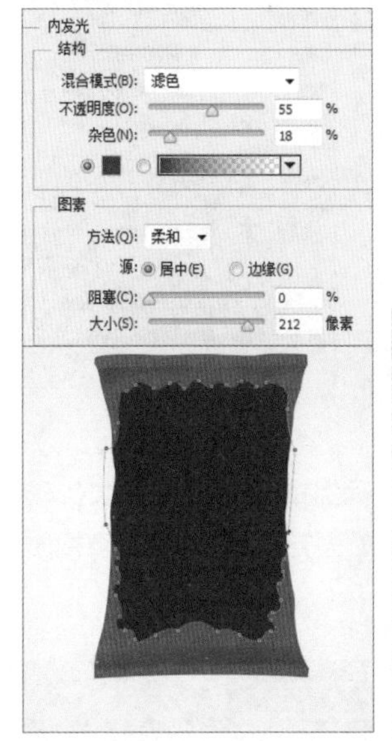

06 使用自定形状工具在包装图形上端绘制一个月白色（R241、G255、B248）靶标形状。创建剪贴蒙版并设置混合模式，添加图层蒙版并隐藏下端边缘区域，添加包装纹理效果。

07 使用钢笔工具结合自定形状工具在包装图形中心绘制橙色（R237、G96、B14）飘带图形，然后创建剪贴蒙版以隐藏多余部分，添加“投影”图层样式以增强该区域色调和层次。

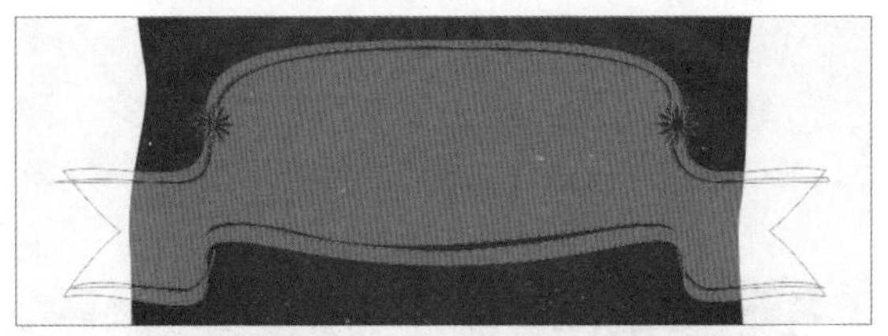

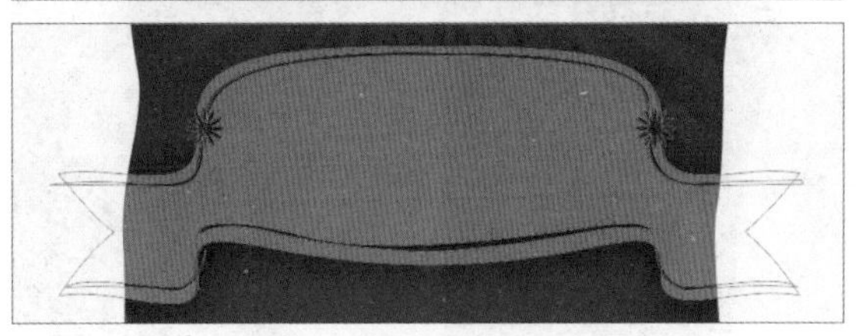

08 使用椭圆工具在包装图形中绘制一个深蓝色（R5、G55、B84）圆形。然后使用自定形状工具在该圆形中绘制一个蓝绿色（R45、G183、B178）锯齿状图形。

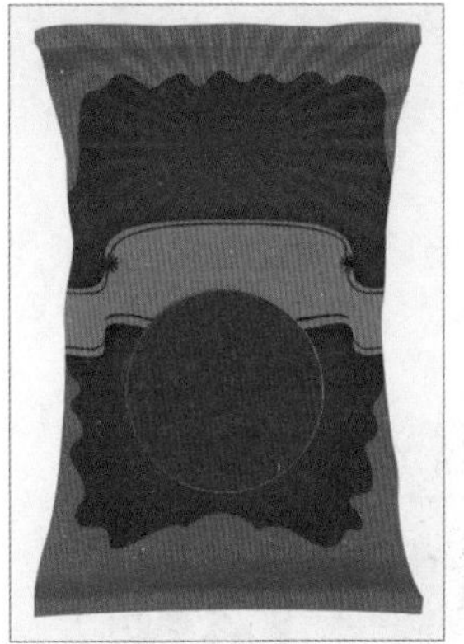

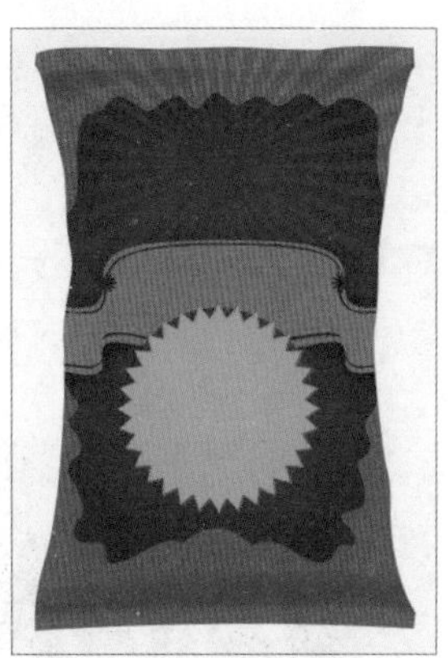

09 复制所绘制的椭圆和其他图形，并分别设置其颜色，结合添加图层样式的方法增强该区域的图案效果，然后结合使用钢笔工具和矩形工具等绘制其他图形。打开“叶子.png”图形文件，结合套索工具复制叶子图形，添加到当前图像。

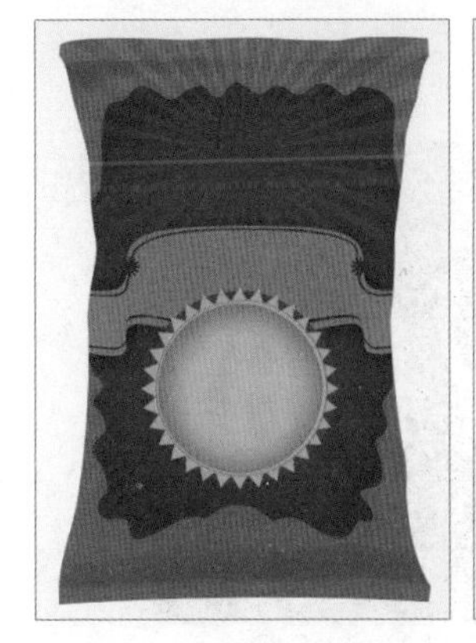

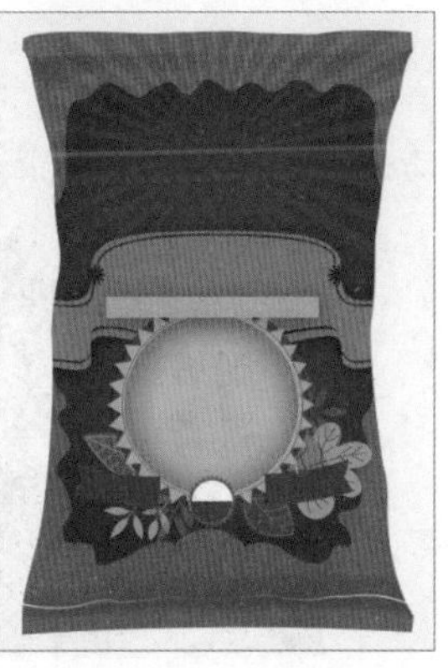

10 新建“文字”图层组，使用横排文字工具在包装左上角创建米黄色(R230、G235、B213)文字，添加“渐变叠加”图层样式以添加文字顶端的阴影效果。

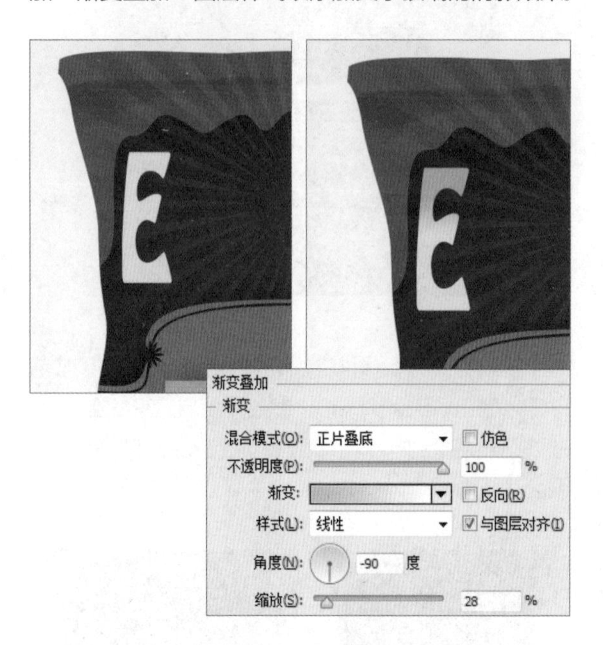

11 继续使用横排文字工具创建其他文字并作编排，添加同样的图层样式以添加文字顶端的阴影效果。

12 继续使用钢笔工具在文字局部区域绘制一些图案，并根据文字局部的颜色设置图案的颜色，以丰富文字的形态。

13 继续使用横排文字工具在包装的一些图形上创建各项文字，然后分别设置文字的大小、字体和颜色等属性。

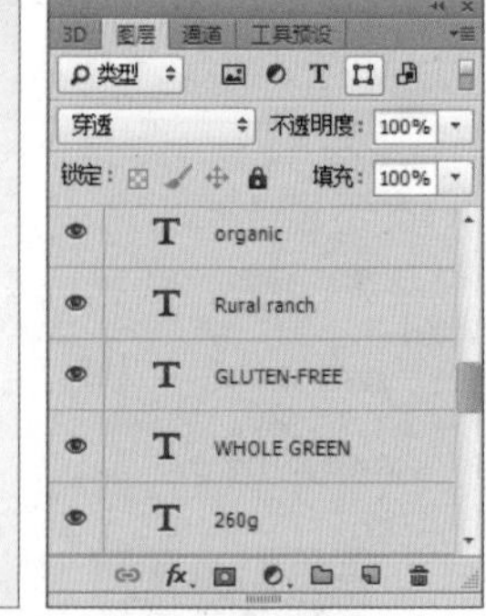

14 新建“食品”图层组，使用钢笔工具绘制食品轮廓图形，通过添加图层样式等方式制作其形态和质感，添加产品内容图形。

15 新建“高光”图层组并结合钢笔工具和图层蒙版等绘制包装的高光部分。然后在包装图形的底端绘制阴影部分以增强包装空间感。完成后使用矩形工具在画面上下两端绘制淡蓝色（R178、G226、B222）矩形以完善背景画面。至此，本实例制作完成。